水泥工厂
安全生产和职业健康知识手册

中国国检测试控股集团股份有限公司安全与环保科学研究院　编

中国水泥协会安全生产和职业健康分会　**联合编写**

中国建材工业出版社

北　京

图书在版编目（CIP）数据

水泥工厂安全生产和职业健康知识手册／中国国检
测试控股集团股份有限公司安全与环保科学研究院编. —
北京：中国建材工业出版社，2024.5
ISBN 978-7-5160-3978-6

Ⅰ. ①水… Ⅱ. ①中… Ⅲ. ①水泥－化工厂－安全生
产－手册 Ⅳ. ①TQ172.86-62

中国国家版本馆 CIP 数据核字（2024）第 001952 号

内容简介

本书以国家标准、行业标准以及政府有关部门发布的规章制度为准，针对当前水泥企业新员工安全教育培训的实际情况，总结作者团队的科研人员多年来在水泥生产一线进行安全生产监督检查所积累的经验和体会，内容充实，覆盖面广。

本书从安全生产的基础知识入手，结合三级安全教育的具体要求，全面、系统地介绍了水泥生产制造过程中的风险和防范措施、职业危害及个人防护、事故应急处置等内容。本书还具体列出了水泥安全生产和职业健康主要的法律法规，制定水泥企业岗位的安全生产和职业卫生职责，以及各岗位安全操作的建议，实用性强，可供水泥企业参考。

水泥工厂安全生产和职业健康知识手册
SHUINI GONGCHANG ANQUAN SHENGCHAN HE ZHIYE JIANKANG ZHISHI SHOUCE
中国国检测试控股集团股份有限公司安全与环保科学研究院　编

出版发行：中国建材工业出版社
地　　址：北京市西城区白纸坊东街 2 号院 6 号楼
邮　　编：100054
经　　销：全国各地新华书店
印　　刷：北京印刷集团有限责任公司
开　　本：787mm×1092mm　1/16
印　　张：45.25
字　　数：1090 千字
版　　次：2024 年 5 月第 1 版
印　　次：2024 年 5 月第 1 次
定　　价：178.00 元

本书编委会

序

重视安全和健康也是先进企业文化

"人命关天，发展决不能以牺牲人的生命为代价。这必须作为一条不可逾越的红线。"提高安全生产认识，把握好安全生产红线，对于水泥企业深入做好安全生产工作具有重要的指导价值和现实意义。

安全生产和职业健康是企业生产经营过程中的重要目标和永恒的追求，是企业依法落实生产经营主体责任的重要内容和管理基础。目前，我国水泥行业的安全生产形势和职业健康状况与过去相比有了长足的发展和进步，但是形势依然严峻，与国外先进的水泥集团相比，成长空间依然很大，与国家、社会以及人民群众对我们的要求还有不小的差距。

"管行业必须管安全，管业务必须管安全，管生产经营必须管安全。"这本书的出版，就是中国水泥协会践行"三管三必须"重要指示，真正落实"安全第一，预防为主，综合治理"安全文化理念的根本体现。人命关天，健康安全关系到职工家庭的获得感、幸福感、企业声誉和社会影响力。生产安全事故必然给社会、企业、家庭和个人造成各种损失。水泥企业在生产经营中，要时刻牢记"始终把人民生命安全放在首位"，真正强化和落实生产经营单位主体责任，真正建立起生产经营单位负责、职工参与、政府监管、行业自律和社会监督的良好机制。从企业价值观和社会责任感层面来看，企业安全生产和职业健康的内容本质上是先进企业文化的重要内容和发展方向。

本书是讲述企业安全生产和职业健康的读本，也可作为一部工具书。本书编委会的专家们从主要法律法规简介，安全生产基础知识，安全生产技术基础知识，职业健康知识，个人防护基础知识，水泥生产的工艺和设备简介，水泥生产主要危险、有害因素简析及防止措施，生产安全事故及应急处置基础知识，安全生产规章制度编制示例 9 个章节出发，全面系统地介绍安全生产和职业健康的专业知识。本书在以往多本图书内容的基础上进行了完善，增补了新的内容，凸显安全发展理念，适应新时期发展要求，为企业开展安全生产和职业健康专业教育培训和管理提供了实用教材，也为各水泥企业做好"物防、人防、技防"提供了坚实的基础。

随着科学技术的发展和社会文明的进步，新工艺、新材料、新装备、新能源、新标准等内容不断迭代，企业安全生产和职业健康的内容、形式、内涵和外延也将会更加丰富和完善，网络通信和智能化技术更使企业安全生产和职业健康的管理实现了远程可视化、智能分析和大数据统计，这将有助于企业对现场管理和企业安全文化的大力传播。未来，数字化智能化技术将为企业安全生产和职业健康管理水平的提高插上腾飞的翅膀，生产经营的数字化智能化也将倒逼安全生产和职业健康管理的数字化智能化发展，这是未来时代的发展方向和要求。

中国水泥协会致力于企业的安全生产和职业健康培训管理服务，希望本书的出版发行能为加强安全生产工作、防止和减少生产安全事故的发生、保障人民群众生命健康、促进经济社会可持续健康发展等方面的工作提供有益的帮助。

路漫漫其修远兮，安全生产与职业健康工作，我们永远在路上。

中国水泥协会执行会长

2023 年 8 月 8 日

前　言

　　随着社会和经济的发展，政府、企业和员工对于安全生产和职业健康工作给予高度重视。水泥制造行业是安全生产事故高发行业，做好安全生产和职业健康管理工作具有特别重要的意义。为此，中国国检测试控股集团股份有限公司安全与环保科学研究院组织水泥安全生产专业的科技人员编写了本书，旨在促进水泥生产经营单位对从业人员进行安全生产教育和培训，保证从业人员具备必要的安全生产知识，熟悉有关的安全生产规章制度和岗位操作规程，熟练掌握本岗位的安全操作技能，了解事故应急处理措施，知悉自身在安全生产方面的权利和义务，为在水泥企业全面落实安全生产和职业健康标准化管理奠定良好的基础。

　　在本书的编写过程中，参考了有关的专业书籍及文献，汲取了水泥安全生产专业资深专家的宝贵经验，得到了各章节编写人员和中国建材工业出版社编审校核人员的大力支持，在此谨致以诚挚的谢意。

　　限于编者水平，书中难免存在不妥之处，敬请广大读者斧正。

编　者

2023 年 8 月

目　　录

第 1 章　主要法律法规简介

"法律"一词通常在广狭两义上使用。广义的"法律",是指法律的整体,包括作为根本法的宪法、全国人民代表大会及其常务委员会制定的法律、国务院制定的行政法规、国务院有关部门制定的部门规章、地方国家机关制定的地方性法规和地方政府规章等。狭义的"法律",仅指全国人民代表大会及其常务委员会制定的法律。

1.1　安全生产和职业健康主要法律和相关规定

安全生产和职业健康法律法规包括有关的法律、行政法规、地方性法规和行政规章等,例如,全国人民代表大会及其常务委员会、国务院及有关部委、地方人大和地方政府颁发的有关安全生产、职业健康和劳动保护等方面的法律、法规、规章、规程、决定、条例、规定、规则及标准等,均属于安全生产和职业健康法律法规的范畴。

安全生产和职业健康法律法规是国家法律法规体系中的重要组成部分,它是指调整在生产、经营过程中产生的同劳动者或生产人员的安全与健康,以及生产资料和社会财富安全保障有关的各种社会关系的有关法令、规程、条例规定等法律文件的总称。

安全生产和职业健康法律法规是党和国家的安全生产方针政策的集中表现,是上升为国家和政府意志的一种行为准则。它以法律的形式规定人们在生产过程中的行为准则,规定什么是合法的,可以去做;什么是非法的,禁止去做;在什么情况下必须怎样做,不应该怎样做,用国家强制的权力来维护安全生产的正常秩序。

1.2　安全生产和职业健康法律体系简介

安全生产和职业健康法律体系是指我国全部现行的、不同的与安全生产和职业健康有关的法律规范形成的有机联系的统一整体,主要由几部分组成:宪法,全国人大及其常委会制定的有关法律法规;国务院制定的有关安全生产和职业健康的行政法规;地方人大制定的有关安全生产和职业健康的地方性法规;国务院有关业务主管部门、地方人民政府制定的有关安全生产和职业健康的部门规章和地方政府规章;还有国家和国务院有关主管部门制定发布的一系列有关安全生产和职业健康的规程、规范、标准等。

按照法律地位和法律效力的层级,可以分为上位法与下位法。不同的立法对同一类或者同一个安全生产和职业健康行为作出不同法律规定的,以上位法的规定为准,上位法没有规定的,可以适用下位法。而当法律规定存在不一致的地方,应遵循后法大于先法、特别法优于一般法等原则。

宪法至上,上位法的效力高于下位法。部门规章之间、部门规章与地方规章之间具有同等法律效力,在各自的权限范围内施行。

1.2.1　宪法

宪法以法律的形式确认了中国各族人民奋斗的成果，规定了国家的根本制度和根本任务，是国家的根本大法，具有最高的法律地位和效力。宪法是由我国最高权力机关全国人民代表大会通过和修改的，是安全生产和职业健康法律法规体系建立的依据和基础。安全生产和职业健康法律无论是立法原则还是立法内容都不得与之相抵触。

宪法明确指出公民享有劳动的权利和义务，妇女应享有平等权利等，这成为安全生产和职业健康的立法依据和指导原则。

1.2.2　法律

法律具有仅次于宪法的法律效力，是安全生产和职业健康法律体系的上位法，由全国人民代表大会及其常务委员会制定。我国现行的安全生产和职业健康的专门法律有《中华人民共和国劳动法》《中华人民共和国安全生产法》《中华人民共和国职业病防治法》《中华人民共和国消防法》《中华人民共和国矿山安全法》《中华人民共和国道路交通安全法》《中华人民共和国特种设备安全法》等。

《中华人民共和国安全生产法》《中华人民共和国职业病防治法》是我国安全生产和职业健康领域的基本法，是我国制定各项安全生产和职业健康专项法律的依据。

1.2.3　法规

法规可分为行政法规和地方性法规。行政法规的法律地位和法律效力次于宪法和法律，但高于地方性法规、行政规章。依照行政法规的规定，公民、法人或者其他组织在法定范围内享有一定的权利，或者负有一定的义务。国家行政机关不得侵害公民、法人或者其他组织的合法权益；公民、法人或者其他组织如果不履行法定义务，也要承担相应的法律责任，受到强制执行或者行政处罚。

1. 行政法规

行政法规指由国务院根据宪法、法律组织制定并批准公布的，为实施安全生产和职业健康法律或标准、安全管理制度及程序而颁布的条例、规定、办法、决定等，现行的行政法规如《安全生产许可证条例》《危险化学品安全管理条例》《中华人民共和国尘肺病防治条例》《建设工程安全生产管理条例》和《国务院关于特大安全事故行政责任追究的规定》等。

2. 地方性法规

地方性法规指省、自治区、直辖市人民代表大会及其常务委员会制定的不与宪法、法律、行政法规相抵触的规范性文件，只在制定法规的辖区内有效。如《北京市安全生产条例》《河南省安全生产条例》等。

1.2.4　行政规章

行政规章是有关行政机关依法制定的事关行政管理的规范性文件的总称，分为部门规章和政府规章两种。

部门规章是国务院所属部委根据法律和国务院行政法规、决定、命令，在本部门的权限内，所发布的各种行政性的规范性文件，亦称部委规章。其地位低于宪法、法律、行政法规，且不得与之相抵触。

政府规章是有权制定地方性法规的地方人民政府根据法律、行政法规制定的规范性文件，亦称地方政府规章。政府规章除不得与宪法、法律、行政法规相抵触外，还不得与上级和同级地方性法规相抵触。

1.2.5　国家标准和行业标准

我国的许多立法均将安全生产和职业健康标准作为生产经营单位必须执行的技术规范，从而使得安全生产和职业健康标准具有法律上的地位和效力，生产经营单位违反强制性安全生产和职业健康标准的要求，同样要承担法律责任。安全生产和职业健康标准分为国家标准、行业标准和地方标准，其含义与安全生产和职业健康法规的含义是一样的。

国家标准是指国家标准化行政主管部门依据《中华人民共和国标准化法》制定的在全国范围内适用的安全生产和职业健康技术规范。

行业标准是指国务院有关部门和直属机构依据《中华人民共和国标准化法》制定的在某一安全生产和职业健康领域内适用的安全生产和职业健康技术规范。行业标准对同一安全生产和职业健康生产事项的技术要求，可以高于国家标准但不得与其抵触。

另外，地方标准是指地方政府行政主管部门依据《中华人民共和国标准化法》制定的、在其管辖区域适用的安全生产和职业健康技术规范。

1.2.6　国际公约

国际公约通常是多国就某一重大问题举行国际会议而缔结的多边公约，如《国际劳工公约》是国际安全生产和职业健康法律标准的一种形式，对批准的成员国具有约束力。我国批准生效的《国际劳工公约》，也是我国安全生产和职业健康法律体系的重要组成部分。

我国已加入的公约还有《作业场所安全使用化学品公约》《职业安全和卫生及工作环境公约》《建筑业安全卫生公约》等。

1.2.7　其他要求

其他要求是指与安全生产和职业健康相关的行业技术规范、与政府机构的协定、非法规性指南等。

1.3　常用法律简介

本书附录 2.1 节选了《中华人民共和国宪法》《中华人民共和国刑法》《中华人民共和国劳动法》《中华人民共和国消防法》《中华人民共和国职业病防治法》《中华人民共和国安全生产法》《中华人民共和国道路交通安全法》《中华人民共和国突发事件应对法》《中华人民共和国特种设备安全法》9 部相关法律的部分条文。

1.4 常用安全生产和职业健康行政法规简介

行政法规专指最高国家行政机关即国务院制定的规范性文件。行政法规的名称通常为条例、规定、办法、决定等。行政法规的法律地位和法律效力次于宪法和法律，但高于地方性法规、行政规章。

行政法规在中华人民共和国领域内具有约束力。这种约束力体现在两个方面：一是具有约束国家行政机关自身的效力。作为最高国家行政机关和中央人民政府的国务院制定的行政法规，是国家最高行政管理权的产物，它对一切国家行政机关都有约束力，都必须执行。其他所有行政机关制定的行政措施均不得与行政法规的规定相抵触；地方性法规、行政规章的有关行政措施不得与行政法规的有关规定相抵触。二是具有约束行政管理相对人的效力。依照行政法规的规定，公民、法人或者其他组织在法定范围内享有一定的权利，或者负有一定的义务。国家行政机关不得侵害公民、法人或者其他组织的合法权益；公民、法人或者其他组织如果不履行法定义务，也要承担相应的法律责任，受到强制执行或者行政处罚。

本书附录节选了部分国务院总理签发的行政法令以及授权有关部门发布的国务院行政命令或下发的行政操作性文件的内容。如《中华人民共和国尘肺病防治条例》《危险化学品安全管理条例》《特种设备安全监察条例》《使用有毒物品作业场所劳动保护条例》《工伤保险条例》《安全生产许可证条例》《易制毒化学品管理条例》《生产安全事故报告和调查处理条例》《女职工劳动保护特别规定》《生产安全事故应急条例》。

1.5 常用安全生产和职业健康部门规章简介

行政规章是有关行政机关依法制定的事关行政管理的规范性文件的总称，分为部门规章和政府规章两种。

部门规章是国务院所属部委（应急管理部、国家卫生健康委员会、国家市场监督管理总局等）根据法律和国务院行政法规、决定、命令，在本部门的权限内，所发布的各种行政性的规范性文件，亦称部委规章，其地位低于宪法、法律、行政法规，不得与它们相抵触。

政府规章是有权制定地方性法规的地方人民政府根据法律、行政法规制定的规范性文件，亦称地方政府规章。政府规章除不得与宪法、法律、行政法规相抵触外，还不得与上级和同级地方性法规相抵触。

本书附录节选了部分部门规章的条文内容。

1. 由安全生产主管部门颁发有关安全生产的规定和要求

《生产经营单位安全培训规定》（原总局令第 3 号）、《工作场所职业卫生管理规定》（卫健委令第 5 号）、《安全生产事故隐患排查治理暂行规定》（原总局令第 16 号）、《生产安全事故信息报告和处置办法》（原总局令第 21 号）、《特种作业人员安全技术培训考核管理规定》（原总局令第 30 号）、《建设项目安全设施"三同时"监督管理办法》（原总局令第 36 号）、《危险化学品重大危险源监督管理暂行规定》（原总局令第 40 号）、《安全生产培训管理办法》（原总局令第 44 号）、《生产安全事故应急预案管理办法》（应急部令第 2号）、《工贸企业粉尘防爆安全规定》（应急部令第 6 号）、《工贸企业重大事故隐患判定标准》（应急部令第 10 号）、《工贸企业有限空间作业安全规定》（应急部令第 13 号）、《生产安全事故罚款处罚规定》。

2. 由职业健康主管部门颁发有关职业病防治的规定和要求

《职业病危害项目申报办法》（原总局令第 48 号）、《建设项目职业病防护设施"三同时"监督管理办法》（原总局令第 90 号）、《职业健康检查管理办法》（卫生健康委员会令第 2 号）、《工作场所职业卫生管理规定》（卫健委令第 5 号）、《职业病诊断与鉴定管理办法》（卫生健康委员会令第 6 号）。

3. 由消防主管部门颁发有关防火方面的规定和要求

《仓库防火安全管理规则》（公安部令第 6 号）、《机关、团体、企业、事业单位消防安全管理规定》（公安部令第 61 号）、《社会消防安全教育培训规定》（公安部令第 109 号）、《易制爆危险化学品治安管理办法》（公安部令第 154 号）。

4. 由特种设备监管部门颁发有关特种设备安全方面的规定和要求

《特种设备使用单位落实使用安全主体责任监督管理规定》（市场监督管理总局令第74 号）、《特种设备事故报告和调查处理规定》（市场监督管理总局令第 50 号）、《特种设备作业人员监督管理办法》（总局令第 140 号）。

1.6　常用安全生产和职业健康规范性文件简介

行政规范性文件是指除国务院的行政法规、决定、命令以及部门规章和地方政府规章外，由行政机关或者经法律、法规授权的具有管理公共事务职能的组织依照法定权限、程序制定并公开发布，涉及公民、法人和其他组织权利义务，具有普遍约束力，在一定期限内反复适用的公文。

规范性文件较常使用决定、公告、通告、意见、通知等文种。规范性文件标题多采用"规定""办法""细则""意见""通知"和"公告"等。

本书附录中节选了部分规范性文件的条文内容。

1. 由国务院发布的有关安全生产的规定和要求

《消防安全责任制实施办法》（国办发〔2017〕87 号）、《突发事件应急预案管理办法》（国办发〔2024〕5 号）、《关于印发标本兼治遏制重特大事故工作指南的通知》（安委办〔2016〕3 号）、《国务院安委会办公室关于实施遏制重特大事故工作指南构建双重预防机制的意见》（安委办〔2016〕11 号）。

2. 由应急管理部发布的有关安全生产的规定和要求

《用人单位劳动防护用品管理规范》（安监总厅安健〔2015〕124 号）、《企业安全生产标准化建设定级办法》（应急〔2021〕83 号）、《工贸企业有限空间重点监管目录》（应急厅〔2023〕37 号）、《企业安全生产费用提取和使用管理办法》（财资〔2022〕136 号）。

3. 由职业健康主管部门颁发有关职业病防治的规定和要求

《职业病分类和目录》（国卫疾控发〔2013〕48 号）、《职业病危害因素分类目录》（国卫疾控发〔2015〕92 号）、《关于开展争做"职业健康达人"活动的通知》（国卫办职健函〔2020〕1069 号）、《建设项目职业病危害风险分类管理目录》（国卫办职健发〔2021〕5号）、《国家卫生健康委办公厅关于进一步加强用人单位职业健康培训工作的通知》（国卫办职健函〔2022〕441 号）、《关于进一步推进职业健康保护行动提升劳动者职业健康素养水平的通知》（国卫办职健函〔2024〕32 号）、《关于推进健康企业建设的通知》（全爱卫办发〔2019〕3 号）。

1.7　常用安全生产相关标准介绍

国家标准分为强制性标准（GB）、推荐性标准（GB/T）；行业标准（安全 AQ、消防 XF、建材 JC 等）、团体标准（T）、地方标准（北京 DB）是推荐性标准。强制性标准必须执行，国家鼓励采用推荐性标准。

安全生产、职业病防治和消防等国家标准或者行业标准，是指依法制定的与安全生产、职业病防治和消防有关的、对生产经营活动中的设计、施工、作业、制造、检测等技术事项所作的一系列统一规定。

第2章　安全生产基础知识

2.1　安全生产基本概念

2.1.1　安全

安全，泛指没有危险、不出事故的状态。汉语中有"无危则安，无缺则全"的说法；安全的英文为 safety，译作"健康与平安"；《韦氏大词典》对安全的定义为，"没有伤害、损伤或危险，不遭受危害或损害的威胁，或免除了危害、伤害或损失的威胁。"

生产过程中的安全，即生产安全，指的是"不发生工伤事故、职业病、设备或财产损失"。工程上的安全性，是用概率表示的近似客观量，用以衡量安全的程度。

系统工程中的安全概念，认为世界上没有绝对安全的事物，任何事物中都包含不安全因素，具有一定的危险性。安全是一个相对的概念，是一种模糊数学的概念。危险性是对安全性的隶属度，当危险性低于某种程度时，人们就认为是安全的。

2.1.2　安全生产

《辞海》将"安全生产"解释为：为预防生产过程中发生人身、设备事故，形成良好劳动环境和工作秩序而采取的一系列措施和活动。

《中国大百科全书》将"安全生产"解释为：旨在保护劳动者在生产过程中安全的一项方针，也是企业管理必须遵循的一项原则，要求最大限度地减少劳动者的工伤和职业病，保障劳动者在生产过程中的生命安全和身体健康。

根据现代系统安全工程的观点，一般来说，安全生产是指在社会生产活动中通过人、机、物料、环境的和谐运作，使生产过程中潜在的各种事故风险和伤害因素始终处于有效控制状态，切实保护劳动者的生命安全和身体健康。安全生产工作应当以人为本，坚持人民至上、生命至上，把保护人民生命安全摆在首位，树牢安全发展理念。《中华人民共和国安全生产法》将"安全第一、预防为主、综合治理"确定为安全生产工作的方针。

2.1.3　安全生产管理

安全生产管理就是针对人们在生产过程中的安全问题，运用有效的资源发挥人们的智慧，通过人们的努力，进行有关决策、计划、组织和控制等活动，实现生产过程中人与机器设备、物料、环境的和谐，达到安全生产的目标。其管理的基本对象是企业中所有人员、设备设施、物料、环境、财务、信息等各个方面。安全生产管理包括安全生产法制管理、行政管理、监督检查、工艺技术管理、设备设施管理、作业环境和条件管理等方面。安全生产管理目标是减少和控制危害和事故，尽量避免生产过程中所造成的人身伤害、财产损失、环境污染以及其他损失。

2.1.4 事故

《现代汉语词典》对"事故"的解释是：多指生产、工作上发生的意外损失或灾祸。《生产安全事故报告和调查处理条例》（国务院令第 493 号）将"生产安全事故"定义为：生产经营活动中发生的造成人身伤亡或者直接经济损失。

我国事故的分类方法有多种。

1. 依据《企业职工伤亡事故分类》（GB 6441），综合考虑起因物、引起事故的诱导性原因、致害物、伤害方式等，将企业工伤事故分为 20 类：物体打击、车辆伤害、机械伤害、起重伤害、触电、淹溺、灼烫、火灾、高处坠落、坍塌、冒顶片帮、透水、放炮、火药爆炸、瓦斯爆炸、锅炉爆炸、容器爆炸、其他爆炸、中毒和窒息及其他伤害。

2. 依据《生产安全事故报告和调查处理条例》（国务院令第 493 号），根据生产安全事故造成的人员伤亡或者直接经济损失，事故一般分为特别重大事故、重大事故、较大事故、一般事故 4 个等级，具体划分如下：

（1）特别重大事故，是指造成 30 人以上死亡，或者 100 人以上重伤（包括急性工业中毒，下同），或者 1 亿元以上直接经济损失的事故；

（2）重大事故，是指造成 10 人以上 30 人以下死亡，或者 50 人以上 100 人以下重伤，或者 5000 万元以上 1 亿元以下直接经济损失的事故；

（3）较大事故，是指造成 3 人以上 10 人以下死亡，或者 10 人以上 50 人以下重伤，或者 1000 万元以上 5000 万元以下直接经济损失的事故；

（4）一般事故，是指造成 3 人以下死亡，或者 10 人以下重伤，或者 1000 万元以下直接经济损失的事故。

注：该等级标准中所称的"以上"包括本数，所称的"以下"不包括本数。

2.1.5 事故隐患

原国家安全生产监督管理总局令第 16 号《安全生产事故隐患排查治理暂行规定》，将"安全生产事故隐患"定义为：生产经营单位违反安全生产法律、法规、规章、标准、规程和安全生产管理制度的规定，或者因其他因素在生产经营活动中存在可能导致事故发生的物的危险状态、人的不安全行为和管理上的缺陷。

事故隐患分为一般事故隐患和重大事故隐患。一般事故隐患是指危害和整改难度较小，发现后能够立即整改排除的隐患。重大事故隐患是指危害和整改难度较大，应当全部或者局部停产停业，并经过一定时间整改治理方能排除的隐患，或者因外部因素影响致使生产经营单位自身难以排除的隐患。

2.1.6 危险

按照系统安全工程的观点，危险是指系统中存在导致发生不期望后果的可能性超过了人们的承受程度。从危险的概念可以看出，危险是人们对事物的具体认识，必须指明具体对象，如危险环境、危险条件、危险状态、危险物质、危险场所、危险人员、危险因素等。

一般用风险度来表示危险的程度。

从广义来说，风险可分为自然风险、社会风险、经济风险、技术风险和健康风险 5 类。而对于安全生产的日常管理，可分为人、机、环境、管理 4 类风险。

2.1.7 危险源

危险源通常是指可能造成人员伤害和疾病、财产损失、作业环境破坏或其他损失的根源或状态。

按照危险源在事故发生、发展中的作用，一般把危险源划分为两大类，即第一类危险源和第二类危险源。

第一类危险源：是指生产过程中存在的、可能发生意外释放的能量（能源或能量载体）或危险物质。第一类危险源决定了事故后果的严重程度，它具有的能量越多，发生事故的后果越严重，例如，炸药、旋转的飞轮等。

第二类危险源：是指导致能量或危险物质约束或限制措施破坏或失效的各种因素。广义上包括物的故障、人的失误、环境不良以及管理缺陷等因素。第二类危险源决定了事故发生的可能性，它出现得越频繁，发生事故的可能性越大，例如，冒险进入危险场所等。

危险源可以是一次事故、一种环境、一种状态的载体，也可以是可能产生不期望后果的人或物，如液氨在生产、储存、运输和使用过程中可能发生泄漏，引起中毒、火灾或爆炸事故，因此，充装了液氨的储罐是危险源。

两类危险源的关系：

第一类危险源是伤亡事故发生的能量主体，决定事故发生的严重程度；第二类危险源是第一类危险源造成事故的必要条件，决定事故发生的可能性。

第一类危险源的存在是第二类危险源出现的前提，第二类危险源的出现是第一类危险源导致事故的必要条件。一起伤亡事故的发生往往是两类危险源共同作用的结果。

2.1.8 危险化学品重大危险源

《中华人民共和国安全生产法》和《危险化学品重大危险源辨识》（GB 18218）对重大危险源作出了明确的规定。《中华人民共和国安全生产法》第一百一十七条对重大危险源的解释是："指长期地或者临时地生产、搬运、使用或者储存危险物品，且危险物品的数量等于或者超过临界量的单元（包括场所和设施）"。当单元中有多种物质时，如果各类物质的量达到临界值就是重大危险源。

2.1.9 本质安全

按照系统安全工程的认识论，安全是相对的概念，它是人们对生产、生活中是否可能遭受健康损害和人身伤亡的综合认识。

本质安全是指通过设计等手段使生产设备或生产系统本身具有安全性，即使在误操作或发生故障的情况下也不会造成事故。它通常包括两方面的内容：

1. 失误—安全功能，指操作者即使操作失误，也不会发生事故或伤害，或者说设备设施和技术工艺本身具有自动防止人的不安全行为的功能。

2. 故障—安全功能，指设备设施或生产工艺发生故障或损坏时，还能暂时维持正常工作或自动转变为安全状态。

上述两种安全功能应该是设备设施和技术工艺本身固有的，即在其规划设计阶段就被纳入其中，而不是事后补偿的。

本质安全是生产中"预防为主"的根本体现，也是安全生产的最高境界。实际上，由于技术、资金和人们对事故的认识等原因，目前还很难做到本质安全，本质安全只能作为追求的目标。

2.2　事故致因及安全原理

2.2.1　事故致因原理

事故发生有其自身的发展规律和特点，只有了解事故发生的规律，才能保证安全生产系统处于有效状态。下面简要介绍几种事故致因理论。

1. 事故频发倾向理论

事故频发倾向是指个别容易发生事故的稳定的个人的内在倾向。事故频发倾向者的存在是工业事故发生的主要原因，即少数具有事故频发倾向的工人是事故频发倾向者，他们的存在是工业事故发生的原因。如果企业中减少了事故频发倾向者，就可以减少工业事故。

因此，人员选择就成了预防事故的重要措施，通过严格的生理、心理检验，从众多的求职人员中选择身体、智力、性格特征及动作特征等方面优秀的人才就业，而把企业中的所谓事故频发倾向者解雇。

事故频发倾向理论是早期的事故致因理论，不符合现代事故致因理论的理念。

2. 事故因果连锁理论

在20世纪初，资本主义工业化大生产飞速发展，机械化的生产方式迫使工人适应机器，包括操作要求和工作节奏，这一时期的工伤事故频发。1941年美国学者海因里希统计了55万件机械事故，其中死亡、重伤事故1666件，轻伤48334件，其余则为无伤害事故。从而得出一个重要结论，即在机械事故中，死亡或重伤、轻伤或故障以及无伤害事故的比例为1：29：300，国际上把这一法则称为事故法则。

这个法则说明，在机械生产过程中，每发生330起意外事件，有300件未产生人员伤害，29件造成人员轻伤，1件导致重伤或死亡。要防止重大事故的发生必须减少和消除无伤害事故，要重视事故的苗头和未遂事故，否则终会酿成大祸。

海因里希提出了著名的"事故因果连锁理论"，他认为伤害事故的发生是一连串的事件按照一定的因果关系依次发生的结果。即发生人员伤亡是事故的结果；事故的发生产生于人的不安全行为和物的不安全状态；人的不安全行为或物的不安全状态是由于人的缺点造成的；人的缺点是由于不良环境诱发的，或者是由先天的遗传因素造成的。

他用多米诺骨牌来形象地描述这种事故因果连锁关系，得到图2-1那样的多米诺骨牌系列。在多米诺骨牌系列中，第一块骨牌倒下（事故的根本原因发生），会引起后面的骨牌连锁反应而倒下，其余的几块骨牌相继被碰倒，第五块倒下的就是伤害事故（包括人的伤亡与物的损失）。如果移去连锁中的一块骨牌，则连锁被隔断，发生事故的过程被中止。

企业安全工作的中心就是防止人的不安全行为，消除机械的或物质的不安全状态，中断事故连锁的进程而避免事故发生。

海因里希事故因果连锁理论如图 2.1 所示。

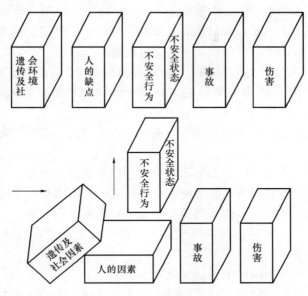

图 2.1　海因里希事故因果连锁理论

但海因里希事故因果连锁理论把大多数工业事故的责任都归因于人的不安全行为，过于绝对化和简单化，有一定的时代局限性。

3. 现代因果连锁理论

博德（Frank Bird）在海因里希事故因果连锁理论的基础上提出了现代事故因果连锁理论，如图 2.2 所示。

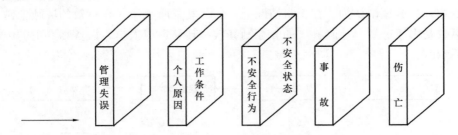

图 2.2　现代事故因果连锁理论

博德事故因果连锁理论主要观点包括以下 5 个方面：

一是管理缺陷。如果安全管理上出现缺陷，就会使得导致事故基本原因的出现，只要生产没有实现本质安全化，就有发生事故及伤害的可能。因此，安全管理是企业的重要一环。

二是基本原因。为了从根本上预防事故，必须查明事故的基本原因，并针对查明的基本原因采取对策，基本原因包括个人原因及与工作条件有关的原因。个人原因包括缺乏安全知识或技能，行为动机不正确，生理或心理有问题等；工作条件原因包括安全操作规程

11

不健全，设备、材料不合适以及存在温度、湿度、粉尘、有毒有害气体、噪声、照明、工作场地状况（如打滑的地面、障碍物、不可靠支撑物）等有害作业环境因素。只有找出并控制这些原因，才能有效地防止后续原因的产生，从而防止事故的发生。

三是直接原因，人的不安全行为或物的不安全状态是事故的直接原因，这种原因是最重要的，在安全管理中必须重点加以追究。在实际工作中，要追究其背后隐藏的管理上的缺陷原因，并采取有效的控制措施，从根本上杜绝事故的发生。

四是事故。防止事故就是防止接触，通过对装置、材料、工艺的改进来防止能量的释放，训练工人提高识别和回避危险的能力，用个体防护（佩戴个人防护用具）来防止接触。

五是损失。人员伤害及财物损坏统称为损失，人员的伤害包括工伤、职业病、精神创伤等。

日本学者北川彻三认为事故的基本原因应该包括 3 个方面：

一是管理原因。企业领导者不够重视安全，作业标准不明确，维修保养制度方面存在缺陷，人员安排不当，职工积极性不高等；二是学校教育原因。小学、中学、大学等教育机构的安全教育不充分。三是社会或历史原因。社会安全观念落后，安全法规或安全管理、监督机构不完备等。

北川彻三认为事故的间接原因包括 4 个方面：

一是技术原因。机械、装置、建筑物等的设计、建造、维护等技术方面的缺陷。二是教育原因。由于缺乏安全知识及操作经验，不知道、轻视操作过程中的危险性和安全操作方法，或操作不熟练、习惯操作等。三是身体原因。身体状态不佳，如头痛、昏迷、癫病等疾病，或近视、耳聋等生理缺陷，或疲劳、睡眠不足等。四是精神原因。消极、抵触、不满等不良态度，焦躁、紧张、恐惧、偏激等精神不安定，狭隘、顽固等不良性格以及智力方面的障碍。前面两种原因比较普遍，后面两种原因较少出现。

4. 能量意外释放理论

能量意外释放理论认为，在正常情况下，能量和危险物质是在有效的屏蔽中做有序的流动，事故是由于能量和危险物质的无控制释放和转移造成人员、设备和环境的破坏，如图 2.3 所示。

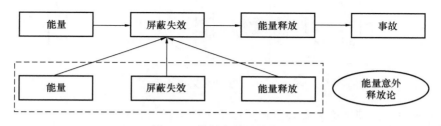

图 2.3　能量意外释放理论

1966 年，哈登认为："生物体（人）受伤害的原因只能是某种能量的转移。"他提出伤害分为两类，第一类伤害是由于施加了超过局部或全身性损伤阈值的能量引起的；第二类是由于影响了局部的或全身性能量交换引起的，主要指中毒窒息和冻伤。在一定条件下，某种形式的能量能否产生伤害、造成人员伤亡事故，取决于能量大小、接触能量时间长短和频率以及力的集中程度。根据能量意外释放理论，可以利用各种屏蔽来防止意外的能量转移，从而防止事故的发生。

从能量意外释放理论出发，预防伤害事故就是防止能量或危险物质的意外释放，防止人体与过量的能量或危险物质接触。用安全的能源代替不安全的能源，如在容易发生触电的作业场所，用压缩空气代替电力，可以防止触电事故的发生；限制能量，指限制能量的大小和速度，如利用低压设备防止电击，限制设备运转速度以防止机械伤害；防止能量的蓄积，如通过良好的接地消除静电蓄积，利用避雷针放电保护重要设施等；设置屏蔽设施，如安全围栏等；改变工作方式，如搬运作业中以机械代替人工搬运，防止伤脚、伤手等。

5. 轨迹交叉理论

伤害事故是由许多相互联系的事件顺序发展的结果。这些事件概括起来不外乎人和物（包括环境）两大发展系列。当人的不安全行为和物的不安全状态在各自发展过程（轨迹）中，在一定时间、空间发生了接触（交叉），能量转移于人体时，伤害事故就会发生。而人的不安全行为和物的不安全状态之所以产生和发展，又是受多种因素作用的结果。

轨迹交叉理论如图 2.4 所示。图中，起因物与致害物可能是不同的物体，也可能是同一个物体。同样，肇事者和受害者可能是不同的人，也可能是同一个人。

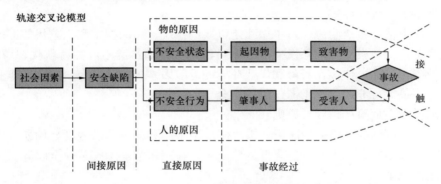

图 2.4　轨迹交叉理论的示意图

轨迹交叉理论作为一种事故致因理论，强调人的因素和物的因素在事故致因中占有同样重要的地位。按照该理论，通过避免人与物两种因素运动轨迹交叉，能够预防事故的发生。

6. 系统安全理论

系统安全理论，是指在系统寿命周期内应用系统安全管理及系统安全工程原理，识别危险源并使其危险性减至最小，从而使系统在规定的性能、时间和成本范围内达到最佳的安全程度。系统安全的基本原则是在一个新系统的构思阶段就必须考虑其安全性的问题，制定并开始执行安全工作规划——系统安全活动，并且把系统安全活动贯穿于系统寿命周期，直到系统报废为止。

系统安全理论认为，需要通过改善物的系统的可靠性来提高复杂系统的安全性，从而避免事故。没有任何一种事物是绝对安全的，任何事物中都潜伏着危险因素。不可能根除一切危险源和危险，可以减少来自现有危险源的危险性，应减少总的危险性而不是只消除几种选定的危险。由于人的认识能力有限，有时不能完全认识危险源和危险，即使认识了现有的危险源，随着技术的进步又会产生新的危险源。受技术、资金、劳动力等因素的限制，对于认识了的危险源也不可能完全根除，因此，只能把危险降低到可接受的程度，即可接受的危险。安全工作的目标就是控制危险源，努力把事故发生概率降到最低，万一发生事故，把伤害和损失控制在最低程度上。

7. 综合原因论

事故是社会因素（基础原因）、管理因素（间接原因）和生产中危险因素（事故隐患或直接原因）被偶然事件触发所造成的后果。事故调查过程则与上述相反，为事故现象—事故经过—直接原因—间接原因—基础原因。

2.2.2 事故的预防原则

生产安全事故的预防工作可以从技术原则、组织管理原则和安全教育原则 3 个方面考虑。

1. 技术原则

在生产过程中，客观上存在的隐患是事故发生的前提。因此，要预防事故的发生，就需要针对危险隐患采取有效的技术措施进行治理。在采取有效技术措施进行治理过程中，应当遵循的基本原则如下：

（1）消除潜在危险原则

即从本质上消除事故隐患，基本做法是以新的系统、新的技术和工艺代替旧的、不安全的系统和工艺，从根本上消除发生事故的可能性。例如，用不可燃材料代替可燃材料，改进机器设备，消除人体操作对象和作业环境的危险因素，消除噪声、尘毒对作业人员的影响等，从而最大可能地保证生产过程的安全。

（2）降低潜在危险严重度的原则

即在无法彻底消除危险的情况下，最大限度地限制和减少危险程度。例如，手电钻工具采用双层绝缘措施，利用变压器降低回路电压，在高压容器中安装安全阀等。

（3）闭锁原则

在系统中通过一些元器件的机器连锁或机电、电气互锁，作为保证安全的条件。例如，冲压机械的安全互锁器，电路中的自动保护器，煤矿上使用的瓦斯-电闭锁装置等。

（4）能量屏蔽原则

在人、物与危险源之间设置屏障，防止意外能量作用到人体和物体上，以保证人和设备的安全。例如，建筑高空作业的安全网、煤粉制备系统使用防爆电气设备等都能起到保护作用。

（5）距离保护原则

当危险和有害因素的伤害作用随着距离的增加而减弱时，应尽量使人员远离危害源。例如，煤磨要与周边建筑物保持距离，爆破时的危险距离控制等。

（6）个体保护原则

根据不同作业性质和条件，配备相应的保护用品及用具，以保护作业人员的安全与健康。例如，安全带、护目镜、绝缘手套等。

（7）警告、禁止信息原则

用光、声、色等其他标志作为传递组织和技术信息的目标，以保证安全。例如，警灯、警报器、安全标志、宣传画等。

（8）其他原则

如时间保护原则、薄弱环节原则、坚固性原则、代替作业人员原则等，可以根据需要确定采取相关的预防事故的技术原则。

2. 组织管理原则

预防事故的发生，不仅要遵循上述技术原则，而且还要在组织管理上采取相关的措施，才能最大限度地减少事故发生的可能性应遵循的组织管理原则如下：

（1）系统整体性原则

安全工作是一项系统性、整体性的工作，涉及企业生产过程中的各个方面。安全工作的整体性要体现出：有明确的工作目标，综合地考虑问题的原因，动态地认识安全状况，落实措施要有主次，要有效地抓住各个主要环节，并且能够适应变化的要求。

（2）计划性原则

安全工作要有计划和规划，近期的目标和长远的目标要协调统一。工作方案、人财物的使用要按照规划进行，并且有最终的评价，形成闭环的管理模式。

（3）效果性原则

安全工作的好坏，要通过最终成果的指标来衡量。但是，由于安全问题的特殊性，安全工作的成果既要考虑经济效益，又要考虑社会效益。正确认识和理解安全的效果性，是落实安全生产措施的重要前提。

（4）党政工团协调安全工作原则

党制定正确的安全生产方针和政策，教育干部和群众遵章守法，了解和解决工人的思想负担，把不安全行为变为安全行为。政府实行安全监察管理职责，不断改善劳动条件，提高企业生产的安全性。工会代表工人的利益，监督政府和企业把安全工作搞好。青年是劳动力中的有生力量，青年工人中往往事故发生率高，因此动员青年开展事故预防活动，是安全生产的重要保证。

（5）责任制原则

各级政府及相关的职能部门和企事业单位应当实行安全生产责任制，对违反劳动安全法规和人员失职而造成的伤亡事故应当给予行政处罚（如《国务院关于特大安全事故行政责任追究的规定》），造成重大伤亡事故的应当依法追究刑事责任。只有将安全责任落到实处，安全生产才能得以保证，安全管理才能取得实效。

3. 安全教育原则

所谓安全教育，是指通过家庭、学校以及社会等途径的传授与培训，掌握安全知识及正确的作业方法。每个人应当从幼年时期开始灌输安全知识，在大学里应当系统地学习必要的安全工程学知识；对在职人员，则应根据其具体的业务，进行安全技术（包括事故管理技术）在内的教育；对工人应进行三级安全教育和特殊工种的培训教育。教育的内容包括安全知识、安全技能、安全态度 3 个方面。

在事故预防对策中，应当把安全技术作为主要的研究对象，创造一种不发生事故的客观条件，或者说创造安全生产的良好物质基础。

总之，事故的预防要从技术、组织管理和安全教育多方面采取措施，从总体上提高预防事故的能力，才能有效地控制事故，保证生产和生活的安全。

2.2.3　安全生产管理原理

安全生产管理原理是从生产管理的共性出发，对生产管理中安全工作的实质内容进行科学分析、综合、抽象与概括所得出的安全生产管理规律。安全生产管理是管理的主要组成部分，遵循管理的普遍规律，既服从管理的基本原理与原则，又有其特殊的原理与原则。

1. 系统原理

系统原理是指人们在从事管理工作时，运用系统理论、观点和方法对管理活动进行充分的系统分析，以达到管理的优化目标，即用系统论的观点、理论和方法来认识和处理管理中出现的问题。

安全生产管理系统是生产管理的一个子系统，包括各级安全管理人员、安全防护设备与设施、安全管理规章制度、安全生产操作规范和规程以及安全生产管理信息等。安全贯穿于生产活动的方方面面，安全生产管理是全方位、全天候且涉及全体人员的管理。

2. 人本原理

在管理中必须把人的因素放在首位，体现以人为本的指导思想，这就是人本原理。人既是管理的主体，又是管理的客体，每个人都处在一定的管理层面上，离开人就无所谓管理；管理的各个要素和管理系统各环节，都是需要人掌管、运作、推动和实施的。

3. 预防原理

安全生产管理工作应该做到预防为主，通过有效的管理和技术手段，减少和防止人的不安全行为和物的不安全状态，从而使事故发生的概率降到最低，这就是预防原理。在可能发生人身伤害、设备或设施损坏以及环境破坏的场合，事先应采取措施，防止事故发生。

4. 强制原理

采取强制管理的手段就是控制人的意愿和行为，使个人的活动、行为等受到安全生产管理要求的约束，从而实现有效的安全生产管理，这就是强制原理。所谓强制就是绝对服从，不必经被管理者同意便可采取控制行动，即安全第一。

2.2.4　安全生产管理理念

系统的本质安全化包括人的本质安全化、物（机械设备）的本质安全化、环境的本质安全化（人—机—环境系统）、管理的本质安全化等。

1. 人的本质安全化

人的不安全行为对事故的发生往往起着决定性的作用。人的不安全行为主要受到人的生理素质、心理素质、技术素质、安全文化素质等因素的影响。

实现人的本质安全化，就是通过对人整体安全素质（包括文化素质、安全知识和能力、安全价值观、心理和生理等）的全面提升，最大限度地消除人的不安全行为，从而减少事故的发生。提升人的安全素质最直接、最有效的办法是从人的安全意识、安全知识、安全技能（包括识险避险的能力、按照安全规程操作的技能及应急处理的能力等）最核心的三个层面入手不断提高。

2. 物的本质安全化（设备、工艺等）

即使最优秀的操作人员，也不能保证一直适应机器的要求；再好的管理，也不能避免人员的失误。一个好的设计会使"物"（机器）从本质上更加安全。从"物"的安全的角度出发，消灭或减少机器的危险将会达到事半功倍的效果。

物的本质安全化主要体现在三个方面：一是生产设备的本质安全化，即对于与其接触的人不存在危险，是安全的；二是工艺过程的本质安全化，采用本质的、被动的、主动的或程序性的风险控制策略消除或降低风险；三是设备控制过程的本质安全化。

3. 环境的本质安全化

在人—机—环境系统中，对系统产生影响的一般环境因素主要有热环境、照明、噪声、振动、粉尘以及有毒物质等。如果在系统设计的各个阶段，尽可能排除各种环境因素对人体的不良影响，使人具有舒适的作业环境，这样既有利于保护劳动者的健康和安全，还有利于最大限度地提高系统的综合效能，实现作业环境的本质安全化。

4. 管理的本质安全化

管理的本质安全化是控制事故的决定性和起主导作用的关键措施。就目前而言，设备和器具的本质安全化受科技、经济等诸多因素制约，本质安全化程度和发展在不同行业、不同企业不均衡；作业环境的本质安全化受成本、观念等因素的影响变数很大；人的本质安全化受职工的文化程度、技术等影响较大，不同企业更不相同。依靠管理的本质安全化，可以弥补以上要素的不足，实现对生产的组织、指挥和协调，对人、财、物的全面调度，保证人—机—环境系统安全可靠地运行。即生产系统中的相关要素达到"思想无懈怠、制度无漏洞、工艺无缺陷、设备无隐患、行为无差错"的状态。

2.3　安全生产管理制度

2.3.1　建立健全安全生产规章制度的意义

安全生产规章制度是生产经营单位贯彻国家有关安全生产法律法规和行业标准，贯彻国家安全生产方针、政策的行动指南，是生产经营单位有效防范生产、经营过程安全风险，保障从业人员安全健康、财产安全、公共安全，加强安全生产管理的重要措施。

安全生产规章制度是指生产经营单位依据国家有关法律法规和行业标准，结合生产经营的安全生产实际，以生产经营单位名义颁发的有关安全生产的规范性文件，一般包括规程、标准、规定、措施、办法、制度、指导意见等。

1. 建立健全安全生产规章制度的必要性

（1）生产经营单位的法定责任

生产经营单位是安全生产的责任主体，《中华人民共和国安全生产法》第四条规定："生产经营单位必须遵守本法和其他有关安全生产的法律、法规，加强安全生产管理，建立健全全员安全生产责任制和安全生产规章制度，加大对安全生产资金、物资、技术、人员的投入保障力度，改善安全生产条件，加强安全生产标准化、信息化建设，构建安全风险分级管控和隐患排查治理双重预防机制，健全风险防范化解机制，提高安全生产水平，确保安全生产。"《中华人民共和国劳动法》第五十二条规定："用人单位必须建立、健全劳动安全卫生制度，严格执行国家劳动安全卫生规程和标准，对劳动者进行劳动安全卫生教育，防止劳动过程中的事故，减少职业危害"。《突发事件应对法》第二十二条规定："所有单位应当建立健全安全管理制度，定期检查本单位各项安全防范措施的落实情况，及时消除事故隐患。所以，建立健全安全生产规章制度是国家有关安全生产法律法规明确的生产经营单位的法定责任。"

（2）生产经营单位落实主体责任的具体体现

生产经营单位的安全生产主体责任主要包括以下内容：物质保障责任、资金投入责任、机构设置和人员配备责任、安全生产规章制度制定责任、教育培训责任、安全管理责任、事故报告和应急救援责任，以及法律法规、规章规定的其他安全生产责任。所以，建立、健全安全生产规章制度是生产经营单位落实主体责任的具体体现。

（3）生产经营单位安全生产的重要保障

安全风险来自生产经营活动过程之中，只要生产经营活动在进行，安全风险就客观存在。企业只有结合实际制定出一系列的操作规程和安全规章制度并严格执行，才能以保障生产经营单位生产经营合法、有序、安全地运行，将安全风险降到最低。

（4）生产经营单位保护从业人员安全与健康的重要手段

国家有关保护从业人员安全与健康的法律法规和行业标准在一个生产经营单位的具体实施，只有通过企业的安全生产规章制度体现出来。

2. 安全生产规章制度建设的依据

安全生产规章制度以安全生产法律法规、国家和行业标准，地方政府的法规和标准为依据。生产经营单位安全生产规章制度首先必须符合国家法律法规和行业标准的要求以及生产经营单位所在地地方政府的相关法规、标准的要求，也可以以相关事故教训、国内外先进的安全管理方法作为依据，及时修订和完善规章制度，防范类似事故的重复发生。生产经营单位安全生产规章制度是一系列法律法规在生产经营单位生产、经营过程中具体贯彻落实的体现。

安全生产规章制度建设的核心就是对危险、有害因素的辨识和控制。通过对危险、有害因素的辨识，提高规章制度建设的目的性和针对性，保障安全生产。同时，生产经营单位要积极借鉴相关事故教训，及时修订和完善规章制度，防范类似事故的重复发生。

3. 安全生产规章制度建设的原则

（1）"安全第一、预防为主、综合治理"的原则

"安全第一、预防为主、综合治理"是我国的安全生产方针，是我国经济社会发展现阶段安全生产客观规律的具体要求。安全第一，就是要求必须把安全生产放在各项工作的首位，正确处理好安全生产与工程进度、经济效益的关系；预防为主，就是要求生产经营单位的安全生产管理工作，要以危险、有害因素的辨识、评价和控制为基础，建立安全生产规章制度。通过制度的实施达到规范人员行为，消除物的不安全状态，实现安全生产的目标；综合治理，就是要求在管理上综合采取组织措施、技术措施，落实生产经营单位的各级主要负责人、专业技术人员、管理人员、从业人员等，以及党政工团有关管理部门的责任，各负其责，齐抓共管。

（2）主要负责人负责的原则

我国安全生产法律法规对生产经营单位安全生产规章制度建设有明确的规定。如《中

华人民共和国安全生产法》第二十一条明确规定："建立健全并落实本单位全员安全生产责任制，加强安全生产标准化建设；组织制定并实施本单位安全生产规章制度和操作规程等，是生产经营单位的主要负责人的职责。"安全生产规章制度的建设和实施，涉及生产经营单位的各个环节和全体人员，只有主要负责人负责，才能有效调动和使用生产经营单位的所有资源，才能协调好各方面的关系，规章制度的落实才能够得到保证。

（3）系统性原则

安全风险来自生产经营活动过程之中。因此，生产经营单位安全生产规章制度的建设，应按照安全系统工程的原理，涵盖生产经营的全过程、全员、全方位，包括规划设计、建设安装、生产调试、生产运行、技术改造的全过程，生产经营活动的每个环节、每个岗位、每个人，事故预防、应急处置、调查处理全过程。

（4）规范化和标准化原则

建立安全生产规章制度遵循起草、审核、发布、教育培训、执行、反馈和持续改进的组织管理程序，做到目的明确，流程清晰，标准准确，具有可操作性。

2.3.2　安全生产规章制度的分类

安全生产规章制度通常包括安全管理和安全技术两个方面的内容。按照安全系统工程和人机工程原理建立的安全生产规章制度体系，是按照标准化工作体系建立的安全生产规章制度体系。是一般把安全生产规章制度分为技术标准、工作标准和管理标准，通常称为"三大标准体系"。按照职业安全健康管理体系建立的安全生产规章制度，一般包括手册、程序文件、作业指导书。

按照安全系统工程和人机工程原理建立的安全生产规章制度体系把安全生产规章制度分为综合管理、人员管理、设备设施管理、环境管理 4 类。

1. 综合安全管理制度

例如安全生产管理目标、指标制度、安全生产责任制、安全管理会议工作制度、承包与发包工程安全管理制度、安全设施和费用管理制度、重大危险源管理制度、危险物品使用管理制度、消防安全管理制度、隐患排查和治理制度、交通安全管理制度、防灾减灾管理制度、事故调查报告处理制度、应急管理制度、安全奖惩制度等。

其中，安全生产责任制属于安全生产规章制度范畴，主要包括生产经营单位各级领导、各职能部门、管理人员及各生产岗位的安全生产责任、权利和义务等内容。安全生产责任制的核心是清晰责任界限，解决"谁来管、管什么、怎么管、承担什么责任"的问题，它是生产经营单位生产规章制度建立的基础。其他安全生产规章制度，重点是解决"干什么，怎么干"的问题。

2. 人员安全管理制度

例如，安全管理人员制度、劳动防护用品发放使用和管理制度、安全工器具的使用管理制度、特种作业及特殊危险作业管理制度、岗位安全规范、职业健康检查制度、现场作业安全管理制度等。

3. 设备设施安全管理制度

例如，"三同时"制度，定期巡视检查制度，定期维护检修制度，定期检测、检验制度，安全操作规程等。

注：安全操作规程主要针对涉及人身安全健康、生产工艺流程和对周围环境有较大影响的设备、装置，如电气设备、超重设备、锅炉和压力容器、厂内机动车辆、建筑施工设备、机加工设备等。

4. 环境安全管理制度

例如，安全标志管理制度、作业环境管理制度、职业卫生管理制度等。

2.3.3　安全生产规章制度简介

1. 综合安全管理制度

（1）安全生产管理目标、指标和总体原则制度

应明确：生产经营单位安全生产的具体目标、指标，安全生产的管理原则、责任，明确安全生产管理的体制、机制、组织机构、安全生产风险防范和控制的主要措施，日常安全生产监督管理的重点工作等内容。

（2）安全生产责任制制度

应明确：生产经营单位各级领导、各职能部门、管理人员及各生产岗位的安全生产责任、权利和义务等内容。

安全生产责任制属于安全生产规章制度范畴。通常把安全生产责任制与安全生产规章制度并列来提，主要是为了突出安全生产责任制的重要性。

（3）安全管理定期例行工作制度

应明确：生产经营单位定期安全分析会议、定期安全学习制度、定期安全活动、定期安全检查等内容。

（4）承包与发包工程安全管理制度

应明确：生产经营单位承包与发包工程的条件、相关资质审查、各方的安全责任、安全生产管理协议、施工安全的组织措施和技术措施、现场的安全检查与协调等内容。

（5）安全设施和费用管理制度

应明确：生产经营单位安全设施的日常维护、管理措施和安全生产费用的保障；根据国家、行业新的安全生产管理要求或季节特点，以及生产、经营情况等发生的变化，生产经营单位临时采取的安全措施及费用来源等。

（6）重大危险源管理制度

应明确：重大危险源登记建档，定期检测、评估、监控，相应的应急预案管理；上报有关地方人民政府负责安全生产监督管理的部门和有关部门备案的内容及管理。

（7）危险物品使用管理制度

应明确：生产经营单位存在的危险物品名称、种类、危险性；危险物品使用和管理的程序、手续；危险物品安全操作注意事项；危险物品存放的条件及日常监督检查规定；针对各类危险物品的性质，在相应的区域设置人员紧急救护、处置的设施等。

（8）消防安全管理制度

应明确：生产经营单位消防安全管理的原则、组织机构、日常管理、现场应急处置原则和程序，消防设施、器材的配置、维护保养、定期试验，以及定期防火检查、防火演练等事项。

（9）安全风险分级管控和隐患排查治理双重预防工作制度

应明确：生产经营单位存在的安全风险类别、可能产生的严重后果、分级原则；根据

生产经营单位内部组织结构，明确各级管理人员、各级组织应管控的安全风险。

应明确：应排查的设备设施、场所的名称，排查周期、排查人员、排查标准；发现问题的处置程序、跟踪管理等。

（10）交通安全管理制度

应明确：车辆调度、检查维护保养、检验标准，以及驾驶员学习、培训、考核的相关内容。

（11）防灾减灾管理制度

应明确：生产经营单位根据地区的地理环境、气候特点以及生产经营性质，针对与防范台风、洪水、泥石流、地质滑坡、地震等自然灾害相关工作的组织管理、技术措施、日常工作等内容和标准。

（12）事故调查报告处理制度

应明确：生产经营单位内部事故标准，报告程序、现场应急处置、现场保护、资料收集、相关当事人调查、技术分析、调查报告编制等。还应明确向上级主管部门报告事故的流程、内容等。

（13）应急管理制度

应明确：生产经营单位的应急管理部门，预案的制定、发布、演练、修订和培训等要求；总体预案、专项预案、现场处置方案等。

制定应急管理制度及应急预案过程中，除考虑生产经营单位自身可能对环境和公众的影响外，还应重点考虑生产经营单位周边环境的特点，针对周边环境可能给生产经营过程中的安全所带来的影响，如生产经营单位附近存在化工厂，就应调查了解可能会发生何种有毒有害物质泄漏，可能泄漏物质的特性、防范方法，以便与生产经营单位自身的应急预案相衔接。

（14）安全奖惩制度

应明确：生产经营单位安全奖惩的原则，奖励或处分的种类、额度等。

2. 人员安全管理制度

（1）安全教育培训制度

应明确：生产经营单位必须进行各级管理人员安全管理知识培训，新员工三级安全教育培训，转岗培训，新材料、新工艺、新设备的使用培训，特种作业人员培训，岗位安全操作规程培训，应急培训等。还应明确各项培训的对象、内容、时间及考核标准等具体规定。

（2）劳动防护用品发放使用和管理制度

应明确：生产经营单位劳动防护用品的种类、适用范围、领取程序、使用前检查标准和用品寿命周期等内容。

（3）安全工器具的使用管理制度

应明确：生产经营单位安全工器具的种类、使用前检查标准、定期检验和器具寿命周期等内容。

（4）特种作业及特殊危险作业管理制度

应明确：生产经营单位特种作业的岗位、人员，作业的一般安全措施要求等。特殊危险作业是指危险性较大的作业，应明确作业的组织程序，保障安全的组织措施、技术措施的制定及执行等内容。

（5）岗位安全规范

应明确：生产经营单位除特种作业岗位外，其他作业岗位保障人身安全、健康，预防火灾、爆炸等事故的一般安全要求。

（6）职业健康检查制度

应明确：生产经营单位职业禁忌的岗位名称、职业禁忌证、定期健康检查的内容和标准、女工保护，以及按照《中华人民共和国职业病防治法》要求的相关内容等。

（7）现场作业安全管理制度

应明确：现场作业的组织管理制度，如工作联系单、工作票、操作票制度，以及作业现场的风险分析与控制制度、反违章管理制度等内容。

3. 设备设施安全管理制度

（1）"三同时"制度

应明确：生产经营单位新建、改建、扩建工程"三同时"的组织审查、验收、上报、备案的执行程序等。

（2）定期巡视检查制度

应明确：生产经营单位日常检查的责任人员，检查的周期、标准、线路，发现问题的处置等内容。

（3）定期维护检修制度

应明确：生产经营单位所有设备设施的维护周期、维护范围、维护标准等内容。

（4）定期检测、检验制度

应明确：生产经营单位需进行定期检测的设备种类、名称、数量，有权进行检测的部门或人员，检测的标准及检测结果管理，安全使用证、检验合格证或者安全标志的管理等。

（5）安全操作规程

应明确：为保证国家、企业、员工的生命财产安全，根据物料性质、工艺流程、设备使用要求而制定的符合安全生产法律法规的操作程序。对涉及人身安全、生产工艺流程及对周围环境有较大影响的设备、装置，如电气设备、起重设备、锅炉压力容器、内部机动车辆、机械加工设备等，生产经营单位应制定安全操作规程。

4. 环境安全管理制度

（1）安全标志管理制度

应明确：生产经营单位现场安全标志的种类、名称、数量、地点和位置；安全标志的定期检查、维护等规定。

（2）作业环境管理制度

应明确：生产经营单位生产经营场所的通道、照明、通风等管理标准，人员紧急疏散方向、标志的管理要求等。

（3）职业卫生管理制度

应明确：生产经营单位尘、毒、噪声、高低温、辐射等涉及职业健康有害因素的种类、场所，定期检查、检测及控制等管理内容。

5. 安全生产规章制度的管理

（1）起草

根据生产经营单位安全生产责任制，由负责安全生产管理部门或相关职能部门负责起草。起草前应明确目的、适用范围、主管部门、解释部门及实施日期等，同时还应做好相关资料的准备和收集工作。

（2）会签或公开征求意见

起草的规章制度应通过正式渠道征得相关职能部门或员工的意见和建议，以利于规章制度颁布后的贯彻落实。当意见不一致时，应由分管领导组织讨论，统一认识，达成一致。

（3）审核

制度签发前应进行审核。一是由生产经营单位负责法律事务的部门进行合规性审查；二是专业技术性较强的规章制度应邀请相关专家进行审核；三是安全奖惩等涉及全员性的制度，应经过职工代表大会或职工代表进行审核。

（4）签发

技术规程、安全操作规程等技术性较强的安全生产规章制度，一般由生产经营单位主管生产的领导或总工程师签发，涉及全局性的综合管理制度应由生产经营单位的主要负责人签发。

（5）发布

生产经营单位的规章制度应采用固定的方式进行发布，如红头文件形式、内部办公网络等。发布的范围涵盖应执行的部门、人员。有些特殊的制度还应正式送达相关人员，并由接收人员签字。

（6）培训

新颁布的安全生产规章制度、修订的安全生产规章制度，应组织进行培训，安全操作规程类规章制度还应组织相关人员进行考试。

（7）反馈

应定期检查安全生产规章制度执行中存在的问题，或建立信息反馈渠道，及时掌握安全生产规章制度的执行效果。

（8）持续改进

生产经营单位应每年制定安全生产规章制度制定、修订计划，并应公布现行有效的规章制度清单。对安全操作规程类规章制度，除每年进行审查和修订外，每 3 至 5 年应进行一次全面修订，并重新发布，确保规章制度的建设和管理有序进行。

6. 安全生产规章制度的合规性管理

安全生产规章制度的合规性管理是指要符合国家法律法规、规章以及其他规范性文件的要求。生产经营单位要建立获取、识别、更新法律法规和其他要求的机制，并定期评价对适用法律法规和其他要求的遵守情况，切实履行生产经营单位遵守法律法规和其他要求的承诺。

2.3.4 安全生产责任制

1. 安全生产责任制的目的和意义

安全生产责任制是按照以人为本，坚持"安全第一、预防为主、综合治理"的安全生产方针和安全生产法规建立的对生产经营单位各级负责人员、各职能部门及其工作人员、各岗位人员在安全生产方面应做的事情和应负的责任予以明确规定的一种制度。只有充分调动各级人员和各部门在安全生产方面的积极性和主观能动性，安全生产工作才能做到"事事有人管、层层有专责"，使领导干部和广大职工分工协作、共同努力，认真负责地做好安全生产工作，保证安全生产。

安全生产责任制是生产经营单位岗位责任制的一个组成部分，是生产经营单位中最基本、最核心的一项安全管理制度。

建立完善的安全生产责任制的总的要求是，坚持"党政同责、一岗双责、失责追责"，横向到边、纵向到底，并由生产经营单位的主要负责人组织建立。建立的安全生产责任制具体应满足如下要求：

（1）必须符合国家安全生产法律法规和政策、方针的要求；

（2）与生产经营单位管理体制协调一致；

（3）要根据本单位、部门、班组、岗位的实际情况制定，既明确、具体，又具有可操作性，防止形式主义；

（4）由专门的人员与机构制定和落实，并应适时修订；

（5）应有配套的监督、检查等制度，以保证安全生产责任制得到真正落实。

2. 安全生产责任制的主要内容

（1）安全生产责任制的内容

主要包括两个方面：一是纵向方面，即从上到下所有类型人员的安全生产职责。在建立责任制时，可首先将本单位从主要负责人一直到岗位作业人员分成相应的层级，然后结合本单位的实际工作，对不同层级的人员在安全生产中应承担的职责作出规定；二是横向方面，即各职能部门（包括党、政、工、团）的安全生产职责。在建立责任制时，可按照本单位职能部门（如安全、设备、计划、技术、生产、基建、人事、财务、设计、档案、培训、党办、宣传、工会、团委等部门）的设置，分别对其在安全生产中应承担的职责作出规定。

（2）安全生产责任制纵向方面人员

① 生产经营单位主要负责人

生产经营单位主要负责人是本单位安全生产的第一责任者，对安全生产工作全面负责。《安全生产法》第二十一条明确规定了生产经营单位的主要负责人对本单位安全生产工作的七项职责：

建立健全并落实本单位全员安全生产责任制，加强安全生产标准化建设；组织制定并实施本单位安全生产规章制度和操作规程；组织制定并实施本单位安全生产教育和培训计划；保证本单位安全生产投入的有效实施；组织建立并落实安全风险分级管控和隐患排查治理双重预防工作机制，督促、检查本单位的安全生产工作，及时消除生产安全事故隐患；组织制定并实施本单位的生产安全事故应急救援预案；及时、如实报告生产安全事故。

② 生产经营单位其他负责人

生产经营单位其他负责人的职责是协助主要负责人做好安全生产工作。不同的负责人分管的工作不同，应根据其具体分管工作，对其在安全生产方面应承担的具体职责作出规定。

③ 安全生产管理人员

安全生产管理人员的职责：组织或者参与拟定本单位安全生产规章制度、操作规程和生产安全事故应急救援预案；组织或者参与本单位安全生产教育和培训，如实记录安全生产教育和培训情况；组织开展危险源辨识和评估，督促落实本单位重大危险源的安全管理措施；组织或者参与本单位应急救援演练；检查本单位的安全生产状况，及时排查生产安全事故隐患，提出改进安全生产管理的建议；制止和纠正违章指挥、强令冒险作业、违反操作规程的行为；督促落实本单位安全生产整改措施。

④ 生产经营单位各职能部门负责人及其工作人员

各职能部门都负有安全生产职责，需根据各部门职责分工作出具体规定。各职能部门负责人的职责是按照本部门的安全生产职责，组织有关人员做好本部门安全生产责任制的落实，并对本部门职责范围内的安全生产工作负责；各职能部门的工作人员则是在本人职责范围内做好有关安全生产工作，并对自己职责范围内的安全生产工作负责。

⑤ 班组长

班组是做好生产经营单位安全生产工作的关键，班组长全面负责本班组的安全生产工作，是安全生产法律法规和规章制度的直接执行者。班组长的主要职责是贯彻执行本单位对安全生产的规定和要求，督促本班组遵守有关安全生产规章制度和安全操作规程，切实做到不违章指挥，不违章作业，遵守劳动纪律。

⑥ 岗位从业人员

岗位从业人员对本岗位的安全生产负直接责任。岗位从业人员的主要职责是接受安全生产教育和培训，遵守有关安全生产规章和安全操作规程，遵守劳动纪律，不违章作业。

3. 生产经营单位的安全生产主体责任

生产经营单位的安全生产主体责任是指国家有关安全生产的法律、法规要求生产经营单位在安全生产保障方面应当执行的有关规定，应当履行的工作职责，应当具备的安全生产条件，应当执行的行业标准，应当承担的法律责任。主要包括以下内容：

(1) 设备设施（或物质）保障责任

包括：具备安全生产条件；依法履行建设项目安全设施"三同时"的规定；依法为从业人员提供劳动防护用品，并监督、教育其正确佩戴和使用。

(2) 资金投入责任

包括：按规定提取和使用安全生产费用，确保资金投入满足安全生产条件需要；按规定建立健全安全生产责任保险制度，依法为从业人员缴纳工伤保险费；保证安全生产教育培训的资金。

(3) 机构设置和人员配备责任

包括：依法设置安全生产管理机构，配备安全生产管理人员；按规定委托和聘用注册安全工程师或者注册安全助理工程师为其提供安全管理服务。

（4）规章制度制定责任

包括：建立、健全安全生产责任制和各项规章制度、操作规程、应急救援预案并督促落实。

（5）安全教育培训责任

包括：开展安全生产宣传教育；依法组织从业人员参加安全生产教育培训，取得相关上岗资格证书。

（6）安全生产管理责任

包括：主动获取国家有关安全生产法律法规并贯彻落实；依法取得安全生产许可；定期组织开展安全检查；依法对安全生产设施、设备或项目进行安全评价；依法对重大危险源实施监控，确保其处于可控状态；及时消除事故隐患；统一协调管理承包、承租单位的安全生产工作。

（7）事故报告和应急救援责任

包括：按规定报告生产安全事故，及时开展事故抢险救援，妥善处理事故善后工作。

（8）法律法规、规章规定的其他安全生产责任。

2.3.5 安全操作规程

安全操作规程有岗位安全操作规程和设备安全操作规程两种。

一是二者针对目标不同。

岗位安全操作规程针对的是岗位，不是特定的具体的人或者设备，是任何人在这个岗位上都应该遵守的规程；设备安全操作规程针对的是具体的设备，是只要操作设备的人就应该遵守的规程。

二是二者时效性不同。

岗位安全操作规程的时效跟岗位绑定，只要岗位存在，岗位安全操作规程就一直有效；设备安全操作规程的时效跟设备有关系，更换设备后，该操作规程就不再适用。

1. 岗位安全操作规程

企业最基本的生产单元是作业岗位，岗位活动的规范化、标准化是实现企业安全运行的基础。制定和实施岗位安全操作规程，是规范岗位安全作业行为、开展岗位隐患排查治理、建立岗位安全隐患清单的有效途径。

（1）岗位安全操作规程的基本概念和作用

① 岗位安全操作规程是指根据物料性质、工艺流程、作业活动、设备使用要求而制定的作业岗位安全生产的作业要求，是岗位作业人员安全作业的最主要依据。管理岗位一般不编制岗位安全操作规程，其安全要求应执行相关管理制度。

② 岗位安全操作规程是岗位作业人员现场安全作业的最主要依据。因此，岗位安全操作规程的内容应涵盖岗位涉及的各类设备设施的安全操作要求、各类作业活动的安全作业要求。

（2）岗位安全操作规程的基本内容和培训教育

① 岗位安全操作规程的基本内容应包括：岗位主要危险有害因素及其风险，作业过程需穿戴的劳动防护用品，作业前、作业中和作业后的相关安全要求和禁止事项，作业现场的应急要求等，其中应包括对设备设施、作业活动、作业环境、现场管理等进行岗位自

我事故隐患排查治理的要求。岗位安全操作规程的使用对象是第一线的岗位作业人员，内容应简洁、通俗、清晰。

② 岗位安全操作规程应以纸质版发放到岗位人员，宜将规程的主要内容制成目视化看板、展板等放置在作业现场。要组织岗位安全操作规程的培训教育，新员工、转复岗人员、"四新"作业人员到岗位作业前，必须进行岗位安全操作规程的培训教育，其他岗位作业人员应定期进行安全操作规程的再教育，以确保每个岗位作业人员熟悉并执行本岗位安全操作规程。

（3）岗位安全操作规程的更新

岗位设备设施、作业活动等发生变化时，采用新技术、新工艺、新设备、新材料时，应对岗位安全操作规程进行更新修订；岗位安全操作规程更新修订后，应将原岗位安全操作规程及时从相关岗位回收，重新发放新的岗位安全操作规程，同时对岗位安全操作规程的看板、展板等进行更新，并对岗位作业人员进行重新培训教育。

（4）需编制安全操作规程的岗位

① 企业从事作业活动，且有相应安全风险的岗位，包括被派遣劳动者的作业岗位，应编制岗位安全操作规程；相关方人员在企业现场工作，应要求相关方编制相应的岗位安全操作规程。

② 岗位安全操作规程的编制，应涵盖以下类型的作业岗位：

设备作业岗位，包括设备操作、运行值班和巡查等作业人员，如机械加工设备操作、焊接作业、电气设备操作、变配电运行值班、空压站运行巡查、装配加工作业、餐饮后厨作业等。

维修检修岗位，如机械维修、维修电工、后勤设施维修、管道维修等。

试验检测岗位，如使用化学品的试验检测、需现场取样的试验检测、使用有相应风险的设备和工具进行的试验检测、锅炉水质化验等。

仓储物流岗位，如搬运装卸、库房保管、库区巡查、输送机械作业、厂内机动车作业等。

其他有相应安全风险，且在现场作业的岗位。

（5）岗位安全操作规程编制的基本要求

① 岗位安全操作规程属于企业规章制度的一个类别，编制工作应按文件编制的流程进行。对现有安全操作规程的完善流程，与编制流程基本一致，可根据实际情况适当简化。

② 岗位安全操作规程的编制要在企业主要负责人的组织下，由企业安全管理部门、安全管理人员组织协调，由相关专业和作业部门的技术人员、管理人员和作业岗位人员参与编制。必要时，可组成编写组，但编写组内应有相关的技术、管理和作业人员代表参加。

（6）岗位安全操作规程的六要素

岗位安全操作规程的内容应涵盖岗位所有的安全作业要求，其基本结构应包括以下六个必备要素，各要素内容应符合岗位实际。

① 岗位安全操作规程的基本要素之一：适用范围

明确岗位安全操作规程的适用范围，避免其他岗位人员误用，如"本规程适用于本公司各部门维修电工岗位""本规程适用于本公司某某车间的某某车床操作岗位""本规程适用于本公司某部动力设备作业岗位,包括本岗位负责的空压机、制冷机作业"。

② 岗位安全操作规程的基本要素之二:岗位安全作业职责

确定本作业岗位的安全职责并进行具体描述,应简要规定岗位人员负责的安全职责,通常包括本岗位日常事故隐患自我排查治理,按岗位安全操作规程安全作业,设备保养过程按规定安全作业,本岗位事故和紧急情况的报告和现场处置等,特殊的岗位还应包括其巡视、检查等职责。

③ 岗位安全操作规程的基本要素之三:岗位主要危险有害因素

通过岗位安全操作规程,提示岗位存在的风险,以确保岗位人员熟悉本岗位风险,树立风险意识,从而自觉执行岗位安全操作规程;应列出岗位涉及的主要危险有害因素,所谓主要危险危害因素,应归纳为岗位最常见的,且风险相对较大的事故风险和职业危害风险,数量不限,通常在 3 至 10 个为宜,其他风险可提示岗位人员见本企业或本部门的危险源风险识别清单。主要危险有害因素应按本岗位相关作业活动分别描述,描述时应简洁地说明风险发生的原因、过程和结果,如某维修岗位使用台钻、砂轮机和电动工具,应分别描述使用这些设备、工具的风险;又如某打磨岗位涉及在一般场所打磨和易燃易爆场所打磨,则应在描述一般场所打磨的风险的基础上,增加在易燃易爆场所打磨的风险。危险有害因素的描述通常使用列表的方法,推荐的列表格式如表 2.1 所示。

表 2.1 危险有害因素

作业活动	注意危险危害因素	可能造成的事故/伤害风险	可能伤害的对象

④ 岗位安全操作规程的基本要素之四:岗位劳动防护用品佩戴要求

明确规定岗位作业过程需佩戴的劳动防护用品,防止岗位人员出现不使用防护用品的隐患;应具体列出各类活动分别应佩戴的具体劳动防护用品,如:岗位作业人员进入作业区域应穿戴工作服、工作帽,长发应盘在工作帽内,袖口及衣服角应系扣;进入变配电设施现场进行检修、倒闸及维修作业应穿戴绝缘靴;带电检修和倒闸时应戴绝缘手套;某设备操作岗位作业时需佩戴防噪声耳塞,班后清扫设备时需戴防尘口罩等。

⑤ 岗位安全操作规程的基本要素之五:岗位作业安全要求

规范作业全过程的安全要求,是岗位安全操作规程的核心内容;应具体规定作业前、作业过程和作业后的岗位安全作业要求,包括隐患自查自改、各类活动的安全要求和禁止性要求等。如编写的具体内容较多,可根据岗位实际,选择文字描述或列表的方法,其通常的内容包括:

作业前的安全要求,通常包括开机作业前对交接班记录和标识,设备设施和工具、安全装置、周边作业环境等进行隐患自查的要求,消除隐患或上报的要求和方法,开机前准备和开机的安全作业步骤和安全注意事项等。

作业过程的安全要求,通常包括正常作业的安全操作注意事项、排除故障时应注意的安全事项、其他作业过程应注意的安全事项等,作业过程检查或巡查发现隐患的处置或上报要求等，作业过程禁止性事项等。

作业后的安全要求，通常包括设备清扫保养过程应注意的安全事项、关闭电源和气源前应注意的安全事项、工作结束离开现场前应进行的现场相关隐患检查和处置、交接班记录和标识的要求等。

（7）岗位安全操作规程的基本要素之六：岗位应急要求

将岗位涉及的现场应急要求列出，即使在本岗位不需编制现场处置方案时，也能确保岗位人员熟悉和执行应急处置措施。应提示岗位可能发生的紧急情况、事故征兆、事件事故，并简要规定岗位第一时间进行处置的方法；如该岗位应急措施涉及流程和内容需编制所在区域、设备的现场处置方案，则可提示其具体执行某某现场处置方案。通常需提示和规定的内容包括：

作业区域发生火险时的处置和疏散方法，如立即停机断电，立即使用周边的灭火器进行灭火并同时报告带班人员，处置无效时立即撤离现场，按现场疏散指示标识到某某集合地集合等。

设备发生紧急情况或事件事故时的处置方法，如设备发生某某故障，应使用某某工具进行排除；设备发生某某故障，需人工排除时应关机或关闭生产线电源；人员的肢体、衣服、头发等被机械运转部位夹住或卷入时，应立即按下设备的紧急停止开关等。

发生事件事故后报告的方法，通常要求首先报告带班人员，紧急情况下可直接报告单位安全管理人员或值班室、监控室等，并列出报告电话。

现场有人员受到伤害时的处置方法，可列出在第一时间进行抢救处置的简要方法，比较复杂的抢救方法通常可作为岗位安全操作规程的附件。

2. 设备安全操作规程

设备安全操作规程是员工操作机器设备、调整仪器仪表和其他作业过程中必须遵守的程序和注意事项。设备安全操作规程规定操作过程应该做什么，不该做什么，设施或者环境应该处于什么状态，是员工安全操作的行为规范。

设备安全操作规程是为了保证设备安全生产而制定的。生产经营单位根据生产性质、技术设备的特点和技术要求，结合实际给各工种员工制定设备安全操作守则，它是生产经营单位实行安全生产的一种基本文件，也是对员工进行安全教育的主要依据。

（1）编制设备安全操作规程的依据

依据国家、行业现行安全技术标准和规范、安全规程等进行编制，包括设备的使用说明书、工作原理资料以及设计制造资料。此外，还包括曾经出现过的危险、事故案例及与本项操作有关的其他不安全因素，还要考虑作业环境条件、工作制度、安全生产责任制等。

（2）设备安全操作规程的内容

操作前的准备，包括操作前做哪些检查，机器设备和环境应当处于什么状态，应做哪些调整，准备哪些工具等。

劳动防护用品的穿戴要求，应该和禁止穿戴的防护用品种类及如何穿戴等；操作的先后顺序、方式；操作过程中机器设备的状态，如手柄、开关所处的位置等；操作过程需要进行哪些测试和调整，如何进行；操作人员所处的位置和操作时的规范姿势；操作过程中有哪些必须禁止的行为；一些特殊要求；异常情况如何处理等。

（3）设备安全操作规程的编写

设备安全操作规程的格式一般可分为全式和简式。全式一般由总则或适用范围、引用标准、名词说明、操作安全要求构成，通常用于范围较广的规程，如行业性的规程；简式的内容一般由操作安全要求构成，针对性强。企业内部制定安全操作规程通常采用简式，规程的文字应简明。为了使操作者更好地掌握、记住操作规程以及发生事故时的既定处理程序，也可以将安全操作规程图表化、流程化。采用流程图表化的规程，可一目了然，便于应用。

设备安全操作规程编写完成后，应广泛征求设备管理部门和使用部门意见，进一步修改完善，经过审批，作为企业内部标准严格执行。随着生产工艺的变化、新设备的使用、新材料和新技术的应用，操作的方式和方法也会发生变化，因此操作规程编制完成后，要根据以上情况的变化及时修订。

（4）注意事项

编制设备安全操作规程时应考虑以下几个方面：

要考虑并罗列所有危险和有害因素，有针对性地禁止操作工人去接触这些危险和有害因素部位，防止产生不良后果，例如，开车时禁止用手去触摸某运动件，以防轧伤手指。

要考虑因各岗位员工的不安全行为而导致的不安全问题。机器在运转中可能产生螺丝松动，引起机件走动而发生事故。螺丝松动与装配质量有关，因此要求工人保证装配质量，控制事故发生，例如，装配机件时，要拧紧皮带轮固定螺丝，防止回转时松动飞出伤人。

要提醒员工注意安全，防止意外事故发生。尽管人的不安全行为和物的不安全状态都控制得很好，编写时还要增加提醒注意安全方面的条款，例如，抬笨重物品时应先检查绳索、杠棒是否牢固，两人要前呼后应，步调一致，防止下落砸伤腿脚；又如，检修时，应切断电源，挂上"不准开车"指示牌，以防他人误开车发生人身事故。

要明确因设备出现故障停车后，操作工要通知的对象，例如，机器运转时闻到焦味、听到异响应及时停车，并报告当班班长；又如电气设备发生故障，应通知电工，不准自行修理。

要考虑作业中每个工作细节可能出现的不安全问题，例如，不准酒后登高，登高时不准穿易滑的鞋子；作业时戴好安全帽，系好安全带；上下传递物品时，保持身体重心平衡，并有专人监护。

2.4 安全生产教育培训

2.4.1 安全生产教育培训的基本要求

《中华人民共和国安全生产法》第二十八条规定：生产经营单位应当对从业人员进行安全生产教育和培训，保证从业人员具备必要的安全生产知识，熟悉有关的安全生产规章制度和安全操作规程，掌握本岗位的安全操作技能，了解事故应急处理措施，知悉自身在安全生产方面的权利和义务。未经安全生产教育和培训合格的从业人员，不得上岗作业。

生产经营单位使用被派遣劳动者的，应当将被派遣劳动者纳入本单位从业人员统一管理，对被派遣劳动者进行岗位安全操作规程和安全操作技能的教育和培训。劳务派遣单位应当对被派遣劳动者进行必要的安全生产教育和培训。

生产经营单位接收中等职业学校、高等学校学生实习的，应当对实习学生进行相应的安全生产教育和培训，提供必要的劳动防护用品。学校应当协助生产经营单位对实习学生进行安全生产教育和培训。

生产经营单位应当建立安全生产教育和培训档案，如实记录安全生产教育和培训的时间、内容、参加人员以及考核结果等情况。

第二十九条规定：生产经营单位采用新工艺、新技术、新材料或者使用新设备，必须了解、掌握其安全技术特性，采取有效的安全防护措施，并对从业人员进行专门的安全生产教育和培训。

第三十条规定：生产经营单位的特种作业人员必须按照国家有关规定经专门的安全作业培训，取得相应资格，方可上岗作业。

第四十四条规定：生产经营单位应当教育和督促从业人员严格执行本单位的安全生产规章制度和安全操作规程；并向从业人员如实告知作业场所和工作岗位存在的危险因素、防范措施以及事故应急措施。

第五十八条规定：从业人员应当接受安全生产教育和培训，掌握本职工作所需的安全生产知识，提高安全生产技能，增强事故预防和应急处理能力。

2.4.2　安全生产教育培训违法行为的处罚

《中华人民共和国安全生产法》第九十七条规定，生产经营单位有下列行为之一的，责令限期改正，处十万元以下的罚款；逾期未改正的，责令停产停业整顿，并处十万元以上二十万元以下的罚款，对其直接负责的主管人员和其他直接责任人员处二万元以上五万元以下的罚款。

（1）危险物品的生产、经营、储存、装卸单位以及矿山、金属冶炼、建筑施工、运输单位的主要负责人和安全生产管理人员未按照规定经考核合格的。

（2）未按照规定对从业人员、被派遣劳动者、实习学生进行安全生产教育和培训，或者未按照规定如实告知有关的安全生产事项的。

（3）未如实记录安全生产教育和培训情况的。

（4）未将事故隐患排查治理情况如实记录或者未向从业人员通报的。

（5）未按照规定制定生产安全事故应急救援预案或者未定期组织演练的。

（6）特种作业人员未按照规定经专门的安全作业培训并取得相应资格，上岗作业的。

2.4.3　安全教育培训的基本内容

包括安全意识教育、安全知识教育和安全技能教育。

1. 安全意识教育

安全意识教育是安全教育的重要组成部分，是搞好安全生产的关键环节。它包括思想认识教育和劳动纪律教育两方面内容。从业人员通过思想认识教育，要提高对劳动保护和安全生产重要性的认识，奠定安全生产的思想基础。劳动纪律教育是提高企业管理水平和安全生产条件、减少工伤事故、保障安全生产的必要前提。

2. 安全知识教育

从业人员接受安全知识教育是提高其安全技能的重要手段。其内容包括：生产经营单位的基本生产概况、生产过程、作业方法或者工艺流程；生产经营单位内特别危险的设备和区域；专业安全技术操作规程；安全防护基本知识和注意事项；有关特种设备的基本安全知识；有关预防生产经营单位常发生事故的基本知识；个人防护用品的构造、性能和正确使用的有关常识等。

3. 安全技能教育

安全技能教育是巩固从业人员安全知识的必要途径。其内容包括设备的性能、作用和一般的结构原理，事故的预防和处理及设备的使用、维护和修理。接受安全生产教育培训的人员应当达到相应要求，如对生产经营单位行政领导和技术负责人来说，在安全生产教育培训后，要懂得安全生产技术的基本理论；能制定、审查灾害预防处理计划和实施措施，能正确组织、指挥抢救事故；具备检查、处理事故隐患，分析安全情况和提出改善安全措施的能力。

4. 安全教育培训的形式

从业人员接受安全教育培训的形式多种多样，如：组织专门的安全教育培训班；班前班后交待安全注意事项，讲评安全生产情况；施工和检修前进行安全措施交底；各级负责人和安全员在作业现场工作时进行安全宣传教育、督促安全法规和制度的贯彻执行；组织安全技术知识讲座、竞赛；召开事故分析会、现场会，分析造成事故原因、责任、教训，制定事故防范措施；组织安全技术交流，安全生产展览、张贴宣传画、标语，设置警示标志，以及利用广播、电影、电视、录像等方式进行安全教育；通过由安全技术部门召开的安全例会、专题会、表彰会、座谈会或者采用安全信息、简报、通报等形式，总结、评比安全生产工作，达到安全教育的目的。从业人员要积极参加上述形式的安全教育培训。

2.4.4　对各类人员的培训

1. 对主要负责人的培训内容和时间

（1）初次培训的主要内容

① 国家安全生产方针、政策和有关安全生产的法律法规、规章及标准。

② 安全生产管理基本知识、安全生产技术、安全生产专业知识。

③ 重大危险源管理、重大事故防范、应急管理和救援组织以及事故调查处理的有关规定。

④ 职业危害及其预防措施。

⑤ 国内外先进的安全生产管理经验。

⑥ 典型事故和应急救援案例分析。

⑦ 其他需要培训的内容。

（2）再培训的主要内容

对已经取得上岗资格证书的有关领导，应定期进行再培训，再培训的主要内容是新知识、新技术和新颁布的政策、法规，有关安全生产的法律法规、规章、规程、标准和政策，安全生产的新技术、新知识，安全生产管理经验，典型事故案例。

（3）培训时间

① 非煤矿山、危险化学品、金属冶炼等生产经营单位主要负责人初次安全培训时间不得少于 48 学时，每年再培训时间不得少于 16 学时。

② 其他生产经营单位主要负责人初次安全培训时间不得少于 32 学时，每年再培训时间不得少于 12 学时。

2. 对安全生产管理人员的培训内容和时间

（1）初次培训的主要内容

① 国家安全生产方针、政策和有关安全生产的法律法规、规章及标准。

② 安全生产管理、安全生产技术、职业卫生等知识。

③ 伤亡事故统计、报告及职业危害的调查处理方法。

④ 应急管理、应急预案编制以及应急处置的内容和要求。

⑤ 国内外先进的安全生产管理经验。

⑥ 典型事故和应急救援案例分析。

⑦ 其他需要培训的内容。

（2）再培训的主要内容

对已经取得上岗资格证书的安全生产管理人员，应定期进行再培训，再培训的主要内容是新知识、新技术和新颁布的政策、法规，有关安全生产的法律法规、规章、规程、标准和政策，安全生产的新技术、新知识，安全生产管理经验，典型事故案例。

（3）培训时间

① 非煤矿山、危险化学品、金属冶炼等生产经营单位安全生产管理人员初次安全培训时间不得少于 48 学时，每年再培训时间不得少于 16 学时。

② 其他生产经营单位安全生产管理人员初次安全培训时间不得少于 32 学时，每年再培训时间不得少于 12 学时。

3. 对特种作业人员的培训内容和时间

特种作业是指容易发生事故，对操作者本人、他人的安全健康及设备设施的安全可能造成重大危害的作业。直接从事特种作业的从业人员称为特种作业人员。特种作业的范围包括：电工作业、焊接与热切割作业、高处作业、制冷与空调作业、煤矿安全作业、金属非金属矿山安全作业、石油天然气安全作业、冶金（有色）生产安全作业、危险化学品安全作业、烟花爆竹安全作业、应急管理部认定的其他作业。

特种作业人员必须经专门的安全技术培训并考核合格，取得中华人民共和国特种作业操作证（以下简称特种作业操作证）后，方可上岗作业。特种作业人员的安全技术培训、考核、发证、复审工作实行统一监管、分级实施、教考分离的原则。特种作业人员应当接受与其所从事的特种作业相应的安全技术理论培训和实际操作培训。跨省、自治区、直辖市从业的特种作业人员，可以在户籍所在地或者从业所在地参加培训。

从事特种作业人员安全技术培训的机构，应当制定相应的培训计划、教学安排，并按照应急管理部、国家煤矿监察局制定的《特种作业人员培训大纲》和《煤矿特种作业人员培训大纲》进行特种作业人员的安全技术培训。

特种作业操作证有效期为 6 年，在全国范围内有效。特种作业操作证由应急管理部统一式样、标准及编号。特种作业操作证每 3 年复审 1 次。特种作业人员在特种作业操作证有效期内，连续从事本工种 10 年以上，严格遵守有关安全生产法律法规的，经原考核发证机关或者从业所在地考核发证机关同意，特种作业操作证的复审时间可以延长至每6年1次。

特种作业操作证申请复审或者延期复审前，特种作业人员应当参加必要的安全培训并考试合格。安全培训时间不少于8个学时，主要培训法律法规、标准、事故案例和有关新工艺、新技术、新装备等知识。再复审、延期复审仍不合格，或者未按期复审的，特种作业操作证失效。

4. 对其他从业人员的教育培训

生产经营单位其他从业人员是指除主要负责人、安全生产管理人员以外，生产经营单位从事生产经营活动的所有人员（包括其他负责人、其他管理人员、技术人员和各岗位的工人以及临时聘用的人员）。由于特种作业人员作业岗位对安全生产影响较大，需要经过特殊培训和考核，所以制定了特殊要求，但对从业人员的其他安全教育培训、考核工作，同样适用于特种作业人员。

（1）三级安全教育培训

三级安全教育是指厂、车间、班组的安全教育。三级安全教育是我国多年积累、总结并形成的一套行之有效的安全教育培训方法。三级安全教育培训的形式、方法以及考核标准各有侧重。

① 厂级安全教育培训是入厂教育的一个重要内容，培训重点是生产经营单位安全风险辨识、安全生产管理目标、规章制度、劳动纪律、安全考核奖惩、从业人员的安全生产权利和义务、有关事故案例等。

② 车间级安全教育培训是在从业人员工作岗位、工作内容基本确定后进行，由车间组织。培训重点本岗位工作及作业环境范围内的安全风险辨识、评价和控制措施，典型事故案例，岗位安全职责、操作技能及强制性标准，自救互救、急救方法、疏散和现场紧急情况的处理，安全设施、个人防护用品的使用和维护。

③ 班组安全教育培训是在从业人员工作岗位确定后，由班组组织，班组长、班组技术员、安全员对其进行的安全教育培训，除此之外，自我学习是重点。我国传统的师傅带徒弟的方式，也是搞好班组安全教育培训的一种重要方法。进入班组的新从业人员，都应有具体的跟班学习、实习期，实习期间不得安排单独上岗作业。由于生产经营单位的性质不同，对于学习、实习期，国家没有统一规定，应按照行业的规定或生产经营单位的性质和特点自行确定。实习期满，通过安全规程、业务技能考试合格方可独立上岗作业。班组安全教育培训重点是岗位安全操作规程、岗位之间工作衔接配合、作业过程的安全风险分析方法和控制对策、事故案例等。

生产经营单位新上岗的从业人员，岗前安全培训时间不得少于24学时。煤矿、非煤矿山、危险化学品、烟花爆竹、金属冶炼等生产经营单位新上岗的从业人员安全培训时间不得少于72学时，每年再培训的时间不得少于20学时。

（2）调整工作岗位或离岗后重新上岗安全教育培训

从业人员调整工作岗位后，由于岗位工作特点、要求不同，应重新进行新岗位安全教育培训，并经考试合格后方可上岗作业。

由于工作需要或其他原因离开岗位后，重新上岗作业应重新进行安全教育培训，经考试合格后，方可上岗作业。由于工作性质不同，离开岗位时间可按照行业规定或生产经营单位的实际情况自行规定，行业规定或生产经营单位自行规定的离开岗位时间应高于国家规定。原则上，作业岗位安全风险较大，技能要求较高的岗位，时间间隔应短一些。

调整工作岗位和离岗后重新上岗的安全教育培训工作，原则上应由车间级组织。

（3）岗位安全教育培训

岗位安全教育培训是指连续在岗位工作期间的安全教育培训工作，主要包括日常安全教育培训、定期安全考试和专题安全教育培训三个方面。

① 日常安全教育培训主要以车间、班组为单位组织开展，重点是安全操作规程的学习培训、安全生产规章制度的学习培训、作业岗位安全风险辨识培训、事故案例教育等。日常安全教育培训工作形式多样，内容丰富，根据行业或生产经营单位的特点不同而各具特色。例如，班前会、班后会制度，"安全日活动"制度。在班前会上，在布置当天工作任务的同时，开展作业前安全风险分析，制定预控措施，明确工作的监护人等。工作结束后，对当天作业的安全情况进行总结分析、点评等。"安全日活动"，即每周必须安排半天的时间统一由班组或车间组织安全学习培训，企业的领导、职能部门的领导及专职安全监督人员深入班组参加活动。

② 定期安全考试是指生产经营单位组织的定期安全工作规程、规章制度、事故案例的学习和培训，学习培训的方式较为灵活，但考试须统一组织。定期安全考试不合格者，应下岗接受培训，考试合格后方可上岗作业。

③ 专题安全教育培训是指针对某一具体问题进行专门的培训工作。专题安全教育培训工作针对性强，效果比较突出。通常开展的内容有"四新"安全教育培训，法律法规及规章制度培训，事故案例培训，安全知识竞赛、技术比武等。

"四新"安全教育培训是生产经营单位实施新工艺、新技术、新设备、新材料时，对相关岗位从业人员进行的有针对性的安全生产教育培训。法律法规及规章制度培训是指国家颁布的有关安全生产法律法规或生产经营单位制定新的有关安全生产规章制度后组织开展的培训活动。事故案例培训是指在生产经营单位发生生产安全事故或获得与本单位生产经营活动相关的事故案例信息后开展的安全教育培训活动。有条件的生产经营单位还应该举办经常性的安全生产知识竞赛、技术比武等活动，以提高从业人员对安全教育培训的兴趣，推动岗位学习和练兵活动。

在日常实践中，可采取其他许多宣传教育培训的方式方法，如班组安全管理制度，警句、格言上墙活动，利用微信、橱窗等进行安全宣传教育，利用漫画等形式解释安全规程制度，在生产现场曾经发生过生产安全事故的地点设置警示牌，组织事故回顾展览等。

各企业还可以组织开展的全国"安全生产月"活动为契机，结合生产经营的性质、特点，开展内容丰富、灵活多样、具有针对性的各种安全教育培训活动，提高各级人员的安全意识和综合素质。

2.5　建设项目安全评价和安全设施"三同时"

2.5.1　安全评价简述

安全评价，国外也称为风险评价或危险评价，它是以实现工程、系统安全为目的，应用安全系统工程原理和方法，对工程、系统中存在的危险、有害因素进行辨识与分析，判断工程、系统发生事故和职业危害的可能性及其严重程度，从而为制定防范措施和管理决策提供科学依据。安全评价既需要安全评价理论的支撑，又需要理论与实际经验的结合，二者缺一不可。

安全评价可针对一个特定的对象，也可针对一定区域范围。

《中华人民共和国安全生产法》第三十二条有如下规定：矿山、金属冶炼建设项目和用于生产、储存、装卸危险物品的建设项目，应当按照国家有关规定进行安全评价。

安全评价与日常安全管理和安全监督监察工作不同，安全评价是从技术带来的负效应出发，分析、论证和评估由此产生的损失和伤害的可能性、影响范围、严重程度及应采取的对策措施等。

1. 安全评价的目的和作用

（1）安全评价的目的

安全评价作为初步设计的重要依据，是建设单位施工作业和运行安全管理的依据，是国家安全监督管理的重要手段。

（2）安全评价的作用

① 可以使系统有效地减少事故和职业危害。

② 可以系统地进行安全管理。

③ 可以用最少投资达到最佳安全效果。

④ 可以促进各项安全标准制定和可靠性数据积累。

⑤ 可以迅速提高安全技术人员业务水平。

2. 安全评价的分类

安全评价按照实施阶段的不同分为三类：安全预评价、安全验收评价、安全现状评价。

（1）安全预评价

安全预评价是在建设项目可行性研究阶段、工业园区规划阶段或生产经营活动组织实施之前，根据相关的基础资料，辨识与分析建设项目、工业园区、生产经营活动潜在的危险、有害因素，确定其与安全生产法律法规、标准、行政规章、规范的符合性，预测发生事故的可能性及其严重程度，提出科学、合理、可行的安全对策措施建议，做出安全评价结论的活动。

（2）安全验收评价

安全验收评价是在建设项目竣工后正式生产运行前或工业园区建设完成后，通过检查建设项目安全设施与主体工程同时设计、同时施工、同时投入生产和使用的情况或工业园区内的安全设施、设备、装置投入生产和使用的情况，检查安全生产管理措施到位情况，检查安全生产规章制度健全情况，检查事故应急救援预案建立情况，审查确定建设项目、工业园区建设满足安全生产法律法规、标准、规范要求的符合性，从整体上确定建设项目、工业园区的运行状况和安全管理情况，做出安全验收评价结论的活动。

（3）安全现状评价

安全现状评价是针对生产经营活动中、工业园区的事故风险、安全管理等情况，辨识与分析其存在的危险、有害因素，审查确定其与安全生产法律法规、规章、标准、规范要求的符合性，预测发生事故或造成职业危害的可能性及其严重程度，提出科学、合理、可行的安全对策措施建议，做出安全现状评价结论的活动。

安全现状评价既适用于对一个生产经营单位或一个工业园区的评价，也适用于对某一特定的生产方式、生产工艺、生产装置或作业场所的评价。

3. 安全评价方法

安全评价方法是进行定性、定量安全评价的工具，安全评价内容十分丰富。安全评价目的和对象不同，安全评价的内容和指标也随之不同，安全评价方法有很多种，每种评价方法都有其适用范围和应用条件。在进行安全评价时，应该根据安全评价对象和要实现的安全评价目标，选择适用的安全评价方法。

安全评价方法举例如下：

安全检查表评价法（SCL）；预先危险分析法（PHA）；事故树分析法（FTA）；事件树分析法（ETA）；作业条件危险性评价法（LEC）；故障类型和影响分析法（FMEA）；火/爆炸危险指数评价法；矩阵法。

4. 安全评价工作阶段

安全评价分为准备工作、实施评价和编制评价报告 3 个阶段。

（1）准备工作

① 确定本次评价的对象和范围，编制施工安全评价计划。

② 准备有关工程施工安全评价所需相关的法律法规、标准、规章、规范等资料。

③ 评价组织方应提交相关材料，说明评价目的、评价内容、评价方式、所需资料（包括图纸、文件、资料、档案、数据）的清单、拟开展现场检查的计划及其他需要各单位配合的事项。

④ 被评价方应提前准备好评价组织方需要的资料。

（2）实施评价

① 对相关单位提供的工程施工技术和管理资料进行审查。

② 按事先拟定的现场检查计划，查看工程施工项目部的安全管理、施工技术的安全实施、施工环境的安全管理以及监控预警的安全控制工作是否到位以及是否符合相关法规、规范的要求，并按相关规定进行评价和打分。

③ 进行安全评价总分计算和安全水平划分。

④ 在上述工作的基础上，评价组织方提出安全评价结论，编制安全评价报告。

（3）编制评价报告

① 评价报告内容应全面，条理应清楚，数据应完整，提出建议应可行，评价结论应客观公正；文字应简洁、准确，论点应明确，利于阅读和审查。

② 评价报告的主要内容应包括：评价对象的基本情况、评价范围和评价重点、安全评价结果及安全管理水平、安全对策意见和建议，施工现场问题照片以及明确整改时限。

③ 安全评价报告宜采用纸质载体，辅助采用电子载体。

2.5.2 "三同时"简述

1. "三同时"的概念

（1）安全设施

是指生产经营单位在生产经营活动中用于预防生产安全事故的设备、设施、装置、建（构）筑物和其他技术措施的总称。

（2）建设项目安全设施"三同时"

生产经营单位新建、改建、扩建工程项目（以下统称建设项目）的安全设施，必须与主体工程同时设计、同时施工、同时投入生产和使用。

① 同时设计：就是工程设计单位在编制建设项目初步设计文件时，同时编制其中的安全设施设计文件部分，保证安全设施设计按照有关规定得到落实。

② 同时施工：就是建设施工单位在对建设工程项目施工时，必须同时施工安全设施工程。建设施工单位不得先完成主体工程，再进行安全设施施工，或者有意减掉安全设施工程，只完成主体工程，留在以后补充完成。

③ 同时投入生产和使用：就是主体工程在投入生产和使用时，必须同时确保安全设施工程投入生产和使用。安全设施工程没有投入生产或者使用的，主体工程不得投入生产或者使用。

2. "三同时"的实施

（1）安全生产条件和设施综合分析

建设单位对建设项目设立相关条件进行分析时，应同时对安全条件进行分析。建设项目在编制《项目建议书》时应设置专门的章节或附件，对建设项目安全生产基本情况进行描述，对安全生产条件和设施进行综合分析，并明确分析结论，形成《安全生产条件和设施综合分析报告》。

（2）安全设施设计

建设项目通过审批、核准或者备案后，在初步设计时应当同时进行安全设施设计。安全设施设计应编制成《安全设施设计专篇》。建设项目安全设施设计完成后，建设单位应当组织安全设施设计审查，形成《安全设施设计审查报告》，并及时整改审查发现的问题。

（3）施工建设

对于安全设施，企业要严格按照安全设施设计要求施工，如果在施工过程中发现原来的设计不能满足实际需求，需要改变原来的设计，如果变化比较小，可以让设计单位出具变更联系单，如果涉及重大变更，对设计专篇进行变更。

（4）试运行

项目安全设施建成后，建设单位应当对安全设施进行检测、检验、检查，对发现的问题及时整改。根据规定建设项目需要试运行的，应当在安全设施、安全管理、人员培训等符合要求后进行。试运行时间应当不少于 30 日，最长不得超过 180 日，国家有关部门有规定或者特殊要求的行业除外。

（5）安全设施竣工验收

项目竣工正式投入生产或者使用前，建设单位应当组织设计、施工、监理等单位的相关人员和专家对安全设施进行竣工验收，形成《安全设施竣工验收报告》，并及时整改验收发现的问题。

2.6　安全设施管理

生产经营单位加强对设备设施的安全管理，是防止和减少各类安全事故，保障职工的生命安全和健康及财产、环境不受损失的有效手段。

2.6.1　安全设施

安全设施是在生产经营活动中用于预防、控制、减少与消除事故影响而采用的设备、设施、装备及其他技术措施的总称。安全设施分为预防事故设施、控制事故设施、减少与消除事故影响设施三类。

1. 预防事故设施

（1）检测、报警设施：包括压力、温度、液位、流量、组分等报警设施，可燃气体、有毒有害气体、氧气等检测和报警设施及用于安全检查和安全数据分析等检验检测设备、仪器。

（2）设备安全防护设施：包括防护罩、防护屏、负荷限制器、行程限制器，制动、限速、防雷、防潮、防晒、防冻、防腐、防渗漏等设施，传动设备安全锁闭设施，电器过载保护设施及静电接地设施。

（3）防爆设施：包括各种电气设备和仪表的防爆设施，抑制易燃易爆气体和粉尘形成等设施，阻隔防爆的器材及防爆的工器具。

（4）作业场所防护设施：包括作业场所的防辐射、防静电、防噪声、通风（除尘、排毒）、防护栏（网）、防滑、防灼烫等设施。

（5）安全警示标志：包括各种禁止、警告、指令、提示作业安全等警示标志。

2. 控制事故设施

（1）泄压和止逆设施：包括用于泄压的阀门、爆破片、安全阀等设施及用于止逆的阀门等设施及真空系统的密封设施。

（2）紧急处理设施：包括紧急备用电源，紧急切断、分流、冷却等设施，通入或者加入惰性气体、反应抑制剂等设施及紧急停车、仪表连锁等设施。

3. 减少与消除事故影响设施

（1）防止火灾蔓延设施：包括阻火器、安全水封、回火防止器、防油（火）堤，防爆墙、防爆门等隔爆设施，防火墙、防火门等设施及防火材料涂层。

（2）灭火设施：包括水喷淋、惰性气体、泡沫释放等灭火设施及消火栓、高压水枪（炮）、消防车及消防水管网、消防站等。

（3）紧急个体处置设施：包括洗眼器、喷淋器、逃生器、逃生索及应急照明等设施。

（4）应急救援设施：包括堵漏、工程抢险装备和救助现场受伤人员的医疗抢救装备。

（5）逃生避难设施：包括逃生和避难的安全通道（梯）、安全避难所（带空气呼吸系统）和避难信号等。

（6）劳动防护用品和装备：包括头部、面部、视觉、呼吸、听觉器官、四肢、躯干等的防火、防毒、防灼烫、防腐蚀、防噪声、防光射、防高处坠落、防砸击、防刺伤等劳动防护用品和装备。

2.6.2　安全设施管理的总体要求

安全设施是预防、控制、减少与消除事故的重要措施，其设置程序不仅要满足有关法律法规的要求，在具体设置时还要符合有关技术规范的要求，同时还要做好日常管理，才能发挥其应有的作用。在日常管理方面，生产经营单位的各职能部门重点要做好以下工作：

（1）根据《建设项目安全设施"三同时"监督管理办法》（国家安全生产监督管理总局令第 36 号、第 77 号修订），建设项目安全设施必须与主体工程同时设计、同时施工、同时投入生产和使用。

（2）生产经营单位应确保安全设施配备符合国家有关规定和标准，如：按照《建筑物防雷设计规范》（GB 50057）在厂区安装防雷设施；按照《建筑设计防火规范》（GB 50016）、《建筑灭火器配置设计规范》（GB 50140）配置消防设施和器材；按照《爆炸危险环境电力装置设计规范》（GB 50058）设置电力装置；按照《个体防护装备选用规范》（GB/T 11651）配备个体防护设施。

（3）要建立安全设施档案、台账，监督检查安全设施的配备、校验与完好情况，定期组织对安全设施的使用、维护、保养、校验情况进行专业性安全检查。

（4）要建立安全连锁系统管理制度，严禁擅自拆除安全连锁系统进行生产。

（5）生产经营单位不得关闭、破坏直接关系生产安全的监控、报警设施。

2.7　特种设备安全

2.7.1　特种设备的定义与分类

特种设备是指对人身和财产安全有较大危险性的锅炉、压力容器（含气瓶）、压力管道、电梯、起重机械、客运索道、大型游乐设施、场（厂）内专用机动车辆以及法律、行政法规规定适用《中华人民共和国特种设备安全法》的其他特种设备。

特种设备依据其主要工作特点，分为承压类特种设备和机电类特种设备。

1. 承压类特种设备

承压类特种设备是指承载一定压力的密闭设备或管状设备，主要包括锅炉、压力容器（含气瓶）、压力管道。

锅炉，是指利用各种燃料、电或者其他能源，将所盛装的液体加热到一定的参数，并通过对外输出介质的形式提供热能的设备，其范围规定为设计正常水位容积大于或者等于 30L，且额定蒸气压力大于或者等于 0.1MPa（表压）的承压蒸气锅炉；出口水压大于或者等于 0.1MPa（表压），且额定功率大于或者等于 0.1MW 的承压热水锅炉；额定功率大于或者等于 0.1MW 的有机热载体锅炉。

压力容器，是指盛装气体或者液体，承载一定压力的密闭设备，其范围规定为最高工作压力大于或者等于 0.1MPa（表压）的气体、液化气体和最高工作温度高于或者等于标准沸点的液体、容积大于或者等于 30L 且内直径（非圆形截面指截面内边界最大几何尺寸）大于或者等于 150mm 的固定式容器和移动式容器；盛装公称工作压力大于或者等于

0.2MPa（表压），且压力与容积的乘积大于或者等于 1.0MPa·L 的气体、液化气体和标准沸点等于或者低于 60℃液体的气瓶；氧舱。

压力管道，是指利用一定的压力，用于输送气体或者液体的管状设备，其范围规定为最高工作压力大于或者等于 0.1MPa（表压），介质为气体、液化气体、蒸汽或者可燃、易爆、有毒、有腐蚀性、最高工作温度高于或者等于标准沸点的液体，且公称直径大于或者等于 50mm 的管道。公称直径小于 150mm，且其最高工作压力小于 1.6MPa（表压）的输送无毒、不可燃、无腐蚀性气体的管道和设备本体所属管道除外。

2. 机电类特种设备

机电类特种设备是指必须由电力牵引或者驱动的设备，包括电梯、起重机械、客运索道、大型游乐设施和场（厂）内专用机动车辆等。

电梯，是指动力驱动，利用沿刚性导轨运行的箱体或者沿固定线路运行的梯级（踏步），进行升降或者平行运送人、货物的机电设备，包括载人（货）电梯、自动扶梯、自动人行道等。

起重机械，是指用于垂直升降或者垂直升降并水平移动重物的机电设备，其范围规定为额定起重量大于或者等于 0.5t 的升降机；额定起重量大于或者等于 3t，且提升高度大于或者等于 2m 的起重机；层数大于或者等于 2 层的机械式停车设备。

场（厂）内专用机动车辆，是指除道路交通、农用车辆以外仅在工厂厂区、旅游景区、游乐场所等特定区域使用的专用机动车辆。

特种设备包括其所用的材料、附属的安全附件、安全保护装置和与安全保护装置相关的设施。国家对特种设备实行目录管理。特种设备目录由国务院负责特种设备安全监督管理的部门制定，报国务院批准后执行。

2.7.2　特种设备的安全管理

特种设备的安全管理，应严格遵守《中华人民共和国特种设备安全法》，认真执行《特种设备使用管理规则》（以下简称《规则》）。《规则》旨在规范特种设备使用管理，保障特种设备安全经济运行，适用于《特种设备目录》范围内特种设备的安全节能管理，对使用单位主体责任、监督管理，使用单位特种设备管理的机构设置，管理人员和作业人员的配备及职责作了具体规定；对特种设备的使用，检维修、检验、改造、移装、停用及报废以及使用登记方式与程序等作了详细要求。

1. 特种设备的使用

（1）使用合格产品

特种设备使用单位应当使用取得许可生产并经检验合格的特种设备，禁止使用国家明令淘汰和已经报废的特种设备。

国家按照分类监督管理的原则对特种设备生产实行许可制度。特种设备生产单位经负责特种设备安全监督管理的部门许可，方可从事生产活动。购置、选用的特种设备应是许可厂家的合格产品，并随附安全技术规范要求的设计文件、产品质量合格证明、安装及使用维护保养说明、监督检验证明等相关技术资料和文件，并在特种设备显著位置设置产品铭牌、安全警示标志及其说明。

（2）使用登记

特种设备使用单位应当在特种设备投入使用前或者投入使用后 30 日内，向负责特种设备安全监督管理的部门办理使用登记，取得使用登记证书。登记标志应当置于该特种设备的显著位置。

特种设备进行登记时，使用单位要按照安全技术规范的要求，向负责使用登记的特种设备安全监督管理部门提交特种设备的有关文件资料、使用单位的管理机构和人员情况、持证作业人员情况、各项规章制度建立情况等，并填写特种设备使用登记表，附产品数据表。符合规定的，方可进行登记。由负责使用登记的特种设备安全监督管理部门建立数据档案，并利用信息技术建立设备数据库。

特种设备使用单位应当将使用登记证明文件置于设备的显著位置，包括设备本体、附近或者操作间，如可置于锅炉房内墙上或者操作间内，可置于电梯轿厢内。也可将登记编号置于显著位置，如压力容器本体铭牌上留有标贴使用登记证编号的位置，气瓶可以在瓶体上加登记标签，移动式压力容器采用在罐体上喷涂使用登记证编号等方式。

使用登记应当结合检验合格标记，证明该设备能够合法使用。置于显著位置，可以提示使用者（乘坐者）在有效期内可安全使用。

2. 管理机构和人员配备要求

特种设备使用单位，应当根据情况设置特种设备安全管理机构或者配备专职、兼职的特种设备安全管理人员。

安全管理机构、安全管理人员应当履行以下职责：负责建立安全管理制度并检查各项制度的落实情况；负责制定并落实设备维护保养及安全检查计划；负责设备使用状况日常检查，纠正违规行为，排查事故隐患，如发现问题应当停止使用设备，并及时报告本单位有关负责人；负责组织设备自检，申报使用登记和定期检验；负责组织应急救援演习，协助事故调查处理；负责组织本单位人员的安全教育和培训；负责技术档案的管理；其他法律法规、安全技术规范及相关标准对使用管理人员要求的职责。

无论是专职还是兼职安全管理人员，其职能和责任都是一样的，必须具备特种设备安全管理的专业知识和管理水平，按照国家有关规定取得相应资格。特种设备安全管理人员应当对特种设备使用状况进行经常性检查，发现问题应当立即处理；情况紧急时，可以决定停止使用特种设备并及时报告本单位有关负责人。

3. 安全管理制度和操作规程

特种设备使用单位应当建立岗位责任、隐患排查、应急救援等安全管理制度，制定操作规程，保证特种设备安全运行。

（1）岗位责任制

岗位责任制是指特种设备使用单位根据各个工作岗位的性质和所承担活动的特点，建立的明确规定有关单位及人员的职责、权限，并按照规定的标准进行考核及奖惩的制度。岗位责任制一般包括岗位职责制度、交接班制度、巡回检查制度等。实施岗位责任制一般应遵循能力与岗位相统一的原则、职责与权利相统一的原则、考核与奖惩相一致的原则，定岗到人，明确各种岗位的工作内容、数量和质量，应承担的责任等，以保证各项工作有秩序地进行。

（2）隐患排查制度

特种设备使用单位应加强对事故隐患的预防和管理，以防止、减少事故发生，保障员工生命财产安全为目的，建立隐患排查治理长效机制。开展隐患排查一般按照"谁主管、谁负责"的原则，针对各岗位可能发生的隐患建立安全检查制度，按照规定时间、内容和频次对该岗位进行检查，及时收集、查找并上报发现的事故隐患，并积极采取措施进行整改。

（3）应急救援制度

特种设备使用单位应结合本单位所使用的特种设备的主要失效模式及其失效后果，建立应急救援制度，即针对特种设备引起的突发、具有破坏力的紧急事件而有计划、有针对性和可操作性地建立预防、预备、应急处置、应急救援和恢复活动的安全管理制度。特种设备应急救援制度的内容，一般应当包括应急指挥机构、职责分工、设备危险性评估、应急响应方案、应急队伍及装备、应急演练及救援等。

（4）操作规程

特种设备操作规程是指特种设备使用单位为保证设备正常运行制定的具体作业指导文件和程序，内容和要求应当结合本单位的具体情况和设备的具体特性，符合特种设备使用维护保养说明书要求。特种设备使用安全管理人员和操作人员在操作这些特种设备时必须遵循这些文件或程序。建立特种设备操作规程，严格按照规程实施作业，是保证特种设备安全使用的一种具体实施措施。

4. 作业人员持证上岗

特种设备的作业人员及其相关管理人员统称特种设备作业人员。特种设备作业人员资格认定分类与项目由原国家质量监督检验检疫总局统一发布。从事特种设备作业的人员应当按照规定，经考核合格取得特种设备作业人员证，方可从事相应的作业或者管理工作。持有《特种设备作业人员证》的人员，必须经用人单位的法定代表人（负责人）或者其授权人雇（聘）用后，方可在许可的项目范围内作业。

特种设备作业人员应当遵守以下规定：作业时随身携带证件，并自觉接受用人单位的安全管理和市场监督管理部门的监督检查；积极参加特种设备安全教育和安全技术培训；严格执行特种设备操作规程和有关安全规章制度；拒绝违章指挥；发现事故隐患或者不安全因素应当立即向现场管理人员和单位有关负责人报告；其他国家及企业与特种设备安全有关的规定。

5. 安全技术档案

特种设备使用单位应当建立特种设备安全技术档案。特种设备安全技术档案应当包括以下内容：

（1）使用登记证。

（2）特种设备使用登记表。

（3）特种设备的设计文件、产品质量合格证明、安装及使用维护保养说明、监督检验证明等相关技术资料和文件。

（4）特种设备的定期检验和定期自行检查记录。

（5）特种设备的日常使用状况记录。

（6）特种设备及其附属仪器仪表的维护保养记录。

（7）特种设备安全附件和安全保护装置校验检修、更换记录和有关报告。

（8）特种设备的运行故障和事故记录。

特种设备使用单位建立特种设备技术档案，是特种设备管理的一项重要内容。由于设备在使用过程中会因各种因素产生缺陷，需要不断地维护保养、修理，定期进行检验，部分特种设备还需要进行能效状况评估，有的可能还会进行改造。这些都要依据特种设备的设计、制造、安装等原始文件资料和使用过程中的历次改造、修理、检验、检测等过程文件资料。特种设备安全技术档案也是建立设备"身份证"制度的主要内容，完整详细的技术档案不仅可以让使用单位准确掌握该特种设备的性能、运行特点、应注意的情况，而且一旦在哪个环节出现故障或发生事故，也可以比较准确地查清原因，有针对性地改进工作。

6. 安装、维修保养、改造和定期检验

锅炉、压力容器、起重机械的安装、改造、维修以及场（厂）内专用机动车辆的改造、维修，必须由依法取得许可的单位进行。电梯的安装、改造、维修，必须由电梯制造单位或者其通过合同委托、同意的依法取得许可的单位进行。电梯制造单位对电梯质量以及安全运行涉及的质量问题负责。特种设备安装、改造、维修的施工单位应当在施工前将拟进行的特种设备安装、改造、维修情况书面告知直辖市或者设区的市的特种设备安全监督管理部门，告知后即可施工。安装、改造、重大维修过程，必须经国务院特种设备安全监督管理部门核准的检验检测机构按照安全技术规范的要求进行监督检验；未经监督检验合格的不得出厂或者交付使用。

特种设备使用单位应当对使用的特种设备进行经常性维护保养和定期自行检查，并作出记录，应当对特种设备安全附件、安全保护装置进行定期校验、检修，并作出记录。记录是相关工作开展的见证，是重要的追溯资料，也是相关单位履行义务的凭证。安全技术规范对做好记录工作有明确要求。

特种设备使用单位应当按照安全技术规范的要求，在检验合格有效期届满前一个月向特种设备检验机构提出定期检验的要求，并将定期检验标志置于该特种设备的显著位置。未经定期检验或者检验不合格的特种设备，不得继续使用。

7. 变更登记

特种设备进行改造、修理，按照规定需要变更使用登记的应当办理变更登记方可继续使用。

特种设备在使用过程中，如进行改造，其性能参数、材质、技术指标等发生变化，进行改造的单位也可能不是原设备制造单位，导致其在使用登记中的信息发生变化，所以使用单位应及时提供相关材料，到原使用登记的负责特种设备安全监督管理的部门办理变更登记手续；特种设备进行修理的，如施工单位等与原使用登记中的信息发生变化的，使用单位也应及时提供相关材料向原设备登记部门提出变更申请，变更后设备方可继续使用。对使用登记变更的具体要求，在相关安全技术规范中予以说明。

特种设备在使用过程中会发生磨损、腐蚀、裂纹等损坏情况，丧失全部或部分功能，影响设备安全使用；特种设备的材料在使用一定周期后，也存在疲劳的情况，继续使用可能引发严重事故。所以，有必要对涉及生命安全的特种设备规定严格的报废相关要求。

一般报废的原因有两种：一是由于使用年限过长或严重损坏，设备的功能丧失；二是产品不合格。以上两种情况都会危及安全使用，可能引发事故，所以要停止使用，予以报废。

使用单位是保障特种设备使用安全的责任主体，最了解特种设备的使用状况，也是特种设备产权所有者或受委托的管理者，对达到报废条件的特种设备，应当履行报废的义务。

为防止报废的特种设备再次流入使用环节，特种设备报废必须进行去功能化处理，如将承压部件割孔、电梯部件拆解、气瓶压扁等使其不具备再次使用的条件。为了使特种设备监督管理部门掌握特种设备使用情况，特种设备报废后，使用单位必须到原特种设备使用登记部门将报废的特种设备注销，交回使用登记证。

2.8　危险化学品

2.8.1　危险化学品的含义

危险化学品是指具有毒害、腐蚀、爆炸、燃烧、助燃等性质，对人体、设施、环境具有危害的剧毒化学品和其他化学品。

注：现行的《危险化学品目录》于 2015 年 2 月 27 日正式发布，2015 年 5 月 1 日起实施，将化学品的危害分为物理危险、健康危害和环境危害三大类，共 28 个大项和 81 个小项，其中在"备注"栏有"剧毒"字样的即为剧毒化学品。

2022 年 12 月 5 日应急管理部发布《关于修改〈危险化学品目录（2015 版）实施指南（试行）涉及柴油部分内容的通知》，将柴油危险性类别列为"易燃液体，类别 3"、"四、对生产、经营柴油的企业按危险化学品企业进行管理"；修改自 2023 年 1 月 1 日起实施。

2.8.2　危险化学品的主要危险特性

1. 燃烧性

爆炸品、压缩气体和液化气体中的可燃性气体、易燃液体、易燃固体、自燃物品、遇湿易燃物品、有机过氧化物等，在条件具备时均可能发生燃烧。

2. 爆炸性

爆炸品、压缩气体和液化气体、易燃液体、易燃固体、自燃物品、遇湿易燃物品、氧化剂和有机过氧化物等危险化学品均可能由于其化学活性或易燃性引发爆炸事故。

3. 毒害性

许多危险化学品可通过一种或多种途径进入人体和动物体内，当其在人体内累积到一定量时，便会扰乱或破坏肌体的正常生理功能，引起暂时性或持久性的病理改变，甚至危及生命。

4. 腐蚀性

强酸、强碱等物质能对人体组织、金属等物品造成损坏，接触人的皮肤、眼睛或肺部、食道等时，会引起表皮组织坏死而造成灼伤。内部器官被灼伤后可引起炎症，甚至会造成死亡。

5. 放射性

放射性危险化学品通过放出的射线可阻碍和伤害人体细胞活动机能并导致细胞死亡。

2.8.3　危险化学品火灾、爆炸事故的预防

防止危险化学品火灾爆炸事故发生的原则主要有以下 3 点：

1. 防止燃烧爆炸系统的形成

（1）替代；

（2）密闭；

（3）惰性气体保护；

（4）通风置换；

（5）安全监测及联锁。

2. 消除点火源

能引发事故的火源有明火、高温表面、冲击、摩擦、自燃、发热、电气、静电火花、化学反应热、光线照射等，具体做法有：

（1）控制明火和高温表面；

（2）防止摩擦和撞击产生火花；

（3）火灾爆炸危险场所采用防爆电气设备避免电气火花。

3. 限制火灾爆炸蔓延扩散的措施

限制火灾爆炸蔓延扩散的措施包括阻火装置、阻火设施、防爆泄压装置及防火防爆分隔等。

2.8.4　易燃易爆物品储存的基本要求

储存场所要满足消防安全要求，如各类物品仓库、储罐等建筑物的选址、建筑结构、电气设备、防爆泄压、灭火设施等都要满足消防安全要求。

物品要分类储存。易燃易爆物品种类繁多、性质各异，储存时要分区、分类、定品种、定数量、定库房储存、定人员管理。

化学性质或灭火方法相互抵触的物品不准同库储存。

物品进出库要检查验收。

堆垛衬垫要做到安全、整齐、合理，便于清点检查；同时做到不超高、不超宽"五留距"（即留墙距、柱距、顶距、灯距、垛距）。

保管人员要做到一日三查发现问题及时处理消除隐患。

2.9　安全技术措施

生产经营单位为消除危害、改善劳动条件和保证生产安全必须采取相应的安全技术措施。

2.9.1　安全技术措施的类别

1. 防止事故发生的安全技术措施

防止事故发生的安全技术措施是指为了防止事故发生，采取的约束、限制能量或危险物质，防止其意外释放的技术措施。常用的防止事故发生的安全技术措施有消除危险源、

限制能量或危险物质及隔离等。

（1）消除危险源。消除系统中的危险源，可以从根本上防止事故的发生。但是，按照现代安全工程的观点，彻底消除所有危险源是不可能的。因此，人们往往首先选择危险性较大、在现有技术条件下可以消除的危险源作为优先考虑的对象。可以通过选择合适的工艺技术、设备设施，合理的结构形式，选择无害、无毒或不能致人伤害的物料来彻底消除某种危险源。

（2）限制能量或危险物质。限制能量或危险物质可以防止事故的发生，如减少能量或危险物质的量，防止能量蓄积，安全地释放能量等。

（3）隔离。隔离是一种常用的控制能量或危险物质的安全技术措施。采取隔离技术，既可以防止事故的发生，也可以防止事故的扩大，减少事故的损失。

（4）故障-安全设计。在系统、设备设施的一部分发生故障或损坏的情况下，在一定时间内也能保证安全的技术措施称为故障-安全设计。通过设计，使得系统、设备设施发生故障或事故时处于低能状态，防止能量的意外释放。

（5）减少故障和失误。通过增加安全系数、增加可靠性或设置安全监控系统等减轻物的不安全状态，减少物的故障或事故的发生。

2. 减少事故损失的安全技术措施

防止意外释放的能量引起人的伤害或物的损坏，或减轻其对人的伤害或对物的破坏的技术措施称为减少事故损失的安全技术措施。该类技术措施是在事故发生后，迅速控制局面，防止事故扩大，避免二次事故发生，从而减少事故造成的损失。常用的减少事故损失的安全技术措施有隔离、设置薄弱环节、个体防护、避难与救援等。

（1）隔离。隔离是把被保护对象与意外释放的能量或危险物质等隔开。隔离措施按照被保护对象与可能致害对象的关系可分为隔开、封闭和缓冲等。

（2）设置薄弱环节。设置薄弱环节是利用事先设计好的薄弱环节，使事故能量按照人们的意图释放，防止能量作用于被保护的人或物，如锅炉上的易熔塞、电路中的熔断器等。

（3）个体防护。个体防护是把人体与意外释放能量或危险物质隔离开，是一种不得已的隔离措施，却是保护人身安全的最后一道防线。

（4）避难与救援。设置避难场所，当事故发生时，人员暂时躲避，免遭伤害或赢得救援的时间。事先选择撤退路线，当事故发生时，人员按照撤退路线迅速撤离。事故发生后，组织有效的应急救援力量，实施迅速的救护，是减少事故人员伤亡和财产损失的有效措施。

此外，安全监控系统作为防止事故发生和减少事故损失的安全技术措施，是发现系统故障和异常的重要手段。安装安全监控系统，可以及早发现事故，获得事故发生、发展的数据，避免事故的发生或减少事故的损失。

2.9.2　安全技术措施计划

1. 安全技术措施计划的分类

安全技术措施计划的项目范围包括改善劳动条件、防止事故、预防职业病、提高职工安全素质等技术措施，大体可分以下 4 类。

（1）安全技术措施，指以防止工伤事故和减少事故损失为目的的一切技术措施，如安全防护装置、保险装置、信号装置、防火防爆装置等。

（2）卫生技术措施，指改善对职工身体健康有害的生产环境条件、防止职业中毒与职业病的技术措施，如防尘、防毒、防噪声与振动、通风、降温、防寒、防辐射等装置或设施。

（3）辅助措施，指保证工业卫生方面所必需的房屋及一切卫生性保障措施，如尘毒作业人员的淋浴室、更衣室或存衣箱、消毒室、妇女卫生室、急救室等。

（4）安全宣传教育措施，指提高作业人员安全素质的有关宣传教育设备、仪器、教材和场所等，如安全教育室、安全卫生教材、挂图、宣传画、培训室、安全卫生展览等。

安全技术措施计划的项目应按安全技术措施计划项目总名称表执行，以保证安全技术措施费用的合理使用。

2. 安全技术措施计划编制的基本原则

必要性和可行性原则、自力更生与勤俭节约的原则、轻重缓急与统筹安排的原则、领导和群众相结合的原则。

3. 安全技术措施计划的编制方法

安全技术措施计划一般由生产经营单位主管生产的领导或总工程师审批。

4. 安全技术措施计划的编制内容

每一项安全技术措施计划至少应包括以下内容：

（1）措施应用的单位或工作场所；

（2）措施名称；

（3）措施目的和内容；

（4）经费预算及来源；

（5）实施部门和负责人；

（6）开工日期和竣工日期；

（7）措施预期效果及检查验收。

2.10 作业现场环境安全要求

作业现场环境是指劳动者从事生产劳动的场所内各种构成要素的总和，它包括设备、工具、物料的布局、放置，物流通道的流向，作业人员的操作空间范围，事故疏散通道、出口及泄险区域，安全标志，职业卫生状况及噪声、温度、放射性和空气质量等要素。

作业现场环境管理是指运用科学的标准和方法对现场存在的各种环境因素进行有效的计划、组织、协调、控制和检测，使其处于良好的状态，以达到优质、高效、低耗、均衡、安全、文明生产的目的。

2.10.1 作业现场环境的危险和有害因素分类

结合作业现场环境的实际情况，参照《生产过程危险和有害因素分类与代码》（GB/T 13861）的具体要求，生产作业现场环境的危险和有害因素包括 4 类。

1. 室内作业场所环境不良

室内作业涉及的作业环境不良的因素包括室内地面滑，室内作业场所狭窄，室内作业场所杂乱，室内地面不平，室内梯架缺陷，地面、墙和天花板上的开口缺陷，房屋基础下沉，室内安全通道缺陷，房屋安全出口缺陷，采光照明不良，作业场所空气不良，室内温度、湿度、气压不适，室内给水、排水不良，室内涌水，其他室内作业场所环境不良。

室内作业场所环境不良因素没有固定的存在区域，而广泛存在于设计施工不符合要求、日常维护不到位的生产、生活区域，受人为因素影响较大，同一生产区域在不同的时间段存在的室内作业场所环境不良因素可能不相同。

2. 室外作业场所环境不良

室外作业涉及的作业环境不良的因素包括恶劣气候与环境，作业场地和交通设施湿滑，作业场地狭窄，作业场地杂乱，作业场地不平，交通环境不良，脚手架、阶梯和活动梯架缺陷，地面及地面开口缺陷，建（构）筑物和其他结构缺陷，门和周界设施缺陷，作业场地地基下沉，作业场地安全通道缺陷，作业场地安全出口缺陷，作业场地光照不良，作业场地空气不良，作业场地温度、湿度、气压不适，作业场地涌水，排水系统故障，其他室外作业场地环境不良。

与室内作业场所环境不良因素类似，室外作业场所环境不良因素也没有固定的存在区域，主要存在于设计施工不符合要求、日常维护不到位及周边环境恶劣的生产、生活区域，受人为、环境因素影响较大，同一生产区域在不同的时间段存在的室外作业场所环境不良因素可能不相同。

3. 地下（含水下）作业环境不良

一般指隧道、矿井内作业涉及的作业环境不良，水泥工厂环境不良通常不涉及。

4. 其他作业环境不良

其他作业环境不良的因素包括强迫体位，综合性作业环境不良，以上未包括的其他作业环境不良。

2.10.2　作业现场环境和危险作业现场环境要求

1. 作业现场环境基本安全要求

作业现场的安全要求，就是要在维护作业现场环境中坚持"以人为本"的工作理念，保障人与物在生产空间、场地中关系的平衡，使作业环境整洁有序、无毒无害，生产安全、高效、有序。作业现场环境安全要求的内容包括：现场调查，了解作业环境现状，分析生产作业过程，辨识危险及有害因素；评价有害因素危害程度，确定整治对象；确定整治方案并实施，评价整治效果；日常检查，维护作业现场环境规范有序、无毒无害；制定长期改进计划，不断完善，持续提升现场作业环境的规范化程度。

2. 危险作业现场环境的安全要求

危险作业是指对周围环境对作业人员具有较高危险性，容易引起较大的生产安全事故的作业。如水泥工厂中料仓、清库作业；有限空间作业；高处作业；预热器清堵；动火作业；危险区域电焊作业；高温作业等。

（1）危险作业的固有特点

危险作业造成的后果有较大的危害性。由于危险作业涉及的危险因素较多，并且作业过程中可能牵扯的能量较大，一旦发生事故，其后果可能很严重。危险作业的事故风险具有一定的不可控性。危险作业造成的后果的不可控性体现在即使采取了相关的防护措施，危险作业仍有可能对周边环境和作业人员造成伤害，按现有科学技术发展水平，人们还不能完全控制或有效防止危险作业所带来的风险。危险作业的危害范围具有一定的不确定性。危险作业的危害的不确定性体现在危险作业的风险影响范围在某种程度上不能够被准确地划分，也难以有效控制，并且可能超过人们所认知的范围。

（2）环境因素对危险作业的影响

作业现场环境因素是影响作业危险性的重要因素之一，也是作业过程中需要重点监测、控制的因素之一。如常规的作业在密闭空间等缺氧环境下进行则构成危险作业，具有较大的危险性，需要按照《缺氧危险作业安全规程》（GB 8958）等标准的要求，在作业前和作业过程中对氧含量、有毒有害气体含量、温湿度等环境因素进行检测，时刻确保作业处于一个安全可控的作业环境中。常规的动火作业如果在火灾爆炸危险区域内进行则其危险性也会增加，作业前需要对各种环境因素进行监测，合格后方可进行作业，同时在作业过程中的安全防护要求也会相应变得严格。

2.10.3 作业现场环境安全要求

1. 安全标志

安全标志用以表达特定的安全信息，由图形符号、安全色、几何形状（边框）或文字构成。

根据国家规定，安全色为红、黄、蓝、绿四种颜色，用以分别表示禁止、警告、指令和提示等安全信息。

红色的含义：表示禁止、停止、消防和危险。

黄色的含义：表示注意、警告。

蓝色的含义：表示指令、必须遵守的规定。

绿色的含义：表示通行、安全和提供信息。

安全标志是向工作人员警示工作场所或周围环境的危险状况，指导人们采取合理行为的标志。安全标志能够通过禁止、警告、指示和提醒的方式指导工作人员安全作业、规避危险，从而达到避免事故发生的目的。当危险发生时，它又能够指示人们尽快逃离，或者指示人们采取正确、有效、得力的措施，对危害加以遏制，从而实现人员伤亡和经济损失最小化的目的。安全标志不仅类型要与所警示的内容相吻合，而且设置位置要正确合理，面对的作业人员要明确，否则难以真正充分发挥其警示作用。

根据《安全标志及其使用导则》（GB 2894）的要求，国家规定了4类传递安全信息的安全标志，如图2.5所示。

（1）禁止标志

禁止标志是禁止人们不安全行为的图形标志。

禁止标志的几何图形是带斜杠的圆环，其中圆环与斜杠相连，用红色；图形符号用黑色，背景用白色。

我国规定的禁止标志共有40个，如禁止吸烟、禁止烟火、禁止带火种、禁止用水灭火、禁止放置易燃物、禁止堆放、禁止启动、禁止合闸、禁止转动等。

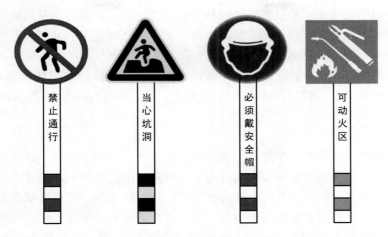

图 2.5　安全标志

（2）警告标志

警告标志是提醒人们对周围环境引起注意，以避免可能发生危险的图形标志。警告标志的几何图形是黑色的正三角形、黑色符号和黄色背景。

我国规定的警告标志共有 39 个，如注意安全、当心火灾、当心爆炸、当心腐蚀、当心中毒、当心感染、当心触电、当心电缆、当心自动启动、当心机械伤人、当心塌方、当心冒顶、当心坑洞、当心落物、当心吊物、当心碰头、当心挤压、当心烫伤、当心伤手、当心夹手、当心扎脚、当心有犬、当心弧光、当心高温表面、当心低温等。

（3）指令标志

指令标志是强制人们必须做出某种动作或采用防范措施的图形标志。指令标志的几何图形是圆形，蓝色背景，白色图形符号。

我国规定的指令标志共有 16 个，如必须戴防护眼镜、必须佩戴遮光护目镜、必须戴防尘口罩、必须戴防毒面具、必须戴护耳器、必须戴安全帽、必须戴防护帽、必须系安全带、必须穿救生衣、必须穿防护服等。

（4）提示标志

提示标志是向人们提供某种信息（如标明安全设施或场所等）的图形标志。提示标志的几何图形是方形，绿色背景，白色图形符号及文字。

提示标志共有 8 个，分别是紧急出口、避险处、应急避难场所、可动火区、击碎板面、急救点、应急电话、紧急医疗站。

2. 光照条件

作业现场的采光情况是作业现场布设需要考虑的一项重要因素，良好的光照不仅能够使作业环境更加舒适，并且能够提高工作效率，减少工作人员的疲劳感，从而减少由于疲劳和心理原因造成的事故。

劳动者作业所需的光源有两种：天然光（阳光）与人工光。利用天然光照明的技术叫采光；利用电光源等人工光源弥补作业时天然光不足的技术叫照明。对于人眼，天然采光的效果优于照明。但一般作业中，往往是采光与照明混合或交替使用，构成劳动者作业的光环境。

为了充分利用天然光创造良好光环境和节约能源，避免眩光等不良光照带来的负面影响，达到作业环境舒适、自然、安全和高效的目的，国家制定了一系列的标准对相关领域内的光照条件作了相关的要求。例如，《建筑采光设计标准》（GB 50033）对利用天然采光的居住、公共和工业建筑的新建、改建和扩建工程的采光设计要求作了规定，《建筑照明设计标准》（GB 50034）对工业企业中的新建、改建和扩建工程的照明设计要求作了规定。

3. 噪声

凡是妨碍人们正常休息、学习和工作的声音，及使人烦躁、讨厌，对人们要听的声音产生干扰的声音，即不需要的声音，均可称之为噪声。引起噪声的声源很多，就工业生产作业环境中的噪声来讲，主要有空气动力性噪声、机械性噪声、电磁性噪声等三种。

噪声对人体可能造成多种负面影响，它不仅可能造成人体听觉损伤，同时还可能分散人们的注意力，妨碍人们的正常思考，使作业人员心情烦躁、效率低下、容易疲劳。所以，作业环境中必须要合理地控制噪声。控制作业环境中的噪声的方式主要有源头控制、传播途径控制和作业人员个体防护三种。国家卫生计生委、人力资源和社会保障部、原国家安全监管总局、全国总工会联合印发的《职业病危害因素分类目录》中已将作业环境中的噪声危害划定为职业危害，《工作场所职业病危害作业分级 第 4 部分：噪声》（GBZ/T 229.4）中将作业环境中的噪声危害分为轻度危害、中度危害、重度危害、极重危害 4 个级别。《工作场所有害因素职业接触限值 第 2 部分：物理因素》（GBZ 2.2）以每周工作 5 天，每天工作 8h 的稳态作业环境接触为例，噪声的作业环境接触限值为 85dB，在非稳态接触噪声的作业环境中，噪声的非稳态等效接触限值为 85dB。

4. 温度

人体的体温常年维持在一个恒定的范围内（36~37℃），这个范围是维持人体正常生理需求的最合适的温度。如果由于外界环境的改变，导致人体的体温不能够及时地恢复正常，就有可能引起人体的不适，从而降低工作效率、增加疲劳感，进而引起事故的发生。

在《职业病危害因素分类目录》中将高温、低温划归为职业病危害因素。

由环境温度因素引起的危害主要有两种：高温作业和低温作业。《工业场所有害因素职业接触限值 第 2 部分：物理因素》（GBZ 2.2）中将高温作业定义为在生产劳动过程中，其工作地点平均 WBGT 指数等于或高于 25℃ 的作业；《低温作业分级》（GB/T 14440）中将低温作业定义为在生产劳动过程中，其工作地点平均气温等于或低于 5℃ 的作业。

为了预防作业环境温度因素对作业人员带来的不良影响，涉及环境温度危害的作业应采取必要的防护手段来保障作业人员的健康。对于某些高温作业，如金属冶炼、烧结、热塑、矿石干燥、饲料制粒和蒸煮等，应通过采取加强通风及合理规划作业人员的作业时间等手段进行防护，同时厂房应参照《工业企业设计卫生标准》（GBZ 1）中的要求进行合理布局，保障厂房的散热效果；对于某些低温作业，如潜水员水下工作、现代化工厂的低温车间以及寒冷气候下的野外作业，应采取加强保暖并合理规划作业人员的作业时间等手段进行防护。

5. 湿度

湿度是表示大气干燥程度的物理量，作业环境的湿度不仅能够影响环境的舒适程度，而且与作业人员的身体健康、工作效率息息相关。长时间在环境湿度较高的地方工作容易患职业性浸渍、糜烂、湿痹症等疾病；在环境湿度过低的地方工作时，又有可能由于水分蒸发加快，造成皮肤干燥、鼻腔黏膜刺激等不良症状，从而诱发呼吸系统病症。

6. 空气质量

空气作为人类生存必需的条件在人们生产作业过程中扮演着极其重要的角色，作业环境中的粉尘、有毒有害气体不仅能够严重影响作业人员的身体健康，造成职业损伤，还能够影响作业人员的工作效率。在《职业病危害因素分类目录》中将各类粉尘、氨及多种有毒有害物质的蒸气均划为职业病危害因素。

改善作业环境质量的控制措施主要包括控制污染源头、加强环境通风和增强个体防护三类。控制污染源头主要是通过改进工艺技术等方式，使用不产生或产生污染物较少的生产工艺来控制污染物的源头，从而从根本上降低作业环境中的污染物的浓度；加强环境通风是通过主动地将作业环境中污染物质排除的方式降低污染物浓度的方法；增强个体防护主要是通过佩戴防毒面具、口罩等防护装备来被动地防护有毒有害物质。

2.10.4　作业现场 "5S" 管理和作业现场目视化管理简介

1. 作业现场 "5S" 管理

5S 是指整理（SEIRI）、整顿（SEITON）、清扫（SEISO）、清洁（SETKETSU）、素养（SHITSUKE）五个项目，因日语的罗马拼音均为以 "S" 开头，英语也是以 "S" 开头，所以简称 "5S"。

"5S" 管理是指对生产现场的各种要素进行合理配置和优化组合的动态过程，即令所使用的人、财、物等资源处于良好的、平衡的状态。"5S" 又被称为 "五常法则" 或 "五常法"。整理，就是将工作场所收拾成井然有序的状态。整顿，就是明确整理后需要物品的摆放区域和形式，即定置定位。清扫，就是大扫除，清扫一切污垢、垃圾，创造一个明亮、整齐的工作环境。清洁，就是要维持整理、整顿、清扫后的成果，认真维护和保持在最佳状态，并且制度化，管理公开化、透明化。素养，就是提高人的素质，养成严格执行各种规章制度、工作程序和各项作业标准的良好习惯和作风，这是 "5S" 活动的核心。

"5S" 活动中 5 个部分不是孤立的，它们是一个相互联系的有机整体。整理、整顿、清扫是进行日常 "5S" 活动的具体内容；清洁则是对整理、整顿、清扫工作的规范化和制度化管理，以便使其持续开展；素养是要求员工建立自律精神，养成自觉进行 "5S" 活动的良好习惯。

2. 作业现场目视化管理

目视化管理就是通过安全色、标签、标牌等方式，明确人员的资质和身份、工器具和设备设施的使用状态，以及生产作业区域的危险状态的一种现场安全管理方法，它具有视觉化、透明化和界限化的特点。目视化管理是利用形象直观而又色彩适宜的各种视觉感知信息来组织现场生产活动，达到提高劳动生产率的一种管理手段，也是一种利用视觉来进行管理的科学方法。目视化管理的目的是通过简单、明确、易于辨别的安全管理模式或方法，强化现场安全管理，确保工作安全，并通过外在状态的观察，达到发现人、设备、现场的不安全状态。作业现场目视化管理包括人员、工器具、设备设施和生产作业区域四种目视化管理。

目视化管理是现场管理的一个重要管理改善工具，是能够使现场所发生的问题一目了然，并能够尽早采取相应对策的精益管理机制或者方法，通常会结合"5S"管理、看板管理一同进行，根据生产现场情况开展综合性的现场管理改善工作。

（1）看板管理目视化

各部门、班组统一看板大小、版面设计，根据自身实际情况制定内容，其中包括：生产管理、质量管理、物料管理、人员管理、提案改善、激励制度等。

明确每块管理看板的责任人、监督人及其工作内容，应该达到标准以及检查考核办法，并有照片对应。根据精益生产推进实施情况完善版面设计和内容，使之能更实际地反映部门、班组的实际情况，更好地进行目视化管理。

（2）人员管理目视化

明确考勤管理制度，制作考勤管理板和员工考勤管理牌，有照片对应，使员工出勤情况目视化。明确劳动纪律管理制度，加强劳动纪律的宣传和检查完善各岗位的管理工作，使各员工岗位职能明确。

制定公司仪容、仪表管理制度，加强仪容、仪表的宣传、落实、检查工作。明确各自岗位的工作职责，完善岗位管理，通过看板、图表的形式进行岗位管理。制作部门人员动向看板，使人员的动向明确，便于进行目视化管理。

（3）物品管理目视化

利用看板完善物品目视化管理工作，通过区域、标识、工位器具、颜色等使物品的状态目视化，做好物品管理的保持、推进、检查考核工作。用不同颜色对物品存放的区域、数量、工位器具的区域进行划分管理。

明确物品的加工流程，制作物品加工流程图，利用看板、图表使物品流程目视化。利用看板、图表明确物品转移的流程，确定物品转移的时间、数量、频次。明确各类物品的责任人，统一制作物品责任人管理标识，并明确责任人的工作职责。

（4）作业管理目视化

在各个工位的作业标准的制定工作中，利用图片、表格等更直观的工具使作业标准目视化程度更高。明确各工作、各产品的作业流程。利用看板、图表等更直观的工具使作业流程目视化程度更高。

利用警示灯、图片等表示作业状态，完善作业状态目视化的推广工作。利用看板、图表等更直观的工具使作业计划、进度目视化程度更高，并做好保持检查工作。

（5）设备管理目视化

根据精益理念进行设备布局的合理优化，利用图片完善设备责任人的目视化，制作设备责任人卡片张贴于设备上，并明确设备责任人的职责。利用颜色、图标等工具完善各种开关、仪表的目视化工作，并做好落实检查工作，如用不同颜色的箭头来标明不同管道和仪表的正常、异常范围。

充分利用看板、表格、图片、警示标语等工具使设备的操作、点检、维修、状态、性能的目视化程度更高。明确设备的主要参数，将其利用图表的形式进行目视化，其中英文的参数建立中英文设备单词对照表。制作设备档案，其主要内容包括：保养、维修、停机记录、磨损件的使用时间及周期等。

（6）品质管理目视化

制定明确的质量标准，利用图片、表格将质量标准目视化。控制要点目视化，在作业标准中明确质量控制的要点，利用图片、实物对比等方法将质量控制要点目视化。利用图表、图形将质量趋势目视化，并将整改措施的效果目视化。

利用图片，通过正确、错误使用方法对比等方式，使量检具标准化使用方法目视化。利用图片、图表、行迹等方式使量检具的管理目视化，同时明确量检具的管理规定（使用、存放、责任人、校验周期等），进行规范管理。

（7）安全管理目视化

利用图片、颜色区分、真人示范、警示标语等方式使消防器材的位置、责任人、管理办法、使用方法目视化管理。明确危险点的位置、危险种类、责任人、注意事项，利用图表、图片、警示标语等方式将危险点的管理目视化。

利用图片明确责任人的工作内容、工作范围、责任人的职位、联系方式、应该达到标准以及检查考核办法。将安全责任区域用不同颜色区分，明确区域的管理职责及管理的重点及其相关规定。

利用图片、醒目颜色将安全警示标语悬挂张贴在醒目位置及危险源附近，将可能造成的后果目视化。充分利用看板、图片、影像、条幅等方式进行安全教育及宣传的目视化。

2.11 安全生产投入与安全生产责任保险

2.11.1 安全生产投入

1. 安全生产投入必要依据

《安全生产法》第二十三条规定："生产经营单位应当具备的安全生产条件所必需的资金投入，由生产经营单位的决策机构、主要负责人或者个人经营的投资人予以保证，并对由于安全生产所必需的资金投入不足导致的后果承担责任。"

2022 年 11 月 21 日，财政部、应急管理部印发《企业安全生产费用提取和使用管理办法》（财资〔2022〕136 号），明确了安全生产费用提取、使用和监督管理等工作的要求，对保证安全生产费用的投入发挥了重要作用。该办法规定我国境内直接从事煤炭生产、非煤矿山开采、建设工程施工、危险品生产与储存等企业以及其他经济组织需要按照规定标准提取安全生产费用，并在成本中列支，专门用于完善和改进企业或者项目安全生产条件。同时，提出了安全生产费用应按照"筹措有章、支出有据、管理有序、监督有效"的原则进行管理。

生产经营单位是安全生产的责任主体，也是安全生产费用提取、使用和管理的主体。安全生产投入的决策程序，因生产经营单位的性质不同而异。但其项目计划、费用预测程序大体相同，即由生产经营单位主管安全生产的部门牵头，工会、职业危害管理部门参加，共同制定安全技术措施计划（或安全技术劳动保护措施计划），经财务或生产费用主管部门审核，分管领导审查后提交主要负责人或安全生产委员会审定。

安全生产费用的提取标准，高危行业应严格执行国家的相关标准和要求。其他生产经营单位应按照相关规定满足从业人员安全教育培训，安全设施的维护，特种设备的检测、检验，应急演练、器材配置，职业病危害因素检测、评价等要求。

2. 安全生产费用的使用和管理

（1）法律依据与责任主体

保证必要的安全生产投入是实现安全生产的重要基础。《安全生产法》第二十三条规定，"生产经营单位应当具备安全生产条件所必需的资金投入。生产经营单位必须安排适当的资金，用于改善安全设施，进行安全教育培训，更新安全技术装备、器材、仪器、仪表以及其他安全生产设备设施，以保证生产经营单位达到法律法规、标准规定的安全生产条件，并对由于安全生产所必需的资金投入不足导致的后果承担责任"。

安全生产投入资金具体由谁来保证，应根据企业的性质而定。一般说来，股份制企业、合资企业等安全生产投入资金由决策机构（董事会）予以保证；一般国有企业由主要负责人（厂长或者总经理）予以保证；个体工商户等个体经济组织由投资人予以保证。上述保证人承担由于安全生产所必需的资金投入不足而导致事故后果的法律责任。

企业安全生产投入是一项长期性的工作，安全生产设施的投入必须有一个治本的总体规划，有计划、有步骤、有重点地进行，要克服盲目无序投入的现象。因此，企业切实加强安全生产投入资金的管理，要制定安全生产费用提取和使用计划，并纳入企业全面预算。

（2）安全生产费用的提取标准

《企业安全生产费用提取和使用管理办法》（财资〔2022〕136号）第二条明确规定了煤炭生产、非煤矿山开采、建设工程施工、危险品生产与储存、交通运输、机械制造等企业安全生产费用的提取标准。

例如机械制造企业安全生产费用的使用范围如下：

（一）完善、改造和维护安全防护设施设备支出（不含"三同时"要求初期投入的安全设施），包括生产作业场所的防火、防爆、防坠落、防毒、防静电、防腐、防尘、防噪声与振动、防辐射和隔离操作等设施设备支出，大型起重机械安装安全监控管理系统支出；

（二）配备、维护、保养应急救援器材、设备支出和应急救援队伍建设、应急预案的制修订与应急演练支出；

（三）开展重大危险源检测、评估、监控支出，安全风险分级管控和事故隐患排查整改支出，安全生产信息化、智能化建设、运维和网络安全支出；

（四）安全生产检查、评估评价（不含新建、改建、扩建项目安全评价）、咨询和标准化建设支出；

（五）安全生产宣传、教育、培训和从业人员发现并报告事故隐患的奖励支出；

（六）配备和更新现场作业人员安全防护用品支出；

（七）安全生产适用的新技术、新标准、新工艺、新装备的推广应用支出；

（八）安全设施及特种设备检测检验、检定校准支出；

（九）安全生产责任保险支出；

（十）与安全生产直接相关的其他支出。

在规定的使用范围内，企业应当将安全生产费用优先用于满足安全生产监督管理部门、煤矿安全监察机构以及行业主管部门对企业安全生产提出的整改措施或者达到安全生产标准所需的支出。

　　企业提取的安全生产费用应当专户核算，按规定范围安排使用，不得挤占、挪用。年度结余资金结转下年度使用，当年计提安全生产费用不足的，超出部分按正常成本费用渠道列支。

　　主要承担安全管理责任的集团公司经过履行内部决策程序，可以对所属企业提取的安全生产费用按照一定比例集中管理，统筹使用。

　　企业调整业务、终止经营或者依法清算，其结余的安全生产费用应当结转本期收益或者清算收益。

　　3. 安全生产费用的管理

　　《企业安全生产费用提取和使用管理办法》（财资〔2022〕136 号）第六十一条："各级应急管理部门、矿山安全监察机构及其他负有安全生产监督管理职责的部门和财政部门依法对企业安全生产费用提取、使用和管理进行监督检查。"

2.11.2　安全生产责任保险

　　2021 年 9 月 1 日新版《中华人民共和国安全生产法》正式实施，其中第五十一条规定，"国家鼓励生产经营单位投保安全生产责任保险；属于国家规定的高危行业、领域的生产经营单位，应当投保安全生产责任保险"。

　　1. 安全生产责任保险

　　安全生产责任保险（以下简称安责险），是指保险机构对投保的生产经营单位发生的生产安全事故造成的人员伤亡和有关经济损失等予以赔偿，并且为投保的生产经营单位提供事故预防服务的商业保险。

　　安责险两大功能：

　　（1）事故预防服务；

　　（2）事故经济损失补偿。

　　2. 安责险和其他险种的区别

　　（1）政策不同

　　安责险是一种带有公益性质的强制性商业保险，八大高危行业领域的生产经营单位必须投保，同时安责险在保险费率、保险条款、预防服务等方面必须加以严格规范。

　　（2）功能不同

　　安责险具有事故预防功能，保险机构必须为投保单位提供事故预防服务，帮助企业查找风险隐患，提高安全管理水平，从而有效防止生产安全事故的发生。安责险与工伤保险及其他相关险种相比，覆盖群体范围更广、保障更加充分、赔偿更加及时、预防服务更加到位。

　　（3）安责险与工伤保险的衔接

　　投保单位按照安责险请求的经济赔偿，不影响其从业人员（含劳务派遣人员）依法请求工伤保险赔偿的权利。

　　（4）安责险与相关商业险种的衔接

　　对生产经营单位已投保的与安全生产相关的其他险种，应当增加或将其调整为安责险，增强事故预防功能。

3. 企业投保后的作用

（1）增强事故风险防控保障

安责险除了提供风险保障之外，最大的特点就是其安全生产事故预防服务的工作机制。企业所购买的安责险不再是单纯的事故理赔和风险保障，而是一种综合服务。

根据《安全生产责任保险实施办法》相关规定，保险公司将从保费中提取一定比例的费用用于风险防控服务，保险公司应聘请安全生产专业技术人员和委托安全生产技术服务机构为投保安责险的企业提供服务，制定事故预防技术服务内容及标准，重点突出教育培训、风险辨识和事故隐患排查、应急演练服务，帮助企业查找风险隐患，提高安全管理水平，在一定程度上可以避免或减少安全生产事故的发生。

（2）增强企业抗风险能力

安责险的保障程度较高，能够更好地满足企业生产安全事故伤亡赔偿和事故救援的要求，减轻企业、政府的负担。

4. 安责险计入安全生产费用

根据《企业安全生产费用提取和使用管理办法》有关规定，企业安全生产责任保险保费可以在安全费用中列支。

2.12　工伤保险管理

2.12.1　工伤保险原则

为保障因工作遭受事故伤害或者患职业病的职工获得医疗救治和经济补偿，促进工伤预防和职业康复，分散用人单位的工伤风险，国务院于 2003 年制定了《工伤保险条例》，并于 2010 年进行了修订，新版《工伤保险条例》于 2011 年 1 月 1 日起实施。

工伤保险遵循 7 个原则。

1. 强制实施原则

工伤是在生产经营活动中发生的，给职工本人及其家庭带来痛苦和不幸，也影响用人单位的生产经营，占用国家的物资资源甚至可能造成社会不安定因素。因此，国家通过立法，强制实施工伤保险，规定属于覆盖范围的用人单位必须依法参加并履行缴费义务。

2. 个人不缴费原则

这是工伤保险与养老保险、医疗保险、失业保险等其他社会保险项目的区别之处。职业伤害是在工作过程中造成的，劳动力是生产的重要因素。如果职工在为用人单位创造财富的同时受到了伤害，那么理应由用人单位负担全部工伤保险费，职工个人不缴纳任何费用。

3. 无责任补偿原则及限制

在工作场所发生工伤事故后，无论是第三方的责任还是职工本人的责任，工伤职工均可获得补偿，以保障其及时获得救治和基本生活。但《工伤保险条例》对职工在上下班途中发生的交通事故或者城市轨道交通、客运轮渡、火车事故做了非本人主要责任的限制，也就是说，如果是本人负主要责任的交通事故或者城市轨道交通、客运轮渡、火车事故伤害，则不能认定为工伤。

4. 倾斜于受害人原则

工伤保险法属于社会法，以保护弱势群体利益为其法律精神。工伤保险补偿倾斜于受害人原则正是社会法基本原则的集中体现。这些原则体现在工伤认定程序、受害人单位对工伤的举证责任、工伤保险补偿等环节上向受害人倾斜，缓解职工因工伤事故或职业病所产生的负担，从而减少社会矛盾。

5. 实行行业差别费率和浮动费率原则

为促进工伤预防、减少工伤事故，充分发挥缴费费率的经济杠杆作用，工伤保险实行行业差别费率，并根据用人单位工伤保险缴费费率和工伤事故发生率等因素实行浮动费率。

6. 补偿与预防、康复相结合的原则

"工伤预防、工伤补偿、工伤康复"构成了工伤保险制度的三个重要职能。工伤预防是工伤保险制度的重要内容。工伤保险制度致力于采取各种措施，以减少和预防事故的发生。工伤事故发生后，既要及时对工伤职工予以医治并给予经济补偿，使工伤职工本人或近亲属生活得到一定的保障，还要及时对工伤职工进行医学康复和职业康复，使其尽可能恢复或部分恢复劳动能力，具备从事某种职业的能力，尽可能地减少人力资源和社会资源的浪费。

7. 一次性补偿与长期补偿相结合原则

在工伤事故发生后，工伤保险对工伤职工或工亡职工的近亲属实行工伤保险补偿是一次性补偿与长期补偿相结合的办法。例如，丧失劳动能力退出岗位的职工和工亡职工的近亲属，工伤保险机构在支付一次性补偿金的同时，还长期按月支付其他补偿，直至其失去供养条件为止。这种一次性和长期补偿相结合的补偿办法，可以长期有效地保障工伤职工或工亡职工近亲属的基本生活。

2.12.2　工伤认定

1. 职工有下列情形之一的，应当认定为工伤

（1）在工作时间和工作场所内，因工作原因受到事故伤害的。

（2）工作时间前后在工作场所内，从事与工作有关的预备性或者收尾性工作受到事故伤害的。

（3）在工作时间和工作场所内，因履行工作职责受到暴力等意外伤害的。

（4）患职业病的。

（5）因工外出期间，由于工作原因受到伤害或者发生事故下落不明的。

（6）在上下班途中，受到非本人主要责任的交通事故或者城市轨道交通、客运轮渡、火车事故伤害的。

（7）法律、行政法规规定应当认定为工伤的其他情形。

2. 职工有下列情形之一的，视同工伤

（1）在工作时间和工作岗位，突发疾病死亡或者在 48h 之内经抢救无效死亡的。

（2）在抢险救灾等维护国家利益、公共利益活动中受到伤害的。

（3）职工原在军队服役，因战、因公负伤致残，已取得革命伤残军人证，到用人单位后旧伤复发的。

职工有第（1）项、第（2）项情形的，按照有关规定享受工伤保险待遇；职工有第（3）项情形的，按照有关规定享受除一次性伤残补助金以外的工伤保险待遇。

3. 职工符合前述规定，但是有下列情形之一的，不得认定为工伤或者视同工伤

（1）故意犯罪的。

（2）醉酒或者吸毒的。

（3）自残或者自杀的。

4. 工伤认定申请

职工发生事故伤害或者按照《职业病防治法》规定被诊断、鉴定为职业病，所在单位应当自事故伤害发生之日或者被诊断、鉴定为职业病之日起 30 日内，向统筹地区社会保险行政部门提出工伤认定申请。遇有特殊情况，经报社会保险行政部门同意，申请时限可以适当延长。

用人单位未按规定提出工伤认定申请的，工伤职工或者其近亲属、工会组织在事故伤害发生之日或者被诊断、鉴定为职业病之日起 1 年内，可以直接向用人单位所在地统筹地区社会保险行政部门提出工伤认定申请。用人单位未在规定的时限内提交工伤认定申请，在此期间发生符合规定的工伤待遇等有关费用由该用人单位负担。

提出工伤认定申请应当提交下列材料：

（1）工伤认定申请表。

（2）与用人单位存在劳动关系（包括事实劳动关系）的证明材料。

（3）医疗诊断证明或者职业病诊断证明书（或者职业病诊断鉴定书）。

工伤认定申请表应当包括事故发生的时间、地点、原因以及职工伤害程度等基本情况。

工伤认定申请人提供材料不完整的，社会保险行政部门应当一次性书面告知工伤认定申请人需要补正的全部材料。申请人按照书面告知要求补正材料后，社会保险行政部门应当受理。

社会保险行政部门受理工伤认定申请后，根据审核需要，可以对事故伤害进行调查核实，用人单位、职工、工会组织、医疗机构以及有关部门应当予以协助。职业病诊断和诊断争议的鉴定，依照《职业病防治法》的有关规定执行。对依法取得职业病诊断证明书或者职业病诊断鉴定书的，社会保险行政部门不再进行调查核实。职工或者其近亲属认为是工伤，用人单位不认为是工伤的，由用人单位承担举证责任。

社会保险行政部门应当自受理工伤认定申请之日起 60 日内作出工伤认定的决定，并书面通知申请工伤认定的职工或者其近亲属和该职工所在单位。社会保险行政部门对受理的事实清楚、权利义务明确的工伤认定申请，应当在 15 日内作出工伤认定的决定。作出工伤认定决定需要以司法机关或者有关行政主管部门的结论为依据的，在司法机关或者有关行政主管部门尚未作出结论期间，作出工伤认定决定的时限中止。

2.12.3 劳动能力鉴定

劳动能力鉴定是指劳动功能障碍程度和生活自理障碍程度的等级鉴定。劳动功能障碍分为十个伤残等级，最重的为一级，最轻的为十级。生活自理障碍分为三个等级：生活完全不能自理、生活大部分不能自理和生活部分不能自理。劳动能力鉴定标准由国务院社会

保险行政部门会同国务院卫生行政部门等部门制定。

劳动能力鉴定由用人单位、工伤职工或者其近亲属向设区的市级劳动能力鉴定委员会提出申请，并提供工伤认定决定和职工工伤医疗的有关资料。省、自治区、直辖市劳动能力鉴定委员会和设区的市级劳动能力鉴定委员会分别由省、自治区、直辖市和设区的市级社会保险行政部门、卫生行政部门、工会组织、经办机构代表以及用人单位代表组成。

劳动能力鉴定委员专家库的医疗卫生专业技术人员应当具备下列条件：

（1）具有医疗卫生高级专业技术职务任职资格。

（2）掌握劳动能力鉴定的相关知识。

（3）具有良好的职业品德。

设区的市级劳动能力鉴定委员会收到劳动能力鉴定申请后，应当从其建立的医疗卫生专家库中随机抽取 3 名或者 5 名相关专家组成专家组，由专家组提出鉴定意见。设区的市级劳动能力鉴定委员会根据专家组的鉴定意见作出工伤职工劳动能力鉴定结论；必要时，可以委托具备资格的医疗机构协助进行有关的诊断。设区的市级劳动能力鉴定委员会应当自收到劳动能力鉴定申请之日起 60 日内作出劳动能力鉴定结论，必要时，作出劳动能力鉴定结论的期限可以延长 30 日。劳动能力鉴定结论应当及时送达申请鉴定的单位和个人。

申请鉴定的单位或者个人对设区的市级劳动能力鉴定委员会作出的鉴定结论不服的，可以在收到该鉴定结论之日起 15 日内向省、自治区、直辖市劳动能力鉴定委员会提出再次鉴定申请。省、自治区、直辖市劳动能力鉴定委员会作出的劳动能力鉴定结论为最终结论。

自劳动能力鉴定结论作出之日起 1 年后，工伤职工或者其近亲属、所在单位或者经办机构认为伤残情况发生变化的，可以申请劳动能力复查鉴定。

2.12.4　工伤保险待遇

工伤职工已经评定伤残等级并经劳动能力鉴定委员会确认需要生活护理的，从工伤保险基金按月支付生活护理费。生活护理费按照生活完全不能自理、生活大部分不能自理或者生活部分不能自理 3 个不同等级支付，其标准分别为统筹地区上年度职工月平均工资的50%、40%或者 30%。

1. 职工因工致残被鉴定为一级至四级伤残的，保留劳动关系，退出工作岗位，享受以下待遇：

（1）从工伤保险基金按伤残等级支付一次性伤残补助金，标准为：一级伤残为 27 个月的本人工资，二级伤残为 25 个月的本人工资，三级伤残为 23 个月的本人工资，四级伤残为 21 个月的本人工资；

（2）从工伤保险基金按月支付伤残津贴，标准为：一级伤残为本人工资的 90%，二级伤残为本人工资的 85%，三级伤残为本人工资的 80%，四级伤残为本人工资的 75%。伤残津贴实际金额低于当地最低工资标准的，由工伤保险基金补足差额；

（3）工伤职工达到退休年龄并办理退休手续后，停发伤残津贴，按照国家有关规定享受基本养老保险待遇。基本养老保险待遇低于伤残津贴的，由工伤保险基金补足差额。

职工因工致残被鉴定为一级至四级伤残的，由用人单位和职工个人以伤残津贴为基数，缴纳基本医疗保险费。

2. 职工因工致残被鉴定为五级、六级伤残的，享受以下待遇：

（1）从工伤保险基金按伤残等级支付一次性伤残补助金，标准为：五级伤残为 18 个月的本人工资，六级伤残为 16 个月的本人工资。

（2）保留与用人单位的劳动关系，由用人单位安排适当工作。难以安排工作的，由用人单位按月发给伤残津贴，标准为：五级伤残为本人工资的 70%，六级伤残为本人工资的 60%，并由用人单位按照规定为其缴纳应缴纳的各项社会保险费。伤残津贴实际金额低于当地最低工资标准的，由用人单位补足差额。

经工伤职工本人提出，该职工可以与用人单位解除或者终止劳动关系，由工伤保险基金支付一次性工伤医疗补助金，由用人单位支付一次性伤残就业补助金。一次性工伤医疗补助金和一次性伤残就业补助金的具体标准由省、自治区、直辖市人民政府规定。

3. 职工因工致残被鉴定为七级至十级伤残的，享受以下待遇：

（1）从工伤保险基金按伤残等级支付一次性伤残补助金，标准为：七级伤残为 13 个月的本人工资，八级伤残为 11 个月的本人工资，九级伤残为 9 个月的本人工资，十级伤残为 7 个月的本人工资。

（2）劳动、聘用合同期满终止，或者职工本人提出解除劳动、聘用合同的，由工伤保险基金支付一次性工伤医疗补助金，由用人单位支付一次性伤残就业补助金。一次性工伤医疗补助金和一次性伤残就业补助金的具体标准由省、自治区、直辖市人民政府规定。

工伤职工工伤复发，确认需要治疗的，享受规定的工伤待遇。

4. 职工因工死亡，其近亲属按照下列规定从工伤保险基金领取丧葬补助金、供养亲属抚恤金和一次性工亡补助金：

（1）丧葬补助金为 6 个月的统筹地区上年度职工月平均工资；

（2）供养亲属抚恤金按照职工本人工资的一定比例发给由因工死亡职工生前提供主要生活来源、无劳动能力的亲属。标准为：配偶每月 40%，其他亲属每人每月 30%，孤寡老人或者孤儿每人每月在上述标准的基础上增加 10%。核定的各供养亲属的抚恤金之和不应高于因工死亡职工生前的工资。供养亲属的具体范围由国务院社会保险行政部门规定；

（3）一次性工亡补助金标准为上一年度全国城镇居民人均可支配收入的 20 倍。

2024 年 1 月 17 日国家统计局官网发布《2023 年居民收入和消费支出情况》，公布 2023 年全国城镇居民人均可支配收入为 51821 元，故 2024 年发生的工伤一次性工亡补助金标准确定为 1036420 元。

伤残职工在停工留薪期内因工伤导致死亡的，其近亲属享受丧葬补助金、供养亲属抚恤金和一次性工亡补助金的待遇。一级至四级伤残职工在停工留薪期满后死亡的，其近亲属可以享受丧葬补助金和供养亲属抚恤金的待遇。

职工因工外出期间发生事故或者在抢险救灾中下落不明的，从事故发生当月起 3 个月内照发工资，从第 4 个月起停发工资，由工伤保险基金向其供养亲属按月支付供养亲属抚恤金。生活有困难的，可以预支一次性工亡补助金的 50%。职工被人民法院宣告死亡的，按照职工因工死亡的规定处理。

5. 工伤职工有下列情形之一的，停止享受工伤保险待遇：

（1）丧失享受待遇条件的；

（2）拒不接受劳动能力鉴定的；

（3）拒绝治疗的。

用人单位分立、合并、转让的，承继单位应当承担原用人单位的工伤保险责任；原用人单位已经参加工伤保险的，承继单位应当到当地经办机构办理工伤保险变更登记。用人单位实行承包经营的，工伤保险责任由职工劳动关系所在单位承担。职工被借调期间受到工伤事故伤害的，由原用人单位承担工伤保险责任，但原用人单位与借调单位可以约定补偿办法。企业破产的，在破产清算时依法拨付应当由单位支付的工伤保险待遇费用。

职工被派遣出境工作，依据前往国家或者地区的法律应当参加当地工伤保险的，参加当地工伤保险，其国内工伤保险关系中止；不能参加当地工伤保险的，其国内工伤保险关系不中止。

职工再次发生工伤，根据规定应当享受伤残津贴的，按照新认定的伤残等级享受伤残津贴待遇。

2.13　危险作业安全管理

2.13.1　危险作业的基本概念

《中华人民共和国安全生产法》第四十三条规定："生产经营单位进行爆破、吊装、动火、临时用电以及国务院应急管理部门会同国务院有关部门规定的其他危险作业，应当安排专门人员进行现场安全管理，确保操作规程的遵守和安全措施的落实"。《新型干法水泥生产安全规程》（AQ7014—2018）中，危险作业是指包含危险区域动火作业、进入有限空间作业、高处作业、大型吊装作业、预热器清堵作业、箅冷机清大块作业、水泥生产筒型库清库作业、交叉作业和高温作业。

为保障此类危险作业的安全，必须规定一些特殊的安全管理要求，即生产经营单位必须安排专门人员进行现场管理。

2.13.2　危险作业管理

1. 生产现场管理和生产过程控制

危险作业主要有危险区域动火作业、进入有限空间作业、高处作业、大型吊装作业、交叉作业等。这里任何一种作业，只要不注意现场控制管理，就可能导致火灾、爆炸等事故的发生。这就要求各个企业要根据自己的作业种类，以单个作业活动为单位进行危险辨识，并进行危险分级，将危险性较大的作业活动定为危险作业。为保证这些危险作业受控，企业有必要制定危险作业管理制度，明确各类危险作业管理的责任部门、人员、许可范围、审批程序、许可签发人员等内容。

2. 危险作业的分级

危险作业实行分级控制管理，以控制危险因素为核心，制订和落实安全对策措施，落实作业责任人，有效控制事故发生。

根据作业范围和管理难度，一般危险作业分为公司级、部门级、工段班组级。公司级：作业范围涉及两个或以上作业单位或公司认定具有较大危险性的，需公司层面负责人亲自协调管理的危险作业。部门级：作业范围涉及部门两个或以上作业单位或部门认定具有较大危险性的，需部门负责人和公司安全员协调管理的危险作业以及有限空间作业。工段班组级：作业范围只涉及一个单位，需要部门安全员或工段负责人协调管理的危险作业条件的作业。

3. 危险作业的申报及确立

（1）各单位要在开展维修作业项目危险危害辨识及措施制定的基础上，由单位主管领导或技术负责人组织专业评审组对所有的作业项目进行辨识、评估、分级，审查确定为危险作业的，填写《危险作业项目登记表》，针对每项危险作业进行危害辨识、制定对策措施，填写《危险作业安全对策措施表》，并将危险作业情况报安全管理部门、生产管理部门及中控室备案。

（2）各单位应根据作业条件、环境的变化，及时开展对危险作业安全对策措施的补充、修订和完善工作，定期对各级危险作业级别进行审核，对不符合当前级别的危险作业及时进行调整，并将调整情况报公司原审批部门重新审批同意后执行。

（3）应采用科学方法对危险作业进行辨识和分析，针对辨识出的危害因素和可能产生事故的原因，制定安全对策措施。

（4）辨识和分析。从人的不安全行为、物的不安全状态、作业环境、管理等方面系统分析，辨识出危害因素。根据可能产生的事故分析原因。

（5）对策措施。根据辨识和分析情况，按照国家有关标准、规范和公司操作、管理标准化要求制定针对性强的技术、管理措施，同时制定突发情况下的应急救援措施。

4. 危险作业的控制

（1）危险作业应制定作业方案，按照"谁作业、谁编制"的原则，作业单位负责编制作业方案。对于已建立维修作业标准或已制订安全作业指导书的危险作业，可不编制作业方案，但当作业条件、环境发生变化时，仍须编制作业方案。

（2）作业方案应紧密结合作业目的和任务进行编制，一般应包含以下内容：

① 作业目的、工作任务（内容）、工作地点、计划工作时间；

② 作业项目负责人（安全责任人）、作业人数、协调联系方式；

③ 作业要求条件，作业可保障条件；

④ 危险因素、安全保障措施、应急措施及措施实施责任人；

⑤ 方案的编制、审核、审批人。

（3）作业前，由作业单位填写危险因素分析及对策措施按维修作业标准（安全指导书）中的相关内容。

根据危险作业级别，相应审批责任人必须到现场进行开工前的检查确认，并在工票上签字后，作业单位方可上场作业。

公司级危险作业：由公司主要负责人或委托、授权其他负责人对现场检查、确认、审核、签字批准。

部门工段级危险作业：由部门负责人或委托、授权其他负责人负责对现场检查、确认、审核、签字批准。

公司安全管理部门负责对危险作业实施情况进行监督、检查。

（4）作业单位要严格按照批准的作业方案执行，严格落实作业安全措施，对已制定维修作业标准或作业指导书的危险作业必须严格按照标准和程序作业，禁止任何单位对无作业方案或未经审批的危险作业组织实施。

（5）各级负责人要对危险作业过程实施跟踪监督管理，确保作业过程中严格执行已经制定的作业标准，确保安全受控。

5. 危险作业的安全技术要求

（1）各单位要结合区域维修保产工作的实际特点，制定相应的对策措施。

（2）作业必须二人及二人以上进行，合理搭配安全联保互保对子，逐项在维修作业任务单或安全确认卡上注明，按联保互保责任落实，严禁单人作业。作业人员必须熟悉并严格执行作业相关的规程、规定。

（3）高空、高温、有毒、有害、压力容器及危险化学品区域的作业，必须设置警示区域、警示标识，要采取防撞、防滑、防坠落、防烫伤、防毒害等安全措施，安排专人负责监护后方可作业。

（4）作业中相关的能源介质（水、油、电、风、气、汽等）液压站（所）及相关开关、阀门等部位必须严格执行停、送挂牌确认制，不得擅自拆卸和停送开关、阀门，并确保安全设备设施完好与可使用。

（5）电（气）焊、起重等特种作业必须持证上岗，执行相关安全技术管理规定，严禁违章指挥、违章作业。

（6）作业前必须详细检查工机器具、吊具和特殊用具安全性能的可靠性，破损、残缺、无明显标识和用途不明的严禁使用。

（7）多工种、多层次、交叉作业必须相互交底，并明确指定一名安全负责人统一协调指挥，监督落实安全措施，确保安全作业。

（8）作业前要组织参与作业的人员，对作业危险因素开展危险预知预警活动，制订预防对策措施，进行安全交底，填写维修作业任务单或安全确认卡，并组织实施。

（9）应在维修作业任务单上注明危险作业级别，按照分级管控的要求落实相关职责。有限空间作业必须在危险因素分析中特别提示。

（10）动火作业时，必须落实"谁动火、谁负责"的原则，严格执行公司有关消防管理规定，办理动火申请手续，制定动火作业的对策措施，落实现场动火人、看火人及现场负责人，配备灭火器材（消防器材距离动火点不得超过 5m）。

（11）要对照作业标准逐项对作业条件、安全措施进行确认，不具备安全作业条件的，不得盲目上场作业。作业中发现异常情况，要采取应急措施，及时指挥人员撤离。

（12）作业后，应对现场进行清理，做好"三清退场"工作，确认后方可撤离。

6. 危险作业的检查与管理

（1）危险作业应有专人负责组织实施、协调工作。公司级危险作业由公司专业主管部门负责，部门级危险作业由部门和公司安全管理部门负责，班组级危险作业由班组长负责。

（2）各级危险作业审批人应对危险作业的安全技术交底落实情况进行检查确认，对安全技术交底不到位的作业应及时停止，重新进行安全技术交底。

（3）作业现场项目负责人必须对作业人员开展以安全对策措施等为主要内容的交底教育。

（4）公司主管维修的管理部门和安全管理部等部门负责对批准的危险作业进行协调、监督检查，对安全措施落实不到位的，应立即责令停止作业。

7. 危险作业的考核

危险作业不符合要求的，按照各公司考核办法进行处罚。包括：未认真开展危险作业清理、登记的；危险作业未按要求纳入控制管理的；危险作业管理档案、各项基础资料不齐全的；对危险作业现场检查不到位的；不按危险作业方案、维修作业标准、安全作业指导书执行的；危险作业的安全对策措施落实不到位的；危险作业管理职责落实不到位的；其他违反危险作业规定的。

2.14　相关方管理

2.14.1　相关方的概念和相关方管理的意义

1. 相关方

相关方是指承包本单位项目或承租本单位场所的外来单位、人员，简称相关方。通常包括下列类别的相关方。

相关方是指承包本单位项目或承租本单位场所的外来单位、人员，通常包括下列类别：

（1）施工类，如建筑施工和拆除，房屋修缮和装饰装修等。

（2）服务类，环保运维、消防服务、网络设备设施服务等。

（3）生产类，设备设施维修保养、设备设施安装拆除、危险物品供应和运输及回收等风险较大的。

（4）其他后勤服务等，如绿化、保洁、保安等。

2. 相关方管理的意义

租赁、承包、合作经营等多种经营方式越来越普遍。很多生产经营单位将建设工程拆除、检维修作业、有限空间作业等危险作业委托其他专业性单位实施作业。但出租方、发包方的安全生产责任并不能转移，绝不能以租代管、以包代管，一旦在作业中发生生产安全事故，出租方、发包方仍需要承担一定的法律责任。因此加强承租方、承包方、受托方的协调管理，是法律赋予的责任和义务。

《工贸企业重大事故隐患判定标准》（应急管理部令第 10 号）第三条规定"未对承包单位、承租单位的安全生产工作统一协调、管理，或者未定期进行安全检查的"应当判定为重大事故隐患。

2.14.2　相关方管理

1. 明确管理相关方的内部部门和相关职责

根据《安全生产法》规定并要求企业需要对相关方的安全生产工作统一协调和管理。同时，根据《安全生产法》中"管业务必须管安全、管生产经营必须管安全"的法定原则和"全员安全生产责任制""一岗双责"的规定,企业需要明确企业安全管理和业务部门对外来单位和人员的安全管理职责。

2. 相关方合规管理的要点内容

(1)审核相关方的安全生产经营资质和能力

企业需要外来单位进入本企业开展相关业务工作时,必须选择具备相应安全生产条件和资质的单位和个人。

以建设单位审查承包单位为例:首先,建设单位应当核验承包单位提供的企业法人营业执照、企业资质等级、项目经理资质证书、施工企业安全资格证书、职业健康安全管理体系第三方认证、企业安全、环境等体系认证、特种作业人员资格证书等资质文件的真实性和有效性;其次,建设单位还应当审查承包单位提供的上述资料和文件是否与承包的建设工程项目施工范围相匹配;最后,建设单位还需要审查承包单位是否建立健全了全员安全生产责任制和安全生产规章制度和操作规程,完成了安全生产标准化建设,并构建了安全风险分级管控和隐患排查治理双重预防机制,健全了风险防范化解机制,安全培训、用工管理制度等安全管理体系。

(2)评价相关方的安全生产能力

企业结合上述资料审查情况,根据业务实际,针对重点相关方应当进行实地考察。企业安全管理部门和归口业务部门完成资料审核实地考察后,应对拟选择的相关方进行安全评价,不得将委托事项或合作事项等交付不具备安全条件的单位或个人负责。企业对相关方的安全评价主要要求如下:相关方的业务资质、生产许可范围等应与在本企业开展的相关方活动相匹配;相关方评价应对活动产生的生产安全、职业健康安全影响进行分析,明确相关的安全控制措施;近三年或五年发生的安全事故以及相关的处置和整改等情况。对于评价合格的相关方,业务部门应将其列入评价合格相关方进行统一协调和管理。

(3)编制安全协议内容

安全协议内容可根据本行业的安全生产相关技术规范进行编制。

根据通用类、资产出租、劳务派遣、业务外包四种相关方安全协议范本,结合不同相关方的安全风险管控要求进行编制,不得千篇一律。

安全协议内容包括:

① 双方的安全生产职责和各自负责管理的区域范围必须明确;

② 双方有关安全生产的权利和义务,比如双方在安全资质、资金投入、安全教育和培训、危险源管控等方面的权利义务;

③ 一旦发生事故,双方在事故报告和应急救援各自负有哪些责任。

(4)签订安全协议

① 与相关方存在业务关系的,可签订专门的安全协议或在承包、承租合同中对各自的安全生产管理职责进行约定。应明确双方安全生产管理职责,包括现场管理、消防器材配置、设备安全管理、人员安全教育与培训、安全检查与监督、事故隐患排查等职责和管理要求;对房屋租赁方:应明确房屋日常消防管理、房屋结构、用途变更等事项的各自职责和要求。

② 两个以上生产经营单位在同一作业区域内进行生产经营活动,可能危及对方生产安全的,且这些生产经营单位之间可能不存在业务关系,只能签订专门的安全协议。

③ 安全协议有效期应与主合同一致。

④ 相关方设备、活动、人员有较大变化，应重新签订安全协议。

（5）安全交底

① 作业承包相关方安全交底

首次进场前，组织对相关方作业负责人、安全员和作业人员进行安全交底并保存记录。交底的内容包括：作业过程主要安全风险及其控制要求；相关方需执行的本单位相关安全规章制度；应急预案或应急措施；相关方的隐患排查治理要求等。交底人与被交底人均应签字。

② 劳务派遣相关方安全交底

首次进场作业前，应将被派遣劳动者纳入本厂从业人员进行统一管理，被派遣劳动者应按照本单位新员工要求开展三级安全教育培训。

（6）管控现场作业

企业对供应商送货进场、承包施工单位的施工过程、外来参观、考察的相关单位或个人等，都应当有效管控相关方进场的全过程。

① 作业承包相关方监督检查

承包（承租）方的安全生产工作统一协调、管理，定期进行安全检查。对安全检查中发现的事故隐患，企业应及时督促相关方进行整改。

在本单位单次作业周期超过一个月的业务承包单位，至少每月进行一次监督检查。在本单位作业周期不超过一个月且只提供单次服务的业务承包单位，至少进行一次监督检查。

相关工器具的使用必须符合国家法律法规及标准的管理要求，特种设备（压力容器、压力管道、起重机械和专用机动车辆等）应办理特种设备使用许可证。

② 劳务派遣相关方监督检查

按照本单位从业人员开展监督检查。

（7）对相关方进行安全绩效考核

对相关方进行安全绩效考核，是对相关方保障安全生产的有效管控措施。

根据对相关方日常监督检查的数据和信息，对其设备设施、作业活动的风险控制措施有效性、本企业相关制度和要求的执行情况、风险分级及事故隐患治理、事故情况等，认真开展安全绩效考核，按照结果奖优罚劣，同时作为下一年度或下一服务期选择相关方的依据。对考核不合格的相关方要求及时整改，整改后仍然不符合要求的，应根据风险程度采取处罚、停止其作业、解除合同。

2.15　安全生产检查

2.15.1　安全生产检查

安全生产检查是生产经营单位安全生产管理的重要内容，其工作重点是辨识安全生产管理工作存在的漏洞和死角，检查生产现场安全防护设施、作业环境是否存在不安全状态，现场作业人员的行为是否符合安全规范，以及设备、系统运行状况是否符合现场规程的要求等。通过安全检查，不断堵塞管理漏洞，改善劳动作业环境，规范作业人员的行为，保证设备系统的安全、可靠运行，实现安全生产的目的。

2.15.2 安全生产检查的类型

安全生产检查习惯上分为 6 种类型。

1. 定期安全生产检查

定期安全生产检查一般是通过有计划、有组织、有目的的形式来实现，一般由生产经营单位统一组织实施，如月度检查、季度检查、年度检查等。检查周期的确定，应根据生产经营单位的规模、性质以及地区气候、地理环境等确定。定期安全生产检查一般具有组织规模大、检查范围广、有深度、能及时发现并解决问题等特点。定期安全生产检查一般和重大危险源评估、安全现状评价等工作结合开展。

2. 经常性安全生产检查

经常性安全生产检查是由生产经营单位的安全生产管理部门、车间、班组或岗位组织进行的日常检查。一般来讲，包括交接班检查、班中检查、特殊检查等几种形式。

交接班检查是指在交接班前，岗位人员对岗位作业环境、管辖的设备及系统安全运行状况进行检查，交班人员要向接班人员说清楚，接班人员根据自己检查的情况和交班人员的交代，做好工作中可能发生问题及应急处置措施的预想。

班中检查包括岗位作业人员在工作过程中的安全检查，以及生产经营单位领导、安全生产管理部门和车间班组的领导或安全监督人员对作业情况的巡视或抽查等。

特殊检查是针对设备、系统存在的异常情况，所采取的加强监视运行的措施。一般来讲，措施由工程技术人员制定，岗位作业人员执行。

交接班检查和班中岗位的自行检查，一般应制定检查路线、检查项目、检查标准，并设置专用的检查记录本。

岗位经常性检查发现的问题记录在记录本上，并及时通过信息系统和电话逐级上报。一般来讲，对危及人身和设备安全的情况，岗位作业人员应根据操作规程、应急处置措施的规定，及时采取紧急处置措施，不需请示，处置后则立即汇报。

3. 季节性及节假日前后安全生产检查

季节性安全生产检查由生产经营单位统一组织，检查内容和范围则根据季节变化，按事故发生的规律对易发的潜在危险，突出重点进行检查，如冬季防冻保温、防火、防煤气中毒，夏季防暑降温、防汛、防雷电等检查。由于节假日（特别是重大节日，如元旦、春节、劳动节、国庆节）前后容易发生事故，因而应在节假日前后进行有针对性的安全检查。

4. 专业（项）安全生产检查

专业（项）安全生产检查是对某个专业（项）问题或在施工（生产）中存在的普遍性安全问题进行的单项定性或定量检查。如对危险性较大的在用设备设施，作业场所环境条件的管理性或监督性定量检测检验则属专业（项）安全生产检查。专业（项）安全生产检查具有较强的针对性和专业要求，可能有制定好的检查标准或评估标准、使用专业性较强的仪器等，用于检查难度较大的项目。

5. 综合性安全生产检查

综合性安全生产检查一般是由上级主管部门组织的对生产单位进行的安全检查。综合性安全生产检查具有检查内容全面、检查范围广等特点，可以对被检查单位的安全状况进行全面了解。

6. 职工代表不定期对安全生产的巡查

根据《工会法》及《安全生产法》的有关规定，生产经营单位的工会应定期或不定期组织职工代表进行安全生产检查。重点检查国家安全生产方针、法规的贯彻执行情况，各级人员安全生产责任制和规章制度的落实情况，从业人员安全生产权利的保障情况，生产现场的安全状况等。

2.15.3 安全生产检查的内容

安全生产检查的内容包括软件系统和硬件系统。软件系统主要是查思想、查意识、查制度、查管理、查事故处理、查隐患、查整改。硬件系统主要是查生产设备、查辅助设施、查安全设施、查作业环境。

安全生产检查具体内容应本着突出重点的原则予以确定。对于危险性大、易发事故、事故危害大的生产系统、部位、装置、设备等应加强检查。一般应重点检查：易造成重大损失的易燃易爆危险物品、剧毒品、锅炉、压力容器、起重设备、运输设备、电气设备、冲压机械和本企业易发生工伤、火灾、爆炸等事故的设备、工种、场所及其作业人员；易造成职业中毒或职业病的尘毒产生点及其岗位作业人员；危险作业活动许可制度的执行情况，如动火、临时用电、吊装、有限空间作业等；直接管理的重要危险点和有害点的部门及其负责人。

对工贸企业，目前国家有关规定要求强制性检查的项目有：锅炉、压力容器、压力管道、起重机、电梯、施工升降机、简易升降机、防爆电器、厂内机动车辆等，作业场所的粉尘、噪声、振动、辐射、温度和有毒物质的浓度等。

2.15.4 安全生产检查的方法

1. 常规检查

常规检查是常见的一种检查方法，通常是由安全管理人员作为检查工作的主体，到作业场所现场，通过感观或辅助一定的简单工具、仪表等，对作业人员的行为、作业场所的环境条件、生产设备设施等进行的定性检查。安全检查人员通过这一手段，及时发现现场存在的安全隐患并采取措施予以消除，纠正人员的不安全行为。

常规检查主要依靠安全检查人员的经验和能力，检查的结果直接受到检查人员个人素质的影响。检查中应有检查记录表，及时记录检查中发现的问题，记录表应包含隐患描述、隐在区域、隐患发现时间等相关内容。

2. 安全检查表法

为使安全检查工作更加规范，将个人的行为对检查结果的影响减少到最小，常采用安全检查表法。安全检查表一般由工作小组讨论制定。安全检查表一般包括检查项目、检查内容、检查标准、检查结果及评价、检查发现问题等内容。

编制安全检查表时应依据国家有关法律法规，生产经营单位现行有效的有关标准、规程、管理制度，有关事故教训，生产经营单位安全管理文化、理念，反事故技术措施和安全措施计划，季节性、地理、气候特点等。如有限空间作业检查表、粉尘防爆管理检查表、脱硝系统检查表等。

3. 仪器检查及数据分析法

有些生产经营单位的设备、系统运行数据具有在线监视和记录的系统设计，对设备、系统的运行状况可通过对数据的变化趋势进行分析得出结论。对没有在线数据检测系统的机器、设备、系统，只能通过仪器检查法来进行定量化的检验与测量。

2.15.5　安全生产检查的工作程序

1. 安全检查准备

（1）确定检查对象、目的、任务。

（2）查阅、掌握有关法规、标准、规程的要求。

（3）了解检查对象的工艺流程、生产情况、可能出现危险和危害的情况。

（4）制定检查计划，安排检查内容、方法、步骤。

（5）编写安全检查表或检查提纲。

（6）准备必要的检测工具、仪器、书写表格或记录本。

（7）挑选和训练检查人员并进行必要的分工等。

2. 实施安全检查

实施安全检查就是通过访谈、查阅文件和记录、现场观察、仪器测量的方式获取信息。

（1）访谈。通过与有关人员谈话来检查安全意识和规章制度执行情况等。

（2）查阅文件和记录。检查设计文件、作业规程、安全措施、责任制度、操作规程等是否齐全，是否有效；查阅相应记录，判断上述文件是否被执行。

（3）现场观察。对作业现场的生产设备、安全防护设施、作业环境、人员操作等进行观察，寻找不安全因素、事故隐患、事故征兆等。

（4）仪器测量。利用一定的检测检验仪器设备，对在用的设施、设备、器材状况及作业环境条件等进行测量，发现隐患。

3. 综合分析

经现场检查和数据分析后，检查人员应对检查情况进行综合分析，提出检查的结论和意见。一般来讲，生产经营单位自行组织的各类安全检查，应由安全管理部门会同有关部门对检查结果进行综合分析；上级主管部门或地方政府负有安全生产监督管理职责部门组织的安全检查，由检查组统一研究得出检查意见或结论。

4. 结果反馈

现场检查和综合分析完成后，应将检查的结论和意见反馈至被检查对象。结果反馈形式可以是现场反馈，也可以是书面反馈。现场反馈的周期较短，可以及时将检查中发现的问题反馈至被检查对象。书面反馈的周期较长但比较正式，上级主管部门或地方政府负有安全生产监督管理职责的部门组织的安全检查，在作出正式结论和意见后，应通过书面反馈的形式将检查结论和意见反馈至被检查对象。

5. 提出整改要求

检查结束后，针对检查发现的问题，应根据问题性质的不同，提出相应的整改措施和要求。生产经营单位自行组织的安全检查，由安全管理部门会同有关部门，共同制定整改措施计划并组织实施；由上级主管部门或地方政府负有安全生产监督管理职责的部门组织的安全检查，检查组提出书面的整改要求后，生产经营单位组织相关部门制定整改措施计划。

6. 整改落实

对安全检查发现的问题和隐患，生产经营单位应制定整改计划，建立安全生产问题隐患台账，定期跟踪隐患的整改落实情况，确保隐患按要求整改完成，形成隐患整改的闭环管理。安全生产问题隐患台账应包括隐患分类、隐患描述、问题依据、整改要求、整改责任单位、整改期限等内容。

7. 信息反馈及持续改进

生产经营单位自行组织的安全检查，在整改措施计划完成后，安全管理部门应组织有关人员进行验收。对于上级主管部门或地方政府负有安全生产监督管理职责的部门组织的安全检查，在整改措施完成后，应及时上报整改完成情况，申请复查或验收。

对安全检查中经常发现的问题或反复发现的问题，生产经营单位应从规章制度的健全和完善、从业人员的安全教育培训、设备系统的更新改造、加强现场检查和监督等环节入手，做到持续改进，不断提高安全生产管理水平，防范生产安全事故的发生。

2.16　隐患排查治理

2.16.1　隐患排查治理的定义及分类

《安全生产事故隐患排查治理暂行规定》（国家安全生产监督管理总局令第 16 号）指出，安全生产事故隐患（以下简称事故隐患），是指生产经营单位违反安全生产法律、法规、规章、标准、规程和安全生产管理制度的规定，或者因其他因素在生产经营活动中存在可能导致事故发生的物的危险状态、人的不安全行为和管理上的缺陷。

事故隐患分为一般事故隐患和重大事故隐患。一般事故隐患，是指危害和整改难度较小，发现后能够立即整改排除的隐患。重大事故隐患，是指危害和整改难度较大，应当全部或者局部停产停业，并经过一定时间整改治理方能排除的隐患，或者因外部因素影响致使生产经营单位自身难以排除的隐患。

2.16.2　生产经营单位的主要职责

1. 生产经营单位应当依照法律、法规、规章、标准和规程的要求从事生产经营活动。严禁非法从事生产经营活动。

2. 生产经营单位是事故隐患排查、治理和防控的责任主体。

3. 生产经营单位应当建立、健全事故隐患排查治理和建档监控等制度，逐级建立并落实从主要负责人到每个从业人员的隐患排查治理和监控责任制。《国务院关于进一步加强企业安全生产工作的通知》指出："企业要经常性开展安全隐患排查，并切实做到整改措施、责任、资金、时限和预案'五到位'。建立以安全生产专业人员为主导的隐患整改效果评价制度，确保整改到位。对隐患整改不力造成事故的，要依法追究企业和企业相关负责人的责任，对停产整改逾期未完成的不得复产。"

4. 生产经营单位应当保证事故隐患排查治理所需的资金，建立资金使用专项制度。

5. 生产经营单位应当定期组织安全生产管理人员、工程技术人员和其他相关人员排查本单位的事故隐患。对排查出的事故隐患，应当按照事故隐患的等级进行登记，建立事故隐患信息档案，并按照职责分工实施监控治理。

6. 生产经营单位应当建立事故隐患报告和举报奖励制度，鼓励、发动职工发现和排除事故隐患，鼓励社会公众举报。对发现、排除和举报事故隐患的有功人员，应当给予物质奖励和表彰。

7. 生产经营单位将生产经营项目、场所、设备发包、出租的，应当与承包、承租单位签订安全生产管理协议，并在协议中明确各方对事故隐患排查、治理和防控的管理职责。生产经营单位对承包、承租单位的事故隐患排查治理负有统一协调和监督管理的职责。

8. 安全监管监察部门和有关部门的监督检查人员依法履行事故隐患监督检查职责时，生产经营单位应当积极配合，不得拒绝和阻挠。

9. 生产经营单位应当每季、每年对本单位事故隐患排查治理情况进行统计分析，并分别于下一季度 15 日前和下一年 1 月 31 日前向安全监管监察部门和有关部门报送书面统计分析表。统计分析表应当由生产经营单位主要负责人签字。对于重大事故隐患，生产经营单位除依照上述要求报送外，还应当及时向安全监管监察部门和有关部门报告。重大事故隐患报告内容应当包括：

（1）隐患的现状及其产生原因。

（2）隐患的危害程度和整改难易程度分析。

（3）隐患的治理方案。

10. 对于一般事故隐患，由生产经营单位（车间、部门、工段等）负责人或者有关人员立即组织整改。对于重大事故隐患，由生产经营单位主要负责人组织制定并实施事故隐患治理方案。重大事故隐患治理方案应当包括以下内容：治理的目标和任务，采取的方法和措施，经费和物资的落实，负责治理的机构和人员，治理的时限和要求，安全措施和应急预案。

11. 生产经营单位在事故隐患治理过程中，应当采取相应的安全防范措施，防止事故发生。事故隐患排除前或者排除过程中无法保证安全的，应当从危险区域内撤出作业人员，并疏散可能危及的其他人员，设置警戒标志，暂时停产停业或者停止使用；对暂时难以停产或者停止使用的相关生产储存装置、设施、设备，应当加强维护和保养，防止事故发生。

12. 生产经营单位应当加强对自然灾害的预防。对于因自然灾害可能导致事故灾难的隐患，应当按照有关法律法规、标准和《安全生产事故隐患排查治理暂行规定》的要求排查治理，采取可靠的预防措施，制定应急预案。在接到有关自然灾害预报时，应当及时向下属单位发出预警通知；发生自然灾害可能危及生产经营单位和人员安全的情况时，应当采取撤离人员、停止作业、加强监测等安全措施，并及时向当地人民政府及其有关部门报告。

13. 地方人民政府或者安全监管监察部门及有关部门挂牌督办并责令全部或者局部停产停业治理的重大事故隐患，治理工作结束后，有条件的生产经营单位应当组织本单位的技术人员和专家对重大事故隐患的治理情况进行评估；其他生产经营单位应当委托具备相应资质的安全评价机构对重大事故隐患的治理情况进行评估。

经治理后符合安全生产条件的，生产经营单位应当向安全监管监察部门和有关部门提出恢复生产的书面申请，经安全监管监察部门和有关部门审查同意后，方可恢复生产经营。申请报告应当包括治理方案的内容、项目和安全评价机构出具的评价报告等。

14. 监督管理。各级安全监管监察部门按照职责对所辖区域内生产经营单位排查治理事故隐患工作依法实施综合监督管理，各级人民政府有关部门在各自职责范围内对生产经营单位排查治理事故隐患工作依法实施监督管理。

2.17　个体防护装备管理

个体防护装备（即劳动防护用品）是指从业人员为防御物理、化学、生物等外界因素伤害所穿戴、配备和使用的护品的总称。个体防护装备由用人单位为从业人员提供，正确佩戴和使用个体防护装备，可以使从业人员在劳动过程中免遭或者减轻事故伤害及职业危害，是保障从业人员人身安全与健康的重要措施，也是生产经营单位安全生产日常管理的重要工作内容。

2.17.1　常用个体防护装备分类

1. 按防护部位分类

（1）头部防护用品

头部防护用品指为防御头部不受外来物体打击、挤压伤害和其他因素危害配备的个体防护装备，如安全帽、防静电工作帽等。

（2）呼吸器官防护用品

呼吸器官防护用品指为防御有害气体、蒸气、粉尘、烟、雾由呼吸道吸入，或向使用者供氧或新鲜空气，保证尘、毒污染或缺氧环境中作业人员正常呼吸的个体防护装备，是预防尘肺病和职业中毒的重要护具，如长管呼吸器、动力送风过滤式呼吸器、自给闭路式压缩氧气呼吸器、自给闭路式氧气逃生呼吸器、自给开路式压缩空气呼吸器、自给开路式压缩空气逃生呼吸器、自吸过滤式防毒面具、自吸过滤式防颗粒物呼吸器（又称防尘口罩）等。

（3）眼面部防护用品

眼面部防护用品指用于防护作业人员的眼睛及面部免受粉尘、颗粒物、金属火花、飞屑、烟气、电磁辐射、化学飞溅物等外界有害因素的个体防护装，例如焊接用眼护具、激光防护镜、强光源防护镜、职业眼面部防护具等。

（4）听力防护用品

听力防护用品指能够防止过量的声能侵入外耳道，使人耳避免噪声的过度刺激，减少听力损失，预防由噪声对人身引起的不良影响的个体防护装备，如耳塞、耳罩等。

（5）手部防护用品

手部防护用品指保护手和手臂，供作业者劳动时戴用的个体防护装备，如带电作业用绝缘手套、防寒手套、防化学品手套、防静电手套、防热伤害手套、焊工防护手套、机械危害防护手套等。

（6）足部防护用品

足部防护用品指防止生产过程中有害物质和能量损伤劳动者足部的护具，通常人们称劳动防护鞋，如安全鞋、防化学品鞋等。

（7）躯干防护用品

躯干防护用品即通常讲的防护服，如防电弧服、防静电服、职业用防雨服、高可视性警示服、隔热服、焊接服、化学防护服、抗油易去污防静电防护服、冷环境防护服、熔融金属飞溅防护服、微波辐射防护服、阻燃服等。

（8）坠落防护用品

坠落防护用品指防止高处作业坠落或高处落物伤害的个体防护装备，如安全带、安全绳、缓冲器、缓降装置、连接器、水平生命线装置、速差自控器、自锁器、安全网、登杆脚扣、挂点装置等。

（9）劳动护肤用品

劳动护肤用品指用于防止皮肤（主要是面、手等外露部分）免受化学、物理、生物等有害因素危害的个体防护用品，如防油型护肤剂、防水型护肤剂、遮光护肤剂、洗涤剂等。

（10）其他个体防护装备。

2. 按用途分类

个体防护装备按防止伤亡事故的用途可分为防坠落用品、防冲击用品、防触电用品、防机械外伤用品、防酸碱用品、耐油用品、防水用品、防寒用品。

个体防护装备按预防职业病的用途可分为防尘用品、防毒用品、防噪声用品、防振动用品、防辐射用品、防高低温用品等。

2.17.2　个体防护装备配备管理

《安全生产法》第四十五条规定："生产经营单位必须为从业人员提供符合国家标准或者行业标准的劳动防护用品，并监督、教育从业人员按照使用规则佩戴、使用。"

《职业病防治法》第二十二条规定："用人单位必须为劳动者提供个人使用的职业病防护用品。"

1. 基本要求

（1）用人单位应当建立健全个体防护装备管理制度，至少应包括采购、验收、保管、选择、发放、使用、报废、培训等内容，并应建立健全个体防护装备管理档案。

（2）用人单位应在入库前对个体防护装备进行进货验收，确定产品是否符合国家或行业标准；对国家规定应进行定期强检的个体防护装备，用人单位应按相关规定，委托具有检测资质的检验检测机构进行定期检验。

（3）劳动者在作业过程中，应当按照规章制度和个体防护装备使用规则，正确佩戴和使用个体防护装备。在作业过程中发现存在其他危害因素，发现有个体防护装备不能满足作业安全要求，需要另外配备时，应立即停止相关作业，按照要求配备相应的个体防护装备后，方可继续作业。

（4）生产经营单位应当监督、教育从业人员按照使用规则正确佩戴、使用个体防护装备。

（5）生产经营单位应当安排专项经费用于配备个体防护装备，在成本中据实列支，不得以货币或者其他物品替代。

2. 追踪溯源

（1）用人单位应购置在最小贴码包装及运输包装上具有追踪溯源标识的个体防护装备，该标识应能通过全国性追踪溯源系统实现追踪溯源。

（2）用人单位在采购个体防护装备时，可通过产品和检验检测报告的追踪溯源标识，对实物信息和产品检验检测报告信息进行核实。

3. 配备原则

（1）用人单位应当为作业人员提供符合国家标准或者行业标准的个体防护装备。使用进口的个体防护装备，其防护性能不得低于我国相关标准。

（2）用人单位为作业人员配备的个体防护装备应当与作业场所的环境状况、作业状况、存在的危害因素和危害程度相适应，应与作业人员相适合，且个体防护装备本身不应导致其他额外的风险。

（3）用人单位配备个体防护装备时，应在保证有效防护的基础上，兼顾舒适性。

（4）需要同时配备多个个体防护装备时，应考虑使用的兼容性和功能替代性，确保防护有效。

（5）用人单位应对其使用的劳务派遣工、临时聘用人员、接纳的实习生和允许进入作业地点的其他外来人员进行个体防护装备的配备及管理。

4. 配备程序

个体防护装备的配备应按照相关流程执行，其中危害因素的辨识和评估、个体防护装备的选择是整个配备流程的关键环节。

个体防护装备的配备应按《个体防护装备配备规范 第 1 部分：总则》(GB 39800.1)有关规定，并根据《个体防护装备配备规范 第 5 部分：建材》(GB 39800.5—2003)进行科学合理配备。

5. 培训及使用

（1）用人单位应制定培训计划和考核办法，并建立和保留培训和考核记录。

（2）用人单位应按计划定期对作业人员进行培训，培训内容至少应包括工作中存在的危害种类和法律法规、标准等规定的防护要求，本单位采取的控制措施，以及个体防护装备的选择、防护效果、使用方法及维护、保养方法、检查方法等。

（3）当有新员工入职、员工转岗、个体防护装备配备发生变化、法律法规及标准发生变化等情况，需要培训时用人单位应及时进行培训。

（4）未按规定佩戴和使用个体防护装备的作业人员，不得上岗作业。

（5）作业人员应熟练掌握个体防护装备正确的佩戴和使用方法，用人单位应监督作业人员个体防护装备的使用情况。

（6）在使用个体防护装备前，作业人员应对个体防护装备进行检查（如外观检查、适合性检查等），确保个体防护装备能够正常使用。

（7）用人单位应按照产品使用说明书的有关内容和要求，指导并监督个体防护装备使用人员对在用的个体防护装备进行正确的日常维护和使用前的检查。对必须由专人负责的，应指定受过培训的合格人员负责日常检查和维护。

6. 维护、判废和更换

（1）个体防护装备应当按照要求妥善保存。公用的防护装备应当由车间或班组统一保管，定期维护。

（2）用人单位应当对应急个体防护装备进行经常性的维护、检修，定期检测个体防护装备的性能和效果，保证其完好有效。

（3）用人单位应当按照个体防护装备发放周期定期发放，对工作过程中损坏的，用人单位应及时更换。

（4）安全帽、呼吸器、绝缘手套等安全性能要求高、易损耗的个体防护装备，应当按照有效防护功能最低指标和有效使用期，到期强制报废。

（5）被判废或被更换后的个体防护装备不得再次使用。出现以下情况之一，用人单位应当给予判废和更换新品：①个体防护装备经检验或检查被判定不合格；②个体防护装备超过有效期；③个体防护装备功能已经失效；④个体防护装备的使用说明书中规定的其他判废或更换条件。

2.18　班组安全

班组是企业生产经营活动中的最基层单位，是企业最基础的生产管理组织，班组安全管理工作是企业安全生产工作的灵魂，班组是安全生产第一道防线。

做好企业班组安全管理，安全管理标准化班组建设少不了。"无规矩不成方圆"，有标准，各项工作才能井井有条。企业要大力推进班组标准化建设工作，实现安全管理工作程序化、岗位作业要求标准化、作业人员安全操作规范化，让班组建设更科学、更规范，只有这样，企业管理才能强基固本，夯实安全生产基础。

2.18.1　班组安全特点

班组是企业生产经营活动的基层单位。班组在安全生产方面具有以下特点：

班组单位小、人员少，不容易形成安全管理死角。

生产比较单一，工艺比较接近，员工在技术、操作以及安全生产方面有较多的共同语言。

班组成员在生产过程中经常会遇到安全问题，绝大多数安全问题需要靠自己开动脑筋、采取措施加以解决。

班组开展安全活动，容易召集、时间短、次数多、切合实际、针对性强，有利于迅速解决问题。

认识到班组在安全管理方面的这些特点，就可以采取适宜的工作方法、灵活的活动形式、有效的管理手段，促使班组每一名成员自觉遵守劳动纪律，不因违章操作而发生伤害事故。

2.18.2 班前会和班后会

每个班组在每日工作的开始实施阶段和结束总结阶段，应自始至终地认真贯彻"五同时"，即班组长在计划、布置、检查、总结、考核生产任务的同时，计划、布置、检查、总结、考核安全工作，即把安全指标与生产指标结合在一起进行检查考核。认真开好班前会和班后会，将安全工作列为班前会、班后会的重点内容，做到每日安全工作程序化，即班前布置安全，班后检查安全。经验证明，班前会、班后会开得是否卓有成效是衡量班组安全管理水平的一个显著标志，对于防止事故发生有重要作用。

1. 班前会要求

班前会是班组长根据当天的生产任务，结合本班组的人员（人数、个人的安全操作水平、安全思想稳定性）、物力（原材料、作业机具、安全用具）和现场条件、工作环境等，在工作开始前召开的班组会。为使班前会开得卓有成效，应注意以下几点：

班组长在向班组成员布置当天生产任务的同时，布置安全工作。其主要特点是时间短、内容集中、针对性强。它既区别于事故分析会，也不同于安全活动日。

班前会的内容一般应包括：

（1）交代当天的工作任务，做出分工，指定负责人和监护人。

（2）告知作业环境情况。

（3）讲解使用的机械设备和工器具的性能及操作技术。

（4）做好危险点分析，告知可能发生事故的环节、部位和应采取的防护措施。

（5）检查督促班组成员正确穿戴和使用防护用品用具。

班组长要逐项交代清楚以上所述内容；对班组成员提出的疑问，要耐心地加以解释，使班组成员明白应该怎样做，不应该怎样做。

班前会是一种分析预测活动。要使之符合实际，具有针对性和预见性，就需要班组长在会前动一番脑筋。为此，班组长每天要提前到岗，查看上一班的工作记录，听取上一班班组长的交班情况，了解设备运行状况（有无异常现象和缺陷存在、是否进行过检修等），并进行现场巡回检查。

班组长还要对当天的生产任务、相应的安全措施，以及需要使用的工器具等做到心中有数；对承担生产任务的班组成员的技术能力、责任心等有足够的了解。

在全面了解情况的基础上，班前会才能突出"三交"（即交任务、交安全、交措施）和"三查"（即查工作着装、查精神状态、查个人安全用具），并根据当天生产任务的特点、设备运行状况、作业环境等，有针对性地提出安全注意事项。

跟踪验证。班组长在作业前交代的有关安全事项是否正确，必须在作业中去考察验证。符合实际的，要坚持下去；不符合实际的，要适时纠正；没有考虑到的，要重新加以考虑。对因故没有参加班前会的个别班组成员，会后班组长应对此人补课交底，防止发生意外。

2. 班后会要求

班后会是一天工作结束或告一段落，在下班前由班组长主持召开的班组会。班后会与班前会所采取的方式和准备解决的重点问题不同。班前会是以思想动员的方式，对即将作业涉及的安全工作进行分析预测，以便防患于未然。班后会则是以讲评的方式，对已经完成的安全工作情况进行总结、检查，并提出整改意见。班前会是班后会的前提和基础，班后会是班前会的继续和发展。

班后会的内容一般包括：

（1）简明扼要地小结完成当天任务和执行安全规程的情况，既要肯定好的方面，又要找出存在的问题和不足。

（2）对工作中认真执行规章制度、表现突出的班组成员进行表扬；对违章指挥、违章作业的人员视情节轻重和造成后果的大小，提出批评或处罚。

（3）提出整改意见和防范措施。班后会的鲜明特点是：能够及时发现问题和解决问题，针对性强，见效快。

要有的放矢，做好准备。班组长要全面、准确地了解当天工作情况，特别是要把发现的不安全现象或造成的事故作为掌握的重点，在详细了解的基础上形成要点，使班后会的总结评比具有较强的说服力。同时，还要注意班后会讲评的方法，调动班组成员安全工作的积极性，增强自我保护意识和能力，帮助班组成员端正认识、克服消极情绪，达到安全生产的共同目的。

2.18.3　班组安全管理标准化

中国安全生产协会班组安全建设工作委员会提出了团体标准《安全管理标准化班组评定规范通用要求》（T/CAWS 0007 — 2023）用于班组安全管理指导。

该规范共 17 个核心要素，各企业可以参考进行班组安全管理建设。

1. 安全目标

班组应承接企业的安全目标，建立符合本班组风险特性的年度安全目标、指标，制定并实施达成目标、指标的工作计划。

2. 班组全员安全生产责任制

班组应当遵守企业的安全生产责任制管理制度，明确本班组各岗位安全生产责任、责任范围和考核标准，定期检查、考核、奖惩并持续改进。

3. 制度、规程和标准

班组应建立健全本班组的管理规章制度、规程、作业标准，应包含下列内容：班组安全生产责任制管理、交接班、班组会议、班组安全生产检查、班组安全生产教育培训、班组安全生产确认、班组安全生产联保互保、班组安全生产奖惩、班组现场标准化管理等制度；以及岗位安全操作规程（或工艺安全作业指导书）和作业标准。

4. 教育与培训

班组要根据本班组的具体情况和上级要求，制定并实施班组安全教育与培训计划。对操作岗位人员进行三级安全教育和操作技能培训；组织"四新"（新工艺、新技术、新材料、新设备设施）教育和培训；转岗、离岗教育培训；特种作业的人员的资格培训。

5. 安全管理台账与档案

班组要建立包括班组人员基本情况表、主要作业内容及危险因素一览表、年度安全工作目标及工作计划、安全承诺书、岗位职责、各项管理制度、作业指导书、安全设施登记、防护器具管理及其他相关技术支持资料，以及安全活动（会议）记录、安全教育记录、安全检查记录、隐患整改记录、危险源（点）监控记录、危险作业和非常规活动班组安全技术交底记录、班组自主点检记录、事故预想与应急演练记录、安全考核记录等台账。台账记录及时、准确、清楚，内容齐全，保存完好；使用一个周期后按照要求及时归档。

6. 设备与设施

班组要对生产设备设施中不安全因素及时反馈到有关职能管理部门，并能按本质化安全目标要求，提出技术改造、现场改善提案，促进生产经营单位不断提高设备设施的安全度。班组应对所辖区内预防、控制和减少事故影响的三类安全设施定期进行维护保养，确保齐全、完好、有效。安全设备设施不得随意拆除、挪用或弃置不用；确因检维修拆除的，应采取临时安全措施，检维修完毕后立即复原。

7. 作业前的准备

班组在作业之前，要进行工器具和作业文件的准备、班前安全检查和生产现场的安全巡视，掌握安全状况。班前安全检查内容包括：设备运转情况、作业现场隐患与周边环境、班组成员劳动纪律、精神状态、劳保用品的配备与穿戴情况等。

8. 班前会与班后会

班组当天（班次）要召开班前会和班后会。班前会应检查出勤情况、员工的精神状态和劳动保护用品穿戴情况，应回顾上一班次安全状态、传达上级安全要求、布置本班次工作任务和安全工作要点，对关键安全步骤实施风险评估并确保其风险得到有效控制。班后会应总结当天（班次）的安全生产工作，对班组成员工作表现进行点评，工作期间发现的事故隐患要及时登记并按照隐患排查治理制度处置。

9. 风险分级管控

班组应划分本班组的风险单元，建立风险单元清单。组织全体员工对所有风险单元开展危险源辨识，确定其安全风险类别。对不同类别的安全风险分别用红、橙、黄、蓝四种颜色标示。

班组应制订岗位安全风险告知卡，标明主要安全风险、可能引发事故隐患类别、事故后果、管控措施、应急措施及报告方式等内容。对存在重大安全风险的工作场所和岗位，要设置明显的警示标志。班组要根据风险评估的结果，针对安全风险特点，从组织、制度、技术、应急等方面安全风险进行有效管控，落实班组和岗位的管控责任。

10. 事故隐患排查与治理

班组应对作业场所、环境、人员、设备设施和作业活动进行事故隐患排查。将排查结果进行分类处置和治理；班组不能解决的，要提出相应改善提案上报有关职能管理部门并做好记录。

11. 作业行为管理

班组员工应认真遵守劳动纪律和安全规章制度，通过开展安全提醒、安全确认、互保联保、反习惯性违章等活动，消除违章指挥、违章作业、违反劳动纪律"三违"现象。

12. 作业过程控制

班组应严格落实工艺纪律（工艺标准）、操作纪律（操作程序），班组成员要通过精心操作、落实岗位点检、加强自主维护、现场检查评估等措施，实现生产过程的平稳、可控。

13. 作业现场管理

班组应对作业现场实行整理、整顿、清扫、清洁、安全、素养（6S）管理，要有明确的分工、落实责任，做到现场整洁、有序，物流顺畅，标识规范。

14. 标准化作业

员工应认真执行岗位作业标准，并按照作业完成时间确定工作周期和计划。

15. 安全活动

班组应每月至少确定一天为安全活动日，围绕作业安全和班组安全管理开展安全活动，要求全员参加，明确活动内容和活动主题，活动时间不少于 45min。

班组应定期召开一次安全专题会，研究解决作业安全中存在的习惯性违章和麻痹大意等主要问题，倡导亲情关爱，开展心理疏导，化解不良思想情绪。

班组应开展以安全为主题的改善提案活动。改善提案活动应有制度、有要求、有奖励措施，应做到员工参与率高，提案覆盖面广、采纳率高，改善效果显著。

班组应结合本班组的特点，推行现代化管理方法，在学习借鉴和总结经验的基础上，突出行业特点和时代特色，在管理方法、操作方式、工艺装备、工具量具、原燃材料等方面开展"五小"（小发明、小改造、小革新、小设计、小建议）活动和安全文化创新及 QC 小组活动，探索安全自主管理方法，不断提高班组的安全能力和安全管理水平。

16. 应急预案与事故处理

结合班组特点，针对岗位存在薄弱环节和可能发生的事故，编制班组现场应急处置卡。成员应熟练掌握紧急情况下的处置方法、处理程序和应急联络电话及联络方式。班组应每年至少参加一次综合预案、专项预案或现场应急处置方案的培训和演练，参与演练效果评估，提出改善意见或建议，并对应急处置卡进行修改、完善。

班组对应急设备设施和物资应确定保管责任人，并进行经常性的维护、保养，确保其完好、有效、可靠。

班组应配合事故调查。按照事故调查结果，在班组开展"四不放过"活动，吸取事故教训。

17. 持续改进

班组应实施主动性的安全绩效监测，定期对安全目标、指标的达成情况进行评估，未达成的应采取纠正措施。

2.19　企业安全文化建设

《企业安全文化建设导则》（AQ/T 9004）给出了企业安全文化的定义：被企业组织的员工群体所共享的安全价值观、态度、道德和行为规范的统一体。

建设企业安全文化的根本目的是提高全员安全素质。人的安全素质大体分为两个层面，一是基本层面的安全素质，主要指安全知识和技能；二是根本安全素质，主要包括安全观念、意识、态度、认知、道德、情感等人本性方面的要素。因此，通过建设先进的企业安全文化，可为企业提供精神动力与智力支持，提高企业安全生产保障的软实力，最终达到安全生产的目标。

一个企业的安全文化是企业在长期安全生产和经营活动中逐步培育形成的、具有本企业特点、为全体员工认可遵循并不断创新的观念、行为、环境、物态条件的总和。企业安全文化包括保护员工在从事生产经营活动中的身心安全与健康，既包括无损、无害、不伤、不亡的物质条件和作业环境，也包括员工对安全的意识、信念、价值观、经营思想、道德规范、企业安全激励、进取精神等安全的精神因素。

2.19.1　安全文化的起源

文化是一种无形的力量，影响着人的思维方法和行为方式。

安全文化伴随着人类的产生而产生，伴随着人类社会的进步而发展。安全文化经历了从自发到自觉，从无意识到有意识的漫长过程。在世界工业生产范围内，有意识并主动推进安全文化建设源于高技术和高危险的核安全领域。1986 年，苏联切尔诺贝利核电站事故发生以后，国际原子能机构（IAEA）提出了"安全文化"一词。

安全文化建设通过创造一种良好的安全人文氛围和协调的人机环境，对人的观念、意识、态度、行为等形成从无形到有形的影响，从而对人的不安全行为产生控制作用，以达到减少人为事故的效果。利用文化的力量，可以利用文化的导向、凝聚、辐射和同化等功能，引导全体员工采用科学的方法从事安全生产活动。利用文化的约束功能，一方面形成有效的规章制度的约束，引导员工遵守安全规章制度；另一方面通过道德规范的约束，创造一种团结友爱、相互信任，工作中相互提醒、相互发现不安全因素，共同保障安全的和睦气氛，形成凝聚力和信任力。利用文化的激励功能，使每个人能明白自己的存在和行为的价值，体现出自我价值的实现。持之以恒地坚持企业安全文化建设，在企业形成尊重生命的价值观，形成统一的思维方式和行为方式，进而提升企业安全目标、政策、制度的贯彻执行力。

2.19.2　杜邦公司安全文化简介

杜邦公司安全管理取得卓越的成效，通过 200 多年的努力，现在杜邦公司保持着优秀的安全纪录：安全事故率是工业平均值的 1/10，杜邦公司员工在工作场所比在家里安全10 倍，超过 60％的工厂实现零伤害，许多工厂都实现连续 20 年甚至 30 年无事故。这些安全绩效上的成就与杜邦公司倡导和实施的安全文化密不可分。

杜邦公司认为，企业的安全文化是企业组织和员工个人的特性和态度的集中表现，这种集合所建立的就是安全拥有高于一切的优先权。在一个安全文化已经建立起来的企业中，从高级至生产主管的各级管理层须对安全责任作出承诺并表现出无处不在的有感领导；员工个人须树立起正确的安全态度与行为；而企业自身须建立起良好的安全管理制度，并对安全问题和事故的重要性有一种持续的评估，对其始终保持高度的重视。

杜邦安全文化建立的过程有 4 个阶段：自然本能阶段、严格监督阶段、独立自主管理阶段、团队互助管理阶段。这就是对安全文化理论的模型总结（图 2.6）。

第一阶段，自然本能阶段，企业和员工对安全的重视仅仅是一种自然本能保护的反应，缺少高级管理层的参与，安全承诺仅仅是口头上的，将职责委派给安全经理，依靠人的本能，以服从为目标，不遵守安全规程要罚款，所以不得不遵守。在这种情况下，事故率是很高的，事故减少是不可能的，因为没有管理体系，没有对员工进行安全文化培养。

第二阶段，严格监督阶段，企业已建立起必要的安全系统和规章制度，各级管理层知道安全是自己的责任，对安全作出承诺。但员工意识没有转变时，依然是被动的，这是强

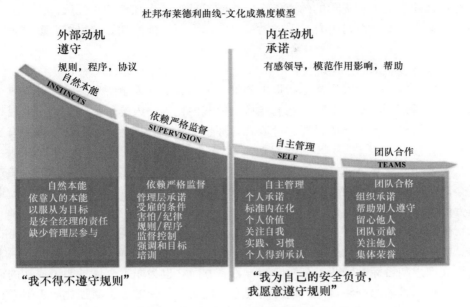

图 2.6　杜邦公司安全文化建立的过程

制监督管理，没有重视对员工安全意识的培养，员工处于从属和被动的状态。在这个阶段，管理层已经承诺了，有了监督、控制和目标，对员工进行了培训，安全成为受雇的条件，但员工若是因为害怕纪律、处分而执行规章制度的话，是没有自觉性的。在此阶段，依赖严格监督，安全业绩会大大地提高，但要实现零事故，还缺乏员工的意识。

第三阶段，独立自主管理阶段，企业已经有了很好的安全管理制度、系统，各级管理层对安全负责，员工已经具备了良好的安全意识，对自己做的每个层面的安全隐患都十分了解，员工已经具备了安全知识，员工对安全作出了承诺，按规章制度标准进行生产，安全意识深入员工内心，把安全作为自己的一部分。

第四阶段，团队互助管理阶段，员工不但自己遵守各项规章制度，而且帮助别人遵守；不但观察自己岗位上的不安全行为和条件，而且留心观察他人岗位上的；员工将自己的安全知识和经验分享给其他同事；关心其他员工的异常情绪变化，提醒安全操作；员工将安全作为一项集体荣誉。安全文化发展到第四阶段，员工就把安全作为个人价值的一部分，把安全视为个人成就。现在的杜邦公司已经发展到团队互助管理阶段。

2.19.3　企业安全文化的基本特征与主要功能

1. 企业安全文化的基本特征

（1）安全文化是指企业生产经营过程中为保障企业安全生产，保护员工身心安全与健康所涉及的种种文化实践及活动。

（2）企业安全文化与企业文化目标是基本一致的，即"以人为本"，以人的"灵性管理"为基础。

（3）企业安全文化更强调企业的安全形象、安全奋斗目标、安全激励精神、安全价值观和安全生产及产品安全质量、企业安全风貌及"商誉"效应等，是企业凝聚力的体现，对员工有很强的吸引力和无形的约束作用，能激发员工产生强烈的责任感。

（4）企业安全文化对员工有很强的潜移默化的作用，能影响人的思维，改善人的心智模式，改变人的行为。

2. 企业安全文化的主要功能

（1）导向功能。企业安全文化所提出的价值观为企业的安全管理决策活动提供了为企业大多数职工所认同的价值取向，它们能将价值观内化为个人的价值观，将企业目标内化为自己的行为目标，使个体的目标、价值观、理想与企业的目标、价值观、理想有了高度一致性和同一性。

（2）凝聚功能。当企业安全文化所提出的价值观被企业职工内化为个体的价值观和目标后就会产生一种积极而强大的群体意识，将每个职工紧密地联系在一起。这样就形成了一种强大的凝聚力和向心力。

（3）激励功能。企业安全文化所提出的价值观向员工展示了工作的意义，员工在理解工作的意义后，会产生更大的工作动力，这一点已为大量的心理学研究所证实。一方面用企业的宏观理想和目标激励职工奋发向上；另一方面它也为职工个体指明了成功的标准与标志，使其有了具体的奋斗目标。还可用典型、仪式等行为方式不断强化职工追求目标的行为。

（4）辐射和同化功能。企业安全文化一旦在一定的群体中形成，便会对周围群体产生强大的影响作用，迅速向周边辐射。而且，企业安全文化还会保持一个企业稳定的、独特的风格和活力，同化一批又一批新来者，使他们接受这种文化并继续保持与传播，使企业安全文化的生命力得以持久。

2.19.4　企业安全文化建设的基本内容

1. 安全承诺

（1）企业应建立包括安全价值观、安全愿景、安全使命和安全目标等在内的安全承诺。

安全承诺应切合企业特点和实际，反映共同的安全志向；明确安全问题在组织内部具有最高优先权；声明所有与企业安全有关的重要活动都追求卓越；含义清晰明了，并被全体员工和相关方所知晓和理解。

（2）企业的领导者应对安全承诺做出有形的表率，应让各级管理者和员工切身感受到领导者对安全承诺的实践。

（3）企业的各级管理者应对安全承诺的实施起到示范和推进作用，形成严谨的制度化工作方法，营造有益于安全的工作氛围，培育重视安全的工作态度。

（4）企业的员工应充分理解和接受企业的安全承诺，并结合岗位工作任务实践这种安全承诺。

（5）企业应将自己的安全承诺传达到相关方。必要时应要求供应商、承包商等相关方提供相应的安全承诺。

2. 行为规范与程序

（1）企业内部的行为规范是企业安全承诺的具体体现和安全文化建设的基础要求。企业应确保拥有能够达到和维持安全绩效的管理系统，建立清晰界定的组织结构和安全职责体系，有效控制全体员工的行为。

（2）程序是行为规范的重要组成部分。企业应建立必要的程序，以实现对与安全相关的所有活动进行有效控制的目的。

3. 安全行为的激励

（1）企业在审查和评估自身安全绩效时，除使用事故发生率等消极指标外，还应使用旨在对安全绩效给予直接认可的积极指标。

（2）员工应该受到鼓励，在任何时间和地点，挑战所遇到的潜在不安全事件，并识别所存在的安全缺陷。对员工所识别的安全缺陷，企业应给予及时处理和反馈。

（3）企业宜建立员工安全绩效评估系统，应建立将安全绩效与工作业绩相结合的奖励制度。

审慎对待员工的差错，应避免过多关注错误本身，而应以吸取经验教训为目的。

应仔细权衡惩罚措施，避免因处罚而导致员工隐瞒错误。

（4）企业宜在组织内部树立安全榜样或典范，发挥安全行为和安全态度的示范作用。

4. 安全信息的传播与沟通

（1）企业应建立安全信息传播系统，综合利用各种传播途径和方式，提高传播效果。

（2）企业应优化安全信息的传播内容，将组织内部有关安全的经验、实践和概念作为传播内容的组成部分。

（3）企业应就安全事项建立良好的沟通程序，确保企业与政府监管机构和相关方、各级管理者与员工、员工相互之间的沟通。

5. 自主学习与改进

（1）企业应建立有效的安全学习模式，实现动态发展的安全学习过程，保证安全绩效的持续改进。

（2）企业应建立正式的岗位适任资格评估和培训系统，确保全体员工充分胜任所承担的工作。

（3）企业应将与安全相关的任何事件，尤其是人员失误或组织错误事件，当作能够从中吸取经验教训的宝贵机会与信息资源，从而改进行为规范和程序，获得新的知识和能力。

（4）应鼓励员工对安全问题予以关注，进行团队协作，利用既有知识和能力，辨识和分析可供改进的机会，对改进措施提出建议，并在可控条件下授权员工自主改进。

（5）经验教训、改进机会和改进过程的信息宜编写到企业内部培训课程或宣传教育活动的内容中，使员工广泛知晓。

6. 安全事务参与

（1）全体员工都应认识到自己负有对自身和同事安全做出贡献的重要责任。员工对安全事务的参与是落实这种责任的最佳途径。

（2）员工参与的方式可包括但不局限于以下类型：建立在信任和免责备基础上的微小差错员工报告机制；成立员工安全改进小组，给予必要的授权、辅导和交流；定期召开有员工代表参加的安全会议，讨论安全绩效和改进行动；开展岗位风险预见性分析和不安全行为或不安全状态的自查自评活动。

企业组织应根据自身的特点和需要确定员工参与的形式。

（3）所有承包商对企业的安全绩效改进均可做出贡献。企业应建立让承包商参与安全事务和改进过程的机制。

7. 审核与评估

（1）企业应对自身安全文化建设情况进行定期的全面审核。

（2）在安全文化建设过程中及审核时，应采用有效的安全文化评估方法，关注安全绩效下滑的前兆，给予及时的控制和改进。

2.19.5　企业安全文化建设评价

安全文化评价的目的是为了解企业安全文化现状或企业安全文化建设效果而采取的系统化测评行为，并得出定性或定量的分析结论。《企业安全文化建设评价准则》（AQ/T 9005）给出了企业安全文化评价的要素、指标、减分指标、计算方法等。

1. 评价指标

（1）基础特征：企业状态特征、企业文化特征、企业形象特征、企业员工特征、企业技术特征、监管环境、经营环境、文化环境。

（2）安全承诺：安全承诺内容、安全承诺表述、安全承诺传播、安全承诺认同。

（3）安全管理：安全权责、管理机构、制度执行、管理效果。

（4）安全环境：安全指引、安全防护、环境感受。

（5）安全培训与学习：重要性体现、充分性体现、有效性体现。

（6）安全信息传播：信息资源、信息系统、效能体现。

（7）安全行为激励：激励机制、激励方式、激励效果。

（8）安全事务参与：安全会议与活动、安全报告、安全建议、沟通交流。

（9）决策层行为：公开承诺、责任履行、自我完善。

（10）管理层行为：责任履行、指导下属、自我完善。

（11）员工层行为：安全态度、知识技能、行为习惯、团队合作。

2. 减分指标

减分指标包括死亡事故、重伤事故、违章记录。

3. 评价程序

评价程序大致分为台账初审、现场评价、综合评价、公示认定等环节。

2.20　安全生产标准化

2.20.1　安全生产标准化工作背景和意义

1. 工作背景

安全生产标准化工作自 20 世纪 80 年代首先由煤炭行业提出以来，大体可划分为行业试点、逐步规范、全面推进、全面提升 4 个阶段。

2010 年 4 月 15 日国家安全监管总局发布《企业安全生产标准化基本规范》（AQ/T 9006），对安全生产标准化进行定义，并对目标、组织机构和职责、安全生产投入、法律法规与安全管理制度、教育培训、生产设备设施、作业安全、隐患排查和治理、重大危险源监控、职业健康、应急救援、事故报告调查和处理、绩效评定和持续改进共 13 个方面的核心要求作了具体内容规定。

2010 年 7 月国务院印发《关于进一步加强企业安全生产工作的通知》，提出要深入开展以岗位达标、专业达标和企业达标为内容的安全生产标准化建设。

2021 年 6 月新修订的《安全生产法》将安全生产标准化建设写入生产经营单位主要负责人对本单位安全生产工作负有的职责中，成为衡量企业负责人是否履行安全生产主体责任的重要依据。

随着经济社会的不断发展和机构、政策的调整，应急管理部在深入研究的基础上，组织对《企业安全生产标准化评审工作管理办法（试行）》进行了修订完善，形成了《企业安全生产标准化建设定级办法》（应急〔2021〕83 号），于 2021 年 10 月 27 日印发。这对进一步规范企业开展安全生产标准化、建立并保持安全生产管理体系、全面管控生产经营活动各环节的安全生产工作、不断提升安全管理水平起到积极的促进作用。

2. 安全生产标准化工作的意义

开展安全生产标准化建设工作，是落实企业安全生产主体责任，强化企业安全生产基础工作，改善安全生产条件，提高安全生产管理水平，预防事故的重要手段，对保障职工群众生命财产安全有着重要意义。

3. 安全生产标准化的定义

企业安全生产标准化是指通过建立安全生产责任制，制定安全管理制度和操作规程，排查治理隐患和监控重大危险源，建立预防机制，规范生产行为，使各生产环节符合有关安全生产法律法规和标准规范的要求，人、机、物、环处于良好的生产状态，并持续改进，不断加强企业安全生产规范化建设。

4. 安全生产标准化的内涵

安全生产标准化包含目标职责、制度化管理、教育培训、现场管理、安全风险管控及隐患排查治理、应急管理、事故管理、持续改进 8 个方面。

企业安全生产标准化遵循 "PDCA" 动态管理理念，即采用 "策划、实施、检查、改进" 动态循环的模式，要求企业结合自身的特点，建立并保持安全生产标准化系统，实现以安全生产标准化为基础的企业安全生产管理体系有效运行；通过自我检查、自我纠正和自我完善，及时发现和解决安全生产问题，建立安全绩效持续改进的安全生产长效机制，不断提高安全生产水平。

5. 安全生产标准化主要特点

突出了企业安全管理系统化要求，明确了企业安全生产标准化管理体系的核心要素。

2.20.2　《企业安全生产标准化基本规范》重点内容与要求

1. 目标职责

（1）目标

企业应根据自身安全生产实际，制定文件化的总体和年度安全生产与职业卫生目标，并纳入企业生产经营目标。明确目标的制定、分解、实施、检查、考核等环节要求。并按照所属基层单位和部门在生产经营中所承担的职能，将目标分解为指标，确保落实。企业应定期对安全生产与职业卫生目标、指标实施情况进行评估和考核，并结合实际及时进行调整。

（2）机构设置

企业应落实安全生产组织领导机构，成立安全生产委员会，并应按照有关规定设置安全生产和职业卫生管理机构，或配备相应的专职或兼职安全生产和职业卫生管理人员，按照有关规定配备注册安全工程师，建立、健全从管理机构到基层班组的管理网络。

企业主要负责人全面负责安全生产和职业卫生工作，并履行相应的责任和义务。分管负责人应对各自职责范围内的安全生产和职业卫生工作负责。各级管理人员应按照安全生产和职业卫生责任制的相关要求，履行其安全生产和职业卫生职责。

（3）全员参与

企业应建立、健全安全生产和职业卫生责任制，明确各级部门和从业人员的安全生产和职业卫生职责，并对职责的适宜性、履职情况进行定期评估和监督考核。

企业应为全员参与安全生产和职业卫生工作创造必要的条件，建立激励约束机制，鼓励从业人员积极建言献策，营造自下而上、自上而下全员重视安全生产和职业卫生的良好氛围，不断改进和提升安全生产和职业卫生管理水平。

（4）安全生产投入

企业应建立安全生产投入保障制度，按照有关规定提取和使用安全生产费用，并建立使用台账。企业应按照有关规定，为从业人员缴纳相关保险费用。企业宜投保安全生产责任保险。

（5）安全文化建设

企业应开展安全文化建设，确立本企业的安全生产和职业病危害防治理念及行为准则，并教育、引导全体从业人员贯彻执行。企业开展安全文化建设活动，应符合《企业安全文化建设导则》（AQ/T 9004）的规定。

（6）安全生产信息化

企业应根据自身实际情况，利用信息化手段加强安全生产管理工作，开展安全生产电子台账管理、重大危险源监控、职业病危害防治、应急管理、安全风险管控和隐患自查自报、安全生产预测预警等信息系统的建设。

2. 制度化管理

（1）法规标准识别

企业应建立安全生产和职业卫生法律法规、标准规范的管理制度，明确主管部门，确定获取的渠道、方式，及时识别和获取适用、有效的法律法规、标准规范，建立安全生产和职业卫生法律法规、标准规范清单和文本数据库。企业应将适用的安全生产和职业卫生法律法规、标准规范的相关要求及时转化为本单位的规章制度、操作规程，并及时传达给相关从业人员，确保相关要求落实到位。

企业应及时获取安全生产和职业卫生法律法规、标准规范，将适用的安全生产和职业卫生法律法规、标准规范的相关要求转化为规章制度、操作规程，并严格执行。

（2）规章制度

企业应建立、健全安全生产和职业卫生规章制度，并征求工会及从业人员意见和建议，规范安全生产和职业卫生管理工作。企业应确保从业人员及时获取制度文本。

企业安全生产和职业卫生规章制度包括但不限于下列内容：目标管理，安全生产和职业卫生责任制，安全生产承诺，安全生产投入，安全生产信息化，"四新"（新技术、新材料、新工艺、新设备设施）管理，文件、记录和档案管理，安全风险管理、隐患排查治理，职业病危害防治，教育培训，班组安全活动，特种作业人员管理，建设项目安全设施、职业病防护设施"三同时"管理，设备设施管理，施工和检维修安全管理，危险物品管理，危险作业安全管理，安全警示标志管理，安全预测预警，安全生产奖惩管理，相关方安全管理，变更管理，个体防护用品管理，应急管理，事故管理，安全生产报告，绩效评定管理。

（3）操作规程

企业应按照有关规定，结合本企业生产工艺、作业任务特点以及岗位作业安全风险与职业病防护要求，编制齐全适用的岗位安全生产和职业卫生操作规程，发放到相关岗位员工，并严格执行。企业应确保从业人员参与岗位安全生产和职业卫生操作规程的编制和修订工作。企业应在新技术、新材料、新工艺、新设备设施投入使用前，组织制修订相应的安全生产和职业卫生操作规程，确保其适宜性和有效性。

岗位操作规程应包含对岗位的风险分析、评估与控制等内容，要结合岗位实际，确保其适用性和针对性。

（4）文档管理

企业应建立文件和记录管理制度，明确安全生产和职业卫生规章制度、操作规程的编制、评审、发布、使用、修订、作废以及文件和记录管理的职责、程序和要求。企业应建立、健全主要安全生产和职业卫生过程与结果的记录，应每年至少评估一次安全生产和职业卫生法律法规、标准规范、规章制度、操作规程的适宜性、有效性和执行情况。企业应根据评估结果、安全检查情况、自评结果、评审情况、事故情况等，及时修订安全生产和职业卫生规章制度、操作规程。

3. 教育培训

（1）教育培训管理

企业应建立、健全安全教育培训制度，按照有关规定进行培训，培训大纲、内容、时间应满足有关标准的规定。企业安全教育培训应包括安全生产和职业卫生的内容。企业应明确安全教育培训主管部门，定期识别安全教育培训需求，制定、实施安全教育培训计划，并保证必要的安全教育培训资源；企业应如实记录全体从业人员的安全教育和培训情况，建立安全教育培训档案和从业人员个人安全教育培训档案并对培训效果进行评估和改进。

（2）人员教育培训

企业的主要负责人和安全生产管理人员应具备与本企业所从事的生产经营活动相适应的安全生产和职业卫生知识与能力。

企业应对各级管理人员进行教育培训，确保其具备正确履行岗位安全生产和职业卫生职责的知识与能力。

法律法规要求考核其安全生产和职业卫生知识与能力的人员，应按照有关规定经考核合格。

企业应对从业人员进行安全生产和职业卫生教育培训，保证从业人员具备满足岗位要求的安全生产和职业卫生知识，熟悉有关的安全生产和职业卫生法律法规、规章制度、操作规程，掌握本岗位的安全操作技能和职业危害防护技能、安全风险辨识和管控方法，了解事故现场应急处置措施，并根据实际需要，定期进行复训考核。

4. 现场管理

（1）设备设施管理

企业总平面布置应符合《工业企业总平面设计规范》（GB 50187）的规定，建筑设计防火和建筑灭火器配置应分别符合《建筑设计防火规范》（GB 50016）和《建筑灭火器配置设计规范》（GB 50140）的规定；建设项目的安全设施和职业病防护设施应与建设项目主体工程同时设计、同时施工、同时投入生产和使用。

企业应按照有关规定进行建设项目安全生产、职业病危害评价，严格履行建设项目安全设施和职业病防护设施设计审查、施工、试运行、竣工验收等管理程序。企业应执行设备设施采购、到货验收制度，购置、使用设计符合要求、质量合格的设备设施。设备设施安装后企业应进行验收，并对相关过程及结果进行记录。

企业应对设备设施进行规范化管理，建立设备设施管理台账。企业应有专人负责管理各种安全设施以及检测与监测设备，定期检查维护并做好记录。企业应针对高温、高压和生产、使用、储存易燃易爆、有毒有害物质等高风险设备，建立运行、巡检、保养的专项安全管理制度，确保其始终处于安全可靠的运行状态。

安全设施和职业病防护设施不应随意拆除、挪用或弃置不用；确因检维修拆除的，应采取临时安全措施，检维修完毕后立即复原。

企业应建立设备设施检维修管理制度，制定综合检维修计划，加强日常检维修和定期检维修管理，落实"五定"原则，即定检维修方案、定检维修人员、定安全措施、定检维修质量、定检维修进度，并做好记录。

检维修方案应包含作业安全风险分析、控制措施、应急处置措施及安全验收标准。检维修过程中应执行安全控制措施，隔离能量和危险物质，并进行监督检查，检维修后应进行安全确认。

特种设备应按照有关规定，委托具有专业资质的检测、检验机构进行定期检测、检验。

企业应建立设备设施报废管理制度。设备设施的报废应办理审批手续，在报废设备设施拆除前应制定方案，并在现场设置明显的报废设备设施标志。报废、拆除涉及许可作业的，在作业前对相关作业人员进行培训和安全技术交底。报废、拆除应按方案和许可内容组织落实。

（2）作业安全

企业应事先分析和控制生产过程及工艺、物料、设备设施、器材、通道、作业环境等存在的安全风险。

生产现场应实行定置管理，保持作业环境整洁。生产现场应配备相应的安全、职业病防护用品（具）及消防设施与器材，按照有关规定设置应急照明、安全通道，并确保安全通道畅通。

企业应对临近高压输电线路作业、危险场所动火作业、有限空间作业、临时用电作业、爆破作业、封道作业等危险性较大的作业活动，实施作业许可管理，严格履行作业许可审批手续。作业许可应包含安全风险分析、安全及职业病危害防护措施、应急处置等内容。作业许可实行闭环管理。

企业应对作业人员的上岗资格、条件等进行作业前的安全检查，做到特种作业人员持证上岗，并安排专人进行现场安全管理，确保作业人员遵守岗位操作规程和落实安全及职业病危害防护措施。

企业应采取可靠的安全技术措施，对设备能量和危险有害物质进行屏蔽或隔离。两个以上作业队伍在同一作业区域内进行作业活动时，不同作业队伍相互之间应签订管理协议，明确各自的安全生产、职业卫生管理职责和采取的有效措施，并指定专人进行检查与协调。

企业应依法合理进行生产作业组织和管理，加强对从业人员作业行为的安全管理，对设备设施、工艺技术以及从业人员作业行为等进行安全风险辨识，采取相应的措施，控制作业行为安全风险。企业应监督、指导从业人员遵守安全生产和职业卫生规章制度、操作规程，杜绝违章指挥、违规作业和违反劳动纪律的"三违"行为。企业应为从业人员配备与岗位安全风险相适应的、符合《个体防护装备配备规范》（GB 39800）规定的个体防护装备与用品，并监督、指导从业人员按照有关规定正确佩戴、使用、维护、保养和检查个体防护装备与用品。企业应建立班组安全活动管理制度，开展岗位达标活动，明确岗位达标的内容和要求。从业人员应熟练掌握本岗位安全职责、安全生产和职业卫生操作规程、安全风险及管控措施、防护用品使用、自救互救及应急处置措施。

各班组应按照有关规定开展安全生产和职业卫生教育培训、安全操作技能训练、岗位作业危险预知、作业现场隐患排查、事故分析等工作，并做好记录。

企业应建立承包商、供应商等安全管理制度，将承包商、供应商等相关方的安全生产和职业卫生纳入企业内部管理，对承包商、供应商等相关方的资格预审、选择，作业人员培训，作业过程检查、监督，提供的产品与服务，绩效评估，续用或退出等进行管理。企业应建立合格承包商、供应商等相关方的名录和档案，定期识别服务行为安全风险，并采取有效的控制措施。

企业不应将项目委托给不具备相应资质或安全生产、职业病防护条件的承包商、供应商等相关方。企业应与承包商、供应商等签订合作协议，明确规定双方的安全生产及职业病防护的责任和义务。企业应通过供应链关系促进承包商、供应商等相关方达到安全生产标准化要求。

企业应建立至少包括危险区域动火作业、进入有限空间作业、能源介质作业、高处作业、大型吊装作业、交叉作业等危险作业在内的安全管理制度，明确责任部门、人员、许可范围、审批程序、许可签发人员等；应根据《建筑设计防火规范》（GB 50016）、《爆炸危险环境电力装置设计规范》（GB 50058）的规定，结合生产实际，确定具体的危险场所，设置危险标志牌或警告标志牌，并严格管理其区域内的作业；应在有较大危险因素的作业场所或有关设备上，设置符合《安全标志及其使用导则》（GB 2894）和《安全色》（GB 2893）规定的安全警示标志和安全色。

（3）职业健康

企业应为从业人员提供符合职业卫生要求的工作环境和条件，为接触职业病危害的从业人员提供个人使用的职业病防护用品，建立、健全职业卫生档案和健康监护档案。

产生职业病危害的工作场所应设置相应的职业病防护设施，并符合《工业企业设计卫生标准》（GBZ 1）的规定。

企业应确保使用有毒有害物品的工作场所与生活区、辅助生产区分开，工作场所不应住人；将有害作业与无害作业分开，高毒工作场所与其他工作场所隔离。

对可能导致发生急性职业病危害的有毒有害工作场所，应设置检测报警装置，制定应急预案，配置现场急救用品、设备，设置应急撤离通道和必要的泄险区，并定期检查监测。

企业应组织从业人员进行上岗前、在岗期间、特殊情况应急后和离岗时的职业健康检查，将检查结果书面如实告知从业人员并存档。对检查结果异常的从业人员，应及时就医，并定期复查。企业不应安排未经职业健康检查的从业人员从事接触职业病危害的作业，不应安排有职业禁忌的从业人员从事禁忌作业。从业人员的职业健康监护应符合《职业健康监护技术规范》（GBZ 188）的规定。

各种防护用品、各种防护器具应定点存放在安全、便于取用的地方，建立台账，并有专人负责保管，定期校验、维护和更换。

涉及放射性工作场所和放射性同位素运输、贮存的企业，应配置防护设备和报警装置，为接触放射线的从业人员佩戴个人剂量计。

企业与从业人员订立劳动合同时，应将工作过程中可能产生的职业病危害及其后果和防护措施如实告知从业人员，并在劳动合同中写明。

企业应按照有关规定，在醒目位置设置公告栏，公布有关职业病防治的规章制度、操作规程、职业病危害事故应急救援措施和工作场所职业病危害因素检测结果。对存在或产生职业病危害的工作场所、作业岗位、设备设施，应在醒目位置设置警示标识和中文警示说明；使用有毒物品作业场所，应设置黄色区域警示线、警示标识和中文警示说明；高毒作业场所应设置红色区域警示线、警示标识和中文警示说明，并设置通信报警设备。高毒物品作业岗位职业病危害告知应符合《高毒物品作业岗位职业病危害告知规范》（GBZ/T 203）的规定。

企业应按照有关规定，及时、如实向所在地安全监管部门申报职业病危害项目，并及时更新信息。

企业应改善工作场所职业卫生条件，控制职业病危害因素浓（强）度不超过《工作场所有害因素职业接触限值 第 1 部分：化学有害因素》（GBZ 2.1）、《工作场所有害因素职业接触限值 第 2 部分：物理因素》（GBZ 2.2）等规定的限值。

企业应对工作场所职业病危害因素进行日常监测，并保存监测记录。存在职业病危害的，应委托具有相应资质的职业卫生技术服务机构进行定期检测，每年至少进行一次全面的职业病危害因素检测；职业病危害严重的，应委托具有相应资质的职业卫生技术服务机构，每三年至少进行一次职业病危害现状评价。检测、评价结果存入职业卫生档案，并向安全监管部门报告，向从业人员公布。

定期检测结果中职业病危害因素浓度或强度超过职业接触限值的，企业应根据职业卫生技术服务机构提出的整改建议，结合本单位的实际情况，制定切实有效的整改方案，立即进行整改。整改落实情况应有明确的记录并存入职业卫生档案备查。

（4）警示标志

企业应按照有关规定和工作场所的安全风险特点，在有重大危险源、较大危险因素和严重职业病危害因素的工作场所，设置明显的、符合有关规定要求的安全警示标志和职业病危害警示标识。其中，警示标志的安全色和安全标志应分别符合《安全色》（GB 2893）

和《安全标志及其使用导则》（GB 2894）的规定，道路交通标志和标线应符合《道路交通标志和标线》（GB 5768）（所有部分）的规定，工业管道安全标识应符合《工业管道的基本识别色、识别符号和安全标识》（GB 7231）的规定，消防安全标志应符合《消防安全标志　第 1 部分：标志》（GB 13495.1）的规定，工作场所职业病危害警示标识应符合《工作场所职业病危害警示标识》（GBZ 158）的规定。安全警示标志和职业病危害警示标识应标明安全风险内容、危险程度、安全距离、防控办法、应急措施等内容；在有重大隐患的工作场所和设备设施上设置安全警示标志，标明治理责任、期限及应急措施；在有安全风险的工作岗位设置安全告知卡，告知从业人员本企业、本岗位主要危险、有害因素、后果、事故预防及应急措施、报告电话等内容。

企业应定期对警示标志进行检查维护，确保其完好有效。

企业应在设备设施施工、吊装、检维修等作业现场设置警戒区域和警示标志，在检维修现场的坑、井、渠、沟、陡坡等场所设置围栏和警示标志，进行危险提示、警示，告知危险的种类、后果及应急措施等。

5. 安全风险管控及隐患排查治理

（1）安全风险管理

企业应建立安全风险辨识管理制度，组织全员对本单位安全风险进行全面、系统的辨识。

安全风险辨识范围应覆盖本单位的所有活动及区域，并考虑正常、异常和紧急三种状态及过去、现在和将来三种时态。安全风险辨识应采用适宜的方法和程序，且与现场实际相符。

企业应对安全风险辨识资料进行统计、分析、整理和归档。

企业应建立安全风险评估管理制度，明确安全风险评估的目的、范围、频次、准则和工作程序等。

企业应选择合适的安全风险评估方法，定期对所辨识出的存在安全风险的作业活动、设备设施、物料等进行评估。在进行安全风险评估时，至少应从影响人、财产和环境三个方面的可能性和严重程度进行分析。

企业应选择工程技术措施、管理控制措施、个体防护措施等，对安全风险进行控制。

企业应根据安全风险评估结果及生产经营状况等，确定相应的安全风险等级，对其进行分级分类管理，实施安全风险差异化动态管理，制定并落实相应的安全风险控制措施。

企业应将安全风险评估结果及所采取的控制措施告知相关从业人员，使其熟悉工作岗位和作业环境中存在的安全风险，掌握、落实应采取的控制措施。

企业应制定变更管理制度。变更前应对变更过程及变更后可能产生的安全风险进行分析，制定控制措施，履行审批及验收程序，并告知和培训相关从业人员。

（2）重大危险源辨识与管理

企业应建立重大危险源管理制度，全面辨识重大危险源，对确认的重大危险源制定安全管理技术措施和应急预案。

涉及危险化学品的企业应按照《危险化学品重大危险源辨识》（GB 18218）的规定，进行重大危险源辨识和管理。

企业应对重大危险源进行登记建档，设置重大危险源监控系统，进行日常监控，并按照有关规定向所在地安全监管部门备案。

（3）隐患排查和治理

企业应建立隐患排查治理制度，逐级建立并落实从主要负责人到每位从业人员的隐患排查治理和防控责任制，并按照有关规定组织开展隐患排查治理工作，及时发现并消除隐患，实行隐患闭环管理。

企业应根据有关法律法规、标准规范等，组织制定各部门、岗位、场所、设备设施的隐患排查治理标准或排查清单，明确隐患排查的时限、范围、内容、频次和要求，并组织开展相应的培训。隐患排查的范围应包括所有与生产经营相关的场所、人员、设备设施和活动，包括承包商、供应商等相关方服务范围。

企业应按照有关规定，结合安全生产的需要和特点，采用综合检查、专业检查、季节性检查、节假日检查、日常检查等不同方式进行隐患排查。对排查出的隐患，按照隐患的等级进行记录，建立隐患信息档案，并按照职责分工实施监控治理。组织有关专业技术人员对本企业可能存在的重大隐患作出认定，并按照有关规定进行管理。

企业应将相关方排查出的隐患统一纳入本企业隐患管理。

企业应根据隐患排查的结果，制定隐患治理方案，对隐患及时进行治理。

企业应按照责任分工立即或限期组织整改一般隐患。主要负责人应组织制定并实施重大隐患治理方案。治理方案应包括目标和任务、方法和措施、经费和物资、机构和人员、时限和要求、应急预案。

企业在隐患治理过程中，应采取相应的监控防范措施。隐患排除前或排除过程中无法保证安全的，应从危险区域内撤出作业人员，疏散可能危及的人员，设置警戒标志，暂时停产停业或停止使用相关设备设施。

隐患治理完成后，企业应按照有关规定对治理情况进行评估、验收。重大隐患治理完成后，企业应组织本企业的安全管理人员和有关技术人员进行验收或委托依法设立的为安全生产提供技术、管理服务的机构进行评估。

企业应如实记录隐患排查治理情况，至少每月进行统计分析，及时将隐患排查治理情况向从业人员通报。

企业应运用隐患自查、自改、自报信息系统，通过信息系统对隐患排查、报告、治理、销账等过程进行电子化管理和统计分析，并按照当地安全监管部门和有关部门的要求，定期或实时报送隐患排查治理情况。

企业必须建立隐患排查治理登记台账，台账应反映隐患发现的时间、内容、存在的部位、等级、整改时限、责任人等相关内容。

（4）预测预警

企业应根据生产经营状况、安全风险管理及隐患排查治理、事故等情况，运用定量或定性的安全生产预测预警技术，建立体现企业安全生产状况及发展趋势的安全生产预测预警体系。

6．应急管理

（1）应急准备

企业应按照有关规定建立应急管理组织机构或指定专人负责应急管理工作，建立与本企业安全生产特点相适应的专（兼）职应急救援队伍。按照有关规定可以不单独建立应急救援队伍的，应指定兼职救援人员，并与邻近专业应急救援队伍签订应急救援服务协议。

企业应在开展安全风险评估和应急资源调查的基础上，建立生产安全事故应急预案体系，制定符合《生产经营单位生产安全事故应急预案编制导则》（GB/T 29639）规定的生产安全事故应急预案，针对安全风险较大的重点场所（设施）制定现场处置方案，并编制重点岗位、人员应急处置卡。

企业应按照有关规定将应急预案报当地主管部门备案，并通报应急救援队伍、周边企业等有关应急协作单位。

企业应定期评估应急预案，及时根据评估结果或实际情况的变化进行修订和完善，并按照有关规定将修订的应急预案及时报当地主管部门备案。

企业应根据可能发生的事故种类特点，按照有关规定设置应急设施，配备应急装备，储备应急物资，建立管理台账，安排专人管理，并定期检查、维护、保养，确保其完好、可靠。

企业应按照《生产安全事故应急演练指南》（AQ/T 9007）的规定定期组织公司（厂、矿）、车间（工段、区、队）、班组开展生产安全事故应急演练，做到一线从业人员参与应急演练全覆盖，并按照《生产安全事故应急演练评估规范》（AQ/T 9009）的规定对参与应急演练全覆盖，并按照《生产安全事故应急演练评估规范》（AQ/T 9009）的规定对演练进行总结和评估，根据评估结论和演练发现的问题，修订、完善应急预案，改进应急准备工作。

（2）应急处置

发生事故后，企业应根据预案要求，立即启动应急响应程序，按照有关规定报告事故情况，并开展先期处置。

（3）应急评估

企业应对应急准备、应急处置工作进行评估。

7. 事故管理

（1）报告

企业应建立事故报告程序，明确事故内外部报告的责任人、时限、内容等，并教育、指导从业人员严格按照有关规定的程序报告发生的生产安全事故。企业应妥善保护事故现场以及相关证据。事故报告后出现新情况的，应当及时补报。

（2）调查和处理

企业应建立内部事故调查和处理制度，按照有关规定、行业标准和国际通行做法，将造成人员伤亡（轻伤、重伤、死亡等人身伤害和急性中毒）和财产损失的事故纳入事故调查和处理范畴。

企业发生事故后，应及时成立事故调查组，明确其职责与权限，进行事故调查。事故调查应查明事故发生的时间、经过、原因、波及范围、人员伤亡情况及直接经济损失等。事故调查组应根据有关证据、资料，分析事故的直接原因、间接原因和事故责任，提出应吸取的教训、整改措施和处理建议，编制事故调查报告。

企业应开展事故案例警示教育活动，认真吸取事故教训，落实防范和整改措施，防止类似事故再次发生。企业应根据事故等级，积极配合有关人民政府开展事故调查。

（3）管理

企业应建立事故档案和管理台账，将承包商、供应商等相关方在企业内部发生的事故纳入本企业事故管理。企业应按照《企业职工伤亡事故分类》（GB 6441）、《事故伤害损失工作日标准》（GB/T 15499）的有关规定和国家、行业确定的事故统计指标开展事故统计分析。

8. 持续改进

（1）绩效评定

企业每年至少应对安全生产标准化管理体系的运行情况进行一次自评，验证各项安全生产制度措施的适宜性、充分性和有效性，检查安全生产和职业卫生管理计划、指标的完成情况。

企业主要负责人应全面负责组织自评工作，并将自评结果向本企业所有部门、单位和从业人员通报。自评结果应形成正式文件，并作为年度安全绩效考评的重要依据。企业应落实安全生产报告制度，定期向业绩考核等有关部门报告安全生产情况，并向社会公示。

企业发生生产安全责任死亡事故，应重新进行安全绩效评定，全面查找安全生产标准化管理体系中存在的缺陷。

企业每年至少应对安全生产标准化管理体系的运行情况进行一次自评，自评结果应形成正式文件，并作为年度安全绩效考评的重要依据。

（2）持续改进

企业应根据安全生产标准化管理体系的自评结果和安全生产预测预警系统所反映的趋势，以及绩效评定情况，客观分析企业安全生产标准化管理体系的运行质量，及时调整完善相关制度文件和过程管控，持续改进，不断提高安全生产绩效。

2.20.3 安全生产标准化定级

企业安全生产标准化达标等级分为一级企业、二级企业、三级企业，其中一级为最高。定级标准和具体要求按照行业分别确定。企业安全生产标准化定级实行分级负责。应急管理部为一级企业以及海洋石油全部等级企业的定级部门。省级和设区的市级应急管理部门分别为本行政区域内二级、三级企业的定级部门。定级部门通过政府购买服务方式确定从事安全生产相关工作的事业单位或者社会组织作为标准化定级组织单位和评审单位，负责受理和审核企业自评报告、监督现场评审过程和质量等具体工作，并向社会公布组织单位、评审单位名单。

1. 定级程序

企业安全生产标准化定级按照自评、申请、评审、公示、公告的程序进行。

（1）自评

企业应自主开展安全生产标准化建设工作，成立由主要负责人任组长的自评工作组，对照相应定级标准开展自评，每年一次，形成自评报告在企业内部进行公示，及时整改发现的问题，持续改进安全绩效。

（2）申请

申请定级的企业，依拟申请的等级向相应组织单位提交自评报告。组织单位收到企业自评报告后，对自评报告内容存在问题的，告知企业需要补正的全部内容。符合申请条件的，将审核意见和企业自评报告报送定级部门，并书面告知企业；对不符合的，书面告知企业并说明理由。审核、报送和告知工作应在 10 个工作日内完成。

（3）评审

定级部门对组织单位报送的审核意见和企业自评报告进行确认后，由组织单位通知负责现场评审的单位成立现场评审组在 20 个工作日内完成现场评审，形成现场评审报告，初步确定企业是否达到拟申请的等级，应书面告知企业。

企业收到现场评审报告后，应当在 20 个工作日内完成不符合项整改工作，并将整改情况报告现场评审组。现场评审组应指导企业做好整改工作，并在收到企业整改情况报告后 10 个工作日内采取书面检查或者现场复核的方式，确认整改是否合格，书面告知企业和组织单位。企业未在规定期限内完成整改的，视为整改不合格。

（4）公示

组织单位将确认整改合格、符合相应定级标准的企业名单定期报送相应定级部门；定级部门确认后，在本级政府或者本部门网站向社会公示，接受社会监督，公示时间不少于 7 个工作日。公示期间，收到企业存在不符合定级标准以及其他相关要求问题反映的，由定级部门组织核实。

（5）公告

对公示无异议或者经核实不存在所反映问题的定级企业，由定级部门确认定级等级，予以公告，并抄送同级工业和信息化、人力资源和社会保障、国有资产监督管理、市场监督管理等部门和工会组织，以及相应银行保险和证券监督管理机构。对未予公告的企业，由定级部门书面告知其未通过定级，并说明理由。

2. 定级条件

申请定级的企业应当在自评报告中，由其主要负责人承诺符合以下条件：

（1）依法应当具备的证照齐全有效。

（2）依法设置安全生产管理机构或者配备安全生产管理人员。

（3）主要负责人、安全生产管理人员、特种作业人员依法持证上岗。

（4）申请定级之日前 1 年内，未发生死亡、总计 3 人及以上重伤或者直接经济损失总计 100 万元及以上的生产安全事故。

（5）未发生造成重大社会不良影响的事件。

（6）未被列入安全生产失信惩戒名单。

（7）前次申请定级被告知未通过之日起满 1 年。

（8）被撤销安全生产标准化等级之日起满 1 年。

（9）全面开展隐患排查治理，发现的重大隐患已完成整改。

申请一级定级的企业，还应当承诺符合以下条件：

（1）从未发生过特别重大生产安全事故，且申请定级之日前 5 年内未发生过重大生产安全事故、前 2 年内未发生过生产安全死亡事故。

（2）按照《企业职工伤亡事故分类》（GB 6441）、《事故伤害损失工作日标准》（GB/T 15499），统计分析年度事故起数、伤亡人数、损失工作日、千人死亡率、千人重伤率、伤害频率、伤害严重率等，并自前次取得安全生产标准化等级以来逐年下降或者持平。

（3）曾被定级为一级，或者被定级为二级、三级并有效运行 3 年以上。

发现企业存在承诺不实的，定级相关工作即行终止，3 年内不再受理该企业安全生产标准化定级申请。

3. 期满定级申请

企业安全生产标准化等级有效期为 3 年。已经取得安全生产标准化等级的企业，可以在有效期届满前 3 个月再次按照安全生产标准化定级程序申请定级。对再次申请原等级的企业，在安全生产标准化等级有效期内符合以下条件的，经定级部门确认后，直接予以公示和公告。

（1）未发生生产安全死亡事故。

（2）一级企业未发生总计重伤 3 人及以上或者直接经济损失总计 100 万元及以上的生产安全事故，二级、三级企业未发生总计重伤 5 人及以上或者直接经济损失总计 500 万元及以上的生产安全事故。

（3）未发生造成重大社会不良影响的事件。

（4）有关法律、法规、规章、标准及所属行业定级相关标准未作重大修订。

（5）生产工艺、设备、产品、原辅材料等无重大变化，无新建、改建、扩建工程项目。

（6）按照规定开展自评并提交自评报告。

4. 定级等级撤销

取得安全生产标准化定级的企业，在证书有效期内发生下列行为之一的，由原定级部门撤销其等级并予以公告，同时抄送同级工业和信息化、人力资源和社会保障、国有资产监督管理、市场监督管理等部门和工会组织，以及相应银行保险和证券监督管理机构。

（1）发生生产安全死亡事故的。

（2）连续 12 个月内发生总计重伤 3 人及以上或者直接经济损失总计 100 万元及以上的生产安全事故的。

（3）发生造成重大社会不良影响事件的。

（4）瞒报、谎报、迟报、漏报生产安全事故的。

（5）被列入安全生产失信惩戒名单的。

（6）提供虚假材料，或者以其他不正当手段取得安全生产标准化等级的。

（7）行政许可证照注销、吊销、撤销的，或者不再从事相关行业生产经营活动的。

（8）存在重大生产安全事故隐患，未在规定期限内完成整改的。

（9）未按照安全生产标准化管理体系持续、有效运行，情节严重的。

2.20.4 企业开展安全生产标准化建设流程事项

企业安全生产标准化建设流程包括策划准备及制定目标、教育培训、现状梳理、管理文件制修订、实施运行及整改、企业自评、评审申请、现场评审等阶段。

1. 策划准备及制定目标

策划准备阶段首先要成立领导小组，由企业主要负责人担任领导小组组长，所有相关的职能部门的主要负责人作为成员，确保安全生产标准化建设组织保障；成立执行小组，由各部门负责人、工作人员共同组成，负责安全生产标准化建设过程中的具体问题。

制定安全生产标准化建设目标，并根据目标来制定推进方案，分解落实达标建设责任，确保各部门在安全生产标准化建设过程中任务分工明确，顺利完成各阶段工作目标。

2. 教育培训

安全生产标准化建设需要全员参与。教育培训首先要解决企业领导层对安全生产标准化建设工作重要性的认识，加强其对安全生产标准化工作的理解，从而使企业领导层重视该项工作，加大推动力度，监督检查执行进度；其次要解决执行部门、人员操作的问题，培训评定标准的具体条款要求是什么，本部门、本岗位、相关人员应该做哪些工作，如何将安全生产标准化建设和企业日常安全管理工作相结合。

3. 现状梳理

对照相应专业评定标准（或评分细则），对企业各职能部门及下属各单位安全管理情况、现场设备设施状况进行现状摸底，摸清各单位存在的问题和缺陷；对发现的问题，定责任部门、定措施、定时间、定资金，及时进行整改并验证整改效果。现状摸底的结果作为企业安全生产标准化建设各阶段进度任务的针对性依据。

4. 管理文件制修订

企业要对照评定标准，对主要安全管理文件进行梳理，结合现状摸底所发现的问题，准确判断管理文件亟待加强和改进的薄弱环节，提出有关文件的制修订计划；以各部门为主，自行对相关文件进行制修订，由标准化执行小组对管理文件进行把关。

5. 实施运行及整改

根据制修订后的安全管理文件，企业要在日常工作中进行实际运行。根据运行情况，对照评定标准的条款，按照有关程序，将发现的问题及时进行整改及完善。

6. 企业自评

企业在安全生产标准化系统运行一段时间后，依据评定标准，由标准化执行小组组织相关人员开展自主评定工作。

企业对自主评定中发现的问题进行整改，整改完毕后，着手准备安全生产标准化评审申请材料。

7. 评审申请

企业要通过应急管理部企业安全生产标准化信息管理系统完成评审申请工作。企业在自评材料中，应当将每项考评内容的得分及扣分原因进行详细描述，要通过申请材料反映企业工艺及安全管理情况；根据自评结果确定拟申请的等级，按相关规定到属地或上级安全监管部门递交评审申请。

8. 现场评审

企业应对评审单位提出的全部问题，形成整改计划，及时进行整改，并配合评审单位上报有关评审材料。

2.21　企业双重预防机制建设

《安全生产法》第四条规定："生产经营单位构建安全风险分级管控和隐患排查治理双重预防机制（简称'双重预防机制'），健全风险防范化解机制，提高安全生产水平，确保安全生产"。要求企业构建双重预防工作机制，准确把握安全生产的特点和规律，坚持风险预控关口前移，全面推行安全风险分级管控，强化隐患排查治理，推进事故预防工作科学化、信息化、标准化，实现把风险控制在隐患形成之前、把隐患消灭在事故前面。

2.21.1　基本要求

1. 自主建设

企业应自主完成双重预防机制的策划、准备并组织实施，包括进行危险源辨识、风险分析、风险评估、风险信息整理、隐患排查治理、统计分析和持续改进等具体工作。

2. 机构设置

企业应成立由主要负责人、分管副总和各职能部门负责人以及安全、工艺、设备、电气、仪表等各类专业技术人员组成的风险分级管控和隐患排查治理组织领导机构。

3. 职责分工

企业主要负责人全面负责组织风险分级管控和隐患排查治理工作，为该项工作的开展提供必要的人力、物力、财力支持，分管副总和各职能部门负责人及各专业技术人员负责分管范围内的风险分级管控和隐患排查治理工作。

4. 健全制度

企业应在安全生产标准化的基础上，按照相关标准、规范要求，进一步制定和完善双重预防机制相关制度，形成一体化的安全管理体系，使风险分级管控和隐患排查治理贯穿于生产活动全过程，成为企业各层级、各专业、各岗位日常工作重要组成部分。

至少包含以下制度：风险分级和管控制度、隐患排查治理制度、双重预防机制建设奖惩制度、安全风险公告制度、持续改进管理制度。

5. 组织培训

企业应将风险分级管控和隐患排查治理双重预防机制工作的培训纳入年度安全培训计划，分层次、分阶段组织员工进行岗位培训，使其掌握本单位风险类别、危险源辨识、风险评估方法、风险管控措施，掌握隐患排查治理的方法、标准、工作程序等，并建立培训档案。

6. 全员参与

企业主要负责人、分管副总、各级管理人员和员工，应根据工作岗位职责参与危险源辨识、风险分析、评估、管控、隐患排查、治理、验收、统计分析等环节的双重预防机制建设工作。

7. 闭环管理

企业应实现双重预防机制建设工作中危险源辨识、风险分析、风险评估、风险分级管控、风险告知、隐患排查、隐患分级治理、隐患统计分析、持续改进和运行效果的闭环管理。

8. 监督考核

企业应建立安全生产风险分级管控和隐患排查治理双重预防机制目标责任考核、奖惩机制，并严格执行。对目标责任考核和奖惩情况应记录并存档。

2.21.2　风险分级工作内容

1. 辨识范围

企业应全方位、全过程、全员组织开展危险源辨识工作。辨识范围应从地理区域、自然条件、作业环境、工艺流程、设备设施、作业活动等各个方面进行辨识。

2. 辨识内容

（1）企业应根据 GB/T 13861 的规定开展危险源辨识，充分考虑人的因素、物的因素、环境因素和管理因素。

（2）企业应从周边环境、自然条件、生产系统等方面查找和确定危险源存在的部位、存在的方式。

3. 辨识方法

（1）对于作业活动，宜选用工作危害分析法（简称 JHA）进行辨识。

（2）对于危险物质、设备设施，宜选用安全检查表法（简称 SCL）进行辨识。

4. 辨识实施

（1）企业宜每年进行安全生产标准化自评，至少进行 1 次危险源辨识活动，编制危险源辨识清单。

（2）根据国家及地方相关标准或规范的更新、技术改造项目、设备设施和工艺变更、非常规作业活动等及时开展专项危险源辨识。

5. 风险分析

企业应根据危险源辨识结果，对风险演变的过程及其失效模式进行分析，并确定危险有害因素可能引发的事故类型。

企业应选择适用的风险评估方法对危险源所伴随的风险进行定性、定量评估，并根据评估结果划分等级。

6. 风险分级

（1）根据风险评估结果判定风险等级，风险等级判定应遵循从严从高的原则。

（2）根据风险评估结果，企业应将风险等级从高到低划分为重大风险、较大风险、一般风险和低风险四个等级，对应用红、橙、黄、蓝四种颜色标示。

（3）企业应将以下情形视为重大风险：

违反法律法规及国家标准中强制性条款的；国家或地方标准规范中明确规定的；发生过死亡、重伤、重大财产损失事故，且现在发生事故的条件依然存在的；经风险评估确定为最高级别风险的。

7. 风险分级管控

企业应通过工程技术措施、安全管理措施、培训教育措施、个体防护措施、应急处置措施以及重大风险管控措施进行管控。

企业在实施风险管控措施前，应对风险管控措施进行评审。

8. 风险分级管控主体

（1）风险分级管控应遵循风险越高、管控层级越高的原则，上一级负责管控的风险，下一级同时负责管控，逐级落实具体措施。对于操作难度大、技术含量高、风险等级高、可能导致严重后果的作业活动应重点进行管控。

（2）企业应根据风险分级管控的基本原则，合理确定各级风险的管控层级，一般分为公司级、部门级、班组级和岗位级，也可结合本公司机构设置情况，对风险管控层级进行增加或合并，主要包括：

① 重大风险（红色）：公司级、部门级、班组级和岗位级管控；

② 较大风险（橙色）：公司级、部门级、班组级和岗位级管控；

③ 一般风险（黄色）：部门级、班组级和岗位级管控；

④ 低风险（蓝色）：班组级和岗位级管控。

9. 编制风险分级管控清单

企业应在每一轮风险评估后，编制风险分级管控清单。

风险分级管控清单中应至少包括危险源、风险类别、风险等级、管控措施、管控层级和责任人等风险信息。逐级汇总、评审、发布、培训，并按规定及时更新。

10．安全风险告知

（1）绘制安全风险四色分布图。企业应根据风险等级，使用红、橙、黄、蓝四种颜色，将生产设施、作业场所等区域存在的不同等级风险标示在总平面布置图，并在醒目位置公示。

（2）应依据评估的风险分级管控清单，制作岗位安全风险告知卡。告知卡至少应包括岗位名称、位置/场所、主要风险类别、风险等级、风险管控措施、安全警示标识、内部报告电话。

（3）企业应在醒目位置设置安全风险公告栏。

2.21.3 隐患排查主要内容

1. 编制隐患排查项目清单基本要求

企业应结合各类危险源的风险管理措施编制隐患排查项目清单，包括基础管理类隐患排查项目清单和生产现场类隐患排查项目清单。

① 基础管理类隐患排查项目清单至少应包括：排查项目、排查内容、排查标准、排查方法、组织级别及频次和排查人员等信息。

② 生产现场类隐患排查项目清单至少应包括：排查项目、排查内容、排查标准、排查方法、组织级别及频次和排查人员等信息。

2. 确定排查项目

企业应根据安全生产工作实际需要和隐患排查制度的规定，在隐患排查项目清单中选择排查项目。

① 基础管理类隐患排查项目包括但不限于：安全生产管理机构及人员、资质证照、安全生产责任制、安全生产管理制度、安全操作规程、教育培训、安全生产投入、应急管理、变更管理、相关方安全管理、检维修管理、基础管理等其他方面。

② 生产现场类隐患排查项目包括但不限于：区域位置和总图布置、工艺、设备、电气系统、仪表系统、从业人员操作行为、矿山开采（有矿山的企业）、生料制备、熟料烧成、水泥制成和发运、筒型储存库、辅助系统等。

3. 组织实施

（1）制定排查计划。企业应根据生产运行特点，制定隐患排查计划，明确各类型隐患排查的排查时间、目的、要求、范围、组织级别及人员等。

（2）排查类型：日常隐患排查、综合性隐患排查、专业或专项隐患排查、季节性隐患排查、节假日隐患排查、专家诊断性排查、事故类别隐患排查。

（3）排查要求。企业按照排查计划组织开展隐患排查工作，能够同时开展的排查类型可以合并排查。要及时、准确、全面的记录排查中发现的情况和问题，并由相关责任部门或责任人落实整改。隐患排查工作要纳入企业安全生产绩效考核。

（4）组织级别。企业应根据自身组织架构确定不同的排查组织层级，如公司级、部门级、班组级和岗位级

（5）排查周期。综合性隐患排查，每季度至少 1 次；季节性隐患排查，每季度至少 1 次；日常隐患排查，班组每班至少 1 次，岗位每班至少 1 次，重点岗位加大频次。煤粉制备系统、回转窑、余热锅炉、脱硝系统、有限空间作业等专项排查，适时开展。

（6）排查结果记录。各层级的组织部门应对照确定的隐患排查项目清单进行隐患排查并记录，生产现场类隐患排查宜保留影像记录。

4. 隐患分级和治理

（1）隐患分级。企业应根据隐患整改、治理和排除的难度及其可能导致事故后果和影响范围，将隐患分为一般事故隐患和重大事故隐患。

（2）隐患治理实行分级治理，主要包括公司治理、部门治理、班组治理、岗位纠正等。

企业应对能立即整改的隐患立即整改。无法立即整改的隐患，治理前要研究制定防范措施，落实监控责任，防止事故发生。

（3）隐患治理流程主要包括以下内容：

① 通报隐患信息。隐患排查结束后，将隐患名称、存在位置、不符合状况、隐患等级、治理期限及治理建议等信息向从业人员进行通报，通报方式根据企业实际情况确定。

② 下发隐患整改单。对于当场不能立即整改的，由隐患排查组织部门下达隐患整改通知，按照管控层级下发至隐患所在位置责任部门或者责任人员进行整改。对于日常排查出的隐患，班组及岗位应立即整改，不能立即整改或者超出整改能力范围的按照程序上报，由上级责任部门下发隐患整改通知，隐患整改前应制定防范措施。隐患整改单内容应包含隐患内容描述、隐患等级、建议整改措施、治理责任单位和主要责任人、治理期限等内容。

③ 实施隐患治理。隐患存在单位在实施隐患治理前应对隐患存在的原因进行分析，参考治理建议制定可靠的治理措施和应急措施或预案。

④ 治理情况反馈。隐患存在单位应在规定的期限内将治理完成情况，反馈至隐患整改通知下发部门，未能及时整改完成的应说明原因与整改通知下发部门协同解决。

⑤ 验收。隐患排查组织部门应对隐患整改效果组织验收并出具验收意见。

（4）对于一般事故隐患，根据隐患治理划分的层级，企业各级负责人或者有关人员负责组织整改，整改情况要进行确认。

（5）经判定属于重大事故隐患的，企业主要负责人应及时组织评估，并编制事故隐患评估报告书。评估报告书应包括事故隐患的类别、影响范围和危害程度以及对事故隐患的监控措施、治理方式、治理期限的建议等内容，也可以请第三方中介机构进行判定并编制报告书。

企业主要负责人应按照隐患整改单和治理方案组织进行治理，治理时应采取严密的防范、监控措施，防止事故发生。治理前，在不能确保安全的情况下，企业应停产、停业。

（6）隐患治理完成后，企业应根据隐患分级治理要求，组织相关人员对治理情况进行验收，实现闭环管理。重大事故隐患治理工作结束后，企业应组织对治理情况进行复查评

估。对政府督办的重大事故隐患，按有关规定执行。

（7）隐患统计分析和应用。企业应建立隐患排查治理台账，每年对事故隐患进行统计分析，将分析结果纳入危险源辨识、风险评估和分级管控过程中。

5．企业应完整保存文件、过程资料与数据信息，并建立电子档案。

6．持续改进

企业应每年对风险分级管控和隐患排查治理双重预防机制运行情况进行评审。评审每年应不少于 1 次，并保存评审记录；宜在安全生产标准化评审时进行。

第 3 章　安全生产技术基础知识

3.1　机械安全

机械是机器与机构的总称，是由若干相互联系的零部件按一定规律装配起来，能够完成一定功能的装置。机械设备是现代各生产领域中不可缺少的生产设备，由于机械设备种类繁多，应用范围广，且构造不同，因此它带来的危险性也不同。由于机械设备仍需由人操纵，人直接接触机械设备的机会在所难免，机械伤害事故虽然不像火灾、爆炸、中毒事故那样，会出现群死群伤的现象，但机械伤害事故的发生频率以及在工伤事故中所占的比率是相当高的。

3.1.1　机械伤害事故的种类

机械伤害是指机械设备运动（静止）部件、工具、加工件直接与人体接触引起的挤压、碰撞、冲击、剪切、卷入、缠绕、甩出、割伤、切断、刺伤等伤害，不包括车辆、起重机械引起的伤害。

1. 刺割伤

钳工使用刮刀、机加工产生的切屑、木板上的铁钉、厨师的刀具等都是十分锐利的，使用不当会造成刺割伤。高速水流、高速气流也会对人体未加防护的部位造成刺割伤害。

2. 打砸伤

高空坠物及工件或砂轮高速旋转时沿切线方向飞出的碎片、爆炸物碎块、起重机械等都可导致打砸伤。

3. 碾绞伤

运动的车辆、滚筒、轧辊、旋转的皮带、齿轮以及运动着的钢丝绳等均可导致碾绞伤。

4. 烫伤

熔融金属液、熔渣、爆炸引起的高温熔液飞溅、灼热的铸件、锻件等发热体及金属加工件与人体裸露部分接触都会导致烫伤。

3.1.2　机械设备危险产生的形式

机械设备危险产生的形式，一般可按运动形式和伤害形式进行分类。

1. 机械设备的危险按运动形式分类

机械设备的危险按运动形式通常可分为以下 7 种：

（1）静止危险

设备处于静止状态时，当人接触或与静止设备做相对运动时可引起的危险，如未打磨的毛刺、切削刀具的刀刃。

（2）直线运动的危险

指做直线运动的机械所引起的危险，又可分为接近式危险和经过式危险。

① 接近式危险，是指当机械进行往复的直线运动时，人处在机械直线运动的正前方而未躲让时，将受到运动机械的撞击或挤压，如龙门刨床的工作台、牛头刨床的滑枕在做往复运动时，如果与墙、柱间距小，易对操作者造成挤压。

② 经过式危险，指人体经过运动中的部件时引起的危险，如单纯做直线运动的带链、冲模等。

（3）旋转运动的危险

指人体或衣服卷进旋转机械部位引起的危险，如风扇、叶片、齿轮等。

（4）摆动的危险

机械设备传动的摆动带来的危险，如行车吊运物件因启动惯性运行速度过快，物件产生摆动而形成的危险。

（5）飞出物击伤的危险

指具有足够动能的运动体飞出所引起的危险，如飞出的刀具或机械部件等。

（6）坠落物的危险

指在重力作用下坠落的物体所引起的危险，如行车走台上零件坠落、吊运物件的坠落等。

（7）组合运动的危险

① 运动部位和静止部位的组合危险，如砂轮与砂轮支架之间；

② 运动部位与运动部位的组合危险，如链条与链轮、滑轮与绳索之间。

2. 机械设备的危险按伤害形式分类

机械设备的危险按伤害形式通常可分为以下 3 种：

（1）挤压和咬入（咬合）

这种伤害是在两个零部件之间产生的，其中一个或两个是运动零部件。这时人体的四肢被卷进两个部件的接触处。例如，当压力机的滑块（冲头）下落时，如人手正在安放工具或调整模具，就会受到挤压伤。当链与链轮将人的四肢卷进运转中的咬入点时就会产生咬入伤。

（2）碰撞和撞击

如运动物体撞人或人撞击固定物体、飞来物及落下物的撞击所造成的伤害。

（3）接触

当人体接触机械的运动部件或运动部件直接接触人体时都可能造成机械伤害，如夹断、剪切、割伤和擦伤、卡住或缠住等伤害形式。

3.1.3 机械伤害预防措施

机械危害风险的大小取决于机器的类型、用途、使用方法和人员的知识、技能、工作态度等因素，还与人们对危险的了解程度和采取的预防措施有关。预防机械伤害可采取以下两方面的措施：

1. 实现机械本质安全

（1）消除产生危险的原因；

（2）减少或消除接触机器危险部件的次数；

（3）使人们难以接近机器的危险部位（或提供安全装置，使人们接近这些危险部位时不会受到伤害）；

（4）提供保护装置或者个人防护装备。

2. 保护操作者和有关人员安全

（1）通过对机器的重新设计，使危险部位更加醒目，或者使用警示标志；

（2）通过培训，提高操作者和有关人员辨别危险的能力；

（3）通过培训，提高操作者和有关人员避免伤害的能力。

3. 设置安全防护装置

（1）隔离防护装置是通过物体障碍方式防止人或人体部分进入危险区，将人隔离在危险区之外的装置，如防护罩、防护屏、封闭式装置等，可以单独使用，也可以与联锁装置联合使用。

（2）联锁控制防护装置是用来防止相互干扰的两种运动或不安全操作时电源同时接通或断开的互锁装置，如将高电压设备的门与电气开关联锁，只要开门，设备就自动断电，保证人员免受伤害；机床上工件或刀具的夹紧与启动开关的联锁等。

（3）超限保险装置是防止机械在超出规定的极限参数下运行的装置，一旦超限运行能保证自动中断或排除故障，如过载保险装置、熔断器、限位开关、安全离合器和安全联轴器等。

（4）紧急制动装置是用来防止和避免在紧急危险状态下发生人身或设备事故的装置，它可以在即将发生事故的一瞬间使机器迅速制动，如带闸制动器、电力制动装置等。

（5）报警装置是通过监测装置能及时发现机械设备的危险与有害因素及事故预兆，通过闪烁红灯或鸣笛向人们发出报警信号的装置，如超速报警器、锅炉上的超压报警器和水位报警器等。

（6）安全防护控制装置。当操作者一旦进入危险区，则安全防护装置可以控制机械不能启动或自动停止，可将人从危险区排出，或控制人体不能进入危险区，它对人身安全起间接防护作用。此种装置有双手按钮式开关、光电式安全防护装置等。

3.1.4 常见通用机械安全技术

1. 金属切削机床的安全技术

（1）金属切削机床的主要危险源

金属切削机床的主要危险源有：外露的传动部件、机床执行部件、机床的电器部件、噪声、烟气、操作过程中的违章作业等，对于这些危险源，如果不加防护或防护失灵、管理不善、维护保养不当、操作不慎，都会造成刺割伤、物体打击、绞伤、烫伤等人身伤害。

（2）金属切削机床的安全要求

① 机械设备的安全要求：机床结构和安装应符合安全技术标准的规定；机床布局应便于工人装卸工件、加工观察、清理、擦拭、排屑等。切屑能飞出伤人的方向应设防护

网；机床外表涂色应柔和，避免刺目，多采用淡绿、灰绿和浅灰色；操纵机构的子柄、子轮、按钮、符号标志应符合安全技术规定。

② 防护装置的安全要求：防护装置是用于隔离人体与危险部位和运动物体的，它是机床设计的组成部分，在机械转动部位均应安设可靠的防护装置。常见的防护装置有防护罩、防护挡板、防护栏杆、保险装置和控制装置等。

③ 工艺装备的安全要求：工艺装备的部件（包括夹具、刀具、工、卡、模）应完整齐全、设计科学，以避免因零件不全或不符合要求以及设计不科学而引起人身事故；装在旋转主轴上的工艺装备，外形应避免带有棱角和突出点，必要时应有外罩防护。此外，还应考虑离心力的影响，防止甩出伤人；对于质量超过 20kg 的工艺装备，应考虑设计有吊索或吊钩的吊挂部位。

④ 切屑防护的安全要求：各种金属切削加工都产生切屑，特别是车床、铣床、钻床切削速度快，切屑高速飞出，极易造成刺割伤，在工作场地堆积的切屑容易伤及下肢。应采取控制切屑形状和切屑流向等防护措施。

⑤ 夹装加工零件防护的安全要求：零件都要经过夹装固定才能加工，在大量的生产中，夹装更为频繁。因此，对夹具的正确使用要给予足够的重视。夹具必须能牢固地夹住工件，保证工件在加工时不会从夹具中松脱；安装夹具必须稳妥、可靠，在工作或换向时不会发生松脱现象，如车床上的卡盘和拨盘必须装有止动的保险装置，以防止倒转时将卡盘甩出；采用电磁夹具、气动夹具、液压夹具时，必须安装保险装置或适当的联锁装置，以防在突然停电或气压和液压意外下降时，工件从机床上脱落；高速旋转的夹具（如车床的卡盘、钻床卡头）的圆周不可有突起边缘，防止触及衣服、头发，发生绞伤事故。

2. 冲剪压机械的安全技术

（1）冲剪压机械主要的危险源

冲剪压机械是一种利用模（刀）具进行无切削加工，将压力加于被加工板材，使其发生塑性变形或分离，从而获得一定尺寸、形状的零件的加工机械，通常包括冲床、剪板机、压力机等。

冲剪压机械的主要危险源有：人的行为错误、设备结构具有的危险、设备动作失控、设备开关失灵、模具设计不合理、噪声。

（2）冲压机械的安全防护装置

在冲压机械上设置安全防护装置能减少 80%～90% 的冲压事故。常见的安全装置有固定栅栏式、活动栅栏式、双手按钮式、双手柄式、感应式、翻板式等。

（3）剪板机的安全防护装置

剪板机的危险程度较高，事故较多，要做好安全防护，其安全防护装置有防护罩、防护栅栏、离合器自动分离装置、压铁防护装置等。

3. 起重机械的安全技术

（1）起重机械的主要危险源

起重机械是将物体进行起重、运输、装卸和安装等作业的机械设备，是以间隙、短时间重复的工作循环来进行工作。起重机械一般可分为轻小起重设备、桥式类型起重机和臂架类型起重机三大类。起重机械的主要危险源有：

① 翻倒：由于基础不牢、超机械工作能力范围运行和运行时碰到障碍物等原因造成；

② 超载：超过工作载荷、超过运行半径等；

③ 碰撞：与建筑物、电缆线或其他起重机相撞；

④ 基础损坏：设备置放在坑或下水道的上方，支承架未能伸展，未能支撑于牢固的地面；

⑤ 操作失误：由于视界限制、技能培训不足等造成；

⑥ 负载失落：负载从吊轨或吊索上脱落。

（2）起重机械的安全装置

为了确保起重机械的安全作业，提高生产率，要求各种起重机有关机构都应安装各类可靠灵敏的安全装置，并在使用中及时检查和维护，使其保证正常工作性能。如发生性能异常，应立即进行修理或更换。

起重机械的安全防护装置主要包括：超载限制器、上升极限位置限制器、下降极限位置限制器、运行极限位置限制器、偏斜高速和显示装置、联锁保护装置、缓冲器、夹轨钳和锚定装置或铁鞋、登机信号按钮、防倾翻安全钩、检修吊笼、扫轨板和支承架、轨道端部止挡、导电滑线防护板、暴露的活动零件的防护罩、电气设备的防雨罩。

（3）起重机械的安全管理

起重机械作业人员（即起重司机和起重挂钩作业）须年满 18 周岁，身体健康，无妨碍从事本工种作业的疾病和生理缺陷；初中以上文化程度，具备本工种的安全技术知识；起重机械作业人员必须经国家认定有资格的培训机构进行安全技术培训，经考试合格，取得特种作业人员操作证持证操作；严格遵守安全操作规程和企业有关的安全管理规章制度等。

4. 焊接设备的安全技术

（1）焊接设备的主要危险源

焊接作业是将电能、化学能转换为热能来加热金属，熔化焊接材料和被焊接材料，从而获得牢固连接的过程。

焊接由于其工艺不同，使用的焊接设备也不同，所产生的危害也有所不同。综合来讲，焊接设备及其作业中主要的危险源有：电器装置故障或防护用品有缺陷及违反操作规程导致触电；使用氧气瓶、乙炔发生器、乙炔瓶和液化石油气瓶等压力容器，如果焊接设备或安全装置有问题，或者违反安全操作规程，容易造成火灾和爆炸事故；烟尘和有害的金属蒸气导致中毒；弧光中的紫外线和红外线，会引起眼睛和皮肤疾病；火星等容易造成灼烫伤事故。

（2）焊接设备的安全防护措施

电源线、焊接电缆与焊机连接处应有可靠屏护；焊机外壳 PE 线接线正确，连接可靠；焊接变压器一、二次绕组，绕组与外壳间绝缘电阻值不低于 $1M\Omega$，每半年应对焊机绝缘电阻摇测一次，记录齐全；焊机一次侧电源线长度不超过 5m，且不得拖地或跨越通道使用；焊机二次线必须连接紧固，无松动，接头不超过 3 个，长度不超过 30m；焊钳夹紧力好，绝缘可靠，隔热层完好；焊机使用场所清洁，无严重粉尘，周围无易燃易爆物。

（3）气瓶的安全要求

① 气瓶的安全状况

应在检验周期内使用：钢制无缝瓶、钢制焊接气瓶、液化石油气瓶、溶解乙炔气瓶等有不同的检定周期，使用单位的气瓶应在检定周期内使用。

② 外观无缺陷及腐蚀

气瓶外观无缺陷，无机械性损伤和严重腐蚀。漆色及标志正确、明显，气瓶表面漆色、字样和色环标记应符合规定，且有气瓶警示标签。

③ 安全附件齐全、完好

气瓶附件包括气瓶专用爆破片、安全阀、易熔合金塞、瓶阀、瓶帽、防震圈等。

（4）气瓶的安全使用

① 防倾倒措施可靠

气瓶使用前应指定部门或专人进行安全状况检查，对盛装气体进行确认，不符合安全技术要求的气瓶严禁入库和使用；使用气瓶时必须严格按照使用说明书的要求。气瓶立放时，应采取可靠的防止倾倒措施。瓶内气体不得用尽，必须按规定留有剩余压力或重量。

② 与明火间距符合规定

气瓶不得靠近热源，可燃、助燃气体气瓶与明火间距应大于 10m，气瓶壁温应低于60℃。严禁用温度超过 40℃的热源对气瓶加热。

③ 工作场地存放量符合规定

作业现场气瓶，同一地点放置数量不应超过 5 瓶；若超过 5 瓶，但不超过 20 瓶时，应有防火防爆措施；超过 20 瓶时，必须设置二级瓶库。

3.1.5 带式输送机安全技术

带式输送机（图 3.1）在水泥企业内广泛应用于石灰石、原煤、熟料、混合材和水泥成品输送等各生产环节。由于普遍使用，从业人员容易忽视带式输送机及其上下游设备存在的安全风险，因此导致与带式输送机相关的生产安全事故频发。

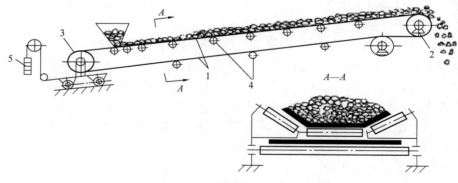

图 3.1　带式输送机工作原理

1—胶带；2—主动滚筒；3—机尾换向滚筒；4—托辊；5—拉紧装置

1. 带式输送机安全风险分析

（1）人的不安全行为

带式输送机事故中人的不安全行为主要体现在员工不安全状态、日常巡检维护及检维修作业三个方面。

（2）物的不安全状态

带式输送机事故中物的不安全状态主要体现在安全防护不全和安全应急装置失效两个方面。

（3）环境的不安全因素

带式输送机事故中环境的不安全因素主要体现在巡检通道缺陷、皮带滚筒黏料、皮带下料溜槽堵塞和无组织排放管控不到位四个方面。

（4）管理上的缺陷

带式输送机事故中管理上的缺陷主要体现在制度体系不健全、教育培训不到位、能量隔离管控不到位、源头管控不到位、隐患排查不到位五个方面。

2. 带式输送机防护要求

带式输送机的头轮、尾轮、张紧轮、改向轮、部分危险托辊必须安装防护罩（图 3.2）。

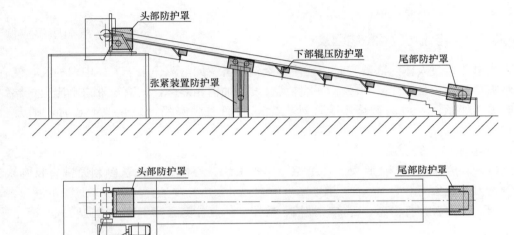

图 3.2　带式输送机防护装置

3. 带式输送机安全要求

（1）固定式输送机应按规定的要求安装在固定的基础上；移动式输送机正式运行前应采取有效固定措施；有多台输送机平行作业时，机与机之间、机与墙之间应有宽度至少为 1m 的通道。

（2）外露传动部位应安装可靠的防护罩或防护栏，安装牢固，符合要求。

（3）纠偏、跑偏、速度、堵塞装置完好，动作灵敏可靠。

（4）每隔一段距离要安装启动声光报警装置。

（5）每个操作工位、升降段、转弯处应设置急停装置，同时保证每 30m 范围内应不少于 1 个急停装置。急停装置按钮或拉绳开关，应满足保证运输线紧急停机的要求，停机后不得自动恢复，应采取手动恢复。

（6）人员需要经常跨越运输皮带的地方应设过道桥。

（7）皮带的张紧度须在启动前调整到合适的程度，张紧配重部位应设置防护隔离设施。

（8）运行中出现胶带跑偏现象时，应按照操作规程立即采取调整措施。

（9）工作环境及被输送物料温度应处于皮带可承受温度范围内。

（10）维修胶带输送机时，配重、改向滚筒张紧装置和皮带应作有效固定。

（11）皮带机及旋转设备运行中，不得进行检修和清洁作业。

（12）所有设备相关安全要求，必须对相关人员进行教育培训。

3.2　电气安全

依据能量转移论的观点，电气危险因素是由于电能处于非正常状态形成的。电气危险因素分为触电危险、电气火灾爆炸危险、静电危险、雷电危险、射频电磁辐射危害和电气系统故障等。按照电能的形态，电气事故可以分为触电事故、雷击事故、静电事故、电磁辐射事故和电气装置事故。

3.2.1　电流伤害和影响因素

当电流通过人体内部器官时，会使其受到伤害。如电流作用于人体中枢神经，使心脑和呼吸功能的正常工作受到破坏，人体就会发生抽搐和痉挛，失去知觉；电流也可导致人体呼吸功能紊乱，血液循环系统活动大大减弱而造成假死。如救护不及时，则会造成死亡。

1. 电流伤害的表现

（1）轻度触电，产生针刺、压迫感，出现头晕、心悸、面色苍白、惊慌、肢体软弱、全身乏力等现象。

（2）较重者有打击感、疼痛、抽搐、昏迷、休克伴随心律不齐、迅速转入心搏、呼吸停止的假死状态。

（3）小电流引起心室颤动是最致命的危险，可造成死亡。

（4）皮肤通电的局部会造成电灼伤。

（5）触电后遗症：中枢神经受损害，导致失明、耳聋、精神失常、肢体瘫痪等。

2. 电流伤害影响因素

电流通过人体，由于强度高低和时间长短不同，所引起伤害的程度不同。通过人体的电流越大、时间越长，对人体的伤害程度就越严重。另外，电流的种类与频率高低、电流的途径及触电者身体健康状况都会对伤害程度产生影响。

3. 触电事故

触电事故即电流伤害事故。触电事故是人体触及带电体或靠近高压带电体电介质被击穿放电而造成的事故。电流通过人体，直接伤害人体叫作电击；当电流转换成其他形式的能量（如热能、化学能或机械能等）再作用于人体、伤害人体称为电伤。触电事故是最常见、最大量的电气事故。

（1）电击

电击可分为直接接触电击和间接接触电击。直接接触电击是触及设备和线路正常运行时的带电体发生的电击，也称为正常状态下的电击。间接接触电击是触及正常状态下不带电、而当设备或线路发生故障时才带电的导体发生的电击，也称为故障状态下的电击。二者发生的条件不同，防护技术也不相同。

（2）电伤

电伤是由电流的热效应、化学效应、机械效应等对人造成的伤害。触电伤亡事故中，纯电伤性质的及带有电伤性质的约占 75％（电烧伤约占 40％）。

电伤又包括电烧伤、机械性损伤和电光性眼炎等。

（3）单相触电

如果人站在大地上，当人体接触到一根带电导线时，电流通过人体经大地构成回路，这种触电方式通常被称为单线触电，也称为单相触电。这种触电事故的危害程度取决于三相电网中的中性点是否接地。

（4）两相触电

如果人体的不同部位同时分别接触电源的不同电位的裸露导线，导线间就会通过人体形成回路，从而使人触电，这种触电方式通常被称为两线触电，也称为两相触电。此时，人体处于线电压的作用下，所以两相触电比单相触电危险性大。

（5）跨步电压触电

当人体位于具有电位分布的区域内时，人的两脚（一般相距以 0.8m 计算）分别处于不同的电位点，使两脚间承受电位差的作用，这一电压称为跨步电压。跨步电压的大小与电位分布区域内的位置有关，越靠近接地体处，跨步电压越大，触电危险性也就越大。

3.2.2 触电事故的预防技术

1. 绝缘

绝缘是用绝缘物把带电体隔离起来。良好的绝缘是保证电气设备和线路正常运行的必要条件，也是防止触电事故的重要措施。电气设备和线路的绝缘应与采用的电压相符合，并与周围环境条件和运行使用条件相适应。

2. 屏护

在供电、用电、维修电气工作中，由于配电线路和电气设备的带电部分不便于包以绝缘，或全部绝缘起来有困难，不足以保证安全的场合，即采取遮拦、围栏、屏障、护罩、护盖、闸箱等将带电体同外界隔离开来，这种措施称为屏护。屏护包括屏蔽和障碍。

3. 间距

为了防止人体触及或接近带电体造成触电事故，或避免车辆及其他工具、器具碰撞或过分接近带电体造成事故，防止过电压放电、火灾和各种短路事故，为了操作方便，在带电体与地面之间、带电体与其他设备之间、带电体与带电体之间均应保持一定的安全距离，这种安全距离称为间距。间距的大小取决于电压的高低、设备的类型和安装的方式等因素。

4. 安全电压

安全电压是制定安全措施的依据，安全电压取决于人体允许电流和人体电阻。安全电压是指为防止触电事故而采用的由特定电源供电的电压系列。这个电压的上限值，在任何情况下，两导体间或任一导体与地之间有效交流电压均不得超过 50V。我国的标准安全电压额定值的等级为 42V、36V、24V、12V、6V。

5. 漏电保护器

漏电保护器是种类众多的电气安全装置之一，因其具有足够的灵敏度和快速性，当漏电电流达到定值时自动切断电路，在低压配电线路上是安全用电的有效措施。它不但保护人身、设备，而且可以监督电气线路和设备的绝缘情况。

常用的漏电保护器有漏电开关、漏电断路器、漏电继电器、漏电保护插座等。

6. 保护接地

接地是防止电气设备漏电，防止工艺过程产生静电和遭受雷击时，可能引起火灾、爆炸和人身触电危险的一种保护性技术措施。

保护接地是变压器中性点不直接接地的电网内，一切电气设备正常不带电的金属外壳以及和它连接的金属部分同大地紧密地连接起来的安全措施。接地电阻不得大于 4Ω。

如果电气设备绝缘损坏以致金属外壳带电，人体误触后，由于装有接地保护，接地短路电流会经过接地体和人体两个并联电路流过，这两个电路上的电流与电阻成反比，人体电阻远大于接地电阻，所以流经人体的电流很小，又因为接地电阻小，接地短路电流产生的电压也小，人站在地上触及带电外壳时所承受的电压就低。这就形成了有效的安全措施。

7. 保护接零

保护接零是在 1kV 以下变压器中心点直接接地的电网内把电气设备正常情况下不带电的金属外壳与电网的零线紧密连接起来。

电气采用保护接零后，一旦设备发生接地短路故障时，短路电流直接经零线形成单相短路事故，该短路事故电流很大，使开关迅速跳闸或使熔断器在极短时间内熔断，从而切除故障的电源，保护设备和人身安全。

3.2.3 安全检修防止触电

检修工作是技术工作，电气检修工作包含十分重要的组织内容。检修工作大体可分为全部停电检修、部分停电检修和不停电检修三种情况。

为了保证安全，应建立必要的工作票制度和停电保护制度。

1. 工作票制度

工作票有两种，在高压设备上工作需要全部停电或部分停电者，以及在高压室内的二次接线和照明等回路上工作，需将高压设备停电或采取安全措施时，应填用第一种工作票。带电作业和在带电设备外壳上工作，在控制盘和低压配电盘、配电箱、电源干线上工作，以及在无须高压设备停电的二次接线回路上工作等情况，应填用第二种工作票。

另外，可根据不同的检修任务、不同的设备条件以及不同的管理机构选用或制定适当格式的工作票。

2. 停电保护制度

全部停电和部分停电的检修工作应采取下列步骤以保证安全。

（1）停电：应注意切断所有能够给检修部分送电的线路，并采取防止误合闸的措施。

（2）验电：对已停电的线路或设备，无论其经常接入的电压表或其他信号是否指示无电，均应验电。

（3）放电：放电的目的是消除被检设备上残存的静电。

（4）装设临时接地线：为了防止意外送电和二次系统意外的反馈电，以及消除其他方面的感应电，应在被检修部分外端装设必要的临时接地线。

（5）装设遮栏：部分停电检修时，应将带电部分遮挡起来，使检修人员与带电体之间保持一定的距离。

（6）悬挂标志牌：标志牌的作用是提醒人们注意，表明线路或设备运行状态。

3.2.4　员工安全用电基本常识

车间内的电气设备不要随便乱动。自己使用的设备、工具，如果电气部分出现故障，不得私自修理，也不能带故障运行，应立即请电工检修。

自己经常接触和使用的配电箱、配电板、闸刀开关、按钮开关、插座、插销以及导线等，必须保持完好、安全，不得有破损或带电部分裸露出来。

在操作闸刀开关、磁力开关时，必须将盒盖盖好，防止万一短路时发生电弧或熔断飞溅伤人。

使用的电气设备外壳按有关安全操作规程，必须进行防护性接地或接零。对于接地或接零设施要经常进行检查。一定要保证连接牢固，接地或接零导线不得有任何断开的地方，否则接地或接零就不起任何作用了。

需要移动某些非固定安装的电气设备，如电风扇、照明灯、电焊机等，必须先切断电源再移动。同时，将导线收拾好，不得在地面上拖来拖去，以免磨损。如果导线被物体压住，不要硬拉，防止将导线拉断。

工作台上机床使用的局部照明灯，其电压不得超过 36V。使用的行灯要有良好的绝缘手柄和金属护罩；灯泡的金属灯口不得外露；引线要采用有护套的双芯软线，并装有 T 形插头，防止插入高电压的插座内。在一般场所，行灯的电压不得超过 36V；在特别危险的场所，如锅炉内金属容器内潮湿的地沟等处，其电压不得超过 12V。

一般情况下，禁止使用临时线。如必须使用，要经设备部门和安全部门批准。临时线应按有关安全规定装好，不得随便乱拉乱拽，同时应按规定时间拆除。

在进行容易发生静电火灾爆炸事故的操作时（如使用汽油洗涤零件、擦拭金属板材等），必须有良好的接地装置，以便及时导除聚集的静电。

雷雨天不要走近高压电线杆、铁塔、避雷针的接地导线周围 20m 之内，以免雷击时因雷电流入地下而发生跨步电压触电事故。

遇有高压电线断落到地面上的情况，导线断落点周围 10m 以内，禁止人员入内，以防发生跨步电压触电事故。如果此时已有人在 10m 之内，为了防止发生跨步电压触电事故，不要跨步奔走，应单足或并足跳离危险区。

发生电气火灾时应立即切断电源，用黄沙、二氧化碳、ABC 干粉等灭火器灭火，切不可用水或泡沫灭火器灭火，因为它们有导电的危险。

救火时应注意自己身体的任何部分及灭火器具不与电线、电气设备接触，以防发生触电事故。

在打扫卫生、擦拭设备时，严禁用水冲洗电气设备，或用湿抹布擦拭电气设施，以防发生短路和触电事故。

3.2.5　手持电动工具注意事项

1. Ⅰ类和Ⅱ类设备应采取保护接地或保护接零措施。移动式电气设备的保护零线（或地线）不应单独敷设，而应当与电源线采取同样的防护措施，即采用带有保护芯线的橡皮套软线作为电源线。

2. 电源线长度限制在 5m 以内，电缆不得有破损或龟裂、中间不得有接头；电源线与设备之间的防止拉脱的紧固装置应保持完好。设备的软电缆及其插头不得任意接长、拆除或调换。

3. 一般场所，手持电动工具应采用Ⅱ类设备。在潮湿或金属构架上等导电性能良好的作业场所，应使用Ⅱ类或Ⅲ类设备。在锅炉内、金属容器内、管道内等狭窄的特别危险场所，应使用Ⅲ类设备；如果使用Ⅱ类设备，则应装设额定漏电动作电流不大于 15mA、动作时间不大于 0.1s 的漏电保护器；Ⅲ类设备的隔离变压器、Ⅰ类设备的漏电保护器以及Ⅱ、Ⅲ类设备控制箱和电源连接器等应放在外面。

4. 使用Ⅰ类设备应配用绝缘手套、绝缘鞋、绝缘垫等安全防护用具。

5. 手持电动工具的防护罩、盖板及手柄应完好，无破损，无变形，不松动。设备的电源开关应灵敏、无破损并应安装牢固，接线不应松动，转动部分应灵活。

6. 至少每 3 个月进行一次定期检查和绝缘检测，且记录完整有效。经定期检查和绝缘检测合格的工具，应在工具的适当部位，粘贴"合格"标识；检测记录完整有效。检测不合格的工具不应使用。

7. 作业前，对手持式电动工具的检查应符合下列要求：
（1）外壳、手柄不应出现裂缝、破损；
（2）电缆软线及插头完好无损，开关动作正常；
（3）各部位防护罩齐全牢固，电气保护装置可靠。

3.2.6　变配电系统安全知识

1. 易燃易爆物品露天堆场不应设置在变、配电站（所）附近，变、配电站（所）与锅炉房、原煤露天堆场等火灾危险场所间距应大于 15m。

2. 变、配电室的门应向外开启，高压室门向低压间开，相邻配电室门应双向开启；变配电室的门、窗应为非燃烧材料。

3. 油浸式变压器，应设置容量为 100％变压器油量的贮油池或排油设施。

4. 露天或半露天变电所的变压器四周应设不低于 1.7m 高的固定围栏（墙），设置于变电所内的非封闭式干式变压器，应装设高度不低于 1.7m 的固定遮栏。

5. 变、配电站周围与其他建筑物之间应有足够的安全消防通道，且保持畅通。总降、高低压配电室等重要部位安全疏散处应设置应急照明和明显的疏散指示标志。变、配电站应配备可用于带电灭火的灭火器材。

6. 长度大于 7m 的配电室应设两个出口。当配电室双层布置时，楼上配电室的出口应至少设一个通向该层走廊或室外的安全出口。

7. 变、配电室门窗应完好，并保持良好通风，应有防止雨、雪和小动物进入室内的设施。封堵网应采用网孔不大于 10mm×10mm 的金属网。

8. 总降、电气室、中控室、主电缆隧道和电缆夹层，应设有火灾自动报警器、烟雾火警信号装置、监视装置、灭火装置；变、配电室的电缆夹层、电缆沟和电缆室，应采取防水、排水措施。电缆穿线孔、电缆通道等应用防火材料进行封堵。

9. 高压配电室、变压器室等部位应设有相应的警示标志。

10. 成排布置的配电屏，其长度超过 6m 时，屏后的通道应设 2 个出口；当两出口之间的距离超过 15m 时，其间应增加出口。落地式配电箱的底部高出地面的高度室内不应低于 50mm，室外不应低于 200mm。

11. 容易被触及的裸带电体应设置遮栏或外护物，在可能触及带电部分的开孔处，设置相应的警示标志。

12. 变电站的 SF6 开关室应设置机械排风设施。

13. 变电站应配备绝缘杆、绝缘夹钳、绝缘靴、绝缘手套、绝缘垫、接地线、验电器等安全用具，并定期检验。

14. 应定期对主要电气设备、继电保护、接地电阻等进行试验和检测，并建立试验报告、测试数据和运行资料档案，保存完整规定存档期限内的试验、检测报告和工作票、操作票。

15. 变电站的避雷装置在雷雨季节前进行一次预防性试验，并测量接地电阻。雷电后应检查避雷器的本体、引下线和接地线应完好无损。

16. 变、配电室操作严格按《电业安全工作规程》（GB 26164）的规定执行，执行停、送电制度，工作票和倒闸票操作制度。

17. 变、配电室内应配备相应的消防器材，不应堆放杂物，保持室内清洁。

3.2.7　临时低压电气线路

1. 临时用电应由主管部门审查批准，并有专人负责管理，限期拆除。

2. 建立完备的临时用电审批制度，办理临时用电审批表，其中应明确架设地点、用电容量、用电负责人、审批部门意见、准用日期等内容。

3. 临时用电审批期限：一般场所使用不超过 15 天；建筑、安装工程按计划施工周期确定。不得在易燃、易爆等危险作业场所架设临时电气线路。

4. 临时用电线路应按照电气线路安装规程进行布线，应装有总开关控制和剩余电流保护装置，每一个分路应装设与负荷匹配的熔断器。每台用电设备应有各自专用的开关，不应用同一个开关直接控制 2 台（含 2 台）以上用电设备（含插座）。

5. 电缆线路应采用埋地或架空敷设，不应沿地面明设，并应避免机械损伤和介质腐蚀，应从地面通过时应采取可靠的保护措施。

6. 在建工程内的电缆线路应采用电缆埋地引入，不应穿越脚手架引入。电源线可沿墙角、地面敷设，但应采取防机械损伤和防火措施。

3.2.8　动力（照明）配电箱（柜）

1. 配电箱（柜）应张贴醒目的安全警告标志和编号、标识，且应符合下列要求：

（1）配电箱（柜）应标识所控对象的名称、编号等，且与实际相符合；

（2）应有电气控制线路图，标明进出线路、电气装置的型号、规格、保护电气装置整定值等；

（3）对于多路控制的配电箱（柜），应在控制位置上标明所控制的电气设备的名称，且用途标识应齐全清晰。

2. 配电箱（柜）的箱门应完好无损，装有电器的箱门与箱体 PE 线应进行可靠跨接。

3. 配电箱（柜）内安装的电气装置，应完好无损且动作正常可靠。

4. 室外安装的非防护型的电气设备应有防雨雪侵入的措施。

5. 剩余电流动作保护装置的安装应符合 GB 13955 的规定，并定期测试。

6. 配电柜（箱）应用不可燃材料制作，柜（箱）内应无积尘、积水和杂物。

7. 配电柜（箱）的门应完好，内部各电气元件及线路应接触良好，连接可靠。

8. 触电危险性大或作业环境较差的生产车间、维修车间、煤磨、锅炉房等场所，应安装封闭式箱柜；有导电性粉尘或产生易燃易爆气体的危险作业场所，应安装密闭式或防爆型的电气设施。

9. 检修动力电源箱的支路开关都应加装漏电保护器，并应定期检查和试验。连接电动机械及电动工具的电气回路应单独装设开关或插座。

10. 各类盘柜内的电气元件、端子排等应标明编号、名称，字迹应清晰，盘柜内带电母线应有防止触及的隔离防护装置。

11. 盘柜柜体接地应牢固可靠，标识应明显；成套柜的接地母线应与主接地网连接可靠；装有电器的可开启的门应采用截面面积不小于 $4mm^2$ 的多股软铜导线与接地的金属构件可靠连接。

3.3　水泥工厂常用特种设备

根据《特种设备安全监察条例》，特种设备是指涉及生命安全、危险性较大的锅炉、压力容器（含气瓶）、压力管道、电梯、起重机械、客运索道、大型游乐设施等和场（厂）内专用机动车辆。

水泥工厂主要特种设备有余热发电锅炉、压力管道、行车、储气罐、空气炮、叉车等。

3.3.1　余热锅炉安全要求

1. 余热锅炉常见事故原因

（1）超压运行。如安全阀、压力表等安全装置失灵，或者在水循环系统发生故障，造成锅炉压力超过额定压力，严重时会发生锅炉爆炸。

（2）超温运行。由于烟气流量或燃烧工况不稳定等原因，使锅炉出口气温过高、受热面温度过高，造成金属烧损或发生爆管事故。

（3）锅炉水位过高或过低。锅炉水位过低会引起严重缺水事故；锅炉水位过高会引起满水事故，长时间高水位运行还容易使压力表管口结垢而堵塞，使压力表失灵而导致锅炉超压事故。

（4）水质管理不善。锅炉水垢太厚，又未定期排污，会使受热面水侧积存泥垢和水垢，热阻增大，而使受热面金属烧坏；给水中带有油质或给水呈酸性，会使金属壁过热或腐蚀；碱性过高，会使钢板产生苛性脆化。

（5）水循环被破坏。结垢会造成锅炉水碱度过高、锅内水面起泡沫、汽—水共腾等使水循环遭到破坏。水循环被破坏导致锅内的水况紊乱，受热面管子发生倒流或停滞，或者造成"汽塞"（在停滞水流的管子内产生泥垢和水垢堵塞），从而烧坏受热面管子或发生爆炸事故。

（6）违章操作。锅炉工的误操作、错误的检修方法和未对锅炉进行定期检查等都可能导致事故的发生。

2. 余热锅炉安全要求

（1）余热锅炉应取得产品合格证、使用登记证和年度检验证。

（2）安全阀、水位计、压力表等安全附件齐全、灵敏、清晰、可靠，排污装置无泄漏。其他辅机设备应符合安全要求。

（3）余热锅炉应按规定合理设置报警和联锁保护装置。

（4）锅炉应无漏风、漏水。

（5）水质处理指标遵循低压锅炉检测要求，汽包内无水垢。

（6）对新装、移装和检修后的锅炉，启动之前应进行全面检查。

（7）锅炉承压部件在安装或检修后，应经过全面的水压试验。水压试验过程中，应停止一切炉内外安装检修工作。

（8）在锅炉水压试验进水时，负责管理空气阀和进水阀的操作人员不得擅自离开。

（9）在锅炉水压试验中，当发现承压部件外壁有渗漏现象时，若压力正上升，检查人员应远离泄漏地点，在停止升压进行检查前，应先分析泄漏有无发展的可能，如果没有方可进行细致检查。

（10）锅炉进行 1.25 倍工作压力的超水压实验。在保持压力时，不应进行任何检查，待压力降至工作压力后，方可进行细致检查。

（11）锅炉水压试验后的泄压和放水时，应确认放水总管处无人后方可操作。

（12）进行锅炉水压试验要严格遵守的有关规定，同时应设专人监督与控制压力。

3.3.2　压力容器（储气罐）安全要求

1. 压力容器（储气罐）常见事故原因

（1）结构不合理、材质不符合要求、焊接质量、受压元件强度不够以及其他设计制造方面的原因。

（2）安装不符合技术要求，安装附件规格不对、质量不好，以及其他安装、改造或修理方面的原因。

（3）在运行中超压、超负荷、超温，违反劳动纪律、违章作业、超过检验期限没有进行定期检验、操作人员不懂技术以及其他运行管理不善方面的原因。

2. 压力容器（储气罐）安全要求

（1）应对压力容器本体及其运行情况每日检查，重点检查：

① 压力容器的本体、接口（阀门、管路）部位、焊接接头等有无裂纹、过热、变形、泄漏、机械接触等损伤；

② 外表面有无腐蚀、异常结霜、结露等；隔热层有无破损、脱落、潮湿、跑冷；检

漏孔、信号孔有无漏液、漏气；检漏孔是否畅通；

③ 压力容器与相邻管道或构件有无异常振动、响声、相互摩擦；支撑或支座有无损坏；基础有无下沉、倾斜、开裂；紧固螺栓是否齐全完好；

④ 排放装置是否完好；运行期间是否有超压、超温、超量等现象。

（2）压力容器每月安全检查，重点检查：

安全附件、安全保护装置、测量调控装置、附属仪器仪表、各密封面状况，以及其他内容，并做好记录。

（3）每年对所使用的压力容器安全检查内容应包括：

压力容器安全管理、压力容器本体及其运行状况和压力容器安全附件。年度检查完成后，应当进行压力容器使用状况安全分析，并及时消除检查出来的安全隐患。

（4）压力容器上使用的安全阀每年至少应校验一次，发现以下情况之一的，使用单位应当限期整改并采取有效措施确保改正期间的安全，否则应暂停该压力容器的使用：

① 安全阀选型错误的；

② 超过校验有效期限的；

③ 铅封损坏的；

④ 安全阀泄漏的。

3.3.3　起重机械安全要求

起重机械包括轻小型起重设备、起重机、升降机 3 类。超重机械事故的发生原因主要包括人的因素、设备因素和环境因素等几个方面。其中人的因素主要是由于管理者或使用者心存侥幸、省事和逆反等心理原因从而产生非理智行为；物的因素主要是由于设备未按要求进行设计、制造、安装、维修和保养，特别是未按要求进行检验，带"病"运行，从而埋下安全隐患。

1. 常见起重机械事故原因

（1）重物坠落；

（2）起重机失稳倾翻；

（3）金属结构破坏；

（4）挤压；

（5）高处坠落；

（6）触电；

（7）其他伤害。

2. 起重机械安全要求

（1）起重设备的定期保养以及检修应有专业人员及专业厂家进行。

（2）起重设备的安全防护、信号和联锁装置确保齐全、灵敏、可靠。起重机械应安装声光报警装置。

（3）起重操作者以及指挥人员要持证上岗，作业过程由专人指挥。

（4）作业前应根据作业特点编制专项施工方案，并对参加作业人员进行方案和安全技术交底。

（5）作业过程应遵守起重机"十不吊"原则。在露天有六级及以上大风或大雨、大雪、大雾等天气时，应停止起重吊装作业。

（6）起重机械应安装限位开关、额定荷重限制器与调整装置，且要保证完好、可靠。施工升降机等起重设备应安装防坠安全器，并保证其安全可靠。

（7）露天工作的起重机应具有防风防爬装置。

（8）单主梁起重机应安装安全钩并配有锁扣装置。流动式起重机和动臂式塔式起重机应安装防后倾装置（液压变幅除外）；臂架起重机应具有回转锁定装置。

（9）起重设备安全防护装置的变更，应经安全部门同意，并做好记录，及时归档。

（10）臂架起重机应安装力矩限制器，综合误差不应大于额定力矩的 10%。

（11）桥式起重器采用裸露导电滑线供电时，应采取防触电防护措施。

（12）同层多台起重机同时作业时，应设置防碰装置。

（13）对于司机室设置在运动部分的起重机，应在起重机上容易触及的安全位置安装登机信号按钮。

（14）臂架起重机在输电线附近作业时，为避免感应电或触电事故，应使用危险电压报警器。

（15）大、小行车端头应具有缓冲和防冲撞装置。

（16）检修起重设备中应按规定的方案拆除安全装置，并有安全防护设施，检修完毕，安全装置应及时恢复。

（17）吊车应装有能从地面辨别额定荷重的标识，不应超负荷作业。

（18）吊运物行走的安全路线，不应跨越有人操作的固定岗位或经常有人停留的场所，且不得随意越过主体设备。

（19）起重机械与机动车辆通道相交的轨道区域，应设置安全措施。

（20）起重机械应在检验周期内使用。

（21）普通麻绳和白棕绳只能用于轻质物件的捆绑和吊运，有断股、割伤、磨损严重的应报废。

（22）钢丝绳编接长度应大于 15 倍绳直径，且不小于 300 mm，卡接绳卡间距离应不小于 6 倍绳直径，压板应在主绳侧。

（23）链条有裂纹、塑性变形、伸长达原长度的 5% 或下链环直径磨损达原直径的 10% 时应报废。

（24）报废吊索具不得在现场存放或使用。

（25）起吊物的质量不得超过吊具的极限工作载荷，使用前应对所使用的吊具进行目测检查，并根据吊具的起重载荷核对其极限工作载荷，符合要求后方可使用，成套吊装索具也是一样的。

（26）吊具不应自行修复或再加工（焊接、加热、热处理、表面化学方法处理），如应进行上述处理，应送回原厂家或在原厂家专家指导下进行。

3.3.4　场（厂）内专用机动车辆安全要求

1. 场（厂）内专用机动车辆常见事故原因

（1）车辆安全技术状况不良；

（2）驾驶员的安全技术素质不高；

（3）场（厂）内的作业环境复杂；

（4）管理不到位。

2. 场（厂）内专用机动车辆安全管理要求

（1）技术资料、档案和台账应齐全，经主管部门检验合格，配发牌照方可使用。驾驶人员应持证上岗。

（2）每班出车前应完成日常保养规定的项目，仔细检查雨刮器、喇叭、倒车镜、转向灯、各部件有无故障，制动器是否灵活，现场及室内外有无不利于安全作业的因素，不得带故障作业。

（3）操作人员应熟悉车辆上的各种安全设施及用途。启动发动机和起步时，应给予临近人员足够的警示，明确规定前进和后退的不同鸣笛方式。

（4）行车时，应尽量不靠近路边沟和山崖；下坡时不得空档滑行；应合理选择挡位，不得使发动机被动超速运转。

（5）遇尘烟、浓雾以及其他影响能见度的情形，应低速行驶并使用前灯或雾灯，严重时应立即停车。

（6）厂内车辆行驶速度按《工业企业厂内铁路、道路运输安全规程》（GB 4387）的规定。

（7）企业应自制装载机的统一牌照；装载机作业区应实行封闭隔离作业措施，不得人车同时作业；装载机应安装配备倒车蜂鸣器和行车警示灯；驾驶员应持证上岗，在作业过程中应穿戴好带反光条工作服或反光背心，应严格遵守"人动车不动、车动人不动"的原则。

3.4 消防安全

3.4.1 火灾基础知识

通常所说的"起火""着火"是燃烧一词的通俗叫法。可燃物质（气体、液体或固体）与氧或氧化剂发生激烈的化学反应，同时发出热和光的现象称之为燃烧。在燃烧过程中物质会发光、发热并改变原有性质而变成新的物质。燃烧会产生具有高温反应的区域，如果在反应区域内伴有急剧的压力上升和压力突变，则燃烧过程将向爆炸过程转变。

火灾是指在时间或空间上失去控制的灾害性燃烧现象。

1. 火灾三要素

火灾是由燃烧引起的，燃烧有三个必要的要素，即三个必备的条件：

（1）要有可燃物质

无论固体、液体、气体，凡能与空气中的氧或其他氧化剂起剧烈反应的物质，都可称之为可燃物质。

（2）要有助燃物质

凡能帮助和支持燃烧的物质都叫作助燃物质，如空气（氧气）、氯气以及氯酸钾、高锰酸钾等氧化剂。

（3）要有着火源

凡能引起可燃物质燃烧的热能源，统称着火源，如火柴的火焰、油灯火、烟头以及化子能、聚焦的日光等。

燃烧必须同时具备以上三个条件，缺一不可，并各自在一定量的条件下相互结合、相互作用才能发生。有时在一定的范围内，虽然三个条件同时存在，但由于它们没有相互作用，燃烧的现象也不会发生。

2. 火灾的分类

根据《火灾分类》（GB/T 4968—2008），按起火物质种类分为 6 类：

（1）A 类火灾

固体物质火灾，如棉花、木材、烟草等。

（2）B 类火灾

液体或可熔化的固体物质火灾，如汽油、柴油、沥青等。

（3）C 类火灾

气体火灾，如天然气、煤制气等。

（4）D 类火灾

金属火灾，如镁、钾等金属。

（5）E 类火灾

带电火灾，物体带电燃烧的火灾。

（6）F 类火灾

烹饪器具内的烹饪物火灾，如动植物油脂。

3. 火灾发展的四个阶段

火灾发展的四个阶段是：初起阶段、发展阶段、猛烈阶段、下降和熄灭阶段等，具体如下：

（1）初起阶段：起火后十几分钟里，燃烧面积不大，烟气流动速度较慢，火焰辐射出的能量还不多，周围物品和结构开始受热，温度上升不快。初起阶段是灭火的最有利时机，也是人员安全疏散的最有利时段。因此，应设法把火灾及时控制、消灭在初起阶段。

（2）发展阶段：燃烧面积扩大，燃烧速度加快。

（3）猛烈阶段：燃烧强度最高，热辐射最强。

（4）下降和熄灭阶段：逐渐减弱直至熄灭。

3.4.2　防火防爆基础知识

1. 防火的基本措施

（1）消除着火源：如安装防爆灯具，禁止烟火、接地、避雷、隔离和控制温度等。

（2）控制可燃物：以难燃或不燃材料代替可燃材料，防止可燃物质的跑、冒、滴、漏。对那些相互作用能产生可燃气体或蒸气的物品，应加以隔离，分开存放。

（3）隔绝空气：将可燃物品隔绝空气储存，在设备容器中充装惰性介质。

2. 防止爆炸的基本措施

（1）通过充入惰性介质，排除容器或设备管道中的可燃物，防止形成爆炸的基本条件。

（2）防止可燃物的泄漏，特别是大量泄漏。

（3）严格控制系统的含氧量，使其降低到某一临界值（氧限值或极限含氧量）以下。

（4）采取监测措施，安装报警装置。

（5）消除火源。

3. 灭火的方法

根据物质燃烧原理，灭火的基本方法有以下几种：

（1）隔离法，就是将火源与其周围的可燃物质隔离或移开，燃烧因缺少可燃物而停止。例如将火源附近的可燃易燃易爆和助燃的物品撤走；关闭可燃气体液体管道的阀门，以减少和阻止可燃物质进入燃烧区；拆除与火源毗连的易燃建筑物等。

（2）窒息法，就是阻止空气流入燃烧区或用不燃物质冲淡空气，使燃烧物得不到足够的氧气而熄灭。如用不燃或难燃物质覆盖在燃烧物上，使之与空气及氧气隔离开来，即可达到灭火的目的。

（3）冷却法，就是将灭火剂直接喷射到燃烧物上，以降低燃烧物的温度至燃点之下，使燃烧停止；或者将水浇在火源附近的物体上，使其不受火焰辐射热的威胁，避免形成新的火点。

（4）抑制法（化学灭火），就是使用灭火剂参与到燃烧反应过程中，使燃烧过程中产生的游离基消失，形成稳定的游离基分子，使燃烧的化学反应终止。

扑灭火灾的方法有多种，有时采用其中某一种，有时为了加速扑灭火灾，可同时几种方法组合使用。

4. 消防设备设施介绍

（1）火灾自动报警系统。由火灾探测器、手动报警按钮、火灾报警控制器、火灾警报器及具有其他辅助功能的装置等组成，以完成监测火情并及时报警的任务。

① 火灾探测器是火灾自动报警系统的传感部分，它能自动发出火灾报警信号，将现场火灾信号（烟、光、温度）转换成电气信号，并将其传送到火灾报警控制器，在闭环控制的自动消防系统中完成信号的检测与反馈。火灾探测器是火灾探测的主要部件，它安装在监控现场，可形象地称为"消防哨兵"，用以监测现场火情。火灾探测器是自动触发装置。

② 手动报警按钮的作用与火灾探测器类似，也是向火灾报警控制器报告发生火情的设备，只不过火灾探测器是自动报警，而它是由人工方式将火灾信号传送到火灾报警控制器的。手动报警按钮是手动触发装置，其准确性更高。

③火灾报警控制器是消防系统的重要组成部分，它的完美与先进是现代化建筑消防系统的重要标志。火灾报警控制器接收火灾探测器及手动报警按钮送来的火灾信号，经过运算（逻辑运算）处理后认定火灾，输出指令信号。它一方面启动火灾报警装置，如声、光报警；另一方面启动灭火及消防联动系统，用以驱动各种灭火设备及防烟排烟设备等，还能启动自动记录设备，记下火灾状况，以备事后查询。

（2）灭火控制系统。灭火方式分为液体灭火和气体灭火两种，常用的为液体灭火方式，如消火栓灭火系统和自动喷水灭火系统，作用是当接到火警信号后执行灭火任务。

（3）避难诱导系统。包括火灾事故照明和疏散指示标志、消防专用通信系统及防烟排烟设施等。其作用为保证火灾时人员较好地疏散，减少伤亡。

（4）灭火器的种类很多，按其移动方式可分为手提式和推车式，按驱动灭火剂的动力来源可分为储气瓶式、储压式、化学反应式，按所充装的灭火剂则又可分为泡沫、干粉、卤代烷、二氧化碳、清水等。

① 泡沫灭火器。在未到达火源的时候切记勿将泡沫灭火器倾斜放置或移动；距离火源 10m 左右时，拔掉安全栓；拔掉安全栓之后将灭火器倒置，一只手紧握提环，另一只手扶住筒体的底部，对准火源的根部进行喷射即可。扑救带电设备火灾最好不使用泡沫灭火器。如果使用泡沫灭火器扑救电气火灾，应先切断电源，然后才扑救，因为泡沫是导电的。

② 干粉灭火器。拔掉干粉灭火器的安全栓，上下摇晃几下；根据风向，站在上风位置；对准火苗的根部，一手握住压把，一手握住喷嘴进行灭火。

③ 二氧化碳灭火器。先拔出保险销，再压合压把，将喷嘴对准火焰根部喷射。注意事项，使用时要尽量防止皮肤因直接接触喷筒和喷射胶管而造成冻伤。扑救电器火灾时，如果电压超过 600V，切记要先切断电源后再灭火。

④ 推车式灭火器。使用时，一般由两人操作，先将灭火器迅速推拉到火场，在距离着火点 10m 左右处停下，由一人施放喷射软管后，双手紧握喷枪并对准燃烧处；另一个则先逆时针方向转动手轮，将螺杆升到最高位置，使瓶盖开足，然后将筒体向后倾倒，使拉杆触地，并将阀门手柄旋转 90°，即可喷射泡沫进行灭火。如阀门装在喷枪处，则由负责操作喷枪者打开阀门。

⑤ 消火栓。由两个人操作，一个人开启紧急开启锁具或击碎玻璃打开箱门，向火灾发生的方向展开消防水带（不可有拧折现象），首先在水带的前端连接上消防水枪，灭火人员呈弓字步面向火焰站好，并用双手紧握水枪使之呈开启状对准火焰根部；再由另一名灭火人员将水带的末端与消火栓对接，打开消火栓即可喷水。

3.4.3　消防安全要求

1. 消防安全"四懂四会"
（1）"四懂"具体内容
① 懂本岗位的火灾危险性；
② 懂预防火灾的措施；
③ 懂扑救火灾的方法；
④ 懂逃生的方法。
（2）"四会"具体内容
① 会使用消防器材；
② 会报火警；
③ 会扑救初起火灾；
④ 会组织疏散逃生。
2. "四个能力"具体内容
（1）检查和消除隐患的能力；
（2）扑灭初期火灾的能力；
（3）引导人员疏散逃生的能力；
（4）宣传教育培训的能力。

3. 消防安全"四个熟悉"具体内容

（1）熟悉本单位疏散逃生的路线；

（2）熟悉引导人员疏散的程序；

（3）熟悉遇难逃生设施的使用方法；

（4）熟悉火场逃生的基本知识。

4. 火灾的处置原则

（1）报警早损失少：边报警边扑救，先控制后灭火，先救人后救物，防中毒防窒息，听指挥莫惊慌；火灾的扑救，通常指在发生火灾后，专职消防队未能到达火场以前，对刚发生的火灾事故所采取的处理措施；

（2）先控制后消灭：指对于不能立即扑救的要首先控制火势的继续蔓延和扩大，在具备扑灭火灾的条件时，展开全面扑救；对密闭条件较好的室内火灾，在未做好灭火准备之前，必须关闭门窗，以减缓火势蔓延；

（3）救人第一：指火场上如果有人受到火势的围困时，应急人员或消防人员首要的任务是把受困的人员从火场中抢救出来。在运用这一原则时可视情况，救人与救火同时进行，以救火保证救人的展开，通过灭火，从而更好地救人脱险；

（4）先重点后一般：指在扑救火灾时，要全面了解并认真分析火场情况，区别重点与一般，对事关全局或生命安全的物资和人员要优先抢救，之后再抢救一般物资。

5. 消防重点单位管理要求

有些地区消防主管部门将水泥厂定为消防重点单位，应当落实以下要求：

（1）落实消防安全责任制，制定本单位的消防安全制度、消防安全操作规程，制定灭火和应急疏散预案；

（2）按照国家标准、行业标准配置消防设施、器材，设置消防安全标志，并定期组织检验、维修，确保完好有效；

（3）对建筑消防设施每年至少进行一次全面检测，确保完好有效，检测记录应当完整准确，存档备查；

（4）保障疏散通道、安全出口、消防车通道畅通，保证防火防烟分区、防火间距符合消防技术标准；

（5）组织防火检查，及时消除火灾隐患；

（6）组织进行有针对性的消防演练；

（7）法律、法规规定的其他消防安全职责；

（8）确定消防安全管理人，组织实施本单位的消防安全管理工作；

（9）建立消防档案，确定消防安全重点部位，设置防火标志，实行严格管理；

（10）实行每日防火巡查，并建立巡查记录；

（11）对职工进行岗前消防安全培训，定期组织消防安全培训和消防演练。

6. 119电话报警注意事项

（1）发生火情，立即拨通火警电话（119）；

（2）报警人姓名、单位等，报清楚火灾位置、消防车能否正常通行；

（3）起火原因、起火物品、火灾程度；

（4）有无人员被困，建筑物形态，如楼房要说清几层；

（5）讲清火灾现场具体位置、标志性建筑物等；

（6）报警之后派人在路口等待消防车到来并引导进入火灾现场；

（7）消防车到来之前清理消防通道，消防通道上如果有可能影响通行的车辆要马上清走；

（8）消防车到来之前，在保证人员安全的情况下要尽力组织力量扑救初起火灾。

3.5　危险化学品重大危险源

随着化学工业的发展，大量易燃易爆、有毒有害、有腐蚀性等危险化学品不断问世，它们作为工业生产的原料或产品出现在生产、加工处理、储存、运输经营过程中，化学品的固有危险性给人类的生存带来了极大的威胁。世界各地涉及危险品的事故起因和影响不尽相同，但有一些共同特征，都是失控的偶然事件，或是造成大批人员伤亡，或是造成大量的财产损失或环境损害，或是两者兼而有之。发生事故的根源是设施或系统中储存或使用易燃易爆或有毒物质。事实表明，造成重大工业事故的可能性和严重程度，既与危险品的固有性质有关，又与设施中实际存在的危险品数量有关。

3.5.1　危险源和危险化学品重大危险源

危险源是导致事故发生的根源，是指具有可能意外释放的能量和（或）储存危险有害物质的生产装置、设施或场所。构成危险源的充要条件是存在危险物质或能量；发生事故的必要条件是存在危险源。

《危险化学品重大危险源辨识》（GB 18218—2018）中将"危险化学品重大危险源"定义为长期地或临时地生产、储存、使用和经营危险化学品，且危险化学品的数量等于或超过临界量的单元。单元指涉及危险化学品的生产、储存装置、设施或场所，分为生产单元和储存单元。此标准自 2019 年 3 月 1 日实施。生产单元、储存单元内存在危险化学品的数量等于或超过标准规定的临界量，即被定为重大危险源。

重大危险源的辨识主要依据《危险化学品重大危险源辨识》（GB 18218—2018）标准，需综合考虑危险性和数量因素。比如，"汽油"构成重大危险源的临界量为 200t、"乙炔"构成重大危险源的临界量为 1t。

重大危险源按照其危险程度，由高到低依次划分为一级、二级、三级、四级。

3.5.2　危险化学品危险源的分类、分级

使用危险化学品的水泥工厂应按照《危险化学品重大危险源辨识》（GB 18218—2018）对本单位的危险化学品储存和使用装置设施或者场所进行重大危险源辨识，并记录辨识过程与结果。

构成重大危险源的水泥工厂应对重大危险源进行安全评估并确定重大危险源等级。

1. 重大危险源的辨识指标

根据《危险化学品重大危险源辨识》（GB 18218—2018）规定：生产、储存单元内存在危险化学品的数量等于或超过本标准附表 1、附表 2 规定的临界量，即被定为重大危险源。单元内存在的危险化学品的数量根据危险化学品的种类的多少区分为以下两种情况：

（1）生产单元、储存单元内存在危险化学品为单一品种时，该危险化学品的数量即为单元内危险化学品的总量；若等于或超过临界量，则定为重大危险源。

（2）生产单元、储存单元内存在危险化学品为多品种时，按式（3.1）计算；若满足时，则定为重大危险源：

$$S = \frac{q_1}{Q_1} + \frac{q_2}{Q_2} + \cdots + \frac{q_n}{Q_n} \geqslant 1 \tag{3.1}$$

式中　　　　　　S——辨识指标；

q_1，$q_2 \cdots q_n$——每种危险化学品的实际存在量，单位为吨（t）；

Q_1，$Q_2 \cdots Q_n$——与每种危险化学品相对应的临界量，单位为吨（t）。

危险化学品储罐以及其他容器、设备或仓储区的危险化学品的实际储存量按设计最大量确定。

对于危险化学品混合物，如果混合物与其纯物质属于相同危险类别，则视混合物为纯物质，按混合物整体进行计算。如果混合物与其纯物质不属于相同危险类别，则应按新危险类别考虑其临界量。

2. 重大危险源的分级指标

采用单元内各种危险化学品实际存在量与其相对应的临界量，经校正系数校正后的比值之和 R 作为分级指标。

通过计算后，$R<10$ 为四级；$50>R\geqslant10$ 为三级；$100>R\geqslant50$ 为二级；$R\geqslant100$ 为一级。详见本书第 7 章"7.5 危险化学品重大危险源辨识"。

3.6　交通安全

3.6.1　通用安全要求

1. 通用要求

（1）经市场监督管理局检验、登记注册、核发行驶证的机动车辆仅限在厂区内部道路行驶，不得驶出厂外。

（2）无公安交警部门或经市场监督管理局检验、核发车辆行驶证的车辆不得行驶。

（3）机动车辆安全技术状况应保持良好，制动器、转向机构、喇叭、雨刮器、转向灯、刹车灯等安全装置齐全有效，车容整洁。

2. 车辆行驶

（1）机动车辆载人不准超过行驶证上核定的人数；不准人货混载。

（2）电瓶升降车在行驶时升降平台上不准乘人。

（3）其他工程车辆除驾驶室外不得载人。

（4）机动车载物不准超过行驶证上核定的载重量；装载物品均衡平稳，捆扎牢固，质量分布均匀。行驶前，司机应在确认装载情况后方可启动车辆；装载容易散落、飞扬、流漏的物品，应有防护措施；装载不可解体的超宽、超高、超长物体时，须有专人在车辆前、两侧指挥，避免碰撞，超长超宽物件在两侧或尾部挂示意标志；装运炽热物品，必须有防止炽热物品抛撒的措施。

3.6.2　机动车辆驾驶员基本要求

1. 机动车辆驾驶员必须持有公安交警部门核发的机动车辆驾驶证，所持证件与驾驶车型相符。

2. 厂内机动车辆驾驶员必须经市场监督管理局安全培训、考核，取得《特种设备操作人员证（厂内专用机动车辆作业)》。持有市场监督管理局核发的《特种设备操作证》的司机不得驾车驶出厂区。

3. 机动车辆驾驶员应驾驶指定的车辆。未经批准，不得把车辆交给他人驾驶或驾驶他人保管的车辆，防止由于车况不熟悉而发生事故。

4. 机动车辆驾驶员必须遵守《道路交通安全法》。在公司厂内行驶时，同时遵守公司有关规章制度。

不驾驶安全设施不齐或失灵的车辆；不驾驶装载不符合要求的车辆；严禁酒后驾驶；严禁其他违章驾驶行为。

5. 车辆装卸货物时驾驶员应下车配合，否则不予装卸。

3.6.3　车辆安全要求

1. 铲车

（1）铲车行驶时，铲齿应离地面 30cm，铲件提升高度不得超过车高的 2/3，铲齿上不得站立人员；铲齿提升后，下方不得有人员通过或停留。停车时，铲齿应平放在地上。

（2）铲车铲运庞大货物，无法降低高度并影响司机视线时，司机开倒车应缓慢行驶。

2. 吊车

（1）吊车作业时，禁止人员进入吊车旋转危险区域内，必要时应有专人监护。作业时遵守起重作业安全操作规程。

（2）吊车行驶必须收回吊杆，固定好吊钩才可行驶。

3. 装载车、挖机

（1）装卸车在车厢起升前注意空中有无障碍物，禁止边走边降落车厢。料场收货员在车厢未下落到位，不给予开具货物签收单。

（2）挖机在道路上短距离行驶时应有保护路面的措施，长距离移动可加载在其他车辆上运输，加载在其他车辆上运输时，应装载牢固。

4. 交通班车

（1）交通班车须规定路线行驶，按规定站点停靠上、下客。

（2）乘客应系好安全带。

（3）乘车人待车停稳后先下后上；行车时不要与驾驶员谈话。行驶中不准将身体任何部分伸出车外。

（4）不准携带易燃易爆物品上车。

（5）车辆不允许超载。

5. 摩托车、电动自行车

（1）驾驶摩托车者应持有效机动车辆驾驶证和行驶证，严禁无证驾驶车辆。

（2）驾驶和乘坐摩托车者必须戴好头盔，后面人员应骑跨乘坐，不得侧身乘坐。

（3）摩托车、电动自行车应保持车况良好。

（4）三轮摩托车后车厢严禁坐人。

（5）员工私有的摩托车、电动自行车未经允许不得驶入生产区域，应到指定的位置存放。

3.6.4 道路、场地安全要求

1. 道路安全要求

（1）厂区道路应设置各种安全警示标志，在主要道路上应有交通标线。

（2）任何单位未经公司批准，不准占用厂内道路作业。

（3）因工作需要开挖道路，施工单位必须报公司批准，并与道路设施管理部门制定落实安全措施后方可施工，挖掘道路影响交通的作业场所，由施工单位设置标志和安全防范措施，夜间有警示灯。收工后及时清理现场，修复路面，恢复交通。

（4）开挖道路时需与生产调度、水、电、光缆等管理部门进行联系。

（5）道路两侧和交叉路口不准有妨碍安全视觉的物品堆放。

（6）任何单位和个人不得挖掘、移动指挥交通标志和设施。

（7）各种车辆应在指定位置停放，不得随意乱停。

2. 铁路安全要求

（1）机车作业前，司机必须对机车行走部、机械部、安全装置系统等部位认真检查，确保部件作用良好，符合要求。

（2）有人看守的铁路道口应有手动或半自动栏杆或警戒拉绳。无人看守的铁路道口必须设置小心火车警示、鸣笛标。加强对道口防护设施的维修。

（3）铁路调度应随时了解现场情况，车辆在行驶中不得上下车、不得进行挂车脱钩动作。

3. 码头安全要求

（1）工厂应根据水泥装卸储存工艺、安全特点和安全风险编制相关的安全管理制度、安全操作规程和应急预案，并根据制定的应急预案定期开展应急演练。

（2）工厂应根据装卸工艺、包装规格和作业条件制定装卸作业方案，作业人员应按照装卸作业方案作业。

（3）从业人员应经安全生产教育并培训合格；特种设备作业人员应具有从业资格。

（4）作业人员进入船舱内作业时应符合《防止船舶封闭处所缺氧危险作业安全规程》的有关要求。

（5）作业人员应按照船方提供的安全通道上、下舱。

（6）作业人员应根据配载要求及船方确认的配载图进行装载，平衡作业。

（7）起重机械作业的安全防护装置、安全性、检查、维护等应符合起重机械安全规程的相关要求。

（8）港口大型装卸机械的防风应符合《港口装卸机械风载荷计算及防风安全要求》的有关要求。

（9）作业区域内的照度应符合《港口装卸区域照明照度及测量方法》的相关规定。

（10）工厂应实时监控水泥装卸储存作业过程。

（11）工厂应根据水泥装卸储存作业的职业危害和安全要求，为从业人员配备相应的劳动防护用品，并指导从业人员规范穿戴和使用。

4. 充电桩安全

（1）使用充电桩时，根据自己的车型选择适配的充电桩。充电前检查充电桩设备是否完好，线缆和连接器是否完好。

（2）充电后及时断开充电桩，防止过度充电。

（3）当车辆进入充电位置、停稳，切断电动汽车动力电源和辅助电源，拉紧手刹，人员离车后，方可进行充电作业。

（4）充电前，操作人员应检查充电接口是否正常完好，并对车辆进行充电前检查，对充电设备与电动汽车连接和充电参数的设置进行确认。

（5）充电作业时须保持自身、车体充电桩及周边区域干燥。

（6）充电启动后确认充电正常。若发生安全事故，应快速按下红色急停按钮切断电源。

（7）充电过程中车辆严禁启动或移动，严禁带电插拔充电插头。充电结束后行车前，驾驶员应确认充电终止以及充电设备与电动汽车物理分离。

（8）如遇系统起火时，首先动用紧急停机装置切断电源，使用现场灭火器灭火。

（9）严禁使用金属物体触碰充电枪接口、充电车充电口。

（10）充电结束后，应按规定拔出充电枪，将线缆理好放在线架上，锁好充电口及车门，并记录相关数据。

（11）严禁私自拆卸改装充电桩设备及附加设施，对因此造成的损坏由当事人承担相应责任。

（12）操作人员应基本了解电动汽车的构造和充电设备的工作原理，了解动力蓄电池应用的基础知识，掌握充电操作规程、充电设备检测、故障判断和处理。

3.7　有限空间作业安全

有限空间是指封闭或部分封闭、进出口受限但人员可以进入、未被设计为固定工作场所，通风不良，易造成有毒有害、易燃易爆物质积聚或氧含量不足的空间。有限空间通常分为地下有限空间、地上有限空间和密闭设备三大类。

有限空间作业是指人员进入有限空间实施作业。常见的有限空间作业主要有清除、清理作业，设备安装、更换、维修作业，涂装、防腐、焊接作业，巡查、检修作业等。例如，进入水泥窑检查，进入球磨机更换钢球，进入污水调节池更换设备等，都属于有限空间作业。

3.7.1　有限空间作业基础知识

1. 有限空间的特点

（1）有限空间是一个有形的，与外界相对隔离的空间，既可以是全部封闭的，也可以是部分封闭的。

（2）有限空间限于本身体积、形状和构造，进出口大多较为狭小，或进出口的设置不便于人员进出,但人员可以进入开展工作。

(3)有限空间在设计上未按照固定工作场所考虑采光、照明、通风和新风量等要求,人员只是在必要时进入进行临时性工作。

(4)有限空间通风不良,易造成有毒有害、易燃易爆物质积聚或氧含量不足。

2. 有限空间作业安全风险

中毒、缺氧、燃爆、高处坠落、触电、物体打击、机械伤害、灼烫、坍塌、掩埋等安全风险。

3.7.2 有限空间作业安全管理

1. 制订安全管理制度、建立管理台账

(1)存在有限空间作业的单位应建立健全有限空间作业安全管理制度和安全操作规程,管理制度主要包括责任制、作业审批制度、现场管理制度、安全教育培训制度、应急管理制度等。

(2)存在有限空间的单位应根据有限空间定义,辨识本单位所辖范围内的有限空间,确定有限空间的数量、位置、名称、主要危险有害因素、可能的事故及后果、防护要求、作业主体等基本情况,建立有限空间管理台账,并及时更新。

2. 现场设置安全警示

对辨识出的有限空间作业场所,应在显著位置设置安全警示标志或安全告知牌,以提醒人员增强风险防控意识并采取相应的防护措施。

3. 做好安全专项培训

企业应对有限空间作业分管负责人、安全管理人员、作业现场负责人、监护人员、作业人员、应急救援人员进行专项安全培训。参加培训的人员应在培训记录上签字确认,单位应妥善保存培训相关材料。

培训内容主要包括:有限空间作业安全基础知识,有限空间作业安全管理,有限空间作业危险有害因素和安全防范措施,有限空间作业安全操作规程,安全防护设备、个体防护用品及应急救援装备的正确使用,紧急情况下的应急处置措施等。

4. 配置安全防护设备设施

作业单位应配置安全防护设备、个体防护用品和应急救援装备,加强管理和维护保养,确保处于完好状态,发现影响安全使用时,应及时修复或更换。

5. 编制应急预案及定期演练

单位应根据有限空间作业的特点,制定有限空间作业安全事故专项应急预案或现场处置方案,并定期组织演练。

6. 有限空间作业发包安全管理

单位不具备有限空间作业安全生产条件的,不能作业,应将作业发包给具备安全生产条件的承包单位实施。

发包单位对作业安全承担主体责任。发包单位应与承包单位签订安全生产管理协议,明确双方的安全管理职责,或在合同中明确约定各自的安全生产管理职责。发包单位应对承包单位作业方案、内部审批手续等事宜进行审批,对承包单位的安全生产工作统一协调、管理,定期进行安全检查,发现安全问题的,应当及时督促整改。

承包单位对其承包的有限空间作业安全承担直接责任，应严格按照有限空间作业安全要求开展作业。

3.7.3　有限空间作业风险防控

1. 作业审批阶段

（1）制定作业方案

作业前应对作业环境进行安全风险辨识，分析存在的危险有害因素，提出消除、控制危害的措施，编制作业方案，并经本单位相关人员审核和批准。

（2）明确人员职责

根据有限空间作业方案，确定作业现场负责人、监护人员、作业人员，并明确其安全职责。

（3）作业审批

应严格执行有限空间作业审批制度。作业前对作业方案、人员、设备等方面进行审批，并签字确认，未经审批不得擅自开展有限空间作业。

2. 作业前准备阶段

（1）安全交底

作业现场负责人应对实施作业的全体人员进行安全交底，告知作业内容、作业现场可能存在的安全风险、作业安全要求及应急处置措施等，并履行签字确认手续。

（2）设备检查

应对安全防护设备、个体防护用品、应急救援装备、作业设备和用具的齐备性和安全性进行检查，发现问题应立即修复或更换。当有限空间可能为易燃易爆环境时，设备和用具应符合防爆安全要求。

（3）封闭作业区域及安全警示

设置围挡，封闭作业区域，并在进出口周边显著位置设置安全警示标志或安全告知牌。占道作业的，应设置相应的交通安全设施。夜间作业的，应设置警示灯，地面人员应穿着高可视警示服。

（4）打开进出口

作业人员站在有限空间外上风侧，打开进出口进行自然通风。可能存在爆炸危险的，开启时应采取防爆措施。

（5）安全隔离

存在可能危及有限空间作业安全的设备设施、物料及能源时，应采取封闭、封堵、切断能源等可靠的隔离（隔断）措施，并上锁挂牌或设专人看管，防止无关人员意外开启或移除隔离设施。

（6）清除置换

有限空间内盛装或残留的物料对作业存在危害时，应在作业前对物料进行清洗、清空或者置换。

（7）气体检测

作业前应在有限空间外上风侧，使用泵吸式气体检测报警仪对有限空间内气体进行检测。垂直方向的检测由上至下，至少进行上、中、下三点检测；水平方向的检测由近至远，至少进行进出口近端点和远端点两点检测。

应根据有限空间内可能存在的气体种类进行针对性检测，但应至少检测氧气、可燃气、硫化氢和一氧化碳。气体检测结果应如实记录。气体浓度检测合格，方可作业。

（8）强制通风

经检测，有限空间内气体浓度不合格的，必须对有限空间进行强制通风，直到检测结果合格为止。

（9）人员防护

检测结果合格后，作业人员在进入前还应根据作业环境选择并佩戴符合要求的个体防护用品与安全防护设备，主要有安全帽、全身式安全带、安全绳、呼吸防护用品、便携式气体检测报警仪、照明灯和对讲机等。

3. 作业实施阶段

（1）安全作业

在确认作业环境、作业程序、安全防护设备和个体防护用品等符合要求后，作业现场负责人方可许可作业人员进入有限空间作业。作业过程中，作业人员应正确使用安全防护设备和个体防护用品，并与监护人员进行有效的信息沟通。

（2）实时监测与持续通风

作业过程中，应根据实际情况采取适当的方式对有限空间作业面进行实时监测，一种是监护人员在有限空间外使用泵吸式气体检测报警仪对作业面进行监护检测；另一种是作业人员自行佩戴便携式气体检测报警仪对作业面进行个体检测。除实时监测外，作业过程中还应持续进行通风。

（3）作业监护

进行有限空间作业时，监护人员应在有限空间外全程持续监护，不得擅离职守。

（4）异常情况撤离有限空间

作业期间，作业人员应保持高度警觉，一旦出现身体不适、安全防护设备和个体防护用品失效、气体检测报警仪报警、监护人员或作业现场负责人下达撤离命令，以及其他可能危及作业人员生命安全的情况，应立即中断作业，撤离有限空间。

4. 作业结束阶段

有限空间作业完成后，作业人员应将全部设备和工具带离有限空间。清点人员和设备，确保有限空间内无人员和设备遗留后，关闭进出口。解除本次作业前采取的隔离、封闭措施，恢复现场环境后安全撤离作业现场。

3.7.4 有限空间事故应急救援

一旦发生有限空间作业事故，作业现场负责人应及时向本单位报告事故情况，在分析事发有限空间环境危害控制情况、应急救援装备配置情况以及现场救援能力等因素的基础上，判断可否采取自主救援以及采取何种救援方式。

若现场具备自主救援条件，应根据实际情况采取非进入式或进入式救援，并确保救援人员人身安全。

3.8 粉尘防爆

3.8.1 粉尘爆炸基础知识

习惯上对粉尘有许多名称，如灰尘、尘埃、烟尘、矿尘、砂尘、粉末等，这些名词没有明显的界限。在大气中粉尘的存在是保持地球温度的主要原因之一，大气中过多或过少的粉尘将对环境产生灾难性的影响。但在生活和工作中，生产性粉尘是人类健康的天敌，是诱发多种疾病的主要原因。

1. 粉尘

（1）定义

粉尘是指呈细粉状态的固体物质，悬浮在空气中的固体微粒。国际标准化组织规定，粒径小于 $75\mu m$ 的固体悬浮物定义为粉尘。

（2）粉尘爆炸

粉尘在爆炸极限范围内，遇到热源（明火或温度），火焰瞬间传播于整个混合粉尘空间，化学反应速度极快，同时释放大量的热，形成很高的温度和很大的压力，系统的能量转化为机械能以及光和热的辐射，具有很强的破坏力。

（3）粉尘分类

能燃烧和爆炸的粉尘叫作可燃粉尘；浮在空气中的粉尘叫作悬浮粉尘；沉降在固体壁面上的粉尘叫作沉积粉尘。

（4）具有爆炸性的粉尘

凡是呈细粉状的固体物质均称为粉尘，能燃烧和爆炸的粉尘都叫作可燃粉尘。以下七类物质的粉尘具有极强的爆炸性：

① 金属——如镁粉、铝粉等；

② 煤炭——煤粉、煤尘等；

③ 粮食——如小麦粉、淀粉、奶粉、糖等；

④ 饲料——如血粉、鱼粉等；

⑤ 农副产品——如棉花、烟草等；

⑥ 林产品——如纸粉、木粉等；

⑦ 合成材料——如塑料粉末、染料等。

2. 粉尘爆炸的条件

（1）粉尘本身具有可燃性或者爆炸性；

（2）粉尘必须悬浮在空气中，并与空气或氧气混合达到爆炸极限；

（3）有足以引起粉尘爆炸的点火源；

（4）粉尘具有一定扩散性；

（5）粉尘在密封空间。

3.8.2 预防粉尘爆炸措施

1. 管理措施

（1）粉尘涉爆企业应当在本单位安全生产责任制中明确主要负责人、相关部门负责人、生产车间负责人及粉尘作业岗位人员粉尘防爆安全职责。

（2）粉尘涉爆企业应当结合企业实际情况建立和落实粉尘防爆安全管理制度。

（3）粉尘涉爆企业应当组织对涉及粉尘防爆的生产、设备、安全管理等有关负责人和粉尘作业岗位等相关从业人员进行粉尘防爆专项安全生产教育和培训，使其了解作业场所和工作岗位存在的爆炸风险，掌握粉尘爆炸事故防范和应急措施；未经教育培训合格的，不得上岗作业。

（4）粉尘涉爆企业应当如实记录粉尘防爆专项安全生产教育和培训的时间、内容及考核等情况，纳入员工教育和培训档案。

（5）粉尘涉爆企业应当为粉尘作业岗位从业人员提供符合国家标准或者行业标准的劳动防护用品，并监督、教育从业人员按照使用规则佩戴、使用。

（6）粉尘涉爆企业应当制定有关粉尘爆炸事故应急救援预案，并依法定期组织演练。发生火灾或者粉尘爆炸事故后，粉尘涉爆企业应当立即启动应急响应并撤离疏散全部作业人员至安全场所，不得采用可能引起扬尘的应急处置措施。

（7）粉尘涉爆企业应当定期辨识粉尘云、点燃源等粉尘爆炸危险因素，确定粉尘爆炸危险场所的位置、范围，并根据粉尘爆炸特性和涉粉作业人数等关键要素，评估确定有关危险场所安全风险等级，制定并落实管控措施，明确责任部门和责任人员，建立安全风险清单，及时维护安全风险辨识、评估、管控过程的信息档案。

（8）粉尘涉爆企业应当在粉尘爆炸较大危险因素的工艺、场所、设施设备和岗位，设置安全警示标志。

（9）涉及粉尘爆炸危险的工艺、场所、设施设备等发生变更的，粉尘涉爆企业应当重新进行安全风险辨识评估。

（10）粉尘涉爆企业应当根据《粉尘防爆安全规程》等有关国家标准或者行业标准，结合粉尘爆炸风险管控措施，建立事故隐患排查清单，明确和细化排查事项、具体内容、排查周期及责任人员，及时组织开展事故隐患排查治理，如实记录隐患排查治理情况，并向从业人员通报。

（11）构成工贸行业重大事故隐患判定标准规定的重大事故隐患的，应当按照有关规定制定治理方案，落实措施、责任、资金、时限和应急预案，及时消除事故隐患。

（12）粉尘涉爆企业新建、改建、扩建涉及粉尘爆炸危险的工程项目安全设施的设计、施工应当按照《粉尘防爆安全规程》等有关国家标准或者行业标准，在安全设施设计文件、施工方案中明确粉尘防爆的相关内容。

设计单位应当对安全设施粉尘防爆相关的设计负责，施工单位应当按照设计进行施工，并对施工质量负责。

（13）粉尘涉爆企业应当严格控制粉尘爆炸危险场所内作业人员数量，在粉尘爆炸危险场所内不得设置员工宿舍、休息室、办公室、会议室等，粉尘爆炸危险场所与其他厂房、仓库、民用建筑的防火间距应当符合《建筑设计防火规范》的规定。

（14）粉尘涉爆企业应当规范采取杂物去除或者火花探测消除等防范点燃源措施，并定期清理维护，做好相关记录。

（15）粉尘防爆相关的泄爆、隔爆、抑爆、惰化、锁气卸灰、除杂、监测、报警、火花探测消除等安全设备的设计、制造、安装、使用、检测、维修、改造和报废，应当符合《粉尘防爆安全规程》等有关国家标准或者行业标准，相关设计、制造、安装单位应当提供相关设备安全性能和使用说明等资料，对安全设备的安全性能负责。

粉尘涉爆企业应当对粉尘防爆安全设备进行经常性维护、保养，并按照《粉尘防爆安全规程》等有关国家标准或者行业标准定期检测或者检查，保证正常运行，做好相关记录，不得关闭、破坏直接关系粉尘防爆安全的监控、报警、防控等设备、设施，或者篡改、隐瞒、销毁其相关数据、信息。粉尘涉爆企业应当规范选用与爆炸危险区域相适应的防爆型电气设备。

（16）粉尘涉爆企业应当按照《粉尘防爆安全规程》等有关国家标准或者行业标准，制定并严格落实粉尘爆炸危险场所的粉尘清理制度，明确清理范围、清理周期、清理方式和责任人员，并在相关粉尘爆炸危险场所醒目位置张贴。相关责任人员应当定期清理粉尘并如实记录，确保可能积尘的粉尘作业区域和设备设施全面及时规范清理。粉尘作业区域应当保证每班清理。

（17）粉尘涉爆企业对粉尘爆炸危险场所设备设施或者除尘系统的检修维修作业，应当实行专项作业审批。作业前，应当制定专项方案；对存在粉尘沉积的除尘器、管道等设施设备进行动火作业前，应当清理干净内部积尘和作业区域的可燃性粉尘。作业时，生产设备应当处于停止运行状态，检修维修工具应当采用防止产生火花的防爆工具。作业后，应当妥善清理现场，作业点最高温度恢复到常温后方可重新开始生产。

（18）粉尘涉爆企业应当做好粉尘爆炸危险场所设施设备的维护保养，加强对检修承包单位的安全管理，在承包协议中明确规定双方的安全生产权利义务，对检修承包单位的检修方案中涉及粉尘防爆的安全措施和应急处置措施进行审核，并监督承包单位落实。

2. 设备设施措施

（1）原煤输送系统，应设除铁器，扬尘点应有通风除尘设施。

（2）煤粉制备系统的安全防爆设计应符合下列规定：粗粉分离器、旋风分离器、除尘器、煤粉仓、磨尾、煤粉系统的管道等处应装设防爆阀，泄爆阀泄爆口不应朝向巡检通道和建筑物。

（3）煤磨进出口应设温度监测装置，在煤粉仓、除尘器上也应设温度和一氧化碳超限监测及报警装置，并配备气体自动灭火装置。

（4）在除尘器进口应设有快速截断阀。

（5）煤粉车间内不应使用明火，煤粉仓、除尘器等设备附近应设置齐全有效的灭火装置。

（6）煤磨车间的防火等级应符合 GB 50295 的要求。

（7）防爆阀爆破后，应立即停车，并清除火源，查明原因；待防爆阀修复后，方能重新启动设备。

（8）在煤粉制备系统中的煤粉仓等重点部位应安装温度监控器。

（9）在敷设煤粉系统管道时，除与燃烧器连接处外，不应水平敷设。

（10）煤粉制备系统的设备应有保护装置，并应保持完好有效。

（11）煤粉制备系统的场所，电气设备应符合防爆要求。

（12）煤磨本体系统应安装防静电接地装置，并定期检查、检测。煤粉输送管道法兰之间应有防静电跨接装置。

（13）要严格控制出磨热风温度。操作中应控制入磨风温不超过280℃，出口气体温度保持在65～75℃，不得超过80℃。运行中应严密监视灰斗温度不超过80℃，袋收尘出口CO浓度不超过0.1%（体积比）。在发生自燃时，应立即关闭袋除尘进出口阀门、止料停磨，并随时向现场岗位人员通报袋收尘出口、灰斗温度变化情况。

（14）烟煤、煤粉不得长期存放，2天以上停窑前应将煤粉仓用空，非计划停窑应定时向煤粉仓内喷CO_2，定时监视煤粉仓温度变化，除尘器及各处死角不应有煤粉堆存，溢出设备外的煤粉应尽快清理干净。为灭火用的CO_2气瓶应保持有充裕存量。

（15）煤粉制备系统所有设备都应设计在零压或负压状态下运转，车间内应保持整洁，无煤粉堆积现象；如果煤及煤粉外溢，应及时清理。

（16）应及时检查煤粉生产设备是否有因为摩擦等原因引起的设备发热情况。

（17）应定时关注所有防爆阀、防爆门是否正常。

（18）如果回转窑停止喂煤，应及时停止煤粉仓锥部的助流。

3.9 作业现场安全色与警示标识

3.9.1 安全色

根据国家规定，安全色为红、黄、蓝、绿四种颜色，用以分别表示禁止、警告、指令和提示等安全信息。

1. 红色的含义：表示禁止、停止、消防和危险。
2. 黄色的含义：表示注意、警告。
3. 蓝色的含义：表示指令、必须遵守的规定。
4. 绿色的含义：表示通行、安全和提供信息。

3.9.2 安全警示标志牌

安全标志：用以表达特定安全信息的标志，由图形符号、安全色、几何形状（边框）或文字构成。

安全标志是向工作人员警示工作场所或周围环境的危险状况，指导人们采取合理行为的标志。安全标志能够提醒工作人员预防危险，从而避免事故发生；当危险发生时，能够指示人们尽快逃离，或者指示人们采取正确、有效、得力的措施对危害加以遏制。安全标志不仅类型要与所警示的内容相吻合，而且设置位置要正确合理，否则就难以真正充分发挥其警示作用。

安全警示标志牌是由安全色、几何图形和图像符号构成的。安全标志分为：禁止标志、警告标志、指令标志和提示标志四大类型。

3.9.3 安全标志的设置规范及安装位置

1. 设置原则

（1）安全警示标志应按照能够起到提示、提醒的目的，安全警示标识应设置在醒目的地方和它所指示的目标物附近（如易燃、易爆、有毒、高压等危险场所），使进入现场人员易于识别，引起警惕，预防事故的发生。在存在较大危险因素的作业场所或有关设备上，设置符合《安全标志及其使用导则》和《安全色》规定的安全警示标志和安全色。

（2）在设置安全警示标志的同时，根据公共场所和生产环境的不同，设置相应的公共信息标志，如紧急出口、注意安全等。

（3）安全警示标志的设置要与环境相协调，应设置在醒目的地方，并保证标志有足够的亮度和照明；有灯光的，其照明不应是有色光。

（4）安全警示标志的设置应避免滥设和不规范使用，在同一地域内，要避免设置内容相互矛盾和内容相近的标志。用适量的标志达到提醒人们注意安全的目的，设置图形符号必须符合国家标准的规定。

（5）安全警示标志设置应牢固可靠，不宜设在门窗等可移动的物体上，不得妨碍正常作业和避免造成新的隐患。

（6）《安全标志及其使用导则》（GB 2894—2008）要求多个安全标志牌在一起设置时，应按警告、禁止、指令、提示类型的顺序。

2. 设置要求

（1）火灾爆炸危险品库房区域：炸药库、油库、乙炔及氧气存放点、总降、煤磨、稀油站等。在进入禁火区域和爆炸危险品库房区域的门岗必须设置禁止烟火、禁止带火种、注意安全标志。

（2）表面高温设备（窑头罩、箅冷机、窑体、窑尾预热器和尾气管道等）应设置相应的外部保温层或防护隔离设施，并设置当心烫伤标志。

（3）高噪声的设备（破碎机、提升机、立磨、管磨、空压机、排风机和电动机等）应设置警告标识，附近作业人员应佩戴护耳器。

（4）破碎、配料、粉磨、物料输送、煅烧、选粉、装运等主要产生粉尘点应设置有效收尘设施，并设置必须戴防尘口罩标识。

（5）空气压缩机及储气罐内的高压气体、锅炉及余热发电系统中的高温高压水蒸气部位，应设置警告标识。

（6）维修厂房门口必须设置注意安全、当心机械伤人标识；机械加工工作场所必须设置当心扎脚标识。

（7）登高作业入口必须设置禁止攀登、当心滑跌等警示标识。

（8）总降、配电室应在相应位置设置：注意安全、当心触电、当心电缆、禁止启动、禁止合闸、禁止入内、禁止靠近、紧急出口等安全标识。

（9）施工场地应在相应位置设置：必须戴安全帽、必须系安全带、当心塌方、当心坠落、当心落物、当心扎脚、注意安全等安全标识。

（10）有行车、电动葫芦等起重工具场所设置相应的：当心吊物、当心落物、必须戴安全帽等安全标识。

（11）维修工作场所应设置：注意安全、当心触电、禁止启动、禁止合闸、禁止转动、必须戴护目镜等相应安全标识。

（12）厂区内交通路段设置相应的交通标志：限速、限高、限行等相应交通标识。

（13）有限空间入口处。

3. 安全警示标志的设置方式

（1）附着式：将标志直接附着在建筑物等设施上。

（2）悬挂式：将标志悬挂在固定牢靠的物体上。

（3）柱式：将标志固定在柱杆上。

（4）安全警示标志设置应牢固可靠，不妨碍正常作业和避免造成新的隐患。

（5）《安全标志及其使用导则》（GB 2894—2008）第 9.5 条规定，多个标志在一起设置时，应按警告、禁止、指令、提示类型的顺序，先左后右，先上后下地排列。

3.10 作业危险性分析

在每次作业前对作业过程中可能发生的危害因素进行认真的分析，并采取相应的防范措施，这是保证作业人员身心健康、不发生设备损坏的重要工作。

3.10.1 危险因素的辨识

1. 辨识方法

采用直观经验法进行危险因素辨识。

2. 辨识应考虑的事项

（1）三种状态：正常、异常、紧急。

正常状态：正常作业时的安全状态。

异常状态：非正常作业时的状态。

紧急状态：发生火灾、爆炸等紧急情况的状态。

（2）三种时态：过去、现在、将来。

过去：过去遗留且现在依然影响安全的问题。

现在：目前现场客观存在的影响安全的问题。

将来：根据生产计划和现场实际，预测以后影响安全的问题。

3. 危险因素的分类

（1）物理性危险因素。

设备缺陷；防护缺陷；电危害（带电部位裸露、漏电、雷电、静电、电火花）；噪声危害（机械性噪声、电磁性噪声）；振动危害（机械性振动、电磁性振动）；电磁辐射（X射线、γ射线）；运动物危害（固体抛射物、液体飞溅物、反弹物）；明火；能造成灼伤的高温物质（高温气体、高温固体、高温液体）；能造成冻伤的低温物质（低温气体、低温固体、低温液体）；粉尘与气溶胶（不包括爆炸性、有毒性粉尘与气溶胶）；作业环境不良（采光照明不良、通风不良、空气质量不良等）；信号缺陷（无信号设施、信号选用不当、信号位置不当、信号不清）；标志缺陷（无标志、不清楚、不规范、位置不当）；其他物理性危险因素。

（2）化学性危险因素。

易燃、易爆性物质（易燃易爆性气体、液体、固体、粉尘与气溶胶）；自燃性物质；有毒物质（有毒气体、固体、液体、粉尘与气溶胶）；腐蚀性物质（腐蚀性气体、固体、液体）；其他化学性危险因素。

（3）生物性危险因素。

致病微生物（病毒、细菌）；传染性媒介物；致害动物；致害植物；其他生物性危险因素。

（4）心理、生理性危险因素。

负荷超限（体力、听力、视力负荷超限）；健康状况异常；从事禁忌作业；心理异常（情绪异常、冒险心理、过度紧张）；辨识功能缺陷（感知延迟、辨识错误）；其他心理、生理性危险因素。

（5）行为性危险因素。

指挥错误（指挥失误、违章指挥）；操作失误（误操作、违章作业）；监护失误；其他错误；其他行为性危险因素。

在现场作业中，还有各种各样的危险因素，并不仅仅局限于以上提及的这些，作业人员应根据实践不断充实。

3.10.2　危险因素的评价方法

危险因素的评价方法有定性评价（是非判断）和半定量评价（LEC 法）两种，在实际操作中可选其中一种或者两者同时使用。

1. 定性评价法

有下列情况之一者可直接确定为重大危险因素：

（1）曾发生过事故，至今无有效控制措施的；

（2）直接观察到可能导致人身伤害或财产损失，且无有效控制措施的。

2. 半定量评价法

采用半定量评价法进行危险性评价的公式，如式（3.2）所示。

$$D = L \times E \times C \qquad\qquad (3.2)$$

式中　D——风险值；

　　　L——发生事故的可能性；

　　　E——人员暴露于危险环境的频率；

　　　C——事故产生的后果。

根据发生事故可能性大小，人员暴露于危险环境的频繁程度和事故产生后果的严重程度，L、E、C 取不同的数值（表 3.1 至表 3.3），由式（3.2）计算出风险值 D，对照表 3.4 则可确定风险等级，若 $D \geqslant 70$，则可确定为重大危险因素。

表 3.1　事故发生的可能性（L 值）

分值	事故发生的可能性	分值	事故发生的可能性
10	完全可能预料	1	可能性较小，完全意外
6	相当可能	0.5	可能性很小，但可以设想
3	可能，但不经常	0.2	极不可能

表 3.2　暴露于危险环境的频率（E 值）

分值	暴露于危险环境的频率	分值	暴露于危险环境的频率
10	接连暴露	2	每月一次暴露
6	每天工作时间暴露	1	每年几次暴露
3	每周一次暴露	0.5	非常罕见的暴露

表 3.3　事故产生的后果（C 值）

分值	发生事故产生的后果	分值	发生事故产生的后果
100	大灾难，许多人死亡	7	严重，重伤
40	灾难，数人死亡	3	重大，致残
15	非常严重，一人死亡	1.5	引人注意，需要保护

表 3.4　危险等级划分（D 值）

分值	事故产生的后果	分值	事故产生的后果
>320	极其危险，不能连续作业	20～70	一般危险，需要注意
160～320	高度危险，要立即整改	<20	稍有危险，可以接受
70～160	非常危险，需要整改		

3.10.3　影响安全生产的主要因素

1. 人的因素

多年的安全事故统计表明，人员过失造成的事故达 70％ 以上，主要表现是：安全生产责任制不落实，违反安全工作规程，违章作业，冒险作业，违章指挥，错误操作，安装检修工艺不良，现场工作安全措施不完善，继电保护及自动装置的误接线、误整定、误碰等。因此，坚持以人为本的原则，全面落实各级人员安全生产责任制，加强遵章守纪的安全教育，提高职工岗位技能，推行标准化作业方式，是提高企业安全水平的重要方面。

2. 运行设备设施因素

造成设备事故的主要原因有：设备制造质量隐患，设备检修未达到质量标准，设备功能不能满足运行要求，设备寿命超过设计标准，严重的跑、冒、滴、漏等。因此，加强设备管理，加强设备的监督检查，及时消除设备缺陷，保证设备健康水平，提高设备先进科技水平，是提高企业安全水平的重要环节。

3. 不合格产品的进入

防止不合格产品进入工厂和及时撤除明令淘汰的产品，是保证工厂安全运行的重要工作。因此，加强设备、物资、材料的采购、招投标工作，严格把好进货质量关，做好设备、物资、材料的保管工作，杜绝"三无"产品及假冒伪劣产品进入电网，是提高企业安全水平不可忽视的工作。

4. 法律法规和规章制度

个别企业配备的法律、法规、规程不能满足工作的需要，现场操作（运行）规程、规定缺乏可操作性等，都给执行者带来无章可循的困扰，直接影响了企业安全水平。因此，企业要重视制度建设，建立相应的管理规则，以提高企业安全管理水平。

5. 环境因素

点多、线长、面广是水泥工厂生产经营的一大特点。大风、雷电、洪水、酷暑、暴雪、冰霜、严寒等自然气象条件直接影响着电网正常运行和人员作业安全，小动物侵害、大气污染、线路通道内的违章建筑以及其他外力破坏造成的事故屡有发生，生产现场装置性违章和现场环境的脏乱差都可以成为事故的隐患。因此，加强反事故措施工作，推行现场安全设施标准化，创造安全文明的生产工作环境，是提高企业安全水平的重要工作。

3.10.4　设备检修作业安全要求

1. 检修作业人员应穿戴好劳动防护用品。

2. 设备维修前，一定要进行检修风险识别，制订检修方案，制订详尽的安全防护措施。危险性较大的检修作业，要严格检修作业安全许可制度。

3. 设备设施上各类通道、梯台及防护栏杆符合标准规定。平台、地面应平整洁净，无绊脚物、无散落物料或油污。

4. 设备监视仪表（压力表、温度表等）应保持清洁、清晰，安全可靠，定期检定并在有效期内使用。

5. 主机设备应设有现场总停开关或急停按钮，操作位置应有良好的通道和可视性，定期进行检查、试验，确保灵敏可靠。

6. 对设备进行检修或维护时，应严格办理停电作业票手续，将动力电源切断、挂牌，现场控制开关打到检修位置，并实施上锁挂牌，施行能量隔离，做到"一人一锁一能量源"，必要时要切断上下游设备机械能、热能、势能等能量源。

7. 设备的检修、维护和调整工作，应在停机、停电状态下进行。

8. 设备检修工作完成后，应对现场进行检查，恢复临时拆除的安全防护设施，做到现场"三清"，并及时办理送电作业票手续。

9. 吊装作业时，应由有专业资格的人起吊和指挥，起重臂下方不应站人，执行吊装作业安全规程，周围要隔离并专人警戒，确认安全后方可实施吊装。

10. 使用手拉葫芦时，应认真检查吊钩、限位、销钉等完好，防止脱落。

第4章　职业健康知识

4.1　职业危害因素辨识与控制

4.1.1　职业危害因素

职业危害因素就是在生产劳动过程中存在于作业环境中的危害劳动者健康的因素。职业危害因素包括职业活动中存在的各种有害的化学、物理、生物因素，以及在作业过程中产生的其他职业性有害因素。按其来源可分为以下三类：

生产过程中产生的有害因素包括原料、半成品、产品、机械设备等产生的工业毒物、粉尘、噪声、振动、高温、辐射及污染性因素等。

劳动组织中的有害因素包括作业时间过长、作业强度过大、劳动制度不合理、长时间处于不良体位、个别器官或系统过度紧张、使用不合理的工具等。

与卫生条件和卫生技术设施不良有关的有害因素包括生产场所设计不符合卫生标准和要求，如露天作业的不良气候条件、厂房狭小、作业场所布局不合理、照明不良等，缺乏有效的卫生技术设施或设施不完备，以及个体防护存在缺陷等。

职业危害因素只有在一定的条件下才会对人体造成危害，主要包括有害因素的强度（剂量）、人体接触有害因素的机会和程度、人体因素和环境因素等。企业要对作业场所的职业危害因素进行防护，首先实施精益化管理，辨识企业中有哪些危害因素，并掌握防护的基本措施。

4.1.2　生产工艺过程职业危害因素识别

建材行业由于接触的职业危害因素较多，作业工人可能患的职业病也较多，如粉尘可导致各类尘肺病，噪声可导致噪声性耳聋，高温可导致中暑，振动可导致手臂振动病，化学毒物可导致职业性皮肤病、职业性眼病、职业中毒等，异常气压可导致高原病等，电离辐射可导致职业性放射性疾病，拆卸等作业可导致森林脑炎、布氏杆菌病、炭疽病等。

水泥行业通常划分为原料、烧成、制成、包装、公辅共5个单元。

1. 原料单元

该单元使用物料主要有石灰石、黏土、砂岩、铁质矫正原料（铜渣）。其中石灰石主要成分为碳酸钙、黏土主要成分为二氧化硅、铁质矫正原料（铜渣）的主要成分为三氧化二铁，均为固态块状、颗粒及粉状物质，因而在物料输送、破碎、粉磨的生产过程中会以固态气溶胶（即粉尘）的形式存在于工作场所空气中。黏土氧化硅含量丰富，游离二氧化硅的含量较高，按矽尘考虑；铁质矫正原料（铜渣）的主要成分为三氧化二铁，因而按其他尘考虑，所以该单元存在的化学有害因素为石灰石粉尘、矽尘、其他尘；物料输送、破碎产生噪声、振动；原料配料站 γ 射线在线分析控制仪产生电离辐射。本单元职业病危害因素及分布见表4.1。

表 4.1　原料单元职业病危害因素

职业病危害因素	存在部位	存在形态	作业方式	接触途径	可能产生危害
噪声	破碎机、堆取料机、输送机械、煤磨、选粉机、立磨	声波	机械化＋巡检	听觉器官	听力损伤
粉尘（矽尘、其他尘、石灰石粉尘）	堆取料机、输送机械、破碎机、选粉机、立磨	固态分散气溶胶	机械化＋巡检	呼吸系统	尘肺
电离辐射	配料站	γ 射线	巡检	全身	放射性损伤

2. 烧成单元

该单元使用的煤磨产生煤尘和一氧化碳；生料均化库、预热分解炉系统、旋窑产生其他尘；各类风机、空压机、煤磨、熟料破碎机械均能产生噪声；煤在预热分解炉和旋窑的燃烧过程、熟料在篦冷机中冷却过程均可产生高温、一氧化碳、二氧化硫和氮氧化物；煤磨时煤受到挤压、摩擦的条件下会产生自燃、不完全燃烧产生一氧化碳。本单元职业病危害因素及分布见表4.2。

表 4.2　烧成单元职业病危害因素

职业病危害因素	存在部位	存在形态	作业方式	接触途径	可能产生危害
噪声	各炉窑、空压机、输送机械、风机、冷却机、袋式收（除）尘器	声波	机械化＋巡检	听觉器官	听力损伤
水泥尘	各炉窑、输送机械、风机、冷却机、收尘器	固态分散气溶胶	机械化＋巡检	呼吸系统	尘肺
煤尘	堆取料机、输送机械、破碎机、煤磨	固态分散气溶胶	机械化＋巡检	呼吸系统	煤尘肺
高温	各炉窑、冷却机	热辐射	机械化＋巡检	皮肤	中暑
一氧化碳	各炉窑	气体	机械化＋巡检	呼吸系统	中毒窒息
二氧化硫	各炉窑	气体	机械化＋巡检	呼吸系统	中毒窒息
氮氧化物	各炉窑	气体	机械化＋巡检	呼吸系统	中毒窒息
视屏作业	中控室	人机工效不良条件	观察监视	眼、颈、肘等	眼疾颈肩综合症

3. 制成单元

石膏及混合材破碎及输送产生石膏尘及其他尘；水泥粉磨产生水泥尘；破碎、水泥磨机、除尘风机、输送机械等设备均可产生噪声。本单元职业病危害因素及分布见表4.3。

表4.3 制成单元职业病危害因素

职业病危害因素	存在部位	存在形态	作业方式	接触途径	可能产生危害
噪声	各水泥磨、输送机械、风机、破碎机	声波	机械化+巡检	听觉器官	听力损伤
粉尘（石膏尘、其他尘、水泥粉尘）	各水泥磨、输送机械、风机、破碎机、石膏堆场等	固态分散气溶胶	机械化+巡检	呼吸系统	尘肺

4. 包装单元

水泥储存、输送、包装等过程均可产生水泥尘及噪声、振动。本单元职业病危害因素及分布见表4.4。

表4.4 包装单元职业病危害因素

职业病危害因素	存在部位	存在形态	作业方式	接触途径	可能产生危害
噪声	各包装、输送机械、输送车辆、风机、收尘器	声波	机械化+巡检	听觉器官	听力损伤
水泥尘	各包装、输送机械、输送车辆、风机、收尘器	固态分散气溶胶	机械化+手工操作	呼吸系统	尘肺

5. 公辅单元

余热发电SP锅炉、AQC锅炉、风机、泵等设备产生噪声；SP锅炉、AQC锅炉等设备产生高温；发电机、各种电气控制柜、配电室等设备产生工频电磁场；余热锅炉用水处理接触化学除氧及酸碱等药剂；工业循环冷却水及污水处理、生活污水处理时需使用化学药剂，如杀菌灭藻剂、缓释阻垢剂等。化验室分析产品时接触的各种化学药品；化验室使用X荧光分析仪产生X射线。检修人员进入现场维修、检修各种设备时，会短时大量接触生产过程中可能存在的职业病危害因素。如维修焊接时，可因使用焊条的不同接触紫外线、电焊烟尘等其他有害物质。本单元职业病危害因素及分布见表4.5。

表4.5 公辅单元职业病危害因素

职业病危害因素	存在部位	存在形态	作业方式	接触途径	可能产生危害
噪声	各锅炉、输送设备、风机、泵、收尘器	声波	机械化+巡检	听觉器官	听力损伤
高温	锅炉、收尘器	热辐射	机械化+巡检	皮肤	中暑
工频电磁场	发电机、变电站、配电室	电磁波	巡检	全身	尚无确切结论
化学药剂	化验室、循环冷却水处理、污水处理、锅炉水处理	固态、液体	机械化+手工操作	呼吸系统、皮肤	灼伤、中毒
紫外线	焊接维修	光波	手工操作	皮肤	电光性眼炎
电焊烟尘	焊接维修	固态分散气溶胶	手工操作	呼吸系统	焊工尘肺
电离辐射	X荧光分析室	X射线	操作	全身	放射性损伤

4.1.3　劳动过程与生产环境职业病危害因素识别

生产过程中机械化程度越高，体力劳动强度越小。在成品包装、袋装水泥装车过程中可能产生的体力强度过大。特殊环境职业病危害因素作业人员在检修各种机械设备时可能接触粉尘，在检修回转窑时可能接触粉尘、高温、一氧化碳、氮氧化物，在检修煤磨机时可能接触煤尘、一氧化碳，在检修氨水储罐时可能接触氨。作业人员进入回转窑、磨机、熟料库、水泥库、氨水储罐、输送皮带地坑等有限空间内进行检修、清理工作时，有可能造成缺氧窒息，同时也会接触粉尘、一氧化碳、氨等职业病危害因素。综合危害因素的毒性、危害程度、产生的量、接触范围等方面的情况考虑，各单元主要职业病危害因素汇总见表 4.6。

表 4.6　各单元存在的主要职业病危害因素

评价单元	可能存在的职业病危害因素	筛选的主要危害因素
原料处理	粉尘（矽尘、其他尘、石灰石尘、煤尘）、噪声	粉尘（矽尘、其他尘、石灰石粉尘、煤尘）噪声、电离辐射
烧成	其他尘、煤尘、一氧化碳、二氧化硫、氮氧化物、噪声、高温、视屏作业	其他尘、煤尘、一氧化碳、氮氧化物、噪声、高温
制成	粉尘（石膏尘、其他尘、水泥尘）、噪声	粉尘（石膏尘、其他尘、水泥尘）、噪声
包装	水泥尘、噪声	水泥尘、噪声
公辅	氨、电焊烟尘、酸、碱、噪声、高温、工频电场	氨、电焊烟尘、噪声、高温、工频电场、电离辐射

4.1.4　职业危害因素的控制措施

只有控制好工作环境中的职业危害因素，才能防止职业危害的发生及其对健康的影响。通常采用工程措施、管理措施和个体防护措施三类。

工程措施，通过采取工程技术的手段，消除或减少污染物质的使用，降低职业危害因素强度。

管理措施，如改变工人在接触有害因素的场所工作的时间、工作方式等手段，降低工人接触职业危害因素的程度。

个体防护措施，在作业环境职业危害因素暂时无法达到职业卫生标准的情况下，通过提供适宜的个体防护用品，降低工人接触职业危害因素强度。

1. 防尘措施

防尘、降尘措施概括为"革、水、密、风、护、管、教、查"八字方针。

（1）革——技术革新

改革工艺流程，革新生产设备，使生产过程中不产生或少产生粉尘，以低毒粉尘代替高毒粉尘，是防止粉尘危害的根本措施。通过技术革新，调整生产流程，使之合理化，并采用计算机控制、遥控操纵、隔室监控等措施避免工人接触粉尘。例如，通过自动化称量和传送系统等，实现粉尘工作场所生产过程的机械化、管道化、自动化及远距离操作。

（2）水——湿式作业

生产工艺和粉尘性质适合采取湿式作业的，尽量采取湿法抑尘。湿式作业可以很好地减少作业场所粉尘的产生和扩散，是一种经济有效的防尘措施。在物料堆场、车间、道路等处采取的洒水增湿、及时清扫等措施，均可有效减少粉尘。

（3）密——密闭尘源

对不能采取湿式作业的场所，应采取密闭抽风除尘的办法。例如，将密闭尘源与局部抽风机结合，使密闭系统内保持一定负压，以有效防止粉尘逸出。

（4）风——通风除尘

通风除尘是通过合理通风来稀释和排出作业场所空气中粉尘的一种除尘方法。水泥企业虽然在各主要产尘工序都采用了相应的防尘、降尘措施，但仍有一部分粉尘，尤其是呼吸性粉尘悬浮在空气中难以沉降下来。针对这种情况，通风除尘是非常有效的除尘方法，抽出的空气经除尘装置（如除尘）处理后排入大气。

（5）护——个体防护

对于采取一定措施仍不能将工作场所的粉尘、毒物浓度降至国家卫生标准以下，或防尘、防毒设施出现故障等情况，让接尘工人佩戴个人防护用品是一个较好的解决办法。

（6）管——加强管理

① 要认真贯彻实施《职业病防治法》《安全生产法》等法律法规，建立健全防尘的规章制度，定期监测工作场所空气中的粉尘浓度。

② 用人单位负责人应对本单位尘肺病防治工作负直接责任。

③ 应采取措施，不仅要使本单位工作场所空气中的粉尘浓度达到国家卫生标准，而且要建立健全粉尘监测、安全检查、定期健康监护制度。

（7）教——宣传教育

对企业的安全生产管理人员、接尘工人应进行职业病防治方面的法律法规培训和宣传教育，以使其了解生产性粉尘及尘肺病防治的基本知识，使工人认识到尘肺病是可防的，只要做好防尘、降尘工作，尘肺病是可以消除的。

（8）查——监督检查

各单位应加强对接尘工人的健康检查，对工作场所空气中的粉尘浓度进行监测。各级卫生健康管理部门要对尘肺病防治工作进行监督检查。

2. 防毒措施

对产生毒物的生产过程和设备（含露天作业的工艺设备），应优先实现机械化和自动化，避免直接人工操作。生产设备和管道应根据工艺流程、设备特点、生产工艺、安全要求及便于操作、维修等原则，采取有效的密闭措施以防止物料跑、冒、滴、漏。例如，脱硝使用的氨水，采用自动化的密闭式输送设备（管道输送系统）对其进行输送；采用新型的燃烧器及控制 $50\%\sim60\%$ 的煤粉在分解炉内煅烧的新工艺来降低 NO_x 的生成量。

3. 防噪声措施

只有当声源、声音传播途径和接受者三要素同时存在时，噪声才可能对劳动者产生危害。因此，噪声的控制与治理措施应从声源控制、传播途径控制和个人防护三个环节来考虑。

（1）控制声源的主要措施有以下几种：

① 选用低噪声设备；

② 对产生较大振动的设备、管道与基础支架之间采用柔性连接；

③ 提高设备加工精度和装备质量，减少机械摩擦与碰撞；

④ 采用机械化、自动化程度高的生产工艺和生产设备；

⑤ 实现远距离的监控。

（2）噪声传播途径的控制措施主要有以下几种：

① 厂区合理布局，将高噪声车间与低噪声车间分开布置，对特别强烈的声源，可设置在厂区偏僻地段；

② 利用厂区内土坡、绿化带等隔声屏障减弱噪声源向接受者传播的强度；

③ 同一车间内的机械设备，在工艺条件容许的情况下，应将高低噪声设备分区布置；

④ 合理设计声源的排放指向，减弱噪声对敏感区域的影响；采取消声、隔声、吸声、隔振、阻尼等声学技术措施阻断或屏蔽噪声源向外传播。

（3）噪声个人防护。当采取噪声控制措施后，工作场所的噪声仍不能达到标准要求时，应为劳动者提供适宜的个人防护用品，如耳塞、耳罩、防声头盔等。

4. 防暑、防高温措施

（1）合理设计工艺流程，改进生产设备和操作方法是改善高温作业劳动条件的根本措施。例如，实现生产工艺的自动化可以使工人远离热源，同时减轻劳动强度。

热源的布置应符合下列要求：

① 尽量布置在车间外面；

② 采用热压为主的自然通风时，尽量布置在天窗下面；

③ 采用穿堂风为主的自然通风时，尽量布置在夏季主导风向的下风侧；

④ 对热源采取隔热措施，如利用水（水的隔热效果较好，因为水的比热容大，能最大限度地吸收辐射热）或热导率较小的材料进行隔热；

⑤ 使工作地点易于采用降温措施，热源之间可设置隔墙（板），使热空气沿着隔墙上升，经过天窗排出，以免扩散到整个车间；

⑥ 热成品和半成品应及时运出车间或堆放在下风侧。

（2）通风降温包括自然通风和机械通风。

（3）保健措施：

① 供给饮料和补充营养；

② 个人防护。

高温作业工人的工作服，应由耐热、热导率小而透气性能好的织物制成。为防止辐射热，可用白帆布或铝箔制的工作服。工作服宜宽大，但不得妨碍操作。此外，按不同作业的需要，应提供工作帽、防护眼镜、面罩、手套、护腿等个人防护用品。特殊高温作业工人为防止强热辐射的作用，须佩戴隔热面罩和穿着隔热、阻燃、通风的防热服。

③ 加强医疗预防工作。

高温作业工人应进行入职前健康检查。凡有心血管系统器质性疾病、血管舒缩调节机能不全、持久性高血压、溃疡病、活动性肺结核、肺气肿、肝病、肾病、明显的内分泌疾病、中枢神经系统器质性疾病及过敏性皮肤疤痕患者、体弱者，均不宜从事高温作业。

4.2 职业病预防

4.2.1 职业病基本概念

职业病是指企业、事业单位和个体经济组织等用人单位的劳动者在职业活动中因接触粉尘、放射性物质和其他有毒有害因素而引起的疾病。例如，铅冶炼工人的铅中毒，粉尘作业人员的尘肺病，皮毛作业人员的炭疽病等。

职业病的分类和目录由国务院卫生行政部门会同国务院安全生产监督管理部门、劳动保障行政部门制定、调整并公布。

1. 职业病构成基本条件

（1）劳动者所患的疾病在工作或其他职业活动中产生

职业病必须是在劳动过程中发生的，与劳动条件无关的疾病不是职业病防治法的适用范围。但是，在劳动过程中产生的疾病也并非都是职业病。

（2）职业危害因素客观存在

职业病危害是指对从事职业活动的劳动者可能导致职业病的各种危害。职业病危害因素包括职业活动中存在的各种有毒的化学、物理、生物因素以及在作业过程中产生的其他职业有害因素。

职业危害因素是产生职业病的直接原因，但职业危害因素未必都会导致职业病。

（3）职业病损害由职业危害因素引起

职业病必然有职业损害，职业损害却不一定都是职业病。

2. 职业病的特征

职业病的发病有两个比较明显的特征，一是在较长时间内逐渐形成，属于缓发性伤残，二是多数表现为较长时间的体内器官生理功能的损伤，例如矽肺、放射性疾病等，很少有痊愈的可能，属于不可逆性损伤。

3. 职业危害因素与职业病

根据《国家卫生健康委办公厅关于公布建设项目职业病危害风险分类管理目录的通知》（国卫办职健发〔2021〕5号）文件，水泥制造的职业病危害类别为"严重"。

4.2.2 职业病的分类

从广义上讲，职业病是指作业人员在从事生产活动过程中，因接触职业性危害因素而引起的疾病。但从法律意义上讲，职业病是有一定范围的，仅指由政府部门或立法机构规定的法定职业病。

2002年，卫生部颁布的职业病目录规定的法定职业病为十大类115种。2013年，国家卫生计生委与人力资源社会保障部、安全监管总局、全国总工会共同印发了《职业病分类和目录》，将职业病调整为132种（含4项开放性条款），新增18种。其中职业性尘肺病及其他呼吸系统疾病19种，职业性皮肤病9种，职业性眼病3种，职业性耳鼻喉口腔疾病4种，职业性化学中毒60种，物理因素所致职业病7种，职业性放射性疾病11种，职业性传染病5种，职业性肿瘤11种，其他职业病3种。其中最常见职业病为皮肤病、尘肺、职业中毒。

主要包括：

1. 职业性尘肺病及其他呼吸系统疾病，有矽肺、煤工尘肺等。

2. 职业性皮肤病，有接触性皮炎、光敏性皮炎等。

3. 职业性眼病，有化学性眼部烧伤、电光性眼炎等。

4. 职业性耳鼻喉疾病，有噪声聋、铬鼻病。

5. 职业性化学中毒，有铅及其化合物中毒、汞及其化合物中毒等。

6. 物理因素所致职业病，有中暑、减压病等。

7. 职业性放射性疾病，有外照射急性放射病外、照射亚急性放射病、外照射慢性放射病、内照射放射病等。

8. 职业性传染病，有炭疽、森林脑炎等。

9. 职业性肿瘤，有石棉所致肺癌、间皮癌，联苯胺所致膀胱癌等。

10. 其他职业病，有金属烟热、滑囊炎（限于井下工人）等。

4.2.3　职业健康管理要求

1. 企业应根据相关规定设置职业卫生管理机构，配备专（兼）职职业卫生管理人员，负责本单位的职业病防治工作。

2. 企业应制定符合相关法律法规要求的职业健康管理制度并严格执行。

3. 企业为员工提供的职业病防护用品应符合防治职业病的要求；不符合要求的，不得使用。

4. 生产作业现场环境应符合 GBZ 2.1、GBZ 2.2 和 GB/T 16911 的相关要求。

5. 企业应严格执行职业病防护设施"三同时"制度，企业应委托具有相应资质的职业卫生技术服务机构进行职业危害因素进行定期检测，对检测超标的工作场所，企业应及时整改，并将检测数据予以公布，对检测单位出具的检测报告存档；职业危害因素应一年一检测、三年一评估。

6. 企业应建立健全员工职业卫生档案。

7. 产生职业病危害因素的工作场所及设备设施应设置相应的防护措施，定期检查维护，确保防护设备完好。

8. 各主要粉尘、废气排放点应设置环保设备，排放指标达到 GB 4915 的要求，噪声源应采取隔声或消声措施，噪声声级符合标准或规定要求。

9. 对存在或产生职业病危害因素的工作场所、作业岗位、设备设施，按照 GBZ 158 要求，在醒目位置设置警示标志和警示语句；存在或产生高毒物品的作业岗位，应当按照 GBZ/T 203 的规定要求，在醒目位置设置高毒物品告知卡，告知卡应当载明高毒物品的名称、理化特性、健康危害、防护措施及应急处理等告知内容与警示标识。

10. 对可能发生急性职业危害的有毒、有害工作场所，应当设置报警装置，制定应急预案，配置现场急救用品和必要的泄险区。

11. 对职业病患者按规定给予进行治疗、康复和定期检查。对有职业禁忌员工的，应及时调整到合适岗位。

12. 按照有关法律法规及 GBZ 188 的检查内容要求，对从事接触职业病危害作业的员工，应组织上岗前、在岗期间和离岗时的职业健康检查，并建立职业健康档案。

13. 企业在与员工订立劳动合同时，应当将工作过程中可能产生的职业病危害及其后果、职业病防护措施和待遇等如实告知员工，并在劳动合同中写明。

4.3 职业健康达人和健康企业

4.3.1 职业健康达人

职业健康达人是指用人单位中自觉树立健康意识、主动践行健康行为、积极参与健康管理、善于传播健康理念、具有较好健康影响力的职业健康代表人物。

2020 年，为贯彻落实《国务院关于实施健康中国行动的意见》《健康中国行动（2019—2030 年）》等相关要求，进一步推动用人单位落实主体责任，加强职业健康管理，切实保护劳动者职业健康，国家卫生健康委、中华全国总工会决定开展争做"职业健康达人"活动（国卫办职健函〔2020〕1069 号）。"职业健康达人"基本标准如下：

第一章　基本条件

第一条　热爱祖国，热爱人民，拥护中国共产党的领导，具有正确的世界观、人生观和价值观。

第二条　遵守国家法律法规，爱岗敬业，遵章守纪，无违法违纪行为。

第三条　身心健康，诚信友善，家庭和睦，人际关系良好。

第二章　健康素养

第四条　掌握相关的职业病危害预防和控制知识，具有较强的健康意识，熟悉职业病防治相关法律法规的主要内容。

第五条　掌握本单位职业健康管理制度和操作规程的基本要求。

第六条　掌握职业病危害事故相关急救知识和应急处置方法，具有正确的自救、互救能力。

第七条　了解工作相关疾病和常见病的防治常识。

第三章　自主健康管理

第八条　践行健康工作方式，严格遵守本单位职业健康管理制度和操作规程；规范佩戴或使用职业病防护用品。

第九条　自觉参加职业健康培训及健康教育活动；按规定参加职业健康检查，及时掌握自身健康状况。

第十条　践行健康生活方式，合理膳食、适量运动、戒烟限酒、心理平衡。

第四章　健康影响力

第十一条　主动参与职业健康管理，积极建言献策，在职业健康日常管理工作中作出突出贡献。

第十二条　拒绝违章作业；发现职业病危害事故隐患及时报告，敢于批评、检举违反职业病防治相关法律法规的行为；提醒身边同事纠正不健康行为方式。

第十三条　积极宣传职业病防治知识，传播职业健康先进理念和做法，宣传与传播作用显著。

第十四条　热心职业健康公益事业，能够带动本单位和身边劳动者践行健康工作方式和生活方式。

4.3.2　健康企业创建

健康企业是指依法履行职业病防治等相关定责任和义务，全面承担企业社会责任，工作环境健康、安全和谐可持续发展员工健康和福祉得到有效保障的企业。健康企业是健康"细胞"的重要组成之一，通过不断完善企业管理制度，有效改善企环境提升健康和服务水平打造企业健康文化，满足员工需求实现建设与人的协调发展。

1. 健康企业的由来

2019 年 10 月 21 日，全国爱卫办、国家卫生健康委等有关部委联合下发了《关于开展健康企业建设的通知》和《健康企业建设规范（试行）》。

2. 开展健康企业建设的目的和意义

（1）开展健康企业建设的目的

有效落实维护员工健康的主体责任，普及健康生活、优化健康服务、完善健康保障、建设健康环境，打造良好企业文化，全方位、全周期保障劳动者身心健康，为实施健康中国战略奠定坚实基础。

（2）开展健康企业建设的意义

开展健康企业建设，是企业践行以人民为中心的发展思想的具体体现，是企业落实《职业病防治法》《"健康中国 2030"规划纲要》《关于实施健康中国行动的意见》等要求的具体体现，是企业重视员工身心健康的具体体现。因此健康企业建设意义重大。

开展健康企业建设，能促进企业、家庭、社会的和谐、稳定和发展；能塑造更好的企业形象；能提升员工幸福感和归属感。

3. 健康企业建设的主要内容

（1）建立安全、健康、舒适的工作环境；

（2）建立和谐的社会心理环境；

（3）为员工创造支持性环境，提供健康服务、信息、资源和培训机会，使员工改善或保持健康的个人生活方式，促进生理和心理的健康；

（4）企业积极参与社区活动，包括企业将自身所从事的活动、专业知识和其他资源提供给所在地的社区，通过参与社区活动，影响员工及其家庭成员的身心健康。

4. 健康企业建设的主要依据

《健康企业建设规范（试行）》和《健康企业建设评估技术指南》评估体系。

4.4　心理健康

根据世界卫生组织（WHO）的定义，健康指一个人在身体、心理和社会适应能力各方面都处于良好状态。现代人的健康内容包括：躯体健康、心理健康、社会健康、道德健康、环境健康等。健康是人的基本权利，而心理健康是健康的重要组成部分。

1. 心理健康的含义

心理健康，又称精神健康，是指心理的各个方面及活动过程处于一种良好或正常的状态，包括保持性格完好、智力正常、认知正确、情感适当、意志合理、态度积极、行为恰当、适应良好等。

精神健康的个体能够恰当地评价自己和他人、适应环境、情绪正常、人格和谐，他们通常能够进行有效率的工作和学习、对家庭和社会有所贡献。精神健康的个体能够应对日常生活中一定的压力，这不是指他们没有痛苦和烦恼，而是他们能恰当地应对痛苦和烦恼的状态，有能力寻求改变不利现状的新途径。

2. 心理健康的标准（美国心理学家马斯洛）

（1）充分的安全感

安全感是人的基本需要之一，它通常指有一个稳定的物理和社会环境，能满足个体对于安全、稳定和保护的需要。

有充分安全感意味着在学习、生活、人际交往等方面不会感到畏惧不安，能够充分地信任他人，精神状态饱满而稳定。

（2）充分了解自己，并对自己的能力作适当的估价

健康的个体能够正确认识自己，对自己的能力做出恰如其分的判断，选择与当前能力状况相符的目标。

应该给自己制定恰当的能力标准：既不会过于简单，导致不能充分发挥出自己全部的潜能；又不要对自己过于严格，产生过高的压力。

（3）生活的目标切合实际

如果个体将生活目标定得太高，难以企及，必然会产生失败而产生挫折感，重复经历挫败和失望的情绪不利于身心健康。

过高的目标可能会导致过多的自我苛责和自我要求，而超负荷的学习和工作会使人力不从心，给健康带来麻烦。

（4）与现实的环境保持接触

健康的个体能主动保持与外界环境的接触，包括物理环境和人际环境。通过与外界接触，个体能丰富自己的精神生活，同时积极调整自己的行为去主动适应外部环境。

保持恰当的现实接触是必要的，自我封闭、拒绝与外界沟通交流不利于身心健康。

（5）能保持人格的完整与和谐

人格是个体思想、情感、行为的独特模式，是使一个人区别于他人的个性心理特征。人格的组成元素是多样的，如能力、气质、性格、兴趣等，这些元素是相对稳定且和谐统一的。健康个体的人格各方面不存在明显缺陷和不一致之处，拥有内在世界的完整和谐。

（6）具有从经验中学习的能力

一些心理学家认为，人是通过尝试错误后调整认知和行为来进行学习的，这体现了过往经验对于人的重要性。一个健康的人能够从自己和他人的经验中吸取教训，不断学习、不断调整自己的认知和行为以适应变化的外部环境。

（7）能保持良好的人际关系

健康的个体能与人和谐相处，掌握必要的沟通方法和技巧，人际关系融洽，并由此感觉到的幸福与愉悦。人际关系困扰是许多心理疾病的重要影响因素，在疾病的发生、发展乃至治疗中都发挥着至关重要的作用，这足以说明人际关系对个体心理健康的重要影响。

（8）适度的情绪表达与控制

情绪是以个体愿望和需要为中介的一种心理活动，它包含个体内部的主观情绪体验和外部行为表现。健康的个体能够识别并以合适的方式表达自己的情绪，情绪体验的强度、情绪的表达和控制都比较灵活自如。不良情绪必须得到释放，但释放情绪时要选择合适的环境和恰当的方式，以免对自我和他人造成负面影响。

（9）在不违背社会规范的条件下，对个人的基本需要作恰当满足

健康的个体在满足自己的需求、维护自身利益的同时也不违背社会规范，不损害他人利益，以避免一些不必要的冲突，影响自己身心健康。

（10）在集体要求的前提下，较好地发挥自己的个性。

人的才能和兴趣爱好应该充分发挥出来，但不能妨碍他人利益，不能损害团体利益。在满足社会需求的前提下，健康的个体能自己想做且感兴趣的事情，发挥自己的特长，增强自信心，充分实现自我价值。

第 5 章　个人防护基础知识

5.1　基本概念

个体防护装备（personal protective equipment，英文缩写 PPE，也叫劳动防护用品）是指从业人员为防御物理、化学、生物等外界因素伤害所穿戴、配备和使用的护品的总称。当无法进行技术改造，劳动安全卫生技术措施又不能消除、降低生产劳动过程中的危险及有害因素的风险，达不到国家标准、行业标准及有关规定时，为完成生产劳动任务，确保劳动者的安全与健康，必须采取的个体防护手段。这是保护劳动者不受职业危害的第一道防线和最后一道防线（图 5.1）。

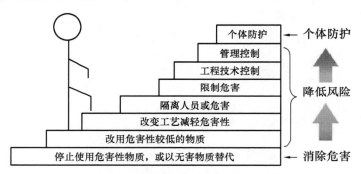

图 5.1　PPE 是第一道防线和最后一道防线

5.2　法律法规要求

1.《中华人民共和国安全生产法》第四十五条　生产经营单位必须为从业人员提供符合国家标准或者行业标准的劳动防护用品，并监督、教育从业人员按照使用规则佩戴、使用。第五十七条　从业人员在作业过程中，应当严格落实岗位安全责任，遵守本单位的安全生产规章制度和操作规程，服从管理，正确佩戴和使用劳动防护用品。第一百零七条　生产经营单位的从业人员不落实岗位安全责任，不服从管理，违反安全生产规章制度或者操作规程的，由生产经营单位给予批评教育，依照有关规章制度给予处分；构成犯罪的，依照刑法有关规定追究刑事责任。

2.《中华人民共和国职业病防治法》第二十二条　用人单位必须采用有效的职业病防护设施，并为劳动者提供个人使用的职业病防护用品。

3.《国家安全监管总局办公厅关于修改用人单位劳动防护用品管理规范的通知》（安监总厅安健〔2018〕3 号）。

4. 工厂管理要求

工厂应制定劳动防护用品管理制度，其流程为：购买→验收→保管→发放→使用→更换→报废。工厂应组织培训：对（新）职工进行安全生产知识培训（包括劳动防护用品作用、佩戴和使用、维护等）。工厂应定期进行检查：对日常生产劳动中佩戴和使用劳动防护用品进行检查督促，对未佩戴或使用不正确的及时纠正。工厂有关部门应定期（月、季、半年、年）向工厂领导提交劳动防护用品使用、检查报告（也可在工厂安全生产管理报告专栏中填写），并提出相应的整改意见。

5.3　个体防护装备的分类

5.3.1　按照用途分类

1. 以防止伤亡事故为目的的安全防护品
（1）防坠落用品，如安全带、安全网等；
（2）防冲击用品，如安全帽、防冲击护目镜等；
（3）防触电用品，如绝缘服、绝缘鞋、等电位工作服等；
（4）防机械外伤用品，如防刺、割、绞碾、磨损用的防护服、鞋、手套等；
（5）防酸碱用品，如耐酸碱手套、防护服和靴等；
（6）耐油用品，如耐油防护服、鞋和靴等；
（7）防水用品，如胶制工作服、雨衣、雨鞋和雨靴、防水保险手套等；
（8）防寒用品，如防寒服、鞋、帽、手套等。

2. 以预防职业病为目的的劳动卫生防护品
（1）防尘用品，如防尘口罩、防尘服等；
（2）防毒用品，如防毒面具、防毒服等；
（3）防放射性用品，如防放射性服、铅玻璃眼镜等；
（4）防热辐射用品，如隔热防火服、防辐射隔热面罩、电焊手套、有机防护眼镜等；
（5）防噪声用品，如耳塞、耳罩、耳帽等。

5.3.2　按人体防护部位分类

1. 头部防护用品
防御物理、化学和生物危险、有害因素对头部伤害的头部防护用品，如防护帽、安全帽、防寒帽、防昆虫帽等。

2. 眼面部防护用品
防御物理和化学危险、有害因素对眼面部伤害的眼面部防护用品，如焊接护目镜、炉窑护目镜、防冲击护目镜等。

3. 听力防护用品
避免作业者听力损伤的听力防护用品，如耳塞、耳罩等。

4. 呼吸器官防护用品
防御缺氧空气和空气污染物进入呼吸道的呼吸防护用品，如防尘口罩（面罩）、防毒口罩（面罩）等。

5. 躯干防护用品

通常称为防护服，防御物理、化学和生物危险、有害因素对躯干伤害的躯干防护用品，如一般防护服、防水服、防寒服、防油服、防电磁辐射服、隔热服、防酸碱服等。

6. 手部防护用品

防御物理、化学和生物危险、有害因素对手部伤害的手部防护用品，如一般防护手套、各种特殊防护（防水、防寒、防高温、防振）手套、绝缘手套等。

7. 足部防护用品

防御物理和化学危险、有害因素对足部伤害的足部防护用品，如防尘、防水、防油、防滑、防高温、防酸碱、防振鞋（靴）及电绝缘鞋（靴）等。

8. 坠落防护装备

防止高处作业劳动者坠落或者高处落物伤害的坠落防护用品，如安全带、防坠网等。

9. 其他防御危险、有害因素的劳动防护用品。

5.4 个体防护装备配备原则与配备程序

5.4.1 个体防护装备配备原则

1. 作业场所中存在职业性危害因素和危害风险时，工厂应为作业人员配备符合国家标准或行业标准的个体防护装备。

2. 工厂为作业人员配备的个体防护装备应与作业场所的环境状况、作业状况、存在的危害和危害程度相适应，应与作业人员相适合，其个体防护装备本身不应导致其他额外的风险。

3. 当存在多种危险因素时，应综合考虑伤害类型，并配备多种个体防护装备。

4. 作业人员在进行作业之前，应佩戴好所有防护装备并检查其功能良好后再进行作业。

5. 经佩戴使用后的防护装备，应按照产品要求和特性进行维护与保管。对可能造成环境污染的有毒有害防护品，应集中管理，定期收回、统一处理。

6. 作业人员个体防护装备的配备使用期限参照 GB/T 11651 执行。工厂可根据作业场所的环境状况、防护装备的使用频率、损耗等因素，适当缩短使用期限。

5.4.2 个体防护装备配备程序

个体防护装备配备程序如图 5.2 所示。

5.4.3 个体防护装备配备要求

1. 存在物体打击、机械伤害、高处坠落等可能对作业者头部产生碰撞伤害的作业场所，应为作业人员配备安全帽等头部防护装备。

2. 存在飞溅物体、化学性物质、非电离辐射等可能对作业者眼面部产生伤害的作业场所，应配备眼面部防护装备，如安全眼镜、化学飞溅护目镜、面罩、焊接护目镜、面罩

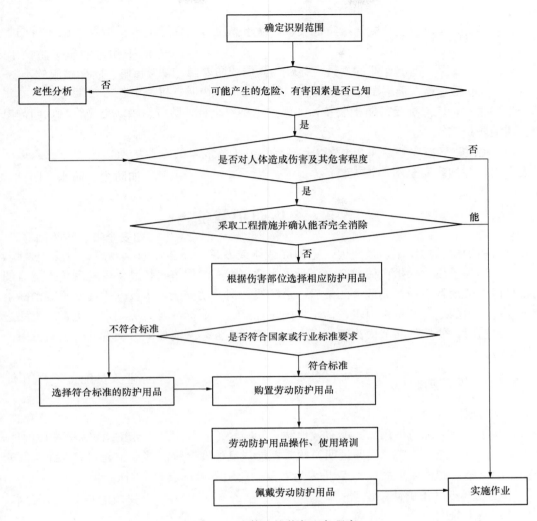

图 5.2　个体防护装备配备程序

或防护面具等。

3. 按 GB/T 14366 规定的方法测量，当作业人员额定 8h 工作日规格化的噪声暴露级 LEX，8h 值大于等于 85dB（A），作业人员应佩戴护听器进行听力防护，如耳塞、耳罩、防噪声头盔等。

4. 接触粉尘的作业人员应配备防颗粒物呼吸器、防尘眼镜等面部防护装备。

5. 接触有毒、有害物质的作业人员应根据可能接触毒物的种类选择配备相应的防毒面具、空气呼吸器等呼吸防护装备。

6. 从事有可能被传动机械绞碾、夹卷伤害的作业人员应穿戴紧口式防护服，长发应佩戴防护帽，不能戴防护手套。

7. 从事接触腐蚀性化学品的作业人员应穿戴耐化学品防护服、防护鞋和防护手套等。

8. 水上作业人员应穿浸水服、救生衣等水上作业防护装备。

9. 在易燃、易爆场所的作业人员应穿戴具有防静电性能的防静电服、鞋和手套等防护装备。

10. 从事电气作业应穿戴绝缘防护装备，从事高压带电作业的人员应穿屏蔽服等防护装备。

11. 从事高温、低温作业的人员应穿戴耐高温或防寒防护装备。

12. 作业场所存在极端温度、电伤害、腐蚀性化学物质、机械砸伤等可能对作业者足部产生伤害的，应选配足部防护装备，如保护足趾安全鞋、防刺穿鞋、电绝缘鞋、防静电鞋、耐油防护鞋等。

13. 在距坠落高度基准面 2m 及以上，有发生坠落危险的作业场所，应为作业人员配备安全带，并加装安全网等防护装备。

5.5　个体防护装备

个人防护用品的作用，是使用一定的屏蔽体或系带、浮体，采取隔离、封闭、吸收、分散、悬浮等手段，保护机体或全身免受外界危害因素的侵害。护品供劳动者个人随身使用，是保护劳动者不受职业危害的最后一道防线。当劳动安全卫生技术措施尚不能消除生产劳动过程中的危险及有害因素，达不到国家标准、行业标准及有关规定，也暂时无法进行技术改造时，使用护品就成为既能完成生产劳动任务，又能保障劳动者的安全与健康的唯一手段。

5.5.1　头部防护

1. 安全帽

安全帽作为头部防护用品，能有效地防止和减轻工人在生产作业中遭受坠落物体和自坠落时对人体头部的伤害。实践证明，佩戴性能优良的安全帽能够真正起到对人体头部的防护作用。坠落物伤人事故中 15% 是因为安全帽使用不当造成的。

2. 使用要点（正确使用说明）

（1）使用前应做到下列几点

1）应认真阅读制造商提供的说明书，选择与自己头部相匹配的安全帽，保证安全帽的正确使用。

2）检查安全帽有无破损、老化等危及安全要求的隐患存在，如有，则必须更换。

3）认真检查安全帽的各部件是否处于可使用状态，如不是，则必须加以处理，方可使用。

（2）使用中应做到下列几点

1）安全帽由帽衬和帽壳组成，帽衬必须与帽壳连接良好，同时帽衬与帽壳不能紧贴，应有一定间隙，该间隙一般为 20～40mm（视材质情况），当有物体附落到安全帽壳上时，帽衬可起到缓冲作用，不使颈椎受到伤害。

选用适合于自己头型的安全帽，帽衬顶端与帽壳内顶必须保持 20～50mm 的空间，形成一个能量吸收缓冲系统，将冲击力分布在头盖骨的整个面积上，减轻对头部的伤害。

2）应将内衬圆周大小调节到对头部稍有约束感，用双手试着左右转动头盔，以基本不能转动但也不难受的程度，以不系下颌带低头时安全帽不会脱落为宜。

3）佩戴安全帽必须系好下颌带，下颌带应紧贴下颌，松紧以下颌有约束感但也不难受为宜。

4）女生戴安全帽时应将头发放进帽衬。在现场或其他任何地点，不得将安全帽作为座垫使用。

（3）使用后应做到下列几点

1）应将安全帽存放在干燥、通风、凉爽的环境中。

2）安全帽不得存放在阳光直射的环境中。

3）安全帽存放时不得受到挤压。

4）安全帽不得与化学品存放在一起。

5）安全帽要定期进行清洁，以除去污垢、灰尘等。

3. 注意事项（简单维护、故障判断或送修原则）

（1）安全帽的使用期是从产品制造完成之日起计算，塑料帽不超过两年半；玻璃钢（维纶钢）橡胶帽不超过三年半。超过使用日期的要做检测，检测合格则可继续使用，之后还是要定期检测，如果有一次检测不合格，则此批次整批报废。

（2）安全帽只要遭受过一次强力的撞击，就无法再次有效吸收外力，有时尽管外表上看不到任何损伤，但是内部已经遭到损伤，不能继续使用。

（3）安全帽不可改为其他用途，如当作凳子、容器及脚踏等。

（4）不允许在安全帽上涂抹油漆、黏合剂等化学试剂，以免降低其强度，形成安全隐患。如确需在安全帽上附加标记，应先征询制造商的意见。

（5）不应抛掷安全帽，以免造成冲击而减弱其防冲击强度。

5.5.2　眼部防护

眼部防护通常使用各种眼镜。

1. 防冲击眼镜

防冲击眼护具可预防铁屑、粉尘、灰砂、碎石碎屑等外来物对眼睛的冲击伤害。防冲击眼护具分为防护眼镜、眼罩和面罩三种。防护眼镜又分为普通眼镜和带侧面护罩的眼镜。眼罩和面罩又分敞开式和密闭式两种。

（1）使用要点（正确使用说明）

护目镜的宽窄和大小要适合使用者的脸型；护目镜要专人专用，防止传染眼病；选用的护目镜要选用经产品检验机构检验合格的产品。

（2）注意事项（简单维护、故障判断或送修原则）

佩戴镜片磨损粗糙、镜架损坏的眼镜会影响操作人员的视力，应及时调换；禁止将护目镜镜面朝下放置。防止重摔重压，防止坚硬的物体磨擦镜片和面罩。不要随意搓擦镜片以免刮伤、磨损；拿取眼镜时要用双手，从脸颊的正面戴上或取下，以免镜框变形。眼镜不戴时，用眼镜布包好放入眼镜盒内，保存时避免与防虫剂、洁厕用品、化妆品、发胶、药品等腐蚀性物品接触，以免引起镜片和镜架劣化、变质、变色。

2. 焊工眼镜

电焊时产生的紫外线对眼球短时间照射就会引起眼角膜和结膜组织的损伤。产生的强烈红外线很易引起眼晶体浑浊。电焊用护目镜能很好地阻截以上红外线和紫外线。这种镜片以光学玻璃为基础，加入氧化铁、氧化钴和氧化铬等着色剂，外观呈绿色或黄绿色。另外，还加入一定量的氧化铈以增强对紫外线的吸收能力。焊工眼镜能全部阻截紫外线，红外线的透过率<5%，可见光的透过率约为 0.1%。

（1）使用要点（正确使用说明）

电焊眼镜的宽窄和大小要适合使用者的脸型；电焊眼镜要专人使用，防止传染眼病；选用的电焊眼镜要选用经产品检验机构检验合格的产品；焊工眼镜的滤光片和保护片要按规定作业的需要选用和更换。

（2）镜片选择

镜片颜色分两种：浅绿和墨绿。浅绿色是 1～6 号，墨绿色是 7～12 号，正常使用的是 5～8 号。焊接作业的要求是：点焊时选用 5～6 号镜片，焊接重型结构需要连续焊接时使用 7～9 号镜片。

（3）注意事项（简单维护、故障判断或送修原则）

佩戴镜片磨损粗糙、镜架损坏的眼镜会影响操作人员的视力，应及时调换；禁止将电焊眼镜镜面朝下放置。防止重摔重压，防止用坚硬的物体磨擦镜片和面罩。不要随意搓擦镜片以免刮伤、磨损；拿取眼镜时要用双手，从脸颊的正面戴上或取下，以免镜框变形。眼镜不戴时，用眼镜布包好放入眼镜盒内，保存时避免与防虫剂、洁厕用品、化妆品、发胶、药品等腐蚀性物品接触，以免引起镜片和镜架劣化、变质、变色。

3. 防化学溶液的眼镜

化学性眼伤害是指在生产过程中的酸碱液体或腐蚀性烟雾进入眼中，会引起角膜的烧伤，例如使用氢氧化钠、操作氧化钙罐子、输送含有腐蚀性液体或气体的管道、在金属淬火时有氰化物或亚硝酸盐飞溅等。防化学溶液的防护眼镜主要用于防御有刺激或腐蚀性的溶液对眼睛的化学损伤。可选用普通平光镜片，镜框应有遮盖，以防溶液溅入。

（1）使用要点（正确使用说明）

眼镜的宽窄和大小要适合使用者的脸型；眼镜要专人专用，防止传染眼病；选用的眼镜要选用经产品检验机构检验合格的产品。

（2）注意事项（简单维护、故障判断或送修原则）

佩戴镜片磨损粗糙、镜架损坏的眼镜会影响操作人员的视力，应及时调换；禁止将眼镜镜面朝下放置。防止重摔重压，防止坚硬的物体磨擦镜片和面罩。不要随意搓擦镜片以免刮伤、磨损；拿取眼镜时要用双手，从脸颊的正面戴上或取下，以免镜框变形。眼镜不戴时，用眼镜布包好放入眼镜盒内，保存时避免与防虫剂、洁厕用品、化妆品、发胶、药品等腐蚀性物品接触，以免引起镜片、镜架劣化、变质、变色。

5.5.3 听力防护

1. 耳塞

劳保型防噪耳塞一般是由硅胶或是低压泡模材质、高弹性聚酯材料制成的。插入耳道后与外耳道紧密接触，以隔绝声音进入中耳和内耳（耳鼓），达到隔声的目的，从而保护工人听力。劳保型防噪耳塞能防止机器发出的声音导致的耳膜不适，抗噪性能好，但比较硬，戴起来有明显的胀痛感，不适合睡眠时使用。一般劳保性的耳塞均带绳子，方便随时摘除。

（1）使用要点（正确使用说明）

一次性耳塞的佩戴方式：

1）旋转和挤压：把手洗净，用拇指和食指捏住耳塞，旋转并用力挤压整个锥形耳塞尾部，使其成为一个小型的无皱圆柱形（图 5.3）。

2）插入：为确保佩戴舒适，把手伸过头，将外耳向上方提起。把被挤压的锥形耳塞尽量塞入耳道，直到耳塞膨胀，然后释放，再推进 5s 以确保舒适（图 5.4）。

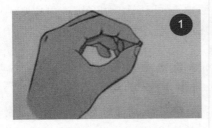 

图 5.3　将耳塞挤压成无皱圆柱形　　　　图 5.4　插入耳塞

3）正确佩戴：当插入合适的位置时，耳塞末端应位于耳道入口处（图 5.5）。

4）错误佩戴：部分耳塞暴露在外将会使使用效果大打折扣（图 5.6）。

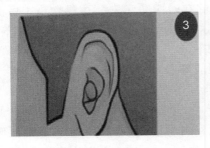 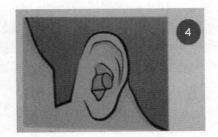

图 5.5　佩戴正确　　　　　　　　　图 5.6　佩戴错误

5）可重复使用耳塞的佩戴方式：把手洗净，把手伸过头，将外耳向后上方提起（图 5.7）。另一只手捏住耳塞尽量塞入耳道，直至密闭性良好（图 5.8）。

（2）注意事项（简单维护、故障判断或送修原则）

图 5.7　将外耳向后上方提起　　　　图 5.8　将耳塞塞入耳道

耳部在有患感染性疾病时不能使用耳塞，佩戴耳塞时必须洗净双手，专人专用；耳塞的清洁与保养：可重复使用的耳塞要用温水及中性的清洁剂清洗外部，存放时应防止污染。耳塞应在进入有噪声的车间前戴好，工作中不得随意摘下，以免伤害鼓膜。如确需摘下，最好在休息时或离开车间以后，到安静处所再摘掉耳罩或耳塞。摘耳塞时，须慢慢旋转，把耳塞取出，切忌拉耳塞。

2. 耳罩

一种可将整个耳廓罩住的护耳器。防噪声耳罩由弓架连接的两个圆壳状体组成，壳内

图 5.9 耳罩

附有吸声材料和密封垫圈，整体形状如耳机（图 5.9）。适用于噪声较高的环境，声衰减量可达 10～30dB。可以单独使用，也可以与耳塞结合使用。适合于各种耳型的人群，脱戴方便，但长时间使用会有闷热感。

（1）使用要点（正确使用说明）

使用耳罩时，应先检查罩壳有无裂纹和漏气现象，佩戴时应注意罩壳的方法，顺着耳廓的形状戴好。将连接弓架放在头顶适当位置，尽量使耳罩软垫圈与周围皮肤相互密合。如不合适时，应稍事移动耳罩或弓架，调整到合适位置。高噪声［高于 100dB（A）］时须同时使用耳塞和耳罩。

（2）注意事项（简单维护、故障判断或送修原则）

保养/储存：应更换脏的或损坏的衬垫，储存时应防污染。耳罩软垫用后需用肥皂、清水清洗干净，晾干后再收藏备用。橡胶制品应防热变形，同时撒上滑石粉贮存。耳罩应在进入有噪声车间前戴好，工作中不得随意摘下，以免伤害鼓膜。如确需摘下，最好在休息时或离开车间以后，到安静处所再摘掉耳罩或耳塞。

5.5.4 呼吸防护

呼吸防护一般采用过滤式，即借助于过滤材料将空气中的有害物去除后供呼吸使用。这类产品依靠面罩和人脸呼吸区域的密合提供防护，让使用者只吸入经过过滤的洁净空气，面罩应与使用者脸部密合，减少泄漏；保证呼气阀能够正常工作是这类呼吸器取得有效防护的重要因素。过滤式面罩没有供气功能，不能在缺氧环境中使用。

1. 防尘

主要是以纱布、无防布、超细纤维材料等为核心过滤材料的过滤式呼吸防护用品，用于滤除空气中的颗粒状有毒、有害物质，但对于有毒、有害气体和蒸气无防护作用。其中，不含超细纤维材料的普通防尘口罩只有防护较大颗粒灰尘的作用，一般经清洗、消毒后可重复使用；含超细纤维材料的防尘口罩除可以防护较大颗粒灰尘外，还可以防护粒径更细微的各种有毒、有害气溶胶，防护能力和防护效果均优于普通防尘口罩。基于超细纤维材料本身的性质，该类口罩一般不可重复使用，多为一次性产品，或需定期更换滤棉。

防尘口罩的形式很多，包括平面式（如普通纱布口罩）、半立体式（如鸭嘴形式折叠式、埠形式折叠）、立体式（如模压式、半面罩式）。无论哪种形式，其起保护作用的部位均为口罩。从气密效果和安全性考虑，立体式、半立体式气密效果更好，安全性更高，而平面式稍次之。

（1）使用要点（正确使用说明）

头戴式防尘口罩佩戴方法：面向口罩无鼻夹的一面，使鼻夹位于口罩上方；将口罩抵

住下巴，双手将下方头带拉过头顶，置于耳朵下方；将上方头带拉过头顶，置于颈后耳朵上方；将双手手指置于金属鼻夹中部，从中间向两侧按照鼻梁形状向内按压，直至将其完全按压成鼻梁形状为止。

（2）注意事项（简单维护、故障判断或送修原则）

使用者必须理解使用说明，了解防护用品适用性和防护功能，每次使用前应检查用品是否完好，判断是否适合防护所遇到的有害物及其危害水平；防尘滤料随使用时间的增加，过滤效率将会提高，呼吸阻力也会增大，当使用者明显感觉呼吸阻力增大时应更换；使用过程中若感觉到有害物气味或刺激性，及感觉头晕、恶心等不适时应立即离开污染区域，及时更换坏损部件及已失效的过滤元件。

2. 过滤式防毒呼吸护具

过滤式防毒呼吸护具一般由面罩＋滤毒罐组成（图 5.10）。它也是以超细纤维材料和活性炭、活性炭纤维等吸附材料为核心过滤材料的过滤式呼吸防护用品。过滤部件包括滤毒罐、滤毒盒、过滤元件三部分。面具与过滤部件有的直接相连，有的通过导气管连接，分别称为直接式和间接式。与防毒口罩相比，从防护对象考虑，过滤式防毒面具与防毒口罩具有相近的防护功能，既能防护大颗粒灰尘、气溶胶，又能防护有毒害蒸气和气体。它们的差别在于过滤式防毒面具滤除有害气体、蒸气的浓度范围更宽，防护时间更长，所以更安全可靠。另外，从保护部位考虑，过滤式防毒面具除可以保护呼吸器官（口、鼻）外，同时还可以保护眼睛及面部皮肤免受

图 5.10　过滤式防毒呼吸护具

有毒有害物质的直接伤害，且通常密合效果更好，具有更高和更全面的防护效能。

（1）使用要点（正确使用说明）

使用前应检查全套面具的气密性：戴好面具用手或橡皮塞堵上滤毒罐进气孔深呼吸，如感觉憋闷，则此套面具气密性良好，可用；否则应更换。将过滤盒装上，注意需用力按下，卡到位。用手将防毒面具头带套在头上。拉紧两根系带，使面具紧贴面部并扣上。扣好后拉紧系带使面具紧贴面部。调整面具，使面具整体与面部紧贴。

（2）注意事项（简单维护、故障判断或送修原则）

根据空气中存在的有毒物质种类和浓度，选择适宜的防毒面具。如果有害物质对眼部有刺激性，应尽量选择全面罩防毒面具；根据作业性质选择合适的滤毒罐尺寸。滤毒罐越大，可使用的时间越长，但佩戴舒适性降低。应根据实际作业情况灵活选用。无论何种尺寸的滤毒罐都应按照说明定期更换；佩戴时应注意使用者的面部特征可能对面罩密合性造成的影响，如胡须、长发夹在面罩与皮肤之间都会降低面罩与面部的密合性，使用时应尽量预防；佩戴好后应进行气密性检查，如发现密合性不好，应调整面罩位置和头带松紧；如使用中出现异味、刺激、恶心等不适症状，应立即离开有害环境，排除防护装备故障或更换过滤元件后方可重新进入；呼吸防护装备及过滤元件不用时应尽量密封储存，如需清洗，清洗前应先将过滤元件取下。

3. 隔绝式呼吸器

隔绝式呼吸器将使用者呼吸器官与有害空气环境隔绝，从本身携带的气源或导气管引入作业环境以外的洁净空气供呼吸。适用于存在各类空气污染物及缺氧的环境。主要使用气瓶、压缩空气管道、移动式压缩空气机、送风机进行供气。供气源的新鲜、充足供应以及呼吸面罩的正确使用是保证这类防护用品防护效果的关键因素。

（1）供气（正压式）

正压式空气呼吸器是一种自给开放式空气呼吸器，主要适用于消防、化工、厂矿等处，使消防员或抢险救护人员能够在充满浓烟、毒气、蒸气或缺氧的恶劣环境下安全地进行灭火、抢险救灾和救护工作。

正压式空气呼吸器配有视野广阔、明亮、气密性良好的全面罩，供气装置配有体积较小、质量轻、性能稳定的新型供气阀；选用高强度背板和安全系数较高的优质高压气瓶；

图 5.11　正压式空气呼吸器

减压阀装置装有残气报警器，在规定气瓶压力范围内，可向佩戴者发出声响信号，提醒使用人员及时撤离现场。正压式空气呼吸器（图 5.11）是使用压缩空气的带气源的呼吸器，它依靠使用者背负的气瓶供给空气。气瓶中高压压缩空气被高压减压阀降为中压，然后通过需求阀进入呼吸面罩，并保持一个可自由呼吸的压力。

1）使用要点（正确使用说明）

使用前的快速检查：目测检查是否有机械损伤；把气瓶阀打开两到三圈，检查气瓶内的压缩空气是否达到要求的压力 20MPa 以上；关闭瓶阀，打开供气阀，检查中压管、高压管、减压阀、供气阀等设备是否有泄漏；按下供气阀中间的黄色按钮，排空整个系统压力；观察压力表下降到 5.5MPa 左右时，报警哨是否报警。

2）使用前基本佩戴步骤

打开气瓶阀最少两到三圈；双手反向抓起肩带，将装具甩到背后穿在身上，向下拉紧肩带。收紧腰带，扣上腰扣；将下颚面罩底部套上束带，由上至下调紧（不要太紧），手掌捂住面罩口，深呼吸，如感到无法呼吸，则说明密封性良好，后将供气阀插入面罩口（听到咯嗦一声即可）；必须正确佩戴面罩以确保有效的保护效果。蓄有胡须和戴眼镜等，以及面部有很深疤痕以至于在佩戴时无法保证面罩气密性的人不得使用此呼吸保护装置；建议在装好供气阀后由他人检查一下是否正确连接，检查快速接口的两个按钮是否正确连接在面罩上；呼吸器使用过程中，随时注意观察压力表。当压力表降至低于（55±5）bar［（5.5±0.5）MPa］时，报警哨开始鸣叫，将持续至气瓶内的空气被完全排出耗尽；在紧急情况下，呼吸困难或佩戴者需要额外空气补给时按下黄色按钮，空气流量将会增大。

3）使用后的操作步骤

按下供气阀边的两个黄色卡式按钮，取下供气阀（供气阀自动停止供气），必须装在腰带的供气阀座上（防止卸下呼吸防护设备时损坏供气阀）；扳松面罩束带扣，由下而上卸下面罩；松开腰带；向上扳起肩带扣，松开肩带；把整套设备卸下；关闭气瓶阀；按下供气阀中间的黄色按钮，给整个呼吸防护系统卸压（必须做），从而保护呼吸保护系统，延长设备使用寿命。

　　4）注意事项（简单维护、故障判断或送修原则）

　　使用中应使气瓶阀处于完全打开的状态；必须经常查看气瓶气源压力表，一旦发现高压表指针快速下降或发现不能排除的漏气时，应立即撤离现场；使用中感觉呼吸阻力增大、呼吸困难、出现头晕等不适现象，以及其他不明原因时应及时撤离现场。使用完毕后，呼吸器上的部件必须用温水和中性清洁剂进行清洗，清洗时必须遵守清洗剂浓度要求和使用时间限制，然后用温水漂洗。

　　（2）送风式（长管）

　　送风式长管呼吸器（图 5.12）主要是采用动力送风与气体过滤相结合的原理为使用者提供气源。电动送风的优点是可降低呼吸阻力，同时可以在面罩内形成一定的正压，提高使用的舒适性及防护的安全性。

图 5.12　送风式长管呼吸器

　　1）使用要点（正确使用说明）

　　① 检验步骤

　　检查送风机声光报警系统：送风机插好电源后通电，待机情况下绿灯亮。保持电源连通，打开下方红色开关，红灯亮，送风机接口开始高速吸入空气。若切断电源，送风机发出报警，两灯熄灭。

　　检测面罩气密性，进行正压测试。

　　② 安装步骤

　　将导气管外旋螺纹接口与面罩呼吸阀处的螺纹接口对接，旋转拧紧。单人使用的电动送风式长管呼吸器直接将连好面罩的导气管与送风机螺纹接口处连接即可。多人使用的电动送风式长管呼吸器需先在送风机上安装多通。多通螺纹接口与送风机接口对接，旋转拧紧。再将与作业人数相应的导气管和多通连接即可。

　　③ 佩戴步骤

　　把面罩头套的调节带放至最大限度，戴上已连接好导气管的面罩，双手抓住面罩头套调节带同时向两侧拉紧，直至完全罩住面部，感觉硅胶反折边与面部完全贴合后即可。将导气管固定在腰部，活动自如，不影响作业即可。导气管末端必须置于外界空气清洁的环境，并把末端固定。一切检查无误后方可进行作业。

　　2）注意事项（简单维护、故障判断或送修原则）

　　送风式长管面具在使用前必须检查各连接口，不得出现松动，以免漏气而危害使用者的健康。软管要固定牢固，防止拖拽时影响面罩的佩戴。检查整机的气密性，用手封住插入送风机一端的接头吸气，感觉憋气，说明面罩的气密性良好。送风机使用前应实现可靠接地。每次使用后应将面罩、通气管及其附件擦拭干净，并将长管盘起放入储存箱内。储存场所环境保持干燥、通风、避热。面罩镜片不可与有机溶剂接触，以免损坏。另外应尽量避免碰撞与磨擦，以免刮伤镜片表面。长管面具应由专人保管，定期检查。发现问题应及时维修，必要时更换损坏的零部件。

5.5.5 防护服装

1. 防静电防护服（煤粉制备）

防静电防护服（图 5.13）是为防止衣服的静电积聚，采用防静电织物作为面料而缝制的，适用于对静电敏感场所、火灾或爆炸危险场所穿用。使用的防静电织物的制作工艺主要是在纺织时，大致等间隔或均匀地混入全部或部分使用金属或有机物的导电材料制成的防静电纤维或防静电合成纤维，或者两者混合交织而成。

图 5.13　防静电防护服

（1）使用要点（正确使用说明）

1）戴上内层乳胶手套。

2）戴防静电帽，整理头发，尽量将所有头发罩在帽内。

3）戴口罩：佩戴；塑造鼻夹；密合性检查。

4）穿防静电服，将拉链拉至合适位置，抓住防静电服腰部拉链的开口处，先穿下肢，再穿上肢，然后将拉链拉至胸口，套上连体帽，最后将拉链拉至顶端并粘好领口贴。

5）戴防静电眼镜，检查头带弹性，戴上后调整至感觉舒适，头带压在连体帽之外，并使眼镜下缘与口罩尽量结合紧密。

6）穿上内层短鞋套。

7）穿好外层长鞋套或胶鞋，注意将防静电服裤口塞入外层鞋套内或胶鞋内。

8）戴外层乳胶手套，将防静电服袖口扎入手套内。

9）认真检查全套防静电装备，与队友相互检查，确定没有遗漏和破损。

（2）注意事项（简单维护、故障判断或送修原则）

1）凡是在正常情形下，爆炸性气体混杂物持续地、短时间频繁地涌现或长时间存在的场合，及爆炸性气体混杂物有可能呈现的场合，可燃物的最小点燃能量在 0.25mJ 以下时，应穿用防静电服。

2）禁止在易燃易爆场合穿脱防静电服。

3）禁止在防静电服上附加或佩戴任何金属物件。

4）穿用防静电服时还应与防静电鞋配套，同时地面也应是防静电地板并有接地系统。

5）防静电服应保持干净，保持防静电性能，使用后用软毛刷、软布蘸中性洗涤剂洗擦，不可破坏服装面料纤维。

6）防静电工作服最好使用中性洗涤剂清洗，洗涤时不要与其他衣物混洗，采用手洗或洗衣机"柔洗"程序，以免导电纤维断裂。

7）穿用一段时间后，应对防静电服进行检验。若防静电性能不符合要求，则不能再以防静电服使用。

8）维护、保养、包装与贮运。在运输中应注意防静电工作服上面必须有遮盖物，不得损坏包装，防止日晒及接触高温；搬运过程中严禁用手钩拖拉。防静电工作服应存放在干燥通风仓库内，防止霉烂变质。贮存时，离开地面和墙壁 200mm 以上，离开一切发热体 1m 以上。应避免阳光直射，严禁露天放置。

2. 隔热服

隔热服是作业人员为了避免环境中高温物体和高温热源所产生的接触热、对流热和辐射热造成伤害所使用的防护服。

（1）使用要点（正确使用说明）

使用前检查：使用前应该仔细检查隔热服表层各部分是否完好无损，内层隔热层和舒适层是否整齐。

穿着顺序：耐高温裤子→耐高温鞋罩→耐高温上衣→耐高温头罩→耐高温手套。隔热服穿好后仔细检查各部位大小是否合适，能否完整地覆盖暴露部位，各部位锁扣是否扣紧。

1）耐高温裤子。耐高温裤子款式跟普通背带裤类似，穿上以后整理到合适位置，交叉扣好背带扣。穿上以后应检查裤长是否合适，是否影响正常操作。

2）耐高温鞋罩。穿好耐高温裤子后，分别将两只鞋罩套在鞋上，固定后面的系带或粘扣，调整鞋罩的位置使其完整地覆盖脚面。注意：一定要把鞋罩的筒塞到裤腿内侧，以防止火花飞溅和热熔物飞溅顺着耐高温鞋筒掉进鞋内。

3）耐高温上衣。穿着比较简单，穿上后整理一下两只袖子至合适位置，扣好扣子或粘扣。

4）耐高温头罩。穿好上衣以后戴上耐高温头罩，调整面屏至合适位置，扣上固定卡扣，调整前后突出位置，使其完全遮盖住上衣的衣领部位，防止高温飞溅物顺衣领掉进隔热服内。

5）耐高温手套。耐高温手套佩戴也比较简单，但是有一点要注意：如果是抬高胳膊工作，需要将手套的筒套到上衣的袖子上面；如果是低头工作，应该把上衣袖口套在耐高温手套外层。这样做的目的同样也是为了防止高温飞溅物进到手套筒内或袖口内对使用者造成伤害。

（2）注意事项（简单维护、故障判断或送修原则）

1）每次使用后要检查隔热服的状况。

2）去除隔热服上残留的污垢，用自来水和中性肥皂清洗，必要时用洗涤剂。

3）洗涤剂只用在受污染的部位，要小心仔细，以免所用的洗涤剂损坏镀铝的表面。

4）如果隔热服已与化学品接触，或发现有气泡现象，则应清洗整个镀铝表面。

5）如果留有油液或油脂残余物，则要用中性肥皂进行清洗。隔热服在重新存放前应进行彻底干燥。

6）更换护目镜：拉开背面的拉链，拆开位于护目镜槽右侧尼龙搭扣带的固定条。抽出已不能用的护目镜，并在其位置上插进新护目镜，然后小心谨慎地推到底。定位要正确，最后贴合尼龙搭扣带的固定条。

3. 防火阻燃服

阻燃服是个体防护用品中应用最为广泛的品种之一，阻燃服防护原理主要是采取隔热、反射、吸收、碳化隔离等屏蔽作用，保护劳动者免受明火或热源的伤害。

（1）使用要点（正确使用说明）

1）展开阻燃工作服，检查其是否完好无损。

2）拉开阻燃工作服背部的拉链。

3）先将腿伸进连体衣，然后伸进手臂，最后戴上头罩。

4）拉上拉链，并将按扣按好。

5）穿上安全靴，并按照个人情况调节好鞋带。

6）必须确认裤腿完全覆盖住安全靴的靴筒。

7）最后戴上手套。

8）依照相反的顺序脱下阻燃工作服。

（2）注意事项（简单维护、故障判断或送修原则）

1）禁止在有明火、散发火花、熔融金属附近、有易燃易爆物品的场所更衣。

2）禁止在阻燃服上附加或佩戴任何易熔、易燃的物件。

3）穿用阻燃服时必须配穿相应的防护装备，以达到完全防护效果。

4）衣服不得与腐蚀性物品放在一起，存放处应干燥通风，离墙面及地面 20cm 以上，防止鼠咬、虫蛀、霉变。

5）运输时不得损坏包装，防止日晒雨淋。

6）贮存期限为二年。

4. 防电离辐射服

防电离辐射服是采用金属纤维混合织物制成，具有屏蔽电磁辐射、电波辐射作用的服装，制造工艺较为复杂。

（1）防电磁辐射服装的样布主要有 3 种：

1）镀金属织物

镀金属织物镀有金属层（最好的是镀纳米银），但是这种防辐射服装的缺点是手感硬，透气不好，不能水洗。

2）金属纤维精纺织物

金属纤维精纺织物是金属丝混纺，优点是手感好，透气好，还可以水洗。

3）多离子织物面料

多离子防辐射面料是用金属的离子和布的基结合制作成纤维，然后纺成布的。

（2）防核辐射服的使用注意事项

因核辐射防护服具有导电性能，切勿与外露电源接触。避免接触尖锐物器，防止划破损伤。选用中性肥皂粉、洗衣液洗涤，手洗时轻缓揉搓，控制水温。机洗时注意使用"轻柔"挡。金属纤维在变形后不易熨平，切勿拧干或直接甩干，拎起来晾干即可。熨烫时使用中温，注意温度适当。洗涤后不可使用含有漂白成分的洗涤用品，更不允许洗后漂白。

5.5.6 手部防护

1. 防机械伤害手套（检修）

对机械静止部件造成的伤害，主要依靠工作服（手套、鞋）等个人防护用品和防滑措施进行预防。

（1）使用要点（正确使用说明）

1）选用适合于不同工作场所的防机械伤害手套，手套尺寸要适当。如果太紧，限制血液流通，容易造成疲劳，并且不舒适；如果太松，使用不灵活，且容易脱落。

2）所选用防机械伤害手套要具有足够的防护作用，应选用金属丝防机械伤害的。要保证其防护功能，就必须定期更换手套。如果超过使用期限，则有可能使手或皮肤受到伤害。

3）注意防机械伤害手套的使用场合，如果手套用在不恰当的场所，可能会大大缩短手套的使用寿命。

4）修理带刺的花草时不宜使用防机械伤害手套。因为防机械伤害手套是由金属丝组合而成，会有许多密集小孔允许花刺透过，在修理花草时应使用正确的手套，以免受伤。

（2）注意事项（简单维护、故障判断或送修原则）

1）防机械伤害手套是为人们长远作业安全而设计的。手套长期使用后，不断地和利刃接触，可能出现小破洞。若小洞的面积超过 $1cm^2$，此手套便需要修理或更换。

2）摘掉手套时一定要采用正确的方法，防止将防机械伤害手套上沾染的有害物质接触到皮肤和衣服上，造成二次污染。

3）使用中要注意安全，不要将污染的手套任意丢放，避免造成对他人的伤害。暂时不用的手套要放在安全的地方。

2. 防化学品（耐酸碱）手套

防化学品（耐酸碱）手套又叫操作箱手套、培养箱手套，长度有 30cm、38cm、40cm、45cm、50cm、55cm、58cm、60cm、72cm、82cm 十种，有黑白两种颜色。其特点是耐强酸度 70%，耐强碱度 55%，柔软舒适，穿戴方便，适用于电子、生物医药、化学、印染、电镀等行业。

（1）使用要点（正确使用说明）

1）可接触 40% 以下浓度的酸碱橡胶手套，若短时间接触浓度 40% 以上的酸碱液时，用后应立即用清水冲洗干净，以免缩短使用寿命。

2）乳胶工业手套只适用于弱酸以及浓度不高的硫酸、盐酸和各种盐类溶液，不得接触硝酸等强氧化性酸。

（2）注意事项（简单维护、故障判断或送修原则）

1）接触强氧化性酸，如硝酸、铬酸等，因强氧化作用会造成手套发脆、变色、早期损坏。高浓度的强氧化性酸甚至会引起烧损，应予注意。

2）使用时应防止与汽油、机油、润滑油、各种有机溶剂接触，防止锋利的金属刺割，勿与高温接触。

3）使用后应将表面酸碱液体或污物用清水冲洗、晾干，不得曝晒及烘烤。长期不用时可涂撒少量滑石粉，以免发生粘连。

3. 防高温手套

根据手部接触物体的温度，可选择不同的耐高温手套。极高温混合化纤五指手套的手掌和食指进行耐磨皮层设计。

（1）使用要点（正确使用说明）

1）首先确定耐高温手套使用的环境和要接触的高温物体。例如，在有高温辐射的环境中就要选择能反射热辐射的手套（铝箔耐高温手套），无尘室就要选用无尘耐高温手套。

2）仔细检查耐高温手套的规格型号及其耐温范围是否符合需求。

3）使用前应仔细检查耐高温手套表层是否完好无损，内层隔热层是否有错位或者变薄的现象。

4）使用耐高温手套时应先瞬间接触一下高温物体，通过手感觉一下耐高温手套隔热层是否能有效隔热；多次测试后观察表层是否有燃烧或破损的现象。

5）耐高温手套连续长时间使用后内层隔热层的隔热性能可能会降低，此时为了安全起见，应该调整一下接触高温物体时间的长短。

（2）注意事项（简单维护、故障判断或送修原则）

1）耐高温手套使用后应该放在干净、通风的环境中，防止手套受潮影响使用寿命。芳纶耐高温手套应该避免阳光的照射，否则手套颜色会发生变化，但不影响使用。

2）对于脏了的耐高温手套应该查看其使用说明是否可以清洗。如不可清洗，应立即更换新的耐高温手套。破损的耐高温手套应该立即停止使用，否则会对操作者造成伤害；无尘耐高温手套破损后会降低无尘效果，应立即更换。

4. 焊工手套

焊工手套是为防御焊接时的高温、熔融金属、火花烧（灼）手的个人防护用品。一般采用牛、猪绒面革制成五指形、三指形和二指形手套，并配有 18cm 长的帆布或皮革制的袖筒。产品质量应符合《焊工防护手套》（AQ 6103—2007）标准的规定。

5.5.7 足部防护

1. 安全鞋

安全鞋是安全类鞋和防护类鞋的统称，一般指在不同工作场合穿用的具有保护脚部及腿部免受可预见伤害的鞋类。安全鞋可防止物体砸伤或刺割伤害。高处坠落物品及散落在地面的铁钉、锐利的物品可能引起砸伤或刺伤。安全鞋可防止高低温伤害，以免冬季在室外施工作业发生冻伤。

（1）使用要点（正确使用说明）

使用前检查外观是否完好，确认无裂痕、破漏、严重磨损等情况，并在试验有效期内。

选择码数合脚的鞋子有助于维持穿者的足部健康及鞋具的耐用期，最好选择稍大些的鞋子。

把鞋带放松后，脚尖顶着鞋头部位，脚后跟处能伸入一个食指为最佳尺寸。

系紧鞋带后，走动时没有压迫感为宜。

（2）注意事项（简单维护、故障判断或送修原则）

安全鞋需要正确地使用和保养才能发挥其应有的效能及维护使用者的足部健康。应注意下列事项：

1）定期清理安全鞋，其中要重点注意的是不要采用溶剂做清洁剂。

2）经常清理鞋底，避免积聚污垢物，特别是绝缘安全鞋，鞋底的导电性或防静电效能会受到鞋底污垢物的影响，甚至危及生命安全。

3）禁止随意修改安全鞋的构造。因为安全鞋的构造是经过设计师精心设计来保护人身安全的，随意地改造可能会影响安全鞋的安全指数。

4）安全鞋不使用时应储存在阴凉、干燥和通风良好的地方。

2. 防化学品鞋（耐酸碱鞋）

耐酸碱鞋（靴）是采用防水面料和耐酸碱底经模压、硫化或注压成型，具有防酸碱性能，在脚部接触酸碱或酸碱溶液溅在足部时可保护足部不受伤害。

（1）使用要点（正确使用说明）

1）使用前检查外观是否完好，确认无裂痕、破漏、严重磨损等情况，并在试验有效期内。

2）选择码数合脚的鞋子有助于维护穿者的足部健康，延长鞋具的耐用期，最好选择稍大些的鞋子。

3）把鞋带放松后，脚尖顶着鞋头部位，脚后跟处能伸入一个食指为最佳尺寸。

4）系紧鞋带后，走动时没有压迫感为宜。

（2）注意事项（简单维护、故障判断或送修原则）

1）耐酸碱皮鞋只能使用于一般浓度较低的酸碱作业场所。

2）不能浸泡在酸碱液中进行较长时间作业，以防酸碱溶液渗入皮鞋内腐蚀足部造成伤害。

3）耐酸碱塑料靴和胶靴应避免接触高温、锐器，以免损伤靴面或靴底引起渗漏，影响防护功能。

4）耐酸碱塑料靴和胶靴穿用后，应用清水冲洗靴上的酸碱液体，然后晾干，避免日光直接照射，以防塑料和橡胶老化脆变，影响使用寿命。

5.5.8　坠落防护

1. 安全带（全身）

全身式安全带（图 5.14）是指能够系住人的躯干，把坠落重力分散在大腿的上部、骨盆、胸部和肩部等部位的安全保护装备，包括用于挂在锚固点或吊绳上的两根安全绳（图 5.15）。

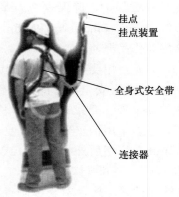

挂点
挂点装置

全身式安全带

连接器

图 5.14　全身式安全带

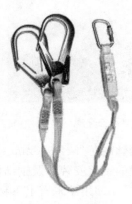

图 5.15　安全绳

（1）使用要点（正确使用说明）

1）握住安全带的背部 D 形环，抖动安全带，使所有的编织带回到原位。检查安全带各部分是否完好无破损。阅读标签，确认尺寸是否合适。

2）如果胸带、腰带或腿带带扣没有打开，解开编织带或解开带扣。

3）把肩带套到肩膀上，让 D 形环处于后背两肩中间的位置。

4）从两腿之间拉出腿带，一只手从后部拿着后面的腿带从裆下向前送给另一只手，接住并同前端扣口扣好。用同样的方法扣好第二根腿带。如果有腰带，扣好腿带再扣腰带。

5）扣好胸带并将其固定在胸部中间位置，拉紧肩带，将多余的肩带穿过带夹以防止松脱。

6）当所有的织带和带扣都扣好后，收紧所有的带扣，让安全带尽量贴近身体，但又不会影响活动。将多余的带子穿到带夹中防止松脱。

（2）注意事项（简单维护、故障判断或送修原则）

1）在使用安全带时，应检查安全带的部件是否完整，有无损伤，金属配件的各种环不应是焊接件，边缘应该光滑，产品上应有"安鉴证"。

2）使用围杆安全带时，围杆绳上有保护套，不允许在地面上随意拖着绳走，以免损伤绳套，影响主绳。

3）悬挂安全带不得低挂高用，因为低挂高用在坠落时受到的冲击力大，对人体伤害也大。

4）安全带严禁擅自接长使用。如果使用 3m 及以上的长绳，必须加缓冲器，各部件不得任意拆除。

5）安全带每 12 个月检查一次；若超过 6 个月未使用，在使用之前需检查。

6）安全带使用 2 年后，应做一次抽检。

7）安全带的使用期限为 3～5 年，发现异常应提前报废。

图 5.16　安全绳

2. 安全绳

安全绳（图 5.16）是用合成纤维编织而成的，是一种用于连接安全带的辅助用绳，它的功能是双重保护，确保安全。一般长度 2m，也有 2.5m、3m、5m、10m 和 15m 的，5m 以上的安全绳兼作吊绳使用。

（1）使用要点（正确使用说明）

1）平行安全绳，即用于钢架上水平移动作业的安全绳。要求较小的伸长率和较高的滑动率，一般采用钢丝绳注塑，便于安全挂钩能在绳子上轻松移动。钢丝内芯外径 9.3mm 或 11mm，注塑后外径 11mm 或 13mm。其广泛应用于火力发电工程的钢架安装以及钢结构工程的安装和维修。

2）垂直安全绳，即用于垂直上下移动的保护绳。配合攀登自锁器使用，编织和绞制的都可以，必须达到国家规定的拉力强度，绳子直径为 16～18mm。

3）消防安全绳，用于高楼逃生。有编织和绞制两种，要求结实、轻便、外表美观。绳子直径为 14～16mm，一头带扣，带保险卡锁。拉力强度达到国家标准规定。长度根据用户需求定制。广泛用于现代高层、小高层建筑住户。

4）外墙清洗绳，分主绳和副绳。主绳用于悬挂清洗坐板，副绳也就是辅助绳用于防止意外坠落。主绳直径 18～20mm，要求绳子结实，不松捻，拉力强度高。副绳直径 14～18mm，与其他安全绳标准相同。

（2）注意事项（简单维护、故障判断或送修原则）

1）安全绳直径不小于 13mm，捻度为（8.5～9）/100（花/mm）。

2）吊绳、围杆绳直径不小于 16mm，捻度为 7.5/100（花/mm）。

3）电焊工用悬挂绳必须全部加套。其他悬挂绳只是部分加套，吊绳不加套。

4）绳头要编成 3～4 道加捻压股插花，股绳不准有松紧。

5）金属钩必须有保险装置，铁路专用钩则例外。自锁钩的卡齿用在钢丝绳上时，硬度为洛氏 HRC60。金属钩舌弹簧有效复原次数不少于 20000 次。钩体和钩舌的咬口必须平整，不得偏斜。

3. 缓降装置

缓降装置是一种可使人沿绳子安全落地的装置。

（1）使用要点（正确使用说明）

挂上挂钩，打开调速器，把绳盘扔向地面至展开。系好安全带，拉动长端，使短端绷紧，匀速下降。

（2）注意事项（简单维护、故障判断或送修原则）

严禁将油类物质注入轮毂，避免与墙壁磕碰，保护层若受损失应尽快更换绳索。

4. 生命线

防坠水平生命线系统（图 5.17）是一种钢筋锚固装置，它由一个灵便的安全性支承架和水平缆绳构成，即所说的水平生命线。这一装置永久性地固定在一个构造上，用于保证施工人员在有可能产生坠落的高处可以安全工作，为施工人员提供一个比较随意的空间。它可以根据平行线、曲线、让行车道的方法运作，可以保证工作人员安全地水平挪动，没有坠落的风险。工作人员可以自由越过缆绳中间件及拐角，没有在中间连接点掉下的可能。

图 5.17　生命线

（1）使用要点（正确使用说明）

1）保证两边和正中间支承点零件具备充分的负载力。

2）按 EN 标准 EN795-C 规范解决全部钢筋锚固装置开展检测，在 15s 内向型其增加 5000N 的力。

3）水泥混凝土红砖墙：直径 12mm 不锈钢板有机化学螺丝；砌入长度最少为 110mm。

4）中空水泥混凝土墙体：直发夹板 1 块，装有螺帽和垫圈的直径 12mm，A2 不锈钢螺钉 4 个。

（2）注意事项（简单维护、故障判断或送修原则）

1）金属构件：依据修建技术工程师的提议，及对修建设计的检验，采用开洞或电焊焊接的办法来进行。

2）务必在水平生命线首端组装标志牌防坠水平生命线系统。

5. 速差自控器

安装在挂点上，装有长度可伸缩的绳（带、钢丝绳），串联在系带和挂点之间，在坠落发生时因速度变化引发制动作用的产品，适用于高空作业人员预防高处坠落的一种保护工具（图 5.18）。

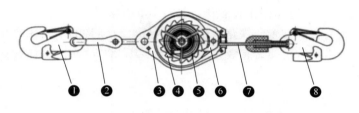

❶ 上挂钩	❷ 尼龙绳	❸ 壳体	❹ 齿轮
❺ 钢带	❻ 齿爪	❼ 钢丝绳索	❽ 下挂钩

图 5.18　速差自控器

（1）使用要点（正确使用说明）

速差式自控器固定悬挂在作业点上方，将自控器内的绳索和安全带上半圆环连接可任意将绳索拉出，在一定位置上作业。工作完毕后，人向上移动，绳即自行收回自控器内。坠落时自控器受速度影响进行制动控制。试验时，拉出绳长 0.8m，要求模拟人体坠落时下滑距离不超过 1.2m 为合格。

（2）注意事项（简单维护、故障判断或送修原则）

1）防坠器必须高挂低用，使用时应悬挂在使用者上方坚固钝边的结构物上。

2）使用防坠器前应对安全绳、外观做检查，并试锁 2～3 次。试锁方法：将安全绳以正常速度拉出应发出"嗒嗒"声；用力猛拉安全绳，应能锁止。松手时安全绳应能自动回收到自控器内，如安全绳未能完全回收，只需稍拉出一些安全绳即可。如有异常即停止使用。

3）使用防坠器进行倾斜作业时，原则上倾斜度不超过 30°，30°以上必须考虑能否撞击到周围物体。

4）防坠器关键零部件已做耐磨、耐腐蚀等特种工艺处理，并经严密调试，使用时不需加润滑剂。

5）防坠器严禁安全绳扭结使用。严禁拆卸改装，并应放在干燥少尘的地方。

6. 安全网

安全网是预防坠落伤害的一种劳动防护用具，一般由网体、边绳、系绳等构件组成（图 5.19）。适用范围极广，大多用于各种高处作业的建筑工地全封闭施工，能够有效地防止人身、物体的坠落伤害。

（1）使用要点（正确使用说明）

1）利用外墙窗口架支设方法：将横杆 1 放在上层窗口的墙内，与安全网的内横杆绑牢；横杆 2 放在下一层窗口的墙外，与安全网的斜杆绑牢；横杆 3 放在墙内与横杆 2 绑牢。支设安全网的斜杆间距应不大于 4m。

2）利用钢吊杆架设安全网：无窗口的墙可采用钢吊杆架设安全网，在墙面预留洞，

穿入销片，用销子搋入锁紧，锁片上有直径
14mm 孔，以便挂吊杆安全网。钢吊杆为直径
12mm 钢筋，长约 1.56m，上端弯钩，弯钩背
面焊有一挂钩以挂安全网用。下端焊有装设斜
杆活动铰座和靠墙支脚，在靠近上端弯钩（挂
钩）处还焊有墙板和挂尼龙绳的环。吊杆间距
一般为 3～4m。

图 5.19　安全网

　　3）首层大跨度安全网：可用杉槁斜撑搭
设，也可采用一边设网。建筑防护网竖网：在
楼盘建筑中，为防止高处建筑材料及施工人员
坠落，用建筑防护竖网把建筑物围起来避免
伤亡。

（2）注意事项（简单维护、故障判断或送修原则）

检查安全性。安全网要经过安检员的检查合格后才可以正常使用，发现破损应及时
更换。

7. 挂点装置

由一个或多个挂点和部件组成的，用于连接坠落防护装备与附着物（墙、脚手架、地
面等固定设施）的装置。

（1）使用要点（正确使用说明）

1）挂点装置应确保与坠落防护装备配套，且正确相连后不会意外脱开。

2）如果可移动挂点为可拆卸结构，拆卸时应经过至少两个明确的动作。

3）如果挂点装置带有坠落指示功能，坠落指示器应能明确地显示该装置已发生坠落。

4）如果挂点装置为多类型设计，则应分别满足各类型的测试要求。

5）挂点边缘或拐角应采用最小 45°倒角或 $R0.5mm$ 的圆角。

（2）注意事项（简单维护、故障判断或送修原则）

长期暴露在户外环境中的部件应进行防腐处理。

5.5.9　其他防护

1. 有限空间救援三脚架

救援三脚架（图 5.20）是一种采用高强度
轻质合金制造的可伸缩支脚。其特点是安全系
数大于 10，设有上升、下降自锁装置；特制的
不锈钢丝绳柔韧度好，且不会因锈蚀或缺油造
成钢索损坏。

（1）使用要点（正确使用说明）

使用时摇动手动绞盘的摇把，或将电动绞
盘接上电源后按“上升或下降”键即控制吊索
的上下从而达到救援的目的。手动和电动绞盘
都有自锁装置，在上升时发生意外，突然摇不

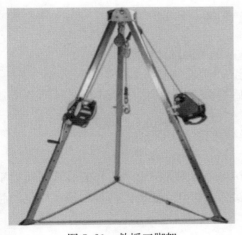

图 5.20　救援三脚架

177

动摇把或断电，其负荷或人不会向下掉。只有向下摇动或按"下降"键时才向下运动。将救援三脚架置于正常工作状态，即将救援三脚架支承脚完全展开后支撑于水平地面上，按厂商说明书的要求使各支撑脚与水平地面成规定的角度（如厂商说明书无明确要求，则使每条支承脚与地面成 60°±1°），收紧保护链（带），使绞盘与一条支承脚可靠连接，将绳索穿过对应滑轮，并把配有电动绞盘的救援三脚架接通电源。然后在绳索末端承载挂钩上加载额定负载质量的标准砝码，进行下降作业。

（2）注意事项（简单维护、故障判断或送修原则）

1）有限空间救援三脚架是起重设备，必须每月由专人进行检查，每次使用前要检查吊索是否能正常绕在绞轮上。

2）定期检查吊索的连接接头是否牢固。

3）绞盘上的吊索在开放时需要留有三至四圈，以确保吊索不滑落。

4）救援三脚架应存放在干燥处，不得与酸碱等腐蚀性液体存放在一起。

2. 有限空间救援速差自锁器

速差自锁器是一个独立的个体，像成人手掌大小，外表呈银白色，易分辨。

（1）使用要点（正确使用说明）

只需在每次攀登高处前松开自锁器，待到高处后再次收紧自锁器即可。

（2）注意事项（简单维护、故障判断或送修原则）

1）速差自锁器应高挂低用，悬挂于使用者上方固定的结构物体上，应防止摆动、碰撞。

2）使用本器进行倾斜作业时，原则上倾斜不超过 30°，超过 30°以上时必须考虑能否撞击到周围的物体。

3）正常拉动安全绳时，会发生"嗒嗒"声响，如安全绳收不回去，速度调慢即可。

4）严禁将绳打结使用，速差自锁器的绳钩必须挂在安全带的连接环上，且远离尖锐物体、火源及带电物体。

5）双强速差自锁器上的各部件不得任意拆除、更换；使用时也不需添加任何润滑剂；使用前应做试验，确认正常后方可使用。

6）在使用速差自锁器的过程中要经常检查其工作性能是否良好；绳钩、吊环、固定点、螺母等有无松动；壳体有无裂纹或损伤变形；钢丝绳有无磨损、变形伸长、断丝等现象。如发现异常应停止使用。

7）速差自锁器在不使用时应防止雨淋，防止接触腐蚀性的物质。

8）速差自锁器必须有省级以上安全检验部门的产品合格证。

9）双强速差自锁器使用时，其钢丝绳拉出后视为工作完毕，收回器内时严禁中途松手。

10）避免回速过快，以免造成弹簧断裂、钢丝绳打结，不能使用。

3. 有限空间救援卷扬机

救援卷扬机是由人力或机械动力驱动卷筒、卷绕绳索来完成牵引工作的装置。可以垂直提升、水平或倾斜拽引重物。卷扬机分为手动卷扬机和电动卷扬机两种。现在以电动卷扬机为主。

（1）使用要点（正确使用说明）

1）卷筒上的钢丝绳应排列整齐，如发现重叠和斜绕时，应停机重新排列。严禁在转动中用手拉脚踩钢丝绳。钢丝绳不允许完全放出，最少应保留三圈。

2）作业中，任何人不得跨越钢丝绳，物体（物件）提升后，操作人员不得离开卷扬机。休息时物件或吊笼应降至地面。

3）作业中，司机、信号员要同吊起物保持良好的可见度，司机与信号员应密切配合，服从信号统一指挥。

（2）注意事项（简单维护、故障判断或送修原则）

1）钢丝绳不许打结、扭绕，在一个节距内断线超过 10% 时，应予更换。

2）如遇停电，应切断电源，将提升物降至地面。

5.5.10　便携式氧气、有毒气体检测报警仪

便携式氧气、有毒气体检测报警仪（图 5.21）可连续实时监测并显示被测气体浓度，当达到设定报警值时可实时报警。按传感器数量划分，便携式气体检测报警仪可分为单一式和复合式；按采样方式划分，便携式气体检测报警仪可分为扩散式和泵吸式。

1. 使用要点（正确使用说明）

仪器外观检查合格后，在洁净空气下开机，确认"零点"正常后再进行检测；若数据异常，应先手动进行"调零"。

2. 注意事项（简单维护、故障判断或送修原则）

（1）便携式气体检测报警仪应每年至少检定或校准 1 次，量值准确方可使用。

（2）使用泵吸式气体检测仪报警时，应确保采样泵、采样管处于完好状态。

（3）使用后，在洁净环境中待数据回归"零点"后关机。

图 5.21　便携式氧气、有毒气体检测报警仪

第6章 水泥生产的工艺和设备简介

6.1 基本术语

1. 新型干法水泥生产技术

以悬浮预热和预分解技术装备为核心，以先进的环保、热工、粉磨、均化、储运、在线检测、信息化控制等技术装备为基础；采用新技术和新材料；节约资源和能源，充分利用废料、废渣，促进循环经济，形成一套具有现代高科技特征和符合优质、高产、节能、环保以及大型化、自动化的水泥生产工艺技术，实现人与自然和谐相处的现代化水泥生产方法。

2. 余热发电

利用工业生产过程中排放的余热进行发电，也称纯余热发电。

3. 脱硝系统

采用物理或化学的方法脱除烟气中氮氧化物（NO_x）的系统，本标准中指选择性非催化还原法脱硝系统。

4. 高温作业

工业企业工作地点具有生产性热源，当室外出现本地区夏季室外通风设计计算温度时，其工作地点气温高于室外气温 2℃ 或 2℃ 以上的作业或气温高于 40℃ 的室外露天作业。

5. 生产性热源

生产过程中能够散发、辐射热量的生产设备、装置、产品和工件等。

6. 高处作业

泛指在坠落高度基准面 2m 以上（含 2m）有可能坠落的高处进行的作业。

7. 特殊危险动火作业

在处于运行状态的易燃易爆物品生产装置、输送管道、储罐容器等重要部位及其他具有特殊危险场所的动火作业，包括公司汽油库、柴油库及运行中的输油设备，运行中的煤磨及煤粉输送、储存设备；运行中总降变电站、高压配电室及运行中的压力管道、锅炉、压力容器等。

8. 一级动火作业

在易燃易爆场所内的动火作业，包括检修状态下的煤磨、煤粉输送管道、锅炉、压力容器、总降变电站及原煤堆场等。

9. 二级动火作业

即指特殊动火和一级动火以外的动火作业。停车检修，经清洗置换并采取安全隔离措施后，可根据火灾、爆炸危险性的大小，经安全管理部门批准，动火作业按二级动火作业管理。

10. 危险作业

包含危险区域动火作业、进入有限空间作业、高处作业、大型吊装作业、预热器清堵作业、篦冷机清大块作业、水泥生产筒型库清库作业、交叉作业和高温作业。

11. 水泥生产"两磨一烧"

（1）生料制备阶段（生料磨）

石灰质原料、黏土质原料及少量的校正材料经破碎后按一定的比例配合，通过生料磨细磨并经均化调配为成分合适、分布均匀的生料。

（2）熟料煅烧阶段（熟料烧成）

将生料在水泥工业窑内煅烧至部分熔融，经冷却后得到以硅酸钙为主要成分的熟料的过程。

（3）水泥制成阶段（水泥磨）

将熟料、石膏（有时加入适量混合材）放入水泥磨共同磨细成水泥的过程。

通过生料磨、水泥磨和水泥窑烧成系统制成水泥的三个阶段简称为"两磨一烧"。

6.2　水泥工厂范围简介

6.2.1　水泥工厂范围

水泥生产主要环节分为：矿山采运（自备矿山时，包括矿石开采、破碎、运输、预均化等）；生料制备（包括物料破碎、原料预均化、原料的配合、生料的粉磨和均化等）；熟料煅烧（包括煤粉制备、熟料煅烧和冷却等）；水泥的粉磨（包括粉磨站）与水泥包装（包括散装）、余热发电等。

本书所讨论的水泥工厂范围主要指厂区生产装置、物料储运与使用、公用辅助设施。原料矿山不在本书讨论范围内。

6.2.2　水泥工厂场地布置

工厂通常根据建设场地的地形、地貌特征及总平面原则布置，厂区一般按功能进行区域布置：原料区域、主生产区域、水泥粉磨及发运区域、辅助生产区域及由办公楼、宿舍、食堂等组成的厂前区域。

1. 原料区域

主要包括石灰石破碎、运输及预均化堆场，原燃材料卸车场，辅料和原煤储库、破碎及预均化堆场，石膏及混合材堆棚等。

2. 主生产区域

主要包括原料配料站、原料粉磨、废气处理、生料均化库、煤粉制备、熟料烧成、窑尾、窑中、窑头、余热发电系统（SP/PH 炉、AQC 炉等）、煤磨、熟料库等，是工厂的生产核心区域及负荷中心。

通常余热发电系统的 SP/PH 炉、AQC 炉分别紧靠窑尾、窑头。汽轮机房靠近烧成系统，以缩短热力管道长度，降低热损耗。

3. 水泥粉磨及发运区域

主要包括石膏混合材堆棚和破碎、水泥配料仓、水泥磨、水泥库、汽车散装、包装及成品库等。

4. 辅助生产区域

主要包括总降、电气室、联合泵房、冷却塔、水处理、备品备件库、压缩空气机站、机修车间、危险化学品库（氧气、乙炔、废油等）等，该区域由各设施结合各自特点因地制宜地布置工厂各区域。

5. 厂前区域

水泥厂厂前区域主要由办公楼、宿舍、食堂等组成（表6.1）。

表 6.1 水泥厂主要设施一览表

序号	建筑物（设施）名称	相邻建筑物（设施）名称
1	石灰石圆形预均化堆场	辅料及原煤长条形联合预均化堆场
		原煤及辅料联合储库
		原料配电室
2	原料磨尾气处理装置（布袋式收尘器）	循环水站
		压缩空气机站
		余热发电机房
3	压缩空气机站	循环水站
		煤粉制备车间
4	煤粉制备车间	烧成窑尾
		窑尾锅炉
		烧成窑头
		烧成点火油库
5	预分解器压缩空气机	氨水储存间
6	总降变电站	中控化验楼
		窑头废气处理装置
		窑头点火油库
		窑头
7	中控化验楼	熟化库
8	窑头锅炉	柴油发电机房
9	柴油发电机房	熟料库
10	水泥压缩空气机站	水泥库
		备品备件库
11	发运车间（水泥包装）	供销办公楼
		行政办公楼
		机修车间
12	行政办公楼	危险化学品库（氧气、乙炔库）

6.3　水泥生产主要原燃料情况

硅酸盐水泥熟料的基本化学成分是钙、硅、铁、铝的氧化物，主要原料是石灰质原料和硅铝质原料（或黏土质原料）。石灰质原料主要提供氧化钙成分，硅铝质原料主要提供氧化硅、氧化铝成分。当成分中氧化硅、氧化铁、氧化铝含量偏低时，需补充硅质原料、铁质原料和铝质原料参与配料。

水泥行业通常采用煤粉作为燃料，所以配料中还需考虑煤灰掺入量和成分。制备水泥时，除水泥熟料外，还根据需要掺入缓凝剂、混合材料、外加剂等。

6.3.1　水泥工厂采用的原料

主要是石灰石，石灰石原料来自工厂附近的石灰石矿山。黏土、砂岩、铁质校正料（铁尾渣）等辅料采购自周边地区。

水泥工厂基本上使用煤作为燃料，一般采用无烟煤，用汽车输送进厂。煤的工业分析、元素分析和发热量对回转窑、分解炉中煤粉燃烧过程有着重要影响，也是热耗和操作的依据。主要指标有水分、灰分、挥发分、固定碳、发热量、硫含量等。

6.3.2　原燃料的储存方式

原燃料的储存方式见表6.2。

表 6.2　原燃料的储存方式

序号	物料名称	储存方式
1	石灰石（生料原料）	圆形预均化堆场
		石灰石配料库
2	原煤	联合储库
3	砂岩、铁矿石、黏土（页岩）	联合储库
4	原煤	长形预均化堆场
5	生料	圆形预均化库
6	熟料	圆库
7	石膏、石灰石（混合材）、火山灰质（混合材）	混合材堆棚
8	水泥库	圆库
9	水泥成品堆存	堆棚

6.3.3　水处理用试剂

工厂余热发电车间所用水处理片状纯碱、磷酸三钠通常为编织袋包装，液体阻垢剂、杀菌剂均为塑料桶包装，存储于余热发电车间仓库或备件库。

6.3.4　氧气、乙炔

检维修用的氧气瓶、废油、危险废物、乙炔瓶均存储于危险化学品库中。危险化学品库的各储存间相互间距不小于 12m，应采用防火门。

6.3.5 柴油

柴油发电机房内的柴油罐容量通常为 $2m^3$，柴油罐与发电机房之间应有足够安全距离或设防火墙隔开。窑头点火用的柴油罐与周边建筑物间距不小于 12m。

6.3.6 氨水

在预热器周边适当位置有氨水储罐，氨水储罐通常在室内，氨水站上部为敞开式。罐区与周边建筑物间距不小于 12m。

6.4 物料运输

石灰石原料用汽车运到石灰石破碎站，破碎后通过胶带运输机直接输送到石灰石预均化库。其余原辅料，如砂岩、煤、页岩、石膏及混合材等均由汽车运输进厂，成品水泥和熟料也通过汽车运输出厂。厂内各工序间的物料运输主要采用皮带机、空气斜槽等输送。

6.5 生产工艺流程简介

6.5.1 石灰石的破碎及输送

水泥工厂大部分物料，如石灰石、砂岩、煤、熟料、混合材和石膏等都需要破碎，将进厂的大块物料破碎成小块，再进行粉磨、烘干、输送、均化和储存。由于破碎机降低了物料粒度，可提高后续磨机和烘干机的效率，能量利用率高，降低了系统生产能耗。

石灰石矿山配置有锤式破碎机。石灰石由自卸汽车直接卸入破碎机前受料斗中，经板式喂料机喂入锤式破碎机破碎，破碎后的石灰石经带式输送机运输进厂，送入石灰石圆形预均化堆场。

6.5.2 石灰石预均化

水泥生产除对原料、生料品质有一定要求外，更重要的是要求原料化学成分有均匀性。因此，对原料进行预均化和生料均化处理有利于稳定入窑生料成分和率值，是干法预分解窑生产技术保障的前提。

预均化堆场主要用于石灰质原料和燃料煤。其工作原理是：堆料机连续地把进来的物料按一定方式堆成许多相互平行、上下重叠的料层，每一层物料的质量都基本相等。料堆堆成后，取料机按垂直于料层方向，对所有的料层均取一定厚度的物料，通过出料皮带运出。一般堆料层数为 400～500 层就可以满足工业生产中对均化效果的要求。

预均化堆场分长形堆场和圆形堆场两种。

由矿石搭配开采、原燃料预均化、生料磨前配料和生料均化库四个环节组成原料均化链，其中矿石搭配开采和生料磨前配料属于配料范畴，原燃料的预均化和生料均化属于均化范畴，而且是生料均化链中的重要环节。

由带式输送机送来预均化堆场的石灰石，采用回转悬臂式堆料机进行分层堆料，用桥式刮板取料机取料。预均化后的石灰石经带式输送机转运至石灰石配料库。

个别堆场内设有备用应急卸料斗，由棒闸控制。当堆场检修或取料机发生故障时，可由此旁路暂时卸料。

为避免颗粒物污染，各带式输送机转运处均有袋式收尘器处理含尘气体，净化后的气体由风机排入大气。

6.5.3 原煤和辅料的破碎、输送及预均化

原煤、页岩（黏土）、砂岩等辅料经自卸汽车运进厂区后，堆放在联合储库内，原煤及辅料由抓斗或装载机送入喂料仓中，经板式喂料机送入带有筛分功能的滚轴筛中，筛上大块物料喂入环锤破碎机破碎。筛下的辅料或碎煤经带式输送机送至原煤及辅助原料预均化堆场。

原煤及辅助原料预均化采用带盖的长形预均化堆场。进堆场内物料由侧式悬臂堆料机进行堆料，由侧式刮板取料机取料。

取出的页岩（黏土）、砂岩分别由胶带输送机送至原料配料站的各自配料仓中。通常配置多元素荧光分析仪和微机组成的生料质量控制系统，可自动分析出生料成分，并根据分析结果和目标值自动调节定量给料机转速以控制各原料的下料量，确保出磨生料成分合格。各种原料按预先设定的配比，石灰石、砂岩、页岩、废渣由各自的定量给料机计量后，经胶带输送机送入生料磨。

取出的原煤由胶带输送机送至煤粉制备系统的原煤仓中。

原煤储存要注意，无论是在均化堆场、露天堆放还是煤粉仓的储存过程中，都易发生自燃现象，容易发生安全生产事故。因此在煤的储存中要采取措施，一是煤堆不宜过高，一般为 $1\sim2m$；二是存放时间不宜超过 2 个月，夏季温度高时更要减少库存和储量；三是要经常测量煤堆温度，如超过 $60\sim65℃$，要采取降温措施或倒堆；四是严禁煤堆附近有热源或电源，严禁烟火。

生料均化库的作用：入窑生料成分均匀稳定，对窑的产量、热耗、运转周期、耐火材料寿命都有较大影响。生料均化库是靠具有一定压力的空气对生料进行吹松、流态化搅拌以及重力卸料过程中使生料成分均匀。由于空气装置和排料方式以及库内结构不同，而形成各种形式的生料均化库。生料均化库既是生料均化设施，又是一个储存库，在生料库和窑之间起着缓冲作用，可以起到提高入窑生料的成分均匀性的作用。

6.5.4 原料配料

原料配料站有三个原料配料库，分别储存石灰石、页岩（黏土）、砂岩。石灰石储存库底及各配料库库底的称重喂料机按各原料成分和生料质量控制要求进行定量给料，混合料经胶带输送机、喂料锁风阀进入原料粉磨系统。

为防止金属铁件进入原料磨内，在入磨胶带输送机上设有除铁器与金属探测器；胶带机出料口还设气动两路阀，以避免可能残存的铁件进入原料磨。含铁物料旁路进入排渣仓，经二次除铁后返回粉磨系统或排出系统处理。废渣仓配有荷重传感器，可方便地满足原料配料站各物料喂料定量给料机的标定需要。

通常配料设有 γ 射线在线分析仪，实现入磨物料成分波动的即时调控。

6.5.5 生料与原料粉磨

1. 粉磨系统简介

粉磨是通过外力产生挤压、冲击、研磨等作用力，克服物料内部质点及晶体间的内聚力，使物料由块状变成粉粒状的过程，是耗电能最高的生产工序（用于粉磨上的电耗占水泥生产总电耗的 70%～75%）。每生产 1t 成品水泥需粉磨 3～3.5t 物料，如生料、煤、水泥和矿渣、钢渣等工业废渣或工业副产品都需要粉磨，而且粉磨产品的质量影响着下一工序的生产和消耗。

（1）粉磨系统

粉磨系统分开路和闭路，开路系统在粉磨过程中，物料经磨机粉磨后成为产品，而闭路系统物料经磨机后还需用选粉或分级设备选出产品，粗粉返回磨机再粉磨。粉磨系统按工艺分为共同粉磨和分别粉磨。分别粉磨常用于制备矿渣水泥和矿渣粉生产线上。

闭路粉磨系统设备多、投资高，但可以消除过粉磨现象，台式产量较开路系统高，电耗低，且细度便于调节，产品粒度均齐，是节能增效的粉磨系统。

（2）预粉碎

管磨机的粉磨效率低，采用破磨结合工艺，将细碎作业大部分移到磨前完成，使整个粉磨系统运行条件得到很大改善，达到增产、降耗、提高粉磨系统工艺技术经济指标的效果。如预破碎，即在磨机前设细碎机，如细颚破碎机、立轴破碎机、立式反击破碎机等。将破碎后的细物料送入粉磨系统，可使粉磨系统增产、节电，如预粉磨，即在管磨机前设辊式磨或辊压机，将比原有系统生产能力增产、节电。

（3）辊式磨流程

按照辊式磨系统物料外循环量的大小分风扫式、半风扫式和机械提升式三种工艺流程。

（4）辊压机粉磨流程

辊压机粉磨流程有预粉磨系统、混合粉磨系统、联合粉磨系统、半终粉磨系统和终粉磨系统。

水泥生产常用磨机形式有钢球磨、辊式磨、辊压机和筒辊磨。工厂通常选辊式磨用作制备生料、煤粉和水泥的终粉磨；用辊压机作为生料终粉磨和水泥联合粉磨或半终粉磨、终粉磨等。粉磨技术从单颗粒粉碎向料床粉碎转变，粉碎过程由"点接触"（球磨机）向"线接触"（辊式磨、辊压机、筒辊磨）演变，节能幅度大为增加。

（5）选粉设备

新型干法水泥生产粉磨系统均采用圈流方式，提高磨机台时降低产品电耗。闭路系统采用选粉机进行分选，既调节产品细度，又改善产品颗粒组成，以提高生料或水泥质量。

常见的选粉机有旋风式选粉机、O-Sepa 高效选粉机、组合式选粉机、动态选粉机等。

2. 生料粉磨

按比例配合后的混合料经带式输送机送至生料磨入口的回转锁风阀进入生料磨系统，生料磨采用集烘干和粉磨、选粉于一体的辊式磨系统，利用窑尾废气作为烘干热源。原料在磨机内的磨盘上被磨辊碾压粉碎成细粉，并被通入磨内的热风烘干。

磨内粉磨后的物料被上升的热气流带起，经磨内上部的选粉机分选后，合格的生料粉随气流逸出立磨。通过调节选粉机转子的速度可控制生料粉成品的细度。出磨的高浓度含尘气体随后进入旋风分离器分离。收下的成品经空气输送斜槽、提升机送入生料库均化储存。出旋风分离器的气体经过循环风机后，一部分废气作为循环风重新回磨，剩余的含尘气体进入窑、磨废气处理系统。

生料磨有外循环系统，可降低立磨风环风速，减少系统能耗，增加系统产量。外循环物料经振动输送机、提升机送至外循环料仓，由定量给料机计量后入磨重新粉磨。

为了保证磨机安全运转，在入磨皮带机上有电磁除铁器和金属探测器，防止铁块等金属进入磨内。若金属探测器探测到原料中有金属，立即由带式输送机后的气动分料阀旁路卸出。

3. 原料粉磨及废气处理

原料粉磨通常采用立磨系统，并由高温风机、原料磨风机、窑尾袋收尘器、废气排风机等处理窑磨系统废气。

当原料磨运行时，粉磨系统利用预热器的废气作为生料的烘干热源。经过管道增湿降温或经过 SP/PH 炉降温后的窑尾高温废气，经窑尾高温风机排出，一部分送至煤粉制备系统作为原煤的烘干热源；其余部分在原料磨风机的抽引下进入原料磨系统烘干原料。物料在磨内进行研磨、烘干，从立磨中落下的块料由带式输送机、斗式提升机送回立磨继续粉磨。成品生料随废气进入旋风分离器，收集下来后由斜槽和斗式提升机送入生料均化库。出原料磨风机的废气一部分经窑尾袋式收尘器净化处理后排放，另一部分返回原料立磨系统。

当原料磨系统停止运行时，窑尾高温废气经过管道增湿降温或经过 SP/PH 炉降温后，经窑尾高温风机排出，一部分送至煤粉制备系统作为原煤的烘干热源；其余部分经袋式收尘器净化处理后，由窑尾排风机排入大气。

经管道增湿、余热发电系统、袋式收尘器，以及煤磨旋风筒收集下来的窑灰直接送入生料均化库或生料入窑系统。

窑尾高温废气需管道增湿时，管道内喷水量将根据收尘器入口废气温度自动控制，使废气温度处于袋式收尘器的允许范围内。

6.5.6　生料的均化和入窑

工厂设置有均化库储存进行生料均化。从生料磨来的合格生料由提升机送至均化库顶，经库顶生料分配器分流后呈放射状从库顶多点下料，使库内料层几乎呈水平状分层堆放，出料则由库底充气系统分区供给松动空气，竖向取料后进入库底混合室。均化生料所用高压空气由库底罗茨风机提供。卸料时，向两个相对的料区充气，生料受气力松动并在重力作用下在各卸料点上方形成小漏斗流，生料在自上而下的流动过程中进行重力混合的同时，分别由各个卸料区卸出进入计量仓，在流动过程中进行着径向混合，进入计量仓的生料在充气的作用下再获得一次流态化混合，均化后的合格生料经仓下冲板流量计计量后用斜槽和钢芯胶带斗式提升机直接喂入预热器系统。

库底计量仓上带有荷重传感器、充气装置。计量仓内料面的波动将直接影响出仓生料流量的稳定，因此，根据计量仓的荷重传感器的仓重信号来调节库底的流量阀开度，使仓内维持一个稳定的料面；通过冲板流量计测量出的生料流量，调节计量仓流量阀开度大小来实现喂料量的调节。

入窑尾生料提升机前设有取样器，通过对出库生料的取样分析来指导烧成系统的操作。

6.5.7　熟料烧成

熟料烧成通常采用五级双系列悬浮预热器、分解炉、回转窑和篦式冷却机等设备组成的窑外分解煅烧系统。预热器的功能是物料预热和气-固分离。分解炉的功能是燃烧、换热和使碳酸盐分解。回转窑主要是完成生料的最终分解及熟料矿物的形成。回转窑一般分为过渡带、烧成带、冷却带，也有的分为分解带、过渡带、烧成带、冷却带。煤粉燃烧器在熟料煅烧系统中承担燃料燃烧的重要功能，水泥窑中煤粉的喷射、点燃以及二次风的卷吸都由燃烧器来完成。当前，大多数工厂使用旋流式四风道煤粉燃烧器，燃烧器采用外风、煤风和内风、中心风（四风道时）同轴套管结构形式，采取煤风和净风从各自通道分别喷入窑的方式，利用风、煤之间的方向差和速度差，加快风-煤之间的混合，以提高煤粉的燃烧速率和火焰温度。分解炉内温度较回转窑燃烧带低得多，多数工厂采用单风道新型燃烧器。篦式冷却机将由回转窑卸出的高温熟料冷却，同时进行热回收（入窑、入炉和余热利用），以提高整个烧成系统的热效率和熟料质量，并降低热耗。

以五级旋风为例，来自均化库的合格生料计量后进入预热器，生料首先喂入最上一级旋风筒（C_1）入口的上升管道内，分散的粉体颗粒与热气流迅速进行气-固相热交换，并随热风上升，在 C_1 旋风筒中气料分离。收下的热生料经卸料管进入 C_2 级筒的上升管道和旋风筒再次进行热交换分离。生料粉按此依次在各级单元进行热交换、分离。预热后的热生料，由 C_4 的卸料管进入分解炉，在炉中生料被加热、分解，分解后的生料（分解率85%～95%）经 C_5 分离后，入窑煅烧成熟料，再经篦冷机冷却后卸出。流程如下：

料流：生料 $C_1 \rightarrow C_2 \rightarrow C_3 \rightarrow C_4 \rightarrow$ 分解炉 $\rightarrow C_5 \rightarrow$ 窑 $\rightarrow$ 篦冷机。

气流：窑及炉烟气 $\rightarrow C_5 \rightarrow C_4 - C_3 \rightarrow C_2 \rightarrow C_1 \rightarrow$ 高温风机 $\rightarrow$ 余热利用系统和除尘排入大气。

分解炉所用的三次风来自窑头罩。为了达到良好的煅烧操作和保证熟料质量的稳定，窑头煤粉燃烧器采用多通道喷煤管，具有一次风用量少、风煤混合充分、火焰易调整、对劣质煤适应性强等优点，有利于提高熟料质量，降低烧成热耗。

出预热器气体经 PH/SP 余热锅炉、窑尾高温风机、增湿塔后进入生料磨、作为烘干热源。

从回转窑进入篦冷机的高温熟料，由篦板下鼓入的冷空气急速冷却，出篦冷机的熟料温度为环境温度＋65℃，冷却、破碎后的熟料由槽式输送机送入熟料库。

出篦冷机高温废气一部分作为窑用二次空气；另一部分由三次风管送到分解炉作为助燃空气；还有一部分进入煤粉制备系统作为烘干热源；再有一部分废气在余热锅炉开启时，通过沉降室、AQC 余热锅炉后进入窑头袋式收尘器；在余热锅炉关闭时，废气进入窑头袋收尘器净化，最后排入大气。

沉降室、余热锅炉、袋式收尘器收下的颗粒物经链运机送到熟料槽式输送机内，经槽式输送机入熟料库。

6.5.8　熟料储存

熟料储存采用圆库，通常单库储量大于 50000t。

经篦冷机冷却、破碎后的熟料由槽式输送机输送至熟料库储存。

大量熟料经熟料库库底 3 排隧道 24 个卸料口通过气动扇形闸门卸出，由带式输送机输送至水泥配料库。

熟料库顶、带式输送机转运处均有气箱脉冲袋式收尘器，对所产生的含尘气体进行净化处理。

6.5.9　煤粉制备

工厂通常选用风扫式钢球煤磨、高效动态选粉机和高浓度防爆袋式收尘器组成的闭路粉磨系统。煤磨通常在窑尾附近，利用出预热器废气作为烘干热源，也有工厂设有备用燃油热风炉。

原煤由原煤仓下的定量给料机喂入风扫式钢球磨内烘干与粉磨，粗粉经组合式选粉机分离后返回磨内继续粉磨，成品煤粉随气流进入防爆型袋式除尘器，收下的煤粉经螺旋输送机分别送入窑和分解炉的煤粉仓中。煤粉仓中煤粉经计量输送系统，气力输送至窑头煤粉燃烧器和分解炉燃烧器。废气经除尘器净化处理后排入大气，颗粒物的正常排放浓度需符合当地环保要求。

每套煤粉制备系统有两个煤粉仓，每个煤粉仓下有 1 套煤粉计量输送装置，计量后的煤粉由罗茨风机分别送入窑头和窑尾燃烧器中燃烧。

煤粉制备系统有严格的安全措施，煤粉仓与袋式除尘器均有一氧化碳检测装置，有一套二氧化碳自动灭火系统，可以在窑头、窑尾、袋式除尘器、选粉机、原煤仓、煤粉仓释放二氧化碳气体灭火。在煤磨进出口风管上、动态选粉机、袋式除尘器及煤粉仓等处设置防爆阀，以确保系统安全操作。

6.5.10　石膏和混合材的破碎及输送

工厂通常设置一座堆场用于储存石膏和混合材，石膏和混合材由汽车运输进场。块石膏经破碎机破碎后，由胶带输送机送至水泥调配库。

不需要破碎的混合材直接由铲车送至备用喂料仓，经带式输送机送至水泥磨水泥调配库。

6.5.11　水泥配料及粉磨

水泥粉磨生产线，采用磨头仓配料，仓底设喂料计量秤。水泥配料站通常有四座配料库，用于储存熟料、火山石、石灰石及石膏。

各配料库库底均设有电子皮带秤。根据不同水泥品种，各种物料的定量给料设备由中控室按比例设定各种物料配比，进行集中配料控制。调配后的混合料经胶带机送至联合粉磨系统。

调配好的混合料经稳流称重仓喂入辊压机，挤压后的物料由斗式提升机送入 V 形选粉机分选，粗颗粒返回稳流称重仓，细颗粒物料进入球磨机粉磨；粉磨后的物料通过斗式提升机喂入 O-Sepa 高效选粉机，经选粉后粗粉返回到磨机再次粉磨，细粉随气流进入袋式收尘器，收下的水泥成品经斜槽、提升机送至水泥库储存。

系统磨机采用单独通风收尘系统，即出磨气体经独立的气箱脉冲袋式收尘器净化后，经排风机排入大气。

为防止金属铁件进入辊压机或磨机内，在出库胶带输送机上有除铁器与金属探测器；胶带输送机出料口还设气动两路阀，以避免可能残存的铁件进入辊压机。

通常在熟料配料仓侧设有一套熟料散装系统，满足熟料外运的需要。

6.5.12 水泥储存及散装

工厂通常采用4～6座储存兼均化库，每个均化库储量为10000t。

出库水泥经空气输送斜槽、斗式提升机分别送至水泥散装库和水泥包装车间。均化用气由库底罗茨风机供给。

工厂通常设置4座圆库用于水泥散装，每座库底设置两台水泥散装机。

6.5.13 水泥包装及成品发运

水泥包装机是袋装水泥必备的设备，回转式包装机靠气力充料，机内的水泥在压缩空气作用下松动、气化，在料位差作用下，通过出料嘴灌入水泥袋。插袋→灌袋→称量→推袋→计数→码包等按程序自动控制。水泥包装通常使用八嘴回转式包装机。

出水泥库的水泥由包装系统的提升机送至振动筛，筛去杂物后进入中间仓，出仓水泥经螺旋闸门、双格轮喂料机进入八嘴回转式包装机进行包装，用电子秤计量，包装后的袋装水泥经接包机、顺包机、清包机、带式输送机运输和中间卸袋机卸入袋装水泥装车机，最后用汽车直接发运出厂。

现场采用袋式收尘器对各扬尘点进行收尘。

6.6 水泥生产制造主要设备

水泥厂主要生产设备设施见表6.3（参考4000t/d生产线配置）。

表6.3 主要生产设备设施

序号	车间名称	设备名称、规格及技术性能
1	石灰石破碎	板喂机
		破碎机
2	石灰石预均化	混匀堆取料机
3	砂岩破碎	中型板式喂料机
		双齿辊破碎机
4	原煤预均化	侧式悬臂堆料机
		侧式刮板取料机
5	生料粉磨	辊式磨CK450
		旋风收尘器
		生料磨系统风机

序号	车间名称	设备名称、规格及技术性能
6	窑、磨 废气处理	高温风机
		增湿塔
		窑尾袋式收尘器
		窑尾废气风机
7	烧成窑尾	窑尾预热预分解系统 $C_1 \sim C_5$；分解炉
8	窑中	回转窑
9	窑头熟料冷却	篦式冷却机
10	窑头废气处理	窑头袋式收尘器
		窑头废气风机
11	煤粉制备	煤粉秤
		风扫煤磨
		选粉机
		防爆型高浓度气箱脉冲袋式收尘器
		煤磨系统风机
12	石膏和混合材破碎	板式喂料机
		锤式破碎机
13	水泥粉磨	辊压机
		选粉机
		旋风收尘器
		循环风机
		水泥管磨
		O-Sepa 选粉机（变频调速）
		高浓度气箱脉冲袋式收尘器
		选粉排风机
		出磨气箱脉冲袋式收尘器
		水泥磨排风机
14	水泥包装	八嘴回转式包装机
15	水泥散装	水泥散装机
16	熟料散装	熟料散装机
17	压缩空气机站	螺杆式压缩空气机

6.6.1 水泥工业用管磨机

1. 概述

管磨机在水泥生产过程中占有相当重要的位置，是水泥工业生产中的核心设备（图 6.1）。因为在水泥生产过程中经破碎机械处理的物料，其粒度在 20mm 左右，如果将

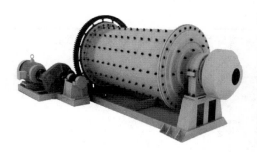

图 6.1　管磨机

其制成生料粉、煤粉、水泥粉，需采用粉磨设备将其磨细，因为只有将煤制成煤粉，才能在回转窑内迅速燃烧，形成煅烧熟料所需要的火焰，完成烧制的任务；生料也只有磨成一定细度的生料粉，混合均匀，才能使水泥熟料在煅烧过程中的物理、化学反应顺利进行，获得高质量的熟料；水泥产品也只有粉磨到一定细度，才能在应用时产生足够的强度，发挥水泥的应有性能。水泥厂需要粉磨的物料量很大，每生产 1t 水泥，大约粉磨各种物料近 4t；粉磨作业的电耗占总电耗的 65％～70％，粉磨成本占水泥总成本的 35％左右。所以粉磨在水泥生产中是非常重要的环节。

2. 管磨机的工作原理及分类

管磨机是用钢板卷制的筒体，两端装有支承装置。筒体内壁安装衬板，内部装有不同规格的研磨体。当管磨机由传动装置带动运转时，研磨体由惯性离心力和摩擦力的作用使它贴附在衬板上与磨体一起回转，被带到一定高度后，因其本身所受的重力作用而被抛落，物料连续通过筒体，从而受到研磨体不断地冲击、挤压，最后粉磨成为合格品。

（1）管磨机按其结构及特性分类方法

1）按筒体长度与其直径比值大小，分为短磨、中长磨与长磨。长径比在 3 左右的称为中长磨，长径比大于 4 的称为长磨；

2）按卸料方式，分为中心卸料磨与尾部卸料磨；

3）按传动方式，分为中心传动磨与边缘传动磨；

4）按生产方式，分为水泥磨、生料磨与煤磨；

5）按粉磨方式，分为开流磨与圈流磨；

6）按大的结构方式，分为普通磨与滑履磨。

管磨机的特点是粉碎比大，即产品比较细，对物料的适应性强，成品粒度易于调整，而且便于大型化。因此在水泥工业中得到了广泛的应用。

（2）管磨机的构造

管磨机的构造如图 6.2 所示。管磨机主要由回转部分、主轴承部分（滑履轴承）、传动装置、进料装置、出料装置（或回料装置）及冷却润滑装置组成。其中，回转部分由筒体、进出料中空轴（或传动接管）、进出料螺旋筒、大齿轮及筒体内部的衬板、隔仓板与卸料仓组成；主轴承承受整个磨机回转部分、研磨体、物料的静载荷和运动过程中产生的动载荷。因其长期在冲击重载的负荷条件下运转，粉尘大，工作环境恶劣。因此在运转中应注意防尘和润滑；磨机传动装置是将电动机的动力通过一系列装置传递到磨机上，使其转动的装置。因粉磨机械是一种重载、低速、长期满载连续运转的机械，所以要求传动装置适应其工作特点，除合理的设计之外，精心制造也是一个重要环节。目前应用最多的是边缘传动和中心传动。边缘传动由小齿轮装置、传动轴、减速机及联轴器组成，中心传动由传动接管、摩擦片联轴器、减速机及电机组成；磨机的进料装置、出料装置是将原料输入到磨机内，经过粉磨，再由磨机将成品卸出的装置。传动接管除了把动力传递给磨体外，还有输料和通风等作用。一般磨机的传动接管两端都带有法兰，一端与中空轴连接或

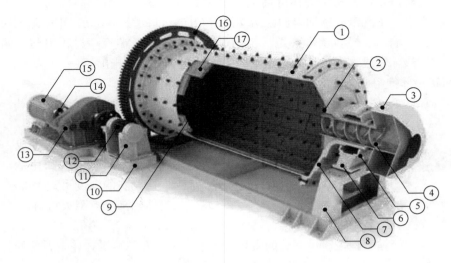

图 6.2　管磨机的构造

1—筒体；2—石板；3—进料器；4—进料螺旋；5—轴承盖；6—轴承座；7—辊轮；8—支架；
9—花板；10—驱动座；11—过桥轴承座；12—小齿轮；13—减速机；14—联轴器；
15—电机；16—大齿圈；17—大衬板

滑环腹板止口连接，一端与减速机输出轴的膜片联轴器相连。

3. 管磨机的操作、维护和检修

（1）管磨机的操作

管磨机试运转经鉴定合格后，可以正式投入生产。生产中，磨机应由经过专门培训的人员操作，操作人员应熟练掌握磨机的主要结构、设备性能及操作要点。必须严格执行操作规程，进行科学管理。

磨机运转中，发生轴承温度异常、连接螺栓松动断裂、异常振动噪声等情况时，应立即与有关岗位人员联系，按规定顺序停车、检查并排除故障。

磨机长时间停止运转时应将研磨体倒出，以防筒体变形。冬季应将托瓦内冷却水放净，避免瓦冻裂。

（2）管磨机的维护和检修

磨机运转到一定时间，由于机械磨损和易损件的消耗，使一些零件降低了原来的精度甚至损坏，若不定期检修会影响设备正常运转，甚至会发生设备事故。为保证及时恢复每个零件的设计功能，用户必须根据设备磨损情况，制订切合实际的检修计划和使用周期，检修中包括对传动装置、轴承支承、回转部分、进料部分、出料部分等机件全面检查、调整、清洗和修复及部分更换，及时维护。

6.6.2　水泥工业用回转窑

1. 概述

回转窑是煅烧水泥熟料的主要设备，也广泛应用于冶金、化工、耐火材料等工业部门。回转窑的筒体是一个长的回转圆筒，内部镶砌耐火材料。筒体安放在托轮支承装置上做低速旋转，与水平呈 3%～4% 的倾斜角。

回转窑运转时，物料从窑筒体的高端（窑尾部分）输入。由于筒体的倾斜和缓慢旋转，物料将产生一个既沿着圆周方向翻滚又沿着轴向移动的综合运动，不断地向窑筒体低端（窑头部分）输送。燃料从窑头送入窑内进行燃烧，物料在流动过程中与高温气流相遇，不断被加热，完成物理化学反应。烧成的熟料从窑头部分排出。

2. 回转窑部件组成

回转窑部件组成如图 6.3 所示。

窑尾　　　　　筒体　　　　　窑头

图 6.3　回转窑部件组成

（1）窑筒体

窑筒体用钢板卷成，物料在其中进行热交换和化学反应，窑内物料的温度可达 1450℃，故筒体内部砌有耐火材料。

（2）轮带

轮带活套在筒体上，把筒体部分的质量传递给支承装置的一对托轮，并使筒体在托轮上平稳地回转。

轮带是回转窑质量最大的零件。

（3）支承装置

支承装置承受着窑筒体回转部分的全部质量。每档支承装置由一对托轮、四个轴承组和一个大底座组成。托轮支承着轮带，使筒体和轮带能够平稳、转动。托轮轴承组有两种结构，滑动轴承的托轮轴承组和滚动轴承的托轮轴承组。

（4）挡轮装置

挡轮装置有机械挡轮和液压挡轮两种。机械挡轮和液压挡轮用来限制窑筒体的轴向传动，目前应用最广泛的是液压挡轮。

（5）传动装置

传动装置向窑筒体回转部分传递转动力矩。回转窑一般采用机械传动方式：主电机通过减速机把力矩传递给小齿轮，小齿轮和安装在筒体上的大齿圈相啮合，使窑筒体回转。由于操作和维修需要，回转窑还设有辅助传动装置，使窑筒体以更低的转速转动。传动装置中还设有减速机供油站，将润滑油过滤、冷却后循环提供给主减速机。

（6）其他部件

回转窑筒体的两端各自设有一固定的装置。位于筒体高处的一端称为窑尾部分，水泥生料由此进入筒体；位于低处的一端称为窑头罩，煅烧后的水泥熟料由此出窑。回转窑的喷煤管从窑头罩伸入窑筒体内，通过火焰辐射将物料煅烧，窑头罩是工作人员操作和观察回转窑的地方。由于回转窑筒体的两端处于负压状态，在筒体和窑头罩、窑尾部分的接合处都设有密封装置，用以阻挡外界冷空气进入窑体内，同时也可以避免窑头窑尾冒灰这一偶然发生的正压现象。

3. 回转窑的维护与修理

回转窑在运转过程中，要进行正确的维护和保养。维护和保养包括以下内容：运转前的检查、运转中的检查和定期检查以及停窑时的维护。

生产过程中有时因为各种原因需要停窑进行检查和修理，停窑分为短期停窑、长期停窑。

回转窑的修理同通用的设备一样，也分为小修、中修、大修。

6.6.3　水泥工业用立式辊磨机

1. 概述

水泥工业用立式辊磨机（以下简称立磨）（图 6.4）在水泥生产中的地位和作用：立磨是一种用途很广的烘干兼粉磨设备，可广泛用于粉磨水泥原料或水泥熟料及其他建筑、化工、陶瓷等工业原料的粉碎。

2. 工作原理与分类

（1）结构

立磨在结构上可分为传动、研磨、分离器、润滑四大部分。

1）传动。传动部分由主电机、主减速机、辅助传动减速机和辅助传动电机组成。

2）研磨。研磨装置主要由研磨件立磨辊、磨盘组成。

① 磨盘，主要由磨盘座、磨盘衬板、喷口环、绝热板和刮板等组成。

② 磨辊，主要由辊体部分、磨辊衬板、辊轴与滚动轴承等组成。

图 6.4　立式辊磨机

③ 分离器，主要由壳体、传动部分、支承定位装置、转速测量装置、减速机及变频调速装置等组成。

④ 润滑，指对主减速机、辅助减速机等的润滑。

各种立磨的结构虽然不同，但工作原理是一致的。

（2）分类

对立式辊磨机的磨辊和磨盘形状的配置，制造公司各有不同。不同形式的辊式磨基本上有两种不同形式的加压装置：一类是单辊施压；另一类是统一施压。前者调整灵活，后者稳定性好。

3. 设备的维护

对磨机常规检查，可避免由维护和润滑不当造成的意外停机。通过定期检查，磨损件可以及时更换。每日的磨机总体检查应观察是否有噪声和振动、螺栓松动和漏油等，还对液压装置的油位和分离器轴承、旋转阀门及旋风收尘器出口阀门润滑点进行检查。

6.6.4　水泥工业用推动篦式冷却机

1. 概述

水泥工业用推动篦式冷却机（图 6.5）的用途是将回转窑卸出的高温熟料冷却到下游输送机、贮存库、水泥磨所能承受的温度，同时把高温熟料显热回收进烧成系统，以提高整个烧成系统的热效率，节能并减少有害气体的排放。篦冷机的工作要求如下：

（1）回收熟料热量。篦冷机是利用冷空气与高温熟料接触进行热交换，使熟料冷却，空气加热，一部分作为"二次空气"入窑内供燃料燃烧之用，另一部分作为"三次空气"

图 6.5　水泥工业用推动篦式冷却机

入窑尾预热器分解炉对生料进行预热分解之用，"二三次空气"含的热量越多，燃烧温度越高，燃料消耗量越低，回转窑热耗也越低。冷空气除供"二三次空气"用以外还有多余的部分可作其他使用，如烘干煤及低温发电等，尽量回收热量。

（2）冷却熟料时间要短。因为熟料急冷，可提高质量，改善易磨性。

（3）冷却后的熟料温度要低，便于输送、贮存。

（4）冷却单位风耗要低，这样可提高"二三次空气"温度，减少粉尘及废气排放，降低电耗。

2. 篦冷机基本构造及原理

（1）篦冷机基本构造

篦冷机基本构造如图 6.6 所示。根据篦床的特点，篦冷机分为倾斜式、水平式、复合式三种。复合式篦冷机，由上壳体、篦床、篦床传动装置、篦床支承装置、漏料锁风装置、栅条、熟料破碎机、漏料拉链机、冷却风机若干台、下壳体及集中润滑装置所组成。

（2）推动篦式冷却机工作原理

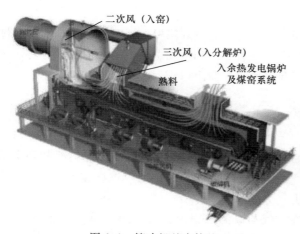

图 6.6　篦冷机基本构造

从回转窑来的热熟料从窑口卸落到篦床上，落入前端的入口分配系统中，从阶梯篦板和充气梁篦板中吹来的冷风使得熟料急剧冷却，沿篦床全长分布开，并在自重和风力的作用下滑落至第一段往复推动的篦板上，形成一定厚度的料层，被以向上倾斜 13°或 10°并做往复运动的活动篦板推向卸料端。往复篦板的冷却风从料层下方向上吹入料层中，渗透扩散，对热熟料进行冷却，冷却熟料的冷却风成为热风，高温热风作为燃烧空气入窑及分解炉（预分解系统），部分热风还可作烘干或余热发电之用，从而达到降低系统热耗的目的，多余的热风经过收尘处理后排入大气。冷却后的小块熟料经过栅筛落入箅冷机后的输送机中，大块熟料则被快速回转的熟料破碎机的锤头击碎并大部分被抛射回箅床上再冷却。大块破碎反复进行，直至块度≤25mm 后落下，部分细粒熟料及粉尘通过箅床的箅缝及箅孔漏下进入集料斗，经过一定的时间后，当集料斗中料位达到一定高度时，控制锁风阀门自动打开，漏下的细料便进入箅冷机下的熟料输送设备中被输送走。当集料斗中残存的细料尚能封住锁风阀门时，阀板关闭从而保证不会漏风。

目前箅冷机已发展到第四代，其技术核心是：箅板冷却空气流量动力调节，箅板阻力低。箅板不推动热熟料运动、箅床不漏料，箅板磨损率最低。单位风耗小、电耗低。

3. 箅冷机的操作、使用与维修

（1）正常运行时箅冷机的操作

在箅冷机初次投料之前，必须使箅冷机及其附属设备空负荷运行 8h 以上（对检修后的箅冷机要仔细检查无误），以保持其正常工作，在确认运行正常后，方可启动箅冷机进行负荷运转。

为了防止箅冷机箅板在最初投料运行时受冲击和过热破坏，投料前应在箅冷机前三室箅床上均匀地铺设约 200mm 厚的冷熟料，若新建厂无冷熟料，也可铺设石灰石或炉渣，然后按下述程序启动箅冷机。

所有自动控制装置（如果配置了的话）先设定为人工操作，待操作至各项参数正常后方可投入自控运行。

除箅床需全面检修外，箅床上任何时候都不允许是空的，一定要维持已有的料层厚度。

（2）箅冷机的维护、检修

对于箅冷机来说，预防性维护比故障性维修更为重要。因为箅冷机或辅助设备的突然故障往往会导致整个烧成系统的停机。所以，每当冷却机因某种原因而停机时，都应抓紧时间仔细检查，并修理或更换损坏零件，以及磨损过的和不可靠的零部件，即使一次停机多费一些维修时间，也比消耗更大、引发更广事故，从而停机损失小。

6.6.5 水泥工业用回转烘干机

1. 概述

在水泥生产过程中，原料、煤和混合材料都需要烘干，物料的烘干是水泥生产中不可缺少的重要环节。水泥原料的天然水分含量一般都较高，地处我国南方的水泥厂在多雨季节里，原料水分含量更高，特别是黏土质原料一般含水量为 15%～20%；混合材，如矿渣的含水量为 15%～30%；石灰石的含水量常常超过 1%；铁粉含水量在 5%左右。按一般配比的混合物料（石灰石∶黏土∶铁粉为 80∶17∶3）所含的平均含水量远远超过入磨物料要求的平均含水量。因此，各种原料必须烘干，使入磨物料所含水分含量达到下列指标：石灰石为 0.5%～1.0%，黏土<1.5%，铁粉<5%，煤<3.0%，混合材料<2.0%，这样才能满足对入磨物料平均含水量的要求。

水泥厂所用的烘干方法，有自然干燥和人工干燥两种，人工干燥需要专用的烘干设备。目前，水泥工业常用的烘干方法：第一种是在粉磨过程中进行；第二种是用烘干机烘

图 6.7　回转筒式烘干机

干。利用窑尾余热，烘干兼粉磨、烘干兼破碎的设备应用很多。当原料水分含量超过某一限度时，须另设单独的烘干设备进行预烘干或全部烘干。常用的是回转筒式烘干机（图 6.7）。它具有结构简单、生产率高、劳动强度低、对原料的适用性强、生产比较稳定、操作简单等优点。

2. 回转烘干机的工作原理及分类

（1）回转烘干机的工作原理

回转烘干机的主体是一个具有一定倾斜度的回转圆筒，另外配有燃烧室、排气、收尘、加料装置等。它是以高温烟气为干燥介质，在排风装置的抽吸下进入烘干机筒内。湿物料由加料装置进入烘干机筒内，与高温烟气接触，高温烟气以对流、辐射、传导方式将热量传给湿物料，这是传热过程；物料被加热后，水分蒸发进入干燥介质中，这是传质过程。在传热与传质过程的同时，由于筒体的不断回转而使物料不断运动，物料从筒体高端流向低端；气体也在排风机的驱动下，由压力高处向压力低处流动；在气体与物料的运动过程中，物料被干燥后排出机外，废气经收尘后排至大气。

（2）回转烘干机的分类

根据干燥介质与物料接触方式和流动方向的不同，回转烘干机可分为以下几种形式：

1）根据传热方式，分为直接传热式、间接传热式、复式传热式。

2）根据在烘干机内物料与气体流动方向，分为顺流式和逆流式。

3. 烘干机的结构与制造

回转式烘干机主要由筒体、托轮装置、挡轮装置、传动装置及进出料密封装置组成。一般烘干机的筒体直径为 $1\sim3m$，长度为 $5\sim20m$，长径比为 $5\sim8$，筒体安装倾斜度为 $3\%\sim6\%$，转速为 $2\sim5r/min$。烘干机筒体上装有大齿轮和轮带，筒体借助于轮带支撑在托轮上，传动装置通过大小齿轮带动筒体回转，由于筒体具有一定的倾斜度并不断旋转，筒体内装设的扬料板将物料不断地抛撒并使物料由高端向低端移动，在此过程中湿物料逐渐被热气体烘干。

4. 烘干机的操作维护和检修

（1）开车前必须对热风炉和烘干机各部位进行仔细检查，确认无误后才能开车。停车前，先停止热风进入烘干机然后停止喂料，打开冷风门，让烘干机继续运转，先不停排风机，直到出口处再没有物料卸出，而此时废气温度 $<45℃$ 时，才可使烘干机、排风机、卸料设备停车。

（2）烘干机的维护

必须保证托轮轴线与筒体中心线平行。对传动、支承、挡托轮装置必须经常检查，发现有噪声、振动和发热等不正常情况时应及时处理。根据轮带与垫板之间在一转中的相对位移判断间隙及磨损情况，注意垫板焊缝有无裂纹等。每班检查一次传动底座及支承部分的地脚螺栓及其他连接螺栓，如有松动应及时拧紧。维护和操作人员要紧密配合，加强联系。

（3）烘干机的检修

烘干机在运转过程中，随着时间的增加和工作条件的影响，设备的一些部位总是不同程度地被磨损、腐蚀和老化，并逐渐地降低原有的精度、性能和效率。

检修工作分小修、中修、大修。应根据烘干机的使用和维护情况来编制大、中、小修计划。另外，还有事故性修理，为处理事故而进行的紧急措施，属非计划性的。

设备检查要点：设备的运转与磨损情况，并记录修理前的主要技术状态、负荷特点以及部位的主要精度偏差等。

6.6.6　水泥工业用圆锥破碎机

1. 概述

圆锥破碎机是利用正立和倒立的两个圆锥之间的间隙进行物料破碎（图 6.8）。由于整个运行过程中，其破碎力是脉动的，并且在破碎中有时还混有不可破碎物，如铁块等，故圆锥破碎机必须设计有保险装置，以供排除不可破碎物，起到保护机器的作用。而根据保险装置性质的不同，可分为装有机械弹簧装置和液压弹簧装置两种。目前，液压圆锥破碎机根据排料口调整方式和主轴安装方式的不同，可分为主轴固定式和主轴活动式两类：主轴固定式液压圆锥破碎机的排料口调整是通过定锥螺旋旋动而使定锥轧臼壁上下移动来调整排料口，其主轴短而粗，固定地插在机架中，其承载能力大；主轴活动式的排料调整有两种方式：一种是主轴上下浮动来调整破碎圆锥部，使破碎壁上下移动，从而调整排料口，这种形式的破碎机被称为单缸液压圆锥破碎机；另一种也是通过定锥螺旋旋动而使定锥轧臼壁上下移动来调整排料口，其主轴是插在偏心套衬套中，即主轴活动的多缸液压圆锥破碎机。

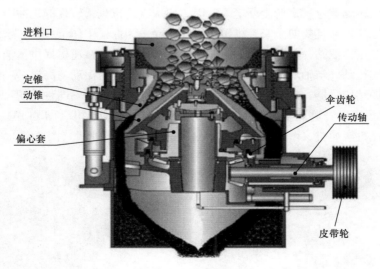

进料口
定锥
动锥
偏心套
伞齿轮
传动轴
皮带轮

图 6.8　圆锥破碎机

2. 圆锥破碎机的种类

圆锥破碎机按其结构特点分为弹簧圆锥破碎机、液压圆锥破碎机和离心振动式圆锥破碎机。

3. 工作原理

破碎机由电动机通过皮带轮或联轴节，带动传动轴旋转，传动轴前装有小锥齿轮与偏心套固联，因此引起偏心套旋转，而破碎圆锥部主轴插在偏心套内，并由碗形瓦支撑，随着偏心套旋转，破碎圆锥部中心线绕机架中心线做锥面运动，动锥时而靠近定锥，时而远离定锥，且在正常情况下，动锥还做有规则的低速自转。由于动锥不断接近和远离定锥，使物料始终处于被挤压和破碎过程中。

圆锥破碎机工作部件（动锥部件）的运动，亦可看作绕固定点（悬挂点）的刚体运动。破碎机处理能力和产品粒度大小是由破碎腔中两个主要机械因素所决定的，第一是破碎锥体的锥角、形状和高度，第二是动锥体运动时的偏心摆幅和运转速度。一般而言，在同样给料、同样排料口且工况条件一样的条件下，偏心摆幅较小的高深破碎腔形的破碎机比偏心摆幅较大的短破碎腔形的破碎机的产品要细一些。

4. 圆锥破碎机的使用

圆锥破碎机是一种结构较为复杂的破碎机，必须要正确使用，才能保证机器的正常运转，否则即使有了制造精良、配套合理的机器，如安装不好或者使用不当，都不能保证安全高效地运行，甚至会损坏机器，造成不应有的经济损失。

6.6.7 水泥工业用减速机

1. 概述

减速机属于通用机械传动设备。水泥工业用减速机通常作为水泥机械主动力设备，一般配置于电机与水泥专用机械之间，实现增大驱动扭矩与降低转速的功能。水泥工业由于其特殊性，所使用的减速机与通用减速机有较大的差别。水泥机械最大的特点是低速重载、大转矩、强冲击、大转动惯量、多粉尘环境等，因此要求减速机具备较强的抗冲击性能、较高的可靠性与密封性能，并且要便于安装维护与故障排除。为保证工作可靠性，水泥机械用减速机一般都配备专用稀油站，并且与水泥机械实现联动控制，为减速机提供清洁、低温、充足的润滑油，达到传动件与轴承的可靠润滑与降温。为检测异常振动与高温，一般在减速机传动件部位设置振动传感器，在轴承部位设置温度传感器等。根据不同种类的水泥机械，水泥工业用减速机可分为管磨机减速机（图6.9）、立式磨机减速机（图6.10）、窑用减速机（图6.11）、辊压机减速机（图6.12）、输送机减速机、通用减速机（图6.13）等。

图6.9 管磨机减速机

图6.10 立式磨机减速机

图 6.11　窑用减速机

图 6.12　辊压机减速机

2. 使用与维护

减速机是机械设备基本部件之一,其类型与规格差异较大,但机械装置部分的使用与维护工作大同小异,而对配备有稀油站、传感器与监控设备的中大型减速机,需特别注意电控设备的维护。在水泥工业用减速机中,MBY/JDX、JY、JGX、VD 以及 YNK 系列减速机因结构特性相似,其使用维护要点基本相同;而MFY、JLMX 与 DBS 属于大型传动机械,具有不同于中小型减速机的特殊维护要求。

图 6.13　通用减速机

减速机地脚螺栓的位置分布要能保证减速机的输入/输出轴相关的部件可以精确对中,以使减速机受力时有充裕的弹性变形裕量。

地脚螺栓必须按指定的扭矩拧紧,不可过小,也不可过大,使螺栓在保证足够的连接强度的同时,具备适当的抗冲击能力。

在安装前用汽油清洗干净主减速机及慢驱机构轴上的防锈介质。

将主减速机安装在水泥基础上时,用调平垫块仔细调平,并达到规定的精度。保证热感电阻与控制设备正确连接,以保证油温控制装置动作正确、工作稳定。安装结束后,必须检查所有的螺栓松紧是否合适,还要检查调平的基准面是否有变动,全部配件是否均已到位。

（1）使用要点

设备在正常使用时,应对其工作状态进行随时监控,发现有异常时应立即查清。必须严密监控稀油站的工作情况,进入减速机和滚动轴承的油压一般控制在 0.4～0.6MPa,如果出现异常,必须立即启动备用组,并对故障进行检修;稀油站的进、出水温差不得大于 15℃,如果温差过高,表明减速机有异常情况出现,必须停机检查。

密切监视滚动轴承的温度,最高不得超过 80℃。应注意设备的振动情况,注意管路、密封处的渗漏油、水情况。

定期检查设备有无卡碰、异常响声,各零部件在运转中有无移动,紧固件是否有松动现象。

检查电器设备的各种仪表是否灵活、准确，电压、电流值在运转过程中的稳定值是否与额定参数相符。

（2）维护要点

要经常检查稀油站、慢驱机构减速机的油位，要特别注意的是，在任何情况下油位不能低于最低油位线位置。

当环境温度低于0℃，且减速机将长时间停止运转时必须把冷却水排干净，使用压缩空气清除掉所有残余水滴。

稀油站内配有浸没式电加热器，如果减速机工作气温低于润滑油凝固点，应该启动加热系统，对润滑油加热至37℃。

稀油站的过滤器要每周清理一次。

检查齿轮的啮合情况，地脚螺栓、紧固螺栓、连接螺栓及销等紧固件有无松动，各润滑点是否漏油，如有应及时找出原因并修复。

6.6.8 水泥工业用辊压机

1. 概述

水泥工业用辊压机应用高压料层粉碎能耗低的原理，采用单颗粒粉碎群体化的工作方式，达到节能增产的效果。脆性物料经过高压和挤压（该机在压力区的压力为150MPa），使物料的粒度大大下降，小于0.09mm的细粉含量达到20％～30％，颗粒小于2mm的物料达到60％～70％，且所有经过挤压的物料都存有大量的裂纹，使物料在下一个工序粉磨时，所需的能耗大幅度降低。

2. 辊压粉磨系统工艺

在水泥生产过程中，采用辊压机进行高压料层粉碎不仅适用于生料粉磨，而且适用于水泥粉磨。当物料经辊压机粉碎后，物料的粒度大幅度减小，破碎比是其他破碎机难以达到的，况且在物料中存在有大量的裂纹，这些物料在重新粉磨时能耗可以大幅度降低。

辊压粉磨工艺流程可根据各厂的实际情况和生产要求进行设计，一般有三种工艺流程。

（1）辊压机作为开路球磨系统的预粉磨

这种工艺流程最适于老厂技术改造，工艺变动不大，可以大幅度地增加产量和降低电耗，也可以用一台辊压机配几台球磨机而取得显著的效果。既可用于生料粉磨系统，也可用于水泥粉磨系统。

（2）辊压机作为闭路球磨系统的预粉磨

这是一种效果较好的工艺流程，选粉机回料量的20％进入辊压机，使料层密实，粉碎在最佳状态下进行，球磨机的循环负荷也较低，效率最高，控制灵活，适合于扩建改造。

（3）辊压机作为最终粉磨的工艺流程

物料经辊压机粉碎后用打散机打散，送入选粉机分选，不合格的粗粉重新回到辊压机，细粉即成为合格的产品，这种工艺流程适用于扩建新建，能耗最低，最适用于生料粉磨系统。

3. 辊压机工作原理及结构

（1）工作原理

辊压机由两个大小相同、相向转动的辊子组成，其中一个辊子固定在机架上，另一个辊子为活动辊，在机架导轨内做往复移动，由四只油缸驱动辊子对物料进行挤压（图 6.14）。为了减少两辊子侧面漏料，两侧装有侧挡板。脆性物料由输送设备送入装有称重传感器的称重仓，通过气动闸门控制物料的进出，接着进入辊压机的喂料装置，进入两辐轴之间，由于辊子的转动和施加的高压，物料被压成密实的料饼，从辊隙中落下，经料斗，由输送设备送到下道工序，对料饼做进一步的分散或粉磨。

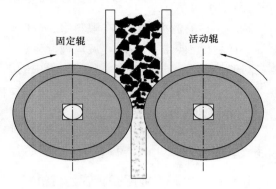

固定辊　　　　　　活动辊

图 6.14　辊压机

（2）辊压机结构简介

该设备由辊轴、辊轴支承、机架、喂料装置、传动系统、液压系统、润滑系统、检测装置、辊罩等组成。

两个装有辊轴支承的辊轴安装在机架内腔的平面上，喂料装置安装在机架上，液压系统、润滑系统安装在机架旁，行星齿轮减速机使用伸缩套悬挂在主轴轴头上，由扭矩支承装置平衡其输出力矩。主电机通过万向节带动减速机运转。

在两套辊轴系中，有一套是固定不动的，即固定辊轴系，另一套在主机架内腔导轨上做水平方向往复移动，即活动辊轴系。两辊轴间对物料形成的高压是由液压缸产生的力通过轴承座及轴承传给辊轴，而当无物料通过时，液压缸产生的力由移动轴承座传给固定辊轴承座和机架，不管有无物料通过，挤压粉碎力均在机架内平衡，基本上不传给基础。该设备中的液压缸与蓄能器组成液压弹簧，保持一定的挤压粉碎力，同时兼有保护功能，整机采用微机自动控制。

图 6.15　悬浮预热器

4. 辊压机的维护

当辊轴表面耐磨层发生破坏或过度磨损时需要进行补焊。破坏或磨损情况分两种：其一是因为辐面局部磨损严重，则应进行局部补焊；其二是辊轴表面整体磨损达到规定厚度，则需进行整体补焊。

6.6.9　水泥工业用预热器及分解炉

悬浮预热窑的特点是在窑后装设了悬浮预热器（图 6.15），使原来在窑内以堆积状态进行的物料预热及部分碳酸盐分解过程移到悬浮预热器内以悬浮状态进行，分解炉和回转窑的废气逆流向上，通过各级旋风筒后排出（物料流动方向为顺流），生料粉从第Ⅱ级旋风筒的出口管道处喂入，顺流向下至窑尾。在此系统中，呈悬浮状的生料与热气流充分接触，气-固接触面大，传热速度快，热效率高，有利于提高窑的生产能力，降低熟料烧成热耗。

按预热器组成分类：有数级旋风筒组合式、以立筒为主的组合式及旋风筒与立筒（或涡室）混合组合式三种。

1. 结构

悬浮预热器的主要组成有喂料室、分解炉、旋风筒、连接管、下料管、膨胀节、锁风阀等。在悬浮预热器工作时，旋风筒起生料与废气分离作用。各连接管主要进行物料与气体之间的热交换。分解炉主要分解生料中的碳酸钙，入窑生料的分解率可达85％～90％，大大减轻了回转窑的热负荷，提高熟料产量。

2. 主要部件

悬浮预热器的旋风筒、风管、分解炉和喂料室等均为体积较大、钢板较薄的焊接件，壳体一般选用6～10mm厚的钢板，而且直径一般大于3m，有的达8～9m。

6.6.10　水泥工业用回转式包装机

1. 概述

回转式自动包装机系统（图6.16）用于粉料（水泥）的自动称量包装。

图6.16　回转式水泥包装系统

（1）回转式水泥包装系统的分类及组成

以包装机为中心，回转式水泥包装系统包装机以上垂直方向主要由提升机、振动筛、中间仓、螺旋闸门、下料机等组成。包装机以下水平方向主要由卸包机、正包机、输送辊道、电子校正秤、水泥包清理装置（滚筒式和皮带式）、破包机、清包机、皮带输送机、螺旋输送机、收尘装置等组成自动化生产线。

振动筛用于剔除水泥中的异物，中间仓用于储料和保持物料相对稳定，螺旋闸门用于调整物料流量和设备检修时用，下料机用于均匀下料、锁气，卸包机用于接送包装好的水泥包，正包机用于矫正水泥包的输送方向，清包机用于清扫水泥袋外表面上的灰尘，螺旋输送机用于将收集的灰尘返回到提升机。

（2）回转式水泥包装系统的特点

灌装速度快，产量高，称量精度高，流程简单，结构紧凑，工艺布置及设备配置灵活。回转式水泥包装系统可根据不同使用要求进行设备配置。回转式水泥包装系统设备通用性、互换性强等。

2. 结构与工作原理

（1）回转式包装机结构与工作原理

回转式包装机是由承载梁、储料室、回转驱动装置、灌装架及六至十六个独立的包装单元组成。承载梁用于吊装整个包装机、安装回转驱动装置，便于其回转。储料室用于储料及挂装各个包装单元的称量装置、电控柜、气控箱，其内部开有6～16个通道，使物料与灌装架上的各个包装单元的灌料系统相通。灌装架上有6～16个包装仓，用于安装各个包装单元的灌料系统、称量装置。回转驱动装置包括供电滑环体、皮带传动、齿轮传动等。

包装机的操作主要由人工或配置自动插袋机进行连续插袋。纸袋套上喂料嘴后拨动了连杆装置，触动了接近开关，接近开关发出信号，压袋汽缸立即自动压住空袋，闸板在三位汽缸的作用下全部打开，同时启动喂料电机，使之处于喂料阶段。鞍座托住物料包的下部（事先按照包的大小调节好高度），开始进行跟踪计量。当包装物料达到额定量的 90％ 左右，称量装置发出信号，通过三位汽缸将闸板喂料口关闭一半，此时喂料速度减慢，即所谓粗流变为细流；继续细流至额定值时，称量装置再次发出信号，随即完全关闭闸板，同时喂料电机停止。接着压袋汽缸抬起，略有延时便由推包汽缸执行推包动作，满包从倾斜的鞍座上滑出，落入卸包皮带机。待倾翻架复位后，整个循环结束。

（2）振动筛是与包装机配套使用的辅助设备之一，主要用来除去水泥中的异物，使水泥满足包装机的工作要求。

（3）立式双格轮下料机与回转式包装机配套使用，用于连续均匀地给包装机喂料。它能连续均匀地向包装机供料，并有良好的锁风作用。

（4）卸包皮带输送机及正包皮带输送机共用一套驱动装置，是回转式包装机的重要配套设备。卸包皮带机安装于包装机下方侧面，从包装机卸下的水泥包由该机通过皮带输送到正包皮带机，可避免水泥包破损。

正包皮带机装有顺包导向板，它由卸包皮带机传动链轮驱动正包皮带机运转。卸包皮带机传送来的水泥包在正包皮带机上行走时，由于导向板的推挡作用而被逐个"顺正"。

（5）破包机是对破包清理装置清理出不合格的物料包进行处理的一种设备。它能将物料包破碎，并把物料和包装袋分离开，然后将物料及废物料袋分别送至各自的回收装置。

破损或严重分量不足的不合格水泥袋落入破包机，由破包机的四对切割刀盘将其切碎，切碎后的碎袋片带水泥一并进入一倾斜旋转的圆筒筛。水泥经筛筒漏出，进入输送机回收，破损水泥袋落进专门收集仓定期清除。

（6）电子校正秤是当包装机卸下的水泥包通过校正秤时，校正秤对水泥包再次精确地称量，即刻显示出每袋水泥的质量和质量偏差统计及发生偏差的输料嘴号，并将误差信号反馈到控制这一输料嘴的控制系统。该输料嘴的控制系统自动调节下一袋的称量，以保持称重精度。

（7）清包机就是在输送物料包过程中，将物料包表面灰尘清理干净，并将灰尘由收尘器收走的一种设备。

（8）包清理装置

包清理装置除了具有对物料包表面灰尘进行清理的功能，还有自动检查水泥包是否破损或是否分量过轻，并自动进行剔除的功能。它与破包机一起使用。

3. 维护

回转式包装机每班工作结束后放空机内物料，防止物料结块堵塞料嘴和充气吹灰风嘴，用压缩空气吹净包装机外部的积灰。经常检查托袋架的支撑簧片，要求相互平行且前后在同一水平面，不能有弯曲、破裂、松动等现象。做好机械电气气动系统，如轴承、密封、汽缸、润滑点、开关按钮、电磁阀等方面的日常维护。

6.6.11　水泥工业用离心通风机

1. 概述

（1）离心通风机在水泥生产中的地位和作用

在水泥生产过程中，离心通风机（图 6.17，图 6.18）占有十分重要的地位和作用，是水泥生产线上的主要机械设备之一。原料、燃料破碎、原料烘干、燃料粉磨、熟料煅烧、水泥磨制及各收尘系统等，都离不开离心通风机。

图 6.17　离心通风机（一）　　　图 6.18　离心通风机（二）

（2）离心通风机的分类

离心通风机是气体输送机械中的一种，工作时气流轴向进入风机叶轮后沿径向流动，称为径流式通风机，产生的压力≤14710Pa。

离心通风机按所产生的压力高低不同，分为低、中、高压三种。低压离心通风机，产生的压力小于或等于 980Pa；中压离心通风机，产生的压力范围为 980～2942Pa；高压离心通风机，产生的压力范围为 2942～14710Pa。

离心通风机还可以按其用途分类，如锅炉引风机（Y）、排尘风机（C）、煤粉风机（M）、高温风机（W）等。

另外，水泥行业习惯上常按风机所安放的位置或与其配套的设备分类，如窑头风机、窑尾高温风机、磨机风机、篦冷机冷却风机、除尘风机、斜槽风机等。

2. 离心通风机的结构及工作原理

离心通风机结构简单，制造方便，叶轮和蜗壳一般都用钢板制成，通常都采用焊接，有时也用钢接。

（1）流量、压力、功率、效率和转速是表示通风机性能的主要参数，称为通风机的性能参数。

（2）离心通风机的结构形式及主要部件。

1）旋转方式不同的结构形式

离心通风机可以做成顺旋转或逆旋转两种。从原动机一端正视，叶轮旋转为顺时针方向的称为顺旋转或右旋转，用"顺"或"右"表示；叶轮旋转为逆时针方向的称为逆旋转或左旋转，用"逆"或"左"表示。但必须注意，叶轮只能顺着蜗壳螺旋线的展开方向旋转。

　　2）进气方式不同的结构形式

　　离心通风机的进气方式有单侧进气（单吸）和双侧进气（双吸）两种。单吸通风机又分单侧单吸叶轮和单侧双吸叶轮两种。在同样情况下，双吸叶轮产生的风压是单吸叶轮的两倍。

　　双吸单吸通风机是双侧进气、单吸叶轮结构，在同样情况下，这种风机产生的流量是单吸的两倍。

　　离心通风机的进风口装有进气箱，按叶轮"左"或"右"的回转方向，各有五种不同的进口角度位置。

　　（3）离心通风机的主要零部件有叶轮、机壳、进风口、进气箱、前导器（也称调节门）、扩压器等。

　　（4）离心通风机的工作原理。

　　工作时由原动机通过主轴带动叶轮做旋转运动，处于叶轮内叶道间的气体被迫随之旋转，于是产生了离心力，这些气体在离心力的作用下沿径向甩向叶轮出口，此时在叶轮出口处气体分子密度增高，气体压力升高。这些压力升高的气体被机壳收集起来并引导它们排向风机出口，然后通过管网并克服管网阻力被送到工作场所。与此同时，在叶轮进口处，由于气体分子密度降低而造成低于外界压力的负压，在这种压差的作用下外界气体流入叶轮，由于叶轮连续旋转，因而外界气体也连续地流入和被排出，周而复始，从而达到风机连续输送气体的目的。

　　由此可见，离心通风机是一种因叶轮旋转时产生的离心压力，把机械能转变为气体的压力能和功能的机器。

　　（5）使用要求。

　　1）有调速装置的风机，在调速过程中不应超过风机许用的最高转速。

　　2）对高温风机，要注意气体温度的变化，不允许超过风机设计时规定的运行温度。

　　3）运行时，用电流表监视电动机负荷，不允许长时间在超负荷状态下运行。

　　4）对输送含尘介质的风机，粉尘、灰粒的变化应符合风机的使用要求。其他使用要求，详见离心通风机的维护与修理的有关内容。

　　3. 离心通风机的维护

　　为了避免由维护不当而引起人为故障、预防风机和电机各方面自然故障的发生，充分发挥设备的效能，延长其使用寿命，必须加强对风机的维护。

　　（1）风机连续运行 3～6 个月，进行一次滚动轴承的检查，检查滚柱和滚道表面的接触情况及内圈配合的松紧度。

　　（2）风机连续运转 3～6 个月，更换一次润滑剂。

　　（3）定期清除风机内部的灰尘、污垢等。

　　（4）检查各种仪表的准确度和灵敏度。

　　（5）对于未使用的备用风机和停机时间过长的风机，应定期将转子旋转 125°～180°，以免主轴弯曲。

　　（6）定期检修的间隔期一般分为每天检修一次、每周检修一次、每月检修一次、每 3 个月检修一次、每 6 个月检修一次、每年检修一次。每次检修结果都是确定下次检修间隔期的重要参考资料和依据。

6.6.12 水泥工业用分室高压脉冲袋式收（除）尘器

气箱脉冲袋式收（除）尘器（图6.19）用作破碎机、煤磨、生料磨、篦式冷却机、水泥磨、包装机及各库顶和库底的除尘设备，也用作生料立式磨出口，O-Sepa选粉机气体的除尘，除尘后的气体含尘浓度低于$50mg/Nm^3$，完全满足新的排放标准。滤袋采用针刺毡滤料，平均使用寿命两年以上。袋式收（除）尘器都要防止结露和烧坏滤袋的现象，结露会使粉尘堵塞滤袋，从而使收（除）尘器的阻力增大，降低清灰效果，甚至无法工作。结露的主要原因是气体中的水分含量太高或温度太低，因此在生产中发生上述情况时，应采取相应的措施，如保温、加热等。烟气温度太高会发生烧袋现象。此时应采取降温措施，如掺冷风、热交换等，否则即使短时间的超温也会使滤袋的寿命大大缩短，甚至无法使用。

图6.19 气箱脉冲袋式收（除）尘器

1. 工作原理

气箱脉冲袋式收尘器结构示意图如图6.20所示。当含尘烟气由进风口进入灰斗以后，一部分较粗尘粒在这里由于惯性碰撞、自然沉降等原因落入灰斗，大部分尘粒随气流上升进入袋室，经滤袋过滤后，尘粒被阻留在滤袋外侧，净化的烟气由滤袋内部进入箱体，再由阀板孔、出风口排入大气，达到收尘目的。随着过滤过程的不断进行，滤袋表层的积尘也逐渐增多，从而使收尘器的运行阻力逐渐增高。当阻力增高到预先的设定值时（如14710Pa），清灰控制器发出信号，首先控制某一室的提升阀将阀板孔关闭，以切断过滤气流，停止该室的过滤过程。然后该室的电磁脉冲阀打开，以极短的时间（0.1～0.2s）向箱体内喷入压力为0.5～0.7MPa的压缩空气，压缩空气在箱体内迅速膨胀涌入滤袋内部，使滤袋产生变形、振动，加上逆气流的作用，滤袋表层的粉尘就被清除下来掉入灰

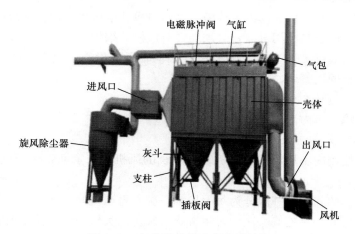

图6.20 气箱脉冲袋式收尘器结构

斗。该室清灰完毕以后，提升阀重新打开进入过滤状态。隔一段时间后第二个室重复上述过程，直到整个收尘器的阻力降到允许值以下，如此反复循环进行。这就是分室离线清灰，其优点是清灰的室和正在过滤的室互不干扰，实现了长期连续运行，提高了清灰效果。

一个室从清灰开始到结束，称为一个清灰过程。清灰过程一般为 3～10s。从第一个室的清灰结束到第二个室的清灰开始，称为清灰间隔。清灰间隔的时间长短取决于工艺参数、选型大小等，短则几十秒，长则几分钟。清灰间隔又可分集中清灰间隔和均匀清灰间隔两种。集中清灰间隔是指从第一个室清灰开始到最后一个室清灰结束以后，全部室都进入过滤状态，直至下一次清灰开始。而均匀清灰间隔则在最后一个室清灰结束以后，仍以间隔相同的时间启动第一室的清灰，因此均匀清灰间隔的清灰过程是连续不断的。从第一室的清灰过程开始到该室下一次的清灰过程开始之间的时间间隔称为清灰周期，清灰周期的长短取决于清灰间隔时间的长短。

上述清灰动作均由清灰控制器自动控制，清灰控制器有定时式和定压式两种。定时式是根据收尘器运行阻力变化的情况预置一个清灰周期时间，收尘器按预置时间进行清灰。这种控制器结构简单，调试、维修方便，价格便宜，适用于工况条件比较稳定的场合。定压式是在控制器内部设置一个压力传感器，通过设在收尘器上的测压孔测定收尘器的运行阻力，当达到清灰阻力设定值时，压力传感器发出信号，启动清灰控制器进行清灰动作，直到运行阻力低于清灰阻力设定值。这种控制器能实现清灰周期与运行阻力的最佳配合，非常适用于工况条件经常变动的场合。

2. 主要结构

收尘器的主要结构分为以下部分：

（1）箱体。

（2）本体。

（3）灰斗及排灰系统。

（4）气路系统。

（5）爬梯、栏杆及支腿。

（6）清灰控制器。

3. 日常维护

收尘器能否保持长期稳定高效地运行，日常维护保养至关重要。

（1）设备运行中，应设专人进行管理，并做好运行记录。

（2）管理人员应熟悉收尘器的原理、性能、使用条件，并掌握调整和维修方法。

（3）减速机、输灰装置等机械运动部件应按规定注油或换油，发现有不正常现象应及时排除。

（4）贮气罐、气源三连体中的气-水分离器应及时排污，同时气-水分离器应每隔3～6个月清洗一次，油雾器应经常检查存油情况，及时加油。

（5）电磁脉冲阀如发生故障应及时排除，如内部有杂质、水分应及时清理，如膜片损坏应及时更换。

（6）使用定时式清灰控制器的，应定期测定清灰周期是否准确，否则应进行调整。使用定压式清灰控制器的，应定期检查压力开关的工作情况和测压口是否堵塞等，并进行清理。

（7）检查所有气路系统、输灰系统的工作情况，发现异常应及时排除。

（8）定期测定工艺参数，如烟气量、温度、浓度等发现异常，应查找原因及时处理。

（9）开机时应先接通压缩空气到贮气罐，接通清灰控制器电源，启动输灰装置，如果系统中还有其他设备，应先启动下游设备。

（10）停机时，在工艺系统停止后应保持收尘器和排风机继续工作一段时间，以除去设备内的潮气和粉尘。必须注意的是，在收尘器停止工作时；必须反复对收尘器进行清灰操作（可用手动清灰）将滤袋上的粉尘除掉，以防因受潮气影响而糊袋子。

（11）停机时不要立即切断压缩气源，输灰装置也不能立即停止工作，应确保全部粉尘已排出灰斗才能停止压缩气源和输灰装置。

（12）收尘器在正常工作时，输灰装置不能停止工作；否则，灰斗内很快会积满粉尘以致溢入袋室，迫使收尘器停止工作。

6.6.13　水泥工业用增湿塔

1. 概述

增湿塔的主要特点是：350℃左右的含尘烟气由增湿塔顶部引入，与增湿塔顶端或中部喷入塔内的雾化水进行热交换，出塔的烟气温度可降至150℃左右。含尘烟气增湿处理后温度降低，密度增高，体积减小。经测试，当工况烟气温度由350℃降至150℃时，其流量降低20%，同时增湿塔截面风速降低，则粉尘在增湿塔内停留时间增长，这样有利于粉尘的收集。进入增湿塔后的含尘烟气在正压操作状态下，截面风速降低，同时粉尘颗粒增湿后重量增加，有利于粉尘在增湿塔内沉降。根据测试，增湿塔内粉尘沉降效率已达25%～30%，从而降低进入收尘器的粉尘浓度，减轻收尘器的工作负荷，提高收尘效率，为烟尘排放浓度达到国家环保标准提供了保证。

2. 增湿塔的结构与制造

增湿塔主要由筒体部分、喷雾增湿装置、排灰装置和电动翻板阀等部分组成。

（1）筒体部分

增湿塔的筒体部分主要由上锥体、筒体、气流均布装置、灰斗、保温层等零部件组成。筒体为直立圆筒形壳体，它支承于基础上或框架形基础上，由于通过的烟气有一定的温度且长期对钢板产生腐蚀作用，故要求筒体具有热稳定性好，且有一定的刚度、抗腐蚀等性能。

烟气在筒体内的流程有顺流式和逆流式。顺流式是烟气从增湿塔上部引入，通过锥顶部双层多孔的气流均布装置，均匀分布于塔内后向下运动，经过处在气流均布装置下喷枪喷入的水雾增湿和降温后从底部离开。为了防止粉尘在气体均布装置上结灰积聚，一般在此处设有定时振打机构。逆流式是烟气从增湿塔上部引入内筒和外筒之间，经过螺旋叶片状的气流均布装置后向下运动，烟气到达底部后进入内筒向上运动，经多层的喷枪喷入的水雾增湿和降温后，烟气从上部出增湿塔。

（2）筒体的制造

由于增湿塔有一定的高度，通常筒体有效高度在20～40m，且直径大，制作增湿塔筒体钢板的厚度通常为6～12mm。

（3）保温层

考虑到北方及冬季外界温度低，热烟气遇冷会结露结皮，为了保证增湿塔的安全运转，一般用 50～100mm 厚的岩棉毡或泡沫石棉对增湿塔的筒体、管道等零部件加以保温。

（4）喷雾增湿装置

喷雾增湿装置由循环水箱、多级离心泵、电动调节阀、喷枪装置、阀门和管道等组成。

（5）工作原理

离心泵由循环水箱供水，该水箱通过一个浮球阀与供水中心连接，使水箱内水平面保持恒定。如果水箱内的水位低于最低限位时，由水位指示器发出信号，水泵自动停止，这样能保证水泵不会因缺水造成损坏。水箱内装有水过滤器。

（6）喷枪的形式与结构

喷枪的形式与结构主要有压力式、回流式两种，大型增湿塔上还采用内外流式。喷枪的布置是直接影响增湿塔效率的一个重要因素。喷枪制造的精度和粗糙度决定雾滴的大小和控制特性。

（7）喷嘴的雾化性能试验

为确保喷嘴的雾化性能，制造厂一般在出厂之前，在试验台对喷枪进行测试。高压喷嘴和内外式喷嘴雾化效果应＜200μm，回流式喷嘴雾化效果应＜300μm。

（8）增湿塔冷却水的要求

增湿塔冷却水必须净化过并且不带有腐蚀性物质，否则会造成堵塞或磨损喷嘴，因此对水质的要求为：pH 值 7.1～7.6，总硬度（$CaCO_3$ 总量）8.85mg/kg，蒸发残留物，112～138mg/kg，无油。

（9）排灰装置和锁风阀

在灰斗下方设置的排灰装置为浆叶式螺旋输送机，用以将窑灰边破碎边输送出去，在机壳下方设有便于检修和清扫的检查门，传动电机采用可逆式，为的是防止增湿塔运行不正常时，如出现料浆现象，可使输送机反转排出料浆，以免料浆进入后续的输送装置造成堵塞事故。为防止漏风，在输送机的出口装有电动双翻板阀，有的还在灰斗上安装振打机。

3. 增湿塔的操作维护

（1）日检查

每天要填写值班日记，记载压力（特别要注意增湿塔工作压力不能超过 500Pa）、水量和温度等变化情况。检查增湿塔系统各个装置有无异常现象。定期取下喷嘴，检查有无被粉尘堵塞。如喷嘴顶端附着很多粉尘，应将喷嘴交替取下进行清理。增湿塔各组喷嘴用过的过滤器要定期检查滤网，如网孔堵塞，要进行清理。检查粉尘排出装置有无异常现象。如排出粉尘水分含量过高、块大、粉尘排出增多，可能喷嘴工作不正常，按上述事项进行处理。

（2）月检查

1）检查水泵、螺旋运转机，并向轴承和链条补充润滑脂。

2）对全部喷嘴进行清扫，其要求同喷嘴的检修。

（3）停止运行时检查

1）检查塔内粉尘有无异常堆积情况，如堆积过多，应设法将堆积粉尘排出。

2）打开螺旋传送机的检查门，检查叶片有无沾灰和损坏情况，如有要进行清扫和修补。

3）检查电动翻板阀及振动器动作是否正常。

4）增湿塔通风只做沉降室使用时，喷嘴不喷水，为避免阻塞喷嘴，喷嘴内必须通压缩空气。

5）由于长时间停水，水泵不能正常工作，要求每月启动一次，运转1h。

6）由于烟气对筒体有腐蚀作用，使用3～5年后，要求每半年一次用测厚仪检测筒体钢板的减薄情况并记录在案。

7）冬季增湿塔系统停止运转时，必须将所有水排出，不使其留在管道内。如排不尽，即使短时间，也可能使设备冻裂损坏。

6.6.14　水泥工业用斗式提升机

水泥的生产过程就是物料的运行过程。从原料开始，经过破碎、粉磨、筛分、混合、煅烧、包装、贮存及装车等诸多环节，最后变为成品。每一生产环节结束后，物料都要运行到下一生产环节。斗式提升机是把物料从一个高度输送到另一高度，而垂直输送物料是水泥生产和其他工业生产中最常见的，因而一定要保证提升机工作能力的适用性和可靠性，否则将会影响全线生产的正常进行。

提升机的工作原理。通过电机驱动，经过传动装置使主轴旋转，从而带动头轮转动。牵引件（环链及胶带）压在头轮上，靠牵引件自重、料斗及物料质量、尾轮及配重箱重（尾轮呈悬浮状态，不与尾部壳体连接）产生张紧力，从而在头轮处产生摩擦力而使牵引件及料斗运行。物料从尾部入料口进入，一部分物料直接装入料斗而被提升，另一部分物料落到底部堆积，后面料斗随之将堆积物料挖取提升。

物料运行到头轮处，随着头轮转到卸料一侧。在离心力和重力作用下物料被抛出，所有物料基本上都落入卸料区，从卸料口卸出。

1．高效斗式提升机的结构

高效斗式提升机的结构如图6.21所示。

（1）头部

头部由头部壳体、主轴、链轮（或头部胶轮）及轴承座等组成。头部承受牵引件、料斗及物料的质量，并带动其运转。头部还设有排风法兰并与收尘器相连接，以使壳体内形成负压，防止灰尘逸出及排出高温气体。

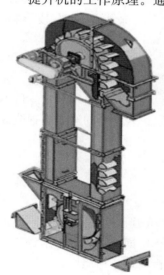

图6.21　高效斗式提升机的结构

（2）传动部分

此部分由电动机、液力耦合器、减速机、辅助传动、逆止器和传动底座等零部件组成。提升机以此传递能量，进行工作。

（3）支架

支架起稳定整机的作用，有室内和室外两种形式。室内支架数量与穿越楼板层数相同；室外支架在一般情况下每 10m 左右放置一个，但可根据现场情况增减。

（4）其他

标准节、非标准节、定距连接板、牵引件及料斗、装配节、排气节、通风节、尾部、检视门和检修平台等。

2. 维护规程

尾轮润滑装置，每班用油枪注油一次；主轴承每星期加油一次；开机前要将尾部残存料清理干净；环链提升机要检查环链有无裂纹及断裂现象，链节螺母是否松动；胶带提升机检查胶带是否有撕破现象，胶带接头是否有问题，料斗螺母是否松动；每班要抽检几个，每星期进行一次较多数量的抽检，每年至少有一次全面检查；对淬硬层磨去的链节、环链和头部轮缘必须及时更换；对电气设备必须定期检查，至少每运转 720h 检查一次。

6.6.15　水泥工业用熟料输送机

1. 概述

水泥工业用熟料板链斗式输送机（以下简称输送机）（图 6.22）是能同时进行水平和倾斜输送的连续输送机械，适合于输送粒径为 50mm 左右，最大粒径不超过 150mm 的干燥粒状物料。物料的温度宜在 200℃ 以下，最高不得超过 350℃。在水泥厂里被广泛用来输送水泥熟料。

输送机按料斗的宽度（B），分为 B400、B630（B600）、B800、B1000、B1200、B1400 和 B1600 等。输送能力为 20～1000t/h。输送机按驱动装置的安装位置分为"左装"和"右装"两种安装形式。从物料的输送方向看，驱动装置的安装位置在输送机左侧的称为"左装"；驱动装置的安装位置在输送机右侧的，则被称为"右装"。

图 6.22　板链斗式输送机

2. 结构及工作原理

输送机的结构主要由头部装置、尾部装置、传动装置、链斗运行装置及轨道与支架等部分组成。

输送机的两条板链上装有一连串的料斗，组成链斗运行装置。料斗与料斗之间相互搭接，这样能够保证料斗在装料时不会撒。物料一般是在水平段加入料斗中，根据工艺需要亦可多点加料。电动机通过传动装置驱动头部链轮，使其转动。头部链轮的转动，带动链板运动。装在两条板链之间的料斗就随着板链一起移动。这样，由板链和料斗组成的物料输送环线围绕头部驱动链轮和尾部张紧链轮，沿着轨道做循环运动。物料从装料点连续不断地加入料斗中，由于料斗的运动而被送至头部链轮处，并随着料斗的翻转而自动卸出，完成物料的输送。

（1）头部装置

头部装置对应于输送机械分为"左装"和"右装"两种安装形式。装有两个头部链轮的头轮轴，其两端由一对滚动轴承座支撑。滚动轴承座安装在头架上。头架经由地脚螺栓固定在基础上。

头轮轴一端与驱动装置连接，另一端装有逆止器。安装逆止器是为了防止突然停电或其他原因而引起电动机停止转动时，因倾斜段物料重力使运行部分倒转，从而引起链斗损坏。如果输送机的输送角度小于安息角，突然停电不会引起链斗倒转，则可以不设逆止器。

头架上装有头部防尘罩，分为上头罩和下头罩。上头罩和下头罩用螺栓连接，下头罩用螺栓连接于头架上。上头罩设有收尘法兰口，可与收尘设备相连接。下头罩设有下料法兰口，可与下料溜子相连接。在上头罩的入口处钻有螺孔，可以安装用橡胶板做的帘子，以减少粉尘飞扬。

（2）传动装置

传动装置对应于输送机，也分为"左装"和"右装"两种安装形式，其区分同输送机。

传动装置由电动机、液力耦合器、减速机和联轴器组成，安装在同一底座上。底座通过地脚螺栓被固定在基础上。液力耦合器用于电动机与减速机之间的连接。它的工作原理是：电动机通过弹性联轴器带动泵轮液力耦合器旋转，外壳与泵轮紧固，同时旋转。在环状工作室中的工作液体跟着泵轮叶片一起旋转，形成一股环形液流。环形液流冲动涡轮旋转。连接在涡轮上的出轴带动减速机轴旋转，从而完成功力的传递。使用液力耦合器可减小电动机的启动电流，并能防止电动机过载和降低输送机启动时的动载荷，延长板链的使用寿命。

减速机低速轴端装有联轴器，用于跟头部装置中头轮轴的连接。有些输送机的减速机是采用圆柱齿轮传动，输入轴与输出轴不在同一中心线上，因此把逆止器装在减速机低速轴的另一出轴端，其作用和性能与装在头轮轴端完全相同。有的减速机厂家把逆止器直接装在高速端或低速端。

（3）运行部分

运行部分结构有多种形式，按盛料容器分为两种形式：斗式和槽式；按链条分为模锻链和板式链。

模锻链和板式链可分别与斗式或槽式组合。此外还有零件装配位置不同的两种形式，即链条装在链斗的下面或侧面。

（4）尾部装置

尾部装置中的尾轮轴上，装有两个尾部张紧链轮，其两端支承在一对滚动轴承座上。轴承座的上下两面设有导槽，尾架上的两根导轨就嵌在轴承座的导槽内，轴承座可以沿导轨滑动。尾部装置相对于链轮，设有两套特性一致的张紧装置。张紧装置包括弹簧、丝杆和压板等。压板的上下两面设有导槽，可沿尾架穿过尾架支承孔和弹簧，压板螺孔上的导轨滑动。压板中间有一螺孔，丝杆顶在轴承座上。压缩弹簧套在丝杆上，分别支撑在尾架和压板上。当链板因磨损而链条变长，从而引起张力减小时，压板在弹簧力的作用下，带动丝杆一起后移，并推动轴承座沿导轨向后移动。尾部链轮随之后移，使链板保持一定的张紧力。当弹簧力小于最小张紧力时，需要旋转丝杆，压缩弹簧以加大链条的张力。

弹簧张紧装置的另一个作用是：当链斗在运行时，被杂物或其他原因卡住，这时弹簧能起一定的缓冲作用，在一定程度上可以防止运行部件的损坏。

两个尾部链轮中的一个链轮是通过键安装在尾轮轴上，当链轮转动时，带动支承在滚动轴承上的尾轮轴一起转动，而另一个链轮与尾轮轴是间隙配合，不设键，仅靠链轮挡圈作轴向定位。采用这样的连接形式后，当两条板链不等长或通过尾部链轮的链节不同步时，不会使两条板链受力不匀，以及料斗歪斜等影响正常运行。

（5）支架和轨道

运行部件在输送机的中间区段（除头部和尾部外）是通过轨道被承托在一个个门式支架上的，支架底部被焊在基础的预埋钢板上或用地脚螺栓与基础连接。支架的上部和中部装有托架，轨道通过翼板固定在托架上，也可以直接焊在托架上。各段钢轨的接头处用鱼尾板和螺栓连接，每个接头处留有6mm间隙。在改变输送机输送方向的圆弧段处设有上、下护轨，以防止链条张力过大时，运行部件在该段轨道上浮起，保证链斗按规定的路线运行。

（6）安全和防护装置

有些输送机为了设备本身的安全需要或保护现场操作人员的安全，选用一种或几种安全防护装置。

1）为保证现场巡检人员的安全，防止无意中碰触输送机的运转部分，沿整条输送机的两侧布置有安全网，网架悬挂在支架上，可以方便脱卸。

2）为便于现场巡检，维修人员在输送机两侧的任意位置处理紧急事故、停车之用，沿输送机两侧布置钢丝绳拉线。根据输送机的输送距离分别设置一到两只拉线开关，拉钢丝绳即切断电源。

3）为保护运行部件不受损坏，输送机上设置了事故报警停车装置，即在输送机尾部设置了速度监测器。当输送机运转时，尾轮轴的转速超过事先设置的转速报警限定值时，速度监测器即输出报警信号，并控制设备联锁停车。

4）装有带紧急止动开关的紧急跳闸线。当输送机底部堵塞，或运行部分碰到障碍物时，板链拉力过大，当张紧轴（尾轮轴）离开正常位置时，可使输送机的电动机停止工作。

5）为了减少粉尘飞扬，除了在卸料点（头部装置）设有防尘装置，在装料点也设置了集风槽及收尘装置，从而改善输送机周围的环境。

3. 操作注意事项

在开车前，必须周密检查运行部件是否完好。特别应注意检查板链的轴有无断裂，滚轮有无裂缝，踏面有无变形，链板有无弯曲、裂缝。按设备使用说明书向各润滑点加注润滑剂。检查供料与收尘设备应工作正常。检查合格后，与前后相联设备的操作人员取得联系，待各处均已准备就绪，准许开车时，即可开动。

4. 维护与检修

输送机的润滑工作，应根据说明书中的规定，结合实际运转情况，进行必要的日常和定期润滑。

头尾装置中的滚动轴承，每过一年必须彻底更换润滑脂。更换时，一定要清洗干净，然后换上新的润滑脂。在运转过程中，应定期补充运转中的消耗，保证密封作用，使灰尘不致乘隙而入。

由于输送机的工作场地粉尘较大，因此，在运行部分的滚轮轴承处一般不设加油嘴，每隔12个月必须拆下滚轮，对滚轮内的滚动轴承进行彻底清洗，清洗干净后，加满新的润滑脂。

减速机每6个月换油一次，但是在减速机第一次开始使用后200h，应进行第一次换油。

在尾部装置的丝杆及尾架滑轨上应经常涂抹润滑脂。

链轮的轮齿是易磨损件，应进行经常检查。一旦轮齿的淬硬层被磨穿以后，必须立即将两个链轮的齿块同时更换；否则会引起链条的颤动，加快链条的磨损。

当滚轮的运行表面磨损严重，或者轴承损坏，则必须更换滚轮。板链是易损件，要经常检查链板是否有裂纹，是否与销轴或轴套有脱开现象。通过检查销轴与轴套的间隙，发现轴套是否有过度磨损，当淬硬层磨掉后，链条必须更换。

料斗的斗体如有裂纹、破损、变形等影响运行安全的损坏，应及时进行修补或更换。

输送机链条的张紧程度是否合适，是输送机运转性能好坏以及影响链条寿命的重要因素。在直线段，如果链板之间的连接处有折弯现象或在接近尾部时，滚轮在下轨道上没有抬起，则说明链条张紧力太小，应调节尾部张紧丝杆，使尾轮向后移动。在负载运转时，如果圆弧段出现滚轮从轨道上抬起的现象，则说明张紧力过大，应调节张紧丝杆，使尾轮向前移动。在调节时，一定要注意务必使尾轮轴处于与输送机中心线垂直状态。

6.6.16　水泥工业用螺旋泵

1. 概述

水泥工业用螺旋泵简称螺旋泵，是气力输送系统中常用的供料设备，在水泥工业中适用于气力输送生料、煤粉、水泥等粉状物料，可做水平、垂直方向输送。螺旋泵具有构造简单，机身较低，入口高不到1m，工艺布置灵活，可定量喂料等优点。

螺旋泵有两端支承及悬臂式两种结构形式，前者称为简支形，型号用LJ表示；后者称为悬臂形，型号用L表示。

螺旋泵在现代水泥生产工艺中的特点有：

（1）可将生料直接喂入预热器，其结构简单且有利于增进料-气充分混合。

（2）可将煤粉连续定量送入分解炉和窑头、窑尾，该工艺目前较先进，在现代水泥生产中被广泛采用。

（3）螺旋泵运行中，螺旋将从料仓自由落入进料箱的物料送入混合室，物料与压缩空气在混合箱内充分混合，达到流态化，进而吹进管道，输送到较远的位置。

2. 螺旋泵的结构

螺旋泵一般由进料箱、螺旋轴、套筒、混合箱、出料箱、轴承座等组成（图6.23），

图6.23　螺旋泵

由联轴器与电机相连接。

螺旋泵在输送物料时，其工作温度应低于 200℃，压缩空气工作压力一般小于 0.3MPa。泵的输送能力还与空气量、输送距离和管道直径密切相关。输送距离可达到 600m 以上。螺旋泵一般不适合输送粒状物料。

3. 设备的管理

必须指定具有相当技术水平及丰富操作经验的人员负责管理螺旋泵。螺旋泵基础未牢固前或连接部分未紧固时，不得开动机器。螺旋轴运转有一定的方向，不得反转。机器周围应保持清洁，须有足够的光线照明设备。螺旋泵配置的压力表、电流表、温度表等应便于观察，损坏时应及时更换。电动机等电气设备均应符合电气安全技术要求。只有在螺旋泵停止运行后，才可拆下联轴节护罩或皮带护罩。重新启动前，须确保护罩已重新固定好。在检修螺旋泵时，应在电源开关上挂置"禁止给电"警告牌，同时在压缩空气阀门上挂置"禁止给气"警告牌。螺旋泵应建立定时润滑、定期检修制度。

6.6.17　水泥工业用空气输送斜槽

1. 概述

水泥工业用空气输送斜槽广泛应用于输送干燥粉状物料的气力输送设备，具有结构简单、制造成本低、操作运转安全可靠、使用寿命长、维修简便、设备架空而不占用空间、可曲线输送、系统无运动部件、易于改变输送方向和多点喂料、卸料、密封性好、无噪声等优点，因此，得到了迅速的发展（图 6.24）。

空气输送斜槽适用于输送水泥等易流态化粉状物料，其输送能力达到 1500m³/h，输送距离达 1000m，通过 35 目筛，水分含量＜3％的粉体可以用空气斜槽输送。空气输送斜槽一般以高压离心风机为动力源，使密闭输送斜槽中的物料保持流态化向倾斜向下的一端缓慢地流动。

2. 结构与工作原理

空气输送斜槽是用于水平输送干燥粉状物料（如水泥、生料）的设备。它是由数个薄钢板制成的槽子连接组成，并沿其输送方向布置

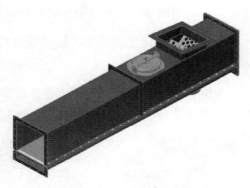

图 6.24　水泥工业用空气输送斜槽

成一定的斜度。槽子的上、下壳体中间夹有透气层。输送物料由高端喂入壳体，压缩空气由专设的鼓风机吹入下壳体，并通过密布孔隙的透气层分布在物料颗粒之间，物料进行所谓的气化以改变物料的摩擦角，使其形成流动状态而沿斜度下滑达到输送目的地。

输送斜槽的安装有一斜角。槽的断面呈矩形，分上槽体和下槽体，中间有透气层相隔。上槽体为物料流动层，下槽体是空气室。由鼓风机将空气鼓入下槽体内后，在风力作用下通过透气层进入上槽体内，最后由出风管排出。物料由进料口进入上槽体内后，被通过透气层的密集的气流吹浮而呈流体化状态，在重力和气力的作用下沿透气层上面向下滑移，即达到输送目的。

空气输送斜槽的输送能力，除与槽体宽度和安装斜度有关外，还与物料品种、透气层

性能、风量风压以及密封好坏等有较大关系。一般需采用理论计算和试验以及实践相结合的方法，得到不同槽宽和斜度、不同物料的输送量。槽体宽度常见的有 200mm、250mm、315mm、400mm、500mm、800mm 等，斜槽的安装斜度 4°～12°。斜槽下槽体每隔一段距离必须设有空气入口（或再架设鼓风机）。

透气层是空气输送斜槽的关键件，除要具有一定的强度、耐磨、耐温、耐腐蚀等性能来满足耐用性能外，还要求透气孔小而密且均匀、透气阻力小等，才能达到输送目的和满足输送量的要求。

空气输送斜槽使用编织涤纶透气层。空气输送斜槽分为槽体、支架和鼓风机三大部分。槽体又分直槽、弯槽、三通和四通槽。

3. 使用

输送量与料层厚度有明显关系，所以料层厚度不宜过厚也不宜太薄。开车时，先开风机后再开始进料，停车时先停下料，以免产生堵料现象。长时间停车时应将透气层上的物料清除干净。尽可能保证斜槽吸入干燥清洁的空气，对保证斜槽长期安全运转是至关重要的，要及时清扫鼓风机入风口过滤器上的过滤板。新安装的斜槽使用一段时间后应对其斜度进行检查。经常注意三通槽、四通槽的闸板是否关闭严密。透气层使用一段时间后，如过于松弛应重新拉紧，如有损坏应更换或局部修补。应经常通过检查门和观察窗检查料层厚度，并且是否有产生堆料现象，及时查找原因，提出解决措施。注意维护斜槽的排风收尘装置，使用于气化物料的空气畅通排出；否则，上槽压力增高，会使输送量急剧降低甚至堵塞。空气输送斜槽都是薄壳体，不要撞击和重压，以免产生变形引起漏气，不但污染环境，还会影响输送效果。空气输送斜槽的透气层是易损件，一般可用 3 年以上。

6.6.18　水泥工业用 NE 板链提升机

1. 概述

板链提升机（图 6.25）分 NE 普通型和 NSE 快速型两大系列。普通型分 10 种规格，每种规格又分粉状物料（NS 斗型）、块状物料（NSD 斗型）和黏性物料（NSR 斗型）3

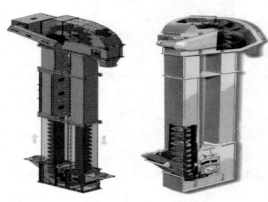

种型式。快速型共分 8 种规格，适用于粉状物料；适用物料粒度最大为 60mm，物料温度达 350℃。

2. 板链提升机的结构

（1）头部包括头部驱动链轮、主轴及逆止器（装在头部驱动轴上或减速机上）。头部又分上、下壳体。上壳体设有收尘口和检查口。下壳体设有斜支架和排料口，斜支架起支持平台的作用。

（2）壳体部分。壳体起支持和封闭整台提升机作用，一般中间壳体上可设检视

图 6.25　板链提升机

门，下部装配节上有作业口，可由此安装料斗。

（3）尾部起承受整台提升机重量的作用，包括尾轮及尾轴。此部分还包括进料口和清扫门。粉状物料、块状物料和黏性物料，尾部结构均不相同，进料口设在尾部上。黏性物

料所设进料口与其他形式不同。

（4）传动部分包括电动机、液力耦合器及减速机，根据需要在减速机后再加一级链轮传动，包括大、小链轮和驱动链条。

（5）牵引件包括料斗、板链、料斗螺钉及螺母等，不同型式提升机料斗不同时，板链也可能不同。同一型式同规格提升机，在不同高度段上，其板链也可能不同。

（6）平台用于布置支承传动部分，为检修取得空间和保障安全，平台周围布置了栏杆。

（7）吊装架用于提升机安装、检修以及更换零件时使用。如用户自设吊车等起重设备，也可不设吊装架。

3. 板链提升机的使用

提升机启动进入正常运转后开始投料，输送量要逐渐增加，但不许超过额定输送量。停机时必须先停喂料，待料斗内物料全部清出后再停机。长时间停机时，必须把残留在尾部的物料清除干净。要定期检查清除料斗角处的附着物。链开始使用时会产生初期拉长，以后正常磨损也会增加延伸，要经常检查，开始一周内，每天检查一次；运转一个月内，每周检查一次；运转一个月后，每月检查两次。延伸后必须及时调整张紧装置，当接近调整范围极限时，立即停止，不允许链子在过松情况下运转。

6.6.19　水泥工业用选粉机

1. 工作原理、技术性能及特点

组合式选粉机（图 6.26）是将笼形转子选粉机和粗粉分离器组合为一体的设备，分为上、下两部分。上部为笼形转子选粉机，下部为粗粉分离器。

出磨物料由提升机提至选粉机上部进入进料装置，从进料口喂入选粉机（或从风扫磨尾部经气流携带进入选粉机）。混合气体进入下部粗料出口的立式风管内，气体中的物料在反击锥处受到碰撞作用而转向，由于上升风速降低、提升气力变小，粗颗粒向下降落并通过粗料出口离开选粉机；细颗粒由混合气体继续带到上部。到达位于导向风环与旋转着的笼形转子之间的选粉区，汇合上部喂入物料一并分选。

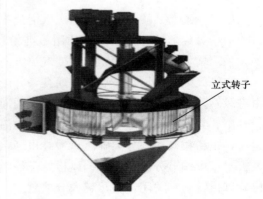

立式转子

图 6.26　组合式选粉机

细粉（即成品）由于气力的驱动，穿过笼形转子上的笼条并离开壳体上部的出风口进入旋风筒（或收尘器）。

粗粉从选粉区降落下来进入内锥体，通过内锥体与反击锥之间的环形缝隙来实现物料的均匀分撒。这样，上升的混合气体可对此部分物料进行再分选，形成选粉机内部循环分选，以提高选粉机的选粉效率。

含尘气体携带着细粉从位于顶部的壳体上部的出风口进入旋风筒（或收尘器）。成品从旋风筒下部（或收尘器）出口卸出，经由输送设备进入料库。含尘气体从旋风筒上部出口进入收尘器（或直接进入收尘器），过滤后的气体通过系统风机后排入大气或部分再循环到系统中。

2. 设备结构

组合式选粉机由下述部件构成：出风管、进料装置、传动支架、壳体上部、进料口、回转部分、导向风环、旋风筒、支座、壳体、反击锥、粗料出口、传动装置、翻板阀。

3. 维护

（1）运行情况下的维护工作

传动装置及回转部分的运行是否平稳；粗料出口处翻板阀的功能是否正常；选粉机各连接法兰和检查门处的密封是否严密；轴承润滑及温升情况是否良好；传动装置的设备及润滑、温升等情况，按供货商提供的技术文件中有关规定要求进行检查；粗料和成品的运输设备状况是否良好。

（2）停车后维护检查的内容

1）磨损检查：定期检查与物料接触的部件，至少每月检查一次；如果必须更换笼形转子的笼条时，应注意所更换的笼条的质量与其对面位置上的笼条的质量应相等，以避免造成不平衡现象；必须更换运行中已经磨薄不能再安全固定或磨损已达到了严重程度的衬板。

2）机械检查：按照各供货商提供的技术文件中的规定，对传动装置各部件进行检查；检查底座与传动部件间的连接螺栓是否紧固；对连接衬板的螺栓应随时检查；每两年应对轴承做一次全面检查，同时刮掉轴套内的旧油脂，并注入新的油脂。

6.6.20 水泥工业用粗粉分离器

粗粉分离器是用来将粉料与空气混流中的较粗的粉料分离出来的设备。

粗粉分离器的分离原理是利用粗细粉粒的惯性力、离心力以及所需用的动力大小不同，采用增大通风截面面积和改变气流方向的措施使粗粉分离出来。

内锥筒上部圆周均布有若干通孔，并配设相应数量的可转动的挡风板。携带粉料的风由进风管到内外锥筒之间后，由于通风截面增大，风速和风力减小，粗粉粒降落并由粗粉管排出。其余粉料仍随气流上升进入内锥筒内，由于受挡风板的阻挡作用，气流改呈螺旋运动，粗粉粒被离心分离降落，最终也经粗粉管排出，细粉随气流由出风管排出。调节挡风板角度可调节分离细度：挡风板处于径向位置时无阻挡作用，分离最粗；挡风板由径向位置进行转动和关闭，转角越大分离越细。

上盖内表面上固定有若干放射螺旋叶片。携带粉料的风由进气管经挡风盘阻挡进入内外圆筒之间，由于通风截面增大和气流方向改变，粗粉被分离降落并由粗粉管排出。其余粉料仍随气流上升，经螺旋叶片间进入内锥筒内，由于气流产生旋转和下降使粗粉分离降落，细粉随气流由出风管排出。

内锥筒内的粗粉由下部出口沿双锥阀下滑重新被风带起，二次被分离降落于粗粉管或内锥筒内。调节喷嘴、双锥阀、伸缩管的高度可分离细度。双锥阀和喷嘴升高、伸缩管下降，分离则细；反之则粗。这种粗粉分离器的顶部设有防爆管和防爆石棉板封盖，适用于煤粉磨系统。

6.6.21　水泥工业用细粉分离器

细粉分离器属旋风收尘器类，具有收尘量大、效率高的特点，适用于水泥生产工艺流程中的圈流粉磨系统，在粗粉分离之后，将细粉由气流中分离出来。

细粉分离器的分离原理：利用粉粒与气体的离心力大小不同，使含粉气体在旋转运动中将粉与气体分离开来。含粉率低、粉粒大，对气体的净化率高；反之则低。

内外圆筒细而长，收尘效率较高，可达95％。顶部设有防爆管和防爆石棉板封盖，适用于分离易燃易爆的煤粉等。

两个同样规格的细粉分离器并联形式，其主要特点是内外圆筒粗而短，尤其内圆筒特别短，阻力损失小，适用于分离水泥或其生料粉等。

6.6.22　水泥工业用多流股连续料流式均化库设备

多流股连续料流式均化库设备系统（图6.27）是具有输送、重力均化和生料贮存功能的一组设备，适用于输送、均化和贮存干燥的粉状或小颗粒易流动的物料。在水泥厂里主要用于生料入窑前的最后一道均化处理，使入窑生料品质均匀，保证窑的热工制度稳定，提高熟料质量，降低能耗。

多流股连续料流式均化库设备系统适用于水泥的干法生产工艺，特别适用于窑外分解或悬浮预热的生产工艺。

1. 结构原理

当窑、磨正常运行时，来自生料磨的生料及窑尾废气处理收下的生料由提升机送入库顶生料分配器，经6条长短不一的斜槽连续地送入生料均化库，在库内进行气力均化。

图6.27　多流股连续料流式均化库设备系统

设备试运转时应对充气压力、充气量、截止阀、气动衬胶蝶阀、气动开关阀、流量控制阀、负荷传感器、差压传感器、料位器的性能进行在线调校。对自动控制系统按预设程序运行，测定数据。调整被调参数使调节参数达到理想状态。试运行中应注意安全，库进料充气后检修门严禁打开。分配器、提升机关机，应当在来料断流后再继续工作几分钟排空积料，最后关风机和收尘。水泥库在装料后如试运转暂停，还应每天定时对库底短时间充气，松动干燥物料。

2. 管理

MF系统应有明确的规章制度，专人负责管理。操作和调试均按经过批准手续的操作程序进行。管理人员和操作工应进行培训，全面掌握设备操作技能和安全知识后上岗。制定设备维护检修制度和安全操作规程，并严格执行。

MF系统一般每年进行大修理一次，彻底清除库内杂物，检查充气槽、管道、管件和透气层的损坏情况，如有损坏应更换新的或进行修复。

每月应检查12次风量、风压和控制系统的运转情况，电磁阀损坏应及时修复；风机加注润滑油，且应有备用机轮流使用和检修；进风管不应有杂物。

每星期应有12次各部运动零件的润滑检查，并加油和清除积垢。对管道内、充气室可能存在的积水和积灰，应打开专用的放水阀进行排出。

经常检查物料入库前的品质和湿度。生料的含水量应低于1%，以防流动性恶化。空气含水量高时应采取除水措施降低湿度。物料的温度应低于100℃，以免损坏透气层和密封材料。

6.6.23 水泥工业用堆料机、取料机和堆取料机

1. 概述

根据水泥厂的生产工艺、原料来源和生产规模的不同，作为主要均化设备的堆取料机的形式、规格和操作方式都有差别。按料场的布置方式可分为长形预均化料场（图6.28）和圆形预均化料场（图6.29）。按物料的种类可分为石灰石均化、辅料均化和煤均化。

图 6.28　长形预均化料场

图 6.29　圆形预均化料场

长形预均化料场的总体设计是根据厂区地形环境及水泥生产线的规模而定。堆取料机的规格参数（堆料机的悬臂长度、高度和取料机的轨道距离）是按照长形预均化料场大小确定，堆取料机的生产能力是按水泥生产线的生产规模确定。长形预均化料场取料机有桥式刮板、侧式悬臂刮板、桥式斗轮取料机等几种形式，堆料机基本上是侧式悬臂形式。

圆形预均化料场同样是根据工厂地形而定的。其规格参数（圆形堆取料机的直径）是按照圆形预均化料场大小而堆取料机的生产能力是按水泥生产线的生产规模确定的。圆形预均化料场主要有圆形、圆形顶堆侧取式堆取料机。

2. 堆取料机的构造和工作原理

物料的均化是指均化后物料的化学成分相对稳定，煤炭灰分与燃烧值也相对稳定，可使水泥生产质量控制与产品质量有较大提高，同时提高经济效益，降低能源消耗。

物料均化工艺是指按设定的堆料方法和取料方法对物料进行混匀，从而获得成分均匀、稳定的物料。影响物料均化效果的因素很多，不仅与堆料方法和取料方法有关，而且与建立料堆所需的时间 T_1（短期平均值）、原料平均波动周期 T_2（长期平均值，可以是整个矿山，也可以是整个台段上碳酸钙含量的平均值）、堆料层数 N 等都密切相关。

常规的基本堆料方式有以下几种：

（1）"人"字形堆料：这种堆料方式对所需的堆料机及其动作要求都较简单，但造成物料的离析作用显著。

（2）波浪形堆料：能有效消除和减少堆料时的粒度离析现象，适用于均化粒度分布范围广、粒度相差悬殊的物料。

（3）倾斜层堆料：这种堆料方法的粒度离析现象比"人"字形堆料更严重，适用于物料的成分、性能波动不大和对预均化要求不高的场合，而且倾斜层堆料时料层厚度较厚，总料层数一般为 60～70 层，其他堆料方式可达 400～500 层以上。

（4）圆锥形堆料：是沿料堆中心线依次定点卸料，形成一个相当大的圆锥形料堆。堆起的料堆适用于侧面取料，它的应用范围与倾斜层堆料方式相同。

3. 堆取料机的操作、维护和检修

（1）堆取料机的操作

对于长形料场的堆料机，通常都是采用连续堆料方式，料堆横截面为三角形。相应的桥式刮板取料机采用的是端面取料方式，从而达到物料均化的目的。

对于圆形堆场的堆料方式，按"连续复合式"方法进行。臂架在堆料过程中沿料堆的堆脊运行方式堆料（即臂架的升降和回转协调运行）。其取料方式也是端面取料方式。

与侧式取料机相对应，可采用定点堆料的方式，形成锥壳形堆，其取料方式是采用侧式分层取料。

（2）设备操作

操作方式：堆取料机的操作方式通常有自动、半自动和手动操作三种。

（3）安全操作规程

操作人员必须认真阅读设备的使用说明书，熟悉本设备的性能和操作方法，并经考试合格，方可上岗。严禁超出本设备所规定的范围运行，即堆取料能力、运行距离、回转范围、变幅范围等，严禁臂架作为起重臂吊运任何重物。经常检查各部位限位开关的位置是否准确、可靠，制动器是否可靠，严禁随意移动限位开关位置和制动器间隙。风速限制：室外工作的堆取料机只能在七级风以下作业。当风速达到七级时，设备停止工作，迅速夹紧夹轨器。作业时严禁检修、清扫、加油。停机检修时必须切断电源。工具、备件和其他杂物必须存放在专门的箱柜内，严禁随意散堆、散放。机上、司机室、电气室内严禁堆放易燃、易爆物品，并经常检查灭火器是否完好。经常清理扶梯、平台和走道上的油污、雨水、冰雪及散落的物品。电气维修人员严格遵守电气安全操作规程，必须经常检查和维护电气设备。

6.6.24　JD 型带式定量给料机

带式定量给料机（图 6.30）是由计算机控制的，能自动按照预定的程序，依据设定的给料量，自动调节流量，使之等于设定值，以恒定的给料速率，连续稳定地定量给料，自动计量和累积。该产品是机、电、仪一体化，可以通过仪表键盘、多种接口和模拟输入，对设备

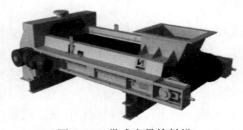

图 6.30　带式定量给料机

进行控制，也可以通过上位机完成系统的自动控制。

1. 主要结构

（1）称量框架：称量框架采用单托辐杠杆式结构，支点为不锈钢十字弹簧片。在称量架上有标定支架，支架上开有 V 形槽。标定砝码为一长钢棒，搭在两支架的 V 形槽上标定。

（2）从动滚筒及张紧装置：从动滚筒在进料端，调整张紧螺杆可使从动滚筒前后移动，调整皮带的张紧度。同时可使主、从动滚筒平行，避免皮带跑偏。

（3）驱动装置：驱动装置包括调速电机（直流或交流变频）、减速机和主动滚筒。电动机与减速机直联后，将减速机的空心轴直接套装于主动滚筒轴上，平键连接，轴向固定。驱动主动滚筒带动皮带滑动。速度传感器直接装在电机轴上，随电机的转动，直接发出相应的速度脉冲信号。

（4）自动张紧装置：自动张紧装置有两个作用，一是自动张紧，使皮带张紧力恒定，保证称量精度；二是皮带导向，随时自动调整皮带走向，防止其跑偏。

2. 机械结构特点

（1）皮带更换：松开张紧装置，取下驱动装置侧的有关部件，使秤体呈悬臂状态，就可方便地取下旧皮带，套上新皮带。

（2）计量精度受皮带张力的影响：由于有皮带自动张紧装置，张力恒定，加之称量传感器应变位移量很小，所以皮带张力对计量精度的影响可以忽略不计。

（3）对于不同特性的物料和不同的工艺要求可采用不同的给料料斗，保证物料流动连续稳定，并有可调整料层厚度的截面板、导料板和卸料溜子。

（4）皮带内表面与滚筒之间有犁形清扫器，皮带外表有刮料板，并带有橡胶刀口，可随机清除皮带面上黏附的物料，一则保证皮带运行平稳，延长使用寿命；二则称量零点稳定，保证了称量精度。

（5）皮带两侧有限位开关，一旦平衡外力太大，自动防偏装置无能为力，皮带跑偏触动限位开关时，通过微机发出报警信号。排除不平衡外力，报警解除。

（6）机架上有皮带张紧标准刻度，能方便地进行皮带张紧度的调整。

3. 工作原理

称量系统通过称量传感器测量出输送皮带上通过称量段的物料质量信号，安装在电机轴上的速度传感器发出与皮带速度成固定比例的脉冲信号，以上两个信号同时送到微处理器中，经过系统处理得出实际给料量。将实际给料量不断地与设定的给料量相比较，并通过数字调节系统调整皮带输送速度，使之精确地以恒定的给料速率给料。

4. 维护

每天清扫皮带内外表面的残留物。经常检查承重螺钉与称量传感器上的钢球是否接触良好，接触点之间是否有积尘（如有积尘可用硬纸片往复按几次）。长期不用或维修时，应使用称量传感器的限位保护螺钉将称量架稍稍提起，以防止非正常压力作用在传感器上，并应检查称量架与框架之间的缝隙中有无杂物或物料颗粒，如有应及时清除。齿轮箱要定期换油，换油时一定要注意油的清洁，带杂质的油会起反作用。电控柜是密封的，但在粉尘较大的环境下经常开门也存在扬尘问题，要注意清理电气元件和线路上的粉尘。开门的钥匙要有专人掌握。维护和事故处理要由专业人员进行，仪表损坏一定要由专业人员处理。

6.6.25　水泥工业用空气炮清堵器

空气炮清堵器（图 6.31）是防止和清除各种类型料仓、料斗、水泥预热器窑和管道分叉处的物料起拱、粘仓闭塞等现象的专用装置。混凝土、钢、木或塑料制成的仓和斗均可使用。

空气炮清堵器的主要特点：

（1）安全可靠

由于空气炮的喷射是瞬间的，每次使用的空气量有限，因此不会对仓、斗等构筑物产生大的振动和对仓壁的冲击。采用无火花开关，周围介质没有爆炸危险。

（2）能量高、能耗低

空气炮清堵器是利用储存在贮气罐中的气体，突然爆发所产生的气流冲击力直接作用于物料闭塞事故区，以破拱清堵助流。由于空气炮清堵器是间歇工作，每次充气时间

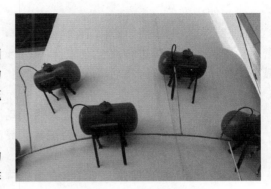

图 6.31　空气炮清堵器

很短，因此比其他清堵助流装置所消耗的能源都低。

（3）噪声低

膨胀释放压缩空气的声音几乎全部被仓中的物料所吸收，又是间歇工作，所以噪声低于工业企业噪声标准。

（4）安装维修方便

在料仓易被阻塞的适当部位切割一个孔或设计时预留孔，把管座焊接或用混凝土稳固在仓壁上，然后与空气炮喷射管直接连接，炮体用螺旋扣或钢条悬吊于仓壁或其他构筑物上，以加强炮体的稳固性，无须使用专用工具。

1. 空气炮的结构和原理

（1）结构

空气炮清堵器是由炮体、喷爆总程、活塞、弹簧、密封环、膜片等组成。突然喷出的压缩空气的强烈气流，以超过 1 马赫的速度或高于音速的速度直接冲入贮存散装物料的闭塞事故区，这种突然释放的膨胀冲击力克服了物料的静摩擦，使仓中的物料再一次恢复动力流动。

（2）工作原理

它是利用空气动力原理，工作介质为空气，由一差压装置和可实现自动控制的快速排气阀，瞬间将空气压力能转变成空气射流动力能，可产生强大的冲击力，是一种清洁、无污染、低耗能的理想清堵吹灰设备。空气炮主要由空气炮本体（含喷气组件）、三通电磁阀、空气炮控制器、空气炮喷吹管等组成。

（3）一般布置原则

在料仓结构分析及现场考察，一般来讲，最易起拱、堵塞的部位在垂直仓壁与锥形料斗结合部至下部，所以布炮重点也应在此范围。针对各种情况在容易起拱处按角度分层次布置空气炮若干台，组成一个操作系统进行工作。布炮的层距为 0.9～2.5m，间距为 3m

左右，交错配备。这是一般选择方法，一个料仓确切配置几台、分几层布置，应视具体情况确定。

2. 维护与修理

为了有效地延长空气炮的使用寿命，排除因使用不当而造成的停用隐患，应进行必要的维护检查。

（1）使用准备

安装空气炮时应将管道内杂物清理干净，经认真检查无问题再向空气炮充气，并进行密封检查。合格后可进行放空炮试验，试验时可先用较低的压力试放，无问题再逐步升至最高工作压力，安全合格后可正式投入使用。

（2）月检

1）检查全部空气管道及连接处是否松动漏气。

2）检查全部气动元件工作是否正常、灵活。

（3）半年检

1）进行全面外观检查，空气炮有无结构损伤。

2）关闭空气炮气源，释放炮体内气体，卸掉放水塞，排出内部全部积水，然后把放水塞在原处拧紧。

3）检查空气炮的吊挂、支撑装置的焊接处是否固定，是否有损坏，螺栓是否有松动等不正常现象。

4）正常操作时，如发现空气炮漏气，需清理或更换密封圈或活塞。此项工作应注意：首先关闭气源，停止供气，释放炮内气体，从炮头活塞缸筒中取出活塞进行清理，更换配件。无论是清理还是更换配件，只要活塞从缸筒中取出，都应更换新的密封圈。安装前活塞和密封圈都应加油润滑。

5）检查炮头和炮体之间的法兰垫片，如有损坏应更换，然后把全部零件安装牢固。

6）检查全部接线有无松动、磨损或断裂现象。

7）检查电磁阀、脉冲阀部件，如有损坏应及时更换。

完成上述检查后，重新接上所有空气管路和电源，检查各部连接正确可靠后方可投入使用。

6.6.26 水泥工业用锤式破碎机

1. 概述

锤式破碎机（图 6.32）具有结构简单、破碎比大、能耗低、产品粒度均匀等优点，广泛应用于建材、化工、发电、选矿、炼焦等工业部门，用作中等硬度以下各种物料的破碎。

锤式破碎机能将 $1m^3$ 以上的大块石灰石一次破碎到小于 20mm，使传统的两段或三段破碎改为一段破碎，从而简化了生产流程，节省了投资，降低了能耗及其他生产费用，是水泥厂理想的破碎设备。

2. 锤式破碎机的结构及工作原理

（1）锤式破碎机的结构

锤式破碎机主要由机架部、给料辊部、转子部、保险门部、筐条部和基础部组成。

图 6.32　锤式破碎机

（2）锤式破碎机的工作原理

锤式破碎机是由电动机通过弹性柱销齿式联轴器，直接带动具有飞轮的转子部，矿石由一个单独的给矿机送至破碎机。这个给矿机将矿石送到破碎机进口的整个宽度上，以达到均匀布料。矿石进入破碎机后就落在一个橡胶支撑的防震给料辊上。给料辊以一定的速度旋转，把进入机内的矿石陆续送到高速回转的转子部。给料辊与机架之间有一定的间隙，矿石中的一部分细粒从这个间隙可以落下去，起到一定的排泥作用。与传统的锤式破碎机不同，这种破碎机在开始破碎阶段锤头反打给料块，这时给料块同时被抛起。被抛起的矿石在机架部足够大的反击腔中能够自相碰撞或再行破碎。在后一个破碎阶段，则与传统的给料锤式破碎机一样，矿石撞击破碎板和出口箅条，被粉碎到合格粒度后通过箅条开口落下。破碎产品由皮带运输机运走。为了排除进入机内的铁块等非破碎物，在箅条的后半部分设置了排铁保险门装置。

3. 机器的维护

（1）应沿机器的整个宽度均匀给料，不允许只中部有料两侧无料的现象存在。

（2）矿石入机前应清除非破碎物，如金属块、木板等。

（3）应尽量控制给矿的含水量、含泥量，以免箅条孔堵塞或给料辊卡住。

（4）经常检查破碎产品粒度，如发现粒度变粗时，应及时检查调整转子与衬板之间、转子与箅条之间的间隙。如发现这些部分过分磨损再也调整不了时，则应分别更换有关易损件。

（5）经常检查轴承温度是否超过允许极限。定期往滑动轴承注入稀油，滚动轴承推荐使用 40 号机械油润滑，且定期更换。

（6）更换锤头时应按图纸技术要求，对锤头质量进行选配，保证各排的锤头质量分布均等，符合技术要求的规定。

（7）定期检查各部衬板的松动和磨损情况，做到及时紧固和更换新衬板。

（8）破碎机开动前必须认真检查紧固件的紧固性。检查破碎机内是否有残存矿石，危险部位是否有人。确认无误后鸣笛，然后开动破碎机。

（9）破碎机开动 2～3min 后，方能给矿。破碎机运转时不许用手或工具检查任何零件。必要时应该采取足够的安全措施后方可进行。

（10）破碎机的飞轮、联轴器等旋转部位必须设置防护罩。

（11）破碎机运转时应时刻注意机器的声音。如发现异常声音，应立即停车检查。如发现破碎机有毛病或个别零件损坏，则不应继续工作。

（12）破碎机在停止给矿时，应待破碎腔内确认无残存矿石后方可停车。

图 6.33　袋装水泥装车机

6.6.27　袋装水泥移动式汽车装车机

袋装水泥装车机（图 6.33）是装在某种机构上进行某种功能的运动，实现装车作业的皮带输送机的组合，它用于从尾部或侧面给卡车装运袋装物料。

1. 结构与工作原理

该装车机安装在包装车间一楼，承接包装系统皮带送来的袋装水泥。

（1）站台移动式装车机的结构

该机主要由移动装置、水平皮带机、活动皮带机、摆动及俯仰装置、电气控制系统等组成。

移动装置由移动支架、行走装置等组成。移动支架包括支承、水平皮带输送机；行走装置由电机和链传动驱动走轮行走，带动装车机前后移动。

水平皮带机位于装车机的后部，固定在移动支架上，由电滚、托辊、改向滚筒、张紧装置、皮带等组成，主要用于接收上游输送系统送来的袋装物料。

活动皮带机位于装车机的前部，固定在摆动装置上的回转支承上，可手动。它随摆动装置左右摆动，由电滚、托辊、改向滚筒、张紧装置、皮带等组成，主要用于接收水平皮带机送来的袋装物料。

摆动及俯仰装置由支架、回转支承、电动推杆等组成。电动推杆带动活动皮带上下俯仰运动。

电气控制系统由计数检测及显示器、限位装置、电控柜、机头控制按钮、电缆及导缆架等组成。计数检测及显示器采用光电管检测袋装物料及大屏幕显示，可自动计量装车袋数，还可对装车袋装物料的数量进行预设置，当装车数量达到设定值时，会自动报警。限位装置采用光电管检测控制装车机的两端极限位置，保证设备安全。机头控制按钮便于装卸工装车时，可在车厢内对装车机的往复行走、活动皮带机的上下俯仰及皮带机的启停进行操作。

电气控制系统的控制方式：机上手动半自动控制和机头手动控制方式。水平皮带机、活动皮带机与上游输送系统实行联锁控制。

（2）站台移动式装车机的工作原理

该装车机可进行四种运动：皮带输送机的旋转运动、装车机在轨道上做往复直线行走、活动胶皮带机上下俯仰运动及活动皮带机的手动左右摆动，以适应袋装物料码放的不同位置。以上四种运动共同协作来完成整套装载作业。

工作时，装车机向前移动，伸入到卡车车厢内，调整好装车机与车厢内的位置。由上游输送系统送来的袋装物料进入装车机的水平皮带机，被向前送到活动皮带机，到达活动皮带机的头部溜板，由人工卸袋装车。随着袋装物料在卡车上由底层到顶层的规则堆砌及由前及后的码放，启停移动装置、摆动及俯仰装置，移动装车机及活动皮带机，调整其位置。当装车机运行至行程时，车架端部限位装置动作，移动装置停止工作。

2. 维护

（1）皮带应处于滚筒、托辊的中间，运行中，如皮带跑偏或侧边与机体有摩擦，应调整滚筒或托辊。

（2）操作时，运动部件的动作一次不要太大，注意随时观察装车机的工作状态，以免与其他物件碰撞，造成对设备的损坏。

（3）装车前，应先启动装车机，并与卡车对好位，再启动上游输送系统。

（4）装车机不工作时，应停在站台以内，或将运动部件停放在安全位置。

（5）定期对各润滑点进行检查和加油。

（6）经常检查紧固件，不应有松动。

6.7 特种设备

根据国家市场监督管理总局《特种设备目录》的有关规定，工厂的特种设备主要如下。

1. 储气罐。

2. 起重设备：电动单梁起重机、电动双梁桥式起重机、通用桥式起重机。

3. 锅炉：窑尾锅炉、窑头锅炉，包括锅炉系统的汽包、集箱、蒸汽管道等。

4. 载人、载货电梯。

5. 厂内机动车辆：叉车。

6. 涉及的强制检测设备设施，包括压力表、安全阀等。

7. 高压 CO_2 气瓶（煤磨房）。

8. 主要安全附件有安全阀、水位表、水位控制器、压力控制器、温度控制器、起重机质量及起升高度控制器等。

6.8 余热发电系统

水泥窑、分解炉既是燃烧器又是反应器的热工设备。燃料在其中燃烧生成热烟气，与入窑的生料进行气-固热交换，将热量提供给生料进行物理、化学反应变化，形成熟料，剩余热量以热烟气形式排出。出窑熟料需要冷却，热熟料经过冷却机与送入的冷空气进行热交换。被加热的空气，除入窑（二次风）、入炉（三次风）和烘干原材料外，剩余的含热量的风以余风方式排走，使由窑头、窑尾废气带走的热约占热支出的 30%。从节能角度出发，需要采取措施将这部分热再回收利用，可以降低系统单位熟料热耗。

纯低温余热发电技术是利用窑尾预热器 200～300℃ 和窑头篦冷机 200～300℃ 的中低温的废气，带动 SP 炉（立式）或 HP 炉（卧式）和 AQC 锅炉产生低品位蒸汽，来推动低参数的汽轮机组做功发电。这也是水泥工厂降低热耗和减排二氧化碳的主要手段之一，发电效率高低取决于入锅炉的废气量和废气温度。

工厂同步建设余热发电机组，发电机 10kV 出线引至总降 10kV 母线，正常时与总降并网运行，但不向外部电网供电。

6.8.1 余热锅炉与水泥生产工艺系统的衔接

1. SP 炉

SP 炉采用立式锅炉，窑尾烟气进入 SP 炉经热交换降温至 200℃左右，再由高温风机送到生料磨烘干生料。

SP 炉设置在窑尾预热器与窑尾高温风机之间，用烟气管道与余热锅炉连接，并在 SP 烟气管道上设置旁路管道，既可在必要时及时解列，又可通过旁路烟道的调节作用使水泥生产及余热锅炉的运行均达到理想的运行工况。

窑尾余热锅炉的换热面管束均采用特制锅炉钢管，由水平前后方向弯制成的上下蛇形管束组成，采用逆流顺序布置形式。为了防止烟气颗粒磨损，烟气入口截面上管束与弯头等受气流冲刷严重的位置均设置防磨罩。

清灰应采用机械振打方式清除附着在换热面上的烟尘，通过机械振打，使粉尘进入灰斗，最后排除。

2. AQC 锅炉

AQC 锅炉布置在窑头篦冷机和引风机之间，为立式结构，采用中部抽风的取风方式。在进入 AQC 炉之前的管道上设有重力沉降室，沉降室和 AQC 炉设置在窑头冷却机与收尘器之间的管道上，并设旁路管道以便在必要时解列 AQC 炉。

经沉降室沉降将烟气的含尘量降低后进入 AQC 炉，完成热交换并进入收尘器净化达标后与熟料冷却机尾部的废气汇合，通过引风机经烟囱排入大气。

窑头余热锅炉采用螺旋鳍片管作为受热面，传热效果好。受热面均采用逆流顺列的布置结构形式。窑头余热锅炉因采用了重力沉降的除尘措施，所以附着在换热面上的大的粉尘较少，基本上能随气流带走。

6.8.2 余热发电工艺流程

50 余热发电工艺流程示意图如图 6.34 所示。

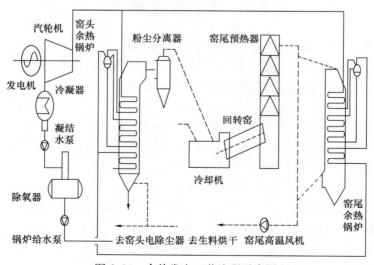

图 6.34 余热发电工艺流程示意图

1. 烟气流程

出窑尾一级筒的废气（约 320℃）经 SP 炉换热后温度降至 200℃ 左右，经窑尾高温风机送至原料磨烘干原料后，通过收尘器净化达标后排放。取自窑头篦冷机中部的废气（约 380℃）经沉降室沉降将烟气的含尘量由 30g/Nm³ 降至 8～10g/Nm³ 后进入 AQC 炉，热交换后进入收尘器净化达标，并与熟料冷却机尾部的废气汇合后由引风机经烟囱排入大气。

2. 水-汽流程

原水经预处理后进入锅炉水处理车间，由锅炉水处理装置进行处理，达标后的水作为发电系统的补充水补入发电系统的除氧器。经真空除氧后的凝结水由锅炉给水泵送至 AQC 炉的热水器段，进入 AQC 炉的给水经炉内低温段与烟气进行热交换，产生低压过热蒸汽和热水；热水按一定比例分别进入 AQC 炉和 SP 炉的高压省煤器、高压蒸发段、高压过热段后，AQC 炉产生的过热蒸汽，SP 炉产生的过热蒸汽，经集汽缸混合主蒸汽进入汽轮机主进汽口，供汽轮机做功发电；低压过热蒸汽通过汽轮机的补汽口进入汽轮机进行膨胀做功发电，经汽轮机做功后的乏汽进入凝汽器冷凝成凝结水后，由凝结水泵送至真空除氧器除氧，再由锅炉给水泵将除氧后的冷凝水和补充水直接送至 AQC 炉，完成一个汽-水循环。

3. 排灰流程

SP 炉的排灰为窑灰，可回到水泥生产工艺流程中，与窑尾收尘器收下的窑灰一起用输送装置送到生料均化库。AQC 炉产生的粉尘和窑头收尘器收下的粉尘一起回到工艺系统。

4. 热力工艺系统

热力工艺系统主要包括：主蒸汽系统及附属蒸汽系统、疏放水及放气系统、给水系统、锅炉排污系统等。

（1）主蒸汽系统及附属蒸汽系统

电站的主蒸汽系统采用单母管制。锅炉产生的主蒸汽先引往蒸汽母管后，再由该母管引往汽轮机，闪蒸产生的低压蒸汽由汽轮机的补汽口引入。可采用加药除氧，不消耗蒸汽。

汽轮机的轴封用汽，由主蒸汽管引至均压箱后，再分别送至前后轴封。

（2）疏放水及放气系统

锅炉部分疏放水量极少，放水直接引至排污扩容器排放。汽轮机部分的疏水均引至设备配套的疏水膨胀箱，最后汇入凝汽器全部回收。

作为机组启动的安全措施，电站各类汽-水管道的自然高点和自然低点均有放汽阀和放水阀，系统启动时临时就地放汽、排水。

（3）给水系统

锅炉给水由两部分组成：一路为汽轮机冷凝排汽的冷凝水，另一路为化学补充水，由化学水处理系统提供。

本系统选用电动锅炉给水泵两台。进出水均按母管制连接，给水泵出水母管上设再循环管接至除氧器水箱，再循环水量通过设在管道上截止阀进行控制。

（4）锅炉排污系统

每台锅炉均设排污扩容器。

6.8.3 余热发电系统

1. 余热发电系统主机设备

余热发电系统主机设备包括 SP 余热锅炉、AQC 余热锅炉、汽轮机、发电机(表 6.4)。

表 6.4 余热发电工艺主机设备表

序号	主机名称	型号、规格、性能	备注
1	PH 锅炉	强制循环锅炉,汽包数量:1 个	数量:1 套
2	AQC 锅炉	自然循环锅炉,汽包数量:1 个	数量:1 套
3	汽轮机	形式:补汽式冷凝机组	数量:1 台
4	发电机	形式:全封闭水冷热交换器式风冷	数量:1 台

2. 汽轮热力系统

来自余热锅炉的蒸汽经隔离阀至主汽门,再经调节阀进入汽轮机做功,做完工后的乏汽进入凝汽器凝结为水,经凝结水泵、除氧器、给水泵送回锅炉。

汽轮油泵、汽封加热器、均压箱所需新蒸汽的管道,连接在主蒸汽主汽阀前,为防止汽封加热器喷嘴堵塞,汽封加热器前蒸汽管道上装有滤汽器。

3. 轴封系统

为了减少汽轮机汽缸两端轴封处的漏气损失,在轴伸出汽缸的部位均装有轴封,分别为前汽封、后汽封和隔板汽封,汽封均采用高低齿形迷宫式。

4. 疏水系统

在汽轮机启动、停机或低负荷运行时,要把主蒸汽管道及其分支管道、阀门等部件中集聚的凝结水迅速排走,否则会进入汽轮机通流部分,引起水击,同时还会引起其他用汽设备和管道发生故障。

汽轮机本体疏水有:自动主汽阀前疏水、前后汽封疏水、自动主汽阀杆疏水、自动主汽阀后疏水、汽轮机前后汽缸、轴封供汽管疏水。

5. 凝结水系统

凝汽器热井中的凝结水,由凝结水泵经汽封加热器送至除氧器。

汽轮机启动和低负荷运行时,为了保证有足够的凝结水量通过汽封加热器中的冷却器,并维持热井水位,在汽封加热器后的主凝结水管道上装设了一根再循环管,使一部分凝结水可以在凝汽器及汽封加热器之间循环,再循环水量由再循环管道上的调节阀门来控制。

汽轮机启动时,凝汽器内无水,这时由专设的除盐水管向凝汽器注水。

6. 真空系统

汽轮机运行需要维持一定的真空度,必须抽出凝汽器、凝结水泵等中的空气,它们之间均用管道相互联通,然后与射水抽气器连在一起,组成一个真空抽气系统。

7. 循环水系统

凝汽器、冷油器以及发电机的空气冷却器必须不断地通过冷却水,以保证机组的正常工作,冷却水管道、循环水泵、补充用的工业水管道及冷却循环水的冷却设备总称为循环水系统。

8. 给水除氧系统

锅炉补充水和汽轮机回收的凝结水进入除氧器除氧，杜绝水中的溶解氧对锅炉受热面的氧腐蚀。

6.8.4　锅炉化学水处理系统

余热发电系统的化学水处理所需的药品主要为软化剂、杀菌剂和阻垢剂等。

结合汽轮发电机主厂房的特点，化学水处理装置布置于主厂房一侧。车间内布置设备有原水泵、过滤器、反渗透装置、中间水箱、中间水泵、凝汽器补给水泵等。

1. 化学水处理量

余热发电站正常运行时，受蒸发影响，汽-水系统需要补水量为 $2m^3/h$ 至 $10m^3/h$。化学水处理设备能力应大于 $10m^3/h$。

2. 锅炉给水水处理

为了满足余热电站锅炉给水水质标准，同时避免频繁清洗锅炉，结合循环排污水的特点，通常锅炉水处理方式采用"过滤器＋超滤＋一级反渗透＋二级反渗透"系统。处理流程为：循环排污水→原水箱→原水泵→多介质过滤器→超滤→一级反渗透装置→中间水箱→二级反渗透装置→除盐水箱→除盐水泵→汽机房。

锅炉水处理系统出水质量：硬度≤0.03mmol/L，电导率（25℃）≤0.20μS/cm，二氧化硅≤20μg/L。一级反渗透淡水除了作为二级反渗透的进水外，其余淡水均进入循环水池作为循环冷却系统的补水；一级反渗透浓水进入反洗水箱用于过滤器反洗，二级反渗透浓水进入循环水池作为循环冷却系统的补水，可有效节约用水。

锅炉汽包水质的调整是采用药液直接投放的方式，由加药装置中的加药泵向余热锅炉汽包投加纯碱溶液、磷酸三钠（Na_3PO_4）溶液来实现的。锅炉水处理过程中使用的主要化学药剂有纯碱溶液、磷酸三钠、阻垢剂、杀菌剂、还原剂等。

锅炉水处理的主要设备：原水箱、原水泵、多介质过滤器、一级反渗透装置、中间水箱、二级反渗透装置、除盐水箱、除盐水泵、反渗透清洗装置、反洗水箱、反洗水泵、UF 反洗水泵、压缩空气罐、压缩空气过滤器、絮凝剂加药装置、杀菌剂加药装置。

6.8.5　余热发电电气系统

1. 接入系统

余热电站厂设置一段 10kV 母线，发电机出口电压 10.5kV，通过出口开关接于余热电站 10kV 母线，然后通过联络开关与总降压站 10kV 母线相联。发电机出口主开关设置一同期并网、解列点，并将余热电站内 10kV 联络线设置为第二同期点。

电站与厂内供电系统并网运行，不改变总降原有供电、运行方式及水泥生产线供配电系统，发电机发出的电量全部用于工厂的生产负荷，不向外部电网供电。

DCS 系统及热控 ATS 电源柜（380/220V）采用来自就近电气室双回路供电方式。

DCS 系统、ETS 系统、TSI 系统、DEH 系统采用 UPS 电源供电。

2. 余热发电站用电及主要电气设备

余热发电站的 10kV 用电设备（变压器及电机）直接由余热发电站供电。汽机房、循环水处理和锅炉水处理的低压负荷均由站用变压器提供电源，10kV 母线上配备两台低压厂用变压器。正常工作时，两台工作变压器均运行，并互为备用，当有一台发生故障时，另一台能带所有低压负荷的 80％以上。

锅炉水处理车间为二路供电，分别由两段低压母线段引至，在进线处实现自动切换。

余热锅炉系统用电负荷较低，由就近电气室供电。

3. 二次线、自动装置

电气二次线主要包括：余热锅炉、汽轮发电机组的电气控制、测量、保护；主厂房部分的电气系统及设备，主要包括 10kV 高压厂用电系统、380V/220V 配电系统的控制、测量、保护；高压厂用变压器系统的电气控制、测量、保护；主厂房内的中央电气盘柜至各附属辅助车间电气盘柜的控制、联锁电缆；各辅助车间的电气二次控制、测量、保护的设计。

采用机、电、炉集中的控制方式，10.5kV 母线设备、汽轮发电机、余热锅炉及其他电站用辅机在站中央控制室进行集中控制，有单独的电气后台。化学水处理设单独的控制室。

4. 监视和控制

（1）监视系统

余热发电采用 DCS 监控系统。

模拟量控制系统（MCS）包括：锅炉汽包水位控制、凝汽器水位控制。

汽机跳闸保护系统（ETS）包括：汽机轴向位移过大、汽机转子振动过大、汽机热膨胀过大、汽机超速、凝汽器真空过低、润滑油压低、发电机主保护动作、DEH 停机、工艺系统需要的相关设备的联锁。

数据采集系统（DAS）包括：采集工艺系统各种参数、设备状态等信号，历史数据存储及检索，报警显示及打印，各种模拟画面、曲线、棒图、趋势图显示。

（2）控制系统

余热发电系统热工自动化采用机、炉集中控制，电气独立后台的控制方式。集中控制室内设 BTG 盘、操作员站及工程师站，余热发电 DCS 控制柜、ETS 柜、电气柜和热控 ATS 电源柜设在电子设备间内。窑头锅炉、窑尾锅炉、汽机、除氧给水、循环水等系统及辅机均在本控制室控制。化学水处理等辅助系统采用独立 PLC 程控。

发电机控制集中在中央控制室；发电机励磁系统采用可控硅励磁装置，具有电压自动调节（AVR）功能；发电机同期系统采用手动及自动控制，发电机运行有工作、警告、事故的信号；汽轮机发生故障停机时，通过联锁装置使发电机主断路器自动跳闸；发电机运行发生故障时，通过联锁装置对汽轮机热控进行处理；监控发电机系统的运行参数，发电机电压、电流、功率回路监视、中央信号报警等。

余热电站主要电气设备采用集中监控方式，集中监控设备布置在余热电站主控制室，有三种控制方式，即 DCS 控制、保护屏手动操作、开关柜就地操作。

DCS 系统、ETS 系统、TSI 系统、DEH 系统采用 UPS 电源供电。

5. 保护及接地

（1）保护系统

发电机继电保护，发电机纵联差动保护，发电机复合电压启动过流保护，发电机定子接地保护，发电机过负荷保护，发电机转子一点、两点接地保护。

（2）雷电过电压保护

主厂房为钢筋混凝土结构，屋顶为钢制结构，锅炉为钢制结构，利用主厂房钢制屋顶、余热锅炉的钢柱、屋顶避雷带的接地来防止直击雷。

（3）侵入雷电波保护

采用电缆进线的保护层一端直接接地，另一端采用保护间隙接地，同时采用在发电机出口装设避雷器，在发电机 10.5kV 母线装设避雷器和消谐器来限制侵入雷电波、母线振荡、感应所产生的过电压。

（4）内过电压保护

采用在配电装置装设过电压吸收装置作为内部过电压保护，同时采用避雷器作为内部过电压的后备保护。

采用消谐器增大对地电容，以消除谐振过电压的生成。

（5）接地

10.5kV 高压系统为小电流接地系统，0.4kV 低压系统中性点直接接地，采用高压和低压设备共用接地装置，电力部分共用一个电力接地网。

6.8.6　热工控制

1. 控制系统概述

（1）控制方式

配套余热发电系统热工自动化设计是采用机、炉集中控制，电气设独立后台的控制方式。集中控制室内设 BTG 盘、操作员站及工程师站，余热发电 DCS 控制柜、ETS 柜、电气柜和热控 ATS 电源柜设在电子设备间内。窑头锅炉、窑尾锅炉、汽机、除氧给水、循环水等系统及辅机均在本控制室控制。控制室下面有电缆夹层、化学水处理等辅助系统采用独立 PLC 程控。

为了确保紧急情况下机组安全停机，设置极少量的常规仪表和备用硬手操操作设备。机组采用 DCS 系统后，可在中央控制室内控制整台机组，所有的自动控制、远方手动操作和监视保护及联锁均能够在 CRT 上完成，并在控制室里满足各种运行方式的要求，机组的控制台和辅助盘分开布置。窑头锅炉、窑尾锅炉均为远程站，机柜分别就近位于窑头 PLC 室及窑尾 PLC 室内，汽机设为现场站，DCS 机柜、ETS 机柜、ATS 热工电源柜、发电机保护柜、同期柜、励磁柜、电气交流柜、电气直流柜、交直流切换柜等布置在发电中控室电子设备间内。

（2）DCS 监控系统

机炉控制室内控制的工艺系统以 CRT 和键盘操作作为主要监视操作手段。

余热发电集中控制室的模拟盘上有少量重要的热工信号及重要参数指示仪。控制室操作员站的操作台上装设少量的涉及机组安全的硬手操操作设备。控制盘台上后备监控设备的装设原则是：当 DCS 监控系统所有通信发生故障或操作员站全部发生故障时，确保紧急安全停机。

2. 热工自动化控制功能

余热锅炉系统可分为汽包水位控制、烟风挡板调节、主蒸汽压力控制及系统操作四个部分，可以自动监测和控制分离汽包水位、压力，主蒸汽的温度和压力同时可手动操作风门、排空阀、紧急放水阀和主汽阀等设备。其主要的控制功能有：

（1）锅炉水位控制

采用三冲量给水自调节，根据锅炉上锅筒水位、蒸汽流量、给水流量，自动调节给水调节阀开度，实现连续上水，以维持锅炉上锅筒水位处于正常范围内。

（2）汽轮机系统

分为汽轮机负荷调节、热井水位控制、汽轮机保护及系统监测四个部分。它可以根据锅炉产汽量调节汽轮机负荷，控制热井水位；在凝汽真空度低、润滑油压低、汽轮机超速、轴瓦温度超温及发电机跳闸等情况下自动关闭主汽门，保护汽轮机；还可以检测汽轮机转速、凝汽真空度、主蒸汽流量、凝结水流量、轴瓦温度、发电功率和发电量等参数。主要的控制功能有：

主蒸汽压力高、低限报警；主蒸汽温度低，降负荷、报警；凝汽器真空度高，降负荷、报警、停机；射水抽汽器入口水压力低报警；凝结水泵出口压力低报警；润滑油压低报警；润滑油压低报警、停机及润滑油压<0.08MPa时润滑油泵自启；滤油器进出口压差高报警；主油泵出口油压低报警及油压<0.65MPa时电动主油泵自启；轴承温度高报警、停机；凝汽器进汽温度高报警；汽轮机转速高报警、停机；油箱液位高、低报警；汽轮机转子膨胀高、低报警、停机；凝汽器水位高，启备用泵、报警；凝汽器水位低报警。

故障停机：转速>3360r/min汽轮机危急遮断器不动作；主油泵故障；调节系统异常；油箱液位突然降低至最低液位以下；润滑油压<0.015MPa时盘车电机停止。

6.9　中央化验室

中央化验室，负责进出厂原料、燃料、半成品和成品的常规化学分析及物理检验，以保证全厂各生产环节的质量，对水泥产品质量进行调度、管理和监督。

6.10　水泥生产线脱硝系统

6.10.1　熟料线降低氮氧化物排放技术

1. 采用低氮燃烧技术

熟料线系统配置的分解炉通常已设计有分级燃烧功能，生产线投运后在操作上加强优化调整，可以进一步强化分级燃烧系统的脱硝效果。

2. 采用选择性非催化还原（SNCR）烟气脱硝技术

生产线配置 SNCR 烟气脱硝设施，在分解炉上部合适的温度区间内喷入还原剂，与烟气中氮氧化物（NO_x）发生还原反应，进一步降低氮氧化物的排放浓度。

通过以上两项技术的联合使用，确保在低成本的状态下实现系统氮氧化物排放达到国家标准要求。

6.10.2　低氮燃烧技术方案

熟料烧成系统已有分解炉分级燃烧功能设施，在操作上配合优化调整，将氮氧化物的排放浓度降低至 650mg/Nm³ 左右，强化分级燃烧＋优化操作的低氮燃烧技术脱硝效果，确保氮氧化物的排放浓度降低至 400mg/Nm³，使低氮燃烧功能设施的综合脱硝效率达30％以上。

6.10.3 SNCR 烟气脱硝

将熟料线通过优化操作，氮氧化物的排放浓度可控制在 800mg/Nm³ 以下。在此基础上，生产线再配套建设 SNCR 烟气脱硝设施，具体如下。

1. 与生产线的接口方案

通过分析计算在给定的脱硝效率要求条件下不同的 NH₃/NO 化学计量比对脱除一氧化氮的效果，确定最合适的氨水用量。氨水在高温条件下的反应是双向的，既存在氧化形成氮气或者一氧化氮的可能，也存在和一氧化氮通过复杂的系列反应形成氮气的可能。这两种反应均与反应的温度具有密切的关系。在 800℃ 以下，两种反应均具有很低的反应速度，主要还是以氨气的形式存在于烟气中。随着反应温度的升高，氨和一氧化氮的反应占有主导地位，烟气中的一氧化氮被大量还原。而当温度超过 1100℃ 以后，氨气的氧化是主要的，烟气中的一氧化氮浓度将呈现增高的趋势。分解炉出口温度在 850～920℃ 之间波动，能满足 SNCR 的要求。因此，SNCR 脱硝系统与水泥熟料生产线的接口位置（即还原剂喷入点位置）在分解炉上部较为合适。

SNCR 烟气脱硝工艺流程如图 6.35 所示。

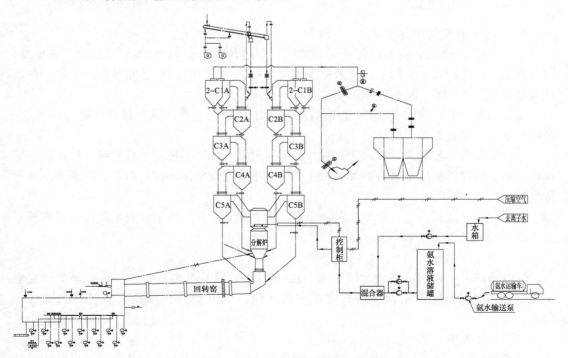

图 6.35　SNCR 烟气脱硝工艺流程

2. SNCR 系统还原剂的选择与供应

SNCR 脱硝工艺中的还原剂通常使用氨水或尿素，但氨水更易于操作，设施建设内容少，投资低，脱硝效率较高，运行成本低，水泥工厂一般采用浓度为 20％左右的氨水作为还原剂。

3. SNCR 系统组成

熟料生产线建设的 SNCR 装置，主要包括 4 个分系统：

（1）接收、储存和输送氨水的系统；

（2）还原剂计量分配系统；

（3）还原剂喷射与监测系统；

（4）工艺的控制和管理系统。

4. 氨水储罐

还原剂为质量分数为 19％～25％的氨水，储存在竖直的不锈钢储罐中。为了防止由于过热引起的氨气的释放，氨水罐体及其辅助设施采取遮阳防雨措施以避免阳光直晒和雨淋。遮雨棚使用镀锌钢板或波纹钢板搭建，并配有照明、接地和防雷设施。另外，遮雨棚还配有压缩空气供应管线（气动驱动装置使用）和饮用水（用于紧急喷淋）。紧急喷淋（配有洗眼器）使用镀锌钢管供水，放置于雨棚外边。

6.11　公用工程及辅助系统

6.11.1　供电情况

1. 供电电源及负荷分级

工厂电源由 220kV 或 110kV 变电站接入。厂内建设一座 110/10.5kV 总降压变电站，以保证全厂的生产及生活用电。从余热发电配电站引一回 10.5kV 电源至总降压站，在余热发电 10kV 侧并网，但不向外部电网供电。

工厂通常设置一台约 800kW 的柴油发电机作为保安电源，供窑辅传、篦冷机风机、消防水泵等一级负荷的用电。

一级负荷有：窑辅传、窑润滑装置、高温风机辅传、高温风机润滑装置、篦冷机一室风机、磨主减速机高压油泵、磨稀油站、中控室重要设备电源、应急照明、循环水泵及消防水泵。

余热发电一级负荷有：盘车装置、交流润滑油泵、锅炉给水泵、发电机定子加热器。

2. 供配电系统

（1）总降压站

供电系统通常采用两级放射式配电，由 110kV 总降压变电站以 10.5kV 向车间配电站供电，再由车间配电站以放射式方式向各车间高压电动机和各低压电气室的变压器供电。

（2）高压配电

一般在厂区石灰石破碎、原料粉磨、烧成窑头、水泥粉磨等高压负荷较集中的地方设10kV 车间配电室。

石灰石破碎配电站供电范围为石灰石破碎及输送的高压电机及电气室变压器供电。原料粉磨配电站供电范围为原料处理的高压电机及电气室变压器。烧成窑头供电范围为烧成窑尾、烧成窑头、煤磨的高压电机及电气室变压器。水泥粉磨配电站供电范围为水泥粉磨、水泥包装的高压电机及电气室变压器。

配电站内设有完整的继电保护系统及微机综合保护器，用于 10.5kV 配电系统的保护、控制、测量和报警监视。

（3）低压配电系统

生产系统根据实际情况布置电气室。通常情况下，石灰石破碎电气室供电范围为石灰石破碎及输送等。原料处理电气室供电范围为原煤预均化堆场及输送、辅助原料预均化堆场及输送、联合储库、原料配料站等车间。原料粉磨电气室供电范围为原料粉磨、生料均化库顶、废气处理、压缩空气站、循环水池及泵房等车间。窑尾电气室供电范围为生料均化库底及生料入窑、烧成窑尾、烧成窑中、煤粉制备、脱硝系统等车间。煤磨电气室供电范围为煤磨车间用电设备。窑头电气室供电范围为烧成窑头、熟料库顶、中央控制室等车间。熟料库电气室供电范围为熟料库底、熟料输送等。水泥粉磨电气室供电范围为水泥配料站、水泥粉磨及输送、水泥储存库顶、石膏破碎等车间。水泥包装电气室供电范围为水泥库底、水泥散装、水泥包装及发运系统、压缩空气机站、机电维修、浴室、销售楼等车间。

3. 供配电线路

电力电缆均采用 YJV 铜芯电缆，变频调速电机采用交联聚乙烯绝缘钢带铠装聚氯乙烯护套铜芯电缆，煤磨车间采用阻燃电缆，控制电缆采用聚乙烯绝缘聚氯乙烯护套铜芯控制电缆，照明供电采用 380/220V 三相五线制接线（单独 PE 线）。

4. 主要设备、操作及监视

（1）110kV 主变压器

通常选用高效节能油浸式变压器。

（2）10kV 主要设备

1）10kV 配电装置采用手车式开关柜，柜内选用保护装置和真空断路器，配智能操控装置。

2）直流控制电源选用微机监控免维护铅酸蓄电池的直流成套装置。

（3）操作及监视

10kV 配电回路在开关室分合闸，电动机回路在中央控制室分合闸，紧急情况时也可在机旁分闸。机旁方式时，电动机回路由机旁控制箱分合闸；馈电回路在开关柜分合闸，运行状态除在开关柜上指示外，还将与电气测量及各种状态信号、故障信号等送入计算机控制系统，由中控室监视。

5. 防雷保护及接地系统

（1）防雷保护

厂区建筑物均设置防雷保护设施，一般采用避雷带，在厂区较高的建筑物上安装主动式避雷针，有效地保护每个区域的建（构）筑物。避雷带作为辅助防直击雷接闪器，在满足热稳定条件下，利用钢层架、金属烟囱、铁栏杆等作为接闪装置，利用柱内钢筋作为引下线。

（2）接地系统

10kV 系统为中性点不接地系统。380/220V 系统为变压器中性点直接接地系统，为保护人身安全，接地系统采用安全度高的 TN-S 系统。

全厂各级电压的电力设备的工作接地、重复接地、保护接地、过电压保护接地等采用共用接地装置（不包括自动化部分的接地），接地电阻满足最小一类的接地要求。厂区以电气室的接地装置为基础，通过专门敷设的接地扁钢，同车间的接地装置组成全厂接地网。

6. 车间电力系统

（1）车间供电系统

厂区各配电站以 10kV 电源向车间高压电动机和各车间电气室变压器供电。主要生产车间由电气室向低压负荷和低压电动机放射式直接供电。

（2）控制方式及控制水平

主要工艺流程的设备采用计算机控制系统进行控制。由计算机控制的每台设备在机旁均有按钮盒或控制箱，装有带统一钥匙的控制方式选择开关，进行控制方式选择。有"集中""断开""机旁"三种控制方式，"机旁"方式优先。用集中控制方式时，中央控制室根据工艺流程及设备保护的要求，对电动机组及用电设备，按预先编制的程序进行成组开停控制，用电设备的备妥、运行、故障等状态，可在中央控制室的操作站液晶屏上显示。各种故障及工艺参数可由打印机打印出报表。用机旁控制方式时，可在机旁进行单机的开停，以满足单机试车的要求。用断开方式时，集中控制和机旁控制均无效，以保证检修人员的人身安全。在发生故障时，中央控制室和机旁均可进行紧急停车。

（3）电动机形式及电控设备

电动机类型根据工艺选定，窑主传动采用直流电机，低压变速采用变频电机。功率在 200kW 及以上的电动机采用 10kV 高压电动机；功率在 200kW 以下的电动机采用 380V 低压电动机。电动机根据起动条件选择绕线形电动机或鼠笼形电动机。

鼠笼形电动机一般采用全电压直接起动；高低压绕线形电动机采用液体变阻器起动；直流电动机采用数字式可控硅直流传动装置调速；交流调速电动机采用变频调速装置调速。

7. 继电保护

总降 110kV、10.5kV 和各电气室 10kV 配电回路采用微机综合保护装置，该保护装置具有保护、测量、监控、报警功能。

主要保护内容：

（1）110kV 进线保护

电流速断保护、定时限过电流保护。

（2）110kV 变压器回路保护

差动电流保护、复合电压过电流保护、过负荷保护、瓦斯保护、温度保护、零序过电流保护。

（3）10kV 配电变压器回路保护

电流速断保护、定时限过电流保护、零序过电流保护、瓦斯保护、温度保护（报警或跳闸）。

（4）10kV 配电线路保护

电流速断保护、定时限过电流保护、零序过电流保护。

（5）10kV 电动机回路保护

电流速断保护、反时限过电流保护、过负荷保护、零序过电流保护、三相电流不平衡保护、定子电流差动保护（功率大于 2000kW 时设置）、低电压保护、电机定子绕组温度热保护（热电阻测量）。

（6）10kV 电容器回路保护

电流速断保护、过电压保护、欠电压保护、零序过电流保护。

8. 无功功率补偿

供配电系统功率因数补偿采用 10kV 和 0.4kV 集中自动补偿。10kV 电动机无功主要采用在生料磨电力室、水泥磨电力室就地补偿，10kV 电容补偿柜通常在总降内，尽可能地减少厂区配电线路损耗；0.4kV 电动机无功采用集中补偿，0.4kV 电容补偿柜集中放在电力室、变电所内。无功补偿设计可以保证厂区内各电力室（变电所）10kV 进线侧功率因数大于 0.92 为原则。总降 10kV 侧设 10kV 电容补偿，保证 110kV 进线侧功率因数不小于 0.92。

9. 配电系统谐波

全厂主要有原料磨选粉机、煤磨选粉机、水泥磨选粉机、窑头一次风机等少量工艺要求调速的交流电机采用变频调速，其他电机采用直接启动、软启动、液体电阻启动、液压传动等方式。同时为确保工厂电网谐波水平满足国家标准要求，防止变频干扰，在配电系统设计中根据配电变压器容量及其供电变频器功率大小，在变频器进出线设置无源滤波装置或交流电抗器。其他主要谐波治理措施为在无功补偿装置中串联电抗器以抑制 5 次及以上谐波，其中低压无功补偿装置串联 7％电抗器，中压补偿装置串联 5％电抗器。

10. 电力拖动

（1）电动机形式及其起动调速装置

低压鼠笼形电动机一般采用直接启动，经计算起动压降较大时，采用软启动器起动。

中压绕线形电动机采用液体电阻起动。

回转窑主传动采用直流传动装置调节转速。

篦冷机采用液压传动装置调速驱动。

原料磨选粉机、煤磨选粉机、水泥磨选粉机、窑头一次风机等少量工艺要求调速的交流电机采用变频调速。

（2）电动机的保护装置

10kV 电动机：采用微机保护装置采集电压、电流参数并完成速断、反时限过电流、低电压、接地保护。

380V 电动机：短路保护采用断路器，过负荷及缺相保护采用适用于电动机保护的热继电器和接触器。

11. 电动机的控制方式

生产线采用 DCS 控制方式，设备控制采用机旁优先方案，各受控设备均可由 DCS 和机旁手动两种方式操作，并装有机旁按钮盒。机旁按钮盒上有现场/检修/中控三位置转换开关，和"起""停"按钮。当转换开关处于"中控"位置时，该设备由中控室 DCS 操作，当处于"现场"位置时，该设备由机旁按钮盒上的"起""停"按钮控制，当处于"检修"位置时，就地及中控均无法起动电动机，设备处于停车状态。但设备在运行时，无论转换开关处于"中控"位置，还是"现场"位置，机旁按钮盒上的"停"按钮都能将正在运行的设备停下来，以便在紧急情况下保护人员、设备安全。

12. 电气照明

照明供电采用 380/220V 三相五线制接线（单独 PE 线）。大车间由电气室放射式供电，小车间为树杆式供电。

检修照明根据工作环境一般采用 24V、12V 移动式照明变压器。

总降、中央控制室、各电力室、人员密集场所（如办公楼、宿舍公寓、化验室等）设事故照明及疏散照明，在主要生产车间的楼梯、走廊、通道等处设疏散照明。

照明灯具选型原则：一般车间照明及中央控制室、化验室、控制室、办公楼其他房间等均采用 LED 灯照明；煤磨厂房的照明选用符合粉尘防爆要求的防爆灯具；厂区道路照明采用单侧排列或双侧排列的 LED 路灯；地下廊道、封闭车间、不封墙车间、皮带隧道照明灯具供电回路分别设置，可根据日照条件在白天和夜晚分别控制。

13. 电缆敷设

室外电缆利用电缆隧道和电缆桥架敷设，室内电缆则根据实际情况采用电缆沟、电缆桥架、穿保护管相结合的敷设方式。

14. 防雷和接地

（1）防雷

厂区内一般按第三类防雷建筑物设置，厂房 15m 以上的建（构）筑物均须布置有防雷装置，利用建筑物顶部金属栏杆并在需要时设置避雷针作为接闪器，充分利用建筑物基础作为防雷接地体。

厂区总降 110kV 架空进线布置设避雷线（架空地线）作防直击雷保护。110kV 及 10kV 母线处设氧化锌避雷器作大气过电压保护。厂区总降有独立避雷针。

（2）接地

110kV 采用直接接地系统，10kV 采用不接地系统，0.4kV 采用 TN-S 系统。

全厂各级电压的电力设备的工作接地、重复接地、保护接地、过电压保护接地等采用共用接地装置（不包括自动化、变频接地），接地电阻满足最小一类的接地要求。厂区以电气室的接地装置为基础，通过专门敷设的接地扁钢，同车间的接地装置组成全厂接地网。

生产线分别设置几种工作接地，如电气工作接地、变频器工作接地、电收尘及特殊设备接地、仪表及计算机系统接地等。

接地电阻要求：110kV 总降：不大于 0.5Ω；变电所，电气室：不大于 4Ω；防雷接地：不大于 10Ω；其他工作接地：不大于 4Ω。

15. 电气消防

厂区总降压站、各车间电力室、配电室配置手提式干粉灭火器或二氧化碳灭火器，煤粉制备车间采用防爆电器，布置干粉灭火器和气体灭火装置。

16. 漏电保护

厂前区单体插座回路、隧道照明回路等设置漏电保护；宿舍楼等区域各房间照明箱总进线设置漏电保护；生产区检修电源箱内总开关设置漏电保护，以避免可能出现的安全及火灾问题。

17. 联锁及保安措施

在集中控制时，电动机起动前有起动预告信号，运行发生故障时有故障信号。

为了设备维修方便和检修安全，工厂通常采用抽屉柜配电，设备检修时将配电抽屉单元拉至隔离状态，强制断开主电。同时现场按钮盒加装钥匙开关，由现场检修人员通过钥匙开关强制断开二次回路电源，二次电源断开后，中控室和开关柜都无法起动电动机，而控制权在现场检修人员手中，可靠性最高。主电源和二次电源同时强制断开措施可确保检修安全。

皮带机拉绳开关每间隔 30m 左右设置一个。

电动机设有开、停顺序联锁，故障停车联锁以及单机保护联锁。

6.11.2　给排水系统

1. 给水系统

（1）水源

1）生产水及消防水

生产及消防水水源采用附近河水或地下水，原水自取水泵房输送至生产给水处理系统，经净水器净化处理后进入生产消防高位水池，再利用高差供全厂生产、消防使用。生产水池及消防水池上均有水位计及呼吸孔，人工观察水位情况，当水位较低时启动取水泵。

2）生活用水

生活用水水源为附近山泉水净化消毒或引自市政管网，在高处建一座生活高位水池，利用高差供全厂生活用水及锅炉用水。生活用水水质符合国家标准《生活饮用水卫生标准》（GB 5749—2022）的要求。

（2）给水系统

给水系统分为循环给水、生产给水、消防给水以及生活给水四个系统。

1）循环给水系统

设备冷却水采用循环系统。循环给水经循环给水泵加压送至各车间用水点，冷却设备后采用压力回流，利用余压上冷却塔，冷却后进入循环水池。循环回水率约为 98%。为了保证循环给水系统的水质，部分循环水进行旁滤，并向循环给水系统内适当补充新鲜水。另外，为节省用水，提高循环率，控制微生物的繁殖，向循环水池投加阻垢剂及杀菌剂。循环给水管道供水压力不小于 0.3MPa。

2）生产给水系统

主要供给循环系统补充水，余热发电用水，绿化、浇洒道路用水和设备喷水等。生产用水由生产高位水池供给。

3）消防给水系统

消防用水系统由消防高位水池供给，供全厂消防用。

以单条 4000t/d 生产线为例，根据《建筑设计防火规范》，工厂内消防按同一时间火灾次数为一次计算，全厂消防水量为 50L/s，火灾延续时间以 3h 计，则一次消防用水量为 540m³。消防水贮存在消防高位水池内，消防给水管网成环网布置，管径不小于 DN100，管网上每隔一定距离布置有地上式消火栓，消火栓彼此间距不大于 120m。

4）中水回用系统

为实现污水、废水资源化，治理污染，保护环境，节约用水，全厂的污废水收集后集中处理回用。

2. 排水系统

厂区排水系统包括雨水排除、生产废水排除和生活污水排除系统。

（1）雨水排除系统

厂区内雨水排除采用明沟排水方式，局部地段如主要道路边采用加盖板明沟。明沟采用浆砌片石明沟，盖板采用钢筋混凝土盖板。初期雨水经收集池收集，30min 以后排出厂区。

（2）生产废水排除系统

生产废水排除包括循环水系统排水、锅炉水处理车间排污、余热锅炉排污等生产废水以及少量的生活污水等。

生产污水进入中水处理系统处理后送入水泥线循环系统使用，生产废水不外排。

（3）生活污水排除系统

生活污水经管道收集后进入生活污水处理系统。生活污水先经地埋式二级生化处理后，进入中间调节池，再进行加药反应、过滤处理后，进入中水池消毒，经中水泵加压回用，供绿化、浇洒道路使用，不外排。消毒配备两台二氧化氯发生器，发生器使用的试剂为盐酸及氯酸钠。

3. 主要给排水构筑物及设备

工厂源水取水泵房，通常布置自吸泵三台（二用一备）。循环水站泵房有循环给水泵三台（二用一备）及一台滤给水泵。循环水站配置一台钢制重力式无阀过滤器及冷却塔。

污水处理及回用有污水调节池一座、中间水池一座。主要设备有二级生化处理设备、过滤器、二氧化氯发生器。

6.11.3 自动控制系统

1. 系统概述

工厂的主体控制采用集散型控制系统（DCS 系统），由中央控制室控制。中央控制室有操作员站和工程师站（与余热发电共用），控制范围从石灰石破碎到水泥储存；包装系统在水泥包装电气室单独有操作站。在相应的电气室有现场控制站，远程控制站，双环形网络，对生产线进行集中监视、操作和分散控制，实现控制、监视、操作的现代化。通过中央控制室操作站与工厂管理计算机的网络连接，使管理人员能随时掌握工厂生产的实际情况。

集散型控制系统在中央控制室集中管理全厂的生产，按照工艺过程由操作员给定控制参数；生产过程中的各类参数、设备运行状况、设备保护等参数的采集、处理、自动调节及各工段的马达顺序控制则由分布在各电气室的现场处理站完成，各现场处理站与中央控制室的通信采用数据通信总线。集散型控制系统故障风险分散且采用冗余结构，可靠性高、精确度好、操作方便、安装调试容易、维护量小，实现了生产过程的高度自动化控制和生产数据的综合管理，对保证产品质量、提高生产效率、减少操作人员、降低生产成本和提高工厂管理水平具有重要作用。

信号采用 4～20mADC 信号，开关量信号统一采用 220VAC 信号，PT100 信号直接进控制系统或通过巡检仪进控制系统，其他窑头、窑尾仪表测点较集中的区域采用 PA 总线仪表。

2. 计算机控制系统

（1）中央控制室

中央控制室布置操作员站、工程师站，工业电视的监视装置均放置在中央控制室内。

（2）现场控制站

根据生产流程以及总体布置与操作要求，控制系统设置有多个现场控制站和远程控制站。每个现场控制站配置一个 CPU 以及相应的储存器、电源模块、通信模块和 I/O 模件；每个远程控制站配置电源模块、通信模块和 I/O 模件。I/O 模件按 15％富余量配置。

控制站位于相应的现场电气室内。石灰石破碎现场控制站控制石灰石破碎、石灰石输送等车间。原料磨现场控制站控制原料粉磨系统、废气处理、生料均化库顶等车间。窑尾现场控制站控制均化库底及生料入窑、烧成窑尾、烧成窑中等车间。窑头现场控制站控制烧成窑头、熟料库顶、水泵房等车间。水泥磨现场控制站控制石膏破碎、水泥配料、水泥粉磨、水泥库顶等车间。水泥包装现场控制站控制水泥库底、水泥包装及发运系统等车间。

原料处理远程控制站控制原料配料站顶、辅料预均化堆场部分设备、联合储库、原煤预均化堆场等车间。煤磨远程控制站控制煤粉制备车间。熟料库远程控制站控制熟料库底及输送皮带。

3. 监测装置

（1）生料质量控制系统

生料质量控制由取样设备、制样设备、伽玛射线分析仪、X 射线荧光分析仪、配料计算机等组成。通过对钙、铁、硅、铝、硫等元素的含量进行在线分析，并根据分析结果算出各种原料的配比，对原料进行定量喂料，把生料率值控制在一定波动范围内，从而为生产出合格的生料创造条件。

（2）窑体测温装置

该系统利用高速红外探测仪测量窑体表面温度，并在中控室 CRT 上显示窑体表面温度的整个图像。该系统可以利用它来评估耐火材料的状态，确定内衬的损耗程度，测定正在扩大的热点范围、煅烧带的范围等，使操作员能及时了解回转窑的现行状态，采取相应措施，延长耐火材料的寿命。

（3）工业电视和保安监控系统

窑头有一台看火工业电视，在冷却机旁有一台监视电视，操作员能及时了解冷却机及内部熟料状况，及时处理异常情况，确保设备及工艺过程稳定、安全、可靠运行，提高生产效率。在配料站重要岗位设有监视电视。

工厂通常建有厂内保安监控系统，摄像头主要安装于进出厂大门、原料、包装系统、办公楼等场所。

（4）气体分析

在预热器出口和窑尾烟室、分解炉出口分别布置有常温和高温气体分析仪，煤粉收尘器出口和煤粉仓设有一氧化碳气体分析仪。使用气体分析仪能保障设备安全运行，降低运行成本，提高产品质量，保护环境。

（5）粉尘气体排放监控

在窑尾、窑头、煤磨和水泥磨主烟囱上安装气体粉尘在线检测仪器和气体成分分析仪器，检测粉尘和各种气体成分排放量，指导操作人员操作，达到环保排放要求。

6.11.4　供气

工厂根据生产实际，布置多座压缩空气机站，分别向各车间气动组件、气控阀门、各脉冲袋式收尘器和窑尾吹堵系统等处供气。通常配有冷冻干燥装置。从压缩空气机站到各用气点的压缩空气管道，根据各建筑物的情况架空敷设。

6.11.5　供油

回转窑点火所用燃料由窑头附近供油泵房提供，泵房内采用防爆油泵，通常用容量小于 $5m^3$ 的卧式地上油罐。油罐在正常生产时一般不存油，仅在点火时用于柴油的暂存。

6.11.6　消防

1. 消防水系统

工厂通常采用高位消防水池供水，分别供消防、生产用水。水池内有连续水位计，设有高低水位及消防水位报警装置，以确保消防用水不作他用。

以 $4000t/d$ 单条生产线为例，根据《建筑设计防火规范》，工厂内消防按同一时间火灾次数为一次计算，全厂消防水量为 $50L/s$，火灾延续时间以 $3h$ 计，则一次消防用水量为 $540m^3$。消防水量贮存在消防高位水池内，平时不得动用。消防采用低压制，堆场区域管网水压不小于 $0.25MPa$。消防给水管网成环网布置，管径不小于 $DN100$，管网上每隔一定距离设置地上式消火栓，在可能发生火灾区域消火栓间距不大于 $120m$，并有明显的标志。

2. 消防设施

（1）火灾自动报警系统

根据《火灾自动报警系统设计规范》，工厂内重要场所均有火灾自动报警装置。如中央控制室、总降压变电站、氧气及乙炔气瓶库、煤粉制备车间等要害部位等均设置有感温及感烟探测装置。

（2）消防设施

1）二氧化碳消防灭火系统

窑尾袋式收尘器及煤粉制备系统较易引起爆炸，因而采用二氧化碳灭火系统。

2）对进入窑尾袋式收尘器的废气进行一氧化碳浓度的监测和超值报警，并可自动切断电源，避免过多的一氧化碳进入窑尾袋式收尘器引起爆炸；同时袋式收尘器还设有防爆阀。

3）煤粉制备系统严格控制煤磨进气温度并控制入磨热风量；用电耳监视磨内负荷，以防空磨；煤粉制备的动态选粉机、袋式收尘器和煤粉仓等均设有泄压阀；在煤粉储存及输送过程中注意避免煤粉的积聚和自燃。

4）煤磨废气除尘使用防爆型除尘器。除尘器、煤粉仓内均设有一氧化碳自动分析及温度测量装置，当一氧化碳浓度及气体温度超过一定数值时会自动报警，超过警戒值时能在中控室遥控打开二氧化碳灭火装置阀门，对有关部位喷射二氧化碳气体，并切断一切可能有一氧化碳气体的通道。

5）消防设施和器材主要有二氧化碳自动灭火装置，在窑头、窑尾、煤粉除尘器、选粉机、煤磨、煤粉仓均有二氧化碳释放设施。

① 二氧化碳或干粉灭火器布置在中控楼区域、仓库、水泥包装袋仓库、柴油储存及泵房、煤磨制备及输送区、生料热风炉油泵区域、食堂、办公楼区域、各电气室、废油仓库、过磅房以及生产车间、备品备件库。

② 消防沙箱布置在备品备件库前、水泥包装袋房、柴油储罐旁、余热发电车间旁、柴油发电机房旁、氨水罐房旁、危废仓库旁、煤磨旁。

③ 消防铲、消防水枪、消防水带、烟感报警器、火灾报警器、室内消火栓布置在煤磨车间、余热发电车间、中控楼等处；室外消火栓布置在食堂、检修车间、熟料中转站、水泥圆库、混合材堆棚、中控楼侧、窑系统、煤磨系统、余热发电系统、长堆煤堆场、原煤储库。

6）防爆型应急照明：煤粉制备车间使用。

7）普通型应急照明：中控室、总降、办公楼使用。

8）柴油发电机（800kW 及以上功率）：设在柴油发电机房。

9）应急疏散指示灯若干。

3. 火灾危险性类别

根据国家有关规定，水泥工厂煤粉制备火灾危险性属于乙类，煤预均化堆场、总降压变电站、车间电力室、控制室等火灾危险性属于丙类，其余属于丁、戊类（表 6.5）。

表 6.5　建（构）筑物主要生产火灾危险性类别

建（构）筑物名称	生产火灾危险性类别
原料破碎	戊
原料粉磨	戊
烧成窑头、窑尾	丁
煤粉制备	乙
原煤预均化堆场	丙
总降压变电站	丙
车间电力室	丙
控制室	丙
化验室	丙
熟料储存	丁
水泥包装成品堆存	戊

4. 消防系统

消防系统主要包括消防水源、消防水泵房、室内外消防给水系统。

（1）消防水源

消防用水与工厂生产、生活用水为同一供水水源，来自厂区附近水库或江河，源水加压至厂区水处理厂（1×150m³/h 净水装置），经絮凝、沉淀和过滤、消毒后，用于全厂生产、生活及消防用水。

（2）消防水泵房

根据使用功能，厂区消防划分为两个区域，分别为厂前区和主厂区。其中厂前区主要为生活辅助设施（含食堂、单身宿舍、办公楼及宿舍公寓等），主厂区主要为生产设施（包括各生产车间等）。

厂前区消防给水来自厂前区清水池（高位水池，常高压）；主厂区消防给水来自主厂区循环水池及泵房，消防泵与生产循环泵互为备用，循环水池（容量 $V=2×300m³$），用于主厂区熟料水泥生产线及配套纯低温余热发电系统消防给水（临高压）。

（3）室内外消防给水系统

根据《消防给水及消火栓系统技术规范》（GB 50974—2014），结合工程占地面积及全厂定员人数，确定厂内同一时间火灾发生数为一次，火灾延续时间为 3h，一次消防总用水量为 540m³。

工厂的水源供水取自附近水库、江河。由泵站一次加压至厂区给水处理装置，取水泵一用两备，输水管线采用孔网钢带复合聚乙烯管；通常清水池为高位水池，供厂前区生活、消防及生产线生产、消防用水，厂前区区域为常高压消防系统，生产线循环水池（通常容量 $V=2×300m³$），且设有消防水位，确保消防用水 540m³ 不动用。

消防供水系统分别与生产（主厂区）、生活（厂前区）供水系统合建，并利用供水系统的管网形成环状；室外消防给水管最小管径不小于 DN100，管网最不利点的静压水头不小于 10m。

室外地上式消火栓，彼此间距≤120m，保护半径<150m，有醒目的标志；室外消火栓布置在主要干道附近，距路边不超过 2m。

厂区内凡按防火规范设置的室内消防给水的建（构）筑物，均设室内消火栓、配套水龙带及水枪。

（4）灭火器设置

原煤预均化堆场和煤粉制备车间：根据规范要求设置手提式和推车式干粉灭火器。

在设置有室内消火栓系统的建（构）筑物、变/配电室及其他要求设置灭火器的场所均设置手提式干粉灭火器。

（5）生产线二氧化碳自动灭火系统

煤粉制备车间是消防设计的重点车间。煤粉属于易燃、易爆物体，当煤粉浓度、温度、氧含量达到爆炸极限范围时，煤粉就会爆炸。所以在煤粉储存及输送过程中要避免煤粉的聚集和自燃。

煤粉制备系统设置有二氧化碳灭火装置。煤磨废气除尘设计时采用了防爆型除尘器。除尘器有一氧化碳自动分析及温度监测装置，当一氧化碳浓度及气体温度超过一定时会自动报警，并将信号反馈至中控室，操作人员打开二氧化碳灭火装置阀门，对有关部位喷射二氧化碳气体，并切断一切可以提供一氧化碳气体的通道。

6.11.7 防尘设施

为了有效地控制各个扬尘点的粉尘，工厂的原辅材料的堆棚、预均化堆棚、生料库、熟料库、水泥库等均采用全封闭的结构形式，有效地防止生产过程中扬尘对厂区其他岗位和周边环境的影响。

物料输送系统采用空气斜槽、胶带运输机全长通过罩棚等方式以减少物料转运过程中的扬尘，同时在以下主要的产尘点设置布袋收尘器对含尘气体进行净化处理。

石灰石破碎及输送、联合储库、辅助原料预均化堆场及输送、原料配料站、原料粉磨及废气处理、生料均化库及生料入窑、烧成窑头、熟料储存及输送、煤粉制备及输送、石膏、混合材破碎及水泥配料站、水泥粉磨及输送、水泥储存及水泥汽车散装、水泥包装、袋装水泥装车及成品库等。

为加强生产各个环节的管理，执行国家相关计量法规，掌握各个工序生产状况，工厂从原、燃料进厂到水泥成品出厂的各个工序设置了计量设施，工厂也有专门计量管理人员，对计量设施进行管理、维护，使工厂达到三级计量合格要求。

6.11.8 建（构）筑物

1. 建筑结构

建筑物的耐火等级均为二级。

2. 厂房泄爆

煤磨车间存在发生煤尘爆炸的可能，煤磨车间的一楼利用门、窗作为其泄压出口，二楼及以上均为半敞开式结构。

6.11.9 厂内外运输方式及运输量

厂内道路结合运输、消防及检修呈环形布置，车辆能通达每个车间。主干道路面宽为12m，辅助道路、检修通道及车间引道的路面宽为4m，局部地段道路拓宽，路面最好为水泥混凝土路面。

第7章 水泥生产主要危险、
有害因素简析及防止措施

7.1 水泥厂主要危险和有害物质

水泥厂主要危险和有害物质如下：

1. 工厂以石灰石、砂岩、页岩、石膏等为原料，采用新型干法工艺生产水泥熟料，烧成系统中使用煤做燃料，煤在燃烧过程中产生一氧化碳（CO）、二氧化硫（SO_2）、氮氧化物（NO_x）等危险有害物质。

2. 检修过程中使用瓶装氧气、乙炔。

3. 窑头点火时需使用柴油做燃料。

4. 总降配电 GIS 装置使用六氟化硫（SF_6）作为绝缘隔离气体。

5. 污水处理系统使用的盐酸。

6. 配料站采用 γ 射线在线分析仪进行检测，存在 γ 射线辐射危害。

7. 脱硝系统使用氨水（浓度为 20％～25％）。

8. 危险化学品。依据《危险化学品目录》（2015 版）及《危险化学品分类信息表》（2015 版），水泥厂涉及的主要危险化学品有：柴油、氧气、乙炔、一氧化碳、二氧化碳、盐酸、硝酸、氨水、硫酸、丙酮、氢氟酸、磷酸、氢氧化钠、氢氧化钾、氟化钾等，这些有可能导致中毒、窒息、灼烫、火灾、爆炸等事故。

7.2 主要设备危险、有害因素

7.2.1 皮带运输机的危险有害因素

1. 皮带机头尾轮、张紧装置及夹点无防护或防护设施失效，易使巡检人员卷入皮带机，造成人员伤亡事故。

2. 需要跨越皮带运输机的区域未按规范要求设置通行桥及防护栏杆，人员通行时会造成机械伤害事故，导致伤亡。

3. 皮带运输机在人员通行侧未装设紧急拉绳开关，发生危险时不能及时停车，引发伤亡事故。

4. 皮带机通廊宽度不足、照明不足，造成巡检人员发生机械伤害事故，造成伤亡。

5. 穿过皮带运输机的通道未按规范要求设置安全防护设施，人员穿行时会被皮带机上落下的物料打击，造成伤害事故。

6. 皮带机未采取有效的防跑偏、防纵向撕裂、横向断裂措施，输送带断带引发人员伤亡或设备损坏事故。

7. 输送带强度不足、接头制作质量差，造成输送带断带引发人员伤亡或设备损坏事故。

8. 作业人员未执行操作规程，如不停机即调整皮带机及其附件、清扫、清堵、跨越运行中的皮带机等，易发生机械伤害事故，引发伤亡事故。

9. 违反皮带机操作规程，皮带机组停车、开车顺序错误，造成超负载运转或误送料，引发人员伤亡或设备损坏事故。

10. 输送带与滚筒、托辊和煤尘等异常摩擦产生高温，引发火灾事故；液力耦合器液压油泄漏遇明火、高热发生火灾事故。同时，火灾产生的有毒有害气体还会造成人员中毒和窒息事故。

11. 上运或下运带式输送机没有设置防逆转和制动装置，或制动装置失灵、制动力矩和逆止力矩不满足要求，造成输送机转速失控或停机时滑动，引发设备损坏、人员伤亡等事故。

12. 电机等电气设备因过载、短路、漏电等，可能引发电气火灾、触电等事故。

7.2.2　预热器危险有害因素

1. 预热器生产过程中可能发生堵塞

预热器堵塞影响生产，同时清堵时可能因高温物料或气体喷出对清堵人员造成灼烫伤害，还可能因清堵过程中塌料而造成物体打击和灼烫伤害事故。造成预热器堵塞的原因主要有：

（1）预热器部分熔融的物料黏附在预热器系统形成结皮，占去预热器的部分有效空间，预热器内有效空间减小，当来料较多或结皮垮落时，很容易在旋风筒锥体、下料管等空间狭小的地方受阻滞留，造成堵料。

（2）某级预热器温度过高，使生料在预热器内发生烧成反应而堵塞。

（3）由于预热器某处的风速低而使物料沉降于某一级预热器。或上级预热器塌料至下一级预热器造成堵塞。

（4）如果系统内有脱落的零部件或系统外异物进入预热器内，都会造成堵塞。

（5）高温风机、尾排风机发生故障跳停，系统风量骤减时，物料跌入下料管而发生堵料。

2. 预热器属高温设备，会引发高温危害或灼烫伤害事故。

3. 预热器的平台为多层布置，在进行巡检、维护等工作时，可能发生高处坠落事故。

4. 若高处作业平台未按规范设置踢脚板或踢脚板损坏，平台上随意堆放物品，作业人员踢倒物件会造成下方过往人员遭受物体打击伤害。

5. 风机等机械设备的运转部位防护罩缺失或失效，可能造成机械伤害事故。

6. 风机等电气设备接地设施损坏、电缆损坏等，电气设备漏电会造成触电事故。

7.2.3　回转窑危险有害因素

1. 柴油供油系统油罐与窑头距离不满足防火间距要求，油罐受高温影响发生火灾、爆炸事故。

2. 若供油系统发生泄漏，遇点火源可引发火灾爆炸；供油系统防静电接地措施等失效，导致静电大量积聚，也可引起火灾爆炸。

3. 回转窑点火时多次点火不成功，窑内柴油蒸气、一氧化碳、煤粉等易燃易爆物质浓度达到爆炸范围，再次点火或遇点火源会引发爆炸。

4. 回转窑工况控制不良，窑内煤粉燃烧不完全而产生大量一氧化碳，在窑内或预热器、除尘器等装置中形成爆炸性混合气体，遇点火源发生火灾事故，若爆炸性混合气体达到爆炸极限，还会发生爆炸事故。

5. 稀油供给系统发生泄漏，遇明火或高温会发生火灾事故。

6. 回转窑温度高，回转窑区域的通道设置不合理，人员巡检时存在高温危害及灼烫伤害，若窑内高温气体泄漏，也会造成高温危害或灼烫伤害。

7. 对回转窑进行动火作业时，若未清除设备内的煤粉、未进行气体置换和气体分析，可能因设备存在煤尘、一氧化碳等易燃物质而引发火灾、爆炸事故。

8. 在进入回转窑等有限空间作业时，有限空间内可能存在一氧化碳、二氧化碳、二氧化硫等有毒有害气体，或氧气含量不足，进入前若未进行检测，有发生中毒和窒息的危险。

9. 窑传动装置、风机等设备运转部位防护设施不全或失效，也会造成机械伤害事故。

10. 电气设备因过载、短路、漏电等，可能引发电气火灾、触电等事故。

11. 电缆老化漏电，电气设备接地失效，违反用电规程等，均会造成触电事故。

12. 在窑顶进行检修作业，若未设置生命线和安全带，可能造成高处坠落事故。

7.2.4 篦冷机危险有害因素

篦冷机生产过程中会出现堆"雪人"现象，清堵时可能因高温物料或气体喷出对清堵人员造成灼烫伤害，也可能因清堵过程中塌料而造成物体打击和灼烫伤害事故。造成篦冷机堆"雪人"的原因主要有：

1. 设计时存在缺陷，篦式冷却机与回转窑位置配合不当，会造成篦冷机频繁堆"雪人"。

2. 若预分解炉控制不当，温度过高或过低，会导致熟料飞砂料多或液相量大，造成篦冷机堆"雪人"。

3. 篦冷机的篦床结构不合理，操作不合理导致熟料结粒不均匀，冷却机操作控制不当等也会造成堆"雪人"。

4. 生料配料不当造成飞砂现象，造成篦冷机堆"雪人"。

5. 未完全燃烧的煤粉颗粒在篦冷机内发生二次燃烧，导致细颗粒熟料表面出现二次高温和液相，同时由于细颗粒之间的通风差，篦下风机不易吹透，细小颗粒无法尽快冷却，使得熟料黏结在前端的篦板上，产生堆"雪人"现象。

6. 窑内热工参数波动，脱落的窑皮落到篦冷机固定篦床后未随其他物料及时输送走，逐步堆积形成"雪人"。

7. 风压不足，导致吹入篦冷机固定篦床的风量减小，形成死料区，产生"雪人"。

8. 配料湿度高，使物料黏度高，容易黏结在一起，形成"雪人"。

7.2.5　余热锅炉危险有害因素

工厂余热发电系统 SP/HP 锅炉和 AQC 锅炉存在的危险有害因素主要有：

1. 锅炉设计、材料、制造等存在缺陷，在运行过程中，薄弱处承受不了运行压力会发生破裂，严重时会造成锅炉爆炸。

2. 锅炉未定期检查及维护，锅炉的主要承压部件出现裂纹、严重变形、腐蚀、组织结构变化等情况，导致主要承压部件丧失承载能力，突然大面积破裂引发的缺陷导致爆炸。

3. 由于安全阀、压力表不齐全、损坏或装设错误，操作人员擅离岗位或放弃监视责任，关闭或关小出汽通道，致使锅炉主要承压部件筒体、封头等承受的压力超过其承载能力而造成超压爆炸。

4. 锅炉给水系统发生故障，水位监测、控制系统失效，造成锅炉缺水或满水事故，在锅炉严重缺水的情况下，司炉人员违反操作规程，向炉内补水，引发爆炸事故；满水事故也是锅炉运行中的一种常见事故，严重满水事故会引起蒸汽管道水冲击，使阀门、法兰和蒸汽管道受到损坏甚至破裂。

5. 锅炉水质不符合要求，长期运行造成结垢严重，使锅炉受热不均，内应力增加而引发炉体损坏或锅炉爆炸事故。

6. 锅炉压力、温度等监测、控制系统缺失或失效，造成超温、超压引发锅炉爆炸事故。

7. 操作人员未持证上岗，不熟悉锅炉操作技能或违反操作规程，会发生锅炉爆炸事故。

8. 锅炉、蒸汽管道、烟气管道等高温设备设施未采取有效的隔热措施或隔热设施损坏，人员不慎接触造成高温灼烫事故。

9. 涉及高温物质的设备、管道发生泄漏，作业人员接触高温物质造成灼烫伤害。

10. 锅炉水处理使用纯碱、磷酸三钠等碱性物质，若未正确穿戴防护用品，会造成化学灼伤事故。

11. 锅炉烟气系统发生泄漏，烟气中含有的一氧化碳、二氧化碳、二氧化硫、氮氧化物等造成人员中毒和窒息事故。

12. 锅炉给水泵等机械设备防护设施不全或失效，造成机械伤害事故。

13. 电气设备因过载、短路、漏电等，可能引起电气火灾、触电事故。

14. 进入炉膛、沉降室等有限空间作业时，未采取气体置换、气体分析、通风等安全措施，未正确使用劳动防护用品等，可能因有限空间氧气含量不足或有毒有害气体浓度超标，引发中毒和窒息事故。沉降室还会导致粉尘危害事故。

7.2.6　汽轮机危险有害因素

汽轮机存在的主要危险有害因素有：

1. 汽轮机水冲击

水或低温蒸汽进入汽轮机会造成水冲击，导致叶片损伤与断裂；动、静部分磨损；水或低温蒸汽进入汽轮机使汽轮机发生强烈振动，汽缸变形，胀差急剧变化，导致动、静部分轴向和径向碰磨；径向碰磨严重时会产生大轴弯曲事故；变形导致气缸或法兰的结合面漏气；热应力引起金属裂纹；推力引起轴承的损伤等后果。

2. 汽轮机发电机组振动大

汽轮发电机组在运行中振动的大小，是机组安全和经济运行的重要指标。若振动过大，可能造成严重危害和后果。汽轮发电机组在运行中振动过大，会导致传动部件损坏；使连接部件松动，严重时引起螺栓松动甚至断裂，造成重大事故；使机组动、静部分发生摩擦；引起基础甚至厂房建筑物的共振损坏。也有可能引起危急保安器误动作而发生停机事故。

汽轮机发电机组振动大的原因：

（1）开机前盘车时间不足、汽轮机转子偏心度大。

（2）开、停机阶段转速在临界转速区域。

（3）机组暖机不充分，疏水不畅。

（4）机组启动时，升速或加负荷太快。

（5）蒸汽激振。

（6）运行参数、工况剧变，发生水冲击等原因。

3. 汽轮机油系统故障

汽轮机油系统故障有油系统着火、主机油系统工作失常等。存在的危险有害因素可能造成设备损毁、人员伤亡。

汽轮机油系统着火的原因主要是：

（1）油系统漏油，接触到高温物体引起火灾。

（2）设备存在缺陷，安装、检修存在缺陷，造成油管丝扣接头断裂或脱落以及法兰密封面漏油。如果遇到火源或高温，会引起油系统着火。

4. 汽轮机飞车事故

余热发电系统中，如果调速系统、超速保护系统发生故障或作业人员操作失误等，可能发生汽轮机飞车事故。一般发生汽轮机飞车事故的原因如下：

（1）调速系统：调速汽门关闭不严或漏汽量过大；调速系统迟缓率过大或部件卡涩；调速系统速度变动率过大；调速系统动态特性不良；调速系统调整不当，如同步器调整范围、配汽机构膨胀间隙不符合要求等。

（2）汽轮机超速保护装置不当：危急保安器不动作或动作转速过高，如飞锤或飞环导杆卡涩，弹簧在受力后产生过大的径变形，以致与孔壁产生摩擦等，致使危急保安器不动作或动作过迟；危急保安器折断油门卡涩；自动主汽门或调速汽门卡涩；抽汽逆止门不严或停运；高排逆止门未关严等。

（3）运行中调整不当：汽封漏汽过大造成油中进水，引起调速和保护套卡涩；同步器调整超过规定，不但会使机组甩负荷后飞升速度升高，还会使调速套失去脉冲，造成卡涩；蒸汽品质不好，造成主汽门、调门卡涩；超速试验转速不稳，升速率过大。

5. 汽轮机其他故障

（1）汽水管道水冲击；

（2）高、低压胀差异常；

（3）转子轴向位移大；

（4）轴承金属温度升高；

（5）大轴弯曲；

（6）机组负荷不稳定；

（7）凝汽器真空度下降；

（8）循环水系统故障；

（9）凝汽器泄漏等。

7.2.7 压力容器、压力管道危险有害因素

水泥生产系统中使用的压缩空气储气罐、空气炮和压缩空气管道、余热发电系统中使用汽包、蒸汽管道等压力容器和压力管道，有发生容器爆炸和压力管道爆炸的危险。发生压力容器及压力管道爆炸的主要原因有：

1. 违反压力容器设计、制造、安装、检验等有关规定，选材不当或材料存在内部缺陷；人孔、开孔补强、焊接结构不合理；储气罐、压力管道等压力容器存在严重的焊接缺陷。

2. 安全装置不齐、不灵或装设不当，各种联锁保护装置单独或同时失灵。

3. 内外介质腐蚀使设备壁厚减薄，强度降低，承受不了额定压力。

4. 接管、焊缝形状变化部位等结构薄弱处产生裂纹。

5. 设备本身未按规定定期进行检验维护，安全附件未定期校验。

6. 管理失当或违章操作，超压运行。

7. 操作人员未经培训合格，未取得特种作业资格证。

7.2.8 磨机危险有害因素

1. 煤磨、水泥磨机两侧未设防护栏杆，作业人员从磨机下方穿行会造成机械伤害事故。在进入磨内进行检维修作业时，若未采取通风、气体分析等安全措施，或作业人员未正确使用防护用品，可能因磨机内氧气含量不足或存在有毒有害气体，造成中毒和窒息事故。

2. 立磨、煤磨及高温风管未采取有效的隔热措施，作业人员触碰到高温风管会造成高温灼烫伤害。

3. 磨机入口未设置除铁器，金属物品进入立磨会产生振动，影响磨机安全，若金属物品进入煤磨产生火花会引起煤粉燃烧或煤尘爆炸，同时还会造成煤磨损坏。

4. 磨机及其他运转设备在运转过程中由于振动、摩擦、碰撞产生的机械动力噪声，以及风管中产生的气体动力噪声等均会对作业人员造成噪声伤害，长时间在高噪声环境中作业会造成听力下降甚至耳聋。

5. 煤磨停机时未及时关闭热风阀或热风阀关闭不严，预热器的热风进入磨机，其入口温度较高，这时若未及时打开冷风阀或冷风流量不足，未及时关闭煤料仓下料阀或煤磨入口处有积粉等，则会引起煤粉燃烧，并因燃烧产生一氧化碳等而引发爆炸事故。

6. 煤磨停机、启动或运行过程中出现断煤、煤磨工况控制不良等状况，给煤量和风量相对变化较大，出磨口温度控制不严，易出现超温，若煤尘在空气中的浓度达到爆炸极限，会发生煤尘爆炸事故。

7. 煤磨传动装置防护设施不全或失效，可能造成机械伤害事故；电气设备因过载、短路、漏电等，可能引发电气火灾、触电等事故。

7.2.9　起重设备危险有害因素

水泥生产中存在起重作业，起重作业中易发生挤压、坠落、物体（吊具、吊重）打击和触电。如果违反特种设备管理的有关规定，购置了无制造资质的生产厂家的产品，无资质的施工单位安装，安装后和使用过程中未进行检测、检验，导致起重设备及其安全保护装置存在严重缺陷等，在使用过程中可能发生起重伤害。

一般发生起重伤害的原因主要有以下几点：

1. 脱钩

起重工在吊运物体时，因现场无人指挥，吊物下降过快造成脱钩；有时在吊运中因起吊物体不稳，使钩在空中悠荡，在悠荡过程中钩头由于离心惯性力甩出而引起脱钩事故。行车因操作不稳，紧急起动、制动都有可能引起钩头惯性飞出。具有主、副钩头的行车吊运重物时，当不用的钩头挂在吊索小圈上时，因钩头粗不容易插牢在圈环内，在操作和振动、摆动时，由于离心惯性力的作用，而引起钩头脱出坠落伤人。

2. 钢丝绳折断

钢丝绳发生折断的原因很多，其主要和常见的原因是：操作前没有对钢丝绳进行安全技术检验或认真检查，对已断丝的钢丝绳没有按钢丝绳报废标准处理或降低负荷使用，吊运时严重超负荷等。

3. 安全防护装置缺乏或失灵

起重机械的安全装置（制动器、缓冲器、行程限位器、负荷限制器、防护罩等）是各类起重机所不可缺少的。因安全装置缺乏或失灵又未检修时，这种装置便起不到安全防护作用。因操作不慎和超负荷等原因，将发生翻车、碰撞、钢丝绳折断等事故，起重机械上的齿轮和传动轴，没有设置安全罩或其他安全设施，会卷进人的衣服。

4. 吊物坠落

起重机吊运物体时，由于某种原因，物体突然坠落，将地面的人员砸伤或砸死，这种事故一般是惨痛的，因为坠落的重物一般都是击中人的头部（立姿）或腰部（蹲姿）。在有行车的厂房，由于生产噪声的掩盖，地面人员往往听不到指挥信号或思想麻痹，不能迅速避让，因而导致物体坠落伤人。

5. 碰撞致伤

物体在吊运中，因碰撞或刹车等原因，使吊件在空中悠荡，吊件撞倒设备或积物而引起事故，撞击力大，后果比较严重。

6. 指挥信号不明或乱指挥

现场起吊时，指挥者乱指挥或指挥信号不明时，易使现场起重人员产生错误判断或错误操作，尤其当两个单位在同一场地操作时，因各自的指挥信号不同引起的错误操作往往会产生严重后果。

7. 吊物上面站人

在物体吊起后失去平衡，将重物放下重新起吊时，有少数起重工特别是青年人怕麻烦，图省事，违规站在重物上以求平衡，起重机一旦发生紧急制动剧烈振动时，站在起吊物上的人随之跌下或被物体碰倒以及被压。

8. 工件紧固不牢

当起吊散装金属物体或工件时，若没有捆扎牢固，吊运或搬运过程中零星小件会脱落坠下，极易碰伤自己或别人。

9. 起重设备带病运转

设备带病运转，不仅缩短起重设备的使用寿命或修理周期，更为严重的是设备在带病运转过程中会导致设备和人身伤害事故。

10. 开车前未发开车信号

起重机在开车前应预先发出开车信号，信号可由起重机司机直接发出，或由地面指挥者或监护者发出。某厂桥式起重机开车前未发开车安全信号，开动的起重机将平台上的一名司机刮下平台，高空坠落受伤，抢救无效死亡。

11. 人为事故因素

起重机械操作员在驾驶时违规操作，或未经专业技术培训上岗，也是导致事故发生的一个主要原因。

7.2.10 其他机械设备危险有害因素

工厂的其他机械设备主要包括破碎机、堆取料机、压缩空气机、泵、风机等，其主要危险、有害因素是机械伤害，即机械设备运动部件等直接与人体接触引起的夹击、碰撞、剪切、卷入、绞、碾、割等伤害。引发事故的原因主要有：

1. 机械设备未按规范设置安全防护装置或损坏，在使用过程中被随意拆除等。
2. 机械设备作业区域未设作业平台或作业平台狭窄，作业空间狭小。
3. 违章作业或操作不当。
4. 操作人员疏忽大意，身体误入机械危险部位。
5. 不停机检修设备。
6. 在不安全的机械上停留、休息。
7. 停车检修未挂牌，机械设备被他人误启动。

7.3 主要生产工序危险、有害因素分析

7.3.1 原料处理工序的危险、有害因素

1. 水泥厂生产用的原煤、原辅料运输量大，车辆进出频繁，若驾驶员违章驾驶，车况不良，道路条件差，驾驶人员安全意识差，视线不良等，易发生车辆伤害事故。由于原辅料及设备等运输过程车辆荷载较大，若道路等级过低或运输车辆超载，易造成道路破损或坍塌，引发车辆倾覆等事故。

2. 石灰石破碎卸料斗周边未设防护栏、车挡、安全警示标志等安全设施，卸料作业人员在卸料时可能会发生高处坠落或车辆伤害事故。若卸料斗未设格栅，操作人员可能会坠入卸料斗内，若破碎机正在运行，人员会进入破碎机内，造成机械伤害事故，导致人员伤亡。

3. 破碎机防护设施不完善，破碎时物料飞溅，会对作业人员造成物体打击事故。

4. 作业人员违反操作规程，在不停机情况下进行清堵作业，容易造成机械伤害事故。

5. 皮带运输机头、尾轮未设防护罩，皮带运输机未设防跑偏、夹点未采取防护措施，未设防护网及事故拉绳开关等防护措施，或防护设施损坏或被随意拆除，皮带机走廊狭窄、堵塞等都可能发生机械伤害事故。

6. 皮带运输架空栈桥未设防护栏杆或防护栏杆设置不符合规范，作业人员可能发生高处坠落事故，通道未采取符合规范的防滑措施，操作人员可能发生跌落事故。

7. 皮带运输机地坑照明不良，楼梯未设防护栏杆、未采取符合要求的防滑措施，可能会造成机械伤害及高处坠落等事故。

8. 燃煤堆放时间长，取煤存在死角，煤会发生缓慢氧化放出热，热不断积累导致煤库的煤发生自燃，引发火灾事故。

9. 原料堆放于堆场，若堆积过高且超过自然安息角，会发生坍塌，甚至造成料堆下方作业人员被散料掩埋而窒息；堆积高度超过 2m 时，人员在料堆顶部作业时还可能发生高处坠落事故。

10. 若原煤、辅料联合储库设计、施工中存在缺陷，堆放的原煤、辅料超过储库的承受能力，可能会发生坍塌事故。若原煤和辅料储存量超过设计最大储量，也会发生坍塌事故。

11. 原料处理系统所用的各类机械设备传动轴、皮带轮、联轴器及其他传动部件均可能对操作人员造成意外伤害。若不遵守安全操作规程、防护措施不到位，或防护存在缺陷，检修时不按规定采取停车、断电、挂牌等安全措施就进行的，都有可能造成机械伤害的危险。

12. 原料处理系统使用的电动机、配电箱（柜）、开关箱等电气设备，可能因过载、绝缘损坏、短路、漏电等原因，造成电气火灾事故或触电事故。

13. 联合储库的起重机如果存在设计、制造、安装缺陷，未按规范要求设置安全设施，作业人员违反操作规程等，在取料及堆料作业过程中可能会发生起重伤害事故。

14. 运输皮带机地坑未采取有效的防水措施，地坑内积水会浸渍生产设备设施，造成带电设备漏电，引发作业人员发生触电事故。

7.3.2　生料制备工序的危险、有害因素

1. 皮带运输机头、尾轮未设防护罩，皮带运输机未设防跑偏、夹点未采取防护措施，未设防护网及事故拉绳开关等防护措施，或防护设施损坏或被随意拆除，皮带机走廊狭窄、堵塞等都可能发生机械伤害事故。

2. 皮带运输架空栈桥未设防护栏杆或防护栏杆设置不符合规范，作业人员可能发生高处坠落事故，通道未采取符合规范的防滑措施，操作人员可能发生跌落事故。

3. 皮带运输机地坑照明不良，楼梯未设防护栏杆、未采取符合要求的防滑措施，可能会造成机械伤害及高处坠落等事故。

4. 原料配料站使用 γ 射线在线分析仪进行在线检测，若未采取有效的防护设施，危害区域未进行标识和警戒，作业人员进入该区域会受到辐射伤害。

5. 原料粉磨烘干热源来自烧成系统的高温废气，入磨热风管道未采取隔热措施或生

产中维护不当，隔热层损坏，作业人员接触高温气体管道或设备，可能造成灼烫伤害；管道、阀门发生破损等，高温气体逸出，也可能造成泄漏点附近的作业人员受到灼烫伤害。

6. 来自烧成系统的高温废气中含有一定量的一氧化碳、二氧化硫、氮氧化合物等有毒有害物质，如果涉及上述有害物质的管道、阀门发生泄漏，会造成作业人员中毒和窒息事故。一氧化碳还有易燃易爆性，在粉料磨、管道、除尘器等设备设施死角区域积聚，达到爆炸极限时遇点火源会发生火灾、爆炸事故。

7. 物料水分含量过高或生料库、配料库等设计不合理，在库内往往会产生结壁、起拱现象，严重时发生堵仓。在进行清堵作业时，若未采取有效的安全措施，可能使作业人员发生高处坠落，甚至因落入粉状物料中被掩埋而造成窒息事故；在清堵过程中操作不当，可能使物料坍塌造成物体打击或物料掩埋作业人员造成窒息事故。

8. 生料制备系统所用的各类机械设备传动轴、皮带轮、联轴器及其他传动部件均可能对操作人员造成机械伤害事故。若不遵守安全操作规程、防护措施不到位或防护存在缺陷、检修时（特别是进入磨机进行检维修作业时），不按规定采取停车、断电、挂牌等安全措施就进行的，都有可能造成机械伤害事故。

9. 生料制备系统使用电动机、配电箱（柜）、开关箱等电气设备，可能因过载、绝缘损坏、短路、漏电等原因，造成电气火灾事故或触电事故。

10. 在配料库、生料库顶进行巡检、检维修等作业活动时，库顶未设置安全护栏、操作平台、走梯等，或者这些设施存在缺陷，再加上高处作业时未采取有效的安全防护措施或个人无防范意识，有可能发生高处坠落事故。

11. 在架空皮带机、库顶等高处平台进行检修作业时，如果高处作业平台未设踢脚板，在高处平台及设备设施顶部堆放工具或零部件，可能会造成物件坠落，会对下方人员造成物体打击伤害。

12. 如果配料库、生料库设计、施工中存在缺陷，可能会发生坍塌事故，造成人员伤亡。

7.3.3　煤粉制备工序危险、有害因素

1. 燃煤的水分含量较高，落煤管堵塞，磨机进煤不畅，引起煤磨机断煤；如果给煤管设计不合理或长时间不清理落煤管，落煤管易因煤黏结增厚而堵塞，造成磨煤机断煤，若未及时调节风量，断煤后磨煤机的出口风温度会上升，温度升高制粉系统会发生爆炸事故。

2. 制粉系统设备不完好，漏风点多，如煤仓、锁气器等，大量冷空气进入导致输送煤粉的气体氧气含量增多而发生爆炸。

3. 操作人员违反操作规程，如煤磨的出口气体温度过高、磨粉过细、水分含量过低等，都会导致煤粉制备系统的温度过高，温度检测装置损坏，可能造成火灾、爆炸事故。

4. 高挥发分的煤粉在煤仓内积存过久，蓄积的热量可能导致煤粉自燃，引起火灾、爆炸。

5. 粗粉分离器内堆积煤粉自燃。粗粉分离器的细粉内锥体下部和固定帽锥之间的环形缝隙有时被杂物堵塞而造成大量的积粉，可能导致煤粉自燃。若二氧化碳灭火系统失效，会造成煤粉火灾、爆炸事故。

6. 冷风阀设计不合理，在停止热风、开冷风的停磨操作时，磨尾负压会增大许多，此时磨内的通风量很小，停磨时煤磨系统内的煤粉浓度升高，使停磨后的气氛可能处在危险的爆炸浓度范围内。

7. 煤粉仓设计不合理，在死角和四壁经常有积粉，煤粉管道的死角处、煤粉输送机械、给煤机也易积粉，长期积粉氧化而自燃。若煤粉仓漏风，会使煤粉加速自燃。在煤粉仓煤粉自燃的情况下，启动煤磨系统往煤粉仓进粉，当煤粉浓度达到爆炸极限时，就会发生煤粉仓爆炸。

8. 煤粉制备过程中会产生一氧化碳，如果运行中未定期进行维护、保养，煤粉制备系统的设备、管道发生泄漏，作业人员未正确佩戴防护用品，会造成中毒和窒息事故。如二氧化碳灭火系统发生泄漏，也会造成窒息事故。

9. 煤粉制备系统各类机械设备传动轴、皮带轮、联轴器及其他传动部件均可能对操作人员造成机械伤害事故。如果上述设备转动部分未安装安全防护设施或安装的安全设施被随意拆除，或者操作人员和检修人员安全意识不强，违章操作等，作业人员或检修人员接触机械外露转动或传动部分时都会造成机械伤害。

10. 煤粉制备系统未采用相应的防爆等级的电气设备，电气设备在运行过程中会产生火花，引发火灾、爆炸事故。

11. 煤粉制备系统使用的电动机、配电箱（柜）、开关箱等电气设备，可能因过载、绝缘损坏、短路、漏电等原因，造成电气火灾事故或触电事故。

12. 如果违规带入火种或违章动火，会使煤发生燃烧，造成火灾。

13. 粉煤制备系统内的磨机及其他运转设备在运转过程中由于振动、摩擦、碰撞而产生机械动力噪声，作业人员长时间在噪声环境中作业且未正确佩戴有效的防护用品，会造成噪声伤害。噪声会造成听觉位移、噪声聋、头痛、头晕、记忆力减退、睡眠障碍等神经衰弱综合征；改变心率和血压；引起食欲不振、腹胀等胃肠功能紊乱；对视力、血糖也有影响。

14. 在煤磨系统停运后，系统通风时间不够，煤粉没有抽尽，或者制粉系统局部积粉，积粉逐渐氧化和自燃，在启动制粉系统时会使自燃煤粉飞扬起来，当煤粉浓度达到爆炸范围时，就会发生制粉系统的爆炸。

7.3.4 熟料烧成工序的危险、有害因素

1. 该工序的预分解炉、回转窑、篦冷机、高温风管内均为高温物体，如果这些设备及管道未采取有效的隔热措施或隔热层损坏，人员接触高温设备及管道会造成灼烫。若回转窑周边的通道布置不合理，通道狭窄，人员在操作或巡检过程中可能触碰到回转窑，造成机械伤害及高温灼烫事故。

2. 柴油油罐与窑头距离不满足防火间距要求，油罐受高温影响发生火灾、爆炸事故。油罐的围堰存在孔洞或防渗漏性能差，当油罐发生泄漏时，柴油会蔓延至窑头，引发火灾事故。

3. 若柴油供油系统及润滑油供油系统发生泄漏，遇点火源或高温会引发火灾事故；供油系统防静电接地措施等失效，导致静电大量积聚，也可引起火灾爆炸。

4. 回转窑工状控制不良，窑内煤粉燃烧不完全而产生大量一氧化碳，在窑内或除尘系统、生料烘干系统等装置中形成爆炸性混合气体，遇点火源发生爆炸事故。

5. 高温风机出现故障，造成窑头、窑尾、篦冷机等出现正压，使高温气体及粉尘逸出，造成作业人员灼烫伤害及粉尘危害。高温气体中含有一氧化碳、二氧化硫、氮氧化物等有毒、有害气体，造成人员发生中毒和窒息事故。

6. 该工序涉及的设备及管道长时间运行，未定期进行维护、保养，设备及管道发生泄漏，泄漏的高温气体会造成人员灼烫及中毒和窒息事故。

7. 若回转窑点火时，多次点火不成功，窑内聚积柴油蒸气、一氧化碳、煤粉等易燃易爆物质，再次点火或遇点火源发生火灾事故，若浓度达到爆炸范围，还会发生爆炸事故。

8. 该工序的回转窑、余热分解炉、除尘系统均为多层布置，多处作业平台的高度均较高，如果未按规范要求设置作业平台、安全防护栏、走梯，作业人员在操作过程中会发生高处坠落事故。

9. 作业人员违反操作规程，在高处作业平台或设备上随意放置工具及零部件，高处作业平台未设踢脚板，会造成物体打击事故。

10. 在对预热器清堵时，空气炮动作、在下料管上开孔清堵、用压缩空气清吹等过程中，均可能使高温物料或气体喷出，对作业人员造成灼烫伤害。

11. 在对篦冷机进行清堵作业时，篦冷机空气炮动作或发生塌料，均可能造成作业人员灼烫伤害。

12. 预热器下料口翻板阀无锁紧装置，导致冲料引发灼烫伤害事故。

13. 该工序所用的各类机械设备传动轴、皮带轮、联轴器及其他传动部件均可能对操作人员造成机械伤害事故。若不遵守安全操作规程、防护措施不到位或防护存在缺陷、检修时不按规定采取停车、断电、挂牌等安全措施就进行的，都有可能造成机械伤害及触电的危险。

14. 熟料烧成系统使用电动机、配电箱（柜）、开关箱等电气设备，可能因过载、绝缘损坏、短路、漏电等原因，造成电气火灾事故或触电事故。

15. 预热器吹堵、预热器及篦冷机空气炮清堵时需使用压缩空气，存在压缩空气储罐、压缩空气管道爆炸的可能。压缩空气与易燃气体、油脂接触有引起燃烧爆炸的危险。

16. 如果熟料库设计、施工存在缺陷，地基不均匀沉降或者受其他外力作用等，可能发生坍塌事故，造成人员伤亡和财产损失。

17. 为了降低排放尾气中的氮氧化物浓度，在预分解炉内加入氨水。如果生产现场氨水发生泄漏，并且未及时关闭氨水管道，生产现场大量的氨水积聚，易挥发出氨气，巡检人员及事故处理人员可能发生中毒和窒息事故。

18. 回转窑、风机及其他运转设备在运转过程中由于振动、摩擦、碰撞产生的机械动力噪声，以及风管中产生的气体动力噪声等均会对作业人员造成噪声伤害，长时间在高噪声环境中作业会造成听力下降甚至耳聋。

19. 烧成工序中煅烧熟料时火焰的温度高达 1600～1800℃，在窑头看火岗位，看火工看火时不戴有效的防护眼镜，大量吸收红外线可致热损伤，破坏角膜表皮细胞、产生红外线白内障、视网膜脉络膜灼伤。

7.3.5 水泥粉磨、包装工序危险、有害因素

1. 该工序所用的水泥磨、斗提机、水泥包装机等各类机械设备传动轴、皮带轮、联轴器及其他传动部件均可能对操作人员造成机械伤害事故。若不遵守安全操作规程，防护措施不到位或防护存在缺陷，检修时不按规定采取停车、断电、挂牌等安全措施就进行的，都有可能造成机械伤害及触电。

2. 该工序使用的电动机、配电箱（柜）、开关箱等电气设备，可能因过载、绝缘损坏、短路、漏电等原因，造成电气火灾事故或触电事故。

3. 水泥磨及其他运转设备在运转过程中由于振动、摩擦、碰撞产生的机械动力噪声，以及风管中产生的气体动力噪声等均会对作业人员造成噪声伤害，长时间在高噪声环境中作业会造成听力下降甚至耳聋。

4. 水泥磨机两侧未设防护栏杆，作业人员从水泥磨下方穿行会造成机械伤害事故。在进入水泥磨内进行检维修作业时，若未采取通风、气体分析等安全措施，或作业人员未正确使用防护用品，可能因磨机内氧气含量不足或存在有毒有害气体，造成中毒和窒息事故。

5. 水泥库如果存在设计、施工缺陷、基础不均匀沉降、受外力作用等，可能发生坍塌事故。袋装水泥在装车作业过程中如果堆码不规范，也可能会发生坍塌事故。在检修时如脚手架稳定性差，存在脚手架坍塌的危险。

6. 作业人员到库顶进行巡检、检修作业时，若未设作业平台、防护栏杆、走梯等安全设施；若库顶照明不良，会有发生意外伤害的危险；观察库内用的行灯未采用安全电压，有发生触电的危险。

7. 水泥成品运输量大，若驾驶人员违规驾驶、驾驶技能差、车况不好、路况差、光线不好等，有发生车辆伤害事故的危险。

8. 水泥装车人员在进行装车作业时，未按规范要求佩戴有效安全带及防尘口罩，会发生高处坠落及粉尘伤害。

9. 对水泥库进行清堵作业时，若未采取有效的安全防护措施，未严格执行危险作业管理制度，作业人员未正确佩戴有效的防护用品，在清堵作业过程中会发生高处坠落，甚至可能落入水泥库中被水泥掩埋而造成窒息事故；在清堵作业过程中如果未使用安全电压，会发生触电事故。

10. 水泥散装及水泥库使用空气炮清堵时需要使用压缩空气。如果压缩空气储罐及管道存在缺陷，或压缩空气储罐的安全附件失效，压力管道及压缩空气储罐有爆炸的危险。

11. 水泥包装袋库房内存放大量可燃的水泥包装袋，如果作业人员带入火源，或库内存在用电炉取暖，包装袋堆放的高度距离照明灯具小于 0.5m，库内违规设置配电箱、插座等电气设备，可能会发生火灾事故。

12. 水泥库载荷较大，若水泥库存在设计、施工缺陷，地基不均匀沉降或受外力等原因，水泥库会发生坍塌事故。

13. 在水泥磨顶部进行检维修作业时，如果未设生命线及佩戴安全带，会发生高处坠落事故。

14. 水泥粉磨工序存在高处作业，在工人从事巡检、维修等作业时，有可能使物料块、工具、零部件等从平台上掉落，伤及下面的人员；运动设备旋转的外筒壁面上的凸起

物有可能发生打击人体事故。

15. 水泥包装作业人员如果未正确佩戴防尘口罩，或选择的防尘口罩不符合要求，会受到粉尘职业危害。

7.3.6　余热发电系统危险、有害因素

1. 余热发电系统采用一台窑头 AQC 锅炉和一台窑尾 SP 锅炉。如果违反《蒸汽锅炉安全技术监察规程》关于设计、制造、安装、检验等方面的有关规定，选材不当或材料存在内部缺陷；人孔、开孔补强、焊接结构不合理，设备管理不当，操作控制不当，有发生锅炉爆炸的危险。锅炉压力容器爆炸释放的高温汽-水混合物，会将爆炸点附近的人员烫伤。锅炉爆炸会喷出大量高温的汽-水混合物，导致灼烫事故。

2. 蒸汽管道压力较高，如果安全附件失效、未定期检测、管道腐蚀或者操作失误等，会造成蒸汽管道局部爆裂，造成压力管道爆炸事故。

3. 高温热风管道及蒸汽管道压力均较高，如果高温设备及管道未采取有效的隔热措施或隔热层损坏，人员接触设备、管道时，有发生高温灼烫的危险。

4. 高温热风管道、蒸汽管道或设备发生泄漏，高温物质逸出，会造成人员发生灼烫事故。

5. 进入余热锅炉的废气中含有一氧化碳、二氧化硫、氮氧化合物等有毒有害气体，如果因为废气流经的设备、管道腐蚀或热胀冷缩等原因造成断裂或密闭失效，废气泄漏，有发生人员中毒和窒息的危险。

6. 锅炉及余热发电厂房均为多层建筑，作业人员进行巡检、维修等作业时，放置的工具、零部件等会从平台上掉落，下方人员有受到物体打击的危险。

7. 锅炉及余热发电车间均为多层建筑，若未按规范要求设置作业平台、防护栏杆、走梯等安全措施，作业人员在作业及巡检过程中有发生高处坠落的危险。

8. 余热发电系统汽轮机组的汽轮机叶片是主要的危险源，高温高压蒸汽高速通过汽轮机叶片，带动汽轮机以高速旋转，其切向速度很高，叶片所受的力很大，有可能使叶片断裂，击穿外壳而飞出伤人。

9. 余热发电系统如果调速系统、超速保护系统发生故障或作业人员操作失误等，可能发生汽轮机飞车事故。

10. 汽轮机检修需要使用起重机吊装，若起重机的安全防护设施缺失或失效，或作业人员未持证上岗、违反操作规程，有发生起重机伤害的危险。

11. 余热发电机厂房吊装孔未设防护栏杆或防护栏杆损坏，作业人员在吊装孔附近作业有发生高处坠落的危险。

12. 发电机的润滑油系统如果存在缺陷，例如润滑油系统设计不合理，管道阀门处使用胶垫或塑料垫，未采取防静电措施或防静电措施失效，润滑油系统发生漏油现象，违章带入火源或进行动火作业等，当润滑油系统遇到火源、高温物体、静电或雷电时，会发生火灾爆炸事故。

13. 汽轮发电机及其他运转设备在运转过程中由于振动、摩擦、碰撞产生的机械动力噪声，或者蒸汽管道、管道附件处发生蒸汽泄漏均会产生噪声。长时间在噪声环境中作业，作业人员会受到职业危害。

14. 余热发电工序的汽轮机、水泵等各类机械设备传动轴、皮带轮、联轴器及其他传

动部件均可能对操作人员造成机械伤害事故。检修作业时未执行挂牌制度，未按照停车、断电、挂牌等程序进行，其他人员误操作也会导致机械伤害事故的发生。

15. 该工序使用的电动机、配电箱（柜）、开关箱等电气设备，可能因过载、绝缘损坏、短路、漏电等原因，造成电气火灾事故或触电事故。

16. 作业人员在进行并网操作时，若配电柜前未设绝缘垫，操作人员未正确佩戴防护用品，或防护用品未定期检测，在操作时会发生触电事故。

17. 锅炉水处理使用纯碱、磷酸三钠等碱性物质，操作人员在作业时若未正确佩戴劳动防护用品，存在化学灼伤的危险。

7.3.7 脱硝系统危险、有害因素

1. 脱硝系统采用氨水作为还原剂，若氨水储槽、管道发生泄漏，泄漏的氨水易挥发出氨气，人员有发生中毒和窒息的危险。

2. 氨水站未设有毒气体检测报警仪或检测报警仪失灵，氨水大量泄漏，氨气在空气中的浓度到达爆炸的范围，遇到点火源则有爆炸的危险。

3. 氨水由罐车运输至厂内，如果驾驶人员违规驾驶、车况不良、驾驶技能差、路况差等原因，氨水在卸车过程中可能发生车辆伤害事故。

4. 氨水具有腐蚀性，在卸车或作业过程中若发生泄漏，作业人员且未正确佩戴有效的防护用具，会有发生化学灼伤的危险。

5. 氨水站未按《火灾爆炸危险场所电力装置设计规范》的要求使用相应防爆等级的防爆电器，有发生火灾、爆炸的危险。

6. 氨水站未配备洗眼器、防毒面具、耐酸碱服等应急救援用品，当氨水发生泄漏时，处置人员有发生中毒和窒息的危险。如不能及时处置泄漏，事故有扩大的危险。

7. 氨水储罐围堰损坏，泄漏的氨水不能有效收集到应急事故池中，泄漏事故得不到及时处理，有造成多人发生中毒和窒息的危险，若遇点火源还会发生火灾、爆炸事故。

8. 氨水储罐区通风不良，有发生中毒和窒息的危险。

9. 氨水站未按规范要求采取防雷措施，或防雷设施失效，雷雨天气可能引发火灾、爆炸事故。

10. 氨水站区域未配备消防设施或消防设施失效，发生火灾时不能及时处置，有扩大事故的风险。

11. 应急救援人员未定期演练，当发生泄漏事故时，不清楚处置程序、不会使用应急救援器材等原因，有发生中毒和窒息、灼烫等意外伤害及扩大事故的风险。

12. 氨水泵等机械设备如果防护罩缺失，或设置的防护罩不符合规范要求，人员接触转动部分会造成机械伤害事故。

13. 使用的电动机、开关箱等电气设备，可能因过载、绝缘损坏、短路、漏电等原因，造成电气火灾事故或触电事故。

7.3.8 公用工程及辅助设施危险、有害因素

1. 供配电系统

（1）电气系统由于线路短路、过载或接触电阻过大等原因，产生电火花、电弧或引起

电线、电缆过热，从而造成火灾。如果配电室的电缆进出口未采用耐火材料封堵，火灾事故会扩大。

（2）电气系统无漏电保护器或漏电保护器失效；超标使用保险丝、空气开关；断路器失效、设备无接地接零或失效；电器开关损坏、漏电等，容易发生作业人员触电事故。

（3）配电室门未上锁，未设安全警示标志，其他人员误入会造成触电事故。

（4）变压器使用的变压器油具有可燃性，若变压器油发生泄漏，遇明火或高温，会引发火灾、爆炸事故。

（5）变压器里的绝缘材料如电缆纸、棉纱、布料等长期在较高温度作用下逐步老化，使绝缘强度降低、脱落，引起线圈匝间短路，引发火灾事故。

（6）总降压站 GIS 装置使用六氟化硫为绝缘隔离气体，如果六氟化硫气体泄漏，GIS 装置室未设泄漏检测报警仪或失效，人员进入有发生中毒和窒息的危险。

（7）工厂未按规范要求在配电室配备合格的电工防护用具，或防护用具未定期检测合格，防护用具的绝缘电阻达不到规范要求，电工在作业过程中会发生触电事故。

（8）余热发电系统在并网前未与总降值班人员联系，总降未做好并网准备，在并网时会对工厂电网进行冲击，甚至对当地供电电网进行冲击。

（9）供电系统的防雷设施存在缺陷或损坏，雷雨天供电系统会遭受雷电危害。

（10）柴油发电机的功率达不到工厂一、二级的要求，或对柴油发电机未定期进行日常维护，当发生停电或火灾时，会对工厂造成严重的危害。

（11）在配电室停、送电作业过程中，未严格执行工作票、操作票制度，可能因操作失误造成财产损失或触电事故。

（12）供配电系统因接地、接零保护失效，绝缘电阻、接地电阻超标，绝缘受损，也可能操作失误或违章作业等，均可能造成触电伤害事故。

（13）防爆区域使用的电气设备不符合防爆要求，可能会引发火灾、爆炸和煤尘爆炸事故。电气设备表面温度超标，可能会使堆积在设备表面的煤尘发生燃烧，引发火灾、爆炸事故。

（14）检修质量不良使局部绝缘受损，也可能引发火灾和触电事故。

（15）违章作业，如线路检修时不装设或未按规定装设接地线或装设地线不验电，擅自扩大工作范围，使用电动工具的金属外壳不接地，不戴绝缘手套，在潮湿地区、金属容器内工作不穿绝缘鞋、无绝缘垫、无监护人等，会造成人员触电事故。

2. 给排水系统

（1）工厂的水泵、循环水泵等机械设备如果防护罩缺失，或设置的防护罩不符合规范要求，人员接触转动部分时会造成机械伤害事故。

（2）工厂的高位水池、循环水池未设安全设施及安全警示标志，人员可能发生淹溺事故。

（3）工厂的高位水池位于高处，如果地基存在不均匀沉降，会造成坍塌事故。若山体出现滑坡，会对高位水池造成危害。

（4）生活污水处理使用盐酸及次氯酸钠，若作业人员未佩戴耐酸碱手套、防护眼镜等防护用品，在作业过程中会发生化学灼伤事故。

（5）水泵电机等电气设备短路、过载或接触电阻过大等，可能引发电气火灾事故；电气设备漏电、操作人员误触带电体等，可能造成触电伤害事故。

（6）锅炉水处理设备出现故障，锅炉水水质达不到要求，锅炉水路管道结垢，降低锅炉蒸汽产量，若结垢严重，还可能引起锅炉发生爆炸事故。

（7）若消防水池的液位计失灵，供水人员责任心不强，未及时为消防水池补水，发生火灾时会影响及时灭火，导致火灾事故扩大。

（8）工厂周边的截洪沟及厂内的排水沟堵塞，雨季会造成厂内发生内涝灾害，浸渍生产设备设施。

3. 压缩空气供气系统

（1）压缩空气机使用过程中若冷却不良或在排气管路中形成积炭，氧化自燃，会在压缩空气机的轴瓦、电机及排气管路（管道、冷却器）中发生燃烧、爆炸事故。

（2）压缩空气管道存在质量缺陷，超温超压运行，安全装置不全或失效等，可能发生压力管道爆炸事故。

（3）空气储罐属压力容器，存在发生容器爆炸的可能。

一般情况下发生容器爆炸的主要原因有：

1）容器设计结构不合理，用材不当，制造质量差，容器本身存在先天性缺陷；年久失修，容器壁被腐蚀，强度不够；

2）容器使用过程中发生超温、超压等；

3）安全阀、压力表等安全附件不全、失效或未定期进行检验；

4）操作人员未取得特种作业资格证，违章操作等。

（4）压缩空气机机械传动部件安全防护装置缺失，可能造成机械伤害事故。

（5）压缩空气机电气设备短路、过载或接触电阻过大等，可能引发电气火灾事故；电气设备漏电、操作人员误触带电体等，可能造成触电伤害事故。

（6）压缩空气与易燃气体、油脂接触，有引起燃烧爆炸的危险。

4. 机修车间

（1）机修车间切割下料时需使用氧气瓶、乙炔瓶。若乙炔泄漏，遇点火源或在空气中达到爆炸极限会引发爆炸事故。在氧-乙炔切割或焊接过程中违反安全操作规程，下料或焊接作业点区域存在易燃易爆物质等，也可能引发火灾、爆炸事故。

（2）机修车间使用的电气设备设施存在发生电气火灾和触电事故的可能。在进行焊接作业时未规范搭接焊接回路，可能引发触电、火灾、爆炸等事故。

（3）机修车间使用的氧气瓶、乙炔瓶等均属压力容器，存在发生容器爆炸的可能。

（4）机修车间使用车床等机械设备，在进行机加工生产过程中，若各类设备皮带轮、齿轮等运转部位无防护罩、防护罩损坏或失效、作业人员戴手套操作旋转机床、不使用工具清除切屑、工作服袖口和下摆未扎紧、女工长发未塞入工作帽、工件或刀具未正确装夹、机床之间距离不足或未设置挡屑板及操作机床时违反安全操作规程等，均可能导致机械伤害事故的发生。

（5）在使用砂轮切割机切割下料、用砂轮机磨制刀具等过程中，若砂轮安装不当、磨损量超标、违反安全操作规程等，可能造成砂轮爆裂，发生人员伤亡等事故。

（6）机修车间常需使用起重设备，也存在发生起重机伤害的可能。

（7）在进行氧-乙炔切割作业时，若点火时操作不当，氧气和乙炔开启顺序错误等，可能对作业人员造成灼烫伤害；在切割过程中发生回火、氧化皮和熔渣飞溅、切割完成后工件未完全冷却就接触工件等，也可能对作业人员造成灼烫伤害。

（8）在进行焊接作业时，未戴电焊手套、面罩等防护用品，焊渣飞溅、清除焊渣和药皮时操作不当，均可能造成灼烫伤害事故；若焊接过程中或焊接完成后工件未完全冷却就接触工件，也会造成灼烫伤害事故。

（9）金属切割过程中易产生高温，若不慎接触铁屑、被加工零件时，也可能造成灼烫伤害事故。

（10）机修车间生产过程中有发生物体打击的危险。发生物体打击的主要原因有：

1）被加工零件固定不合理，在加工过程中零件从夹具中脱出，易对作业人员造成物体打击伤害；

2）冲击作业中锤头脱落、飞出；

3）零件、材料堆码过高或堆码不稳造成倾覆；易滚动物件堆放时无防滚动措施等。

（11）在运输备件、零部件等过程中，存在车辆伤害的可能。

7.4　生产过程中主要危险、有害因素分布情况

生产过程中主要危险、有害因素分布情况见表 7.1，用"●"标出有主要危险、有害因素的工序或岗位。

表 7.1　生产过程中主要危险、有害因素分布情况

项目 主要工序或岗位	危险因素																	
	火灾	爆炸	锅炉爆炸	容器爆炸	中毒窒息	机械伤害	起重伤害	车辆伤害	灼烫	高处坠落	触电	物体打击	淹溺	坍塌	粉尘	噪声	高温	辐射
原料处理	●					●	●	●		●	●	●		●	●	●		
生料制备	●			●	●	●		●		●	●	●			●	●		●
煤粉制备	●	●		●	●	●		●		●	●	●			●	●		
熟料烧成	●	●			●	●			●	●	●	●			●	●	●	
水泥粉磨、包装	●				●	●		●		●	●	●			●	●		
余热发电	●		●	●	●	●			●	●	●	●			●	●	●	●
脱硝系统	●			●	●	●				●	●	●			●		●	
供配电	●					●				●	●	●						●
给排水	●				●	●				●	●		●	●	●			
压缩空气机站	●			●		●				●	●	●				●		
检、维修	●	●		●	●	●	●	●	●	●	●	●		●	●	●	●	

7.5　危险化学品重大危险源辨识

危险化学品重大危险源是指长期或临时生产、储存、使用和经营危险化学品，且危险化学品的数量等于或超过临界量的单元。

7.5.1　辨识依据

危险化学品依据其危险特性及其数量进行重大危险源辨识，危险化学品重大危险源可分为生产单元危险化学品重大危险源和储存单元危险化学品重大危险源。

危险化学品临界量的确定方法参考《危险化学品重大危险源辨识》（GB 18218—2018）中的表 1、表 2。

7.5.2 重大危险源的辨识指标

生产单元、储存单元内存在的危险化学品数量等于或超过临界量，即被定义为重大危险源。单元内存在的危险化学品的数量根据危险化学品种类的多少分为以下两种情况：

1. 生产单元、储存单元内存在的危险化学品为单一品种时，该危险化学品的数量为单元内危险化学品的总量，若等于或超过相应的临界量，则定为重大危险源。

2. 生产单元、储存单元内存在的危险化学品为多品种时，按式（7.1）计算，若满足要求则定为重大危险源：

$$S = q_1/Q_1 + q_2/Q_2 + \cdots + q_n/Q_n \geqslant 1 \qquad (7.1)$$

式中 S——辨识指标；

  q_1，$q_2 \cdots q_n$ ——每种危险化学品的实际存在量，单位为吨（t）；

  Q_1，$Q_2 \cdots Q_n$——与每种危险化学品相对应的临界量，单位为吨（t）。

危险化学品储罐以及其他容器、设备或仓储区的危险化学品的实际存在量按设计最大量确定。

对于危险化学品混合物，如果混合物与其纯物质属于相同危险类别，则视混合物为纯物质，按纯物质整体进行计算。如果混合物与纯物质不属于相同危险类别，则应按新危险类别考虑其临界量。重大危险源辨识流程如图 7.1 所示。

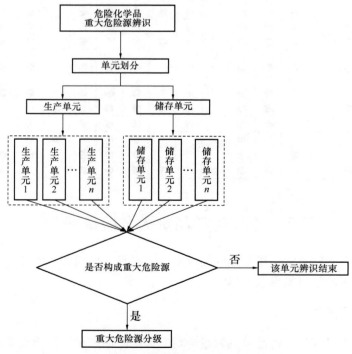

图 7.1 危险化学品重大危险源辨识流程图

7.5.3　重大危险源分级

重大危险源的分级指标按式（7.2）计算，式中暴露人员校正系数 α 及危险化学品校正系数 β 的取值详见《危险化学品重大危险源辨识》（GB 18218—2018）第 4.3 节。

$$R = \alpha \left(\beta_1 \frac{q_1}{Q_1} + \beta_2 \frac{q_2}{Q_2} + \cdots + \beta_n \frac{q_n}{Q_n} \right) \tag{7.2}$$

式中

R——重大危险源分级指标；

α——该危险化学品重大危险源厂区外暴露人员的校正系数；

β_1，β_2，$\cdots$，β_n——与每种危险化学品相对应的校正系数；

q_1，$q_2 \cdots$，q_n——每种危险化学品的实际存在量，单位为吨（t）；

Q_1，$Q_2 \cdots Q_n$——与每种危险化学品相对应的临界量，单位为吨（t）。

7.5.4　重大危险源分级标准

根据计算得出的 R 值，按表 7.2 确定危险化学品重大危险源的级别。

表 7.2　重大危险源级别和 R 值的对应关系

重大危险源级别	R 值
一级	$R \geqslant 100$
二级	$100 > R \geqslant 50$
三级	$50 > R \geqslant 10$
四级	$R < 10$

7.5.5　水泥工厂重大危险源辨识

例：某水泥厂脱硝环节使用 20％的氨水作为脱硝还原剂，氨水罐设计容量 200m³；设有 20m³ 的埋地柴油罐 2 座，储存 0＃柴油，仅作为回转窑点火使用；维修车间存有 40L 乙炔钢瓶 3 瓶，40L 氧气钢瓶 5 瓶；化验室存有 10％的氢氧化钠溶液（500mL/瓶）5 瓶，盐酸溶液（500mL/瓶）5 瓶，95％乙醇 50L，无水乙醇 40L。请辨识该水泥厂是否存在危险化学品重大危险源。

辨识过程：

1. 辨识单元划分

按照生产单元、储存单元将该水泥厂的辨识单元划分为：氨水罐区、柴油罐区、维修车间、化验室 4 个单元，分别进行危险化学品重大危险源辨识。

2. 重大危险源辨识

（1）氨水罐区

氨溶液（含量＞10％）的 CAS 号 1336-21-6，《危险化学品目录（2022 调整版）》中序号为 35 号，因此该水泥厂使用的 20％氨水属于危险化学品，《危险化学品重大危险源辨识》（GB 18218—2018）表 1、表 2 分别规定了不同危险性类别的危险化学品构成重大危险源的临界量，20％的氨水未直接列入（GB 18218—2018）表 1，其危险性类别（对人体的急性毒性等级）也未列入表 2，经分析，氨水（20％）不列入危险化学品重大危险源辨识范围。

（2）柴油罐区

《危险化学品目录（2022 调整版）》中柴油序号为 1674，该水泥厂使用的柴油属于危险化学品，柴油未直接列入（GB 18218—2018）表 1，其危险类别（易燃液体）列入表 2 中 W5.4 类别，临界量为 5000t，柴油的密度取 860kg/m³。

$$S = q/Q = 2 \times 20 \times 0.86/5000 = 0.0069 < 1$$

经辨识，柴油罐区不构成危险化学品重大危险源。

（3）维修车间

乙炔、氧气在《危险化学品目录（2022 调整版）》序号分别为 2528、2661，因此属于危险化学品，乙炔、氧气直接列入（GB 18218—2018）表 1，临界量分别为 1t、200t。按照《乙炔气瓶》（GB/T 11638—2020）40L 乙炔钢瓶（溶剂为丙酮）最大乙炔量 7.36kg，《气瓶安全技术监察规程》（TSG R0006—2014）及《压缩气体气瓶充装规定》（GB/T 14194—2017）40L 氧气钢瓶氧气最大充装量为 7.88kg。

$$S = q_1/Q_1 + q_2/Q_2 = 3 \times 7.36 \times 10^{-3}/1 + 5 \times 7.88 \times 10^{-3}/200 = 0.022 < 1$$

经辨识，维修车间不构成危险化学品重大危险源。

（4）化验室

《危险化学品目录（2022 调整版）》序号 1669 中，氢氧化钠溶液（含量≥30％）属于危险化学品，因此 10％的氢氧化钠溶液不属于危险化学品；盐酸、无水乙醇的目录序号为 2507、2568。经分析：

1）氢氧化钠溶液未列入 GB 18218 表 1、表 2 的计算范畴，氢氧化钠溶液不列入危险化学品重大危险源辨识范围；

2）GB 18218 表 1 中列出氯化氢（无水）的临界量，盐酸作为氯化氢混合物的一种，其危险类别不同于无水氯化氢，"混合物与其纯物质不属于相同危险类别，应按新危险类别考虑其临界量"，盐酸未列入 GB 18218 表 2，盐酸不列入危险化学品重大危险源辨识范围；

3）95％乙醇火灾危险性为甲类，闪点低于 28℃，属于易燃液体，因"混合物与其纯物质属于相同危险类别，则视混合物为纯物质"，95％乙醇、无水乙醇列入危险化学品重大危险源辨识范围，密度按 790kg/m³。

$$S = q_1/Q_1 + q_2/Q_2 = 50 \times 10^{-3} \times 0.79/500 + 40 \times 10^{-3} \times 0.79/500 = 0.00014 < 1$$

经辨识，化验室不构成危险化学品重大危险源。

3. 重大危险源辨识结论

该水泥厂重大危险源辨识共分为 4 个单元，每个单元均不构成危险化学品重大危险源，因此该水泥厂不存在危险化学品重大危险源。

7.5.6 水泥厂重大危险源的辨识

依据《危险化学品重大危险源辨识》（GB 18218—2018），结合水泥生产的实际，通常情况下水泥厂使用的危险化学品有以下 6 类：一氧化碳、二氧化硫、柴油、乙炔、氧气、氨水。

一般存储量均小于标准规定的临界值，故水泥厂使用的危险化学品未构成重大危险源。

7.5.7　水泥厂存在的主要危险和有害物质

通过上述分析，水泥厂存在的主要危险有害物质为：一氧化碳、二氧化硫、二氧化碳、乙炔、氧气、压缩空气、六氟化硫、煤粉、柴油、盐酸、次氯酸钠、氮氧化物、γ 射线等。

存在的主要固有危险有害因素为：火灾、爆炸（锅炉爆炸、容器爆炸）、触电、机械伤害、高处坠落、中毒和窒息、车辆伤害、灼烫、物体打击、起重机伤害、淹溺、坍塌等。

存在的职业危害主要为：粉尘、噪声、高温及辐射等。

7.6　水泥制造主要设备、设施的安全要求

7.6.1　原料及生料制备设备

1. 原料制备

（1）石灰石的开采与转运场所，应设置警示标志限制非工作人员进入。

（2）破碎机和板喂机应做好壳体密封。

（3）进入选粉机或立磨等密闭设备内部作业前，应履行审批手续（断电）、通风、检测，配备监护人员，并确保进口热风阀门处于关闭锁死状态。

（4）进入袋式收尘器内部工作前应履行审批手续，强制性清灰时，检查确认壳体及灰斗内无积灰且出口温度不高于 40℃，并办理有限空间进入许可证，方能进入。

（5）在磨机上方应安装用于接近人孔门的平台。

（6）磨体（球磨机）两侧护栏应牢固、齐全，应能阻止任何人从运转的磨机下方穿越或靠近磨体。各设备机械传动部位安全防护装置应符合标准要求，安全可靠。磨机本体周围防护栏、警示牌应齐全。

2. 煤粉制备

（1）原煤输送系统，应设除铁器，扬尘点应有通风除尘设施。

（2）煤粉制备系统的安全防爆设计应符合下列规定：粗粉分离器、旋风分离器、除尘器、煤粉仓、磨尾、煤粉系统的管道等处应装设防爆阀，泄爆阀泄爆口不应朝向巡检通道和建筑物。

（3）煤磨进出口应设温度监测装置，在煤粉仓、除尘器上也应设温度和一氧化碳超限监测及报警装置，并配备气体自动灭火装置。

（4）在除尘器进口应设有快速截断阀。

（5）煤粉车间内不应使用明火，煤粉仓、除尘器等设备附近应设置齐全有效的灭火装置。

（6）煤磨车间的防火等级应符合 GB 50295 的要求。

（7）防爆阀爆破后，应立即停车，并清除火源，查明原因；待防爆阀修复后，方能重

新启动设备。

（8）在煤粉制备系统中的煤粉仓等重点部位应安装温度监控器。

（9）在铺设煤粉系统管道时，除与燃烧器连接处外，不应水平铺设。

（10）煤粉制备系统的设备应有保护装置，并应保持完好有效。

（11）煤粉制备系统的场所和电气设备应符合防爆要求。

（12）煤磨本体系统应安装防静电接地装置，并定期检查、检测。煤粉输送管道法兰之间应有防静电跨接装置。

（13）要严格控制出磨热风温度。操作中应控制入磨风温不超过280℃，出口气体温度保持在65～75℃，不得超过80℃。运行中应严密监视灰斗温度不超过80℃，袋式收尘器出口一氧化碳浓度不超过0.1%（体积）。在发生自燃时，应立即关闭袋式除尘器进出口阀门，止料停磨，并随时向现场岗位人员通报袋式收尘器出口、灰斗温度变化情况。

（14）烟煤、煤粉不得长期存放，计划停窑2d以上时，停窑前应将煤粉仓排空，非计划停窑应定时向煤粉仓内喷二氧化碳，定时监视煤粉仓温度变化，收尘器及各处死角不应有煤粉堆存，溢出设备外的煤粉应尽快清理干净。灭火用的二氧化碳气瓶应保持有充裕存量。

（15）煤粉制备系统所有设备都应设计在零压或负压状态下运转，车间内应保持整洁，无煤粉堆积现象。如果煤及煤粉外溢，应及时清理。

（16）应及时检查煤粉生产设备是否有因为摩擦等原因引起的设备发热情况。

（17）应定时关注所有防爆阀、防爆门是否正常。

（18）如果回转窑停止喂煤，应及时停止煤粉仓锥部的助流。

3. 煤磨

（1）煤磨、煤粉仓、煤粉除尘器及管道等有可能存在可燃气体富集的空间，应有一氧化碳和温度的检测报警装置。

（2）煤磨和煤粉仓、除尘器及含煤粉的气体管道等易燃易爆场所，应设置防爆泄压装置，其泄压能力应符合煤磨、煤粉仓、除尘器的容积要求，防爆泄压口应指向无人员往来、无重要设备、无易燃品管道和电缆的场所。煤粉制备厂房应设置具有足够泄压面积的泄压装置，其泄压面积（m²）与厂房体积（m³）的比值（m²/m³）一般为0.03～0.10。

（3）煤磨厂房内应在方便取用的位置配备灭火设备和装置。煤磨除尘器入口和煤粉仓应设置氮气或二氧化碳气体灭火装置，煤磨和煤粉仓附近应设置干粉灭火器或消防给水装置；煤预均化库应在消防安全门的外墙上设置消防给水装置。

（4）煤磨车间应有逃生通道，通道的宽度不应低于0.9m，通道应保持畅通。逃生门周围不应有影响开启和通行的杂物，开启方向应指向便于逃生的方向，若逃生方向不确定，逃生门应为双向开启门。

（5）煤磨车间的电缆桥架和电缆沟等处，应有防止煤粉沉积及自燃的措施。可能积存可燃粉尘、纤维的车间内表面应平整、光滑、易于清扫。煤磨车间应采用不发生静电火花的地面，作业场所不应使用明火或易产生静电的作业工具。

（6）选粉机、除尘器、输送设备正常停机前应排空。计划停机3d以上时，煤粉仓中的煤粉应排空。若因故不能排空，煤粉仓内应采取避免发生自燃的措施；计划停机15d以上时，烟煤仓中的原煤应排空。

（7）金属设备、管道和溜子均应就地设置可靠的接地装置，接地电阻不应大于 4Ω。煤磨车间的防雷接地电流通道应单独设立，不应与煤磨系统的设备和管道合并。设备、管道、溜子应密封不漏风，煤磨系统内的电机和电气设备应为防爆型。

（8）煤磨除尘器进口应设置失电时自动关闭的气动快速截止阀门，并与除尘器下部锥斗的温度报警器可靠联锁。

（9）动火作业应取得动火审批。

（10）煤粉制备系统应设置开机启动声光信号装置和允许启动的回复信号装置，启动信号发出，并得到允许启动的回复信号后应至少延迟 1min 后再启动。如发出启动信号后设备未正常启动，应由中控人员通知岗位巡检人员或维修人员检查设备。

4. 破碎设备

（1）设备应有总停开关及相应的急停和安全装置，设备启动和停止装置应有明显标志并易于接近，且有预警装置；

（2）机械传动部位应安装安全防护装置、安全保险装置；

（3）给料或转运料斗及料槽开口位置应设安全防护装置和除尘装置；

（4）破碎设备周围应留有足够的操作和维修空间，操作位置应设置通道并具有良好的可视性，设备检修人孔门应坚固可靠，传动皮带应完好。

1）机械传动部位安全防护装置、安全保险装置应齐全可靠，各部位螺栓应紧固、牢靠；

2）应设置防崩料装置；

3）设备应安装牢固，运转平稳，润滑良好，不应有漏料现象；

4）破碎设备检修人孔门应坚固可靠，传动皮带应完好；

5）设备应设置总停开关及相应的急停和安全装置。

5. 粉磨设备

粉磨设备应满足下列通用要求：

（1）衬板应完整无断裂，不漏灰。球磨机体上方应设置供检修用的安全绳或检修安全平台。

（2）磨机机械传动部位防护装置应齐全可靠，磨机体周围应设置防护栏和警示标识。球磨机两端磨盖与主轴承基础座之间，沿轴向全长两侧应设置隔离护栏。

（3）磨机旁开关应能强制分断与隔离主电路，并应具有锁定装置和开关位置标识。

（4）轴承瓦润滑油冷却水管应完好畅通，油泵安装应平稳牢固，油管、水管、油箱应定期清洗；润滑油放置位置附近应有灭火器材。

（5）压力表、温度表应保持清洁，安全可靠，并在表盘检验有效期内使用。

7.6.2　熟料烧成设备

1. 熟料煅烧基本要求

（1）检查箅冷机箅床上或窑观察孔等高温部位物料分布和冷却状况时，应正确佩戴防护面罩。

（2）窑头燃烧器点火时人员应站在点火孔侧面，不可正对点火门。

（3）启动窑主电机前，应脱开辅传联轴器，待窑体平稳后，再确认到位。

（4）对垫板进行润滑时，要与托轮保持足够的安全距离，并及时清理现场油污。

（5）检查托轮瓦时，严禁将手伸入上油勺侧观察孔。

（6）观察窑内燃烧情况时，应穿戴好防护面罩和隔热服，不得正对观察孔，应侧身观察。

（7）无关人员不应进入窑头平台区域。

（8）进窑前应确认窑尾烟室气体温度低于50℃，情况不明时严禁入内。

（9）进窑前应确认预热器至少最末两级锁风阀锁死，将窑尾空气炮气源闸阀关闭，并释放罐内气体。

（10）在检修时，在窑头罩入口处搭安全吊桥，吊桥要有足够的宽度和强度，并设有护栏。

（11）进入窑内前，应确认作业位置上部无松垮窑皮和凸出砖块。人工清理窑皮时，作业人员应站在侧面，先清除顶部的窑皮，清理过程中严防窑皮大面积塌落。

（12）窑内、窑外及篦冷机第一段有人作业时严禁转窑，如需要翻窑时，应由专人确认以上相关人员及工器具撤离后方可开车，非指定人员不应开车。

（13）清理增湿塔内部积料时，在设备外部气割开口处理时，不应进入人孔门内部施工。

（14）预热器平台、构件及护栏应完整牢固，各检查孔盖牢固、锁风阀动作灵活。

（15）平台物品应按指定区域堆放整齐，堆放高度不超过1.5m，严禁高处抛物。预热器平台不应堆放易燃易爆物品。各地面及各层平台应平整洁净，无绊脚物、无散落物料或油污。

（16）悬挂设备下方及吊装孔附近设置安全防护隔离装置。

（17）预热器下料管堵料进行清料时，必须使用长距离操作工具，远离清料孔。

（18）回转窑系统各通道、平台、梯台及护栏应符合标准规定；窑筒体上方应设钢丝绳，用于作业时固定安全带。

（19）回转窑窑头、窑尾观察门（盖）完好，密封装置完好、无脱落、无漏风。

（20）回转窑筒体无阻碍，不碰撞物体，检修人孔门固定牢固；筒体冷却装置完好。

（21）回转窑控制系统设置相应的电气联锁或机械联锁装置，定期进行检查、试验，确保灵敏可靠。回转窑传动装置中的高速联轴器、开式齿轮等部位，安全防护装置符合标准要求，齐全可靠。

（22）回转窑应当设置由应急独立电源供电的辅助传动装置，辅助传动装置应安装制动器。

（23）篦冷机传动装置中的高速联轴器、开式齿轮及冷却风机联轴器等部位，安全防护装置符合标准要求，齐全可靠。

（24）篦冷机冷却风机入口处防护网完好、可靠。

（25）篦冷机系统完好无漏风。各检修人孔门关闭牢固，密封良好，无漏风。

（26）篦冷机地坑应设置清扫人员紧急逃生通道。

（27）窑头点火升温阶段，篦冷机内不应有人作业，不应开启风机或调整风量。

2. 预热器

（1）设备应固定稳固，焊接处焊缝应无裂纹；壳体应无破损、无烧损；内衬材料应完好、密封。

（2）卡销、闭锁装置应牢固可靠，不用时应锁紧；人孔门、捅料孔关闭时应无漏风、漏灰现象；人孔门、捅料孔等处应设双向安全通道。

（3）预热器应有捅料和防堵措施及装置。

（4）设备平台、构件、护栏、检查孔盖应完整牢固，翻板阀应灵活好用。

（5）悬挂设备下及吊装孔附近应有隔离设施。

（6）预热器塔架的护栏高度不应低于 1.2m，塔架应设置主平台，还应在操作和维护处设置平台，并留有足够的安全操作空间。

（7）各级平台应设置淋浴器或洗眼器等应急设施。

（8）设备周围应设置相应可靠的隔热和防护设施，不应堆放易燃易爆或危险化学品。

3. 回转窑

（1）回转窑窑头、窑尾密封设施应无漏灰、漏风现象；观察门（盖）、平台护栏、测量仪表仪器应完好，密封装置应完好无脱落。

（2）托轮支撑装置应无松动，无剧烈震动、晃动，运行中无异常声响；托轮表面及轮辐应无缺陷、无破损。托轮轴应无拉丝、无划痕。托轮瓦温度应保持在 50℃ 以下，冷却水畅通，无漏水现象。

（3）筒体表面应无破损，无异物，焊缝应牢固、无裂纹，检查门应固定牢固，且密封良好、无漏料，检修人孔门应固定牢固；筒体冷却装置、筒体温度扫描设备应能正常工作，筒体温度应保持在 380℃ 以下；轮带应固定牢固、无破损，两侧挡块应焊接牢固、无裂纹、无脱落。

（4）煤粉燃烧器、煤粉输送管路应无泄漏，调整机构应灵活好用，各部件应连接可靠。

（5）点火升温用燃油系统设备设施应无泄漏，管路连接应可靠，压力表应在检验合格期内，各类阀门位置应指示明确。放置储油罐的区域应设有灭火装置，并应设置明显、齐全的警示标识。

（6）传动装置中的高转速联轴器、开式齿轮等传动部件应设置防护罩；冷却水、润滑油应能够正常供应；托轮、挡轮测控仪表应完好。

（7）传动装置中，应设置辅助传动装置启动时能切断主电动机电源的联锁装置。

（8）辅助传动装置应另设应急独立动力源，还应安装可以在使用中切断辅助传动电动机、防止回转窑自行转动的制动装置。

（9）系统联锁、控制装置应完好，空气炮等气动元件应工作正常，压力容器应定期检验。

4. 箅冷机

（1）壳体应完好，并密封，无破损、烧损、漏风、漏料现象；焊缝应牢固，无开裂；内衬材料应完好，无脱落、烧毁现象；人孔门、观察孔正常生产或不用时应关闭且密封，无漏风、漏灰现象；卡销、闭锁装置应牢固可靠，不用时应锁紧。

（2）箅床传动系统运行时机体应无明显震动；主轴承在运行时应无震动，温度应保持在 65℃ 以下；传动连杆焊接应牢固，焊道应无裂纹，连杆应无弯曲，运行时应运转良好，两端转动部分温度应在 65℃ 以下；电机对轮及传动链条等部位应安装防护罩。

（3）拉链机传动部分运行时应无异常震动及声响，轴承温度应在 65℃ 以下，油位应在中限以上；传动链与轮盘应啮合良好，无异常震动及响声，链条长度应适中；传动链处应安装防护罩；正常工作时，壳体上部盖板及检查门应盖好且密封，并无漏风、漏料现象；连接部件应牢固可靠，紧急停车装置应灵敏可靠。

（4）冷却风机组应运转正常，机体及轴承应无剧烈震动，轴承温度应保持在 65℃ 以下；风机轴承安全防护装置齐全，轴承箱油位应保持在中上限，运行时风机应无异常声响。

7.6.3　制成及发运设备

1. 装卸、包装设备

（1）卸车机及传动部位应设置拉紧、制动、保护、联锁、安全保险等装置，装置应能正常运行。

（2）卸料部位应设置除尘装置，下料口应设置篦子，篦子间隙应能防止人员掉落。

（3）水泥散装口、包装设备以及袋装水泥装车岗位等设置的除尘装置应无漏灰、漏风现象。

（4）袋装水泥包装设备传动部位应设防护装置和急停装置，发生夹包故障时应停机处理。

（5）装卸设备作业区应有逃生通道，并保持通道畅通，路面清洁。

（6）包装纸袋库应设置灭火器材或装置。

（7）袋装水泥码垛高度，机械装卸时不应高于 5m，人工装卸时不应高于 2m。

2. 粉料仓

（1）仓体和管道应无明显的腐蚀、泄漏、变形。

（2）仓体表面应有物品名称、特性等标识。

（3）料仓支撑机构及附属梯台应无严重破损、腐蚀或塑性变形。

（4）邻近车辆通道部位的表面，应有夜明防撞警示措施。

（5）仓体应安装料位报警装置。

（6）仓体下锥部位应安装空气破拱装置，并保持灵敏、可靠。

（7）仓顶应安装压力安全阀，并保持灵敏、可靠。

（8）振捣装置应有漏电保护器和保护接地线。

3. 外加剂仓附属管路

（1）仓体输入、输出料口及管路应密封良好，防止泄漏。

（2）仓体与管道连接处应完好，不应有脱焊现象，活动管道应在连接处安装软体密封装置。

（3）管道应有外加剂流向标识。

4. 辊磨机、球磨机、砂磨机等研磨设备

（1）设备应有总停开关及相应的急停和安全装置。

（2）研磨设备除短时间调试外，不应空转。

5. 水泥制成包装

（1）现场作业人员应严格遵守本岗位安全操作规程。

（2）水泥清库工作要严格按照 AQ2047 的规定执行。

（3）发生夹包时，应及时停机，不应在设备运转时进行调整、维护、维修作业。

（4）包装机在运转时，不应到包装机里面去拉包。

（5）给料或转运料斗及料槽开口位置应设防护装置，不应在无安全措施的条件下进行人工疏通。

（6）不应带料启动设备，不应在输送设备运行过程中进行维护调整。

（7）机械传动部位防护装置齐全可靠，拉紧、制动、急停、联锁、安全保险装置齐全可靠。

（8）设备各连接部位无松动现象，紧固件齐全牢固，润滑油路、气路正常，安全防护设施应齐全完好，信号、保险、联锁装置应灵敏、可靠。

7.6.4　化验、检验

（1）化验室员工应掌握化学物品使用安全知识。

（2）从事化验作业时，人员应佩戴防腐蚀液护目镜，使用耐酸碱手套。所涉及的化学药品安全数据表应符合化学药品危险性，并为接触化学药品人员配备相应的个体防护用品。

（3）经常散发有害气体或产生粉尘的场所，应设置有效的通风、除尘装置。

（4）化验室内应配备相应的急救药品和消防器材。

（5）危险化学品存放和使用场所应设置安全警示标识，并制定应急处置方案。

（6）危险化学品存放和使用场所应是非燃烧材料建筑物，有隔热、通风等措施，电气设施应采用相应等级的防爆电器。

（7）化学分析检验室，应设有洗眼器，必要时设置喷淋装置。

（8）有毒、易燃、易爆的废弃物应按国家有关规定妥善处理。

（9）危险化学药品应实行"五双"原则进行管理，不应混放。

（10）开启高压气瓶时，不应将出气口正对人体。

（11）洗涤水池的下水管应设水封。

（12）所有药品、标准样品、溶剂都应有清晰的标签，不应在容器内装入与标签不相符的物品。

7.6.5　水泥工厂通用设备

1. 球磨机

（1）球磨机设备机械传动部位防护装置应齐全可靠，磨机设备周围应设置防护栏和齐全的安全警示标识；磨机设备两侧应设护栏。

（2）球磨机设备简体各部件螺丝应齐全、紧固可靠，衬板应完整无断裂，简体应无漏料现象。

（3）应根据气候变化情况及时更换相适应的球磨机设备轴承润滑油，并做润滑记录；轴承瓦润滑油、冷却水管应完好畅通，油泵应安装平稳牢固，油管、水管、油箱应定期清洗。

（4）压力表、温度表外观应保持清洁。

2.斗式提升机

(1)机械运输系统的外露传动部位,应安装牢固、可靠并符合要求的防护罩或防护栏。

(2)纠偏装置或跑偏、速度报警装置完好,动作灵敏可靠。

(3)每个操作工位应设置急停装置。急停装置按钮应满足保证运输线紧急停机的要求,不得自动恢复,应采取手动恢复。

(4)提升机密封完好,设备无扬尘、漏灰等缺陷,观察口及连接法兰接口须有防进水措施。

(5)电机及减速机基础螺栓固定牢固,运行稳定可靠。

3.胶带输送机

(1)固定式输送机应按规定的要求安装在固定的基础上。移动式输送机正式运行前应采取有效固定措施;有多台输送机平行作业时,机与机之间、机与墙之间应有1m的通道。

(2)外露传动部位应安装可靠的防护罩或防护栏,安装牢固,符合要求。

(3)纠偏、跑偏、速度、堵塞装置完好,动作灵敏可靠。

(4)每个操作工位、升降段、转弯处应设置急停装置,同时保证每30m范围内应不少于1个急停装置。

(5)急停装置按钮或拉绳开关,应满足保证运输线紧急停机的要求,停机后不得自动恢复,应采取手动恢复。

(6)人员需要经常跨越运输皮带的地方应设过道桥。

(7)皮带的张紧度须在启动前调整到合适的程度,张紧配重部位应设置防护隔离设施。

(8)运行中出现胶带跑偏现象时,应按照操作规程立即采取调整措施。

(9)工作环境及被输送物料温度应处于皮带可承受的温度范围内。不得输送具有酸碱性油类和有机溶剂成分的物料。

(10)维修胶带输送机时,配重、改向滚筒张紧装置和皮带应做有效固定。

4.盘式输送机

(1)机械运输系统的外露传动部位,都应安装防护罩或防护栏,防护罩或防护栏应安装牢固,符合要求。

(2)纠偏、速度、堵塞装置完好,动作灵敏可靠。

(3)每个操作工位、升降段、转弯处应设置急停装置,同时保证每30m范围内应不少于1个急停装置。

(4)急停装置按钮或拉绳开关,应满足保证运输线紧急停机的要求,停机后不得自动恢复,应采取手动恢复。

(5)人员需要经常跨越运输线的地方应设过道桥。

(6)电机及减速机基础的螺栓应固定牢固,运行稳定可靠。

(7)各下料溜子通畅、无杂物,阀板动作灵活。

(8)电动机、减速机无异声、发热、振动情况,各地脚螺栓无松动。

(9)传动链啮合良好无脱离,无单面磨损、开裂。

(10)料盘、料斗运行平稳,各连接部位紧固良好,无变形、振动,滚轮运转灵活。

5. 袋式收尘器

(1) 设备设施完好,定期检测,各项数据指标符合国家环保排放标准。

(2) 防雷装置应可靠、有效,并定期检测。

(3) 应根据除尘器入口含尘浓度、粉尘及气体性质、GB 4915 中要求的排放限量要求与 GBZ 2.1 中车间允许粉尘浓度要求等合理选择除尘设备。

(4) 除尘器的出入口管道上应按照 GB/T 16157 的规定安装检测孔。

(5) 应定期检查除尘设备的运行情况,定期测定除尘设备主要技术指标;除尘设备的运转部件应定期维护,使其处于良好的运转状态。

(6) 除尘管道应定期检查、维护,管道外部应涂油漆或做防腐蚀处理。

(7) 除尘设备应设置定时或定压清灰系统和收尘器联锁,定时清除灰斗与管道内的积灰。

(8) 除尘设备应按其性能和设计要求正确使用,以使除尘效率和粉尘排放浓度到达设计要求。除尘设备不应任意拆卸或挪作他用。

(9) 煤磨收尘器应具备完善、可靠的防燃、防爆、防静电、防雷措施;除尘器本体包括灰斗不应有易积灰死角,灰斗应设温度检测、定时振打装置。除尘器应辅助设置一氧化碳监测系统、灭火系统、消防系统、防静电接地系统、防雷系统。

6. 电收尘器

(1) 设备设施完好,定期检测,各项数据指标符合国家环保排放标准。

(2) 要有可靠的防雷装置,并定期检测。

(3) 应根据除尘器入口含尘浓度、粉尘及气体性质、GB 4915 中要求的排放限量要求与 GBZ 2.1 中车间允许粉尘浓度要求等合理选择除尘设备。

(4) 除尘器的出入口管道上应按照 GB/T 16157 的规定安装检测孔。

(5) 应定期检查除尘设备的运行情况,定期测定除尘设备主要技术指标;定期维护除尘设备的运转部件,使其处于良好的运转状态。

(6) 应定期检查、维护除尘管道,管道外部应涂油漆或做防腐蚀处理。

(7) 除尘设备应将定时或定压清灰系统和收尘器联锁,定时清除灰斗与管道内的积灰。

(8) 除尘设备应按其性能和设计要求正确使用,以使除尘效率和粉尘排放浓度达到设计要求。除尘设备不应任意拆卸或挪作他用。

(9) 煤磨收尘器应具备完善、可靠的防燃、防爆、防静电、防雷措施;除尘器本体包括灰斗不应有易积灰死角,灰斗应设温度检测、定时振打装置。除尘器应辅助设置一氧化碳监测系统、灭火系统、消防系统、防静电接地系统、防雷系统。

(10) 电收尘器所属设备均应处在良好状态,电机之间应无杂物,各部分接地可靠,送电之前应确认危险区域无人,各检查孔应全部关牢。

(11) 应保持人行道、走梯平台、输灰场所清洁畅通,夜间照明照度应符合要求。

(12) 坑、沟、池等设施应有符合安全要求的围栏或盖板。

(13) 对无外壳保温设施且壳体温度高于 40℃的电除尘器,其人体能直接接触到的部位应设置防护网。

(14) 电气控制室应有通风调温和防尘设施。非维修人员未经同意一律不得进入电气控制室。

（15）在配电室、电缆层、继电器室、电除尘器控制室及整流变压器等处配置符合要求的消防器材。

（16）高压电器周围应设护网，人孔门应有安全联锁装置，高压电器及人孔门处应设有"当心触电"等警告标志。

（17）在电收尘本体内部作业时，手持式照明或局部照明电压不得超过12V。

（18）电除尘器运行时不应开启电场高压开关柜、绝缘子室、阴极振打小室人孔门；高压隔离开关在电除尘器运行期间不应拉闸操作。

（19）电除尘器的维修、维护、运行操作应严格实行工作票制度。

7. 起重机械

（1）起重设备的定期保养以及检修应由专业人员及专业厂家进行。

（2）起重设备的安全防护、信号和联锁装置确保齐全、灵敏、可靠。起重机械应安装声光报警装置。

（3）起重操作者以及指挥人员要持证上岗，作业过程由专人指挥。

（4）作业前应根据作业特点编制专项施工方案，并对参加作业人员进行方案和安全技术交底。

（5）作业过程中应遵守起重机"十不吊"原则。在露天有六级以上大风或大雨、大雪、大雾等天气时，应停止起重吊装作业。

（6）起重机械应安装限位开关、额定荷重限制器与调整装置，且要保证完好、可靠。施工升降机等起重设备应安装防坠安全器，并保证其安全可靠。

（7）露天工作的起重机应具有防风防爬装置。

（8）单主梁起重机应安装安全钩并配有锁扣装置。流动式起重机和动臂式塔式起重机应安装防后倾装置（液压变幅除外）；臂架起重机应具有回转锁定装置。

（9）起重设备安全防护装置的变更，应经安全部门同意，并做好记录、及时归档。

（10）臂架起重机应安装力矩限制器，综合误差不应大于额定力矩的10％。

（11）桥式起重器采用裸露导电滑线供电时，应采取防触电防护措施。

（12）同层多台起重机同时作业时，应设置防碰装置。

（13）对于司机室设置在运动部分的起重机，应在起重机上容易触及的安全位置安装登机信号按钮。

（14）臂架式起重机在输电线附近作业时，为避免感应电或触电事故，应使用危险电压报警器。

（15）大、小行车端头应具有缓冲和防冲撞装置。

（16）检修起重设备时应按规定的方案拆除安全装置，并有安全防护设施，检修完毕，安全装置应及时恢复。

（17）吊车应装有能从地面辨别额定荷重的标识，不应超负荷作业。

（18）吊运物行走的安全路线，不应跨越有人操作的固定岗位或经常有人停留的场所，且不得随意越过主体设备。

（19）起重机械与机动车辆通道相交的轨道区域，应设置安全措施。

（20）起重机械应在检验合格周期内使用。

（21）普通麻绳和白棕绳只能用于轻质物件的捆绑和吊运，有断股、割伤、磨损严重的应报废。

（22）钢丝绳编接长度应大于绳直径的 15 倍，且不小于 300mm，卡接绳卡间距离应不小于绳直径的 6 倍，压板应在主绳侧。

（23）链条有裂纹、塑性变形、伸长达原长度的 5％或下链环直径磨损达原直径的 10％时应报废。

（24）报废吊索具不得在现场存放或使用。

（25）起吊物的重量不得超过吊具的极限工作载荷，使用前应对所使用的吊具进行目测检查，并根据吊具的起重载荷核对其极限工作载荷，符合要求后方可使用。成套吊装索具亦应如此。

（26）吊具不应自行修复或再加工（焊接、加热、热处理、表面化学方法处理），如需进行上述处理，应送回原厂家或在原厂家专家指导下进行。

8. 压缩空气机站

（1）由电力驱动、工作压力小于或等于 42MPa 的活塞压缩空气机、隔膜压缩空气机、离心压缩空气机的压缩空气机站及其压缩空气管道应符合 GB 50029 的规定。

（2）压缩空气机外露的联轴器、皮带转动装置等旋转部位应设置防护罩或护栏。螺杆式压缩空气机保护盖应安装到位，门、顶盖应关闭。压缩空气机机身、曲轴箱等主要受力部件不应有影响强度和刚度的缺陷，且无棱角、毛口；所有紧固件和各种盖帽、接头或装置等应紧固、牢靠。

（3）压缩空气机保护装置应符合下列要求：

1）工作压力达到额定压力时，超压保护装置应能自动切换为无负荷状态。

2）驱动功率大于 15kW 的压缩空气机，超温保护装置应能使每级排气温度超过允许值时自动切断动力回路。

3）距操作者站立面 2m 以下设备外露的运动部件和传动装置应安装防护罩或盖。

4）螺杆式压缩空气机的门、盖应确保运行时不能开启或拆卸。

5）活塞式压缩空气机与储罐之间的止回阀、冷却器、油水分离器、排空管应完好、有效。

6）急停装置应完好有效。

（4）储气罐应定期排污，工业管道应定期清扫。

（5）压缩空气机铭牌和安全警示标识应清晰完好。

（6）轴功率不小于 2kW、额定排气压力为 0.05～5MPa 的固定式压缩空气机还应符合下列要求：

1）遥控的压缩空气机应在工作现场配有启动、停车装置，操作遥控压缩空气机的人员应采取适当预防措施，以保证在没有人接触压缩空气机和没有人在压缩空气机上工作的情况下操纵压缩空气机。

2）压缩空气机的吸气口应布置得不致使衣服被吸入。

7.6.6　余热发电

1. 余热锅炉的基本要求

（1）余热锅炉应具有产品合格证、使用登记证和年度检验证。

（2）安全阀、水位计、压力表等安全附件齐全、灵敏、清晰、可靠，排污装置无泄漏。其他辅机设备应符合安全要求。

（3）余热锅炉应按规定合理设置报警和联锁保护装置。

（4）锅炉应无漏风、漏水。

（5）水质处理指标应符合低压锅炉检测要求，汽包内无水垢。

（6）对新装、移装和检修后的锅炉，启动之前应进行全面检查。

（7）锅炉承压部件在安装或检修后，应经过全面的水压试验。水压试验过程中，应停止一切炉内外安装检修工作。

（8）在锅炉水压试验进水时，负责管理空气阀和进水阀的操作人员不得擅自离开。

（9）在锅炉水压试验中，当发现承压部件外壁有渗漏现象时，若压力正在上升，检查人员应远离泄漏地点。在停止升压进行检查前，应先分析泄漏有无发展的可能，如果没有，方可进行细致检查。

（10）锅炉应进行 1.25 倍工作压力的超水压实验。在保持压力时，不应进行任何检查，待压力降至工作压力后，方可进行细致检查。

（11）锅炉水压试验后泄压和放水时，应确认放水总管处无人后方可操作。

（12）进行锅炉水压试验要严格遵守有关的规定，同时应设专人监督与控制压力。

2. 汽轮机

（1）一般规定

汽轮机系统要确保设备设施、安全防护及联锁装置完好。

对其油系统应定期检查，保证管道的清洁和畅通，发现漏油应及时消除或者采取应急预案做好灭火措施；冷油器应定期冲洗，滤油网不得堵塞。

汽轮机油站应设置事故放油池，油箱事故放油阀门保持完好，并距离油箱有一定安全距离，操作手轮与油箱的距离应大于 5m，操作手轮的位置至少应有两个通道能到达，操作手轮不应上锁，平时加铅封，并有明显的标志。

油管道安装时应尽可能远离高温管道，油管道至蒸汽管道保温外表面距离一般不小于 150mm，所有法兰加装防爆盒。

（2）汽轮机技术

作业人员应熟悉设备的工作原理、工艺流程、操作规程、运行参数及应急处置方法。

手动开关汽阀时，用力不能过猛，防止高温蒸汽泄漏烫伤。

定期检查汽轮机油质是否合格。在油质及清洁度不合格的情况下，不应起动机组。

正常运行中，要确保各种超速保护装置均正常投入运行。超速保护装置不能可靠动作时，不应起动和运行机组。

机组大修后应按规程要求进行汽轮机调节系统试验，确认调节系统工作正常。在调节部套存在有卡涩、调节系统工作不正常的情况下，不应起动机组。

汽轮机盘车前，应确认油泵已启动并且各位置油压已经建立，通过观察孔确认各润滑位置回油正常。

蒸汽参数达到要求后，应按规程要求进行暖管，开启各路疏水，防止管道内的积水进入汽轮机造成水冲击。

每次冲转前，汽轮机静态试验应该合格。经试验各保护装置投入正常，各油泵联锁投入正常。在事故油泵没有投入联锁的情况下不应开机。

冲转后要保证足够的暖机时间，并严格按照汽轮机要求进行升速，升速时需密切注意汽轮机和发电机的振动，不应在振动超标的情况下强行升速。

应严格控制汽轮机主汽门的进气参数，不应超温超压运行。

成功并网后，需缓慢进行升高负荷的操作，避免负荷急剧升降，以免造成整个系统工况的失调。

机组油系统的设备及管道损坏发生漏油时，凡不能与系统隔绝处理的或热力管道已渗入油的，应立即停机处理。

若机组保护装置出现动作，应查明原因。在任何情况下绝不可强行运行。

在没有有效监视手段的情况下，运行中的机组应停止运行。正常情况下，不应带负荷解列。

停机后应立即投入盘车，机组起动前连续盘车时间应执行制造厂的有关规定，不得少于 2～4h，热态起动不少于 4h，若盘车中断，应重新计时。

停机后，由于盘车发生故障暂时停止时，每 2h 手动盘车旋转 180°。当盘车盘不动时，不应用吊车等强行盘车。

汽轮机房内若失火，不应在火灾最后扑灭前将汽轮机停用，应保持 200～400r/min 的转速，听候指示。发电机解列后，可用水、二氧化碳、干式灭火器灭火，不应使用泡沫灭火器和砂子灭火。

油系统着火停机时，不应启动油泵。开启事故放油阀，将系统内及油箱内的油全部放掉。

对新投产的机组或汽轮机调节系统大修后的机组应进行超速试验。超速试验前应配备足够的安全工器具以及防护用品。进行试验前，各保护装置均应正常投入运行，不应随意解除。

汽轮机升速过程中，应严密监视汽轮机的振动、声音、转速变化情况，发现异常应立即打闸停机，查明原因并处理后方可继续进行超速试验。

3. 发电机安全技术

（1）更换、新装、大修、停用的发电机，使用前应测量定子和励磁回路的绝缘电阻以及吸收比。定子的绝缘电阻不得低于上次所测值的 30%，励磁回路的绝缘电阻不得低于 0.5MΩ，吸收比不得小于 1.3，并做好测量记录妥善保管。

（2）启动前检查汽轮机与发电机传动部分，应连接可靠，输出线路的导线绝缘良好，各仪表完好、清晰、有效。检查发电机转子大轴接地情况是否良好。启动发电机前应对汽轮机做两次拉阀实验。

（3）启动前应先将励磁变阻器的电阻值调至最大位置，然后切断供电输出总开关，接合中性点接地开关。有离合器的机组，应先启动汽轮机空载运转，待正常后再接合发电机。

（4）启动后检查发电机在升速中应无异响，滑环碳刷接触良好，无跳动及打火现象。升至额定转速待运转稳定，频率、电压达到额定值后，方可并网。应按冷态和热态情况逐步增大负荷。三相电流应保持平衡。

（5）发电机在额定频率运行时，其变动范围不得超过 ±0.5Hz。

（6）发电机连续运行的最高和最低允许电压值不得超过额定值的±10％。其正常运行的电压变动范围应在额定值的±5％以内，超出这个规定值时应进行调整。功率因数为额定值时，发电机额定容量应不变。

（7）发电机定子线圈的温度一般不应超过120℃，最高不得超过125℃。

（8）发电机功率因数不得超过迟相（滞后）0.95。有自动励磁调节装置的，可在功率因数为1的条件下运行，必要时可允许短时间在迟相0.95～1的范围内运行。

（9）发电机开始运转后，即应认为全部电气设备均已带电。

（10）停机前应先切断各供电分路的主开关，逐步减小负荷，然后切断发电机供电主开关，将励磁变阻器复位到电阻最大位置，使电压降至最低值。在切断励磁开关和中性点接地开关后，方可停机。

（11）转动着的发电机，即使未加励磁，也应认为有电压。不应在转动的发电机定子回路和与其连接的设备回路上工作。

（12）测量发电机绝缘时，特别是发电机刚刚解列后测量绝缘时，应对发电机定子回路进行放电。

（13）发电机及相关的电气主机设备在每个大修周期，或者事故大修后均应该进行电气预防性试验和继电保护校验工作，发现异常及时处理，恢复正常后方可开机。

（14）所有的停、送电操作及并网操作应严格执行工作票和操作票制度，一人操作一人监护。

7.6.7　脱硝系统

1. 基本要求

（1）氨水储罐区应安装氨气泄漏报警装置及自动喷淋装置。

（2）氨水储罐应接地良好，储罐的遮阳棚及周边30m范围内要增设安全有效的防雷设施。

（3）氨水储罐应设置永久性围栏，无关人员不得进入。应对氨水储罐定期进行安全检查，泄漏池或围堰有效容积不小于围堰内最大单罐的容积。

（4）氨水储存地15m范围内，应设置便于作业人员使用的净水淋浴设施。

（5）应配备专业、兼职应急救援人员和必要的应急救援器材、设备。应建立脱硝系统防爆、防腐蚀事故应急救援预案，并定期组织应急救援演练。

（6）进入脱硝设施区域应正确佩戴或使用安全防护用品，不得让皮肤直接接触氨水。

（7）每班检查喷淋装置，确保管道通畅、水压正常，处于完好备用状态。

（8）氨水运输车辆进厂后应在车辆停稳并连接静电地线后方可卸氨水，不应在雷雨天气卸氨水。

（9）氨水储存区应配置灭火器，现场要悬挂"禁止烟火"等警示标识。氨水储存区半径25m范围内需动火操作时，应执行相应的动火管理规定。

（10）脱硝设施停用后，应用清水对设备内的氨水进行冲洗。

2. 氨水储罐存储要求

（1）氨水储罐存储的位置应远离交通要道和人员聚集区。

（2）储罐存储处应阴凉、干燥和通风，远离火种和热源，避免阳光直射。

（3）储罐区附近应备有灭火器具以及砂土、蛭石等消防物资。

（4）储罐周边 3m 范围内应设置永久性围栏，并有明显的警示标识，防止无关人员进入。

（5）储罐周围 30m 并延伸至预留的氨水泄漏区周边 10m 范围内不应有可燃物。

（6）氨水泄漏区和围堰场地容量应与氨水储罐容量相匹配，并设置氨水集水坑，泄漏排污通道应保持畅通。

（7）氨水不应与酸类、金属粉末接触。

（8）储罐区应设置远程视频监控系统，中控室应能实时监控储罐及周边 20m 范围内的安全状况。

（9）脱硝系统氨水储罐区的电气设备、电器开关、照明设备等应采用防爆型设计，使用的工具应为防爆型。电机运转情况、机械密封的磨损及泄漏情况应经常检查，磨损密封件应及时更换。

（10）氨水储罐区附近应设有风向标和氨气泄漏检测装置。

（11）氨水储罐应设置氨气吸收装置和喷淋装置，并配备保持罐内压力稳定的设施。

7.6.8　公用辅助用房及设备设施

1. 基本要求

（1）锅炉房在设备布置、耐火等级、燃料系统（燃气、燃油、燃煤）、管道、通风、电气、给水和水处理等方面应符合本系列行业标准中的相关要求。

（2）压缩空气机站在设备布置、压缩空气管道、控制系统和保护装置等方面应符合本系列行业标准中的相关要求。

（3）污水处理系统在安全措施、监测装置、危险化学品存放和清淤作业等方面应符合本系列行业标准中的相关要求。

（4）食堂在燃气设施、炊事机械和烟道清理等方面应符合本系列行业标准中的相关要求。

（5）金属切削加工设备、可移动电气设备、手持式电动工具等维修设备应符合本系列行业标准中的相关要求。

（6）水泥工厂其他的公用辅助用房及设备设施应符合本系列行业标准中的相关要求。

2. 油品储存库

（1）油品储存库与办公区、生产区或人员密集地区之间应保持 12m 以上安全距离。

（2）地上油罐区四周应设高度为 1m 的防火堤，防火堤内脚底至罐壁之间的净距离应大于 2m。

（3）采用卧式罐应有足够的强度，并设有良好的防腐和导除静电的措施。

（4）汽油罐、柴油罐应埋地安装，不应安装在室内或地下室内。

（5）储存库应配备温度计、湿度计、可燃气体探测器，每年应至少检定一次。加油站的油罐宜设有高液位报警功能的液位计。

（6）钢油罐应做防雷接地，其接地点不应少于两处，接地点沿油罐周长布置，其间距应小于 30m。

（7）储存甲、乙、丙类油品的储罐，应做防静电接地，钢油罐的防感应雷击接地装置可兼做防静电接地装置。

（8）油库及产生爆炸性气体场所内的电器设施、线路、开关均应按防爆要求安装。

（9）油库建筑物耐火等级不应低于二级，门、窗应向外开放，设高、低窗进行自然通风。当自然通风不能满足时，应设置机械通风。

（10）储存库外应有标牌，注明油品名称、特性、储量及灭火方法等。灭火器材应定位存放，并在检验周期内使用；灭火器材存放点应设有编号，注明责任人；库房外灭火的砂、铲、桶应齐全。

（11）储存库场地应清洁、整齐，储存库内不应再储存其他物品或材料。

（12）储存库电气设备及使用工具应符合防爆要求，地面应铺垫橡胶绝缘地板，储存库内及周围不应从事可能产生火花的作业。

7.7 实 验 室

7.7.1 基本要求

1. 实验室应有良好的通风、除尘及空气调节设施。实验室应配备适用足量的消防器材，置于易取之处，指定专人负责，妥善保管。

2. 实验室有接地要求的仪器设备应按规定接地，定期检查线路。

3. 实验室的安全用电用水及其闸阀启闭等工作应由实验室管理人员负责。电气设备或电源线路应按规定装设，不得超负荷用电，不应乱拉乱接电线。

4. 实验室内实验设备外露传动、危险部位应有防护装置或警示标识。

5. 对易燃、易爆、有毒物品应按规定设专用库房存放，并指定专人妥善保管。

6. 实验室各种压力气瓶不应靠近热源，离明火距离不应小于10m。

7. 盛装化学试剂的容器上应有试剂的化学品安全标签。

8. 室内应配置洗眼器（或紧急喷淋装置）、小药箱等安全应急物品，放置位置应便于相关人员使用。应急物品应定期检查和维护。

9. 应制定有毒废弃物的处理办法。对使用后的有毒物品应统一收回，妥善保存，不应随意乱放、乱倒埋或带出化验室。对回收的有毒物品或过期的化学试剂应根据其化学性质，采取分解、还原等方法降低危害性质后进行销毁。采取的降低危害性方法和销毁工作，应经实验室负责人同意，由质量管理部门审核，报主管领导审批后方可执行。

7.7.2 主要仪器设备安全

1. 试验小磨安全事项

（1）操作人员穿戴好防尘口罩、耳塞等个人防护用品。

（2）使用前查看磨桶内是否有其他物品及磨机情况。

（3）装料时应断开电源装料，装料完毕后关紧磨门，关好防护盖。

（4）更换磨筛板时断开电源，确保关紧磨门后才可开机。

（5）运行中机器出现异常，应立即切断电源。

（6）机器运行中，严禁维修维护，严禁打开防护盖。

（7）检查更换研磨体时，应断开电源，再进行处理。

2. 振动磨、密封式粉碎制样机安全事项

（1）通电使用前一定要把后盖板和侧面的控制箱盖板装好。

（2）启动前应把研磨盒牢牢卡紧在定位盘上，关好门，在没有磨盒或磨盒没有卡紧的情况下不要启动设备。

（3）设备零部件有损坏时，不要操作使用。

（4）装取磨盒时端平抬稳。

（5）研磨盒中的样品量应符合要求，研磨时间不要过长，已设好的研磨时间不能随意改动。

（6）粉磨物料严禁混入金属杂物及其他韧性物料，以免损坏设备。

（7）对设备进行调整前，应先停机断电，以免造成安全事故。

（8）设备运行中及未完全停稳前禁止打开磨门。

（9）运行中出现异常、发生意外情况时应立即切断电源，不得继续使用。

（10）在安装、维修、保养和移动前，务必切断电源开关。

3. 颚式破碎机、锤式破碎缩分机安全事项

（1）检查破碎腔内应无杂物，如有应排除。

（2）检查转动、传动部位有无卡阻现象，防护罩是否完好。

（3）检查正常后方可启动，待设备运转正常后，可开始投料。

（4）严禁运转时从上面朝破碎腔内窥视。

（5）严禁手伸入料斗，严禁接触转动、传动部位。

（6）对设备进行调整前，应先停机断电，以免造成安全事故。

（7）因破碎腔内物料阻塞造成卡堵，应立即关闭电源，清理后再启动。

（8）停机前先停止投料，待破碎腔内的物料完全排出后方可停机。

4. 压样机安全事项

（1）按"启动"按钮之前，必须确认压样准备工作就绪（硼酸、铝杯、钢环压样模具压盖已经放好，塑料环压样及样品已经就位）。

（2）压样程序进行中，双手不要接近模具，不要中途推开摆臂，也不要用眼睛平视模具。模具压盖、硼酸模具料斗等零件必须轻拿轻放，避免磕碰。要特别注意保护控制模块显示窗口不被硬物砸伤。

（3）硼酸、铝杯模具、钢环模具每班必须清理一次。清理时需将压头和外套脱开，仔细清理压头圆柱面和外套孔内壁上的污垢，安装前在接触面涂少量润滑脂。

（4）压样机不能任意用于压样以外的其他用途。

（5）液压站上的溢流阀用于液压系统最高限压，以保证系统安全，其压力设定值已经调好，一般情况不要再动。

（6）不要把液体倒入模具。

（7）禁止在模具不加料的情况下空车试程序，避免与样品接触的模具面硬碰硬相对挤压，造成模具损坏。

5. 净浆搅拌机、胶砂搅拌机安全事项

（1）使用前查看升降托架、搅拌锅与叶片间隙。

（2）启动空运转试机，确认设备运行正常。

（3）设备运行中，严禁触碰旋转部位，严禁将其他物品放入搅拌锅中。

（4）转动叶片停稳后才可装取搅拌锅。

（5）调整或更换叶片时须断开电源。

（6）使用中出现异常情况，立即切断电源进行检查。

6. 振动台安全事项

（1）台面应平整，试磨摆放到位，压紧卡紧。

（2）设备运行中及未停稳前禁止操作。

（3）严禁触碰振动部位，严禁将手放置于试模上。

（4）试验过程中出现故障应先断电再进行检查。

（5）试验过程中不能将非试验物品放台面振动。

7. 抗折试验机安全事项

（1）电动抗折机应安放在牢固的工作台上，并调整水平。

（2）使用前检查游动砝码、大杠杆，防掉落砸伤。

（3）须先将砝码移到"0"处，检查杠杆是否平衡。如不平衡，应调整游砣至杠杆平衡。检查转动部位有无卡堵并加油润滑。

（4）夹具安装和拆卸时应两个人配合操作。

（5）将准备好的试体放入夹具，按电气控制箱上的"启动"按钮后，手迅速离开，防止被砸伤。

（6）试体断裂后设备仍然运行，应立即断电检查限位开关。

（7）运行中禁止将手放在夹具之间，禁止触碰转动活动部位。

8. 压力试验机安全事项

（1）开机前检查油位是否正常，是否存在漏油情况。

（2）先打开计算机电源，打开试验软件后再开启油泵，预热 30min，查看参数无异常后再进行试验。

（3）每次试验前，必须进行零点调整，升起活塞后，将所显示试验力值调到"0"。

（4）检查夹具是否处于良好状态，抗压夹具应放在试验机升降部位的正中央。

（5）试验过程中试验人员不能离开现场。

（6）不能用于压样试验以外的其他用途。

（7）如果在试验过程中，油泵突然停止工作，此时应将所加负荷卸掉，再检查故障原因，故障没有排除前不得重新开机。

（8）如果在试验机器过程中电器失灵，"起动"或"停止"按钮不起作用，应立即切断电源，使试验机停止运转，排除故障后方可开机，重新开始试验。

（9）控制柜上所有活门不应打开放置，以免进入尘土，影响测量机构的灵敏性能。

（10）所有试验结束后，卸载，落下活塞。

9. 马弗炉、箱式电阻炉安全事项

（1）查看设备放置台面是否平整，周围不得存放易燃物品。

（2）佩戴隔热手套，侧身打开炉门，使用坩埚钳取放样品。

（3）不允许长时间打开炉门，取出的高温样品放在隔热垫上。

（4）使用时，设备温度不得超过额定温度，以免发生异常情况。

（5）若设备出现异常，立即切断电源进行检查，不得继续使用。

（6）禁止放入样品以外其他物品，禁止做规定试验以外的其他用途。

（7）长时间不用时断电停机。

（8）维修维护、清理残留物应冷却至常温后进行。

10. 沸煮箱安全事项

（1）箱体外壳必须可靠接地。

（2）使用之前须盛满水，水位及水质符合要求。

（3）检查设备放置台面是否平整稳固，周围不得存放试验物品以外其他物品。

（4）使用中应注意高温蒸汽，打开箱盖时戴隔热手套，操作人员站在设备侧方。

（5）使用时，设备温度不得超过额定温度，以免发生异常情况。若出现异常，立即切断电源。

（6）放入或取出物品时，不要触碰仪器内高温部分，以免烫伤。

（7）清理积垢须断电冷却后进行。

11. 火焰光度计安全事项

（1）燃气和助燃空气必须是干燥、纯净而没有污染的，不要在湿度很高、粉尘很多的环境中使用仪器。

（2）仪器周围不能摆放易燃易爆物品。实验环境必须通风良好，有条件的地方可设置强排风装置或在通风橱中操作仪器。

（3）必须使用稳定的电源电压，接地线必须可靠接地，不能用零线代替接地线。

（4）检查液化气罐的连接管路、接头是否有液化气泄漏，可用肥皂泡沫涂抹观察。应装有液化气泄漏报警与自动通风换气设施。

（5）测定过程中燃烧室与烟囱罩表面非常烫，不能用手接触。

（6）使用时试验人员不得离开，应及时加水，不可以空烧。

（7）从废液杯流出的废液要集中收集处理。

（8）使用结束后先关闭液化气罐阀门，待火焰熄灭后再关闭仪器。

12. X射线荧光分析仪安全事项

（1）进入X射线荧光分析室前穿戴好防护用品，操作人员须进行辐射防护培训。

（2）使用前查看仪器的各项参数及配套设施，须正常稳定。

（3）仪器所有盖板均用螺丝固定安装，射线装置使用时所有盖板均不可打开，当盖板的螺丝被卸下时，装在仪器侧盖内的联锁装置将自动关闭X射线发生装置。

（4）X射线装置启动、停止必须按规程操作，不允许将X射线装置的输出强度提高到超出需要值。

（5）每班必须对仪器状况进行检查，并进行交接。

（6）应进行经常性监测，确保X射线不泄漏。

（7）检测的样品必须准确放置，禁止用于检测样品以外的其他用途。

（8）操作结束后尽快离开，不要长时间待在X射线荧光分析室。

13. 干燥箱安全事项

（1）干燥箱应放置在具有良好通风条件的室内，在其周围不可放置易燃、易爆物品。

（2）易燃、易爆、易挥发物品，切勿放入干燥箱内，以免发生爆炸燃烧。

（3）将样品放入烘箱内，关好箱门后再接通电源。使用完毕必须切断其电源，谨防意外事故发生。

（4）使用时设备温度不得超过额定温度，以免发生异常情况。

（5）干燥箱在运行中不允许不关闭电源开关而任意插、拔电源插头。

（6）不允许将手或其他物体插入通风口。

（7）取放样品时，必须佩戴隔热手套，取出的高温样品放置于隔热垫上。

（8）禁止用于规定检测以外的其他用途，不允许长时间打开箱门。

（9）应经常保持机器内外清洁，清洁时须冷却后进行。

14. 养护箱安全事项

（1）设备接地线应可靠接好，避免发生触电事故。

（2）试验试模应摆放平稳，搬取试验试模时双手抬稳。

（3）清理箱体时必须断开养护箱电源。

（4）若使用发热管加热水槽的养护箱，不允许无水通电。

（5）在加湿器和养护箱内加水时，不要将水洒至仪器部件上。

15. 水化热测定仪安全事项

（1）设备接地线应可靠接好。

（2）通风柜应正常工作，倒取酸液时应佩戴防护用品，在通风柜里操作。

（3）装取试验筒时双手轻拿稳放。

（4）将酸液倒入搅拌池时，要小心谨慎，以防溅出。

（5）试验时不准触碰转动搅拌夹头。

（6）试验完毕后，搅拌内筒的废液必须收集，进行无害化处理。

（7）水槽内应注满水，溢水管连接通畅，严禁水槽内在没有加足水的条件下进行试验，以防烧损电器部件，造成意外。

16. 水泥游离氧化钙快速测定仪安全事项

（1）使用时应摆放平稳，添加冷却水时断开电源。

（2）设备加热盘禁止干烧，禁止用于检验以外其他用途。

（3）不要触碰加热盘，以免烫伤。

（4）搅拌子不可在锥形瓶内空转。

（5）出现异常情况时，应立即切断电源进行检查，不得继续使用。

（6）长时间不使用时应拔下电源插头。

17. 压蒸釜安全事项

（1）查看安全阀、压力表是否完好连接可靠，是否在有效检定期内。

（2）做好试验准备工作，加注所需的蒸馏水。

（3）紧固时需使用扭力扳手紧固到位。

（4）试验时随时观察压力表与温度计。

（5）若试验过程中出现蒸汽泄漏，应立即停止试验，切断电源，不得继续使用。

（6）若温度超过允许值仍在继续上升，应停止运行。

（7）若压力表显示压力超高，安全阀不动作，应停止运行。

（8）出现变形、裂纹、连接紧固件断裂损坏等不能保证安全运行时，应停止试验。

（9）试验结束放气时须佩戴隔热手套，排气孔应背向操作者，以免蒸汽烫伤。

（10）对机器进行调整前，应先停机断电，以免造成安全事故。

18. 二氧化碳测定仪安全事项

（1）所有玻璃仪器应完好无破损，连接管路接头气密性应正常。

（2）装入或更换试剂时佩戴防护手套、口罩。

（3）装入硫酸时应缓慢加入，瓶中不能有水分，磨口处不要涂凡士林。

（4）装取 U 形管时轻拿轻放，防止断裂破碎。

（5）将磷酸倒入分液漏斗中时要小心旋转活塞。

（6）切勿剧烈加热，以免反应瓶中的液体产生倒流现象。

（7）调节好洗气瓶的气流速度，防止硫酸倒吸。

（8）操作过程中工作人员不得离开，以免发生异常情况。

19. 水泥组分测定仪安全事项

（1）测定仪应摆放在平稳无振动的操作台上。

（2）加注蒸馏水时注意不要泼洒，长时间不用时应将水槽内的水放出。

（3）使用前查看线路、接口，仪器不允许存在漏水情况。

（4）加入硝酸溶液时要小心，防止灼伤。

（5）使用其他化学试剂时需进行必要的防护。

20. 自动量热仪安全事项

（1）发热量测定中所有的氧弹必须经过耐压（≥20MPa）试验（至少每两年一次），并且充氧后保持完全气密。如发现氧弹漏气（充氧后的氧弹全部浸在水中，不断有气泡产生），则必须修理好后再用。

（2）若充氧时充入氧气压力过大（超过 3.3MPa），不得进行试验，此时应释放氧气，重新将充氧压力调到 3.0MPa 以下。

（3）使用氧气钢瓶时要注意氧气瓶口不得沾有油污及其他易燃物，氧气钢瓶附近不得有明火。

（4）仪器必须有良好接地，以防漏电伤人。

（5）经常检查氧弹筒及氧弹盖上的螺纹以及密封圈上有无异物或裂纹，氧弹螺纹滑丝时禁止使用该氧弹。

（6）仪器周围不能有可燃物及热源。

（7）氧气钢瓶应摆放稳当，氧气使用结束后及时关闭瓶阀。

21. 硫测定仪安全事项

（1）仪器周围禁止存放易燃物品。

（2）配制电解液时应做好防护，更换电解液时应注意不要把电解液洒在仪器上。

（3）使用前查看系统气路密闭性，清理堵塞时应注意高温，断开电源处理。

（4）燃烧后的器皿存在高温，拿取时使用坩埚钳、佩戴防护手套。

（5）仪器加热部位表面存在高温，不可直接触碰，防止烫伤。

（6）使用时仪器温度不得超过额定温度，以免发生异常情况。

（7）出现异常时断开加热电源，关闭计算机，切断电源。

7.7.3 分析组安全

1. 化学全分析

包括：原料分析、生料分析、熟料分析、水泥分析。

使用仪器设备：高温炉、电热板、玻璃器皿、干燥箱。

使用化学药品：盐酸、硝酸、硫酸、氨水、三乙醇胺、氢氧化钠、氢氧化钾、氯化铵、氯化钾、硫酸铜、无水乙醇、乙二醇、酚酞、氟化钾。

注意事项：

（1）购买与使用化学试剂应符合公安机关等相关部门的要求。

（2）配制化学试剂溶液时须在配药室内操作，配制使用、接触化学药品时必须穿戴相应的防护用品，操作后立即洗手。

（3）稀释浓硫酸时应将浓硫酸缓慢注入水中，并不断搅拌，严禁将水加入浓硫酸中。

（4）分析室内所有试剂必须贴有明显的与内容相符的标签，标明试剂名称及浓度。过期失效、变质的试剂不得使用，辨识不清的化学药品禁止使用。

（5）开启易挥发的试剂瓶时，应先经流水冷却后盖上湿布再打开，切不可将瓶口对着自己或他人，防止气液冲出灼伤。

（6）剩余的有毒有害药剂应放回试剂柜分类存放，并进行记录，严禁违规存放。

（7）使用有毒有害易挥发药品试剂时，应打开通风设施或在通风柜内进行。

（8）取下正在加热至沸的水或溶液时，应先用烧杯夹将其轻轻摇动后才能取下。

（9）化学分析过程中所产生的废液，必须全部收集，集中统一处理。

（10）使用及清洗玻璃器皿时防止破损划伤。

2. 水泥中碱含量测定

使用仪器设备：火焰光度计、液化气、容量瓶、电阻炉、铂金坩埚、玻璃仪器。

使用化学药品：盐酸、硫酸、碳酸铵、甲基红、氢氟酸。

注意事项：

（1）盐酸、硫酸、氢氟酸具有强腐蚀性，氢氟酸具有高毒性，使用时穿戴好防护用品。

（2）启动火焰光度计前先打开门窗通风或打开通风设施。

（3）检查液化气罐的连接管路、接头是否有液化气泄漏，可用肥皂泡沫涂抹观察。应装有液化气泄漏报警与自动通风换气设施。

（4）测定过程中，燃烧室与烟囱罩表面非常烫，不能用手接触。

（5）使用时人员不得离开，应及时加水，不可以空烧。

（6）产生的废液须收集后集中处理。

（7）使用结束后先关闭液化气罐阀门，待火焰自行熄灭后再关闭仪器。

3. 煤工业分析

使用仪器设备：马弗炉、硫测定仪、干燥箱、自动量热仪。

使用化学药品：冰乙酸、三氧化钨、苯甲酸、碘化钾、溴化钾。

注意事项：

（1）使用化学药品时做好防护，药品试剂不可混淆。

（2）测硫时配制的电解液须注明标签，保存于棕色瓶内，废弃液收集后集中处理。

（3）马弗炉、硫测定仪、干燥箱是高温加热设备，操作时须佩戴防护手套防止烫伤。

（4）不可加热样品以外的其他物品，使用时防止试剂泼洒引起火灾。

（5）取出的高温物品须放置于隔热垫上。

（6）氧气钢瓶应摆放稳当，阀门管路不应漏气。使用结束后及时关闭钢瓶阀门。

（7）检测发热量时量热仪氧弹筒应完好无破损，充入氧气压力不得大于 3.3MPa 且保持完全气密。

（8）仪器设备周围不能存放易燃物。

4. 水泥中硫酸盐三氧化硫的测定

使用仪器设备：马弗炉、电热板。

使用化学药品：盐酸、氯化钡溶液、硝酸银溶液。

注意事项：

（1）盐酸具有强腐蚀性，氯化钡、硝酸银是重金属化合物，系有毒药品，使用时须佩戴相应的防护用品。

（2）使用电热板加热时不得超过额定温度，电热板加热样品溶液时会产生酸性烟气，必须在通风柜内操作。

（3）用马弗炉灼烧样品时必须佩戴隔热手套，侧身打开炉门，使用坩埚钳取放样品。

（4）产生的废滤纸、废样、废液必须收集后进行无害处理。

5. 水泥氯离子的测定

使用仪器设备：自动电位滴定仪、电热板。

使用化学药品：过氧化氢、硝酸、氯离子标准溶液、硝酸银标准溶液、硝酸钾饱和溶液、氯化钾饱和溶液。

注意事项：

（1）配制化学药品时须在配药室操作，配制好的溶液贴好标签。

（2）测定时戴好相应的防护用品。

（3）用电热板加热样品溶液时需在通风柜内操作。

（4）滴定分析使用的化学药品不可混淆。

6. 水泥中铬离子的测定

使用仪器设备：光电比色计、胶砂搅拌机、抽气泵。

使用化学药品：丙酮、二苯碳酰二肼溶液、重铬酸钾溶液、盐酸溶液。

注意事项：

（1）二苯碳酰二肼溶液使用丙酮配制，丙酮属于易制毒化学药品，须严格管理使用，购买时应符合公安机关等相关部门的要求。

（2）丙酮易燃，重铬酸钾有毒，且具有腐蚀刺激性，使用时必须穿戴防护用品。

（3）样品搅拌抽液砂浆混合时严禁触摸胶砂搅拌机转动叶片、转轴，转动叶片停稳才可装取搅拌锅。

（4）光电比色计使用过程中防止液体洒落在仪器内部。

（5）检测后的废液必须收集，进行无害化处理。

7.7.4　物检组

检测试验内容：成型试验、标准稠度试验、安定性试验、抗折强度试验、抗压强度试验、比表面积测定、细度筛析、密度测定、试样制备。

使用仪器设备：试验小磨、水泥胶砂搅拌机、水泥胶砂振动台、水泥胶砂振实台、养护箱、水泥净浆搅拌机、水泥标准稠度及凝结时间测定仪、雷氏夹膨胀测定仪、净浆圆模、水泥压力试验机、抗折试验机、抗压夹具、比表面积仪、负压筛析仪、沸煮箱、压蒸釜。

注意事项：

（1）严格按照仪器设备安全操作规程和作业指导书进行操作。

（2）沸煮试验、压蒸试验时注意高温蒸汽，须佩戴隔热手套防止烫伤。

（3）试验小磨样品制备过程中须佩戴防尘口罩、耳塞。

（4）圆筒体积校准时使用的水银有毒，须佩戴防护用品，泄漏时使用硫黄粉覆盖处理。

（5）女员工在室内操作机械设备时，须盘起头发，防止影响视线，严防头发卷入传动部分。

（6）所有试验仪器须断电后才可进行清洁工作。

7.7.5　控制组

过程控制检测对象：原材料、生料、熟料、水泥、煤。

使用仪器设备：X射线荧光分析仪、负压筛析仪、分析天平、烘箱、振动磨、颚式破碎机、游离氧化钙测定仪、比表面积测定仪、荧光钙铁硫测定仪、破碎缩分机、电阻炉、磷酸根测定仪、电导率仪、酸度计。

使用化学试剂：乙二醇-乙醇、苯甲酸溶液、稀硫酸、EDTA、钼酸铵显色溶液、氯化铵溶液、酚酞、甲基橙、铬黑 T。

注意事项：

（1）使用化学试剂时须佩戴防护手套、口罩、眼罩等相应的防护用品。

（2）严格按照仪器设备安全操作规程和作业指导书进行操作。

（3）认真开好交接班会，掌握上一班安全情况。

（4）进入生产区域前按规定正确穿戴好个人防护用品，遵守危险区域范围内管理要求。

（5）进入生产区域不允许抄小道或穿越禁止过道。

（6）严禁触碰仪器设备加温发热部位，取放高温样品时应佩戴隔热手套。

（7）取样过程中时刻注意生产现场机械设备、车辆及周围环境。

（8）生料、熟料、水泥样品取样过程中注意样品高温，防止意外烫伤。

（9）水质检验岗位必须经过安全技术培训，持证上岗。水质样品取样时不准动作无关的阀门，应站在取样点的上风处，缓慢拧开取水阀，防止蒸汽烫伤。

（10）废液应统一收集在指定的容器内，集中进行无害化处理。

7.7.6　养护室

养护室应符合下列要求：
（1）蒸汽管道阀门应完好、无泄漏。
（2）应设置高低温报警装置。
（3）仪表、排水设施及电路等应能正常使用。

7.7.7　化验室药品仓库

1. 耐火等级要求
（1）仓库耐火等级应与储存物品的火灾危险性类别相匹配。
（2）甲乙类仓库不应设置办公室、休息室。其他类储存场所需设办公室时，其耐火等级应为一、二级，且门、窗应直通库外。

2. 室内仓储作业环境要求
（1）储存物品应堆放牢固、合理，便于移动，无超高堆垛。陶瓷制品及配件堆垛层数不应超过 4 层托盘，堆放高度不宜超过 5.5m（不含货架），砂箱、料箱堆放高度不应超过 3.5m，其他物品堆垛高度不应超过 2m。
（2）人工堆垛时，储存物品堆垛之间，以及堆垛与墙、梁、柱之间均留有 0.75m 的安全距离。
（3）电气设备与可燃物的防火距离不应小于 0.5m，照明灯具下方如堆放物品，其垂直下方与储存物品间距不应小于 0.5m。
（4）库房内应配备消防设施、器材，周边 1m 范围内无障碍物。
（5）库房内不应存在临时线路，不应使用移动照明灯具。库房内敷设的电气线路应穿金属管或非燃硬塑料管，库房外应单独安装开关箱。
（6）甲、乙类物品和丙类液体库房的电气装置应为防爆型。储存丙类固体物品的仓库，不应使用碘钨灯或超过 60W 的白炽灯等高温照明灯具。
（7）应在明显位置悬挂应急疏散图，应急疏散通道和区域满足应急响应的需要。

7.8　水泥窑协同处置

水泥窑协同处置设备安全事项如下：
（1）废弃物处置厂房应设置通风换气设施，垃圾、污泥等废弃物处置线通风除尘、除臭设施应能正常运转，不应擅自拆除或停止使用。处置系统各环节应设置监控、检测及事故应急设施。
（2）危险和有可能污染环境的废弃物的储存、预处理、输送、装卸过程均应密闭，处置过程应有防风、防雨、防渗、防洪、防晒、防漏、防浸泡、防有毒有害气体散发的设施，并在储存、处置等部位设置安全警示标识。

7.9 机修车间安全

7.9.1 除尘式砂轮机等手动加工的磨削机械要求

1. 砂轮机的结构要求

(1) 砂轮机运行应平稳，无明显径向跳动。

(2) 挡屑板托刀架应牢固可靠、可调。

(3) 砂轮卡盘直径不应小于砂轮直径的 1/3。

(4) 砂轮与卡盘之间应有柔性材料垫片。

(5) 砂轮机除尘风道应密封良好、保持畅通。

(6) 除尘集料箱应定期清理。

(7) 砂轮机应有可靠的接地保护线或接零保护。

2. 砂轮机的安装位置要求

(1) 单台安装的砂轮机应安装在人员流动较少的地方。

(2) 砂轮机开口方向不应正对人行通道或附近有设备及操作的人员。开口方向有人行通道、设备或操作人员的，应安装高 1.8m 的金属网加以隔离。

3. 砂轮防护罩要求

(1) 砂轮机防护罩最大开口角度应不大于 125°。

(2) 应安装牢固，防止砂轮因高速旋转而松动、脱落。

(3) 安装设计允许的最厚砂轮时，砂轮卡盘外侧面与砂轮防护罩开口边缘之间的间隙应小于 15mm。

4. 砂轮机砂轮要求

(1) 砂轮应完好，无裂纹、损伤现象。

(2) 磨损量应根据砂轮厚度，最大外露量不应超过 50mm。

(3) 不应使用受潮、受冻的砂轮。

(4) 不应使用存放超期的砂轮。

7.9.2 切割机要求

1. 设备基础应牢固，设备运行过程中应无异常振动、声响。

2. 液压油路、气路连接管路应完好无泄漏。

3. 切割钢丝采用气缸绷紧装置的，切割气源输入端应设有调压阀。

4. 切割换丝位置应设有换位小车或移动式切割急停装置。

5. 切割行程废料地沟两边应设有换位小车防护倒料胶皮。

6. 行走运动小车的电源拖链或电缆应无破损，无接头。

7. 模板定位销、导向块、液压顶升架磨损程度应小于 3mm。

8. 切割行程废料地沟应设有安全防护篦子。

9. 切割行程废料地沟内应无积料，废浆循环水应畅通，无堵塞、飞溅现象。

10. 废浆搅拌地坑应设有检修平台，地坑周围应设有安全防护栏。

11. 切割钢丝、切割刀具应定点分类码放，码放位置应设置明显标识。

12. 更换切割钢丝、刮刀等附件以及检修作业应在切断电源后实施。

7.9.3 卷扬机要求

1. 卷扬机外观应完好无破损，基础应坚实可靠，不应存在松动、破损现象；轨道移动式卷扬机轨道基础应坚实可靠，行走轮与轨道应配合紧密并具有锁轨装置。

2. 卷扬机驱动装置减速机、钢丝绳应润滑良好。

3. 卷扬机离合器、制动器、保险棘轮、传动滑轮、防护设施、电气线路等应齐全有效，制动器应灵敏、松紧适度，联轴节螺栓应紧固，弹性皮圈应齐全、无磨损，卷筒上绳筒保险不应缺挡、松动，皮带、开式齿轮传动部位防护罩应齐全有效。

4. 钢丝绳应符合 GB/T 5972 的规定。

5. 导向滑轮不应使用开口滑轮，导向轮基础应牢固，无破损。

7.9.4 电焊机要求

1. 电源线、焊接电缆与电焊机连接处的裸露接线板，应设置安全防护罩或防护板进行隔离。

2. 电焊机外壳应接地或接零保护，接地或接零装置应连接良好，并定期检查。

3. 不应使用易燃易爆气体管道作为接地装置。

4. 每半年应对电焊机绝缘电阻遥测一次，且记录完整。变压器一、二次绕组与外壳间绝缘电阻值不应小于 $1M\Omega$。

5. 电焊机一次侧电源线长度不应超过 5m，电源进线处应设置防护罩。

6. 电焊机二次线应连接紧固，无松动，接头不应超过 3 个，长度不应超过 30m。

7. 电焊钳夹紧力和绝缘应良好，手柄隔热层应完整，电焊钳与导线连接应可靠。

8. 不应使用厂房金属结构、管道、轨道等作为焊接二次回路。

9. 在有接地或接零装置的焊件上进行弧焊操作，或焊接与地面密切连接的焊件时，应避免电焊机和工件同时接地。

10. 电焊机应安放在通风、干燥、无碰撞、无剧烈震动、无高温、无易燃品存在的地方；在室外或特殊环境下使用，应采取防护措施保证其正常工作；使用场所应清洁，无严重粉尘。

7.9.5 手持式电动工具要求

1. 经常使用的手持式电动工具和移动式电气设备，应每季度检测一次绝缘电阻；间断性使用的手持式电动工具和移动电气设备，应在使用前测量绝缘电阻。手持式电动工具和移动式电气设备的绝缘电阻应不小于 $1M\Omega$。

2. 电源线中间不应有接头和破损，长度不应超过 6m，不应跨越通道敷设。当电源线长度不够时，应采用耦合器进行连接。

3. 使用手持电动工具时应保证插头完好，不应任意拆除或调换。接线端子应完好、无松动，防护完整。Ⅰ类工具、设备接地应正确，连接应可靠。

4. 不应使用绝缘损坏、电源线护套破损、保护接地线脱落、插头插座裂开或有机械损伤等故障的手持式电动工具。

5. 电动工具插头应与插座相匹配。需接地的电动工具不应使用任何转换插头。不应将电动工具暴露在雨中或潮湿环境中。

7.10　食堂招待所

食堂招待所应符合下列要求：

（1）炊事机械电源线路应敷设在无浸泡、无高温和无压砸的沿墙壁面。

（2）炊事机械电源控制开关应单机单设，且使用额定漏电动作电流不大于 30mA 的剩余电流动作保护装置。对于受烟尘、雾水等因素影响较大的控制开关应有防护装置。

（3）灶台照明应使用防潮灯。

（4）应定期对排风机、排油烟系统和管道等进行清洗、保养，并记录归档。

（5）搅拌操作的容器应加盖，且设置盖机联锁，且联锁装置应完好有效。

（6）绞肉机、压面机等机械，凡可能对操作者造成伤害的危险部位，应采取安全防护措施，且应可靠、实用。

（7）绞肉机加料口应确保操作人员手指不能触及刀口或螺旋部位，备有送料辅助工具。

（8）压面机等其他面食加工机械，加料处应有防护装置。

7.11　水泥工厂火灾危险辨识及控制

7.11.1　水泥工厂火灾危险性辨识

1. 煤和煤粉作为水泥厂主要燃料，在制备、储运和使用过程中极易发生自燃和爆炸。

2. 水泥厂电缆数量巨大，在长时间运行下极易出现短路、过载和漏电，电气火灾事故高发。

3. 污泥烘干处理中的粉尘爆炸。整个污泥干化过程温度很高，存在引燃爆炸条件。同时，污泥干化过程水分越来越少，当污泥含水率低于 30% 时，污泥呈粉状。此时处理工艺如果密封性不好，透气会提供爆炸所需的氧气，含氧量达到 5% 以上，就可能发生爆炸。

4. 脱硝过程中的氨水泄漏爆炸。氨水泄漏后，从中分离的氨气具有强烈的气味，有毒，如遇高温，分解速度加快，可形成爆炸性气氛，进而引发安全事故。

5. 乙炔、燃油、液化石油气具有易燃、易爆性，在水泥厂中主要用于焊接、运输、工程施工和日常生活，如遇储存或使用不当，极易造成火灾和爆炸事故，带来人员和财产巨大损失。

6. 纸袋仓库。我国袋装水泥数量依然巨大，特别在农村市场依旧以袋装水泥为主，因此水泥企业均有大量纸袋储备。纸袋属易燃物品，在使用过程中如有使用不当，在高温或明火作用下极易发生燃爆事故。

7. 炸药的存放和使用。炸药是石灰石开采必需品，但是近年来由于管理不善或工作人员操作疏忽等原因导致爆炸事故也时有发生，造成人员伤亡和财产损失。

8. 水泥厂消防管理与维护存在安全隐患，缺乏统一高效的智能化管理平台。

7.11.2 水泥工厂火灾预防措施

1. 落实消防责任，加强消防管理

（1）完善消防安全管理组织，确定各级责任人，制订完善消防安全规章制度，加大消防投入，加强日常消防管理，消除消防违法行为，消除火灾隐患。

（2）制订消防工作计划，开展每月一次的防火安全检查，加强日常的防火巡查，确定重点防火部位，明确检查内容，发现问题及时责令有关车间班组改正。

（3）在生产作业危险场所，动火切割、焊接必须办理动火证，经有关管理部门批准，在有消防措施、派人监护的情况下，才能操作。

（4）建立消防安全管理档案，培训消防骨干人员，使他们熟悉防火档案的内容，学会建档方法，明确建档要求，深入实际，调查研究，按照档案的内容和要求逐项填写，进行建档工作。档案建立后，主管部门领导要对档案进行检查验收，以保证档案的质量。

2. 加强消防宣传教育培训和演习

（1）对全体员工开展一次消防知识培训，重点培训岗位防火技术、操作规程、灭火器和消防栓使用办法、疏散逃生知识、消防基本法律法规和规章制度。

（2）在全体员工中组织开展一次消防演习，练习灭火技能和组织疏散逃生的技能。

3. 完善技术防范措施

（1）对工厂各部位、岗位的火灾危险性进行一次分析，找出薄弱环节，制订有针对性的预防措施。

（2）检查和完善消防报警系统，消防自动灭火系统，消防标志和消防应急照明，消防疏散和防火分区、防烟分区，消防车通道，防火卷帘，防排烟系统，应急消防广播以及灭火器等，保证完好。

（3）安装监控装备，与消防设施联动，及早发现和排除火灾隐患。

（4）生产作业场所应设有消防器材平面示意图，对生产现场的消防设施每月进行一次安全检查。

4. 加强火源监管

（1）认真分析工厂能产生火源的部位，逐一采取措施加以预防。

（2）对电线、电气用品的选用、质量、日常管理要格外重视。

（3）对使用明火要进行审批，尤其是电气焊和设备检修、建筑装修等。

（4）检查防雷电和防静电设施，保证完好。

（5）检查生产中容易产生火花和有可燃易爆气体的场所，是否有防火防爆措施。

7.11.3 水泥工厂重点设备设施消防要求

1. 煤粉制备系统消防要求

煤粉制备包括煤堆场、煤磨、煤磨收尘器等系统。煤粉制备系统极易发生爆炸，因而需要采取一系列消防、防爆措施。

（1）煤粉制备系统严格控制煤磨进气温度并控制入磨热风量；煤粉制备系统的袋式除

尘器、煤粉仓等设有防爆阀。在煤粉储存及输送过程中应注意避免煤粉的积聚和自燃。

（2）煤粉制备车间安装二氧化碳自动灭火系统；煤磨废气除尘设计时采用了袋式除尘器；袋式除尘器、煤粉仓内均设有一氧化碳自动分析及温度测量装置，当一氧化碳含量及气体温度超过一定数值时会自动报警，超过警戒值时能自动打开二氧化碳灭火装置阀门，对有关部位喷射二氧化碳气体，并切断一切可以提供一氧化碳气体的通道。

（3）煤粉制备车间采用独立布置的方式，禁止设置与生产无关的附属房间。

（4）煤粉系统的各设备、风管及溜子均采取接地措施，消除静电。

（5）煤粉系统所有风管、溜子尽量减少拐弯。电缆桥架、墙壁死角等处均采取措施，防止煤粉积存。煤粉仓的锥体斜度大于 $70°$，以利于卸空煤粉，防止自燃。

（6）煤粉制备车间内每层均设置室内消火栓，消火栓设置在位置明显且易于操作的部位，消火栓的布置保证每个防火分区同层有两支水枪的充实水柱同时到达任何部位。消防给水管道连成环状，有两条进水管与消防水泵连接。当其中一条进水管发生事故时，其余的进水管能供应全部的消防用水量。

2. 脱硝系统消防要求

（1）氨水储罐区应安装氨气泄漏报警装置及自动喷淋装置。

（2）氨水储罐应接地良好，储罐的遮阳棚及周边 30m 范围内要增设安全有效的防雷设施。

（3）氨水储罐应设置永久性围栏，无关人员不得进入。应对氨水储罐定期进行安全检查，泄漏池或围堰有效容积不小于围堰内最大单罐的容积。

（4）氨水储存地 15m 范围内，应设置方便作业人员使用的净水淋浴设施。

（5）应配备专兼职应急救援人员和必要的应急救援器材、设备。应建立脱硝系统防爆、防腐蚀事故应急救援预案，并定期组织应急救援演练。

（6）进入脱硝设施区域应正确佩戴或使用安全防护用品，不得使皮肤直接接触氨水。

（7）每班检查喷淋装置，确保管道通畅、水压正常，处于完好备用状态。

（8）氨水运输车辆进厂后应在车辆停稳并连接静电地线后方可卸氨水，不应在雷雨天气卸氨水。

（9）氨水储存区应配置灭火器，现场要悬挂"禁止烟火"等警示标识。氨水储存区半径 25m 范围内需动火操作时，应执行相应的动火管理规定。

（10）脱硝设施停用后，应用清水对设备内的氨水进行冲洗。

3. 总降、中央控制室消防要求

（1）中央控制室、总降压变电站应设置应急照明灯具，设有符合紧急疏散要求、标志明显、保持畅通的出口，不应封闭、堵塞生产场所或者员工宿舍的出口。

（2）中央控制室、总降压变电站应设有火灾自动报警器、烟雾火警信号装置、监视装置、灭火装置；电缆穿线孔、电缆通道等应用防火材料进行封堵。

（3）总降压站、中央控制室、高低压配电变配电站应配备可用于带电灭火的灭火器材。

（4）总降压站、中央控制室等处设火灾自动报警系统，一旦发生火情即可发出报警信号送至设于中控的火灾报警控制器，同时发出声光报警信号表明方位，及时通知人员现场查看，确认后通知中控操作员，通过 DCS 系统启动消防水泵，现场人员打开消火栓进行灭火；其他各生产车间工段在工艺生产线上设有温度、压力等检测仪表，信号送至中控，发现异常时通知现场巡检人员查看，发现火情后用对讲机及时报告中控操作员，通过 DCS 系统启动消防水泵，现场人员打开消火栓灭火。

4. 余热发电系统消防要求

（1）消防给水系统

厂区消防设计总用水量应能够满足余热电站消防用水的要求，能满足电站室内外的消防水头要求，即消防设施能满足余热电站主厂房室内外最不利点消火栓的水量和水压。

（2）事故照明等设备的控制和联动

锅炉事故照明采用应急灯；在通道等人员疏散口处，设有安全标志灯；在配电室设有点式感温探测器、消防应急灯及应急疏散指示及安全出口标志，在配电室层的楼梯口处设有声光报警器，报警信号接入集控室火灾报警控制器；当集控室收到消火栓按钮的报警信号后，可通过手动或自动方式起动消防水泵，并在集控室显示水泵动作信号。

（3）场所的等级及线路敷设方式

电缆桥架根据规范规定的间距设置防火包及刷防火涂料。配电室的柜体基础与室内接地干线相连，以实现与室外主接地网的电气连接。锅炉基础钢柱与室外主接地网至少有两处连接，以满足防雷需要。

（4）电缆防火设计原则及防范措施

电缆均应选用阻燃型，电缆桥架采用镀锌钢制桥架。在电缆敷设较密集的封闭通道场所（沟、夹层、竖井）严禁有易燃气体及油管。在通向控制室、电气机柜间电缆夹层的竖井或墙洞及盘柜底部开孔处均采用防火涂料、填料或防火包等阻燃封堵处理，其耐火极限不小于 1h。

（5）其他电气设施的防火措施

1）变压器消防。通常油浸变压器附近的室外消火栓配备有多功能可调式水枪用于变压器的消防；在变压器附近还配备有推车式和手提式干粉灭火器及灭火砂箱，另外还设有有效容积的事故油池，当变压器火灾时，可将油排入事故油池，避免火势蔓延。

2）其他电气设施消防。通常所有厂用电气设备除变压器外均按无油化设计，断路器均选用真空断路器；同时设置必要的移动式灭火器具等消防设施。

（6）火灾自动报警系统

厂区内设置火灾自动报警系统，主厂房控制室设感烟探测器，配电室设感温和感烟探测器，每个报警区域内应均匀设置火灾警报器，其声压级不应小于 60dB；在环境噪声高于 60dB 的场所，其声压级应高于背景噪声 15dB。在电缆夹层上敷设感温电缆，敷在夹层内，则应敷于电缆的最上面，按接近正弦曲线布置，并用钢丝绳卡固定。系统总线上设置总线短路隔离器，每只总线短路隔离器保护的火灾探测器、手动火灾报警按钮和模块等消防设备的总数不超过 32 点，总线穿越防火分区时，在穿越处设置总线短路隔离器；所有设计布置均按《火灾自动报警系统设计规范》（GB 50116—2013）要求。火灾自动报警系统采用 UPS 供电，报警线路均采用阻燃型铜芯软线穿钢管理实体暗敷。

5. 柴油罐消防要求

（1）油罐与周围设备设施和建筑物必须按规定保持一定的安全距离。

（2）油罐补油时，供应处、使用单位要安排人员到现场进行安全监控。

（3）油罐区域操作人员禁止携带火柴、打火机及其他火种。油罐四周禁止吸烟，禁止外露鞋钉的鞋攀登油罐。油罐附近要有明显的禁止烟火标牌。

（4）油罐附件禁止动火作业。如因检修需要动火焊补时，须经办公室批准，并到安全环保部/生产管理部办理危险作业审批手续。施工单位必须采取防火措施，做好灭火准备。

（5）储罐凡有排气呼吸阀、安全阀的，都要经常进行安全检查，保持阀门完好。

6. 水泥纸袋库消防要求

（1）在纸袋库等防火重点部位设灭火装置，应符合相关法规、标准的要求。

（2）水泥纸袋库严禁闲杂人员入内，上班时严禁携带火种进入工作现场，加强消防意识，确保消防工作万无一失。

（3）调墨所用汽油要妥善存放，存放数量不得超过 2kg。

（4）现场堆放的纸袋要摆放整齐，破损的纸袋以及捆绑纸袋的塑料绳要及时清理出工作现场。

（5）工作时不得随意离开工作岗位，确需离开时，必须将纸袋库门锁好。

（6）冬季严禁在库房内使用电炉和取暖器。

（7）纸袋库设计应采取防潮及防火措施。包装袋属易燃物品，又怕受潮，故储库应考虑防火防潮。包装机所在平面应设有操作空间及包装袋堆存空间，并应设置包装袋提升装置。

（8）油泵房内的照明、电气线路均使用防爆型。

7. 窑头点火用油泵站消防要求

（1）烧成油泵站系统防火，一要防止泄漏，二要杜绝火源，漏油及时清除。泵房保持通风良好，门窗开启方向朝外。泵房属爆炸危险区域，建筑设计按照相应的防火等级进行设计。

（2）油泵房内的照明使用防爆灯具。

（3）油泵房设灭火装置，应符合相关法规、标准的要求。

第8章　生产安全事故及应急处置基础知识

《中华人民共和国突发事件应对法》将突发事件分为四类：自然灾害、事故灾难、公共卫生事件和社会安全事件。自然灾害主要包括水旱灾害、气象灾害、地震灾害、地质灾害、生物灾害和森林草原火灾等；事故灾难主要包括工矿商贸等企业的各类安全事故、火灾事故、交通运输事故、公共设施和设备事故、辐射事故、环境污染和生态破坏事件等；公共卫生事件主要包括传染病疫情、群体性不明原因疾病、食物和职业中毒以及其他严重影响公众健康和生命安全的事件；社会安全事件主要包括恐怖袭击事件、严重刑事案件、群体性事件、金融突发事件、涉外突发事件、民族宗教事件、舆情突发事件、网络与信息安全事件等。

应急预案是指各级人民政府及其各部门、基层组织、企事业单位、社会团体等为有效预防和控制可能发生的事故，依法、迅速、科学、有序地应对突发事件，最大限度地减少突发事件及其造成的损害而预先制定的工作方案。应急预案按照制定主体划分，分为政府及其部门应急预案、单位和基层组织应急预案两大类，本章节所指的应急预案及相应的应急处置是指单位和基层组织的应急预案和应急处置。

8.1　应急预案体系

生产经营单位应当根据有关法律、法规、规章和相关标准，结合本单位组织管理体系、生产规模和可能发生的事故特点，与相关预案保持衔接，确立本单位的应急预案体系，编制相应的应急预案，并体现自救互救和先期处置等特点。预案分为综合应急预案、专项应急预案和现场处置方案。

8.1.1　综合应急预案

综合应急预案是生产经营单位应急预案体系的总纲，主要从总体上阐述事故的应急工作原则，包括生产经营单位的应急组织机构及职责、应急预案体系、事故风险描述、预警及信息报告、应急响应、保障措施、应急预案管理等内容。

8.1.2　专项应急预案

生产经营单位为应对某一类型或某几种类型事故，或者针对重要生产设施、重大危险源、重大活动等内容而制定的应急预案。专项应急预案主要包括事故风险分析、应急指挥机构及职责、响应启动、处置程序和措施等内容。

8.1.3　现场处置方案

生产经营单位根据不同的事故类别，针对具体的场所、装置或设施所制定的应急处置措施，主要包括事故风险分析、应急工作职责、应急处置和注意事项等内容。生产经营单位应根据风险评估、岗位操作规程以及危险性控制措施，组织本单位现场作业人员及相关专业人员共同编制现场处置方案。

8.2　事故应急救援的基本任务

事故应急救援的总目标是通过有效的应急救援行动，尽可能地降低事故后果，包括人员伤亡、财产损失和环境破坏等。

8.2.1　事故应急救援的基本任务

1. 立即组织营救受害人员，组织撤离或者采取其他措施保护危害区域内的其他人员。

2. 抢救受害人员是应急救援的首要任务。

3. 在应急救援行动中，快速、有序、有效地实施现场急救和安全转送伤员，是降低伤亡率、减少事故损失的关键。

4. 迅速控制事态，并对事故造成的危害进行检测、监测，测定事故的危害区域、危害性质及危害程度，及时控制所造成事故的危险源，是应急救援工作的重要任务。

5. 消除危害后果，做好现场恢复。

6. 针对事故造成的现实危害和可能的危害，迅速采取封闭、隔离、洗消、监测等措施，防止继续危害，将现场恢复到相对稳定的状态。

7. 查清事故原因，评估危害程度。

8.2.2　事故应急救援的特点

1. 不确定性和突发性。这是各类公共事故、灾害与事件的共同特征。

2. 应急活动的复杂性。主要表现为事故、灾害或事件影响因素与演变规律的不确定性和不可预见的多变性以及现场处置措施的复杂性。

3. 后果、影响易猝变、激化和放大。各类公共事故、灾害与事件虽然是小概率事件，但后果一般比较严重，应急处理稍有不慎，就可能使后果、影响发生猝变、激化和放大。

4. 应急工作由于具有上述特点，因此决定了应急救援行动必须做到迅速、准确和有效。

（1）迅速。要求建立快速应急响应机制，迅速、准确地传递事故信息，迅速地调集所需的大规模应急力量和设备、物资等资源，迅速地建立起统一指挥与协调系统，开展救援活动。

（2）准确。相应的应急决策机制能基于事故的规模、性质、特点、现场环境等信息，正确地预测事故的发展趋势，准确地对应急救援行动和战术进行决策。

（3）有效。应急救援行动的有效性在很大程度上取决于应急准备工作充分与否。

8.3　现场处置方案示例

坚持"安全第一，预防为主，综合治理"的方针，按照保护人员安全优先、防止和控制事故蔓延优先、保护环境优先的原则进行应急救援。在扑救火灾的过程中，坚持救人第一、自救与互救相结合的原则，严禁拯救物资而置生命于不顾。

8.3.1　火灾事故处置措施

任何员工一旦发现火灾，应根据火灾的不同类型及其严重情况采取不同的灭火方法控制火势。紧急情况下应直接拨打消防报警电话"119"报警。

1. 局部火势较小，按照以下情况处理

（1）局部轻微着火，不危及人员安全，可以马上扑灭的：立即使用就近的灭火器材进行扑灭。

（2）局部着火，可以扑灭但有可能蔓延扩大的：在不危及人员安全的情况下，一方面立即大声呼叫周围人员及时参与灭火，防止火势蔓延扩大；另一方面用电话直接拨打消防报警电话"119"报警。志愿消防队员接到报告后立即携带应急装备赶赴火灾现场灭火、救援，同时向应急领导小组报告。应急领导小组立即成立现场应急救援指挥部，组织本公司各救援工作组参与灭火、救援。

2. 火势已不可能马上扑灭，开始蔓延扩大的，按照以下情况处理

（1）现场最高领导者立即进行人员的紧急疏散，指定安全疏散地点，由安全员或各部门（班组）负责人清点疏散人数，发现有缺少人员的情况时，立即通知应急领导小组，同时组织志愿消防人员对失联人员进行搜救。若有人员受伤，立即现场救治，情况严重的及时送往医院。

（2）外部消防队到达火场时，临时灭火指挥人应立即与消防队负责人取得联系，并交待失火现状和运行设备状况，然后协助消防队负责灭火。

8.3.2　爆炸事故处置措施

1. 当爆炸事故发生后，现场发现人应立即报告部门负责人，对事故现场进行警戒。

2. 根据事故现场情况，判断是否可能发生再次爆炸，将所有人员撤离至安全地带。

3. 当爆炸引起建筑物发生坍塌，造成人员被埋、被压的情况时，应在确认不会再次发生同类事故的前提下，立即组织人员抢救受伤人员。

4. 当发现有人受伤时，拨打"120"电话同当地急救中心取得联系，详细说明事故地点、严重程度、联系电话，并派人到路口接应。

8.3.3　触电事故处置措施

1. 现场人员应立即切断电源。现场无法通过开关切断电源时，可用干燥木棒挑开电源线，或用有绝缘手柄的刀斩断电源线，使伤者脱离电源。

2. 立即将伤员撤离危险地方，组织人员进行抢救。

3. 若发现触电者呼吸心跳均停止，则将伤员仰卧在平地上或平板上，立即进行人工通畅气道和口对口呼吸，并进行胸外按压。

4. 通知公司医疗救护组成员到事故现场对受伤人员进行救护，必要时拨打"120"电话同当地急救中心取得联系（医院在附近的直接送往医院），应详细说明事故地点、严重程度、本部门的联系电话，并派人到路口接应。

5. 立即向应急办公室汇报事故发生情况并寻求支持。

8.3.4 机械伤害事故处置措施

1. 机械伤害事故发生后，第一位发现者应立即按下设备相关的"急停"按钮或切断设备电源，同时向公司负责人、应急办公室报告。

2. 组织人员将受伤人员转移到安全区域，对外伤大出血者现场采取止血措施，伤员的救治必须根据受伤情况进行正确的移动、抢救。立即通知公司医疗救护组成员到事故现场对受伤人员进行救护，必要时拨打"120"电话同当地急救中心取得联系。

3. 做好事故报警、现场取证、情况通报及事故处置工作。

8.3.5 车辆伤害事故处置措施

1. 迅速停车，积极抢救伤者，并迅速向主管部门报告。对于外伤出血者，应包扎止血。在事故现场进行简易紧急抢救后，要视伤者的具体情况，及时送往医院抢救。对于当即死亡人员，不得擅自将尸体及其肢体移位。

2. 要抢救受损物资，尽量减轻事故的损失程度，设法防止事故扩大。若车辆或运载的物品着火，应根据火情、部位，使用相应的灭火器和其他有效措施进行补救。

3. 在不妨碍抢救受伤人员和物资的情况下，尽最大努力保护好事故现场。受伤人员和物资需移动时，必须在原地点做好标志；肇事车辆非特殊情况不得移位，以便为勘察现场提供准确的资料。肇事车辆驾驶员有保护事故现场的责任，直至有关部门人员到达现场。

4. 肇事车辆驾驶员必须如实向事故调查人员汇报事故的详细经过和现场情况。

8.3.6 有限空间中毒窒息事故处置措施

1. 发生有限空间中毒窒息事故时，禁止盲目施救，立即向有限空间内通风，并向应急办公室报告。

2. 救援人员必须在确保安全的情况下，带好救援器材进入有限空间，将受伤员工救离事故现场。

3. 应急救援小组根据受伤情况进行应急处理，如人工呼吸及心肺复苏等，并通知公司医疗救护组成员到事故现场对受伤人员进行救护，必要时立即拨打"120"电话同当地急救中心取得联系。

8.3.7 一氧化碳、氨气中毒事故处置措施

1. 应看清风向，同时通知相关人员佩戴防毒面具或迅速撤离至安全地带，并向应急领导小组报告事故情况。

2. 救援人员应带好防毒器材进入现场，将受伤员工救离事故现场。

3. 应急救援小组根据受伤情况进行应急处理，再将伤员送至医疗机构救治。

8.3.8 食物中毒事故处置措施

1. 一旦发现食物中毒或疑似食物中毒事故，现场人员要立即向公司领导报告。

2. 要立即停止一切餐饮经营活动，严格保护好现场。同时立即通知其他尚未就餐或正在就餐的人员停止用餐。

3. 现场人员务必注意留存病人粪便、呕吐物、可疑中毒食物及盛装可疑中毒食物的容器。

4. 公司领导及医疗救护小组要立即赶赴现场进行救护及处理。

5. 立即封存可疑中毒食物原料，并追回已售出的可疑中毒食物。

6. 立即将患者送往医院进行救治，同时务必做好病人的交接和跟踪。

7. 对发生 10 人以上人员中毒的重大中毒事故在现场处置的同时，务必在 1h 内向市卫生防疫部门报告。

8.3.9　淹溺事故处置措施

1. 发生淹溺事故，迅速组织人员进行救援，将溺水者尽快打捞出水面。

2. 若溺水者呼吸停止，立即进行胸外按压和人工呼吸，并协调车辆立即送往医院救治。

8.3.10　高处坠落事故处置措施

1. 高处坠落伤亡突发事件发生后，立即组织救援人员开展救援工作。根据受伤情况进行应急处理，并通知医疗救护人员到事故现场对受伤人员进行救护。

2. 必要时直接拨打"120"电话同当地急救中心取得联系，同时向应急办公室报告。

8.3.11　坍塌事故处置措施

1. 目击者发现事故发生和人员受伤时要第一时间高声呼救，并在安全状态下进行救援，同时拨打或要求其他目击者拨打应急电话。向应急办公室报告事故的相关信息（事故发生地点、受伤人数、伤势情况、现场救援人员人数等）。

2. 如有人员伤亡，应直接拨打"120"急救电话同当地急救中心取得联系。

3. 应急办公室人员赶到事故现场后，立即对事故现场进行侦查、分析、评估，制定救援方案，各应急人员按照方案有序开展人员救助、工程抢险等应急救援工作。

4. 现场管理人员、作业人员等发现边坡、排土场等有裂缝或发出异常声响时，应立即发出预警信息，并远离危险区域，采取措施消除隐患。如不能及时处理，需将人员设备撤离至安全地带，并设置警戒线及警戒标志。

5. 塌方事故发生后，造成人员被埋、被压的情况下，应保护好现场，在确认不会再次发生同类事故的前提下，立即组织人员抢救受伤人员。

6. 当少部分土方坍塌时，现场抢救组专业人员要用铁锹撮土挖掘，注意不要伤及被埋人员；当较大土方坍塌，造成较大安全事故时，由现场最高级别应急救援领导小组统一领导和指挥，各有关部门协调作战，保证抢险工作有条不紊地进行。如要采用吊车、挖掘机进行抢救，现场要有指挥并监护，防止机械伤及被埋或被压人员。

8.3.12　物体打击事故处置措施

1. 发生物体打击事故后，为保障伤员的生命，减轻伤员的痛苦，现场人员在拨打"120"急救电话后立即进行现场施救。

2. 受伤人员伤势较轻的，创伤处用消毒纱布或干净的棉布覆盖。

3. 对有骨折或出血的受伤人员进行相应的包扎和固定处理。搬运伤员时应以不压迫创伤面和不引起呼吸困难为原则。

4. 若伤者出现呼吸、心跳停止症状，必须采用心肺复苏术进行抢救。

5. 立即将伤者用现场救援车辆送附近医院救治或拨打"120"急救电话（说清楚事件发生的具体地址和伤者情况），请求救援。

8.3.13　高温灼烫事故处置措施

1. 将伤员立即撤离危险地方，组织人员进行抢救。

2. 立即拨打"120"急救电话同当地急救中心取得联系（医院在附近的直接送往医院），应详细说明事故地点、严重程度、本部门的联系电话，并派人到路口接应。

3. 立即向应急办公室汇报事故发生的情况并寻求支持。

8.4　应急结束

8.4.1　应急结束条件

符合下列条件之一的，即满足应急终止条件：

1. 事故现场得到控制，事故条件已经消除。

2. 事故造成的危害已被彻底清除，无继发可能。

3. 事故现场的各种专业应急处置行动已无继续的必要。

8.4.2　事故终止程序

1. 由现场救援指挥部确认终止时机，或由安全员提出，经现场救援指挥部批准。

2. 现场救援指挥部向各专业应急救援队伍下达应急终止命令。

8.4.3　应急结束后续工作

1. 将事故情况按规定如实上报上级应急管理局。

2. 保护事故现场。

3. 向事故调查处理小组移交事故发生及应急处理过程全部记录，配合事故调查处理小组取得相关证据。

4. 由本公司安全员负责组织总结整改、编制事故应急救援工作总结报告，并上报上级应急管理局。

8.5　一般急救要点

8.5.1　中毒窒息的救护

发生中毒窒息事故后，救援人员首先要做好预防工作，避免成为新的受害者。具体可按照下列方法进行抢救：救护人员在进入危险区域前必须戴好防毒面具、自救器等防护用品，必要时也给中毒者戴上，迅速将中毒者小心地从危险环境转移到一个安全的、通风的地方。如果要从一个有限的空间，如深坑或地下某个场所施救，应发出报警以求帮助；单独进入危险地方帮助他人时，可能导致双方都受伤。如果伤员失去知觉，可将其放在毛毯上提拉，或抓住衣服，头朝前转移出去。

加强全面通风或局部通风，用大量新鲜空气对车间工作地点有毒有害气体的浓度进行稀释冲淡，以达到或接近卫生标准。

如果是一氧化碳中毒，中毒者还没有停止呼吸，则脱去中毒者被污染的衣服，松开领口、腰带，使中毒者能够顺畅地呼吸新鲜空气。如果呼吸已停止，但心脏还在跳动，则应立即进行人工呼吸，同时针刺人中穴。若心脏跳动已停止，应迅速进行胸外按压，同时进行人工呼吸。

对于硫化氢中毒者，在进行人工呼吸之前，要用浸透食盐溶液的棉花或手帕盖住中毒者的口鼻。

如果是瓦斯或二氧化碳窒息，情况不太严重时，可把窒息者转移到空气新鲜的场所稍作休息。若窒息时间较长，则要进行人工呼吸抢救。

如果毒物污染了眼部、皮肤，应立即用水冲洗。对于口服毒物的中毒者，应设法催吐，简单有效的办法是用手指刺激舌根。

对腐蚀性毒物中毒者，可口服牛奶、蛋清、植物油等进行保护。

救护过程中，抢救人员一定要沉着冷静，动作要迅速。对任何处于昏迷或不清醒状态的中毒者，必须尽快将其送往医院进行诊治。如有必要，还应有一位能随时给中毒者做人工呼吸的人员同行。

8.5.2　触电的救护

1. 对触电伤员施救要及时

当通过人体的电流强度接近或达到致命电流时，触电伤员会出现神经麻痹、血压下降、呼吸中断、心脏停止跳动等征象，外表呈现昏迷不醒的状态，同时面色苍白、口唇紫绀、瞳孔扩大、肌肉痉挛，呈全身性电休克所致的假死状态。这样的伤员必须立即在现场进行心肺复苏抢救。有资料表明，触电后 1min 内开始救治者，90％有良好效果。触电后 6min 内开始救治者，50％可能复苏成功。触电后 12min 再开始救治，救活的可能性很小。

2. 帮助低压触电者脱离电源

人体触电以后，可能由于痉挛、失去知觉或中枢神经失调而紧抓带电体，因此不能自行脱离电源。此时，使触电者尽快脱离电源是救治触电者的首要条件。

如果电源开关或电源插头在触电地点附近，可立即断开开关或拔出插头以切断电源。

需要注意的是，由于拉线开关和平开关只控制一根线，如错误地安装在工作零线上，则断开开关只能切断负荷而不能切断电源。

如果电源开关或电源插头不在触电地点附近，可用带绝缘柄的电工钳或用带干燥木柄的斧头切断电源，也可将干木板等绝缘物插入触电者身下，隔断电流。

如果电线搭落在触电者身上或被压在身下，可用干燥的木棒、木板、绳索、手套等绝缘物作为工具，拉开触电者或挑开电线。

3. 帮助高压触电者脱离电源

立即通知有关部门停电。

戴上绝缘手套，穿上绝缘靴，用相应电压等级的绝缘工具断开开关。

如果事故发生在线路上，可抛掷裸金属线使线路短路接地，迫使保护装置动作，切断电源。抛掷金属线前，一定要将金属线一端可靠接地，再抛掷另一端。被抛出的一端不可触及触电者和其他人员。

4. 对触电者进行现场急救

触电者脱离电源后，应根据触电者的具体情况，迅速进行救治。

如果触电者伤势不重、神志清醒，但有些心慌、四肢麻木、全身无力或触电者曾一度昏迷，但已清醒过来，应让触电者安静地休息，注意观察并请医生前来治疗。

如果触电者伤势较重，已经失去知觉，但心脏跳动和呼吸尚未停止，应让触电者安静地平卧，解开其紧身衣服以利呼吸，保持空气流通。若天气寒冷，还需注意保暖。严密观察触电者的情况，速请医生治疗或送往医院。

如果触电者伤势严重，心脏跳动或呼吸已停止，应立即进行人工呼吸或胸外心脏按压急救。若两者都已停止，则在进行人工呼吸和胸外心脏按压急救的同时，速请医生治疗或送往医院。在送往医院的途中不能停止急救。

若触电的同时还发生外伤，应根据情况酌情处理。对于不危及生命的轻度外伤，可以在触电急救之后进行处理。对于严重的外伤，在实施人工呼吸和胸外心脏按压的同时进行处理，如伤口出血，应止血并进行包扎，以防感染。

5. 触电救护时要注意的问题

救护人员切不可直接用手、其他金属或潮湿的物件作为救护工具，而必须使用干燥绝缘的工具。

救护人员最好只用一只手操作，以防自己触电。

为防止触电者脱离电源后可能摔倒，应准确地判断触电者可能倒下的方向进行预防。特别是触电者身在高处的情况下，更应采取防摔措施。

人体触电后，有时会有较长时间的"假死"现象，因此，救护人员应耐心地进行抢救，不可轻易中止。

人体触电后，即使触电者表面所受伤害看起来不严重，也必须接受医生的诊治，因为身体内部可能会有严重的烧伤。

8.5.3　烧伤的救护

烧伤是指各种热力、化学物质、电流及放射线等作用于人体后造成的特殊损伤，重者可危及生命，而有幸保住生命者往往也会遗留下严重的瘢痕或残疾。

1. 化学烧伤的救护

化学物质对人体组织有热力、腐蚀致伤等作用，一般称为化学烧伤。其烧伤程度取决于化学物质的种类、浓度和作用持续的时间。常见的化学烧伤有碱烧伤和酸烧伤。

常见的化学烧伤的救护方法如下：

（1）生石灰烧伤。迅速清除石灰颗粒，用大量流动的、洁净的冷水冲洗至少 10min，尤其是眼部烧伤，更应彻底冲洗。切忌将受伤部位用水浸泡，防止生石灰遇水产生大量热而加重烧伤程度。

（2）磷烧伤。迅速清除磷以后，用大量流动的、洁净的冷水冲洗至少10min。然后用浓度为50g/L的碳酸氢钠或苏打水湿敷创面，使创面与空气隔绝，防止磷在空气中氧化燃烧而加重烧伤程度。

（3）强酸烧伤。强酸包括硫酸、盐酸、硝酸等。出现皮肤烧伤情况后，应立即用大量清水冲洗至少10min（除非另有说明）。如果衣服被污染，应立即脱掉或将污染部位撕掉，同时用大量清水冲洗，还可用碳酸氢钠溶液（40g/L）或苏打水（20g/L）冲洗中和。

（4）眼部烧伤。首先采取简易的冲洗方法，即用手将患眼撑开，把面部浸入清水中，轻轻摇动头部，冲洗时间不少于20min。切忌用手或手帕揉擦眼睛，以免增大创伤面积。

（5）吸入性烧伤。可出现咳血性泡沫痰、胸闷、流泪、呼吸困难、肺水肿等症状。此时要注意保持呼吸道畅通，可雾化吸入碳酸氢钠溶液（20～40g/L）。

（6）消化道烧伤。上腹部剧痛，呕吐大量褐色物及食道、胃黏膜碎片。此时可口服牛奶、蛋清、豆浆、食用植物油等任意一种，每次200mL，以保护消化道黏膜。严禁催吐或洗胃，也不得口服碳酸氢钠，以免因产生大量的二氧化碳而导致穿孔。

（7）强碱烧伤。强碱包括氢氧化钠、氢氧化钾等。皮肤烧伤需用大量清水彻底冲洗创面，直到皂样物质消失为止，也可用食醋或醋酸溶液（2%）冲洗中和或湿敷。

（8）眼部烧伤。至少用清水冲洗20min。严禁用酸性物质冲洗眼睛，可在清水冲洗后点眼药水。

（9）误服强碱。立即口服食醋、柠檬汁以起到中和作用，也可口服牛奶、蛋清、豆浆、食用植物油等任意一种，每次200mL，以保护消化道黏膜。严禁催吐或洗胃。

需要注意的是，对于严重烧伤者早期应及时补充体液，防止休克。最好口服烧伤饮料、含盐饮料，少量多次饮用。不要单纯地喝白开水、糖水，更不可一次饮水过多。

2. 热烧伤的救护

火焰、开水、蒸汽、热液体或固体直接接触人体所引起的烧伤，都属于热烧伤。其烧伤程度取决于作用物体的温度和作用持续的时间。严重烧伤是很危险的，急性期要过三关：休克关、感染关、窒息关。后期还需进行整形植皮，严重烧伤者需施行几十次手术，最终也很难恢复到烧伤前的外形和功能。热烧伤的救护方法如下：

（1）轻度烧伤，尤其是不严重的肢体烧伤，应立即用清水冲洗或将患肢浸泡在冷水中10～20min。如不方便浸泡，可用湿毛巾或布单盖住患部，然后浇冷水，以使伤口尽快地冷却降温，减轻热力引起的损伤。穿着衣服的部位烧伤严重，不要先脱衣服，否则易使烧伤处的水疱皮一同撕脱，造成伤口创面暴露，增加感染机会。正确的做法是：第一时间拨打急救电话或直接送至医院处理，同时向衣服上面浇冷水，待衣服局部温度快速下降后，再轻轻脱去衣服或用剪刀剪开褪去衣服。

（2）若烧伤处已有水疱形成，小的水疱不要随便弄破，大的水疱应到医院处理或用消毒过的针刺一小孔排出疱内液体，以免影响创面修复，增加感染机会。

（3）烧伤创面一般不做特殊处理，不要在创面上涂抹任何有刺激性的液体或不洁净的粉剂或油剂，只需保持创面及周围清洁即可。较大面积的烧伤用清水冲洗后最好用干净纱布或布单覆盖创面，并尽快送往医院治疗。

（4）由火灾引起的烧伤，伤员身上烧着的衣服如果一时难以脱下，可让伤员卧倒在地滚压灭火，或用水浇灭火焰。切勿带火奔跑或用手拍打，否则可能导致火势扩大，造成手部烧伤，也不可在火场大声呼喊，以免造成呼吸道烧伤。要用湿毛巾捂住口鼻，以防吸入烟雾导致窒息或中毒。

（5）重要部位烧伤后，抢救时要特别注意。如头面部被烧伤，常出现极度肿胀，且容易引起继发性感染，导致形态改变、畸形和功能障碍。呼吸道烧伤，如吸入热气流会导致呼吸道黏膜充血水肿，严重者甚至黏膜坏死、脱落，导致气道阻塞。吸入火焰烟雾或化学蒸气烟雾，会使支气管痉挛，肺充血水肿，降低通气功能而造成呼吸困难。由于呼吸道烧伤属于内脏烧伤，容易漏诊而延误抢救时机，以致造成早期死亡。因此，要密切观察伤员有无进展性呼吸困难，并及时送往医院做进一步诊断治疗。

3. 电烧伤的救护

电烧伤是电能转化成热能造成的烧伤。由于电能的特殊作用，电烧伤所造成的软组织损伤是不规则的立体烧伤，烧伤创面小、基底大而深，不能单纯地用烧伤部位面积来衡量烧伤程度，而应该同时注意其深度及全身情况。

电烧伤有两种情况。一种是接触性电烧伤，又称电灼伤，是人体与带电体直接接触，电流通过人体时产生热效应的结果。人体与带电体的接触面积一般较小，电流密度可达很大的数值，又因皮肤电阻较体内电阻大许多倍，故在接触处产生很多的热量，致使皮肤灼伤；另一种是电弧烧伤，电气设备电压较高时产生的强烈电弧或电火花，瞬间温度可达2500～3000℃，可烧伤人体，甚至击穿人体的某一部位，从而使电弧电流直接通过人体内部组织或器官，造成深部组织坏死。

电烧伤后体表一般有一个入口和相应的出口，且入口比出口损伤严重。电弧烧伤一般不会引起心脏纤维性颤动，更为常见的是人体由于呼吸麻痹而死亡，故抢救时应先进行呼吸复苏。有神志障碍者，头部可戴冰帽或用冰袋冷敷。

8.5.4 烫伤/冻伤/割伤的救护

1. 烫伤

一旦被火焰、蒸汽、红热的玻璃、铁器等烫伤，立即将伤处用大量水冲淋或浸泡，以迅速降温避免再度烧伤。简单的烫伤不需要包扎，将患处在冷水下冲洗数秒后，在伤处涂些鱼肝油、烫伤油膏或红花油即可。若起水泡，首先用碘伏棉签或者棉球消毒烫伤的部位；然后用无菌注射器将水泡中的水轻轻抽出来，让水泡皮肤均匀贴敷在底部，避免皱褶；再用无菌棉签均匀涂上湿润烧伤膏；最后用无菌纱布覆盖伤口，医用胶布或者绷带包扎就可以。若烫伤严重，涉及衣物粘连，则应第一时间拨打急救电话或直接送至医院处理，同时向衣服上面浇冷水，待衣服局部温度快速下降后再轻轻脱去衣服或用剪刀剪开，千万不要将衣物自行扯下。烫伤时，急救的主要目的在于减轻和保护皮肤的受伤表面不受感染。

2. 冻伤

冻伤是低温寒冷侵袭所导致的损伤，损伤程度与寒冷的强度、风速、湿度以及受冻时间、人体局部和全身状态等有直接关系。冻伤多发生在身体的末梢部位，主要为四肢末端，下肢冻伤最为常见。其次为手和面部冻伤，常为两侧对称发生，且足部冻伤常先于其他部位。

冻伤分为非冻结性冻伤和冻结性冻伤。非冻结性冻伤指暴露在 0～10℃ 的低温、潮湿环境中所导致的局部损伤，可能发生在冻结性冻伤之前，冻伤后不会发生组织损伤；冻结性冻伤指皮肤暴露于 0℃ 以下的低温时发生冻结，造成局部冻伤或全身性冻伤，甚至冻僵或冻亡。

对于非冻结性冻伤，处置措施包括保温、涂抹冻伤膏等；对于冻结性冻伤，应迅速脱离低温环境和冰冻物体，用 40℃ 左右的温水将冰冻融化后脱下或剪开衣物，然后在对冻伤部位进行复温的同时，尽快就医。对于心跳呼吸骤停者，施行心脏按压和人工呼吸。严禁用火烤、雪搓、冷水浸泡或猛力捶打等方式作用于冻伤部位。

3. 割伤

先取出伤口处的异物，用水洗净伤口。若伤口不大，也可用双氧水或硼酸水洗后涂碘酒。若严重割伤大量出血，应先止血，让伤者平卧，抬高出血部位，压住附近动脉，或用绷带盖住伤口直接施压，若绷带被血浸透，不要换掉，再盖上一块施压，立即送医院治疗。

8.5.5　心肺复苏

心肺复苏首先应确认伤者有无意识，并检查心跳及呼吸是否存在。确定呼吸、心跳停止后呼喊周围人拨打急救电话，并摆正患者体位，使患者平躺，双上肢置于身体两侧，解开患者衣领、腰带，依次进行胸外按压、开放气道、人工呼吸等操作。

1. 急救步骤

（1）胸外按压：将患者胸部完全暴露，确定按压部位，即两乳头连线中点，一手掌根部置于推压部位，另一手掌根部重叠于前者之上，两臂伸直，利用上肢力量垂直下压，按压深度为 5～6cm，按压频率为 100～120 次/分。

（2）开放气道：采用仰头抬颏法，一手大鱼际置于患者前额用力加压，使头后仰，另一手食指、中指抬起患者下颏，并快速清除口鼻内异物（包括假牙），使患者呼吸道通畅。

（3）人工呼吸：用置于患者前额的手的拇指与食指捏住患者鼻孔，深吸一口气后对准患者口内用力吹气，每次吹完后将手指与口移开，每次吹气时间应 >1s。每 30 次胸外按压之后，应进行 2 次人工呼吸，保持 30/2（30 次按压/2 次人工呼吸）的频率，等待急救人员的到来，或者等患者生命体征恢复。

2. 注意事项

（1）操作过程中时刻观察患者呼吸、心跳的恢复情况，恢复后可以停止操作。

（2）以上步骤应持续 5～6 次，尽量维持至患者呼吸、心跳恢复或专业医疗人员的到来。

（3）严格按照以上步骤进行规范操作，避免操作有误导致急救失败。

（4）胸外按压过程中可能出现肋骨骨折的情况，由于断骨刺穿心肺的概率较小，多数骨折为接近胸肋关节处的肋软骨，此时多需继续按压。

8.6 应急救援对企业的要求

8.6.1 企业在应急救援方面的注意事项

1. 企业应针对本单位的事故风险类型，按照相关要求，针对可能发生的事故编制相应的应急预案，重点作业岗位应有现场处置方案或措施，并定期进行评审、修订和完善。

2. 企业应建立安全生产应急管理机构并指定专人负责安全生产应急管理工作，还应制定应急救援管理制度。

3. 企业应建立与本单位安全生产特点相适应的专（兼）职应急救援队伍，指定专（兼）职应急救援人员，定期组织训练、演练，对演练效果进行评估。

4. 企业应在厂区显著位置设置应急疏散示意图、消防通道示意图。

5. 企业应配置应急设施、应急装备和应急物资，进行经常性的检查、维护、保养，确保完好可靠。

8.6.2 企业生产安全事故应急救援预案

1. 地震、洪水、台风等自然灾害事故，火灾、爆炸重大安全事故，危险化学品重大安全事故。

2. 锅炉、压力容器、压力管道等设备、设施重大安全事故。

3. 煤磨系统火灾与爆燃事故。

4. 预热器清堵作业事故。

5. 氨水泄漏事故。

6. 有限空间中毒、窒息事故。

7. 总降变压站事故、电力室事故。

8. 物资仓库、纸袋库火灾事故。

9. 氧气、乙炔爆炸、火灾事故。

10. 灼烫事故。

11. 柴油罐火灾事故。

12. 机械伤害事故。

8.7 事故报告

8.7.1 发生安全生产事故的报告

依据《生产安全事故报告和调查处理条例》（493号令），生产经营活动中发生的造成人身伤亡或者直接经济损失的生产安全事故，要逐级报告并调查处理。

发生生产安全事故后应当及时、准确、完整，不得迟报、漏报、谎报、瞒报。

1. 报告流程

一般情况下，事故现场有关人员应立即报告本单位负责人；公司主要负责人应当1小时内向事故发生地县级以上人民政府安全生产监督管理部门（负有安全生产监督管理职责的有关部门）报告。

事故发生后首先要向当地应急管理部门报告，由应急管理部门、公安、劳动、保障、工会、人民检察院并向同级人民政府报告。

2. 报告内容

事故报告的内容主要包括：

（1）事故发生单位概况；

（2）事故发生的时间、地点以及事故现场情况；

（3）事故的简要经过；

（4）事故已经造成或者可能造成的伤亡人数（包括下落不明的人数）和初步估计的直接经济损失；

（5）已经采取的措施；

（6）其他应当报告的情况。

8.7.2　企业事故报告的注意事项

1. 企业应建立健全事故、事件管理制度，健全事故档案。发生事故后，企业主要负责人应立即启动相应应急预案，或者采取有效措施，组织抢救，防止事故扩大，减少人员伤亡和财产损失。

2. 发生事故后，企业主要负责人应组织事故调查或配合有关政府部门对事故进行调查。

3. 事故的调查处理应符合国家和地方政府的有关规定，严格按照"四不放过"原则，根据有关证据、资料，分析事故的直接、间接原因和事故责任，认真吸取事故教训，落实防范和整改措施。

4. 企业应按照《企业职工伤亡事故调查分析规则》（GB 6442—1986）定期对事故、事件进行统计、分析。

第9章 安全生产规章制度编制示例

9.1 安全生产责任制

9.1.1 安全生产委员会安全生产和职业卫生责任制

责任范围	公司安全生产的最高决策		
序号	责任制内容	考核标准	分值
	职责		100
1	坚持"安全第一、预防为主、综合治理"的安全生产方针	在不保证安全的前提下进行生产工作，每次扣2分	10
2	负责审核公司安全生产和职业卫生目标与指标，监督考核安全生产和职业卫生责任目标与指标完成情况	安委会成员未参与制定公司安全目标，每人次扣1分	10
3	审核公司年度安全生产费用提取比例和使用计划，对安全费用的提取与使用实施监督检查	未按规定制订年度安全费用计划，每次扣1分；未对安全费用提取、使用进行监督检查，每次扣1分	10
4	负责公司安全管理机构的设立、撤销、调整	未按规定设置常务安全管理机构，扣5分	10
5	在新、改、扩建项目中，遵守和执行"三同时"规定，健全安全设施	新、改、扩建工程未履行"三同时"，每次扣5分	10
6	组织识别与生产经营活动有关的风险和隐患，对风险控制结果每季度检查一次，每年至少进行一次评审；根据风险评价结果，落实风险控制措施，消减风险，预防事故的发生	每季度未对风险控制结果进行检查，每次扣3分；未进行评审，每次扣5分；风险措施未落实，每项扣1分	10
7	组织公司相关部门开展安全检查，改善劳动条件，及时组织整改重大隐患	未按要求组织检查，每次扣1分；未落实整改重大隐患，扣5分	10
8	对发生的安全事故组织调查分析，按"四不放过"的原则严肃处理，并对事故的调查、登记、统计和报告的正确性、及时性负责	未对事故进行调查处理，每次扣1分	10
9	负责评审应急救援预案的可操作性，尤其是发生潜在事件和突发事故后的评审。负责每年评审公司各项安全生产规章制度、安全生产和职业卫生责任制的适宜性，并及时予以修订；当发生各项变更须进行修订时，可随时组织实施	未对相关管理制度进行评审，每项扣1分	10

续表

序号	责任制内容	考核标准	分值
10	每季度组织召开安委会会议，协调解决安全生产问题	未召开安委会会议，每次扣1分	10

9.1.2 总经理安全生产和职业卫生责任制

责任范围		全面主持公司安全生产和职业卫生管理工作	
序号	责任制内容	考核标准	分值
一	岗位职责		100
1	认真贯彻执行党和政府的方针、政策、法规，以及董事会等上级机构的指示、决议，领导公司搞好全面工作	未贯彻执行相关规定，每次扣5分；工作出现失误，每次扣5分	15
2	全面主持公司工作，组织制定公司的机构设置和人员编制方案	未组织制定相关机构设置、人员编制方案，每次扣5分	15
3	确定公司的发展方向和管理目标，组织制定公司的发展规划、年度工作计划，完成集团公司下达的各项任务	未组织制订相关规划、计划，扣5分；未完成集团公司下达的各项任务，扣5分	15
4	负责倡导公司的企业文化和经营理念，塑造企业形象	未落实倡导企业文化、经营理念，扣5分	10
5	负责公司年度预决算、审批公司重大经费的开支	公司无年度预决算，每次扣5分；未审批公司重大经费开支，每次扣5分	10
6	负责审批公司级的各类文件、报表，批办上级来文，处理涉外事宜	未审批公司级的各类文件、报表，批办上级来文和处理涉外事宜，每次扣5分	10
7	定期向股东方领导汇报工作，接受董事会、监事会的咨询和监督，对于提出的问题和建议，积极解决和落实	对上级提出的问题和建议，未积极解决和落实，每项扣5分	10
8	关心职工生活，积极改善和提高职工的生活福利待遇	不关心职工生活，每人次扣5分	10
9	职责范围内的其他工作	未完成，每次扣5分	5
二	安全职责		100
1	建立、健全并落实本单位全员安全生产和职业卫生责任制	未建立、健全并落实本单位全员安全生产和职业卫生责任制，每项扣1分；未进行考核，每次扣1分	10
2	组织制定并督促公司安全生产和职业卫生规章制度、操作规程的落实	未组织制定安全生产管理制度和安全操作规程，每项扣1分；未督促落实，每次扣1分；落实不到位，每次扣1分	10
3	确定符合条件的分管安全生产的负责人、技术负责人	未确定符合条件的分管安全生产的负责人、技术负责人，扣5分	5

序号	责任制内容	考核标准	分值
4	依法设置安全生产和职业卫生机构并配备相应的管理人员，落实本单位技术管理机构的安全职能并配备安全技术人员	未依法设置安全生产机构并配备安全生产管理人员，扣5分；未落实本单位技术管理机构的安全职能并配备安全技术人员，扣5分	10
5	定期研究安全生产工作，向职工代表大会、职工大会、集团报告公司的安全生产情况，接受工会、从业人员及集团对安全生产工作的监督	未定期研究安全生产工作，每次扣1分；未向职工代表大会、职工大会、集团报告公司的安全生产情况，接受工会、从业人员及集团对安全生产工作的监督，每次扣1分	5
6	保证公司安全生产和职业卫生投入的有效实施，依法履行监察项目安全设施和职业病防护设施与主体工程（同时设计、同时施工、同时投入生产和使用的）规定	未保证公司安全生产投入的有效实施，每次扣2分；未依法履行监察项目安全设施和职业病防护设施与主体工程（同时设计、同时施工、同时投入生产和使用的）规定，每次扣2分	10
7	组织建立并落实安全风险分级管控和隐患排查治理双重预防工作机制，督促、检查安全生产工作，及时消除生产安全事故隐患	未组织建立并落实安全风险分级管控和隐患排查治理双重预防工作机制，督促、检查安全生产工作，每次扣2分；未及时消除生产安全事故隐患，每次扣2分	10
8	组织开展安全生产和职业卫生教育培训工作	未组织开展安全生产和职业卫生教育培训工作，每次扣5分	10
9	依法开展安全生产标准化建设、安全文化建设和班组安全建设工作	未依法开展安全生产标准化建设、安全文化建设和班组安全建设工作，每次扣1分	5
10	组织实施职业病防治工作，保障从业人员的职业健康	未组织实施职业病防治工作，保障从业人员的职业健康，每次扣5分	5
11	组织制订并实施事故应急救援预案	未组织制订并实施事故应急救援预案，每次扣1分	5
12	及时、如实报告事故情况，组织事故抢救	未及时、如实报告事故情况，组织事故抢救，每次扣5分	8
13	负责水泥筒形库清库作业的审批	未对水泥筒形库清库作业进行审批，扣5分	5
14	法律、法规规定的其他职责	未完成其他职责，每次扣1分	2

9.1.3 党支部书记安全生产和职业卫生责任制

责任范围	协助总经理管理安全生产和职业卫生工作		
序号	责任制内容	考核标准	分值
一	岗位职责		100
1	协助总经理贯彻执行党和政府的方针、政策、法规，以及董事会等上级机构的指示、决议，协助总经理主持公司全面工作	未协助总经理贯彻执行相关规定，每次扣5分；工作出现失误，每次扣5分	15

序号	责任制内容	考核标准	分值
2	协助总经理主持公司工作，协助组织制订公司的机构设置和人员编制方案	未协助总经理组织制订公司的机构设置和人员编制方案，每次扣 5 分	10
3	协助总经理确定公司的发展方向和管理目标，组织制订公司的发展规划、年度工作计划，协助总经理完成集团公司下达的各项任务	未协助总经理组织制订相关规划、计划，扣 5 分；未协助总经理完成集团公司下达的各项任务，扣 5 分	10
4	协助总经理开展倡导公司的企业文化和经营理念，塑造企业形象	未协助总经理落实企业文化、经营理念，每次扣 5 分	10
5	总经理外出时，代总经理审批各类文件，决策各项事务	未及时审批各类文件，决策各项事务失误，每次扣 5 分	10
6	审批公司年度预决算、审批公司重大经费的开支	未及时审批公司年度预决算，每次扣 5 分；未及时审批公司重大经费的开支，每次扣 5 分	10
7	审阅公司级的各类文件、报表，协助总经理批办上级来文并处理涉外事宜	未审阅公司级的各类文件、报表，未协助总经理批办上级来文和处理涉外事宜，每次扣 5 分	10
8	定期向总经理汇报工作，协助总经理对董事会、监事会提出的问题和建议予以解决和落实	未协助总经理解决和落实的，每项扣 5 分	10
9	关心职工生活，积极改善和提高职工的生活福利待遇	不关心职工生活，每人次扣 0.5 分	10
10	职责范围内的其他工作，和领导交办的其他工作	未完成其他工作，每次扣 1 分	5
二	安全职责		100
1	协助总经理建立、健全公司安全生产和职业卫生责任制	未建立、健全公司安全生产和职业卫生责任制，每次扣 10 分	10
2	协助总经理组织制订公司安全生产和职业卫生规章制度、岗位安全操作规程	未制订公司安全生产和职业卫生管理制度，扣 5 分；未制定岗位安全操作规程，扣 5 分	10
3	协助总经理组织制订并实施公司安全生产和职业卫生教育培训计划	未制订公司安全生产和职业卫生教育培训计划，扣 5 分；未组织实施，扣 5 分	10
4	督促、检查公司的安全生产和职业卫生工作，及时消除生产安全事故隐患	未督促、检查公司的安全生产和职业卫生工作，扣 5 分；未及时消除生产安全事故隐患，扣 5 分	10
5	协助总经理组织制订并实施公司的生产安全事故应急救援预案	未组织制订公司生产安全事故应急救援预案，扣 5 分；未组织实施，扣 5 分	10
6	及时、如实报告生产安全事故情况	发生生产安全事故未及时、如实上报，扣 10 分	10
7	督促落实公司安全生产和职业卫生管理制度、操作规程	未督促落实公司的安全生产和职业卫生管理制度、操作规程，扣 10 分	10

序号	责任制内容	考核标准	分值
8	督促落实公司职业病危害防治工作，保障从业人员的职业健康	未督促落实公司职业病危害防治工作，扣5分；出现职业病，每次扣10分	10
9	发生安全生产事故时，应当立即组织抢救，且不得在事故调查处理期间擅离职守	发生事故未立即组织抢救，扣16分；事故调查处理期间擅离职守，扣16分	16
10	总经理不在时，代替总经理审批相关的安全管理文件	总经理不在时，未代替总经理审批相关安全管理文件，扣4分	4

9.1.4 副总经理安全生产和职业卫生责任制（分管生产）

责任范围	分管矿山分厂、原料分厂、水泥分厂、品质管理部、生产技术部		
序号	责任制内容	考核标准	分值
一	岗位职责		100
1	组织建立和完善生产指挥系统，协助总经理制订公司生产经营计划，检查生产工作，确保生产任务的完成	未完善生产指挥系统，扣5分；未制定生产经营计划，每次扣5分；未定期检查生产工作，每次扣5分	20
2	根据生产运行计划，掌握生产进度，搞好各车间的协调，组织分配劳动力，平衡调度各种原材料	生产进度不能完成生产计划，每项扣3分；各种原材料未平衡协调，每项扣5分	10
3	组织分管各部门/分厂召开生产会，分析生产形势，提出解决问题的办法和措施	未召开生产分析会，每次扣5分；未提出解决问题的办法和措施，每次扣10分	20
4	协助总经理组织、监督公司各项规划和计划的实施	未对公司各项规划和计划进行监督实施，每项扣3分	10
5	负责生产中的技术和质量保证工作，发现问题及时组织解决和处理，重大问题直接报总经理	生产中技术和质量出现问题，每次扣2分；未及时解决和处理，每次扣5分	10
6	协助总经理组织编制、修订公司管理制度、责任制、操作规程、应急预案等	未组织编制、修订公司管理制度、责任制、操作规程和应急预案，每项扣3分	10
7	每月组织安全环保检查，落实安全环保措施，督促整改问题	未按时组织安全环保检查，每次扣2分；未对检查出的问题进行督促整改，每次扣3分	10
8	完成总经理临时下达的工作任务	未完成，每项扣2分	10
二	安全职责		100
1	对分管部门/分厂以及业务范围内的安全生产和职业卫生工作负责	对安全生产和职业卫生工作失职，扣10分	10
2	组织制定、修订公司的各项安全生产和职业卫生管理制度、操作规程，主持编制、修订公司级应急救援预案并组织演练	未组织制定、修订安全管理制度，扣5分；未组织制定、修订安全操作规程，扣5分；未主持编制、修订应急救援预案扣5分；未组织演练，每次扣5分	10

续表

序号	责任制内容	考核标准	分值
3	组织学习有关安全生产、职业卫生的法律法规、标准及有关文件，督促有关部门执行各项安全管理制度、操作规程	未组织学习有关安全生产和职业卫生等相关文件，扣 3 分；未督促有关部门执行安全管理制度和操作规程，扣 5 分	8
4	协助总经理做好安全生产例会的准备工作，对例会决定的事项，负责组织贯彻实施	未组织好安全生产例会，扣 3 分；未组织贯彻实施会议内容，扣 5 分	8
5	对分管区域的安全生产和职业卫生工作进行业务指导，组织领导分管区域部门/分厂负责人开展工作，并会同相关部门做好安全生产、职业卫生、消防等工作	未组织公司开展安全工作，扣 5 分；未做好相关安全管理工作，扣 5 分	10
6	负责组织分管区域各部门/分厂开展各种形式的安全和职业卫生检查，发现重大事故隐患，立即组织有关部门进行整改落实	未组织开展安全检查，扣 5 分；未对重大事故隐患组织整改落实，扣 5 分	10
7	组织安全生产和职业卫生竞赛，总结、推广安全生产经验，开展经常性的安全和职业卫生宣传教育	未经常性开展安全宣传教育，扣 6 分	8
8	负责公司安全生产标准化工作的直接领导，积极推进体系运行，组织开展年度评估，确保体系持续改进，有效运行	未积极推进安全生产标准化工作，扣 5 分；未组织开展年度评估、持续改进，扣 5 分	10
9	负责监督分管区域内的职业病防治管理工作	对公司职业病防治工作监督管理不到位，扣 5 分	8
10	组织工伤事故的调查、分析和处理，严格执行"四不放过"原则	未组织事故调查、分析，扣 8 分；未按"四不放过"原则处理，扣 8 分	8
11	经常向总经理汇报安全生产和职业卫生工作情况，并提出改进意见和建议	未向总经理汇报安全情况，扣 5 分；未提出改进意见和建议，扣 5 分	10

9.1.5　副总经理安全生产和职业卫生责任制（设备）

责任范围		设备动力部、机修	
序号	责任制内容	考核标准	分值
一	岗位职责		100
1	协助总经理制订公司生产经营计划	未协助总经理制订公司生产经营计划，每项扣 5 分	20
2	参与、监督、落实并初步审定各项设备管理制度	未落实公司内部管理制度、规范，每项扣 3 分	20
3	协助总经理审议各项检修计划，确保达到生产能力要求	未参与组织制订公司相关管理制度，每项扣 3 分	20

序号	责任制内容	考核标准	分值
4	协助总经理组织、监督公司各项规划和计划的实施	未对公司各项规划和计划进行监督实施，每项扣3分	10
5	协助总经理对公司运作与各职能部门进行管理，协助监督各项管理制度的制定及推行	对职能部门管理不到位、制度落实不到位，每项扣3分	10
6	协助总经理推进公司企业文化的建设	未协助总经理推进企业文化建设，扣1分	10
7	完成总经理临时下达的工作任务	未完成，每项扣2分	10
二	安全职责		100
1	在总经理领导下，对全公司的设备安全工作负主要责任	未负起主要责任，扣10分	10
2	协助总经理做好设备分管工作，负责编制企业的长、中、短期设备购置计划，设备大修计划，设备检修计划，并认真组织实施	未审核设备购置计划、设备大修计划、设备检修计划，扣3分；未组织实施，扣4分	7
3	负责组织制订设备管理制度，抓好设备的动态和静态安全管理	未组织制定设备管理制度，并组织实施，扣10分	10
4	负责新设备、新工艺的推广使用，实施科技创新、积极组织开展修旧、利废活动	未推广新设备、新工艺，扣5分	5
5	对全厂设备设施、运转提升系统及夏季"四防"、冬季"四防"负责	未提升设备设施系统，扣4分；未组织开展夏季"四防"、冬季"四防"，扣4分	8
6	定期召开设备专业技术人员会议，分析研究设备技术管理中的不安全隐患，组织人员提出改进措施，限期解决，确保全厂设备安全运转	未定期召开设备专业会议，扣5分；未解决相关问题，提出改进措施，扣5分	10
7	抓好设备安全，消除设备重大事故	未消除设备重大事故，扣10分	10
8	认真抓好设备检修安全工作，确保设备、人员安全无事故	未抓好设备检修安全工作，扣10分	10
9	组织全厂设备大检查，包括设备的职业卫生安全检查，对检查出的问题，督促有关单位及时整改，使设备"三率"达标	未组织设备大检查，扣5分；对检查出的问题，未督促整改，扣5分	10
10	负责特种作业的审批，抓好现场特种作业的安全管理	对特种作业审批不认真，扣5分；未抓好现场特种作业安全管理，扣5分	10
11	组织实施分管部门/分厂的岗位安全操作规程的编制、修订，同时抓好各部门/分厂的执行与落实	未组织实施岗位安全操作规程的编制、修订，扣5分；未抓好落实，扣5分	10

9.1.6 副总经理安全生产和职业卫生责任制（分管采购/营销）

责任范围	分管采购部、营销部		
序号	责任制内容	考核标准	分值
一	岗位职责		100
1	在公司总经理的领导下，负责主持采购、营销部门的全面工作，组织并督促部门人员全面完成部门职责范围内的各项工作	未完成本部门工作，每项扣2分	10
2	贯彻落实本部门岗位责任制和工作标准，加强与有关部门的协调配合工作	本部门岗位责任制条理不明确，每条扣2分；工作配合不到位，每次扣1分	10
3	负责组织编制年、季、月度采购/销售计划，确保采购/销售计划指标的完成	未编制销售计划，不得分；销售计划不合理、未完成，每次扣2分	20
4	负责采购/销售统计核算基础管理工作，为公司领导决策服务	销售统计不正确，每次扣2分	10
5	负责抓好市场调查、分析和预测工作，做好市场信息收集、整理和反馈，掌握市场动态，积极、适时、合理有效开辟供货渠道/新客户	对客户、市场、竞争对手的信息了解不准确，每次扣2分	15
6	负责做好优质服务、售后服务工作，加强对部门员工的培训	出现客户投诉，每次扣2分	15
7	负责抓好采购/营销人员的考核、考评与管理教育工作	对部门人员考核、考评管理不到位，每次扣2分	10
8	按时完成总经理临时交办的其他工作	未及时完成总经理交办的工作，每次扣1分	10
二	安全职责		100
1	协助总经理抓好安全生产，对主管业务范围内的安全生产和职业卫生工作负责	对主管业务范围内的安全生产和职业卫生未负责，扣10分	10
2	认真贯彻执行国家、上级和本公司有关安全工作的规定，并在工作中严格贯彻执行	未执行国家、上级和公司有关安全的相关规定，扣10分	10
3	负责对职工进行安全意识教育，支持公司开展的安全生产教育、竞赛等活动，组织开展部门内隐患自查自纠，提高全员安全意识	未对职工进行安全意识教育，扣10分；未组织开展本部门内隐患自查自纠，扣5分	10
4	统筹调配/采购/销售人员的使用，按需设岗，提高工作效率	未统筹调配销售人员的使用，工作效率低，扣10分	10
5	把与安全生产有关的工作列入年度工作计划并组织落实	未把与安全生产有关的工作列入年度工作计划，扣10分；未组织落实，扣10分	10
6	在安全生产工作中，要求部门员工认真执行规程，保质保量地完成工作任务；做到部门员工身边无事故、无违章、无违纪、无隐患	本部门员工身边发生事故，扣10分；存在违章、违纪、隐患未整改，扣5分	10

续表

序号	责任制内容	考核标准	分值
7	按照水泥企业安全生产标准化考评内容要求，组织完善相关管理制度和台账，督促生产现场不符合项的整改，按照安全标准化体系运行并持续改进	未组织完善安全生产标准化相关工作，扣10分；未运行并持续改进，扣10分	10
8	制定和落实年度培训计划，实现学以致用，提高培训效果	未制订年度培训计划，扣10分	10
9	负责本公司采购部/营销部各项管理规定的制定和实施	未制定本部门管理规定，扣5分；未组织实施，扣5分	10
10	严格落实国家法律法规规定的其他安全和职业卫生职责	未严格落实国家相关安全和职业卫生的法律法规，扣10分	10

9.1.7 财务总监安全生产和职业卫生责任制

责任范围	分管财务部		
序号	责任制内容	考核标准	分值
一	岗位职责		100
1	利用财务核算与会计管理原理为公司经营决策提供依据，协助总经理制定公司发展战略，并主持公司财务战略规划的制定	未协助总经理制定公司发展战略、提供经营决策依据，每项扣3分	10
2	建立和完善财务部门各项制度，建立科学、系统、符合企业实际情况的财务核算体系和财务监控体系，进行有效的内部控制	未建立财务核算体系、监控体系，并对部门进行有效监管，每项扣2分	10
3	制订公司资金运营计划，监督资金管理报告和预、决算	未按要求制订公司资金运营计划，监督资金管理报告和预、决算，每项扣2分	10
4	对公司投资活动所需要的资金筹措方式进行成本计算，并提供最为经济的筹资方式	未对公司投资活动所需要的资金筹措方式进行成本计算，并提供最为经济的筹资方式，每项扣2分	10
5	筹集公司运营所需资金，保证公司战略发展的资金需求，审批公司重大资金流向	未筹集公司运营所需资金，保证公司战略发展的资金需求，审批公司重大资金流向，每项扣2分	10
6	主持对重大投资项目和经营活动的风险评估、指导、跟踪和财务风险控制	未对公司重大投资项目和经营活动的风险评估、指导、跟踪和财务风险控制，每项扣3分	10
7	协调公司同银行、工商、税务等政府部门的关系，维护公司利益	未积极协调公司同银行、工商、税务等政府部门的关系，维护公司利益，每项扣2分	10
8	参与公司重要事项的分析和决策，为企业的生产经营、业务发展及对外投资等事项提供财务方面的分析和决策依据	未参与公司重要事项分析和决策，为企业的生产经营、业务发展及对外投资等事项提供财务方面的分析和决策依据，每项扣2分	10

续表

序号	责任制内容	考核标准	分值
9	审核财务报表，提交财务管理工作报告	未及时审核财务报表，提交财务管理工作报告，每项扣2分	10
10	完成总经理临时交办的其他任务	未按时完成总经理临时交办的其他任务，每项扣2分	10
二	安全职责		100
1	严格遵守国家及地方政府安全生产法律法规，贯彻执行公司安全管理制度，并在工作中严格组织落实	未严格遵守国家及地方政府安全生产法律法规，扣10分；未贯彻执行公司安全管理制度，扣10分；未组织落实，扣10分	10
2	负责组织建立健全本部门各项安全管理制度、安全操作规程和相关记录、台账，并督促执行，每年参与对安全生产责任制、安全操作规程进行适宜性评审与更新	未建立健全本部门安全管理制度、操作规程和相关记录、台账，扣5分；未参与每年的适宜性评审与更新，扣5分	10
3	根据公司安全生产和职业卫生目标，制定分管部门的实施计划和考核办法，分解落实到各岗位和人员，确保完成全年安全生产和职业卫生目标	未制定本部门安全生产和职业卫生目标的实施计划和考核办法，扣10分；未分解落实，扣10分	10
4	组织编制部门安全生产教育培训计划，对培训落实情况进行检查、考核，对培训效果进行评估，改进培训方式。负责对新进厂员工以及转岗、离岗人员的"三级"安全教育培训和考核	未组织编制本部门的安全生产教育培训计划，扣10分；未对培训效果进行评估，扣5分；未对新进员工和离岗员工进行培训，扣5分	10
5	建立安全生产费用提取和使用的管理制度。按专款专用的原则，保证足额提取安全生产费，保证安全投入，建立安全生产费用的使用台账，按安全生产费用相关法规，正确列支安全生产费用，列支内容在统计台账予以反映	未建立安全生产费用提取和使用的管理制度，扣10分；未按制度执行，扣10分	10
6	负责组织做好本部门的隐患排查及其治理工作，落实分工实施监控治理	未组织做好本部门的隐患排查治理工作，扣10分	10
7	负责本部门范围的危险源辨识、评估、制订控制措施、登记建档，落实控制措施	未对本部门的危险源进行辨识、评估、制订措施，扣8分；措施未落实，扣8分	8
8	定期组织安全生产事故应急演练，并对应急演练的效果进行评估，不断提高应急救援能力	未组织生产安全事故应急演练，扣8分；未对演练效果进行评估，扣5分	8
9	组织召开公司经济分析会时分析安全投入情况，督促有关单位安全投入的执行	召开公司经济分析会时未分析安全投入情况，扣10分；未督促有关单位安全投入的执行，每次扣5分	10

续表

序号	责任制内容	考核标准	分值
10	发生安全事故时及时赶赴现场，进行抢救并上报事故情况；协助参与事故调查、事故分析会等相关工作	未对安全事故进行抢救并上报情况，扣6分；未协助参与事故调查与分析，扣6分	6
11	组织本部门开展安全生产标准化绩效评定工作，对存在的缺陷进行改进，确保部门班组岗位达标	未组织本部门开展安全生产标准化绩效评定工作，扣8分；未对存在的缺陷进行整改，扣8分	8

9.1.8 安全环保部安全生产和职业卫生责任制

责任范围	全面负责安全环保部的安全生产、职业卫生和环保管理工作		
序号	责任制内容	考核标准	分值
一	岗位职责		100
1	初步决策、督促、监察、指导公司的安全、环保工作	对安全、环保相关工作及日常工作未进行有效决策、督促、监察、指导，扣10分	20
2	组织学习最新的有关安全、职业卫生、环保的法律法规，落实各级政府主管部门的各项通知要求，做好沟通协调	未及时安排组织学习有关的法律法规，每次扣5分；未落实各级政府主管部门的通知要求导致出现问题，每次扣5分	10
3	督促、组织和参与拟定与审核公司有关安全、环保、职业卫生的规章制度、相关预案	未督促、组织和参与拟定与公司有关的安全、环保、职业卫生的规章制度、预案，每次扣5分	10
4	组织开展公司级安全、环保大检查，跟踪隐患整改工作的完成情况	未组织公司级安全、环保检查，每次扣5分；未跟踪隐患整改工作的完成情况，每次扣5分	10
5	审核上报或决策各项培训计划，并做好监督	审核失误、未做好监督工作，每次扣5分	10
6	落实公司重大危险源、污染源管理措施	未落实公司重大危险源、污染源管理措施，每次扣5分	20
7	发生安全、环保事故，及时组织相关人员进行调查，汇报	发生事故后未组织人员调查，汇报，每次扣5分	10
8	完成上级部门安排的其他任务，履行上级部门赋予的其他职责	未完成任务，每次扣2分；未认真履行其他职责，每次扣2分	10
二	安全职责		100
1	贯彻执行安全生产和职业卫生的法律、法规、规章和有关国家标准、行业标准，参与公司安全生产决策	未贯彻执行安全有关法律、法规等，每次扣5分	10
2	参与制定并督促安全生产和职业卫生规章制度、操作规程的执行	未参与制定安全生产和职业卫生规章制度、操作规程，每次扣5分；未督促各部门执行，每次扣5分	10

序号	责任制内容	考核标准	分值
3	开展安全隐患排查、环境卫生、职业健康等检查工作,制止和查处违章指挥、违章操作及员工的不安全行为	未开展安全检查,每次扣5分;未制止和查处不安全行为,每次扣5分	10
4	负责组织生产现场职业危害因素检测和分析	未组织生产现场职业危害因素检测和分析,扣10分	10
5	开展安全生产和职业卫生宣传、教育和培训,推广先进技术和经验	未开展安全生产宣传、教育培训,每次扣2分	10
6	负责组织公司职工的职业健康体检,做好职业病防治工作	未按时组织职业健康体检,扣10分;人员不全的,每人次扣1分	10
7	参与公司新建、改建、扩建工程项目安全设施和职业卫生防护设施的审查,督促劳动防护用品的发放、使用	未参与公司新建、改建、扩建工程项目安全设施审查,每次扣5分;未对劳动防护用品的发放和使用进行监督,每次扣5分	10
8	参与组织公司应急预案的制订及演练,并对应急演练的效果进行评估,不断提高应急救援能力	未参与公司应急预案的制订与演练,每次扣5分;未对应急演练效果进行评估,每次扣5分	10
9	协助生产安全事故的调查和处理,对事故进行统计、分析	未协助事故调查和处理,每次扣1分;未对事故进行统计和分析,每次扣5分	10
10	法律、法规规定的其他安全生产工作	未做好其他安全生产工作,每次扣5分	10

9.1.9　安全环保部经理安全生产和职业卫生责任制

责任范围		主持安全环保部工作,督促、指导安全生产、职业卫生、环保管理工作	
序号	责任制内容	考核标准	分值
一		岗位职责	100
1	主持安全环保部工作,督促本部门各岗位人员全面执行岗位职责,对公司的安全、环保工作进行初步决策、督促、监察、指导,向公司领导负责	工作出现重大失误,扣10分;对安全、环保相关工作及日常工作未进行有效决策、督促、监察、指导,扣10分	20
2	及时安排组织学习最新的相关的安全、职业卫生、环保法律法规,落实政府主管部门的各项通知要求,做好沟通协调	未及时安排组织学习相关法律法规,每次扣5分;未落实各级政府主管部门的通知要求导致出现问题,每次扣5分	10
3	督促、组织和参与拟定和审核公司的有关安全、环保、职业卫生的规章制度、相关预案等	未督促、组织和参与拟定和公司有关的安全、环保、职业卫生的规章制度、预案,每次扣5分	10
4	安排组织公司级安全、环保大检查,跟踪隐患整改工作的完成情况	未组织公司级检查,每次扣5分;未跟踪隐患整改的完成情况,每次扣5分	10

续表

序号	责任制内容	考核标准	分值
5	审核上报或决策各项培训计划，并做好监督	审核失误、未做好监督工作，每次扣5分	10
6	落实公司重大危险源、污染源管理措施	未落实公司的重大危险源、污染源管理措施，每次扣5分	20
7	发生安全、环保事故组织相关人员进行调查、分析、汇报	发生事故未组织人员调查，汇报，每次扣5分	10
8	完成上级领导或上级部门安排的其他临时性任务	未完成任务，每次扣2分	10
二	安全职责		100
1	贯彻执行安全生产和职业卫生的法律、法规、规章和有关国家标准、行业标准，参与公司安全生产决策	未贯彻执行与安全有关的法律法规等，每次扣5分	10
2	参与制定并督促安全生产规章制度和安全操作规程的执行	未参与制定安全生产管理制度和操作规程，每次扣5分；未督促各部门执行，每次扣5分	10
3	开展安全隐患排查、环境卫生、职业健康等检查工作，制止和查处违章指挥、违章操作及员工的不安全行为	未开展安全检查，每次扣5分；未制止和查处不安全行为，每次扣5分	10
4	负责组织生产现场职业危害因素检测和分析	未组织生产现场职业危害因素检测和分析，扣10分	6
5	开展安全生产宣传、教育和培训，推广先进技术和经验	未开展安全生产宣传、教育培训，每次扣2分	6
6	参与公司生产工艺、技术、设备的安全性能检测及事故预防措施的制定	未参与公司生产工艺、技术、设备的安全性能检测，每次扣1分；未参与制订事故预防措施，每次扣1分	8
7	参与公司新建、改建、扩建工程项目安全设施和职业病防护设施的审查，督促劳动防护用品的发放、使用	未参与公司新建、改建、扩建工程项目安全设施审查，每次扣5分；未对劳保品的发放和使用进行监督，每次扣5分	10
8	参与组织公司应急预案的制定及演练，并对应急演练的效果进行评估，不断提高应急救援能力	未参与公司应急预案的制订与演练，每次扣5分；未对应急演练效果进行评估，每次扣5分	10
9	协助生产安全事故的调查和处理，对事故进行统计、分析	未协助事故调查和处理，每次扣1分；未对事故进行统计和分析，每次扣5分	10
10	负责组织公司职工的职业健康体检，做好职业病防治工作	未按时组织职业健康体检，扣10分；人员不全的，每人次扣1分	10
11	按时参加生产调度会，掌握当天生产的缺陷和异常情况，对安全管理人员进行考核，按照要求进行安全设施标准化工作	未参加生产调度会，每次扣1分；未按要求进行安全设施标准化工作，每次扣5分	5

序号	责任制内容	考核标准	分值
12	组织本部门开展安全标准化绩效评定工作，对存在的缺陷进行改进，确保部门全员岗位达标	未组织好本部门的安全生产标准化绩效评定工作，每次扣2分；未对存在的不足进行改进，每次扣2分	5

9.1.10 生产技术部安全生产和职业卫生责任制

责任范围	计划管理、生产运行、统计管理、物资管理、质量管理		
序号	责任制内容	考核标准	分值
	职责		100
1	在主管副总经理的领导下搞好部门日常生产技术管理工作，坚持"管生产必须管安全"的原则	在不保证安全的前提下进行生产工作，每次扣2分	10
2	编制或修订工艺技术操作规程，工艺技术标准必须符合安全生产的要求，对操作规程、工艺技术标准执行情况进行检查、监督和考核	未编制或修订工艺技术操作规程，每次扣1分；未对操作规程、工艺技术标准执行情况进行检查、监督和考核，每次扣1分	10
3	在编制公司长远发展规划、技术措施计划和进行技术改造时，应列入职业健康、安全、环保的规划，确保安全、环保和改善劳动条件的措施项目，不得以任何理由削减职业健康、安全、环保技术设备项目和挪用职业健康、安全、环保技术措施经费	未按规定要求编制，扣5分	10
4	负责组织工艺技术方面的安全检查及改进技术上存在的问题	未按规定组织工艺技术方面的安全检查及改进技术上存在的问题，扣5分	10
5	组织建设项目的设计审查，保证施工质量，做到新建项目不留安全隐患，按照"三同时"原则，保证职业安全卫生和主体工程同时设计、同时施工、同时投入生产	未履行"三同时"，每次扣5分	10
6	坚持安全与生产工作同时计划、布置、检查、总结、评比；凡新产品、新工艺、新项目等投产前，不符合安全、环保、职业健康要求的不得下达计划和安排生产	未按要求执行的，每次扣5分	10
7	组织并督促各部门/车间对生产操作工人的技术训练。负责贯彻工艺纪律管理规定，经常检查工艺纪律执行情况，及时纠正存在问题。在编制生产计划和总结生产完成情况时，必须同时计划和总结安全生产工作	未组织或检查的，每次扣1分	10

序号	责任制内容	考核标准	分值
8	在指挥生产过程中，如生产与安全发生矛盾时，生产要服从安全。发现危及人身安全的隐患时，应立即下达停产处理的指令，不得违章指挥作业	在安全隐患未排除时下令组织生产的，每次扣2分	10
9	在保证安全的前提下组织指挥生产，发现违反安全生产制度和安全技术规程者，应及时制止，并有权提出处理意见报领导批准执行	每项/次执行不到位，扣1分	5
10	生产中出现不安全因素、险情和事故时，要果断正确地进行处理，防止事故扩大，并通知有关部门协同处理	每项/次执行不到位，扣1分	5
11	及时掌握本公司安全生产动态，发生事故要做好登记，下令保护好现场、组织好抢救处理，并做好恢复生产的准备	每项/次执行不到位，扣1分	5
12	在水、气、声、渣的治理中，应将内外环境的改善同时考虑，不得因改善外环境而恶化内环境	每项/次执行不到位，扣1分	5

9.1.11 生产技术部经理安全生产和职业卫生责任制

责任范围	全面主持部门安全生产和职业卫生管理工作		
序号	责任制内容	考核标准	分值
一	岗位职责		100
1	贯彻执行安全生产法律法规、规定和标准，按照一岗双责的要求，坚持管生产必须管安全，根据实际情况组织制定本部门安全生产管理制度，建立健全部门安全生产管理网络，对部门安全生产工作负全面领导责任	未贯彻执行相关规定等，每次扣5分；工作出现失误，每次扣5分	15
2	根据市场需求计划负责组织编制、审核公司年度、月度生产计划，报上级主管领导审批同意后下发执行	未组织编制、审核公司年度、月度生产计划的，每次扣5分	15
3	按公司年度、月度生产计划组织有关部门实施，定期召开分析会议对生产组织过程中存在的不足进行研讨和解决，均衡组织生产，加强定额管理、节能降耗、提高劳动生产率	未组织对存在的不足进行研讨和解决的，每次扣5分	15
4	对各种工艺事故、工伤、伤亡事故以及环境污染事故参与调查和处理，并制定改进措施	未按规定执行的，扣5分	10

序号	责任制内容	考核标准	分值
5	负责组织生产统计、物料平衡工作，做好统计分析及各种报表的审核上报工作	组织生产统计、物料平衡工作不到位，每次扣 5 分；统计分析及各种报表的审核上报工作不及时，每次扣 2 分	10
6	负责公司新工艺的研究开发、试验、申报及公司技术革新、工艺改造的设计、策划及审定等	未开展对新工艺的研究开发、试验、申报及公司技术革新、工艺改造的设计、策划及审定等的，每次扣 2 分	15
7	在公司分管领导下负责编制工艺管理规程、工艺操作规程、工艺技改和年度主要经济技术指标、工艺检修计划	未编制工艺管理规程、工艺操作规程、工艺技改和年度主要经济技术指标、工艺检修计划的，每项扣 2 分	10
8	定期向主管副总经理汇报工作，并完成其他公司领导交办的各项工作	未定期向主管副总经理汇报工作的，不得分；未及时完成其他公司领导交办的各项工作，每次扣 5 分	10
二	安全职责		100
1	是部门安全生产第一责任人，对部门的安全生产、职业健康工作负全面的管理责任	未建立安全生产和职业卫生责任制，每项扣 1 分，未进行考核的，每次扣 1 分	10
2	根据部门的管理职责，落实相应的安全生产、职业健康管理责任，督促部门安全、职业健康管理职责的落实和隐患的整改，并接受上级的监督、指导	未落实相应责任，每次扣 1 分；未督促落实的，每次扣 1 分；落实不到位的，每次扣 1 分	10
3	组织编制或修订生产工艺规程、操作规程、作业指导书，参加安全技术规程的修订工作	未组织编制或修订的，扣 5 分	10
4	在进行生产技术革新和挖潜改造时，要同时解决隐患，保证安全发生伤亡事故时，应积极组织拯救伤员、保护现场，立即按规定上报事故情况并查明事故原因，采取防范措施，避免事故扩大和重复发生	在进行生产技术革新和挖潜改造时未能保证安全的，扣 5 分	5
5	在指挥生产的过程中，如生产与安全发生矛盾时，生产要服从安全，发现危及人身安全的重大隐患或紧急情况时，应立即下达停产处理的指令，不得违章指挥作业	未按规定要求执行的，每次扣 1 分	5
6	负责对部门外来施工作业人员的安全管理，组织对外来施工作业人员进行入厂安全教育培训和施工前的安全交底工作	未对外来施工作业人员进行入厂安全教育培训和施工前的安全交底工作，每次扣 2 分	5
7	在制定、安排生产计划及任务时，同时安排安全措施及注意事项，预防事故发生	未在制定、安排生产计划及任务时，同时安排安全措施及注意事项，每次扣 2 分；未及时消除生产安全事故隐患，每次扣 2 分	10

序号	责任制内容	考核标准	分值
8	每月定期组织召开部门安全例会，通报安全生产情况，分析安全生产动态，及时解决安全生产存在的问题	每月未定期组织召开部门安全例会，每次扣5分	5
9	建立和完善部门、班组安全生产管理制度，经常对员工进行安全思想教育，定期检查、指导、考核班组安全建设工作，组织已安排的安全技术措施项目的实施	未开展安全生产标准化建设，安全文化建设和班组安全建设工作，每次扣1分	10
10	组织编制部门年度培训计划，开展多种形式的安全宣传和教育培训。确保本部门的人员得到培训和教育，使各岗位人员具备相应的技能	未组织实施培训教育的，每次扣5分	5
11	编制部门相关事故应急救援处理方案并定期演练、评审，同时按要求参加公司级应急救援演练	未组织制定并实施事故应急救援预案，每次扣1分	5
12	编制年度生产计划时，要列入安全生产的指标和措施，公布各项生产经营指标的同时，公布安全生产指标及措施落实情况	未执行，每次扣5分	5
13	组织事故抢修，参与职业健康事故、轻伤事故和险肇事故的调查、分析和处理	未执行的，每次扣5分	5
14	负责指导和协调安全生产标准化体系建设和运行工作	未执行的，每次扣1分	5
15	定期向分管领导汇报，并完成领导交办的其他事项	未执行的，每次扣2分	5

9.1.12 生产调度（员、室）安全生产和职业卫生责任制

责任范围	负责调度室的安全生产和职业卫生管理工作		
序号	责任制内容	考核标准	分值
一	岗位职责		100
1	生产调度室对日常生产活动负有全面组织、指挥、协调和控制权。生产调度要根据企业的经营目标，制订生产作业计划，实行目标管理。按目标分阶段组织生产，准确掌握公司的生产经营活动状态，及时采取措施消除相互脱节和失调的现象，确保全面完成生产计划	工作出现重大失误，扣10分；对安全、环保相关工作及日常工作未进行有效决策、督促、监察、指导，扣10分	20
2	生产调度员负责生产线生产活动的综合分析。并及时向上级主管部门和有关领导汇报生产作业计划的执行情况	未落实向上级主管部门和有关领导汇报生产作业计划的执行情况导致出现问题，每次扣5分	10

续表

序号	责任制内容	考核标准	分值
3	生产调度员有权检查各生产岗位和有关职能人员执行生产调度会议的情况，检查各系统的生产进度和生产安排，认真了解各岗位的生产情况	生产未调度会议未进行落实的，每次扣2分	10
4	生产调度员根据生产的需要有权协调公司所属车辆；在紧急情况下，有权指挥和协调本公司各部门的人力、物力、工具和设备的使用，被指挥协调的部门或个人必须执行	未合理调配公司资源的，每次扣5分	10
5	生产调度员有权制止违章作业现象，对不服从制止者，有权制止其违章行为，并向有关领导报告，同时提请安全环保部按安全管理规定对其进行处罚	对违章作业行为不进行制止的，每次扣5分	10
6	生产调度员根据工作的需要，有权要求有关职能人员提供必要的资料、数据、情况（包括统计数字、原始记录、工艺布置和流程图以及电、水、风、汽管线的位置图、生产工作报告等）	未落实工作的，每次扣5分	10
7	生产调度员应随时掌握各生产部门经营作业计划实施方案的执行情况。各车间、职能管理部门应及时向生产调度提供对应实施方案（如配料方案、设备检修方案、技术改造方案等）及时进行临时调整的情况	未完成工作任务的，每次扣5分	10
8	生产调度员应加强与有关职能人员的联系，及时沟通情况，密切配合，解决好生产活动中出现的问题。对全厂原燃材料、成品、半成品库存情况做到随时掌握、异常情况做到及时汇报	异常情况未及时汇报造成事故的，每次扣2分	10
9	完成公司领导及部门领导临时交办的其他工作	对公司领导及部门领导临时交办的其他工作未及时开展的，每次扣2分；未开展的，每次扣5分	10
二	安全职责		100
1	协调和及时解决各部门/车间及生产过程中出现的各种安全生产问题，组织召开每日生产调度会、周生产调度例会	未正常组织召开每日生产调度会、周生产调度例会的，每次扣5分	10
2	在安排和指挥生产时，必须考虑安全生产的要求，不得违章指挥作业	有违章指挥作业的，每次扣5分	10

序号	责任制内容	考核标准	分值
3	监督、监护现场停送电、水、汽及高处、高温、动火作业、有限空间等特种作业	未进行有效监管的，每次扣2分	10
4	督促员工贯彻执行各项安全、职业健康规章制度，对违规违纪者有权制止并进行登记，同时提出处理意见	对违规违纪者未进行制止的，扣1分	5
5	监督现场安全设施、安全标志、安全用电、安全通道等方面的检查、维护，使之处于良好状态，发现问题和隐患及时督促有关人员进行整改	未对现场安全情况进行落实的，每次扣1分	5
6	督促各部门/车间对分管机器设备的安全防护装置和现场作业环境定时进行检查，查出隐患要及时上报和制定整改措施	未对隐患进行检查的，每次扣1分	5
7	督促员工正确使用个体劳动防护用品和用具	未督促员工正确使用个体劳动防护用品和用具，每次扣2分	5
8	发现生产中有危及人身安全的情况时，有权制止并及时报告	发现生产中有危及人身安全的情况时，未制止并及时报告的，每次扣5分	10
9	及时掌握公司安全生产动态，发生生产安全事故必须立即组织抢救、报告和保护现场，配合事故的调查并如实提供事故发生的情况	发生生产安全事故未立即组织抢救、报告和保护现场，每次扣10分；事故调查中未如实提供事故发生的情况，每次扣10分	10
10	认真按要求填写各项记录、台账并妥善保管，如实汇报本班安全生产情况	未按规定执行或执行不力的，每人次扣1分	5
11	在作业过程中，自觉遵守公司的安全生产规章制度和操作规程，正确佩戴和使用劳动防护用品和应急装备，不违章指挥，并随时制止他人违章作业，做到"四不伤害"	有违反公司安全生产规章制度和操作规程的，每次扣2分	5
12	接受安全生产教育和培训，掌握本职工作所需的安全生产知识，不断提高安全意识和安全生产技能，增强事故预防和应急处理能力	无故不参加安全生产教育和培训的，每次扣1分	5
13	积极参加公司及部门组织的各项安全生产活动和应急演练，发现事故隐患或直接危及人身安全的紧急情况时，有权停止作业或者采取可能的应急措施后撤离现场，并立即向现场安全生产管理人员或负责人报告	未参加公司及部门组织的各项安全生产活动和应急演练，每次扣2分；发现事故隐患或直接危及人身安全的紧急情况时，未及时停止作业或者采取可能的应急措施后撤离现场，并立即向现场安全生产管理人员或负责人报告的，每次扣3分	5
14	监督职业健康、安全、环保状况，主动提出职业健康、安全、环保方面的合理化建议	未进行监督的，每次扣1分	5
15	协助部门完成安全生产标准化体系建设和运行工作	不协助部门完成安全生产标准化体系建设和运行工作的，扣5分	5

9.1.13　品质管理部安全生产和职业卫生责任制

责任范围		全面的质量检验工作、安全工作；生产过程的质量监督；出厂产品的质量把关及出厂	
序号	责任制内容	考核标准	分值
	岗位职责		100
1	在分管领导的直接领导下，负责全公司的产品质量管理工作，全面完成各项产品的质量检验任务，不断提高产品质量管控水平，做好产品出厂管理、确保出厂水泥"袋重合格率""质量合格率""富裕强度合格率"三个100%合格	出厂水泥达不到三个100%，一次扣5分	15
2	认真贯彻执行国家的质量方针政策、水泥标准、水泥企业质量管理规程和上级下达的各项质量指标，组织修订公司质量管理制度，并报公司领导批准后监督执行	未制定质量文件和管理制度，每次扣2分；未按照管理制度执行，每项扣1分	15
3	及时掌握进厂原燃材料、半成品、成品的质量情况，认真完成进厂原燃材料的采样、检验工作，定期开展产品质量分析，合理调整相关产品质量控制指标，监督、指导原燃材料的搭配工作，向公司生产部门提出各项原燃材料的合理搭配方案，不断提高半成品、成品质量，充分发挥对产品质量的管控和指导作用	未对原燃材料、半成品开展有效监控，每次扣2分；措施不力，每次扣1分	10
4	负责贯彻执行上级的指示、决议，不断提高产品质量检验工作的准确性。每月对公司的质量情况进行分析、总结、查找不足，并制定改进措施，通过持续改进，不断提高水泥产品实物质量，并及时向分管领导汇报产品质量情况。每年对公司的质量情况进行总结，对公司的年度质量指标完成情况进行分析、总结，同时上报公司领导	未按上级的指示、决议进行落实的，每次扣1分；未按期进行工作小结，每次扣1分	10
5	加强质量信息的收集管理，做好产品售后质量随访工作，了解用户对产品质量的意见和建议，解答用户提出的产品相关质量技术问题	出现客户不满意随访工作，每次扣2分	10
6	负责组织公司化验室合格证、生产许可证的审查、换证工作	不积极跟进审查、换证工作，扣3分	10
7	负责公司与质监等单位公共关系的建立与日常工作的对接	不积极进行对接工作，扣3分	10

续表

序号	责任制内容	考核标准	分值
8	认真履行部门安全、环保、职业病防治工作，对所属区域安全隐患、消防隐患排查、防范及整改工作，确保所负责区域的绿化及环境整洁、干净	发现一次不符合要求扣1分	10
9	及时、圆满地完成公司领导交办的其他工作任务	未及时完成临时工作，扣1分	10

9.1.14　品质管理部经理安全生产和职业卫生责任制

责任范围	做好本部门质量全面管理工作		
序号	责任制内容	考核标准	分值
一	岗位职责		100
1	负责全公司的质量管理和本部的全面工作，确保出厂水泥质量达到三个100%合格	出厂水泥达不到三个100%合格，一次扣5分	10
2	认真贯彻执行国家的质量方针政策、水泥标准、水泥企业质量管理规程和上级下达的各项质量指标，起草和修订本公司的质量文件、质量管理制度，并报领导批准后督促执行	未制定质量文件和管理制度的，每次扣2分；未按照管理制度执行，每项扣1分	10
3	及时掌握原材料、半成品的质量情况，定期开展质量分析活动，及时调整有关质量控制指标，采取有效措施，不断提高半成品质量，充分发挥质控室对质量的控制和指导作用	未对原燃材料、半成品开展有效监控的，每次扣2分。措施不力，每次扣1分	20
4	负责执行上级的指示、决议，定期检查督促室内各项规章制度的落实和工作任务的完成，不断提高检验工作的准确性，按期进行工作小结	未按上级的指示、决议进行落实的，每次扣1分；未按期进行工作小结的，每次扣1分	20
5	经常组织全室人员学习质量方针政策、文化、技术和管理知识，经常总结质量管理经验，熟悉新的检测仪器、设备和检验方法，广泛应用数理统计方法，不断提高全室人员的工作质量和技术素质	未制订培训计划的，扣5分；未按培训计划开展工作的，每次扣1分	10
6	合理配置部门各岗位的技术力量，及时掌握全室人员的出勤、劳动纪律、遵纪守法等情况，严格执行工作考核，做到奖罚分明	部门人员考核、岗位调整及工资奖金分配不到位，每项扣2分	15
7	有权制止不合格水泥出厂，对违反质量管理制度的现象有权制止，并提出处理意见，必要时可越级报告上级主管部门	有不合格水泥出厂，每次扣10分；对违反质量管理制度未制止的，每次扣2分	15

续表

序号	责任制内容	考核标准	分值
二	安全职责		100
1	认真贯彻执行国家安全生产的方针、法律、法规、政策和公司规章制度，在总经理的领导下负责企业的安全生产管理监督工作	未按国家政策执行的，每次扣 1 分	15
2	协助公司安全生产委员会和主要负责人、分管负责人组织制定本公司安全生产管理年度工作计划、安全目标与指标，并组织实施和考核	未制定安全生产目标的，扣 2 分；未按目标执行的，每次扣 1 分	15
3	组织制订或修订本部门安全生产规章制度、安全生产责任制、安全操作规程、应急预案，并对执行情况进行监督检查	未按期进行修订的，每次扣 1 分	10
4	关心职工劳动条件的改善，保护职工在劳动中的安全与健康，研究职业中毒的预防工作和职业病的防治措施，不断改善劳动条件	对职工的劳动条件改善不利的，扣 2 分	15
5	按照国家有关规定，根据公司《职业病防护用品管理制度》，负责对本部门领用劳动防护用品的审批，并对使用情况进行监督	未按规定进行劳动防护用品审批的，每次扣 1 分；部门有违反使用规定的，每次扣 1 分	10
6	组织本部门各项安全检查，及时下达《安全隐患整改通知单》，并对查出的隐患制定防范措施，检查隐患整改工作的完成情况。不能立即整改的应当及时向主管部门汇报	对安全隐患整改不力的，每处扣 1 分	10
7	负责人身伤害事故的汇总统计上报工作，建立健全事故档案。配合生产安全事故的调查和处理，进行事故的统计分析和报告，协助有关部门制定事故预防措施并监督执行	未按期建立事故档案的，每次扣 1 分；事故措施不得力的，每次扣 1 分	10
8	督促本部门员工落实安全生产责任制和遵守安全生产规章制度，组织召开部门安全生产工作会议，及时解决安全生产中存在的问题	未按时召开安全会议，每次扣 1 分	15

9.1.15　品质管理部出厂管理副主任安全生产和职业卫生责任制

责任范围	对出磨、出厂水泥质量的管理工作，完成部门领导安排的工作，配合售后服务人员完成售后服务工作，协助主任抓好本部门的基础管理工作		
序号	责任制内容	考核标准	分值
一	岗位职责		100
1	严格服从质量控制室主任领导，对直接领导负责	不服从领导安排或工作严重失职，每次扣 10 分	10

序号	责任制内容	考核标准	分值
2	协助部门领导制定与质量有关的规章制度，随时检查各项有关规章制度的执行情况	未积极参与相关质量制度的制定，每次扣2分；未按规定对相关制度进行检查，每项扣1分	5
3	在品质部经理领导下，认真贯彻执行水泥国家标准和质量管理制度，确保出厂水泥全部符合国家标准，并留足富裕强度	标准制度执行不彻底，每次扣3分；产品质量低于国家标准，每次每项扣3分	15
4	根据《水泥企业质量管理规程》的要求，对出厂水泥进行合格确认	未及时对出厂水泥进行确认，每次扣2分	10
5	对影响出厂水泥质量的隐患要及时反映，迅速排除，有权制止不合格水泥出厂，有权对质量事故提出处理意见	对隐患不够重视或视而不见，每次扣2分；未对不合格水泥进行有效处理，每次扣3分	15
6	负责为客户及时开具检验报告及合格证等服务工作	报告开具不及时，每项扣3分	15
7	配合售后服务人员完成售后服务工作	未积极配合售后服务人员完成售后服务工作，每次扣2分	10
8	公平公正对进场混合材、包装袋进行验收，并根据质量情况合理安排堆放使用	未公平公正对进场混合材、包装袋进行验收，每次扣2分；对混合材、包装袋堆放使用安排不合理，每次扣1分	15
9	负责出厂水泥、出磨水泥台账，检验报告，对水泥熟料3天和28天强度线性回归方程的制作进行管理	未按时按质完成，每次扣1分	5
二	安全职责		100
1	认真贯彻执行国家法律法规	违反法律法规，每次扣4分	10
2	严格遵守公司各项规章制度及有关安全工作的各项规定	未审查安全技术措施计划，每次扣1分	10
3	进入公司生产现场，需正确穿戴劳动防护用品，认真做好自我保护工作	未正确穿戴劳动防护用品，每次扣2分	10
4	严格执行化学药品的"五双管理"制度，必须按规定正确佩戴和使用劳动防护用品，防止烫伤、灼伤、中毒等事故的发生	未严格执行"五双管理"制度，每次扣2分；未按规定正确佩戴和使用劳动防护用品，每次扣1分	15
5	积极参加公司组织的各种安全生产宣传、教育、竞赛等活动	未参加安全生产教育竞赛等活动，每次扣1分	10
6	完成部门领导安排的其他工作	未完成领导安排的工作，每次扣3分	10
7	进入生产车间遵守车间安全管理制度，走安全巡检通道	不遵守生产车间安全管理制度，每次扣1分	15
8	配合售后服务人员、部门领导进行市场走访或处理投诉时，严格遵守道路交通规则	未遵守道路交通规则，每次扣1分	10
9	严格按安全操作规程使用办公电器设备	不按规程使用办公电器设备，每次扣1分	10

9.1.16 品质部控制员安全生产和职业卫生责任制

责任范围		样品的取样、制样、检验和记录台账的填写，室内卫生的清理	
序号	责任制内容	考核标准	分值
一		岗位职责	100
1	全面完成本岗位担负的取样、检验和临时性试验工作，发现异常情况应及时向班长汇报	取样不按时的，扣1分/次	10
		取样后未及时检验的，扣1分/次	
		临时性工作未按时完成的，扣1分/次	
		发现异常情况未及时汇报的，扣1分/次	
2	严格执行水泥检验方法标准，遵守操作规程及规章制度，未经领导研究同意的不准擅自改变	未严格执行水泥检验方法标准的，扣1分/次	20
		检验时未遵守操作规程及规章制度的，扣1分/次	
		未经领导批准，擅自更改水泥检验方法标准、操作规程及规章制度的，扣1分/次	
3	检验时要精力集中，一丝不苟，抓紧时间，做到又准又快。原始记录要完善、清楚、真实、准确，检验结果要及时通知有关人员。不准漏检和弄虚作假	检验不及时的，扣1分/次	10
		检验数据误差较大的，扣1分/次	
		原始记录数据模糊、记录不准确、不完善的，扣1分/次	
		检验结果未及时通知有关人员，扣2分/次	
		检验项目漏检或弄虚作假的，扣2分/次	
4	按规定方法取样、制样、留样，经常检查有关设备的取样管等确保取样有代表性，留样标记要清楚正确	未按规定取样、制样、留样的，扣1分/次	20
		取样设备出现问题，未及时发现，扣2分/次	
		取样不具有代表性的，扣2分/次	
		留样标记不清楚的，扣2分/次	
5	精心使用和维护本岗位的仪器、设备和工具，节约水、电、药品，做好安全、清洁卫生工作，非检验用品不得带入操作室	对本岗位使用的仪器、设备和工具维护保养不到位致使仪器设备和工具故障的，扣2分/次	20
		浪费水、电、药品的，扣1分/次	
		作业现场脏、乱、差的，扣2分/次	
		非检验用品带入操作室的，扣1分/次	
6	认真执行内部密码抽查制度，做好交接班工作	内部密码抽查样品未及时检验的，扣1分/次	10
		数据超出误差范围，扣2分/次	
		交接班不清楚的，扣1分/次	
7	团结互助，互教互学，关心集体，遵守劳动纪律，不断提高技术水平和工作质量	不团结同事，不虚心学习，不关心集体，扣1分/次	10
		违反劳动纪律的，扣2分/次	

续表

序号	责任制内容	考核标准	分值
二	安全职责		100
1	严格遵守安全生产的法律法规，执行安全生产规章制度和岗位安全操作规程	不遵守安全生产法律法规者，扣5分/次	10
		不执行安全生产规章制度，扣4分/次	
		不遵守岗位安全操作规程者，扣4分/次	
2	进入生产区域前按规定正确穿戴个人防护用品，严禁酒后上班，在卸车过程中不得靠近车辆，防止意外	不正确穿戴防护用品者，扣3分/次	10
		饮酒上班，扣10分/次	
		观看物料质量时，长时间靠近卸车车辆，扣3分/次	
3	严格遵守公司道路交通规定，按照道路标示行驶，严禁超速行驶	不遵守公司道路交通规定，不按照道路标示行驶者，扣3分/次；	10
		超速行驶者，扣4分/次	
4	严格按照仪器设备安全技术操作规程的规定使用本岗位的仪器设备	不按规定使用本岗位设备，扣3分/次	10
5	积极参加公司组织的各种安全生产宣传、教育、竞赛等活动	未参加安全生产教育竞赛等活动，扣1分/次	10
6	遵守安全用电、安全用火和安全操作规程，严禁违章作业	不遵守安全用电、用火操作规程，扣3分/次	10
		不遵守安全操作规程，扣2分/次	
		违章作业，扣5分/次	
7	保持生产作业现场整齐整洁，实现安全文明生产，要做好防火防爆、防触电、防中毒等安全工作	生产作业现场不整齐整洁者，扣2分/次	10
		每出现火灾、爆炸、触电、中毒等安全事故时，扣10分/次	
8	正确分析、判断和处理各种事故隐患。发现事故时，要果断正确处理，及时如实地向上级报告，并保护现场	不及时分析、判断和处理事故隐患，扣1分/次	10
		不果断处理事故，扣4分/次	
		不及时向上级报告，并保护现场，扣2分/次	
9	参加部门每季度组织的部门演练，提高对突发事故的应急处理能力	无故不参加演练，扣4分/次	10
10	维护、保养好仪器设备，发现电器、仪器、设备出现故障或损坏时，应立即联系相关维修人员，不得自行拆修。仪器设备定期检查	对异常设备进行使用，未进行检查、检修的，扣5分/次	10

9.1.17　品质管理部分析员安全生产和职业卫生责任制

责任范围	所属班组的样品检验、数据报送，设备维护保养、检查检修		
序号	责任制内容	考核标准	分值
一	岗位职责		100
1	严格按照水泥化学分析方法国家标准对本岗位化学分析方法不定期进行对比校正，发现问题及时纠正	本岗位化学分析方法未按水泥化学分析方法国家标准进行对比校正的，每次扣2分；发现问题未及时纠正，每次扣2分	15
2	负责水泥生产过程所有原燃材料、半成品、成品及科研、对比样、外来样等的化学分析	未认真负责水泥生产过程所有原燃材料等化学分析的，每次扣1分	15
3	分析要及时准确，结果要及时报出，分析原始记录、报告要清楚、真实、准确、完善，并按程序文件要求的期限妥善保管	任意一项不完善，扣1分	15
4	严格执行密码抽查和明码抽查制度，分析样品应留样并按规定的期限予以保存	未严格执行密码和明码抽查制度每次扣1分；分析样品留样未按规定的期限予以保存的，每次扣1分	10
5	按时参加对比检验工作	未参加对比检验工作的，每次扣2分	15
6	严格执行安全操作规程，做到安全操作，时刻注意安全，不违章作业，保持室内清洁卫生，非检验用品不得带入操作室	未严格执行安全操作规程的，每次扣1分；违章作业无安全意识的，扣3分；非检验品在操作室出现的，每次扣1分	15
7	正确使用和维护、保养各种仪器、设备、工具，如天平、高温炉、铂、银等器皿，对自校仪器设备按期自校，并做好记录	因维护不当或其他人为因素造成设备损坏，每次扣3分；无自校记录的，每次扣1分	15
二	安全职责		100
1	严格遵守安全生产法律法规。执行安全生产规章制度和岗位安全操作规程	未严格遵守安全生产法律法规的每次扣1分；未执行安全生产规章制度和岗位安全操作规程，每次扣1分	10
2	严格执行化学药品及危险化学品的"五双管理"制度，必须按规定正确佩戴和使用劳动防护用品，防止烫伤、灼伤、中毒等事故的发生	未严格执行"五双管理"制度的每次扣2分；未按规定正确佩戴和使用劳动防护用品的，每次扣1分	15
3	严格执行安全操作规程，做好各项记录，确保各种安全生产记录正确、可靠	未建立记录或记录不全的，每缺一项扣1分	10
4	严格按照仪器设备安全技术操作规程的规定使用本岗位的仪器设备	未按规定执行的，每次扣2分	10
5	积极参加安全和职业健康的教育和培训，掌握本职工作所需的健康安全生产知识，提高安全生产技能，增强事故预防和应急处理能力	每缺一次培训，扣1分；未熟练掌握健康安全生产知识，每次扣1分	15

序号	责任制内容	考核标准	分值
6	正确分析、判断和处理各种事故隐患。发现事故时，要果断正确处理，及时如实向上级报告，并保护现场	发现事故时，要果断正确处理，未及时如实向上级报告，每次扣1分；故意破坏现场，不得分	10
7	参加部门每季度组织的应急演练，提高对突发事故的应急处理能力	每缺一次应急演练，扣1分	10
8	严禁饮酒后上岗	饮酒后上班，每查出一次扣2分	10
9	遵守安全用电、安全用火和安全操作规定，严禁违章作业	未遵守安全用电、安全用火和安全操作规定，每次扣2分；违章作业，一次扣3分	10

9.1.18 品质管理部物检员安全生产和职业卫生责任制

责任范围	所属班组的样品全套物理检验、设备维护保养		
一	岗位职责		100
1	认真贯彻执行国家的质量方针政策、水泥国家标准、企业质量管理规程和上级下达的各项任务	未按照国家标准、企业质量管理规程执行，每项扣2分；未完成领导安排的任务，每项扣2分	20
2	严格执行水泥国家标准，协助本组人员按时完成生产控制、出厂水泥、科研、对比等样品的全部物理检验工作，确保出厂水泥合格率100%	标准执行不彻底，每次扣2分；未按时完成相关工作，每次扣1分	10
3	负责按照规定按时向省水泥质检站送样对比，并认真做好对比结果的分析工作	未按规定进行对比试验，每项扣2分	15
4	负责样品的采集、处理和封存样的保管处置工作	未及时采样，每次扣1分；样品处理封存不当，每次扣2分	10
5	填写原始记录、报告要清楚、真实、准确、完善，并按要求妥善保管	原始记录随意涂改，每次扣2分；相关数据记录、文件保管不妥善，每次扣4分	15
6	抗压夹具、抗折夹具要定期与标准夹具进行对比，如对比结果不符合要求的夹具及时上报班长	不按规定进行对比，每次扣1分；夹具对比结果不合格不上报，每次扣2分	10
7	负责正确使用并维护好本组的仪器设备，使其处于完好状态	因维护不当或其他人为因素造成设备损坏，每次扣2分	10
8	精心使用和维护本岗位的仪器、设备和工具，节约水、电、药品，做好安全、清洁卫生工作，非检验用品不得带入操作室	对本岗位使用的仪器、设备和工具维护保养不到位致使仪器设备和工具故障，每次扣2分；作业现场脏、乱、差，每次扣2分；非检验用品带入操作室，每次扣1分	10

序号	责任制内容	考核标准	分值
二	安全职责		100
1	严格遵守国家法律法规，执行安全生产规章制度	违反法律法规、安全生产规章制度，每次扣4分	15
2	上岗必须按规定正确佩戴和使用劳动防护用品，严禁饮酒后上班	不正确穿戴防护用品，每次扣3分；饮酒上班，每次扣5分	15
3	严格按照仪器设备安全操作规程的规定使用本岗位的仪器设备并定期进行维护和保养	未按规定操作，每次扣1分；不定期进行维护和保养，每次扣1分	10
4	保证消防设施、防护器材和急救器具处于完好状态，并能正确使用	对损坏的消防设施、防护器材和急救器具未及时上报班长，每次扣2分	10
5	熟知本岗位主要危险因素，积极开展岗位隐患排查工作，发现隐患及时处理，不能处理的及时上报	不知本岗位主要危险因素，扣2分；发现隐患不及时处理，扣2分；隐患不能处理也不及时上报，扣3分	10
6	负责正确使用并维护好本组的仪器设备，使其处于完好状态	因维护不当或其他人为因素造成设备损坏，每次扣5分	10
7	参加部门每季度组织的部门演练，提高对突发事故的应急处理能力	无故不参加演练，每次扣4分	10
8	女员工在室内操作机械时，须盘起头发，防止影响视线或卷入传动部分	未按要求盘头发，每次扣2分	10
9	所有试验仪器均处于断电状态方可进行清洁工作	带电进行卫生清洁，每次扣5分	10

9.1.19 营销部安全生产和职业健康责任制

责任范围	制定营销计划及销售政策，开展市场拓展工作		
序号	责任制内容	考核标准	分值
一	岗位职责		100
1	认真贯彻执行党和国家的安全生产方针、政策、法律、法规及上级有关安全生产指示和规定，负责公司市场调查、营销计划、营销政策制定、用户服务、市场准入办理、招标管理、发票管理、产品价格制定，实现安全目标	未按照相关法律法规制定营销部相关政策，扣1分/次	10
2	拟定销售政策，充分调动销售人员的积极性，努力扩大销售	未拟定销售政策，扣1分/次	10
3	调查市场状况，建立区域管理销售	未按规定制定建立区域管理销售，扣1分/次	10
4	负责对公司销售人员进行管理，提出奖惩意见	未对销售人员进行管理，扣1分/次	10

续表

序号	责任制内容	考核标准	分值
5	协调公司内外销售关系，为公司拓展销售创造宽松氛围	未协调内外销售关系，扣1分/次	10
6	负责业务范围内安全生产、质量标准化等问题的落实整改工作	未对业务范围内的问题进行整改工作，扣1分/次	10
7	策划公司广告，组织公司相关部门，参加有关展会，扩大公司知名度	未执行公司广告相关策划活动，扣1分/次	10
8	负责做好上情下达、下情上报工作，对上级通报、通知、领导批示及时检查贯彻执行	未检查贯彻执行上级通报、通知、领导批示，扣1分/次	10
9	产品开票严格把关，确保公司发票审核符合规定	未按规定对产品开票，扣1分/次	10
10	发生重大事故时，立即向公司领导汇报，及时调度组织指挥抢险，并按照规定向上级主管部门汇报	发生重大事故时，未按规定调度组织抢险，汇报上级主管部门，扣2分/次	10
二	安全职责		100
1	协助总经理抓安全生产，对主管业务范围内的安全生产和职业卫生工作负责	未执行各项安全规章制度，扣1分/次	10
2	认真贯彻执行国家、上级和本公司有关安全工作的规定，并在工作中严格贯彻执行	未贯彻落实，扣2分/次	10
3	负责对职工进行安全意识教育，支持公司开展的安全生产教育、竞赛等活动，组织开展部门内隐患自查自纠，提高全员安全意识	未按照培训计划组织培训，扣1分/次；未进行监督检查，扣1分/次	10
4	定期通报本部门安全生产工作情况，督促本部门开展安全活动，领导本部门安全员做好安全督查工作，发现隐患，及时治理	未定期通报部门安全生产工作情况，扣1分/次；未督促本部门开展安全活动，扣1分/次；发现隐患未及时治理，扣1分/次	10
5	负责做好公司的水泥销售工作，对其所属的员工安全负责	未对员工安全负责，扣2分/次	10
6	在安全生产工作中，要求部门员工认真执行规程，保质保量完成工作任务；做到部门员工身边无事故、无违章、无违纪、无隐患	未执行规程，扣2分/次	10
7	按照水泥企业安全生产标准化考评内容要求，组织完善相关管理制度、台账和督促生产现场不符合项的整改，按照安全标准化体系运行并持续改进	未按照安全生产标准化体系运行并持续改进，扣2分/次	10
8	及时传达学习公司下发的安全消防和治安等检查通报以及公司安全会议纪要；及时参加公司召开的安全会议、消防演练等安全管理活动	未及时传达学习公司下发的安全资料，扣1分/次；未及时参加公司召开的安全管理活动，扣1分/次	10

序号	责任制内容	考核标准	分值
9	制订和落实年度培训计划,实现学以致用,增强培训效果。总结事故教训,拟定整改措施,并对事故责任者提出处理意见	未制定和落实年度培训计划,扣1分/次;未总结事故教训,扣1分/次;未对事故责任者提出处理意见,扣1分/次	10
10	负责本公司市场营销部各项管理规定的制定和实施	未对各项管理制定和实施,扣1分/次	10

9.1.20 营销部经理安全生产和职业卫生责任制

责任范围	做好营销部日常管理工作		
序号	责任制内容	考核标准	分值
一	职责		100
1	销售部经理要按照"管生产必须管安全"的原则,在各自分管的范围内对安全生产和防火安全工作负责,对所管辖的生产、经营、设备、物资、销售、后勤工作安全及人员安全负有不可推卸的管理责任	未检查部门安全生产工作,扣2分/次	10
2	在生产经营中遇到安全与效益、安全与速度、安全与任务发生矛盾时,要坚持"安全第一"的原则,确保在安全的前提下求效益、讲实效	未贯彻落实"安全第一"原则,扣5分/次	15
3	严格执行国家和上级部门有关安全生产和消防工作方针、法律、法规、标准等,执行安全生产规章制度和安全操作规程,及时纠正生产经营中的违章行为	未按相关法律法规执行安全生产规章制度和安全操作规程,扣2分/次;未及时纠正生产经营中的违章行为,扣2分/次	10
4	组织对管辖范围内的安全生产、防火工作检查,每月至少一次,发现问题应及时整改,一时无法解决的应报告研究解决	未按时对管辖范围内的安全生产进行检查整改,扣1分/次	10
5	负责对管辖范围内的员工安全教育,提高员工安全意识,对员工的应知、应会事项要落实到每一个人	未对管辖范围内的员工进行安全教育,扣1分/次	10
6	每月召开安全例会,分析所管辖范围内的安全动态,及时解决安全生产与防火工作中存在的问题	未按时召开安全例会,扣1分/次	10
7	负责所管辖范围内的一般安全问题的审批,重大安全问题应提交安全分管副总或总经理审批	未审核管辖范围内的安全问题,扣1分/次	10
8	管辖范围内发生事故,应积极参与抢救,并承担相应的责任	管辖范围内发生安全事故,扣1分/次	15

序号	责任制内容	考核标准	分值
9	定期向分管领导汇报工作，并完成领导交办的其他事项	未按规定时间向分管领导汇报工作，完成领导交办的事项，扣1分/次	10
二		安全职责	100
1	协助部门主要负责人贯彻执行国家有关劳动保护安全生产的方针政策法规和技术标准以及公司各项安全规章制度；开展劳动保护宣传教育和培训工作，努力提高全员安全意识和自我防护意识	未积极参与劳动保护宣传教育和培训工作，扣1分/次	15
2	认真贯彻执行国家、上级和本公司有关安全工作的规定，并在工作中严格贯彻执行	未贯彻执行安全技术措施计划，扣1分/次	15
3	参与审核修改完善本单位的劳动保护安全生产规章制度和安全操作规程，并负责督促所属贯彻执行	未参与审核安全制度，扣1分/次；未负责督促贯彻执行，扣1分/次	15
4	做好市场营销部本部门的安全管理，做好冬季"四防"和夏季"四防"工作，做好办公车辆厂内厂外行驶安全工作	未进行劳动保护安全生产工作，扣1分/次；未拒绝领导不符合安全生产规定的指令和意见，扣1分/次	15
5	在安全生产工作中，要求部门员工认真执行规程，保质保量完成工作任务；做到部门员工身边无事故、无违章、无违纪、无隐患	未认真执行规程，扣1分/次；未及时、准确查清事故原因，扣1分/次	20
6	负责做好公司的水泥销售工作，对其所属的员工的安全生产负责	未对员工安全负责，扣2分/次	20

9.1.21 采购部安全生产和职业卫生责任制

责任范围		全面负责采购部的安全生产和职业卫生管理工作	
序号	责任制内容	考核标准	分值
一		岗位职责	100
1	全面负责部门各项管理工作	对部门工作管理不到位，出现一次失误，扣5分	25
2	信息管理：开展市场调研，分析预测区域内主要原材料资源情况及供应市场的变化趋势，提出公司供应市场规划和区域资源使用控制的意见和建议，供管理层决策时参考	每年不少于四次，缺一次，扣5分	20
3	制度建设：根据上级领导部门和公司对物资采购的规定与要求，建立、健全并（和）不断完善本部门各项（管理）规章制度，组织实施（各项工作）系统化、规范化、标准化业务管理，主持采购部行政管理工作	每年组织部门对现行制度进行修订不少于两次，缺一次，扣10分	20

续表

序号	责任制内容	考核标准	分值
4	采购管理：严格遵守《采购流程》指导并开展采购工作，认真监督检查各采购员的采购活动进程以及价格控制的监控	未实施监督监管，每出现一次投诉，扣5分	25
5	部门管理：完成公司领导安排的其他工作任务及部门员工的业务培训工作和思想教育工作	未及时完成公司领导安排的其他工作任务，每次扣5分；每年不少于四次员工业务知识培训和思想教育工作，缺一次扣2分	10
二	安全职责		100
1	每月定期组织部门召开相关安全、环保、消防、交通安全和职业健康工作会议，同时进行计划、检查、总结、评比工作，纠正违章作业和不安全行为，消除事故隐患	未及时召开部门安全例会及相关工作，缺失一项扣1分	10
2	定期对部门人员安全工作开展情况进行督促和检查，及时解决安全生产中存在的问题	未实施监督监管，每次扣2分	10
3	每月及逢节日参与或组织安全、环保自检自查工作，对检查发现的隐患和问题，按"四定四不推"原则及时组织处理，并落实整改情况	缺失一项，扣1分	10
4	建立和完善部门安全生产管理制度，定期对员工进行安全思想教育，定期检查、指导、部门安全建设工作，对已制定的安全计划措施进行监督实施	缺失一项，扣1分	15
5	组织参与各类事故应急救援处置方案并参与演练、评审工作	缺失一项，扣1分	15
6	发生伤亡事故时，积极组织抢救伤员、保护现场，立即按规定上报事故情况并查明事故原因，采取防范措施，避免事故扩大和重复发生	未及时上报事故，扣2分	10
7	参加轻伤事故、职业健康事故和危险肇事事故的调查、分析处理工作	执行不到位，每项/次扣1分	10
8	通过对部门安全、环保全方位的管理，达到年度安全生产目标	落实不到位，扣1分	10
9	积极参与本岗位及部门人员的风险、危险源辨识及控制措施的制订，熟知本岗位主要危险因素。积极开展本岗位隐患排查工作，发现隐患及时处理，不能处理的及时上报，并记录排查治理信息	发现隐患未处理或未及时上报的，扣1分	10

9.1.22　采购部经理安全生产和职业卫生责任制

责任范围		主持采购部工作，督促、指导部门安全生产、职业卫生、环保管理工作	
序号	责任制内容	考核标准	分值
一	岗位职责		100
1	全面负责部门各项管理工作	对部门工作管理不到位，出现一次失误，扣5分	25
2	信息管理：开展市场调研，分析预测区域内主要原材料资源情况及供应市场的变化趋势，提出公司供应市场规划和区域资源使用控制的意见和建议，供管理层决策时参考	每年不少于四次，缺一次扣5分	20
3	制度建设：根据上级领导部门和公司对物资采购的规定与要求，建立、健全并（和）不断完善本部门各项（管理）规章制度，组织实施（各项工作）系统化、规范化、标准化业务管理，主持采购部行政管理工作	每年组织部门对现行制度进行修订不少于两次，缺一次扣10分	20
4	采购管理：严格遵守《采购流程》指导并开展采购工作，认真监督检查各采购员的采购活动进程以及价格控制的监控	未实施监督监管，每出现一次投诉，扣5分	25
5	部门管理：完成公司领导安排的其他工作任务及部门员工的业务培训工作和思想教育工作	未及时完成公司领导安排的其他工作任务，每次扣5分；每年不少于四次员工业务知识培训和思想教育工作，缺一次扣2分	10
二	安全职责		100
1	每月定期组织部门召开相关安全、环保、消防、交通安全和职业健康工作会议，同时进行计划、检查、总结、评比工作，纠正违章作业和不安全行为，消除事故隐患	未及时召开部门安全例会及相关工作的，缺失一项扣1分	10
2	定期对部门人员安全工作开展情况进行督促和检查，及时解决安全生产中存在的问题	未实施监督监管，每次扣2分	10
3	每月及逢节日参与或组织安全、环保自检自查工作，对检查发现的隐患和问题，按"四定四不推"原则及时组织处理，并落实整改情况	缺失一项，扣1分	10
4	建立和完善部门安全生产管理制度，定期对员工进行安全思想教育，定期检查、指导部门安全建设工作，对已制定的安全计划措施进行监督实施	缺失一项，扣1分	15
5	组织参与各类事故应急救援处置方案并参与演练、评审工作	缺失一项，扣1分	15

序号	责任制内容	考核标准	分值
6	发生伤亡事故时，积极组织抢救伤员、保护现场，立即按规定上报事故情况并查明事故原因，采取防范措施，避免事故扩大和重复发生	未及时上报事故的，扣2分	10
7	参加轻伤事故、职业健康事故和险肇事故的调查、分析处理工作	执行不到位，每项/次扣1分	10
8	通过对部门安全、环保全方位的管理，达到年度安全生产目标	落实不到位，扣1分	10
9	积极参与本岗位及部门人员的风险、危险源辨识及控制措施制定，熟知本岗位主要危险因素。积极开展本岗位隐患排查工作，发现隐患及时处理，不能处理的及时上报；并记录排查治理信息	发现隐患未处理或未及时上报的，扣1分	10

9.1.23　行政及人力资源部安全生产和职业卫生责任制

责任范围	负责督促、检查公司各部门对国家的方针政策、上级指示、董事会决议、总经理办公会议决议的贯彻执行情况，及时向总经理反馈信息。负责公司日常行政事务管理，协助总经理做好综合、协调各部门工作和处理日常事务		
序号	责任制内容	考核标准	分值
一	岗位职责		100
1	抓好本部门精神文明、党风廉政和行风建设，督促做好安全防范、综合治理、文书档案等工作，确保各项工作达标	综合管理不到位，每项扣2分	10
2	抓好行政管理，强化考勤纪律，做好党务、工会工作，协助领导处理日常事务，确保有一个正规、有序的办公环境	行政管理工作出现失误，每次扣2分	4
		劳动纪律监督不到位，每次扣2分	3
		办理日常事务中出现失误，每次扣2分	3
3	组织制（修）订各项管理规章制度并对执行情况实施监督检查，确保管理规范，落实有力	未按规定组织修订各项管理规章制度，每项扣2分	5
		各项规章制度落实不到位，一项扣2分	5
4	监督检查人事管理、工资核算、专业技术资格审查、职称申报等工作，确保职工的各项利益不受影响	监督不到位，出现失误，一次扣2分	10
5	做好人力资源管理，监督做好职工培训及人才开发	培训组织不到位，一次扣2分	10
6	筹备各类行政、党务会议，组织各类学习、教育、宣传以及文体活动，确保各类会议正常开展，学习、宣传工作更加有效	各类会议、宣传不到位，每次扣2分	5
		文体活动的组织及实施出现失误，一次扣2分	5

序号	责任制内容	考核标准	分值
7	监督检查文书、档案管理及保密工作，确保正常公务活动的开展	各类文书、档案管理不到位，出现缺失或泄密，一次扣2分	10
8	监督检查后勤保障，强化车辆安全管理，车辆管理规范、不发生任何车辆安全责任事故	车辆管理不规范，延误外出业务办理，每次扣2分	5
		出现交通事故，一次扣2分，情形严重的不得分	5
9	全面监管食堂、宿舍后勤管理工作，保障职工饮食卫生，住宿安全，服务到位，各项设施配套齐全	出现职工投诉，一次扣1分	3
		食堂发生食物中毒，一次扣3分	4
		宿舍出现偷盗及火灾事故，一次扣3分	3
10	做好内外、上下协调，维护单位良好形象	未完成公司领导交办的其他工作任务，每次扣2分	10
二	安全职责		100
1	及时识别、获取、评审、更新适用于本部门的安全生产法律法规，并向安全环保部汇总，按时对本部门人员进行培训或传达并融入到企业安全生产管理制度中	未及时识别、获取、评审、更新适用于本部门的安全生产法律法规，每项扣2分	5
		未对本部门人员进行培训或传达企业安全生产管理制度，每项扣2分	5
2	认真贯彻执行国家安全生产法律、法规，严格遵守公司的安全生产方针、政策及各项规章制度，负责本部门对上级指示精神的督促检查执行情况	未严格遵守公司的安全生产方针、政策及各项规章制度，每项扣2分	5
		本部门未对上级指示经"三严格"落实检查，每项扣2分	5
3	组织编制本部门年度安全生产目标及考核办法，建立健全本部门安全规章制度及管理措施，并督促制度执行落实	未组织编制本部门年度安全生产目标及考核办法，每项扣2分	5
		未建立健全本部门安全规章制度及管理措施，每项扣2分	5
4	建立各项规章制度和操作规程并对其进行定期评估和修订，组织开展本部门安全教育，对相关岗位员工进行培训和考核	未对各项规章制度和操作规程进行定期评估和修订，每项扣2分	5
		未组织开展本部门安全教育，每项扣2分	5
5	协同安全环保部开展安全文化建设的宣传工作；每月月初向安全环保部提供公司员工总人数和员工工种变动情况	安全文化建设的宣传工作不到位，每次扣2分	6
		每月未向安全环保部提供公司员工总人数和员工工种变动情况，每次扣2分	4
6	依法参加工伤社会保险，为从业人员缴纳保险金，做好员工工伤保险的缴纳和使用；及时向安全主管部门提供工伤信息，做好员工的工伤申报评定、劳动能力鉴定和费用报销等工作	未按时缴纳工伤保险，每次扣2分；未按时向安全主管部门提供工伤信息，每次扣2分；未及时为职工申报工伤评定、伤残鉴定和费用报销，每项扣2分	·10

序号	责任制内容	考核标准	分值
7	建立车辆管理制度，做好车辆的维修保养，确保行车安全，确保公司突发事故时车辆的及时到位	未对车辆管理制度执行情况监督检查，每项扣2分	5
		车辆的维修保养不到位，每次扣2分	5
8	根据本部门工作特点，开展办公区域、宿舍、食堂及车辆安全检查，发现隐患及时上报，并认真开展安全事故隐患整改工作	对办公区域、宿舍、食堂及车辆的安全检查不到位，每项扣2分	5
		隐患排查工作不到位，未及时上报隐患并制定整改措施，每项扣2分	5
9	组织安全、消防、食物中毒应急演练，掌握安全应急措施	未按规定组织安全、消防、食物中毒应急演练，每项扣2分	5
		安全应急措施建立不规范，每项扣2分	5
10	组织指导岗位达标准的建立，负责汇总各岗位达标标准及评定标准，落实岗位达标中的奖励和验收	出现不达标岗位，每项扣2分	10

9.1.24 行政及人力资源部经理安全生产和职业卫生责任制

责任范围	全面负责本部门日常行政管理和安全管理工作		
序号	责任制内容	考核标准	分值
一	岗位职责		100
1	负责督促、检查公司各部门对国家的方针政策、上级指示、董事会决议、总经理办公会议决议的贯彻执行，及时向总经理反映情况，反馈信息	督促、检查、贯彻执行不到位，扣5分	20
2	负责公司日常行政事务管理，协助总经理做好综合、协调各部门工作和处理日常事务	综合协调落实各项日常工作不到位造成不良后果，扣5分	10
3	负责部门各项工作总体安排部署，管控各项工作实施过程	管控各项工作实施过程不到位的，扣5分	10
4	负责部门所属员工各项工作进行阶段性验证检查，针对各员工工作完成情况、工作表现对各自岗位职责进行适当调整，并根据部门二次分配及考核办法进行考核	工作落实不到位，扣5分	20
5	负责促进部门各项业务，提高部门工作质量、效率，整体提高部门的形象	未较好地提高部门工作质量、效率，整体提高部门的形象的，扣5分	10
6	负责部门内基础管理，如：电话费、业务招待费的审核管理、公司其他部门各项费用报销的审核	工作落实不到位，审核管理不力，扣5分	10

续表

序号	责任制内容	考核标准	分值
7	负责公司车辆的整体管控	工作落实不到位，扣5分	10
8	负责对印章、重要会议及活动组织、大型接待任务、资金计划、各类总结、汇报材料、各类物资采购、证件办理、对外协调等进行垂直管理	工作落实不到位，扣5分	10
二	安全职责		100
1	负责建立健全安全管理保证体系和监察体系所需的机构设置和人员配备。确保符合安全施工的有关规定和实际工作的需要	未建立健全安全管理保证体系和监察体系所需的机构设置和人员配备，扣2分	15
2	建立健全劳动保护、安全教育培训、业绩考核的管理规定和制度并组织执行	未建立健全劳动保护、安全教育培训、业绩考核的，扣5分	15
3	配合安全环保部制定年度安全技术劳动保护措施计划	工作落实不到位，扣5分	15
4	配合安全环保部做好职工（含特种作业人员、农民工、临时聘用人员）安全生产知识教育、岗位技术培训工作	工作落实不到位，扣5分	15
5	参加有关人身伤亡事故的调查处理，配合做好事故伤亡人员的抚恤及善后处理工作	工作落实不到位，扣5分	10
6	配合有关部门做好工伤认定工作	工作落实不到位，扣5分	10
7	负责食堂、招待所、职工宿舍的管理工作，确保员工饮食安全、用电和消防安全	工作落实不到位，扣5分	10
8	做好车班管理工作，加强交通安全教育培训，确保交通安全受控	工作落实不到位，扣5分	10

9.1.25 原料工段主任岗位安全生产和职业卫生责任制

责任范围	组织辅料破碎输送、工段质量、设备、安全管理、工段综合事务管理、现场巡查		
序号	责任制内容	考核标准	分值
一	岗位职责		100
1	负责工段的日常管理，确保公司下达的各项经济指标的完成；对进厂物料配合生产部品质部质量要求执行落实调整措施	工段管理不到位，每次扣1分；公司下达的各项经济指标和质量要求未完成，扣2分	20
2	工段生产计划的分解落实、管理好原料系统运行维护及执行好车间工作安排	未制定工段生产计划和未分解落实的，每项扣1分	20
3	工段各项规章制度的建立与监督实施	工段各项规章制度未建立与监督实施，每项扣1分	10

续表

序号	责任制内容	考核标准	分值
4	工段内人员考核分配方案审批	工段内人员考核分配方案未审批，扣2分	10
5	组织协调工段的正常生产；确保工段设备安全运转，无重大工艺安全事故	工段设备出现重大设备事故，发生重大工艺安全事故，每项扣5分	10
6	工艺、设备故障、事故的调查分析，审核制定的防范措施是否到位，落实工段事件事故处理意见	未对工艺、设备故障、事故调查分析，每次扣3分；未落实工段事件事故处理意见，每次扣1分	10
7	负责生产现场监督检查	未负责生产现场监督检查，每次扣1分	10
8	及时完成领导交办的临时工作	未及时完成领导交办的临时工作，每次扣1分	10
二	安全职责		100
1	工段主任是本工段安全生产的第一责任人，协助车间领导抓好安全生产，对主管业务范围内的生产安全负责	未协助车间领导抓好安全生产，每次扣1分；未对主管业务范围内的生产安全负责，每次扣1分	10
2	保证国家安全生产法规和企业规章制度在本工段贯彻执行，把安全生产工作列入议事日程，分解落实公司下达的安全目标和指标，并按照要求做好考核与改进记录	未分解落实公司下达的安全目标和指标，每次扣1分；未按照要求做好考核与改进记录，每次扣1分	10
3	负责组织制定和实施工段安全生产管理规定、安全操作规程及应急救援等相关安全管理制度	未负责组织制定和实施部门安全生产管理规定、安全操作规程及应急救援等相关安全管理制度，每次扣2分	10
4	组织对新员工进行工段安全教育和班组安全教育，每月至少组织一次班组安全活动，开展对职工进行经常性的安全思想、安全知识和安全技术教育，并定期组织安全技术考核	未对新员工进行部门安全教育和班组安全教育，每次扣1分；未对职工进行经常性的安全思想、安全知识和安全技术教育，并定期组织安全技术考核，每次扣1分	10
5	组织本工段至少每月进行一次安全应急救援演练，参演人员在2～3人的实战演练或桌面演练	每月未开展，每次扣1分；每月未做好演练记录，每次扣1分	10
6	组织本工段每月一次综合安全检查，落实隐患整改，保证生产设备、安全装备、消防设施、防护器材和急救器材等处于完好状态，并教育员工加强维护，正确使用	未组织本部门每周安全环保部一次安全检查，落实隐患整改，每次扣1分	10
7	按照水泥企业安全标准化考评内容要求，组织完善相关管理制度、台账和督促生产现场不符合项的整改，并要确保安全标准化体系运行做到持续改进	未按照水泥企业安全标准化考评内容要求，组织完善相关管理制度及现场不符合项的整改，每次扣1分；未确保安全标准化体系运行做到持续改进，扣2分	20

序号	责任制内容	考核标准	分值
8	必须严格落实国家法律法规规定的其他安全、环保及职业健康职责	未遵守环保及职业健康职责，每次扣5分	20

9.1.26 原料巡维工岗位安全生产和职业卫生责任制

责任范围		进厂物料外观验收、堆场堆放、物料破碎输送、设备巡维、卫生清理	
序号	责任制内容	考核标准	分值
一		岗位职责	100
1	遵守公司规章制度、遵守劳动纪律，班前10min到岗交接班	违反公司规章制度、违反劳动纪律，每次扣5分；不按时到岗，每次扣5分	20
2	严禁当班期间出现睡岗、消极怠工及酒后上岗现象	睡岗、消极怠工，每次扣5分；酒后上岗，每次扣20分	20
3	积极主动配合当班班长工作，提高工作效率	不配合班长工作，每次扣5分	10
4	负责对各自区域内系统设备的维护保养，按照规定对系统设备进行巡回检查，确保设备正常运行，发现问题及时处理和报告	未对负责区域内的设备进行巡检，每次扣2分；发现问题未及时处理和报告，每次扣2分	20
5	负责本岗位区域内"跑、冒、滴、漏"治理，设备维护保养及确保区域内环保设备的正常运行	未对本岗位及班内其他岗位区域的"跑、冒、滴、漏"进行治理，未按要求对设备进行保养，每次扣2分	10
6	认真填写各项记录，在交班前必须对岗位区域卫生进行清扫、交班时清楚交接当班期间的设备运行情况配料仓位，并确保现场环境卫生干净整洁，上一班未做到，接班者有权拒绝接班	记录填写不认真，交接班相关事宜交代不清，每次扣1分；当班期间未打扫区域卫生，每次扣5分	10
7	检修期间必须服从工段统一安排，认真完成车间、工段临时交办的工作任务	不服从工段检修安排，每次扣5分；未完成工段临时交办的工作任务，每次扣2分	10
二		安全职责	100
1	严格遵守国家法律、法规和公司各项安全规章制度	未严格遵守公司各项安全规章制度，每次扣5分	20
2	遵守"四不伤害"原则，确保人身安全，服从中控调度，协调岗位间的配合，为正常生产创造条件	未遵守"四不伤害"原则，每次扣5分	20
3	熟悉本岗位相关设施、设备的安全操作规程，督促当班员工认真遵守安全操作规程，杜绝"三违"行为	对本岗位相关设施、设备的安全操作规程不熟悉，每次扣2分；未制止当班员工的"三违"行为，每次扣2分	20
4	积极参与本岗位风险及危险源辨识及控制措施的制定，熟知本岗位主要危险因素，积极开展本岗位隐患排查工作，发现隐患及时处理，不能处理的及时上报，并记录排查治理信息	对本岗位的主要危险因素不熟悉，每次扣1分；发现隐患未及时处理，每次扣2分；不能处理的隐患未及时上报，每次扣2分	20

序号	责任制内容	考核标准	分值
5	认真填写操作记录,发现异常情况及时处理,并上报当班班长,对出现问题的原因、采取的措施及处理结果做好记录。积极参加学习公司、工段、班组组织的安全培训活动	未认真填写操作记录,发现异常情况未及时处理并及时上报,每次扣2分;未积极参加学习公司、工段、班组组织的安全培训活动,每次扣1分	10
6	熟练使用各种消防设施,积极参加应急演练。负责对本岗位的消防器材、应急物资等进行检查、维护、保养	未负责对本岗位的消防器材、应急物资等进行检查、维护、保养及未熟练使用,每次扣2分	10

9.1.27 生料工段巡检维修工安全生产和职业卫生责任制

责任范围	生料系统设备安全高效运转,岗位区域内日常管理落实执行		
序号	责任制内容	考核标准	分值
一	岗位职责		100
1	遵守公司、车间各项管理制度,服从上级领导工作安排,负责本班设备和人员的管理,配合班组长开展好工段管理工作	未开展好此项工作,扣15分	10
2	模范执行岗位职责、操作规程和各项规章制度,承上启下,及时完成上级领导下达的各项工作任务	不执行,不能完成工作任务,不得分	10
3	熟悉本工段的安全操作技能	不熟悉,不得分	10
4	熟悉本工段设备故障应急处理措施	不熟悉,不得分	10
5	上班正确使用工、器、具和消防安全装置、个人劳动防护用品。遵守设备安全操作规程,严格按照《安全操作规程》进行工作	不督促、不检查,不得分	10
6	保证本班生产设备、环保设施、消防设施的正常运行	不重视,不得分;每次故障,扣1分	10
7	认真巡检,确保设备正常运行,出现设备故障和事故及时汇报班长及中控操作员,并保护好事故现场,采取有效措施防止事故进一步扩大,并且按照"四不放过"原则,提出处理意见。配合维修人员处理故障	不认真巡检,不配合故障处理,不得分	10
8	完成领导安排的工作和上个班交代的工作,协调解决本岗位出现的问题,确保生产顺利	不认真开展,不得分	20
9	负责本班所领物件的保管、使用、清点、移交工作,并做好交班记录和交接手续	交接不清楚,不得分	10

序号	责任制内容	考核标准	分值
二	安全职责		100
1	严格遵守国家法律、法规和公司各项安全规章制度	未严格遵守公司各项安全规章制度，每次扣5分	10
2	杜绝违章作业，有权拒绝违章指挥，制止他人违章作业，发现危险情况主动采取措施	发现危险情况未主动采取措施，每次扣5分	10
3	在生产过程中发现不安全因素、险情及事故时，要果断正确处理，立即报告主管领导，并通知有关职能部门，防止事态扩大	安全环保部生产过程中发现不安全因素、险情及事故时，未果断正确处理，未立即报告主管领导，每次扣5分	10
4	积极参与本班组风险及危险源辨识及控制措施制定，熟知本班组主要危险因素，积极开展本班组隐患排查工作，发现隐患及时处理，不能处理的及时上报，并记录排查治理信息	未积极参与本班组风险及危险源辨识及控制措施制定，扣1分；发现隐患未及时处理，扣1分	15
5	熟知本班组工作的流程及设备安全操作规程，并积极参与制定完善安全操作规程	对本班组的流程及设备安全操作规程未熟知，扣1分，未积极参与制定完善安全操作规程，扣1分	10
6	熟练使用各种消防设施，积极参加应急演练，负责对本班组的消防器材、应急物资等进行检查、维护、保养	未负责对本班组的消防器材、应急物资等进行检查、维护、保养及使用不熟练，每次扣2分	10
7	确保本班组安全防护设施完好	未确保安全防护设施完好，每次扣1分	10
8	严格执行班组安全活动管理制度	未对新员工进行安全教育，不得分；教育未按标准要求的，扣1分	10
9	提高班组安全管理水平，保持生产作业现场整齐、清洁，实现安全文明生产，积极参与本班组岗位达标工作	未参与岗位达标工作，不得分；本班范围内现场不清洁，每项扣1分	15

9.1.28 烧成工段主任岗位安全生产和职业卫生责任制

责任范围	烧成系统生产和设施安全高效运转及人员管理		
序号	责任制内容	考核标准	分值
一	岗位职责		100
1	严格执行公司及车间各项规章制度	未按公司规章制度执行，每项扣10分	10
2	组织本工段生产管理工作并进行合理策划、组织、指挥和协调，做到与其他部门的信息沟通、信息畅通	未组织协调完成工作，每次扣5分	5
3	负责工段的安全管理工作，严格履行岗位安全职责，及时整改不安全隐患，保证部门的人身、设备安全	未检查落实整改安全隐患，每次扣10分	10

续表

序号	责任制内容	考核标准	分值
4	负责工段质量管理，牢固树立"质量第一"的思想，严格履行岗位质量责任制，保证工段各项质量指标完成	未完成各项质量指标，扣 10 分	10
5	负责组织工段技术培训工作、岗位调动工作和劳动竞赛活动	未组织工段员工技术培训和各项活动，扣 5 分	5
6	负责做好工段的环境保护工作，改善部门的环卫和劳动条件	未组织好工段的环保工作，扣 10 分	10
7	负责制订各项管理规章制度和考核标准、规范职员日常工作	未制订规章制度、考核标准，扣 10 分	10
8	定期召开本工段的各类会议，使管理标准化、制度化、程序化和规范化	未定期组织工段的各类会议，扣 10 分	10
9	定期或不定期地检查工段所属工序有关人员的工作情况和任务完成情况，并纳入当月考核	未定期检查工段员工工作及完成情况，扣 10 分	10
10	积极支持本部门工会小组和团支部工作	未支持工会小组和团支部工作，扣 5 分	5
11	密切联系群众，接受职员监督，关心职员生活，主动为员工排忧解难	未开展员工排忧解困工作，扣 5 分	5
12	负责本区域的绿化及美化管理工作及收尘设备的达标排放	未维护好工段收尘设施及绿化区域，扣 10 分	10
二	安全职责		100
1	严格执行国家法律法规规定的其他安全及职业健康职责	未执行，不得分；执行不到位，扣 1 分	10
2	负责贯彻实施本工段的危险源辨识、风险分级管控及隐患排查治理，负责建立设备隐患排查台账，及时报告隐患排查、治理情况	未进行隐患排查，不得分；未进行整改落实，每项次扣 1 分；未尽到安全生产监督责任，每次扣 1 分	20
3	组织开展工段安全教育培训和隐患自查自纠，落实隐患整改，每周进行一次工段员工安全行为观察，做好记录	现场安全管理不到位，扣 1 分；未尽到安全教育，不得分；未执行到位，每次扣 1 分	10
4	熟练掌握本工段工艺、设备原理及应用，及时解决生产过程中出现的问题，纠正违规操作，确保生产正常进行	每项执行不到位，扣 2 分	20
5	督促、检查本工段安全生产、质量控制、设备使用管理、环境卫生和劳动纪律等的落实情况。每月参加两次工段班组安全活动	每次执行不到位，扣 1 分	10
6	负责对本工段人员的安排、使用、考核及奖惩，必须参加公司组织的职业健康检查，并组织监督分管区域员工按相关规定进行职业健康检查	每项执行不到位，扣 1 分	10

序号	责任制内容	考核标准	分值
7	按照水泥企业安全生产标准化考评内容要求，组织完善相关管理制度、台账和督促生产现场不符合项的整改，按照安全标准化体系运行并持续改进	未按制度要求组织完善，不得分；组织完善不合格，每项扣1分	10
8	负责工段对所属区域煤磨、氨水站的危险源管控工作	未按要求执行，每次扣1分	10

9.1.29 烧成工段巡检维修工岗位安全生产和职业卫生责任制

责任范围		烧成系统设备巡维，岗位区域内日常管理落实执行	
序号	责任制内容	考核标准	分值
一		岗位职责	100
1	严格执行公司及车间各项规章制度	未按公司规章制度执行，每项扣10分	10
2	负责日常操作、维护、巡检和设备监控工作，确保设备完好率	未组织完成工作，每次扣5分	20
3	保持车间设备和生产环境清洁整齐，做到"四无""六不漏"	未检查落实"跑、冒、滴、漏"，每次扣1分	10
4	严格执行《安全生产职业卫生职责》，杜绝"三违"行为	发现"三违"行为，每次扣10分	10
5	精心操作，努力提高运转率，降低损耗，节约生产成本	未组织工段员工技术培训和各项活动，扣5分	10
6	负责做好区域的环境保护工作，改善区域的环卫和劳动条件	未组织好工段的环保工作，扣10分	10
7	完成上级领导交办的工作任务	未制定规章制度、考核标准，扣10分	10
8	有权向班长或车间领导提出合理化建议	未定期组织工段的各类会议，扣10分	10
9	负责本区域的绿化及美化管理工作及收尘设备的达标排放	未维护好工段收尘设施及绿化区域，扣10分	10
二		安全职责	100
1	严格执行国家法律法规规定的其他安全及职业健康职责	未执行，不得分；执行不到位，扣1分	10
2	严禁不穿戴劳保用品进入生产现场	未认真穿戴劳保用品，每次扣1分	20
3	协助主任组织开展工段安全教育培训和隐患自查自纠，落实隐患整改。每周进行一次工段员工安全行为观察，做好记录	现场安全管理不到位的，扣1分；未尽到安全教育的，不得分；未执行到位，每次扣1分	10
4	熟练掌握本区域工艺、设备原理及应用，及时解决生产过程中出现的生产问题，纠正违规操作，确保生产正常进行	每项执行不到位，扣2分	20

续表

序号	责任制内容	考核标准	分值
5	协助主任督促、检查本工段安全生产、质量控制、设备使用管理、环境卫生和劳动纪律等的落实情况	每次执行不到位，扣1分	10
6	协助主任对本工段人员的安排、使用、考核及奖惩，必须参加公司组织的职业健康检查，并组织监督分管区域员工按相关规定进行职业健康检查	每项执行不到位，扣1分	10
7	按照水泥企业安全生产标准化考评内容要求，组织完善相关管理制度、台账和督促生产现场不符合项的整改，按照安全标准化体系运行并持续改进	未按制度要求组织完善，不得分；组织完善不合格，每项扣1分	10
8	负责对本班所属区域煤磨的危险源管控工作	未按要求完成，每次扣1分	10

9.1.30 余热发电工段操作员岗位安全生产和职业卫生责任制

责任范围	余热发电系统设备安全高效运转，岗位区域内日常管理落实执行		
序号	责任制内容	考核标准	分值
一	岗位职责		100
1	严格执行《中控操作规程》《工艺管理规程》《设备管理规定》以及停送电有关规定，负责发电系统所属设备的中控操作	不执行，不得分；执行不到位，每次扣5分	10
2	中控操作人员是对余热发电运行监控的直接操作者，对余热发电设备必须达到"四懂、三会"（懂结构、原理、性能、用途、会使用、维护保养、排除故障），同时要求熟悉余热发电的工艺生产过程及运行方式，经考试合格后方可上岗	不执行，不得分	10
3	服从命令，服从指挥，严格执行设备的操作运行规程	不执行、不服从，不得分；执行不到位，扣3分	10
4	监控各运行参数，根据系统参数变化情况，调整系统使其正常运行，保证机组经济运行	执行不到位，每次扣5分	10
5	进行系统设备的启停、主系统的倒闸操作、事故处理工作	不按操作规程启停设备，不得分；执行不到位，每次扣5分	10
6	拟定操作方案，发生事故时正确指挥巡检人员迅速处理好事故，认真对待设备事故的调查分析，落实事故的处理意见	执行不到位，每次扣5分	10
7	提出设备检修意见，参加设备检修工作，参与设备验收工作	不执行，不得分；执行不到位，每次扣5分	10

序号	责任制内容	考核标准	分值
8	认真交接班和填写值班记录，将本班设备运转、操作及存在的问题交待给接班者，做到交班详细、接班明确	交接班隐瞒情况，不得分；交接不清楚，扣5分	10
9	精心操作，加强同窑操作员的沟通，注意及时调整稳定温度、压力，保证机组设备有效运行	执行不到位，每次扣5分	10
10	按专责搞好文明生产、清扫盘面、设备及现场卫生	未按制度要求执行，不得分；卫生不合格，每项扣5分	10
二		安全职责	100
1	严格遵守国家法律、法规和公司各项安全、职业健康规章制度，必须参加公司组织的职业健康检查	未按国家相关法律法规执行，不得分	20
2	遵守"四不伤害"原则，确保人身安全，服从班长调度，加强岗位间的配合，为正常生产创造有利条件。对发现的事故隐患或者其他不安全因素，立即向现场安全生产管理人员或者本单位负责人报告	不遵守、不服从班长调度，不得分；未进行隐患排查，不得分；与岗位配合不到位，发现隐患未及时上报，扣5分	20
3	杜绝违章作业，有权拒绝违章指挥，制止他人违章作业，发现危险情况，主动采取措施	出现"三违"，不得分；发现他人"三违"不制止不纠正，每次扣2分	10
4	熟知本岗位的危险源、管控及应急措施，负责本岗位的隐患排查并如实记录	每项执行不到位，扣5分	10
5	熟知本岗位安全生产和职业卫生操作规程，积极参加各类安全教育培训	无故缺席，不得分	10
6	熟练掌握窑系统应急预案、突发情况应急措施，发生异常情况及时应对，保证现场人身、设备安全	出现人员伤亡事故和重大设备事故，不得分；每项执行不到位，扣5分	10
7	负责本岗位的卫生清理，做到清洁生产	未按制度要求执行，不得分；卫生不合格，每项扣5分	10
8	积极参加公司组织的各种安全生产宣传、教育、竞赛以及应急预案组织活动	无故缺席，不得分	10

9.1.31 水泥磨巡检维修工岗位安全生产和职业卫生责任制

责任范围		熟料进料、水泥配料、粉磨、磨后水泥物料输送、设备巡检、卫生清理	
序号	责任制内容	考核标准	分值
一		岗位职责	100
1	遵守公司规章制度、遵守劳动纪律，班前10min到岗交接班	违反公司规章制度、违反劳动纪律，每次扣5分；不按时到岗，每次扣5分	20

序号	责任制内容	考核标准	分值
2	严禁当班期间出现睡岗、消极怠工及酒后上岗现象	睡岗、消极怠工，每次扣 5 分；酒后上岗，每次扣 20 分	20
3	积极主动配合当班班长工作，提高工作效率	不配合班长工作，每次扣 5 分	10
4	负责对各自区域内系统设备的维护保养，按照规定对系统设备进行巡回检查，确保设备正常运行，发现问题及时处理和报告	未对负责区域内的设备进行巡检，每次扣 2 分；发现问题未及时处理和报告，每次扣 2 分	20
5	负责本岗位区域内"跑、冒、滴、漏"治理，设备维护保养及确保区域内环保设备的正常运行	未对本岗位及班内其他岗位区域的"跑、冒、滴、漏"进行治理，未按要求对设备进行保养，每次扣 2 分	10
6	认真填写各项记录，在交班前必须对岗位区域卫生进行清扫、交班时清楚交接当班期间的设备运行情况配料仓位，并确保现场环境卫生干净整洁，上一班未做到时接班者有权拒绝接班	记录填写不认真，交接班相关事宜交代不清，每次扣 1 分；当班期间未打扫区域卫生，每次扣 5 分	10
7	检修期间必须服从工段统一安排，认真完成车间、工段临时交办的工作任务	不服从工段检修安排，每次扣 5 分；未完成工段临时交办的工作任务，每次扣 2 分	10
二	安全职责		100
1	严格遵守国家法律、法规和公司各项安全规章制度	未严格遵守公司各项安全规章制度，每次扣 5 分	20
2	遵守"四不伤害"原则，确保人身安全，服从中控调度，协调岗位间的配合，为正常生产创造条件	未遵守"四不伤害"原则，每次扣 5 分	20
3	熟悉本岗位相关设施、设备的安全操作规程，督促当班员工认真遵守安全操作规程，杜绝"三违"行为	对本岗位相关设施、设备的安全操作规程不熟悉，每次扣 2 分；未制止当班员工的"三违"行为，每次扣 2 分	20
4	积极参与本岗位风险及危险源辨识及控制措施制定，熟知本岗位主要危险因素，积极开展本岗位隐患排查工作，发现隐患及时处理，不能处理的及时上报，并记录排查治理信息	对本岗位的主要危险因素不熟悉，每次扣 1 分；发现隐患未及时处理，每次扣 2 分；不能处理的隐患未及时上报，每次扣 2 分	20
5	认真填写操作记录，发现异常情况及时处理，并上报当班班长，对出现问题的原因、采取的措施及处理结果做好记录。积极参加学习公司、工段、班组组织的安全培训活动	未认真填写操作记录，发现异常情况未及时处理并及时上报，每次扣 2 分；未积极参加学习公司、工段、班组组织的安全培训活动，每次扣 1 分	10
6	熟练使用各种消防设施，积极参加应急演练。负责对本岗位的消防器材、应急物资等进行检查、维护、保养	未负责对本岗位的消防器材、应急物资等进行检查、维护、保养及未熟练使用，每次扣 2 分	10

9.1.32　包装工段巡检维修工岗位安全生产和职业卫生责任制

责任范围	水泥库进料系统设备巡检、卫生清理，熟料放散及放散设备检查维护、卫生清理		
序号	责任制内容	考核标准	分值
一	岗位职责		100
1	遵守公司规章制度、遵守劳动纪律，班前10min到岗交接班	违反公司规章制度、违反劳动纪律，每次扣3分；不按时到岗，每次扣3分	20
2	严禁当班期间出现睡岗、消极怠工及酒后上岗现象	睡岗、消极怠工，每次扣5分；酒后上岗，每次扣20分	20
3	积极主动配合当班班长工作，提高工作效率	不配合班长工作，每次扣3分	10
4	负责对各自区域内系统设备的维护保养，按照规定对系统设备进行巡回检查，确保设备正常运行，发现问题及时处理和报告	未对负责区域内的设备进行巡检，每次扣2分；发现问题未及时处理和报告，每次扣2分	10
5	负责本岗位区域内"跑、冒、滴、漏"治理，设备维护保养及确保区域内环保设备的正常运行	未对本岗位及班内其他岗位区域的"跑、冒、滴、漏"进行治理，未按要求对设备进行保养，每次扣2分	20
6	认真填写各项记录，在交班前必须对岗位区域卫生进行清扫、交班时清楚交接当班期间的设备运行情况，并确保现场环境卫生干净整洁，上一班未做到的接班者有权拒绝接班	记录填写不认真，交接班相关事宜交代不清，每次扣1分；当班期间未打扫区域卫生，每次扣5分	10
7	服从工段统一安排，认真完成车间、工段临时交办的工作任务	不服从工段安排，每次扣5分；未完成工段临时交办的工作任务，每次扣2分	10
二	安全职责		100
1	严格遵守国家法律、法规和公司各项安全规章制度	未严格遵守公司各项安全规章制度，每次扣5分	20
2	遵守"四不伤害"原则，确保人身安全，岗位间积极配合，为正常生产创造条件	未遵守"四不伤害"原则，每次扣5分	20
3	熟悉本岗位相关设施、设备的安全操作规程，杜绝"三违"行为	对本岗位相关的设施、设备的安全操作规程不熟悉，每次扣2分	10
4	积极参与本岗位风险及危险源辨识及控制措施制定，熟知本岗位主要危险因素，积极开展本岗位隐患排查工作，发现隐患及时处理，不能处理的及时上报；并记录排查治理信息	对本岗位的主要危险因素不熟悉，每次扣1分；发现隐患未及时处理，每次扣2分；不能处理的隐患未及时上报，每次扣2分	20
5	认真填写操作记录，发现异常情况及时处理，并上报当班班长，对出现问题的原因、采取的措施及处理结果做好记录。积极参加学习公司、车间、工段、班组组织的安全培训活动	未认真填写操作记录，发现异常情况未及时处理并上报，每次扣2分；未积极参加学习公司、车间、工段、班组组织的安全培训活动，每次扣1分	10

序号	责任制内容	考核标准	分值
6	熟练使用各种消防设施，积极参加应急演练。负责对本岗位的消防器材、应急物资等进行检查、维护、保养	未负责对本岗位的消防器材、应急物资等进行检查、维护、保养及未熟练使用，每次扣2分	20

9.1.33　中控室生料磨操作员岗位安全生产和职业卫生责任制

责任范围		生料系统设备安全高效运转，岗位区域内日常管理落实执行	
序号	责任制内容	考核标准	分值
一		岗位职责	100
1	严格执行《中控操作规程》《工艺管理规程》《设备管理规定》以及停送电有关规定，负责生料系统所属设备的中控操作	不执行，不得分；执行不到位，每次扣5分	10
2	在工段领导下和技术主管的指导下，全面负责原料系统的工艺设备的运转、操作	不执行，不得分；执行不到位，每次扣5分	10
3	统一操作思想，注意保持系统用风、喂料和磨内差压、窑尾袋收尘差压的平衡，保证原料磨系统的稳定运行，努力提高出磨生料细度水分含量的合格率	不服从管理，不得分；执行不到位，每次扣5分	10
4	加强工作责任心，精心操作，将生料水分含量、细度控制在规定范围内，做到优质、高产、低耗	未完成各项质量指标，扣5分	10
5	能够迅速分析出各种不正常现象产生的原因，并作出相应对策	判断错误，调整不合理，每次扣1分	10
6	与现场密切配合，保证系统的正常运行	不服从指挥，不得分	10
7	与窑操作员、质控部门调度密切联系，及时调整操作	不服从指挥，不得分	5
8	加强业务知识学习，积极参加操作员操作技术研讨会及操作员培训，提高业务水平和安全生产意识，提高工作的组织及协调能力	执行不到位，每次扣2分	10
9	停机期间负责系统检查及辅助检修	不服从安排，不得分	5
10	工作上服从窑操作员的指挥和安排	不服从安排，不得分	10
11	及时完成工段、车间交办的临时性工作	不执行，不得分；完成不到位，每次扣2分	10
二		安全职责	100
1	严格遵守国家法律、法规和公司各项安全、职业健康规章制度，必须参加公司组织的职业健康检查	未按国家相关法律法规执行，不得分	20

序号	责任制内容	考核标准	分值
2	遵守"四不伤害"原则，确保人身安全，服从班长调度，加强岗位间的配合，为正常生产创造有利条件。对发现的事故隐患或者其他不安全因素，立即向现场安全生产管理人员或者本单位负责人报告	不遵守、不服从班长调度，不得分；未进行隐患排查，不得分；与岗位配合不到位，发现隐患未及时上报，扣5分	20
3	杜绝违章作业，有权拒绝违章指挥，制止他人违章作业，发现危险情况，主动采取措施	出现"三违"，不得分；发现他人"三违"不制止不纠正，每次扣2分	10
4	熟知本岗位的危险源、管控及应急措施，负责本岗位的隐患排查并如实记录	每项执行不到位，扣5分	10
5	熟知本岗位安全生产和职业卫生操作规程，积极参加各类安全教育培训	无故缺席，不得分	10
6	熟练掌握窑系统应急预案、突发情况应急措施，发生异常情况及时应对，保证现场人身、设备安全	出现人员伤亡事故和重大设备事故，不得分；每项执行不到位，扣5分	10
7	负责本岗位的卫生清理，做到清洁生产	未按制度要求执行，不得分；卫生不合格，每项扣5分	10
8	积极参加公司组织的各种安全生产宣传、教育、竞赛以及应急预案组织活动	无故缺席，不得分	10

9.1.34 中控室窑操作员岗位安全生产和职业卫生责任制

责任范围	水泥窑系统设备安全高效运转，岗位区域内日常管理落实执行		
序号	责任制内容	考核标准	
一	岗位职责		100
1	严格执行《中控操作规程》《工艺管理规程》《设备管理规定》《耐火材料管理规定》以及停送电有关规定，负责窑系统所属设备的中控操作	不执行，不得分；执行不到位，每次扣5分	10
2	统一"四班保一窑"的操作思想，优化工艺操作参数，注意风、煤、料、窑速的平衡，做到前后兼顾，精心操作克服大变动，确保窑系统热工制度的稳定，努力提高熟料产量、质量	不执行，不得分；执行不到位，每次扣2分	10
3	生产中密切监控各参数的变化，提高各类突发故障应变能力，有效控制主机跳停次数及收尘设备跳停次数，保证窑系统安全稳定运行	不执行，不得分；执行不到位，每次扣2分	10
4	认真填写中控操作记录及交接班记录，做到记录清晰，内容翔实	弄虚作假，不得分；记录不清晰，每次扣5分	10

续表

序号	责任制内容	考核标准	分值
5	开停机要及时通知相关部门及领导，严格执行开停窑盘窑及升温冷窑速率	不汇报私自调整，不得分；汇报不到位，每次扣5分	10
6	严格遵守有关计量规定，正确统计填报当班产、质量，台产煤耗报表	弄虚作假，不得分；记录不清晰，每次扣5分	10
7	协助工艺技术室做好停窑期间耐火材料的检查、施工质量督查，检查结果及耐火材料消耗要在台账登记	不服从安排，不得分；监督、检查、记录不清晰，每次扣1分	10
8	加强业务知识的学习，准时参加工艺操作技术研讨会和操作员培训	无故缺席各种会议、培训，不得分	5
9	密切关注窑体温度变化，及时汇报及时调整，提高耐火材料使用周期	不汇报，不得分；调整不合理，每次扣5分	10
10	增强责任心，杜绝违规操作，避免预热器堵塞、篦冷机堆"雪人"、烧流、红窑、跑生料等工艺事故的发生，保证系统收尘设备有效运行	麻痹大意导致出现事故，不得分；出现事故后调整不及时、不合理，每次扣2分	10
11	精心操作，加强同煤磨操作员、原料磨操作员的联系，保持系统稳定高效运行，努力完成车间下达各项计划指标	不服从管理，不得分；计划不达标，每次扣2分	5
二	安全职责		100
1	严格遵守国家法律、法规和公司各项安全、职业健康规章制度，必须参加公司组织的职业健康检查	不执行，不得分；执行不到位，每次扣5分	20
2	遵守"四不伤害"原则，确保人身安全，服从班长调度，加强岗位间的配合，为正常生产创造有利条件。对发现的事故隐患或者其他不安全因素，立即向现场安全生产管理人员或者本单位负责人报告	不遵守、不服从班长调度，不得分；未进行隐患排查，不得分；与岗位配合不到位，发现隐患未及时上报，扣2分	10
3	杜绝违章作业，有权拒绝违章指挥，制止他人违章作业，发现危险情况，主动采取措施	出现"三违"，不得分；发现他人"三违"不制止不纠正，每次扣2分	10
4	熟知本岗位的危险源、管控及应急措施，负责本岗位的隐患排查并如实记录	不排查、不治理，不得分	10
5	熟知本岗位安全生产和职业卫生操作规程，积极参加各类安全教育培训	无故缺席，不得分	10
6	熟练掌握窑系统应急预案、突发情况应急措施，发生异常情况及时应对，保证现场人身、设备安全	不执行，不得分；操作不当，每次扣2分	10
7	负责对本岗位的消防器材等进行维护、保养	不检查，不得分；维护不到位，每次扣2分	10

序号	责任制内容	考核标准	分值
8	负责本岗位的卫生清理，做到清洁生产	不打扫，不得分；卫生不合格，每次扣1分	10
9	积极参加公司组织的各种安全生产宣传、教育、竞赛以及应急预案组织活动	无故缺席，不得分	10

9.1.35 中控室煤磨操作员岗位安全生产和职业卫生责任制

责任范围	煤磨系统设备安全高效运转，岗位区域内日常管理落实执行		
序号	责任制内容	考核标准	
一	岗位职责		100
1	严格执行公司及车间各项规章制度。严格执行《煤磨中控操作规程》《工艺管理规程》《设备管理规程》和《热风炉操作规程》煤磨安全生产注意事项及停送电有关规定，负责煤磨系统所属设备的中控操作	未按公司规章制度执行，不得分	10
2	树立强烈的安全责任意识，注意保持系统用风、喂料和磨内差压的平衡，提高煤磨出口、窑炉煤粉仓温度超分含量的合格率	执行不到位，每次扣5分	10
3	强化熟悉现场，掌握相关机电常识，积极有效地组织协调相关人员处理突发故障	执行不到位，每次扣5分	5
4	精心操作，加强同窑操作员、原料磨操作员的联系，注意及时调整系统风量，稳定下料，控制磨体震动，严格控制系统跳停次数，保持收尘设备的有效运行	执行不到位，每次扣5分	10
5	正常生产中密切关注原煤仓及窑炉煤粉仓料位、煤取料机工作情况，做到合理控制，杜绝满仓	出现爆仓，断煤导致停机，不得分；执行不到位，每次扣5分	5
6	严格执行车间煤粉放仓、封仓及停产期间收尘器清仓的各项规定	不执行，不得分	10
7	正常生产中密切监控磨机震动、出磨温度、煤粉仓温度、系统压差等关键参数，出现异常及时发现调整排除，认真填写中控操作记录及交接班记录，做到记录清晰，内容翔实	弄虚作假，不得分；记录不清晰，每次扣2分	10
8	加强业务知识学习，积极参加操作员操作技术研讨会及操作员培训，提高业务水平和安全生产意识，提高工作的组织及协调能力	执行不到位，每次扣2分	10

续表

序号	责任制内容	考核标准	分值
9	工作上服从窑操作员的指挥和安排。停机期间负责系统检查及辅助检修	不服从安排，不得分	10
10	积极参加公司、车间组织的各种安全生产宣传、教育、竞赛以及应急预案组织活动	无故缺席，不得分	10
11	及时完成工段、车间交办的临时性工作	不执行，不得分；执行不到位，每次扣2分	10
二	安全职责		100
1	严格遵守国家法律、法规和公司各项安全、职业健康规章制度，必须参加公司组织的职业健康检查	未执行，不得分；执行不到位，扣5分	20
2	遵守"四不伤害"原则，确保人身安全，服从班长调度，加强岗位间的配合，为正常生产创造有利条件。对发现的事故隐患或者其他不安全因素，立即向现场安全生产管理人员或者本单位负责人报告	不遵守、不服从班长调度，不得分；未进行隐患排查，不得分；与岗位配合不到位，发现隐患未及时上报，扣5分	20
3	杜绝违章作业，有权拒绝违章指挥，制止他人违章作业，发现危险情况，主动采取措施	出现"三违"不得分，他人"三违"不制止不纠正，每次扣2分	10
4	熟知本岗位的危险源、管控及应急措施，负责本岗位的隐患排查并如实记录	每项执行不到位，扣2分	10
5	熟知本岗位安全生产和职业卫生操作规程，积极参加各类安全教育培训	无故缺席，不得分；每次执行不到位，扣2分	10
6	熟练掌握窑系统应急预案、突发情况应急措施，发生异常情况及时应对，保证现场人身、设备安全	出现人员伤亡事故和重大设备事故，不得分；每项执行不到位，扣5分	10
7	负责本岗位的卫生清理，做到清洁生产	未按制度执行，不得分；卫生不合格，每项扣2分	10
8	积极参加公司组织的各种安全生产宣传、教育、竞赛以及应急预案组织活动	无故缺席，不得分	10

9.1.36 中控水泥磨操作员岗位安全生产和职业卫生责任制

责任范围	水泥粉磨系统中控操作、水泥出库系统的开停机及工艺参数的调整工作		
序号	责任制内容	考核标准	分值
一	岗位职责		100
1	严格执行《中控操作规程》《工艺管理规程》《设备管理规定》以及停送电有关规定，负责水泥磨系统所属设备的中控操作	未按要求执行相关操作规程，每次扣1分	10

367

续表

序号	责任制内容	考核标准	分值
2	统一操作思想，注意保持系统用风、喂料和磨内差压、袋收尘差压的平衡，保证水泥磨系统的稳定运行，努力提高出磨水泥细度、比表面积、各出磨水泥质量指标的合格率	因工作失误导致当班期间水泥磨系统产质量出现较大波动，每次扣2分	10
3	生产中密切监控各参数的变化，提高各类突发故障应变能力，有效控制主机跳停次数及收尘设备跳停次数，保证水泥磨系统安全稳定运行	因工作失误导致当班期间磨机系统出现止料，每次扣2分；因工作失误导致主机设备出现故障停机，每次扣5分	10
4	认真填写中控操作记录及交接班记录，做到记录清晰，内容翔实	未按要求填写中控记录，每次扣1分	10
5	开停机要及时通知相关部门及领导，严格执行开停磨时间控制，开磨时间≤20min、停磨时间≤30min	开停机未通知相关部门及领导，每次扣5分；开停磨时间超过规定时间，每次扣2分	10
6	严格遵守有关计量规定，正确统计填报当班产、质量台账报表	当班期间产量、质量台账报表填写有误，每次扣2分；造成较大影响，每次扣5分	10
7	与现场密切配合，保证系统的正常运行	未配合好现场工作，导致系统出现异常，每次扣2分	10
8	加强业务知识学习，积极参加操作员操作技术研讨会及操作员培训，提高业务水平和安全生产意识，提高工作的组织及协调能力	未按要求参加工艺操作技术研讨会和操作员培训，每次扣2分	10
9	负责开停机前后设备参数的全面检查确认，杜绝因检查确认不到位造成8h以内的再次开停机	因检查确认不到位，导致8h以内的再次开停机，每次扣5分	20
二	安全职责		100
1	严格遵守国家法律、法规和公司各项安全规章制度	未严格遵守公司各项安全规章制度，每次扣5分	20
2	遵守"四不伤害"原则，确保人身安全，服从中控调度，协调岗位间的配合，为正常生产创造条件	未遵守"四不伤害"原则，每次扣5分	20
3	熟悉本岗位相关设施、设备的安全操作规程，督促当班员工认真遵守安全操作规程，杜绝"三违"行为	对本岗位相关的设施、设备的安全操作规程不熟悉，每次扣2分	20
4	积极参与本岗位风险及危险源辨识及控制措施制定，熟知本岗位主要危险因素，积极开展本岗位隐患排查工作，发现隐患及时处理，不能处理的及时上报，并记录排查治理信息	对本岗位的主要危险因素不熟悉，每次扣1分；发现隐患未及时处理，每次扣2分；不能处理的隐患未及时上报，每次扣2分	20

序号	责任制内容	考核标准	分值
5	认真填写操作记录，发现异常情况及时处理，并上报当班班长，对出现问题的原因、采取的措施及处理结果做好记录。积极参加学习公司、工段、班组组织的安全培训活动	未认真填写操作记录，发现异常情况未及时处理并及时上报，每次扣2分；未积极参加学习公司、工段、班组组织的安全培训活动，每次扣1分	10
6	熟练使用各种消防设施，积极参加应急演练。负责对本岗位的消防器材、应急物资等进行检查、维护、保养	未负责对本岗位的消防器材、应急物资等进行检查、维护、保养及未熟练使用，每次扣2分	10

9.1.37 机电维修工段机械维修工安全生产和职业卫生责任制

责任范围	机电部负责范围内的机械设备维护保养，岗位区域内日常管理落实执行		
序号	责任制内容	考核标准	
一	岗位职责		100
1	严格执行公司及车间各项规章制度	未按公司规章制度执行，每项扣10分	20
2	负责工段的日常检修及设备维护	未检查参与每次工段的日常检修及设备维护，扣5分	10
3	负责工段质量管理，牢固树立"质量第一"的思想，严格履行岗位质量责任制，保证工段各项质量指标完成	未完成各项质量指标，扣5分	10
4	认真参加工段技术培训工作、岗位调动工作和劳动竞赛活动	未参加工段员工技术培训和各项活动，扣5分	20
5	负责做好工段的环境保护工作，改善部门的环境卫生和劳动条件	未组织好工段的环保工作，扣5分	10
6	参加本工段的各类会议，使管理标准化、制度化、程序化和规范化	未参加工段的各类会议，扣5分	10
7	负责工段区域的绿化及美化管理工作及收尘设备的达标排放	未维护好工段收尘设施及绿化区域，扣5分	20
二	安全职责		100
1	严格执行国家法律法规规定的其他安全及职业健康职责	未执行，不得分；执行不到位，扣5分	20
2	掌握工段的危险源辨识、风险分级管控及隐患排查治理，及时报告隐患排查、治理情况	未进行隐患排查，不得分；未进行整改落实，每项次扣5分	20
3	参与工段安全教育培训和隐患自查自纠，落实隐患整改	现场整改不到位，扣5分；未参加安全教育，不得分；未执行到位，每次扣5分	10
4	熟练掌握本工段工艺、设备原理及应用，及时解决生产过程中出现的生产问题，纠正违规操作，确保生产正常进行	每项执行不到位，扣2分	10

续表

序号	责任制内容	考核标准	分值
5	协助主任督促、检查本工段安全生产、质量控制、设备使用管理、环境卫生和劳动纪律等的落实情况。每月参加两次工段班组安全活动	每次执行不到位，扣1分	10
6	按照水泥企业安全标准化考评内容要求，组织完善相关管理制度、台账和督促生产现场不符合项的整改，按照安全标准化体系运行并持续改进	未按制度要求组织完善，不得分；组织完善不合格，每项扣5分	10
7	遵守有关设备的维修保养制度，按时按质按量完成设备维修保养项目，为设备安全与正常运行尽职尽责	未按时按质按量完成设备维修保养，每次扣5分	20

9.1.38 机电维修工段电气维修工安全生产和职业卫生责任制

责任范围	机电部负责范围内的电气设备维护保养，岗位区域内日常管理落实执行		
序号	责任制内容	考核标准	分值
一	岗位职责		100
1	坚守岗位、服从管理、服从车间工段的各种安排	未服从管理，每项扣10分	10
2	严格遵守公司、车间、工段各项规章制度	未遵守，每次扣10分	10
3	熟练掌握车间所有电仪设备性能、结构及工作原理	未掌握，每次扣10分	10
4	认真学习专业理论知识、提高操作技能，并做到持证上岗	未持证上岗，每次扣10分	10
5	负责当班电仪设备检修计划，并做到"快速反应、准确处理故障"并保证设备检修质量	未保证检修质量，每项扣10分	10
6	严格按照检修规程进行操作，检修结束后，通知有关技术人员、电仪设备使用部门确认无误，并将现场清理完毕后，方可离开现场	未按规程进行操作，每项扣10分	10
7	负责设备检修结束后的现场清理工作，并将大型工具回库	未执行人走场清，每次扣10分	10
8	严格执行交接班制度，并填明交接班记录。持证上岗，在日常工作中坚持反"三违"和"三不伤害"	未按要求执行，每次扣10分	10
9	负责把检修质量关，确保设备检修质量，责任到人，细化到每一台设备	未按要求执行，每次扣5分	5

序号	责任制内容	考核标准	分值
10	开展修旧利废活动,坚持以旧换新,废物利用,节约电仪维修材料,降低成本	未按要求开展修旧利废工作,每次扣5分	5
11	掌握常用电仪工具的名称、用途、维护保养方法并正确使用及合理摆放	未按要求学习,每次扣5分	5
12	积极参加公司、车间、工段、班组组织的各项活动	未按要求参加,每次扣5分	5
二	安全职责		100
1	认真学习落实国家法律法规规定的其他安全及职业健康职责	未按制度执行,每次扣15分	20
2	认真学习并贯彻执行公司、车间各项安全生产规章制度和安全技术操作规程,教育员工遵章守纪,制止违章行为	未对管理制度和操作规程认真学习,每次扣15分	20
3	参加工段组织的安全生产技术培训	未参加安全培训,每次扣15分	15
4	参加班组事故演练活动,坚持班前讲安全、班中检查安全、班后总结安全	未参加班组安全文化建设,扣10分	15
5	负责对生产设备、安全装备、消防设施、防护器材和急救器具的检查维护工作,并做好相关记录	未做好相关记录,每次扣10分	10
6	负责对车间区域安全检查,发现不安全因素,报告上级领导	发现不安全因素未及时消除,每次扣10分	10
7	发生事故立即报告,并组织抢救,保护好现场,做好详细记录,参加事故调查、分析、落实防范措施	发生事故未及时上报、保护现场、落实事故防范措施,每次扣10分	10

9.1.39 总降值班电工安全生产和职业卫生责任制

责任范围		负责本岗位安全生产和职业卫生的全面工作	
序号	责任制内容	考核标准	分值
一	岗位职责		100
1	参加各种安全培训,遵守厂规厂纪和安全规章制度,劳保护品穿戴整齐规范,坚决做到"四不伤害"	未参加安全培训,每次扣10分;不遵守厂规厂纪和安全规章制度,每次扣10分	10
		劳保护品穿戴不齐,每次扣10分	
2	对日常巡检发现的安全隐患及时反映给班长并进行整改	发现隐患未如实上报,每次扣10分	10
		对发现的隐患未按时整改,每次扣10分	

序号	责任制内容	考核标准	分值
3	发现违章作业、违章用电行为及时制止	发现违章作业未制止，每次扣10分	10
		发现违章用电未制止，每次扣10分	
4	协助班长做好班组分管设备的日常检修维护和管理	对所负责设备每班进行巡检发现问题未及时修复，每次扣10分	10
		未对所负责设备进行维护管理，每次扣10分	
5	每班对各班组所属电气设备巡回检查，负责电力室巡检监督管理	未进行监督检查，缺一次扣10分	10
6	做好所辖电力室的卫生打扫，保持清洁的环境，每班打扫公共区域卫生	卫生清理不干净，每次扣10分	10
		所负责公共区域卫生未清理，每次扣10分	
7	各种记录及时、准确、完整	巡检记录不完整，每次扣10分	10
		交接班记录不完整，每次扣10分	
8	参与岗位范围内的危险源识别、风险评价及安全防护措施	岗位范围内的危险源未进行识别，每次扣10分	10
		对识别出的危险源未制订防护措施，每次扣10分	
9	负责未遂事件的上报工作	出现未遂事件不报或瞒报，每次扣5分	5
10	检修工作要做好安全技术交底工作	未进行安全技术交底或交底不清、不全面，每次扣5分	5
11	积极、主动、认真地完成临时性工作	未完成安排的临时性工作，每次扣5分	10
二	安全职责		100
1	对本岗位安全生产工作负直接责任	出现安全事项，每次扣10分	10
2	认真遵守和执行电业安全方针、各种操作规程、规章制度	未严格执行操作规程、规章制度，每项扣10分	10
3	维护保养电气设备，严格执行工作票制度并做好维护保养记录	未严格执行工作票制度、维护保养记录，每项扣10分	30
4	正确穿戴劳动防护用品，拒绝"三违"（违章指挥、违章操作、违反劳动纪律）	发生"三违"现象，每次扣10分	10
5	对所有的使用工具要妥善保管，并定期检查、校验，确保安全性和可靠性	未定期检查、校验，确保工具安全性和可靠性，扣10分	20
6	接受公司、部门、班组各级安全培训和业务技能培训，增强安全防范意识，做到"四不伤害"（不伤害自己、不伤害他人、不被别人伤害、保护他人不受伤害）	未按时参加安全培训，每次扣10分	10
7	对自己责任范围内的隐患要及时排查、整改，并提出自己的合理化建议	未对自己责任范围内的隐患及时排查、整改，每次扣10分	10

9.2 岗位操作规程

9.2.1 石灰石破碎岗位安全操作规程

流程		风险分析	安全要点	严禁事项	应急措施
作业前			① 人员身体、精神状态正常； ② 劳保用品穿戴齐全、工器具符合要求	严禁酒后上岗，严禁带病作业，严禁使用损坏的工器具，严禁不穿戴劳保用品或使用不合格的劳保用品进行作业	
作业过程	1. 皮带机巡检	（1）安全防护设施、运转部位安全装置防护不完整或不牢固，造成坠落、机械伤害	① 检查确认防护装置完整牢靠，安全警示标志清晰完好； ② 设备运转时，不能接触运转部位	设备运转时，严禁接触运转部位，严禁运转时进行维修	（1）受伤员工及发现人员应使用随身携带的对讲机进行呼救，并通知当班班长及值班主任； （2）伤害救治： ① 机械伤害：发现设备或人身伤害事故应直接急停设备，及时通知班长、值班主任及安全主管并启动应急预案，协调车辆及人员采取应急救援措施； ② 物体打击：遇有创伤性出血的伤员，应迅速包扎止血，使伤员保持头低脚高的卧位，并注意保暖； ③ 高处坠落：去除伤员身上的用具和口袋中的硬物，在搬运和转送过程中，颈部和躯干不能前屈或扭转，而应使脊柱伸直，绝对禁止一个抬肩一个抬腿的搬法，以免发生或加重截瘫； ④ 粉尘：正确佩戴防尘劳保用品，及时更换防尘滤纸，严重者就医检查；
		（2）巡检未走巡检通道	过皮带时，需走巡检通道	严禁跨越、钻皮带	
		（3）未确认现场安全启动设备，造成机械伤害	开机前需确定皮带上方及周围无人或物，各防护装置已安装完好方可开机	严禁现场未确认就启动皮带机	
	2. 压缩空气机房巡检	（1）巡检压缩空气机房时不带耳塞防护，可能造成噪声伤害	巡检压缩空气机等大的噪声设备时，应戴好护耳器	严禁不戴耳塞进入噪声大的设备区域巡检	
		（2）压缩空气机安全设施缺陷可能发生机械伤害	压力表、安全阀定期校验，卸压阀灵活可靠，储气罐安全阀完好，检查时站位正确，非专业人员严禁攀上储气罐顶部检查，调整安全阀，超压时及时卸压	非专业人员严禁攀上储气罐顶部检查	
	3. 破碎机巡检	（1）石灰石破碎机电机紧固螺栓松动、线路老化破损，可能造成触电以及其他伤害	巡检时发现螺栓松动及时紧固，线路有破损、老化立即联系电工进行处理	发现线路破损、老化严禁靠近	
		（2）清理设备旋转部位油污，可能造成机械伤害	清理设备卫生时要远离旋转部位	严禁清理设备旋转部位卫生	

流程		风险分析	安全要点	严禁事项	应急措施
作业过程	3. 破碎机巡检	（3）安全防护设施、运转部位安全装置防护不完整或不牢固，可能造成机械伤害	① 检查确认防护装置完整牢靠，安全警示标志清晰完好；② 设备运转时，不能接触运转部位	设备运转时，严禁接触运转部位，严禁运转时进行维修	⑤ 噪声：正确佩戴护耳器，严重者就医检查；⑥ 触电：立即切断电源，对伤者进行急救；⑦ 窒息：立即使伤者脱离窒息环境；查看病人是否有呼吸和脉搏；及时采取如人工呼吸等急救措施；⑧ 其他伤害（滑跌、扭伤、摔伤、碰伤等）：视具体伤害类型采取应急措施，遇有创伤性出血的伤员，应迅速包扎止血；（3）伤情严重时及时拨打120电话，同时汇报值班调度、车间领导、安全主管及公司领导；（4）派专人、车直接到就近医院进行治疗，严重者直接到上级医院
		（4）重板槽板变形、滚轮运转不灵活，给料辊重板减速机加油不足，可能造成相应设备事故	认真检查重板槽板是否变形、检查滚轮运转是否灵活，给料辊重板减速机加油情况，如有异常及时处理	设备发现异常未解决，严禁开机	
		（5）未确认现场安全启动设备，可能造成机械伤害	开机前需确定设备及周围无人或物，各防护装置已安装完好，方可开机	严禁现场未确认就启动设备	
	4. 收尘器巡检	（1）上下直梯未抓好扶手，可能造成滑跌伤害	上下楼梯抓好扶手（踏棍），必要时系安全带	严禁上下楼梯不抓扶手	
		（2）顶部平台防护栏杆不牢固，可能造成坠落伤害	必须确认防护装置完好有效，牢固可靠	防护装置不完整，严禁靠近收尘器边缘	
		（3）安全防护设施、运转部位安全装置防护不完整或不牢固，可能造成机械伤害	① 检查确认防护装置完整牢靠，安全警示标志清晰完好；② 设备运转时，不能接触运转部位	设备运转时，严禁接触运转部位，严禁运转时进行维修	
	5. 破碎机口巡检	（1）机口下料时人员进入机口内部，可能造成坠落、物体打击伤害	人员巡检机口物料时要远离机口进行观察	机口正常下料时严禁人员靠近机口	
		（2）机口内清理作业时未办理停电、未设监护人，可能造成机械伤害、物体打击伤害	检查清理机口时，要将相关设备办理停电，并且设专人监护	检查清理机口时，未将相关设备停电，未设立专人进行监护，严禁进行作业	
		（3）检查机口时未注意卸料车辆，可能造成车辆伤害	有车辆时要远离车辆，不要随便靠近	严禁靠近车辆行走或停留	

续表

流程		风险分析	安全要点	严禁事项	应急措施
作业过程	6. 系统停机检修	（1）检修设备前未拉闸挂牌，设备突然开启可能造成机械伤害	应拉闸挂牌并进行安全确认，须两人以上配合作业	未进行拉闸挂牌严禁作业	
		（2）破碎机顶部壳体作业未戴安全带，可能造成滑跌、坠落伤害	破碎壳体上方作业必须佩戴安全带	严禁未戴安全带而进行高空作业	
		（3）切割皮带、更换挡料皮子时使用刀具不当	割皮带时要侧身，刀口不能正对人身体	严禁将刀口正对人身体使用	
		（4）未停机更换收尘器滤袋，喷吹气体伤人	更换收尘滤袋时必须停机方可进行	严禁未停机更换收尘器滤袋	
		（5）高空作业未办理许可，可能造成坠落伤害	高空作业必须正确穿戴安全带，未办理许可严禁作业	未办理高空作业审批严禁高空作业	
		（6）进入有限空间未办理许可，可能造成坠落、窒息等伤害	必须办理许可后方可作业	未办理有限空间作业审批严禁进入有限空间作业	
		（7）无证焊接、切割及操作电动葫芦	特种作业需持证上岗	特种作业严禁无证操作	
		（8）作业现场摆放混乱，造成滑跌、碰伤等其他伤害	工具物品固定位置，有序摆放		
		（9）破碎机更换锤头作业时，吊装鼻子未焊补结实，倒链、锤头脱落，造成物体打击伤害	更换吊装锤头需将吊装鼻子焊补结实，经确认后挂倒链进行作业	吊装鼻子未焊补结实，严禁进行吊装作业	
		（10）破碎机内作业未将重板头积料清理干净，造成物体打击伤害	破碎机内部作业时要将顶部、周围积料清理干净	头顶、周围积料未清理干净，严禁进行作业	
		（11）检修作业结束后未清点作业人员，未检查清理遗留工具、杂物等，开机后对人和设备可能造成损伤	作业结束后要及时检查、清点人员及物件，确保无遗漏	作业结束后严禁未检查、清点人员及物件，即盲目封门、开机	

续表

流程		风险分析	安全要点	严禁事项	应急措施
作业收尾	1. 卫生清理	使用高压风吹扫身体灰尘导致其他伤害		严禁储气罐乱接风管，吹扫身体	
	2. 交接班记录		按要求规范填写，记录设备运转情况、安全设备设施情况	严禁不做记录或记录不完整就交班	

9.2.2 配料站巡检岗位安全操作规程

流程		风险分析	安全要点	严禁事项	应急措施
作业前			① 人员身体、精神状态正常；② 劳保用品穿戴齐全、工器具符合要求	严禁酒后上岗；严禁带病作业；严禁使用损坏的工器具；严禁不穿戴劳保用品或使用不合格的劳保用品进行作业	
作业过程	1. 皮带机巡检	（1）安全防护设施、运转部位安全装置防护不完整或不牢固，可能造成坠落、机械伤害	① 检查确认防护装置完整牢靠，安全警示标志清晰完好；② 设备运转时，不能接触运转部位	设备运转时，严禁接触运转部位，严禁运转时进行维修	（1）受伤员工及发现人员应使用随身携带的对讲机进行呼救，并通知当班班长及值班主任；（2）伤害救治：① 机械伤害：发现设备或人身伤害事故应直接急停设备，及时通知班长、值班主任及安全主管并启动应急预案，协调车辆及人员采取应急救援措施；② 物体打击：遇有创伤性出血的伤员，应迅速包扎止血，使伤员保持头低脚高的卧位，并注意保暖；③ 高处坠落：去除伤员身上的用具和口袋中的硬物。在搬运和转送过程中，颈部和躯干不能前屈或扭转，而应使脊柱伸直，绝对禁止一个抬肩一个抬腿的搬法，以免发生或加重截瘫；
		（2）巡检未走巡检通道	过皮带时，必须走巡检通道	严禁跨越、钻皮带	
		（3）未确认现场安全启动设备，可能造成机械伤害	开机前需确认皮带上方及周围无人或物，各防护装置已安装完好方可开机	严禁现场未确认就启动皮带机	
	2. 提升机巡检	（1）设备运转中随意开启检修门	设备运转中不能开启检修门	严禁在设备运转中开启检修门	
		（2）设备在运转中清扫运转部位，可能造成机械伤害	运转时不能清扫、擦拭运转部位	运转时严禁清扫、擦拭运转部位	
		（3）提升机地坑环境不良，可能造成窒息伤害	保持照明良好，上下梯子时抓牢、扶稳	严禁上下楼梯不抓扶手	
		（4）安全防护设施、运转部位安全装置防护不完整或不牢固，可能造成坠落、机械伤害	① 检查确认防护装置完整牢靠，安全警示标志清晰完好；② 设备运转时，不能接触运转部位	设备运转时，严禁接触运转部位，严禁运转时进行维修	
		（5）未确认现场安全即启动设备，可能造成机械伤害	开机前需确认设备及周围无人或物，各防护装置已安装完好，方可开机	严禁现场未确认就启动皮带机	

续表

流程		风险分析	安全要点	严禁事项	应急措施
作业过程	3. 收尘器巡检	（1）上下直梯未抓好扶手，可能造成滑跌伤害	上下楼梯抓好扶手（踏棍），必要时系安全带	严禁上下楼梯不抓扶手	④ 粉尘：正确佩戴防尘劳保用品，及时更换防尘滤纸，严重者就医检查；⑤ 噪声：正确佩戴护耳器，严重者就医检查；⑥ 触电：立即切断电源，对伤者进行急救；⑦ 窒息：立即使伤者脱离窒息环境；查看病人是否有呼吸和脉搏；及时采取如人工呼吸等急救措施；⑧ 其他伤害（滑跌、扭伤、摔伤、碰伤等）：视具体伤害类型采取应急措施，遇有创伤性出血的伤员，应迅速包扎止血；（3）伤情严重时及时拨打120电话，同时汇报值班调度、车间领导、安全主管及公司领导；（4）派专人、车直接到就近医院进行治疗，严重者直接到上级医院
		（2）顶部平台防护栏杆不牢固，可能造成坠落伤害	必须确认防护装置完好有效、牢固可靠	防护装置不完整，严禁靠近收尘器边缘	
		（3）未确认现场安全即启动设备，可能造成机械伤害	必须确认磨机附近无人或异物，必须确认磨机检修门已关闭方可开机，必须确认安全装置已恢复方可开机	未确认磨门关闭、附近无人，严禁开机	
		（4）安全防护设施、运转部位安全装置防护不完整或不牢固，可能造成坠落，机械伤害	① 检查确认防护装置完整牢靠，安全警示标志清晰完好；② 设备运转时，不能接触运转部位	设备运转时，严禁接触运转部位，严禁运转时进行维修	
	4. 配料秤	（1）设备运转中开启库底检查门	设备运转中不得随意开启检查门	严禁在设备运转中开启检查门	
		（2）配料秤电机紧固螺栓松动、线路老化破损，造成触电以及其他伤害	巡检时发现螺栓松动及时紧固，线路有破损、老化，立即联系电工进行处理	发现线路破损、老化，严禁靠近	
		（3）安全防护设施、运转部位安全装置防护不完整或不牢固，可能造成坠落、机械伤害	① 检查确认防护装置完整牢靠，安全警示标志清晰完好；② 设备运转时，不能接触运转部位	设备运转时，严禁接触运转部位，严禁运转时进行维修	
		（4）未确认现场安全即启动设备，可能造成机械伤害	开机前需确认设备及周围无人或物，各防护装置已安装完好，方可开机	严禁现场未经确认就启动皮带机	
	5. 系统停机检修	（1）检修设备前未拉闸挂牌，设备突然开启，可能造成机械伤害	应拉闸挂牌并进行安全确认，两人以上配合作业	未进行拉闸挂牌，严禁作业	
		（2）切割皮带、更换挡料皮时使用刀具不当	切割皮带挡皮子时，要侧身，刀口不能对人	严禁将刀口正对人体使用	

	流程	风险分析	安全要点	严禁事项	应急措施
作业过程	5. 系统停机检修	（3）未停机更换收尘器滤袋，喷吹气体伤人	更换收尘滤袋时必须停机方可进行	严禁未停机更换收尘器滤袋	
		（4）高空作业未办理许可，可能造成坠落伤害	高空作业必须正确穿戴安全带，未办理许可严禁作业	未办理高空作业审批，严禁高空作业	
		（5）进入有限空间未办理许可，可能造成坠落、窒息等伤害，入磨作业办理断电手续，且使用12V安全电压	必须办理许可后方可作业，照明必须使用12V安全电压	未办理有限空间作业审批，严禁进入有限空间作业	
		（6）无证焊接、切割及操作电动葫芦	特种作业需持证上岗	特种作业严禁无证操作	
		（7）作业现场摆放混乱，可能造成滑跌、碰伤等其他伤害	现场工具材料要固定位置、摆放有序		
		（8）检修作业结束后未清点作业人员，未检查清理遗留工具、杂物等，开机后对人和设备可能造成损伤	作业结束后要及时检查、清点人员及物件，确保无遗漏	作业结束后严禁未检查、清点人员及物件，即盲目封门、开机	
作业收尾	1. 卫生清理	使用高压风吹扫身体灰尘导致其他伤害		严禁储气罐接风管，吹扫身体	
	2. 交接班记录		按规定要求规范填写，记录设备运转情况、安全设备设施情况	严禁不做记录或记录不完整就交班	

9.2.3 生料磨岗位安全操作规程

流程	风险分析	安全要点	严禁事项	应急措施
作业前		①人员身体、精神状态正常；②劳保用品穿戴齐全、工器具符合要求	严禁酒后上岗；严禁带病作业；严禁使用损坏的工器具；严禁不穿戴劳保用品或使用不合格的劳保用品进行作业	

续表

流程	风险分析	安全要点	严禁事项	应急措施
作业过程 1. 皮带机巡检	（1）安全防护设施、运转部位安全装置防护不完整或不牢固，可能造成坠落、机械伤害	① 检查确认防护装置完整牢靠，安全警示标志清晰完好；② 设备运转时，不能接触运转部位	设备运转时，严禁接触运转部位，严禁运转时进行维修	（1）受伤员工及发现人员应使用随身携带的对讲机进行呼救，并通知当班班长及值班主任；（2）伤害救治：① 机械伤害：发现设备或人身伤害事故应直接急停设备，及时通知班长、值班主任及安全主管并启动应急预案，协调车辆及人员进行采取应急救援措施；② 物体打击：遇有创伤性出血的伤员，应迅速包扎止血，使伤员保持头低脚高的卧位，并注意保暖；③ 高处坠落：去除伤员身上的用具和口袋中的硬物。在搬运和转送过程中，颈部和躯干不能前屈或扭转，而应使脊柱伸直，绝对禁止一个抬肩一个抬腿的搬法，以免发生或加重截瘫；④ 粉尘：正确佩戴防尘劳保用品，及时更换防尘滤纸，严重者就医检查；⑤ 噪声：正确佩戴护耳器，严重者就医检查；⑥ 触电：立即切断电源，对伤者进行急救；⑦ 窒息：首先立即使伤者脱离窒息环境；查看病人是否有呼吸和脉搏；及时采取如人工呼吸等急救措施；
	（2）巡检未走巡检通道	过皮带时，必须走巡检通道	严禁跨越、钻皮带	
	（3）未确认现场安全即启动设备，可能造成机械伤害	开机前需确定皮带上方及周围无人或物，各防护装置已安装完好方可开机	严禁现场未确认就启动皮带机	
2. 油站巡检	（1）未确认油位、油质情况，可能造成设备事故	检查各润滑点油位、油质、油窗是否良好	未检查好油站各个润滑点，严禁开其他主机、设备机	
	（2）未确认油泵安全防护情况，可能造成机械伤害	安全防护设施如有缺失应及时恢复	未确认好安全防护设施情况，严禁其他主机设备开机	
	（3）未确认稀油站压力、温度、透气帽，未检查即开启设备，造成爆炸或其他伤害	确认稀油站各处压力、温度正常，透气帽畅通	未确认油站压力、温度情况正常，严禁开其他主机设备机	
	（4）未确认渗漏油情况	确认油泵、管道、阀门无渗漏油现象	未确认油站漏油情况，严禁开其他主机设备	
3. 提升机巡检	（1）设备运转中随意开启检修门	设备运转中不能开启检修门	严禁在设备运转中开启检修门	
	（2）设备在运转中清扫运转部位，可能造成机械伤害	运转时不能清扫、擦拭运转部位	运转时严禁清扫、擦拭运转部位	
	（3）提升机地坑环境不良，可能造成窒息伤害	保持照明良好，上下梯子抓牢、扶稳	严禁上下楼梯不抓扶手	
	（4）安全防护设施、运转部位安全装置防护不完整或不牢固，可能造成坠落、机械伤害	① 检查确认防护装置完整牢靠，安全警示标志清晰完好；② 设备运转时，不能接触运转部位	设备运转时，严禁接触运转部位，严禁运转时进行维修	
	（5）未确认现场安全即启动设备，可能造成机械伤害	开机前需确定设备及周围无人或物，各防护装置已安装完好方可开机	严禁现场未经确认就启动皮带机	

续表

流程		风险分析	安全要点	严禁事项	应急措施
作业过程	4. 收尘器巡检	（1）上下直梯未抓好扶手，可能造成滑跌伤害	上下楼梯抓好扶手（踏棍），必要时系安全带	严禁上下楼梯不抓扶手	⑧烫伤：人员如果烫伤，立即用大量的凉水冲洗伤处，防止伤害深度加深； ⑨其他伤害（滑跌、扭伤、摔伤、碰伤等）：视具体伤害类型采取应急措施，遇有创伤性出血的伤员，应迅速包扎止血； （3）伤情严重时及时拨打120电话，同时汇报值班调度、车间领导、安全主管及公司领导； （4）派专人、车直接到就近医院进行治疗，严重者直接到上级医院
		（2）顶部平台防护栏杆不牢固，可能造成坠落伤害	必须确认防护装置完好有效、牢固可靠	防护装置不完整，严禁靠近收尘器边缘	
		（3）安全防护设施、运转部位安全装置防护不完整或不牢固，可能造成机械伤害	①检查确认防护装置完整牢靠，安全警示标志清晰完好； ②设备运转时，不能接触运转部位	设备运转时，严禁接触运转部位，严禁运转时进行维修	
	5. 磨机巡检	（1）巡检磨机时不戴耳塞防护，可能造成噪声伤害	巡检磨机等大的噪声设备时，应戴好护耳器	严禁不戴耳塞进入噪声大的设备区域巡检	
		（2）安全防护设施、运转部位安全装置防护不完整或不牢固，可能造成机械伤害	①检查确认防护装置完整牢靠，安全警示标志清晰完好； ②设备运转时，不能接触运转部位	设备运转时，严禁接触运转部位，严禁运转时进行维修	
		（3）生料磨停磨未降温处理，进磨检查，可能造成烫伤	积极联系中控员进行降温处理，降温后进磨	磨内温度未降之前，严禁入磨进行操作	
		（4）未确认现场安全即启动设备，可能造成机械伤害	开机前需确定设备及周围无人或物，各防护装置已安装完好方可开机	严禁现场未经确认就启动设备	
	6. 空气输送斜槽巡检	（1）设备运转时开启斜槽盖	斜槽保持密封完好，在运转时严禁开启斜槽盖	斜槽在运转时严禁开启斜槽盖	
		（2）安全防护设施、运转部位安全装置防护不完整或不牢固，可能造成坠落、机械伤害	①检查确认防护装置完整牢靠，安全警示标志清晰完好； ②设备运转时，不能接触运转部位	设备运转时，严禁接触运转部位，严禁运转时进行维修	
	7. 选粉机巡检	（1）设备运转中开启检修门	设备运转中不得随意开启检修门	严禁在设备运转中开启检修门	
		（2）选粉机电机紧固螺栓松动、线路老化破损，造成触电以及其他伤害	巡检时发现螺栓松动及时紧固，线路有破损、老化，立即联系电工进行处理	发现线路破损、老化，严禁靠近	

流程	风险分析	安全要点	严禁事项	应急措施
7. 选粉机巡检	（3）安全防护设施、运转部位安全装置防护不完整或不牢固，可能造成坠落、机械伤害	① 检查确认防护装置完整牢靠，安全警示标志清晰完好；② 设备运转时，不能接触运转部位	设备运转时，严禁接触运转部位，严禁运转时进行维修	
	（4）未确认现场安全即启动设备，可能造成机械伤害	开机前需确定设备及周围无人或物，各防护装置已安装完好方可开机	严禁现场未经确认就启动设备	
8. 水泵房巡检	水泵防护设施压力表、料位计缺失、水泵防护、密封损坏	及时检查压力表、料位计、防护设施、水泵密封等	严禁循环、清水池溢水	
作业过程 9. 系统停机检修	（1）检修设备前未拉闸挂牌，设备突然开启可能造成机械伤害	应拉闸挂牌并进行安全确认，两人以上配合作业	未拉闸挂牌，严禁作业	
	（2）切割皮带、更换挡料皮子时使用刀具不当	切割皮带挡料子时，要侧身，刀口不能对人	严禁将刀口正对人体使用	
	（3）未停机更换收尘器滤袋，喷吹气体可能伤人	更换收尘滤袋时必须停机方可进行	严禁未停机更换收尘器滤袋	
	（4）高空作业未办理许可，可能造成坠落伤害	高空作业必须正确穿戴安全带，未办理许可严禁作业	未办理高空作业审批，严禁高空作业	
	（5）人有限空间未办理许可，可能造成坠落、窒息等伤害，入磨作业办理断电手续，且使用12V安全电压	必须办理许可后方可作业，照明必须使用12V安全电压	未办理有限空间作业审批，严禁入有限空间作业	
	（6）无证焊接、切割及操作电动葫芦	特种作业需持证上岗	特种作业严禁无证操作	
	（7）作业现场摆放混乱，可能造成滑跌、碰伤等其他伤害	现场工具材料要固定位置、摆放有序		
	（8）检修作业结束后未清点作业人员，未检查清理遗留工具、杂物等，开机后对人可能造成机械伤害、对设备也可能造成损害	作业结束后要及时检查、清点人员及物件，确保无遗漏	作业结束后严禁未检查、清点人员及物件，即盲目封门、开机	

流程		风险分析	安全要点	严禁事项	应急措施
作业收尾	1. 卫生清理	使用高压风吹扫身体灰尘导致其他伤害		严禁储气罐乱接风管，吹扫身体	
	2. 交接班记录		按规定要求规范填写，记录设备运转情况、安全设备设施情况	严禁不做记录或记录不完整就交班	

9.2.4 预热器巡检岗位安全操作规程

流程		风险分析	安全要点	严禁事项	应急措施
作业前			① 人员身体、精神状态正常；② 劳保用品穿戴齐全、工器具符合要求	严禁酒后上岗；严禁带病作业；严禁使用损坏的工器具；严禁不穿戴劳保用品或使用不合格的劳保用品进行作业	
作业过程	1. 高压水枪巡检	（1）安全防护设施、运转部位安全装置防护不完整或不牢固，可能造成坠落、机械伤害	① 检查确认防护装置完整牢靠，安全警示标志清晰完好；② 设备运转时，不能接触运转部位	设备运转时，严禁接触运转部位，严禁运转时进行维修	（1）受伤员工及发现人员应使用随身携带的对讲机进行呼救，并通知当班班长及值班主任；（2）伤害救治：① 机械伤害：发现设备或人身伤害事故应直接急停设备，及时通知班长、值班主任及安全主管并启动应急预案，协调车辆及人员采取应急救援措施；② 物体打击：遇有创伤性出血的伤员，应迅速包扎止血，使伤员保持头低脚高的卧位，并注意保暖；③ 高处坠落：去除伤员身上的用具和口袋中的硬物。在搬运和转送过程中，颈部和躯干不能前屈或扭转，而应使脊柱伸直，禁止一个抬肩一个抬腿的搬法，以免发生或加重截瘫；
		（2）使用高压水枪清理结皮时未佩戴防护服，可能造成烫伤	清理结皮时穿戴好防护服	未穿戴好防护服，严禁进行清理结皮作业	
		（3）高压水管破损、压力表损坏、水管接头开裂，可能对人造成其他伤害	开机前需确定高压水管无破损泄漏、压力表完好	严禁现场未确认高压水管磨损情况使用高压水枪	
		（4）未确认现场安全即启动设备，可能造成机械伤害	开机前需确定设备及周围无人或物，各防护装置已安装完好方可开机	严禁现场未确认就启动设备	
	2. 翻板阀巡检	（1）翻板阀活动不灵活，可能造成预热器堵塞	检查翻板轴承润滑是否良好，调整好配重，保证活动灵活		
		（2）翻板阀系统漏风，可能造成结皮形成	发现有漏风现象及时密封处理		
	3. 提升机巡检	（1）设备运转中随意开启检修门，可能造成机械伤害	设备运转中不能开启检修门	严禁在设备运转中开启检修门	
		（2）在设备运转中清扫运转部位，可能造成机械伤害	运转时不能清扫、擦拭运转部位	运转时严禁清扫、擦拭运转部位	

续表

流程		风险分析	安全要点	严禁事项	应急措施
作业过程	3. 提升机巡检	（3）提升机头轮环境不良，可能造成高空坠落	保持照明良好，作业周边环境杂物及时清理，上下梯子抓牢、扶稳	严禁上下楼梯不抓扶手	④ 粉尘：正确佩戴防尘劳保用品，及时更换防尘滤纸，严重者就医检查；⑤ 噪声：正确佩戴护耳器，严重者就医检查；⑥ 触电：立即切断电源，对伤者进行急救；⑦ 窒息：首先立即使伤者脱离窒息环境；查看病人是否有呼吸和脉搏；及时采取人工呼吸等急救措施；⑧ 烫伤：人员如果烫伤后，立即用大量的凉水冲洗伤处，防止伤害深度加深；⑨ 中暑：迅速将中暑者脱离高温环境，转移至阴凉通风处休息；使其平卧，头部抬高，松解衣扣；及时采取如补充液体、人工散热等急救措施；⑩ 其他伤害（滑跌、扭伤、摔伤、碰伤等）：视具体伤害类型采取应急措施，遇有创伤性出血的伤员，应迅速包扎止血；（3）伤情严重时及时拨打 120 电话，同时汇报值班调度、车间领导、安全主管及公司领导；（4）派专人、车直接到就近医院进行治疗，严重者直接到上级医院就医
		（4）安全防护设施、运转部位安全装置防护不完整或不牢固，可能造成坠落、机械伤害	① 检查确认防护装置完整牢靠，安全警示标志清晰完好；② 设备运转时，不能接触运转部位	设备运转时，严禁接触运转部位，严禁运转时进行维修	
		（5）未确认现场安全即启动设备，可能造成机械伤害	开机前需确认设备及周围无人或物，各防护装置已安装完好，方可开机	严禁现场未经确认就启动设备	
	4. 收尘器巡检	（1）上下直梯时未抓好扶手，可能造成滑跌伤害	上下楼梯抓好扶手（踏棍），必要时系安全带	严禁上下楼梯不抓扶手	
		（2）顶部平台防护栏杆不牢固，可能造成坠落伤害	必须确认防护装置完好有效、牢固可靠	防护装置不完整，严禁靠近收尘器边缘	
		（3）安全防护设施、运转部位安全装置防护不完整或不牢固，可能造成机械伤害	① 检查确认防护装置完整牢靠，安全警示标志清晰完好；② 设备运转时，不能接触运转部位	设备运转时，严禁接触运转部位，严禁运转时进行维修	
	5. 系统阀门、空气炮检查	（1）阀门开度不正常，造成系统负压、温度波动	及时检查各个阀门开度，与中控员及时沟通核对参数		
		（2）空气炮突发损坏，影响紧急事件的处理	检查确认空气炮有无漏气、膜片是否正常	未戴好护目镜，严禁处理漏风的空气炮	
	6. 空气输送斜槽巡检	（1）设备运转时开启斜槽盖	斜槽盖保持密封完好，在运转时严禁开启斜槽盖	斜槽在运转时严禁开启斜槽盖	
		（2）安全防护设施、运转部位安全装置防护不完整或不牢固，可能造成坠落、机械伤害	① 检查确认防护装置完整牢靠，安全警示标志清晰完好；② 设备运转时，不能接触运转部位	设备运转时，严禁接触运转部位，严禁运转时进行维修	

流程		风险分析	安全要点	严禁事项	应急措施
作业过程	7. 卷扬机	（1）卷扬机钢丝绳磨损严重易断裂，对人可能造成起重机伤害	随时检查卷扬机钢丝绳磨损情况，及时更换不合格钢丝绳，确保安全使用	严禁使用断骨的钢丝绳吊装物件	
		（2）卷扬机防脱钩装置缺失损坏，可能造成起重机伤害	检查卷扬机防脱钩装置是否有效齐全	防脱钩缺失或无效，严禁吊装物件	
		（3）安全防护设施、运转部位安全装置防护不完整或不牢固，可能造成坠落、机械伤害	① 检查确认防护装置完整牢靠，安全警示标志清晰完好；② 设备运转时，不能接触运转部位	设备运转时，严禁接触运转部位，严禁运转时进行维修	
	8. 日常清理窑尾、烟室结皮作业	（1）不按规定佩戴防护服，清理窑尾、烟室结皮，可能对人造成烫伤	在日常清理结皮时要穿戴好防护服进行作业	严禁未穿戴防护服进行清理结皮作业	
		（2）作业前未与中控室员进行联系确认系统负压即盲目清理结皮，可能造成烫伤	在清理结皮作业前确认系统负压是否正常	严禁在系统负压波动时清理结皮	
		（3）不正确使用高压水枪清理结皮，可能造成机械伤害、烫伤	要严格按照高压水枪操作规程进行操作		
	9. 系统停机检修	（1）检修设备前未拉闸挂牌，设备突然开启可能造成机械伤害	应拉闸挂牌并进行安全确认，两人以上配合作业	未进行拉闸挂牌，严禁作业	
		（2）未停机更换收尘器滤袋，喷吹气体可能伤人	更换收尘滤袋时必须停机方可进行	严禁未停机更换收尘器滤袋	
		（3）作业现场摆放混乱，可能造成滑跌、碰伤等其他伤害	现场工具材料要固定位置、摆放有序	严禁在氧气瓶、乙炔瓶上搭放电线	
		（4）进行危险作业，未经过审批盲目作业	在进行危险作业时要严格按照审批程序进行审批	严禁未经过审批，进行危险作业活动	
		（5）检修作业结束后未清点作业人员，未检查清理遗留工具、杂物等，开机后对人造成机械伤害、对设备也可能造成损害	作业结束后要及时检查、清点人员及物件，确保无遗漏	作业结束后严禁未检查、清点人员及物件，即盲目封门、开机	

流程		风险分析	安全要点	严禁事项	应急措施
作业过程	10. 预热器清堵作业	（1）作业前未办理危险作业审批或执行审批混乱，未明确分工，未穿高温防护服，可能造成烫伤以及其他伤害	作业前要办理危险作业审批，清堵人员要按要求穿戴好防护服	危险作业未经过审批、未穿高温防护服，严禁作业	
		（2）未按照预热器清堵操作规程进行操作，清堵作业时未关闭检查口，空气炮对人员可能造成烫伤以及其他伤害	清堵时按照预热器清堵操作规程，将空气炮（将气体排净）和不用的检查门关闭，方可作业	严禁不按预热器清堵操作规程进行作业	
		（3）清堵作业时存在交叉作业，可能造成烫伤以及其他伤害	清堵作业不能两处同时进行，清堵人员应站在上风口，侧身进行作业		
作业收尾	1. 卫生清理	使用高压风吹扫身体灰尘导致其他伤害		严禁储气罐乱接风管，吹扫身体	
	2. 交接班记录		按规定要求规范填写，记录设备运转情况、安全设备设施情况	严禁不做记录或记录不完整就交班	

9.2.5　回转窑篦冷机巡检岗位安全操作规程

流程		风险分析	安全要点	严禁事项	应急措施
作业前			① 人员身体、精神状态正常；② 劳保用品穿戴齐全、工器具符合要求	严禁酒后上岗；严禁带病作业；严禁使用损坏的工器具；严禁不穿戴劳保用品或使用不合格的劳保用品进行作业	
作业过程	1. 篦冷机风机巡检	（1）设备运转时清理旋转部位的油污，可能造成机械伤害	清理设备卫生时要远离旋转部位	严禁清理设备旋转部位的卫生	（1）受伤员工及发现人员应使用随身携带的对讲机进行呼救，并通知当班班长及值班主任；
		（2）安全防护设施、运转部位安全装置防护不完整或不牢固，可能造成机械伤害	① 检查确认防护装置完整牢靠，安全警示标志清晰完好；② 设备运转时，不能接触运转部位	设备运转时，严禁接触运转部位，严禁运转时进行维修	

	流程	风险分析	安全要点	严禁事项	应急措施
作业过程	1. 篦冷机风机巡检	（3）未确认现场安全即启动设备，可能造成机械伤害	开机前需确认设备及周围无人或物，各防护装置已安装完好，方可开机	严禁现场未经确认就启动设备	（2）伤害救治： ① 机械伤害：发现设备或人身伤害事故应直接急停设备，及时通知班长、值班主任及安全主管并启动应急预案，协调车辆及人员采取应急救援措施； ② 物体打击：遇有创伤性出血的伤员，应迅速包扎止血，使伤员保持头低脚高的卧位，并注意保暖； ③ 高处坠落：去除伤员身上的用具和口袋中的硬物。在搬运和转送过程中，颈部和躯干不能前屈或扭转，而应使脊柱伸直，绝对禁止一个抬肩一个抬腿的搬法，以免发生或加重截瘫； ④ 粉尘：正确佩戴防尘劳保用品，及时更换防尘滤纸，严重者就医检查； ⑤ 噪声：正确佩戴护耳器，严重者就医检查； ⑥ 触电：立即切断电源，对伤者进行急救； ⑦ 窒息：首先立即使伤者脱离窒息环境；查看病人是否有呼吸和脉搏；及时采取如人工呼吸等急救措施；
	2. 油站巡检	（1）未确认油位、油质情况，可能造成设备事故	检查各润滑点油位、油质、油窗是否良好	未检查好油站各个润滑点，严禁开其他主机、设备机	
		（2）未确认油泵安全防护情况，可能造成机械伤害	安全防护设施如有缺失，应及时恢复	未确认好安全防护设施情况，严禁开其他主机、设备机	
		（3）未确认稀油站压力、温度、透气孔畅通情况即开启设备	确认稀油站各处压力、温度是否正常，透气孔是畅通	未确认油站压力、温度情况，严禁开其他主机、设备机	
		（4）在稀油站内部吸烟、动火，导致火灾、爆炸	动火作业前，办理作业票，做好应急措施和处置方案	开机过程中严禁动火；稀油站内严禁吸烟	
	3. 辊式破碎机巡检	（1）辊式破碎机电机紧固螺栓松动、线路老化破损，可能造成触电以及其他伤害	巡检时发现螺栓松动及时紧固，线路有破损、老化立即联系电工进行处理	发现线路破损、老化严禁靠近	
		（2）设备运转时清理旋转部位油污，可能造成机械伤害	清理设备卫生时要远离旋转部位	严禁清理设备旋转部位的卫生	
		（3）安全防护设施、运转部位安全装置防护不完整或不牢固，可能造成机械伤害	① 检查确认防护装置完整牢靠，安全警示标志清晰完好； ② 设备运转时，不能接触运转部位	设备运转时，严禁接触运转部位，严禁运转时进行维修	
		（4）未确认现场安全即启动设备，可能造成机械伤害	开机前需确认设备及周围无人或物，各防护装置已安装完好，方可开机	严禁现场未经确认就启动设备	
	4. 窑头一次风机巡检	（1）一次风机电机紧固螺栓松动、线路老化破损，可能造成触电以及其他伤害	巡检时发现螺栓松动及时紧固，线路有破损、老化立即联系电工进行处理	发现线路破损、老化严禁靠近	
		（2）设备运转时清理旋转部位油污，可能造成机械伤害	清理设备卫生时要远离旋转部位	严禁清理设备旋转部位的卫生	

流程		风险分析	安全要点	严禁事项	应急措施
作业过程	4. 窑头一次风机巡检	(3) 安全防护设施、运转部位安全装置防护不完整或不牢固，可能造成机械伤害	① 检查确认防护装置完整牢靠，安全警示标志清晰完好；② 设备运转时，不能接触运转部位	设备运转时，严禁接触运转部位，严禁运转时进行维修	⑧ 起火：立即汇报车间及公司相关部门，启动车间公司火灾应急预案。当班人员立即用附近适合的灭火器或消防器材实施扑救，尽量扑灭或控制火势发展。如无法扑灭明火，则在可能的情况下，关闭门窗以减缓火势蔓延速度，等待救援；⑨ 烫伤：人员如果烫伤，立即用大量的凉水冲洗伤处，防止伤害加深；⑩ 中暑：迅速将中暑者脱离高温环境，转移至阴凉通风处休息；使其平卧，头部抬高，松解衣扣；及时采取如补充液体、人工散热等急救措施；⑪ 其他伤害（滑跌、扭伤、摔伤、碰伤等）：视具体伤害类型采取应急措施，遇有创伤性出血的伤员，应迅速包扎止血；(3) 伤情严重时及时拨打120电话，同时汇报值班调度、车间领导、安全主管及公司领导；(4) 派专人、车直接到就近医院进行治疗，严重者直接到上级医院就医
	5. 柴油罐巡检	(1) 柴油罐灭火器缺失，在柴油罐危险区域动火，可能造成起火、爆炸伤害	巡检时确认灭火器完好，岗位人员监督他人，不能在柴油罐区域动火	严禁在柴油罐区域动火	
		(2) 柴油罐警示标志缺失，罐体、管路漏油，易造成起火爆炸伤害	巡检时发现警示缺失、漏油，及时汇报处理	处理漏油时未办理危险作业审批手续严禁作业	
	6. 电动葫芦巡检	(1) 电动葫芦钢丝绳磨损严重易断裂，对人可能造成起重伤害	随时检查电动葫芦钢丝绳磨损情况，及时更换，确保安全使用	严禁使用断骨的钢丝绳吊装物件	
		(2) 电动葫芦防脱钩装置缺失损坏，可能造成起重伤害	检查电动葫芦防脱钩装置是否有效齐全	防脱钩缺失或无效严禁吊装物件	
		(3) 安全防护设施、运转部位安全装置防护不完整或不牢固，可能造成坠落、机械伤害	① 检查确认防护装置完整牢靠，安全警示标志清晰完好；② 设备运转时，不能接触运转部位	设备运转时，严禁接触运转部位，严禁运转时进行维修	
	7. 托轮瓦、轮带巡检	(1) 托轮瓦、轮带润滑差，有异响，可能造成设备事故	对托轮瓦润滑情况、油质变化情况重点进行监控，发现异常及时汇报		
		(2) 托轮瓦温度高	用测温枪及时测量托轮瓦实际温度，根据测量结果及时处理		
		(3) 安全防护设施、运转部位安全装置防护不完整或不牢固，可能造成坠落、机械伤害	① 检查确认防护装置完整牢靠，安全警示标志清晰完好；② 设备运转时，不能接触运转部位	设备运转时，严禁接触运转部位，严禁运转时进行维修	
	8. 窑主电机、减速机系统巡检	(1) 窑主电机紧固螺栓松动、线路老化破损，可能造成触电以及其他伤害	巡检时发现螺栓松动及时紧固，线路有破损、老化立即联系电工进行处理	发现线路破损、老化严禁靠近	

流程		风险分析	安全要点	严禁事项	应急措施
作业过程	8. 窑主电机、减速机系统巡检	（2）设备运转时清理旋转部位油污，可能造成机械伤害	清理设备卫生时要远离旋转部位	严禁清理设备旋转部位的卫生	
		（3）安全防护设施、运转部位安全装置防护不完整或不牢固可能造成机械伤害	① 检查确认防护装置完整牢靠，安全警示标志清晰完好；② 设备运转时，不能接触运转部位	设备运转时，严禁接触运转部位，严禁运转时进行维修	
	9. 日常清理煤嘴作业	（1）清理煤嘴前未确认系统负压正常、未穿戴好防护面罩进行作业，可能造成烫伤	清理煤嘴前首先确认系统负压正常，穿戴好防护面罩进行作业	未戴好防护面罩，系统负压不正常，禁止进行清理煤嘴作业	
		（2）作业时开窑头罩检查门时，脸部正对门口造成烫伤；作业时两手未握紧清理煤嘴的工具，可能造成其他伤害	开检查门时脸部侧对检查门，清理时两手要紧紧握住清煤嘴的工具	严禁脸部正对检查门开门	
		（3）清理完成后未侧身关门可能造成烫伤	关门时要侧身，防止烫伤	严禁脸部正面关门	
	10. 篦冷机清料作业	（1）清理料前未办理危险作业审批手续、未确认系统负压正常、未穿戴好防护服、面罩进行作业，可能造成烫伤	清理篦冷机料前首先办理危险作业审批，确认系统负压正常，穿戴好防护服、面罩进行作业	未办理危险作业审批手续、未戴好防护面罩，系统负压不正常，禁止进行清理篦冷机作业	
		（2）作业时未落实相关审批，未断电，上部、顶部物料未清理，一次进入篦冷机内人员超过两人，未将翻板阀锁死，未上锁挂牌，造成物体打击、烫伤、其他伤害	作业时将周围物料清理干净，严格落实有限空间审批相关内容，锁紧翻板阀、上锁挂牌，办理停电	严禁一次进入篦冷机的清理人员超过两人	
		（3）清理完成后未工具、人员，可能造成烫伤	清理完成后要清点好人员和工具	严禁作业后不清点人员、工具	

流程		风险分析	安全要点	严禁事项	应急措施
作业过程	11. 系统停机检修	（1）检修设备前未拉闸挂牌，设备突然开启造成机械伤害	应拉闸挂牌并进行安全确认，两人以上配合作业	未拉闸挂牌，严禁作业	
		（2）高空作业未办理许可，可能造成坠落伤害	高空作业必须正确穿戴安全带，未办理许可，严禁作业	未办理高空作业审批手续，严禁高空作业	
		（3）进入有限空间未办理许可，可能造成坠落、窒息等伤害	必须办理许可，方可作业	未办理有限空间作业审批，严禁进入有限空间作业	
		（4）无证焊接、切割及操作电动葫芦	特种作业需持证上岗	特种作业严禁无证操作	
		（5）回转窑换窑砖检修，设备未停电，突然启动，未落实有限空间作业"先通风、再检测、后作业"程序；未经授权人员即进入工作场所；下料管等相关设备未锁闭，吊运喷煤管的手拉葫芦安全性差；作业不规范，过桥搭设不稳固，两侧未设防护栏杆，照明不良或照明安全性不符合要求，窑皮突然垮落，造成窒息、物体打击以及其他伤害	① 落实停送电手续，合理安排工期，回转窑换窑砖作业应在停窑较长时间、窑内结皮较稳定、温度降至常温后进行；② 执行"先通风、再检测、后作业"程序；③ 窑口设专人监护，禁止无关人员入内，对烟室、下料管等进行封闭，确保烟室上方搭设的脚手架、架板的强度；④ 进入窑内前进行全面检查，作业前检查吊具的安全性，严格按手拉葫芦操作规程作业，进入回转窑前先转窑，排出已脱落的窑皮；⑤ 使用打砖机时人员站在安全位置操作，压机板在合适位置放牢固	未办理停电审批手续，未锁紧翻板阀，未落实好相关危险管控措施，严禁窑内作业	
		（6）篦冷机内检修未办理停电、危险作业审批手续，照明不足、未使用安全电压、交叉作业，氧气、乙炔不按规定使用，造成窒息、物体打击、触电以及其他伤害	篦冷机机内检修应办理停电、危险作业审批手续，照明保证充足、使用安全电压、不进行交叉作业，正确使用氧气、乙炔	未办理停电审批手续，未锁紧翻板阀，未落实好相关危险管控措施，严禁篦冷机内作业	

389

流程		风险分析	安全要点	严禁事项	应急措施
作业过程	11. 系统停机检修	（7）熟料破碎机检修作业未办理停电、危险作业审批手续，照明不足、未使用安全电压，交叉作业，氧气、乙炔不按规定使用，造成窒息、物体打击、触电以及其他伤害	破碎机内检修应办理停电、危险作业审批手续，照明保证充足、使用安全电压，不进行交叉作业，正确使用氧气、乙炔	未办理停电审批手续，未锁紧翻板阀，未落实好相关危险管控措施，严禁在篦冷机内作业	
		（8）作业现场摆放混乱，造成滑跌、碰伤等其他伤害	现场工具材料要固定位置、摆放有序	严禁在氧气瓶、乙炔瓶上搭放电线	
		（9）检修作业结束后未清点作业人员，未检查清理遗留工具、杂物等，开机后对人造成机械伤害、设备造成损害	作业结束后要及时检查、清点人员及物件，确保无遗漏	作业结束后严禁未检查、清点人员及物件，即盲目封门、开机	
作业收尾	1. 卫生清理	使用高压风吹扫身体灰尘，导致其他伤害		严禁储气罐乱接风管，吹扫身体	
	2. 交接班记录		按规定要求规范填写，记录设备运转情况、安全设备设施情况	严禁不做记录或记录不完整就交班	

9.2.6 斜链斗巡检岗位安全操作规程

流程		风险分析	安全要点	严禁事项	应急措施
作业前			①人员身体、精神状态正常；②劳保用品穿戴齐全、工器具符合要求	严禁酒后上岗；严禁带病作业；严禁使用损坏的工器具；严禁不穿戴劳保用品或使用不合格的劳保用品进行作业	
作业过程	1. 斜拉链机巡检	（1）安全防护设施、运转部位安全装置防护不完整或不牢固，可能造成坠落、机械伤害	①检查确认防护装置完整牢靠，安全警示标志清晰完好；②设备运转时，不能接触运转部位	设备运转时，严禁接触运转部位，严禁运转时进行维修	（1）受伤员工及发现人员应使用随身携带的对讲机进行呼救，并通知当班班长及值班主任

流程		风险分析	安全要点	严禁事项	应急措施
作业过程	1. 斜拉链机巡检	（2）线路老化、拉绳开关失灵可能造成机械伤害、触电伤害	巡检发现线路老化、拉绳失灵及时通知电工进行处理	发现线路老化破损严禁靠近	（2）伤害救治： ① 机械伤害：发现设备或人身伤害事故应直接急停设备，及时通知班长、值班主任及安全主管并启动应急预案，协调车辆及人员采取应急救援措施； ② 物体打击：遇有创伤性出血的伤员，应迅速包扎止血，使伤员保持头低脚高的卧位，并注意保暖； ③ 高处坠落：去除伤员身上的用具和口袋中的硬物。在搬运和转送过程中，颈部和躯干不能前屈或扭转，而应使脊柱伸直，禁止一个抬肩一个抬腿的搬法，以免发生或加重截瘫； ④ 粉尘：正确佩戴防尘劳保用品，及时更换防尘滤纸，严重者就医检查； ⑤ 噪声：正确佩戴护耳器，严重者就医检查； ⑥ 触电：立即切断电源，对伤者进行急救； ⑦ 中暑：迅速将中暑者脱离高温环境，转移至阴凉通风处休息；使其平卧，头部抬高，松解衣扣；及时采取如补充液体、人工散热等急救措施；
		（3）未确认现场安全即启动设备，可能造成机械伤害	开机前需确认设备及周围无人或物，各防护装置已安装完好方可开机	严禁现场未确认就启动设备	
	2. 斜连斗头轮电机、减速机巡检	（1）电机、减速机紧固螺栓松动、线路老化破损，可能造成触电以及其他伤害	巡检时发现螺栓松动及时紧固，线路有破损、老化立即联系电工进行处理	发现线路破损、老化严禁靠近	
		（2）设备运转时清理旋转部位油污，可能造成机械伤害	清理设备卫生时要远离旋转部位	严禁清理设备旋转部位卫生	
		（3）安全防护设施、运转部位安全装置防护不完整或不牢固造成机械伤害	① 检查确认防护装置完整牢靠，安全警示标志清晰完好； ② 设备运转时，不能接触运转部位	设备运转时，严禁接触运转部位，严禁运转时进行维修	
		（4）未确认现场安全即启动设备，可能造成机械伤害	开机前需确定设备及周围无人或物，各防护装置已安装完好方可开机	严禁现场未确认就启动设备	
	3. 收尘器巡检	（1）上下直梯未抓好扶手，易造成滑跌伤害	上下楼梯抓好扶手（踏棍），必要时系安全带	严禁上下楼梯不抓扶手	
		（2）顶部平台防护栏杆不牢固，易造成坠落伤害	必须确认防护装置完好有效、牢固可靠	防护装置不完整，严禁靠近收尘器边缘	
		（3）安全防护设施、运转部位安全装置防护不完整或不牢固，可能造成机械伤害	① 检查确认防护装置完整牢靠，安全警示标志清晰完好； ② 设备运转时，不能接触运转部位	设备运转时，严禁接触运转部位，严禁运转时进行维修	
	4. 电收尘巡检	（1）灰斗下料不畅、振打不正常，清灰不正常，防护设施缺失可能造成坍塌、机械伤害	巡检灰斗下料、振打情况，如有异常及时汇报处理，防护设施缺失破损及时进行焊补	防护设施缺失破损，严禁作业	

流程		风险分析	安全要点	严禁事项	应急措施
作业过程	4. 电收尘巡检	（2）电厂参数不正常、接地异常，可能造成触电伤害	及时与中控室联系沟通确保参数正常，接地完好	接地不正常，严禁靠近电收尘区域	⑧ 窒息：首先立即使伤者脱离窒息环境；查看病人是否有呼吸和脉搏；及时采取如人工呼吸等急救措施； ⑨ 烫伤：人员如果烫伤后，立即用大量的凉水冲洗伤处，防止伤害加深； ⑩ 其他伤害（滑跌、扭伤、摔伤、碰伤等）：视具体伤害类型采取应急措施，遇有创伤性出血的伤员，应迅速包扎止血； （3）伤情严重时及时拨打120电话，同时汇报值班调度、车间领导、安全主管及公司领导； （4）派专人、车直接到就近医院进行治疗，严重者直接到上级医院就医
		（3）电收尘顶部护栏破损缺失可能造成高空坠落伤害	护栏防护设施缺失破损及时进行焊补	防护栏杆未恢复好严禁靠近	
		（4）未确认现场安全即启动设备，可能造成机械伤害	开机前需确定设备及周围无人或物，各防护装置已安装完好方可开机	严禁现场未确认就启动设备	
	5. 过剩风机巡检	（1）电机、减速机紧固螺栓松动、线路老化破损，可能造成触电以及其他伤害	巡检时发现螺栓松动及时紧固，线路有破损、老化立即联系电工进行处理	发现线路破损、老化严禁靠近	
		（2）设备运转时清理旋转部位油污，可能造成机械伤害	清理设备卫生时要远离旋转部位	严禁清理设备旋转部位卫生	
		（3）安全防护设施、运转部位安全装置防护不完整或不牢固可能造成机械伤害	① 检查确认防护装置完整牢靠，安全警示标志清晰完好；② 设备运转时，不能接触运转部位	设备运转时，严禁接触运转部位，严禁运转时进行维修	
		（4）未确认现场安全即启动设备，可能造成机械伤害	开机前需确定设备及周围无人或物，各防护装置已安装完好方可开机	严禁现场未确认就启动设备	
	6. 系统停机检修	（1）检修设备前未拉闸挂牌，设备突然开启造成机械伤害	应拉闸挂牌并进行安全确认，两个人以上配合作业	未拉闸挂牌前严禁作业	
		（2）切割皮带、更换斗子两侧挡料皮时使用刀具不当	要侧身，刀口不能正对人体	严禁将刀口正对人体使用	
		（3）未停机更换收尘器滤袋，喷吹气体伤人	更换收尘滤袋时必须停机进行	严禁未停机即更换收尘器滤袋	
		（4）高空作业未办理许可，可能造成坠落伤害	高空作业必须正确穿戴安全带，未办理许可严禁作业	未办理高空作业审批，严禁高空作业	

	流程	风险分析	安全要点	严禁事项	应急措施
作业过程	6. 系统停机检修	（5）进入有限空间未办理许可，可能造成坠落、窒息等伤害	必须办理许可，方可作业	未办理有限空间作业审批，严禁进入有限空间作业	
		（6）无证焊接、切割及操作电动葫芦	特种作业需持证上岗	特种作业严禁无证操作	
		（7）斜连斗更换滚轮检修未办理停电，氧气、乙炔、电焊机未正确使用，可能造成机械伤害、触电等伤害	严格执行断电手续，要正确使用气割、电焊机作业	严禁违规违章使用气割、电焊机，严禁未办理停电即进行作业	
		（8）作业现场摆放混乱，造成滑跌、碰伤等其他伤害	现场工具、物品固定位置，有序摆放		
		（9）检修作业结束后未清点作业人员，未检查清理遗留工具、杂物等，开机后对人造成机械伤害、设备造成损害	作业结束后要及时检查、清点人员及物件，确保无遗漏	作业结束后严禁未检查、清点人员及物件，盲目封门、开机	
作业收尾	1. 卫生清理	使用高压风吹扫身体灰尘导致其他伤害		严禁储气罐乱接风管，吹扫身体	
	2. 交接班记录		按规定要求规范填写，记录设备运转情况、安全设备设施情况	严禁不做记录或记录不完整就交班	

9.2.7 煤磨岗位安全操作规程

	流程	风险分析	安全要点	严禁事项	应急措施
	作业前		① 人员身体、精神状态正常；② 劳保用品穿戴齐全、工器具符合要求	严禁酒后上岗；严禁带病作业；严禁使用损坏的工器具；严禁不穿戴劳保用品或使用不合格的劳保用品进行作业	
作业过程	1. 密封称巡检	（1）安全防护设施、运转部位安全装置防护不完整或不牢固，可能造成坠落、机械伤害	① 检查确认防护装置完整牢靠，安全警示标志清晰完好；② 设备运转时，不能接触运转部位	设备运转时，严禁接触运转部位，严禁运转时进行维修	（1）受伤员工及发现人员应使用随身携带的对讲机进行呼救，并通知当班班长及值班主任；

流程		风险分析	安全要点	严禁事项	应急措施
作业过程	1. 密封称巡检	（2）巡检未走安全通道	过皮带时，须走安全通道	严禁跨越、钻皮带	（2）伤害救治： ① 机械伤害：发现设备或人身伤害事故应直接急停设备，及时通知班长、值班主任及安全主管并启动应急预案，协调车辆及人员采取应急救援措施； ② 物体打击：遇有创伤性出血的伤员，应迅速包扎止血，使伤员保持头低脚高的卧位，并注意保暖； ③ 高处坠落：去除伤员身上的用具和口袋中的硬物。在搬运和转送过程中，颈部和躯干不能前屈或扭转，而应使脊柱伸直，绝对禁止一个抬肩一个抬腿的搬法，以免发生或加重截瘫； ④ 粉尘：正确佩戴防尘劳保用品，及时更换防尘滤纸，严重者就医检查； ⑤ 噪声：正确佩戴护耳器，严重者就医检查； ⑥ 触电：立即切断电源，对伤者进行急救； ⑦ 中暑：迅速将中暑者脱离高温环境，转移至阴凉通风处休息；使其平卧，头部抬高，松解衣扣；及时采取如补充液体、人工散热等急救措施；
		（3）未确认现场安全即启动设备，易造成机械伤害	开机前需确定皮带上方及周围无人或物，各防护装置已安装完好方可开机	严禁现场未确认就启动皮带机	
	2. 油站巡检	（1）未确认油位、油质情况，易造成设备事故	检查各润滑点油位、油质、油窗是否良好	未检查好油站各个润滑点，严禁开其他主机设备机	
		（2）未确认油泵安全防护情况，易造成机械伤害	安全防护设施如有缺失应及时恢复	未确认好安全防护设施情况严禁其他主机设备开机	
		（3）未确认油站压力、温度、透气帽是否畅通开启设备	确认稀油站各处压力、温度是否正常，透气帽保持畅通	未确认油站压力、温度情况严禁开其他主机设备机	
		（4）稀油站内部吸烟、动火导致火灾、爆炸	动火作业前，办理作业票，做好应急措施和处置方案	开机过程严禁动火；稀油站内严禁吸烟	
	3. 磁悬浮风机	（1）设备压差、温度、电流异常，造成设备停机事故	及时检查风机屏幕各项参数，如有异常及时处理，避免事故进一步扩大		
		（2）设备在运转中清扫风机内部造成触电伤害	运转时不能清扫、擦拭风机内部卫生	运转时严禁清扫、擦拭风机内部卫生	
		（3）风机检查门随便拆除造成触电伤害	磁悬浮风机检查门拆除后要及时恢复		
	4. 煤磨袋收尘巡检	（1）袋收器压差高、温度异常，造成起火爆炸伤害	及时与中控员联系袋收尘各项参数：一氧化碳、压差、温度，异常变化及时处理	压差、温度异常，一氧化碳报警，严禁视而不见，必须马上采取措施	
		（2）煤磨停机时袋收尘进行巡检，二氧化碳意外释放可能造成伤害等	设立煤磨袋收尘准入制度，袋收尘入口通道上锁，开机不能巡检	严禁开机进行巡检袋收尘	
		（3）泄压阀破损紧急情况不能用，扩大事故面积	发现泄压阀破损及时联系维修，停机更换	严禁未更换破损铝板情况下运行设备	

续表

流程		风险分析	安全要点	严禁事项	应急措施
作业过程	5. 磨机巡检	（1）巡检磨机时不戴耳塞防护，可能造成噪声伤害	巡检磨机等大的噪声设备时，应戴好护耳器	严禁不戴耳塞进入噪声大的设备区域巡检	⑧ 窒息：立即使伤者脱离窒息环境；查看病人是否有呼吸和脉搏；及时采取如人工呼吸等急救措施； ⑨ 烫伤：人员烫伤后，立即用大量的凉水冲洗伤处，防止伤害加深； ⑩ 其他伤害（滑跌、扭伤、摔伤、碰伤等）：视具体伤害类型采取应急措施，遇有创伤性出血的伤员，应迅速包扎止血； （3）伤情严重时及时拨打120电话，同时汇报值班调度、车间领导、安全主管及公司领导； （4）派专人、车直接到就近医院进行治疗，严重者直接到上级医院就医
		（2）安全防护设施、运转部位安全装置防护不完整或不牢固，可能造成机械伤害	① 检查确认防护装置完整牢靠，安全警示标志清晰完好； ② 设备运转时，不能接触运转部位	设备运转时，严禁接触运转部位，严禁运转时进行维修	
		（3）煤磨停磨未降温处理，进磨检查，可能造成烫伤	积极联系中控员做降温处理，降温后进磨	磨内温度未降之前，严禁入磨进行操作	
		（4）开机前未确认安全情况	必须认磨机附近无人或异物，必须确认磨机检修门已关闭方可开机，必须确认安全装置已恢复方可开机	未确认磨门关闭、附近无人，严禁开机	
	6. 煤粉仓	煤粉仓温度异常造成起火爆炸伤害；泄压阀破损紧急情况不能用，扩大事故面积	及时与中控员联系，如发现煤粉仓温度异常变化应及时处理；发现泄压阀破损，及时联系维修，停机更换	温度异常，严禁视而不见，必须马上采取措施	
	7. 选粉机巡检	（1）设备运转中开启检修门	设备运转中不得随意开启检修门	严禁在设备运转中开启检修门	
		（2）安全防护设施、运转部位安全装置防护不完整或不牢固，易造成坠落、机械伤害	① 检查确认防护装置完整牢靠，安全警示标志清晰完好； ② 设备运转时，不能接触运转部位	设备运转时，严禁接触运转部位，严禁运转时进行维修	
	8. 转子秤	（1）设备运转中攀爬秤体，可能造成负荷波动、其他伤害	设备运转中不得随意攀爬设备	严禁在设备运转中攀爬设备	
		（2）安全防护设施、运转部位安全装置防护不完整或不牢固，可能造成坠落、机械伤害	① 检查确认防护装置完整牢靠，安全警示标志清晰完好； ② 设备运转时，不能接触运转部位	设备运转时，严禁接触运转部位，严禁运转时进行维修	
	9. 二氧化碳灭火气瓶、一氧化碳监测检测系统巡检	（1）人为开启二氧化碳灭火系统导致其他伤害	需现场检查确认方可开启	严禁无故开启灭火设备	

流程		风险分析	安全要点	严禁事项	应急措施
作业过程	9. 二氧化碳灭火气瓶、一氧化碳监测检测系统巡检	（2）警示标示缺失、气瓶泄漏未采取有效措施，致使人员误入造成窒息	警示需明确，进入前需要先通风后进入，及时巡检，发现泄漏及时关闭阀门采取措施	放气期间严禁人员进入；严禁未通风即对二氧化碳灭火系统进行巡检	
		（3）检测系统失灵造成传输信号有误，无法判断一氧化碳浓度	及时校验，按时巡检		
	10. 系统停机检修	（1）检修设备前未拉闸挂牌，设备突然开启可能造成机械伤害	应拉闸挂牌并进行安全确认，两人以上配合作业	未拉闸挂牌严禁作业	
		（2）在磨机上方作业未戴安全带，可能造成滑跌、坠落伤害	在磨机上方作业必须佩戴安全带	严禁未戴安全带在高空作业	
		（3）未停机更换收尘器滤袋，喷吹气体易伤人	更换收尘器滤袋时必须停机方可进行	严禁未停机更换收尘器滤袋	
		（4）高空作业未办理许可，易造成坠落伤害	高空作业必须正确穿戴安全带，未办理许可严禁作业	未办理高空作业审批，严禁作业	
		（5）进入有限空间未办理许可，易造成坠落、窒息等伤害	必须办理许可后方可作业	未办理有限空间作业审批，严禁进入有限空间作业	
		（6）无证焊接、切割及操作电动葫芦	特种作业需持证上岗	特种作业严禁无证操作	
		（7）煤粉仓清仓严格按照筒型库清库作业操作规程进行作业： ① 作业前未办理危险作业审批或执行审批混乱，未明确分工、未监测、未停电，造成窒息、爆炸以及其他伤害； ② 清仓作业时未关闭空气炮、无人监护、入仓时间每次超过30min，造成窒息、爆炸以及其他伤害。清仓作业时存在交叉作业，造成烫伤、以及其他伤害； ③ 清理结束时未清点工具、人员，现场造成窒息伤害	① 作业前要办理危险作业审批、通风、监测、停电手续，清仓时按照清仓有关规定进行清理，清仓人员要按规定穿戴好防护用品； ② 清仓作业时对空气炮（将气体排净）要专人监护、入仓作业一次不能超过30min。清仓作业不能上下同时清理； ③ 清理结束要清点人员、工具	① 危险作业未审批、停电、监测、未穿防护用品严禁作业； ② 严禁未关空气炮、无人监护进行作业，严禁入仓作业一次超过30min； ③ 严禁未清点人员、工具即封门	

流程		风险分析	安全要点	严禁事项	应急措施
作业过程	10. 系统停机检修	（8）作业现场物品摆放混乱，造成滑跌、碰伤等其他伤害	现场工具、物品固定位置，有序摆放		
		（9）检修作业结束后未清点作业人员，未检查清理遗留工具、杂物等，开机后对人造成机械伤害、设备造成损害	作业结束后要及时检查、清点人员及物件，确保无遗漏	作业结束后严禁未检查、清点人员及物件，即盲目封门、开机	
作业收尾	1. 卫生清理	使用高压风吹扫身体灰尘导致其他伤害		严禁储气罐乱接风管，吹扫身体	
	2. 交接班记录		按规定要求规范填写，记录设备运转情况、安全设备设施情况	严禁不做记录或记录不完整就交班	

9.2.8　生料磨中控岗位安全操作规程

流程		风险分析	安全要点	严禁事项	应急措施
作业前准备			① 人员身体、精神状态正常；② 劳保用品穿戴齐全、工器具符合要求	严禁酒后上岗；严禁带病作业；严禁使用损坏的工器具；严禁不穿戴劳保用品或使用不合格的劳保用品进行作业	
作业过程	1. 中控室	（1）地面有杂物、积水现象	保持室内清洁、干燥	严禁室内地面有积水现象	滑跌、扭伤、摔伤、碰伤：视具体伤害类型采取应急措施，遇有创伤性出血的伤员，应迅速包扎止血
		（2）操作台物品摆放杂乱	操作台物品摆放规整，水杯等与操作无关物品按要求固定位置摆放	严禁水杯、饮料瓶置于电脑键盘旁边	
	2. 磨机开机流程：启动稀油站、液压站→启动辅机设备→启动密封风机→启动选粉机→入磨循环组→循环风机→主电机辅传→原料入磨组→配料秤组→主电机→喷水装置	（1）未经现场岗位人员确认	开机前与现场岗位人员确认，需确定设备内部及周围无人或物，各防护装置已安装完好方可开机	严禁未经现场确认私自开启设备	① 发生触电时，切断电源，使触电人尽快摆脱触电；② 发生火灾时，应先切断危险源，就地启用灭火器材灭火；必要时启动自动灭火系统和公司级的应急救援方案
		（2）工艺阀门调整不到位，造成设备、工艺故障	阀门每次调整幅度不能超过10%，调整过程注意系统负压变化	工艺调整过程中，严禁直接全开、全关阀门	
		（3）运行参数监控不到位，超出控制范围	合理控制参数范围：出磨温度 75～95℃，磨机振动幅度 <3mm/s，料层厚度 200～300mm	严禁私自退出操作画面，做与操作无关的事	
		（4）未按工艺流程启动设备	按照操作规程及工艺流程规定的生产操作顺序开机	严禁违反工艺流程顺序开机	

流程		风险分析	安全要点	严禁事项	应急措施
作业过程	3. 生产运行控制	（1）设备超负荷运行	合理控制参数范围，密切注视各仪表读数和报警信号，发现异常情况，应立即与岗位人员联系现场确认	严禁设备运行负荷超出额定参数	
		（2）磨机运行振动值升高	根据参数变化，及时调整喂料量和风量。料层不稳时可适当增加磨内的喷水量，控制好磨机出口温度75～90℃，防止料层不稳出现振动值高	严禁解除设备联锁保护	
			保证各部位除铁器运行正常	严禁无故停止除铁器	
		（3）阀门调整控制违反工艺纪律	阀门调整要微调、渐调，调整过程通知窑操作员，防止系统负压波动影响窑系统工况	严禁违规操作	
		（4）窑系统异常状况，系统工况波动	窑系统异常停机时，生料磨及时大幅降低喂料量30%左右，调整系统用风，避免磨内塌料造成工艺设备故障	系统异常状态下，严禁人员在磨体部位作业	
	4. 视频监控	（1）皮带秤上大块物料未及时发现，进入磨内	发现大块物料及时通知岗位工清除，防止进入磨内造成磨机振动大、停机	严禁私自调整视频监控部位	
		（2）生料磨位移与中控数据不符	不定时观察现场标尺位移数据，确保与中控室数据对应	严禁私自调整视频监控部位	
作业收尾	1. 操作运行记录	运行记录不完整，问题记录不清楚	按规定要求规范记录设备运转情况、安全设备设施情况	严禁不做记录或记录不完整就交班	
	2. 班后会交班	本班问题交接不清	总结本班运行中出现的问题及处理措施，对本班未完成的问题交代至下一班，并提出合理化建议	严禁对本班出现的问题隐瞒不交	

9.2.9 煤磨中控岗位安全操作规程

流程		风险分析	安全要点	严禁事项	应急措施
作业前准备			① 人员身体、精神状态正常； ② 劳保用品穿戴齐全、工器具符合要求	严禁酒后上岗；严禁带病作业；严禁使用损坏的工器具；严禁不穿戴劳保用品或使用不合格的劳保用品进行作业	
作业过程	1. 中控室	（1）地面有杂物、积水现象	保持室内清洁、干燥	严禁室内地面有积水现象	滑跌、扭伤、摔伤、碰伤：视具体伤害类型采取应急措施，遇有创伤性出血的伤员，应迅速包扎止血
		（2）操作台物品摆放杂乱	操作台物品摆放规整，水杯等与操作无关物品按要求定置摆放	严禁水杯、饮料瓶置于电脑键盘旁边	
	2. 煤磨开机流程：启动磨机油站组→煤粉入仓组→煤磨袋收尘组→密封风机→选粉机→煤磨排风机→主电机→降辊→喂煤皮带清扫器、皮带秤喂料	（1）煤磨开机出现一氧化碳爆炸	为防止设备开车时发生爆炸，应启动排风机，将煤磨等设备管道中可能产生的易燃气体预先排出	严禁开启煤磨排风机前开热风阀	① 发生触电时，立即切断电源，使触电人尽快摆脱触电； ② 发生火灾时，应先切断危险源，就地启用灭火器材灭火；必要时启动自动灭火系统和公司级的应急救援方案
		（2）未经现场岗位人员确认	开机前与现场岗位人员确认，需确定设备内部及周围无人或物，各防护装置已安装完好方可开机	严禁未经现场确认私自开启设备	
		（3）未按工艺流程启动设备	按照操作规程及工艺流程规定的生产操作顺序开车	严禁违反工艺流程顺序开机	
	3. 生产运行控制	（1）设备超负荷运行	合理控制参数范围，密切注视各仪表读数和报警信号，发现异常情况，应立即与岗位人员联系现场确认	严禁设备运行负荷超出额定参数	
		（2）煤磨出口温度控制过高	合理控制热风阀开度，窑系统工况发生异常时，及时打开冷风阀、关闭热风阀	严禁煤磨出口风温长时间超出 70℃	
			煤磨排风机紧急停车时，严密监视磨机出口温度变化，控制其温度不能超过设定值	严禁煤磨出口风温长时间超出 70℃	

	流程	风险分析	安全要点	严禁事项	应急措施
作业过程	3. 生产运行控制	（3）运行参数监控不到位，超出控制范围	合理控制参数范围：入磨温度＜220℃；出磨温度63～70℃；主电机功率＜630kW；磨内压差6500～7500Pa	严禁私自退出操作画面，做与操作无关的事	
		（4）煤粉在设备内部存积发生自燃	停车前，应将磨机袋收尘器及输送设备内的煤粉全部排空后，才可停车	严禁设备内部有积煤现象	
		（5）煤磨吐渣口发现火星或煤磨系统设备内部着火	出磨温度出现急剧上升，明显表现出磨内着火，要及时停磨、停排风机、关闭系统所有阀门，通知现场岗位工向磨内及袋收尘内喷入二氧化碳灭火气体	温度异常状态下人员禁止进入袋收尘顶部检查作业	
	4. 视频监控	不能及时监控了解煤磨排渣状况	关注煤磨排渣量，煤渣中煤块增多时，及时调整工艺操作参数，稳定磨机运行	严禁私自调整视频监控部位	
作业收尾	1. 操作运行记录	运行记录不完整，问题记录不清楚	按规定要求规范记录设备运转情况、安全设备设施情况	严禁不做记录或记录不完整就交班	
	2. 班后会交班	本班问题交接不清	总结本班运行中出现的问题及处理措施，对本班未完成的问题交代至下一班，并提出合理化建议	严禁对本班出现的问题隐瞒不交	

9.2.10 中控窑操作员岗位安全操作规程

	流程	风险分析	安全要点	严禁事项	应急措施
	作业前准备		① 人员身体、精神状态正常；② 劳保品穿戴齐全、工器具符合要求	严禁酒后上岗；严禁带病作业；严禁使用损坏的工器具；严禁不穿戴劳保品或使用不合格的劳保品进行作业	
作业过程	1. 作业现场	（1）地面有杂物、积水现象	保持室内清洁、干燥	严禁室内地面有积水现象	滑跌、扭伤、摔伤、碰伤：视具体伤害类型采取应急措施，遇有创伤性出血的伤员，应迅速包扎止血
		（2）操作台物品摆放杂乱	操作台物品摆放规整，水杯等与操作无关物品按要求定置摆放	严禁水杯、饮料瓶置于电脑键盘旁边	

续表

流程	风险分析	安全要点	严禁事项	应急措施
作业过程 2. 设备开机操作流程：启动喷油系统点燃→窑头喂煤系统→烘窑、辅传转窑→后排风机→篦冷机冷却风机→过剩风机→窑头电收尘→熟料输送设备及熟料破碎机→停辅传、开主传→窑冷却风机→窑尾回灰系统→窑尾袋收尘→高温风机→窑尾喂料系统→分解炉喂煤系统→增湿塔喷水系统→提窑速、拉风、投料→正常操作	（1）设备开启前未经现场岗位人员确认	开机前与现场岗位人员确认，需确定设备内部及周围无人或物，各防护装置已安装完好方可开机	严禁未经现场确认允许私自开启设备	① 发生触电时，立即切断电源，使触电人尽快摆脱触电；② 发生火灾时，应先切断危险源，就地启用灭火器材灭火；必要时启动自动灭火系统和公司级的应急救援方案
	（2）开煤粉秤时，窑内爆燃，高温气体外喷	① 开启喂煤系统前，通知窑头、窑尾平台人员远离人孔门、观察口；② 煤粉秤设定最低给定量，开机	喂煤系统开启过程，严禁现场人员站在窑头、窑尾人孔门正面	
	（3）未按工艺流程启动设备	按照操作规程及工艺流程规定的生产操作顺序开机	严禁违反工艺流程顺序开机	
	（4）投料过程操作不当造成串料	合理控制风、煤、料和窑速的匹配关系，控制分解炉温度（890±10）℃；投料过程与现场人员加强沟通	投料期间，严禁人员进入斜链斗地坑内作业	
3. 生产运行控制	（1）设备超负荷运行	合理控制参数范围，密切注视各仪表读数和报警信号，发现异常情况，应立即与岗位人员联系现场确认	严禁设备运行负荷超出额定参数	
	（2）系统工况不稳定，负压控制不稳，反正压，高温气体外喷	稳定系统工况，合理控制窑系统负压控制范围，发现异常参数及时通知处理	严禁窑系统出现正压、高温气体外喷	
		窑内"跑生料"，以及系统出现异常状况时，及时通知现场人员远离烟室、窑头、斜斗地坑	窑系统工况不稳定时，严禁人员进入斜斗地坑作业	
	（3）运行参数监控不到位，超出控制范围	合理控制参数范围：分解炉温度（890±10）℃，窑头负压（－50±20）Pa；窑头电收尘温度<220℃	严禁私自退出操作画面，做与操作无关的事	

	流程	风险分析	安全要点	严禁事项	应急措施
作业过程	4. 视频监控	视频画面监控不到位	各视频画面要清晰，不定时对视频画面进行巡视，发现异常现象及时联系处理	严禁私自调整监控部位	
作业收尾	1. 操作运行记录	运行记录不完整，问题记录不清楚	按规定要求规范记录设备运转情况、安全设备设施情况	严禁不做记录或记录不完整就交班	
	2. 班后会交班	本班问题交接不清	总结本班运行中出现的问题及处理措施，对本班未完成的问题交代至下一班，并提出合理化建议	严禁对本班出现的问题隐瞒不交	

9.2.11 水泥磨中控岗位安全操作规程

	流程	风险分析	安全要点	严禁事项	应急措施
	作业前准备	身体状况、精神状态差，无法达到岗位要求	身体状况无异常，精神状态良好	严禁酒后上岗	
作业过程	开、停机操作	（1）未按规定的操作顺序开、停车，发生设备事故	按照规定的操作顺序开、停车，防止发生设备事故	未通知现场巡检工及听到现场巡检工清晰的允许开机回答，严禁私自开动设备	① 发生触电时，立即切断电源，使触电人尽快摆脱触电；② 发生火灾时，应先切断危险源，就地启用灭火器材灭火；必要时启动公司级的应急救援方案；③ 伤情严重时及时拨打120电话，同时汇报上级领导；④ 派专人到主要路口迎接救护车
		（2）发现中控画面各参数异常和报警信号，未与岗位人员联系并现场确认，可能造成人员伤害、设备事故	密切注视中控画面各参数和报警信号，发现异常情况，应立即与岗位人员联系并现场确认	严禁发现异常现象不与岗位人员联系	
作业收尾	1. 运行记录	未填写运行记录或记录不完整，将现场隐患遗漏，隐患未治理，可能会造成人员伤害、设备事故	按规定要求规范记录设备运转情况、安全设备设施情况	严禁不按规范填写记录或记录不完整就交班	
	2. 交接班记录	本班次安全生产情况未进行安全交底，可能造成人员伤害、设备事故	总结本班安全生产情况，将未完成事项交代至下一班	严禁本班安全情况不总结、未完成事项不交底	

9.2.12 脱硝巡检岗位安全操作规程

流程		风险分析	安全要点	严禁事项	应急措施
作业前			① 人员身体、精神状态正常； ② 劳保用品穿戴齐全、工器具符合要求	严禁酒后上岗；严禁带病作业；严禁使用损坏的工器具；严禁不穿戴劳保用品或使用不合格的劳保用品进行作业	
作业过程	1. 氨水泵、阀门巡检	（1）检查确认不锈钢清水管出口阀门必须常闭	清洗管道时方可打开	严禁清水管阀门随意敞开	（1）受伤员工及发现人员应使用随身携带的对讲机呼救并通知当班班长及值班主任； （2）伤害救治： ① 机械伤害：发现设备或人身伤害事故应直接急停设备，及时通知班长、值班主任及安全主管并启动应急预案，并协调车辆及人员采取应急救援措施； ② 物体打击：遇有创伤性出血的伤员，应迅速包扎止血，使伤员保持头低脚高的卧位，并注意保暖； ③ 腐蚀：发生腐蚀立即用大量水（洗眼器）进行清洗，严重者就医治疗； ④ 触电：立即切断电源，对伤者进行急救； ⑤ 中毒窒息：首先立即使伤者脱离窒息环境；查看病人是否有呼吸和脉搏；及时采取如人工呼吸等急救措施； ⑥ 中暑：迅速将中暑者脱离高温环境，转移至阴凉通风处休息；使其平卧，头部抬高，松解衣扣；及时采取如补充液体、人工散热等急救措施；
		（2）供氨泵管道上四个三片式球阀异常	四个三片式球阀必须敞开，方便两泵自动切换	严禁三片式球阀关闭	
		（3）四个两片式球阀（朝地面的球阀）未关闭	系统停止清洗泵可开启，排水可开启	严禁系统运转时四个两片式球阀开	
		（4）脱硝设备开机未确认周围人员已处在安全地带	检查确认待开机设备周围的人员已处于安全地带，及上、下游设备的状态检查喷枪已安装到位、压缩空气阀门已经打开	严禁未确认人员、设备安全开机	
		（5）操作室气源控制阀门开关异常、不灵活	操作室气源阀门必须常开	严禁气源阀门运行状态下异常、不灵活	
		（6）喷枪雾化压缩空气压力异常，高压风管路有漏风	各气动阀门开关必须灵活，喷枪雾化压缩空气压力合适，高压风管路无漏风	严禁喷枪雾化压缩空气压力异常，高压风管路漏风	
	2. 氨水回流阀门的控制	氨泵出口氨水回流阀门开度不明确	喷氨量应根据废气氮氧化物含量逐步增加，随时调整；注意喷氨量和氨水输送压力情况，氨水输送压力控制在13bar以内，保证设备长期安全运行	严禁氨泵出口氨水回流阀开度不明运行	
	3. 罐体、管道巡检	（1）氨水罐各阀门、管道有泄漏现象，管道压力表异常	检查氨水罐、管道密封，压力表确保正常运行	严禁罐体、管道泄漏	
		（2）清水罐上水、出水管路漏水，自动上水阀门异常，清水罐水位低	检查清水罐上水管道、上水阀，确保清水罐水位	严禁清水罐水位低于标准使用量	

流程		风险分析	安全要点	严禁事项	应急措施
作业过程	4. 氨水卸车	（1）氨水卸车时无人监护，未按卸氨操作规程进行操作	卸氨时要有资产保卫人员，车间岗位人员进行监护方可卸氨	卸氨时严禁无人进行监护	⑦ 其他伤害（滑跌、扭伤、摔伤、碰伤等）：视具体伤害类型采取应急措施，遇有创伤性出血的伤员，应迅速包扎止血； ⑧ 起火：立即汇报车间及公司相关部门，启动车间公司火灾应急预案。当班人员立即用附近适合的灭火器或消防器材实施扑救，尽量灭火或控制火势发展，如无法灭火明火，则在可能的情况下，关闭门窗以减缓火势蔓延速度并等待救援； ⑨ 爆炸：发生脱销系统爆炸事故时，发现人员应立即报告班组长并迅速撤离危险现场，班组长迅速了解事故原因和规模，确定应急响应等级，并立即向车间和值班管理人员汇报，车间主任和值班人员应立即通知生产副总，同时到现场组织安全停机和现场警戒。并根据爆炸范围和影响程度，通知公司相关部门，必要时及时拨打"119"电话，通知消防队。生产副总立即启动应急预案； （3）伤情严重时及时拨打120，同时汇报值班调度、车间领导、安全主管及公司领导； （4）派专人、车直接到就近医院进行治疗，严重者直接到上级医院
		（2）卸氨出现泄漏现象	立即关闭罐车氨水卸出管阀门，查明故障原因，用清水喷淋稀释	卸氨时严禁泄漏，造成安全隐患，污染周围环境	
		（3）氨水卸车时无关人员随意进入罐区，监护人员离车周围太近	氨水卸车时无关人员不得随意进入罐区，监护人员与其他人员要离打氨区域50m以外	卸氨水时50m内严禁无关人员进入	
	5. 监测仪器、消防器材、应急物资检查	（1）氨泄漏检测仪失效，数据传输不准	巡检时对检测仪器重点进行检查，与中控及时联系校准数据，每半年对监测仪进行专业监测，确保完好使用	严禁运行中检测仪器失效	
		（2）自动灭火系统失灵，灭火器材过期或使用后未重装	灭火系统、消防器材检查发现问题及时处理，确保完好才可使用	严禁运行中自动灭火、灭火器材失灵	
		（3）应急物资缺失或失效	严格按照应急物资目录、检查记录对应急物资进行检查	严禁应急物资缺失、失效过期	
	6. 故障处理	（1）卸氨泵或供氨泵开启但没有流量	拧松泵体中部的排空气螺栓到有液体流出即可完成排空。此时泵出口的压力表立即会有压力显示，则说明故障已排除		
		（2）供氨泵止回阀故障	止回阀内部由水流孔、弹簧、复位圆盘构成，止回阀靠弹簧复位。止回阀内水流方向只会沿着止回阀体上标示的方向流动，若有异物进入阀体使得弹簧无法复位时，则沿着阀的逆向也会产生水流		
		（3）输送压力过低，分配计量柜压力开关数字显示屏显示的压力值为氨水输送压力，显示数过小	增加压缩空气压力；电磁流量计下方的止回阀堵塞，具体表现为泵出口压力远大于氨水输送压力，取出堵塞异物即可		

流程		风险分析	安全要点	严禁事项	应急措施
作业过程	6. 故障处理	（4）氨水罐区检修动火作业	必须使用一级动火工作票。在检修前必须做好可靠的隔离措施，并对设备管道气体进行置换，经检测合格后方可动火检修	严禁不按相关规定在氨水罐区进行动火作业	
	7. 氨水泄漏应急处理	一旦发生泄漏，必须立即停掉系统。中控模式下点击脱硝画面中部下方的"停止"即可。机旁模式下，点击电气控制柜触摸屏左下方"主界面"，点击"快速启动"，在弹出的快速启动界面上点击"停止"即可。疏散泄漏污染区人员至安全区，禁止无关人员进入污染区，应急处理人员戴防毒口罩，穿化学防护服，不要直接接触泄漏物，在确保安全的情况下堵漏。用大量水冲洗，经稀释的氨水放入废水系统。如大量泄漏，利用围堰收容，然后收集、转移、回收或无害处理后废弃。			
作业收尾	1. 卫生清理	使用高压风吹扫身体灰尘导致其他伤害		严禁储气罐接风管，吹扫身体	
	2. 交接班记录		按规定要求规范填写，记录设备运转情况、安全设备设施情况	严禁不做记录或记录不完整就交班	

9.2.13 水泥磨巡检岗位安全操作规程

流程		风险分析	安全要点	严禁事项	应急措施
作业前准备			① 人员身体、精神状态正常；② 劳保用品穿戴齐全、工器具符合要求	严禁酒后上岗；严禁带病作业；严禁使用损坏的工器具；严禁不穿戴劳保用品或使用不合格的劳保用品进行作业	
作业过程	1. 皮带机巡检	（1）安全防护装置不牢固、安全警示破损模糊可能造成伤害事故	检查确认防护装置完整牢靠，安全警示标志清晰完好	设备运转时，严禁接触运转部位	① 发生物体打击事故后，应立即组织抢救伤者，根据伤害情况进行处置；② 发生机械伤害时，应先切断危险源，防止二次伤害，根据伤害情况进行处置；③ 发生触电时，立即切断电源，使触电人尽快摆脱触电
		（2）设备在运转中清扫、维护、维修运转部位可能造成机械伤害	设备运转时，不能接触运转部位，不能对运转部位进行加油、清扫、紧固等操作	严禁运转时进行维修保养	
			过皮带时，需走安全通道	严禁跨越、钻皮带	
		（3）未确认现场安全启动设备可能伤人	开机前需确定皮带上方及周围无人或物，各防护装置已安装完好方可开机	严禁现场未确认就启动皮带机	

续表

流程		风险分析	安全要点	严禁事项	应急措施
作业过程	2. 提升机巡检	（1）设备运转中随意开启检修门可能造成机械伤害	设备运转中不能开启检修门	严禁在设备运转中开启检修门	④ 发生高空坠落伤害时，对伤员进行必要的包扎、止血、固定措施，并根据伤害情况进行处置； ⑤ 发生车辆伤害时应根据具体情况对伤员进行现场急救，并保护好现场； ⑥ 发生火灾时，应先切断危险源，就地启用灭火器材灭火；必要时启动公司级的应急救援方案； ⑦ 伤情严重时及时拨打120电话，同时汇报上级领导； ⑧ 派专人到主要路口迎接救护车
		（2）设备在运转中清扫运转部位绞伤手臂等人身伤害	运转时不能清扫、擦拭运转部位	运转时严禁清扫、擦拭运转部位	
		（3）提升机地坑环境不良、照明损坏，有跌落风险	保持照明良好，上下楼梯抓牢、扶稳	严禁上下楼梯不抓扶手	
	3. 收尘器巡检	（1）上下直梯未抓好扶手，有滑跌风险	上下楼梯抓好扶手（踏棍），必要时系安全带	严禁上下楼梯不抓扶手	
		（2）顶部平台防护栏杆不牢固容易造成滑跌、坠落	必须确认防护装置完好有效、牢固可靠	防护装置不完整，严禁靠近收尘器边缘	
	4. 磨机巡检	（1）巡检时越过警示线可能造成机械伤害、物体打击	必须在警示线以外，严禁进入警示线以内作业或检查	严禁进入警示线内巡检作业，严禁接触磨机运转部位，严禁在磨机筒体下穿行	
		（2）球磨机防护网开焊不牢固可能造成机械伤害、物体打击	必须经常检查是否缺损，及时恢复，保证安全距离	严禁攀爬、翻越防护网	
		（3）未确认现场安全启动设备可能伤人	必须确认磨机筒体附近无人或异物，必须确认磨机检修门已关闭方可开机，必须确认安全装置已恢复方可开机	未确认磨门是否关闭，筒体附近是否有人，严禁开机	
	5. 辊压机巡检	（1）未确认现场安全即启动设备可能伤人	必须确认观察门关闭，运转部位无人或物，安全防护装置完好后方可开机	未确认观察门是否关闭，运转部位是否有人，严禁开机	
		（2）设备运转中随意开启检修门可能造成机械伤害	设备运转中不得随意开启检修门	严禁在设备运转中开启检修门	
		（3）设备在运转中清扫、维护、维修运转部位可能造成机械伤害	设备在运转中不得清扫运转部位卫生	运转时严禁清扫、擦拭运转部位	

流程	风险分析	安全要点	严禁事项	应急措施
6. 空气压缩机巡检、储气罐	空气压缩机、储气罐安全设施缺陷、管道漏风、压力异常可能造成喷吹伤害	压力表、安全阀定期校验，卸压阀灵活可靠，储气罐安全阀完好，检查时站位正确，非专业人员严禁攀上储气罐顶部检查，调整安全阀，超压时及时卸压	非专业人员严禁攀上储气罐顶部检查	
7. 磨头、磨尾、主减速机及辊压机油站巡检	未办理许可、各油站处动火作业及吸烟能引发火灾	各动火作业必须办理动火证；必须在专门设立的吸烟区吸烟	各油站处严禁不办理动火证就动火；禁烟区严禁吸烟	
作业过程 8. 系统停机检修	（1）检修设备前未拉闸挂牌，可能造成机械伤害	应拉闸挂牌并进行安全确认，两个人以上配合作业	未拉闸挂牌上锁严禁作业	
	（2）磨机筒体上方作业未戴安全带，可能造成坠落伤害	磨机筒体上方紧固螺栓、打磨门、添补研磨体等作业必须佩戴安全带	严禁未戴安全带在磨机筒体上行走、作业	
	（3）切割皮带、更换挡料皮时使用刀具不当可能对人体造成割伤	选好位置、正确使用，不得将刀口正对人体使用	严禁将刀口正对人体使用	
	（4）未停机更换收尘器滤袋，喷吹气体伤人	更换收尘器滤袋时必须停机方可进行	严禁未停机更换收尘器滤袋	
	（5）高空作业未办理许可，未穿戴安全带，可能造成高空坠落	高空作业必须正确穿戴安全带，未办许可严禁作业	未办理、通过高空许可，严禁高空作业	
	（6）入水泥磨有限空间未办理许可，造成机械伤害、缺氧窒息、物料掩埋	必须办理许可后方可进入水泥磨机内，照明需用 12V 电压照明作业	未办理通过有限空间许可严禁入水泥磨机内有限空间作业	
	（7）无证操作电动葫芦，可能造成起重伤害	特种作业需持证上岗	特种作业严禁无证操作	
	（8）作业现场摆放混乱可能造成人员绊倒摔伤	现场工具、材料、要固定位置摆放，且摆放有序	严禁乱拿乱放、随意抛扔作业工具	

流程		风险分析	安全要点	严禁事项	应急措施
作业收尾	1. 清扫卫生	风管清扫身体积灰，可能造成其他伤害		严禁储气罐乱接风管，用风管清扫身体积灰	
	2. 交接班记录		按规定要求规范记录设备运转情况、安全设备设施情况	严禁不按规范填写记录或记录不完整就交班	

9.2.14　电工岗位安全操作规程

流程		风险分析	安全要点	严禁事项	应急措施
作业前准备			① 人员身体、精神状态正常；② 劳保用品穿戴齐全、工器具符合要求	严禁酒后上岗；严禁带病作业；严禁使用损坏的工器具；严禁不穿戴劳保用品或使用不合格的劳保用品进行作业	
作业过程	1. 电力室巡检	（1）巡检未与带电部位保持安全距离，造成触电	巡检控制柜时要与带电部位保持安全距离，低压大于0.4m，高压柜大于0.7m	巡检时严禁接触带电部位	（1）机械伤害：发现人身伤害事故，应直接急停设备，采取应急救援措施；（2）触电：立即切断电源，对伤者进行触电急救，检查呼吸心跳情况，视情况进行心肺复苏；（3）物体打击：遇有创伤性出血的伤员，应迅速包扎止血，使伤员保持头低脚高的卧位，并注意保暖；（4）高处坠落：去除伤员身上的用具和口袋中的硬物。在搬运和转送过程中，颈部和躯干不能前屈或扭转，而应使脊柱伸直，绝对禁止一个抬肩一个抬腿的搬法，以免发生或加重截瘫；
		（2）巡检时进入隔离护栏，造成触电	巡检时按巡检路线进行，进入隔离护栏需经批准并有人监护	严禁未经批准打开隔离护栏私自进入带电间隔	
	2. 电气设备巡检	（1）上下直梯未抓好扶手，跌伤	上下楼梯时抓好扶手	严禁上下楼梯不抓扶手	
		（2）巡检未走安全通道，擦伤	过皮带时，需走安全通道	严禁跨越皮带架子、钻皮带	
		（3）运转部位安全装置防护不完整或不牢固，发生机械伤害	设备运转时，不能接触运转部位，不能对运转部位进行加油、清扫、紧固等操作	设备运转时，严禁接触运转部位	
		（4）进入噪声粉尘较大区域，未正确佩戴防护用品，造成伤害	进入噪声粉尘较大工作区域按规定，佩戴好防护用品	严禁未佩戴好耳塞等防护用品进入噪声较大区域	
	3. 设备停送电	（1）未仔细查看工作票，误停送电导致触电	停送电时仔细审查停送电工作票并有人监护	严禁未按工作票停送电，严禁单人操作	
		（2）设备未停机带负荷停电短路造成伤害	停电时仔细检查设备停机无电流后进行停电操作	严禁设备未停机带负荷操作	

续表

流程		风险分析	安全要点	严禁事项	应急措施
作业过程	3. 设备停送电	（3）停电后未验电、放电，造成人员触电	停电后将断路器摇出至检修位置并验电、放电	严禁停电后不进行验电、放电	（5）中毒、窒息：首先采取正确措施立即使伤者脱离窒息环境；查看病人是否有呼吸和脉搏；及时采取如人工呼吸等急救措施； （6）火灾： ① 发生火灾时要迅速判断火势的来源，使用附近的灭火器灭火； ② 火势难以控制时，朝与火势趋向相反的方向逃生； ③ 万一身上着火，千万不要乱跑，应该就地打滚扑压身上的火苗；如同伴身上着火，可用衣、被等物覆盖灭火，或用水灭火； ④ 火情难以控制时拨打 119 电话报警； （7）伤情严重时及时拨打 120 电话，同时汇报车间领导； （8）派专人到主要路口迎接救护车
		（4）停电后未挂牌上锁造成人员触电	严格执行停电挂牌上锁制度，钥匙岗位工带走	严禁不挂牌上锁	
	4. 电气设备检修	（1）作业现场物品摆放混乱，造成人员伤害	现场摆放有序，严禁电线与氧气瓶、乙炔瓶混搭	严禁电线与氧气瓶、乙炔瓶混搭	
		（2）使用吊链吊装时未检查拉链及钢丝绳，发生机械伤害	使用吊链时检查拉链、钢丝绳及卡扣	严禁使用不合格工具进行吊装	
		（3）高空作业未办理登高作业许可，未系好安全带、安全绳，未确认爬梯牢固可靠，造成跌伤	高空作业必须办理许可，必须系好安全带、安全绳，确认爬梯牢固可靠	未办理高空许可严禁高空作业，严禁不系安全带，严禁低挂高用	
		（4）无证焊接、切割及操作电动葫芦，发生机械伤害	特种作业需持证上岗	特种作业严禁无证操作	
	5. 控制系统检修	（1）检修控制柜前未停电、验电、上锁、挂牌，接触带电部位未验电放电，发生触电或电击	检修前办理停电手续，将断路器断开拉至检修位置，上锁、挂牌，两个人以上配合作业	严禁未停电、未验电、未上锁、未挂牌检修作业	
		（2）检修电容器及电缆时未验电放电，造成电击	检修电容器及电缆时要验电放电，挂接地线	严禁未验电放电进行检修	
		（3）高空作业未办理高空作业审批，未系好安全带、安全绳，未确认爬梯牢固可靠，造成跌伤	未办理许可严禁作业，必须系好安全带、安全绳，确认爬梯牢固可靠	未办理高空作业许可，严禁高空作业，严禁不系安全带，严禁低挂高用	
		（4）进入有限空间未办理有限空间作业许可审批，人员窒息	必须办理许可后先通风再检测后进入	严禁未办理有限空间作业许可进入，严禁未通风未检测进入	
		（5）作业现场物品摆放混乱，造成人员伤害	现场摆放有序，定置摆放	严禁无序乱放	

流程		风险分析	安全要点	严禁事项	应急措施
作业收尾	1. 卫生清理	清理卫生触及带电设备造成触电	清理卫生时不得触及带电控制柜	严禁使用湿拖把或金属工具清理控制柜卫生	
	2. 交接班记录		按规定要求规范记录设备运转情况、安全设备设施情况	严禁不做记录、不进行交底就交班	

9.2.15 发电中控员岗位安全操作规程

流程		风险分析	安全要点	严禁事项	应急措施
作业前准备			① 人员身体、精神状态正常；② 劳保用品穿戴齐全、工器具符合要求	（1）严禁酒后上岗；严禁带病作业；（2）严禁使用损坏的工器具；（3）严禁不穿戴劳保用品或使用不合格的劳保用品进行作业	
作业过程	1. 运行控制	（1）运行参数监控不到位，超出控制范围，造成其他伤害	合理控制参数范围：一期进汽压力：1.2～1.8MPa，进汽温度：(370±15)℃，二期进汽压力：1.2～1.6MPa，进汽温度：(335±20)℃，锅炉水位控制在0mm以下	严禁私自退出操作画面，做与操作无关的事	（1）受伤员工应大声呼救或用携带的通信工具呼救；（2）救治：① 触电：立即切断电源，对伤者进行急救；② 物体打击：遇有创伤性出血的伤员，应迅速包扎止血，使伤员保持头低脚高的卧位，并注意保暖；③ 其他伤害（滑跌、扭伤、摔伤、碰伤等）：视具体伤害类型采取应急措施，遇有创伤性出血的伤员，应迅速包扎止血；（3）伤情严重时及时拨打120电话，同时汇报车间领导；（4）派专人到主要路口迎接救护车
		（2）未通知巡检工，私自开启设备，易造成现场人员物体打击	未通知巡检工，严禁私自开启设备	严禁私自开启设备	
		（3）未听到现场巡检工清晰的允许开机回答，即开启设备，易造成现场人员物体打击	未听到巡检工清晰回答，严禁私自开启设备	严禁私自开启设备	
		（4）发现设备异常跳停未及时处理	发现异常及时通知巡检工全面检出，及时处理	严禁设备带病运行	
		（5）保护联锁未投入，异常情况设备损坏	保护联锁必须全部投入	严禁私自解除设备保护联锁	
		（6）汽轮机、发电机各仪表不准确，造成设备损坏、触电	仪表定期校验	严禁超温、超压运行	
		（7）坐姿不当，易造成眼睛疲劳	与电脑保持一定距离		

流程		风险分析	安全要点	严禁事项	应急措施
作业过程	2. 异常情况	(1)设备联锁跳停，盲目开机，未按操作规程操作易造成物体打击	查明原因，消除故障后才能开启	严禁故障消除前开启	
		(2)锅炉满水、缺水、泄漏易造成人员烫伤	锅炉均衡上水，水位控制在 0 位以下，避免发生汽包满水、缺水	严禁锅炉超温、超压，带病运行	
		(3)全厂停电，未按应急操作规程操作易造成烫伤、物体打击	按照厂用电应急操作规程操作处理	严禁不按照应急操作规程处理	
作业收尾	1. 巡检检录		按规定要求规范记录设备运转情况、安全设备设施情况	严禁不做记录或记录不完整就交班	
	2. 班会后交班		总结本班安全工作情况，将未完成事项交代至下一班	严禁不做交接班记录	

9.2.16 汽轮机巡检岗位安全操作规程

流程		风险分析	安全要点	严禁事项	应急措施
作业前准备			① 人员身体、精神状态正常；② 劳保用品穿戴齐全、工器具符合要求	(1)严禁酒后上岗；(2)严禁带病作业；(3)严禁使用损坏的工器具；(4)严禁不穿戴劳保用品或使用不合格的劳保用品进行作业	
作业过程	1. 汽轮机、发电机巡检	(1)运转部位安全装置防护不完整或不牢固，易造成人员物体打击	检查确认防护装置完整牢靠，安全警示标志清晰完好	设备运转时，严禁接触运转部位	(1)受伤员工应大声呼救或用携带的通信工具呼救；(2)救治：① 机械伤害：发现设备或人身伤害事故应直接急停设备，采取应急救援措施；② 触电：立即切断电源，对伤者进行急救；③ 灼烫：人员烫伤后，立即用大量的凉水冲洗伤处，防止伤害加深；
		(2)蒸汽管道、汽轮机本体表面温度高，易造成人员烫伤	远离高温部位，高温部位加装安全警示牌	严禁靠近高温部位，确保警示牌完好	
		(3)汽轮机油循环系统油温高于 50℃易造成火灾事故	确保现场无漏油现象，油温应控制在 35～45℃	油箱附近严禁烟火、严禁吸烟、严禁动火	

	流程	风险分析	安全要点	严禁事项	应急措施
作业过程	2. 锅炉给水系统巡检	(1)各泵底角螺丝松动或泵体、电机异常震动易造成人员绞伤	检查确认底角螺丝无松动，泵体、电机无异常震动	严禁底角螺丝松动和异常震动时设备继续运行	④ 物体打击：遇有创伤性出血的伤员，应迅速包扎止血，使伤员保持头低脚高的卧位，并注意保暖；⑤ 高处坠落：去除伤员身上的用具和口袋中的硬物。在搬运和转送过程中，颈部和躯干不能前屈或扭转，而应使脊柱伸直，绝对禁止一个抬肩一个抬腿的搬法，以免发生或加重截瘫；⑥ 噪声：正确佩戴护耳器，严重者就医检查；⑦ 起重伤害：根据具体伤害类型选择急救措施，参考机械伤害、物体打击、高处坠落等急救措施；⑧ 中暑：迅速将中暑者脱离高温环境，转移至阴凉通风处休息；使其平卧，头部抬高，松解衣扣；及时采取如补充液体、人工散热等急救措施；⑨ 窒息：首先立即使伤者脱离窒息环境；查看病人是否有呼吸和脉搏；及时采取如人工呼吸等急救措施；⑩ 火灾：1)发生火灾时要迅速判断火势的来源，使用附近的灭火器灭火；2)火势难以控制时，朝与火势趋向相反的方向逃生；3)万一身上着火，应该就地打滚扑压身上的火苗；如同伴身上着火，可用衣、被等物覆盖灭火，或用水灭火；4)火情难以控制时拨打119电话报警；⑪ 其他伤害(滑跌、扭伤、摔伤、碰伤等)：视具体伤害类型采取应急措施，遇有创伤性出血的伤员，应迅速包扎止血；(3)伤情严重时及时拨打120电话，同时汇报车间领导；(4)派专人到主要路口迎接救护车
		(2)运转部位安全装置防护不完整或不牢固，易造成人员绞伤	检查确认防护装置完整可靠，安全警示标志清晰完好	设备运转时，严禁接触运转部位	
		(3)给水管线有漏水现象，易造成人员跌伤	确保现场无漏水现象	严禁无水开启水泵	
	3. 循环水系统巡检	(1)循环水泵、循环风机底角螺丝松动或泵体、电机异常震动易造成人员绞伤	检查确认底角螺丝无松动，泵体、电机无异常震动	严禁底角螺丝松动和异常震动时设备继续运行	
		(2)运转部位安全装置防护不完整或不牢固易造成人员绞伤	检查确认防护装置完整牢靠，安全警示标志清晰完好	设备运转时，严禁接触运转部位	
		(3)循环管线有漏水现象易造成人员跌伤	治理"跑、冒、滴、漏"，现场无漏水现象	严禁无水开启水泵	
	4. 系统停机检修	(1)高空作业未办理许可手续，发生高空坠落事故	高空作业必须正确穿戴安全带，未办理许可严禁作业	未办理高空许可严禁高空作业	
		(2)进入有限空间未办理许可，作业发生中毒窒息事故	必须办理许可后方可作业	未办理有限空间许可，严禁进入有限空间作业	
		(3)无证进行焊、切割或操作电动葫芦易造成起重伤害	特种作业需持证上岗	特种作业严禁无证操作	
		(4)作业现场摆放混乱易发生跌伤事故	现场摆放有序，氧气瓶、乙炔瓶存放距离5m以上	严禁氧气瓶、乙炔瓶混放	
作业收尾	1. 巡检检录		按规定要求规范记录设备运转情况、安全设备设施情况	严禁不做记录或记录不完整就交班	
	2. 班会后交班		总结本班安全工作情况，将未完成事项交代至下一班	严禁不做交接班记录	

9.2.17 锅炉巡检岗位安全操作规程

流程		风险分析	安全要点	严禁事项	应急措施
作业前准备			① 人员身体、精神状态正常; ② 劳保用品穿戴齐全、工器具符合要求	① 严禁酒后上岗; ② 严禁带病作业; ③ 严禁使用损坏的工器具; ④ 严禁不穿戴劳保用品或使用不合格的劳保用品进行作业	
作业过程	1. 锅炉巡检	(1)上下楼梯未抓好扶手易造成人员跌伤	上下楼梯抓好扶手	严禁上下楼梯不抓扶手	(1)受伤员工应大声呼救或用携带的通信工具呼救; (2)救治: ① 机械伤害:发现设备或人身伤害事故应直接急停设备,采取应急救援措施; ② 触电:立即切断电源,对伤者进行急救; ③ 灼烫:人员烫伤后,立即用大量的凉水冲洗伤处。防止伤害加深; ④ 物体打击:遇有创伤性出血的伤员,应迅速包扎止血,使伤保持头低脚高的卧位,并注意保暖; ⑤ 高处坠落:去除伤员身上的用具和口袋中的硬物。在搬运和转送过程中,颈部和躯干不能前屈或扭转,而应使脊柱伸直,绝对禁止一个抬肩一个抬腿的搬法,以免发生或加重截瘫; ⑥ 中暑:迅速将中暑者脱离高温环境,转移至阴凉通风处休息;使其平卧,头部抬高,松解衣扣;及时采取如补充液体、人工散热等急救措施;
		(2)拉链机转动部位安全装置防护不完整或不牢固,易造成人员绞伤	检查确认防护装置完整牢靠,安全警示标志清晰完好	设备运转时,严禁接触运转部位	
		(3)拉链机本体、电机、减速机异常震动易造成人员绞伤	检查确认底角螺丝无松动、减速机无缺油现象	严禁设备运转时检修运转部位	
		(4)给水管道、蒸汽管道、烟风管道、阀门有"跑、冒、滴、漏"现象,易造成烫伤、跌伤、中暑、火灾	发现问题,及时处理,处理不了及时上报	严禁有"跑、冒、滴、漏"现象	
		(5)管道、锅炉本体表面温度高易造成人员烫伤、中暑	表面温度超过50℃加警示牌	严禁靠近高温部位	
		(6)锅炉运行有超温、超压现象易发生锅炉爆炸	严格按照设计温度、压力运行	严禁超温、超压运行	
		(7)安全阀、压力表不准确易造成人员烫伤	严格按照校验期定期校验	严禁安装无校验标志的安全阀、压力表	
		(8)振打电机、减速机、锤头异常震动易造成人员物体打击	检查确认底角螺丝无松动、减速机无缺油现象,锤头无损坏	严禁设备运转时检修运转部位	
	2. 系统停机检修	(1)高空作业未办理许可易发生高空坠落事故	高空作业必须正确穿戴安全带,未办理许可严禁作业	未办理高空许可严禁高空作业	

	流程	风险分析	安全要点	严禁事项	应急措施
作业过程	2. 系统停机检修	(2)进入有限空间未办理许可易发生中毒、窒息事故	必须办理审批后方可作业	未办理有限空间许可严禁进入有限空间作业	⑦窒息：首先立即使伤者脱离窒息环境；查看病人是否有呼吸和脉搏；及时采取如人工呼吸等急救措施； ⑧火灾：1)发生火灾时要迅速判断火势的来源，使用附近的灭火器灭火；2)火势难以控制时，朝与火势趋向相反的方向逃生；3)万一身上着火，千万不要乱跑，应该就地打滚扑压身上的火苗；如同伴身上着火，可用衣、被等物覆盖灭火，或用水灭火；4)火灾难以控制时拨打119电话报警； ⑨其他伤害(滑跌、扭伤、摔伤、碰伤等)：视具体伤害类型采取应急措施，遇有创伤性出血的伤员，应迅速包扎止血； (3)伤情严重时及时拨打120，同时汇报车间领导； (4)派专人到主要路口迎接救护车
		(3)吊装作业未办理审批易发生起重伤害	必须办理审批后方可作业	未办理通过吊装许可严禁吊装作业	
		(4)作业现场摆放混乱易造成人员跌伤	现场摆放有序，氧气瓶、乙炔瓶存放距离7m以上	严禁氧气瓶、乙炔瓶混放	
作业收尾	1. 巡检检录		按规定要求规范记录设备运转情况、安全设备设施情况	严禁不做记录或记录不完整就交班	
	2. 班会后交班		总结本班安全工作情况，将未完成事项交代至下一班	严禁不做交接班记录	

9.2.18　余热发电水处理岗位安全操作规程

	流程	风险分析	安全要点	严禁事项	应急措施
	作业前准备		① 人员身体、精神状态正常； ② 劳保品穿戴齐全、工器具符合要求	① 严禁酒后上岗； ② 严禁带病作业； ③ 严禁使用损坏的工器具； ④ 严禁不穿戴劳保用品或使用不合格的劳保用品进行作业	
作业过程	1. 取样、化验分析	(1)上下楼梯未抓好扶手可能造成跌伤	上下楼梯抓好扶手	严禁上下楼梯不抓扶手	(1)受伤员工应大声呼救或用携带的通信工具呼救； (2)伤害救治： ① 机械伤害：发现设备或人身伤害事故应直接急停设备，采取应急救援措施； ② 触电：立即切断电源，对伤者进行急救； ③ 灼烫：人员烫伤后，立即用大量的凉水冲洗伤处，防止伤害加深；
		(2)取样器表面温度高，造成中暑、烫伤	必须戴好防护手套	严禁靠近高温部位	
		(3)制样时接触化学用品易发生中毒	使用化学用品要小心、谨慎	严禁直接触摸化学用品	

续表

流程		风险分析	安全要点	严禁事项	应急措施
作业过程	2. 制水	(1)设备漏电,发生人员触电	检查接地是否可靠	严禁触摸裸露线头	④ 物体打击:遇有创伤性出血的伤员,应迅速包扎止血,使伤员保持头低脚高的卧位,并注意保暖; ⑤ 中暑:迅速将中暑者脱离高温环境,转移至阴凉通风处休息;使其平卧,头部抬高,松解衣扣;及时采取如补充液体、人工散热等急救措施; ⑥ 窒息:首先立即使伤者脱离窒息环境;查看病人是否有呼吸和脉搏;及时采取如人工呼吸等急救措施; ⑦ 其他伤害(滑跌、扭伤、摔伤、碰伤等):视具体伤害类型采取应急措施,遇有创伤性出血的伤员,应迅速包扎止血; (3)伤情严重时及时拨打120电话,同时汇报车间领导; (4)派专人到主要路口迎接救护车
		(2)运转部位安全装置防护不完整或不牢固易造成物体打击	检查确认防护装置完整牢靠,安全警示标志清晰完好	设备运转时,严禁接触运转部位	
	3. 加药	未规范穿戴防护用品或操作失误,易造成药品飞溅发生灼伤	防护服、手套穿戴规范,不穿短袖	药品存放处严禁休息和吃饭	
作业收尾	1. 巡检记录		按规定要求规范记录设备运转情况、安全设备设施情况	严禁不做记录或记录不完整就交班	
	2. 班会后交班		总结本班安全工作情况,将未完成事项交代至下一班	严禁不做交接班记录	

9.2.19　控制岗位安全操作规程

流程		风险分析	安全要点	严禁事项	应急措施
作业前准备			① 劳动防护用品穿戴齐全; ② 人员身体、精神状况正常; ③ 工器具符合要求	① 严禁酒后上岗; ② 严禁带病作业; ③ 严禁使用损坏的工器具; ④ 严禁不穿戴劳保用品或使用不合格的劳保用品进行作业	
作业过程	1. 检查设备、药品	(1)未穿戴防护用品开启高温炉、烘干箱、电热套等用电设备,易造成触电、烫伤	开机时穿戴好防护用品,安全警示标志清晰完好	① 严禁不按规定穿戴劳动防护用品; ② 严禁不戴绝缘手套接触裸露线头	(1)受伤员工应大声呼救或用携带的通信工具呼救; (2)伤害救治: ① 机械伤害:发现设备或人身伤害事故应急停设备,及时通知班长、值班调度及安全主管并启动应急预案,协调车辆及人员采取应急救援措施;
		(2)未穿戴防护用品检查化学药品、玻璃器皿及实验仪器是否完好充足,易造成中毒及玻璃割伤	穿戴好防护用品,安全警示标志清晰完好	① 严禁不按规定穿戴劳动防护用品; ② 严禁通风不畅的情况下搬运使用挥发性有毒药品	

流程		风险分析	安全要点	严禁事项	应急措施
作业过程	2. 生料、水泥、熟料等样品的取样	(1)进入生产现场未穿戴完整劳保用品，易造成噪声、粉尘损害	检查确认好劳动防护用品穿戴情况	未按规定穿戴好劳动防护用品严禁进入生产厂区	② 物体打击：遇有创伤性出血的伤员，应迅速包扎止血，使伤员保持头低脚高的卧位，并注意保暖； ③ 粉尘：正确佩戴防尘劳保用品，及时更换防尘滤纸，严重者就医检查； ④ 噪声：正确佩戴护耳器，严重者就医检查； ⑤ 触电：立即切断电源，对伤者进行急救； ⑥ 烫伤：人员烫伤后，立即用大量的凉水冲洗伤处，防止伤害加深； ⑦ 浓酸、浓碱腐蚀：立即用大量水冲洗干净，再用碳酸氢钠溶液（20g/L）和3%乙酸溶液轻轻擦洗；氢氟酸腐蚀再用甘油和氧化镁混合试剂（2：1）涂抹包扎，必要时就医； 当发生有毒有害物质（如化学液体等）喷溅到工作人员身体、脸、眼或发生火灾引起工作人员衣物着火时，使用洗眼器暂时减缓有害物对身体的进一步侵害，必要时就医； ⑧ 其他伤害（滑跌、扭伤、摔伤、碰伤等）：视具体伤害类型采取应急措施，遇有创伤性出血的伤员，应迅速包扎止血； ⑨ 高处坠落：去除伤员身上的用具和口袋中的硬物。在搬运和转送过程中，颈部和躯干不能前屈或扭转，而应使脊柱伸直，禁止一个抬肩一个抬腿的搬法，以免发生或加重截瘫； (3)伤情严重时及时拨打120电话，同时汇报值班调度、车间领导、安全主管及公司领导； (4)派专人、车直接到就近医院进行治疗，严重者直接到上级医院就医
		(2)取样往返过程中未走人行道易发生车辆伤害	严格按照厂区人行道指示行走	严禁不走人行道	
	3. 样品制备	(1)开启小破碎机或电磁磨时，未按规定穿戴劳动防护用品，易造成机械伤害或触电	检查确认好个体防护品穿戴情况	未按规定穿戴防护用品严禁开机	
		(2)使用前未确认，破碎机和电磁磨线路和安全防护情况，易造成触电和机械伤害	① 安全防护设施如有缺失应及时恢复； ② 安全警示标志清晰完好	未确认好安全防护设施情况严禁设备开机	
	4. 样品检验	(1)使用负压筛析仪筛细度时未穿戴防尘口罩和耳塞，易造成粉尘、噪声伤害	检查确认好个体防护穿戴情况	未按规定穿戴防护用品严禁操作	
		(2)开启高温炉门或烘箱及在电热套上加热锥形瓶时未穿戴防护手套，易造成烫伤	检查确认好个体防护穿戴情况	未按规定穿戴防护用品严禁操作	
		(3)使用破损的玻璃仪器易割伤	保持玻璃仪器完好，破损后及时更换	严禁使用破损玻璃仪器	
		(4)滴定或移取酸碱溶液时未戴防护手套和口罩，易造成腐蚀或灼伤	检查确认好个体防护穿戴情况，使用正确方法滴定或移取溶液	未按规定穿戴防护用品，严禁移取酸碱溶液或违反操作规程操作	
		(5)氧弹仪未关严易伤人	① 使用氧弹时，避免正对面部，以免造成伤害； ② 经常检查氧气瓶的防倾倒装置及气压	严禁使用超保质期的氧弹仪，氧气瓶不符合要求严禁使用	
	5. 运送样品	骑机动三轮车未检查车况易造成车祸	检查三轮车的灯光、刹车、警报及车胎和安全带	严禁未检查车况或车况不好时骑行三轮车	

续表

流程		风险分析	安全要点	严禁事项	应急措施
作业结束	1. 废液处理	滴定结束后的酸碱废液未处理倒入下水道，造成污染	将酸碱废液倒入指定废液桶，按规定处理	严禁将未处理的废液倒入下水道	
	2. 化验记录	不做化验记录或记录不完整，存在隐患	按规定要求规范记录化验仪器及设备运转情况、安全设备设施情况	严禁不做记录或记录不完整就交班	
	3. 班会后交班	本班安全情况未做总结；交接班不清，存在隐患	总结本班安全工作情况，将未完成事项交代至下一班	严禁未按交接班相关规定进行交接班	

9.2.20 分析岗位安全操作规程

流程		风险分析	安全要点	严禁事项	应急措施
作业前准备			① 劳动防护用品穿戴齐全； ② 精神、身体健康状况正常； ③ 工器具符合要求	① 严禁酒后上岗； ② 严禁带病作业，严禁使用损坏的工器具； ③ 严禁不穿戴劳保用品或使用不合格的劳保用品进行作业	
作业过程	1. 玻璃器皿使用	使用有破损或裂纹的玻璃器皿，导致割伤	使用前检查玻璃器皿有无裂纹、破损，使用时佩戴手套，轻拿轻放，防止破碎割伤	严禁未检查就使用，严禁不按规定佩戴手套	(1)受伤员工应大声呼救或用携带的通信工具呼救； (2)伤害救治： ① 浓酸、浓碱腐蚀：立即用大量水冲洗干净，再用碳酸氢钠溶液（20g/L）和3%乙酸溶液轻轻擦洗；氢氟酸腐蚀再用甘油和氧化镁混合试剂（2∶1）涂抹包扎，必要时就医； 当发生有毒有害物质（如化学液体等）喷溅到工作人员身体、脸、眼或发生火灾引起工作人员衣物着火时，使用洗眼器暂时减缓有害物对身体的进一步侵害，必要时就医；
	2. 药品称取，酸碱溶液、有毒试剂配制	未按规定穿戴防护用品，使用酸碱溶液、有毒试剂易造成中毒、吸入、灼伤等伤害	① 配制酸碱及有毒试剂时，穿戴好防护用品(乳胶手套、护目镜、防毒口罩等)，并且要在通风橱内进行； ② 开启液体浓酸碱瓶盖时需先用湿布盖上再打开； ③ 稀释浓硫酸、配制氢氧化钾溶液时应将试剂缓缓倒入水中，并边加入边搅拌，必须使用烧杯等耐热型的容器配制	严禁不按规定穿戴劳保用品，严禁一只手取瓶装的腐蚀性液体，严禁化学药品入口，严禁将水倒入浓硫酸中，禁止吸烟	

续表

流程	风险分析	安全要点	严禁事项	应急措施
3. 火焰光度法测定钾钠	液化气未关严易导致泄漏、煤气中毒、火灾	经常检查液化气管道是否漏气	严禁未检查进行作业	② 触电：立即切断电源，对伤者进行急救；③ 高温烫伤：及时清水冲洗15min左右，涂抹烫伤膏，使用干净纱布包扎伤口，必要时就医；④ 中毒：发生中毒事故后，必须立即采取急救措施。如果是由于吸入液化气或其他有毒气体、蒸气，应立即把中毒者移到新鲜空气处；如果中毒是由于吞入毒物，最有效的办法是借呕吐排除胃中的毒物，同时立即将中毒事故情况通知上级领导，救护得越早越快，危险性也越小；⑤ 其他化学药品伤害参见《危险化学药品安全技术说明书》；⑥ 其他伤害（滑跌等）：视具体伤害类型采取应急措施，遇有创伤性出血的伤员，应迅速包扎止血；(3)伤情严重时及时拨打120电话，同时汇报上级领导；(4)派专人到主要路口迎接救护车
4. 电热套使用	未按规定佩戴防护用品造成烫伤、中毒	开启电热套测定碱含量时，要戴防毒口罩，必须在通风橱内进行。接触高温物体时佩戴手套	严禁未佩戴劳动防护用品或在通风橱外进行作业	
5. 万用电阻炉使用	(1)炉丝熔断或线路裸露，使用时易造成触电	使用前先检查炉丝和线路是否安全	严禁未进行检查确认就使用	
	(2)未佩戴防护手套操作易造成烫伤	应佩戴防护用品进行作业	严禁在未佩戴防护用品的情况下使用	
	(3)电阻炉使用期间岗位工离开操作现场易造成火灾	使用时岗位工不应离开操作现场	进行作业时岗位工严禁离开操作现场	
6. 氯离子的测定、水泥中石灰石含量的测定、水泥组分的测定	(1)使用有裂纹或有破损的玻璃器皿易造成割伤	使用玻璃器皿时先检查是否完好，轻拿轻放，防止破碎割伤	严禁徒手接触破碎玻璃器皿	
	(2)徒手碰触泵体，易造成烫伤	使用真空泵过程中，不要用裸露的手碰触泵体，避免烫伤	严禁不戴手套碰触泵体	
	(3)未戴手套和防护眼镜测定水泥组分，造成灼伤和眼睛伤害	测定水泥组分和氯离子含量时，要戴橡胶手套、防护眼镜	严禁未佩戴橡胶手套、防护眼镜进行作业	
	(4)线路裸露或无漏电保护，造成触电	所有仪器必须接地和设置漏电保护，使用前先检查线路情况是否安全	严禁使用未接地或无漏电保护的设备，严禁未进行检查确认就开启操作	
7. 样品的制备	(1)仪器设备线路破损裸露导致触电	检查线路有无裸露、漏电保护是否有效	严禁未检查进行作业	
	(2)样品磨制时，磨盘未压紧易造成机械伤害	检查压柄是否牢固	严禁未检查或松动状态下使用	
	(3)搬运磨盘时跌落易导致砸伤	轻拿轻放，按劳动强度配置岗位工	严禁劳动强度超过岗位工身体素质	
	(4)使用破裂的留样瓶扎伤	检查留样瓶是否有裂纹、破损	禁止使用破裂的留样瓶	

续表

	流程	风险分析	安全要点	严禁事项	应急措施
作业过程	7. 样品的制备	(5)清理磨盘时未戴防尘口罩易造成粉尘伤害	清理磨盘内的样品时，开启通风橱并戴好防尘口罩	严禁不按规定佩戴劳动防护用品和未开启收尘设备	
		(6)压片机摆臂不当易造成机械伤害	摆臂时，观察周围及摆臂路径是否有阻碍	严禁未观察周围移动摆臂	
	8. 试样的检测	(1)开启或关闭样品测量装置配合不当易造成手部挤伤	确认安全后，再开启测量装置	严禁未确认安全时开启测量装置	
		(2)未培训上岗人员误操作易造成设备及人员安全隐患	必须培训合格后才可操作荧光分析仪	严禁新手或非本岗位人员操作仪器	
		(3)更换样品过程中，使用湿手或手上有灰尘易造成触电或仪器设备伤害	操作仪器时手部清洁干燥	手部不清洁干燥时严禁操作仪器	
	9. 烧失量、水分、挥发分、灰分的测定，烘干硅胶、玻璃仪器，熔融测定样品	(1)使用有裂纹或缺损的玻璃器皿导致割伤	使用玻璃器皿时佩戴手套，轻拿轻放，防止破碎割伤	严禁徒手接触破碎玻璃制品	
		(2)不戴耐高温防护手套直接用手拿高温物体，易被烫伤	要用镊子或专用工具取用物品，不要用裸露的手碰触，避免烫伤	严禁裸露的手碰触从高温环境中取出的物品，严禁碰触不明状态的物品或用具，避免烫伤	
		(3)使用通风橱时未戴耳塞造成噪声伤害	开启通风橱时，要戴耳塞	禁止在未佩戴耳塞的情况下使用通风橱	
		(4)地面湿滑，仓促行走时滑倒造成摔伤	保持地面清洁干燥，谨慎行走，注意脚下，避免滑跌	严禁地面有水、油等	
		(5)线路裸露或无漏电保护，造成触电	所有仪器必须接地和设置漏电保护，使用前先检查线路情况是否安全	严禁使用未接地或无漏电保护的设备，严禁未进行检查确认就开启操作	
作业结束	1. 关闭一切电源，各种工具摆放至指定位置	电源未关闭，造成仪器长期运行受损，工具摆放杂乱堵塞安全通道	按规定要求使用仪器并及时断电复位，所有工器具放在规定位置	严禁不按操作规程使用仪器和工器具，乱摆乱放	

流程		风险分析	安全要点	严禁事项	应急措施
作业结束	2. 废弃玻璃瓶等物品回收,岗位卫生清理	徒手拿破裂的玻璃瓶或高温物体易被割伤或烫伤,用湿布擦拭电源开关造成触电伤害	清理废弃玻璃瓶、高温物体时戴好防护手套,避免割伤和烫伤	严禁不佩戴防护用品清理卫生和用不干燥的抹布擦拭	
	3. 化学废液处理	废液泄漏导致污染或腐蚀	戴好乳胶手套及口罩并按规定处理废液	严禁不按规定穿戴防护用品和废液乱排放	
	4. 废弃物料清理、倾倒	上下楼梯仓促行走易跌倒	上下楼梯一手扶住栏杆,佩戴好手套等防护用品	严禁不按规定穿戴防护用品和仓促行走	

9.2.21 物检岗位安全操作规程

流程		风险分析	安全要点	严禁事项	应急措施
作业前准备			个体防护用品穿戴齐全;人员身体、精神状况正常;工器具符合要求	严禁酒后上岗;严禁带病作业;严禁使用损坏的工器具;严禁不穿戴劳保用品或使用不合格的劳保用品进行作业	
作业过程	1. 小磨实验样品制备	(1)安全防护设施、运转部位安全装置防护不完整或不牢固,磨门禁锢不严,易造成机械伤害	检查确认防护装整牢靠,安全警示标志清晰完好;设备运转时,不能接触运转部位	设备运转时,严禁接触运转部位,严禁运转时进行维修	(1)受伤员工应使用随身携带的通信工具通知当班班长及当班调度员; (2)伤害救治: ① 机械或车辆伤害:发现设备或人身伤害事故应急停设备,及时通知班长、值班调度及安全主管并启动应急预案,并协调车辆及人员采取应急救援措施; ② 粉尘:正确佩戴防尘劳保用品,及时更换防尘滤纸,严重者就医检查; ③ 噪声:正确佩戴护耳器,严重者就医检查; ④ 触电:立即切断电源,对伤者进行急救;
		(2)设备线路有裸露现象,漏电保护器有故障,易造成触电	检查无漏电现象和保护装置正常	严禁未检查确认进行作业	
		(3)小磨运行期间未戴隔声耳塞,造成听力下降	小磨运行期间戴隔声耳塞	未戴耳塞禁止小磨作业	
		(4)缩分样品及称样时未佩戴防尘口罩,造成粉尘伤害	缩分样品及称样时按规定佩戴防尘口罩	严禁不佩戴防尘口罩进行作业	
	2. 试验样品的过筛、均化、缩分	(1)未佩戴手套、口罩,易造成机械伤害、粉尘吸入	检查劳保用品的性能是否满足要求	未按规定佩戴劳保用品严禁作业	
		(2)混样器皮带破裂,卡扣不紧,易造成砸伤	检查皮带是否有裂口,卡扣是否紧固	严禁未检查确认进行作业	

流程		风险分析	安全要点	严禁事项	应急措施
作业过程	3. 比表面积的测定	（1）设备线路裸露，易造成触电	检查仪器线路是否有裸露	严禁未检查进行作业	⑤ 烫伤：人员烫伤后，立即用大量的凉水冲洗伤处，防止伤害深度加深； ⑥ 其他伤害（滑跌、扭伤、扎伤、砸伤等）：视具体伤害类型采取应急措施，遇有创伤性出血的伤员，应迅速包扎止血； ⑦ 中毒：发生中毒事故后，必须立即采取急救措施。如果是由于吸入液化气或其他有毒气体、蒸气，应立即把中毒者移到新鲜空气处。如果中毒是由于吞入毒物，最有效的办法是借呕吐排除胃中的毒物，同时立即将中毒事故情况通知上级领导，救护得越早越快，危险性也越小； （3）伤情严重时及时拨打 120 电话，同时汇报值班调度、车间领导、安全主管及公司领导； （4）派专人、车直接到就近医院进行治疗，严重者直接到上级医院就医
		（2）U 形管破裂易被玻璃扎伤	检查 U 形玻璃管是否完好	U 形玻璃管有裂纹严禁操作	
	4. 凝结时间的测定	（1）称样时人离样品太近，易造成粉尘吸入	人与样品保持一定距离，佩戴口罩	严禁未佩戴口罩操作	
		（2）搅拌时将手和工具伸入锅内，易造成机械伤害	岗位工清楚操作步骤	搅拌时严禁将手和工具伸入锅内	
	5. 安定性的测定	（1）箱体外壳未接地，易造成触电	接地设施正常	严禁沸煮箱未接漏电保护进行作业	
		（2）水未冷却取试饼，易造成烫伤	彻底冷却后再取试饼	未冷却前严禁作业	
	6. 试样的成型与破型	（1）称样时人离样品太近，易造成粉尘吸入	人与样品保持一定距离，佩戴口罩	严禁未佩戴口罩操作	
		（2）搅拌时将手和工具伸入锅内，易造成机械伤害	岗位工清楚操作步骤	搅拌时严禁将手和工具伸入锅内	
		（3）温度计破碎易造成水银进入人体中毒	轻拿轻放，避免碰撞、跌落	严禁使用存在隐患的温度计	
		（4）搬运试模时跌落易砸伤人和物品	按劳动强度配置岗位工	严禁劳动强度超过岗位工身体素质	
		（5）抗折抗压时，手伸到杠杆下和夹具内，易造成挤伤	岗位员清楚仪器运行原理和操作步骤	严禁未经培训、实习者操作	
		（6）抗压试验时未关好防护罩，造成伤害	抗压试验时关好防护罩	防护措施不完整或缺失严禁该项工作	
	7. 操作台及室内卫生清理设备	设备运行交叉，易造成机械伤害	工作未结束，不得靠近	严禁在设备运转中靠近清理卫生	
	8. 废弃试块及试验后废料的处理	（1）未正确穿戴劳保用品，车辆超速或制动有问题易造成交通事故	严格佩戴劳动防护用品，外出前检查车辆制动，按照厂区规定车速行驶并注意躲避车辆	严禁不按规定佩戴防护用品，未检查车辆制动及超速行驶	
		（2）车辆超载易造成滑落砸伤	车辆不要装得太满	严禁超载、过载	

续表

流程		风险分析	安全要点	严禁事项	应急措施
作业结束	1. 仪器设备复位	作业完成后设备未断电复位，易造成设备损害		严禁未检查仪器断电情况即下班离岗	
	2. 实验数据整理、填写后报送	报送数据上下楼梯滑倒，易造成跌伤	上下楼梯注意观察脚下，防止摔倒	严禁乱闯、仓促行走	

9.2.22 气焊、气割工岗位安全操作规程

流程		风险分析	安全要点	严禁事项	应急措施
作业前准备			① 人员身体、精神状态正常；② 必须按规范佩戴劳动防护用品；操作人员必须持证上岗；③ 作业现场照明充足、无杂物、通风良好；场地周围应清除易燃易爆物品；④ 检查氧气瓶、乙炔瓶、氧气表、乙炔表及焊割工具、胶管及接头是否完好，不漏气，乙炔回火器完好可靠，严禁沾染油脂；⑤ 氧气瓶与乙炔瓶严禁同车运输，搬运时，严禁在地面上滚，应轻抬轻放。氧气瓶、乙炔瓶应有防震胶圈，旋紧安全帽，避免碰撞和剧烈震动	严禁酒后上岗；严禁带病作业；严禁不按规定穿戴劳动防护用品上岗；严禁无证操作；氧气、乙炔管路、工具严禁沾染油脂；氧气、乙炔严禁同车运输；严禁滚动气瓶，使瓶受到剧烈碰撞；作业现场严禁存放易燃易爆物品	
作业过程中	气焊、气割作业	(1)氧气、乙炔瓶放置距离小于5m，距明火小于10m。造成火灾、爆炸	氧气瓶、乙炔瓶放置距离不得小于5m，距离明火不得小于10m		(1)受伤员工应大声呼救或用携带的通信工具呼救；(2)火情失控时，用湿口罩、湿毛巾等捂住口鼻，将身体尽量贴近地面，向安全地带疏散；(3)救治：① 灼烫：人员如果烫伤后，立即用大量的凉水冲伤处，防止伤害加深；
		(2)氧气瓶、乙炔瓶未使用防倾倒装置，造成爆炸	氧气瓶、乙炔瓶应设有架子，垂直立放		
		(3)点火时，焊枪口、割枪口对人，造成烧伤烫伤	点火时，焊枪口、割枪口不准对人，正在燃烧的焊枪、割枪不得放在工件或地面上	焊枪、割枪点火时严禁对人	

续表

流程		风险分析	安全要点	严禁事项	应急措施
作业过程中	气焊、气割作业	(4)在带压的容器或管道上焊、割；带电设备未切断电源，造成物体打击、触电	严禁在带压的容器或管道上焊、割，带电设备应先切断电源	严禁焊、割带压容器和管道	②中暑：脱离高温环境，迅速将中暑者转移至阴凉通风处休息；使其平卧，头部抬高，松解衣扣；及时采取如补充液体、人工散热等急救措施； ③其他伤害（滑跌、扭伤、摔伤、碰伤等）：视具体伤害类型采取应急措施，遇有创伤性出血的伤员，应迅速包扎止血； (4)伤情严重时及时拨打120电话，同时汇报车间领导
		(5)在贮存过易燃易爆及有毒物品的容器或管道上焊、割时，未清除干净，未将所有孔、口打开，造成中毒窒息	在贮存过易燃易爆及有毒物品的容器或管道上施焊时，应先清除干净，置换空气，经检测合格，并将所有孔、口打开	严禁未对贮存易燃易爆及有毒物品的容器或管道进行清理、置换就直接焊、割	
		(6)在易燃易爆场所进行焊接时，未办理动火作业证，未准备消防器具，未设置监护人。造成火灾爆炸	在易燃易爆场所进行焊接时，应严格办理动火作业证，现场消防用具齐全，在安全人员监督情况下方可施焊	严禁未办理动火申请、未设置监护人进行作业	
		(7)夏季室外作业气瓶未采取防晒措施，造成爆炸	夏季室外作业应做好气瓶的防晒措施	气瓶严禁在阳光下暴晒	
		(8)不戴护目镜，火花飞溅物侵入眼睛，造成灼伤	戴好护目镜防止飞溅物侵入眼睛	禁止不戴护目镜进行切割	
		(9)氧气、乙炔软管接头在使用中发生脱落、破裂，造成火灾	接头必须使用专用的卡箍卡紧扎牢，着火后快速关闭供氧、乙炔阀门熄灭火源，同时关闭减压器顶针	接头严禁使用普通铁丝进行绑扎，严禁将氧气的软管使用弯折的办法消除软管着火	
	作业结束	(1)工作完毕，未将氧气瓶、乙炔瓶阀关好、拧上安全罩，造成火灾爆炸	工作完毕，应将氧气瓶、乙炔瓶阀关好，拧上安全罩	严禁以上事项未处理即离开现场	
		(2)未清理现场离开，造成物体打击、火灾爆炸	清理现场，检查操作场地，确认无着火危险，方可离开		

9.2.23 电焊工安全操作规程

流程		风险分析	安全要点	严禁事项	应急措施
作业前准备			① 人员身体、精神状态正常； ② 必须按规范佩戴劳动防护用品；操作人员必须持证上岗； ③ 作业现场照明充足、无杂物、通风良好；场地周围应清除易燃易爆物品； ④ 电焊机外壳完好、一、二次线路符合标准要求；焊钳与把线必须绝缘良好，连接牢固； ⑤ 电焊机要接在单独有漏电保护的开关上，并由专业电工操作	严禁酒后上岗；严禁带病作业；严禁不按规定穿戴劳动防护用品作业；严禁无证操作；作业现场严禁存放易燃易爆物品；严禁使用绝缘不合格、线路破损不达标的电焊机；严禁私自接电	
作业过程中	电焊作业	(1)在带电和带压力的容器或管道上施焊，没有断电、释放压力，造成触电、物体打击	严禁在带电和带压力的容器上或管道上施焊，焊接带电的设备必须先切断电源	带压容器或管道没有释放压力严禁施焊；带电设备未断电严禁施焊	① 电焊机焊接过程中如发生异常情况，操作人员应立即通知班长，联系相关人员进行抢修； ② 一旦发生安全事故，应立即切断电源，同时保护好事故现场，并逐级或立即向上级报告； ③ 发生触电时，立即切断电源，使触电人尽快摆脱触电； ④ 发生火灾时，应先切断危险源，就地启用灭火器材灭火；必要时启动公司级的应急救援方案； ⑤ 发生灼烫事故要立即用大量的凉水冲洗伤处，防止伤害深度加深；
		(2)在贮存过易燃易爆及有毒物品的容器或管道上施焊时，未清除干净，未将所有孔、口打开。造成火灾爆炸、中毒窒息	在贮存过易燃易爆及有毒物品的容器或管道上施焊时，应先清除干净、置换空气，经检测合格，并将所有孔、口打开	严禁未对贮存易燃易爆及有毒物品的容器或管道进行清理、置换直接焊、割	
		(3)在密闭金属容器内施焊时，未办理有限空间作业证；未设置监护人；容器内照明未使用安全电压。造成中毒窒息、触电	在密闭金属容器内施焊时，须办理有限空间作业证，开设进、出风口；确保容器可靠接地，通风良好，并应有人监护；容器内照明电压不得超过36V；焊接工身体应用绝缘材料与容器壳体隔离开；施焊过程可以向容器内输入空气，但严禁输入纯氧	严禁未办理作业证进行施焊；严禁未设监护人作业；严禁使用非安全电压照明	
		(4)二次线、接地线乱搭、乱放，接地不牢固。造成触电	二次线、地线禁止与钢丝绳接触，更不得用钢丝绳索或机电设备代替零线，地线接头必须连接牢固	二次线严禁乱搭、乱放	

流程		风险分析	安全要点	严禁事项	应急措施
作业过程中	电焊作业	(5)在易燃易爆场所进行焊接时,未办理动火作业证,未准备消防器具,未设置监护人,造成火灾爆炸	在易燃易爆场所进行焊接时,应严格办理动火作业证,现场消防用具齐全,在有安全人员监督情况下方可施焊	严禁未办理动火申请、未设置监护人进行作业	(6)发生中暑事故,迅速将中暑者脱离高温环境,转移至阴凉通风处休息;使其平卧,头部抬高,松解衣扣;及时采取如补充液体、人工散热等急救措施; (7)伤情严重时及时拨打120电话,同时汇报车间领导
		(6)更换场地移动把线时,未切断电源,造成触电	更换场地移动把线时,应切断电源并不得手持把线爬梯登高	严禁未拉闸断电更换工作场地	
		(7)多台焊机在一起集中施焊时,焊接平台或焊件未接地,未设置隔光板,造成触电、辐射伤害	多台焊机在一起集中施焊时,焊接平台或焊件必须接地,并应有隔光板	严禁不设地线施焊	
		(8)雷雨时露天焊接作业	雷雨时,应停止露天焊接作业	雷雨时严禁露天焊接作业	
作业结束		(1)工作完毕,焊机未拉闸、断电,造成触电	工作结束应切断焊机电源,整理二次线	严禁以上事项未处理即离开现场	
		(2)未清理现场离开,造成物体打击	清理现场,检查操作场地,确认无着火危险,方可离开		

9.2.24　小车司机岗位安全操作规程

流程	风险分析	安全要点	严禁事项	应急措施
作业前准备	(1)未检查刹车、转向系统、喇叭、信号灯等主要装置,会导致刹车失灵、转向球头松动、无法提示行人; (2)未检查轮胎气压,会发生爆胎,车辆晃动; (3)未携带驾驶证,会导致无证驾驶; (4)酒后上岗会导致事故发生	① 行车前检查刹车、转向、灯光、轮胎气压主要装置; ② 检查机油、燃油、防冻液等; ③ 随身携带驾驶证; ④ 检查全车安全带	① 严禁使用病车上路; ② 严禁酒后上岗; ③ 严禁带病上岗	

流程		风险分析	安全要点	严禁事项	应急措施
作业过程		(1)违反道路交通法规，引发交通事故	① 行驶过程中，应严格遵守交通法规，不得超过道路限速，在没有限速标志的路段，应保持安全车速；② 夜间行驶或者在容易发生危险的路段行驶，以及遇有沙尘、冰雹、雨雾、结冰等气候条件时，应当降低车速	遵守交通法规，严禁超速行驶，不得在禁止倒车路段倒车，严禁逆向行驶，不得违法变换导向车道，严禁违法占用非机动车道，危险环境状况下，严禁冒险行车	发生车辆异常，立即停止发车，进行修复 ① 行车中发现车辆异常，立即靠边停车，进行检查修复；② 车辆发生交通事故，应立即停车，保护现场；造成人员伤亡的，应立即抢救受伤人员，在抢救伤员变动现场的，应标明位置，找好旁证，并迅速报告执勤交警或公安机关及公司安全部门或公司负责人
		(2)行车中接听电话会分散注意力，引发事故	行车中佩戴蓝牙耳机接听电话，避免事故发生	严禁行车中随意交谈	
		(3)酒后驾驶会引发车辆事故	控制车辆速度，车辆定员，禁止超速、超载	严禁酒后驾驶	
		(4)疲劳驾驶会引发车辆事故	乘客必须系好安全带	严禁超员，乘客未系安全带行驶	
作业收尾		(1)停车后不拉手刹制动器，会导致溜车；(2)车门未锁、车窗未关会导致人为损坏	① 停车后应立即拉住手刹制动器，防止溜车；② 锁好车门，关好车窗，防止损坏	严禁不拉手刹，不锁车门，不关车窗，不关电源	提高防范措施，避免为造成车辆事故

9.2.25　库保管岗位安全操作规程

流程		风险分析	安全要点	严禁事项	应急措施
作业前准备	班前会		劳保用品穿戴齐全、工器具符合要求	严禁酒后上岗；严禁带病作业；严禁使用损坏的工器具；严禁不穿戴劳保用品或使用不合格的劳保用品进行作业	
作业过程	收发货	装卸车时采取措施不当，造成砸伤、碰伤	仓库收发货物频繁，自己做到且监督他人不做违规野蛮装卸，以免造成砸伤或者其他伤害	严禁野蛮装卸	(1)大声呼救，在意识清醒时拨打急救电话；(2)在自身身体允许的情况下自救；(3)伤害救治：① 触电：立即切断电源，参考机械伤害、物体打击、高处坠落等急救措施；
	氧气、乙炔库巡检	未设置防倾倒装置、防震圈、安全帽，易导致倾倒砸伤人，冲击爆炸，火灾	安装防倾倒装置、戴安全帽、防震圈，严禁烟火，收发瓶时做好台账记录	严禁烟火，严禁氧气瓶、乙炔瓶放置于同一个库房，严禁满瓶与空瓶混放	

流程		风险分析	安全要点	严禁事项	应急措施
作业过程	油库巡检	漏油或者渗油遇到明火、吸烟，可能引发火灾、爆炸	柴油应单独一个库房放置，保持自然通风，禁止烟火	严禁易燃物品与其他物品混放，严禁烟火	② 火灾：1）发生火灾时，第一发现人要迅速判断原因，立即切断附近电源；2）立即上报部门领导，组织人员携带消防护具赶赴现场进行扑救；3）在确保自身安全的情况下可以先行灭火；4）如果有人被困"先救人，后救物"；如果火势过大，立即把已燃物和未燃物隔离，并立即拨打119火警电话； ③ 其他伤害（滑跌、扭伤、摔伤、碰伤等）：视具体伤害类型采取应急措施，遇有创伤性出血的伤员，应迅速包扎止血； ④ 灼伤：人员被化学用品灼伤后，立即用大量的凉水冲洗伤处，防止伤害加深； （4）伤情严重时及时拨打120电话，同时汇报部门领导； （5）派专人到主要路口迎接救护车
	仓库严禁烟火	在库房内吸烟或动用明火，留下火种易引发火灾	库房重地严禁烟火，任何人进入库房都不允许吸烟，以免留下火种。需要动火时，必须办理动火证	严禁烟火	
	消防器材、设施周检	消防设施配套不全或灭火器用完未及时灌充，发生火灾时来不及扑救	经常检查消防器材是否完整有效，灭火器用完及时灌充，消防栓不应锈蚀	严禁不做检查或者消防设施挪作他用，严禁灭火器用完未及时灌充	
	行车使用	（1）吊装物件捆绑不牢，坠物易导致起重伤害	吊装物件时必须捆绑牢固才能起吊，作业人员不能在吊装货物下方滞留，必须佩戴安全帽	严禁违章操作，严禁违章指挥	
		（2）起吊重物时，钢丝绳与挂钩及吊装物不垂直，钢丝绳脱落易导致起重伤害	起吊物件时，钢丝绳、挂钩、吊装物必须垂直后才能起吊		
		（3）吊装超载，大梁弯曲变形	吊装物件重量不能超出额定重量		
		（4）未按照操作规程操作可能导致起重伤害	必须按照起重机的操作规程操作		
作业结束	离开厂区回家	未遵守交通规则可能造成车辆伤害事故	路途中遵守交通规则，注意来往车辆，确保平安回到家中	严禁酒后驾车	

9.3　职业卫生操作规程

9.3.1　危险化学品岗位职业卫生操作规程

1. 术语

危险化学品指具有毒害、腐蚀、爆炸、燃烧、助燃等性质，对人体、设施、环境具有危害的剧毒化学品和其他化学品。

2. 危害程度

危险化学品拥有不同程度的燃烧、爆炸、毒害、腐蚀等特性，受到摩擦、撞击、震动，接触火源、日光、暴晒、溶水受潮，温度变化或遇到性质相抵触的其他物品等外界因素的影响，容易引起燃烧、爆炸、中毒、灼烧等人员伤亡事故。

3. 接触限值

各类危险化学品的接触限值

序号	危险化学品种类	MAC(mg/m³)	PC-TWA(mg/m³)	PC-STEL(mg/m³)
1	氢氧化钠	2	—	—
2	盐酸	7.5	—	—
3	氨	—	20	30
4	硫酸	2	1	3
5	氢氟酸	2		

4. 健康操作规程

（1）密闭操作，注意通风，操作尽可能机械化、自动化。

（2）操作人员必须经过专门培训，严格遵守操作规程。

（3）操作前应对危险化学品储存装置、装卸设备、管道等系统进行细致检查，及时消除隐患，防止发生泄漏事故。

（4）应保证危险化学品现场各类标识完整，缺损后应及时补充维护。

（5）装卸危险化学品人员作业必须规范化、标准化，严格执行专业操作规程。

（6）卸氨水现场必须备有应急设施和急救药品。

（7）装卸危险化学品前 10h 之内严禁饮酒。

（8）卸氨水人员必须按规定每年体检一次，按时参加专业安全培训。

5. 泄漏应急处理

（1）迅速撤离泄漏污染区人员至安全区，并进行隔离，严格限制出入。

（2）应急处理人员戴防毒面罩，穿防酸碱工作服，不要直接接触泄漏物。

（3）尽可能切断泄漏源。

（4）小量泄漏：用砂土、干燥石灰或苏打灰混合。也可以用大量水冲洗，清水稀释后放入废水系统。

（5）大量泄漏：构筑围堤或挖坑收容。用泵转移至桶车或专用收集器内，回收或运至事故水池，经处理达标后排放。

6. 急救措施

（1）盐酸溅到眼睛内或皮肤上时，应迅速用大量清水冲洗 15min，再以 0.5% 的碳酸氢钠溶液清洗。浓碱、氨溅到眼睛内或皮肤上，应迅速用大量清水冲洗 15min，再以 2% 的稀硼酸溶液清洗眼睛或用 1% 的醋酸溶液清洗皮肤。

（2）盐酸或浓碱溅到衣服上时，应迅速脱去浸有溶液的衣服，用大量清水冲洗被腐蚀的身体部位至少 15min。

（3）氢氟酸对皮肤、指甲、骨骼的伤害力很强，若沾在手上，应立即用水或碳酸氢钠溶液冲洗，再用甘油和氧化镁混合药剂（2∶1）涂抹后包扎好。

（4）以上工作做完后，应联系厂医务人员到达现场协助处理，或将受伤人员迅速送到医院救治。

9.3.2　粉尘岗位职业卫生操作规程

1. 术语

粉尘（Dust）是指悬浮在空气中的固体微粒。习惯上对粉尘有许多名称，如灰尘、尘埃、烟尘、矿尘、砂尘、粉末等，这些名词没有明显的界限。国际标准化组织规定，将粒径小于 75 μm 的固体悬浮物定义为粉尘。在生活和工作中，生产性粉尘是人类健康的天敌，是诱发多种疾病的主要原因。

2. 职业危害

粉尘进入人体后主要可引起职业性呼吸系统疾病，长期接触高浓度粉尘可引起肺组织纤维化为主的全身性疾病——尘肺病，如尘肺、呼吸系统肿瘤、粉尘性炎症等；对上呼吸道黏膜、皮肤等部位产生局部刺激作用可引起相应疾病。

3. 各类粉尘的接触限值

序号	粉尘种类	总尘 PC-TWA（mg/m³）	呼吸性粉尘 PC-TWA（mg/m³）
1	10%≤游离 SiO_2 含量≤50%	1	0.7
2	50%＜游离 SiO_2 含量≤80%	0.7	0.3
3	游离 SiO_2 含量＞80%	0.5	0.2

4. 岗位职业卫生操作规程

粉尘作业人员必须经过相关培训考试合格后方可上岗。应掌握本工种职业卫生安全知识和防护技能，对产生的粉尘性质和性能及卫生措施应有基本了解。

（1）除尘设施必须运行良好。

（2）操作人员在生产现场粉尘区域作业时，必须严格遵守劳动纪律，坚守岗位，服从管理，正确佩戴和使用防尘口罩等劳动防护用品。

（3）对在接触粉尘环境中工作的职工应定期组织职业健康体检。

（4）作业场所粉尘浓度不准超过国家卫生标准。

（5）按时巡回检查所属设备的运行情况，不得随意拆卸和检修设备，发现问题及时找专业人员修理。

（6）对生产现场应经常进行检查，及时消除现场中"跑、冒、滴、漏"现象，做到文明、清洁生产，降低职业危害。

（7）生产现场必须保持通风良好。

（8）应经常对作业岗位进行增湿，防止粉尘飞扬，减少危害。

9.3.3　噪声岗位职业卫生操作规程

1. 术语

（1）生产性噪声：在生产过程中产生的对职工健康和工作有妨碍的声音。

（2）噪声作业：职工在作业场所接触噪声的作业。

（3）危害程度：带来烦恼，影响人们工作、学习、休息。长期接触强噪声会引起听力下降、神经性衰弱综合征等病症。

2. 工作场所接触噪声限值标准

（1）职业接触 8h，工作地点噪声允许标准为 85dB；

（2）职业接触 4h，工作地点噪声允许标准为 88dB；

（3）职业接触 2h，工作地点噪声允许标准为 91dB；

（4）职业接触 1h，工作地点噪声允许标准为 94dB；

（5）职业接触 0.5h，工作地点噪声允许标准为 97dB；

（6）职业接触 0.25h，工作地点噪声允许标准为 100dB；

（7）职业接触 0.125h，工作地点噪声允许标准为 103dB；

但最高不能超过 115dB。

3. 职业卫生操作规程

噪声作业人员必须经过相关培训考试合格后方可上岗。应掌握本工种职业卫生安全知识和防护技能，对噪声的卫生防护措施应有基本了解。

（1）操作工在操作时必须严格遵守劳动纪律，坚守岗位，服从管理，正确佩戴和使用耳塞、耳罩等劳动防护用品。

（2）对生产现场应经常进行检查，及时消除现场中"跑、冒、滴、漏"现象，做到文明、清洁生产，降低职业危害。

（3）按时巡回检查所属设备的运行情况，不得随意拆卸和检修设备，发现问题及时找专业人员修理。

（4）各岗位噪声超标时，应采用适当的隔声措施。

（5）作业人员进入现场强噪声区域时，应佩戴耳塞。

（6）在噪声较大区域连续工作时，宜分批轮换作业。

（7）对长时间在噪声环境中工作的职工应定期进行职业健康检查。

（8）噪声作业场所的噪声强度超过卫生标准值时，应采用隔声、消声措施或缩短每个工作班的接触噪声时间。

（9）采取噪声控制措施后，其作业场所的噪声强度仍超过规定的卫生标准值时，应采取个体防护措施。

9.3.4 高温岗位职业卫生操作规程

1. 术语

（1）高温作业：指有高气温、或有强烈的热辐射、或伴有高气湿（相对湿度≥80％RH）相结合的异常作业条件、湿球黑球温度指数（WBGT 指数）超过规定限值的作业。包括高温天气作业和工作场所高温作业。

（2）接触时间率：劳动者在一个工作日内实际接触高温作业的累计时间与 8h 的比率。

（3）生产性热源：指生产过程中能够散发热量的生产设备，产品和工件等。

2. 职业危害

高温致使体温调节产生障碍、水盐代谢失调、循环系统负荷增加、消化系统疾病增多、神经系统兴奋性降低、肾脏负担加重。当作业场所气温超过 34℃时，即可能有中暑病例发生。中暑是高温环境下发生的急性疾病，按其发病机理可分为：热射病、日射病、热痉挛和热衰竭。

（1）当有先兆或轻度中暑时，应将患者迅速撤离高热环境，移至阴凉通风处休息，解开衣领，并给予清凉饮料、浓茶、淡盐水和仁丹、解暑片或藿香正气丸等解暑药物。

（2）对病情较重的患者，应立即移到阴凉处，让其平卧（或抬高下肢），根据不同的病情，分别做如下处理：

1）中暑痉挛时，牵伸痉挛肌肉使之缓解，并服用含盐清凉饮料。

2）中暑衰竭时，服用含糖、盐饮料，并在四肢做重推摩、擦摩。

3）患日射病时，头部用冰袋或冷水湿敷；身体高热时，应迅速降温，如用冷水或冰水擦身（擦至皮肤发红），或在额、颈、腋下和腹股沟等处放冰袋，也可用50％酒精擦浴。

4）症状重或昏迷患者，可针刺人中、涌泉、中冲等穴，并迅速送医院抢救。

作业现场持续接触高温时间限值标准见表9.1。工作场所不同体力劳动强度WBGT限值见表9.2。

表9.1　高温作业允许持续接触热时间限值（min）

工作地点温度（℃）	轻度劳动	中等劳动	重度劳动
30～32	80	70	60
＞32～34	70	60	50
＞34～36	60	50	40
＞36～38	50	40	30
＞38～40	40	30	20
＞40～42	30	20	10
＞42～44	20	10	10

表9.2　工作场所不同体力劳动强度WBGT限值

接触时间率	体力劳动强度			
	一	二	三	四
100％	30	28	26	25
75％	31	29	28	26
50％	32	30	29	28
25％	33	32	31	30

3．岗位职业卫生操作规程

（1）操作工在操作时必须严格遵守劳动纪律，坚守岗位，服从管理，正确佩戴和使用劳动防护用品。

（2）生产现场必须保持通风良好。

（3）对生产现场经常性进行检查，按时巡查所属设备的运行情况，不得随意拆卸和检修设备，发现问题及时找专业人员修理。

（4）对高温设备和管道应进行保温或加装隔热装置。

（5）缩短一次性持续接触高温时间，持续接触热源后，应轮换作业和休息，休息时应脱离热环境，并多喝水。

（6）操作岗位温度过高时，工作人员要佩戴防高温手套、穿隔热服。

（7）采取通风降温措施，打开门窗通风，必要时加装通风机进行机械通风。

（8）根据生产工艺流程和厂房建筑条件，采取防暑降温治理措施。

（9）合理布置和疏散热源。

（10）当热源较多而采用天窗排气时，应将热源集中在排气天窗下侧，并对热源采取隔热措施。

（11）将大检修尽量安排在夏季高温季节，在夏季其他时间要备好防暑药品。

9.3.5 有毒有害岗位职业卫生操作规程

1. 水泥厂有毒有害物品

（1）盐酸：盐酸是氢氯酸的俗称，是氯化氢（HCl）气体的水溶液，为一元强酸。盐酸具有极强的挥发性，盐酸分子式 HCl，相对分子质量 36.46。盐酸为不同浓度的氯化氢水溶液，呈透明无色或黄色，有刺激性气味和强腐蚀性。易溶于水、乙醇、乙醚和油等。浓盐酸为含 38％氯化氢的水溶液，相对密度 1.19，熔点 −112℃，沸点 −83.7℃。3.6％的盐酸，pH 值为 0.1。与碱发生中和反应，放出大量的热。接触其蒸气或烟雾，可引起急性中毒：出现眼结膜炎，鼻及口腔黏膜有烧灼感，引起鼻出血、齿龈出血、气管炎等。误服可引起消化道灼伤、溃疡形成，有可能引起胃穿孔、腹膜炎等。眼和皮肤接触可致灼伤。能与一些活性金属粉末发生反应，放出氢气。

（2）硫酸：无水硫酸为无色油状液体，10.36℃时结晶，通常使用的是它的各种不同浓度的水溶液。硫酸是一种最活泼的二元无机强酸，能和许多金属发生反应。高浓度的硫酸有强烈的吸水性，可用作脱水剂，碳化木材、纸张、棉麻织物及生物皮肉等含碳水化合物的物质。

浓硫酸与水混合时，会放出大量热。用水稀释配制稀硫酸溶液时，只能将浓硫酸沿杯壁缓缓倒入烧杯中的水中，并且加强搅拌，绝不能将水倒入浓硫酸中，以免产生大量的热，将酸液喷出，造成人员伤害。

皮肤接触稀硫酸后需要用大量水冲洗，再涂上 3％～5％碳酸氢钠溶液，迅速就医。稀硫酸溅入眼睛后应立即提起眼睑，用大量流动清水或生理盐水彻底冲洗至少 15min，然后迅速就医。吸入蒸汽后应迅速脱离现场至空气新鲜处。保持呼吸道通畅。如呼吸困难，给输氧。如呼吸停止，立即进行人工呼吸，迅速就医。误服后应用水漱口，饮牛奶或蛋清，迅速就医。

（3）氢氧化钠：化学式为 NaOH，俗称烧碱、火碱、苛性钠，为一种具有很强腐蚀性的强碱，一般为片状或颗粒形态，为白色半透明结晶状固体。易溶于水（溶于水时放热）并形成碱性溶液。氢氧化钠有潮解性，易吸取空气中的水蒸气。氢氧化钠水溶液有涩味和滑腻感。有腐蚀性。该品不会燃烧，遇水和水蒸气大量放热，形成腐蚀性溶液；与酸发生中和反应并放热；具有强腐蚀性，危害环境。该品有强烈刺激和腐蚀性。粉尘或烟雾会刺激眼和呼吸道，腐蚀鼻中隔；皮肤和眼与氢氧化钠直接接触会引起灼伤，误服可造成消化道灼伤，黏膜糜烂、出血和休克。

（4）乙醚：无色透明液体，有特殊刺激气味，带甜味，极易挥发。其蒸汽密度高于空气。在空气的作用下能氧化成过氧化物、醛和乙酸，暴露于光线下能促进其氧化。熔点－116.3℃，沸点 34.6℃，折光率 1.35555，闪点（闭杯）－45℃。易燃、低毒。该品的主要作用为全身麻醉。急性大量接触，早期出现兴奋，继而嗜睡、呕吐、面色苍白、脉缓、体温下降和呼吸不规则，而有生命危险。急性接触后的暂时作用有头痛、易激动或抑郁、流涎、呕吐、食欲下降和多汗等。液体或高浓度蒸气对眼有刺激性。

（5）乙醇（酒精）：乙醇液体密度是 0.789g/cm³（20℃），乙醇气体密度为 1.59kg/m³，沸点 78.3℃，熔点－114.1℃，易燃。其蒸气能与空气形成爆炸性混合物，能与水以任意比例互溶，能与氯仿、乙醚、甲醇、丙酮和其他多数有机溶剂混溶。乙醇为中枢神经系统抑制剂。首先引起兴奋，随后抑制。人吸入 4.3 mg/L，50min，头面部发热，四肢发凉，头痛；人吸入 2.6mg/L，39min，头痛。对吸入大量乙醇者，将其迅速撤离现场至空气新鲜处，保持呼吸道通畅。如呼吸困难，给输氧。如呼吸停止，立即进行人工呼吸，就医。

2. 岗位职业卫生操作规程

（1）进入岗位操作前必须按照不同岗位，正确佩戴防毒口罩（面具）等岗位所需劳动保护用品并掌握基本的对有毒有害气体的自救措施。

（2）进入岗位后要认真对岗位配置的通风设施进行检查，确认通风设施正常运转时，方可进行岗位操作。

（3）如通风设施出现故障，致使岗位操作现场有毒有害气体浓度超过正常范围，要及时报告本单位相关领导，及时安排人员对通风设施进行维修，确保操作现场有毒有害气体浓度正常后，方可进行岗位操作。

（4）严格按照岗位工艺操作规程进行岗位操作，避免因违反操作规程而引发安全事故。对未严格按工艺操作规程进行操作的人员，一经发现严肃处理。

（5）对生产现场进行经常性检查，及时消除现场中设备的"跑、冒、滴、漏"现象，降低职业危害。

（6）工作时尽量站在上风侧，减少吸入有毒有害气体的概率。生产现场严禁吸烟、就餐。

（7）下班前将工作服等生产现场所使用的各类劳保用品进行更换后离开工作岗位，预防将污染源带离工作岗位后传播给其他人员。

（8）离开岗位后，要保持良好的卫生习惯，要对身体及衣服上黏附的污染物进行彻底清理，并及时清洗接触有毒有害气体的身体各个部位，避免污染物进入体内。

（9）保持良好的个人卫生习惯、坚持下班洗澡等措施，有效预防职业病。

9.4　质量控制安全操作规程

1. 化验室小破碎机安全操作规程

（1）目的

规范员工行为，实现操作标准化，确保人身和设备安全。

（2）范围

适用于质管部破碎机、振动磨、联合制样机的使用与管理。

（3）风险辨识

触电、机械伤害、物体打击、噪声、粉尘。

（4）防护用品

劳保服、安全鞋、防护手套、防尘口罩、耳塞、护目镜。

（5）操作内容

1）开机前

① 检查设备电源、接地线是否完好，所有紧固件是否紧固牢固。

② 检查旋转部位有无卡阻现象，防护罩是否完好，关好各检查门方可开机。

2）运行中

① 待粉磨物料严禁混杂金属杂物及其他韧性物料，以免损坏机器。

② 若设备出现异常，应立即切断电源进行检查，不得继续使用。

③ 严禁手伸入料斗，严禁接触转动部位，严禁打开检查门。

④ 对机器进行调整前，应先停机断电，以免造成安全事故。

3）停机与维护

① 机器使用后必须断电，并清除残留物及外部粉尘，经常保持整机清洁。

② 定期维护保养。

（6）应急措施

1）发生机械伤害时，应先切断危险源，防止二次伤害，根据伤害情况进行处置。

2）发生触电时，切断电源，使触电人尽快摆脱触电。

2. 混筛机安全操作规程

（1）目的

规范员工行为，实现操作标准化，确保人身和设备安全。

（2）范围

适用于质管部自动混筛机、单双层两用振筛机的操作与维护。

（3）风险辨识

触电、机械伤害、噪声、粉尘。

（4）防护用品

安全帽、劳保服、安全鞋、防护手套、防尘口罩、耳塞。

（5）操作流程

1）开机前

① 检查设备电源、接地线是否完好，所有紧固件是否紧固牢固。

② 检查活动部位是否有卡碰现象。

③ 检查储料斗是否积料、堵塞。

2）运行中

① 严禁手伸入料斗，严禁接触转动部位。

② 对机器进行调整前，停机断电。

③ 若设备出现异常，立即切断电源进行检查。

3）停机与维护

① 机器使用后必须断电，并清除残留物及外部粉尘，经常保持整机清洁。

② 定期维护保养。

（6）应急措施

① 发生机械伤害时，应先切断危险源，防止二次伤害，根据伤害情况进行处置。

② 发生触电时，切断电源，使触电人尽快摆脱触电。

3. 搅拌机安全操作规程

（1）目的

规范员工行为，实现操作标准化，确保人身和设备安全。

（2）范围

适用于质管部水泥净浆搅拌机、行星式水泥胶砂搅拌机的操作与维护。

（3）风险辨识

机械伤害、触电。

（4）防护用品

劳保服、安全鞋、胶手套。

（5）操作流程

1）开机前

① 检查设备电源、接地线是否完好，所有紧固件是否紧固牢固。

② 检查设备是否处于良好状态，发现异常停止使用。

2）运行中

① 空机试运行，确认设备良好。

② 严禁触碰旋转部位，严禁将其他物品放入搅拌机中。

③ 若设备出现异常，立即切断电源进行检查。

3）停机与维护

① 停机后关停设备电源，清理设备卫生。

② 定期维护保养。

（6）应急措施

① 发生机械伤害时，应先切断危险源，防止二次伤害，根据伤害情况进行处置。

② 发生触电时，切断电源，使触电人尽快摆脱触电。

4. 振动台安全操作规程

（1）目的

规范员工行为，实现操作标准化，确保人身和设备安全。

（2）范围

适用于质管部水泥胶砂振动台、成型振实台的操作与维护。

（3）风险辨识

机械伤害、触电。

（4）防护用品

劳保服、安全鞋、防护手套。

（5）操作流程

1）开机前

① 检查设备地线是否接好，所有紧固件是否紧固牢固。

② 检查卡具、空机运行振动声音是否正常。

2）运行中

① 试验过程不能将非试验物品放在振动台上。

② 严禁触碰振动部位，严禁将手放置于试模正下方。

③ 若设备出现异常，立即切断电源进行检查。

3）停机与维护

机器使用后必须断电，并清除残留物及外部粉尘，经常保持整机清洁。

（6）应急措施

① 发生机械伤害时，应先切断危险源，防止二次伤害，根据伤害情况进行处置。

② 发生触电时，切断电源，使触电人尽快摆脱触电。

5．压力机安全操作规程

（1）目的

规范员工行为，实现操作标准化，确保人身和设备安全。

（2）范围

适用于质管部水泥压力试验机、电动抗折机的操作与维护。

（3）风险辨识

机械伤害、物体打击、触电。

（4）防护用品

劳保服、安全鞋、手套。

（5）操作流程

1）开机前

① 检查设备电源是否接触良好。

② 检查地脚螺栓是否松动。

③ 检查夹具是否处于良好状态。

2）运行中

① 试验过程人员不能离开试验现场。

② 若设备出现异常，立即切断电源进行检查。

3）停机与维护

① 停机后关停设备电源，清理设备卫生。

② 定期维护保养。

（6）应急措施

① 发生机械伤害时，应先切断危险源，防止二次伤害，根据伤害情况进行处置。

② 发生触电时，切断电源，使触电人尽快摆脱触电。

6．压蒸釜安全操作规程

（1）目的

规范员工行为，实现设备操作标准化，确保人身和设备安全。

（2）范围

适用于质管部压蒸釜的使用与维护。

（3）风险辨识

灼烫、触电。

（4）防护用品

劳保服、安全鞋、耐高温手套。

（5）操作流程

1）开机前

检查设备电源、接地线是否良好。

2）运行中

① 打开釜盖，加入规定蒸馏水，将装有试体的支架放入釜内。

② 将釜盖结合部擦干净，并在釜口结合部涂上一层薄机油。

③ 打开放气阀，调节电接点压力表上限、下限压力值，关闭通风盘和通风环。

④ 接通电源待温度仪显示实时温度后按"启动"键，当放气阀有水蒸气连续排出时，按顺时针方向关闭放气阀。

⑤ 若设备出现异常，立即切断电源进行检查，不得继续使用。

3）停机与维护

① 停止加热后，按逆时针方向打开通风盘和通风环，釜内压力会在 60～90min 内降至 0.1MPa。

② 此时打开放气阀，将釜内压力放净；仪器冷却至常温后按"停止"键，关停电源，清理设备卫生。

③ 定期维护保养。

（6）应急措施

① 发生灼烫伤时，如小面积烧伤，则立即用大量干净的水冲洗至少80min，涂烧伤膏后送医院救治。

② 发生触电时，切断电源，使触电人尽快摆脱触电。

7. 高温设备安全操作规程

（1）目的

规范员工行为，实现操作标准化，确保人身和设备安全。

（2）范围

适用于电热鼓风干燥箱、马弗炉、一体化定硫仪、电热熔融机、自动工业分析仪。

（3）风险辨识

灼烫、触电。

（4）防护用品

劳保服、安全鞋、防护手套。

（5）操作流程

1）开机前

检查设备电源、接地线是否良好。

2）运行中

① 使用设备时戴纱手套，高温样品放在规定的地方。

② 使用时，设备温度不得超过额定温度，以免损坏加热元件。

③ 若设备出现异常，立即切断电源进行检查，不得继续使用。

④ 送入或取出样品时，必须使用专用工具，严禁触碰仪器内高温部分和带电部位。

⑤ 禁止长时间开炉门。

3）停机与维护

① 停机时切断电源并关闭炉门，清理设备卫生。

② 定期维护保养。

（6）应急措施

① 发生灼烫伤时，如小面积烧伤，则立即用大量干净的水冲洗至少 30min，涂烧伤膏后送医院救治。

② 发生触电时，切断电源，使触电人尽快摆脱触电。

8.检验类设备安全操作规程

（1）目的

规范员工行为，实现操作标准化，确保人身和设备安全。

（2）范围

适用于水泥胶砂流动度测定仪、纯水制备器、水泥组分测定仪、水泥二氧化碳测定仪、氯离子测定仪、水泥细度负压筛析仪、游离氧化钙测定仪的使用与维护。

（3）风险辨识

触电、灼烫。

（4）防护用品

劳保服、防护手套、安全鞋。

（5）操作流程

1）开机前

① 检查设备地线是否接好。

② 检查设备是否处于良好状态，发现异常严禁使用。

2）运行中

① 不能离开试验现场。

② 若设备出现异常，立即切断电源进行检查。

③ 禁止碰撞浓硫酸容器。

3）停机与维护

① 机器使用后必须断电，清理设备卫生。

② 定期维护保养。

（6）应急措施

① 发生触电时，切断电源，使触电人尽快摆脱触电。

② 发生灼烫伤时，如小面积烧伤，则立即用大量干净的水冲洗至少 30min，涂烧伤膏后送医院救治。

9.试验小磨安全操作规程

（1）目的

规范员工行为，实现设备操作标准化，确保人身和设备安全。

（2）范围

适用于试验小磨的使用与维护。

（3）风险辨识

触电、机械伤害、噪声、粉尘。

（4）防护用品

劳保服、安全鞋、防护手套、防尘口罩、耳塞。

（5）操作流程

1）开机前

① 检查设备地线是否接好，所有紧固件是否紧固牢固。

② 检查设备内是否有其他物品，检查旋转部位有无卡阻现象。

③ 应断开电源后打开磨门装料，装料完毕关紧磨门，关好防护盖，方可开机。

2）运行中

① 若设备出现异常，立即切断电源进行检查。

② 严禁接触转动部位，严禁打开防护盖。

③ 对机器进行调整前，停机断电。

3）停机与维护

① 机器使用后必须断电，清理设备卫生。

② 定期维护保养。

（6）应急措施

① 发生机械伤害时，应先切断危险源，防止二次伤害，根据伤害情况进行处置。

② 发生触电时，切断电源，使触电人尽快摆脱触电。

10. 沸煮箱安全操作规程

（1）目的

规范员工行为，实现操作标准化，确保人身和设备安全。

（2）范围

适用于质管部沸煮箱的使用与维护。

（3）风险辨识

灼烫、触电。

（4）防护用品

劳保服、安全鞋、防护手套。

（5）操作流程

1）开机前

① 检查设备电源、接地线是否良好。

② 检查水箱水位是否正常。

2）运行中

① 使用设备时戴防护手套，高温样品放在规定的地方。

② 若设备出现异常，立即切断电源进行检查。

③ 放入或取出物品时，不要触碰仪器内高温部分，以免烫伤。

3）停机与维护

① 机器使用后必须断电，清理设备卫生。

② 定期维护保养。

（6）应急措施

① 发生灼烫伤时，如小面积烧伤，则立即用大量干净的水冲洗至少 30min，涂烧伤膏后送医院救治。

② 发生触电时，切断电源，使触电人尽快摆脱触电。

11. 自动量热仪安全操作规程

（1）目的

规范员工行为，实现操作标准化，确保人身和设备安全。

（2）范围

适用于质管部自动量热仪的使用与维护。

（3）风险辨识

触电。

（4）防护用品

劳保服、安全鞋。

（5）操作流程

1）开机前

① 检查设备接线是否接触好，氧气瓶是否密封良好。

② 检查设备周围是否有可燃物。

2）运行中

① 每次使用完氧气及时关闭瓶阀。

② 若设备出现异常，应立即切断电源进行检查，不得继续使用。

③ 检测样品时，不要触碰仪器带电部分，以免触电。

3）停机与维护

① 停机检修前先关掉氧气手动阀。

② 机器使用后必须断电，清理设备卫生。

③ 定期维护保养。

（6）应急措施

发生触电时，切断电源，使触电人尽快摆脱触电。

12. 钙铁、钙硫分析仪安全操作规程

（1）目的

规范员工行为，实现操作标准化，确保人身和设备安全。

（2）范围

适用于质管部钙铁分析仪、钙硫分析仪的使用与维护。

（3）风险辨识

触电。

（4）防护用品

劳保服、安全鞋、防护手套。

（5）操作流程

1）开机前

检查仪器设备接线是否接触好。

2）运行中

① 仪器开机后待仪器稳定后方可进行样品检测。

② 若设备出现异常，立即切断电源进行检查。

③ 严禁中途取出检测样品。

3）停机与维护

① 机器使用后必须断电，清理设备卫生。

② 定期维护保养。

（6）应急措施

发生触电时，切断电源，使触电人尽快摆脱触电。

13．火焰光度计安全操作规程

（1）目的

规范员工行为，实现操作标准化，确保人身和设备安全。

（2）范围

适用于火焰光度计的使用与维护。

（3）风险辨识

中毒、火灾、触电。

（4）防护用品

劳保服、安全鞋。

（5）操作流程

1）开机前

① 检查设备接线是否接触好，煤气罐是否密封良好。

② 检查设备周围是否有高温、热源。

③ 检查通风设备是否良好并开启。

2）运行中

① 使用时人员不得离开，不可以空烧，应及时加水。

② 若设备出现异常，立即关掉煤气、切断电源进行检查。

③ 禁止触碰仪器高温部分和带电部分，以免烫伤和触电。

3）停机与维护

① 先关煤气阀，再关闭气瓶开关，物品收放整洁后关断电源，检查周边物品是否有冒烟或火焰。

② 机器使用后必须断电，清理设备卫生。

③ 定期维护保养。

（6）应急措施

① 发生中毒时，立即关闭煤气开关，开窗通风、将中毒人员移到阴凉通风处，保持呼吸顺畅，拨打 120 电话就医。

② 发生触电时，切断电源，使触电人尽快摆脱触电。

③ 火灾：关闭煤气开关，使用灭火器灭火，就地启用灭火器材灭火，必要时启动公司级的应急救援方案。

14．光谱仪安全操作规程

（1）目的

规范员工行为，实现操作标准化，确保人身和设备安全。

（2）范围

适用于质管部光谱仪的使用与维护。

（3）风险辨识

触电。

（4）防护用品

劳保服、安全鞋、防护手套。

（5）操作流程

1）开机前

① 检查光谱仪接线是否接触好。

② 是否穿戴好劳动防护用品，检查剂量仪是否正常。

③ 非本岗位人员严禁操作仪器设备。

2）运行中

① 检查仪器的各项参数（电压、水温、水压、气压等）是否正常。

② 仪器开机后待真空度、仪器温度稳定后方可进行样品检测。

③ 若设备出现异常，立即切断电源进行检查。

3）停机与维护

① 设备维护时必须断电，由专业维护人员保养，定期清理设备卫生。

② 定期维护保养。

（6）应急措施

发生触电时，切断电源，使触电人尽快摆脱触电。

15. 刮板式采样机安全操作规程

（1）目的

规范员工行为，实现操作标准化，确保人身和设备安全。

（2）范围

适用于质管部刮板式采样机的使用与维护。

（3）风险辨识

触电、机械伤害。

（4）防护用品

劳保服、安全帽、安全鞋、防护手套、防尘口罩。

（5）操作流程

1）开机前

① 检查设备地线是否接好，所有紧固件是否紧固牢固。

② 检查刮板是否有卡碰现象，检查下料管、储料斗是否积料、堵塞。

2）运行中

① 取样过程中每 5min 检查一次取样器的工作情况，严禁触碰输送皮带。

② 如发生堵料应先停采样机、停输送皮带，断电后再处理。

③ 清堵过程必须两个以上人员进行，一人清理一人监护。

④ 若设备出现异常，立即切断电源进行检查。

⑤ 对机器进行调整前，先停机断电。

⑥ 严禁对设备清扫维护。

3）停机与维护

① 机器使用后必须断电，清理设备卫生。

② 定期维护保养。

（6）应急措施

① 机械伤害：急停设备，将伤员迅速移至安全处，全力抢救，严重者应立即拨打 120 电话急救，并报告上级。

② 触电：立即切断电源，将伤员脱离电源，移至阴凉通风处进行急救，拨打 120 电话救援，并报告上级。

16. 取样、制样安全操作规程

（1）目的

规范员工行为，实现作业标准化，确保人身和设备安全。

（2）范围

适用于取样、制样岗位安全操作和日常维护。

（3）风险辨识

机械伤害、触电、灼烫、其他伤害。

（4）防护用品

安全帽、劳保鞋、工作服、手套、防尘口罩。

（5）操作流程

1）作业前

① 现场取样前检查个人劳动防护用品并正确佩戴；检查确认取样工器具安全有效；与取样点工作人员取得联系，按程序调整系统工况。

② 制样作业前：检查确认设备各接线是否松动、折断、接地线是否牢靠；检查确认设备传动、旋转部位安全防护设施齐全有效。

2）作业中

① 在码头采取出厂水泥、熟料试样时，要到规定的地点取样，没有特别的要求不能到船上取样，如果有要求的，一定要两个人或两人以上，且必须穿好救生衣。

② 采取五级旋风筒分解率试样时，必须和中控室联系，采取既定有效措施后方可取样。取样时穿戴好劳保用品，站在上风侧侧面打开取样口取样。取样后，必须把取样口盖好、锁紧，并通知中控室取样完毕。

③ 取样途中注意过往车辆，注意交通安全，取样上下楼梯时，要扶住扶手防止摔倒，严禁跨越转动的设备，不能在运转中的皮带上取样。

④ 在车上取样时，应确认汽车不再移动时方可上车取样。严禁在行驶中的汽车上取样，严禁一边卸车一边取样。

⑤ 制样作业中，严禁碰触设备运转部位；使用旋转设备严禁戴手套操作；制样过程中不得离开设备，如发现异常声响或异味、运转不正常现象，立即停机进行检修。

3）作业后

① 切断设备电源、水源。

② 定期对设备进行维护。

（6）应急措施

① 发生机械伤害时，应先切断危险源，防止二次伤害，根据伤害情况进行处置。

② 发生灼烫伤时，如小面积烧伤则立即用大量干净的水冲洗至少 30min，涂烧伤膏后送医院救治。

③ 发生触电时，切断电源，使触电人尽快摆脱触电。

17. 控制检验安全操作规程

（1）目的

规范员工行为，实现操作标准化，确保人身和设备安全。

（2）范围

适用于质量控制岗位的安全操作和日常维护。

（3）风险辨识

机械伤害、触电、灼烫、其他爆炸、中毒和窒息、其他伤害。

（4）防护用品

劳保鞋、工作服、防护手套、防尘口罩、耳塞、防护眼镜。

（5）操作流程

1）作业前

① 正确穿戴个人劳保用品，不得穿高跟鞋、裙子，盘好束好头发。

② 检查确认取样工器具安全有效，与取样点工作人员取得联系，按照规定进行取样。

③ 检查确认设备、工器具、药剂符合工作安全要求。

2）作业中

① 遵守取样、制样安全操作规程。

② 每瓶试剂必须贴有明显的与内容相符的标签，标明试剂名称及浓度。实验用过的滤纸、试纸、碎玻璃以及废酸、废碱、废药剂等应收集在指定的容器内。

③ 在进行任何有可能碰伤、刺伤或烧伤眼睛的工作时必须戴防护眼镜。

④ 取下正在加热至近沸的水或溶液时，应先用烧杯夹将其轻轻摇动后才能取下，防止爆沸，飞溅伤人。

⑤ 从高温炉中取出的高温物体（坩埚、瓷皿等）要放在耐火石棉板上或瓷舟中，附近不得有易燃物。

⑥ 拿取电炉上的物品时应用带绝缘柄的钳子，严禁徒手拿取，避免烫伤。

⑦ 打开高温炉门时应佩戴防护眼镜或面罩，侧身打开。

3）作业后

① 切断设备电源、水源。

② 对废弃物进行无害化处理。

③ 定期对设备进行维护。

④ 工作完毕后离开控制室时应用肥皂洗手。

（6）应急措施

① 发生机械伤害时，应先切断危险源，防止二次伤害，根据伤害情况进行处置。

② 发生触电时，切断电源，使触电人尽快摆脱触电。

③ 发生中毒和窒息时，将伤者撤离到安全地带，辅助人工呼吸和胸外心脏按压，直到医护人员赶到现场。

④ 发生灼烫伤时，如小面积烧伤则立即用大量干净的水冲洗至少 30min，涂烧伤膏后送医院救治；发生酸碱等化学品灼伤时，应进行现场处置，同时报上级处理。

18. 物理实验安全操作规程

（1）目的

规范员工行为，实现作业标准化，确保人身和设备安全。

（2）范围

适用于物理实验岗位安全操作和日常维护。

（3）风险辨识

机械伤害、触电。

（4）防护用品

安全帽、劳保鞋、工作服、防护手套、防尘口罩、耳塞。

（5）操作流程

1）作业前

① 检查各接线是否松动、折断、接地线是否牢靠。

② 检查确认设备传动、旋转部位安全防护设施齐全有效。

2）作业中

① 严禁碰触设备运转部位。

② 使用旋转设备严禁戴手套操作。

③ 如发现异常声响或异味、运转不正常现象立即停机进行检修。

3）作业后

① 切断设备电源、水源。

② 定期对设备进行维护。

（6）应急措施

① 发生机械伤害时，应先切断危险源，防止二次伤害，根据伤害情况进行处置。

② 发生触电时，切断电源，使触电人尽快摆脱触电。

19. 化学分析安全操作规程

（1）目的

规范员工行为，实现作业标准化，确保人身和设备安全。

（2）范围

适用于化学分析岗位安全操作和日常维护。

（3）风险辨识

机械伤害、触电、灼烫、其他爆炸、中毒和窒息。

（4）防护用品

劳保鞋、工作服、防护手套、防尘口罩、耳塞、防护眼镜。

（5）操作流程

1）作业前

① 检查各接线是否松动、折断、接地线是否牢靠。

② 检查确认设备传动、旋转部位安全防护设施齐全有效。

③ 不得穿高跟鞋、裙子上岗，盘好束好头发，不得超过肩部。

④ 检查确认设备、工器具、药剂符合工作安全要求。

2）作业中

① 在进行任何有可能碰伤、刺伤或烧伤眼睛的工作时必须戴防护眼镜；接触浓酸、浓碱作业时必须戴耐酸碱手套。

② 分析室内每瓶试剂必须贴有明显的与内容相符的标签，标明试剂名称及浓度。试验用过的滤纸、试纸、碎玻璃以及废酸、废碱、废药剂等应收集在指定的容器内。

③ 开启易挥发的试剂瓶（如：乙醚、丙酮、浓盐酸、氨水等）时，尤其在夏季或室温较高的情况下，应先经流水冷却后盖上湿布再打开，切不可将瓶口对着自己或他人，以防气液冲出引起事故。

④ 取下正在加热至近沸的水或溶液时，应先用烧杯夹将其轻轻摇动后才能取下，防止爆沸，飞溅伤人。

⑤ 从高温炉中取出的高温物体（坩埚、瓷皿等）要放在耐火石棉板上或瓷舟中，附近不得有易燃物。

⑥ 火焰光度计所用的煤气，应注意检查管道、开关等，不得漏气。使用时要打开门窗，以免中毒。

⑦ 取用强酸、强碱、有毒有害物质时应佩戴耐酸碱手套，操作后必须立即洗手。

⑧ 使用酒精灯和喷灯时，酒精不应装得太满，并应先将洒在喷灯外面的酒精擦干净，然后点燃酒精灯；严禁将酒精灯斜到别的灯上去引火；加热烧杯和烧瓶时，下部应垫石棉网。

⑨ 使用有毒气体的药品，都应在通风橱内，如无通风设备，可以在空气流通的地方或室外操作，并戴口罩。

⑩ 拿取电炉上的物品时应用带绝缘柄的钳子，严禁徒手拿取，避免烫伤。

⑪ 打开高温炉门时应佩戴防护眼镜或面罩，侧身打开。

3）作业后

① 切断设备电源、水源。

② 剩余有毒有害药剂应回库管理；强酸、强碱、腐蚀性物质应专人上锁保管。

③ 对废弃物进行无害化处理。

④ 定期对设备进行维护。

⑤ 工作完毕后离开分析室时应用肥皂洗手。

（6）应急措施

① 发生机械伤害时，应先切断危险源，防止二次伤害，根据伤害情况进行处置。

② 发生触电时，切断电源，使触电人尽快摆脱触电。

③ 发生中毒和窒息时，将伤者撤离到安全地带，辅助人工呼吸和胸外心脏按压，直到医护人员赶到现场。

④ 发生灼烫伤时，如小面积烧伤则立即用大量干净的水冲洗至少 30min，涂烧伤膏后送医院救治；发生酸碱等化学品灼伤时，应按下表进行现场处置，同时报上级处理。

化学试剂伤害应急措施

序号	名称	性质	应急措施
1	盐酸	强酸，无色液体，发烟	洒在皮肤上时用大量水冲洗，再用乙酸溶液（3%～4%）擦洗，送医处理
2	硝酸	强酸，无色液体，具有氧化性，溶解能力强	
3	硫酸	强酸，无色透明油状液体，与水互溶，并放出大量的热，浓酸具有强氧化性、脱水能力强	
4	磷酸	强酸，无色浆状液体，极易溶于水，200～300℃时腐蚀性很强	
5	氢氟酸	弱酸，剧毒，能腐蚀玻璃、瓷器。无色液体，易溶于水，触及皮肤时能造成严重灼伤，并引起溃烂	用硼砂饱和溶液或水-乙醇混合液浸泡，送医处理
6	乙酸	弱酸，无色液体，有强烈的刺激性酸味，对皮肤有腐蚀性	洒在皮肤上时，及时用大量水冲洗，送医处理
7	氨水	弱碱，无色液体，有刺激臭味，易挥发，加热至沸时，可使人中毒	
8	氢氧化钠	强碱，白色固体，易溶于水，并放出大量热，有强腐蚀性，对玻璃也有一定的腐蚀性	
9	氢氧化钾		
10	乙二醇	有毒试剂，无色透明黏稠状液体	
11	重铬酸钾	有毒试剂，橙红色晶体，溶于水，有强氧化作用	
12	氯化钡	有毒，白色结晶，露置空气中能吸收水分	
13	溴化锂	有毒，白色潮解晶体。溴蒸气对黏膜有刺激作用	

20. 化学品保管安全操作规程

（1）目的

规范员工行为，实现操作人员的作业标准化，确保人身和设备安全。

（2）范围

适用于化学品保管岗位的安全操作和日常维护。

（3）风险辨识

火灾、中毒窒息、腐蚀。

（4）防护用品

劳保鞋、工作服、防护手套。

（5）操作流程

1）作业前

① 检查库房消防器材是否完好有效，是否存在火灾隐患。

② 检查确认库房门窗无异常，门锁完好。

③ 检查物资出入库台账无违规修改。

2）作业中

① 进入库房严禁携带火种，严禁烟火。

② 严守库房"五双"制度；保持库房安全通道畅通。

③ 存取物资谨慎沉稳，动作稳定。

④ 按物资化学特性分类存放。

⑤ 库房物资进出台账清晰。

3）作业后

① 检查确认库房内无火种，无人员。

② 检查确认库外无遗漏物资，库内物资按规定妥善存放。

③ 工作完毕后离开时应用肥皂洗手。

（6）应急措施

① 发生火灾时，应先切断危险源，就地启用灭火器材灭火；必要时启动公司级的应急救援方案。

② 发生中毒和窒息时，将伤者撤离到安全地带，辅助人工呼吸和胸外心脏按压，直到医护人员赶到现场。

③ 发生灼烫伤时，如小面积烧伤，则立即用大量干净的水冲洗至少 30min，涂烧伤膏后送医院救治；发生酸碱等化学品灼伤时，应进行现场处置，同时报上级处理。

9.5 "三违"行为分类

各种"三违"行为分类见下表。

类属	序号	一、严重"三违"行为考核内容	备注
违章指挥	1	在不具备安全生产的条件下，组织他人生产	
	2	强令他人违章冒险作业	
	3	管理人员在违章行为现场没有制止住违章行为	
	4	隐瞒险情，欺骗、诱使、强令别人进入危险区域或处于危险中	
	5	批准使用不合格安全设施、装置	
	6	未经安全生产管理部门同意就拆除安全设备设施，检修完毕未及时恢复安全设备设施就开机	
	7	未按要求如期完成安全隐患的整改	
	8	指挥他人破坏事故现场	
	9	发生事故后，未经许可指挥他人恢复生产	
	10	指挥或批准使用未登记、未定期检验的特种设备	
	11	指挥安排无特种作业操作证人员进行特种作业	
	12	建筑、检修工地立体交叉作业未采取安全措施	
	13	同一区域、同一系统上下、前后及里外同时检修时，没有安排统一指挥人	
	14	计划检修、临时抢修时未进行作业危险分析、未落实安全措施、未对施工人员进行安全交底就开工	
	15	新建项目、检修结束试车时，未检查安全装置是否恢复、未制定安全措施、未协调好各道工序、未指定现场统一指挥人就试车	
	16	对高危作业［高空作业、有限空间作业、入窑、预热器清堵、篦冷机清理、清库（仓）等］未制定和落实安全措施并经安全管理部门和公司负责人批准；没有确定现场统一指挥协调人、现场监护人	

续表

类属	序号	一、严重"三违"行为考核内容	备注
	17	违反"十不吊"规定指挥起重操作	
	18	多台吊车联合作业无统一指挥；起重行车作业多人指挥	
	19	搭接的脚手架未经检查验收就同意使用的	
	20	采场台阶高度超出露天矿山安全规程规定的高度	
	21	露天矿山上下台阶平行作业	
	22	矿山排土场超设计排放	
	23	不按设计组织进行爆破作业	
	24	大雾天、雷雨天进行露天爆破作业	
违章作业	25	开、停机前中控人员未与现场联系，确认设备内外均无人受到安全威胁；未办理相关手续签字后即开、停机	
	26	未严格执行设备检修、维护管理制度	
	27	未按规定对重大危险源控制点进行定期检查	
	28	有限空间作业没有制定和落实安全措施	
	29	破坏用于安全、消防和通风的设施、装置、照明和标志等	
	30	不按专业规定按时、按标准进行安全检查、检测工作	
	31	所用设备、工具、索具有缺陷；工具、索具超负荷使用	
	32	在2m以上高处作业未系安全带，未高挂低用	
	33	高处、立体交叉作业不正确戴安全帽、乱抛物件、未采取设置警戒区、未搭设防护棚等安全措施	
	34	在易燃易爆区域动火未办动火证、无专人监护，没有落实安全措施	
	35	对沾有可燃物质的设备进行动火时未清除干净	
	36	在特级、一级防火区域内吸烟	
	37	进入煤气等危险区域未按规定携带检测报警或防护装置	
	38	进入煤粉制备系统内作业未遵守严格遵守动火作业规定、没有防自燃措施、没有防一氧化碳中毒措施，没有灭火器材随时可用	
	39	电、气等能源介质停和送，未按规定执行停送牌制度	
	40	无特种作业操作证人员独立从事特种作业或无上岗证操作特殊设备	
	41	特种设备及其安全附件超检验周期使用	
	42	皮带、辊道和机电设备等在运行的状态下，手脚靠近传动部位或留长发职工未将发辫盘入帽内	
	43	皮带、辊道、机电设备等旁有人，未确认提醒就启动设备	
	44	现场工作人员没有与中控室联系，就擅自现场开、停车，擅自进入设备内部	
	45	在皮带运输机未停机时进行清扫、检修等作业	
	46	钻、跨、乘坐运输皮带	
	47	跨越运行中的皮带、辊道和机电设备及隔机传递工具物品	
	48	行车检修时未按规定设置警示标志和警示区域	

类属	序号	一、严重"三违"行为考核内容	备注
违章作业	49	楼梯口、洞口、井口、坑道口等临边作业未采取防护措施	
	50	临时电气线路未进行审批制度和手续，未明确应架设地点、用电容量、用电负责人、审批部门意见、准用日期等内容	
	51	设备检修、施工等临时用电未按规定进行接地、接零，或未做到"一机一闸、一漏一箱"等现象	
	52	一般情况禁止带电作业；需带电作业的特殊情况，未经电气主管工程师及安全员签字确认措施可靠后实施	
	53	接电源时未验电；开关断电未挂牌；带电作业	
	54	邻电作业未采取防范隔离措施	
	55	电气线路接头裸露使用	
	56	电工绝缘工具（绝缘鞋、绝缘手套）未按规定定期检验	
	57	有限空间工作未正确采用安全电压	
	58	损坏避雷设施	
	59	非岗位人员触动或开关机电设备、仪器、仪表和各种阀门	
	60	对带压容器、情况不明容器和易燃易爆容器未采取置换、清洗、检测合格；未消除其密闭状态；未办理动火证等措施盲目进行施焊作业	
	61	起吊重物时有人站在起重臂下、有人行走和停留；警戒范围有外人进入	
	62	起吊搬运物件方法不当；物件捆绑不牢靠	
	63	在索具受力或吊物悬空的情况下中断工作；起吊忽快忽慢、不平稳；重物棱角未垫好	
	64	超载吊物、吊物上面有人、工件埋在地下或与地面建筑物或设备有钩挂	
	65	起重设备安全装置不齐全或动作不灵敏、失效；斜拉歪拽吊物	
	66	起吊时光线阴暗、视线不清，六级以上强风吊物	
	67	吊车作业前未确认指挥信号、指令、车况运行路线和地面环境等是否安全便盲目动车	
	68	吊运管道、设备等物件时，人作为配重	
	69	在吊车、装载机装卸货物时机动车辆驾驶员没有离开驾驶室	
	70	吊装钢材等物品时未要求驾驶员离开驾驶室	
	71	氧气瓶、乙炔气瓶混运、混放（装）、混吊等违章现象	
	72	使用有油污的手套搬运氧气瓶；未遵守气瓶搬运的有关规定	
	73	氧气瓶、乙炔瓶与明火的距离小于10m	
	74	同一现场作业点气瓶放置超过5瓶时没有制定防火防爆措施	
	75	气焊或切割作业时，使用的氧气瓶与乙炔瓶之间的距离小于5m；乙炔气瓶没有立放使用	
	76	高空电气焊作业下方放置气瓶	
	77	各类充满的气瓶露天存放	

类属	序号	一、严重"三违"行为考核内容	备注
违章作业	78	气焊作业停工后只用焊（割）炬关闭气源而不关闭气瓶	
	79	违章使用乙炔胶管代替氧气胶管	
	80	使用未定期检验的（无标识）、损坏、失效的氧气瓶减压阀和乙炔气瓶减压阀	
	81	电焊机接地零线接点与焊接点的距离超过 1m	
	82	进入受限（密闭）空间、入窑、预热器清堵、篦冷机清理、清库（仓）等作业前没有办理停电、停气和危险作业申请并与中控室保持联系	
	83	入窑、预热器清堵、篦冷机清理等作业前没有确认预热器各级旋风筒内无堵料，没有锁紧预热器翻板阀，没有关闭上下道工序设备开关，没有挂警示牌上锁	
	84	预热器清堵、人工清理篦冷机作业前，没有与中控室联系确认好，没有保持系统负压，没有防止正压热气流回喷措施	
	85	预热器清堵、篦冷机清理作业前，没有按规定穿戴好防火隔热专用劳动保护用品（石棉服、防火鞋、手套、头盔、防护面罩等）	
	86	人工清理篦冷机作业前，一次进入篦冷机内清理烧结料的作业人员超过 2 人，工作人员没有分组轮换作业	
	87	人工清理篦冷机作业前，没有检查窑口有无悬浮易脱落的窑皮或窑砖，没有及时清除下来后再进行清理作业，没有采取通风等安全措施	
	88	预热器清堵作业时，没有遵循由下而上的原则，打开无关的捅料口	
	89	预热器清堵作业时，用高压气体、高压水枪清料时，没有专人控制阀门	
	90	预热器清堵作业时，清堵作业人员没有站在上风口，未侧身对着清料孔	
	91	预热器清堵作业时，现场各层平台及预热器四周没有设置警戒范围，没有落实防止热料灰喷出伤人措施	
	92	预热器清堵作业使用空气炮时，没有将观察门及清堵口的盖子关闭并锁紧	
	93	预热器清堵作业时，现场捅料口清堵人员超过两人，无关人员现场近前围观	
	94	预热器清堵捅料时，未制定逃生路线、方向，人站在捅料口正面，未站在侧面	
	95	预热器清堵捅料时，同一系统上、下各级同时多孔捅堵料作业	
	96	对系统工况异常或堵料后喷出、清出的高温物料未设置护栏或警戒范围，正常后未及时清理	
	97	预热器清堵前未通知窑头、窑尾、篦冷机周围、斜拉链地坑的人员撤离，未禁止人员进入以上区域	
	98	清库（仓）作业没有在白天进行，在夜间和在大风、雨、雪天等恶劣气候条件下清库	
	99	清库（仓）作业前没有将库（仓）内料位放至最低限位（放不出料为止），未禁止进料和放料，人员未挂安全带、安全绳，无专人监护	
	100	清原煤仓、煤粉仓前未检测有毒有害气体浓度，未提前打开仓门让空气充分置换	
	101	清库（仓）人员每次入库（仓）连续作业时间超过 1h，清理原煤、煤粉储存库（仓）时每次入库连续作业时间不得超过 30min	

类属	序号	一、严重"三违"行为考核内容	备注
违章作业	102	预热器各级之间、预热器系统与窑尾、窑头罩与箅冷机等部位需要上下交叉同时作业时，没有采取相应的安全隔离措施	
	103	露天矿山不按规定进行边坡稳定性观测	
	104	打眼与装药在同一工作面平行作业	
	105	雷管、炸药等性质相抵触的爆破器材混装运输、储存	
	106	在非指定地点摆放或私自藏匿爆破器材	
	107	爆破器材临时存放箱内有爆破器材时不上锁	
	108	擅自将设计人员计算好的导火索长度剪短	
	109	无监护人情况下单人从事爆破作业	
	110	不按规定加工起爆炸药包	
	111	爆破作业不按规定进行检查、撤人、警戒	
	112	爆破后未等待 15min、未进行通风排烟就进入作业面	
	113	不按规定的爆破警戒线进行警戒	
	114	进入炸药库、油库等重点危险源区域不按规定交出火种	
	115	存放爆破器材的库房未执行"双人双锁"制度；存放剧毒品、放射源等危险物品的库房（或储存柜）未执行"双人双锁"制度	
	116	重大危险源等重点区域门卫不执行检查登记制度	
	117	涂改爆破器材、剧毒品等危险物品的收发流水账	
	118	班前 8h 内及班中饮酒	

类属	序号	二、一般"三违"行为考核内容	备注
违章作业	1	操作带有旋转的设备时戴手套	
	2	用手代替手动工具或用手清除铁屑	
	3	攀、坐不安全位置（如平台护栏、汽车挡板、吊车吊钩）	
	4	人为损坏或擅自短接安全装置	
	5	在铁路上行走和停留，或横过铁路未做到"一停二看三通过"	
	6	设备检修、施工拆除等作业未设立警戒区、挂警示牌	
	7	施焊作业未清除周围的易燃物	
	8	行车遥控操作时人不跟车随行	
	9	钢丝绳跳槽时未切断电源进行处理	
	10	化学分析时把水倒入浓硫酸中	
	11	生产现场未正确穿戴、使用劳动防护用品	
	12	操作前未对工具进行检查，使用有缺陷的工具	
	13	戴手套打大锤	
	14	使用电动工具时接地线不良	
	15	戴手套操作台式钻床	
	16	戴手套用砂轮机磨削工件	

类属	序号	二、一般"三违"行为考核内容	备注
违章作业	17	配电总盘及母线上工作未挂临时接地线	
	18	电器作业时未按规定穿戴或使用绝缘用具	
	19	叉车掏箱作业时未掌握货物重心盲目作业	
	20	冒险装卸超大、超重物件	
	21	操作行车推动另一台行车	
	22	使用油类清洗零部件时抽烟或明火作业	
	23	氧气瓶、乙炔瓶减压器超检定期使用	
	24	进入磨机内未检查入料溜子是否有积料	
	25	进入窑前、在窑内筑炉修复工程中,没有制定措施防止耐火材料垮落措施	
	26	进入窑头罩入口处进窑踏板没有足够的宽度,没有扶手,未确认牢固后即入内	
	27	磨机、窑、篦冷机检修结束后,未确定内部是否有人、是否遗留工具和杂物就关闭检修门	
	28	检修磨机衬板、隔仓板、护板等大件物品未制定落实防滑落和碰撞措施	
	29	磨机补装钢球时,作业现场没有设置警戒区域和警示标志;人员在吊装区域下方站立或走动	
	30	进出物料口未设置篦板、栅栏等防误入设施	
	31	凡集体(2 人以上)共同搬运重物等操作时,未明确指挥人统一指挥;搬运超过 100kg 的重物未采用起吊设备	
	32	扒在车门外搭乘机动车辆	
	33	机动车辆驾驶室超员载人	
	34	叉车、装载机载人	
	35	敲击作业时未按规定佩戴护目镜	
	36	对堆积较高的物料挖掘或倒运时,未随时观察高处物料动态,发现有向下滑动的可能时,机械与人员未提前撤离	
	37	长期(2 天以上)停窑前没有将煤粉用空,没有定时监视煤粉仓温度变化,没有制定安全处置措施	
	38	窑头、热风炉点火投料期间靠近窑头观察,未避免窑内返火	
	39	强酸、强碱等化学试剂没有采用搬运工具搬运	
	40	对易被风刮落的物体,尤其是高处的广告牌、铁皮、电缆盖板等没有进行检查,没有固定措施	
	41	进入设有空气炮的设备容器内工作之前,没有先切断电源、风源,放尽压缩空气	
	42	水泥包装机在运转时,未停机就处理问题	
	43	电焊机电源线、焊接电缆与电焊机连接处的裸露接线板,没有采取安全防护罩或防护板隔离,以防止人员或金属物体接触	
	44	电焊机一次侧电源线长度超过 5m,电源进线处没有设置防护罩	
	45	电焊机二次线连接不紧固,松动,接头超过 3 个,长度超过 30m;接头处没有采取绝缘措施	

续表

类属	序号	二、一般"三违"行为考核内容	备注
违章作业	46	电焊机使用厂房金属结构、管道、轨道、易燃易爆气体管道等作为焊接二次回路使用	
	47	有爆炸和火灾危险的场所，没有按其危险等级选用相应的照明器材	
违反劳动纪律	48	班中睡岗	
	49	班中脱岗	
	50	班中窜岗	
	51	班中干与工作无关的事	
		······	

类属	序号	三、轻微"三违"行为考核内容	备注
违章作业	1	起重指挥人员未佩戴明显的标识	
	2	行车动车前未鸣笛或按铃报警	
	3	检修后安全防护设施未及时恢复	
	4	擅自使用火炉、电炉等取暖	
	5	未经允许带小孩或闲杂人员到生产现场	
	6	使用可移动的梯子时无人扶梯或监护	
	7	对外委施工人员、新上岗、转岗人员进入作业现场未进行安全教育	
	8	在预热器、窑、热风炉等热源不允许逗留的地方取暖	
	9	在生产或生活水池等设施内洗澡、游泳等	
	10	连续施焊的电焊作业未使用防护用具防护	
	11	在厂内道路超速行驶或未按交通标志行驶	

9.6　安全风险辨识参考清单

　　本清单作为安全风险辨识时参考。各水泥厂结合自身实际情况，全面识别本厂所有工艺装置、设备设施、场所以及作业活动中正常、异常、紧急三种状态下可能存在的安全风险，确定其存在的部位、类型以及可能造成的后果。

序号	场所/位置	风险源	风险描述示意（仅供参考）	风险类型
1	变配电室	高低压配电装置	高低压配电装置产品质量缺陷、绝缘性能不合格；现场环境恶劣（高温、潮湿、腐蚀、振动）、运行不当、机械损伤、维修不善导致绝缘老化破损；设计不合理、安装工艺不规范；安全技术措施不完善、违章操作、保护失灵等原因，可能发生电击、电灼伤等触电事故	触电
2			高低压配电装置安装不当、过负荷、短路、过电压、接地故障、接触不良等，可能产生电气火花、电弧或过热，引发电气火灾或引燃周围的可燃物质，造成火灾事故；在有过载电流流过时，还可能使导线（含母线、开关）过热，金属迅速气化而引起爆炸	火灾，其他爆炸

序号	场所/位置	风险源	风险描述示意（仅供参考）	风险类型
3	配电箱（柜）	配电箱（柜）	配电箱（柜）内可能存在裸露带电部位，绝缘胶垫缺失等，导致人员触电事故	触电
4			电气元、配件质量不好，绝缘性能不合格，接线不规范，接线端子接线松弛，线型选择过细，引起电气元件或端子接头发热引燃周边可燃物质，发生火灾	火灾
5	电缆沟附近区域	电缆沟	易燃易爆气体可能进入电缆沟，在沟内积聚，遇火源可能导致火灾、爆炸事故	火灾，其他爆炸
6			电缆沟地面潮湿、积水不能及时排出，线路漏电，可能导致人员触电事故	触电
7			进入电缆沟有限空间未执行"先通风、后检测、再作业"规定，可能导致人员中毒窒息事故	中毒窒息
8	电气线路	电气线路	电气线路负载、安全防护装置等不符合安全要求，或在运行中出现绝缘损坏、老化等造成耐压等级下降，或安全防护装置失效或存在缺陷等，可能造成触电事故	触电
9			电气线路老化、短路、过载、接触不良、散热不良等原因产生电弧、电火花和危险温度，引发电气火灾或引燃周围的可燃物质，造成火灾事故；粉尘爆炸危险区域内未按要求安装防爆电气线路，可能产生电火花等引燃源，引发粉尘爆炸事故	火灾，其他爆炸
10	用电设备	用电设备	使用淘汰用电设备，漏电保护装置缺失或失效，用电设备绝缘损坏、老化等造成耐压等级下降等，可能造成触电事故	触电
11			使用淘汰用电设备，用电设备短路、过载、接触不良、铁芯发热、散热不良等原因产生电弧、电火花和危险温度，引发电气火灾或引燃周围的可燃物质，造成火灾事故	火灾
12			易燃易爆场所未设置防爆电器或设置的防爆电器等级不够，易燃易爆物质泄漏，遇电火花可能发生火灾、爆炸事故；粉尘爆炸危险区域未设置防爆电器或设置的防爆电器等级不够，可能产生电火花等引燃源，引发粉尘爆炸事故	火灾，其他爆炸
13	电焊机	电焊机	未设置安全防护罩或防护板进行隔离；漏电保护装置缺失或失效；绝缘性能不合格；线路老化、裸露等，可能导致人员触电伤亡事故	触电
14			1. 飞散的火花、熔融金属和熔渣颗粒，可能引燃附近可燃物质引发火灾； 2. 电焊机本身或电源线绝缘损坏、短路发热等可能引发火灾； 3. 电焊机工作时，二次电源线借助金属结构作回路，双线不到位，易发生线路接触不良过热，引发电气火灾事故	火灾

序号	场所/位置	风险源	风险描述示意（仅供参考）	风险类型
15	移动式电动工具	移动式电动工具	电源线受拉、磨而损坏，电源线连接处容易脱落而使金属外壳带电，漏电保护装置缺失或失效等，可能导致人员触电事故	触电
16	手持式电动工具	手持式电动工具	过载、短路、漏电保护装置缺失或失效等，可能导致人员触电事故	触电
17	发电机机房	发电机	1. 发电用的油品可能发生泄漏，引发火灾、爆炸事故； 2. 发电机产生的有毒有害气体可能引发人员中毒窒息事故； 3. 发电机工作过程中，可能发生漏电，导致人员触电事故	火灾，其他爆炸，中毒窒息，触电
18	起重机械	起重机械	被吊物件捆绑不牢；吊具、工装选配不合理，超载，钢丝绳存在缺陷；吊钩危险断面出现裂纹、变形或磨损超限；主、副吊钩操作配合不当，造成被吊物重心偏移；制动器、缓冲器、行程限位器、起重量限制器、防护罩、应急开关等安全装置缺失或失效；吊钩在起升运行过程中与卷扬器发生碰撞；起重机门舱联锁保护失效等，可能造成吊物坠落、同轨相邻起重机之间碰撞、人员挤伤、绞伤及高处坠落等起重伤害事故	起重伤害
19			移动式起重机作业场地不平整、支撑不稳固、配重不平衡、重物超过额定起重量，可能造成机身倾覆或吊臂折弯等，引发起重伤害事故	起重伤害
20			保护接零或接地、防短路、过压、过流、过载保护及互锁、自锁装置失效，带电部位绝缘保护失效，可能导致触电事故	起重伤害
21	锅炉房（含余热发电锅炉）	锅炉	锅炉本身存在缺陷；出气阀被堵死，锅炉仍在运行；超载运行；操作人员失误或仪表失灵等造成超载；缺水运行；腐蚀失效；水垢未及时清除；锅炉到期未检验，安全附件缺失或失效；炉膛内燃气泄漏；司炉人员无证操作或脱岗等原因，可能造成锅炉爆炸	锅炉爆炸
22			锅炉房内燃料发生泄漏，人员大量吸入，可能导致中毒窒息等事故；遇火源可能导致火灾、爆炸事故	中毒窒息，火灾，其他爆炸
23			蒸汽锅炉、热水锅炉及其高温管道发生损坏，管道与设备连接的焊接质量差，管段的变径和弯头处连接不严密，阀门密封垫片损坏，高温设备保温措施失效，锅炉炉体泄漏，热水管线上的"跑、冒、滴、漏"等原因，可能会发生人员灼烫事故	灼烫

续表

序号	场所/位置	风险源	风险描述示意（仅供参考）	风险类型
24	压力容器	压力容器	压力容器存在缺陷；未按规定进行定期检验、报废；压力容器内外腐蚀；安全阀失效；违章操作等，可能导致容器爆炸事故	容器爆炸
25			压力容器内部易燃易爆介质发生泄漏，遇火源可能导致火灾、爆炸事故	火灾，其他爆炸
26			压力容器内部毒性介质发生泄漏，人员接触可能导致中毒窒息事故	中毒窒息
27	气瓶间或气瓶使用场所	气瓶	气瓶保管使用中受阳光、明火、热辐射作用，瓶中气体受热，压力急剧增加；气瓶在搬运或贮存过程中坠落或撞击坚硬物体等，均可能引发气瓶爆炸事故	容器爆炸
28			气瓶内部易燃易爆介质发生泄漏，遇火源可能导致火灾、爆炸事故	火灾，其他爆炸
29			气瓶内部毒性介质发生泄漏，人员接触可能导致中毒窒息事故	中毒窒息
30	电梯	电梯	1. 安全钳、限速器不灵敏或失效；电梯下行达到限速器动作速度不能有效制动停止；轿厢超负荷运行，悬挂装置断裂等，可能造成人员坠落伤亡事故； 2. 依靠、挤压或撬动电梯层门，可能使其非正常故障打开，导致人员坠落井道伤亡事故； 3. 电梯故障超高平层大于0.75m时，强扒电梯层、轿门爬或蹦跳出电梯，可能发生乘客坠入敞开门的井道伤亡事故	高处坠落
31			1. 电气联锁装置缺失或失效，可能出现轿厢门夹人等伤害事故； 2. 电梯因故障，开门走梯，可能发生乘客被剪切或挤压人身伤亡事故； 3. 火灾时乘坐电梯，可能发生电梯故障困人窒息等人身伤害事故	其他伤害，机械伤害，中毒窒息
32	场（厂）内专用机动车辆	机动车辆	场内机动车辆与行人发生碰撞，导致车辆伤害事故	车辆伤害
33		叉车	叉运超高、超宽、超重货物；被叉物料不平稳，物料倾斜滑落；货物高度妨碍行驶视线；货叉起降速度过快；或断裂、爆胎等，可能导致车辆伤害事故	车辆伤害
34	危险化学品储存场所	危险化学品仓库	1. 危险化学品仓库防雷和防静电设施失效，空调、通风机等未采用防爆型设备等原因可能出现静电火花、电气火花等，遇到易燃气体、液体包装破损泄漏，可燃气体报警装置失效等造成易燃气体、液体聚积时，可能引发火灾、爆炸；易燃气体、易燃液体与氧化剂等禁忌物混存，可能引发火灾、爆炸事故； 2. 危险化学品仓库有毒有害物质包装破损等引起有毒有害物质泄漏，人员大量吸入可能导致中毒事故； 3. 危险化学品仓库腐蚀性物资包装破损等引起腐蚀性物质泄漏，人员接触可能导致灼烫事故	火灾，其他爆炸，中毒窒息，灼烫

序号	场所/位置	风险源	风险描述示意（仅供参考）	风险类型
35	危险化学品储存场所	危险化学品专用储存室	1. 危险化学品专用储存室防雷和防静电设施失效，空调、通风机等未采用防爆型设备等原因，可能出现静电火花、电气火花等，遇到易燃气体、液体包装破损泄漏，可燃气体报警装置失效等造成易燃气体、液体聚积时，可能引发火灾、爆炸；易燃气体、易燃液体与氧化剂等禁忌物混存，可能引发火灾、爆炸事故； 2. 危险化学品专用储存室有毒有害物质包装破损等引起有毒有害物质泄漏，人员大量吸入可能导致中毒事故； 3. 危险化学品专用储存室腐蚀性物资包装破损等引起腐蚀性物质泄漏，人员接触可能导致灼烫事故	火灾，其他爆炸，中毒窒息，灼烫
36		危险化学品专柜	1. 危险化学品专柜防雷和防静电设施失效，空调、通风机等未采用防爆型设备等原因，可能出现静电火花、电气火花等，遇到易燃气体、液体包装破损泄漏，可燃气体报警装置失效、通风不良等造成易燃气体、液体聚积时，可能引发火灾、爆炸；易燃气体、易燃液体与氧化剂等禁忌物混存，可能引发火灾、爆炸； 2. 危险化学品专柜有毒有害物质包装破损等引起有毒有害物质泄漏，人员大量吸入可能导致中毒； 3. 危险化学品专柜腐蚀性物资包装破损等引起腐蚀性物质泄漏，人员接触可能导致灼烫事故	火灾，其他爆炸，中毒窒息，灼烫
37		储罐	1. 易燃易爆危险化学品罐发生泄漏，遇到静电火花、电气火花、明火等，可能引发火灾爆炸事故； 2. 有毒有害危险化学品罐发生泄漏，人员大量吸入可能导致中毒事故； 3. 储罐内物料充装过量，罐内压力过高，储罐安全附件失效等，可能导致容器爆炸事故	火灾，中毒窒息，容器爆炸，其他爆炸
38	加油站，油库	储油罐	1. 储罐油品发生泄漏，遇火源可导致火灾爆炸事故； 2. 人孔井内，油品发生泄漏并积聚，遇火源可能发生火灾爆炸事故； 3. 通气管排出的油气遇静电、雷电等火源发生火灾爆炸事故； 4. 雷电引发油罐附近泄漏的油气发生火灾爆炸事故	火灾，其他爆炸
39			1. 储罐油品发生泄漏，人员大量吸入油品挥发出的油气，可能导致中毒或窒息事故； 2. 人孔井内，油品发生泄漏并积聚，人员大量吸入油品挥发出的油气，可能导致中毒或窒息事故	中毒窒息
40		给排水设施	给排水设施内积聚的油污、油气，遇火源可能导致火灾、爆炸事故	火灾，其他爆炸

序号	场所/位置	风险源	风险描述示意（仅供参考）	风险类型
41	卸油区	卸油作业	卸油区卸油过程中出现"跑、冒、滴、漏"，遇火源可能导致火灾、爆炸事故	火灾，其他爆炸
42			卸油过程中，卸油口发生"跑、冒、滴、漏"，人员大量吸入油品挥发出的油气，可能导致中毒或窒息事故	中毒窒息
43			卸油作业人员未遵守加油站相关安全规定，如吸烟、打电话等，可能带来引火源，引燃挥发的油气，可能导致火灾、爆炸事故	火灾，其他爆炸
44		卸油口井	卸油口井内，油品发生泄漏并积聚，遇火源可能发生火灾、爆炸事故	火灾，其他爆炸
45			卸油口井内，油品发生泄漏并积聚，人员大量吸入油品挥发出的油气，可能导致中毒或窒息事故	中毒窒息
46		给排水设施	给排水设施内积聚的油污、油气，遇火源可能导致火灾、爆炸事故，可能导致粉尘爆炸事故	火灾，其他爆炸
47	除尘系统	除尘系统	除尘系统未采取预防和控制粉尘爆炸措施（如：管网拐弯处和除尘器入口处未设置泄压装置；通风除尘支路与总回风管连接处未装设自动防火阀；接地电阻不符合要求等），可能导致粉尘爆炸事故	其他爆炸
48	工业管道	易燃气体等易燃介质管道	管道占压、安全距离不足、外力破坏、超压、腐蚀、制造缺陷等原因，造成易燃、可燃介质泄漏，遇到静电火花、电气火花、明火等，可能引发火灾或爆炸事故	火灾，其他爆炸
49		有毒有害介质管道	管道占压、外力破坏、超压、腐蚀、制造缺陷等原因，造成有毒有害介质泄漏，人员大量吸入可能导致中毒等伤害；如造成腐蚀性介质泄漏，作业人员直接接触可能引起化学性灼伤事故	中毒窒息，灼烫
50		氧气等助燃气体管道	1. 氧气管道在出现"跑、冒、滴、漏"等现象时，氧气浓度很高，与周围管道可燃气体混合，遇到明火可能造成火灾、爆炸事故； 2. 氧气管道内气体压力差大，气体流速过快，遇有静电或金属残渣可能发生燃烧爆炸； 3. 氧气管道使用前未进行脱脂、吹扫，部件粘有油脂，可能发生火灾	火灾，其他爆炸
51		高温介质管道	管道占压、外力破坏、超压、腐蚀、制造缺陷等原因，造成高温介质泄漏，可能导致人员烫伤事故	灼烫
52		可燃性粉尘气力输送管道	气力输送系统内部长期存在高浓度粉尘云，遇静电、电火花等引燃源，可能产生粉尘爆炸事故	其他爆炸

序号	场所/位置	风险源	风险描述示意（仅供参考）	风险类型
53	污水处理场所	污水处理装置	污水处理装置安全防护不够，安全警示标志缺失等，有可能使人坠落，发生淹溺事故	淹溺
54		污水处理装置	1. 进入污水处理装置等有限空间未执行"先通风、后检测，再作业"规定，可能导致人员中毒窒息事故； 2. 污水处理过程中使用的危险化学品泄漏或不慎接触，可能造成人员中毒或灼烫伤害事故	中毒窒息，灼烫
55			污水处理场所可能存在可燃气体，遇火源导致爆炸事故	其他爆炸
56	压缩空气站	空气储罐	空气储罐、压缩机缺陷，安全阀、压力表失效等，可能引发超压爆炸事故	火灾，其他爆炸
57		压缩空气站电气设备	线路绝缘损坏、短路，漏电保护装置缺失或失效等，可能导致触电事故	触电
58		压缩空气机	空压机转动部位防护罩缺失或失效，可能导致机械伤害事故	机械伤害
59	燃气使用场所	燃气控制室	调压器阀口关闭不严、附属安全装置失效、切断阀失效等，造成调压器进出口管道、阀门等发生泄漏，遇到静电火花、电气火花、明火等，可能引发火灾、爆炸事故	火灾，其他爆炸
60		燃气管网	燃气管道阴极保护失效；防腐层破损；管道被腐蚀穿孔等，导致燃气泄漏，遇到静电火花、电气火花、明火等，可能引发火灾、爆炸事故	火灾，其他爆炸
61	自有配送货车	自有配送货车	底盘出现漏油现象，遇火源引起火灾、爆炸事故	火灾，其他爆炸
62			厢门封闭不完好，可能发生人员坠落事故	高处坠落
63	充电区域	电动车辆	1. 厂内电动车辆充电时产生高温，可能引燃周边可燃物，导致火灾事故； 2. 充电过程中释放的氢气遇火源可能导致火灾、爆炸事故	火灾，其他爆炸，触电
64	食堂	食堂电器设备	电源控制开关受烟尘、潮湿等因素影响，控制失效而带电；电源线被浸泡、高温腐蚀等外露，可能导致人员触电事故	触电
65		食堂燃气设备	使用的燃气发生泄漏，遇火源可能导致火灾、爆炸事故	火灾，其他爆炸
66		炊事设备	绞肉机、压面机等加料处防护设施缺失或失效，可能绞入人手、衣服等	机械伤害
67		地沟	地沟疏堵时未落实"先通风、后检测，再作业"规定，可能导致中毒窒息事故	中毒窒息
68		烟道	烟道未定期清理，烟道内积聚大量油污，易发生火灾事故	火灾

续表

序号	场所/位置	风险源	风险描述示意（仅供参考）	风险类型
69	员工宿舍	员工宿舍	使用电炉等大功率电器设备，吸烟等可能引发火灾事故	火灾
70	预热器、分解炉、篦式冷却机等有限空间部位	有限空间	进入有限空间未执行"先通风、后检测，再作业"规定，可能导致人员中毒窒息事故	中毒窒息
71			粉尘积聚，遇静电火花、电气火花、明火等引燃源，可能引发粉尘爆炸事故	其他爆炸
72			作业场地狭小、作业人员精力不集中、防护措施不当或夜间照明不足时，可能会发生物体打击以及碰挤、擦、刮等其他伤害事故	物体打击，其他伤害
73			有限空间作业部位存在可燃物、易燃易爆危险化学品等，遇火源可能导致火灾、爆炸事故	火灾，其他爆炸
74			进入高温有限空间作业，可能导致高温灼伤事故	灼烫
75	临时用电作业部位	临时用电作业	临时用电线路及设备带电部位裸露，可能导致触电事故	触电
76			临时用电线路产生的火花引燃周边的可燃物，导致火灾、爆炸事故	火灾，其他爆炸
77	高处作业部位（梯子、扶手、平台等处）	高处作业	钢直梯、钢斜梯、钢平台、便携式金属梯等结构不合理，性能不符合规定要求；临时拆除栏杆后防护措施缺失；脚手架存在缺陷；高处作业未佩戴安全带、安全帽等，可能导致高处坠落事故	高处坠落
78			高处作业时，使用的工具、零件等物品发生坠落，可能导致物体打击事故	物体打击
79			高处作业时，使用的脚手架、跳板存在缺陷，可能导致坍塌事故	坍塌
80	检维修作业部位	检维修作业	在炉子、管道、贮气罐、除尘器、料仓等设备内部或管道等处进行检维修时，未落实检维修作业方案、违章作业等，可能引发火灾、粉尘爆炸、中毒窒息等事故	火灾，其他爆炸，中毒窒息
81			检维修过程中未落实检维修作业方案，停机未执行操作牌、停电牌制度等，可能导致误操作人员触电、机械伤害事故	触电，机械伤害
82			1. 检维修设备运动部件时安全防护装置缺失或失效；检修结束未按程序进行试车，安全装置未及时恢复等，可能导致机械伤害事故； 2. 检维修单位及人员无特种设备相应许可或超许可范围作业，导致人身伤害或设备事故	机械伤害

序号	场所/位置	风险源	风险描述示意（仅供参考）	风险类型
83	动火作业部位	动火作业	厂区动火作业部位、附近区域存在可燃物、易燃易爆危险化学品、粉尘积聚等，遇火源可能导致危险化学品火灾和爆炸、粉尘爆炸事故	火灾，其他爆炸
84	动土等各类施工作业部位	动土、施工作业	动土作业导致周边设施内易燃易爆物质泄漏，火源可能导致火灾、爆炸事故；动土作业导致周边设施内有毒物质泄漏，可能导致中毒事故	火灾，其他爆炸，中毒窒息
85			动土作业时，支撑不牢靠，或地下和地面水渗入作业区，可能导致作业区坍塌事故	坍塌
86			动土作业现场高差大于2m时，人员可能坠入坑内，导致高处坠落事故	高处坠落
87			动土作业伤及地下电缆，可能导致人员触电及停电事故	触电
88	盲板抽堵作业部位	盲板抽堵作业	盲板抽堵作业部位易燃易爆物质发生泄漏，遇火源可能导致火灾、爆炸事故	火灾，其他爆炸
89			盲板抽堵作业部位有毒有害物质泄漏，可能导致中毒窒息等事故	中毒窒息
90			盲板抽堵作业部位高温介质发生泄漏，可能导致作业人员灼烫伤害事故	灼烫
91	破碎设备	破碎设备	破碎设备机械传动部位安全防护装置、安全保险装置缺失或失效，卷入人的衣服、手、头发等可能导致人员伤亡事故	机械伤害
92			给料或转运料斗及料槽开口、检修人孔门等部位，防止人员跌落的箅子板缺失或磨损严重、孔洞太大，人孔门不牢固或未锁紧等，均可能导致高处坠落事故	高处坠落
93			破碎设备运转过程中进行清理物料作业，可能导致机械伤害或物体打击事故	机械伤害，物体打击
94	粉磨设备	粉磨设备	磨机机械传动部位防护装置缺失或失效，机体周围防护栏缺失或失效，声光信号装置缺失或失效等，导致机械伤害事故	机械伤害
95			人员易接触的表面高温设备未设置隔离护栏等防护装置或防护装置失效，可能导致灼烫事故	灼烫
96			更换磨盘衬板时，误操作，措施不当，衬板脱落、吊装作业无证上岗等，可能导致物体打击事故	物体打击
97	预热系统	预热器	结皮清理过程中违章作业，脚手架搭设不规范、未采取可靠的防坠落措施等，可能导致高处坠落事故	高处坠落
98			预热器清堵作业、翻板阀检查等违章操作，可能导致灼烫、物体打击事故	灼烫，物体打击

续表

序号	场所/位置	风险源	风险描述示意（仅供参考）	风险类型
99	回转窑	回转窑	高温隔离防护装置缺失或失效；窑头看火未使用防火面罩；点火、烘窑过程违章操作，水分未充分排出；点火、给煤过程违章操作，发生爆燃、回火；调整喷煤管位置过程中，窑炉内出现正压等，可能造成人员烫伤事故	灼烫
100			进入窑内检维修作业，未使用安全行灯，未采取有效能量隔离，无人监护等，可能导致触电事故	触电
101			传动部位防护装置缺失或失效；支撑装置松动或剧烈震动、晃动，造成托轮脱落，可能导致机械伤害或物体打击事故	机械伤害
102			检修人孔门等固定不牢或未锁紧，可能导致高处坠落事故	高处坠落
103			煤粉燃烧器、煤粉输送管管路发生泄漏，遇火源发生火灾、爆炸事故	火灾，其他爆炸
104			窑尾烟室缩口斜坡清理结皮违章作业等，可能导致灼烫、高处坠落等事故	灼烫，高处坠落
105	篦冷机	篦冷机	篦冷机传动部位防护装置缺失或失效；电机对轮、传动链条等防护装置缺失或失效，可能导致机械伤害	机械伤害
106			清理篦冷机"雪人"、积料、大块时，违章作业，可能导致物体打击、灼烫、触电、高处坠落等事故	物体打击，灼烫，触电，高处坠落
107			壳体破损、烧损、漏风、漏料；焊缝开裂；内衬材料脱落、烧毁等，可能导致中毒窒息事故	中毒和窒息
108	装卸、包装设备	装卸、包装设备	卸车机及传动部位防护装置缺失或失效，卷入人的衣服、手、头发等，可能导致人员伤亡事故	机械伤害
109			下料口篦子缺失，或篦子间隙过大，可能造成高处坠落事故	高处坠落
110			装卸时码垛超过标准高度，可能造成坍塌事故	坍塌
111			包装纸袋库内可燃物质遇火源，可能发生火灾	火灾
112	煤粉制备系统	煤粉制备系统	煤磨、煤粉仓、煤粉除尘器及管道等部位，一氧化碳检测报警装置、温度检测报警装置、防爆泄压装置等缺失或失效；接地装置缺失或失效；电机和电气设备未采用防爆型；设备和管道封闭不严等，可能导致火灾事故	火灾
113			煤粉仓、布袋收尘器灰斗壁、输粉管路内壁不光滑，温度监测装置缺失或失效，积存煤粉可能引起自燃；煤粉生产场所工艺设备的轴承未防尘密封；布袋收尘器未采用抗静电滤袋；煤粉生产的进料处未设置除去金属杂质的磁选设备；布袋收尘器进出口、煤粉仓进口、磨粉机出口等未安装抑爆装置；布袋收尘器、煤粉仓、输粉管道的拐弯处未设置泄爆装置；未设置安全联锁装置或遥控装置；煤粉仓未设置自动灭火装置；电机和电气设备未采用防爆型等，可能发生粉尘爆炸事故	其他爆炸

序号	场所/位置	风险源	风险描述示意（仅供参考）	风险类型
114	储存库	储存库	熟料库等筒型储库结构受力部位出现较大裂缝、钢筋或受力杆件断裂、严重变形，或基础沉降不均匀，结构主体倾斜严重，可能导致坍塌事故	坍塌
115			料斗进料口、库顶人孔门及车间内孔洞等易发生人员跌落的部位，无防止人员跌落的篦子板，或篦子板磨损严重、孔洞太大；库顶人孔门不牢固或未锁紧，车间内的孔洞无防护栏或盖板等，可能导致高处坠落事故	高处坠落
116			水泥工厂筒型储存库人工清库作业违规操作等，可能导致中毒窒息、高处坠落、物体打击等事故	中毒窒息，高处坠落，物体打击
117	带式输送机	带式输送机	带式输送机头部与尾部的防护罩、隔离栏、安全联锁装置等缺失或失效，人员经常通过部位未设置跨越通道等，可能导致机械伤害事故	机械伤害
118	脱硝系统	氨水储罐	氨水储罐无专人管理；氨气浓度报警系统、防泄漏装置、防静电系统等缺失或失效，可能导致火灾、爆炸或中毒事故	中毒窒息，火灾，其他爆炸
119	水泥窑协同处置设备	水泥窑协同处置设备	水泥窑协同处置易燃性固体废物，预处理破碎仓和混合搅拌仓未配备防火防爆装置或防火防爆装置失效，可能导致火灾、爆炸事故	火灾，其他爆炸

附　录

附录 1　常用安全生产与职业健康术语和缩略语

1. 安全

泛指没有危险、不出事故的状态。汉语中有"无危则安，无缺则全"的说法；安全的英文为 safety，译作健康与平安之意；《韦氏大词典》对安全的定义为："没有伤害、损伤或危险，不遭受危害或损害的威胁，或免除了危害、伤害或损失的威胁。"

生产过程中的安全，即生产安全，指的是"不发生工伤事故、职业病、设备或财产损失"。工程上的安全性，是用概率表示的近似客观量，用以衡量安全的程度。

系统工程中的安全概念，认为世界上没有绝对安全的事物，任何事物中都包含有不安全因素，具有一定的危险性。安全是一个相对的概念，是一种模糊数学的概念；危险性是对安全性的隶属度；当危险性低于某种程度时，人们就认为是安全的。

2. 安全生产

是指在生产经营活动中，为避免发生造成人员伤害和财产损失的事故，有效消除或控制危险和有害因素而采取一系列措施，使生产经营过程在符合规定的条件下进行，以保证从业人员的人身安全与健康、设备和设施免受损坏、环境免遭破坏，保证生产经营活动得以顺利进行的相关活动。包括两个方面的安全，一是人身安全（包括劳动者本人及相关人员）；二是设备安全。安全生产工作：为搞好安全生产而开展的一系列活动。

"安全生产"一词中所讲的"生产"，是广义的概念，不仅包括各种产品的生产活动，也包括各类工程建设和商业、娱乐业以及其他服务业的经营活动。生产经营单位为了追求利益的最大化，在生产经营活动中往往都是以营利为目的，这是符合市场经济规律的。但是，追求利益绝不能以牺牲从业人员甚至公众的生命安全为代价。如果不注重安全生产，一旦发生事故，不但给他人的生命财产造成损害，生产经营者自身也会遭受重大损失。因此，保证生产安全，首先是生产经营单位自身的责任，这既是对社会负责，也是对生产经营者自身利益负责。

3. 本质安全

是指设备、设施或技术、工艺含有内在的能够从根本上防止发生事故的功能。具体包括两个方面的内容：失误-安全功能，指操作者即使操作失误，也不会发生事故或伤害，或者说设备、设施或技术、工艺本身具有自动防止人的不安全行为的功能；故障-安全功能，指设备、设施或生产工艺发生故障或损坏时，还能暂时维持正常工作或自动转变为安全状态。两种安全功能应该是设备、设施或技术、工艺本身所固有的，即在它们的规划设计阶段就被纳入其中，而不是事后补偿的。

4. 生产安全事故

是指生产经营单位在生产经营活动（包括与生产经营有关的活动）中突然发生的，伤害人身安全和健康、损坏设备设施或者造成直接经济损失，导致生产经营活动暂时中止或永远终止的意外事件。

5. 生产安全事故等级

根据造成的人员伤亡或者直接经济损失，一般分为四个等级：特别重大事故、重大事故、较大事故、一般事故。

6. 三管三必须

管行业必须管安全、管业务必须管安全、管生产经营必须管安全和谁主管谁负责。

生产经营单位中，主要负责人是安全生产的第一责任人，其他负责人都要根据分管的业务，对安全生产工作承担一定职责，负担一定的责任。

7. 生产经营单位安全生产主体责任

生产经营单位在生产经营活动全过程中必须按照安全生产法和有关法律法规的规定履行义务、承担责任。比如应当按要求设置安全生产管理机构或者配备安全生产管理人员，保障安全生产条件所必需的资金投入，对从业人员进行安全生产教育和培训，建设工程项目的安全设施必须与主体工程同时设计、同时施工、同时投入生产和使用，等等。

8. 全员安全生产责任制

根据我国的安全生产方针"安全第一、预防为主、综合治理"和安全生产法规建立的生产经营单位各级领导、职能部门、工程技术人员、岗位操作人员在劳动生产过程中对安全生产层层负责的制度。一是生产经营单位的各级负责生产和经营的管理人员，在完成生产或者经营任务的同时，对保证生产安全负责；二是各职能部门的人员，对自己业务范围内有关的安全生产负责；三是班组长、特种作业人员对其岗位的安全生产工作负责；四是所有从业人员应在自己本职工作范围内做到安全生产；五是建立各类安全责任的考核标准以及奖惩措施。

全员安全生产责任制是生产经营单位岗位责任制的细化，是生产经营单位中最基本的一项安全制度，也是生产经营单位安全生产、劳动保护管理制度的核心。全员安全生产责任制综合各种安全生产管理、安全操作制度，对生产经营单位及其各级领导、各职能部门、有关工程技术人员和生产工人在生产中应负的安全责任予以明确，主要包括各岗位的责任人员、责任范围和考核标准等内容。在全员安全生产责任制中，主要负责人应对本单位的安全生产工作全面负责，其他各级管理人员、职能部门、技术人员和各岗位操作人员，应当根据各自的工作任务、岗位特点，确定其在安全生产方面应做的工作和应负的责任，并与奖惩制度挂钩。

9. 安全生产规章制度

安全生产规章制度包括全员安全生产责任制、安全操作规程和基本的安全生产管理制度，是以全员安全生产责任制为核心制定的，指引和约束人们在安全生产方面行为的制度，是安全生产的行为准则。其作用是明确各岗位安全职责，规范安全生产行为，建立和维护安全生产秩序。是生产经营单位制定的组织生产过程和进行生产管理的规则和制度的总和。安全生产规章制度也称为内部劳动规则，是生产经营单位内部的"法律"。安全生产规章制度的建立与健全，是生产经营单位安全生产管理工作的重要内容。主要包括两个方面的内容：一是安全生产管理方面的规章制度；二是安全技术方面的规章制度。

10. 安全操作规程

是指在生产经营活动中，为消除能导致人身伤亡或者造成设备、财产破坏以及危害环境的因素而制定的具体技术要求和实施程序的统一规定。安全操作规程与岗位紧密联系，是保证岗位作业安全的重要基础。生产经营单位的主要负责人应当组织制定本单位的安全生产规章制度和操作规程，并保证其有效实施。

11. 生产经营单位的从业人员

指该单位从事生产经营活动各项工作的所有人员，包括管理人员、技术人员和各岗位的工人，也包括生产经营单位临时聘用的人员和被派遣劳动者。

12. 安全生产委员会

是各级党委和政府组织为领导安全生产建立的议事协调机构。2003 年，国务院成立了安全生产委员会，主任由国务院副总理担任；目前全国各地均已成立安全生产委员会，多数由政府主要领导任安委会主任，对于指导推动本地区安全生产工作发挥了重要作用。安委会的主要职责是：加强组织领导，研究部署本地区安全生产工作；指导各有关部门单位切实履行职责，形成齐抓共管的局面；加强统筹协调，分析安全生产形势，提出安全生产工作政策措施，切实解决存在的突出矛盾和问题。

13. 危险

根据系统安全工程的观点，危险是指系统中存在导致发生不期望后果的可能性超出了人们的承受程度。从危险的概念中可以看出，危险是人们对事物的具体认识，必须指明具体对象，如危险环境、危险条件、危险状态、危险物质、危险场所、危险人员、危险因素等。

危险泛指让人恐惧、不安、有性命之忧的情形、状态或行为。

安全生产领域，危险指会造成人员伤亡、健康损害或财产损失的情形、状态或行为。

所谓危险，并非指已造成实际的损害，而是指极有可能造成损害，是对受害人人身和财产很可能造成损害的一种威胁。

14. 危险源

从安全生产的角度解释，危险源是指可能造成人员伤害、疾病、财产损失、作业环境破坏或其他损失的根源或状态。从这个意义上讲，危险源可以是一次事故、一种环境、一种状态的载体，也可以是可能产生不期望后果的人或物。例如，液化石油气在生产、储存、运输和使用过程中，可能发生泄漏，引起中毒、火灾或爆炸事故，因此，充装了液化石油气的储罐就是危险源。又如，原油储罐的呼吸阀已经损坏，储罐储存了原油后，有可能因呼吸阀损坏而发生事故，因此，损坏的原油储罐呼吸阀就是危险源。

危险源是具有可能失控的超高能量、危险物质、危险状态的系统、技术、活动、场所等。

危险源是产生危险的源头。按事故能量学说，事故是能量或危险物质的意外释放，危险的根源是存在破坏性能量或危险物质。因此，具有可能失控的超高能量、危险物质、危险状态是构成危险源的本质特征。科学技术具有两面性，是一把"双刃剑"，从这个意义上来说，危险源是科学技术和人类活动自身潜在的威胁或负面效应。

15. 重大危险源

重大危险源指长期地或者临时地生产、搬运、使用或者储存危险物品，且危险物品的数量等于或者超过临界量的单元（包括场所和设施）。为了对危险源进行分级管理，防止重大事故发生，提出了重大危险源的概念。从广义上说，可能导致重大事故发生的危险源就是重大危险源。

16. 隐患

隐患是造成控制危险源安全措施（条件）缺失、低效、失效的违法违规现象或行为。

隐患属于安全措施（条件）范畴，隐患使控制危险源的预设安全措施（条件）的安全防护功能下降甚至不起作用。危险源是内因，隐患是外因，它们服从唯物辩证法的内外因相互作用的原理：内因是变化的根据，外因是变化的条件，外因通过内因而起作用。事故（职业病）是危险源与隐患共同作用的结果。

17. 事故隐患

是指生产经营单位在生产设施、设备以及安全管理制度等方面存在的可能引发事故的各种自然的或者人为的因素，包括物的不安全状态、人的不安全行为以及管理上缺陷等。隐患是导致事故的根源，隐患不除、事故难断。

在生产过程中，人们凭着对事故发生与预防规律的认识，可制定生产过程中关于物的状态、人的行为和环境条件的标准、规章、规定、规程等。如果生产过程中物的状态、人的行为和环境条件不能满足这些标准、规章、规定、规程等，就存在事故隐患，可能引发事故。

18. 生产安全事故隐患

是指生产经营单位违反安全生产法律、法规、规章、标准、规程和安全生产管理制度的规定，或者因其他因素在生产经营活动中存在可能导致事故发生的物的危险状态、人的不安全行为和管理上的缺陷。事故隐患是导致事故发生的主要根源之一。

隐患主要有三个方面：人的不安全行为、物的不安全状态和管理上的缺陷。

19. 安全事故隐患分类

安全生产事故隐患划分为基础管理和现场管理两个大类，其中基础管理包含 13 个中类，现场管理包含 11 个中类。

基础管理类隐患主要是针对生产经营单位资质证照、安全生产管理机构及人员、安全生产责任制、安全生产管理制度、安全操作规程、教育培训、安全生产管理档案、安全生产投入、应急救援、特种设备基础管理、职业卫生基础管理、相关方基础管理、其他基础管理等方面存在的缺陷。

现场管理类隐患主要是针对特种设备现场管理、生产设备设施、场所环境、从业人员操作行为、消防安全、用电安全、职业卫生现场安全、有限空间现场安全、辅助动力系统、相关方现场管理、其他现场管理等方面存在的缺陷。

20. 重大事故隐患

事故隐患分为一般事故隐患和重大事故隐患。一般事故隐患，是指危害和整改难度较小，发现后能够立即整改排除的隐患；重大事故隐患，是指危害和整改难度较大，应当全部或者局部停产停业，并经过一定时间整改治理方能排除的隐患，或者因外部因素影响致使生产经营单位自身难以排除的隐患。如果这种危险持续存在，生产经营单位就可能随时发生事故。《工贸行业重大生产安全事故隐患判定标准》，可以作为认定"重大事故隐患"的依据。

21. 应急救援

一般是指针对突发性、具有破坏力的紧急事件采取预防、预备、响应和恢复措施的活动与计划。生产安全事故应急救援是指在应急响应过程中，为消除、减少事故危害，防止事故扩大或恶化，最大限度地降低事故造成的损失或危害而采取的救援措施或行动。

22. 生产安全事故应急救援预案

是指生产经营单位根据本单位的实际，针对具体设备、设施、场所和环境，在安全评价的基础上，为降低事故造成的人身、财产损失与环境危害，就事故发生后的应急救援机构和人员，应急救援的设备、设施、条件和环境，行动的步骤和纲领，控制事故发展的方法和程序等，预先作出的科学而有效的计划和安排。应急救援预案的制定一般可以分为五个步骤，即组建应急救援预案编制队伍、开展危险与应急能力分析、预案编制、预案评审与发布和预案的实施。

按照生产经营单位的应急救援预案针对情况的不同，分为综合应急预案、专项应急预案和现场处置方案。生产经营单位风险种类多、可能发生多种类型事故的，应当组织编制综合应急预案。综合应急预案应当规定应急组织机构及其职责、应急预案体系、事故风险描述、预警及信息报告、应急响应、保障措施、应急预案管理等内容。对于某一种或者多种类型的事故风险，生产经营单位可以编制相应的专项应急预案，或将专项应急预案并入综合应急预案。专项应急预案应当规定应急指挥机构与职责、处置程序和措施等内容。对于危险性较大的场所、装置或者设施，生产经营单位应当编制现场处置方案。现场处置方案应当规定应急工作职责、应急处置措施和注意事项等内容。事故风险单一、危险性小的生产经营单位，可以只编制现场处置方案。

23. 安全生产费用

指企业按照标准规定提取的在成本中列支，专门用于完善和改进企业或者项目安全生产条件的资金。安全费用按照"企业提取、政府监管、确保需要、规范使用"的原则进行管理；明确煤炭生产、非煤矿山开采、建设工程施工、危险品生产与储存、交通运输、烟花爆竹生产、冶金、机械制造、武器装备研制生产与试验（含民用航空及核燃料）的企业，以及其他经济组织必须按照标准的规定提取安全生产费用，并专项用于规定的范围。

24. 安全生产投入

安全生产投入是生产经营单位实现安全发展的前提，是做好安全生产工作的基础。安全生产投入总体上包括资金、物资、技术、人员等方面的投入。

25. 劳动防护用品

是指由用人单位为劳动者配备的，使其在劳动过程中免遭或者减轻事故伤害及职业危害的个人防护装备。劳动防护用品是保护劳动者安全和健康的辅助性、预防性措施。从一定意义上讲，它是从业人员防止职业毒害和伤害的最后一项有效的措施。

26. 安全生产责任保险

是指保险机构对投保的生产经营单位发生的生产安全事故造成的人员伤亡和有关经济损失等予以赔偿，并且为投保的生产经营单位提供生产安全事故预防服务的商业保险。主要针对高危行业、领域的生产经营单位，包括矿山、危险化学品、烟花爆竹、交通运输、建筑施工、民用爆炸物品、金属冶炼、渔业生产等行业领域的生产经营单位。

27. 危险化学品

是指能够危及人身安全和财产安全的化学品，如有毒品和腐蚀品等。《危险化学品安全管理条例》所称危险化学品，是指具有毒害、腐蚀、爆炸、燃烧、助燃等性质，对人体、设施、环境具有危害的剧毒化学品和其他化学品。

危险化学品目录，由国务院安全生产监督管理部门会同国务院工业和信息化、公安、环境保护、卫生、质量监督检验检疫、交通运输、铁路、民用航空、农业主管部门，根据化学品危险特性的鉴别和分类标准确定、公布，并适时调整。

其他化学品包括放射性物品，是指能发出射线的物品，如放射性同位素、射线装置等，它们的不稳定核素可自发放出粒子或辐射，或在轨道电子俘获后放出辐射，或自发裂变放出射线，能对人类造成危害。

28. 剧毒化学品

具有剧烈急性毒性危害的化学品，包括人工合成的化学品及其混合物和天然毒素，还包括具有急性毒性易造成公共安全危害的化学品（《危险化学品目录（2015 版）》）。

29. 易制爆危险化学品

国务院公安部门规定的可用于制造爆炸物品的危险化学品，具体以列入 2011 年 11 月公安部颁布的《易制爆危险化学品名录（2011 年版）》为准。

易制爆危险化学品是社会公共安全领域的专门术语，其分类依据是《化学品分类、警示标签和警示性说明安全规范（GB 20576～GB 20591）》，与《危险化学品目录（2015版）》基本一致（共 27 类）。

30. 易制毒化学品

国务院公安部门规定的可用于制造毒品的危险化学品，具体以列入《易制毒化学品分类品种（2017 版）》为准。

易制毒化学品是社会公共安全领域的专门术语，《易制毒化学品分类品种（2017 版）》收录了 31 种易制毒化学品，分为 3 类：第一类收录 18 种；第二类收录 7 种；第三类收录6 种。

31. 安全生产条件

生产经营单位要保证生产经营活动安全地进行，防止和减少生产安全事故的发生，必须在生产经营设施、设备、人员素质、管理制度、采用的工艺技术等方面达到相应的要求，具备必要的安全生产条件。

国务院有关部门制定的有关行业的安全规程、规范和有关国家标准中，针对不同行业的生产经营特点及潜在的危险因素，规定了生产经营单位应当达到的基本安全生产条件。对国家的这些规定，生产经营单位必须严格执行，达不到规定的安全生产条件的，不得从事相关的生产经营活动。同时，要求生产经营单位在符合安全生产条件的基础上，还要不断改善，从根本上促进安全生产水平的提升。

32. 事故

《现代汉语词典》将"事故"解释为意外的损失或灾祸（多指在生产、工作上发生的）。如在企业生产中，发生有毒有害气体泄漏，引起作业人员急性中毒，即发生了生产安全事故。

在生产过程中，事故是指造成人员死亡、伤害、职业病、财产损失或其他损失的意外事件。从这个解释中可以看出，事故是意外事件，是人们不希望发生的；同时，该事件产生了违背人们意愿的后果。如果事件的后果是人员死亡、受伤或身体损害，就称为人员伤亡事故，如果没有造成人员伤亡，就是非人员伤亡事故。

事故按对象常划分为"设备事故""人身伤亡事故"等；按责任范围划分为"责任事故"和"非责任事故"；依据管理的目的，可划分为不同类别的事故。

33. 工伤事故分类

事故的分类方法有很多种。我国在工伤事故统计中，《企业职工伤亡事故分类标准》（GB/T 6441—1986）中，将企业工伤事故分为 20 类，分别为物体打击、车辆伤害、机械伤害、起重伤害、触电、淹溺、灼烫、火灾、高处坠落、坍塌、冒顶片帮、透水、放炮、瓦斯爆炸、火药爆炸、锅炉爆炸、容器爆炸、其他爆炸、中毒和窒息及其他伤害。

34. 注册安全工程师

指经全国统一考试合格，取得中华人民共和国注册安全工程师执业资格证书和执业证，在生产经营单位从事安全生产管理技术工作或者在安全生产中介机构从事有关安全生产技术服务的人员。注册安全工程师专业类别划分为：煤矿安全、金属非金属矿山安全、化工安全、金属冶炼安全、建筑施工安全、道路运输安全、其他安全（不包括消防安全）。注册安全工程师级别设置为：高级、中级、初级（助理）。安全生产法规定，危险物品的生产、经营、储存、装卸单位以及矿山、金属冶炼单位应当有注册安全工程师从事安全生产管理工作。

35. 特种作业

指容易发生事故，对操作者本人、他人的安全健康及设备、设施的安全可能造成重大危害的作业。根据原国家安全生产监督管理总局颁布的《特种作业人员安全技术培训考核管理规定》，特种作业的范围由特种作业目录规定。

特种作业大致包括：电工作业、焊接与热切割作业、高处作业、制冷与空调作业、煤矿安全作业、金属非金属矿山安全作业、石油天然气安全作业、冶金（有色）生产安全作业、危险化学品安全作业、烟花爆竹安全作业、原国家安全生产监督管理总局认定的其他作业。直接从事以上特种作业的从业人员，就是特种作业人员。

特种作业人员必须经专门的安全技术培训并考核合格取得《中华人民共和国特种作业操作证》后，方可上岗作业。没有取得特种作业相应资格的，不得上岗从事特种作业。特种作业人员的资格是安全准入类，属于行政许可范畴，由主管的负有安全生产监督管理职责的部门实施特种作业人员的考核发证工作。特种作业人员未按照规定经专门的安全作业培训并取得相应资格就上岗作业的，其所在的生产经营单位将根据规定承担相应的法律责任。

36. 安全警示标志

由安全色、几何图形和图形符号构成，其目的是要引起人们对危险因素的注意，预防生产安全事故的发生。目前使用的安全色主要有四种：（1）红色，表示禁止、停止，也代表防火；（2）蓝色，表示指令或必须遵守的规定；（3）黄色，表示警告、注意；（4）绿色，表示安全状态、提示或通行。

常用的安全警示标志，根据其含义分为四大类：（1）禁止标志：即圆形内划一斜杠，并用红色描画成较粗的圆环和斜杠，表示"禁止"或"不允许"的含义；（2）警告标志：即"△"，三角的背景用黄色，三角图形和三角内的图像均用黑色描绘，警告人们注意可能发生的各种危险；（3）指令标志：即"○"，在圆形内配上指令含义的颜色——蓝色，并用白色绘画必须履行的图形符号，构成"指令标志"，要求到这个地方的人必须遵守该指令；（4）提示标志：以绿色为背景的长方几何图形，配以白色的文字和图形符号，并标明目标的方向，即构成提示标志，如消防设备提示标志等。

37. 安全设备

主要是指为了保护从业人员等生产经营活动参与者的安全，防止生产安全事故发生，以及在发生生产安全事故时用于救援而安装使用的机械设备和器械，如皮带输送机的拉绳开关、二氧化碳灭火设备以及安全检测系统、一氧化碳检测仪器、氧气检测仪等各种安全检测仪器。安全设备有的是作为生产经营装备的附属设备，需要与这些装备配合使用；有的则是能够在保证安全生产方面独立发挥作用。

38. 特种设备

是指对人身和财产安全有较大危险性的锅炉、压力容器（含气瓶）、压力管道、电梯、起重机械、客运索道、大型游乐设施、场（厂）内专用机动车辆，以及法律、行政法规规定适用该法的其他特种设备。特种设备实行目录管理，纳入目录的特种设备实行特殊的管理，有效地解决了管理对象的问题。特种设备安全法规定，特种设备目录由国务院负责特种设备安全监督管理的部门制定，报国务院批准后执行。

39. 劳动防护用品

主要是指劳动者在生产过程中为免遭或者减轻事故伤害和职业危害所配备的防护装备。劳动防护用品根据不同的分类方法，可分为很多种类。如按照人类的生理部位分类，有头部的防护、面部的防护、眼睛的防护、呼吸道的防护等；按照使用原材料分类，有棉纱棉布制品、丝绸呢绒制品、橡胶制品和五金制品等；按照使用性质分类，有防尘用品、防毒用品，防酸、碱用品，防油用品，防高温用品，防冲击用品等；按照用途分类，有通用防护用品（也称一般防护用品）、专用防护用品（也称特种防护用品）等。

2018年原国家安全生产监督管理总局修改的《用人单位劳动防护用品管理规度范》将劳动防护用品分为十大类：（1）防御物理、化学和生物危险、有害因素对头部伤害的头部防护用品；（2）防御缺氧空气和空气污染物进入呼吸道的呼吸防护用品；（3）防御物理和化学危险有害因素对眼面部伤害的眼面部防护用品；（4）防噪声危害及防水、防寒等的听力防护用品；（5）防御物理、化学和生物危险有害因素对手部伤害的手部防护用品；（6）防御物理和化学危险、有害因素对足部伤害的足部防护用品；（7）防御物理、化学和生物危险、有害因素对躯干伤害的躯干防护用品；（8）防御物理化学和生物危险、有害因素损伤皮肤或引起皮肤疾病的护肤用品；（9）防止高处作业劳动者坠落或者高处落物伤害的坠落防护用品；（10）其他防御危险、有害因素的劳动防护用品。

40. 职业安全卫生

职业安全卫生是指以保障职工在职业活动过程中的安全与健康为目的的工作领域及在法律、技术、设备、组织制度和教育等方面所采取的相应措施。

41. 安全评价

安全评价是以实现安全为目的，应用安全系统工程原理和方法，辨识与分析工程、系统、生产经营活动中的危险、有害因素，预测发生事故或造成职业危害的可能性及其严重程度，提出科学、合理、可行的安全对策措施建议，做出评价结论的活动。

安全评价可针对一个特定的对象，也可针对一定的区域范围。安全评价按照实施阶段的不同，分为安全预评价、安全验收评价和安全现状评价等。

安全预评价是指在项目建设前期应用安全评价的原理和方法对系统（工程、项目）的危险性、危害性进行预测性评价，根据建设项目可行性研究报告的内容，分析和预测该项目存在的危险、有害因素的种类和程度，提出合理可行的安全技术和安全管理建议。

安全验收评价是指在建设项目竣工、试生产正常后，通过对建设项目的设施、设备、装置实际运行状况的检测、考察，查找该建设项目投产后存在的危险、有害因素，提出合理可行的安全技术调整方案和安全管理对策的一种安全评价。其目的是验证系统安全，为安全验收提供依据。

安全现状评价是指对某一个生产经营单位总体或局部的生产经营活动安全现状，或对在用的生产装置、设备、设施、储存、运输及安全管理状况进行的综合性安全评价。

42. 不安全状态

可能导致事故发生的物品、设备、设施、场所、环境等客观和物质条件。

GB 6441—1986《企业职工伤亡事故分类》将不安全状态归纳为防护、保险、信号等装置缺乏或有缺陷，设备、设施、工具、附件有缺陷，个体防护用品用具缺少或有缺陷，以及生产（施工）场所环境不良 4 大类。

不安全状态指导致事故发生的物质条件。不安全状态包括：

1）防护、保险、信号等装置缺乏或有缺陷；

2）设备、设施、工具、附件有缺陷；

3）个人防护用品用具（防护服、手套、护目镜和面罩、呼吸器官护具、听力护具、安全带、安全帽、安全鞋等）缺少或有缺陷；

4）生产（施工）场地环境不良，如照明光线不良、通风不良、作业场所狭窄等。

43. 不安全行为

造成人身伤亡事故的人为错误，包括引起事故发生的不安全动作，没有按安全规程操作的行为。

不安全行为指生产经营活动中的人违规及冒险、侥幸的行为，这些行为可能导致事故发生。"不安全行为"与"人失误""误操作"意义基本相同，"不安全行为"强调主观意愿，"人失误"还包含客观性，即人本身不可避免地会发生失误行为。GB 6441—1986《企业职工伤亡事故分类》中将人的不安全行为归纳为操作失误、使用不安全设备、冒险进入危险场所共 13 大类。

44. 工伤

工伤也被称为工作伤害、职业伤害等，是指劳动者在生产劳动过程中，因工作原因遭遇事故伤害或罹患职业病。国际劳工通过的公约中对工伤的定义是：由于工作直接或间接引起的事故为工伤。我国的《工伤保险条例》规定了应当认定为工伤的情形。工伤分重伤、轻伤和职业病。我国对伤残等级划分为 10 级。

45. 轻伤

损失工作日低于 105 日的失能伤害。

轻伤是指物理化学及生物等各种外界因素作用于人体，造成组织、器官结构的一定程度的损害或者部分功能障碍，但不危及生命和造成严重残废的损伤，尚未构成重伤又不属于轻微伤的损伤。

46. 重伤

损失工作日等于或超过 105 日的失能伤害。

重伤是指有危及生命或者并发症危及生命的损伤，损伤造成重要器官的破损或严重的功能障碍，包括：直接危及生命；直接引起危及生命严重并发症；直接引起严重后遗症；引起重要器官严重丧失功能；引起肢体残废；引起毁容。

47. 责任事故

责任事故是指由于设计、施工、操作或管理的过失所导致的事故。责任事故主要是工作人员不负责任、玩忽职守、违章作业、违章指挥所造成的。

48. 非责任事故

非责任事故，即由于自然灾害或其他原因所导致的非人力所能全部预防的事故。

49. 事故原因

事故原因可分为直接原因和间接原因：直接原因指直接导致事故发生的原因，又称一次原因，也是在时间上最接近事故发生的原因；间接原因指使事故直接原因得以产生和存在的原因。

事故直接原因通常分为人的原因和物的原因两类：人的原因是指由人的不安全行为所引起；物的原因指物的不安全状态。

50. 事故损失

意外事件造成的生命与健康的丧失、物质或财产的毁坏、时间的损失、环境的破坏等。

事故经济损失指企业职工在劳动生产过程中发生伤亡事故所引起的一切经济损失，包括直接经济损失和间接经济损失。

直接经济损失指因事故造成人身伤亡及善后处理支出的费用和毁坏财产的价值。

间接经济损失指因事故导致产值减少、资源破坏和受事故影响而造成其他损失的价值。

51. 安全检查

安全检查保持作业的安全条件、纠正不安全操作方法、及时发现不安全因素、排除隐患所采用的一种手段，是企业安全生产管理的重要内容。安全检查通常可分为一般检查、专业检查、季节性检查、定期检查、连续检查、突击检查、特种检查等；按检查手段又可分为仪器检测、肉眼观察、口头询问等。安全检查由各基层单位的专职或兼职安全技术人员负责进行，企业各级领导人员、工程技术人员、工人各自负责自己责任范围内的安全检查工作。

52. 四不两直

即对企业安全生产情况的检查，不发通知、不打招呼、不听汇报、不用接待和陪同，直奔基层、直插现场，采用暗察暗访的方式严格检查，不能降低检查的标准和要求，真正做到有法必依、执法必严、违法必究。

53. 职业健康安全管理体系

为建立职业安全健康方针和目标并实现这些目标所制定的一系列相互联系和相互作用的要素。它包括为制定、实施、实现、评审和保持职业健康安全方针和目标所需的资源、组织、职责、策划、惯例、程序和过程。

54. 相关方

工作场所内外与企业安全生产绩效有关或受其影响的个人或单位，如承包商，供应商等。

55. 承包商

在企业的工作场所按照双方协定的要求向企业提供服务的个人或单位。

56. 供应商

为企业提供材料、设备或设施及服务的外部个人或单位。

57. 变更管理

对机构、人员、管理、工艺、技术、设备设施、作业环境等永久性或暂时性的变化进行有计划的控制，以避免或减轻对安全生产的影响。

58. 安全许可

国家对矿山企业、建筑施工企业和危险化学品、烟花爆竹、民用爆破器材生产企业实行安全生产许可制度。企业未取得安全生产许可证的，不得从事生产活动。

59. 安全生产红线意识

人命关天，发展绝不能以牺牲人的生命为代价。这必须作为一条不可逾越的红线。

安全生产红线意识是指行业领域需要承担的安全生产工作责任，是政府部门需要兑现的诺言，是生产工作需要坚守的底线，是人民群众需要获得的保障。

党的十八大以来，以习近平同志为核心的党中央多次强调安全生产的重要性，对安全生产工作高度重视。2013年6月6日，习近平总书记就做好安全生产工作再次作出重要指示，提出"安全生产红线"，要始终把人民生命安全放在首位，以对党和人民高度负责的精神，完善制度、强化责任、加强管理、严格监管，把安全生产责任制落到实处，切实防范重特大安全生产事故的发生。

60. 安全生产工作方针

《中华人民共和国安全生产法》规定：安全生产工作应当以人为本，坚持安全发展，坚持安全第一、预防为主、综合治理的方针。

安全生产工作方针是我国安全生产实践经验的科学总结，是安全生产工作的灵魂。

61. 消防工作方针

消防工作贯彻"预防为主、防消结合"的方针，按照政府统一领导、部门依法监管、单位全面负责、公民积极参与的原则，实行消防安全责任制，建立健全社会化的消防工作网络（《中华人民共和国消防法》）。

62. 职业病防治工作方针

职业病防治工作坚持"预防为主、防治结合"的方针，建立用人单位负责、行政机关监管、行业自律、职工参与和社会监督的机制，实行分类管理、综合治理（《中华人民共和国职业病防治法》）。

63. 双重预防机制

安全风险分级管控和隐患排查治理双重预防机制。

2016 年 4 月 28 日，国务院安委会办公室印发《标本兼治遏制重特大事战工作指南》）（安委办〔2016〕3 号），提出着力构建安全风险分级管控和隐患排查治理双重预防性工作体系与机制。

2016 年 10 月 9 日，国务院安委会办公室印发《关于实施遏制重特大事故工作指南构建双重预防机制的意见》（安委办〔2016〕11 号），再次强调：构建安全风险分级管控和隐患排查治理双重预防机制，是遏制重特大事故的重要举措。

2016 年 12 月 9 日下发的《中共中央国务院关于推进安全生产领域改革发展的意见》明确提出，要构建安全风险分级管控和隐患排查治理双重预防机制。

64. 企业安全生产责任体系"五落实五到位"

（1）五落实

1）必须落实"党政同责"要求，董事长、党组织书记、总经理对本企业安全生产工作共同承担领导责任；

2）必须落实安全生产"一岗双责"，所有领导班子成员对分管范围内安全生产工作承担相应职责；

3）必须落实安全生产组织领导机构，成立安全生产委员会，由董事长或总经理担任主任；

4）必须落实安全管理力量，依法设置安全生产管理机构，配齐配强注册安全工程师等专业安全管理人员；

5）必须落实安全生产报告制度，定期向董事会、业绩考核部门报告安全生产情况，并向社会公示。

（2）五到位

1）必须做到安全责任到位；

2）必须做到安全投入到位；

3）必须做到安全培训到位；

4）必须做到安全管理到位；

5）必须做到应急救援到位。

65. 安全生产"三个必须"

管行业必须管安全、管业务必须管安全、管生产经营必须管安全。

2013 年 7 月 18 日，习近平总书记指出：落实安全生产责任制，要落实行业主管部门直接监管、安全监管部门综合监管、地方政府属地监管，坚持管行业必须管安全、管业务必须管安全、管生产必须管安全，而且要党政同责、一岗双责、齐抓共管。

66. "三同时"

生产经营单位新建、改建、扩建工程项目（以下统称建设项目）的安全设施，必须与主体工程同时设计、同时施工、同时投入生产和使用。安全设施投资应当纳入建设项目概算。

67. 安全生产"三同时"制度

安全生产经营单位新建、改建、扩建工程项目的安全生产和职业卫生设施，必须与主体工程同时设计、同时施工、同时投入生产和使用。

68. 职业卫生"三同时"

根据《中华人民共和国职业病防治法》第十七条、第十八条和《建设项目职业卫生"三同时"监督管理办法》（国家安全生产监督管理总局令〔2017〕第 90 号）第九条、第十五条、第二十四条相关规定，建设单位需要依次做好以下三步工作：

（1）对可能产生职业病危害的建设项目，建设单位应当在建设项目可行性论证阶段进行职业病危害预评价，编制预评价报告；

（2）存在职业病危害的建设项目，建设单位应当在施工前按照职业病防治有关法律、法规、规章和标准的要求，进行职业病防护设施设计；

（3）建设项目在竣工验收前或者试运行期间，建设单位应当进行职业病危害控制效果评价，编制评价报告。

69. "五同时"原则

各级企业领导人必须贯彻"管生产必须管安全"的原则，要求企业负责人在计划、布置、检查、总结、评比生产工作的同时，计划、布置、检查、总结、评比安全工作。

70. "三违"行为

"三违"指违章指挥、违规作业、违反劳动纪律的各种行为。

71. 三项岗位人员

三项岗位人员指安全管理主要负责人、安全生产管理人员、特种作业人员。

72. 安全文化

安全文化人类在社会发展过程中，为维护安全而创造的各种物态产品及形成的意识形态领域的总和。

安全文化是人类在生产活动中所创造的安全生产、安全生活的精神、观念、行为及物态的总和；是安全价值观和安全行为标准的总和；是保护人的身心健康、尊重人的生命、实现人的价值的文化。

73. 安全生产万里行

每年"安全生产月"活动，自 6 月 1 日起开始在全国各地展开"安全生产万里行"活动，至 11 月底结束。活动由国务院安委会办公室组织启动仪式，国务院安委会成员单位的有关部门负责人、典型企业代表以及中央、各地主流媒体参加。启动仪式之后，活动组委会分赴全国各地开展以宣传、采访、督导为主要形式的"安全生产万里行"活动，负有安全生产监督管理职责的部门负责人、安全生产专家和媒体记者，深入基层和重点企业，开展专题行、区域行活动。

"安全生产万里行"活动主题与"安全生产月"活动主题相同。

74. 安康杯

"安康杯"是取"安全"和"健康"之意而设立的，由我国工会系统主导实施的安全生产荣誉奖杯。

"安康杯"竞赛，顾名思义也就是把竞争机制、奖励机制、激励机制应用于安全生产活动中的群众性"安全"与"健康"竞赛之中，它是我国劳动竞赛在安全生产工作中的具体应用、实践和延伸。

75. 青年安全生产示范岗

"青年安全生产示范岗"创建活动由团中央、国家安全生产监督管理总局联合组织开展，活动于 2001 年 4 月启动实施，提出了"安全生产、青年当先"的主题口号。

"青年安全生产示范岗"创建活动主要面向企业一线生产车间、班组等基层安全生产单位，以青年职工为主体，以安全生产示范为导向，以安全思想教育、安全技能培训、安全监督管理为内容。

76. 新员工"三级"安全教育

厂级安全教育、车间级安全教育、岗位（班组）级安全教育。

77. 四不伤害

不伤害自己、不伤害他人、不被他人伤害、保护他人不受伤害。

78. 六个"必有"

（1）有轴必有套；

（2）有轮必有罩；

（3）有台必有栏；

（4）有洞必有盖；

（5）有轧点必有挡板；

（6）有特危必有联锁。

79. 一班三查

（1）班前查安全，思想添根弦；

（2）班中查安全，操作保平安；

（3）班后查安全，警钟鸣不断。

80. 劳动防护用品"三证"

生产许可证、产品合格证、安全鉴定证。

81. "十不登高"

十不登高是指：

（1）患有登高酸二钠者，如患有高血压、心脏病、贫血、综合征等的工人不登高；

（2）未按规定办理高处作业审批手续的不违反规定登高；

（3）没有戴安全帽、系安全带，不扎紧裤管和无人监护不登高。

（4）暴雨、大雾、六级以上大风时，露天不登高；

（5）脚手架、跳板不牢不登高；

（6）梯子撑脚无防滑措施不登高；采用起重吊运、攀爬脚手架、攀爬设备等方式不登高；

（7）穿着易滑鞋和携带笨重物件不登高；

（8）石棉瓦和玻璃钢瓦片上无牢固跳板不登高；

（9）高压线旁无遮拦不登高；

（10）夜间照明不足不登高。

82. 十不焊

（1）不是电焊工、气焊工，无证人员不能焊割；

（2）重点要害部位及重要场所未经消防安全部门批准，未落实安全措施不能焊割；

（3）不了解焊割地点及周围情况（如该处能否动用明火、是否有易燃易爆物品等）不能焊割；

（4）不了解焊割物内部是否存在易燃易爆的危险性不能焊割；

（5）盛装过易燃易爆的液体、气体的容器（如气瓶、油箱、槽车、储罐等）未经彻底清洗、排除危险性之前不能焊割；

（6）用可燃材料（如塑料、软木、玻璃钢、谷物草壳、沥青等）作保温层、冷却层、隔热等的部位，或火星飞溅到的地方，在未采取切实可靠的安全措施之前不能焊割；

（7）有压力或密闭的导管、容器等不能焊割；

（8）焊割部位附近有易燃易爆物品，在未清理或未采取有效的安全措施前不能焊割；

（9）在禁火区内未经消防安全部门批准不能焊割；

（10）附近有与明火作业相抵触的工种在作业（如刷漆、防腐施工作业等）不能焊制。

83. 十不吊

（1）斜吊不吊；

（2）超载不吊；

（3）散装物装得太满或捆扎不牢不吊；

（4）指挥信号不明不吊；

（5）吊物边缘锋利无防护措施不吊；

（6）吊物上站人不吊；

（7）埋在地下的构件不吊；

（8）安全装置失灵不吊；

（9）光线阴暗看不清吊物不吊；

（10）六级以上强风不吊。

附录2　安全生产和职业健康相关法律法规、标准规范节选

附2.1　常用安全生产和职业健康法律

1.《中华人民共和国宪法》节选

《中华人民共和国宪法》于1982年12月4日第五届全国人民代表大会第五次会议通过，2018年3月11日第十三届全国人民代表大会第一次会议通过了第五次修正案。本书节选部分条文如下：

第四十二条　中华人民共和国公民有劳动的权利和义务。

国家通过各种途径，创造劳动就业条件，加强劳动保护，改善劳动条件，并在发展生产的基础上，提高劳动报酬和福利待遇。

劳动是一切有劳动能力的公民的光荣职责。国有企业和城乡集体经济组织的劳动者都应当以国家主人翁的态度对待自己的劳动。国家提倡社会主义劳动竞赛，奖励劳动模范和先进工作者。国家提倡公民从事义务劳动。

国家对就业前的公民进行必要的劳动就业训练。

第四十三条 中华人民共和国劳动者有休息的权利。

国家发展劳动者休息和休养的设施，规定职工的工作时间和休假制度。

第四十八条 中华人民共和国妇女在政治的、经济的、文化的、社会的和家庭的生活等各方面享有同男子平等的权利。

国家保护妇女的权利和利益，实行男女同工同酬，培养和选拔妇女干部。

2.《中华人民共和国刑法》节选

《中华人民共和国刑法》（以下简称《刑法》）是为了惩罚犯罪，保护人民，根据宪法，结合我国同犯罪作斗争的具体经验及实际情况，制定的法律。

2006 年 6 月 29 日，第十届全国人民代表大会常务委员会第二十二次会议审议通过了《中华人民共和国刑法修正案（六）》，对有关安全生产犯罪的条文作出了重要修改和补充。本书节选部分条文如下：

【重大责任事故罪】

第一百三十四条 在生产、作业中违反有关安全管理的规定，因而发生重大伤亡事故或者造成其他严重后果的，处三年以下有期徒刑或者拘役；情节特别恶劣的，处三年以上七年以下有期徒刑。

强令他人违章冒险作业，或者明知存在重大事故隐患而不排除，仍冒险组织作业，因而发生重大伤亡事故或者造成其他严重后果的，处五年以下有期徒刑或者拘役；情节特别恶劣的，处五年以上有期徒刑。

【危险作业罪】

第一百三十四条之一 在生产、作业中违反有关安全管理的规定，有下列情形之一，具有发生重大伤亡事故或者其他严重后果的现实危险的，处一年以下有期徒刑、拘役或者管制：

（一）关闭、破坏直接关系生产安全的监控、报警、防护、救生设备、设施，或者篡改、隐瞒、销毁其相关数据、信息的；

（二）因存在重大事故隐患被依法责令停产停业、停止施工、停止使用有关设备、设施、场所或者立即采取排除危险的整改措施，而拒不执行的；

（三）涉及安全生产的事项未经依法批准或者许可，擅自从事矿山开采、金属冶炼、建筑施工，以及危险物品生产、经营、储存等高度危险的生产作业活动的。

【重大劳动安全事故罪】

第一百三十五条 安全生产设施或者安全生产条件不符合国家规定，因而发生重大伤亡事故或者造成其他严重后果的，对直接负责的主管人员和其他直接责任人员，处三年以下有期徒刑或者拘役；情节特别恶劣的，处三年以上七年以下有期徒刑。

第一百三十五条之一 举办大型群众性活动违反安全管理规定，因而发生重大伤亡事故或者造成其他严重后果的，对直接负责的主管人员和其他直接责任人员，处三年以下有期徒刑或者拘役；情节特别恶劣的，处三年以上七年以下有期徒刑。

【危险物品肇事罪】

第一百三十六条 违反爆炸性、易燃性、放射性、毒害性、腐蚀性物品的管理规定，在生产、储存、运输、使用中发生重大事故，造成严重后果的，处三年以下有期徒刑或者拘役；后果特别严重的，处三年以上七年以下有期徒刑。

【消防责任事故罪】

第一百三十九条 违反消防管理法规，经消防监督机构通知采取改正措施而拒绝执行，造成严重后果的，对直接责任人员，处三年以下有期徒刑或者拘役；后果特别严重的，处三年以上七年以下有期徒刑。

第一百三十九条之一 在安全事故发生后，负有报告职责的人员不报或者谎报事故情况，贻误事故抢救，情节严重的，处三年以下有期徒刑或者拘役；情节特别严重的，处三年以上七年以下有期徒刑。

3.《中华人民共和国劳动法》节选

1994 年 7 月 5 日，中华人民共和国主席令第二十八号公布《中华人民共和国劳动法》（以下简称《劳动法》），自 1995 年 1 月 1 日起施行；2018 年 12 月 29 日第十三届全国人民代表大会常务委员会第七次会议通过的《关于修改〈中华人民共和国劳动法〉等七部法律的决定》第二次修订，自公布之日起施行。

《劳动法》立法目的是为了保护劳动者的合法权益，调整劳动关系，建立和维护适应社会主义市场经济的劳动制度，促进经济发展和社会进步。在中华人民共和国境内的企业、个体经济组织（统称为用人单位）和与之形成劳动关系的劳动者，适用《劳动法》。国家机关、事业组织、社会团体与之建立劳动关系的劳动者，依照《劳动法》执行。

《劳动法》中对安全生产和职业健康管理提出明确具体要求的主要为第六章劳动安全卫生、第七章女职工和未成年工特殊保护，具体内容如下：

【建立劳动安全卫生制度】

第五十二条 用人单位必须建立、健全劳动安全卫生制度，严格执行国家劳动安全卫生规程和标准，对劳动者进行劳动安全卫生教育，防止劳动过程中的事故，减少职业危害。

【劳动安全卫生设施"三同时"规定】

第五十三条 劳动安全卫生设施必须符合国家规定的标准。

新建、改建、扩建工程的劳动安全卫生设施必须与主体工程同时设计、同时施工、同时投入生产和使用。

【职业健康管理】

第五十四条 用人单位必须为劳动者提供符合国家规定的劳动安全卫生条件和必要的劳动防护用品，对从事有职业危害作业的劳动者应当定期进行健康检查。

【特种作业应取得资格】

第五十五条 从事特种作业的劳动者必须经过专门培训并取得特种作业资格。

【伤亡事故及职业病报告制度】

第五十七条 国家建立伤亡事故和职业病统计报告和处理制度。县级以上各级人民政府劳动行政部门、有关部门和用人单位应当依法对劳动者在劳动过程中发生的伤亡事故和劳动者的职业病状况，进行统计、报告和处理。

【未成年工定义】

第五十八条 国家对女职工和未成年工实行特殊劳动保护。

未成年工是指年满十六周岁未满十八周岁的劳动者。

【女职工特殊保护】

第五十九条 禁止安排女职工从事矿山井下、国家规定的第四级体力劳动强度的劳动和其他禁忌从事的劳动。

第六十条 不得安排女职工在经期从事高处、低温、冷水作业和国家规定的第三级体力劳动强度的劳动。

第六十一条 不得安排女职工在怀孕期间从事国家规定的第三级体力劳动强度的劳动和孕期禁忌从事的劳动。对怀孕七个月以上的女职工，不得安排其延长工作时间和夜班劳动。

第六十二条 女职工生育享受不少于九十天的产假。

第六十三条 不得安排女职工在哺乳未满一周岁的婴儿期间从事国家规定的第三级体力劳动强度的劳动和哺乳期禁忌从事的其他劳动，不得安排其延长工作时间和夜班劳动。

【未成年工特殊保护】

第六十四条 不得安排未成年工从事矿山井下、有毒有害、国家规定的第四级体力劳动强度的劳动和其他禁忌从事的劳动。

第六十五条 用人单位应当对未成年工定期进行健康检查。

4.《中华人民共和国消防法》节选

1998年4月29日第九届全国人民代表大会常务委员会第二次会议审议通过了《中华人民共和国消防法》（以下简称《消防法》），2021年4月29日第十三届全国人民代表大会常务委员会第二十八次会议《关于修改〈中华人民共和国道路交通安全法〉等八部法律的决定》第二次修正。

《消防法》立法目的是为了预防和减少火灾危害，加强应急救援工作，保护公民人身、公共财产安全，维护公共安全。本书节选部分条文如下：

【建设工程的消防设计审核和备案】

第十条 对按照国家工程建设消防技术标准需要进行消防设计的建设工程，实行建设工程消防设计审查验收制度。

第十一条 国务院住房和城乡建设主管部门规定的特殊建设工程，建设单位应当将消防设计文件报送住房和城乡建设主管部门审查，住房和城乡建设主管部门依法对审查的结果负责。

第十二条 特殊建设工程未经消防设计审查或者审查不合格的，建设单位、施工单位不得施工；其他建设工程，建设单位未提供满足施工需要的消防设计图纸及技术资料的，有关部门不得发放施工许可证或者批准开工报告。

【建设工程的消防验收、备案】

第十三条 国务院住房和城乡建设主管部门规定应当申请消防验收的建设工程竣工，建设单位应当向住房和城乡建设主管部门申请消防验收。

前款规定以外的其他建设工程，建设单位在验收后应当报住房和城乡建设主管部门备案，住房和城乡建设主管部门应当进行抽查。

依法应当进行消防验收的建设工程，未经消防验收或者消防验收不合格的，禁止投入使用；其他建设工程经依法抽查不合格的，应当停止使用。

【消防安全职责】

第十六条　机关、团体、企业、事业等单位应当履行下列消防安全职责：

（一）落实消防安全责任制，制定本单位的消防安全制度、消防安全操作规程，制定灭火和应急疏散预案；

（二）按照国家标准、行业标准配置消防设施、器材，设置消防安全标志，并定期组织检验、维修，确保完好有效；

（三）对建筑消防设施每年至少进行一次全面检测，确保完好有效，检测记录应当完整准确，存档备查；

（四）保障疏散通道、安全出口、消防车通道畅通，保证防火防烟分区、防火间距符合消防技术标准；

（五）组织防火检查，及时消除火灾隐患；

（六）组织进行有针对性的消防演练；

（七）法律、法规规定的其他消防安全职责。

单位的主要负责人是本单位的消防安全责任人。

第十七条　消防安全重点单位除应当履行本法第十六条规定的职责外，还应当履行下列消防安全职责：

（一）确定消防安全管理人，组织实施本单位的消防安全管理工作；

（二）建立消防档案，确定消防安全重点部位，设置防火标志，实行严格管理；

（三）实行每日防火巡查，并建立巡查记录；

（四）对职工进行岗前消防安全培训，定期组织消防安全培训和消防演练。

【易燃易爆危险品场所消防要求】

第十九条　生产、储存、经营易燃易爆危险品的场所不得与居住场所设置在同一建筑物内，并应当与居住场所保持安全距离。

生产、储存、经营其他物品的场所与居住场所设置在同一建筑物内的，应当符合国家工程建设消防技术标准。

第二十一条　禁止在具有火灾、爆炸危险的场所吸烟、使用明火。因施工等特殊情况需要使用明火作业的，应当按照规定事先办理审批手续，采取相应的消防安全措施；作业人员应当遵守消防安全规定。

进行电焊、气焊等具有火灾危险作业的人员和自动消防系统的操作人员，必须持证上岗，并遵守消防安全操作规程。

【易燃易爆危险品生产、储存、装卸等规定】

第二十二条　生产、储存、装卸易燃易爆危险品的工厂、仓库和专用车站、码头的设置，应当符合消防技术标准。易燃易爆气体和液体的充装站、供应站、调压站，应当设置在符合消防安全要求的位置，并符合防火防爆要求。

已经设置的生产、储存、装卸易燃易爆危险品的工厂、仓库和专用车站、码头，易燃易爆气体和液体的充装站、供应站、调压站，不再符合前款规定的，地方人民政府应当组织、协调有关部门、单位限期解决，消除安全隐患。

第二十三条　生产、储存、运输、销售、使用、销毁易燃易爆危险品，必须执行消防技术标准和管理规定。

进入生产、储存易燃易爆危险品的场所，必须执行消防安全规定。禁止非法携带易燃易爆危险品进入公共场所或者乘坐公共交通工具。

储存可燃物资仓库的管理，必须执行消防技术标准和管理规定。

【消防器材配置及消防通道规定】

第二十八条 任何单位、个人不得损坏、挪用或者擅自拆除、停用消防设施、器材，不得埋压、圈占、遮挡消火栓或者占用防火间距，不得占用、堵塞、封闭疏散通道、安全出口、消防车通道。人员密集场所的门窗不得设置影响逃生和灭火救援的障碍物。

【消防组织】

第三十九条 下列单位应当建立单位专职消防队，承担本单位的火灾扑救工作：

（一）大型核设施单位、大型发电厂、民用机场、主要港口；

（二）生产、储存易燃易爆危险品的大型企业；

（三）储备可燃的重要物资的大型仓库、基地；

（四）第一项、第二项、第三项规定以外的火灾危险性较大、距离国家综合性消防救援队较远的其他大型企业；

（五）距离国家综合性消防救援队较远、被列为全国重点文物保护单位的古建筑群的管理单位。

第四十一条 机关、团体、企业、事业等单位以及村民委员会、居民委员会根据需要，建立志愿消防队等多种形式的消防组织，开展群众性自防自救工作。

【灭火救援】

第四十四条 任何人发现火灾都应当立即报警。任何单位、个人都应当无偿为报警提供便利，不得阻拦报警。严禁谎报火警。

人员密集场所发生火灾，该场所的现场工作人员应当立即组织、引导在场人员疏散。

任何单位发生火灾，必须立即组织力量扑救。邻近单位应当给予支援。

消防队接到火警，必须立即赶赴火灾现场，救助遇险人员，排除险情，扑灭火灾。

第四十九条 国家综合性消防救援队、专职消防队扑救火灾、应急救援，不得收取任何费用。

单位专职消防队、志愿消防队参加扑救外单位火灾所损耗的燃料、灭火剂和器材、装备等，由火灾发生地的人民政府给予补偿。

【火灾调查】

第五十一条 消防救援机构有权根据需要封闭火灾现场，负责调查火灾原因，统计火灾损失。

火灾扑灭后，发生火灾的单位和相关人员应当按照消防救援机构的要求保护现场，接受事故调查，如实提供与火灾有关的情况。

消防救援机构根据火灾现场勘验、调查情况和有关的检验、鉴定意见，及时制作火灾事故认定书，作为处理火灾事故的证据。

第六十条 单位违反本法规定，有下列行为之一的，责令改正，处五千元以上五万元以下罚款：

（一）消防设施、器材或者消防安全标志的配置、设置不符合国家标准、行业标准，或者未保持完好有效的；

（二）损坏、挪用或者擅自拆除、停用消防设施、器材的；

（三）占用、堵塞、封闭疏散通道、安全出口或者有其他妨碍安全疏散行为的；

（四）埋压、圈占、遮挡消火栓或者占用防火间距的；

（五）占用、堵塞、封闭消防车通道，妨碍消防车通行的；

（六）人员密集场所在门窗上设置影响逃生和灭火救援的障碍物的；

（七）对火灾隐患经消防救援机构通知后不及时采取措施消除的。

个人有前款第二项、第三项、第四项、第五项行为之一的，处警告或者五百元以下罚款。

有本条第一款第三项、第四项、第五项、第六项行为，经责令改正拒不改正的，强制执行，所需费用由违法行为人承担。

第六十一条 生产、储存、经营易燃易爆危险品的场所与居住场所设置在同一建筑物内，或者未与居住场所保持安全距离的，责令停产停业，并处五千元以上五万元以下罚款。

生产、储存、经营其他物品的场所与居住场所设置在同一建筑物内，不符合消防技术标准的，依照前款规定处罚。

第七十三条 本法下列用语的含义：

（一）消防设施，是指火灾自动报警系统、自动灭火系统、消火栓系统、防烟排烟系统以及应急广播和应急照明、安全疏散设施等。

（二）消防产品，是指专门用于火灾预防、灭火救援和火灾防护、避难、逃生的产品。

（三）公众聚集场所，是指宾馆、饭店、商场、集贸市场、客运车站候车室、客运码头候船厅、民用机场航站楼、体育场馆、会堂以及公共娱乐场所等。

（四）人员密集场所，是指公众聚集场所，医院的门诊楼、病房楼，学校的教学楼、图书馆、食堂和集体宿舍，养老院，福利院，托儿所，幼儿园，公共图书馆的阅览室，公共展览馆、博物馆的展示厅，劳动密集型企业的生产加工车间和员工集体宿舍，旅游、宗教活动场所等。

5. 《中华人民共和国职业病防治法》节选

2001 年 10 月 27 日，中华人民共和国主席令第 60 号公布《中华人民共和国职业病防治法》（以下简称《职业病防治法》），自 2002 年 5 月 1 日起施行；2018 年 12 月 29 日第十三届全国人民代表大会常务委员会第七次会议通过《关于修改〈中华人民共和国劳动法〉等七部法律的决定》进行修订，自公布之日起施行。本书节选部分条文：

《职业病防治法》是我国颁布的第一部有关职业病防治的法律，立法目的是为预防、控制和消除职业病危害，防治职业病，保护劳动者健康及其相关权益，促进经济社会发展，根据宪法，制定本法。该法适用于中华人民共和国领域内的职业病防治活动，确立职业病防治法法律制度，为职业病防治提供法律保障，具有重要的现实意义。本书节选部分条文如下：

【适用范围、职业病定义】

第二条 本法适用于中华人民共和国领域内的职业病防治活动。

本法所称职业病，是指企业、事业单位和个体经济组织等用人单位的劳动者在职业活动中，因接触粉尘、放射性物质和其他有毒、有害因素而引起的疾病。

职业病的分类和目录由国务院卫生行政部门会同国务院劳动保障行政部门制定、调整并公布。

注：2013年12月23日国家卫生计生委、安全监管总局等四部门颁布了新的《职业病分类和目录》，共包括10大类132种，目前国内报告最多的是职业性尘肺病。

（一）职业性尘肺病及其他呼吸系统疾病：19种，如矽肺、电焊工尘肺。

（二）职业性皮肤病：9种，如接触性皮炎、化学性皮肤灼伤。

（三）职业性眼病：3种，如化学性眼部灼伤、电光性眼炎。

（四）职业性耳鼻喉口腔疾病：4种，如噪声聋、铬鼻病。

（五）职业性化学中毒：60种，如铅及其化合物中毒、硫化氢中毒、苯中毒。

（六）物理因素所致职业病：7种，如中暑、手臂振动病。

（七）职业性放射性疾病：11种，如放射性甲状腺疾病。

（八）职业性传染病：5种，如布鲁氏菌病。

（九）职业性肿瘤：11种，如石棉所致肺癌、苯所致白血病。

（十）其他职业病：3种，如金属烟热。

【职业病防治基本方针】

第三条　职业病防治工作坚持预防为主、防治结合的方针，建立用人单位负责、行政机关监管、行业自律、职工参与和社会监督的机制，实行分类管理、综合治理。

【劳动者享有职业卫生保护的权利】

第四条　劳动者依法享有职业卫生保护的权利。

用人单位应当为劳动者创造符合国家职业卫生标准和卫生要求的工作环境和条件，并采取措施保障劳动者获得职业卫生保护。

工会组织依法对职业病防治工作进行监督，维护劳动者的合法权益。用人单位制定或者修改有关职业病防治的规章制度，应当听取工会组织的意见。

【用人单位职业病防治责任制】

第五条　用人单位应当建立、健全职业病防治责任制，加强对职业病防治的管理，提高职业病防治水平，对本单位产生的职业病危害承担责任。

第六条　用人单位的主要负责人对本单位的职业病防治工作全面负责。

【用人单位依法参加工伤保险】

第七条　用人单位必须依法参加工伤保险。

国务院和县级以上地方人民政府劳动保障行政部门应当加强对工伤保险的监督管理，确保劳动者依法享受工伤保险待遇。

【国家实行职业卫生监督制度】

第九条　国家实行职业卫生监督制度。

国务院卫生行政部门、劳动保障行政部门依照本法和国务院确定的职责，负责全国职业病防治的监督管理工作。国务院有关部门在各自的职责范围内负责职业病防治的有关监督管理工作。

县级以上地方人民政府卫生行政部门、劳动保障行政部门依据各自职责，负责本行政区域内职业病防治的监督管理工作。县级以上地方人民政府有关部门在各自的职责范围内负责职业病防治的有关监督管理工作。

县级以上人民政府卫生行政部门、劳动保障行政部门（以下统称职业卫生监督管理部门）应当加强沟通，密切配合，按照各自职责分工，依法行使职权，承担责任。

第十二条 有关防治职业病的国家职业卫生标准，由国务院卫生行政部门组织制定并公布。

国务院卫生行政部门应当组织开展重点职业病监测和专项调查，对职业健康风险进行评估，为制定职业卫生标准和职业病防治政策提供科学依据。

县级以上地方人民政府卫生行政部门应当定期对本行政区域的职业病防治情况进行统计和调查分析。

【社会监督及奖励】

第十三条 任何单位和个人有权对违反本法的行为进行检举和控告。有关部门收到相关的检举和控告后，应当及时处理。

对防治职业病成绩显著的单位和个人，给予奖励。

【用人单位在前期预防中的职责】

第十四条 用人单位应当依照法律、法规要求，严格遵守国家职业卫生标准，落实职业病预防措施，从源头上控制和消除职业病危害。

【工作场所的职业卫生要求】

第十五条 产生职业病危害的用人单位的设立除应当符合法律、行政法规规定的设立条件外，其工作场所还应当符合下列职业卫生要求：

（一）职业病危害因素的强度或者浓度符合国家职业卫生标准；

（二）有与职业病危害防护相适应的设施；

（三）生产布局合理，符合有害与无害作业分开的原则；

（四）有配套的更衣间、洗浴间、孕妇休息间等卫生设施；

（五）设备、工具、用具等设施符合保护劳动者生理、心理健康的要求；

（六）法律、行政法规和国务院卫生行政部门关于保护劳动者健康的其他要求。

注：根据《职业病危害因素分类目录（2015 版）》规定，共包括粉尘、化学因素、物理因素、放射性因素、生物因素、其他因素六大类 459 种：

（1）粉尘，常见为矽尘、电焊烟尘、铝尘等，如在矿山开采、机械制造、金属冶炼、建筑等行业中有分布；

（2）化学因素，常见为苯及其化合物、锰及其化合物、氨等，如在化工、金属制品、金属冶炼、电子制造等行业中有分布；

（3）物理因素，常见为噪声、高温等，如在金属制品、机械制造、金属冶炼、建筑等行业中有分布；

（4）放射性因素，常见为 X 射线、α、β、γ 和中子等射线，如在工业射线探伤、医疗照射等有分布；

（5）生物因素，常见为布鲁氏菌等，如在畜牧、纺织、医疗等行业中有分布；

（6）其他因素，如金属烟、井下不良作业等，如在金属冶炼、金属制品、井下作业中有分布。

【职业病危害项目申报】

第十六条 国家建立职业病危害项目申报制度。

用人单位工作场所存在职业病目录所列职业病的危害因素的，应当及时、如实向所在地卫生行政部门申报危害项目，接受监督。

职业病危害因素分类目录由国务院卫生行政部门制定、调整并公布。职业病危害项目申报的具体办法由国务院卫生行政部门制定。

【建设项目职业病危害预评价】

第十七条 新建、扩建、改建建设项目和技术改造、技术引进项目（以下统称建设项目）可能产生职业病危害的，建设单位在可行性论证阶段应当进行职业病危害预评价。

医疗机构建设项目可能产生放射性职业病危害的，建设单位应当向卫生行政部门提交放射性职业病危害预评价报告。卫生行政部门应当自收到预评价报告之日起三十日内，作出审核决定并书面通知建设单位。未提交预评价报告或者预评价报告未经卫生行政部门审核同意的，不得开工建设。

职业病危害预评价报告应当对建设项目可能产生的职业病危害因素及其对工作场所和劳动者健康的影响作出评价，确定危害类别和职业病防护措施。

建设项目职业病危害分类管理办法由国务院卫生行政部门制定。

【建设项目职业病防护设施及评价验收】

第十八条 建设项目的职业病防护设施所需费用应当纳入建设项目工程预算，并与主体工程同时设计，同时施工，同时投入生产和使用。

建设项目的职业病防护设施设计应当符合国家职业卫生标准和卫生要求；其中，医疗机构放射性职业病危害严重的建设项目的防护设施设计，应当经卫生行政部门审查同意后，方可施工。

建设项目在竣工验收前，建设单位应当进行职业病危害控制效果评价。

医疗机构可能产生放射性职业病危害的建设项目竣工验收时，其放射性职业病防护设施经卫生行政部门验收合格后，方可投入使用；其他建设项目的职业病防护设施应当由建设单位负责依法组织验收，验收合格后，方可投入生产和使用。卫生行政部门应当加强对建设单位组织的验收活动和验收结果的监督核查。

【特殊管理】

第十九条 国家对从事放射性、高毒、高危粉尘等作业实行特殊管理。具体管理办法由国务院制定。

【职业病防治管理措施】

第二十条 用人单位应当采取下列职业病防治管理措施：

（一）设置或者指定职业卫生管理机构或者组织，配备专职或者兼职的职业卫生管理人员，负责本单位的职业病防治工作；

（二）制定职业病防治计划和实施方案；

（三）建立、健全职业卫生管理制度和操作规程；

（四）建立、健全职业卫生档案和劳动者健康监护档案；

（五）建立、健全工作场所职业病危害因素监测及评价制度；

（六）建立、健全职业病危害事故应急救援预案。

【职业病防护设施和防护用品】

第二十一条 用人单位应当保障职业病防治所需的资金投入，不得挤占、挪用，并对因资金投入不足导致的后果承担责任。

第二十二条 用人单位必须采用有效的职业病防护设施，并为劳动者提供个人使用的职业病防护用品。

用人单位为劳动者个人提供的职业病防护用品必须符合防治职业病的要求；不符合要求的，不得使用。

第二十三条 用人单位应当优先采用有利于防治职业病和保护劳动者健康的新技术、新工艺、新设备、新材料，逐步替代职业病危害严重的技术、工艺、设备、材料。

【职业病危害公告和警示】

第二十四条 产生职业病危害的用人单位，应当在醒目位置设置公告栏，公布有关职业病防治的规章制度、操作规程、职业病危害事故应急救援措施和工作场所职业病危害因素检测结果。

对产生严重职业病危害的作业岗位，应当在其醒目位置，设置警示标识和中文警示说明。警示说明应当载明产生职业病危害的种类、后果、预防以及应急救治措施等内容。

第二十五条 对可能发生急性职业损伤的有毒、有害工作场所，用人单位应当设置报警装置，配置现场急救用品、冲洗设备、应急撤离通道和必要的泄险区。

对放射工作场所和放射性同位素的运输、贮存，用人单位必须配置防护设备和报警装置，保证接触放射线的工作人员佩戴个人剂量计。

对职业病防护设备、应急救援设施和个人使用的职业病防护用品，用人单位应当进行经常性的维护、检修，定期检测其性能和效果，确保其处于正常状态，不得擅自拆除或者停止使用。

【职业病危害因素监测】

第二十六条 用人单位应当实施由专人负责的职业病危害因素日常监测，并确保监测系统处于正常运行状态。

用人单位应当按照国务院卫生行政部门的规定，定期对工作场所进行职业病危害因素检测、评价。检测、评价结果存入用人单位职业卫生档案，定期向所在地卫生行政部门报告并向劳动者公布。

职业病危害因素检测、评价由依法设立的取得国务院卫生行政部门或者设区的市级以上地方人民政府卫生行政部门按照职责分工给予资质认可的职业卫生技术服务机构进行。职业卫生技术服务机构所作检测、评价应当客观、真实。

发现工作场所职业病危害因素不符合国家职业卫生标准和卫生要求时，用人单位应当立即采取相应治理措施，仍然达不到国家职业卫生标准和卫生要求的，必须停止存在职业病危害因素的作业；职业病危害因素经治理后，符合国家职业卫生标准和卫生要求的，方可重新作业。

【职业病危害告知】

第三十三条 用人单位与劳动者订立劳动合同（含聘用合同，下同）时，应当将工作过程中可能产生的职业病危害及其后果、职业病防护措施和待遇等如实告知劳动者，并在劳动合同中写明，不得隐瞒或者欺骗。

劳动者在已订立劳动合同期间因工作岗位或者工作内容变更，从事与所订立劳动合同中未告知的存在职业病危害的作业时，用人单位应当依照前款规定，向劳动者履行如实告知的义务，并协商变更原劳动合同相关条款。

用人单位违反前两款规定的，劳动者有权拒绝从事存在职业病危害的作业，用人单位不得因此解除与劳动者所订立的劳动合同。

【职业卫生培训】

第三十四条　用人单位的主要负责人和职业卫生管理人员应当接受职业卫生培训，遵守职业病防治法律、法规，依法组织本单位的职业病防治工作。

用人单位应当对劳动者进行上岗前的职业卫生培训和在岗期间的定期职业卫生培训，普及职业卫生知识，督促劳动者遵守职业病防治法律、法规、规章和操作规程，指导劳动者正确使用职业病防护设备和个人使用的职业病防护用品。

劳动者应当学习和掌握相关的职业卫生知识，增强职业病防范意识，遵守职业病防治法律、法规、规章和操作规程，正确使用、维护职业病防护设备和个人使用的职业病防护用品，发现职业病危害事故隐患应当及时报告。

劳动者不履行前款规定义务的，用人单位应当对其进行教育。

【职业健康体检和管理】

第三十五条　对从事接触职业病危害的作业的劳动者，用人单位应当按照国务院卫生行政部门的规定组织上岗前、在岗期间和离岗时的职业健康检查，并将检查结果书面告知劳动者。职业健康检查费用由用人单位承担。

用人单位不得安排未经上岗前职业健康检查的劳动者从事接触职业病危害的作业；不得安排有职业禁忌的劳动者从事其所禁忌的作业；对在职业健康检查中发现有与所从事的职业相关的健康损害的劳动者，应当调离原工作岗位，并妥善安置；对未进行离岗前职业健康检查的劳动者不得解除或者终止与其订立的劳动合同。

职业健康检查应当由取得《医疗机构执业许可证》的医疗卫生机构承担。卫生行政部门应当加强对职业健康检查工作的规范管理，具体管理办法由国务院卫生行政部门制定。

第三十六条　用人单位应当为劳动者建立职业健康监护档案，并按照规定的期限妥善保存。

职业健康监护档案应当包括劳动者的职业史、职业病危害接触史、职业健康检查结果和职业病诊疗等有关个人健康资料。

劳动者离开用人单位时，有权索取本人职业健康监护档案复印件，用人单位应当如实、无偿提供，并在所提供的复印件上签章。

第三十八条　用人单位不得安排未成年工从事接触职业病危害的作业；不得安排孕期、哺乳期的女职工从事对本人和胎儿、婴儿有危害的作业。

【职业病危害事故应急管理】

第三十七条　发生或者可能发生急性职业病危害事故时，用人单位应当立即采取应急救援和控制措施，并及时报告所在地卫生行政部门和有关部门。卫生行政部门接到报告后，应当及时会同有关部门组织调查处理；必要时，可以采取临时控制措施。卫生行政部门应当组织做好医疗救治工作。

对遭受或者可能遭受急性职业病危害的劳动者，用人单位应当及时组织救治、进行健康检查和医学观察，所需费用由用人单位承担。

【劳动者享有的职业卫生保护权利】

第三十九条 劳动者享有下列职业卫生保护权利：

（一）获得职业卫生教育、培训；

（二）获得职业健康检查、职业病诊疗、康复等职业病防治服务；

（三）了解工作场所产生或者可能产生的职业病危害因素、危害后果和应当采取的职业病防护措施；

（四）要求用人单位提供符合防治职业病要求的职业病防护设施和个人使用的职业病防护用品，改善工作条件；

（五）对违反职业病防治法律、法规以及危及生命健康的行为提出批评、检举控告；

（六）拒绝违章指挥和强令进行没有职业病防护措施的作业；

（七）参与用人单位职业卫生工作的民主管理，对职业病防治工作提出意见和建议。

用人单位应当保障劳动者行使前款所列权利。因劳动者依法行使正当权利而降低其工资、福利等待遇或者解除、终止与其订立的劳动合同的，其行为无效。

【职业病报告制度】

第五十条 用人单位和医疗卫生机构发现职业病病人或者疑似职业病病人时，应当及时向所在地卫生行政部门报告。确诊为职业病的，用人单位还应当向所在地劳动保障行政部门报告。接到报告的部门应当依法作出处理。

【职业病病人保障措施】

第五十五条 医疗卫生机构发现疑似职业病病人时，应当告知劳动者本人并及时通知用人单位。

用人单位应当及时安排对疑似职业病病人进行诊断；在疑似职业病病人诊断或者医学观察期间，不得解除或者终止与其订立的劳动合同。

疑似职业病病人在诊断、医学观察期间的费用，由用人单位承担。

第五十六条 用人单位应当保障职业病病人依法享受国家规定的职业病待遇。

用人单位应当按照国家有关规定，安排职业病病人进行治疗、康复和定期检查。

用人单位对不适宜继续从事原工作的职业病病人，应当调离原岗位，并妥善安置。

用人单位对从事接触职业病危害的作业的劳动者，应当给予适当岗位津贴。

第五十七条 职业病病人的诊疗、康复费用，伤残以及丧失劳动能力的职业病病人的社会保障，按照国家有关工伤保险的规定执行。

第五十八条 职业病病人除依法享有工伤保险外，依照有关民事法律，尚有获得赔偿的权利的，有权向用人单位提出赔偿要求。

第五十九条 劳动者被诊断患有职业病，但用人单位没有依法参加工伤保险的，其医疗和生活保障由该用人单位承担。

第六十条 职业病病人变动工作单位，其依法享有的待遇不变。

用人单位在发生分立、合并、解散、破产等情形时，应当对从事接触职业病危害的作业的劳动者进行健康检查，并按照国家有关规定妥善安置职业病病人。

第六十一条 用人单位已经不存在或者无法确认劳动关系的职业病病人，可以向地方人民政府医疗保障、民政部门申请医疗救助和生活等方面的救助。

地方各级人民政府应当根据本地区的实际情况，采取其他措施，使前款规定的职业病病人获得医疗救治。

【职业病危害、职业禁忌的定义】

第八十五条 本法下列用语的含义：

职业病危害，是指对从事职业活动的劳动者可能导致职业病的各种危害。职业病危害因素包括：职业活动中存在的各种有害的化学、物理、生物因素以及在作业过程中产生的其他职业有害因素。

职业禁忌，是指劳动者从事特定职业或者接触特定职业病危害因素时，比一般职业人群更易于遭受职业病危害和罹患职业病或者可能导致原有自身疾病病情加重，或者在从事作业过程中诱发可能导致对他人生命健康构成危险的疾病的个人特殊生理或者病理状态。

6.《中华人民共和国安全生产法》节选

《中华人民共和国安全生产法》（以下简称《安全生产法》）是对所有生产经营单位的安全生产普遍适用的基本法律，是为了加强安全生产工作，防止和减少生产安全事故，保障人民群众生命和财产安全，促进经济社会持续健康发展而制定的。《安全生产法》于2002年6月29日第九届全国人民代表大会常务委员会第二十八次会议通过，2002年11月1日起正式实施；2021年6月10日中华人民共和国第十三届全国人民代表大会常务委员会第二十九次会议通过《全国人民代表大会常务委员会关于修改〈中华人民共和国安全生产法〉的决定》第三次修正，自2021年9月1日起施行。

新修订的《安全生产法》把保护人民生命安全摆在首位，进一步加强和落实生产经营单位主体责任，要求构建安全风险分级管控和隐患排查治理双重预防体系；进一步明确地方政府、应急管理部门和行业管理部门相关职责；进一步加大对安全生产违法行为处罚力度，提高违法成本。

第一章总则主要对制定法律的必要性、适用范围、安全生产工作原则、安全生产工作职责划分等作了一般性规定。第二章生产经营单位的安全生产保障和第三章从业人员的安全生产权利义务主要从生产经营单位和从业人员角度规定职责和相关权利义务。第四章安全生产的监督管理主要规定政府、负有安全生产监督管理职责的部门以及其他有关单位的职责分工。第五章生产安全事故的应急救援与调查处理主要规定生产安全事故的应急处理。第六章法律责任规定违反本法规定应承担的法律责任。本章从第九十条至第一百一十六条共规定了二十七条法律责任条款。第七章附则解释相关用语含义、明确相关标准的制定单位和本法施行时间。本书节选部分条文如下：

【明确立法宗旨】

第一条 为了加强安全生产工作，防止和减少生产安全事故，保障人民群众生命和财产安全，促进经济社会持续健康发展，制定本法。

【适用范围】

第二条 在中华人民共和国领域内从事生产经营活动的单位（以下统称生产经营单位）的安全生产，适用本法；有关法律、行政法规对消防安全和道路交通安全、铁路交通安全、水上交通安全、民用航空安全以及核与辐射安全、特种设备安全另有规定的，适用其规定。

【工作方针】

第三条 安全生产工作坚持中国共产党的领导。

安全生产工作应当以人为本，坚持人民至上、生命至上，把保护人民生命安全摆在首位，树牢安全发展理念，坚持安全第一、预防为主、综合治理的方针，从源头上防范化解重大安全风险。

安全生产工作实行管行业必须管安全、管业务必须管安全、管生产经营必须管安全，强化和落实生产经营单位主体责任与政府监管责任，建立生产经营单位负责、职工参与、政府监管、行业自律和社会监督的机制。

【生产经营单位基本义务】

第四条 生产经营单位必须遵守本法和其他有关安全生产的法律、法规，加强安全生产管理，建立健全全员安全生产责任制和安全生产规章制度，加大对安全生产资金、物资、技术、人员的投入保障力度，改善安全生产条件，加强安全生产标准化、信息化建设，构建安全风险分级管控和隐患排查治理双重预防机制，健全风险防范化解机制，提高安全生产水平，确保安全生产。

平台经济等新兴行业、领域的生产经营单位，应当根据本行业、领域的特点，建立健全并落实全员安全生产责任制，加强从业人员安全生产教育和培训，履行本法和其他法律、法规规定的有关安全生产义务。

【单位主要负责人主体责任】

第五条 生产经营单位的主要负责人是本单位安全生产第一责任人，对本单位的安全生产工作全面负责。其他负责人对职责范围内的安全生产工作负责。

【从业人员安全生产权利义务】

第六条 生产经营单位的从业人员有依法获得安全生产保障的权利，并应当依法履行安全生产方面的义务。

【工会职责】

第七条 工会依法对安全生产工作进行监督。

生产经营单位的工会依法组织职工参加本单位安全生产工作的民主管理和民主监督，维护职工在安全生产方面的合法权益。生产经营单位制定或者修改有关安全生产的规章制度，应当听取工会的意见。

【各级人民政府安全生产职责】

第八条 国务院和县级以上地方各级人民政府应当根据国民经济和社会发展规划制定安全生产规划，并组织实施。安全生产规划应当与国土空间规划等相关规划相衔接。

各级人民政府应当加强安全生产基础设施建设和安全生产监管能力建设，所需经费列入本级预算。

县级以上地方各级人民政府应当组织有关部门建立完善安全风险评估与论证机制，按照安全风险管控要求，进行产业规划和空间布局，并对位置相邻、行业相近、业态相似的生产经营单位实施重大安全风险联防联控。

【安全生产有关标准】

第十一条 国务院有关部门应当按照保障安全生产的要求，依法及时制定有关的国家标准或者行业标准，并根据科技进步和经济发展适时修订。

生产经营单位必须执行依法制定的保障安全生产的国家标准或者行业标准。

【事故责任追究制度】

第十六条 国家实行生产安全事故责任追究制度,依照本法和有关法律、法规的规定,追究生产安全事故责任单位和责任人员的法律责任。

【安全生产基本条件】

第二十条 生产经营单位应当具备本法和有关法律、行政法规和国家标准或者行业标准规定的安全生产条件;不具备安全生产条件的,不得从事生产经营活动。

【单位主要负责人安全生产职责】

第二十一条 生产经营单位的主要负责人对本单位安全生产工作负有下列职责:

(一)建立健全并落实本单位全员安全生产责任制,加强安全生产标准化建设;

(二)组织制定并实施本单位安全生产规章制度和操作规程;

(三)组织制定并实施本单位安全生产教育和培训计划;

(四)保证本单位安全生产投入的有效实施;

(五)组织建立并落实安全风险分级管控和隐患排查治理双重预防工作机制,督促、检查本单位的安全生产工作,及时消除生产安全事故隐患;

(六)组织制定并实施本单位的生产安全事故应急救援预案;

(七)及时、如实报告生产安全事故。

【全员安全生产责任制】

第二十二条 生产经营单位的全员安全生产责任制应当明确各岗位的责任人员、责任范围和考核标准等内容。

生产经营单位应当建立相应的机制,加强对全员安全生产责任制落实情况的监督考核,保证全员安全生产责任制的落实。

【保证安全生产资金投入】

第二十三条 生产经营单位应当具备的安全生产条件所必需的资金投入,由生产经营单位的决策机构、主要负责人或者个人经营的投资人予以保证,并对由于安全生产所必需的资金投入不足导致的后果承担责任。

有关生产经营单位应当按照规定提取和使用安全生产费用,专门用于改善安全生产条件。安全生产费用在成本中据实列支。安全生产费用提取、使用和监督管理的具体办法由国务院财政部门会同国务院应急管理部门征求国务院有关部门意见后制定。

【安全生产管理机构和人员】

第二十四条 矿山、金属冶炼、建筑施工、运输单位和危险物品的生产、经营、储存、装卸单位,应当设置安全生产管理机构或者配备专职安全生产管理人员。

前款规定以外的其他生产经营单位,从业人员超过一百人的,应当设置安全生产管理机构或者配备专职安全生产管理人员;从业人员在一百人以下的,应当配备专职或者兼职的安全生产管理人员。

【安全生产管理机构及人员职责】

第二十五条 生产经营单位的安全生产管理机构以及安全生产管理人员履行下列职责:

(一)组织或者参与拟订本单位安全生产规章制度、操作规程和生产安全事故应急救援预案;

（二）组织或者参与本单位安全生产教育和培训，如实记录安全生产教育和培训情况；

（三）组织开展危险源辨识和评估，督促落实本单位重大危险源的安全管理措施；

（四）组织或者参与本单位应急救援演练；

（五）检查本单位的安全生产状况，及时排查生产安全事故隐患，提出改进安全生产管理的建议；

（六）制止和纠正违章指挥、强令冒险作业、违反操作规程的行为；

（七）督促落实本单位安全生产整改措施。

生产经营单位可以设置专职安全生产分管负责人，协助本单位主要负责人履行安全生产管理职责。

【履职要求及履职保障】

第二十六条 生产经营单位的安全生产管理机构以及安全生产管理人员应当恪尽职守，依法履行职责。

生产经营单位作出涉及安全生产的经营决策，应当听取安全生产管理机构以及安全生产管理人员的意见。

生产经营单位不得因安全生产管理人员依法履行职责而降低其工资、福利等待遇或者解除与其订立的劳动合同。

危险物品的生产、储存单位以及矿山、金属冶炼单位的安全生产管理人员的任免，应当告知主管的负有安全生产监督管理职责的部门。

【安全生产知识与管理能力】

第二十七条 生产经营单位的主要负责人和安全生产管理人员必须具备与本单位所从事的生产经营活动相应的安全生产知识和管理能力。

危险物品的生产、经营、储存、装卸单位以及矿山、金属冶炼、建筑施工、运输单位的主要负责人和安全生产管理人员，应当由主管的负有安全生产监督管理职责的部门对其安全生产知识和管理能力考核合格。考核不得收费。

危险物品的生产、储存、装卸单位以及矿山、金属冶炼单位应当有注册安全工程师从事安全生产管理工作。鼓励其他生产经营单位聘用注册安全工程师从事安全生产管理工作。注册安全工程师按专业分类管理，具体办法由国务院人力资源和社会保障部门、国务院应急管理部门会同国务院有关部门制定。

【安全生产教育和培训】

第二十八条 生产经营单位应当对从业人员进行安全生产教育和培训，保证从业人员具备必要的安全生产知识，熟悉有关的安全生产规章制度和安全操作规程，掌握本岗位的安全操作技能，了解事故应急处理措施，知悉自身在安全生产方面的权利和义务。未经安全生产教育和培训合格的从业人员，不得上岗作业。

生产经营单位使用被派遣劳动者的，应当将被派遣劳动者纳入本单位从业人员统一管理，对被派遣劳动者进行岗位安全操作规程和安全操作技能的教育和培训。劳务派遣单位应当对被派遣劳动者进行必要的安全生产教育和培训。

生产经营单位接收中等职业学校、高等学校学生实习的，应当对实习学生进行相应的安全生产教育和培训，提供必要的劳动防护用品。学校应当协助生产经营单位对实习学生进行安全生产教育和培训。

生产经营单位应当建立安全生产教育和培训档案，如实记录安全生产教育和培训的时间、内容、参加人员以及考核结果等情况。

【技术更新的教育和培训】

第二十九条 生产经营单位采用新工艺、新技术、新材料或者使用新设备，必须了解、掌握其安全技术特性，采取有效的安全防护措施，并对从业人员进行专门的安全生产教育和培训。

【特种作业人员从业资格】

第三十条 生产经营单位的特种作业人员必须按照国家有关规定经专门的安全作业培训，取得相应资格，方可上岗作业。

特种作业人员的范围由国务院应急管理部门会同国务院有关部门确定。

【建设项目安全设施"三同时"的规定】

第三十一条 生产经营单位新建、改建、扩建工程项目（以下统称建设项目）的安全设施，必须与主体工程同时设计、同时施工、同时投入生产和使用。安全设施投资应当纳入建设项目概算。

【特殊建设项目安全评价】

第三十二条 矿山、金属冶炼建设项目和用于生产、储存、装卸危险物品的建设项目，应当按照国家有关规定进行安全评价。

【特殊建设项目安全设计审查】

第三十三条 建设项目安全设施的设计人、设计单位应当对安全设施设计负责。

矿山、金属冶炼建设项目和用于生产、储存、装卸危险物品的建设项目的安全设施设计应当按照国家有关规定报经有关部门审查，审查部门及其负责审查的人员对审查结果负责。

【特殊建设项目安全设施验收】

第三十四条 矿山、金属冶炼建设项目和用于生产、储存、装卸危险物品的建设项目的施工单位必须按照批准的安全设施设计施工，并对安全设施的工程质量负责。

矿山、金属冶炼建设项目和用于生产、储存、装卸危险物品的建设项目竣工投入生产或者使用前，应当由建设单位负责组织对安全设施进行验收；验收合格后，方可投入生产和使用。负有安全生产监督管理职责的部门应当加强对建设单位验收活动和验收结果的监督核查。

【安全警示标志】

第三十五条 生产经营单位应当在有较大危险因素的生产经营场所和有关设施、设备上，设置明显的安全警示标志。

【安全设备管理】

第三十六条 安全设备的设计、制造、安装、使用、检测、维修、改造和报废，应当符合国家标准或者行业标准。

生产经营单位必须对安全设备进行经常性维护、保养，并定期检测，保证正常运转。维护、保养、检测应当作好记录，并由有关人员签字。

生产经营单位不得关闭、破坏直接关系生产安全的监控、报警、防护、救生设备、设施，或者篡改、隐瞒、销毁其相关数据、信息。

餐饮等行业的生产经营单位使用燃气的，应当安装可燃气体报警装置，并保障其正常使用。

【特种设备的管理】

第三十七条 生产经营单位使用的危险物品的容器、运输工具，以及涉及人身安全、危险性较大的海洋石油开采特种设备和矿山井下特种设备，必须按照国家有关规定，由专业生产单位生产，并经具有专业资质的检测、检验机构检测、检验合格，取得安全使用证或者安全标志，方可投入使用。检测、检验机构对检测、检验结果负责。

【淘汰制度】

第三十八条 国家对严重危及生产安全的工艺、设备实行淘汰制度，具体目录由国务院应急管理部门会同国务院有关部门制定并公布。法律、行政法规对目录的制定另有规定的，适用其规定。

省、自治区、直辖市人民政府可以根据本地区实际情况制定并公布具体目录，对前款规定以外的危及生产安全的工艺、设备予以淘汰。

生产经营单位不得使用应当淘汰的危及生产安全的工艺、设备。

【危险物品的管理监管】

第三十九条 生产、经营、运输、储存、使用危险物品或者处置废弃危险物品的，由有关主管部门依照有关法律、法规的规定和国家标准或者行业标准审批并实施监督管理。

生产经营单位生产、经营、运输、储存、使用危险物品或者处置废弃危险物品，必须执行有关法律、法规和国家标准或者行业标准，建立专门的安全管理制度，采取可靠的安全措施，接受有关主管部门依法实施的监督管理。

【重大危险源的管理和备案】

第四十条 生产经营单位对重大危险源应当登记建档，进行定期检测、评估、监控，并制定应急预案，告知从业人员和相关人员在紧急情况下应当采取的应急措施。

生产经营单位应当按照国家有关规定将本单位重大危险源及有关安全措施、应急措施报有关地方人民政府应急管理部门和有关部门备案。有关地方人民政府应急管理部门和有关部门应当通过相关信息系统实现信息共享。

【安全风险分级管控制度和事故隐患排查治理制度】

第四十一条 生产经营单位应当建立安全风险分级管控制度，按照安全风险分级采取相应的管控措施。

生产经营单位应当建立健全并落实生产安全事故隐患排查治理制度，采取技术、管理措施，及时发现并消除事故隐患。事故隐患排查治理情况应当如实记录，并通过职工大会或者职工代表大会、信息公示栏等方式向从业人员通报。其中，重大事故隐患排查治理情况应当及时向负有安全生产监督管理职责的部门和职工大会或者职工代表大会报告。

县级以上地方各级人民政府负有安全生产监督管理职责的部门应当将重大事故隐患纳入相关信息系统，建立健全重大事故隐患治理督办制度，督促生产经营单位消除重大事故隐患。

【生产经营场所和员工宿舍安全要求】

第四十二条 生产、经营、储存、使用危险物品的车间、商店、仓库不得与员工宿舍在同一座建筑物内，并应当与员工宿舍保持安全距离。

生产经营场所和员工宿舍应当设有符合紧急疏散要求、标志明显、保持畅通的出口、疏散通道。禁止占用、锁闭、封堵生产经营场所或者员工宿舍的出口、疏散通道。

【危险作业的现场安全管理】

第四十三条 生产经营单位进行爆破、吊装、动火、临时用电以及国务院应急管理部门会同国务院有关部门规定的其他危险作业，应当安排专门人员进行现场安全管理，确保操作规程的遵守和安全措施的落实。

【从业人员的安全管理】

第四十四条 生产经营单位应当教育和督促从业人员严格执行本单位的安全生产规章制度和安全操作规程；并向从业人员如实告知作业场所和工作岗位存在的危险因素、防范措施以及事故应急措施。

生产经营单位应当关注从业人员的身体、心理状况和行为习惯，加强对从业人员的心理疏导、精神慰藉，严格落实岗位安全生产责任，防范从业人员行为异常导致事故发生。

【劳动防护用品】

第四十五条 生产经营单位必须为从业人员提供符合国家标准或者行业标准的劳动防护用品，并监督、教育从业人员按照使用规则佩戴、使用。

【安全检查和报告义务】

第四十六条 生产经营单位的安全生产管理人员应当根据本单位的生产经营特点，对安全生产状况进行经常性检查；对检查中发现的安全问题，应当立即处理；不能处理的，应当及时报告本单位有关负责人，有关负责人应当及时处理。检查及处理情况应当如实记录在案。

生产经营单位的安全生产管理人员在检查中发现重大事故隐患，依照前款规定向本单位有关负责人报告，有关负责人不及时处理的，安全生产管理人员可以向主管的负有安全生产监督管理职责的部门报告，接到报告的部门应当依法及时处理。

【安全生产经费保障】

第四十七条 生产经营单位应当安排用于配备劳动防护用品、进行安全生产培训的经费。

【安全生产协作】

第四十八条 两个以上生产经营单位在同一作业区域内进行生产经营活动，可能危及对方生产安全的，应当签订安全生产管理协议，明确各自的安全生产管理职责和应当采取的安全措施，并指定专职安全生产管理人员进行安全检查与协调。

【生产经营项目、施工项目的安全管理】

第四十九条 生产经营单位不得将生产经营项目、场所、设备发包或者出租给不具备安全生产条件或者相应资质的单位或者个人。

生产经营项目、场所发包或者出租给其他单位的，生产经营单位应当与承包单位、承租单位签订专门的安全生产管理协议，或者在承包合同、租赁合同中约定各自的安全生产管理职责；生产经营单位对承包单位、承租单位的安全生产工作统一协调、管理，定期进行安全检查，发现安全问题的，应当及时督促整改。

矿山、金属冶炼建设项目和用于生产、储存、装卸危险物品的建设项目的施工单位应当加强对施工项目的安全管理，不得倒卖、出租、出借、挂靠或者以其他形式非法转让施工资质，不得将其承包的全部建设工程转包给第三人或者将其承包的全部建设工程支解以后以分包的名义分别转包给第三人，不得将工程分包给不具备相应资质条件的单位。

【单位主要负责人组织事故抢救职责】

第五十条 生产经营单位发生生产安全事故时，单位的主要负责人应当立即组织抢救，并不得在事故调查处理期间擅离职守。

【工伤保险和安全生产责任保险】

第五十一条 生产经营单位必须依法参加工伤保险，为从业人员缴纳保险费。

国家鼓励生产经营单位投保安全生产责任保险；属于国家规定的高危行业、领域的生产经营单位，应当投保安全生产责任保险。具体范围和实施办法由国务院应急管理部门会同国务院财政部门、国务院保险监督管理机构和相关行业主管部门制定。

【劳动合同的安全条款】

第五十二条 生产经营单位与从业人员订立的劳动合同，应当载明有关保障从业人员劳动安全、防止职业危害的事项，以及依法为从业人员办理工伤保险的事项。

生产经营单位不得以任何形式与从业人员订立协议，免除或者减轻其对从业人员因生产安全事故伤亡依法应承担的责任。

【知情权和建议权】

第五十三条 生产经营单位的从业人员有权了解其作业场所和工作岗位存在的危险因素、防范措施及事故应急措施，有权对本单位的安全生产工作提出建议。

【批评、检举、控告、拒绝权】

第五十四条 从业人员有权对本单位安全生产工作中存在的问题提出批评、检举、控告；有权拒绝违章指挥和强令冒险作业。

生产经营单位不得因从业人员对本单位安全生产工作提出批评、检举、控告或者拒绝违章指挥、强令冒险作业而降低其工资、福利等待遇或者解除与其订立的劳动合同。

【紧急处置权】

第五十五条 从业人员发现直接危及人身安全的紧急情况时，有权停止作业或者在采取可能的应急措施后撤离作业场所。

生产经营单位不得因从业人员在前款紧急情况下停止作业或者采取紧急撤离措施而降低其工资、福利等待遇或者解除与其订立的劳动合同。

【事故后的人员救治和赔偿】

第五十六条 生产经营单位发生生产安全事故后，应当及时采取措施救治有关人员。

因生产安全事故受到损害的从业人员，除依法享有工伤保险外，依照有关民事法律尚有获得赔偿的权利的，有权提出赔偿要求。

【落实岗位安全责任和服从安全管理】

第五十七条 从业人员在作业过程中，应当严格落实岗位安全责任，遵守本单位的安全生产规章制度和操作规程，服从管理，正确佩戴和使用劳动防护用品。

【接受安全生产教育和培训义务】

第五十八条 从业人员应当接受安全生产教育和培训，掌握本职工作所需的安全生产知识，提高安全生产技能，增强事故预防和应急处理能力。

【事故隐患和不安全因素的报告义务】

第五十九条 从业人员发现事故隐患或者其他不安全因素，应当立即向现场安全生产管理人员或者本单位负责人报告；接到报告的人员应当及时予以处理。

【工会监督】

第六十条 工会有权对建设项目的安全设施与主体工程同时设计、同时施工、同时投入生产和使用进行监督，提出意见。

工会对生产经营单位违反安全生产法律、法规，侵犯从业人员合法权益的行为，有权要求纠正；发现生产经营单位违章指挥、强令冒险作业或者发现事故隐患时，有权提出解决的建议，生产经营单位应当及时研究答复；发现危及从业人员生命安全的情况时，有权向生产经营单位建议组织从业人员撤离危险场所，生产经营单位必须立即作出处理。

工会有权依法参加事故调查，向有关部门提出处理意见，并要求追究有关人员的责任。

【被派遣劳动者的权利义务】

第六十一条 生产经营单位使用被派遣劳动者的，被派遣劳动者享有本法规定的从业人员的权利，并应当履行本法规定的从业人员的义务。

【生产经营单位的配合义务】

第六十六条 生产经营单位对负有安全生产监督管理职责的部门的监督检查人员（以下统称安全生产监督检查人员）依法履行监督检查职责，应当予以配合，不得拒绝、阻挠。

【安全生产举报制度】

第七十三条 负有安全生产监督管理职责的部门应当建立举报制度，公开举报电话、信箱或者电子邮件地址等网络举报平台，受理有关安全生产的举报；受理的举报事项经调查核实后，应当形成书面材料；需要落实整改措施的，报经有关负责人签字并督促落实。对不属于本部门职责，需要由其他有关部门进行调查处理的，转交其他有关部门处理。

涉及人员死亡的举报事项，应当由县级以上人民政府组织核查处理。

【举报和公益诉讼】

第七十四条 任何单位或者个人对事故隐患或者安全生产违法行为，均有权向负有安全生产监督管理职责的部门报告或者举报。

因安全生产违法行为造成重大事故隐患或者导致重大事故，致使国家利益或者社会公共利益受到侵害的，人民检察院可以根据民事诉讼法、行政诉讼法的相关规定提起公益诉讼。

【事故应急救援预案的制定与演练】

第八十一条 生产经营单位应当制定本单位生产安全事故应急救援预案，与所在地县级以上地方人民政府组织制定的生产安全事故应急救援预案相衔接，并定期组织演练。

【高危行业的应急救援要求】

第八十二条 危险物品的生产、经营、储存单位以及矿山、金属冶炼、城市轨道交通运营、建筑施工单位应当建立应急救援组织；生产经营规模较小的，可以不建立应急救援组织，但应当指定兼职的应急救援人员。

危险物品的生产、经营、储存、运输单位以及矿山、金属冶炼、城市轨道交通运营、建筑施工单位应当配备必要的应急救援器材、设备和物资，并进行经常性维护、保养，保证正常运转。

【单位报告和组织抢救义务】

第八十三条 生产经营单位发生生产安全事故后，事故现场有关人员应当立即报告本单位负责人。

单位负责人接到事故报告后，应当迅速采取有效措施，组织抢救，防止事故扩大，减少人员伤亡和财产损失，并按照国家有关规定立即如实报告当地负有安全生产监督管理职责的部门，不得隐瞒不报、谎报或者迟报，不得故意破坏事故现场、毁灭有关证据。

【事故抢救】

第八十五条 有关地方人民政府和负有安全生产监督管理职责的部门的负责人接到生产安全事故报告后，应当按照生产安全事故应急救援预案的要求立即赶到事故现场，组织事故抢救。

参与事故抢救的部门和单位应当服从统一指挥，加强协同联动，采取有效的应急救援措施，并根据事故救援的需要采取警戒、疏散等措施，防止事故扩大和次生灾害的发生，减少人员伤亡和财产损失。

事故抢救过程中应当采取必要措施，避免或者减少对环境造成的危害。

任何单位和个人都应当支持、配合事故抢救，并提供一切便利条件。

【事故调查处理】

第八十六条 事故调查处理应当按照科学严谨、依法依规、实事求是、注重实效的原则，及时、准确地查清事故原因，查明事故性质和责任，评估应急处置工作，总结事故教训，提出整改措施，并对事故责任单位和人员提出处理建议。事故调查报告应当依法及时向社会公布。事故调查和处理的具体办法由国务院制定。

事故发生单位应当及时全面落实整改措施，负有安全生产监督管理职责的部门应当加强监督检查。

负责事故调查处理的国务院有关部门和地方人民政府应当在批复事故调查报告后一年内，组织有关部门对事故整改和防范措施落实情况进行评估，并及时向社会公开评估结果；对不履行职责导致事故整改和防范措施没有落实的有关单位和人员，应当按照有关规定追究责任。

【责任追究】

第八十七条 生产经营单位发生生产安全事故，经调查确定为责任事故的，除了应当查明事故单位的责任并依法予以追究外，还应当查明对安全生产的有关事项负有审查批准和监督职责的行政部门的责任，对有失职、渎职行为的，依照本法第九十条的规定追究法律责任。

【事故调查处理不得干涉】

第八十八条 任何单位和个人不得阻挠和干涉对事故的依法调查处理。

第六章　法律责任

【单位主要负责人违法责任】

第九十四条 生产经营单位的主要负责人未履行本法规定的安全生产管理职责的，责令限期改正，处二万元以上五万元以下的罚款；逾期未改正的，处五万元以上十万元以下的罚款，责令生产经营单位停产停业整顿。

生产经营单位的主要负责人有前款违法行为，导致发生生产安全事故的，给予撤职处分；构成犯罪的，依照刑法有关规定追究刑事责任。

生产经营单位的主要负责人依照前款规定受刑事处罚或者撤职处分的，自刑罚执行完毕或者受处分之日起，五年内不得担任任何生产经营单位的主要负责人；对重大、特别重大生产安全事故负有责任的，终身不得担任本行业生产经营单位的主要负责人。

【对单位主要负责人罚款】

第九十五条　生产经营单位的主要负责人未履行本法规定的安全生产管理职责，导致发生生产安全事故的，由应急管理部门依照下列规定处以罚款：

（一）发生一般事故的，处上一年年收入百分之四十的罚款；

（二）发生较大事故的，处上一年年收入百分之六十的罚款；

（三）发生重大事故的，处上一年年收入百分之八十的罚款；

（四）发生特别重大事故的，处上一年年收入百分之一百的罚款。

【单位安全生产管理人员违法责任】

第九十六条　生产经营单位的其他负责人和安全生产管理人员未履行本法规定的安全生产管理职责的，责令限期改正，处一万元以上三万元以下的罚款；导致发生生产安全事故的，暂停或者吊销其与安全生产有关的资格，并处上一年年收入百分之二十以上百分之五十以下的罚款；构成犯罪的，依照刑法有关规定追究刑事责任。

【生产经营单位安全管理违法责任】

第九十七条　生产经营单位有下列行为之一的，责令限期改正，处十万元以下的罚款；逾期未改正的，责令停产停业整顿，并处十万元以上二十万元以下的罚款，对其直接负责的主管人员和其他直接责任人员处二万元以上五万元以下的罚款：

（一）未按照规定设置安全生产管理机构或者配备安全生产管理人员、注册安全工程师的；

（二）危险物品的生产、经营、储存、装卸单位以及矿山、金属冶炼、建筑施工、运输单位的主要负责人和安全生产管理人员未按照规定经考核合格的；

（三）未按照规定对从业人员、被派遣劳动者、实习学生进行安全生产教育和培训，或者未按照规定如实告知有关的安全生产事项的；

（四）未如实记录安全生产教育和培训情况的；

（五）未将事故隐患排查治理情况如实记录或者未向从业人员通报的；

（六）未按照规定制定生产安全事故应急救援预案或者未定期组织演练的；

（七）特种作业人员未按照规定经专门的安全作业培训并取得相应资格，上岗作业的。

【建设项目违法责任】

第九十八条　生产经营单位有下列行为之一的，责令停止建设或者停产停业整顿，限期改正，并处十万元以上五十万元以下的罚款，对其直接负责的主管人员和其他直接责任人员处二万元以上五万元以下的罚款；逾期未改正的，处五十万元以上一百万元以下的罚款，对其直接负责的主管人员和其他直接责任人员处五万元以上十万元以下的罚款；构成犯罪的，依照刑法有关规定追究刑事责任：

（一）未按照规定对矿山、金属冶炼建设项目或者用于生产、储存、装卸危险物品的建设项目进行安全评价的；

（二）矿山、金属冶炼建设项目或者用于生产、储存、装卸危险物品的建设项目没有安全设施设计或者安全设施设计未按照规定报经有关部门审查同意的；

（三）矿山、金属冶炼建设项目或者用于生产、储存、装卸危险物品的建设项目的施工单位未按照批准的安全设施设计施工的；

（四）矿山、金属冶炼建设项目或者用于生产、储存、装卸危险物品的建设项目竣工投入生产或者使用前，安全设施未经验收合格的。

【生产经营单位安全管理违法责任】

第九十九条 生产经营单位有下列行为之一的，责令限期改正，处五万元以下的罚款；逾期未改正的，处五万元以上二十万元以下的罚款，对其直接负责的主管人员和其他直接责任人员处一万元以上二万元以下的罚款；情节严重的，责令停产停业整顿；构成犯罪的，依照刑法有关规定追究刑事责任：

（一）未在有较大危险因素的生产经营场所和有关设施、设备上设置明显的安全警示标志的；

（二）安全设备的安装、使用、检测、改造和报废不符合国家标准或者行业标准的；

（三）未对安全设备进行经常性维护、保养和定期检测的；

（四）关闭、破坏直接关系生产安全的监控、报警、防护、救生设备、设施，或者篡改、隐瞒、销毁其相关数据、信息的；

（五）未为从业人员提供符合国家标准或者行业标准的劳动防护用品的；

（六）危险物品的容器、运输工具，以及涉及人身安全、危险性较大的海洋石油开采特种设备和矿山井下特种设备未经具有专业资质的机构检测、检验合格，取得安全使用证或者安全标志，投入使用的；

（七）使用应当淘汰的危及生产安全的工艺、设备的；

（八）餐饮等行业的生产经营单位使用燃气未安装可燃气体报警装置的。

【违法经营危险物品的责任】

第一百条 未经依法批准，擅自生产、经营、运输、储存、使用危险物品或者处置废弃危险物品的，依照有关危险物品安全管理的法律、行政法规的规定予以处罚；构成犯罪的，依照刑法有关规定追究刑事责任。

【生产经营单位安全管理违法责任】

第一百零一条 生产经营单位有下列行为之一的，责令限期改正，处十万元以下的罚款；逾期未改正的，责令停产停业整顿，并处十万元以上二十万元以下的罚款，对其直接负责的主管人员和其他直接责任人员处二万元以上五万元以下的罚款；构成犯罪的，依照刑法有关规定追究刑事责任：

（一）生产、经营、运输、储存、使用危险物品或者处置废弃危险物品，未建立专门安全管理制度、未采取可靠的安全措施的；

（二）对重大危险源未登记建档，未进行定期检测、评估、监控，未制定应急预案，或者未告知应急措施的；

（三）进行爆破、吊装、动火、临时用电以及国务院应急管理部门会同国务院有关部门规定的其他危险作业，未安排专门人员进行现场安全管理的；

（四）未建立安全风险分级管控制度或者未按照安全风险分级采取相应管控措施的；

（五）未建立事故隐患排查治理制度，或者重大事故隐患排查治理情况未按照规定报告的。

【未采取措施消除事故隐患违法责任】

第一百零二条 生产经营单位未采取措施消除事故隐患的，责令立即消除或者限期消除，处五万元以下的罚款；生产经营单位拒不执行的，责令停产停业整顿，对其直接负责的主管人员和其他直接责任人员处五万元以上十万元以下的罚款；构成犯罪的，依照刑法有关规定追究刑事责任。

【违法发包、出租和违反项目安全管理的法律责任】

第一百零三条 生产经营单位将生产经营项目、场所、设备发包或者出租给不具备安全生产条件或者相应资质的单位或者个人的，责令限期改正，没收违法所得；违法所得十万元以上的，并处违法所得二倍以上五倍以下的罚款；没有违法所得或者违法所得不足十万元的，单处或者并处十万元以上二十万元以下的罚款；对其直接负责的主管人员和其他直接责任人员处一万元以上二万元以下的罚款；导致发生生产安全事故给他人造成损害的，与承包方、承租方承担连带赔偿责任。

生产经营单位未与承包单位、承租单位签订专门的安全生产管理协议或者未在承包合同、租赁合同中明确各自的安全生产管理职责，或者未对承包单位、承租单位的安全生产统一协调、管理的，责令限期改正，处五万元以下的罚款，对其直接负责的主管人员和其他直接责任人员处一万元以下的罚款；逾期未改正的，责令停产停业整顿。

矿山、金属冶炼建设项目和用于生产、储存、装卸危险物品的建设项目的施工单位未按照规定对施工项目进行安全管理的，责令限期改正，处十万元以下的罚款，对其直接负责的主管人员和其他直接责任人员处二万元以下的罚款；逾期未改正的，责令停产停业整顿。以上施工单位倒卖、出租、出借、挂靠或者以其他形式非法转让施工资质的，责令停产停业整顿，吊销资质证书，没收违法所得；违法所得十万元以上的，并处违法所得二倍以上五倍以下的罚款，没有违法所得或者违法所得不足十万元的，单处或者并处十万元以上二十万元以下的罚款；对其直接负责的主管人员和其他直接责任人员处五万元以上十万元以下的罚款；构成犯罪的，依照刑法有关规定追究刑事责任。

【同一作业区域安全管理违法责任】

第一百零四条 两个以上生产经营单位在同一作业区域内进行可能危及对方安全生产的生产经营活动，未签订安全生产管理协议或者未指定专职安全生产管理人员进行安全检查与协调的，责令限期改正，处五万元以下的罚款，对其直接负责的主管人员和其他直接责任人员处一万元以下的罚款；逾期未改正的，责令停产停业。

【生产经营场所和员工宿舍违法责任】

第一百零五条 生产经营单位有下列行为之一的，责令限期改正，处五万元以下的罚款，对其直接负责的主管人员和其他直接责任人员处一万元以下的罚款；逾期未改正的，责令停产停业整顿；构成犯罪的，依照刑法有关规定追究刑事责任：

（一）生产、经营、储存、使用危险物品的车间、商店、仓库与员工宿舍在同一座建筑内，或者与员工宿舍的距离不符合安全要求的；

（二）生产经营场所和员工宿舍未设有符合紧急疏散需要、标志明显、保持畅通的出口、疏散通道，或者占用、锁闭、封堵生产经营场所或者员工宿舍出口、疏散通道的。

【免责协议违法责任】

第一百零六条　生产经营单位与从业人员订立协议，免除或者减轻其对从业人员因生产安全事故伤亡依法应承担的责任的，该协议无效；对生产经营单位的主要负责人、个人经营的投资人处二万元以上十万元以下的罚款。

【从业人员违章操作的责任】

第一百零七条　生产经营单位的从业人员不落实岗位安全责任，不服从管理，违反安全生产规章制度或者操作规程的，由生产经营单位给予批评教育，依照有关规章制度给予处分；构成犯罪的，依照刑法有关规定追究刑事责任。

【单位主要负责人事故处理违法责任】

第一百一十条　生产经营单位的主要负责人在本单位发生生产安全事故时，不立即组织抢救或者在事故调查处理期间擅离职守或者逃匿的，给予降级、撤职的处分，并由应急管理部门处上一年年收入百分之六十至百分之一百的罚款；对逃匿的处十五日以下拘留；构成犯罪的，依照刑法有关规定追究刑事责任。

生产经营单位的主要负责人对生产安全事故隐瞒不报、谎报或者迟报的，依照前款规定处罚。

【生产经营单位安全管理违法责任】

第一百一十三条　生产经营单位存在下列情形之一的，负有安全生产监督管理职责的部门应当提请地方人民政府予以关闭，有关部门应当依法吊销其有关证照。生产经营单位主要负责人五年内不得担任任何生产经营单位的主要负责人；情节严重的，终身不得担任本行业生产经营单位的主要负责人：

（一）存在重大事故隐患，一百八十日内三次或者一年内四次受到本法规定的行政处罚的；

（二）经停产停业整顿，仍不具备法律、行政法规和国家标准或者行业标准规定的安全生产条件的；

（三）不具备法律、行政法规和国家标准或者行业标准规定的安全生产条件，导致发生重大、特别重大生产安全事故的；

（四）拒不执行负有安全生产监督管理职责的部门作出的停产停业整顿决定的。

【生产经营单位赔偿责任】

第一百一十六条　生产经营单位发生生产安全事故造成人员伤亡、他人财产损失的，应当依法承担赔偿责任；拒不承担或者其负责人逃匿的，由人民法院依法强制执行。

生产安全事故的责任人未依法承担赔偿责任，经人民法院依法采取执行措施后，仍不能对受害人给予足额赔偿的，应当继续履行赔偿义务；受害人发现责任人有其他财产的，可以随时请求人民法院执行。

【用语解释】

第一百一十七条　本法下列用语的含义：

危险物品，是指易燃易爆物品、危险化学品、放射性物品等能够危及人身安全和财产安全的物品。

重大危险源，是指长期地或者临时地生产、搬运、使用或者储存危险物品，且危险物品的数量等于或者超过临界量的单元（包括场所和设施）。

7.《中华人民共和国道路交通安全法》节选

2003 年 10 月 28 日第十届全国人民代表大会常务委员会第五次会议通过，根据 2007 年 12 月 29 日第十届全国人民代表大会常务委员会第三十一次会议《关于修改〈中华人民共和国道路交通安全法〉的决定》第一次修正，根据 2011 年 4 月 22 日第十一届全国人民代表大会常务委员会第二十次会议《关于修改〈中华人民共和国道路交通安全法〉的决定》第二次修正，根据 2021 年 4 月 29 日第十三届全国人民代表大会常务委员会第二十八次会议《关于修改〈中华人民共和国道路交通安全法〉等八部法律的决定》第三次修正。本书节选部分条文如下：

第一条　为了维护道路交通秩序，预防和减少交通事故，保护人身安全，保护公民、法人和其他组织的财产安全及其他合法权益，提高通行效率，制定本法。

第十六条　任何单位或者个人不得有下列行为：

（一）拼装机动车或者擅自改变机动车已登记的结构、构造或者特征；

（二）改变机动车型号、发动机号、车架号或者车辆识别代号；

（三）伪造、变造或者使用伪造、变造的机动车登记证书、号牌、行驶证、检验合格标志、保险标志；

（四）使用其他机动车的登记证书、号牌、行驶证、检验合格标志、保险标志。

第二十二条　机动车驾驶人应当遵守道路交通安全法律、法规的规定，按照操作规范安全驾驶、文明驾驶。

饮酒、服用国家管制的精神药品或者麻醉药品，或者患有妨碍安全驾驶机动车的疾病，或者过度疲劳影响安全驾驶的，不得驾驶机动车。

任何人不得强迫、指使、纵容驾驶人违反道路交通安全法律、法规和机动车安全驾驶要求驾驶机动车。

第九十一条　饮酒后驾驶机动车的，处暂扣六个月机动车驾驶证，并处一千元以上二千元以下罚款。因饮酒后驾驶机动车被处罚，再次饮酒后驾驶机动车的，处十日以下拘留，并处一千元以上二千元以下罚款，吊销机动车驾驶证。

醉酒驾驶机动车的，由公安机关交通管理部门约束至酒醒，吊销机动车驾驶证，依法追究刑事责任；五年内不得重新取得机动车驾驶证。

饮酒后驾驶营运机动车的，处 15 日拘留，并处 5000 元罚款，吊销机动车驾驶证，5 年内不得重新取得机动车驾驶证。

醉酒驾驶营运机动车的，由公安机关交通管理部门约束至酒醒，吊销机动车驾驶证，依法追究刑事责任；10 年内不得重新取得机动车驾驶证，重新取得机动车驾驶证后，不得驾驶营运机动车。

饮酒后或者醉酒驾驶机动车发生重大交通事故，终生不得重新取得机动车驾驶证。

注：根据《车辆驾驶人员血液、呼气酒精含量阈值与检验》（GB 19522—2010）规定，饮酒驾车是指车辆驾驶人员饮酒后驾车血液中的酒精含量阈值大于或者等于 20mg/100mL，小于 80mg/100mL 的驾驶行为。醉酒驾车是指车辆驾驶人员饮酒后驾车血液中的酒精含量阈值大于或者等于 80mg/100mL 的驾驶行为。

8.《中华人民共和国突发事件应对法》节选

第十届全国人民代表大会常务委员会第二十九次会议于 2007 年 8 月 30 日通过了《中华人民共和国突发事件应对法》，自 2007 年 11 月 1 日起施行。制定本法目的是为了预防和减少突发事件的发生，控制、减轻和消除突发事件引起的严重社会危害，规范突发事件应对活动，保护人民生命财产安全，维护国家安全、公共安全、环境安全和社会秩序。本书节选部分条文如下：

第三条　本法所称突发事件，是指突然发生，造成或者可能造成严重社会危害，需要采取应急处置措施予以应对的自然灾害、事故灾难、公共卫生事件和社会安全事件。

按照社会危害程度、影响范围等因素，自然灾害、事故灾难、公共卫生事件分为特别重大、重大、较大和一般四级。法律、行政法规或者国务院另有规定的，从其规定。

突发事件的分级标准由国务院或者国务院确定的部门制定。

第四条　国家建立统一领导、综合协调、分类管理、分级负责、属地管理为主的应急管理体制。

第五条　突发事件应对工作实行预防为主、预防与应急相结合的原则。国家建立重大突发事件风险评估体系，对可能发生的突发事件进行综合性评估，减少重大突发事件的发生，最大限度地减轻重大突发事件的影响。

第二十二条　所有单位应当建立健全安全管理制度，定期检查本单位各项安全防范措施的落实情况，及时消除事故隐患；掌握并及时处理本单位存在的可能引发社会安全事件的问题，防止矛盾激化和事态扩大；对本单位可能发生的突发事件和采取安全防范措施的情况，应当按照规定及时向所在地人民政府或者人民政府有关部门报告。

第五十六条　受到自然灾害危害或者发生事故灾难、公共卫生事件的单位，应当立即组织本单位应急救援队伍和工作人员营救受害人员，疏散、撤离、安置受到威胁的人员，控制危险源，标明危险区域，封锁危险场所，并采取其他防止危害扩大的必要措施，同时向所在地县级人民政府报告；对因本单位的问题引发的或者主体是本单位人员的社会安全事件，有关单位应当按照规定上报情况，并迅速派出负责人赶赴现场开展劝解、疏导工作。

突发事件发生地的其他单位应当服从人民政府发布的决定、命令，配合人民政府采取的应急处置措施，做好本单位的应急救援工作，并积极组织人员参加所在地的应急救援和处置工作。

9.《中华人民共和国特种设备安全法》节选

2013 年 6 月 29 日中华人民共和国主席令第 4 号公布《中华人民共和国特种设备安全法》（以下简称《特种设备安全法》），自 2014 年 1 月 1 日起施行。

《特种设备安全法》是为了加强特种设备安全工作，预防特种设备事故，保障人身和财产安全，促进经济社会发展而制定，共七章一百零一条，对特种设备的生产、经营、使用、检验、检测，安全监督管理，事故应急救援与调查处理，法律责任等分别做了详细规定。该法突出了特种设备生产、经营、使用单位的安全主体责任，明确规定：在生产环节，生产企业对特种设备的质量负责；在经营环节，销售和出租的特种设备必须符合安全要求，出租人负有对特种设备使用安全管理和维护保养的义务；在事故多发的使用环节，使用单位对特种设备使用安全负责，并负有对特种设备的报废义务，发生事故造成损害的依法承担赔偿责任。该法确立了企业承担安全主体责任、政府履行安全监管职责和社会发挥监督作用三位一体的特种设备安全工作新模式。法律还规定，特种设备监管部门应当定期向社会公布特种设备安全状况。本书节选部分条文如下：

【适用范围】

第二条 特种设备的生产（包括设计、制造、安装、改造、修理）、经营、使用、检验、检测和特种设备安全的监督管理，适用本法。

本法所称特种设备，是指对人身和财产安全有较大危险性的锅炉、压力容器（含气瓶）、压力管道、电梯、起重机械、客运索道、大型游乐设施、场（厂）内专用机动车辆，以及法律、行政法规规定适用本法的其他特种设备。

国家对特种设备实行目录管理。特种设备目录由国务院负责特种设备安全监督管理的部门制定，报国务院批准后执行。

【特种设备实施分类、全过程的安全监管】

第四条 国家对特种设备的生产、经营、使用，实施分类的、全过程的安全监督管理。

【特种设备安全和节能管理制度】

第七条 特种设备生产、经营、使用单位应当遵守本法和其他有关法律、法规，建立、健全特种设备安全和节能责任制度，加强特种设备安全和节能管理，确保特种设备生产、经营、使用安全，符合节能要求。

第八条 特种设备生产、经营、使用、检验、检测应当遵守有关特种设备安全技术规范及相关标准。

特种设备安全技术规范由国务院负责特种设备安全监督管理的部门制定。

【特种设备安全责任制】

第十三条 特种设备生产、经营、使用单位及其主要负责人对其生产、经营、使用的特种设备安全负责。

特种设备生产、经营、使用单位应当按照国家有关规定配备特种设备安全管理人员、检测人员和作业人员，并对其进行必要的安全教育和技能培训。

第十四条 特种设备安全管理人员、检测人员和作业人员应当按照国家有关规定取得相应资格，方可从事相关工作。特种设备安全管理人员、检测人员和作业人员应当严格执行安全技术规范和管理制度，保证特种设备安全。

【检测和维护保养】

第十五条 特种设备生产、经营、使用单位对其生产、经营、使用的特种设备应当进行自行检测和维护保养，对国家规定实行检验的特种设备应当及时申报并接受检验。

【鼓励投保责任险】

第十七条 国家鼓励投保特种设备安全责任保险。

【实施生产许可制度】

第十八条 国家按照分类监督管理的原则对特种设备生产实行许可制度。特种设备生产单位应当具备下列条件，并经负责特种设备安全监督管理的部门许可，方可从事生产活动：

（一）有与生产相适应的专业技术人员；

（二）有与生产相适应的设备、设施和工作场所；

（三）有健全的质量保证、安全管理和岗位责任等制度。

【出厂技术文件】

第二十一条 特种设备出厂时，应当随附安全技术规范要求的设计文件、产品质量合格证明、安装及使用维护保养说明、监督检验证明等相关技术资料和文件，并在特种设备显著位置设置产品铭牌、安全警示标志及其说明。

【安装、改造和修理】

第二十二条 电梯的安装、改造、修理，必须由电梯制造单位或者其委托的依照本法取得相应许可的单位进行。电梯制造单位委托其他单位进行电梯安装、改造、修理的，应当对其安装、改造、修理进行安全指导和监控，并按照安全技术规范的要求进行校验和调试。电梯制造单位对电梯安全性能负责。

第二十三条 特种设备安装、改造、修理的施工单位应当在施工前将拟进行的特种设备安装、改造、修理情况书面告知直辖市或者设区的市级人民政府负责特种设备安全监督管理的部门。

第二十四条 特种设备安装、改造、修理竣工后，安装、改造、修理的施工单位应当在验收后三十日内将相关技术资料和文件移交特种设备使用单位。特种设备使用单位应当将其存入该特种设备的安全技术档案。

第二十五条 锅炉、压力容器、压力管道元件等特种设备的制造过程和锅炉、压力容器、压力管道、电梯、起重机械、客运索道、大型游乐设施的安装、改造、重大修理过程，应当经特种设备检验机构按照安全技术规范的要求进行监督检验；未经监督检验或者监督检验不合格的，不得出厂或者交付使用。

【缺陷召回制度】

第二十六条 国家建立缺陷特种设备召回制度。因生产原因造成特种设备存在危及安全的同一性缺陷的，特种设备生产单位应当立即停止生产，主动召回。

国务院负责特种设备安全监督管理的部门发现特种设备存在应当召回而未召回的情形时，应当责令特种设备生产单位召回。

【特种设备租用规定】

第二十八条 特种设备出租单位不得出租未取得许可生产的特种设备或者国家明令淘汰和已经报废的特种设备，以及未按照安全技术规范的要求进行维护保养和未经检验或者检验不合格的特种设备。

第二十九条 特种设备在出租期间的使用管理和维护保养义务由特种设备出租单位承担，法律另有规定或者当事人另有约定的除外。

【特种设备使用登记】

第三十三条 特种设备使用单位应当在特种设备投入使用前或者投入使用后三十日内，向负责特种设备安全监督管理的部门办理使用登记，取得使用登记证书。登记标志应当置于该特种设备的显著位置。

【使用安全管理制度】

第三十四条 特种设备使用单位应当建立岗位责任、隐患治理、应急救援等安全管理制度，制定操作规程，保证特种设备安全运行。

【建立安全技术档案】

第三十五条 特种设备使用单位应当建立特种设备安全技术档案。安全技术档案应当包括以下内容：

（一）特种设备的设计文件、产品质量合格证明、安装及使用维护保养说明、监督检验证明等相关技术资料和文件；

（二）特种设备的定期检验和定期自行检查记录；

（三）特种设备的日常使用状况记录；

（四）特种设备及其附属仪器仪表的维护保养记录；

（五）特种设备的运行故障和事故记录。

【电梯等运营使用单位应设安全管理机构和人员】

第三十六条 电梯、客运索道、大型游乐设施等为公众提供服务的特种设备的运营使用单位，应当对特种设备的使用安全负责，设置特种设备安全管理机构或者配备专职的特种设备安全管理人员；其他特种设备使用单位，应当根据情况设置特种设备安全管理机构或者配备专职、兼职的特种设备安全管理人员。

【安全距离、防护措施】

第三十七条 特种设备的使用应当具有规定的安全距离、安全防护措施。

与特种设备安全相关的建筑物、附属设施，应当符合有关法律、行政法规的规定。

【日常维护保养】

第三十九条 特种设备使用单位应当对其使用的特种设备进行经常性维护保养和定期自行检查，并作出记录。

特种设备使用单位应当对其使用的特种设备的安全附件、安全保护装置进行定期校验、检修，并作出记录。

【定期检验要求】

第四十条 特种设备使用单位应当按照安全技术规范的要求，在检验合格有效期届满前一个月向特种设备检验机构提出定期检验要求。

特种设备检验机构接到定期检验要求后，应当按照安全技术规范的要求及时进行安全性能检验。特种设备使用单位应当将定期检验标志置于该特种设备的显著位置。

未经定期检验或者检验不合格的特种设备，不得继续使用。

第四十一条 特种设备安全管理人员应当对特种设备使用状况进行经常性检查，发现问题应当立即处理；情况紧急时，可以决定停止使用特种设备并及时报告本单位有关负责人。

特种设备作业人员在作业过程中发现事故隐患或者其他不安全因素，应当立即向特种设备安全管理人员和单位有关负责人报告；特种设备运行不正常时，特种设备作业人员应当按照操作规程采取有效措施保证安全。

【异常情况处理】

第四十二条 特种设备出现故障或者发生异常情况，特种设备使用单位应当对其进行全面检查，消除事故隐患，方可继续使用。

【日常检查及警示标志】

第四十四条 锅炉使用单位应当按照安全技术规范的要求进行锅炉水（介）质处理，

并接受特种设备检验机构的定期检验。

从事锅炉清洗，应当按照安全技术规范的要求进行，并接受特种设备检验机构的监督检验。

【电梯的维护保养】

第四十五条 电梯的维护保养应当由电梯制造单位或者依照本法取得许可的安装、改造、修理单位进行。

电梯的维护保养单位应当在维护保养中严格执行安全技术规范的要求，保证其维护保养的电梯的安全性能，并负责落实现场安全防护措施，保证施工安全。

电梯的维护保养单位应当对其维护保养的电梯的安全性能负责；接到故障通知后，应当立即赶赴现场，并采取必要的应急救援措施。

【改造、修理登记变更】

第四十七条 特种设备进行改造、修理，按照规定需要变更使用登记的，应当办理变更登记，方可继续使用。

【报废、注销制度】

第四十八条 特种设备存在严重事故隐患，无改造、修理价值，或者达到安全技术规范规定的其他报废条件的，特种设备使用单位应当依法履行报废义务，采取必要措施消除该特种设备的使用功能，并向原登记的负责特种设备安全监督管理的部门办理使用登记证书注销手续。

前款规定报废条件以外的特种设备，达到设计使用年限可以继续使用的，应当按照安全技术规范的要求通过检验或者安全评估，并办理使用登记证书变更，方可继续使用。允许继续使用的，应当采取加强检验、检测和维护保养等措施，确保使用安全。

【移动式设备充装】

第四十九条 移动式压力容器、气瓶充装单位，应当具备下列条件，并经负责特种设备安全监督管理的部门许可，方可从事充装活动：

（一）有与充装和管理相适应的管理人员和技术人员；

（二）有与充装和管理相适应的充装设备、检测手段、场地厂房、器具、安全设施；

（三）有健全的充装管理制度、责任制度、处理措施。

充装单位应当建立充装前后的检查、记录制度，禁止对不符合安全技术规范要求的移动式压力容器和气瓶进行充装。

气瓶充装单位应当向气体使用者提供符合安全技术规范要求的气瓶，对气体使用者进行气瓶安全使用指导，并按照安全技术规范的要求办理气瓶使用登记，及时申报定期检验。

【特种设备事故应急管理】

第六十九条 国务院负责特种设备安全监督管理的部门应当依法组织制定特种设备重特大事故应急预案，报国务院批准后纳入国家突发事件应急预案体系。

县级以上地方各级人民政府及其负责特种设备安全监督管理的部门应当依法组织制定本行政区域内特种设备事故应急预案，建立或者纳入相应的应急处置与救援体系。

特种设备使用单位应当制定特种设备事故应急专项预案，并定期进行应急演练。

【事故调查处理】

第七十二条 特种设备发生特别重大事故，由国务院或者国务院授权有关部门组织事故调查组进行调查。

发生重大事故，由国务院负责特种设备安全监督管理的部门会同有关部门组织事故调查组进行调查。

发生较大事故，由省、自治区、直辖市人民政府负责特种设备安全监督管理的部门会同有关部门组织事故调查组进行调查。

发生一般事故，由设区的市级人民政府负责特种设备安全监督管理的部门会同有关部门组织事故调查组进行调查。

事故调查组应当依法、独立、公正开展调查，提出事故调查报告。

附2.2 常用安全生产和职业健康行政法规部分条文

1.《中华人民共和国尘肺病防治条例》节选

《中华人民共和国尘肺病防治条例》是为保护职工健康，消除粉尘危害，防止发生尘肺病，促进生产发展而制定的条例。该条例由国务院于1987年12月3日发布并实施。本书节选部分条文如下：

第一条 为保护职工健康，消除粉尘危害，防止发生尘肺病，促进生产发展，制定本条例。

第二条 本条例适用于所有有粉尘作业的企业、事业单位。

第三条 尘肺病系指在生产活动中吸入粉尘而发生的肺组织纤维化为主的疾病。

第五条 企业、事业单位的主管部门应当根据国家卫生等有关标准，结合实际情况，制定所属企业的尘肺病防治规划，并督促其施行。

乡镇企业主管部门，必须指定专人负责乡镇企业尘肺病的防治工作，建立监督检查制度，并指导乡镇企业对尘肺病的防治工作。

第六条 企业、事业单位的负责人，对本单位的尘肺病防治工作负有直接责任，应采取有效措施使本单位的粉尘作业场所达到国家卫生标准。

第七条 凡有粉尘作业的企业、事业单位应采取综合防尘措施和无尘或低尘的新技术、新工艺、新设备，使作业场所的粉尘浓度不超过国家卫生标准。

第九条 防尘设施的鉴定和定型制度，由劳动部门会同卫生行政部门制定。任何企业、事业单位除特殊情况外，未经上级主管部门批准，不得停止运行或者拆除防尘设施。

第十条 防尘经费应当纳入基本建设和技术改造经费计划，专款专用，不得挪用。

第十一条 严禁任何企业、事业单位将粉尘作业转嫁、外包或以联营的形式给没有防尘设施的乡镇、街道企业或个体工商户。

中、小学校各类校办的实习工厂或车间，禁止从事有粉尘的作业。

第十二条 职工使用的防止粉尘危害的防护用品，必须符合国家的有关标准。企业、事业单位应当建立严格的管理制度，并教育职工按规定和要求使用。

对初次从事粉尘作业的职工，由其所在单位进行防尘知识教育和考核，考试合格后方可从事粉尘作业。

不满十八周岁的未成年人，禁止从事粉尘作业。

第十三条 新建、改建、扩建、续建有粉尘作业的工程项目，防尘设施必须与主体工程同时设计、同时施工、同时投产。设计任务书，必须经当地卫生行政部门、劳动部门和工会组织审查同意后，方可施工。竣工验收，应由当地卫生行政部门、劳动部门和工会组织参加，凡不符合要求的，不得投产。

第十四条 作业场所的粉尘浓度超过国家卫生标准，又未积极治理，严重影响职工安全健康时，职工有权拒绝操作．

第十五条 卫生行政部门、劳动部门和工会组织分工协作，互相配合，对企业、事业单位的尘肺病防治工作进行监督。

第十六条 卫生行政部门负责卫生标准的监测；劳动部门负责劳动卫生工程技术标准的监测。

工会组织负责组织职工群众对本单位的尘肺病防治工作进行监督，并教育职工遵守操作规程与防尘制度。

第十七条 凡有粉尘作业的企业、事业单位，必须定期测定作业场所的粉尘浓度。测尘结果必须向主管部门和当地卫生行政部门、劳动部门和工会组织报告，并定期向职工公布。

从事粉尘作业的单位必须建立测尘资料档案。

第十九条 各企业、事业单位对新从事粉尘作业的职工，必须进行健康检查。对在职和离职的从事粉尘作业的职工，必须定期进行健康检查。检查的内容、期限和尘肺病诊断标准，按卫生行政部门有关职业病管理的规定执行。

第二十条 各企业、事业单位必须贯彻执行职业病报告制度，按期向当地卫生行政部门、劳动部门、工会组织和本单位的主管部门报告职工尘肺病发生和死亡情况。

第二十一条 各企业、事业单位对已确诊为尘肺病的职工，必须调离粉尘作业岗位，并给予治疗或疗养。尘肺病患者的社会保险待遇，按国家有关规定办理。

2. 《安全生产许可证条例》节选

2004 年 1 月 13 日中华人民共和国国务院令第 397 号公布，2013 年 7 月 18 日《国务院关于废止和修改部分行政法规的决定》第一次修订，2014 年 7 月 29 日《国务院关于修改部分行政法规的决定》第二次修订。

《安全生产许可证条例》立法目的是为了严格规范安全生产条件，进一步加强安全生产监督管理，防止和减少生产安全事故。该条例规定对国家矿山、建筑施工、危险化学品、烟花爆竹和民用爆竹物品五类危险性较大的生产企业实行安全生产许可制度，提高安全生产准入门槛，加大安全生产监管力度。本书节选部分条文如下：

【实行安全生产许可制度的范围】

第二条 国家对矿山企业、建筑施工企业和危险化学品、烟花爆竹、民用爆炸物品生产企业（以下统称企业）实行安全生产许可制度。

企业未取得安全生产许可证的，不得从事生产活动。

【安全生产许可证的颁发和管理部门】

第三条 国务院安全生产监督管理部门负责中央管理的非煤矿矿山企业和危险化学品、烟花爆竹生产企业安全生产许可证的颁发和管理。

省、自治区、直辖市人民政府安全生产监督管理部门负责前款规定以外的非煤矿矿山企业和危险化学品、烟花爆竹生产企业安全生产许可证的颁发和管理，并接受国务院安全生产监督管理部门的指导和监督。

国家煤矿安全监察机构负责中央管理的煤矿企业安全生产许可证的颁发和管理。

在省、自治区、直辖市设立的煤矿安全监察机构负责前款规定以外的其他煤矿企业安全生产许可证的颁发和管理，并接受国家煤矿安全监察机构的指导和监督。

第四条 省、自治区、直辖市人民政府建设主管部门负责建筑施工企业安全生产许可证的颁发和管理，并接受国务院建设主管部门的指导和监督。

第五条 省、自治区、直辖市人民政府民用爆炸物品行业主管部门负责民用爆炸物品生产企业安全生产许可证的颁发和管理，并接受国务院民用爆炸物品行业主管部门的指导和监督。

【企业应具备的安全生产条件】

第六条 企业取得安全生产许可证，应当具备下列安全生产条件：

（一）建立、健全安全生产责任制，制定完备的安全生产规章制度和操作规程；

（二）安全投入符合安全生产要求；

（三）设置安全生产管理机构，配备专职安全生产管理人员；

（四）主要负责人和安全生产管理人员经考核合格；

（五）特种作业人员经有关业务主管部门考核合格，取得特种作业操作资格证书；

（六）从业人员经安全生产教育和培训合格；

（七）依法参加工伤保险，为从业人员缴纳保险费；

（八）厂房、作业场所和安全设施、设备、工艺符合有关安全生产法律、法规、标准和规程的要求；

（九）有职业危害防治措施，并为从业人员配备符合国家标准或者行业标准的劳动防护用品；

（十）依法进行安全评价；

（十一）有重大危险源检测、评估、监控措施和应急预案；

（十二）有生产安全事故应急救援预案、应急救援组织或者应急救援人员，配备必要的应急救援器材、设备；

（十三）法律、法规规定的其他条件。

【统一式样】

第八条 安全生产许可证由国务院安全生产监督管理部门规定统一的式样。

【安全生产许可证有效期为3年】

第九条 安全生产许可证的有效期为3年。安全生产许可证有效期满需要延期的，企业应当于期满前3个月向原安全生产许可证颁发管理机关办理延期手续。

企业在安全生产许可证有效期内，严格遵守有关安全生产的法律法规，未发生死亡事故的，安全生产许可证有效期届满时，经原安全生产许可证颁发管理机关同意，不再审查，安全生产许可证有效期延期3年。

【企业取得安全生产许可证后应遵守的规定】

第十三条 企业不得转让、冒用安全生产许可证或者使用伪造的安全生产许可证。

第十四条 企业取得安全生产许可证后，不得降低安全生产条件，并应当加强日常安全生产管理，接受安全生产许可证颁发管理机关的监督检查。

安全生产许可证颁发管理机关应当加强对取得安全生产许可证的企业的监督检查，发现其不再具备本条例规定的安全生产条件的，应当暂扣或者吊销安全生产许可证。

3.《特种设备安全监察条例》节选

2003 年 3 月 11 日中华人民共和国国务院令第 373 号公布《特种设备安全监察条例》，2009 年 1 月 24 日国务院令第 549 号修订。该条例立法目的是为了加强特种设备的安全监察，防止和减少事故，保障人民群众生命和财产安全，促进经济发展。本书节选部分条文如下：

【特种设备定义】

第二条　本条例所称特种设备是指涉及生命安全、危险性较大的锅炉、压力容器（含气瓶，下同）、压力管道、电梯、起重机械、客运索道、大型游乐设施和场（厂）内专用机动车辆。

前款特种设备的目录由国务院负责特种设备安全监督管理的部门（以下简称国务院特种设备安全监督管理部门）制订，报国务院批准后执行。

注：除上条规定外，特种设备还包括其所用的材料、附属的安全附件、安全保护装置和与安全保护装置相关的设施。

【适用范围】

第三条　特种设备的生产（含设计、制造、安装、改造、维修，下同）、使用、检验检测及其监督检查，应当遵守本条例，但本条例另有规定的除外。

军事装备、核设施、航空航天器、铁路机车、海上设施和船舶以及矿山井下使用的特种设备、民用机场专用设备的安全监察不适用本条例。

房屋建筑工地和市政工程工地用起重机械、场（厂）内专用机动车辆的安装、使用的监督管理，由建设行政主管部门依照有关法律、法规的规定执行。

【特种设备安全监察部门】

第四条　国务院特种设备安全监督管理部门负责全国特种设备的安全监察工作，县以上地方负责特种设备安全监督管理的部门对本行政区域内特种设备实施安全监察（以下统称特种设备安全监督管理部门）。

【生产、使用单位和检测机构职责】

第五条　特种设备生产、使用单位应当建立健全特种设备安全、节能管理制度和岗位安全、节能责任制度。

特种设备生产、使用单位的主要负责人应当对本单位特种设备的安全和节能全面负责。

特种设备生产、使用单位和特种设备检验检测机构，应当接受特种设备安全监督管理部门依法进行的特种设备安全监察。

第六条　特种设备检验检测机构，应当依照本条例规定，进行检验检测工作，对其检验检测结果、鉴定结论承担法律责任。

【特种设备生产的安全规定】

第十条　特种设备生产单位，应当依照本条例规定以及国务院特种设备安全监督管理部门制订并公布的安全技术规范（以下简称安全技术规范）的要求，进行生产活动。

特种设备生产单位对其生产的特种设备的安全性能和能效指标负责，不得生产不符合安全性能要求和能效指标的特种设备，不得生产国家产业政策明令淘汰的特种设备。

【压力容器设计单位条件】

第十一条 压力容器的设计单位应当经国务院特种设备安全监督管理部门许可，方可从事压力容器的设计活动。

压力容器的设计单位应当具备下列条件：

（一）有与压力容器设计相适应的设计人员、设计审核人员；

（二）有与压力容器设计相适应的场所和设备；

（三）有与压力容器设计相适应的健全的管理制度和责任制度。

【设计文件鉴定】

第十二条 锅炉、压力容器中的气瓶（以下简称气瓶）、氧舱和客运索道、大型游乐设施以及高耗能特种设备的设计文件，应当经国务院特种设备安全监督管理部门核准的检验检测机构鉴定，方可用于制造。

【型式试验和能效测试】

第十三条 按照安全技术规范的要求，应当进行型式试验的特种设备产品、部件或者试制特种设备新产品、新部件、新材料，必须进行型式试验和能效测试。

【制造、安装、改造单位应取得许可】

第十四条 锅炉、压力容器、电梯、起重机械、客运索道、大型游乐设施及其安全附件、安全保护装置的制造、安装、改造单位，以及压力管道用管子、管件、阀门、法兰、补偿器、安全保护装置等（以下简称压力管道元件）的制造单位和场（厂）内专用机动车辆的制造、改造单位，应当经国务院特种设备安全监督管理部门许可，方可从事相应的活动。

前款特种设备的制造、安装、改造单位应当具备下列条件：

（一）有与特种设备制造、安装、改造相适应的专业技术人员和技术工人；

（二）有与特种设备制造、安装、改造相适应的生产条件和检测手段；

（三）有健全的质量管理制度和责任制度。

【出厂安全技术文件要求】

第十五条 特种设备出厂时，应当附有安全技术规范要求的设计文件、产品质量合格证明、安装及使用维修说明、监督检验证明等文件。

【维修单位应获得许可资格】

第十六条 锅炉、压力容器、电梯、起重机械、客运索道、大型游乐设施、场（厂）内专用机动车辆的维修单位，应当有与特种设备维修相适应的专业技术人员和技术工人以及必要的检测手段，并经省、自治区、直辖市特种设备安全监督管理部门许可，方可从事相应的维修活动。

第十七条 锅炉、压力容器、起重机械、客运索道、大型游乐设施的安装、改造、维修以及场（厂）内专用机动车辆的改造、维修，必须由依照本条例取得许可的单位进行。

电梯的安装、改造、维修，必须由电梯制造单位或者其通过合同委托、同意的依照本条例取得许可的单位进行。电梯制造单位对电梯质量以及安全运行涉及的质量问题负责。

特种设备安装、改造、维修的施工单位应当在施工前将拟进行的特种设备安装、改造、维修情况书面告知直辖市或者设区的市的特种设备安全监督管理部门，告知后即可施工。

【安装、改造和维修施工安全要求】

第十八条 电梯井道的土建工程必须符合建筑工程质量要求。电梯安装施工过程中，电梯安装单位应当遵守施工现场的安全生产要求，落实现场安全防护措施。电梯安装施工过程中，施工现场的安全生产监督，由有关部门依照有关法律、行政法规的规定执行。

电梯安装施工过程中，电梯安装单位应当服从建筑施工总承包单位对施工现场的安全生产管理，并订立合同，明确各自的安全责任。

第十九条 电梯的制造、安装、改造和维修活动，必须严格遵守安全技术规范的要求。电梯制造单位委托或者同意其他单位进行电梯安装、改造、维修活动的，应当对其安装、改造、维修活动进行安全指导和监控。电梯的安装、改造、维修活动结束后，电梯制造单位应当按照安全技术规范的要求对电梯进行校验和调试，并对校验和调试的结果负责。

【验收检验和技术资料移交】

第二十条 锅炉、压力容器、电梯、起重机械、客运索道、大型游乐设施的安装、改造、维修以及场（厂）内专用机动车辆的改造、维修竣工后，安装、改造、维修的施工单位应当在验收后30日内将有关技术资料移交使用单位，高耗能特种设备还应当按照安全技术规范的要求提交能效测试报告。使用单位应当将其存入该特种设备的安全技术档案。

第二十一条 锅炉、压力容器、压力管道元件、起重机械、大型游乐设施的制造过程和锅炉、压力容器、电梯、起重机械、客运索道、大型游乐设施的安装、改造、重大维修过程，必须经国务院特种设备安全监督管理部门核准的检验检测机构按照安全技术规范的要求进行监督检验；未经监督检验合格的不得出厂或者交付使用。

【移动式压力容器和气瓶充装单位应获得许可】

第二十二条 移动式压力容器、气瓶充装单位应当经省、自治区、直辖市的特种设备安全监督管理部门许可，方可从事充装活动。

充装单位应当具备下列条件：

（一）有与充装和管理相适应的管理人员和技术人员；

（二）有与充装和管理相适应的充装设备、检测手段、场地厂房、器具、安全设施；

（三）有健全的充装管理制度、责任制度、紧急处理措施。

气瓶充装单位应当向气体使用者提供符合安全技术规范要求的气瓶，对使用者进行气瓶安全使用指导，并按照安全技术规范的要求办理气瓶使用登记，提出气瓶的定期检验要求。

【特种设备使用登记】

第二十五条 特种设备在投入使用前或者投入使用后30日内，特种设备使用单位应当向直辖市或者设区的市的特种设备安全监督管理部门登记。登记标志应当置于或者附着于该特种设备的显著位置。

【特种设备安全技术档案】

第二十六条 特种设备使用单位应当建立特种设备安全技术档案。安全技术档案应当包括以下内容：

（一）特种设备的设计文件、制造单位、产品质量合格证明、使用维护说明等文件以及安装技术文件和资料；

（二）特种设备的定期检验和定期自行检查的记录；

（三）特种设备的日常使用状况记录；

（四）特种设备及其安全附件、安全保护装置、测量调控装置及有关附属仪器仪表的日常维护保养记录；

（五）特种设备运行故障和事故记录；

（六）高耗能特种设备的能效测试报告、能耗状况记录以及节能改造技术资料。

【每月至少一次自行检查】

第二十七条　特种设备使用单位应当对在用特种设备进行经常性日常维护保养，并定期自行检查。

特种设备使用单位对在用特种设备应当至少每月进行一次自行检查，并作出记录。特种设备使用单位在对在用特种设备进行自行检查和日常维护保养时发现异常情况的，应当及时处理。

特种设备使用单位应当对在用特种设备的安全附件、安全保护装置、测量调控装置及有关附属仪器仪表进行定期校验、检修，并作出记录。

锅炉使用单位应当按照安全技术规范的要求进行锅炉水（介）质处理，并接受特种设备检验检测机构实施的水（介）质处理定期检验。

从事锅炉清洗的单位，应当按照安全技术规范的要求进行锅炉清洗，并接受特种设备检验检测机构实施的锅炉清洗过程监督检验。

【定期检验】

第二十八条　特种设备使用单位应当按照安全技术规范的定期检验要求，在安全检验合格有效期届满前 1 个月向特种设备检验检测机构提出定期检验要求。

检验检测机构接到定期检验要求后，应当按照安全技术规范的要求及时进行安全性能检验和能效测试。

未经定期检验或者检验不合格的特种设备，不得继续使用。

【异常隐患消除后方可投用】

第二十九条　特种设备出现故障或者发生异常情况，使用单位应当对其进行全面检查，消除事故隐患后，方可重新投入使用。

特种设备不符合能效指标的，特种设备使用单位应当采取相应措施进行整改。

【报废注销】

第三十条　特种设备存在严重事故隐患，无改造、维修价值，或者超过安全技术规范规定使用年限，特种设备使用单位应当及时予以报废，并应当向原登记的特种设备安全监督管理部门办理注销。

【电梯维护保养单位应取得许可】

第三十一条　电梯的日常维护保养必须由依照本条例取得许可的安装、改造、维修单位或者电梯制造单位进行。

电梯应当至少每 15 日进行一次清洁、润滑、调整和检查。

第三十二条　电梯的日常维护保养单位应当在维护保养中严格执行国家安全技术规范的要求，保证其维护保养的电梯的安全技术性能，并负责落实现场安全防护措施，保证施工安全。

电梯的日常维护保养单位，应当对其维护保养的电梯的安全性能负责。接到故障通知后，应当立即赶赴现场，并采取必要的应急救援措施。

【安全管理机构和人员配置要求】

第三十三条 电梯、客运索道、大型游乐设施等为公众提供服务的特种设备运营使用单位，应当设置特种设备安全管理机构或者配备专职的安全管理人员；其他特种设备使用单位，应当根据情况设置特种设备安全管理机构或者配备专职、兼职的安全管理人员。

特种设备的安全管理人员应当对特种设备使用状况进行经常性检查，发现问题的应当立即处理；情况紧急时，可以决定停止使用特种设备并及时报告本单位有关负责人。

【特种设备作业人员应取得执业证书并通过培训】

第三十八条 锅炉、压力容器、电梯、起重机械、客运索道、大型游乐设施、场（厂）内专用机动车辆的作业人员及其相关管理人员（以下统称特种设备作业人员），应当按照国家有关规定经特种设备安全监督管理部门考核合格，取得国家统一格式的特种作业人员证书，方可从事相应的作业或者管理工作。

第三十九条 特种设备使用单位应当对特种设备作业人员进行特种设备安全、节能教育和培训，保证特种设备作业人员具备必要的特种设备安全、节能知识。

特种设备作业人员在作业中应当严格执行特种设备的操作规程和有关的安全规章制度。

第四十条 特种设备作业人员在作业过程中发现事故隐患或者其他不安全因素，应当立即向现场安全管理人员和单位有关负责人报告。

【检验检测机构应取得核准资质】

第四十一条 从事本条例规定的监督检验、定期检验、型式试验以及专门为特种设备生产、使用、检验检测提供无损检测服务的特种设备检验检测机构，应当经国务院特种设备安全监督管理部门核准。

特种设备使用单位设立的特种设备检验检测机构，经国务院特种设备安全监督管理部门核准，负责本单位核准范围内的特种设备定期检验工作。

第四十二条 特种设备检验检测机构，应当具备下列条件：

（一）有与所从事的检验检测工作相适应的检验检测人员；

（二）有与所从事的检验检测工作相适应的检验检测仪器和设备；

（三）有健全的检验检测管理制度、检验检测责任制度。

第四十三条 特种设备的监督检验、定期检验、型式试验和无损检测应当由依照本条例经核准的特种设备检验检测机构进行。

特种设备检验检测工作应当符合安全技术规范的要求。

【检验检测人员应取得考核合格证书】

第四十四条 从事本条例规定的监督检验、定期检验、型式试验和无损检测的特种设备检验检测人员应当经国务院特种设备安全监督管理部门组织考核合格，取得检验检测人员证书，方可从事检验检测工作。

检验检测人员从事检验检测工作，必须在特种设备检验检测机构执业，但不得同时在两个以上检验检测机构中执业。

【事故隐患报告】

第四十八条 特种设备检验检测机构进行特种设备检验检测，发现严重事故隐患或者能耗严重超标的，应当及时告知特种设备使用单位，并立即向特种设备安全监督管理部门报告。

【特种设备安全监察】

第五十条 特种设备安全监督管理部门依照本条例规定，对特种设备生产、使用单位和检验检测机构实施安全监察。

对学校、幼儿园以及车站、客运码头、商场、体育场馆、展览馆、公园等公众聚集场所的特种设备，特种设备安全监督管理部门应当实施重点安全监察。

【特种设备事故等级分类（特别重大、重大、较大、一般）】

第六十一条 有下列情形之一的，为特别重大事故：

（一）特种设备事故造成 30 人以上死亡，或者 100 人以上重伤（包括急性工业中毒，下同），或者 1 亿元以上直接经济损失的；

（二）600 兆瓦以上锅炉爆炸的；

（三）压力容器、压力管道有毒介质泄漏，造成 15 万人以上转移的；

（四）客运索道、大型游乐设施高空滞留 100 人以上并且时间在 48 小时以上的。

第六十二条 有下列情形之一的，为重大事故：

（一）特种设备事故造成 10 人以上 30 人以下死亡，或者 50 人以上 100 人以下重伤，或者 5000 万元以上 1 亿元以下直接经济损失的；

（二）600 兆瓦以上锅炉因安全故障中断运行 240 小时以上的；

（三）压力容器、压力管道有毒介质泄漏，造成 5 万人以上 15 万人以下转移的；

（四）客运索道、大型游乐设施高空滞留 100 人以上并且时间在 24 小时以上 48 小时以下的。

第六十三条 有下列情形之一的，为较大事故：

（一）特种设备事故造成 3 人以上 10 人以下死亡，或者 10 人以上 50 人以下重伤，或者 1000 万元以上 5000 万元以下直接经济损失的；

（二）锅炉、压力容器、压力管道爆炸的；

（三）压力容器、压力管道有毒介质泄漏，造成 1 万人以上 5 万人以下转移的；

（四）起重机械整体倾覆的；

（五）客运索道、大型游乐设施高空滞留人员 12 小时以上的。

第六十四条 有下列情形之一的，为一般事故：

（一）特种设备事故造成 3 人以下死亡，或者 10 人以下重伤，或者 1 万元以上 1000 万元以下直接经济损失的；

（二）压力容器、压力管道有毒介质泄漏，造成 500 人以上 1 万人以下转移的；

（三）电梯轿厢滞留人员 2 小时以上的；

（四）起重机械主要受力结构件折断或者起升机构坠落的；

（五）客运索道高空滞留人员 3.5 小时以上 12 小时以下的；

（六）大型游乐设施高空滞留人员 1 小时以上 12 小时以下的。

除前款规定外，国务院特种设备安全监督管理部门可以对一般事故的其他情形做出补充规定。

【特种设备应急预案及演练】

第六十五条 特种设备安全监督管理部门应当制定特种设备应急预案。特种设备使用单位应当制定事故应急专项预案，并定期进行事故应急演练。

压力容器、压力管道发生爆炸或者泄漏，在抢险救援时应当区分介质特性，严格按照相关预案规定程序处理，防止二次爆炸。

【事故报告和调查处理】

第六十六条 特种设备事故发生后，事故发生单位应当立即启动事故应急预案，组织抢救，防止事故扩大，减少人员伤亡和财产损失，并及时向事故发生地县以上特种设备安全监督管理部门和有关部门报告。

县以上特种设备安全监督管理部门接到事故报告，应当尽快核实有关情况，立即向所在地人民政府报告，并逐级上报事故情况。必要时，特种设备安全监督管理部门可以越级上报事故情况。对特别重大事故、重大事故，国务院特种设备安全监督管理部门应当立即报告国务院并通报国务院安全生产监督管理部门等有关部门。

第六十七条 特别重大事故由国务院或者国务院授权有关部门组织事故调查组进行调查。

重大事故由国务院特种设备安全监督管理部门会同有关部门组织事故调查组进行调查。

较大事故由省、自治区、直辖市特种设备安全监督管理部门会同有关部门组织事故调查组进行调查。

一般事故由设区的市的特种设备安全监督管理部门会同有关部门组织事故调查组进行调查。

【特种设备报废】

第八十四条 特种设备存在严重事故隐患，无改造、维修价值，或者超过安全技术规范规定的使用年限，特种设备使用单位未予以报废，并向原登记的特种设备安全监督管理部门办理注销的，由特种设备安全监督管理部门责令限期改正；逾期未改正的，处 5 万元以上 20 万元以下罚款。

【特种设备分类】

第九十九条 本条例下列用语的含义是：

（一）锅炉，是指利用各种燃料、电或者其他能源，将所盛装的液体加热到一定的参数，并对外输出热能的设备，其范围规定为容积大于或者等于 30L 的承压蒸汽锅炉；出口水压大于或者等于 0.1MPa（表压），且额定功率大于或者等于 0.1MW 的承压热水锅炉；有机热载体锅炉。

（二）压力容器，是指盛装气体或者液体，承载一定压力的密闭设备，其范围规定为最高工作压力大于或者等于 0.1MPa（表压），且压力与容积的乘积大于或者等于 2.5MPa·L 的气体、液化气体和最高工作温度高于或者等于标准沸点的液体的固定式容器和移动式容器；盛装公称工作压力大于或者等于 0.2MPa（表压），且压力与容积的乘积大于或者等于 1.0MPa·L 的气体、液化气体和标准沸点等于或者低于 60℃液体的气瓶；氧舱等。

（三）压力管道，是指利用一定的压力，用于输送气体或者液体的管状设备，其范围规定为最高工作压力大于或者等于 0.1MPa（表压）的气体、液化气体、蒸汽介质或者可燃、易爆、有毒、有腐蚀性、最高工作温度高于或者等于标准沸点的液体介质，且公称直径大于 25mm 的管道。

（四）电梯，是指动力驱动，利用沿刚性导轨运行的箱体或者沿固定线路运行的梯级（踏步），进行升降或者平行运送人、货物的机电设备，包括载人（货）电梯、自动扶梯、自动人行道等。

（五）起重机械，是指用于垂直升降或者垂直升降并水平移动重物的机电设备，其范围规定为额定起重量大于或者等于 0.5t 的升降机；额定起重量大于或者等于 1t，且提升高度大于或者等于 2m 的起重机和承重形式固定的电动葫芦等。

（六）客运索道，是指动力驱动，利用柔性绳索牵引箱体等运载工具运送人员的机电设备，包括客运架空索道、客运缆车、客运拖牵索道等。

（七）大型游乐设施，是指用于经营目的，承载乘客游乐的设施，其范围规定为设计最大运行线速度大于或者等于 2m/s，或者运行高度距地面高于或者等于 2m 的载人大型游乐设施。

（八）场（厂）内专用机动车辆，是指除道路交通、农用车辆以外仅在工厂厂区、旅游景区、游乐场所等特定区域使用的专用机动车辆。

特种设备包括其所用的材料、附属的安全附件、安全保护装置和与安全保护装置相关的设施。

4.《危险化学品安全管理条例》节选

2002 年 1 月 26 日中华人民共和国国务院令第 344 号公布，根据 2013 年 12 月 7 日《国务院关于修订部分行政法规的修订》。

《危险化学品安全管理条例》的立法目的是为了加强危险化学品的安全管理、预防和减少危险化学品事故，保证人民群众生命财产安全，保护环境。本书节选部分条文如下：

【适用范围】

第二条 危险化学品生产、储存、使用、经营和运输的安全管理，适用本条例。

废弃危险化学品的处置，依照有关环境保护的法律、行政法规和国家有关规定执行。

监控化学品、属于危险化学品的药品和农药的安全管理，依照本条例的规定执行；法律、行政法规另有规定的，依照其规定。

民用爆炸物品、烟花爆竹、放射性物品、核能物质以及用于国防科研生产的危险化学品的安全管理，不适用本条例。

法律、行政法规对燃气的安全管理另有规定的，依照其规定。

危险化学品容器属于特种设备的，其安全管理依照有关特种设备安全的法律、行政法规的规定执行。

【危险化学品定义】

第三条 本条例所称危险化学品，是指具有毒害、腐蚀、爆炸、燃烧、助燃等性质，对人体、设施、环境具有危害的剧毒化学品和其他化学品。

危险化学品目录，由国务院安全生产监督管理部门会同国务院工业和信息化、公安、环境保护、卫生、质量监督检验检疫、交通运输、铁路、民用航空、农业主管部门，根据化学品危险特性的鉴别和分类标准确定、公布，并适时调整。

注：现行的《危险化学品目录》于 2015 年 2 月 27 日正式发布，2015 年 5 月 1 日起实施，将化学品的危害分为物理危险、健康危害和环境危害三大类，共 28 个大项和 81 个小项，其中在"备注"栏有"剧毒"字样的为剧毒化学品。

2022 年 12 月 5 日应急管理部发布《关于修改〈危险化学品目录（2015 版）实施指南（试行）〉涉及柴油部分内容的通知》，将柴油危险性类别列为"易燃液体，类别 3""四、对生产、经营柴油的企业按危险化学品企业进行管理"；修改自 2023 年 1 月 1 日起实施。

【企业主要负责人全面负责、安全管理制度和从业人员资格】

第四条 危险化学品安全管理，应当坚持安全第一、预防为主、综合治理的方针，强化和落实企业的主体责任。

生产、储存、使用、经营、运输危险化学品的单位（以下统称危险化学品单位）的主要负责人对本单位的危险化学品安全管理工作全面负责。

危险化学品单位应当具备法律、行政法规规定和国家标准、行业标准要求的安全条件，建立、健全安全管理规章制度和岗位安全责任制度，对从业人员进行安全教育、法治教育和岗位技术培训。从业人员应当接受教育和培训，考核合格后上岗作业；对有资格要求的岗位，应当配备依法取得相应资格的人员。

【禁止和限制性危化品管理】

第五条 任何单位和个人不得生产、经营、使用国家禁止生产、经营、使用的危险化学品。

国家对危险化学品的使用有限制性规定的，任何单位和个人不得违反限制性规定使用危险化学品。

【监督管理主管部门职责】

第六条 对危险化学品的生产、储存、使用、经营、运输实施安全监督管理的有关部门（以下统称负有危险化学品安全监督管理职责的部门），依照下列规定履行职责：

（一）安全生产监督管理部门负责危险化学品安全监督管理综合工作，组织确定、公布、调整危险化学品目录，对新建、改建、扩建生产、储存危险化学品（包括使用长输管道输送危险化学品，下同）的建设项目进行安全条件审查，核发危险化学品安全生产许可证、危险化学品安全使用许可证和危险化学品经营许可证，并负责危险化学品登记工作。

（二）公安机关负责危险化学品的公共安全管理，核发剧毒化学品购买许可证、剧毒化学品道路运输通行证，并负责危险化学品运输车辆的道路交通安全管理。

（三）质量监督检验检疫部门负责核发危险化学品及其包装物、容器（不包括储存危险化学品的固定式大型储罐，下同）生产企业的工业产品生产许可证，并依法对其产品质量实施监督，负责对进出口危险化学品及其包装实施检验。

（四）环境保护主管部门负责废弃危险化学品处置的监督管理，组织危险化学品的环境危害性鉴定和环境风险程度评估，确定实施重点环境管理的危险化学品，负责危险化学品环境管理登记和新化学物质环境管理登记；依照职责分工调查相关危险化学品环境污染事故和生态破坏事件，负责危险化学品事故现场的应急环境监测。

（五）交通运输主管部门负责危险化学品道路运输、水路运输的许可以及运输工具的安全管理，对危险化学品水路运输安全实施监督，负责危险化学品道路运输企业、水路运输企业驾驶人员、船员、装卸管理人员、押运人员、申报人员、集装箱装箱现场检查员的资格认定。铁路监管部门负责危险化学品铁路运输及其运输工具的安全管理。民用航空主管部门负责危险化学品航空运输以及航空运输企业及其运输工具的安全管理。

（六）卫生主管部门负责危险化学品毒性鉴定的管理，负责组织、协调危险化学品事故受伤人员的医疗卫生救援工作。

（七）工商行政管理部门依据有关部门的许可证件，核发危险化学品生产、储存、经营、运输企业营业执照，查处危险化学品经营企业违法采购危险化学品的行为。

（八）邮政管理部门负责依法查处寄递危险化学品的行为。

【实行监督举报】

第九条 任何单位和个人对违反本条例规定的行为，有权向负有危险化学品安全监督管理职责的部门举报。负有危险化学品安全监督管理职责的部门接到举报，应当及时依法处理；对不属于本部门职责的，应当及时移送有关部门处理。

【新改扩生产、储存建设项目安全条件审查】

第十二条 新建、改建、扩建生产、储存危险化学品的建设项目（以下简称建设项目），应当由安全生产监督管理部门进行安全条件审查。

建设单位应当对建设项目进行安全条件论证，委托具备国家规定的资质条件的机构对建设项目进行安全评价，并将安全条件论证和安全评价的情况报告报建设项目所在地设区的市级以上人民政府安全生产监督管理部门；安全生产监督管理部门应当自收到报告之日起 45 日内作出审查决定，并书面通知建设单位。具体办法由国务院安全生产监督管理部门制定。

新建、改建、扩建储存、装卸危险化学品的港口建设项目，由港口行政管理部门按照国务院交通运输主管部门的规定进行安全条件审查。

【危险化学品管道的安全标志及定期检测】

第十三条 生产、储存危险化学品的单位，应当对其铺设的危险化学品管道设置明显标志，并对危险化学品管道定期检查、检测。

进行可能危及危险化学品管道安全的施工作业，施工单位应当在开工的 7 日前书面通知管道所属单位，并与管道所属单位共同制定应急预案，采取相应的安全防护措施。管道所属单位应当指派专门人员到现场进行管道安全保护指导。

【实施安全生产许可证和工业产品生产许可证制度】

第十四条 危险化学品生产企业进行生产前，应当依照《安全生产许可证条例》的规定，取得危险化学品安全生产许可证。

生产列入国家实行生产许可证制度的工业产品目录的危险化学品的企业，应当依照《中华人民共和国工业产品生产许可证管理条例》的规定，取得工业产品生产许可证。

负责颁发危险化学品安全生产许可证、工业产品生产许可证的部门，应当将其颁发许可证的情况及时向同级工业和信息化主管部门、环境保护主管部门和公安机关通报。

【安全技术说明书和化学品安全标签】

第十五条 危险化学品生产企业应当提供与其生产的危险化学品相符的化学品安全技术说明书，并在危险化学品包装（包括外包装件）上粘贴或者拴挂与包装内危险化学品相符的化学品安全标签。化学品安全技术说明书和化学品安全标签所载明的内容应当符合国家标准的要求。

危险化学品生产企业发现其生产的危险化学品有新的危险特性的，应当立即公告，并及时修订其化学品安全技术说明书和化学品安全标签。

【危险化学品的包装】

第十七条　危险化学品的包装应当符合法律、行政法规、规章的规定以及国家标准、行业标准的要求。

危险化学品包装物、容器的材质以及危险化学品包装的型式、规格、方法和单件质量（重量），应当与所包装的危险化学品的性质和用途相适应。

【危险化学品包装物、容器实行许可证管理及检验规定】

第十八条　生产列入国家实行生产许可证制度的工业产品目录的危险化学品包装物、容器的企业，应当依照《中华人民共和国工业产品生产许可证管理条例》的规定，取得工业产品生产许可证；其生产的危险化学品包装物、容器经国务院质量监督检验检疫部门认定的检验机构检验合格，方可出厂销售。

运输危险化学品的船舶及其配载的容器，应当按照国家船舶检验规范进行生产，并经海事管理机构认定的船舶检验机构检验合格，方可投入使用。

对重复使用的危险化学品包装物、容器，使用单位在重复使用前应当进行检查；发现存在安全隐患的，应当维修或者更换。使用单位应当对检查情况作出记录，记录的保存期限不得少于 2 年。

【生产装置和储存设施安全要求】

第十九条　危险化学品生产装置或者储存数量构成重大危险源的危险化学品储存设施（运输工具加油站、加气站除外），与下列场所、设施、区域的距离应当符合国家有关规定：

（一）居住区以及商业中心、公园等人员密集场所；

（二）学校、医院、影剧院、体育场（馆）等公共设施；

（三）饮用水源、水厂以及水源保护区；

（四）车站、码头（依法经许可从事危险化学品装卸作业的除外）、机场以及通信干线、通信枢纽、铁路线路、道路交通干线、水路交通干线、地铁风亭以及地铁站出入口；

（五）基本农田保护区、基本草原、畜禽遗传资源保护区、畜禽规模化养殖场（养殖小区）、渔业水域以及种子、种畜禽、水产苗种生产基地；

（六）河流、湖泊、风景名胜区、自然保护区；

（七）军事禁区、军事管理区；

（八）法律、行政法规规定的其他场所、设施、区域。

已建的危险化学品生产装置或者储存数量构成重大危险源的危险化学品储存设施不符合前款规定的，由所在地设区的市级人民政府安全生产监督管理部门会同有关部门监督其所属单位在规定期限内进行整改；需要转产、停产、搬迁、关闭的，由本级人民政府决定并组织实施。

储存数量构成重大危险源的危险化学品储存设施的选址，应当避开地震活动断层和容易发生洪灾、地质灾害的区域。

【防护隔离及警示措施】

第二十条　生产、储存危险化学品的单位，应当根据其生产、储存的危险化学品的种类和危险特性，在作业场所设置相应的监测、监控、通风、防晒、调温、防火、灭火、防爆、泄压、防毒、中和、防潮、防雷、防静电、防腐、防泄漏以及防护围堤或者隔离操作等安全设施、设备，并按照国家标准、行业标准或者国家有关规定对安全设施、设备进行经常性维护、保养，保证安全设施、设备的正常使用。

生产、储存危险化学品的单位，应当在其作业场所和安全设施、设备上设置明显的安全警示标志。

第二十一条 生产、储存危险化学品的单位，应当在其作业场所设置通信、报警装置，并保证处于适用状态。

【危险化学品生产、储存企业应每3年进行一次安全评价】

第二十二条 生产、储存危险化学品的企业，应当委托具备国家规定的资质条件的机构，对本企业的安全生产条件每3年进行一次安全评价，提出安全评价报告。安全评价报告的内容应当包括对安全生产条件存在的问题进行整改的方案。

生产、储存危险化学品的企业，应当将安全评价报告以及整改方案的落实情况报所在地县级人民政府安全生产监督管理部门备案。在港区内储存危险化学品的企业，应当将安全评价报告以及整改方案的落实情况报港口行政管理部门备案。

【剧毒化学品及易制爆危险化学品专项管理】

第二十三条 生产、储存剧毒化学品或者国务院公安部门规定的可用于制造爆炸物品的危险化学品（以下简称易制爆危险化学品）的单位，应当如实记录其生产、储存的剧毒化学品、易制爆危险化学品的数量、流向，并采取必要的安全防范措施，防止剧毒化学品、易制爆危险化学品丢失或者被盗；发现剧毒化学品、易制爆危险化学品丢失或者被盗的，应当立即向当地公安机关报告。

生产、储存剧毒化学品、易制爆危险化学品的单位，应当设置治安保卫机构，配备专职治安保卫人员。

【危险化学品储存】

第二十四条 危险化学品应当储存在专用仓库、专用场地或者专用储存室（以下统称专用仓库）内，并由专人负责管理；剧毒化学品以及储存数量构成重大危险源的其他危险化学品，应当在专用仓库内单独存放，并实行双人收发、双人保管制度。

危险化学品的储存方式、方法以及储存数量应当符合国家标准或者国家有关规定。

第二十五条 储存危险化学品的单位应当建立危险化学品出入库核查、登记制度。

对剧毒化学品以及储存数量构成重大危险源的其他危险化学品，储存单位应当将其储存数量、储存地点以及管理人员的情况，报所在地县级人民政府安全生产监督管理部门（在港区内储存的，报港口行政管理部门）和公安机关备案。

第二十六条 危险化学品专用仓库应当符合国家标准、行业标准的要求，并设置明显的标志。储存剧毒化学品、易制爆危险化学品的专用仓库，应当按照国家有关规定设置相应的技术防范设施。

储存危险化学品的单位应当对其危险化学品专用仓库的安全设施、设备定期进行检测、检验。

【转产、停产后的安全管理】

第二十七条 生产、储存危险化学品的单位转产、停产、停业或者解散的，应当采取有效措施，及时、妥善处置其危险化学品生产装置、储存设施以及库存的危险化学品，不得丢弃危险化学品；处置方案应当报所在地县级人民政府安全生产监督管理部门、工业和信息化主管部门、环境保护主管部门和公安机关备案。安全生产监督管理部门应当会同环境保护主管部门和公安机关对处置情况进行监督检查，发现未依照规定处置的，应当责令其立即处置。

【使用单位基本安全要求】

第二十八条　使用危险化学品的单位，其使用条件（包括工艺）应当符合法律、行政法规的规定和国家标准、行业标准的要求，并根据所使用的危险化学品的种类、危险特性以及使用量和使用方式，建立、健全使用危险化学品的安全管理规章制度和安全操作规程，保证危险化学品的安全使用。

【达到使用量的应取得危险化学品安全使用许可证】

第二十九条　使用危险化学品从事生产并且使用量达到规定数量的化工企业（属于危险化学品生产企业的除外，下同），应当依照本条例的规定取得危险化学品安全使用许可证。

前款规定的危险化学品使用量的数量标准，由国务院安全生产监督管理部门会同国务院公安部门、农业主管部门确定并公布。

【购买剧毒、易制爆危险化学品的安全规定】

第三十八条　依法取得危险化学品安全生产许可证、危险化学品安全使用许可证、危险化学品经营许可证的企业，凭相应的许可证件购买剧毒化学品、易制爆危险化学品。民用爆炸物品生产企业凭民用爆炸物品生产许可证购买易制爆危险化学品。

前款规定以外的单位购买剧毒化学品的，应当向所在地县级人民政府公安机关申请取得剧毒化学品购买许可证；购买易制爆危险化学品的，应当持本单位出具的合法用途说明。

个人不得购买剧毒化学品（属于剧毒化学品的农药除外）和易制爆危险化学品。

【销售剧毒、易制爆危险化学品的安全规定】

第四十一条　危险化学品生产企业、经营企业销售剧毒化学品、易制爆危险化学品，应当如实记录购买单位的名称、地址、经办人的姓名、身份证号码以及所购买的剧毒化学品、易制爆危险化学品的品种、数量、用途。销售记录以及经办人的身份证明复印件、相关许可证件复印件或者证明文件的保存期限不得少于1年。

剧毒化学品、易制爆危险化学品的销售企业、购买单位应当在销售、购买后5日内，将所销售、购买的剧毒化学品、易制爆危险化学品的品种、数量以及流向信息报所在地县级人民政府公安机关备案，并输入计算机系统。

【实行危险货物运输许可制度】

第四十三条　从事危险化学品道路运输、水路运输的，应当分别依照有关道路运输、水路运输的法律、行政法规的规定，取得危险货物道路运输许可、危险货物水路运输许可，并向工商行政管理部门办理登记手续。

危险化学品道路运输企业、水路运输企业应当配备专职安全管理人员。

【运输相关人员应取得从业资格、装卸作业安全管理】

第四十四条　危险化学品道路运输企业、水路运输企业的驾驶人员、船员、装卸管理人员、押运人员、申报人员、集装箱装箱现场检查员应当经交通运输主管部门考核合格，取得从业资格。具体办法由国务院交通运输主管部门制定。

危险化学品的装卸作业应当遵守安全作业标准、规程和制度，并在装卸管理人员的现场指挥或者监控下进行。水路运输危险化学品的集装箱装箱作业应当在集装箱装箱现场检查员的指挥或者监控下进行，并符合积载、隔离的规范和要求；装箱作业完毕后，集装箱装箱现场检查员应当签署装箱证明书。

【运输中的安全防护】

第四十五条　运输危险化学品，应当根据危险化学品的危险特性采取相应的安全防护措施，并配备必要的防护用品和应急救援器材。

用于运输危险化学品的槽罐以及其他容器应当封口严密，能够防止危险化学品在运输过程中因温度、湿度或者压力的变化发生渗漏、洒漏；槽罐以及其他容器的溢流和泄压装置应当设置准确、起闭灵活。

运输危险化学品的驾驶人员、船员、装卸管理人员、押运人员、申报人员、集装箱装箱现场检查员，应当了解所运输的危险化学品的危险特性及其包装物、容器的使用要求和出现危险情况时的应急处置方法。

【道路运输危险化学品安全管理】

第四十六条　通过道路运输危险化学品的，托运人应当委托依法取得危险货物道路运输许可的企业承运。

第四十七条　通过道路运输危险化学品的，应当按照运输车辆的核定载质量装载危险化学品，不得超载。

危险化学品运输车辆应当符合国家标准要求的安全技术条件，并按照国家有关规定定期进行安全技术检验。

危险化学品运输车辆应当悬挂或者喷涂符合国家标准要求的警示标志。

第四十八条　通过道路运输危险化学品的，应当配备押运人员，并保证所运输的危险化学品处于押运人员的监控之下。

运输危险化学品途中因住宿或者发生影响正常运输的情况，需要较长时间停车的，驾驶人员、押运人员应当采取相应的安全防范措施；运输剧毒化学品或者易制爆危险化学品的，还应当向当地公安机关报告。

第四十九条　未经公安机关批准，运输危险化学品的车辆不得进入危险化学品运输车辆限制通行的区域。危险化学品运输车辆限制通行的区域由县级人民政府公安机关划定，并设置明显的标志。

【剧毒化学品道路运输通行证】

第五十条　通过道路运输剧毒化学品的，托运人应当向运输始发地或者目的地县级人民政府公安机关申请剧毒化学品道路运输通行证。

申请剧毒化学品道路运输通行证，托运人应当向县级人民政府公安机关提交下列材料：

（一）拟运输的剧毒化学品品种、数量的说明；

（二）运输始发地、目的地、运输时间和运输路线的说明；

（三）承运人取得危险货物道路运输许可、运输车辆取得营运证以及驾驶人员、押运人员取得上岗资格的证明文件；

（四）本条例第三十八条　第一款、第二款规定的购买剧毒化学品的相关许可证件，或者海关出具的进出口证明文件。

县级人民政府公安机关应当自收到前款规定的材料之日起 7 日内，作出批准或者不予批准的决定。予以批准的，颁发剧毒化学品道路运输通行证；不予批准的，书面通知申请人并说明理由。

剧毒化学品道路运输通行证管理办法由国务院公安部门制定。

第五十一条　剧毒化学品、易制爆危险化学品在道路运输途中丢失、被盗、被抢或者出现流散、泄漏等情况的，驾驶人员、押运人员应当立即采取相应的警示措施和安全措施，并向当地公安机关报告。公安机关接到报告后，应当根据实际情况立即向安全生产监督管理部门、环境保护主管部门、卫生主管部门通报。有关部门应当采取必要的应急处置措施。

【水路运输危险化学品安全管理】

第五十二条　通过水路运输危险化学品的，应当遵守法律、行政法规以及国务院交通运输主管部门关于危险货物水路运输安全的规定。

第五十三条　海事管理机构应当根据危险化学品的种类和危险特性，确定船舶运输危险化学品的相关安全运输条件。

拟交付船舶运输的化学品的相关安全运输条件不明确的，货物所有人或者代理人委托相关技术机构进行评估，明确相关安全运输条件并经海事管理机构确认后，方可交付船舶运输。

第五十四条　禁止通过内河封闭水域运输剧毒化学品以及国家规定禁止通过内河运输的其他危险化学品。

前款规定以外的内河水域，禁止运输国家规定禁止通过内河运输的剧毒化学品以及其他危险化学品。

禁止通过内河运输的剧毒化学品以及其他危险化学品的范围，由国务院交通运输主管部门会同国务院环境保护主管部门、工业和信息化主管部门、安全生产监督管理部门，根据危险化学品的危险特性、危险化学品对人体和水环境的危害程度以及消除危害后果的难易程度等因素规定并公布。

第五十五条　国务院交通运输主管部门应当根据危险化学品的危险特性，对通过内河运输本条例第五十四条规定以外的危险化学品（以下简称通过内河运输危险化学品）实行分类管理，对各类危险化学品的运输方式、包装规范和安全防护措施等分别作出规定并监督实施。

第五十六条　通过内河运输危险化学品，应当由依法取得危险货物水路运输许可的水路运输企业承运，其他单位和个人不得承运。托运人应当委托依法取得危险货物水路运输许可的水路运输企业承运，不得委托其他单位和个人承运。

第五十七条　通过内河运输危险化学品，应当使用依法取得危险货物适装证书的运输船舶。水路运输企业应当针对所运输的危险化学品的危险特性，制定运输船舶危险化学品事故应急救援预案，并为运输船舶配备充足、有效的应急救援器材和设备。

通过内河运输危险化学品的船舶，其所有人或者经营人应当取得船舶污染损害责任保险证书或者财务担保证明。船舶污染损害责任保险证书或者财务担保证明的副本应当随船携带。

第五十八条 通过内河运输危险化学品，危险化学品包装物的材质、型式、强度以及包装方法应当符合水路运输危险化学品包装规范的要求。国务院交通运输主管部门对单船运输的危险化学品数量有限制性规定的，承运人应当按照规定安排运输数量。

第五十九条 用于危险化学品运输作业的内河码头、泊位应当符合国家有关安全规范，与饮用水取水口保持国家规定的距离。有关管理单位应当制定码头、泊位危险化学品事故应急预案，并为码头、泊位配备充足、有效的应急救援器材和设备。

用于危险化学品运输作业的内河码头、泊位，经交通运输主管部门按照国家有关规定验收合格后方可投入使用。

第六十条 船舶载运危险化学品进出内河港口，应当将危险化学品的名称、危险特性、包装以及进出港时间等事项，事先报告海事管理机构。海事管理机构接到报告后，应当在国务院交通运输主管部门规定的时间内作出是否同意的决定，通知报告人，同时通报港口行政管理部门。定船舶、定航线、定货种的船舶可以定期报告。

在内河港口内进行危险化学品的装卸、过驳作业，应当将危险化学品的名称、危险特性、包装和作业的时间、地点等事项报告港口行政管理部门。港口行政管理部门接到报告后，应当在国务院交通运输主管部门规定的时间内作出是否同意的决定，通知报告人，同时通报海事管理机构。

载运危险化学品的船舶在内河航行，通过过船建筑物的，应当提前向交通运输主管部门申报，并接受交通运输主管部门的管理。

第六十一条 载运危险化学品的船舶在内河航行、装卸或者停泊，应当悬挂专用的警示标志，按照规定显示专用信号。

载运危险化学品的船舶在内河航行，按照国务院交通运输主管部门的规定需要引航的，应当申请引航。

第六十二条 载运危险化学品的船舶在内河航行，应当遵守法律、行政法规和国家其他有关饮用水水源保护的规定。内河航道发展规划应当与依法经批准的饮用水水源保护区划定方案相协调。

【危险化学品托运人安全责任】

第六十三条 托运危险化学品的，托运人应当向承运人说明所托运的危险化学品的种类、数量、危险特性以及发生危险情况的应急处置措施，并按照国家有关规定对所托运的危险化学品妥善包装，在外包装上设置相应的标志。

运输危险化学品需要添加抑制剂或者稳定剂的，托运人应当添加，并将有关情况告知承运人。

第六十四条 托运人不得在托运的普通货物中夹带危险化学品，不得将危险化学品匿报或者谎报为普通货物托运。

任何单位和个人不得交寄危险化学品或者在邮件、快件内夹带危险化学品，不得将危险化学品匿报或者谎报为普通物品交寄。邮政企业、快递企业不得收寄危险化学品。

对涉嫌违反本条第一款、第二款规定的，交通运输主管部门、邮政管理部门可以依法开拆查验。

【铁路、航空运输危险化学品】

第六十五条 通过铁路、航空运输危险化学品的安全管理，依照有关铁路、航空运输的法律、行政法规、规章的规定执行。

【危险化学品登记管理】

第六十七条 危险化学品生产企业、进口企业，应当向国务院安全生产监督管理部门负责危险化学品登记的机构（以下简称危险化学品登记机构）办理危险化学品登记。

危险化学品登记包括下列内容：

（一）分类和标签信息；

（二）物理、化学性质；

（三）主要用途；

（四）危险特性；

（五）储存、使用、运输的安全要求；

（六）出现危险情况的应急处置措施。

对同一企业生产、进口的同一品种的危险化学品，不进行重复登记。危险化学品生产企业、进口企业发现其生产、进口的危险化学品有新的危险特性的，应当及时向危险化学品登记机构办理登记内容变更手续。

危险化学品登记的具体办法由国务院安全生产监督管理部门制定。

【危险化学品应急管理】

第七十条 危险化学品单位应当制定本单位危险化学品事故应急预案，配备应急救援人员和必要的应急救援器材、设备，并定期组织应急救援演练。

危险化学品单位应当将其危险化学品事故应急预案报所在地设区的市级人民政府安全生产监督管理部门备案。

第七十一条 发生危险化学品事故，事故单位主要负责人应当立即按照本单位危险化学品应急预案组织救援，并向当地安全生产监督管理部门和环境保护、公安、卫生主管部门报告；道路运输、水路运输过程中发生危险化学品事故的，驾驶人员、船员或者押运人员还应当向事故发生地交通运输主管部门报告。

第七十二条 发生危险化学品事故，有关地方人民政府应当立即组织安全生产监督管理、环境保护、公安、卫生、交通运输等有关部门，按照本地区危险化学品事故应急预案组织实施救援，不得拖延、推诿。

有关地方人民政府及其有关部门应当按照下列规定，采取必要的应急处置措施，减少事故损失，防止事故蔓延、扩大：

（一）立即组织营救和救治受害人员，疏散、搬离或者采取其他措施保护危害区域内的其他人员；

（二）迅速控制危害源，测定危险化学品的性质、事故的危害区域及危害程度；

（三）针对事故对人体、动植物、土壤、水源、大气造成的现实危害和可能产生的危害，迅速采取封闭、隔离、洗消等措施；

（四）对危险化学品事故造成的环境污染和生态破坏状况进行监测、评估，并采取相应的环境污染治理和生态修复措施。

5.《生产安全事故应急条例》节选

2018 年 12 月 5 日国务院第 33 次常务会议通过，2019 年 2 月 17 日中华人民共和国国务院令第 708 号公布，自 2019 年 4 月 1 日起施行。本书节选部分条文如下：

第四条 生产经营单位应当加强生产安全事故应急工作，建立、健全生产安全事故应急工作责任制，其主要负责人对本单位的生产安全事故应急工作全面负责。

第五条 县级以上人民政府及其负有安全生产监督管理职责的部门和乡、镇人民政府以及街道办事处等地方人民政府派出机关，应当针对可能发生的生产安全事故的特点和危害，进行风险辨识和评估，制定相应的生产安全事故应急救援预案，并依法向社会公布。

生产经营单位应当针对本单位可能发生的生产安全事故的特点和危害，进行风险辨识和评估，制定相应的生产安全事故应急救援预案，并向本单位从业人员公布。

第六条 生产安全事故应急救援预案应当符合有关法律、法规、规章和标准的规定，具有科学性、针对性和可操作性，明确规定应急组织体系、职责分工以及应急救援程序和措施。

有下列情形之一的，生产安全事故应急救援预案制定单位应当及时修订相关预案：

（一）制定预案所依据的法律、法规、规章、标准发生重大变化；

（二）应急指挥机构及其职责发生调整；

（三）安全生产面临的风险发生重大变化；

（四）重要应急资源发生重大变化；

（五）在预案演练或者应急救援中发现需要修订预案的重大问题；

（六）其他应当修订的情形。

第七条 县级以上人民政府负有安全生产监督管理职责的部门应当将其制定的生产安全事故应急救援预案报送本级人民政府备案；易燃易爆物品、危险化学品等危险物品的生产、经营、储存、运输单位，矿山、金属冶炼、城市轨道交通运营、建筑施工单位，以及宾馆、商场、娱乐场所、旅游景区等人员密集场所经营单位，应当将其制定的生产安全事故应急救援预案按照国家有关规定报送县级以上人民政府负有安全生产监督管理职责的部门备案，并依法向社会公布。

第八条 县级以上地方人民政府以及县级以上人民政府负有安全生产监督管理职责的部门，乡、镇人民政府以及街道办事处等地方人民政府派出机关，应当至少每 2 年组织 1 次生产安全事故应急救援预案演练。

易燃易爆物品、危险化学品等危险物品的生产、经营、储存、运输单位，矿山、金属冶炼、城市轨道交通运营、建筑施工单位，以及宾馆、商场、娱乐场所、旅游景区等人员密集场所经营单位，应当至少每半年组织 1 次生产安全事故应急救援预案演练，并将演练情况报送所在地县级以上地方人民政府负有安全生产监督管理职责的部门。

县级以上地方人民政府负有安全生产监督管理职责的部门应当对本行政区域内前款规定的重点生产经营单位的生产安全事故应急救援预案演练进行抽查；发现演练不符合要求的，应当责令限期改正。

第十条 易燃易爆物品、危险化学品等危险物品的生产、经营、储存、运输单位，矿山、金属冶炼、城市轨道交通运营、建筑施工单位，以及宾馆、商场、娱乐场所、旅游景区等人员密集场所经营单位，应当建立应急救援队伍；其中，小型企业或者微型企业等规模较小的生产经营单位，可以不建立应急救援队伍，但应当指定兼职的应急救援人员，并且可以与邻近的应急救援队伍签订应急救援协议。

工业园区、开发区等产业聚集区域内的生产经营单位，可以联合建立应急救援队伍。

第十一条 应急救援队伍的应急救援人员应当具备必要的专业知识、技能、身体素质和心理素质。

应急救援队伍建立单位或者兼职应急救援人员所在单位应当按照国家有关规定对应急救援人员进行培训；应急救援人员经培训合格后，方可参加应急救援工作。

应急救援队伍应当配备必要的应急救援装备和物资，并定期组织训练。

第十二条 生产经营单位应当及时将本单位应急救援队伍建立情况按照国家有关规定报送县级以上人民政府负有安全生产监督管理职责的部门，并依法向社会公布。

县级以上人民政府负有安全生产监督管理职责的部门应当定期将本行业、本领域的应急救援队伍建立情况报送本级人民政府，并依法向社会公布。

第十三条 县级以上地方人民政府应当根据本行政区域内可能发生的生产安全事故的特点和危害，储备必要的应急救援装备和物资，并及时更新和补充。

易燃易爆物品、危险化学品等危险物品的生产、经营、储存、运输单位，矿山、金属冶炼、城市轨道交通运营、建筑施工单位，以及宾馆、商场、娱乐场所、旅游景区等人员密集场所经营单位，应当根据本单位可能发生的生产安全事故的特点和危害，配备必要的灭火、排水、通风以及危险物品稀释、掩埋、收集等应急救援器材、设备和物资，并进行经常性维护、保养，保证正常运转。

第十四条 下列单位应当建立应急值班制度，配备应急值班人员：

（一）县级以上人民政府及其负有安全生产监督管理职责的部门；

（二）危险物品的生产、经营、储存、运输单位以及矿山、金属冶炼、城市轨道交通运营、建筑施工单位；

（三）应急救援队伍。

规模较大、危险性较高的易燃易爆物品、危险化学品等危险物品的生产、经营、储存、运输单位应当成立应急处置技术组，实行 24 小时应急值班。

第十五条 生产经营单位应当对从业人员进行应急教育和培训，保证从业人员具备必要的应急知识，掌握风险防范技能和事故应急措施。

第十六条 国务院负有安全生产监督管理职责的部门应当按照国家有关规定建立生产安全事故应急救援信息系统，并采取有效措施，实现数据互联互通、信息共享。

生产经营单位可以通过生产安全事故应急救援信息系统办理生产安全事故应急救援预案备案手续，报送应急救援预案演练情况和应急救援队伍建设情况；但依法需要保密的除外。

第十七条 发生生产安全事故后，生产经营单位应当立即启动生产安全事故应急救援预案，采取下列一项或者多项应急救援措施，并按照国家有关规定报告事故情况：

（一）迅速控制危险源，组织抢救遇险人员；

（二）根据事故危害程度，组织现场人员撤离或者采取可能的应急措施后撤离；

（三）及时通知可能受到事故影响的单位和人员；

（四）采取必要措施，防止事故危害扩大和次生、衍生灾害发生；

（五）根据需要请求邻近的应急救援队伍参加救援，并向参加救援的应急救援队伍提供相关技术资料、信息和处置方法；

（六）维护事故现场秩序，保护事故现场和相关证据；

（七）法律、法规规定的其他应急救援措施。

第三十条 生产经营单位未制定生产安全事故应急救援预案、未定期组织应急救援预案演练、未对从业人员进行应急教育和培训，生产经营单位的主要负责人在本单位发生生产安全事故时不立即组织抢救的，由县级以上人民政府负有安全生产监督管理职责的部门依照《中华人民共和国安全生产法》有关规定追究法律责任。

第三十一条 生产经营单位未对应急救援器材、设备和物资进行经常性维护、保养，导致发生严重生产安全事故或者生产安全事故危害扩大，或者在本单位发生生产安全事故后未立即采取相应的应急救援措施，造成严重后果的，由县级以上人民政府负有安全生产监督管理职责的部门依照《中华人民共和国突发事件应对法》有关规定追究法律责任。

第三十二条 生产经营单位未将生产安全事故应急救援预案报送备案、未建立应急值班制度或者配备应急值班人员的，由县级以上人民政府负有安全生产监督管理职责的部门责令限期改正；逾期未改正的，处3万元以上5万元以下的罚款，对直接负责的主管人员和其他直接责任人员处1万元以上2万元以下的罚款。

第三十三条 违反本条例规定，构成违反治安管理行为的，由公安机关依法给予处罚；构成犯罪的，依法追究刑事责任。

6.《生产安全事故报告和调查处理条例》节选

《生产安全事故报告和调查处理条例》于2007年4月9日国务院令第493号公布，自2007年6月1日起施行。该条例是我国第一部全面规范生产安全事故报告和调查处理的基本法规，其立法目的是为了规范生产安全事故的报告和调查处理，落实生产安全事故责任追究制度，防止和减少生产安全事故。

《生产安全事故报告和调查处理条例》确定事故报告和调查处理由政府领导、分级负责和"四不放过"的原则，确立了事故报告和调查处理工作制度、机制和程序，加大了事故责任追究和处罚的力度，实现了相关立法和执法部门职责的和谐、统一。本书节选部分条文如下：

【适用范围】

第二条 生产经营活动中发生的造成人身伤亡或者直接经济损失的生产安全事故的报告和调查处理，适用本条例；环境污染事故、核设施事故、国防科研生产事故的报告和调查处理不适用本条例。

【生产安全事故分级】

第三条 根据生产安全事故（以下简称事故）造成的人员伤亡或者直接经济损失，事故一般分为以下等级：

（一）特别重大事故，是指造成30人以上死亡，或者100人以上重伤（包括急性工业中毒，下同），或者1亿元以上直接经济损失的事故；

（二）重大事故，是指造成10人以上30人以下死亡，或者50人以上100人以下重伤，或者5000万元以上1亿元以下直接经济损失的事故；

（三）较大事故，是指造成3人以上10人以下死亡，或者10人以上50人以下重伤，或者 1000 万元以上 5000 万元以下直接经济损失的事故；

（四）一般事故，是指造成 3 人以下死亡，或者 10 人以下重伤，或者 1000 万元以下直接经济损失的事故。

国务院安全生产监督管理部门可以会同国务院有关部门，制定事故等级划分的补充性规定。

本条第一款所称的"以上"包括本数，所称的"以下"不包括本数。

【不得迟报、漏报、谎报或瞒报】

第四条　事故报告应当及时、准确、完整，任何单位和个人对事故不得迟报、漏报、谎报或者瞒报。

事故调查处理应当坚持实事求是、尊重科学的原则，及时、准确地查清事故经过、事故原因和事故损失，查明事故性质，认定事故责任，总结事故教训，提出整改措施，并对事故责任者依法追究责任。

【逐级报告原则】

第九条　事故发生后，事故现场有关人员应当立即向本单位负责人报告；单位负责人接到报告后，应当于 1 小时内向事故发生地县级以上人民政府安全生产监督管理部门和负有安全生产监督管理职责的有关部门报告。

情况紧急时，事故现场有关人员可以直接向事故发生地县级以上人民政府安全生产监督管理部门和负有安全生产监督管理职责的有关部门报告。

第十条　安全生产监督管理部门和负有安全生产监督管理职责的有关部门接到事故报告后，应当依照下列规定上报事故情况，并通知公安机关、劳动保障行政部门、工会和人民检察院：

（一）特别重大事故、重大事故逐级上报至国务院安全生产监督管理部门和负有安全生产监督管理职责的有关部门；

（二）较大事故逐级上报至省、自治区、直辖市人民政府安全生产监督管理部门和负有安全生产监督管理职责的有关部门；

（三）一般事故上报至设区的市级人民政府安全生产监督管理部门和负有安全生产监督管理职责的有关部门。

安全生产监督管理部门和负有安全生产监督管理职责的有关部门依照前款规定上报事故情况，应当同时报告本级人民政府。国务院安全生产监督管理部门和负有安全生产监督管理职责的有关部门以及省级人民政府接到发生特别重大事故、重大事故的报告后，应当立即报告国务院。

必要时，安全生产监督管理部门和负有安全生产监督管理职责的有关部门可以越级上报事故情况。

【报告时限】

第十一条　安全生产监督管理部门和负有安全生产监督管理职责的有关部门逐级上报事故情况，每级上报的时间不得超过 2 小时。

【事故报告内容】

第十二条　报告事故应当包括下列内容：

（一）事故发生单位概况；

（二）事故发生的时间、地点以及事故现场情况；

（三）事故的简要经过；

（四）事故已经造成或者可能造成的伤亡人数（包括下落不明的人数）和初步估计的直接经济损失；

（五）已经采取的措施；

（六）其他应当报告的情况。

第十三条 事故报告后出现新情况的，应当及时补报。

自事故发生之日起 30 日内，事故造成的伤亡人数发生变化的，应当及时补报。道路交通事故、火灾事故自发生之日起 7 日内，事故造成的伤亡人数发生变化的，应当及时补报。

【分级调查处理】

第十九条 特别重大事故由国务院或者国务院授权有关部门组织事故调查组进行调查。

重大事故、较大事故、一般事故分别由事故发生地省级人民政府、设区的市级人民政府、县级人民政府负责调查。省级人民政府、设区的市级人民政府、县级人民政府可以直接组织事故调查组进行调查，也可以授权或者委托有关部门组织事故调查组进行调查。

未造成人员伤亡的一般事故，县级人民政府也可以委托事故发生单位组织事故调查组进行调查。

【等级事故发生地负责调查】

第二十一条 特别重大事故以下等级事故，事故发生地与事故发生单位不在同一个县级以上行政区域的，由事故发生地人民政府负责调查，事故发生单位所在地人民政府应当派人参加。

【调查报告时限和要求】

第二十九条 事故调查组应当自事故发生之日起 60 日内提交事故调查报告；特殊情况下，经负责事故调查的人民政府批准，提交事故调查报告的期限可以适当延长，但延长的期限最长不超过 60 日。

第三十条 事故调查报告应当包括下列内容：

（一）事故发生单位概况；

（二）事故发生经过和事故救援情况；

（三）事故造成的人员伤亡和直接经济损失；

（四）事故发生的原因和事故性质；

（五）事故责任的认定以及对事故责任者的处理建议；

（六）事故防范和整改措施。

事故调查报告应当附具有关证据材料。事故调查组成员应当在事故调查报告上签名。

7.《工伤保险条例》节选

2003 年 4 月 27 日中华人民共和国国务院令第 375 号公布；根据 2010 年 12 月 20 日《国务院关于修改〈工伤保险条例〉的决定》修订，自 2004 年 1 月 1 日起施行。

《工伤保险条例》的立法目的是为了保障因工作遭受事故伤害或者患职业病的职工获得医疗救治和经济补偿，促进工伤预防和职业康复，分散用人单位的工伤风险。本书节选部条文如下：

【适用范围】

第二条 中华人民共和国境内的企业、事业单位、社会团体、民办非企业单位、基金会、律师事务所、会计师事务所等组织和有雇工的个体工商户（以下称用人单位）应当依照本条例规定参加工伤保险，为本单位全部职工或者雇工（以下称职工）缴纳工伤保险费。

中华人民共和国境内的企业、事业单位、社会团体、民办非企业单位、基金会、律师事务所、会计师事务所等组织的职工和个体工商户的雇工，均有依照本条例的规定享受工伤保险待遇的权利。

【用人单位责任】

第四条 用人单位应当将参加工伤保险的有关情况在本单位内公示。

用人单位和职工应当遵守有关安全生产和职业病防治的法律法规，执行安全卫生规程和标准，预防工伤事故发生，避免和减少职业病危害。

职工发生工伤时，用人单位应当采取措施使工伤职工得到及时救治。

【缴费主体、缴费基数与费率】

第十条 用人单位应当按时缴纳工伤保险费。职工个人不缴纳工伤保险费。

用人单位缴纳工伤保险费的数额为本单位职工工资总额乘以单位缴费费率之积。

对难以按照工资总额缴纳工伤保险费的行业，其缴纳工伤保险费的具体方式，由国务院社会保险行政部门规定。

【应当认定工伤的情形】

第十四条 职工有下列情形之一的，应当认定为工伤：

（一）在工作时间和工作场所内，因工作原因受到事故伤害的；

（二）工作时间前后在工作场所内，从事与工作有关的预备性或者收尾性工作受到事故伤害的；

（三）在工作时间和工作场所内，因履行工作职责受到暴力等意外伤害的；

（四）患职业病的；

（五）因工外出期间，由于工作原因受到伤害或者发生事故下落不明的；

（六）在上下班途中，受到非本人主要责任的交通事故或者城市轨道交通、客运轮渡、火车事故伤害的；

（七）法律、行政法规规定应当认定为工伤的其他情形。

【视同工伤的情形及其保险待遇】

第十五条 职工有下列情形之一的，视同工伤：

（一）在工作时间和工作岗位，突发疾病死亡或者在 48 小时之内经抢救无效死亡的；

（二）在抢险救灾等维护国家利益、公共利益活动中受到伤害的；

（三）职工原在军队服役，因战、因公负伤致残，已取得革命伤残军人证，到用人单位后旧伤复发的。

职工有前款第（一）项、第（二）项情形的，按照本条例的有关规定享受工伤保险待遇；职工有前款第（三）项情形的，按照本条例的有关规定享受除一次性伤残补助金以外的工伤保险待遇。

【不属于工伤的情形】

第十六条　职工符合本条例第十四条、第十五条的规定，但是有下列情形之一的，不得认定为工伤或者视同工伤：

（一）故意犯罪的；

（二）醉酒或者吸毒的；

（三）自残或者自杀的。

【申请工伤认定的主体、时限及受理部门】

第十七条　职工发生事故伤害或者按照职业病防治法规定被诊断、鉴定为职业病，所在单位应当自事故伤害发生之日或者被诊断、鉴定为职业病之日起 30 日内，向统筹地区社会保险行政部门提出工伤认定申请。遇有特殊情况，经报社会保险行政部门同意，申请时限可以适当延长。

用人单位未按前款规定提出工伤认定申请的，工伤职工或者其近亲属、工会组织在事故伤害发生之日或者被诊断、鉴定为职业病之日起 1 年内，可以直接向用人单位所在地统筹地区社会保险行政部门提出工伤认定申请。

按照本条第一款规定应当由省级社会保险行政部门进行工伤认定的事项，根据属地原则由用人单位所在地的设区的市级社会保险行政部门办理。

用人单位未在本条第一款规定的时限内提交工伤认定申请，在此期间发生符合本条例规定的工伤待遇等有关费用由该用人单位负担。

【申请材料】

第十八条　提出工伤认定申请应当提交下列材料：

（一）工伤认定申请表；

（二）与用人单位存在劳动关系（包括事实劳动关系）的证明材料；

（三）医疗诊断证明或者职业病诊断证明书（或者职业病诊断鉴定书）。

工伤认定申请表应当包括事故发生的时间、地点、原因以及职工伤害程度等基本情况。

工伤认定申请人提供材料不完整的，社会保险行政部门应当一次性书面告知工伤认定申请人需要补正的全部材料。申请人按照书面告知要求补正材料后，社会保险行政部门应当受理。

【事故调查及举证责任】

第十九条　社会保险行政部门受理工伤认定申请后，根据审核需要可以对事故伤害进行调查核实，用人单位、职工、工会组织、医疗机构以及有关部门应当予以协助。职业病诊断和诊断争议的鉴定，依照职业病防治法的有关规定执行。对依法取得职业病诊断证明书或者职业病诊断鉴定书的，社会保险行政部门不再进行调查核实。

职工或者其近亲属认为是工伤，用人单位不认为是工伤的，由用人单位承担举证责任。

【工伤认定的时限、回避】

第二十条　社会保险行政部门应当自受理工伤认定申请之日起 60 日内作出工伤认定的决定，并书面通知申请工伤认定的职工或者其近亲属和该职工所在单位。

社会保险行政部门对受理的事实清楚、权利义务明确的工伤认定申请，应当在 15 日内作出工伤认定的决定。

作出工伤认定决定需要以司法机关或者有关行政主管部门的结论为依据的，在司法机关或者有关行政主管部门尚未作出结论期间，作出工伤认定决定的时限中止。

社会保险行政部门工作人员与工伤认定申请人有利害关系的，应当回避。

【签订的条件】

第二十一条 职工发生工伤，经治疗伤情相对稳定后存在残疾、影响劳动能力的，应当进行劳动能力鉴定。

【劳动能力鉴定等级】

第二十二条 劳动能力鉴定是指劳动功能障碍程度和生活自理障碍程度的等级鉴定。

劳动功能障碍分为十个伤残等级，最重的为一级，最轻的为十级。

生活自理障碍分为三个等级：生活完全不能自理、生活大部分不能自理和生活部分不能自理。

劳动能力鉴定标准由国务院社会保险行政部门会同国务院卫生行政部门等部门制定。

【申请鉴定的主体、受理机构、申请材料】

第二十三条 劳动能力鉴定由用人单位、工伤职工或者其近亲属向设区的市级劳动能力鉴定委员会提出申请，并提供工伤认定决定和职工工伤医疗的有关资料。

【鉴定委员会人员构成、专家库】

第二十四条 省、自治区、直辖市劳动能力鉴定委员会和设区的市级劳动能力鉴定委员会分别由省、自治区、直辖市和设区的市级社会保险行政部门、卫生行政部门、工会组织、经办机构代表以及用人单位代表组成。

劳动能力鉴定委员会建立医疗卫生专家库。列入专家库的医疗卫生专业技术人员应当具备下列条件：

（一）具有医疗卫生高级专业技术职务任职资格；

（二）掌握劳动能力鉴定的相关知识；

（三）具有良好的职业品德。

【鉴定步骤、时限】

第二十五条 设区的市级劳动能力鉴定委员会收到劳动能力鉴定申请后，应当从其建立的医疗卫生专家库中随机抽取 3 名或者 5 名相关专家组成专家组，由专家组提出鉴定意见。设区的市级劳动能力鉴定委员会根据专家组的鉴定意见作出工伤职工劳动能力鉴定结论；必要时，可以委托具备资格的医疗机构协助进行有关的诊断。

设区的市级劳动能力鉴定委员会应当自收到劳动能力鉴定申请之日起 60 日内作出劳动能力鉴定结论，必要时，作出劳动能力鉴定结论的期限可以延长 30 日。劳动能力鉴定结论应当及时送达申请鉴定的单位和个人。

【再次鉴定】

第二十六条 申请鉴定的单位或者个人对设区的市级劳动能力鉴定委员会作出的鉴定结论不服的，可以在收到该鉴定结论之日起 15 日内向省、自治区、直辖市劳动能力鉴定委员会提出再次鉴定申请。省、自治区、直辖市劳动能力鉴定委员会作出的劳动能力鉴定结论为最终结论。

【鉴定工作原则、回避制度】

第二十七条 劳动能力鉴定工作应当客观、公正。劳动能力鉴定委员会组成人员或者参加鉴定的专家与当事人有利害关系的，应当回避。

【复查鉴定】

第二十八条 自劳动能力鉴定结论作出之日起1年后，工伤职工或者其近亲属、所在单位或者经办机构认为伤残情况发生变化的，可以申请劳动能力复查鉴定。

【再次鉴定和复查鉴定的时限】

第二十九条 劳动能力鉴定委员会依照本条例第二十六条和第二十八条的规定进行再次鉴定和复查鉴定的期限，依照本条例第二十五条第二款的规定执行。

【工伤职工的治疗】

第三十条 职工因工作遭受事故伤害或者患职业病进行治疗，享受工伤医疗待遇。

职工治疗工伤应当在签订服务协议的医疗机构就医，情况紧急时可以先到就近的医疗机构急救。

治疗工伤所需费用符合工伤保险诊疗项目目录、工伤保险药品目录、工伤保险住院服务标准的，从工伤保险基金支付。工伤保险诊疗项目目录、工伤保险药品目录、工伤保险住院服务标准，由国务院社会保险行政部门会同国务院卫生行政部门、食品药品监督管理部门等部门规定。

职工住院治疗工伤的伙食补助费，以及经医疗机构出具证明，报经办机构同意，工伤职工到统筹地区以外就医所需的交通、食宿费用从工伤保险基金支付，基金支付的具体标准由统筹地区人民政府规定。

工伤职工治疗非工伤引发的疾病，不享受工伤医疗待遇，按照基本医疗保险办法处理。

工伤职工到签订服务协议的医疗机构进行工伤康复的费用，符合规定的，从工伤保险基金支付。

【复议和诉讼期间不停止支付医疗费用】

第三十一条 社会保险行政部门作出认定为工伤的决定后发生行政复议、行政诉讼的，行政复议和行政诉讼期间不停止支付工伤职工治疗工伤的医疗费用。

【配置辅助器具】

第三十二条 工伤职工因日常生活或者就业需要，经劳动能力鉴定委员会确认，可以安装假肢、矫形器、假眼、假牙和配置轮椅等辅助器具，所需费用按照国家规定的标准从工伤保险基金支付。

【工伤治疗期间待遇】

第三十三条 职工因工作遭受事故伤害或者患职业病需要暂停工作接受工伤医疗的，在停工留薪期内，原工资福利待遇不变，由所在单位按月支付。

停工留薪期一般不超过12个月。伤情严重或者情况特殊，经设区的市级劳动能力鉴定委员会确认，可以适当延长，但延长不得超过12个月。工伤职工评定伤残等级后，停发原待遇，按照本章的有关规定享受伤残待遇。工伤职工在停工留薪期满后仍需治疗的，继续享受工伤医疗待遇。

生活不能自理的工伤职工在停工留薪期需要护理的，由所在单位负责。

【生活护理费】

第三十四条 工伤职工已经评定伤残等级并经劳动能力鉴定委员会确认需要生活护理的，从工伤保险基金按月支付生活护理费。

生活护理费按照生活完全不能自理、生活大部分不能自理或者生活部分不能自理3个不同等级支付，其标准分别为统筹地区上年度职工月平均工资的50％、40％或者30％。

【一级至四级工伤待遇】

第三十五条 职工因工致残被鉴定为一级至四级伤残的，保留劳动关系，退出工作岗位，享受以下待遇：

（一）从工伤保险基金按伤残等级支付一次性伤残补助金，标准为：一级伤残为27个月的本人工资，二级伤残为25个月的本人工资，三级伤残为23个月的本人工资，四级伤残为21个月的本人工资；

（二）从工伤保险基金按月支付伤残津贴，标准为：一级伤残为本人工资的90％，二级伤残为本人工资的85％，三级伤残为本人工资的80％，四级伤残为本人工资的75％。伤残津贴实际金额低于当地最低工资标准的，由工伤保险基金补足差额；

（三）工伤职工达到退休年龄并办理退休手续后，停发伤残津贴，按照国家有关规定享受基本养老保险待遇。基本养老保险待遇低于伤残津贴的，由工伤保险基金补足差额。

职工因工致残被鉴定为一级至四级伤残的，由用人单位和职工个人以伤残津贴为基数，缴纳基本医疗保险费。

【五级至六级工伤待遇】

第三十六条 职工因工致残被鉴定为五级、六级伤残的，享受以下待遇：

（一）从工伤保险基金按伤残等级支付一次性伤残补助金，标准为：五级伤残为18个月的本人工资，六级伤残为16个月的本人工资；

（二）保留与用人单位的劳动关系，由用人单位安排适当工作。难以安排工作的，由用人单位按月发给伤残津贴，标准为：五级伤残为本人工资的70％，六级伤残为本人工资的60％，并由用人单位按照规定为其缴纳应缴纳的各项社会保险费。伤残津贴实际金额低于当地最低工资标准的，由用人单位补足差额。

经工伤职工本人提出，该职工可以与用人单位解除或者终止劳动关系，由工伤保险基金支付一次性工伤医疗补助金，由用人单位支付一次性伤残就业补助金。一次性工伤医疗补助金和一次性伤残就业补助金的具体标准由省、自治区、直辖市人民政府规定。

【七级至十级工伤待遇】

第三十七条 职工因工致残被鉴定为七级至十级伤残的，享受以下待遇：

（一）从工伤保险基金按伤残等级支付一次性伤残补助金，标准为：七级伤残为13个月的本人工资，八级伤残为11个月的本人工资，九级伤残为9个月的本人工资，十级伤残为7个月的本人工资；

（二）劳动、聘用合同期满终止，或者职工本人提出解除劳动、聘用合同的，由工伤保险基金支付一次性工伤医疗补助金，由用人单位支付一次性伤残就业补助金。一次性工伤医疗补助金和一次性伤残就业补助金的具体标准由省、自治区、直辖市人民政府规定。

【旧伤复发待遇】

第三十八条 工伤职工工伤复发，确认需要治疗的，享受本条例第三十条、第三十二条和第三十三条规定的工伤待遇。

【工亡待遇】

第三十九条 职工因工死亡，其近亲属按照下列规定从工伤保险基金领取丧葬补助金、供养亲属抚恤金和一次性工亡补助金：

（一）丧葬补助金为 6 个月的统筹地区上年度职工月平均工资；

（二）供养亲属抚恤金按照职工本人工资的一定比例发给由因工死亡职工生前提供主要生活来源、无劳动能力的亲属。标准为：配偶每月 40％，其他亲属每人每月 30％，孤寡老人或者孤儿每人每月在上述标准的基础上增加 10％。核定的各供养亲属的抚恤金之和不应高于因工死亡职工生前的工资。供养亲属的具体范围由国务院社会保险行政部门规定；

（三）一次性工亡补助金标准为上一年度全国城镇居民人均可支配收入的 20 倍。

伤残职工在停工留薪期内因工伤导致死亡的，其近亲属享受本条第一款规定的待遇。

一级至四级伤残职工在停工留薪期满后死亡的，其近亲属可以享受本条第一款第（一）项、第（二）项规定的待遇。

【工伤待遇调整】

第四十条 伤残津贴、供养亲属抚恤金、生活护理费由统筹地区社会保险行政部门根据职工平均工资和生活费用变化等情况适时调整。调整办法由省、自治区、直辖市人民政府规定。

【职工抢险救灾、因工外出下落不明时的处理】

第四十一条 职工因工外出期间发生事故或者在抢险救灾中下落不明的，从事故发生当月起 3 个月内照发工资，从第 4 个月起停发工资，由工伤保险基金向其供养亲属按月支付供养亲属抚恤金。生活有困难的，可以预支一次性工亡补助金的 50％。职工被人民法院宣告死亡的，按照本条例第三十九条职工因工死亡的规定处理。

【停止支付工伤保险待遇的情形】

第四十二条 工伤职工有下列情形之一的，停止享受工伤保险待遇：

（一）丧失享受待遇条件的；

（二）拒不接受劳动能力鉴定的；

（三）拒绝治疗的。

【用人单位分立合并等情况下的责任】

第四十三条 用人单位分立、合并、转让的，承继单位应当承担原用人单位的工伤保险责任；原用人单位已经参加工伤保险的，承继单位应当到当地经办机构办理工伤保险变更登记。

用人单位实行承包经营的，工伤保险责任由职工劳动关系所在单位承担。

职工被借调期间受到工伤事故伤害的，由原用人单位承担工伤保险责任，但原用人单位与借调单位可以约定补偿办法。

企业破产的，在破产清算时依法拨付应当由单位支付的工伤保险待遇费用。

【派遣出境期间的工伤保险关系】

第四十四条 职工被派遣出境工作，依据前往国家或者地区的法律应当参加当地工伤保险的，参加当地工伤保险，其国内工伤保险关系中止；不能参加当地工伤保险的，其国内工伤保险关系不中止。

【再次发生工伤的待遇】

第四十五条 职工再次发生工伤，根据规定应当享受伤残津贴的，按照新认定的伤残等级享受伤残津贴待遇。

【工会监督】

第五十三条 工会组织依法维护工伤职工的合法权益，对用人单位的工伤保险工作实行监督。

【工伤待遇争议处理】

第五十四条 职工与用人单位发生工伤待遇方面的争议，按照处理劳动争议的有关规定处理。

【其他工伤保险争议处理】

第五十五条 有下列情形之一的，有关单位或者个人可以依法申请行政复议，也可以依法向人民法院提起行政诉讼：

（一）申请工伤认定的职工或者其近亲属、该职工所在单位对工伤认定申请不予受理的决定不服的；

（二）申请工伤认定的职工或者其近亲属、该职工所在单位对工伤认定结论不服的；

（三）用人单位对经办机构确定的单位缴费费率不服的；

（四）签订服务协议的医疗机构、辅助器具配置机构认为经办机构未履行有关协议或者规定的；

（五）工伤职工或者其近亲属对经办机构核定的工伤保险待遇有异议的。

8. 《女职工劳动保护特别规定》节选

2012 年 4 月 18 日，国务院第 200 次常务会议通过，2012 年 4 月 28 日中华人民共和国国务院令第 619 号公布，自公布之日起施行。《女职工劳动保护特别规定》对女职工劳动保护作出了新规定，如明确用人单位不得因女职工怀孕、生育、哺乳降低其工资、予以辞退、与其解除劳动或者聘用合同。本书节选部分条文如下：

第一条 为了减少和解决女职工在劳动中因生理特点造成的特殊困难，保护女职工健康，制定本规定。

第二条 中华人民共和国境内的国家机关、企业、事业单位、社会团体、个体经济组织以及其他社会组织等用人单位及其女职工，适用本规定。

第三条 用人单位应当加强女职工劳动保护，采取措施改善女职工劳动安全卫生条件，对女职工进行劳动安全卫生知识培训。

第四条 用人单位应当遵守女职工禁忌从事的劳动范围的规定。用人单位应当将本单位属于女职工禁忌从事的劳动范围的岗位书面告知女职工。

女职工禁忌从事的劳动范围由本规定附录列示。国务院安全生产监督管理部门会同国务院人力资源社会保障行政部门、国务院卫生行政部门根据经济社会发展情况，对女职工禁忌从事的劳动范围进行调整。

第五条 用人单位不得因女职工怀孕、生育、哺乳降低其工资、予以辞退、与其解除劳动或者聘用合同。

第六条 女职工在孕期不能适应原劳动的，用人单位应当根据医疗机构的证明，予以减轻劳动量或者安排其他能够适应的劳动。

对怀孕 7 个月以上的女职工，用人单位不得延长劳动时间或者安排夜班劳动，并应当在劳动时间内安排一定的休息时间。

怀孕女职工在劳动时间内进行产前检查，所需时间计入劳动时间。

第七条 女职工生育享受 98 天产假，其中产前可以休假 15 天；难产的，增加产假 15 天；生育多胞胎的，每多生育 1 个婴儿，增加产假 15 天。

女职工怀孕未满 4 个月流产的，享受 15 天产假；怀孕满 4 个月流产的，享受 42 天产假。

第九条 对哺乳未满 1 周岁婴儿的女职工，用人单位不得延长劳动时间或者安排夜班劳动。

用人单位应当在每天的劳动时间内为哺乳期女职工安排 1 小时哺乳时间；女职工生育多胞胎的，每多哺乳 1 个婴儿每天增加 1 小时哺乳时间。

附：女职工禁忌从事的劳动范围

一、女职工禁忌从事的劳动范围：

（一）矿山井下作业；

（二）体力劳动强度分级标准中规定的第四级体力劳动强度的作业；

（三）每小时负重 6 次以上、每次负重超过 20 公斤的作业，或者间断负重、每次负重超过 25 公斤的作业。

二、女职工在经期禁忌从事的劳动范围：

（一）冷水作业分级标准中规定的第二级、第三级、第四级冷水作业；

（二）低温作业分级标准中规定的第二级、第三级、第四级低温作业；

（三）体力劳动强度分级标准中规定的第三级、第四级体力劳动强度的作业；

（四）高处作业分级标准中规定的第三级、第四级高处作业。

三、女职工在孕期禁忌从事的劳动范围：

（一）作业场所空气中铅及其化合物、汞及其化合物、苯、镉、铍、砷、氰化物、氮氧化物、一氧化碳、二硫化碳、氯、己内酰胺、氯丁二烯、氯乙烯、环氧乙烷、苯胺、甲醛等有毒物质浓度超过国家职业卫生标准的作业；

（二）从事抗癌药物、己烯雌酚生产，接触麻醉剂气体等的作业；

（三）非密封源放射性物质的操作，核事故与放射事故的应急处置；

（四）高处作业分级标准中规定的高处作业；

（五）冷水作业分级标准中规定的冷水作业；

（六）低温作业分级标准中规定的低温作业；

（七）高温作业分级标准中规定的第三级、第四级的作业；

（八）噪声作业分级标准中规定的第三级、第四级的作业；

（九）体力劳动强度分级标准中规定的第三级、第四级体力劳动强度的作业；

（十）在密闭空间、高压室作业或者潜水作业，伴有强烈振动的作业，或者需要频繁弯腰、攀高、下蹲的作业。

四、女职工在哺乳期禁忌从事的劳动范围：

（一）孕期禁忌从事的劳动范围的第一项、第三项、第九项；

（二）作业场所空气中锰、氟、溴、甲醇、有机磷化合物、有机氯化合物等有毒物质浓度超过国家职业卫生标准的作业。

9.《易制毒化学品管理条例》节选

《易制毒化学品管理条例》于 2005 年 8 月 17 日国务院第 102 次常务会议通过，自 2005 年 11 月 1 日起施行，旨在为了加强易制毒化学品管理，规范易制毒化学品的生产、经营、购买、运输和进口、出口行为，防止易制毒化学品被用于制造毒品，维护经济和社会秩序。2014 年 7 月 29 日、2016 年 2 月 6 日、2018 年 9 月 18 日分别对其中条文进行修改。本书节选部分条文如下：

第二条 国家对易制毒化学品的生产、经营、购买、运输和进口、出口实行分类管理和许可制度。

易制毒化学品分为三类。第一类是可以用于制毒的主要原料，第二类、第三类是可以用于制毒的化学配剂。易制毒化学品的具体分类和品种，由本条例附表列示。

易制毒化学品的分类和品种需要调整的，由国务院公安部门会同国务院药品监督管理部门、安全生产监督管理部门、商务主管部门、卫生主管部门和海关总署提出方案，报国务院批准。

省、自治区、直辖市人民政府认为有必要在本行政区域内调整分类或者增加本条例规定以外的品种的，应当向国务院公安部门提出，由国务院公安部门会同国务院有关行政主管部门提出方案，报国务院批准。

第三条 国务院公安部门、药品监督管理部门、安全生产监督管理部门、商务主管部门、卫生主管部门、海关总署、价格主管部门、铁路主管部门、交通主管部门、市场监督管理部门、生态环境主管部门在各自的职责范围内，负责全国的易制毒化学品有关管理工作；县级以上地方各级人民政府有关行政主管部门在各自的职责范围内，负责本行政区域内的易制毒化学品有关管理工作。

县级以上地方各级人民政府应当加强对易制毒化学品管理工作的领导，及时协调解决易制毒化学品管理工作中的问题。

第五条 易制毒化学品的生产、经营、购买、运输和进口、出口，除应当遵守本条例的规定外，属于药品和危险化学品的，还应当遵守法律、其他行政法规对药品和危险化学品的有关规定。

禁止走私或者非法生产、经营、购买、转让、运输易制毒化学品。

禁止使用现金或者实物进行易制毒化学品交易。但是，个人合法购买第一类中的药品类易制毒化学品药品制剂和第三类易制毒化学品的除外。

生产、经营、购买、运输和进口、出口易制毒化学品的单位，应当建立单位内部易制毒化学品管理制度。

第十四条 申请购买第一类易制毒化学品，应当提交下列证件，经本条例第十五条规定的行政主管部门审批，取得购买许可证：

（一）经营企业提交企业营业执照和合法使用需要证明；

（二）其他组织提交登记证书（成立批准文件）和合法使用需要证明。

第十五条 申请购买第一类中的药品类易制毒化学品的，由所在地的省、自治区、直辖市人民政府药品监督管理部门审批；申请购买第一类中的非药品类易制毒化学品的，由所在地的省、自治区、直辖市人民政府公安机关审批。

前款规定的行政主管部门应当自收到申请之日起 10 日内，对申请人提交的申请材料和证件进行审查。对符合规定的，发给购买许可证；不予许可的，应当书面说明理由。

审查第一类易制毒化学品购买许可申请材料时，根据需要，可以进行实地核查。

第十七条 购买第二类、第三类易制毒化学品的，应当在购买前将所需购买的品种、数量，向所在地的县级人民政府公安机关备案。个人自用购买少量高锰酸钾的，无须备案。

附件 2.3 常用安全生产和职业健康部门规章

1. 《生产经营单位安全培训规定》节选

2006 年 1 月 17 日国家安全生产监督管理总局令第 3 号公布《生产经营单位安全培训规定》，自 2006 年 3 月 1 日起施行。现行有效版本根据 2015 年 5 月 29 日国家安全生产监督管理总局令第 80 号进行修正，自 2015 年 7 月 1 日起施行。制定《生产经营单位安全培训规定》的目的是为了加强和规范生产经营单位安全培训工作，提高从业人员安全素质，防范伤亡事故，减轻职业危害。工矿商贸生产经营单位（以下简称生产经营单位）从业人员的安全培训，均应执行本规定。本书节选部分条文如下：

【生产经营单位负责安全培训】

第三条 生产经营单位负责本单位从业人员安全培训工作。

生产经营单位应当按照安全生产法和有关法律、行政法规和本规定，建立健全安全培训工作制度。

【应开展安全培训的人员类型】

第四条 生产经营单位应当进行安全培训的从业人员包括主要负责人、安全生产管理人员、特种作业人员和其他从业人员。

生产经营单位使用被派遣劳动者的，应当将被派遣劳动者纳入本单位从业人员统一管理，对被派遣劳动者进行岗位安全操作规程和安全操作技能的教育和培训。劳务派遣单位应当对被派遣劳动者进行必要的安全生产教育和培训。

生产经营单位接收中等职业学校、高等学校学生实习的，应当对实习学生进行相应的安全生产教育和培训，提供必要的劳动防护用品。学校应当协助生产经营单位对实习学生进行安全生产教育和培训。

生产经营单位从业人员应当接受安全培训，熟悉有关安全生产规章制度和安全操作规程，具备必要的安全生产知识，掌握本岗位的安全操作技能，了解事故应急处理措施，知悉自身在安全生产方面的权利和义务。

未经安全培训合格的从业人员，不得上岗作业。

【主要负责人、安全生产管理人员的安全培训】

第六条 生产经营单位主要负责人和安全生产管理人员应当接受安全培训，具备与所从事的生产经营活动相适应的安全生产知识和管理能力。

第七条 生产经营单位主要负责人安全培训应当包括下列内容：

（一）国家安全生产方针、政策和有关安全生产的法律、法规、规章及标准；

（二）安全生产管理基本知识、安全生产技术、安全生产专业知识；

（三）重大危险源管理、重大事故防范、应急管理和救援组织以及事故调查处理的有关规定；

（四）职业危害及其预防措施；

（五）国内外先进的安全生产管理经验；

（六）典型事故和应急救援案例分析；

（七）其他需要培训的内容。

第八条 生产经营单位安全生产管理人员安全培训应当包括下列内容：

（一）国家安全生产方针、政策和有关安全生产的法律、法规、规章及标准；

（二）安全生产管理、安全生产技术、职业卫生等知识；

（三）伤亡事故统计、报告及职业危害的调查处理方法；

（四）应急管理、应急预案编制以及应急处置的内容和要求；

（五）国内外先进的安全生产管理经验；

（六）典型事故和应急救援案例分析；

（七）其他需要培训的内容。

第九条 生产经营单位主要负责人和安全生产管理人员初次安全培训时间不得少于32学时。每年再培训时间不得少于12学时。

煤矿、非煤矿山、危险化学品、烟花爆竹、金属冶炼等生产经营单位主要负责人和安全生产管理人员初次安全培训时间不得少于48学时，每年再培训时间不得少于16学时。

第十条 生产经营单位主要负责人和安全生产管理人员的安全培训必须依照安全生产监管监察部门制定的安全培训大纲实施。

非煤矿山、危险化学品、烟花爆竹、金属冶炼等生产经营单位主要负责人和安全生产管理人员的安全培训大纲及考核标准由国家安全生产监督管理总局统一制定。

煤矿主要负责人和安全生产管理人员的安全培训大纲及考核标准由国家煤矿安全监察局制定。

煤矿、非煤矿山、危险化学品、烟花爆竹、金属冶炼以外的其他生产经营单位主要负责人和安全管理人员的安全培训大纲及考核标准，由省、自治区、直辖市安全生产监督管理部门制定。

【从业人员的安全培训】

第十一条 煤矿、非煤矿山、危险化学品、烟花爆竹、金属冶炼等生产经营单位必须对新上岗的临时工、合同工、劳务工、轮换工、协议工等进行强制性安全培训，保证其具备本岗位安全操作、自救互救以及应急处置所需的知识和技能后，方能安排上岗作业。

第十二条 加工、制造业等生产单位的其他从业人员，在上岗前必须经过厂（矿）、车间（工段、区、队）、班组三级安全培训教育。

生产经营单位应当根据工作性质对其他从业人员进行安全培训，保证其具备本岗位安全操作、应急处置等知识和技能。

第十三条 生产经营单位新上岗的从业人员，岗前安全培训时间不得少于24学时。

煤矿、非煤矿山、危险化学品、烟花爆竹、金属冶炼等生产经营单位新上岗的从业人员安全培训时间不得少于72学时，每年再培训的时间不得少于20学时。

第十四条 厂（矿）级岗前安全培训内容应当包括：

（一）本单位安全生产情况及安全生产基本知识；

（二）本单位安全生产规章制度和劳动纪律；

（三）从业人员安全生产权利和义务；

（四）有关事故案例等。

煤矿、非煤矿山、危险化学品、烟花爆竹、金属冶炼等生产经营单位厂（矿）级安全培训除包括上述内容外，应当增加事故应急救援、事故应急预案演练及防范措施等内容。

第十五条 车间（工段、区、队）级岗前安全培训内容应当包括：

（一）工作环境及危险因素；

（二）所从事工种可能遭受的职业伤害和伤亡事故；

（三）所从事工种的安全职责、操作技能及强制性标准；

（四）自救互救、急救方法、疏散和现场紧急情况的处理；

（五）安全设备设施、个人防护用品的使用和维护；

（六）本车间（工段、区、队）安全生产状况及规章制度；

（七）预防事故和职业危害的措施及应注意的安全事项；

（八）有关事故案例；

（九）其他需要培训的内容。

第十六条 班组级岗前安全培训内容应当包括：

（一）岗位安全操作规程；

（二）岗位之间工作衔接配合的安全与职业卫生事项；

（三）有关事故案例；

（四）其他需要培训的内容。

【转岗、离岗后重新上岗人员的培训要求】

第十七条 从业人员在本生产经营单位内调整工作岗位或离岗一年以上重新上岗时，应当重新接受车间（工段、区、队）和班组级的安全培训。

生产经营单位采用新工艺、新技术、新材料或者使用新设备时，应当对有关从业人员重新进行有针对性的安全培训。

【特种作业人员应持证上岗】

第十八条 生产经营单位的特种作业人员，必须按照国家有关法律、法规的规定接受专门的安全培训，经考核合格，取得特种作业操作资格证书后，方可上岗作业。

特种作业人员的范围和培训考核管理办法，另行规定。

【安全培训的组织实施】

第十九条 生产经营单位从业人员的安全培训工作，由生产经营单位组织实施。

生产经营单位应当坚持以考促学、以讲促学，确保全体从业人员熟练掌握岗位安全生产知识和技能；煤矿、非煤矿山、危险化学品、烟花爆竹、金属冶炼等生产经营单位还应当完善和落实师傅带徒弟制度。

第二十条 具备安全培训条件的生产经营单位，应当以自主培训为主；可以委托具备安全培训条件的机构，对从业人员进行安全培训。

不具备安全培训条件的生产经营单位，应当委托具备安全培训条件的机构，对从业人员进行安全培训。

生产经营单位委托其他机构进行安全培训的，保证安全培训的责任仍由本单位负责。

第二十一条 生产经营单位应当将安全培训工作纳入本单位年度工作计划。保证本单位安全培训工作所需资金。

生产经营单位的主要负责人负责组织制定并实施本单位安全培训计划。

【安全生产教育培训档案】

第二十二条 生产经营单位应当建立健全从业人员安全生产教育和培训档案，由生产经营单位的安全生产管理机构以及安全生产管理人员详细、准确记录培训的时间、内容、参加人员以及考核结果等情况。

【特殊行业主要负责人和安全生产管理人员应经考核合格】

第二十四条 煤矿、非煤矿山、危险化学品、烟花爆竹、金属冶炼等生产经营单位主要负责人和安全生产管理人员，自任职之日起6个月内，必须经安全生产监管监察部门对其安全生产知识和管理能力考核合格。

【主要负责人、安全生产管理人员的定义】

第三十二条 生产经营单位主要负责人是指有限责任公司或者股份有限公司的董事长、总经理，其他生产经营单位的厂长、经理、（矿务局）局长、矿长（含实际控制人）等。

生产经营单位安全生产管理人员是指生产经营单位分管安全生产的负责人、安全生产管理机构负责人及其管理人员，以及未设安全生产管理机构的生产经营单位专、兼职安全生产管理人员等。

生产经营单位其他从业人员是指除主要负责人、安全生产管理人员和特种作业人员以外，该单位从事生产经营活动的所有人员，包括其他负责人、其他管理人员、技术人员和各岗位的工人以及临时聘用的人员。

2.《工作场所职业卫生管理规定》节选

2020年12月31日中华人民共和国国家卫生健康委员会令第5号公布，《工作场所职业卫生管理规定》于2020年12月4日第2次委务会议通过，自2021年2月1日起施行，是为了加强职业卫生管理工作，强化用人单位职业病防治的主体责任，预防、控制职业病危害，保障劳动者健康和相关权益，根据《中华人民共和国职业病防治法》等法律、行政法规，制定本规定。该规定分为总则、用人单位的职责、监督管理、法律责任、附则共五章六十条，适用于用人单位的职业病防治和卫生健康主管部门对其实施监督管理。本书节选部分条文如下：

【用人单位是职业病防治责任主体】

第四条 用人单位是职业病防治的责任主体，并对本单位产生的职业病危害承担责任。

用人单位的主要负责人对本单位的职业病防治工作全面负责。

【职业卫生管理机构或人员的配置和培训要求】

第八条 职业病危害严重的用人单位，应当设置或者指定职业卫生管理机构或者组织，配备专职职业卫生管理人员。

其他存在职业病危害的用人单位，劳动者超过一百人的，应当设置或者指定职业卫生管理机构或者组织，配备专职职业卫生管理人员；劳动者在一百人以下的，应当配备专职或者兼职的职业卫生管理人员，负责本单位的职业病防治工作。

第九条 用人单位的主要负责人和职业卫生管理人员应当具备与本单位所从事的生产经营活动相适应的职业卫生知识和管理能力，并接受职业卫生培训。

对用人单位主要负责人、职业卫生管理人员的职业卫生培训，应当包括下列主要内容：

（一）职业卫生相关法律、法规、规章和国家职业卫生标准；

（二）职业病危害预防和控制的基本知识；

（三）职业卫生管理相关知识；

（四）国家卫生健康委规定的其他内容。

【劳动者上岗前的职业卫生培训】

第十条 用人单位应当对劳动者进行上岗前的职业卫生培训和在岗期间的定期职业卫生培训，普及职业卫生知识，督促劳动者遵守职业病防治的法律、法规、规章、国家职业卫生标准和操作规程。

用人单位应当对职业病危害严重的岗位的劳动者，进行专门的职业卫生培训，经培训合格后方可上岗作业。

因变更工艺、技术、设备、材料，或者岗位调整导致劳动者接触的职业病危害因素发生变化的，用人单位应当重新对劳动者进行上岗前的职业卫生培训。

【建立职业卫生管理制度】

第十一条 存在职业病危害的用人单位应当制定职业病危害防治计划和实施方案，建立、健全下列职业卫生管理制度和操作规程：

（一）职业病危害防治责任制度；

（二）职业病危害警示与告知制度；

（三）职业病危害项目申报制度；

（四）职业病防治宣传教育培训制度；

（五）职业病防护设施维护检修制度；

（六）职业病防护用品管理制度；

（七）职业病危害监测及评价管理制度；

（八）建设项目职业病防护设施"三同时"管理制度；

（九）劳动者职业健康监护及其档案管理制度；

（十）职业病危害事故处置与报告制度；

（十一）职业病危害应急救援与管理制度；

（十二）岗位职业卫生操作规程；

（十三）法律、法规、规章规定的其他职业病防治制度。

【职业病危害工作场所基本要求】

第十二条 产生职业病危害的用人单位的工作场所应当符合下列基本要求：

（一）生产布局合理，有害作业与无害作业分开；

（二）工作场所与生活场所分开，工作场所不得住人；

（三）有与职业病防治工作相适应的有效防护设施；

（四）职业病危害因素的强度或者浓度符合国家职业卫生标准；

（五）有配套的更衣间、洗浴间、孕妇休息间等卫生设施；

（六）设备、工具、用具等设施符合保护劳动者生理、心理健康的要求；

（七）法律、法规、规章和国家职业卫生标准的其他规定。

【职业病危害项目申报】

第十三条 用人单位工作场所存在职业病目录所列职业病的危害因素的，应当按照《职业病危害项目申报办法》的规定，及时、如实向所在地卫生健康主管部门申报职业病危害项目，并接受卫生健康主管部门的监督检查。

【建设项目职业卫生"三同时"制度】

第十四条 新建、改建、扩建的工程建设项目和技术改造、技术引进项目（以下统称建设项目）可能产生职业病危害的，建设单位应当按照国家有关建设项目职业病防护设施"三同时"监督管理的规定，进行职业病危害预评价、职业病防护设施设计、职业病危害控制效果评价及相应的评审，组织职业病防护设施验收。

【职业病危害警示标识】

第十五条 产生职业病危害的用人单位，应当在醒目位置设置公告栏，公布有关职业病防治的规章制度、操作规程、职业病危害事故应急救援措施和工作场所职业病危害因素检测结果。

存在或者产生职业病危害的工作场所、作业岗位、设备、设施，应当按照《工作场所职业病危害警示标识》（GBZ 158）的规定，在醒目位置设置图形、警示线、警示语句等警示标识和中文警示说明。警示说明应当载明产生职业病危害的种类、后果、预防和应急处置措施等内容。

存在或产生高毒物品的作业岗位，应当按照《高毒物品作业岗位职业病危害告知规范》（GBZ/T 203）的规定，在醒目位置设置高毒物品告知卡，告知卡应当载明高毒物品的名称、理化特性、健康危害、防护措施及应急处理等告知内容与警示标识。

【职业病防护用品、设施配置】

第十六条 用人单位应当为劳动者提供符合国家职业卫生标准的职业病防护用品，并督促、指导劳动者按照使用规则正确佩戴、使用，不得发放钱物替代发放职业病防护用品。

用人单位应当对职业病防护用品进行经常性的维护、保养，确保防护用品有效，不得使用不符合国家职业卫生标准或者已经失效的职业病防护用品。

第十七条 在可能发生急性职业损伤的有毒、有害工作场所，用人单位应当设置报警装置，配置现场急救用品、冲洗设备、应急撤离通道和必要的泄险区。

现场急救用品、冲洗设备等应当设在可能发生急性职业损伤的工作场所或者临近地点，并在醒目位置设置清晰的标识。

在可能突然泄漏或者逸出大量有害物质的密闭或者半密闭工作场所，除遵守本条第一款、第二款规定外，用人单位还应当安装事故通风装置以及与事故排风系统相连锁的泄漏报警装置。

生产、销售、使用、贮存放射性同位素和射线装置的场所，应当按照国家有关规定设置明显的放射性标志，其入口处应当按照国家有关安全和防护标准的要求，设置安全和防护设施以及必要的防护安全联锁、报警装置或者工作信号。放射性装置的生产调试和使用场所，应当具有防止误操作、防止工作人员受到意外照射的安全措施。用人单位必须配备与辐射类型和辐射水平相适应的防护用品和监测仪器，包括个人剂量测量报警、固定式和便携式辐射监测、表面污染监测、流出物监测等设备，并保证可能接触放射线的工作人员佩戴个人剂量计。

第十八条 用人单位应当对职业病防护设备、应急救援设施进行经常性的维护、检修和保养，定期检测其性能和效果，确保其处于正常状态，不得擅自拆除或者停止使用。

【职业病危害因素监测】

第十九条 存在职业病危害的用人单位，应当实施由专人负责的工作场所职业病危害因素日常监测，确保监测系统处于正常工作状态。

第二十条 职业病危害严重的用人单位，应当委托具有相应资质的职业卫生技术服务机构，每年至少进行一次职业病危害因素检测，每三年至少进行一次职业病危害现状评价。

职业病危害一般的用人单位，应当委托具有相应资质的职业卫生技术服务机构，每三年至少进行一次职业病危害因素检测。

检测、评价结果应当存入本单位职业卫生档案，并向卫生健康主管部门报告和劳动者公布。

【职业病危害现状评价】

第二十一条 存在职业病危害的用人单位发生职业病危害事故或者国家卫生健康委规定的其他情形的，应当及时委托具有相应资质的职业卫生技术服务机构进行职业病危害现状评价。

用人单位应当落实职业病危害现状评价报告中提出的建议和措施，并将职业病危害现状评价结果及整改情况存入本单位职业卫生档案。

第二十二条 用人单位在日常的职业病危害监测或者定期检测、现状评价过程中，发现工作场所职业病危害因素不符合国家职业卫生标准和卫生要求时，应当立即采取相应治理措施，确保其符合职业卫生环境和条件的要求；仍然达不到国家职业卫生标准和卫生要求的，必须停止存在职业病危害因素的作业；职业病危害因素经治理后，符合国家职业卫生标准和卫生要求的，方可重新作业。

【职业病危害作业不得转移】

第二十六条 任何单位和个人不得将产生职业病危害的作业转移给不具备职业病防护条件的单位和个人。不具备职业病防护条件的单位和个人不得接受产生职业病危害的作业。

【职业病危害告知】

第二十九条 用人单位与劳动者订立劳动合同时，应当将工作过程中可能产生的职业病危害及其后果、职业病防护措施和待遇等如实告知劳动者，并在劳动合同中写明，不得隐瞒或者欺骗。

劳动者在履行劳动合同期间因工作岗位或者工作内容变更，从事与所订立劳动合同中未告知的存在职业病危害的作业时，用人单位应当依照前款规定，向劳动者履行如实告知的义务，并协商变更原劳动合同相关条款。

用人单位违反本条规定的，劳动者有权拒绝从事存在职业病危害的作业，用人单位不得因此解除与劳动者所订立的劳动合同。

【职业健康管理】

第三十条 对从事接触职业病危害因素作业的劳动者，用人单位应当按照《用人单位职业健康监护监督管理办法》、《放射工作人员职业健康管理办法》、《职业健康监护技术规范》（GBZ 188）、《放射工作人员职业健康监护技术规范》（GBZ 235）等有关规定组织上岗前、在岗期间、离岗时的职业健康检查，并将检查结果书面如实告知劳动者。

职业健康检查费用由用人单位承担。

第三十一条 用人单位应当按照《用人单位职业健康监护监督管理办法》的规定，为劳动者建立职业健康监护档案，并按照规定的期限妥善保存。

职业健康监护档案应当包括劳动者的职业史、职业病危害接触史、职业健康检查结果、处理结果和职业病诊疗等有关个人健康资料。

劳动者离开用人单位时，有权索取本人职业健康监护档案复印件，用人单位应当如实、无偿提供，并在所提供的复印件上签章。

第三十二条 劳动者健康出现损害需要进行职业病诊断、鉴定的，用人单位应当如实提供职业病诊断、鉴定所需的劳动者职业史和职业病危害接触史、工作场所职业病危害因素检测结果和放射工作人员个人剂量监测结果等资料。

第三十三条 用人单位不得安排未成年工从事接触职业病危害的作业，不得安排有职业禁忌的劳动者从事其所禁忌的作业，不得安排孕期、哺乳期女职工从事对本人和胎儿、婴儿有危害的作业。

第三十四条 用人单位应当建立健全下列职业卫生档案资料：

（一）职业病防治责任制文件；

（二）职业卫生管理规章制度、操作规程；

（三）工作场所职业病危害因素种类清单、岗位分布以及作业人员接触情况等资料；

（四）职业病防护设施、应急救援设施基本信息，以及其配置、使用、维护、检修与更换等记录；

（五）工作场所职业病危害因素检测、评价报告与记录；

（六）职业病防护用品配备、发放、维护与更换等记录；

（七）主要负责人、职业卫生管理人员和职业病危害严重工作岗位的劳动者等相关人员职业卫生培训资料；

（八）职业病危害事故报告与应急处置记录；

（九）劳动者职业健康检查结果汇总资料，存在职业禁忌证、职业健康损害或者职业病的劳动者处理和安置情况记录；

（十）建设项目职业病防护设施"三同时"有关资料；

（十一）职业病危害项目申报等有关回执或者批复文件；

（十二）其他有关职业卫生管理的资料或者文件。

【职业危害事故处理】

第三十五条 用人单位发生职业病危害事故，应当及时向所在地卫生健康主管部门和有关部门报告，并采取有效措施，减少或者消除职业病危害因素，防止事故扩大。对遭受或者可能遭受急性职业病危害的劳动者，用人单位应当及时组织救治、进行健康检查和医学观察，并承担所需费用。

用人单位不得故意破坏事故现场、毁灭有关证据，不得迟报、漏报、谎报或者瞒报职业病危害事故。

【职业病病人报告制度】

第三十六条 用人单位发现职业病病人或者疑似职业病病人时，应当按照国家规定及时向所在地卫生健康主管部门和有关部门报告。

【有毒物品用人单位应取得职业卫生安全许可证】

第三十七条 用人单位在卫生健康主管部门行政执法人员依法履行监督检查职责时，应当予以配合，不得拒绝、阻挠。

【工作场所、用人单位定义】

第五十七条 本规定下列用语的含义：

工作场所，是指劳动者进行职业活动的所有地点，包括建设单位施工场所。

职业病危害严重的用人单位，是指建设项目职业病危害风险分类管理目录中所列职业病危害严重行业的用人单位。建设项目职业病危害风险分类管理目录由国家卫生健康委公布。各省级卫生健康主管部门可以根据本地区实际情况，对分类管理目录作出补充规定。

建设项目职业病防护设施"三同时"，是指建设项目的职业病防护设施与主体工程同时设计、同时施工、同时投入生产和使用。

3. 《生产安全事故应急预案管理办法》节选

2019年，应急管理部对《生产安全事故应急预案管理办法》进行修订，修订后于2019年7月11日发布，2019年9月1日起施行。

《生产安全事故应急预案管理办法》共计七章四十九条，是为规范生产安全事故应急预案管理工作，迅速有效处置生产安全事故，依据《中华人民共和国突发事件应对法》《中华人民共和国安全生产法》《生产安全事故应急条例》等法律、行政法规和《突发事件应急预案管理办法》（国办发〔2013〕101号）制定的。本书节选部分条文如下：

【适用范围】

第二条 生产安全事故应急预案（以下简称应急预案）的编制、评审、公布、备案、实施及监督管理工作，适用本办法。

【管理原则】

第三条 应急预案的管理实行属地为主、分级负责、分类指导、综合协调、动态管理的原则。

【企业负责制】

第五条 生产经营单位主要负责人负责组织编制和实施本单位的应急预案，并对应急预案的真实性和实用性负责；各分管负责人应当按照职责分工落实应急预案规定的职责。

【应急预案分类】

第六条 生产经营单位应急预案分为综合应急预案、专项应急预案和现场处置方案。

综合应急预案，是指生产经营单位为应对各种生产安全事故而制定的综合性工作方案，是本单位应对生产安全事故的总体工作程序、措施和应急预案体系的总纲。

专项应急预案，是指生产经营单位为应对某一种或者多种类型生产安全事故，或者针对重要生产设施、重大危险源、重大活动防止生产安全事故而制定的专项性工作方案。

现场处置方案，是指生产经营单位根据不同生产安全事故类型，针对具体场所、装置或者设施所制定的应急处置措施。

【应急预案编制基本要求】

第七条 应急预案的编制应当遵循以人为本、依法依规、符合实际、注重实效的原则，以应急处置为核心，明确应急职责、规范应急程序、细化保障措施。

第八条 应急预案的编制应当符合下列基本要求：

（一）有关法律、法规、规章和标准的规定；

（二）本地区、本部门、本单位的安全生产实际情况；

（三）本地区、本部门、本单位的危险性分析情况；

（四）应急组织和人员的职责分工明确，并有具体的落实措施；

（五）有明确、具体的应急程序和处置措施，并与其应急能力相适应；

（六）有明确的应急保障措施，满足本地区、本部门、本单位的应急工作需要；

（七）应急预案基本要素齐全、完整，应急预案附件提供的信息准确；

（八）应急预案内容与相关应急预案相互衔接。

【应急预案评审和论证】

第二十一条 矿山、金属冶炼企业和易燃易爆物品、危险化学品的生产、经营（带储存设施的，下同）、储存、运输企业，以及使用危险化学品达到国家规定数量的化工企业、烟花爆竹生产、批发经营企业和中型规模以上的其他生产经营单位，应当对本单位编制的应急预案进行评审，并形成书面评审纪要。

前款规定以外的其他生产经营单位可以根据自身需要，对本单位编制的应急预案进行论证。

第二十三条 应急预案的评审或者论证应当注重基本要素的完整性、组织体系的合理性、应急处置程序和措施的针对性、应急保障措施的可行性、应急预案的衔接性等内容。

【应急预案发布】

第二十四条 生产经营单位的应急预案经评审或者论证后，由本单位主要负责人签署，向本单位从业人员公布，并及时发放到本单位有关部门、岗位和相关应急救援队伍。

事故风险可能影响周边其他单位、人员的，生产经营单位应当将有关事故风险的性质、影响范围和应急防范措施告知周边的其他单位和人员。

【告知性备案】

第二十五条 地方各级人民政府应急管理部门的应急预案，应当报同级人民政府备案，同时抄送上一级人民政府应急管理部门，并依法向社会公布。

地方各级人民政府其他负有安全生产监督管理职责的部门的应急预案，应当抄送同级人民政府应急管理部门。

第二十六条 易燃易爆物品、危险化学品等危险物品的生产、经营、储存、运输单位、矿山、金属冶炼、城市轨道交通运营、建筑施工单位，以及宾馆、商场、娱乐场所、旅游景区等人员密集场所经营单位，应当在应急预案公布之日起 20 个工作日内，按照分级属地原则，向县级以上人民政府应急管理部门和其他负有安全生产监督管理职责的部门进行备案，并依法向社会公布。

前款所列单位属于中央企业的，其总部（上市公司）的应急预案，报国务院主管的负有安全生产监督管理职责的部门备案，并抄送应急管理部；其所属单位的应急预案报所在地的省、自治区、直辖市或者设区的市级人民政府主管的负有安全生产监督管理职责的部门备案，并抄送同级人民政府应急管理部门。

本条第一款所列单位不属于中央企业的，其中非煤矿山、金属冶炼和危险化学品生产、经营、储存、运输企业，以及使用危险化学品达到国家规定数量的化工企业、烟花爆竹生产、批发经营企业的应急预案，按照隶属关系报所在地县级以上地方人民政府应急管理部门备案；本款前述单位以外的其他生产经营单位应急预案的备案，由省、自治区、直辖市人民政府负有安全生产监督管理职责的部门确定。

油气输送管道运营单位的应急预案，除按照本条第一款、第二款的规定备案外，还应当抄送所经行政区域的县级人民政府应急管理部门。

海洋石油开采企业的应急预案，除按照本条第一款、第二款的规定备案外，还应当抄送所经行政区域的县级人民政府应急管理部门和海洋石油安全监管机构。

煤矿企业的应急预案除按照本条第一款、第二款的规定备案外，还应当抄送所在地的煤矿安全监察机构。

【应急预案教育培训】

第三十条 各级人民政府应急管理部门、各类生产经营单位应当采取多种形式开展应急预案的宣传教育，普及生产安全事故避险、自救和互救知识，提高从业人员和社会公众的安全意识与应急处置技能。

第三十一条 各级人民政府应急管理部门应当将本部门应急预案的培训纳入安全生产培训工作计划，并组织实施本行政区域内重点生产经营单位的应急预案培训工作。

生产经营单位应当组织开展本单位的应急预案、应急知识、自救互救和避险逃生技能的培训活动，使有关人员了解应急预案内容，熟悉应急职责、应急处置程序和措施。

应急培训的时间、地点、内容、师资、参加人员和考核结果等情况应当如实记入本单位的安全生产教育和培训档案。

【应急演练】

第三十三条 生产经营单位应当制定本单位的应急预案演练计划，根据本单位的事故风险特点，每年至少组织一次综合应急预案演练或者专项应急预案演练，每半年至少组织一次现场处置方案演练。

易燃易爆物品、危险化学品等危险物品的生产、经营、储存、运输单位，矿山、金属冶炼、城市轨道交通运营、建筑施工单位，以及宾馆、商场、娱乐场所、旅游景区等人员密集场所经营单位，应当至少每半年组织一次生产安全事故应急预案演练，并将演练情况报送所在地县级以上地方人民政府负有安全生产监督管理职责的部门。

【应急预案评估】

第三十四条 应急预案演练结束后，应急预案演练组织单位应当对应急预案演练效果进行评估，撰写应急预案演练评估报告，分析存在的问题，并对应急预案提出修订意见。

第三十五条 应急预案编制单位应当建立应急预案定期评估制度，对预案内容的针对性和实用性进行分析，并对应急预案是否需要修订作出结论。

矿山、金属冶炼、建筑施工企业和易燃易爆物品、危险化学品等危险物品的生产、经营、储存、运输企业、使用危险化学品达到国家规定数量的化工企业、烟花爆竹生产、批发经营企业和中型规模以上的其他生产经营单位，应当每三年进行一次应急预案评估。

应急预案评估可以邀请相关专业机构或者有关专家、有实际应急救援工作经验的人员参加，必要时可以委托安全生产技术服务机构实施。

第四十条　生产安全事故应急处置和应急救援结束后，事故发生单位应当对应急预案实施情况进行总结评估。

【应急预案修订】

第三十六条　有下列情形之一的，应急预案应当及时修订并归档：

（一）依据的法律、法规、规章、标准及上位预案中的有关规定发生重大变化的；

（二）应急指挥机构及其职责发生调整的；

（三）安全生产面临的风险发生重大变化的；

（四）重要应急资源发生重大变化的；

（五）在应急演练和事故应急救援中发现需要修订预案的重大问题的；

（六）编制单位认为应当修订的其他情况。

第三十七条　应急预案修订涉及组织指挥体系与职责、应急处置程序、主要处置措施、应急响应分级等内容变更的，修订工作应当参照本办法规定的应急预案编制程序进行，并按照有关应急预案报备程序重新备案。

【应急物资及装备管理】

第三十八条　生产经营单位应当按照应急预案的规定，落实应急指挥体系、应急救援队伍、应急物资及装备，建立应急物资、装备配备及其使用档案，并对应急物资、装备进行定期检测和维护，使其处于适用状态。

【应急响应】

第三十九条　生产经营单位发生事故时，应当第一时间启动应急响应，组织有关力量进行救援，并按照规定将事故信息及应急响应启动情况报告事故发生地县级以上人民政府应急管理部门和其他负有安全生产监督管理职责的部门。

4.《安全生产事故隐患排查治理暂行规定》节选

2007 年 12 月 28 日国家安全生产监督管理总局令第 16 号公布《安全生产事故隐患排查治理暂行规定》，自 2008 年 2 月 1 日起施行。

《安全生产事故隐患排查治理暂行规定》是为了建立安全生产事故隐患排查治理的长效机制，强化和落实生产经营单位安全生产主体责任，及时消除安全生产事故隐患，持续改进生产经营单位安全生产条件而制定的。该规定共分总则、生产经营单位的职责、监督管理、罚则、附则五章三十二条，适用于生产经营单位安全生产事故隐患排查治理和安全生产监督管理部门、煤矿安全监察机构（以下统称安全监管监察部门）实施监管监察。本书节选部分条文如下：

【安全生产事故隐患的定义、分类】

第三条　本规定所称安全生产事故隐患（以下简称事故隐患），是指生产经营单位违反安全生产法律、法规、规章、标准、规程和安全生产管理制度的规定，或者因其他因素在生产经营活动中存在可能导致事故发生的物的危险状态、人的不安全行为和管理上的缺陷。

事故隐患分为一般事故隐患和重大事故隐患。一般事故隐患，是指危害和整改难度较小，发现后能够立即整改排除的隐患。重大事故隐患，是指危害和整改难度较大，应当全部或者局部停产停业，并经过一定时间整改治理方能排除的隐患，或者因外部因素影响致使生产经营单位自身难以排除的隐患。

【事故隐患排查治理责任制】

第四条 生产经营单位应当建立健全事故隐患排查治理制度。

生产经营单位主要负责人对本单位事故隐患排查治理工作全面负责。

第八条 生产经营单位是事故隐患排查、治理和防控的责任主体。

生产经营单位应当建立健全事故隐患排查治理和建档监控等制度，逐级建立并落实从主要负责人到每个从业人员的隐患排查治理和监控责任制。

【实施定期隐患排查】

第十条 生产经营单位应当定期组织安全生产管理人员、工程技术人员和其他相关人员排查本单位的事故隐患。对排查出的事故隐患，应当按照事故隐患的等级进行登记，建立事故隐患信息档案，并按照职责分工实施监控治理。

【建立事故隐患报告和举报奖励制度】

第十一条 生产经营单位应当建立事故隐患报告和举报奖励制度，鼓励、发动职工发现和排除事故隐患，鼓励社会公众举报。对发现、排除和举报事故隐患的有功人员，应当给予物质奖励和表彰。

【季度统计分析并上报要求】

第十四条 生产经营单位应当每季、每年对本单位事故隐患排查治理情况进行统计分析，并分别于下一季度 15 日前和下一年 1 月 31 日前向安全监管监察部门和有关部门报送书面统计分析表。统计分析表应当由生产经营单位主要负责人签字。

对于重大事故隐患，生产经营单位除依照前款规定报送外，应当及时向安全监管监察部门和有关部门报告。重大事故隐患报告内容应当包括：

（一）隐患的现状及其产生原因；

（二）隐患的危害程度和整改难易程度分析；

（三）隐患的治理方案。

【事故隐患整改治理】

第十五条 对于一般事故隐患，由生产经营单位（车间、分厂、区队等）负责人或者有关人员立即组织整改。

对于重大事故隐患，由生产经营单位主要负责人组织制定并实施事故隐患治理方案。重大事故隐患治理方案应当包括以下内容：

（一）治理的目标和任务；

（二）采取的方法和措施；

（三）经费和物资的落实；

（四）负责治理的机构和人员；

（五）治理的时限和要求；

（六）安全措施和应急预案。

第十六条 生产经营单位在事故隐患治理过程中，应当采取相应的安全防范措施，防止事故发生。事故隐患排除前或者排除过程中无法保证安全的，应当从危险区域内撤出作业人员，并疏散可能危及的其他人员，设置警戒标志，暂时停产停业或者停止使用；对暂时难以停产或者停止使用的相关生产储存装置、设施、设备，应当加强维护和保养，防止事故发生。

第十七条 生产经营单位应当加强对自然灾害的预防。对于因自然灾害可能导致事故灾难的隐患，应当按照有关法律、法规、标准和本规定的要求排查治理，采取可靠的预防措施，制定应急预案。在接到有关自然灾害预报时，应当及时向下属单位发出预警通知；发生自然灾害可能危及生产经营单位和人员安全的情况时，应当采取撤离人员、停止作业、加强监测等安全措施，并及时向当地人民政府及其有关部门报告。

【挂牌督办及恢复】

第十八条 地方人民政府或者安全监管监察部门及有关部门挂牌督办并责令全部或者局部停产停业治理的重大事故隐患，治理工作结束后，有条件的生产经营单位应当组织本单位的技术人员和专家对重大事故隐患的治理情况进行评估；其他生产经营单位应当委托具备相应资质的安全评价机构对重大事故隐患的治理情况进行评估。

经治理后符合安全生产条件的，生产经营单位应当向安全监管监察部门和有关部门提出恢复生产的书面申请，经安全监管监察部门和有关部门审查同意后，方可恢复生产经营。申请报告应当包括治理方案的内容、项目和安全评价机构出具的评价报告等。

5.《建设项目职业病防护设施"三同时"监督管理办法》节选

2017 年 3 月 9 日国家安全生产监督管理总局令第 90 号公布《建设项目职业病防护设施"三同时"监督管理办法》，自 2017 年 5 月 1 日起施行。该办法根据《中华人民共和国职业病防治法》的相关要求制定，目的是为了预防、控制和消除建设项目可能产生的职业病危害，加强和规范建设项目职业病防护设施建设的监督管理。本书节选部分条文如下：

【适用范围】

第二条 安全生产监督管理部门职责范围内、可能产生职业病危害的新建、改建、扩建和技术改造、技术引进建设项目（以下统称建设项目）职业病防护设施建设及其监督管理，适用本办法。

本办法所称的可能产生职业病危害的建设项目，是指存在或者产生职业病危害因素分类目录所列职业病危害因素的建设项目。

本办法所称的职业病防护设施，是指消除或者降低工作场所的职业病危害因素的浓度或者强度，预防和减少职业病危害因素对劳动者健康的损害或者影响，保护劳动者健康的设备、设施、装置、构（建）筑物等的总称。

【建设单位是责任主体及"三同时"定义】

第三条 负责本办法第二条规定建设项目投资、管理的单位（以下简称建设单位）是建设项目职业病防护设施建设的责任主体。

建设项目职业病防护设施必须与主体工程同时设计、同时施工、同时投入生产和使用（以下统称建设项目职业病防护设施"三同时"）。建设单位应当优先采用有利于保护劳动者健康的新技术、新工艺、新设备和新材料，职业病防护设施所需费用应当纳入建设项目工程预算。

【职业病危害评价和防护设施验收】

第四条 建设单位对可能产生职业病危害的建设项目，应当依照本办法进行职业病危害预评价、职业病防护设施设计、职业病危害控制效果评价及相应的评审，组织职业病防护设施验收，建立健全建设项目职业卫生管理制度与档案。

【与安全设施合并验收】

第五条 国家安全生产监督管理总局在国务院规定的职责范围内对全国建设项目职业病防护设施"三同时"实施监督管理。

县级以上地方各级人民政府安全生产监督管理部门依法在本级人民政府规定的职责范围内对本行政区域内的建设项目职业病防护设施"三同时"实施分类分级监督管理，具体办法由省级安全生产监督管理部门制定，并报国家安全生产监督管理总局备案。

跨两个及两个以上行政区域的建设项目职业病防护设施"三同时"由其共同的上一级人民政府安全生产监督管理部门实施监督管理。

上一级人民政府安全生产监督管理部门根据工作需要，可以将其负责的建设项目职业病防护设施"三同时"监督管理工作委托下一级人民政府安全生产监督管理部门实施；接受委托的安全生产监督管理部门不得再委托。

【职业病危害分为一般、较重和严重3个类别】

第六条 国家根据建设项目可能产生职业病危害的风险程度，将建设项目分为职业病危害一般、较重和严重3个类别，并对职业病危害严重建设项目实施重点监督检查。

建设项目职业病危害分类管理目录由国家安全生产监督管理总局制定并公布。省级安全生产监督管理部门可以根据本地区实际情况，对建设项目职业病危害分类管理目录作出补充规定，但不得低于国家安全生产监督管理总局规定的管理层级。

【验收评价信息公告规定】

第八条 除国家保密的建设项目外，产生职业病危害的建设单位应当通过公告栏、网站等方式及时公布建设项目职业病危害预评价、职业病防护设施设计、职业病危害控制效果评价的承担单位、评价结论、评审时间及评审意见，以及职业病防护设施验收时间、验收方案和验收意见等信息，供本单位劳动者和安全生产监督管理部门查询。

【职业病危害预评价】

第九条 对可能产生职业病危害的建设项目，建设单位应当在建设项目可行性论证阶段进行职业病危害预评价，编制预评价报告。

第十条 建设项目职业病危害预评价报告应当符合职业病防治有关法律、法规、规章和标准的要求，并包括下列主要内容：

（一）建设项目概况，主要包括项目名称、建设地点、建设内容、工作制度、岗位设置及人员数量等；

（二）建设项目可能产生的职业病危害因素及其对工作场所、劳动者健康影响与危害程度的分析与评价；

（三）对建设项目拟采取的职业病防护设施和防护措施进行分析、评价，并提出对策与建议；

（四）评价结论，明确建设项目的职业病危害风险类别及拟采取的职业病防护设施和防护措施是否符合职业病防治有关法律、法规、规章和标准的要求。

第十二条 职业病危害预评价报告编制完成后，属于职业病危害一般或者较重的建设项目，其建设单位主要负责人或其指定的负责人应当组织具有职业卫生相关专业背景的中级及中级以上专业技术职称人员或者具有职业卫生相关专业背景的注册安全工程师（以下统称职业卫生专业技术人员）对职业病危害预评价报告进行评审，并形成是否符合职业病防治有关法律、法规、规章和标准要求的评审意见；属于职业病危害严重的建设项目，其建设单位主要负责人或其指定的负责人应当组织外单位职业卫生专业技术人员参加评审工作，并形成评审意见。

建设单位应当按照评审意见对职业病危害预评价报告进行修改完善，并对最终的职业病危害预评价报告的真实性、客观性和合规性负责。职业病危害预评价工作过程应当形成书面报告备查。书面报告的具体格式由国家安全生产监督管理总局另行制定。

第十三条 建设项目职业病危害预评价报告有下列情形之一的，建设单位不得通过评审：

（一）对建设项目可能产生的职业病危害因素识别不全，未对工作场所职业病危害对劳动者健康影响与危害程度进行分析与评价的，或者评价不符合要求的；

（二）未对建设项目拟采取的职业病防护设施和防护措施进行分析、评价，对存在的问题未提出对策措施的；

（三）建设项目职业病危害风险分析与评价不正确的；

（四）评价结论和对策措施不正确的；

（五）不符合职业病防治有关法律、法规、规章和标准规定的其他情形的。

第十四条 建设项目职业病危害预评价报告通过评审后，建设项目的生产规模、工艺等发生变更导致职业病危害风险发生重大变化的，建设单位应当对变更内容重新进行职业病危害预评价和评审。

【职业病防护设施设计】

第十六条 建设项目职业病防护设施设计应当包括下列内容：

（一）设计依据；

（二）建设项目概况及工程分析；

（三）职业病危害因素分析及危害程度预测；

（四）拟采取的职业病防护设施和应急救援设施的名称、规格、型号、数量、分布，并对防控性能进行分析；

（五）辅助用室及卫生设施的设置情况；

（六）对预评价报告中拟采取的职业病防护设施、防护措施及对策措施采纳情况的说明；

（七）职业病防护设施和应急救援设施投资预算明细表；

（八）职业病防护设施和应急救援设施可以达到的预期效果及评价。

第十七条 职业病防护设施设计完成后，属于职业病危害一般或者较重的建设项目，其建设单位主要负责人或其指定的负责人应当组织职业卫生专业技术人员对职业病防护设施设计进行评审，并形成是否符合职业病防治有关法律、法规、规章和标准要求的评审意见；属于职业病危害严重的建设项目，其建设单位主要负责人或其指定的负责人应当组织外单位职业卫生专业技术人员参加评审工作，并形成评审意见。

建设单位应当按照评审意见对职业病防护设施设计进行修改完善，并对最终的职业病防护设施设计的真实性、客观性和合规性负责。职业病防护设施设计工作过程应当形成书面报告备查。书面报告的具体格式由国家安全生产监督管理总局另行制定。

第十八条 建设项目职业病防护设施设计有下列情形之一的，建设单位不得通过评审和开工建设：

（一）未对建设项目主要职业病危害进行防护设施设计或者设计内容不全的；

（二）职业病防护设施设计未按照评审意见进行修改完善的；

（三）未采纳职业病危害预评价报告中的对策措施，且未作充分论证说明的；

（四）未对职业病防护设施和应急救援设施的预期效果进行评价的；

（五）不符合职业病防治有关法律、法规、规章和标准规定的其他情形的。

第十九条 建设单位应当按照评审通过的设计和有关规定组织职业病防护设施的采购和施工。

第二十条 建设项目职业病防护设施设计在完成评审后，建设项目的生产规模、工艺等发生变更导致职业病危害风险发生重大变化的，建设单位应当对变更的内容重新进行职业病防护设施设计和评审。

【职业病防护设施试运行】

第二十三条 建设项目完工后，需要进行试运行的，其配套建设的职业病防护设施必须与主体工程同时投入试运行。

试运行时间应当不少于 30 日，最长不得超过 180 日，国家有关部门另有规定或者特殊要求的行业除外。

第二十四条 建设项目在竣工验收前或者试运行期间，建设单位应当进行职业病危害控制效果评价，编制评价报告。建设项目职业病危害控制效果评价报告应当符合职业病防治有关法律、法规、规章和标准的要求，包括下列主要内容：

（一）建设项目概况；

（二）职业病防护设施设计执行情况分析、评价；

（三）职业病防护设施检测和运行情况分析、评价；

（四）工作场所职业病危害因素检测分析、评价；

（五）工作场所职业病危害因素日常监测情况分析、评价；

（六）职业病危害因素对劳动者健康危害程度分析、评价；

（七）职业病危害防治管理措施分析、评价；

（八）职业健康监护状况分析、评价；

（九）职业病危害事故应急救援和控制措施分析、评价；

（十）正常生产后建设项目职业病防治效果预期分析、评价；

（十一）职业病危害防护补充措施及建议；

（十二）评价结论，明确建设项目的职业病危害风险类别，以及采取控制效果评价报告所提对策建议后，职业病防护设施和防护措施是否符合职业病防治有关法律、法规、规章和标准的要求。

【职业病防护设施验收】

第二十五条 建设单位在职业病防护设施验收前，应当编制验收方案。验收方案应当包括下列内容：

（一）建设项目概况和风险类别，以及职业病危害预评价、职业病防护设施设计执行情况；

（二）参与验收的人员及其工作内容、责任；

（三）验收工作时间安排、程序等。

建设单位应当在职业病防护设施验收前20日将验收方案向管辖该建设项目的安全生产监督管理部门进行书面报告。

第二十六条 属于职业病危害一般或者较重的建设项目，其建设单位主要负责人或其指定的负责人应当组织职业卫生专业技术人员对职业病危害控制效果评价报告进行评审以及对职业病防护设施进行验收，并形成是否符合职业病防治有关法律、法规、规章和标准要求的评审意见和验收意见。属于职业病危害严重的建设项目，其建设单位主要负责人或其指定的负责人应当组织外单位职业卫生专业技术人员参加评审和验收工作，并形成评审和验收意见。

建设单位应当按照评审与验收意见对职业病危害控制效果评价报告和职业病防护设施进行整改完善，并对最终的职业病危害控制效果评价报告和职业病防护设施验收结果的真实性、合规性和有效性负责。

建设单位应当将职业病危害控制效果评价和职业病防护设施验收工作过程形成书面报告备查，其中职业病危害严重的建设项目应当在验收完成之日起20日内向管辖该建设项目的安全生产监督管理部门提交书面报告。书面报告的具体格式由国家安全生产监督管理总局另行制定。

第二十七条 有下列情形之一的，建设项目职业病危害控制效果评价报告不得通过评审、职业病防护设施不得通过验收：

（一）评价报告内容不符合本办法第二十四条要求的；

（二）评价报告未按照评审意见整改的；

（三）未按照建设项目职业病防护设施设计组织施工，且未充分论证说明的；

（四）职业病危害防治管理措施不符合本办法第二十二条要求的；

（五）职业病防护设施未按照验收意见整改的；

（六）不符合职业病防治有关法律、法规、规章和标准规定的其他情形的。

第二十八条 分期建设、分期投入生产或者使用的建设项目，其配套的职业病防护设施应当分期与建设项目同步进行验收。

第二十九条 建设项目职业病防护设施未按照规定验收合格的，不得投入生产或者使用。

6.《建设项目安全设施"三同时"监督管理办法》节选

2010年12月14日国家安全生产监管总局令第36号公布《建设项目安全设施"三同时"监督管理办法》，自2011年2月1日起施行；2015年4月2日安监总局令第77号修订，自2015年5月1日起施行。制定该办法的目的是为了加强建设项目安全管理，预防和减少生产安全事故，保障从业人员生命和财产安全，促进安全生产。本书节选部分条文如下：

【适用范围】

第二条 经县级以上人民政府及其有关主管部门依法审批、核准或者备案的生产经营单位新建、改建、扩建工程项目（以下统称建设项目）安全设施的建设及其监督管理，适用本办法。

法律、行政法规及国务院对建设项目安全设施建设及其监督管理另有规定的，依照其规定。

第三条 本办法所称的建设项目安全设施，是指生产经营单位在生产经营活动中用于预防生产安全事故的设备、设施、装置、构（建）筑物和其他技术措施的总称。

【安全设施"三同时"规定】

第四条 生产经营单位是建设项目安全设施建设的责任主体。建设项目安全设施必须与主体工程同时设计、同时施工、同时投入生产和使用（以下简称"三同时"）。安全设施投资应当纳入建设项目概算。

【执行安全预评价的建设项目】

第七条 下列建设项目在进行可行性研究时，生产经营单位应当按照国家规定，进行安全预评价：

（一）非煤矿矿山建设项目；

（二）生产、储存危险化学品（包括使用长输管道输送危险化学品，下同）的建设项目；

（三）生产、储存烟花爆竹的建设项目；

（四）金属冶炼建设项目；

（五）使用危险化学品从事生产并且使用量达到规定数量的化工建设项目（属于危险化学品生产的除外，下同）；

（六）法律、行政法规和国务院规定的其他建设项目。

第八条 生产经营单位应当委托具有相应资质的安全评价机构，对其建设项目进行安全预评价，并编制安全预评价报告。

建设项目安全预评价报告应当符合国家标准或者行业标准的规定。

生产、储存危险化学品的建设项目和化工建设项目安全预评价报告除符合本条第二款的规定外，还应当符合有关危险化学品建设项目的规定。

第九条 本办法第七条规定以外的其他建设项目，生产经营单位应当对其安全生产条件和设施进行综合分析，形成书面报告备查。

【建设项目安全设施设计审查】

第十条 生产经营单位在建设项目初步设计时，应当委托有相应资质的设计单位对建设项目安全设施同时进行设计，编制安全设施设计。

安全设施设计必须符合有关法律、法规、规章和国家标准或者行业标准、技术规范的规定，并尽可能采用先进适用的工艺、技术和可靠的设备、设施。本办法第七条规定的建设项目安全设施设计还应当充分考虑建设项目安全预评价报告提出的安全对策措施。

安全设施设计单位、设计人应当对其编制的设计文件负责。

第十二条 本办法第七条第（一）项、第（二）项、第（三）项、第（四）项规定的建设项目安全设施设计完成后，生产经营单位应当按照本办法第五条的规定向安全生产监督管理部门提出审查申请，并提交下列文件资料：

（一）建设项目审批、核准或者备案的文件；

（二）建设项目安全设施设计审查申请；

（三）设计单位的设计资质证明文件；

（四）建设项目安全设施设计；

（五）建设项目安全预评价报告及相关文件资料；

（六）法律、行政法规、规章规定的其他文件资料。

安全生产监督管理部门收到申请后，对属于本部门职责范围内的，应当及时进行审查，并在收到申请后 5 个工作日内作出受理或者不予受理的决定，书面告知申请人；对不属于本部门职责范围内的，应当将有关文件资料转送有审查权的安全生产监督管理部门，并书面告知申请人。

第十四条 建设项目安全设施设计有下列情形之一的，不予批准，并不得开工建设：

（一）无建设项目审批、核准或者备案文件的；

（二）未委托具有相应资质的设计单位进行设计的；

（三）安全预评价报告由未取得相应资质的安全评价机构编制的；

（四）设计内容不符合有关安全生产的法律、法规、规章和国家标准或者行业标准、技术规范的规定的；

（五）未采纳安全预评价报告中的安全对策和建议，且未作充分论证说明的；

（六）不符合法律、行政法规规定的其他条件的。

建设项目安全设施设计审查未予批准的，生产经营单位经过整改后可以向原审查部门申请再审。

第十五条 已经批准的建设项目及其安全设施设计有下列情形之一的，生产经营单位应当报原批准部门审查同意；未经审查同意的，不得开工建设：

（一）建设项目的规模、生产工艺、原料、设备发生重大变更的；

（二）改变安全设施设计且可能降低安全性能的；

（三）在施工期间重新设计的。

第十六条 本办法第七条第（一）项、第（二）项、第（三）项和第（四）项规定以外的建设项目安全设施设计，由生产经营单位组织审查，形成书面报告备查。

【建设项目安全设施的施工】

第十七条 建设项目安全设施的施工应当由取得相应资质的施工单位进行，并与建设项目主体工程同时施工。

施工单位应当在施工组织设计中编制安全技术措施和施工现场临时用电方案，同时对危险性较大的分部分项工程依法编制专项施工方案，并附具安全验算结果，经施工单位技术负责人、总监理工程师签字后实施。

施工单位应当严格按照安全设施设计和相关施工技术标准、规范施工，并对安全设施的工程质量负责。

【建设项目试运行】

第二十一条 本办法第七条规定的建设项目竣工后，根据规定建设项目需要试运行（包括生产、使用，下同）的，应当在正式投入生产或者使用前进行试运行。

试运行时间应当不少于 30 日，最长不得超过 180 日，国家有关部门有规定或者特殊要求的行业除外。

生产、储存危险化学品的建设项目和化工建设项目，应当在建设项目试运行前将试运行方案报负责建设项目安全许可的安全生产监督管理部门备案。

【建设项目安全设施竣工验收评价】

第二十二条 本办法第七条规定的建设项目安全设施竣工或者试运行完成后，生产经营单位应当委托具有相应资质的安全评价机构对安全设施进行验收评价，并编制建设项目安全验收评价报告。

建设项目安全验收评价报告应当符合国家标准或者行业标准的规定。

生产、储存危险化学品的建设项目和化工建设项目安全验收评价报告除符合本条第二款的规定外，还应当符合有关危险化学品建设项目的规定。

第二十三条 建设项目竣工投入生产或者使用前，生产经营单位应当组织对安全设施进行竣工验收，并形成书面报告备查。安全设施竣工验收合格后，方可投入生产和使用。

第二十四条 建设项目的安全设施有下列情形之一的，建设单位不得通过竣工验收，并不得投入生产或者使用：

（一）未选择具有相应资质的施工单位施工的；

（二）未按照建设项目安全设施设计文件施工或者施工质量未达到建设项目安全设施设计文件要求的；

（三）建设项目安全设施的施工不符合国家有关施工技术标准的；

（四）未选择具有相应资质的安全评价机构进行安全验收评价或者安全验收评价不合格的；

（五）安全设施和安全生产条件不符合有关安全生产法律、法规、规章和国家标准或者行业标准、技术规范规定的；

（六）发现建设项目试运行期间存在事故隐患未整改的；

（七）未依法设置安全生产管理机构或者配备安全生产管理人员的；

（八）从业人员未经过安全生产教育和培训或者不具备相应资格的；

（九）不符合法律、行政法规规定的其他条件的。

第二十五条 生产经营单位应当按照档案管理的规定，建立建设项目安全设施"三同时"文件资料档案，并妥善保存。

7.《特种作业人员安全技术培训考核管理规定》节选

2010年5月24日国家安全生产监督管理总局令第30号公布，《特种作业人员安全技术培训考核管理规定》自2010年7月1日起施行；2013年8月29日国家安全生产监督管理总局令第63号第一次修正，2015年5月29日国家安全生产监督管理总局令第80号第二次修正。本书节选部分条文如下：

第一条 为了规范特种作业人员的安全技术培训考核工作，提高特种作业人员的安全技术水平，防止和减少伤亡事故，根据《安全生产法》《行政许可法》等有关法律、行政法规，制定本规定。

第二条 生产经营单位特种作业人员的安全技术培训、考核、发证、复审及其监督管理工作，适用本规定。

有关法律、行政法规和国务院对有关特种作业人员管理另有规定的，从其规定。

第三条 本规定所称特种作业,是指容易发生事故,对操作者本人、他人的安全健康及设备、设施的安全可能造成重大危害的作业。特种作业的范围由特种作业目录规定。

本规定所称特种作业人员,是指直接从事特种作业的从业人员。

第四条 特种作业人员应当符合下列条件:

(一)年满18周岁,且不超过国家法定退休年龄;

(二)经社区或者县级以上医疗机构体检健康合格,并无妨碍从事相应特种作业的器质性心脏病、癫痫病、美尼尔氏症、眩晕症、癔病、震颤麻痹症、精神病、痴呆症以及其他疾病和生理缺陷;

(三)具有初中及以上文化程度;

(四)具备必要的安全技术知识与技能;

(五)相应特种作业规定的其他条件。

危险化学品特种作业人员除符合前款第一项、第二项、第四项和第五项规定的条件外,应当具备高中或者相当于高中及以上文化程度。

第五条 特种作业人员必须经专门的安全技术培训并考核合格,取得《中华人民共和国特种作业操作证》(以下简称特种作业操作证)后,方可上岗作业。

第六条 特种作业人员的安全技术培训、考核、发证、复审工作实行统一监管、分级实施、教考分离的原则。

第七条 国家安全生产监督管理总局(以下简称安全监管总局)指导、监督全国特种作业人员的安全技术培训、考核、发证、复审工作;省、自治区、直辖市人民政府安全生产监督管理部门指导、监督本行政区域特种作业人员的安全技术培训工作,负责本行政区域特种作业人员的考核、发证、复审工作;县级以上地方人民政府安全生产监督管理部门负责监督检查本行政区域特种作业人员的安全技术培训和持证上岗工作。

第九条 特种作业人员应当接受与其所从事的特种作业相应的安全技术理论培训和实际操作培训。

已经取得职业高中、技工学校及中专以上学历的毕业生从事与其所学专业相应的特种作业,持学历证明经考核发证机关同意,可以免予相关专业的培训。

跨省、自治区、直辖市从业的特种作业人员,可以在户籍所在地或者从业所在地参加培训。

第十条 对特种作业人员的安全技术培训,具备安全培训条件的生产经营单位应当以自主培训为主,也可以委托具备安全培训条件的机构进行培训。

不具备安全培训条件的生产经营单位,应当委托具备安全培训条件的机构进行培训。

生产经营单位委托其他机构进行特种作业人员安全技术培训的,保证安全技术培训的责任仍由本单位负责。

第十一条 从事特种作业人员安全技术培训的机构(以下统称培训机构),应当制定相应的培训计划、教学安排,并按照安全监管总局、煤矿安监局制定的特种作业人员培训大纲和煤矿特种作业人员培训大纲进行特种作业人员的安全技术培训。

第十二条 特种作业人员的考核包括考试和审核两部分。考试由考核发证机关或其委托的单位负责;审核由考核发证机关负责。

安全监管总局、煤矿安监局分别制定特种作业人员、煤矿特种作业人员的考核标准,并建立相应的考试题库。

考核发证机关或其委托的单位应当按照安全监管总局、煤矿安监局统一制定的考核标准进行考核。

第十三条 参加特种作业操作资格考试的人员，应当填写考试申请表，由申请人或者申请人的用人单位持学历证明或者培训机构出具的培训证明向申请人户籍所在地或者从业所在地的考核发证机关或其委托的单位提出申请。

考核发证机关或其委托的单位收到申请后，应当在 60 日内组织考试。

特种作业操作资格考试包括安全技术理论考试和实际操作考试两部分。考试不及格的，允许补考 1 次。经补考仍不及格的，重新参加相应的安全技术培训。

第十四条 考核发证机关委托承担特种作业操作资格考试的单位应当具备相应的场所、设施、设备等条件，建立相应的管理制度，并公布收费标准等信息。

第十五条 考核发证机关或其委托承担特种作业操作资格考试的单位，应当在考试结束后 10 个工作日内公布考试成绩。

第十六条 符合本规定第四条规定并经考试合格的特种作业人员，应当向其户籍所在地或者从业所在地的考核发证机关申请办理特种作业操作证，并提交身份证复印件、学历证书复印件、体检证明、考试合格证明等材料。

第十七条 收到申请的考核发证机关应当在 5 个工作日内完成对特种作业人员所提交申请材料的审查，作出受理或者不予受理的决定。能够当场作出受理决定的，应当当场作出受理决定；申请材料不齐全或者不符合要求的，应当当场或者在 5 个工作日内一次告知申请人需要补正的全部内容，逾期不告知的，视为自收到申请材料之日起即已被受理。

第十八条 对已经受理的申请，考核发证机关应当在 20 个工作日内完成审核工作。符合条件的，颁发特种作业操作证；不符合条件的，应当说明理由。

第十九条 特种作业操作证有效期为 6 年，在全国范围内有效。

特种作业操作证由安全监管总局统一式样、标准及编号。

第二十条 特种作业操作证遗失的，应当向原考核发证机关提出书面申请，经原考核发证机关审查同意后，予以补发。

特种作业操作证所记载的信息发生变化或者损毁的，应当向原考核发证机关提出书面申请，经原考核发证机关审查确认后，予以更换或者更新。

第二十一条 特种作业操作证每 3 年复审 1 次。

特种作业人员在特种作业操作证有效期内，连续从事本工种 10 年以上，严格遵守有关安全生产法律法规的，经原考核发证机关或者从业所在地考核发证机关同意，特种作业操作证的复审时间可以延长至每 6 年 1 次。

第二十二条 特种作业操作证需要复审的，应当在期满前 60 日内，由申请人或者申请人的用人单位向原考核发证机关或者从业所在地考核发证机关提出申请，并提交下列材料：

（一）社区或者县级以上医疗机构出具的健康证明；

（二）从事特种作业的情况；

（三）安全培训考试合格记录。

特种作业操作证有效期届满需要延期换证的，应当按照前款的规定申请延期复审。

第二十三条 特种作业操作证申请复审或者延期复审前，特种作业人员应当参加必要的安全培训并考试合格。

安全培训时间不少于 8 个学时，主要培训法律、法规、标准、事故案例和有关新工艺、新技术、新装备等知识。

第二十四条 申请复审的，考核发证机关应当在收到申请之日起 20 个工作日内完成复审工作。复审合格的，由考核发证机关签章、登记，予以确认；不合格的，说明理由。

申请延期复审的，经复审合格后，由考核发证机关重新颁发特种作业操作证。

第二十五条 特种作业人员有下列情形之一的，复审或者延期复审不予通过：

（一）健康体检不合格的；

（二）违章操作造成严重后果或者有 2 次以上违章行为，并经查证确实的；

（三）有安全生产违法行为，并给予行政处罚的；

（四）拒绝、阻碍安全生产监管监察部门监督检查的；

（五）未按规定参加安全培训，或者考试不合格的；

（六）具有本规定第三十条、第三十一条规定情形的。

第二十六条 特种作业操作证复审或者延期复审符合本规定第二十五条第二项、第三项、第四项、第五项情形的，按照本规定经重新安全培训考试合格后，再办理复审或者延期复审手续。

再复审、延期复审仍不合格，或者未按期复审的，特种作业操作证失效。

第三十二条 离开特种作业岗位 6 个月以上的特种作业人员，应当重新进行实际操作考试，经确认合格后方可上岗作业。

第三十四条 生产经营单位应当加强对本单位特种作业人员的管理，建立健全特种作业人员培训、复审档案，做好申报、培训、考核、复审的组织工作和日常的检查工作。

第三十五条 特种作业人员在劳动合同期满后变动工作单位的，原工作单位不得以任何理由扣押其特种作业操作证。

跨省、自治区、直辖市从业的特种作业人员应当接受从业所在地考核发证机关的监督管理。

第三十六条 生产经营单位不得印制、伪造、倒卖特种作业操作证，或者使用非法印制、伪造、倒卖的特种作业操作证。

特种作业人员不得伪造、涂改、转借、转让、冒用特种作业操作证或者使用伪造的特种作业操作证。

第三十八条 生产经营单位未建立健全特种作业人员档案的，给予警告，并处 1 万元以下的罚款。

第三十九条 生产经营单位使用未取得特种作业操作证的特种作业人员上岗作业的，责令限期改正，可以处 5 万元以下的罚款；逾期未改正的，责令停产停业整顿，并处 5 万元以上 10 万元以下的罚款，对直接负责的主管人员和其他直接责任人员处 1 万元以上 2 万元以下的罚款。

第四十一条 特种作业人员伪造、涂改特种作业操作证或者使用伪造的特种作业操作证的，给予警告，并处 1000 元以上 5000 元以下的罚款。

特种作业人员转借、转让、冒用特种作业操作证的，给予警告，并处 2000 元以上 1 万元以下的罚款。

附：特种作业目录

（1）电工作业

指对电气设备进行运行、维护、安装、检修、改造、施工、调试等作业（不含电力系统进网作业）。

① 高压电工作业

指对 1 千伏（kV）及以上的高压电气设备进行运行、维护、安装、检修、改造、施工、调试、试验及绝缘工、器具进行试验的作业。

② 低压电工作业

指对 1 千伏（kV）以下的低压电器设备进行安装、调试、运行操作、维护、检修、改造施工和试验的作业。

③ 防爆电气作业

指对各种防爆电气设备进行安装、检修、维护的作业。

适用于除煤矿井下以外的防爆电气作业。

（2）焊接与热切割作业

指运用焊接或者热切割方法对材料进行加工的作业（不含《特种设备安全监察条例》规定的有关作业）。

① 熔化焊接与热切割作业

指使用局部加热的方法将连接处的金属或其他材料加热至熔化状态而完成焊接与切割的作业。

适用于气焊与气割、焊条电弧焊与碳弧气焊、埋弧焊、气体保护焊、等离子弧焊、电渣焊、电子束焊、激光焊、氧熔剂切割、激光切割、等离子切割等作业。

② 压力焊作业

指利用焊接时施加一定压力而完成的焊接作业。

适用于电阻焊、气压焊、爆炸焊、摩擦焊、冷压焊、超声波焊、锻焊等作业。

③ 钎焊作业

指使用比母材熔点低的材料作钎料，将焊件和钎料加热到高于钎料熔点，但低于母材熔点的温度，利用液态钎料润湿母材，填充接头间隙并与母材相互扩散而实现连接焊件的作业。

适用于火焰钎焊作业、电阻钎焊作业、感应钎焊作业、浸渍钎焊作业、炉中钎焊作业，不包括烙铁钎焊作业。

（3）高处作业

指专门或经常在坠落高度基准面 2 米及以上有可能坠落的高处进行的作业。

① 登高架设作业

指在高处从事脚手架、跨越架架设或拆除的作业。

② 高处安装、维护、拆除作业

指在高处从事安装、维护、拆除的作业。

适用于利用专用设备进行建筑物内外装饰、清洁、装修，电力、电信等线路架设，高处管道架设，小型空调高处安装、维修，各种设备设施与户外广告设施的安装、检修、维护以及在高处从事建筑物、设备设施拆除作业。

（4）制冷与空调作业

指对大中型制冷与空调设备运行操作、安装与修理的作业。

① 制冷与空调设备运行操作作业

指对各类生产经营企业和事业等单位的大中型制冷与空调设备运行操作的作业。

适用于化工类（石化、化工、天然气液化、工艺性空调）生产企业，机械类（冷加工、冷处理、工艺性空调）生产企业，食品类（酿造、饮料、速冻或冷冻调理食品、工艺性空调）生产企业，农副产品加工类（屠宰及肉食品加工、水产加工、果蔬加工）生产企业，仓储类（冷库、速冻加工、制冰）生产经营企业，运输类（冷藏运输）经营企业，服务类（电信机房、体育场馆、建筑的集中空调）经营企业和事业等单位的大中型制冷与空调设备运行操作作业。

② 制冷与空调设备安装修理作业

指对 4.1 所指制冷与空调设备整机、部件及相关系统进行安装、调试与维修的作业。

8. 《安全生产培训管理办法》节选

《安全生产培训管理办法》于 2012 年 1 月 19 日国家安全生产监督管理总局令第 44 号公布，2013 年 8 月 29 日国家安全生产监督管理总局令第 63 号第一次修正，2015 年 5 月 29 日国家安全生产监督管理总局令第 80 号第二次修正。本书节选部分条文如下：

第二条　安全培训机构、生产经营单位从事安全生产培训（以下简称安全培训）活动以及安全生产监督管理部门、煤矿安全监察机构、地方人民政府负责煤矿安全培训的部门对安全培训工作实施监督管理，适用本办法。

第三条　本办法所称安全培训是指以提高安全监管监察人员、生产经营单位从业人员和从事安全生产工作的相关人员的安全素质为目的的教育培训活动。

前款所称安全监管监察人员是指县级以上各级人民政府安全生产监督管理部门、各级煤矿安全监察机构从事安全监管监察、行政执法的安全生产监管人员和煤矿安全监察人员；生产经营单位从业人员是指生产经营单位主要负责人、安全生产管理人员、特种作业人员及其他从业人员；从事安全生产工作的相关人员是指从事安全教育培训工作的教师、危险化学品登记机构的登记人员和承担安全评价、咨询、检测、检验的人员及注册安全工程师、安全生产应急救援人员等。

第六条　安全培训应当按照规定的安全培训大纲进行。

安全监管监察人员，危险物品的生产、经营、储存单位与非煤矿山、金属冶炼单位的主要负责人和安全生产管理人员、特种作业人员以及从事安全生产工作的相关人员的安全培训大纲，由国家安全监管总局组织制定。

煤矿企业的主要负责人和安全生产管理人员、特种作业人员的培训大纲由国家煤矿安监局组织制定。

除危险物品的生产、经营、储存单位和矿山、金属冶炼单位以外其他生产经营单位的主要负责人、安全生产管理人员及其他从业人员的安全培训大纲，由省级安全生产监督管理部门、省级煤矿安全培训监管机构组织制定。

第八条　国家安全监管总局负责省级以上安全生产监督管理部门的安全生产监管人

员、各级煤矿安全监察机构的煤矿安全监察人员的培训工作。

省级安全生产监督管理部门负责市级、县级安全生产监督管理部门的安全生产监管人员的培训工作。

生产经营单位的从业人员的安全培训，由生产经营单位负责。

危险化学品登记机构的登记人员和承担安全评价、咨询、检测、检验的人员及注册安全工程师、安全生产应急救援人员的安全培训，按照有关法律、法规、规章的规定进行。

第九条 对从业人员的安全培训，具备安全培训条件的生产经营单位应当以自主培训为主，也可以委托具备安全培训条件的机构进行安全培训。

不具备安全培训条件的生产经营单位，应当委托具有安全培训条件的机构对从业人员进行安全培训。

生产经营单位委托其他机构进行安全培训的，保证安全培训的责任仍由本单位负责。

第十条 生产经营单位应当建立安全培训管理制度，保障从业人员安全培训所需经费，对从业人员进行与其所从事岗位相应的安全教育培训；从业人员调整工作岗位或者采用新工艺、新技术、新设备、新材料的，应当对其进行专门的安全教育和培训。未经安全教育和培训合格的从业人员，不得上岗作业。

生产经营单位使用被派遣劳动者的，应当将被派遣劳动者纳入本单位从业人员统一管理，对被派遣劳动者进行岗位安全操作规程和安全操作技能的教育和培训。劳务派遣单位应当对被派遣劳动者进行必要的安全生产教育和培训。

生产经营单位接收中等职业学校、高等学校学生实习的，应当对实习学生进行相应的安全生产教育和培训，提供必要的劳动防护用品。学校应当协助生产经营单位对实习学生进行安全生产教育和培训。

从业人员安全培训的时间、内容、参加人员以及考核结果等情况，生产经营单位应当如实记录并建档备查。

第十一条 生产经营单位从业人员的培训内容和培训时间，应当符合《生产经营单位安全培训规定》和有关标准的规定。

第十二条 中央企业的分公司、子公司及其所属单位和其他生产经营单位，发生造成人员死亡的生产安全事故的，其主要负责人和安全生产管理人员应当重新参加安全培训。

特种作业人员对造成人员死亡的生产安全事故负有直接责任的，应当按照《特种作业人员安全技术培训考核管理规定》重新参加安全培训。

第十三条 国家鼓励生产经营单位实行师傅带徒弟制度。

矿山新招的井下作业人员和危险物品生产经营单位新招的危险工艺操作岗位人员，除按照规定进行安全培训外，还应当在有经验的职工带领下实习满2个月后，方可独立上岗作业。

第十四条 国家鼓励生产经营单位招录职业院校毕业生。

职业院校毕业生从事与所学专业相关的作业，可以免予参加初次培训，实际操作培训除外。

第十九条 安全监管监察人员，危险物品的生产、经营、储存单位及非煤矿山、金属冶炼单位主要负责人、安全生产管理人员和特种作业人员，以及从事安全生产工作的相关人员的考核标准，由国家安全监管总局统一制定。

煤矿企业的主要负责人、安全生产管理人员和特种作业人员的考核标准，由国家煤矿安监局制定。

除危险物品的生产、经营、储存单位和矿山、金属冶炼单位以外其他生产经营单位主要负责人、安全生产管理人员及其他从业人员的考核标准，由省级安全生产监督管理部门制定。

第二十条 国家安全监管总局负责省级以上安全生产监督管理部门的安全生产监管人员、各级煤矿安全监察机构的煤矿安全监察人员的考核；负责中央企业的总公司、总厂或者集团公司的主要负责人和安全生产管理人员的考核。

省级安全生产监督管理部门负责市级、县级安全生产监督管理部门的安全生产监管人员的考核；负责省属生产经营单位和中央企业分公司、子公司及其所属单位的主要负责人和安全生产管理人员的考核；负责特种作业人员的考核。

市级安全生产监督管理部门负责本行政区域内除中央企业、省属生产经营单位以外的其他生产经营单位的主要负责人和安全生产管理人员的考核。

省级煤矿安全培训监管机构负责所辖区域内煤矿企业的主要负责人、安全生产管理人员和特种作业人员的考核。

除主要负责人、安全生产管理人员、特种作业人员以外的生产经营单位的其他从业人员的考核，由生产经营单位按照省级安全生产监督管理部门公布的考核标准，自行组织考核。

第二十一条 安全生产监督管理部门、煤矿安全培训监管机构和生产经营单位应当制定安全培训的考核制度，建立考核管理档案备查。

第二十三条 安全生产监管人员经考核合格后，颁发安全生产监管执法证；煤矿安全监察人员经考核合格后，颁发煤矿安全监察执法证；危险物品的生产、经营、储存单位和矿山、金属冶炼单位主要负责人、安全生产管理人员经考核合格后，颁发安全合格证；特种作业人员经考核合格后，颁发《中华人民共和国特种作业操作证》（以下简称特种作业操作证）；危险化学品登记机构的登记人员经考核合格后，颁发上岗证；其他人员经培训合格后，颁发培训合格证。

第二十五条 安全生产监管执法证、煤矿安全监察执法证、安全合格证的有效期为3年。有效期届满需要延期的，应当于有效期届满30日前向原发证部门申请办理延期手续。

特种作业人员的考核发证按照《特种作业人员安全技术培训考核管理规定》执行。

第二十六条 特种作业操作证和省级安全生产监督管理部门、省级煤矿安全培训监管机构颁发的主要负责人、安全生产管理人员的安全合格证，在全国范围内有效。

第三十条 安全生产监督管理部门、煤矿安全培训监管机构应当对生产经营单位的安全培训情况进行监督检查，检查内容包括：

（一）安全培训制度、年度培训计划、安全培训管理档案的制定和实施的情况；

（二）安全培训经费投入和使用的情况；

（三）主要负责人、安全生产管理人员接受安全生产知识和管理能力考核的情况；

（四）特种作业人员持证上岗的情况；

（五）应用新工艺、新技术、新材料、新设备以及转岗前对从业人员安全培训的情况；

（六）其他从业人员安全培训的情况；

（七）法律法规规定的其他内容。

第三十五条 生产经营单位主要负责人、安全生产管理人员、特种作业人员以欺骗、贿赂等不正当手段取得安全合格证或者特种作业操作证的，除撤销其相关证书外，处3000元以下的罚款，并自撤销其相关证书之日起3年内不得再次申请该证书。

第三十六条 生产经营单位有下列情形之一的，责令改正，处3万元以下的罚款：

（一）从业人员安全培训的时间少于《生产经营单位安全培训规定》或者有关标准规定的；

（二）矿山新招的井下作业人员和危险物品生产经营单位新招的危险工艺操作岗位人员，未经实习期满独立上岗作业的；

（三）相关人员未按照本办法第十二条规定重新参加安全培训的。

第三十七条 生产经营单位存在违反有关法律、法规中安全生产教育培训的其他行为的，依照相关法律、法规的规定予以处罚。

9.《工贸企业粉尘防爆安全规定》节选

《工贸企业粉尘防爆安全规定》于2020年11月30日应急管理部第35次部务会议审议通过，自2021年9月1日起施行。为了加强工贸企业粉尘防爆安全工作，预防和减少粉尘爆炸事故，保障从业人员生命安全，根据《中华人民共和国安全生产法》等法律法规，制定本规定。本书节选部分条文如下：

第二条 存在可燃性粉尘爆炸危险的冶金、有色、建材、机械、轻工、纺织、烟草、商贸等工贸企业（以下简称粉尘涉爆企业）的粉尘防爆安全工作及其监督管理，适用本规定。

第三条 本规定所称可燃性粉尘，是指在大气条件下，能与气态氧化剂（主要是空气）发生剧烈氧化反应的粉尘、纤维或者飞絮。

本规定所称粉尘爆炸危险场所，是指存在可燃性粉尘和气态氧化剂（主要是空气）的场所，根据爆炸性环境出现的频率或者持续的时间，可划分为不同危险区域。

第四条 粉尘涉爆企业对粉尘防爆安全工作负主体责任，应当具备有关法律法规、规章、国家标准或者行业标准规定的粉尘防爆安全生产条件，建立健全全员安全生产责任制和相关规章制度，加强安全生产标准化、信息化建设，构建安全风险分级管控和隐患排查治理双重预防机制，健全风险防范化解机制，确保安全生产。

第六条 粉尘涉爆企业主要负责人是粉尘防爆安全工作的第一责任人，其他负责人在各自职责范围内对粉尘防爆安全工作负责。

粉尘涉爆企业应当在本单位安全生产责任制中明确主要负责人、相关部门负责人、生产车间负责人及粉尘作业岗位人员粉尘防爆安全职责。

第七条 粉尘涉爆企业应当结合企业实际情况建立和落实粉尘防爆安全管理制度。粉尘防爆安全管理制度应当包括下列内容：

（一）粉尘爆炸风险辨识评估和管控；

（二）粉尘爆炸事故隐患排查治理；

（三）粉尘作业岗位安全操作规程；

（四）粉尘防爆专项安全生产教育和培训；

（五）粉尘清理和处置；

（六）除尘系统和相关安全设施设备运行、维护及检修、维修管理；

（七）粉尘爆炸事故应急处置和救援。

第八条 粉尘涉爆企业应当组织对涉及粉尘防爆的生产、设备、安全管理等有关负责人和粉尘作业岗位等相关从业人员进行粉尘防爆专项安全生产教育和培训，使其了解作业场所和工作岗位存在的爆炸风险，掌握粉尘爆炸事故防范和应急措施；未经教育培训合格的，不得上岗作业。

粉尘涉爆企业应当如实记录粉尘防爆专项安全生产教育和培训的时间、内容及考核等情况，纳入员工教育和培训档案。

第九条 粉尘涉爆企业应当为粉尘作业岗位从业人员提供符合国家标准或者行业标准的劳动防护用品，并监督、教育从业人员按照使用规则佩戴、使用。

第十条 粉尘涉爆企业应当制定有关粉尘爆炸事故应急救援预案，并依法定期组织演练。发生火灾或者粉尘爆炸事故后，粉尘涉爆企业应当立即启动应急响应并撤离疏散全部作业人员至安全场所，不得采用可能引起扬尘的应急处置措施。

第十一条 粉尘涉爆企业应当定期辨识粉尘云、点燃源等粉尘爆炸危险因素，确定粉尘爆炸危险场所的位置、范围，并根据粉尘爆炸特性和涉粉作业人数等关键要素，评估确定有关危险场所安全风险等级，制定并落实管控措施，明确责任部门和责任人员，建立安全风险清单，及时维护安全风险辨识、评估、管控过程的信息档案。

粉尘涉爆企业应当在粉尘爆炸较大危险因素的工艺、场所、设施设备和岗位，设置安全警示标志。

涉及粉尘爆炸危险的工艺、场所、设施设备等发生变更的，粉尘涉爆企业应当重新进行安全风险辨识评估。

第十二条 粉尘涉爆企业应当根据《粉尘防爆安全规程》等有关国家标准或者行业标准，结合粉尘爆炸风险管控措施，建立事故隐患排查清单，明确和细化排查事项、具体内容、排查周期及责任人员，及时组织开展事故隐患排查治理，如实记录隐患排查治理情况，并向从业人员通报。

构成工贸行业重大事故隐患判定标准规定的重大事故隐患的，应当按照有关规定制定治理方案，落实措施、责任、资金、时限和应急预案，及时消除事故隐患。

第十四条 粉尘涉爆企业存在粉尘爆炸危险场所的建（构）筑物的结构和布局应当符合《粉尘防爆安全规程》等有关国家标准或者行业标准要求，采取防火防爆、防雷等措施，单层厂房屋顶一般应当采用轻型结构，多层厂房应当为框架结构，并设置符合有关标准要求的泄压面积。

粉尘涉爆企业应当严格控制粉尘爆炸危险场所内作业人员数量，在粉尘爆炸危险场所内不得设置员工宿舍、休息室、办公室、会议室等，粉尘爆炸危险场所与其他厂房、仓库、民用建筑的防火间距应当符合《建筑设计防火规范》的规定。

第十五条 粉尘涉爆企业应当按照《粉尘防爆安全规程》等有关国家标准或者行业标准规定，将粉尘爆炸危险场所除尘系统按照不同工艺分区域相对独立设置，可燃性粉尘不得与可燃气体等易加剧爆炸危险的介质共用一套除尘系统，不同防火分区的除尘系统禁止互联互通。存在粉尘爆炸危险的工艺设备应当采用泄爆、隔爆、惰化、抑爆、抗爆等一种或者多种控爆措施，但不得单独采取隔爆措施。禁止采用粉尘沉降室除尘或者采用巷道式构筑物作为除尘风道。铝镁等金属粉尘应当采用负压方式除尘，其他粉尘受工艺条件限制，采用正压方式吹送时，应当采取可靠的防范点燃源的措施。

采用干式除尘系统的粉尘涉爆企业应当按照《粉尘防爆安全规程》等有关国家标准或者行业标准规定，结合工艺实际情况，安装使用锁气卸灰、火花探测熄灭、风压差监测等装置，以及相关安全设备的监测预警信息系统，加强对可能存在点燃源和粉尘云的粉尘爆炸危险场所的实时监控。铝镁等金属粉尘湿式除尘系统应当安装与打磨抛光设备联锁的液位、流速监测报警装置，并保持作业场所和除尘器本体良好通风，防止氢气积聚，及时规范清理沉淀的粉尘泥浆。

第十六条 针对粉碎、研磨、造粒、砂光等易产生机械点燃源的工艺，粉尘涉爆企业应当规范采取杂物去除或者火花探测消除等防范点燃源措施，并定期清理维护，做好相关记录。

第十七条 粉尘防爆相关的泄爆、隔爆、抑爆、惰化、锁气卸灰、除杂、监测、报警、火花探测消除等安全设备的设计、制造、安装、使用、检测、维修、改造和报废，应当符合《粉尘防爆安全规程》等有关国家标准或者行业标准，相关设计、制造、安装单位应当提供相关设备安全性能和使用说明等资料，对安全设备的安全性能负责。

粉尘涉爆企业应当对粉尘防爆安全设备进行经常性维护、保养，并按照《粉尘防爆安全规程》等有关国家标准或者行业标准定期检测或者检查，保证正常运行，做好相关记录，不得关闭、破坏直接关系粉尘防爆安全的监控、报警、防控等设备、设施，或者篡改、隐瞒、销毁其相关数据、信息。粉尘涉爆企业应当规范选用与爆炸危险区域相适应的防爆型电气设备。

第十八条 粉尘涉爆企业应当按照《粉尘防爆安全规程》等有关国家标准或者行业标准，制定并严格落实粉尘爆炸危险场所的粉尘清理制度，明确清理范围、清理周期、清理方式和责任人员，并在相关粉尘爆炸危险场所醒目位置张贴。相关责任人员应当定期清理粉尘并如实记录，确保可能积尘的粉尘作业区域和设备设施全面及时规范清理。粉尘作业区域应当保证每班清理。

铝镁等金属粉尘和镁合金废屑的收集、贮存等处置环节，应当避免粉尘废屑大量堆积或者装袋后多层堆垛码放；需要临时存放的，应当设置相对独立的暂存场所，远离作业现场等人员密集场所，并采取防水防潮、通风、氢气监测等必要的防火防爆措施。含水镁合金废屑应当优先采用机械压块处理方式，镁合金粉尘应当优先采用大量水浸泡方式暂存。

第十九条 粉尘涉爆企业对粉尘爆炸危险场所设备设施或者除尘系统的检修维修作业，应当实行专项作业审批。作业前，应当制定专项方案；对存在粉尘沉积的除尘器、管道等设施设备进行动火作业前，应当清理干净内部积尘和作业区域的可燃性粉尘。作业时，生产设备应当处于停止运行状态，检修维修工具应当采用防止产生火花的防爆工具。作业后，应当妥善清理现场，作业点最高温度恢复到常温后方可重新开始生产。

第二十条 粉尘涉爆企业应当做好粉尘爆炸危险场所设施设备的维护保养，加强对检修承包单位的安全管理，在承包协议中明确规定双方的安全生产权利义务，对检修承包单位的检修方案中涉及粉尘防爆的安全措施和应急处置措施进行审核，并监督承包单位落实。

第二十三条　负责粉尘涉爆企业安全监管的部门对企业实施监督检查时，应当重点检查下列内容：

（一）粉尘防爆安全生产责任制和相关安全管理制度的建立、落实情况；

（二）粉尘爆炸风险清单和辨识管控信息档案；

（三）粉尘爆炸事故隐患排查治理台账；

（四）粉尘清理和处置记录；

（五）粉尘防爆专项安全生产教育和培训记录；

（六）粉尘爆炸危险场所检修、维修、动火等作业安全管理情况；

（七）安全设备定期维护保养、检测或者检查等情况；

（八）涉及粉尘爆炸危险的安全设施与主体工程同时设计、同时施工、同时投入生产和使用情况；

（九）应急预案的制定、演练情况。

第二十七条　粉尘涉爆企业有下列行为之一的，由负责粉尘涉爆企业安全监管的部门依照《中华人民共和国安全生产法》有关规定，责令限期改正，处 5 万元以下的罚款；逾期未改正的，处 5 万元以上 20 万元以下的罚款，对其直接负责的主管人员和其他直接责任人员处 1 万元以上 2 万元以下的罚款；情节严重的，责令停产停业整顿；构成犯罪的，依照刑法有关规定追究刑事责任：

（一）未在产生、输送、收集、贮存可燃性粉尘，并且有较大危险因素的场所、设施和设备上设置明显的安全警示标志的；

（二）粉尘防爆安全设备的安装、使用、检测、改造和报废不符合国家标准或者行业标准的；

（三）未对粉尘防爆安全设备进行经常性维护、保养和定期检测或者检查的；

（四）未为粉尘作业岗位相关从业人员提供符合国家标准或者行业标准的劳动防护用品的；

（五）关闭、破坏直接关系粉尘防爆安全的监控、报警、防控等设备、设施，或者篡改、隐瞒、销毁其相关数据、信息的。

第二十八条　粉尘涉爆企业有下列行为之一的，由负责粉尘涉爆企业安全监管的部门依照《中华人民共和国安全生产法》有关规定，责令限期改正，处 10 万元以下的罚款；逾期未改正的，责令停产停业整顿，并处 10 万元以上 20 万元以下的罚款，对其直接负责的主管人员和其他直接责任人员处 2 万元以上 5 万元以下的罚款：

（一）未按照规定对有关负责人和粉尘作业岗位相关从业人员进行粉尘防爆专项安全生产教育和培训，或者未如实记录专项安全生产教育和培训情况的；

（二）未如实记录粉尘防爆隐患排查治理情况或者未向从业人员通报的；

（三）未制定有关粉尘爆炸事故应急救援预案或者未定期组织演练的。

第二十九条　粉尘涉爆企业违反本规定第十四条、第十五条、第十六条、第十八条、第十九条的规定，同时构成事故隐患，未采取措施消除的，依照《中华人民共和国安全生产法》有关规定，由负责粉尘涉爆企业安全监管的部门责令立即消除或者限期消除，处 5

万元以下的罚款；企业拒不执行的，责令停产停业整顿，对其直接负责的主管人员和其他直接责任人员处 5 万元以上 10 万元以下的罚款；构成犯罪的，依照刑法有关规定追究刑事责任。

第三十条　粉尘涉爆企业有下列情形之一的，由负责粉尘涉爆企业安全监管的部门责令限期改正，处 3 万元以下的罚款，对其直接负责的主管人员和其他直接责任人员处 1 万元以下的罚款：

（一）企业新建、改建、扩建工程项目安全设施没有进行粉尘防爆安全设计，或者未按照设计进行施工的；

（二）未按照规定建立粉尘防爆安全管理制度或者内容不符合企业实际的；

（三）未按照规定辨识评估管控粉尘爆炸安全风险，未建立安全风险清单或者未及时维护相关信息档案的；

（四）粉尘防爆安全设备未正常运行的。

10.《工贸企业重大事故隐患判定标准》节选

中华人民共和国应急管理部令第 10 号发布，《工贸企业重大事故隐患判定标准》于 2023 年 3 月 20 日应急管理部第 7 次部务会议审议通过，自 2023 年 5 月 15 日起施行。为了准确判定、及时消除工贸企业重大事故隐患（以下简称重大事故隐患），根据《中华人民共和国安全生产法》等法律、行政法规，制定本标准。本书节选部分条文如下：

第二条　本标准适用于判定冶金、有色、建材、机械、轻工、纺织、烟草、商贸等工贸企业重大事故隐患。工贸企业内涉及危险化学品、消防（火灾）、燃气、特种设备等方面的重大事故隐患判定另有规定的，适用其规定。

第三条　工贸企业有下列情形之一的，应当判定为重大事故隐患：

（一）未对承包单位、承租单位的安全生产工作统一协调、管理，或者未定期进行安全检查的；

（二）特种作业人员未按照规定经专门的安全作业培训并取得相应资格，上岗作业的；

（三）金属冶炼企业主要负责人、安全生产管理人员未按照规定经考核合格的。

第六条　建材企业有下列情形之一的，应当判定为重大事故隐患：

（一）煤磨袋式收尘器、煤粉仓未设置温度和固定式一氧化碳浓度监测报警装置，或者未设置气体灭火装置的；

（二）筒型储库人工清库作业未落实清库方案中防止高处坠落、坍塌等安全措施的；

（三）水泥企业电石渣原料筒型储库未设置固定式可燃气体浓度监测报警装置，或者监测报警装置未与事故通风装置联锁的；

（四）进入筒型储库、焙烧窑、预热器旋风筒、分解炉、竖炉、篦冷机、磨机、破碎机前，未对可能意外启动的设备和涌入的物料、高温气体、有毒有害气体等采取隔离措施，或者未落实防止高处坠落、坍塌等安全措施的；

（五）采用预混燃烧方式的燃气窑炉（热发生炉煤气窑炉除外）的燃气总管未设置管道压力监测报警装置，或者监测报警装置未与紧急自动切断装置联锁的；

（六）制氢站、氮氢保护气体配气间、燃气配气间等 3 类场所未设置固定式可燃气体浓度监测报警装置的；

（七）电熔制品电炉的水冷设备失效的；

（八）玻璃窑炉、玻璃锡槽等设备未设置水冷和风冷保护系统的监测报警装置的。

第十一条　存在粉尘爆炸危险的工贸企业有下列情形之一的，应当判定为重大事故隐患：

（一）粉尘爆炸危险场所设置在非框架结构的多层建（构）筑物内，或者粉尘爆炸危险场所内设有员工宿舍、会议室、办公室、休息室等人员聚集场所的；

（二）不同类别的可燃性粉尘、可燃性粉尘与可燃气体等易加剧爆炸危险的介质共用一套除尘系统，或者不同建（构）筑物、不同防火分区共用一套除尘系统、除尘系统互联互通的；

（三）干式除尘系统未采取泄爆、惰化、抑爆等任一种爆炸防控措施的；

（四）铝镁等金属粉尘除尘系统采用正压除尘方式，或者其他可燃性粉尘除尘系统采用正压吹送粉尘时，未采取火花探测消除等防范点燃源措施的；

（五）除尘系统采用重力沉降室除尘，或者采用干式巷道式构筑物作为除尘风道的；

（六）铝镁等金属粉尘、木质粉尘的干式除尘系统未设置锁气卸灰装置的；

（七）除尘器、收尘仓等划分为 20 区的粉尘爆炸危险场所电气设备不符合防爆要求的；

（八）粉碎、研磨、造粒等易产生机械点燃源的工艺设备前，未设置铁、石等杂物去除装置，或者木制品加工企业与砂光机连接的风管未设置火花探测消除装置的；

（十）未落实粉尘清理制度，造成作业现场积尘严重的。

第十三条　存在硫化氢、一氧化碳等中毒风险的有限空间作业的工贸企业有下列情形之一的，应当判定为重大事故隐患：

（一）未对有限空间进行辨识、建立安全管理台账，并且未设置明显的安全警示标志的；

（二）未落实有限空间作业审批，或者未执行"先通风、再检测、后作业"要求，或者作业现场未设置监护人员的。

第十四条　本标准所列情形中直接关系生产安全的监控、报警、防护等设施、设备、装置，应当保证正常运行、使用，失效或者无效均判定为重大事故隐患。

第十五条　本标准自 2023 年 5 月 15 日起施行。《工贸行业重大生产安全事故隐患判定标准（2017 版）》（安监总管四〔2017〕129 号）同时废止。

11.《生产安全事故信息报告和处置办法》节选

《生产安全事故信息报告和处置办法》2009 年 5 月 27 日国家安全生产监督管理总局局长办公会议审议通过，自 2009 年 7 月 1 日起施行。该办法是为了规范生产安全事故信息的报告和处置工作，根据《安全生产法》《生产安全事故报告和调查处理条例》等有关法律、行政法规制定。本书节选部分条文如下：

第二条　生产经营单位报告生产安全事故信息和安全生产监督管理部门、煤矿安全监察机构对生产安全事故信息的报告和处置工作，适用本办法。

第三条　本办法规定的应当报告和处置的生产安全事故信息（以下简称事故信息），是指已经发生的生产安全事故和较大涉险事故的信息。

第四条　事故信息的报告应当及时、准确和完整，信息的处置应当遵循快速高效、协同配合、分级负责的原则。

安全生产监督管理部门负责各类生产经营单位的事故信息报告和处置工作。煤矿安全监察机构负责煤矿的事故信息报告和处置工作。

第六条 生产经营单位发生生产安全事故或者较大涉险事故，其单位负责人接到事故信息报告后应当于1小时内报告事故发生地县级安全生产监督管理部门、煤矿安全监察分局。

发生较大以上生产安全事故的，事故发生单位在依照第一款规定报告的同时，应当在1小时内报告省级安全生产监督管理部门、省级煤矿安全监察机构。

发生重大、特别重大生产安全事故的，事故发生单位在依照本条第一款、第二款规定报告的同时，可以立即报告国家安全生产监督管理总局、国家煤矿安全监察局。

第十条 报告事故信息，应当包括下列内容：

（一）事故发生单位的名称、地址、性质、产能等基本情况；

（二）事故发生的时间、地点以及事故现场情况；

（三）事故的简要经过（包括应急救援情况）；

（四）事故已经造成或者可能造成的伤亡人数（包括下落不明、涉险的人数）和初步估计的直接经济损失；

（五）已经采取的措施；

（六）其他应当报告的情况。

使用电话快报，应当包括下列内容：

（一）事故发生单位的名称、地址、性质；

（二）事故发生的时间、地点；

（三）事故已经造成或者可能造成的伤亡人数（包括下落不明、涉险的人数）。

第十一条 事故具体情况暂时不清楚的，负责事故报告的单位可以先报事故概况，随后补报事故全面情况。

事故信息报告后出现新情况的，负责事故报告的单位应当依照本办法第六条、第七条、第八条、第九条的规定及时续报。较大涉险事故、一般事故、较大事故每日至少续报1次；重大事故、特别重大事故每日至少续报2次。

自事故发生之日起30日内（道路交通、火灾事故自发生之日起7日内），事故造成的伤亡人数发生变化的，应于当日续报。

第二十四条 生产经营单位及其有关人员对生产安全事故迟报、漏报、谎报或者瞒报的，依照有关规定予以处罚。

第二十五条 生产经营单位对较大涉险事故迟报、漏报、谎报或者瞒报的，给予警告，并处3万元以下的罚款。

第二十六条 本办法所称的较大涉险事故是指：

（一）涉险10人以上的事故；

（二）造成3人以上被困或者下落不明的事故；

（三）紧急疏散人员500人以上的事故；

（四）因生产安全事故对环境造成严重污染（人员密集场所、生活水源、农田、河流、水库、湖泊等）的事故；

（五）危及重要场所和设施安全（电站、重要水利设施、危化品库、油气站和车站、码头、港口、机场及其他人员密集场所等）的事故；

（六）其他较大涉险事故。

12.《危险化学品重大危险源监督管理暂行规定》节选

《危险化学品重大危险源监督管理暂行规定》2011 年 7 月 22 日国家安全生产监督管理总局局长办公会议审议通过，自 2011 年 12 月 1 日起施行。该规定是为了加强危险化学品重大危险源的安全监督管理，防止和减少危险化学品事故的发生，保障人民群众生命财产安全，根据《中华人民共和国安全生产法》和《危险化学品安全管理条例》等有关法律、行政法规制定。本书节选部分条文如下：

第二条 从事危险化学品生产、储存、使用和经营的单位（以下统称危险化学品单位）的危险化学品重大危险源的辨识、评估、登记建档、备案、核销及其监督管理，适用本规定。

城镇燃气、用于国防科研生产的危险化学品重大危险源以及港区内危险化学品重大危险源的安全监督管理，不适用本规定。

第三条 本规定所称危险化学品重大危险源（以下简称重大危险源），是指按照《危险化学品重大危险源辨识》（GB18218）标准辨识确定，生产、储存、使用或者搬运危险化学品的数量等于或者超过临界量的单元（包括场所和设施）。

第四条 危险化学品单位是本单位重大危险源安全管理的责任主体，其主要负责人对本单位的重大危险源安全管理工作负责，并保证重大危险源安全生产所必需的安全投入。

第五条 重大危险源的安全监督管理实行属地监管与分级管理相结合的原则。

县级以上地方人民政府安全生产监督管理部门按照有关法律、法规、标准和本规定，对本辖区内的重大危险源实施安全监督管理。

第七条 危险化学品单位应当按照《危险化学品重大危险源辨识》标准，对本单位的危险化学品生产、经营、储存和使用装置、设施或者场所进行重大危险源辨识，并记录辨识过程与结果。

第八条 危险化学品单位应当对重大危险源进行安全评估并确定重大危险源等级。危险化学品单位可以组织本单位的注册安全工程师、技术人员或者聘请有关专家进行安全评估，也可以委托具有相应资质的安全评价机构进行安全评估。

依照法律、行政法规的规定，危险化学品单位需要进行安全评价的，重大危险源安全评估可以与本单位的安全评价一起进行，以安全评价报告代替安全评估报告，也可以单独进行重大危险源安全评估。

重大危险源根据其危险程度，分为一级、二级、三级和四级，一级为最高级别。

第九条 重大危险源有下列情形之一的，应当委托具有相应资质的安全评价机构，按照有关标准的规定采用定量风险评价方法进行安全评估，确定个人和社会风险值：

（一）构成一级或者二级重大危险源，且毒性气体实际存在（在线）量与其在《危险化学品重大危险源辨识》中规定的临界量比值之和大于或等于 1 的；

（二）构成一级重大危险源，且爆炸品或液化易燃气体实际存在（在线）量与其在《危险化学品重大危险源辨识》中规定的临界量比值之和大于或等于 1 的。

第十条 重大危险源安全评估报告应当客观公正、数据准确、内容完整、结论明确、措施可行，并包括下列内容：

（一）评估的主要依据；

（二）重大危险源的基本情况；

（三）事故发生的可能性及危害程度；

（四）个人风险和社会风险值（仅适用定量风险评价方法）；

（五）可能受事故影响的周边场所、人员情况；

（六）重大危险源辨识、分级的符合性分析；

（七）安全管理措施、安全技术和监控措施；

（八）事故应急措施；

（九）评估结论与建议。

危险化学品单位以安全评价报告代替安全评估报告的，其安全评价报告中有关重大危险源的内容应当符合本条第一款规定的要求。

第十一条 有下列情形之一的，危险化学品单位应当对重大危险源重新进行辨识、安全评估及分级：

（一）重大危险源安全评估已满三年的；

（二）构成重大危险源的装置、设施或者场所进行新建、改建、扩建的；

（三）危险化学品种类、数量、生产、使用工艺或者储存方式及重要设备、设施等发生变化，影响重大危险源级别或者风险程度的；

（四）外界生产安全环境因素发生变化，影响重大危险源级别和风险程度的；

（五）发生危险化学品事故造成人员死亡，或者 10 人以上受伤，或者影响到公共安全的；

（六）有关重大危险源辨识和安全评估的国家标准、行业标准发生变化的。

第十二条 危险化学品单位应当建立完善重大危险源安全管理规章制度和安全操作规程，并采取有效措施保证其得到执行。

第十三条 危险化学品单位应当根据构成重大危险源的危险化学品种类、数量、生产、使用工艺（方式）或者相关设备、设施等实际情况，按照下列要求建立健全安全监测监控体系，完善控制措施：

（一）重大危险源配备温度、压力、液位、流量、组分等信息的不间断采集和监测系统以及可燃气体和有毒有害气体泄漏检测报警装置，并具备信息远传、连续记录、事故预警、信息存储等功能；一级或者二级重大危险源，具备紧急停车功能。记录的电子数据的保存时间不少于 30 天；

（二）重大危险源的化工生产装置装备满足安全生产要求的自动化控制系统；一级或者二级重大危险源，装备紧急停车系统；

（三）对重大危险源中的毒性气体、剧毒液体和易燃气体等重点设施，设置紧急切断装置；毒性气体的设施，设置泄漏物紧急处置装置。涉及毒性气体、液化气体、剧毒液体的一级或者二级重大危险源，配备独立的安全仪表系统（SIS）；

（四）重大危险源中储存剧毒物质的场所或者设施，设置视频监控系统；

（五）安全监测监控系统符合国家标准或者行业标准的规定。

第十五条 危险化学品单位应当按照国家有关规定，定期对重大危险源的安全设施和安全监测监控系统进行检测、检验，并进行经常性维护、保养，保证重大危险源的安全设施和安全监测监控系统有效、可靠运行。维护、保养、检测应当作好记录，并由有关人员签字。

第十六条 危险化学品单位应当明确重大危险源中关键装置、重点部位的责任人或者责任机构，并对重大危险源的安全生产状况进行定期检查，及时采取措施消除事故隐患。事故隐患难以立即排除的，应当及时制定治理方案，落实整改措施、责任、资金、时限和预案。

第十七条 危险化学品单位应当对重大危险源的管理和操作岗位人员进行安全操作技能培训，使其了解重大危险源的危险特性，熟悉重大危险源安全管理规章制度和安全操作规程，掌握本岗位的安全操作技能和应急措施。

第十八条 危险化学品单位应当在重大危险源所在场所设置明显的安全警示标志，写明紧急情况下的应急处置办法。

第十九条 危险化学品单位应当将重大危险源可能发生的事故后果和应急措施等信息，以适当方式告知可能受影响的单位、区域及人员。

第二十条 危险化学品单位应当依法制定重大危险源事故应急预案，建立应急救援组织或者配备应急救援人员，配备必要的防护装备及应急救援器材、设备、物资，并保障其完好和方便使用；配合地方人民政府安全生产监督管理部门制定所在地区涉及本单位的危险化学品事故应急预案。

对存在吸入性有毒、有害气体的重大危险源，危险化学品单位应当配备便携式浓度检测设备、空气呼吸器、化学防护服、堵漏器材等应急器材和设备；涉及剧毒气体的重大危险源，还应当配备两套以上（含本数）气密型化学防护服；涉及易燃易爆气体或者易燃液体蒸气的重大危险源，还应当配备一定数量的便携式可燃气体检测设备。

第二十一条 危险化学品单位应当制定重大危险源事故应急预案演练计划，并按照下列要求进行事故应急预案演练：

（一）对重大危险源专项应急预案，每年至少进行一次；

（二）对重大危险源现场处置方案，每半年至少进行一次。

应急预案演练结束后，危险化学品单位应当对应急预案演练效果进行评估，撰写应急预案演练评估报告，分析存在的问题，对应急预案提出修订意见，并及时修订完善。

第二十二条 危险化学品单位应当对辨识确认的重大危险源及时、逐项进行登记建档。

重大危险源档案应当包括下列文件、资料：

（一）辨识、分级记录；

（二）重大危险源基本特征表；

（三）涉及的所有化学品安全技术说明书；

（四）区域位置图、平面布置图、工艺流程图和主要设备一览表；

（五）重大危险源安全管理规章制度及安全操作规程；

（六）安全监测监控系统、措施说明、检测、检验结果；

（七）重大危险源事故应急预案、评审意见、演练计划和评估报告；

（八）安全评估报告或者安全评价报告；

（九）重大危险源关键装置、重点部位的责任人、责任机构名称；

（十）重大危险源场所安全警示标志的设置情况；

（十一）其他文件、资料。

第二十三条 危险化学品单位在完成重大危险源安全评估报告或者安全评价报告后15日内，应当填写重大危险源备案申请表，连同本规定第二十二条规定的重大危险源档案材料（其中第二款第五项规定的文件资料只需提供清单），报送所在地县级人民政府安全生产监督管理部门备案。

县级人民政府安全生产监督管理部门应当每季度将辖区内的一级、二级重大危险源备案材料报送至设区的市级人民政府安全生产监督管理部门。设区的市级人民政府安全生产监督管理部门应当每半年将辖区内的一级重大危险源备案材料报送至省级人民政府安全生产监督管理部门。

重大危险源出现本规定第十一条所列情形之一的，危险化学品单位应当及时更新档案，并向所在地县级人民政府安全生产监督管理部门重新备案。

第二十四条 危险化学品单位新建、改建和扩建危险化学品建设项目，应当在建设项目竣工验收前完成重大危险源的辨识、安全评估和分级、登记建档工作，并向所在地县级人民政府安全生产监督管理部门备案。

第二十七条 重大危险源经过安全评价或者安全评估不再构成重大危险源的，危险化学品单位应当向所在地县级人民政府安全生产监督管理部门申请核销。

申请核销重大危险源应当提交下列文件、资料：

（一）载明核销理由的申请书；

（二）单位名称、法定代表人、住所、联系人、联系方式；

（三）安全评价报告或者安全评估报告。

第三十二条 危险化学品单位有下列行为之一的，由县级以上人民政府安全生产监督管理部门责令限期改正；逾期未改正的，责令停产停业整顿，可以并处2万元以上10万元以下的罚款：

（一）未按照本规定要求对重大危险源进行安全评估或者安全评价的；

（二）未按照本规定要求对重大危险源进行登记建档的；

（三）未按照本规定及相关标准要求对重大危险源进行安全监测监控的；

（四）未制定重大危险源事故应急预案的。

第三十三条 危险化学品单位有下列行为之一的，由县级以上人民政府安全生产监督管理部门责令限期改正；逾期未改正的，责令停产停业整顿，并处5万元以下的罚款：

（一）未在构成重大危险源的场所设置明显的安全警示标志的；

（二）未对重大危险源中的设备、设施等进行定期检测、检验的。

第三十四条 危险化学品单位有下列情形之一的，由县级以上人民政府安全生产监督管理部门给予警告，可以并处5000元以上3万元以下的罚款：

（一）未按照标准对重大危险源进行辨识的；

（二）未按照本规定明确重大危险源中关键装置、重点部位的责任人或者责任机构的；

（三）未按照本规定建立应急救援组织或者配备应急救援人员，以及配备必要的防护装备及器材、设备、物资，并保障其完好的；

（四）未按照本规定进行重大危险源备案或者核销的；

（五）未将重大危险源可能引发的事故后果、应急措施等信息告知可能受影响的单位、区域及人员的；

（六）未按照本规定要求开展重大危险源事故应急预案演练的；

（七）未按照本规定对重大危险源的安全生产状况进行定期检查，采取措施消除事故隐患的。

13.《工贸企业有限空间作业安全规定》节选

《工贸企业有限空间作业安全规定》2023年11月6日应急管理部第28次部务会议审议通过，2024年1月1日起施行。为了保障有限空间作业安全，预防和减少生产安全事故，根据《中华人民共和国安全生产法》等法律法规，制定本规定。冶金、有色、建材、机械、轻工、纺织、烟草、商贸等行业的生产经营单位（以下统称工贸企业）有限空间作业的安全管理与监督，适用本规定。本书节选部分条文如下：

第三条 本规定所称有限空间，是指封闭或者部分封闭，未被设计为固定工作场所，人员可以进入作业，易造成有毒有害、易燃易爆物质积聚或者氧含量不足的空间。

本规定所称有限空间作业，是指人员进入有限空间实施的作业。

第四条 工贸企业主要负责人是有限空间作业安全第一责任人，应当组织制定有限空间作业安全管理制度，明确有限空间作业审批人、监护人员、作业人员的职责，以及安全培训、作业审批、防护用品、应急救援装备、操作规程和应急处置等方面的要求。

第五条 工贸企业应当实行有限空间作业监护制，明确专职或者兼职的监护人员，负责监督有限空间作业安全措施的落实。

监护人员应当具备与监督有限空间作业相适应的安全知识和应急处置能力，能够正确使用气体检测、机械通风、呼吸防护、应急救援等用品、装备。

第六条 工贸企业应当对有限空间进行辨识，建立有限空间管理台账，明确有限空间数量、位置以及危险因素等信息，并及时更新。

鼓励工贸企业采用信息化、数字化和智能化技术，提升有限空间作业安全风险管控水平。

第七条 工贸企业应当根据有限空间作业安全风险大小，明确审批要求。

对于存在硫化氢、一氧化碳、二氧化碳等中毒和窒息等风险的有限空间作业，应当由工贸企业主要负责人或者其书面委托的人员进行审批，委托进行审批的，相关责任仍由工贸企业主要负责人承担。

未经工贸企业确定的作业审批人批准，不得实施有限空间作业。

第八条 工贸企业将有限空间作业依法发包给其他单位实施的，应当与承包单位在合同或者协议中约定各自的安全生产管理职责。工贸企业对其发包的有限空间作业统一协调、管理，并对现场作业进行安全检查，督促承包单位有效落实各项安全措施。

第九条 工贸企业应当每年至少组织一次有限空间作业专题安全培训，对作业审批人、监护人员、作业人员和应急救援人员培训有限空间作业安全知识和技能，并如实记录。

未经培训合格不得参与有限空间作业。

第十条 工贸企业应当制定有限空间作业现场处置方案，按规定组织演练，并进行演练效果评估。

第十一条 工贸企业应当在有限空间出入口等醒目位置设置明显的安全警示标志，并在具备条件的场所设置安全风险告知牌。

第十二条 工贸企业应当对可能产生有毒物质的有限空间采取上锁、隔离栏、防护网或者其他物理隔离措施，防止人员未经审批进入。监护人员负责在作业前解除物理隔离措施。

第十三条 工贸企业应当根据有限空间危险因素的特点，配备符合国家标准或者行业标准的气体检测报警仪器、机械通风设备、呼吸防护用品、全身式安全带等防护用品和应急救援装备，并对相关用品、装备进行经常性维护、保养和定期检测，确保能够正常使用。

第十四条 有限空间作业应当严格遵守"先通风、再检测、后作业"要求。存在爆炸风险的，应当采取消除或者控制措施，相关电气设施设备、照明灯具、应急救援装备等应当符合防爆安全要求。

作业前，应当组织对作业人员进行安全交底，监护人员应当对通风、检测和必要的隔断、清除、置换等风险管控措施逐项进行检查，确认防护用品能够正常使用且作业现场配备必要的应急救援装备，确保各项作业条件符合安全要求。有专业救援队伍的工贸企业，应急救援人员应当做好应急救援准备，确保及时有效处置突发情况。

第十五条 监护人员应当全程进行监护，与作业人员保持实时联络，不得离开作业现场或者进入有限空间参与作业。

发现异常情况时，监护人员应当立即组织作业人员撤离现场。发生有限空间作业事故后，应当立即按照现场处置方案进行应急处置，组织科学施救。未做好安全措施盲目施救的，监护人员应当予以制止。

作业过程中，工贸企业应当安排专人对作业区域持续进行通风和气体浓度检测。作业中断的，作业人员再次进入有限空间作业前，应当重新通风、气体检测合格后方可进入。

第十六条 存在硫化氢、一氧化碳、二氧化碳等中毒和窒息风险、需要重点监督管理的有限空间，实行目录管理。

监管目录由应急管理部确定、调整并公布。

第十九条 工贸企业有下列行为之一的，责令限期改正，处 5 万元以下的罚款；逾期未改正的，处 5 万元以上 20 万元以下的罚款，对其直接负责的主管人员和其他直接责任人员处 1 万元以上 2 万元以下的罚款；情节严重的，责令停产停业整顿；构成犯罪的，依照刑法有关规定追究刑事责任：

（一）未按照规定设置明显的有限空间安全警示标志的；

（二）未按照规定配备、使用符合国家标准或者行业标准的有限空间作业安全仪器、设备、装备和器材的，或者未对其进行经常性维护、保养和定期检测的。

第二十条 工贸企业有下列行为之一的，责令限期改正，处 10 万元以下的罚款；逾期未改正的，责令停产停业整顿，并处 10 万元以上 20 万元以下的罚款，对其直接负责的主管人员和其他直接责任人员处 2 万元以上 5 万元以下的罚款：

（一）未按照规定开展有限空间作业专题安全培训或者未如实记录安全培训情况的；

（二）未按照规定制定有限空间作业现场处置方案或者未按照规定组织演练的。

第二十一条 违反本规定，有下列情形之一的，责令限期改正，对工贸企业处 5 万元以下的罚款，对其直接负责的主管人员和其他直接责任人员处 1 万元以下的罚款：

（一）未配备监护人员，或者监护人员未按规定履行岗位职责的；

（二）未对有限空间进行辨识，或者未建立有限空间管理台账的；

（三）未落实有限空间作业审批，或者作业未执行"先通风、再检测、后作业"要求的；

（四）未按要求进行通风和气体检测的。

14. 《生产安全事故罚款处罚规定》节选

《生产安全事故罚款处罚规定》2023 年 12 月 25 日应急管理部第 32 次部务会议审议通过，2024 年 3 月 1 日起施行。为防止和减少生产安全事故，严格追究生产安全事故发生单位及其有关责任人员的法律责任，正确适用事故罚款的行政处罚，依照《中华人民共和国行政处罚法》《中华人民共和国安全生产法》《生产安全事故报告和调查处理条例》等规定，制定本规定。应急管理部门和矿山安全监察机构对生产安全事故发生单位及其主要负责人、其他负责人、安全生产管理人员以及直接负责的主管人员、其他直接责任人员等有关责任人员依照《中华人民共和国安全生产法》和《生产安全事故报告和调查处理条例》实施罚款的行政处罚，适用本规定。本书节选部分条文如下：

第三条 本规定所称事故发生单位是指对事故发生负有责任的生产经营单位。

本规定所称主要负责人是指有限责任公司、股份有限公司的董事长、总经理或者个人经营的投资人，其他生产经营单位的厂长、经理、矿长（含实际控制人）等人员。

第四条 本规定所称事故发生单位主要负责人、其他负责人、安全生产管理人员以及直接负责的主管人员、其他直接责任人员的上一年年收入，属于国有生产经营单位的，是指该单位上级主管部门所确定的上一年年收入总额；属于非国有生产经营单位的，是指经财务、税务部门核定的上一年年收入总额。

生产经营单位提供虚假资料或者由于财务、税务部门无法核定等原因致使有关人员的上一年年收入难以确定的，按照下列办法确定：

（一）主要负责人的上一年年收入，按照本省、自治区、直辖市上一年度城镇单位就业人员平均工资的 5 倍以上 10 倍以下计算；

（二）其他负责人、安全生产管理人员以及直接负责的主管人员、其他直接责任人员的上一年年收入，按照本省、自治区、直辖市上一年度城镇单位就业人员平均工资的 1 倍以上 5 倍以下计算。

第五条 《生产安全事故报告和调查处理条例》所称的迟报、漏报、谎报和瞒报，依照下列情形认定：

（一）报告事故的时间超过规定时限的，属于迟报；

（二）因过失对应当上报的事故或者事故发生的时间、地点、类别、伤亡人数、直接经济损失等内容遗漏未报的，属于漏报；

（三）故意不如实报告事故发生的时间、地点、初步原因、性质、伤亡人数和涉险人数、直接经济损失等有关内容的，属于谎报；

（四）隐瞒已经发生的事故，超过规定时限未向应急管理部门、矿山安全监察机构和有关部门报告，经查证属实的，属于瞒报。

第六条 对事故发生单位及其有关责任人员处以罚款的行政处罚，依照下列规定决定：

（一）对发生特别重大事故的单位及其有关责任人员罚款的行政处罚，由应急管理部决定；

（二）对发生重大事故的单位及其有关责任人员罚款的行政处罚，由省级人民政府应急管理部门决定；

（三）对发生较大事故的单位及其有关责任人员罚款的行政处罚，由设区的市级人民政府应急管理部门决定；

（四）对发生一般事故的单位及其有关责任人员罚款的行政处罚，由县级人民政府应急管理部门决定。

上级应急管理部门可以指定下一级应急管理部门对事故发生单位及其有关责任人员实施行政处罚。

第十一条　事故发生单位主要负责人有《中华人民共和国安全生产法》第一百一十条、《生产安全事故报告和调查处理条例》第三十五条、第三十六条规定的下列行为之一的，依照下列规定处以罚款：

（一）事故发生单位主要负责人在事故发生后不立即组织事故抢救，或者在事故调查处理期间擅离职守，或者瞒报、谎报、迟报事故，或者事故发生后逃匿的，处上一年年收入 60％至 80％的罚款；贻误事故抢救或者造成事故扩大或者影响事故调查或者造成重大社会影响的，处上一年年收入 80％至 100％的罚款；

（二）事故发生单位主要负责人漏报事故的，处上一年年收入 40％至 60％的罚款；贻误事故抢救或者造成事故扩大或者影响事故调查或者造成重大社会影响的，处上一年年收入 60％至 80％的罚款；

（三）事故发生单位主要负责人伪造、故意破坏事故现场，或者转移、隐匿资金、财产、销毁有关证据、资料，或者拒绝接受调查，或者拒绝提供有关情况和资料，或者在事故调查中作伪证，或者指使他人作伪证的，处上一年年收入 60％至 80％的罚款；贻误事故抢救或者造成事故扩大或者影响事故调查或者造成重大社会影响的，处上一年年收入 80％至 100％的罚款。

第十二条　事故发生单位直接负责的主管人员和其他直接责任人员有《生产安全事故报告和调查处理条例》第三十六条规定的行为之一的，处上一年年收入 60％至 80％的罚款；贻误事故抢救或者造成事故扩大或者影响事故调查或者造成重大社会影响的，处上一年年收入 80％至 100％的罚款。

第十三条　事故发生单位有《生产安全事故报告和调查处理条例》第三十六条第一项至第五项规定的行为之一的，依照下列规定处以罚款：

（一）发生一般事故的，处 100 万元以上 150 万元以下的罚款；

（二）发生较大事故的，处 150 万元以上 200 万元以下的罚款；

（三）发生重大事故的，处 200 万元以上 250 万元以下的罚款；

（四）发生特别重大事故的，处 250 万元以上 300 万元以下的罚款。

事故发生单位有《生产安全事故报告和调查处理条例》第三十六条第一项至第五项规定的行为之一的，贻误事故抢救或者造成事故扩大或者影响事故调查或者造成重大社会影响的，依照下列规定处以罚款：

（一）发生一般事故的，处 300 万元以上 350 万元以下的罚款；

（二）发生较大事故的，处 350 万元以上 400 万元以下的罚款；

（三）发生重大事故的，处 400 万元以上 450 万元以下的罚款；

（四）发生特别重大事故的，处 450 万元以上 500 万元以下的罚款。

第十四条 事故发生单位对一般事故负有责任的，依照下列规定处以罚款：

（一）造成 3 人以下重伤（包括急性工业中毒，下同），或者 300 万元以下直接经济损失的，处 30 万元以上 50 万元以下的罚款；

（二）造成 1 人死亡，或者 3 人以上 6 人以下重伤，或者 300 万元以上 500 万元以下直接经济损失的，处 50 万元以上 70 万元以下的罚款；

（三）造成 2 人死亡，或者 6 人以上 10 人以下重伤，或者 500 万元以上 1000 万元以下直接经济损失的，处 70 万元以上 100 万元以下的罚款。

第十五条 事故发生单位对较大事故发生负有责任的，依照下列规定处以罚款：

（一）造成 3 人以上 5 人以下死亡，或者 10 人以上 20 人以下重伤，或者 1000 万元以上 2000 万元以下直接经济损失的，处 100 万元以上 120 万元以下的罚款；

（二）造成 5 人以上 7 人以下死亡，或者 20 人以上 30 人以下重伤，或者 2000 万元以上 3000 万元以下直接经济损失的，处 120 万元以上 150 万元以下的罚款；

（三）造成 7 人以上 10 人以下死亡，或者 30 人以上 50 人以下重伤，或者 3000 万元以上 5000 万元以下直接经济损失的，处 150 万元以上 200 万元以下的罚款。

第十六条 事故发生单位对重大事故发生负有责任的，依照下列规定处以罚款：

（一）造成 10 人以上 13 人以下死亡，或者 50 人以上 60 人以下重伤，或者 5000 万元以上 6000 万元以下直接经济损失的，处 200 万元以上 400 万元以下的罚款；

（二）造成 13 人以上 15 人以下死亡，或者 60 人以上 70 人以下重伤，或者 6000 万元以上 7000 万元以下直接经济损失的，处 400 万元以上 600 万元以下的罚款；

（三）造成 15 人以上 30 人以下死亡，或者 70 人以上 100 人以下重伤，或者 7000 万元以上 1 亿元以下直接经济损失的，处 600 万元以上 1000 万元以下的罚款。

第十七条 事故发生单位对特别重大事故发生负有责任的，依照下列规定处以罚款：

（一）造成 30 人以上 40 人以下死亡，或者 100 人以上 120 人以下重伤，或者 1 亿元以上 1.5 亿元以下直接经济损失的，处 1000 万元以上 1200 万元以下的罚款；

（二）造成 40 人以上 50 人以下死亡，或者 120 人以上 150 人以下重伤，或者 1.5 亿元以上 2 亿元以下直接经济损失的，处 1200 万元以上 1500 万元以下的罚款；

（三）造成 50 人以上死亡，或者 150 人以上重伤，或者 2 亿元以上直接经济损失的，处 1500 万元以上 2000 万元以下的罚款。

第十八条 发生生产安全事故，有下列情形之一的，属于《中华人民共和国安全生产法》第一百一十四条第二款规定的情节特别严重、影响特别恶劣的情形，可以按照法律规定罚款数额的 2 倍以上 5 倍以下对事故发生单位处以罚款：

（一）关闭、破坏直接关系生产安全的监控、报警、防护、救生设备、设施，或者篡改、隐瞒、销毁其相关数据、信息的；

（二）因存在重大事故隐患被依法责令停产停业、停止施工、停止使用有关设备、设施、场所或者立即采取排除危险的整改措施，而拒不执行的；

（三）涉及安全生产的事项未经依法批准或者许可，擅自从事矿山开采、金属冶炼、建筑施工，以及危险物品生产、经营、储存等高度危险的生产作业活动，或者未依法取得有关证照尚在从事生产经营活动的；

（四）拒绝、阻碍行政执法的；

（五）强令他人违章冒险作业，或者明知存在重大事故隐患而不排除，仍冒险组织作业的；

（六）其他情节特别严重、影响特别恶劣的情形。

第十九条 事故发生单位主要负责人未依法履行安全生产管理职责，导致事故发生的，依照下列规定处以罚款：

（一）发生一般事故的，处上一年年收入 40％的罚款；

（二）发生较大事故的，处上一年年收入 60％的罚款；

（三）发生重大事故的，处上一年年收入 80％的罚款；

（四）发生特别重大事故的，处上一年年收入 100％的罚款。

第二十条 事故发生单位其他负责人和安全生产管理人员未依法履行安全生产管理职责，导致事故发生的，依照下列规定处以罚款：

（一）发生一般事故的，处上一年年收入 20％至 30％的罚款；

（二）发生较大事故的，处上一年年收入 30％至 40％的罚款；

（三）发生重大事故的，处上一年年收入 40％至 50％的罚款；

（四）发生特别重大事故的，处上一年年收入 50％的罚款。

15.《职业健康检查管理办法》节选

《国家卫生健康委关于修改〈职业健康检查管理办法〉等 4 件部门规章的决定》已于 2019 年 2 月 2 日经国家卫生健康委委主任会议讨论通过，自公布之日起施行。2015 年 3 月 26 日原国家卫生和计划生育委员会令第 5 号公布，根据 2019 年 2 月 28 日《国家卫生健康委关于修改〈职业健康检查管理办法〉等 4 件部门规章的决定》第一次修订。为加强职业健康检查工作，规范职业健康检查机构管理，保护劳动者健康权益，根据《中华人民共和国职业病防治法》制定本办法。本办法所称职业健康检查是指医疗卫生机构按照国家有关规定，对从事接触职业病危害作业的劳动者进行的上岗前、在岗期间、离岗时的健康检查。本文节选部分条文如下：

第三条 国家卫生健康委负责全国范围内职业健康检查工作的监督管理。

县级以上地方卫生健康主管部门负责本辖区职业健康检查工作的监督管理；结合职业病防治工作实际需要，充分利用现有资源，统一规划、合理布局；加强职业健康检查机构能力建设，并提供必要的保障条件。

第十一条 按照劳动者接触的职业病危害因素，职业健康检查分为以下六类：

（一）接触粉尘类；

（二）接触化学因素类；

（三）接触物理因素类；

（四）接触生物因素类；

（五）接触放射因素类；

（六）其他类（特殊作业等）。

以上每类中包含不同检查项目。职业健康检查机构应当在备案的检查类别和项目范围内开展相应的职业健康检查。

第十二条　职业健康检查机构开展职业健康检查应当与用人单位签订委托协议书，由用人单位统一组织劳动者进行职业健康检查；也可以由劳动者持单位介绍信进行职业健康检查。

第十三条　职业健康检查机构应当依据相关技术规范，结合用人单位提交的资料，明确用人单位应当检查的项目和周期。

第十四条　在职业健康检查中，用人单位应当如实提供以下职业健康检查所需的相关资料，并承担检查费用：

（一）用人单位的基本情况；

（二）工作场所职业病危害因素种类及其接触人员名册、岗位（或工种）、接触时间；

（三）工作场所职业病危害因素定期检测等相关资料。

第十七条　职业健康检查机构应当在职业健康检查结束之日起 30 个工作日内将职业健康检查结果，包括劳动者个人职业健康检查报告和用人单位职业健康检查总结报告，书面告知用人单位，用人单位应当将劳动者个人职业健康检查结果及职业健康检查机构的建议等情况书面告知劳动者。

第十八条　职业健康检查机构发现疑似职业病病人时，应当告知劳动者本人并及时通知用人单位，同时向所在地卫生健康主管部门报告。发现职业禁忌的，应当及时告知用人单位和劳动者。

16.《职业病诊断与鉴定管理办法》节选

《职业病诊断与鉴定管理办法》2020 年 12 月 4 日第 2 次委务会议审议通过，自公布之日起施行。为了规范职业病诊断与鉴定工作，加强职业病诊断与鉴定管理，根据《中华人民共和国职业病防治法》，制定本办法。职业病诊断与鉴定工作应当按照《中华人民共和国职业病防治法》、本办法的有关规定及《职业病分类和目录》、国家职业病诊断标准进行，遵循科学、公正、及时、便捷的原则。国家卫生健康委负责全国范围内职业病诊断与鉴定的监督管理工作，县级以上地方卫生健康主管部门依据职责负责本行政区域内职业病诊断与鉴定的监督管理工作。本书节选部分条文如下：

第六条　用人单位应当依法履行职业病诊断、鉴定的相关义务：

（一）及时安排职业病病人、疑似职业病病人进行诊治；

（二）如实提供职业病诊断、鉴定所需的资料；

（三）承担职业病诊断、鉴定的费用和疑似职业病病人在诊断、医学观察期间的费用；

（四）报告职业病和疑似职业病；

（五）《中华人民共和国职业病防治法》规定的其他相关义务。

第十九条　劳动者可以在用人单位所在地、本人户籍所在地或者经常居住地的职业病诊断机构进行职业病诊断。

第二十条　职业病诊断应当按照《职业病防治法》、本办法的有关规定及《职业病分类和目录》、国家职业病诊断标准，依据劳动者的职业史、职业病危害接触史和工作场所职业病危害因素情况、临床表现以及辅助检查结果等，进行综合分析。材料齐全的情况下，职业病诊断机构应当在收齐材料之日起三十日内作出诊断结论。

没有证据否定职业病危害因素与病人临床表现之间的必然联系的，应当诊断为职业病。

第二十一条 职业病诊断需要以下资料：

（一）劳动者职业史和职业病危害接触史（包括在岗时间、工种、岗位、接触的职业病危害因素名称等）；

（二）劳动者职业健康检查结果；

（三）工作场所职业病危害因素检测结果；

（四）职业性放射性疾病诊断还需要个人剂量监测档案等资料。

第二十二条 劳动者依法要求进行职业病诊断的，职业病诊断机构不得拒绝劳动者进行职业病诊断的要求，并告知劳动者职业病诊断的程序和所需材料。劳动者应当填写《职业病诊断就诊登记表》，并提供本人掌握的职业病诊断有关资料。

第二十三条 职业病诊断机构进行职业病诊断时，应当书面通知劳动者所在的用人单位提供本办法第二十一条规定的职业病诊断资料，用人单位应当在接到通知后的十日内如实提供。

第二十四条 用人单位未在规定时间内提供职业病诊断所需要资料的，职业病诊断机构可以依法提请卫生健康主管部门督促用人单位提供。

第二十五条 劳动者对用人单位提供的工作场所职业病危害因素检测结果等资料有异议，或者因劳动者的用人单位解散、破产，无用人单位提供上述资料的，职业病诊断机构应当依法提请用人单位所在地卫生健康主管部门进行调查。

卫生健康主管部门应当自接到申请之日起三十日内对存在异议的资料或者工作场所职业病危害因素情况作出判定。

职业病诊断机构在卫生健康主管部门作出调查结论或者判定前应当中止职业病诊断。

第二十七条 在确认劳动者职业史、职业病危害接触史时，当事人对劳动关系、工种、工作岗位或者在岗时间有争议的，职业病诊断机构应当告知当事人依法向用人单位所在地的劳动人事争议仲裁委员会申请仲裁。

第二十八条 经卫生健康主管部门督促，用人单位仍不提供工作场所职业病危害因素检测结果、职业健康监护档案等资料或者提供资料不全的，职业病诊断机构应当结合劳动者的临床表现、辅助检查结果和劳动者的职业史、职业病危害接触史，并参考劳动者自述或工友旁证资料、卫生健康等有关部门提供的日常监督检查信息等，作出职业病诊断结论。对于作出无职业病诊断结论的病人，可依据病人的临床表现以及辅助检查结果，作出疾病的诊断，提出相关医学意见或者建议。

第三十二条 职业病诊断机构发现职业病病人或者疑似职业病病人时，应当及时向所在地县级卫生健康主管部门报告。职业病诊断机构应当在作出职业病诊断之日起十五日内通过职业病及健康危害因素监测信息系统进行信息报告，并确保报告信息的完整、真实和准确。

确诊为职业病的，职业病诊断机构可以根据需要，向卫生健康主管部门、用人单位提出专业建议；告知职业病病人依法享有的职业健康权益。

第三十四条 当事人对职业病诊断机构作出的职业病诊断有异议的，可以在接到职业病诊断证明书之日起三十日内，向作出诊断的职业病诊断机构所在地设区的市级卫生健康主管部门申请鉴定。

职业病诊断争议由设区的市级以上地方卫生健康主管部门根据当事人的申请组织职业病诊断鉴定委员会进行鉴定。

第三十五条 职业病鉴定实行两级鉴定制，设区的市级职业病诊断鉴定委员会负责职业病诊断争议的首次鉴定。

当事人对设区的市级职业病鉴定结论不服的，可以在接到诊断鉴定书之日起十五日内，向原鉴定组织所在地省级卫生健康主管部门申请再鉴定，省级鉴定为最终鉴定。

第四十三条 当事人申请职业病诊断鉴定时，应当提供以下资料：

（一）职业病诊断鉴定申请书；

（二）职业病诊断证明书；

（三）申请省级鉴定的还应当提交市级职业病诊断鉴定书。

第四十四条 职业病鉴定办事机构应当自收到申请资料之日起五个工作日内完成资料审核，对资料齐全的发给受理通知书；资料不全的，应当当场或者在五个工作日内一次性告知当事人补充。资料补充齐全的，应当受理申请并组织鉴定。

职业病鉴定办事机构收到当事人鉴定申请之后，根据需要可以向原职业病诊断机构或者组织首次鉴定的办事机构调阅有关的诊断、鉴定资料。原职业病诊断机构或者组织首次鉴定的办事机构应当在接到通知之日起十日内提交。

职业病鉴定办事机构应当在受理鉴定申请之日起四十日内组织鉴定、形成鉴定结论，并出具职业病诊断鉴定书。

17.《仓库防火安全管理规则》节选

《仓库防火安全管理规则》，1990年3月22日公安部部务会议通过，自发布之日起施行。为了加强仓库消防安全管理，保护仓库免受火灾危害。根据《消防条例》及其实施细则的有关规定，制定本规则。仓库消防安全必须贯彻"预防为主，防消结合"的方针，实行"谁主管，谁负责"的原则。仓库消防安全由本单位及其上级主管部门负责。本规则由县级以上公安机关消防监督机构负责监督。本规则适用于国家、集体和个体经营的储存物品的各类仓库、堆栈、货场。储存火药、炸药、火工品和军工物资的仓库，按照国家有关规定执行。本书节选部分条文如下：

第七条 仓库防火负责人负有下列职责：

一、组织学习贯彻消防法规，完成上级部署的消防工作；

二、组织制定电源、火源、易燃易爆物品的安全管理和值班巡逻等制度，落实逐级防火责任制和岗位防火责任制；

三、组织对职工进行消防宣传、业务培训和考核，提高职工的安全素质；

四、组织开展防火检查，消除火险隐患；

五、领导专职、义务消防队组织和专职、兼职消防人员，制定灭火应急方案，组织扑救火灾；

六、定期总结消防安全工作，实施奖惩。

第十二条 仓库保管员应当熟悉储存物品的分类、性质、保管业务知识和防火安全制度，掌握消防器材的操作使用和维护保养方法，做好本岗位的防火工作。

第十三条 对仓库新职工应当进行仓储业务和消防知识的培训，经考试合格，方可上岗作业。

第十五条 依据国家《建筑设计防火规范》的规定，按照仓库储存物品的火灾危险程度分为甲、乙、丙、丁、戊五类。

第十六条 露天存放物品应当分类、分堆、分组和分垛，并留出必要的防火间距。堆场的总储量以及与建筑物等之间的防火距离，必须符合建筑设计防火规范的规定。

第十九条 甲、乙类物品和一般物品以及容易相互发生化学反应或者灭火方法不同的物品，必须分间、分库储存，并在醒目处标明储存物品的名称、性质和灭火方法。

第二十条 易自燃或者遇水分解的物品，必须在温度较低、通风良好和空气干燥的场所储存，并安装专用仪器定时检测，严格控制湿度与温度。

第二十一条 物品入库前应当有专人负责检查，确定无火种等隐患后，方准入库。

第二十四条 库房内因物品防冻必须采暖时，应当采用水暖，其散热器、供暖管道与储存物品的距离不小于零点三米。

第三十六条 仓库的电气装置必须符合国家现行的有关电气设计和施工安装验收标准规范的规定。

第四十六条 仓库应当设置醒目的防火标志。进入甲、乙类物品库区的人员，必须登记，并交出携带的火种。

第四十七条 库房内严禁使用明火。库房外动用明火作业时，必须办理动火证，经仓库或单位防火负责人批准，并采取严格的安全措施。动火证应当注明动火地点、时间、动火人、现场监护人、批准人和防火措施等内容。

第五十一条 仓库内应当按照国家有关消防技术规范，设置、配备消防设施和器材。

第五十二条 消防器材应当设置在明显和便于取用的地点，周围不准堆放物品和杂物。

第五十三条 仓库的消防设施、器材，应当由专人管理，负责检查、维修、保养、更换和添置，保证完好有效，严禁圈占、埋压和挪用。

18.《机关、团体、企业、事业单位消防安全管理规定》节选

《机关、团体、企业、事业单位消防安全管理规定》（公安部令第 61 号公布）是一部由中华人民共和国公安部制订的、由公安部部长办公会议通过现予发布的一部法律法规。其发布主旨是为了加强及规范机关、团体、企业、事业单位的消防安全管理，预防火灾和减少火灾危害，根据《消防法》而制定本规定。规定在 2001 年 10 月 19 日公安部部长办公会议通过，2002 年 5 月 1 日起施行。本书节选部分条文如下：

第三条 单位应当遵守消防法律、法规、规章（以下统称消防法规），贯彻预防为主、防消结合的消防工作方针，履行消防安全职责，保障消防安全。

第四条 法人单位的法定代表人或者非法人单位的主要负责人是单位的消防安全责任人，对本单位的消防安全工作全面负责。

第五条 单位应当落实逐级消防安全责任制和岗位消防安全责任制，明确逐级和岗位消防安全职责，确定各级、各岗位的消防安全责任人。

第六条 单位的消防安全责任人应当履行下列消防安全职责：

（一）贯彻执行消防法规，保障单位消防安全符合规定，掌握本单位的消防安全情况；

（二）将消防工作与本单位的生产、科研、经营、管理等活动统筹安排，批准实施年

度消防工作计划;

（三）为本单位的消防安全提供必要的经费和组织保障;

（四）确定逐级消防安全责任,批准实施消防安全制度和保障消防安全的操作规程;

（五）组织防火检查,督促落实火灾隐患整改,及时处理涉及消防安全的重大问题;

（六）根据消防法规的规定建立专职消防队、义务消防队;

（七）组织制定符合本单位实际的灭火和应急疏散预案,并实施演练。

第七条 单位可以根据需要确定本单位的消防安全管理人。消防安全管理人对单位的消防安全责任人负责,实施和组织落实下列消防安全管理工作:

（一）拟订年度消防工作计划,组织实施日常消防安全管理工作;

（二）组织制订消防安全制度和保障消防安全的操作规程并检查督促其落实;

（三）拟订消防安全工作的资金投入和组织保障方案;

（四）组织实施防火检查和火灾隐患整改工作;

（五）组织实施对本单位消防设施、灭火器材和消防安全标志的维护保养,确保其完好有效,确保疏散通道和安全出口畅通;

（六）组织管理专职消防队和义务消防队;

（七）在员工中组织开展消防知识、技能的宣传教育和培训,组织灭火和应急疏散预案的实施和演练;

（八）单位消防安全责任人委托的其他消防安全管理工作。

消防安全管理人应当定期向消防安全责任人报告消防安全情况,及时报告涉及消防安全的重大问题。未确定消防安全管理人的单位,前款规定的消防安全管理工作由单位消防安全责任人负责实施。

第八条 实行承包、租赁或者委托经营、管理时,产权单位应当提供符合消防安全要求的建筑物,当事人在订立的合同中依照有关规定明确各方的消防安全责任;消防车通道、涉及公共消防安全的疏散设施和其他建筑消防设施应当由产权单位或者委托管理的单位统一管理。

承包、承租或者受委托经营、管理的单位应当遵守本规定,在其使用、管理范围内履行消防安全职责。

第九条 对于有两个以上产权单位和使用单位的建筑物,各产权单位、使用单位对消防车通道、涉及公共消防安全的疏散设施和其他建筑消防设施应当明确管理责任,可以委托统一管理。

第十四条 消防安全重点单位及其消防安全责任人、消防安全管理人应当报当地公安消防机构备案。

第十五条 消防安全重点单位应当设置或者确定消防工作的归口管理职能部门,并确定专职或者兼职的消防管理人员;其他单位应当确定专职或者兼职消防管理人员,可以确定消防工作的归口管理职能部门。归口管理职能部门和专兼职消防管理人员在消防安全责任人或者消防安全管理人的领导下开展消防安全管理工作。

第十八条 单位应当按照国家有关规定,结合本单位的特点,建立健全各项消防安全制度和保障消防安全的操作规程,并公布执行。

单位消防安全制度主要包括以下内容:消防安全教育、培训;防火巡查、检查;安全疏散设施管理；消防（控制室）值班；消防设施、器材维护管理；火灾隐患整改；用火、用电安全管理；易燃易爆危险物品和场所防火防爆；专职和义务消防队的组织管理；灭火和应急疏散预案演练；燃气和电气设备的检查和管理（包括防雷、防静电）；消防安全工作考评和奖惩；其他必要的消防安全内容。

第十九条　单位应当将容易发生火灾、一旦发生火灾可能严重危及人身和财产安全以及对消防安全有重大影响的部位确定为消防安全重点部位，设置明显的防火标志，实行严格管理。

第二十条　单位应当对动用明火实行严格的消防安全管理。禁止在具有火灾、爆炸危险的场所使用明火；因特殊情况需要进行电、气焊等明火作业的，动火部门和人员应当按照单位的用火管理制度办理审批手续，落实现场监护人，在确认无火灾、爆炸危险后方可动火施工。动火施工人员应当遵守消防安全规定，并落实相应的消防安全措施。

公众聚集场所或者两个以上单位共同使用的建筑物局部施工需要使用明火时，施工单位和使用单位应当共同采取措施，将施工区和使用区进行防火分隔，清除动火区域的易燃、可燃物，配置消防器材，专人监护，保证施工及使用范围的消防安全。

公共娱乐场所在营业期间禁止动火施工。

第二十一条　单位应当保障疏散通道、安全出口畅通，并设置符合国家规定的消防安全疏散指示标志和应急照明设施，保持防火门、防火卷帘、消防安全疏散指示标志、应急照明、机械排烟送风、火灾事故广播等设施处于正常状态。

严禁下列行为：

（一）占用疏散通道；

（二）在安全出口或者疏散通道上安装栅栏等影响疏散的障碍物；

（三）在营业、生产、教学、工作等期间将安全出口上锁、遮挡或者将消防安全疏散指示标志遮挡、覆盖；

（四）其他影响安全疏散的行为。

第二十二条　单位应当遵守国家有关规定，对易燃易爆危险物品的生产、使用、储存、销售、运输或者销毁实行严格的消防安全管理。

第二十三条　单位应当根据消防法规的有关规定，建立专职消防队、义务消防队，配备相应的消防装备、器材，并组织开展消防业务学习和灭火技能训练，提高预防和扑救火灾的能力。

第二十四条　单位发生火灾时，应当立即实施灭火和应急疏散预案，务必做到及时报警，迅速扑救火灾，及时疏散人员。邻近单位应当给予支援。任何单位、人员都应当无偿为报火警提供便利，不得阻拦报警。

单位应当为公安消防机构抢救人员、扑救火灾提供便利和条件。

火灾扑灭后，起火单位应当保护现场，接受事故调查，如实提供火灾事故的情况，协助公安消防机构调查火灾原因，核定火灾损失，查明火灾事故责任。未经公安消防机构同意，不得擅自清理火灾现场。

第二十五条　消防安全重点单位应当进行每日防火巡查，并确定巡查的人员、内容、部位和频次。其他单位可以根据需要组织防火巡查。巡查的内容应当包括：

（一）用火、用电有无违章情况；

（二）安全出口、疏散通道是否畅通，安全疏散指示标志、应急照明是否完好；

（三）消防设施、器材和消防安全标志是否在位、完整；

（四）常闭式防火门是否处于关闭状态，防火卷帘下是否堆放物品影响使用；

（五）消防安全重点部位的人员在岗情况；

（六）其他消防安全情况。

公众聚集场所在营业期间的防火巡查应当至少每二小时一次；营业结束时应当对营业现场进行检查，消除遗留火种。医院、养老院、寄宿制的学校、托儿所、幼儿园应当加强夜间防火巡查，其他消防安全重点单位可以结合实际组织夜间防火巡查。

防火巡查人员应当及时纠正违章行为，妥善处置火灾危险，无法当场处置的，应当立即报告。发现初起火灾应当立即报警并及时扑救。

防火巡查应当填写巡查记录，巡查人员及其主管人员应当在巡查记录上签名。

第二十六条 机关、团体、事业单位应当至少每季度进行一次防火检查，其他单位应当至少每月进行一次防火检查。检查的内容应当包括：

（一）火灾隐患的整改情况以及防范措施的落实情况；

（二）安全疏散通道、疏散指示标志、应急照明和安全出口情况；

（三）消防车通道、消防水源情况；

（四）灭火器材配置及有效情况；

（五）用火、用电有无违章情况；

（六）重点工种人员以及其他员工消防知识的掌握情况；

（七）消防安全重点部位的管理情况；

（八）易燃易爆危险物品和场所防火防爆措施的落实情况以及其他重要物资的防火安全情况；

（九）消防（控制室）值班情况和设施运行、记录情况；

（十）防火巡查情况；

（十一）消防安全标志的设置情况和完好、有效情况；

（十二）其他需要检查的内容。

防火检查应当填写检查记录。检查人员和被检查部门负责人应当在检查记录上签名。

第二十七条 单位应当按照建筑消防设施检查维修保养有关规定的要求，对建筑消防设施的完好有效情况进行检查和维修保养。

第二十八条 设有自动消防设施的单位，应当按照有关规定定期对其自动消防设施进行全面检查测试，并出具检测报告，存档备查。

第二十九条 单位应当按照有关规定定期对灭火器进行维护保养和维修检查。对灭火器应当建立档案资料，记明配置类型、数量、设置位置、检查维修单位（人员）、更换药剂的时间等有关情况。

第三十条 单位对存在的火灾隐患，应当及时予以消除。

第三十一条 对下列违反消防安全规定的行为，单位应当责成有关人员当场改正并督促落实：

（一）违章进入生产、储存易燃易爆危险物品场所的；

（二）违章使用明火作业或者在具有火灾、爆炸危险的场所吸烟、使用明火等违反禁令的；

（三）将安全出口上锁、遮挡，或者占用、堆放物品影响疏散通道畅通的；

（四）消火栓、灭火器材被遮挡影响使用或者被挪作他用的；

（五）常闭式防火门处于开启状态，防火卷帘下堆放物品影响使用的；

（六）消防设施管理、值班人员和防火巡查人员脱岗的；

（七）违章关闭消防设施、切断消防电源的；

（八）其他可以当场改正的行为。

违反前款规定的情况以及改正情况应当有记录并存档备查。

第三十二条 对不能当场改正的火灾隐患，消防工作归口管理职能部门或者专兼职消防管理人员应当根据本单位的管理分工，及时将存在的火灾隐患向单位的消防安全管理人或者消防安全责任人报告，提出整改方案。消防安全管理人或者消防安全责任人应当确定整改的措施、期限以及负责整改的部门、人员，并落实整改资金。

在火灾隐患未消除之前，单位应当落实防范措施，保障消防安全。不能确保消防安全，随时可能引发火灾或者一旦发生火灾将严重危及人身安全的，应当将危险部位停产停业整改。

第三十三条 火灾隐患整改完毕，负责整改的部门或者人员应当将整改情况记录报送消防安全责任人或者消防安全管理人签字确认后存档备查。

第三十六条 单位应当通过多种形式开展经常性的消防安全宣传教育。消防安全重点单位对每名员工应当至少每年进行一次消防安全培训。宣传教育和培训内容应当包括：

（一）有关消防法规、消防安全制度和保障消防安全的操作规程；

（二）本单位、本岗位的火灾危险性和防火措施；

（三）有关消防设施的性能、灭火器材的使用方法；

（四）报火警、扑救初起火灾以及自救逃生的知识和技能。

公众聚集场所对员工的消防安全培训应当至少每半年进行一次，培训的内容还应当包括组织、引导在场群众疏散的知识和技能。

单位应当组织新上岗和进入新岗位的员工进行上岗前的消防安全培训。

第三十八条 下列人员应当接受消防安全专门培训：

（一）单位的消防安全责任人、消防安全管理人；

（二）专、兼职消防管理人员；

（三）消防控制室的值班、操作人员；

（四）其他依照规定应当接受消防安全专门培训的人员。

前款规定中的第（三）项人员应当持证上岗。

第三十九条 消防安全重点单位制定的灭火和应急疏散预案应当包括下列内容：

（一）组织机构，包括：灭火行动组、通讯联络组、疏散引导组、安全防护救护组；

（二）报警和接警处置程序；

（三）应急疏散的组织程序和措施；

（四）扑救初起火灾的程序和措施；

（五）通讯联络、安全防护救护的程序和措施。

第四十条 消防安全重点单位应当按照灭火和应急疏散预案，至少每半年进行一次演练，并结合实际，不断完善预案。其他单位应当结合本单位实际，参照制定相应的应急方案，至少每年组织一次演练。

消防演练时，应当设置明显标识并事先告知演练范围内的人员。

第四十一条 消防安全重点单位应当建立健全消防档案。消防档案应当包括消防安全基本情况和消防安全管理情况。消防档案应当翔实，全面反映单位消防工作的基本情况，并附有必要的图表，根据情况变化及时更新。

单位应当对消防档案统一保管、备查。

第四十二条 消防安全基本情况应当包括以下内容：

（一）单位基本概况和消防安全重点部位情况；

（二）建筑物或者场所施工、使用或者开业前的消防设计审核、消防验收以及消防安全检查的文件、资料；

（三）消防管理组织机构和各级消防安全责任人；

（四）消防安全制度；

（五）消防设施、灭火器材情况；

（六）专职消防队、义务消防队人员及其消防装备配备情况；

（七）与消防安全有关的重点工种人员情况；

（八）新增消防产品、防火材料的合格证明材料；

（九）灭火和应急疏散预案。

第四十三条 消防安全管理情况应当包括以下内容：

（一）公安消防机构填发的各种法律文书；

（二）消防设施定期检查记录、自动消防设施全面检查测试的报告以及维修保养的记录；

（三）火灾隐患及其整改情况记录；

（四）防火检查、巡查记录；

（五）有关燃气、电气设备检测（包括防雷、防静电）等记录资料；

（六）消防安全培训记录；

（七）灭火和应急疏散预案的演练记录；

（八）火灾情况记录；

（九）消防奖惩情况记录。

前款规定中的第（二）、（三）、（四）、（五）项记录，应当记明检查的人员、时间、部位、内容、发现的火灾隐患以及处理措施等；第（六）项记录，应当记明培训的时间、参加人员、内容等；第（七）项记录，应当记明演练的时间、地点、内容、参加部门以及人员等。

第四十四条 其他单位应当将本单位的基本概况、公安消防机构填发的各种法律文书、与消防工作有关的材料和记录等统一保管备查。

第四十五条 单位应当将消防安全工作纳入内部检查、考核、评比内容。对在消防安全工作中成绩突出的部门（班组）和个人，单位应当给予表彰奖励。对未依法履行消防安全职责或者违反单位消防安全制度的行为，应当依照有关规定对责任人员给予行政纪律处分或者其他处理。

第四十六条 违反本规定，依法应当给予行政处罚的，依照有关法律、法规予以处罚；构成犯罪的，依法追究刑事责任。

19.《社会消防安全教育培训规定》节选

《社会消防安全教育培训规定》2008年12月30日公安部部长办公会议通过，并经教育部、民政部、人力资源社会保障部、住房城乡建设部、文化部、广电总局、安全监管总局、国家旅游局同意，2009年6月1日起施行。为了加强社会消防安全教育培训工作，提高公民消防安全素质，有效预防火灾，减少火灾危害，根据《中华人民共和国消防法》等有关法律法规，制定本规定。机关、团体、企业、事业等单位（以下统称单位）、社区居民委员会、村民委员会依照本规定开展消防安全教育培训工作。公安、教育、民政、人力资源和社会保障、住房和城乡建设、文化、广电、安全监管、旅游、文物等部门应当按照各自职能，依法组织和监督管理消防安全教育培训工作，并纳入相关工作检查、考评。本书节选部分条文如下：

第四条 消防安全教育培训的内容应当符合全国统一的消防安全教育培训大纲的要求，主要包括：

（一）国家消防工作方针、政策；

（二）消防法律法规；

（三）火灾预防知识；

（四）火灾扑救、人员疏散逃生和自救互救知识；

（五）其他应当教育培训的内容。

第十四条 单位应当根据本单位的特点，建立健全消防安全教育培训制度，明确机构和人员，保障教育培训工作经费，按照下列规定对职工进行消防安全教育培训：

（一）定期开展形式多样的消防安全宣传教育；

（二）对新上岗和进入新岗位的职工进行上岗前消防安全培训；

（三）对在岗的职工每年至少进行一次消防安全培训；

（四）消防安全重点单位每半年至少组织一次、其他单位每年至少组织一次灭火和应急疏散演练。

单位对职工的消防安全教育培训应当将本单位的火灾危险性、防火灭火措施、消防设施及灭火器材的操作使用方法、人员疏散逃生知识等作为培训的重点。

20.《易制爆危险化学品治安管理办法》节选

《易制爆危险化学品治安管理办法》2019年5月22日公安部部务会议通过，自2019年8月10日起施行。为加强易制爆危险化学品的治安管理，有效防范易制爆危险化学品治安风险，保障人民群众生命财产安全和公共安全，根据《中华人民共和国反恐怖主义法》《危险化学品安全管理条例》《企业事业单位内部治安保卫条例》等有关法律法规的规定，制定本办法。易制爆危险化学品生产、经营、储存、使用、运输和处置的治安管理，适用本办法。本书节选部分条文如下：

第三条 本办法所称易制爆危险化学品，是指列入公安部确定、公布的易制爆危险化学品名录，可用于制造爆炸物品的化学品。

第四条 本办法所称易制爆危险化学品从业单位，是指生产、经营、储存、使用、运输及处置易制爆危险化学品的单位。

第五条　易制爆危险化学品治安管理，应当坚持安全第一、预防为主、依法治理、系统治理的原则，强化和落实从业单位的主体责任。

易制爆危险化学品从业单位的主要负责人是治安管理第一责任人，对本单位易制爆危险化学品治安管理工作全面负责。

第六条　易制爆危险化学品从业单位应当建立易制爆危险化学品信息系统，并实现与公安机关的信息系统互联互通。

公安机关和易制爆危险化学品从业单位应当对易制爆危险化学品实行电子追踪标识管理，监控记录易制爆危险化学品流向、流量。

第十六条　易制爆危险化学品从业单位应当如实登记易制爆危险化学品销售、购买、出入库、领取、使用、归还、处置等信息，并录入易制爆危险化学品信息系统。

第十七条　易制爆危险化学品从业单位转产、停产、停业或者解散的，应当将生产装置、储存设施以及库存易制爆危险化学品的处置方案报主管部门和所在地县级公安机关备案。

第二十八条　易制爆危险化学品从业单位应当建立易制爆危险化学品出入库检查、登记制度，定期核对易制爆危险化学品存放情况。

易制爆危险化学品丢失、被盗、被抢的，应当立即报告公安机关。

第二十九条　易制爆危险化学品储存场所（储存室、储存柜除外）治安防范状况应当纳入单位安全评价的内容，经安全评价合格后方可使用。

第三十条　构成重大危险源的易制爆危险化学品，应当在专用仓库内单独存放，并实行双人收发、双人保管制度。

21.《特种设备使用单位落实使用安全主体责任监督管理规定》节选

《特种设备使用单位落实使用安全主体责任监督管理规定》2023年4月4日国家市场监督管理总局令第74号公布，自2023年5月5日起施行。为了督促特种设备使用单位，包括锅炉、压力容器、气瓶、压力管道、电梯、起重机械、客运索道、大型游乐设施、场（厂）内专用机动车辆的使用单位，落实安全主体责任，强化使用单位主要负责人特种设备使用安全责任，规范安全管理人员行为，根据《中华人民共和国特种设备安全法》《特种设备安全监察条例》等法律法规，制定本规定。特种设备使用单位主要负责人、安全总监、安全员，依法落实特种设备使用安全责任的行为及其监督管理，适用本规定。本书节选部分条文如下：

第三条　特种设备使用单位应当建立健全使用安全管理制度，落实使用安全责任制，保证特种设备安全运行。

第四条　锅炉使用单位应当依法配备锅炉安全总监和锅炉安全员，明确锅炉安全总监和锅炉安全员的岗位职责。

锅炉使用单位主要负责人对本单位锅炉使用安全全面负责，建立并落实锅炉使用安全主体责任的长效机制。锅炉安全总监和锅炉安全员应当按照岗位职责，协助单位主要负责人做好锅炉使用安全管理工作。

第五条　锅炉使用单位主要负责人应当支持和保障锅炉安全总监和锅炉安全员依法开展锅炉使用安全管理工作，在作出涉及锅炉安全的重大决策前，应当充分听取锅炉安全总监和锅炉安全员的意见和建议。

锅炉安全员发现锅炉存在一般事故隐患时，应当立即进行处理；发现存在严重事故隐患时，应当立即责令停止使用并向锅炉安全总监报告，锅炉安全总监应当立即组织分析研判，采取处置措施，消除严重事故隐患。

第六条 锅炉使用单位应当根据本单位锅炉的数量、用途、使用环境等情况，配备锅炉安全总监和足够数量的锅炉安全员，并逐台明确负责的锅炉安全员。

第七条 锅炉安全总监和锅炉安全员应当具备下列锅炉使用安全管理能力：

（一）熟悉锅炉使用相关法律法规、安全技术规范、标准和本单位锅炉安全使用要求；

（二）具备识别和防控锅炉使用安全风险的专业知识；

（三）具备按照相关要求履行岗位职责的能力；

（四）符合特种设备法律法规和安全技术规范的其他要求。

第八条 锅炉安全总监按照职责要求，直接对本单位主要负责人负责，承担下列职责：

（一）组织宣传、贯彻锅炉有关的法律法规、安全技术规范及相关标准；

（二）组织制定本单位锅炉使用安全管理制度，督促落实锅炉使用安全责任制，组织开展锅炉安全合规管理；

（三）组织制定锅炉事故应急专项预案并开展应急演练；

（四）落实锅炉安全事故报告义务，采取措施防止事故扩大；

（五）对锅炉安全员进行安全教育和技术培训，监督、指导锅炉安全员做好相关工作；

（六）按照规定组织开展锅炉使用安全风险评价工作，拟定并督促落实锅炉使用安全风险防控措施；

（七）对本单位锅炉使用安全管理工作进行检查，及时向主要负责人报告有关情况，提出改进措施；

（八）接受和配合有关部门开展锅炉安全监督检查、监督检验、定期检验和事故调查等工作，如实提供有关材料；

（九）履行市场监督管理部门规定和本单位要求的其他锅炉使用安全管理职责。

锅炉使用单位应当按照前款规定，结合本单位实际，细化制定《锅炉安全总监职责》。

第九条 锅炉安全员按照职责要求，对锅炉安全总监或者单位主要负责人负责，承担下列职责：

（一）建立健全锅炉安全技术档案并办理本单位锅炉使用登记；

（二）组织制定锅炉安全操作规程；

（三）组织对锅炉作业人员和技术人员进行教育和培训；

（四）组织对锅炉进行日常巡检，监督检查锅炉作业人员到岗值守、巡回检查等工作情况，纠正和制止违章作业行为；

（五）编制锅炉定期检验计划，组织实施锅炉燃烧器年度检查，督促落实锅炉定期检验和后续整改等工作；

（六）按照规定报告锅炉事故，参加锅炉事故救援，协助进行事故调查和善后处理；

（七）履行市场监督管理部门规定和本单位要求的其他锅炉使用安全管理职责。

锅炉使用单位应当按照前款规定，结合本单位实际，细化制定《锅炉安全员守则》。

第十条 锅炉使用单位应当建立基于锅炉安全风险防控的动态管理机制，结合本单位实际，落实自查要求，制定《锅炉安全风险管控清单》，建立健全日管控、周排查、月调度工作制度和机制。锅炉停（备）用期间，使用单位应当做好锅炉及水处理设备的防腐蚀等停炉保养工作。

第十一条 锅炉使用单位应当建立锅炉安全日管控制度。锅炉安全员要每日根据《锅炉安全风险管控清单》，按照相关安全技术规范和本单位安全管理制度的要求，对投入使用的锅炉进行巡检，形成《每日锅炉安全检查记录》，对发现的安全风险隐患，应当立即采取防范措施，及时上报锅炉安全总监或者单位主要负责人。未发现问题的，也应当予以记录，实行零风险报告。

第十二条 锅炉使用单位应当建立锅炉安全周排查制度。锅炉安全总监要每周至少组织一次风险隐患排查，分析研判锅炉使用安全管理情况，研究解决日管控中发现的问题，形成《每周锅炉安全排查治理报告》。

第十三条 锅炉使用单位应当建立锅炉安全月调度制度。锅炉使用单位主要负责人要每月至少听取一次锅炉安全总监管理工作情况汇报，对当月锅炉安全日常管理、风险隐患排查治理等情况进行总结，对下个月重点工作作出调度安排，形成《每月锅炉安全调度会议纪要》。

第十四条 锅炉使用单位应当将主要负责人、锅炉安全总监和锅炉安全员的设立、调整情况，《锅炉安全风险管控清单》《锅炉安全总监职责》《锅炉安全员守则》以及锅炉安全总监、锅炉安全员提出的意见建议、报告和问题整改落实等履职情况予以记录并存档备查。

第十六条 锅炉使用单位应当对锅炉安全总监和锅炉安全员进行法律法规、标准和专业知识培训、考核，同时对培训、考核情况予以记录并存档备查。

县级以上地方市场监督管理部门按照国家市场监督管理总局制定的《锅炉使用安全管理人员考核指南》，组织对本辖区内锅炉使用单位的锅炉安全总监和锅炉安全员随机进行监督抽查考核并公布考核结果。监督抽查考核不得收取费用。

监督抽查考核不合格，不再符合锅炉使用要求的，使用单位应当立即采取整改措施。

第十七条 锅炉使用单位应当为锅炉安全总监和锅炉安全员提供必要的工作条件、教育培训和岗位待遇，充分保障其依法履行职责。

鼓励锅炉使用单位建立对锅炉安全总监和锅炉安全员的激励约束机制，对工作成效显著的给予表彰和奖励，对履职不到位的予以惩戒。

市场监督管理部门在查处锅炉使用单位违法行为时，应当将锅炉使用单位落实安全主体责任情况作为判断其主观过错、违法情节、处罚幅度等考量的重要因素。

锅炉使用单位及其主要负责人无正当理由未采纳锅炉安全总监和锅炉安全员依照本规定第五条提出的意见或者建议的，应当认为锅炉安全总监和锅炉安全员已经依法履职尽责，不予处罚。

第十八条 锅炉使用单位未按规定建立安全管理制度，或者未按规定配备、培训、考核锅炉安全总监和锅炉安全员的，由县级以上地方市场监督管理部门责令改正并给予通报批评；拒不改正的，处五千元以上五万元以下罚款，并将处罚情况纳入国家企业信用信息公示系统。法律、行政法规另有规定的，依照其规定执行。

锅炉使用单位主要负责人、锅炉安全总监、锅炉安全员未按规定要求落实使用安全责任的，由县级以上地方市场监督管理部门责令改正并给予通报批评；拒不改正的，对责任人处二千元以上一万元以下罚款。法律、行政法规另有规定的，依照其规定执行。

第二十条 压力容器使用单位应当依法配备压力容器安全总监和压力容器安全员，明确压力容器安全总监和压力容器安全员的岗位职责。

压力容器使用单位主要负责人对本单位压力容器使用安全全面负责，建立并落实压力容器使用安全主体责任的长效机制。压力容器安全总监和压力容器安全员应当按照岗位职责，协助单位主要负责人做好压力容器使用安全管理工作。

第二十一条 压力容器使用单位主要负责人应当支持和保障压力容器安全总监和压力容器安全员依法开展压力容器使用安全管理工作，在作出涉及压力容器安全的重大决策前，应当充分听取压力容器安全总监和压力容器安全员的意见和建议。

压力容器安全员发现压力容器存在一般事故隐患时，应当立即进行处理；发现存在严重事故隐患时，应当立即责令停止使用并向压力容器安全总监报告，压力容器安全总监应当立即组织分析研判，采取处置措施，消除严重事故隐患。

第二十二条 压力容器使用单位应当根据本单位压力容器的数量、用途、使用环境等情况，配备压力容器安全总监和足够数量的压力容器安全员，并逐台明确负责的压力容器安全员。

第二十三条 压力容器安全总监和压力容器安全员应当具备下列压力容器使用安全管理能力：

（一）熟悉压力容器使用相关法律法规、安全技术规范、标准和本单位压力容器安全使用要求；

（二）具备识别和防控压力容器使用安全风险的专业知识；

（三）具备按照相关要求履行岗位职责的能力；

（四）符合特种设备法律法规和安全技术规范的其他要求。

第二十四条 压力容器安全总监按照职责要求，直接对本单位主要负责人负责，承担下列职责：

（一）组织宣传、贯彻压力容器有关的法律法规、安全技术规范及相关标准；

（二）组织制定本单位压力容器使用安全管理制度，督促落实压力容器使用安全责任制，组织开展压力容器安全合规管理；

（三）组织制定压力容器事故应急专项预案并开展应急演练；

（四）落实压力容器安全事故报告义务，采取措施防止事故扩大；

（五）对压力容器安全员进行安全教育和技术培训，监督、指导压力容器安全员做好相关工作；

（六）按照规定组织开展压力容器使用安全风险评价工作，拟定并督促落实压力容器使用安全风险防控措施；

（七）对本单位压力容器使用安全管理工作进行检查，及时向主要负责人报告有关情况，提出改进措施；

（八）接受和配合有关部门开展压力容器安全监督检查、监督检验、定期检验和事故调查等工作，如实提供有关材料；

（九）履行市场监督管理部门规定和本单位要求的其他压力容器使用安全管理职责。

压力容器使用单位应当按照前款规定，结合本单位实际，细化制定《压力容器安全总监职责》。

第二十五条 压力容器安全员按照职责要求，对压力容器安全总监或者单位主要负责人负责，承担下列职责：

（一）建立健全压力容器安全技术档案并办理本单位压力容器使用登记；

（二）组织制定压力容器安全操作规程；

（三）组织对压力容器作业人员和技术人员进行教育和培训；

（四）组织对压力容器进行日常巡检，纠正和制止违章作业行为；

（五）编制压力容器定期检验计划，督促落实压力容器定期检验和后续整改等工作；

（六）按照规定报告压力容器事故，参加压力容器事故救援，协助进行事故调查和善后处理；

（七）履行市场监督管理部门规定和本单位要求的其他压力容器使用安全管理职责。

压力容器使用单位应当按照前款规定，结合本单位实际，细化制定《压力容器安全员守则》。

第二十六条 压力容器使用单位应当建立基于压力容器安全风险防控的动态管理机制，结合本单位实际，落实自查要求，制定《压力容器安全风险管控清单》，建立健全日管控、周排查、月调度工作制度和机制。

第二十七条 压力容器使用单位应当建立压力容器安全日管控制度。压力容器安全员要每日根据《压力容器安全风险管控清单》，按照相关安全技术规范和本单位安全管理制度的要求，对投入使用的压力容器进行巡检，形成《每日压力容器安全检查记录》，对发现的安全风险隐患，应当立即采取防范措施，及时上报压力容器安全总监或者单位主要负责人。未发现问题的，也应当予以记录，实行零风险报告。

第二十八条 压力容器使用单位应当建立压力容器安全周排查制度。压力容器安全总监要每周至少组织一次风险隐患排查，分析研判压力容器使用安全管理情况，研究解决日管控中发现的问题，形成《每周压力容器安全排查治理报告》。

第二十九条 压力容器使用单位应当建立压力容器安全月调度制度。压力容器使用单位主要负责人要每月至少听取一次压力容器安全总监管理工作情况汇报，对当月压力容器安全日常管理、风险隐患排查治理等情况进行总结，对下个月重点工作作出调度安排，形成《每月压力容器安全调度会议纪要》。

第三十条 压力容器使用单位应当将主要负责人、压力容器安全总监和压力容器安全员的设立、调整情况，《压力容器安全风险管控清单》《压力容器安全总监职责》《压力容器安全员守则》以及压力容器安全总监、压力容器安全员提出的意见建议、报告和问题整改落实等履职情况予以记录并存档备查。

第三十二条 压力容器使用单位应当对压力容器安全总监和压力容器安全员进行法律法规、标准和专业知识培训、考核，同时对培训、考核情况予以记录并存档备查。

县级以上地方市场监督管理部门按照国家市场监督管理总局制定的《压力容器使用安全管理人员考核指南》，组织对本辖区内压力容器使用单位的压力容器安全总监和压力容器安全员随机进行监督抽查考核并公布考核结果。监督抽查考核不得收取费用。

监督抽查考核不合格，不再符合压力容器使用要求的，使用单位应当立即采取整改措施。

第三十三条 压力容器使用单位应当为压力容器安全总监和压力容器安全员提供必要

的工作条件、教育培训和岗位待遇，充分保障其依法履行职责。

鼓励压力容器使用单位建立对压力容器安全总监和压力容器安全员的激励约束机制，对工作成效显著的给予表彰和奖励，对履职不到位的予以惩戒。

市场监督管理部门在查处压力容器使用单位违法行为时，应当将压力容器使用单位落实安全主体责任情况作为判断其主观过错、违法情节、处罚幅度等考量的重要因素。

压力容器使用单位及其主要负责人无正当理由未采纳压力容器安全总监和压力容器安全员依照本规定第二十一条提出的意见或者建议的，应当认为压力容器安全总监和压力容器安全员已经依法履职尽责，不予处罚。

第三十四条 压力容器使用单位未按规定建立安全管理制度，或者未按规定配备、培训、考核压力容器安全总监和压力容器安全员的，由县级以上地方市场监督管理部门责令改正并给予通报批评；拒不改正的，处五千元以上五万元以下罚款，并将处罚情况纳入国家企业信用信息公示系统。法律、行政法规另有规定的，依照其规定执行。

压力容器使用单位主要负责人、压力容器安全总监、压力容器安全员未按规定要求落实使用安全责任的，由县级以上地方市场监督管理部门责令改正并给予通报批评；拒不改正的，对责任人处二千元以上一万元以下罚款。法律、行政法规另有规定的，依照其规定执行。

第五十二条 压力管道使用单位应当依法配备压力管道安全总监和压力管道安全员，明确压力管道安全总监和压力管道安全员的岗位职责。

压力管道使用单位主要负责人对本单位压力管道使用安全全面负责，建立并落实压力管道使用安全主体责任的长效机制。压力管道安全总监和压力管道安全员应当按照岗位职责，协助单位主要负责人做好压力管道使用安全管理工作。

第五十三条 压力管道使用单位主要负责人应当支持和保障压力管道安全总监和压力管道安全员依法开展压力管道使用安全管理工作，在作出涉及压力管道安全的重大决策前，应当充分听取压力管道安全总监和压力管道安全员的意见和建议。

压力管道安全员发现压力管道存在一般事故隐患时，应当立即进行处理；发现存在严重事故隐患时，应当立即责令停止使用并向压力管道安全总监报告，压力管道安全总监应当立即组织分析研判，采取处置措施，消除严重事故隐患。

第五十四条 压力管道使用单位应当根据本单位压力管道的数量、用途、使用环境等情况，配备压力管道安全总监和足够数量的压力管道安全员，并逐条明确负责的压力管道安全员。

第五十五条 压力管道安全总监和压力管道安全员应当具备下列压力管道使用安全管理能力：

（一）熟悉压力管道使用相关法律法规、安全技术规范、标准和本单位压力管道安全使用要求；

（二）具备识别和防控压力管道使用安全风险的专业知识；

（三）具备按照相关要求履行岗位职责的能力；

（四）符合特种设备法律法规和安全技术规范的其他要求。

第五十六条 压力管道安全总监按照职责要求，直接对本单位主要负责人负责，承担下列职责：

（一）组织宣传、贯彻压力管道有关的法律法规、安全技术规范及相关标准；

（二）组织制定本单位压力管道使用安全管理制度，督促落实压力管道使用安全责任制，组织开展压力管道安全合规管理；

（三）组织制定压力管道事故应急专项预案并开展应急演练；

（四）落实压力管道安全事故报告义务，采取措施防止事故扩大；

（五）对压力管道安全员进行安全教育和技术培训，监督、指导压力管道安全员做好相关工作；

（六）按照规定组织开展压力管道使用安全风险评价工作，拟定并督促落实压力管道使用安全风险防控措施；

（七）对本单位压力管道使用安全管理工作进行检查，及时向主要负责人报告有关情况，提出改进措施；

（八）接受和配合有关部门开展压力管道安全监督检查、监督检验、定期检验和事故调查等工作，如实提供有关材料；

（九）履行市场监督管理部门规定和本单位要求的其他压力管道使用安全管理职责。

压力管道使用单位应当按照前款规定，结合本单位实际，细化制定《压力管道安全总监职责》。

第五十七条 压力管道安全员按照职责要求，对压力管道安全总监或者单位主要负责人负责，承担下列职责：

（一）建立健全压力管道安全技术档案并办理本单位压力管道使用登记；

（二）组织制定压力管道安全操作规程；

（三）组织对压力管道技术人员进行教育和培训；

（四）组织对压力管道进行日常巡检，纠正和制止违章作业行为；

（五）编制压力管道定期检验计划，督促落实压力管道定期检验和后续整改等工作；

（六）按照规定报告压力管道事故，参加压力管道事故救援，协助进行事故调查和善后处理；

（七）履行市场监督管理部门规定和本单位要求的其他压力管道使用安全管理职责。

压力管道使用单位应当按照前款规定，结合本单位实际，细化制定《压力管道安全员守则》。

第五十八条 压力管道使用单位应当建立基于压力管道安全风险防控的动态管理机制，结合本单位实际，落实自查要求，制定《压力管道安全风险管控清单》，建立健全日管控、周排查、月调度工作制度和机制。

第五十九条 压力管道使用单位应当建立压力管道安全日管控制度。压力管道安全员要每日根据《压力管道安全风险管控清单》，按照相关安全技术规范和本单位安全管理制度的要求，对投入使用的压力管道进行巡检，形成《每日压力管道安全检查记录》，对发现的安全风险隐患，应当立即采取防范措施，及时上报压力管道安全总监或者单位主要负责人。未发现问题的，也应当予以记录，实行零风险报告。

第六十条 压力管道使用单位应当建立压力管道安全周排查制度。压力管道安全总监要每周至少组织一次风险隐患排查，分析研判压力管道使用安全管理情况，研究解决日管控中发现的问题，形成《每周压力管道安全排查治理报告》。

第六十一条 压力管道使用单位应当建立压力管道安全月调度制度。压力管道使用单位主要负责人要每月至少听取一次压力管道安全总监管理工作情况汇报，对当月压力管道安全日常管理、风险隐患排查治理等情况进行总结，对下个月重点工作作出调度安排，形成《每月压力管道安全调度会议纪要》。

第六十二条 压力管道使用单位应当将主要负责人、压力管道安全总监和压力管道安全员的设立、调整情况，《压力管道安全风险管控清单》《压力管道安全总监职责》《压力管道安全员守则》以及压力管道安全总监、压力管道安全员提出的意见建议、报告和问题整改落实等履职情况予以记录并存档备查。

第六十四条 压力管道使用单位应当对压力管道安全总监和压力管道安全员进行法律法规、标准和专业知识培训、考核，并同时对培训、考核情况予以记录并存档备查。

县级以上地方市场监督管理部门按照国家市场监督管理总局制定的《压力管道使用安全管理人员考核指南》，组织对本辖区内压力管道使用单位的压力管道安全总监和压力管道安全员随机进行监督抽查考核并公布考核结果。监督抽查考核不得收取费用。

监督抽查考核不合格，不再符合压力管道使用要求的，使用单位应当立即采取整改措施。

第六十五条 压力管道使用单位应当为压力管道安全总监和压力管道安全员提供必要的工作条件、教育培训和岗位待遇，充分保障其依法履行职责。

鼓励压力管道使用单位建立对压力管道安全总监和压力管道安全员的激励约束机制，对工作成效显著的给予表彰和奖励，对履职不到位的予以惩戒。

市场监督管理部门在查处压力管道使用单位违法行为时，应当将压力管道使用单位落实安全主体责任情况作为判断其主观过错、违法情节、处罚幅度等考量的重要因素。

压力管道使用单位及其主要负责人无正当理由未采纳压力管道安全总监和压力管道安全员依照本规定第五十三条提出的意见或者建议的，应当认为压力管道安全总监和压力管道安全员已经依法履职尽责，不予处罚。

第六十六条 压力管道使用单位未按规定建立安全管理制度，或者未按规定配备、培训、考核压力管道安全总监和压力管道安全员的，由县级以上地方市场监督管理部门责令改正并给予通报批评；拒不改正的，处五千元以上五万元以下罚款，并将处罚情况纳入国家企业信用信息公示系统。法律、行政法规另有规定的，依照其规定执行。

压力管道使用单位主要负责人、压力管道安全总监、压力管道安全员未按规定要求落实使用安全责任的，由县级以上地方市场监督管理部门责令改正并给予通报批评；拒不改正的，对责任人处二千元以上一万元以下罚款。法律、行政法规另有规定的，依照其规定执行。

第六十八条 电梯使用单位对于安装于民用建筑的井道中，利用沿刚性导轨运行的运载装置，进行运送人、货物的机电设备，应当采购和使用符合电梯相关安全技术规范和标准的电梯。

第六十九条 电梯使用单位应当依法配备电梯安全总监和电梯安全员，明确电梯安全总监和电梯安全员的岗位职责。

电梯使用单位主要负责人对本单位电梯使用安全全面负责，建立并落实电梯使用安全主体责任的长效机制。电梯安全总监和电梯安全员应当按照岗位职责，协助单位主要负责人做好电梯使用安全管理工作。

第七十条 电梯使用单位主要负责人应当支持和保障电梯安全总监和电梯安全员依法开展电梯使用安全管理工作，在作出涉及电梯安全的重大决策前，应当充分听取电梯安全总监和电梯安全员的意见和建议。

电梯安全员发现电梯存在一般事故隐患时，应当立即采取相应措施或者通知电梯维护保养单位予以消除；发现存在严重事故隐患时，应当立即责令停止使用并向电梯安全总监报告，电梯安全总监应当立即组织分析研判，采取处置措施，消除严重事故隐患。

第七十一条 电梯使用单位应当根据本单位电梯的数量、用途、使用环境等情况，配备电梯安全总监和足够数量的电梯安全员，并逐台明确负责的电梯安全员。

第七十二条 电梯安全总监和电梯安全员应当具备下列电梯使用安全管理能力：

（一）熟悉电梯使用相关法律法规、安全技术规范、标准和本单位电梯安全使用要求；

（二）具备识别和防控电梯使用安全风险的专业知识；

（三）具备按照相关要求履行岗位职责的能力；

（四）符合特种设备法律法规和安全技术规范的其他要求。

第七十三条 电梯安全总监按照职责要求，直接对本单位主要负责人负责，承担下列职责：

（一）组织宣传、贯彻电梯有关的法律法规、安全技术规范及相关标准；

（二）组织制定本单位电梯使用安全管理制度，督促落实电梯使用安全责任制，组织开展电梯安全合规管理；

（三）组织制定电梯事故应急专项预案并开展应急演练；

（四）落实电梯安全事故报告义务，采取措施防止事故扩大；

（五）对电梯安全员进行安全教育和技术培训，监督、指导电梯安全员做好相关工作；

（六）按照规定组织开展电梯使用安全风险评价工作，拟定并督促落实电梯使用安全风险防控措施；

（七）对本单位电梯使用安全管理工作进行检查，及时向主要负责人报告有关情况，提出改进措施；

（八）接受和配合有关部门开展电梯安全监督检查、监督检验、定期检验和事故调查等工作，如实提供有关材料；

（九）本单位投保电梯保险的，落实相应的保险管理职责；

（十）履行市场监督管理部门规定和本单位要求的其他电梯使用安全管理职责。

电梯使用单位应当按照前款规定，结合本单位实际，细化制定《电梯安全总监职责》。

第七十四条 电梯安全员按照职责要求，对电梯安全总监或者单位主要负责人负责，承担下列职责：

（一）建立健全电梯安全技术档案并办理本单位电梯使用登记；

（二）组织制定电梯安全操作规程；

（三）妥善保管电梯专用钥匙和工具；

（四）组织对电梯作业人员和技术人员进行教育和培训；

（五）对电梯进行日常巡检，引导和监督正确使用电梯；

（六）对电梯维护保养过程和结果进行监督确认，配合做好现场安全工作；

（七）确保电梯紧急报警装置正常使用，保持电梯应急救援通道畅通，在发生故障和困人等突发情况时，立即安抚相关人员，并组织救援；

（八）编制电梯自行检测和定期检验计划，督促落实电梯自行检测、定期检验和后续整改等工作；

（九）按照规定报告电梯事故，参加电梯事故救援，协助进行事故调查和善后处理；

（十）履行市场监督管理部门规定和本单位要求的其他电梯使用安全管理职责。

电梯使用单位应当按照前款规定，结合本单位实际，细化制定《电梯安全员守则》。

第七十五条 电梯使用单位应当建立基于电梯安全风险防控的动态管理机制，结合本单位实际，落实自查要求，制定《电梯安全风险管控清单》，建立健全日管控、周排查、月调度工作制度和机制。

第七十六条 电梯使用单位应当建立电梯安全日管控制度。电梯安全员要每日根据《电梯安全风险管控清单》，按照相关安全技术规范和本单位安全管理制度的要求，对投入使用的电梯进行巡检，形成《每日电梯安全检查记录》，对发现的安全风险隐患，应当立即通知电梯维护保养单位予以整改，及时上报电梯安全总监或者单位主要负责人。未发现问题的，也应当予以记录，实行零风险报告。

第七十七条 电梯使用单位应当建立电梯安全周排查制度。电梯安全总监要每周至少组织一次风险隐患排查，分析研判电梯使用安全管理情况，研究解决日管控中发现的问题，形成《每周电梯安全排查治理报告》。

电梯安全总监应当对维护保养过程进行全过程或者抽样监督，并作出记录，发现问题的应当及时处理。

第七十八条 电梯使用单位应当建立电梯安全月调度制度。电梯使用单位主要负责人要每月至少听取一次电梯安全总监管理工作情况汇报，对当月电梯安全日常管理、风险隐患排查治理等情况进行总结，对下个月重点工作作出调度安排，形成《每月电梯安全调度会议纪要》。

第七十九条 电梯使用单位应当将主要负责人、电梯安全总监和电梯安全员的设立、调整情况，《电梯安全风险管控清单》《电梯安全总监职责》《电梯安全员守则》以及电梯安全总监、电梯安全员提出的意见建议、报告和问题整改落实等履职情况予以记录并存档备查。

第八十一条 电梯使用单位应当对电梯安全总监和电梯安全员进行法律法规、标准和专业知识培训、考核，同时对培训、考核情况予以记录并存档备查。

县级以上地方市场监督管理部门按照国家市场监督管理总局制定的《电梯使用安全管理人员考核指南》，组织对本辖区内电梯使用单位的电梯安全总监和电梯安全员随机进行监督抽查考核并公布考核结果。监督抽查考核不得收取费用。

监督抽查考核不合格，不再符合电梯使用要求的，使用单位应当立即采取整改措施。

第八十二条 电梯使用单位应当为电梯安全总监和电梯安全员提供必要的工作条件、教育培训和岗位待遇，充分保障其依法履行职责。

鼓励电梯使用单位建立对电梯安全总监和电梯安全员的激励约束机制，对工作成效显著的给予表彰和奖励，对履职不到位的予以惩戒。

市场监督管理部门在查处电梯使用单位违法行为时，应当将电梯使用单位落实安全主体责任情况作为判断其主观过错、违法情节、处罚幅度等考量的重要因素。

电梯使用单位及其主要负责人无正当理由未采纳电梯安全总监和电梯安全员依照本规定第七十条提出的意见或者建议的，应当认为电梯安全总监和电梯安全员已经依法履职尽责，不予处罚。

第八十三条 违反本规定，在民用建筑的井道中安装不属于第六十八条所述电梯的机电设备，进行运送人、货物的，责令停止使用，限期予以拆除或者重新安装符合要求的电梯。逾期未改正的，由县级以上地方市场监督管理部门依据《中华人民共和国特种设备安全法》第八十四条予以处罚。

第八十四条 电梯使用单位未按规定建立安全管理制度，或者未按规定配备、培训、考核电梯安全总监和电梯安全员的，由县级以上地方市场监督管理部门责令改正并给予通报批评；拒不改正的，处五千元以上五万元以下罚款，并将处罚情况纳入国家企业信用信息公示系统。法律、行政法规另有规定的，依照其规定执行。

电梯使用单位主要负责人、电梯安全总监、电梯安全员未按规定要求落实使用安全责任的，由县级以上地方市场监督管理部门责令改正并给予通报批评；拒不改正的，对责任人处二千元以上一万元以下罚款。法律、行政法规另有规定的，依照其规定执行。

第八十七条 起重机械使用单位应当依法配备起重机械安全总监和起重机械安全员，明确起重机械安全总监和起重机械安全员的岗位职责。

起重机械使用单位主要负责人对本单位起重机械使用安全全面负责，建立并落实起重机械使用安全主体责任的长效机制。起重机械安全总监和起重机械安全员应当按照岗位职责，协助单位主要负责人做好起重机械使用安全管理工作。

第八十八条 起重机械使用单位主要负责人应当支持和保障起重机械安全总监和起重机械安全员依法开展起重机械使用安全管理工作，在作出涉及起重机械安全的重大决策前，应当充分听取起重机械安全总监和起重机械安全员的意见和建议。

起重机械安全员发现起重机械存在一般事故隐患时，应当立即进行处理；发现存在严重事故隐患时，应当立即责令停止使用并向起重机械安全总监报告，起重机械安全总监应当立即组织分析研判，采取处置措施，消除严重事故隐患。

第八十九条 起重机械使用单位应当根据本单位起重机械的数量、用途、使用环境等情况，配备起重机械安全总监和足够数量的起重机械安全员，并逐台明确负责的起重机械安全员。

第九十条 起重机械安全总监和起重机械安全员应当具备下列起重机械使用安全管理能力：

（一）熟悉起重机械使用相关法律法规、安全技术规范、标准和本单位起重机械安全使用要求；

（二）具备识别和防控起重机械使用安全风险的专业知识；

（三）具备按照相关要求履行岗位职责的能力；

（四）符合特种设备法律法规和安全技术规范的其他要求。

第九十一条 起重机械安全总监按照职责要求，直接对本单位主要负责人负责，承担下列职责：

（一）组织宣传、贯彻起重机械有关的法律法规、安全技术规范及相关标准；

（二）组织制定本单位起重机械使用安全管理制度，督促落实起重机械使用安全责任制，组织开展起重机械安全合规管理；

（三）组织制定起重机械事故应急专项预案并开展应急演练；

（四）落实起重机械安全事故报告义务，采取措施防止事故扩大；

（五）对起重机械安全员进行安全教育和技术培训，监督、指导起重机械安全员做好相关工作；

（六）按照规定组织开展起重机械使用安全风险评价工作，拟定并督促落实起重机械使用安全风险防控措施；

（七）对本单位起重机械使用安全管理工作进行检查，及时向主要负责人报告有关情况，提出改进措施；

（八）接受和配合有关部门开展起重机械安全监督检查、监督检验、定期检验和事故调查等工作，如实提供有关材料；

（九）履行市场监督管理部门规定和本单位要求的其他起重机械使用安全管理职责。

起重机械使用单位应当按照前款规定，结合本单位实际，细化制定《起重机械安全总监职责》。

第九十二条　起重机械安全员按照职责要求，对起重机械安全总监或者单位主要负责人负责，承担下列职责：

（一）建立健全起重机械安全技术档案并办理本单位起重机械使用登记；

（二）组织制定起重机械安全操作规程；

（三）组织对起重机械作业人员进行教育和培训，指导和监督作业人员正确使用起重机械；

（四）对起重机械进行日常巡检，纠正和制止违章作业行为；

（五）编制起重机械定期检验计划，督促落实起重机械定期检验和后续整改等工作；

（六）按照规定报告起重机械事故，参加起重机械事故救援，协助进行事故调查和善后处理；

（七）履行市场监督管理部门规定和本单位要求的其他起重机械使用安全管理职责。

起重机械使用单位应当按照前款规定，结合本单位实际，细化制定《起重机械安全员守则》。

第九十三条　起重机械使用单位应当建立基于起重机械安全风险防控的动态管理机制，结合本单位实际，落实自查要求，制定《起重机械安全风险管控清单》，建立健全日管控、周排查、月调度工作制度和机制。

第九十四条　起重机械使用单位应当建立起重机械安全日管控制度。起重机械安全员要每日根据《起重机械安全风险管控清单》，按照相关安全技术规范和本单位安全管理制度的要求，对投入使用的起重机械进行巡检，形成《每日起重机械安全检查记录》，对发现的安全风险隐患，应当立即采取防范措施，及时上报起重机械安全总监或者单位主要负责人。未发现问题的，也应当予以记录，实行零风险报告。

第九十五条　起重机械使用单位应当建立起重机械安全周排查制度。起重机械安全总监要每周至少组织一次风险隐患排查，分析研判起重机械使用安全管理情况，研究解决日管控中发现的问题，形成《每周起重机械安全排查治理报告》。

第九十六条　起重机械使用单位应当建立起重机械安全月调度制度。起重机械使用单位主要负责人要每月至少听取一次起重机械安全总监管理工作情况汇报，对当月起重机械安全日常管理、风险隐患排查治理等情况进行总结，对下个月重点工作作出调度安排，形成《每月起重机械安全调度会议纪要》。

第九十七条　起重机械使用单位应当将主要负责人、起重机械安全总监和起重机械安全员的设立、调整情况，《起重机械安全风险管控清单》《起重机械安全总监职责》《起重机械安全员守则》以及起重机械安全总监、起重机械安全员提出的意见建议、报告和问题整改落实等履职情况予以记录并存档备查。

第九十九条　起重机械使用单位应当对起重机械安全总监和起重机械安全员进行法律法规、标准和专业知识培训、考核，同时对培训、考核情况予以记录并存档备查。

县级以上地方市场监督管理部门按照国家市场监督管理总局制定的《起重机械使用安全管理人员考核指南》，组织对本辖区内起重机械使用单位的起重机械安全总监和起重机械安全员随机进行监督抽查考核并公布考核结果。监督抽查考核不得收取费用。

监督抽查考核不合格，不再符合起重机械使用要求的，使用单位应当立即采取整改措施。

第一百条　起重机械使用单位应当为起重机械安全总监和起重机械安全员提供必要的工作条件、教育培训和岗位待遇，充分保障其依法履行职责。

鼓励起重机械使用单位建立对起重机械安全总监和起重机械安全员的激励约束机制，对工作成效显著的给予表彰和奖励，对履职不到位的予以惩戒。

市场监督管理部门在查处起重机械使用单位违法行为时，应当将起重机械使用单位落实安全主体责任情况作为判断其主观过错、违法情节、处罚幅度等考量的重要因素。

起重机械使用单位及其主要负责人无正当理由未采纳起重机械安全总监和起重机械安全员依照本规定第八十八条提出的意见或者建议的，应当认为起重机械安全总监和起重机械安全员已经依法履职尽责，不予处罚。

第一百零一条　起重机械使用单位未按规定建立安全管理制度，或者未按规定配备、培训、考核起重机械安全总监和起重机械安全员的，由县级以上地方市场监督管理部门责令改正并给予通报批评；拒不改正的，处五千元以上五万元以下罚款，并将处罚情况纳入国家企业信用信息公示系统。法律、行政法规另有规定的，依照其规定执行。

起重机械使用单位主要负责人、起重机械安全总监、起重机械安全员未按规定要求落实使用安全责任的，由县级以上地方市场监督管理部门责令改正并给予通报批评；拒不改正的，对责任人处二千元以上一万元以下罚款。法律、行政法规另有规定的，依照其规定执行。

第一百三十五条　场（厂）内专用机动车辆（以下简称场车）使用单位应当依法配备场车安全总监和场车安全员，明确场车安全总监和场车安全员的岗位职责。

场车使用单位主要负责人对本单位场车使用安全全面负责，建立并落实场车使用安全主体责任的长效机制。场车安全总监和场车安全员应当按照岗位职责，协助单位主要负责人做好场车使用安全管理工作。

第一百三十六条　场车使用单位主要负责人应当支持和保障场车安全总监和场车安全员依法开展场车使用安全管理工作，在作出涉及场车安全的重大决策前，应当充分听取场车安全总监和场车安全员的意见和建议。

场车安全员发现场车存在一般事故隐患时，应当立即进行处理；发现存在严重事故隐患时，应当立即责令停止使用并向场车安全总监报告，场车安全总监应当立即组织分析研判，采取处置措施，消除严重事故隐患。

第一百三十七条　场车使用单位应当根据本单位场车的数量、用途、使用环境等情况，配备场车安全总监和足够数量的场车安全员，并逐台明确负责的场车安全员。

第一百三十八条　场车安全总监和场车安全员应当具备下列场车使用安全管理能力：

（一）熟悉场车使用相关法律法规、安全技术规范、标准和本单位场车安全使用要求；

（二）具备识别和防控场车使用安全风险的专业知识；

（三）具备按照相关要求履行岗位职责的能力；

（四）符合特种设备法律法规和安全技术规范的其他要求。

第一百三十九条　场车安全总监按照职责要求，直接对本单位主要负责人负责，承担下列职责：

（一）组织宣传、贯彻场车有关的法律法规、安全技术规范及相关标准；

（二）组织制定本单位场车使用安全管理制度，督促落实场车使用安全责任制，组织开展场车安全合规管理；

（三）组织制定场车事故应急专项预案并开展应急演练；

（四）落实场车安全事故报告义务，采取措施防止事故扩大；

（五）对场车安全员进行安全教育和技术培训，监督、指导场车安全员做好相关工作；

（六）按照规定组织开展场车使用安全风险评价工作，拟定并督促落实场车使用安全风险防控措施；

（七）对本单位场车使用安全管理工作进行检查，及时向主要负责人报告有关情况，提出改进措施；

（八）接受和配合有关部门开展场车安全监督检查、定期检验和事故调查等工作，如实提供有关材料；

（九）履行市场监督管理部门规定和本单位要求的其他场车使用安全管理职责。

场车使用单位应当按照前款规定，结合本单位实际，细化制定《场车安全总监职责》。

第一百四十条　场车安全员按照职责要求，对场车安全总监或者单位主要负责人负责，承担下列职责：

（一）建立健全场车安全技术档案，并办理本单位场车使用登记；

（二）组织制定场车安全操作规程；

（三）组织对场车作业人员进行教育和培训，指导和监督作业人员正确使用场车；

（四）对场车和作业区域进行日常巡检，纠正和制止违章作业行为；

（五）编制场车定期检验计划，督促落实场车定期检验和后续整改等工作；

（六）按照规定报告场车事故，参加场车事故救援，协助进行事故调查和善后处理；

（七）履行市场监督管理部门规定和本单位要求的其他场车使用安全管理职责。

场车使用单位应当按照前款规定，结合本单位实际，细化制定《场车安全员守则》。

第一百四十一条　场车使用单位应当建立基于场车安全风险防控的动态管理机制，结合本单位实际，落实自查要求，制定《场车安全风险管控清单》，建立健全日管控、周排查、月调度工作制度和机制。

第一百四十二条 场车使用单位应当建立场车安全日管控制度。

场车安全员要每日根据《场车安全风险管控清单》，按照相关安全技术规范和本单位安全管理制度的要求，对投入使用的场车和作业区域进行巡检，形成《每日场车安全检查记录》，对发现的安全风险隐患，应当立即采取防范措施，及时上报场车安全总监或者单位主要负责人。未发现问题的，也应当予以记录，实行零风险报告。

第一百四十三条 场车使用单位应当建立场车安全周排查制度。场车安全总监要每周至少组织一次风险隐患排查，分析研判场车使用安全管理情况，研究解决日管控中发现的问题，形成《每周场车安全排查治理报告》。

第一百四十四条 场车使用单位应当建立场车安全月调度制度。场车使用单位主要负责人要每月至少听取一次场车安全总监管理工作情况汇报，对当月场车安全日常管理、风险隐患排查治理等情况进行总结，对下个月重点工作作出调度安排，形成《每月场车安全调度会议纪要》。

第一百四十五条 场车使用单位应当将主要负责人、场车安全总监和场车安全员的设立、调整情况，《场车安全风险管控清单》《场车安全总监职责》《场车安全员守则》以及场车安全总监、场车安全员提出的意见建议、报告和问题整改落实等履职情况予以记录并存档备查。

第一百四十七条 场车使用单位应当对场车安全总监和场车安全员进行法律法规、标准和专业知识培训、考核，同时对培训、考核情况予以记录并存档备查。

县级以上地方市场监督管理部门按照国家市场监督管理总局制定的《场车使用安全管理人员考核指南》，组织对本辖区内场车使用单位的场车安全总监和场车安全员随机进行监督抽查考核并公布考核结果。监督抽查考核不得收取费用。

监督抽查考核不合格，不再符合场车使用要求的，使用单位应当立即采取整改措施。

第一百四十八条 场车使用单位应当为场车安全总监和场车安全员提供必要的工作条件、教育培训和岗位待遇，充分保障其依法履行职责。

鼓励场车使用单位建立对场车安全总监和场车安全员的激励约束机制，对工作成效显著的给予表彰和奖励，对履职不到位的予以惩戒。

市场监督管理部门在查处场车使用单位违法行为时，应当将场车使用单位落实安全主体责任情况作为判断其主观过错、违法情节、处罚幅度等考量的重要因素。

场车使用单位及其主要负责人无正当理由未采纳场车安全总监和场车安全员依照本规定第一百三十六条提出的意见或者建议的，应当认为场车安全总监和场车安全员已经依法履职尽责，不予处罚。

第一百四十九条 场车使用单位未按规定建立安全管理制度，或者未按规定配备、培训、考核场车安全总监和场车安全员的，由县级以上地方市场监督管理部门责令改正并给予通报批评；拒不改正的，处五千元以上五万元以下罚款，并将处罚情况纳入国家企业信用信息公示系统。法律、行政法规另有规定的，依照其规定执行。

场车使用单位主要负责人、场车安全总监、场车安全员未按规定要求落实使用安全责任的，由县级以上地方市场监督管理部门责令改正并给予通报批评；拒不改正的，对责任人处二千元以上一万元以下罚款。法律、行政法规另有规定的，依照其规定执行。

22.《特种设备事故报告和调查处理规定》节选

《特种设备事故报告和调查处理规定》2022年1月7日市场监管总局第1次局务会议通过，2022年3月1日起施行。为了规范特种设备事故报告和调查处理工作，及时准确查清事故原因，明确事故责任，预防和减少事故发生，根据《中华人民共和国特种设备安全法》《特种设备安全监察条例》等有关法律、行政法规的规定，制定本规定。本书节选部分条文如下：

第二条 本规定所称特种设备事故，是指列入特种设备目录的特种设备因其本体原因及其安全装置或者附件损坏、失效，或者特种设备相关人员违反特种设备法律法规规章、安全技术规范造成的事故。

第三条 以下情形不属于本规定所称特种设备事故：

（一）《中华人民共和国特种设备安全法》第一百条规定的特种设备造成的事故；

（二）自然灾害等不可抗力或者交通事故、火灾事故等外部因素引发的事故；

（三）人为破坏或者利用特种设备实施违法犯罪导致的事故；

（四）特种设备具备使用功能前或者在拆卸、报废、转移等非作业状态下发生的事故；

（五）特种设备作业、检验、检测人员因劳动保护措施不当或者缺失而发生的事故；

（六）场（厂）内专用机动车辆驶出规定的工厂厂区、旅游景区、游乐场所等特定区域发生的事故。

第四条 国家市场监督管理总局负责监督指导全国特种设备事故报告、调查和处理工作。

各级市场监督管理部门在本级人民政府的领导和上级市场监督管理部门指导下，依法开展特种设备事故报告、调查和处理工作。

第五条 特种设备事故报告应当及时、准确、完整，任何单位和个人不得迟报、漏报、谎报或者瞒报。

特种设备事故调查处理应当实事求是、客观公正、尊重科学，及时、准确地查清事故经过、事故原因和事故损失，查明事故性质，认定事故责任，提出处理建议和整改措施。

第六条 任何单位和个人不得阻挠和干涉特种设备事故报告、调查和处理工作。

对特种设备事故报告、调查和处理中的违法行为，任何单位和个人有权向市场监督管理部门和其他有关部门举报，接到举报的部门应当依法及时处理。

第七条 特种设备发生事故后，事故现场有关人员应当立即向事故发生单位负责人报告；事故发生单位的负责人接到报告后，应当于1小时内向事故发生地的县级以上市场监督管理部门和有关部门报告。

情况紧急时，事故现场有关人员可以直接向事故发生地的县级以上市场监督管理部门报告。

第十条 事故报告应当包括以下内容：

（一）事故发生的时间、地点、单位概况以及特种设备种类；

（二）事故发生简要经过、现场破坏情况、已经造成或者可能造成的伤亡和涉险人数、初步估计的直接经济损失；

（三）已经采取的措施；

（四）报告人姓名、联系电话；

（五）其他有必要报告的情况。

第十一条　事故报告后出现新情况的，以及对情况尚未报告清楚的，应当及时逐级续报。

自事故发生之日起 30 日内，事故伤亡人数发生变化的，应当在发生变化的 24 小时内及时续报。

第十四条　发生特种设备事故后，事故发生单位及其人员应当妥善保护事故现场以及相关证据，及时收集、整理有关资料，为事故调查做好准备；必要时，应当对设备、场地、资料进行封存，由专人看管。

第十五条　特种设备事故调查依据特种设备安全法律、行政法规的相关规定，实行分级负责。

市场监督管理部门接到事故报告后，经过现场初步判断，因客观原因暂时无法确定是否为特种设备事故的，应当及时报告本级人民政府，并按照本级人民政府的意见开展相关工作。

第十七条　对无重大社会影响、无人员死亡且事故原因明晰的特种设备一般事故和较大事故，负责组织事故调查的市场监督管理部门，报本级人民政府批准后，可以由市场监督管理部门独立开展事故调查工作。必要时，经本级人民政府批准，可以委托下级市场监督管理部门组织事故调查。

第三十四条　事故发生单位及事故责任相关单位应当落实事故防范和整改措施。防范和整改措施的落实情况应当接受工会和职工的监督。

事故责任单位应当及时将防范和整改措施的落实情况报事故发生地的市级市场监督管理部门。

23. 《特种设备作业人员监督管理办法》节选

《特种设备作业人员监督管理办法》2005 年 1 月 10 日国家质量监督检验检疫总局令第 70 号公布，2011 年 5 月 3 日《国家质量监督检验检疫总局关于修改〈特种设备作业人员监督管理办法〉的决定》修订，2011 年 7 月 1 日起施行。为了加强特种设备作业人员监督管理工作，规范作业人员考核发证程序，保障特种设备安全运行，根据《中华人民共和国行政许可法》、《特种设备安全监察条例》和《国务院对确需保留的行政审批项目设定行政许可的决定》，制定本办法。本书节选部分条文如下：

第二条　锅炉、压力容器（含气瓶）、压力管道、电梯、起重机械、客运索道、大型游乐设施、场（厂）内专用机动车辆等特种设备的作业人员及其相关管理人员统称特种设备作业人员。特种设备作业人员作业种类与项目目录由国家质量监督检验检疫总局统一发布。

从事特种设备作业的人员应当按照本办法的规定，经考核合格取得《特种设备作业人员证》，方可从事相应的作业或者管理工作。

第四条　申请《特种设备作业人员证》的人员，应当首先向省级质量技术监督部门指定的特种设备作业人员考试机构（以下简称考试机构）报名参加考试。

对特种设备作业人员数量较少不需要在各省、自治区、直辖市设立考试机构的，由国家质检总局指定考试机构。

第五条　特种设备生产、使用单位（以下统称用人单位）应当聘（雇）用取得《特种设备作业人员证》的人员从事相关管理和作业工作，并对作业人员进行严格管理。

特种设备作业人员应当持证上岗，按章操作，发现隐患及时处置或者报告。

第六条　特种设备作业人员考核发证工作由县以上质量技术监督部门分级负责。省级质量技术监督部门决定具体的发证分级范围，负责对考核发证工作的日常监督管理。

申请人经指定的考试机构考试合格的，持考试合格凭证向考试场所所在地的发证部门申请办理《特种设备作业人员证》。

第八条　特种设备作业人员考试和审核发证程序包括：考试报名、考试、领证申请、受理、审核、发证。

第十条　申请《特种设备作业人员证》的人员应当符合下列条件：

（一）年龄在 18 周岁以上；

（二）身体健康并满足申请从事的作业种类对身体的特殊要求；

（三）有与申请作业种类相适应的文化程度；

（四）具有相应的安全技术知识与技能；

（五）符合安全技术规范规定的其他要求。

作业人员的具体条件应当按照相关安全技术规范的规定执行。

第十一条　用人单位应当对作业人员进行安全教育和培训，保证特种设备作业人员具备必要的特种设备安全作业知识、作业技能和及时进行知识更新。作业人员未能参加用人单位培训的，可以选择专业培训机构进行培训。

作业人员培训的内容按照国家质检总局制定的相关作业人员培训考核大纲等安全技术规范执行。

第十二条　符合条件的申请人员应当向考试机构提交有关证明材料，报名参加考试。

第十四条　考试结束后，考试机构应当在 20 个工作日内将考试结果告知申请人，并公布考试成绩。

第十五条　考试合格的人员，凭考试结果通知单和其他相关证明材料，向发证部门申请办理《特种设备作业人员证》。

第十六条　发证部门应当在 5 个工作日内对报送材料进行审查，或者告知申请人补正申请材料，并作出是否受理的决定。能够当场审查的，应当当场办理。

第十七条　对同意受理的申请，发证部门应当在 20 个工作日内完成审核批准手续。准予发证的，在 10 个工作日内向申请人颁发《特种设备作业人员证》；不予发证的，应当书面说明理由。

第十八条　特种设备作业人员考核发证工作遵循便民、公开、高效的原则。为方便申请人办理考核发证事项，发证部门可以将受理和发放证书的地点设在考试报名地点，并在报名考试时委托考试机构对申请人是否符合报考条件进行审查，考试合格后发证部门可以直接办理受理手续和审核、发证事项。

第十九条　持有《特种设备作业人员证》的人员，必须经用人单位的法定代表人（负责人）或者其授权人雇（聘）用后，方可在许可的项目范围内作业。

第二十条　用人单位应当加强对特种设备作业现场和作业人员的管理，履行下列义务：

（一）制订特种设备操作规程和有关安全管理制度；

（二）聘用持证作业人员，并建立特种设备作业人员管理档案；

（三）对作业人员进行安全教育和培训；

（四）确保持证上岗和按章操作；

（五）提供必要的安全作业条件；

（六）其他规定的义务。

用人单位可以指定一名本单位管理人员作为特种设备安全管理负责人，具体负责前款规定的相关工作。

第二十一条 特种设备作业人员应当遵守以下规定：

（一）作业时随身携带证件，并自觉接受用人单位的安全管理和质量技术监督部门的监督检查；

（二）积极参加特种设备安全教育和安全技术培训；

（三）严格执行特种设备操作规程和有关安全规章制度；

（四）拒绝违章指挥；

（五）发现事故隐患或者不安全因素应当立即向现场管理人员和单位有关负责人报告；

（六）其他有关规定。

第二十二条 《特种设备作业人员证》每4年复审一次。持证人员应当在复审期届满3个月前，向发证部门提出复审申请。对持证人员在4年内符合有关安全技术规范规定的不间断作业要求和安全、节能教育培训要求，且无违章操作或者管理等不良记录、未造成事故的，发证部门应当按照有关安全技术规范的规定准予复审合格，并在证书正本上加盖发证部门复审合格章。

复审不合格、逾期未复审的，其《特种设备作业人员证》予以注销。

第二十三条 有下列情形之一的，应当撤销《特种设备作业人员证》：

（一）持证作业人员以考试作弊或者以其他欺骗方式取得《特种设备作业人员证》的；

（二）持证作业人员违反特种设备的操作规程和有关的安全规章制度操作，情节严重的；

（三）持证作业人员在作业过程中发现事故隐患或者其他不安全因素未立即报告，情节严重的；

（四）考试机构或者发证部门工作人员滥用职权、玩忽职守、违反法定程序或者超越发证范围考核发证的；

（五）依法可以撤销的其他情形。

违反前款第（一）项规定的，持证人3年内不得再次申请《特种设备作业人员证》。

第二十四条 《特种设备作业人员证》遗失或者损毁的，持证人应当及时报告发证部门，并在当地媒体予以公告。查证属实的，由发证部门补办证书。

第二十五条 任何单位和个人不得非法印制、伪造、涂改、倒卖、出租或者出借《特种设备作业人员证》。

第三十条 申请人隐瞒有关情况或者提供虚假材料申请《特种设备作业人员证》的，不予受理或者不予批准发证，并在1年内不得再次申请《特种设备作业人员证》。

第三十一条 有下列情形之一的，责令用人单位改正，并处1000元以上3万元以下罚款：

（一）违章指挥特种设备作业的；

（二）作业人员违反特种设备的操作规程和有关的安全规章制度操作，或者在作业过程中发现事故隐患或者其他不安全因素未立即向现场管理人员和单位有关负责人报告，用人单位未给予批评教育或者处分的。

第三十二条 非法印制、伪造、涂改、倒卖、出租、出借《特种设备作业人员证》，或者使用非法印制、伪造、涂改、倒卖、出租、出借《特种设备作业人员证》的，处1000元以下罚款；构成犯罪的，依法追究刑事责任。

第三十六条 特种设备作业人员未取得《特种设备作业人员证》上岗作业，或者用人单位未对特种设备作业人员进行安全教育和培训的，按照《特种设备安全监察条例》第八十六条的规定对用人单位予以处罚。

附2.4 部分安全生产和职业健康规范性文件节选

行政规范性文件是指除国务院的行政法规、决定、命令以及部门规章和地方政府规章外，由行政机关或者经法律、法规授权的具有管理公共事务职能的组织依照法定权限、程序制定并公开发布，涉及公民、法人和其他组织权利义务，具有普遍约束力，在一定期限内反复适用的公文。

规范性文件较常使用决定、公告、通告、意见、通知等文种。规范性文件标题多采用"规定""办法""细则""意见""通知"和"公告"等。

1. 《用人单位劳动防护用品管理规范》（安监总厅安健〔2015〕124号）节选

鉴于《劳动防护用品监督管理规定》（国家安全生产监督管理总局令第1号）于2015年7月1日废止，为加强用人单位劳动防护用品的管理，保护劳动者的生命安全和职业健康，2015年12月29日国家安全生产监督管理总局办公厅制定发布了《用人单位劳动防护用品管理规范》（安监总厅安健〔2015〕124号），2018年1月15日经修订后重新发布（安监总厅安健〔2018〕3号），自印发之日起施行。本书节选部分条文如下：

【劳动防护用品定义】

第三条 本规范所称的劳动防护用品，是指由用人单位为劳动者配备的，使其在劳动过程中免遭或者减轻事故伤害及职业病危害的个体防护装备。

第四条 劳动防护用品是由用人单位提供的，保障劳动者安全与健康的辅助性、预防性措施，不得以劳动防护用品替代工程防护设施和其他技术、管理措施。

【健全劳动防护用品管理制度】

第五条 用人单位应当健全管理制度，加强劳动防护用品配备、发放、使用等管理工作。

第六条 用人单位应当安排专项经费用于配备劳动防护用品，不得以货币或者其他物品替代。该项经费计入生产成本，据实列支。

【劳动防护用品基本要求】

第七条 用人单位应当为劳动者提供符合国家标准或者行业标准的劳动防护用品。使用进口的劳动防护用品，其防护性能不得低于我国相关标准。

【劳动防护用品使用规定】

第八条 劳动者在作业过程中，应当按照规章制度和劳动防护用品使用规则，正确佩戴和使用劳动防护用品。

【劳务派遣工、实习生、外来人员的配备】

第九条 用人单位使用的劳务派遣工、接纳的实习学生应当纳入本单位人员统一管理，并配备相应的劳动防护用品。对处于作业地点的其他外来人员，必须按照与进行作业的劳动者相同的标准，正确佩戴和使用劳动防护用品。

【劳动防护用品分类】

第十条 劳动防护用品分为以下十大类：

（一）防御物理、化学和生物危险、有害因素对头部伤害的头部防护用品。

（二）防御缺氧空气和空气污染物进入呼吸道的呼吸防护用品。

（三）防御物理和化学危险、有害因素对眼面部伤害的眼面部防护用品。

（四）防噪声危害及防水、防寒等的听力防护用品。

（五）防御物理、化学和生物危险、有害因素对手部伤害的手部防护用品。

（六）防御物理和化学危险、有害因素对足部伤害的足部防护用品。

（七）防御物理、化学和生物危险、有害因素对躯干伤害的躯干防护用品。

（八）防御物理、化学和生物危险、有害因素损伤皮肤或引起皮肤疾病的护肤用品。

（九）防止高处作业劳动者坠落或者高处落物伤害的坠落防护用品。

（十）其他防御危险、有害因素的劳动防护用品。

【劳动防护用品配备标准】

第十一条 用人单位应按照识别、评价、选择的程序，结合劳动者作业方式和工作条件，并考虑其个人特点及劳动强度，选择防护功能和效果适用的劳动防护用品。

（一）接触粉尘、有毒、有害物质的劳动者应当根据不同粉尘种类、粉尘浓度及游离二氧化硅含量和毒物的种类及浓度配备相应的呼吸器、防护服、防护手套和防护鞋等。具体可参照《呼吸防护用品自吸过滤式防颗粒物呼吸器》（GB 2626）、《呼吸防护用品的选择、使用及维护》（GB/T 18664）、《防护服装 化学防护服的选择、使用和维护》（GB/T 24536）、《手部防护 防护手套的选择、使用和维护指南》（GB/T 29512）和《个体防护装备 足部防护鞋（靴）的选择、使用和维护指南》（GB/T 28409）等标准。

（二）接触噪声的劳动者，当暴露于 $80dB \leqslant L_{EX,8h} < 85dB$ 的工作场所时，用人单位应当根据劳动者需求为其配备适用的护听器；当暴露于 $L_{EX,8h} \geqslant 85dB$ 的工作场所时，用人单位必须为劳动者配备适用的护听器，并指导劳动者正确佩戴和使用。具体可参照《护听器的选择指南》（GB/T 23466）。

（三）工作场所中存在电离辐射危害的，经危害评价确认劳动者需佩戴劳动防护用品的，用人单位可参照电离辐射的相关标准及《个体防护装备配备基本要求》（GB/T 29510）为劳动者配备劳动防护用品，并指导劳动者正确佩戴和使用。

（四）从事存在物体坠落、碎屑飞溅、转动机械和锋利器具等作业的劳动者，用人单位还可参照《个体防护装备选用规范》（GB/T 11651）、《头部防护安全帽选用规范》（GB/T 30041）和《坠落防护装备安全使用规范》（GB/T 23468）等标准，为劳动者配备适用的劳动防护用品。

第十二条 同一工作地点存在不同种类的危险、有害因素的，应当为劳动者同时提供防御各类危害的劳动防护用品。需要同时配备的劳动防护用品，还应考虑其可兼容性。

劳动者在不同地点工作，并接触不同的危险、有害因素，或接触不同的危害程度的有害因素的，为其选配的劳动防护用品应满足不同工作地点的防护需求。

第十三条 劳动防护用品的选择还应当考虑其佩戴的合适性和基本舒适性，根据个人特点和需求选择适合号型、式样。

【应急劳动防护用品配备要求】

第十四条 用人单位应当在可能发生急性职业损伤的有毒、有害工作场所配备应急劳动防护用品，放置于现场临近位置并有醒目标识。

用人单位应当为巡检等流动性作业的劳动者配备随身携带的个人应急防护用品。

【劳动保护用品管理要求】

第十五条 用人单位应当根据劳动者工作场所中存在的危险、有害因素种类及危害程度、劳动环境条件、劳动防护用品有效使用时间制定适合本单位的劳动防护用品配备标准。

第十六条 用人单位应当根据劳动防护用品配备标准制定采购计划，购买符合标准的合格产品。

第十七条 用人单位应当查验并保存劳动防护用品检验报告等质量证明文件的原件或复印件。

第十八条 用人单位应当按照本单位制定的配备标准发放劳动防护用品，并做好登记。

第十九条 用人单位应当对劳动者进行劳动防护用品的使用、维护等专业知识的培训。

第二十条 用人单位应当督促劳动者在使用劳动防护用品前，对劳动防护用品进行检查，确保外观完好、部件齐全、功能正常。

第二十一条 用人单位应当定期对劳动防护用品的使用情况进行检查，确保劳动者正确使用。

第二十二条 劳动防护用品应当按照要求妥善保存，及时更换，保证其在有效期内。公用的劳动防护用品应当由车间或班组统一保管，定期维护。

第二十三条 用人单位应当对应急劳动防护用品进行经常性的维护、检修，定期检测劳动防护用品的性能和效果，保证其完好有效。

【劳动保护用品更换与报废】

第二十四条 用人单位应当按照劳动防护用品发放周期定期发放，对工作过程中损坏的，用人单位应及时更换。

第二十五条 安全帽、呼吸器、绝缘手套等安全性能要求高、易损耗的劳动防护用品，应当按照有效防护功能最低指标和有效使用期，到期强制报废。

2.《消防安全责任制实施办法》（国办发〔2017〕87号）节选

第一条 为深入贯彻《中华人民共和国消防法》《中华人民共和国安全生产法》和党中央、国务院关于安全生产及消防安全的重要决策部署，按照政府统一领导、部门依法监管、单位全面负责、公民积极参与的原则，坚持党政同责、一岗双责、齐抓共管、失职追责，进一步健全消防安全责任制，提高公共消防安全水平，预防火灾和减少火灾危害，保障人民群众生命财产安全，制定本办法。

附件 1 劳动防护用品选择程序

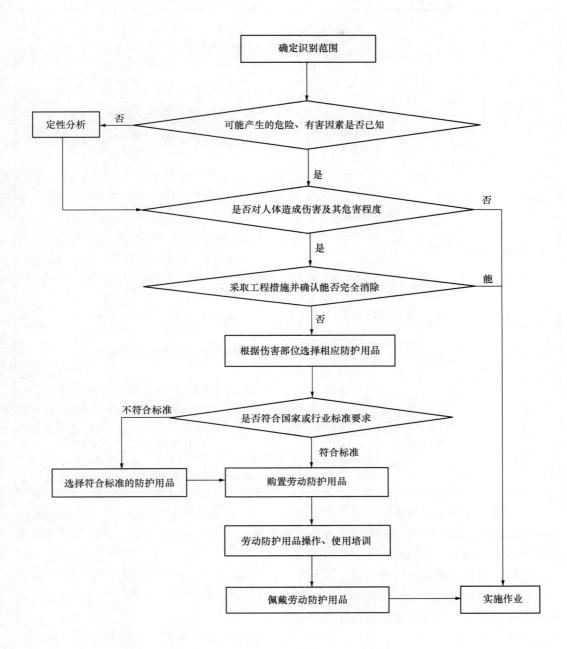

附件 2　呼吸器和护听器的选用

危害因素	分类	要求
颗粒物	一般粉尘，如煤尘、水泥尘、木粉尘、云母尘、滑石尘及其他粉尘	过滤效率至少满足《呼吸防护用品　自吸过滤式防颗粒物呼吸器》（GB 2626）规定的 KN90 级别的防颗粒物呼吸器
	石棉	可更换式防颗粒物半面罩或全面罩，过滤效率至少满足 GB 2626 规定的 KN95 级别的防颗粒物呼吸器
	矽尘、金属粉尘（如铅尘、镉尘）、砷尘、烟（如焊接烟、铸造烟）	过滤效率至少满足 GB 2626 规定的 KN95 级别的防颗粒物呼吸器
化学物质	窒息气体	隔绝式正压呼吸器
	无机气体、有机蒸气	防毒面具 面罩类型： 工作场所毒物浓度超标不大于 10 倍，使用送风或自吸过滤半面罩；工作场所毒物浓度超标不大于 100 倍，使用送风或自吸过滤全面罩；工作场所毒物浓度超标大于 100 倍，使用隔绝式或送风过滤全面罩
	酸、碱性溶液、蒸气	防酸碱面罩、防酸碱手套、防酸碱服、防酸碱鞋
噪声	劳动者暴露于工作场所 $80dB \leqslant L_{EX,8h} < 85dB$ 的	用人单位应根据劳动者需求为其配备适用的护听器
	劳动者暴露于工作场所 $L_{EX,8h} \geqslant 85dB$ 的	用人单位应为劳动者配备适用的护听器，并指导劳动者正确佩戴和使用。劳动者暴露于工作场所 $L_{EX,8h}$ 为 85～95dB 的应选用护听器 SNR 为 17～34dB 的耳塞或耳罩；劳动者暴露于工作场所 $L_{EX,8h} \geqslant 95dB$ 的应选用护听器 $SNR \geqslant 34dB$ 的耳塞、耳罩或者同时佩戴耳塞和耳罩，耳塞和耳罩组合使用时的声衰减值，可按二者中较高的声衰减值增加 5dB 估算

第四条　坚持安全自查、隐患自除、责任自负。机关、团体、企业、事业等单位是消防安全的责任主体，法定代表人、主要负责人或实际控制人是本单位、本场所消防安全责任人，对本单位、本场所消防安全全面负责。

消防安全重点单位应当确定消防安全管理人，组织实施本单位的消防安全管理工作。

第五条　坚持权责一致、依法履职、失职追责。对不履行或不按规定履行消防安全职责的单位和个人，依法依规追究责任。

第十五条　机关、团体、企业、事业等单位应当落实消防安全主体责任，履行下列职责：

（一）明确各级、各岗位消防安全责任人及其职责，制定本单位的消防安全制度、消防安全操作规程、灭火和应急疏散预案。定期组织开展灭火和应急疏散演练，进行消防工作检查考核，保证各项规章制度落实。

（二）保证防火检查巡查、消防设施器材维护保养、建筑消防设施检测、火灾隐患整改、专职或志愿消防队和微型消防站建设等消防工作所需资金的投入。生产经营单位安全费用应当保证适当比例用于消防工作。

（三）按照相关标准配备消防设施、器材，设置消防安全标志，定期检验维修，对建筑消防设施每年至少进行一次全面检测，确保完好有效。设有消防控制室的，实行 24 小时值班制度，每班不少于 2 人，并持证上岗。

（四）保障疏散通道、安全出口、消防车通道畅通，保证防火防烟分区、防火间距符合消防技术标准。人员密集场所的门窗不得设置影响逃生和灭火救援的障碍物。保证建筑构件、建筑材料和室内装修装饰材料等符合消防技术标准。

（五）定期开展防火检查、巡查，及时消除火灾隐患。

（六）根据需要建立专职或志愿消防队、微型消防站，加强队伍建设，定期组织训练演练，加强消防装备配备和灭火药剂储备，建立与公安消防队联勤联动机制，提高扑救初起火灾能力。

（七）消防法律、法规、规章以及政策文件规定的其他职责。

第十六条 消防安全重点单位除履行第十五条规定的职责外，还应当履行下列职责：

（一）明确承担消防安全管理工作的机构和消防安全管理人并报知当地公安消防部门，组织实施本单位消防安全管理。消防安全管理人应当经过消防培训。

（二）建立消防档案，确定消防安全重点部位，设置防火标志，实行严格管理。

（三）安装、使用电器产品、燃气用具和敷设电气线路、管线必须符合相关标准和用电、用气安全管理规定，并定期维护保养、检测。

（四）组织员工进行岗前消防安全培训，定期组织消防安全培训和疏散演练。

（五）根据需要建立微型消防站，积极参与消防安全区域联防联控，提高自防自救能力。

（六）积极应用消防远程监控、电气火灾监测、物联网技术等技防物防措施。

第十七条 对容易造成群死群伤火灾的人员密集场所、易燃易爆单位和高层、地下公共建筑等火灾高危单位，除履行第十五条、第十六条规定的职责外，还应当履行下列职责：

（一）定期召开消防安全工作例会，研究本单位消防工作，处理涉及消防经费投入、消防设施设备购置、火灾隐患整改等重大问题。

（二）鼓励消防安全管理人取得注册消防工程师执业资格，消防安全责任人和特有工种人员须经消防安全培训；自动消防设施操作人员应取得建（构）筑物消防员资格证书。

（三）专职消防队或微型消防站应当根据本单位火灾危险特性配备相应的消防装备器材，储备足够的灭火救援药剂和物资，定期组织消防业务学习和灭火技能训练。

（四）按照国家标准配备应急逃生设施设备和疏散引导器材。

（五）建立消防安全评估制度，由具有资质的机构定期开展评估，评估结果向社会公开。

（六）参加火灾公众责任保险。

第十八条 同一建筑物由两个以上单位管理或使用的，应当明确各方的消防安全责任，并确定责任人对共用的疏散通道、安全出口、建筑消防设施和消防车通道进行统一管理。

物业服务企业应当按照合同约定提供消防安全防范服务，对管理区域内的共用消防设施和疏散通道、安全出口、消防车通道进行维护管理，及时劝阻和制止占用、堵塞、封闭疏散通道、安全出口、消防车通道等行为，劝阻和制止无效的，立即向公安机关等主管部门报告。定期开展防火检查巡查和消防宣传教育。

第二十一条 建设工程的建设、设计、施工和监理等单位应当遵守消防法律、法规、规章和工程建设消防技术标准，在工程设计使用年限内对工程的消防设计、施工质量承担终身责任。

第二十五条 各有关部门应当建立单位消防安全信用记录，纳入全国信用信息共享平台，作为信用评价、项目核准、用地审批、金融扶持、财政奖补等方面的参考依据。

第二十八条 因消防安全责任不落实发生一般及以上火灾事故的，依法依规追究单位直接责任人、法定代表人、主要负责人或实际控制人的责任，对履行职责不力、失职渎职的政府及有关部门负责人和工作人员实行问责，涉嫌犯罪的，移送司法机关处理。

发生造成人员死亡或产生社会影响的一般火灾事故的，由事故发生地县级人民政府负责组织调查处理；发生较大火灾事故的，由事故发生地设区的市级人民政府负责组织调查处理；发生重大火灾事故的，由事故发生地省级人民政府负责组织调查处理；发生特别重大火灾事故的，由国务院或国务院授权有关部门负责组织调查处理。

3. 《突发事件应急预案管理办法》（国办发〔2024〕5 号）节选

第一条 为加强突发事件应急预案（以下简称应急预案）体系建设，规范应急预案管理，增强应急预案的针对性、实用性和可操作性，依据《中华人民共和国突发事件应对法》等法律、行政法规，制定本办法。

第二条 本办法所称应急预案，是指各级人民政府及其部门、基层组织、企事业单位和社会组织等为依法、迅速、科学、有序应对突发事件，最大程度减少突发事件及其造成的损害而预先制定的方案。

第三条 应急预案的规划、编制、审批、发布、备案、培训、宣传、演练、评估、修订等工作，适用本办法。

第四条 应急预案管理遵循统一规划、综合协调、分类指导、分级负责、动态管理的原则。

第七条 按照制定主体划分，应急预案分为政府及其部门应急预案、单位和基层组织应急预案两大类。

政府及其部门应急预案包括总体应急预案、专项应急预案、部门应急预案等。

单位和基层组织应急预案包括企事业单位、村民委员会、居民委员会、社会组织等编制的应急预案。

第十六条 单位应急预案侧重明确应急响应责任人、风险隐患监测、主要任务、信息报告、预警和应急响应、应急处置措施、人员疏散转移、应急资源调用等内容。

大型企业集团可根据相关标准规范和实际工作需要，建立本集团应急预案体系。

安全风险单一、危险性小的生产经营单位，可结合实际简化应急预案要素和内容。

第二十条 应急预案编制部门和单位根据需要组成应急预案编制工作小组，吸收有关部门和单位人员、有关专家及有应急处置工作经验的人员参加。编制工作小组组长由应急预案编制部门或单位有关负责人担任。

第二十一条 编制应急预案应当依据有关法律、法规、规章和标准，紧密结合实际，在开展风险评估、资源调查、案例分析的基础上进行。

风险评估主要是识别突发事件风险及其可能产生的后果和次生（衍生）灾害事件，评估可能造成的危害程度和影响范围等。

资源调查主要是全面调查本地区、本单位应对突发事件可用的应急救援队伍、物资装备、场所和通过改造可以利用的应急资源状况，合作区域内可以请求援助的应急资源状况，重要基础设施容灾保障及备用状况，以及可以通过潜力转换提供应急资源的状况，为制定应急响应措施提供依据。必要时，也可根据突发事件应对需要，对本地区相关单位和居民所掌握的应急资源情况进行调查。

案例分析主要是对典型突发事件的发生演化规律、造成的后果和处置救援等情况进行复盘研究，必要时构建突发事件情景，总结经验教训，明确应对流程、职责任务和应对措施，为制定应急预案提供参考借鉴。

第二十三条　应急预案编制工作小组或牵头单位应当将应急预案送审稿、征求意见情况、编制说明等有关材料报送应急预案审批单位。因保密等原因需要发布应急预案简本的，应当将应急预案简本一并报送审批。

第三十条　应急预案编制单位应当通过编发培训材料、举办培训班、开展工作研讨等方式，对与应急预案实施密切相关的管理人员、专业救援人员等进行培训。

各级人民政府及其有关部门应将应急预案培训作为有关业务培训的重要内容，纳入领导干部、公务员等日常培训内容。

第三十二条　应急预案编制单位应当建立应急预案演练制度，通过采取形式多样的方式方法，对应急预案所涉及的单位、人员、装备、设施等组织演练。通过演练发现问题、解决问题，进一步修改完善应急预案。

专项应急预案、部门应急预案每3年至少进行一次演练。

地震、台风、风暴潮、洪涝、山洪、滑坡、泥石流、森林草原火灾等自然灾害易发区域所在地人民政府，重要基础设施和城市供水、供电、供气、供油、供热等生命线工程经营管理单位，矿山、金属冶炼、建筑施工单位和易燃易爆物品、化学品、放射性物品等危险物品生产、经营、使用、储存、运输、废弃处置单位，公共交通工具、公共场所和医院、学校等人员密集场所的经营单位或者管理单位等，应当有针对性地组织开展应急预案演练。

第三十三条　应急预案演练组织单位应当加强演练评估，主要内容包括：演练的执行情况，应急预案的实用性和可操作性，指挥协调和应急联动机制运行情况，应急人员的处置情况，演练所用设备装备的适用性，对完善应急预案、应急准备、应急机制、应急措施等方面的意见和建议等。

各地区各有关部门加强对本行政区域、本部门（行业、领域）应急预案演练的评估指导。根据需要，应急管理部门会同有关部门组织对下级人民政府及其有关部门组织的应急预案演练情况进行评估指导。

鼓励委托第三方专业机构进行应急预案演练评估。

第三十四条　应急预案编制单位应当建立应急预案定期评估制度，分析应急预案内容的针对性、实用性和可操作性等，实现应急预案的动态优化和科学规范管理。

县级以上地方人民政府及其有关部门应急预案原则上每3年评估一次。应急预案的评估工作，可以委托第三方专业机构组织实施。

4.《国务院安委会办公室关于实施遏制重特大事故工作指南构建双重预防机制的意见》（安委办〔2016〕11号）节选

着力构建企业双重预防机制。

（一）全面开展安全风险辨识。各地区要指导推动各类企业按照有关制度和规范，针对本企业类型和特点，制定科学的安全风险辨识程序和方法，全面开展安全风险辨识。企业要组织专家和全体员工，采取安全绩效奖惩等有效措施，全方位、全过程辨识生产工艺、设备设施、作业环境、人员行为和管理体系等方面存在的安全风险，做到系统、全面、无遗漏，并持续更新完善。

（二）科学评定安全风险等级。企业要对辨识出的安全风险进行分类梳理，参照《企业职工伤亡事故分类》（GB 6441—1986），综合考虑起因物、引起事故的诱导性原因、致害物、伤害方式等，确定安全风险类别。对不同类别的安全风险，采用相应的风险评估方法确定安全风险等级。安全风险评估过程要突出遏制重特大事故，高度关注暴露人群，聚焦重大危险源、劳动密集型场所、高危作业工序和受影响的人群规模。安全风险等级从高到低划分为重大风险、较大风险、一般风险和低风险，分别用红、橙、黄、蓝四种颜色标示。其中，重大安全风险应填写清单、汇总造册，按照职责范围报告属地负有安全生产监督管理职责的部门。要依据安全风险类别和等级建立企业安全风险数据库，绘制企业"红橙黄蓝"四色安全风险空间分布图。

（三）有效管控安全风险。企业要根据风险评估的结果，针对安全风险特点，从组织、制度、技术、应急等方面对安全风险进行有效管控。要通过隔离危险源、采取技术手段、实施个体防护、设置监控设施等措施，达到回避、降低和监测风险的目的。要对安全风险分级、分层、分类、分专业进行管理，逐一落实企业、车间、班组和岗位的管控责任，尤其要强化对重大危险源和存在重大安全风险的生产经营系统、生产区域、岗位的重点管控。企业要高度关注运营状况和危险源变化后的风险状况，动态评估、调整风险等级和管控措施，确保安全风险始终处于受控范围内。

（四）实施安全风险公告警示。企业要建立完善安全风险公告制度，并加强风险教育和技能培训，确保管理层和每名员工都掌握安全风险的基本情况及防范、应急措施。要在醒目位置和重点区域分别设置安全风险公告栏，制作岗位安全风险告知卡，标明主要安全风险、可能引发事故隐患类别、事故后果、管控措施、应急措施及报告方式等内容。对存在重大安全风险的工作场所和岗位，要设置明显警示标志，并强化危险源监测和预警。

（五）建立完善隐患排查治理体系。风险管控措施失效或弱化极易形成隐患，酿成事故。企业要建立完善隐患排查治理制度，制定符合企业实际的隐患排查治理清单，明确和细化隐患排查的事项、内容和频次，并将责任逐一分解落实，推动全员参与自主排查隐患，尤其要强化对存在重大风险的场所、环节、部位的隐患排查。要通过与政府部门互联互通的隐患排查治理信息系统，全过程记录报告隐患排查治理情况。对于排查发现的重大事故隐患，应当在向负有安全生产监督管理职责的部门报告的同时，制定并实施严格的隐患治理方案，做到责任、措施、资金、时限和预案"五落实"，实现隐患排查治理的闭环管理。事故隐患整治过程中无法保证安全的，应停产停业或者停止使用相关设施设备，及时撤出相关作业人员，必要时向当地人民政府提出申请，配合疏散可能受到影响的周边人员。

5.《企业安全生产标准化建设定级办法》（应急〔2021〕83号）节选

第一条 为进一步规范和促进企业开展安全生产标准化（以下简称标准化）建设，建立并保持安全生产管理体系，全面管控生产经营活动各环节的安全生产工作，不断提升安全管理水平，根据《中华人民共和国安全生产法》，制定本办法。

第二条 本办法适用于全国化工（含石油化工）医药危险化学品烟花爆竹石油开采冶金有色建材机械轻工纺织烟草商贸等行业企业（以下统称企业）。

第三条 企业应当按照安全生产有关法律法规规章标准等要求，加强标准化建设，可以依据本办法自愿申请标准化定级。

第四条 企业标准化等级由高到低分为一级二级三级。

企业标准化定级标准由应急管理部按照行业分别制定。应急管理部未制定行业标准化定级标准的，省级应急管理部门可以自行制定，也可以参照《企业安全生产标准化基本规范》（GB/T 33000）配套的定级标准，在本行政区域内开展二级三级企业建设工作。

第五条 企业标准化定级实行分级负责。

应急管理部为一级企业以及海洋石油全部等级企业的定级部门。省级和设区的市级应急管理部门分别为本行政区域内二级三级企业的定级部门。

第六条 标准化定级工作不得向企业收取任何费用。

各级定级部门可以通过政府购买服务方式确定从事安全生产相关工作的事业单位或者社会组织作为标准化定级组织单位（以下简称组织单位），委托其负责受理和审核企业自评报告（格式见附件1）、监督现场评审过程和质量等具体工作，并向社会公布组织单位名单。

各级定级部门可以通过政府购买服务方式委托从事安全生产相关工作的单位负责现场评审工作，并向社会公布名单。

第七条 企业标准化定级按照自评、申请、评审、公示、公告的程序进行。

（一）自评。企业应当自主开展标准化建设，成立由其主要负责人任组长、有员工代表参加的工作组，按照生产流程和风险情况，对照所属行业标准化定级标准，将本企业标准和规范融入安全生产管理体系，做到全员参与，实现安全管理系统化、岗位操作行为规范化、设备设施本质安全化、作业环境器具定置化。每年至少开展一次自评工作，并形成书面自评报告，在企业内部公示不少于10个工作日，及时整改发现的问题，持续改进安全绩效。

（二）申请。申请定级的企业，依拟申请的等级向相应组织单位提交自评报告，并对其真实性负责。

组织单位收到企业自评报告后，应当根据下列情况分别作出处理：

（1）自评报告内容存在错误、不齐全或者不符合规定形式的，在5个工作日内一次书面告知企业需要补正的全部内容；逾期不告知的，自收到自评报告之日起即为受理。

（2）自评报告内容齐全、符合规定形式，或者企业按照要求补正全部内容后，对自评报告逐项进行审核。对符合申请条件的，将审核意见和企业自评报告一并报送定级部门，并书面告知企业；对不符合的，书面告知企业并说明理由。

审核、报送和告知工作应当在 10 个工作日内完成。

（三）评审。定级部门对组织单位报送的审核意见和企业自评报告进行确认后，由组织单位通知负责现场评审的单位成立现场评审组在 20 个工作日内完成现场评审，将现场评审情况及不符合项等形成现场评审报告，初步确定企业是否达到拟申请的等级，并书面告知企业。

企业收到现场评审报告后，应当在 20 个工作日内完成不符合项整改工作，并将整改情况报告现场评审组。特殊情况下，经组织单位批准，整改期限可以适当延长，但延长的期限最长不超过 20 个工作日。

现场评审组应当指导企业做好整改工作，并在收到企业整改情况报告后 10 个工作日内采取书面检查或者现场复核的方式，确认整改是否合格，书面告知企业，并由负责现场评审的单位书面告知组织单位。

企业未在规定期限内完成整改的，视为整改不合格。

（四）公示。组织单位将确认整改合格、符合相应定级标准的企业名单定期报送相应定级部门；定级部门确认后，应当在本级政府或者本部门网站向社会公示，接受社会监督，公示时间不少于 7 个工作日。

公示期间，收到企业存在不符合定级标准以及其他相关要求问题反映的，定级部门应当组织核实。

（五）公告。对公示无异议或者经核实不存在所反映问题的企业，定级部门应当确认其等级，予以公告，并抄送同级工业和信息化、人力资源社会保障、国有资产监督管理、市场监督管理等部门和工会组织，以及相应银行保险和证券监督管理机构。

对未予公告的企业，由定级部门书面告知其未通过定级，并说明理由。

第八条　申请定级的企业应当在自评报告中，由其主要负责人承诺符合以下条件：

（一）依法应当具备的证照齐全有效；

（二）依法设置安全生产管理机构或者配备安全生产管理人员；

（三）主要负责人、安全生产管理人员、特种作业人员依法持证上岗；

（四）申请定级之日前 1 年内，未发生死亡、总计 3 人及以上重伤或者直接经济损失总计 100 万元及以上的生产安全事故；

（五）未发生造成重大社会不良影响的事件；

（六）未被列入安全生产失信惩戒名单；

（七）前次申请定级被告知未通过之日起满 1 年；

（八）被撤销标准化等级之日起满 1 年；

（九）全面开展隐患排查治理，发现的重大隐患已完成整改。

申请一级企业的，还应当承诺符合以下条件：

（一）从未发生过特别重大生产安全事故，且申请定级之日前 5 年内未发生过重大生产安全事故、前 2 年内未发生过生产安全死亡事故；

（二）按照《企业职工伤亡事故分类》（GB 6441）、《事故伤害损失工作日标准》（GB/T 15499），统计分析年度事故起数、伤亡人数、损失工作日、千人死亡率、千人重伤率、伤害频率、伤害严重率等，并自前次取得标准化等级以来逐年下降或者持平；

（三）曾被定级为一级，或者被定级为二级、三级并有效运行 3 年以上。

发现企业存在承诺不实的，定级相关工作即行终止，3 年内不再受理该企业标准化定级申请。

第九条 企业标准化等级有效期为 3 年。

第十条 已经取得标准化等级的企业，可以在有效期届满前 3 个月再次按照本办法第七条规定的程序申请定级。

对再次申请原等级的企业，在标准化等级有效期内符合以下条件的，经定级部门确认后，直接予以公示和公告：

（一）未发生生产安全死亡事故；

（二）一级企业未发生总计重伤 3 人及以上或者直接经济损失总计 100 万元及以上的生产安全事故，二级、三级企业未发生总计重伤 5 人及以上或者直接经济损失总计 500 万元及以上的生产安全事故；

（三）未发生造成重大社会不良影响的事件；

（四）有关法律、法规、规章、标准及所属行业定级相关标准未作重大修订；

（五）生产工艺、设备、产品、原辅材料等无重大变化，无新建、改建、扩建工程项目；

（六）按照规定开展自评并提交自评报告。

第十一条 各级应急管理部门在日常监管执法工作中，发现企业存在以下情形之一的，应当立即告知并由原定级部门撤销其等级。原定级部门应当予以公告并同时抄送同级工业和信息化人力资源社会保障国有资产监督管理市场监督管理等部门和工会组\以及相应银行保险和证券监督管理机构。

（一）发生生产安全死亡事故的；

（二）连续 12 个月内发生总计重伤 3 人及以上或者直接经济损失总计 100 万元及以上的生产安全事故的；

（三）发生造成重大社会不良影响事件的；

（四）瞒报谎报迟报漏报生产安全事故的；

（五）被列入安全生产失信惩戒名单的；

（六）提供虚假材料或者以其他不正当手段取得标准化等级的；

（七）行政许可证照注销吊销撤销的或者不再从事相关行业生产经营活动的；

（八）存在重大生产安全事故隐患未在规定期限内完成整改的；

（九）未按照标准化管理体系持续有效运行情节严重的。

第十二条 各级应急管理部门应当协调有关部门采取有效激励措施支持和鼓励企业开展标准化建设。

（一）将企业标准化建设情况作为分类分级监管的重要依据对不同等级的企业实施差异化监管。对一级企业以执法抽查为主减少执法检查频次；

（二）因安全生产政策性原因对相关企业实施区域限产停产措施的原则上一级企业不纳入范围；

（三）停产后复产验收时原则上优先对一级企业进行复产验收；

（四）标准化等级企业符合工伤保险费率下浮条件的按规定下浮其工伤保险费率；

（五）标准化等级企业的安全生产责任保险按有关政策规定给予支持；

（六）将企业标准化等级作为信贷信用等级评定的重要依据之一。支持鼓励金融信贷机构向符合条件的标准化等级企业优先提供信贷服务；

（七）标准化等级企业申报国家和地方质量奖励优秀品牌等资格和荣誉的予以优先支持或者推荐；

（八）对符合评选推荐条件的标准化等级企业优先推荐其参加所属地区行业及领域的先进单位（集体）安全文化示范企业等评选。

第十三条 组\单位和负责现场评审的单位及其人员不得参与被评审企业的标准化培训咨询相关工作。

第十五条 企业标准化定级各环节相关工作通过应急管理部企业安全生产标准化信息管理系统进行。

6.《工贸企业有限空间重点监管目录》（应急厅〔2023〕37 号）节选

（1）工艺设备：立式炉窑，涉及热风的立式磨、球磨机、选粉机。

（2）槽罐：减水剂储罐。

（3）公辅设备设施：污水收集处理池（井、罐）。

7.《企业安全生产费用提取和使用管理办法》财资〔2022〕136 号节选

第一条 为加强企业安全生产费用管理建立企业安全生产投入长效机制维护企业职工以及社会公共利益依据《中华人民共和国安全生产法》等有关法律法规和《中共中央国务院关于推进安全生产领域改革发展的意见》《国务院关于进一步加强安全生产工作的决定》（国发 C2004J2 号）、《国务院关于进一步加强企业安全生产工作的通知》（国发 C2010J23 号）等制定本办法。

第二条 本办法适用于在中华人民共和国境内直接从事煤炭生产非煤矿山开采石油天然气开采建设工程施工危险品生产与储存交通运输烟花爆竹生产民用爆炸物品生产冶金机械制造武器装备研制生产与试验（含民用航空及核燃料）电力生产与供应的企业及其他经济组织（以下统称企业）。

第三条 本办法所称企业安全生产费用是指企业按照规定标准提取，在成本（费用）中列支，专门用于完善和改进企业或者项目安全生产条件的资金。

第四条 企业安全生产费用管理遵循以下原则：

（一）筹措有章。统筹发展和安全，依法落实企业安全生产投入主体责任，足额提取。

（二）支出有据。企业根据生产经营实际需要，据实开支符合规定的安全生产费用。

（三）管理有序。企业专项核算和归集安全生产费用，真实反映安全生产条件改善投入，不得挤占挪用。

（四）监督有效。建立健全企业安全生产费用提取和使用的内外部监督机制，按规定开展信息披露和社会责任报告。

第五条 企业安全生产费用可由企业用于以下范围的支出：

（一）购置购建更新改造检测检验检定校准运行维护安全防护和紧急避险设施设备支出〔不含按照"建设项目安全设施必须与主体工程同时设计同时施工同时投入生产和使用"（以下简称"三同时"）规定投入的安全设施设备〕；

（二）购置开发推广应用更新升级运行维护安全生产信息系统软件网络安全技术支出；

（三）配备更新维护保养安全防护用品和应急救援器材设备支出；

（四）企业应急救援队伍建设（含建设应急救援队伍所需应急救援物资储备人员培训等方面）安全生产宣传教育培训从业人员发现报告事故隐患的奖励支出；

（五）安全生产责任保险承运人责任险等与安全生产直接相关的法定保险支出；

（六）安全生产检查检测评估评价（不含新建改建扩建项目安全评价）评审咨询标准化建设应急预案制修订应急演练支出；

（七）与安全生产直接相关的其他支出。

第四十五条 企业应当建立健全内部企业安全生产费用管理制度，明确企业安全生产费用提取和使用的程序职责及权限，落实责任，确保按规定提取和使用企业安全生产费用。

第四十六条 企业应当加强安全生产费用管理，编制年度企业安全生产费用提取和使用计划，纳入企业财务预算，确保资金投入。

第四十七条 企业提取的安全生产费用从成本（费用）中列支并专项核算。符合本办法规定的企业安全生产费用支出应当取得发票收据转账凭证等真实凭证。

本企业职工薪酬福利不得从企业安全生产费用中支出。企业从业人员发现报告事故隐患的奖励支出从企业安全生产费用中列支。

企业安全生产费用年度结余资金结转下年度使用。企业安全生产费用出现赤字（即当年计提企业安全生产费用加上年初结余小于年度实际支出）的，应当于年末补提企业安全生产费用。

8. 《建设项目职业病危害风险分类管理目录》（国卫办职健发〔2021〕5 号）节选

《建设项目职业病危害风险分类管理目录》（以下简称《目录》）适用于建设项目职业病防护设施"三同时"分类监督管理和用人单位工作场所职业病危害因素定期检测频次确定。

附：建设项目职业病危害风险分类管理目录

序号	行业编码	类别名称	严重	一般
三	C	制造业		
（十八）	C30	非金属矿物制品业		
1	C301	水泥、石灰和石膏制造	√	
2	C302	石膏、水泥制品及类似制品制造	√	
3	C303	砖瓦、石材等建筑材料制造	√	

9. 《国家卫生健康委办公厅关于进一步加强用人单位职业健康培训工作的通知》（国卫办职健函〔2022〕441 号）节选

一、充分认识职业健康培训工作的重要性

职业健康培训是提高用人单位职业病防治水平和劳动者职业健康素养的重要手段，是预防职业病危害、保障劳动者职业健康权益的重要举措，也是实现健康中国战略目标的重要基础性工作。各级卫生健康行政部门要高度重视职业健康培训工作，进一步指导用人单位依法依规开展职业健康培训，提高职业健康培训的针对性和实效性，切实提升主要负责人的法律意识、职业健康管理人员的管理水平和劳动者的防护技能，保护劳动者的职业健康。

二、督促用人单位严格落实职业健康培训主体责任

各级卫生健康行政部门要依法履行职业病防治的监督管理职责，督促用人单位落实职业健康培训的主体责任，重点做好以下工作：

（一）建立健全职业健康培训管理制度。用人单位要建立健全职业病防治宣传教育培训制度，明确职业健康培训工作的管理部门和管理人员，制定职业健康培训年度计划，做好职业健康培训保障，规范职业健康培训档案资料管理。职业健康培训档案应包括年度培训计划，主要负责人、职业健康管理人员和劳动者培训相关记录材料等。记录材料应包括培训时间、培训签到表、培训内容、培训合格材料，以及培训照片与视频材料等。

（二）按时接受职业健康培训。用人单位主要负责人、职业健康管理人员和劳动者应按时接受职业健康培训。主要负责人和职业健康管理人员应当在任职后3个月内接受职业健康培训，初次培训不得少于16学时，之后每年接受一次继续教育，继续教育不得少于8学时。劳动者上岗前应接受职业健康培训，上岗前培训不得少于8学时，之后每年接受一次在岗培训，在岗培训不得少于4学时。

（三）加强职业健康培训组织管理。用人单位应当按照本单位的培训制度以及年度培训计划组织开展劳动者上岗前和在岗期间职业健康培训，提高劳动者职业健康素养和技能。因变更工艺、技术、设备、材料，或者岗位调整导致劳动者接触的职业病危害因素发生变化的，用人单位应当重新对劳动者进行上岗前职业健康培训。用人单位可以自行组织开展劳动者职业健康培训，无培训能力的用人单位也可委托职业健康培训机构组织开展。放射工作人员培训内容及学时根据《放射工作人员职业健康管理办法》等相关规定执行。对主要负责人、职业健康管理人员的培训，用人单位可以根据本单位情况及卫生健康行政部门的要求，聘请相关专家进行培训，或参加职业健康培训机构开展的培训。用人单位应当加强对存在矽尘、石棉粉尘、高毒物品等严重职业病危害因素岗位劳动者的职业健康培训，经培训考核合格后方可安排劳动者上岗作业。

（四）提高职业健康培训实效。用人单位要根据所属行业特点和劳动者接触职业病危害因素情况，合理确定培训内容和培训时间，明确培训方式、培训考核办法和合格标准，满足不同岗位劳动者的培训需求。确保用人单位主要负责人和职业健康管理人员具备与所从事的生产经营活动相适应的职业健康知识和管理能力，劳动者具备职业病防护意识，了解职业病防治法律法规，熟悉相关职业健康知识和职业卫生权利义务，掌握岗位操作规程，能够正确使用职业病防护设施和职业病防护用品。

（五）规范劳务派遣劳动者等人员的职业健康培训工作。使用劳务派遣劳动者的用人单位应当将被派遣劳动者纳入本单位职业健康培训对象统一管理。外包单位应当对劳动者进行必要的职业健康教育和培训。接收在校学生实习的用人单位应当对实习学生进行上岗前职业健康培训，提供必要的职业病防护用品；对实习期超过一年的实习学生进行在岗期间职业健康培训。

10.《关于开展争做"职业健康达人"活动的通知》（国卫办职健函〔2020〕1069 号）节选

为贯彻落实《国务院关于实施健康中国行动的意见》《健康中国行动（2019—2030年)》等相关要求，进一步推动用人单位落实主体责任，加强职业健康管理，切实保护劳动者职业健康，国家卫生健康委、中华全国总工会决定开展争做"职业健康达人"活动。

第一条 热爱祖国，热爱人民，拥护中国共产党的领导，具有正确的世界观、人生观和价值观。

第二条 遵守国家法律法规，爱岗敬业，遵章守纪，无违法违纪行为。

第三条 身心健康，诚信友善，家庭和睦，人际关系良好。

第四条 掌握相关的职业病危害预防和控制知识，具有较强的健康意识，熟悉职业病防治相关法律法规的主要内容。

第五条 掌握本单位职业健康管理制度和操作规程的基本要求。

第六条 掌握职业病危害事故相关急救知识和应急处置方法，具有正确的自救、互救能力。

第七条 了解工作相关疾病和常见病的防治常识。

第八条 践行健康工作方式，严格遵守本单位职业健康管理制度和操作规程；规范佩戴或使用职业病防护用品。

第九条 自觉参加职业健康培训及健康教育活动；按规定参加职业健康检查，及时掌握自身健康状况。

第十条 践行健康生活方式，合理膳食、适量运动、戒烟限酒、心理平衡。

第十一条 主动参与职业健康管理，积极建言献策，在职业健康日常管理工作中作出突出贡献。

第十二条 拒绝违章作业；发现职业病危害事故隐患及时报告，敢于批评、检举违反职业病防治相关法律法规的行为；提醒身边同事纠正不健康行为方式。

第十三条 积极宣传职业病防治知识，传播职业健康先进理念和做法，宣传与传播作用显著。

第十四条 热心职业健康公益事业，能够带动本单位和身边劳动者践行健康工作方式和生活方式。

附 2.5 常用安全生产相关标准介绍

1. 相关国家强制性标准（部分目录）

（1）涉及水泥安全生产强制性标准

《大气有害物质无组织排放卫生防护距离推导技术导则》（GB/T 39499—2020）

《水泥工厂职业安全卫生设计规范》（GB 50577—2010）

《水泥工厂设计规范》（GB 50295—2016）

《水泥工厂余热发电设计标准》（GB 50588—2017）

《通用硅酸盐水泥》（GB 175—2023）

《粉尘防爆安全规程》（GB 15577—2018）

《水泥工厂脱硝工程技术规范》（GB 51045—2014）

（2）安全生产相关强制性标准

《生产设备安全卫生设计总则》（GB 5083—1999）

《坠落防护 安全带》（GB 6095—2021）

《升降工作平台安全规则》（GB 40160—2021）

《足部防护 安全鞋》（GB 21148—2020）

《头部防护 安全帽》（GB 2811—2019）

《粉尘防爆安全规程》（GB 15577—2018）

《消防安全标志 第 1 部分：标志》（GB 13495.1—2015）

《带式输送机 安全规范》（GB 14784—2013）

《电力安全工作规程 电力线路部分》（GB 26859—2011）

《电力安全工作规程 发电厂和变电站电气部分》（GB 26860—2011）

《国家电气设备安全技术规范》（GB 19517—2009）

《固定式钢梯及平台安全要求 第 1 部分：钢直梯》（GB 4053.1—2009）

《固定式钢梯及平台安全要求 第 2 部分：钢斜梯》（GB 4053.2—2009）

《固定式钢梯及平台安全要求 第 3 部分：工业防护栏杆及钢平台》（GB 4053.3—2009）

《安全色》（GB 2893—2008）

《安全标志及其使用导则》（GB 2894—2008）

《工业企业厂内铁路、道路运输安全规程》（GB 4387—2008）

《电阻焊机的安全要求》（GB 15578—2008）

《工业管道的基本识别色、识别符号和安全标识》（GB 7231—2003）

《破碎设备 安全要求》（GB 18452—2001）

《焊接与切割安全》（GB 9448—1999）

《建筑设计防火规范》（GB 50016—2014）

《建筑防火通用规范》（GB 55037—2022）

2. 相关国家推荐性标准（部分目录）

（1）涉及水泥生产推荐性标准

《水泥工业管磨装备》（GB/T 27976—2011）

《水泥窑余热锅炉技术条件》（GB/T 30576—2014）

《水泥工业用回转窑》（GB/T 32994—2016）

《水泥工业用辊压机》（GB/T 35168—2017）

《水泥立式辊磨机》（GB/T 35167—2017）

《新型干法水泥生产成套装备技术要求 第 1 部分：生料制备系统》（GB/T 35150.1—2017）

《新型干法水泥生产成套装备技术要求 第 2 部分：烧成系统》（GB/T 35150.2—2017）

（2）涉及水泥生产安全推荐性标准

《企业安全生产标准化基本规范》（GB/T 33000—2016）

《职业健康安全管理体系 要求及使用指南》（GB/T 45001—2020）

《生产经营单位生产安全事故应急预案编制导则》（GB/T 29639—2020）

《安全管理体系 要求》（GB/T 43500—2023）

《水泥生产防尘技术规程》（GB/T 16911—2008）

（3）涉及安全设备、技术相关

《图形符号 安全色和安全标志 第 1 部分：安全标志和安全标记的设计原则》（GB/T 2893.1—2013）

《图形符号 安全色和安全标志 第 2 部分：产品安全标签的设计原则》 （GB/T 2893.2—2020）

《图形符号 安全色和安全标志 第 3 部分：安全标志用图形符号设计原则》（GB/T 2893.3—2010）

《图形符号 安全色和安全标志 第 4 部分：安全标志材料的色度属性和光度属性》（GB/T 2893.4—2013）

《图形符号 安全色和安全标志 第 5 部分：安全标志使用原则与要求》 （GB/T 2893.1—2020）

《机械安全 防止意外启动》（GB/T 19670—2023）

《机械安全 围栏防护系统 安全要求》（GB/T 42627—2023）

《机械安全 急停装置技术条件》（GB/T 41349—2022）

《机械安全 安全防护的实施准则》（GB/T 30574—2021）

《固定的空气压缩机 安全规则和操作规程》（GB/T 10892—2021）

《工业车辆 使用、操作与维护安全规范》（GB/T 36507—2023）

《电气设备安全通用试验导则》（GB/T 25296—2022）

《安全阀 一般要求》（GB/T 12241—2021）

《高处作业分级》（GB/T 3608—2008）

3. 相关行业标准（部分目录）

（1）安全行业

《个体防护装备安全管理规范》（AQ 6111—2023）（2025 年实施）

《生产经营单位生产安全事故应急预案评估指南》（AQ/T 9011—2019）

《新型干法水泥生产安全规程》（AQ 7014—2018）

《粉尘爆炸危险场所用除尘系统安全技术规范》（AQ 4273—2016）

《水泥工厂筒型储运库人工清库安全规程》（AQ 2047—2012）

《生产安全事故应急救援评估规范》（AQ 9012—2023）

《生产安全事故应急演练基本规范》（AQ/T 9007—2019）

《生产安全事故应急演练评估规范》（AQ/T 9009—2015）

《安全评价通则》（AQ 8001—2007）

《安全预评价导则》（AQ 8002—2007）

《安全验收评价导则》（AQ 8003—2007）

《企业安全文化建设导则》（AQ/T 9004—2008）

《企业安全文化建设评价准则》（AQ/T 9005—2008）

《危险场所电气防爆安全规范》（AQ 3009—2007）

《职业病危害评价通则》（AQ/T 8008—2013）

《建设项目职业病危害预评价导则》（AQ/T 8009—2013）

《建设项目职业病危害控制效果评价导则》（AQ/T 8010—2013）

《建设项目职业病防护设施设计专篇编制导则》（AQ/T 4233—2013）

《水泥生产企业防尘防毒技术规范》（WS/T 733—2015）

（2）职业健康

《工业企业设计卫生标准》（GBZ 1—2010）

《工作场所有害因素职业接触限值 第1部分：化学有害因素》（GBZ 2.1—2019）

《工作场所有害因素职业接触限值 第2部分：物理因素》（GBZ 2.2—2007）

《工作场所职业病危害警示标识》（GBZ 158—2003）

《建设项目职业病危害预评价技术导则》（GBZ/T 196—2007）

《建设项目职业病危害控制效果评价技术导则》（GBZ/T 197—2007）

《工作场所有毒气体检测报警装置设置规范》（GBZ/T 223—2009）

《用人单位职业病防治指南》（GBZ/T 225—2010）

《工作场所职业病危害作业分级 第1部分：生产性粉尘》（GBZ/T 229.1—2010）

《工作场所职业病危害作业分级 第2部分：化学物》（GBZ/T 229.2—2010）

《工作场所职业病危害作业分级 第3部分：高温》（GBZ/T 229.3—2010）

《工作场所职业病危害作业分级 第4部分：噪声》（GBZ/T 229.4—2012）

《职业病危害评价通则》（GBZ/T 277—2016）

（3）建材行业

《水泥企业安全生产管理规范》（JC/T 2301—2015）

《水泥工业用中置辊破熟料冷却机》（JC/T 2716—2022）

《水泥胶砂试体成型振实台》（JC/T 682—2022）

《水泥窑协同处置飞灰成套装备技术要求》（JC/T 2591—2021）

《水泥工业用熟料输送机》（JC/T 821—2021）

《水泥工业用环链斗式提升机》（JC/T 459—2018）

《水泥工业用三道锁风装置》（JC/T 1002—2018）

《水泥工业用热风阀》（JC/T 1001—2018）

《回转式水泥包装机》（JC/T 818—2017）

《水泥工业用多风道煤粉燃烧器》（JC/T 938—2017）

《水泥工业用破碎机技术条件》（JC/T 922—2017）

《水泥工业用旋风式分离器》（JC/T 403—2016）

《水泥熟料烧成系统脱硝技术应用规范》（JC/T 2303—2015）

水泥工业用环链斗式提升机（JC/T 459—2018）

《水泥窑余热利用装备技术条件》（JC/T 2258—2014）

《水泥工业用预热器分解炉系统装备技术条件》(JC/T 465—2014)

《水泥工业用增湿塔》(JC/T 405—2006)

（4）特种设备

《场（厂）内专用机动车辆安全技术规程》(TSG 81—2022)

《气瓶安全技术规程》(TSG 23—2021)

《锅炉安全技术规程》(TSG 11—2020)

《特种设备作业人员考核规则》(TSG Z6001—2019)

《起重机械安全技术规程》(TSG 51—2023)

《压力管道定期检验规则—工业管道》(TSG D7005—2018)

《压力容器定期检验规则》(TSG R7001—2013)

《电梯维护保养规则》(TSG T5002—2017)

《场（厂）内专用机动车辆安全技术规程》(TSG 81—2022)

《特种设备使用管理规则》(TSG 08—2017)

《固定式压力容器安全技术监察规程》(TSG 21—2016)

《锅炉安全技术规程》(TSG 11—2020)

《锅炉安全技术监察规程》(TSG G0001—2012)

《锅炉水（介）质处理检测人员考核规则》(TSG G8001—2011)

《起重机械安全技术规程》(TSG 51—2023)

4. 相关团体标准（部分目录）

（1）中国水泥协会水泥

《水泥工厂筒仓（库）储存、发运安全管理》(T/CCAS 014.1—2020)

《水泥工厂高处作业安全管理》(T/CCAS 014.2—2020)

《水泥工厂筒型储存库机械清库安全管理》(T/CCAS 014.3—2020)

《水泥工厂场内机动车辆安全管理》(T/CCAS 014.4—2020)

《水泥工厂化验室安全管理》(T/CCAS 014.5—2022)

《水泥工厂危险能量隔离管理》(T/CCAS 014.6—2022)

《水泥工厂承包商安全管理》(T/CCAS 014.7—2022)

《水泥工厂有限空间作业安全管理》(T/CCAS 014.8—2022)

（2）中国安全生产协会

《安全管理标准化班组评定规范通用要求》(T/CAWS 0007—2023)

《企业安全文化星级建设测评规范》(T/CAWS 0008—2023)

《生产经营单位粉尘爆炸风险等级评定方法》(T/CAWS 0006—2022)

5. 北京市地方标准（部分目录）

《安全生产等级评定技术规范 第23部分：建材企业》(DB11/T 1322.23—2017)

《职业健康检查技术规范》(DB11/T 1991—2022)

《粉尘防爆安全管理规范》(DB11/T 1827—2021)

附录3 作业安全要求

附3.1 预热器清堵作业安全要求

1. 职责

(1) 操作人员

① 参加清堵人员必须穿戴好劳动保护用品(如防冲击安全帽、防火衣、防火鞋、防火手套)。

② 在清堵过程中,所有参加清堵人员必须具备高度的安全意识,坚持"安全第一"的指导思想,在保证人员安全的前提下进行操作。

③ 参加清堵的本岗位和其他岗位人员必须经过预热器清堵安全知识培训,熟悉安全操作规程。

④ 清堵人员必须两人以上,互相监督和保护;预热器巡检工在发现堵塞后必须首先报告中控室操作员,不得独自进行清堵。

⑤ 指挥和参加清堵人员应带有对讲机,并随时和中控室操作员保持联系。

⑥ 负责清理所使用的工具及积料。

(2) 监护人员

① 监护人员应带有对讲机,并与清堵人员和中控室操作员保持联系。

② 清堵开始前,监护人员应清理窑尾及窑头区域、冷却机区域,确认无人。

③ 监护人员在整个清堵作业期间应在上述区域周围巡回检查,确保无人进入。

(3) 指挥人员

清堵作业由分厂主任或厂长负责指挥,其他人不得干预。

2. 安全作业指导(清堵)

(1) 工具的准备

① 直径为4分或6分,长为4m或6m的铁管。

② 长2m、30cm宽木板或竹排6块。

③ 铁锹。

(2) 开始清堵

① 清堵前应确认塔架、窑头及冷却机区域无人,并在施工区域设警示。

② 检查清堵现场周围的电缆分布情况,确认其位于安全位置。

③ 清堵前应对堵塞情况进行检查,了解堵塞状况,制定合理的清堵方案以及紧急状态下的安全撤退路线,撤退路线上的任何障碍物必须移开。

④ 在捅料孔或观察孔进行检查之前应切断空气炮控制箱电源,并上锁,关闭空气炮压缩空气进口阀,并手动喷爆空气炮,排出空气炮内的压缩气体。

⑤ 检查预热器压力情况,如果预热器有正压现象,绝对禁止进行清堵;此时必须和窑操作员联系,调整高温风机转速,保证预热器内有足够的负压。

⑥ 不得上下同时进行清堵;在任何时候都只能开一个捅料孔进行清堵。

⑦ 清堵时人应站在上风口处,打开捅料孔时应侧身面对捅料孔,预防物料突然喷出。

⑧ 如需开压缩空气清堵，必须两人密切配合，人员处于安全区域后方可开气，而且两个人必须保持联系。

⑨ 在吹捅时应尽量先捅下料管，以免锥部物料大量外溢，危及人身及设备安全。

⑩ 正在进行清堵作业时，非清堵人员如因工作需要进入清堵现场，必须首先和清堵指挥人员取得联系，得到明确的许可并确保安全后方可进入。

⑪ 需要打开入孔门时要防止热料流出烫伤。

⑫进入现场作业人员要定时更换，如感觉头昏、胸闷等不适情况时应立即撤离现场。

（3）清堵结束

① 确认堵塞物料已全部清除后，关闭所有捅料孔及观察孔。

② 通知中控室操作员和地面监护人员，解除安全警戒，并可开始投料操作。

③ 系统正常后，再清理现场积料，并将清堵工具整理好。

附 3.2　篦冷机清大块作业安全要求

1. 中控室操作员发现窑电流有波动，经判断是窑皮掉落造成的，要控制好烟室温度和窑的转速和煅烧，当窑皮到达窑口下落时，采取下列措施：

（1）加快一段篦速，让下落的窑皮尽可能地随料推走；

（2）同时加大空气炮的开启次数，防止窑皮堆积；

（3）当以上措施效果不明显时，要通知巡检工通过观察口观察"雪人"堆积情况。

2. 巡检工要对"雪人"堆积情况不定时地通过观察口进行巡检，并及时向中控室汇报。

3. 中控室操作员在与现场取得联系，确认需人工清理"雪人"时，要在确认窑皮稳定再通知现场清理"雪人"。

4. 当班班长、烧成系统负责人要做好现场清理"雪人"的组织工作，在作业前要佩戴好相应的劳动保护用品，与作业人员交代好安全注意事项后再进行清理工作。

5. 清理"雪人"需开人孔大门时，要通知烧成系统负责人到现场进行指挥，制定相应的安全措施。

6. 在现场清理"雪人"的过程中，中控室操作员与现场作业人员形成联保、互保关系，若发生安全事故，中控室操作员负连带责任。在清理过程中，中控室操作员要随时监控窑口是否有窑皮，如果有，及时通知现场停止作业，在窑皮出完后再通知现场开始作业。人工清理篦冷机"雪人"时，必须停止使用空气炮，维持好窑头负压，在窑头平台上进行处理。人工进入篦冷机内清理作业前，必须停止与篦冷机有关的所有设备，如窑、冷却机、空气炮，将预热器翻板阀锁死，并对相应开关、阀门上锁并挂警告牌。

7. 在清理"雪人"工具的配备上，要根据现场情况配备几套长短不一的适宜现场作业的钢钎，作业人员手握的部位要用软质材料包裹，作业人员握钢钎时要手心向上，时刻注意保护自身和他人的安全，清理完毕后要把人孔门密封好，严防跑温和跑尘。

8. 篦冷机清烧结料作业人员应按准则要求穿戴好防火隔热专用劳动保护用品，与中控室联系好保持系统负压，防止正压热气流回喷；当破碎机被卡死时，作业人员在处理大块烧结料时要防止飞溅的物料伤人。

9. 一次进入篦冷机内清理烧结料作业人员不得超过两个人。

10. 如篦冷机内温度过高，必须采取通风等安全措施；工作人员要分组轮换作业，现场配备防暑降温药品。

附 3.3 窑运行中 AQC 锅炉爆管检维修作业安全要求

1. 进入 AQC 锅炉作业前应严格按照"危险作业申请单"办理危险作业审批手续，制定相应的警戒安全防范措施，穿戴防高温劳动保护用品，并由管理人员现场进行安全监护。

2. 作业前应提前完全关闭锅炉入口挡板、出口闸板，打开旁路挡板及冷风阀，各挡板位置确定后应断电并将现场控制开关调至检修位置。

3. 进入锅炉内部作业前应打开相应的检修孔和通风口，确保通风良好，并检测一氧化碳含量，确认正常后方可进入作业。

4. 进入锅炉设备内部作业时要保持充足的照明，必须使用 12V 安全电压，并随身携带应急照明。

5. 进入锅炉内部作业前应确认内部温度正常，人员出入口应保持畅通，并设立安全警示作业标志。

6. 检维修作业时必须两个人以上，并在设备外部安排专人监护，监护人员不得擅自离开，并与作业人员保持联系。

7. 停炉期间，窑系统操作应合理控制窑头出口风温，防止风温过高使窑头收尘、风机出现故障跳停。

8. 窑点火、投料期间及雷雨等恶劣天气，严禁入炉作业。

9. 检维修作业结束，关闭各层面检修门前，必须指定专人检查，在确认内部无人、工具和其他遗留物后才能关门。

附 3.4 水泥生产筒型库清库作业安全要求

1. 清库准备

（1）准备好常用安全工具、安全帽、手套、口罩、毛巾等。

（2）清库前，清库人员要根据所需清库的数量和时间节点，安排足够人数，轮换休息，使人员保持充分的体力和良好的精神状态。

（3）在人员选派上，清库人员要选派身强力壮，无高血压、心脏病，无恐高症或肺心病的人员清库。

（4）做好安全防护工作，通知电工接好安全灯，保证库内照明良好；进库人员要戴好安全帽、防尘口罩，系好安全带、安全绳。安全绳要系在仓外牢固的地方，安全带要系牢，长短要适中。仓外有专人监护，不得离岗，如遇紧急情况应迅速将清库人员拉出，避免清库人员出现意外。

（5）清库人员要指定有丰富清库经验的人员，在现场负责安全监督工作。

2. 清库步骤

（1）检修门打开前，首先确认检修门左、右、前方无物料，打开检修门时，主要负责人必须在场。

（2）检修门打开后，主要负责人和清库责任人先行进入库内，实地查看库内物料残存情况，有计划地将物料由高处逐步向下清理，直至堆顶、库壁、平台等处物料完全降至斜槽平台，而后将物料从斜槽放走，禁止在物料堆积较高时从底部挖料，以防大量物料坠落造成意外。

（3）清库人员要保证休息时间，确保有足够的体力，每班清库人员连续工作时间不得超过 8 小时，如遇身体不适，应及时退出清库，以防不测。

（4）做好紧急情况时的人员安全撤出工作，如遇塌方、物料倒塌，应迅速撤离危险区域。

（5）如遇喷灰、扬灰将清库人员眼部伤害，其他人员应及时将受伤人员转移出库外，及时用大量清水冲洗眼部，情况严重时，应立即送医院救治。

（6）如物料倒塌将人员淹没，应及时将人员扒出，通知 120 迅速送医院抢救，抢救动作要快，但不能造成二次伤害，确保受伤人员的安全。

（7）清库作业应在白天进行，禁止在夜间和大风、雨、雪天等恶劣气候条件下清库；应在清库作业现场设置警戒区域和警告标志；必须关闭库顶所有进料设备及阀板，将库内料位降低到最低限度，关闭库底卸料口及充气设备，禁止进料和放料；必须关闭空气炮。

附 3.5 危险区域动火作业安全要求

1. 动火项目

（1）电焊、气焊等。

（2）喷灯、火炉、液化气炉、电炉、烘烤等。

（3）明火取暖和明火照明等。

（4）生产装置和罐区使用的电动砂轮、风锚等。

2. 动火等级划分管理

一级动火：煤磨系统、变电站及各种变压设备、稀油站、易燃、易爆的管道以及储存过易燃易爆物品的容器及其连体的辅助设备。

二级动火：①一级动火以外的区域；②在具有一定危险因素的非禁火区内进行临时的焊割作业；③小型油箱、油桶等容器，无易燃易爆性质的压力容器、储罐、槽车、箱桶；④密封的容器、地下室等场所；⑤与焊割作业有明显抵触的场所；⑥现场堆有大量可燃、易燃物质的场所；⑦架空管道、线槽、建筑物构件等。

3. 动火

（1）动火区设置：由动火单位实施风险辨识，落实安全措施，制定现场处置方案，落实责任人并提出申请，经安全环保部/生产管理部书面审理和现场确认后予以审批，固定动火区每年审批一次。

（2）动火审批

"动火作业安全许可证"应按以下程序审批：

① 一级动火：动火部门填写"动火作业安全许可证"，厂长审批，安全环保部/生产管理部审核后，报主管经理审批。

② 二级动火：动火部门填写"动火作业安全许可证"，厂长审批，报安全环保部/生产管理部审核。

③ 夜间因抢修、事故处理需动火，应由值班领导审核签字，落实好安全防范措施后，

方可动火。

④ 外单位在公司厂区内动火，由施工单位填写"动火作业安全许可证"，经公司安全环保部/生产管理部审核后报总经理审批签发。

（3）动火作业责任划分

① 动火项目负责人对执行动火作业负全责，必须在动火前详细了解作业内容和动火部位及其周围情况；参与动火安全措施的制定，并向作业人员交代任务和动火安全注意事项。

② 动火人必须持证上岗，并在"动火作业安全许可证"上签字。动火人在接到动火证后，要详细核对各项内容是否落实和审批手续是否完备。若发现不具备动火条件，有权拒绝动火。动火人应严格按动火准则进行作业，劳保用品穿戴齐全，动火作业时，动火证应随身携带，严禁无证作业及审批手续不完备作业。

③ 动火监护人负责动火现场的安全防火检查和监护工作，应指定责任心强、有经验、熟悉现场、掌握灭火方法的人员担当；监护人在作业中不准离开现场，当发现异常情况时，应立即通知停止作业，及时联系有关人员采取措施。作业完成后，要会同动火项目负责人和动火人检查、消除残火，监护人继续监护一小时后，确认无火险后方可离开现场。

④ 动火项目负责人对作业现场进行安全确认。生产系统如发生紧急或异常情况，应立即通知停止动火作业。

⑤ 动火审批部门对动火作业的审批负全责，必须到现场了解动火部位及周围情况，审查并完善防火安全措施，审查动火审批是否完全，确认符合安全条件后，方可批准动火。

（4）动火分析

① 动火前必须进行动火分析，动火分析由动火部门进行，安全环保部/生产管理部审核。

② 使用检测仪进行分析时，检测设备必须合格，被测的气体或蒸气浓度应低于或等于爆炸下限的 20%。

③ 使用其他手段分析时，应确保人员安全。

（5）动火的安全管理准则

① 凡在生产、储存、输送可燃物料的设备、容器、管道动火应首先切断物料源并加盲板，彻底吹扫、清洗、置换后打开人孔通风换气，严禁用氧气置换通风。

② 凡是能拆下来的设备必须拆下，拿到安全地带动火。

③ 一张动火证只限一处使用，如动火区域变更，应重新申请办证。

④ 动火人在接到动火证后，应逐项检查各项落实情况，如不符合动火要求，拒绝动火。

⑤ 进行高空动火作业，下部地面如有可燃物、地沟等，应检查分析，并采取措施，以防火花溅落引起火灾爆炸事故。

⑥ 拆除管线的动火作业，必须事先查明内部介质及其走向，并制定安全防火措施。

⑦ 五级风（含五级）以上天气，禁止露天动火作业。确需动火时，应加大监护力度。

⑧ 动火证有效期均为 8 小时，超期必须重新办理。原则上，夜间不得动火。

⑨ 动火前，应检查电、气焊等工具，保证安全可靠，不准带病使用。

⑩ 使用气焊时，两瓶之间间距不小于 5m，二者与动火点之间间距不小于 1m，不准在烈日下暴晒。

附3.6　高处作业安全要求

1. 一般高处作业分级

(1) 高处作业高度在 2～5m 时，为一级高处作业。

(2) 高处作业高度在 5～15m 时，为二级高处作业。

(3) 高处作业高度在 15～30m 时，为三级高处作业。

(4) 高处作业高度在 30m 以上时，为特级高处作业。

2. 特殊高处作业分类

(1) 在阵风六级以上情况下进行的高处作业，称为强风高处作业。

(2) 在高温或低温情况下进行的高处作业，称为异温高处作业。

(3) 阵雨时进行的高处作业，称为雨天高处作业。

(4) 阵雪时进行的高处作业，称为雪天高处作业。

(5) 室外完全采用人工照明时进行的高处作业，称为夜间高处作业。

(6) 在接近或接触带电的条件下进行的高处作业，称为带电高处作业。

(7) 在无立足或无牢靠立足的条件下进行的高处作业，称为悬空高处作业。

(8) 对突然发生的各种灾害事故进行抢救的高处作业，称为抢救高处作业。

3. 以下情况均视为高处作业

(1) 凡是框架结构生产装置，虽有护栏，但人员进行非经常性作业时有可能发生意外的视为高处作业。

(2) 在无平台、护栏的塔、炉、罐等化工设备、架空管道、汽车、特种集装箱上进行作业时视为高处作业。

(3) 在高大的塔、炉、罐等设备内进行登高作业视为高处作业。

4. 作业下部或附近有排水沟、排水管、水池或易燃、易爆、易中毒区域等部位登高作业视为高处作业。

5. 高处作业要求

(1) 高处作业人员必须遵守公司的各项安全规章准则。

(2) 凡患有高血压、心脏病、贫血病、癫痫以及其他不适于高处作业的人员不准登高作业。

(3) 高处作业人员必须按要求穿戴整齐个人防护用品，安全带的拴挂应为高挂低用，不得用绳子代替，酒后不许登高作业。

(4) 原则上禁止特殊高处作业，如确实需要，必须采取可靠的安全措施，安全环保部/生产管理部、主管经理要现场指挥，确保安全。

(5) 登高作业时，不准交叉作业。

(6) 高处作业所用的工具、零件、材料等必须装入工具袋，上下时手中不得拿物件；必须从指定的路线上下，不准在高处抛掷材料、工具或其他物品；不得将易滚、易滑的工具、材料堆放在脚手架上，工作完毕后应及时将工具、材料等一切物品清理干净，防止伤人。

（7）登高作业严禁接近电线，特别是高压线路，应保持间距至少 2.5m。

（8）在吊笼内作业时，应事先检查吊笼和拉绳是否牢固可靠，承载物重量不能超出吊笼所承受的额定质量，同时作业人员必须系好安全带，并有专人监护。

（9）高处作业使用的脚手架、材料要坚固，强度能承受足够的负荷。几何尺寸、性能要求，要符合《建筑安装工程安全技术规程》及当地实际情况的安全要求。

（10）使用各种梯子时，首先检查梯子的坚固性，放置要牢稳，立梯坡度一般在 60 度左右，并应设防滑装置，有专人扶梯。人字梯拉绳要牢固，金属梯不得在电气设备附近使用。

（11）冬季及雨雪天登高作业时，要有防滑措施。

（12）在自然光线不足或夜间进行高处作业时，必须有充足的照明。

（13）坑、井、池、吊装孔等都必须用护栏或盖板盖严，盖板必须坚固，几何尺寸要符合安全要求。

（14）上石棉瓦、瓦楞铁、塑料屋顶工作时，必须铺设坚固、防滑的脚手板，如果工作面有玻璃，必须加以固定。

（15）非生产高处作业也要按高处作业要求执行。

6. 高处作业审批

（1）作业部门制定具体安全措施，按准则办理登高审批手续。

（2）生产过程遇有一般临时故障，必须马上登高处理时，班长要亲自监护，并穿戴好个人防护用品，不必办理高处作业许可证，但须向分厂主任请示同意。

（3）《高处作业许可证》必须经安全环保部/生产管理部审核后，方可进行高处作业。

附 3.7   吊装作业安全要求

1. 吊装作业的分级

吊装作业按吊装重物的质量分为三级：

（1）一级吊装作业吊装重物的质量大于 100t；

（2）二级吊装作业吊装重物的质量大于等于 40t 至小于等于 100t；

（3）三级吊装作业吊装重物的质量小于 40t。

2. 吊装作业的基本要求

（1）应按照国家标准准则对吊装机具进行年检，否则不准使用。

（2）吊装作业人员（指挥人员、起重工）应持有效的《特种作业人员操作证》，方可上岗操作。

（3）吊装质量大于等于 40t 的重物，应编制吊装作业方案。吊装物体虽不足 40t，但形状复杂、刚度小、长径比大、精密贵重，以及在作业条件特殊的情况下，也应编制吊装作业方案、施工安全措施和应急救援预案。

（4）吊装作业方案、安全措施和应急救援预案经厂领导审查，报安全环保部/生产管理部批准后方可实施。

（5）利用两台或多台起重机械吊运同一重物时，升降、运行应保持同步，各台起重机械所承受的载荷不得超过各自额定起重能力的 80%。

3. 作业前的安全检查

（1）对从事指挥和起重操作的人员进行资格确认。

（2）作业单位对安全措施落实情况进行确认。

（3）对起重吊装机械和吊具进行安全检查确认，确保处于完好状态。

（4）对吊装区域内的安全状况进行检查。吊装现场应设置安全警戒标志，并设专人监护，非作业人员禁止入内。

（5）遇到雪、雨、雾及 6 级以上大风时，不得安排室外吊装作业。原则上夜间不得安排吊装作业。

4. 作业中的安全检查

（1）吊装作业时应明确指挥人员，指挥人员应佩戴明显的标志，坚守岗位。其他人员应清楚吊装方案和指挥信号。吊装过程中，出现故障，应立即向指挥者报告，没有指挥令，任何人不得擅自离开岗位。

（2）正式起吊前应进行试吊，试吊中检查所有机具、地锚受力情况，确认一切正常，方可正式吊装。

（3）严禁利用管道、管架、电杆、机电设备等作吊装锚点。

5. 操作人员应遵守的准则

（1）按指挥人员所发出的指挥信号进行操作。对紧急停车信号，无论由何人发出，均应立即执行。

（2）坚持遵守"十不吊"即：吊物下面有人时不准起吊；吊物上有人或浮置物时不准起吊；超负荷时不准起吊；遇有重量不明的埋置物体不准起吊；在制动器、安全装置失灵时不准起吊；物件捆绑、吊挂不牢不准起吊；斜拉重物不准起吊；棱角吊物没有衬垫时不准起吊；光线不足时不准起吊；指挥信号不明或多人指挥不准起吊。

（3）不准用吊钩直接缠绕重物。

（4）起重机械不得靠近高低压输电线路。必须在输电线路附近作业时，应停电后再进行起吊作业。

（5）停工和休息时，不得将吊物、吊笼等吊在空中。

（6）下放吊物时，严禁自由下落；不得利用极限位置限制器停车。

（7）所吊物件接近或达到额定起重能力时，应检查制动器，用低高度、短行程试吊后，再平稳吊起。

6.《吊装作业安全许可证》的管理

（1）公司要求吊装质量大于 10t 的重物应办理"作业许可证"和编制吊装方案，经安全环保部/生产管理部批准后方可作业。

（2）应按作业的内容填报"作业许可证"。

（3）"作业许可证"批准后，吊装指挥及作业人员应检查、熟悉"作业许可证"，确认无误后方可作业。

（4）应按"作业许可证"上填报的内容进行作业，严禁涂改"作业许可证"、变更作业内容、扩大作业范围或转移作业部位。

（5）吊装作业审批手续不全，安全措施不落实，作业人员有权拒绝作业。

（6）"作业许可证"一式三份，审批后第一联交吊装指挥，第二联交作业单位，第三联交安全环保部/生产管理部，留存一年。

附 3.8　临时用电作业安全要求

1. 临时供用电管理

（1）凡在公司区域内临时用电，如：临时使用排风扇、检修电焊机、切割机、临时照明、土建施工、临时用电、工程技改临时用电等必须办理"临时用电作业许可证"，没有办理"临时用电作业许可证"，不得擅自接线用电。

（2）临时用电必须严格确定用电时限，临时用电使用期原则上最长不超过 15 天。超过时限要重新办理临时用电作业许可证的延期手续，同时办理涉及的相关危险作业许可证手续。

（3）在申请临时用电前，用电单位对其作业环境进行危险性分析，由设备机电部（机电科）对用电单位的作业条件进行确认，并进行临时用电危险性分析，制定风险控制措施，并将风险分析的结果及采取的控制措施，准确填写到临时用电作业许可证上。

（4）外来施工的专业电工（持证）只能在现场配电箱及以后的设备、线路上进行维修、配接和操作，不能在现场配电箱前的线路及配电房进行维修和配接。

（5）电工配接后，要对临时用电线路、电气元件进行一次系统的检查确认，满足送电要求后，方可送电。

（6）施工现场的线路，开关箱应经常检查和维修。检查、维修人员必须是专业电工。工作时必须穿戴好绝缘用品，必须使用电工绝缘工具。维修时必须切断前一级相应的电源开关，并挂牌示警，严禁带电作业。

2. 申请、审批、接电及拆除

（1）"临时用电作业许可证"由用电单位负责人填写，经部门、分厂审核后，报设备机电部（机电科）负责人审批，电工负责配接。

（2）临时用电结束后，用电单位应及时通知电气主管部门，由电工安排拆除临时用电线路，其他单位不得私自拆除。

（3）安装和拆除临时用电设施时，必须由专业电工负责安装和拆除，严禁非电气人员进行电气工作。电工作业前，用电单位必须对其进行详细的安全技术交底。

（4）用电部门应对安全用电负责。临时用电线路装设必须符合《施工现场临时用电安全技术规范》有关要求。

3. 作业许可证管理

（1）"临时用电作业许可证"一式二联，第一联由用电单位存档，第二联交临时用电执行人保存。

（2）用电单位须每月将使用完的"临时用电作业许可证"送交安全环保部/生产管理部备案，以便登记临时用电作业台账。

（3）"临时用电作业许可证"是临时用电作业的依据，应按"作业证"上填报的内容进行作业，严禁涂改、代签，变更作业内容，扩大作业范围或转移作业部位。临时用电作业许可证保存期为 1 年。

（4）对临时用电作业审批手续齐全，安全措施全部落实，作业环境符合安全要求的，作业人员方可进行作业。

（5）若涉及动火作业及其他危险作业，还应办理相应的危险作业许可证。

4. 安全准则

（1）临时用电线路的电源侧及操作处均应装设开关、熔断器、插座等电器，电源总开关处应装设电流型触电保护器或漏电开关，电器设备的金属外壳应可靠接地。

（2）安装的临时用电开关箱对地高度不低于 1.5m。

（3）临时线路必须采用绝缘良好、完整无损、规格符合要求的坚韧皮线，刀闸、开关等电器设备严禁裸露导电部分。

（4）临时线路必须采用悬空架设，不得任意敷设在地面上或高温物体上。

（5）临时线路所接的电器设备金属外壳必须加装接地线。

（6）临时线路靠近高、低压线路时，安全距离必须符合安全规程要求。

（7）工作间断期间人员离开时，必须切断总电源，挂上标示牌。再次送电时，应先检查线路是否完好。

（8）对现场临时用电配电盘、配电箱要有防雨措施，配电盘箱门必须能牢靠关闭。

（9）临时用电设备和线路必须按供电电压等级正确选用，所用的电气元件必须符合国家规范标准要求，临时用电的电源施工、安装必须严格执行电气施工、安装规范。

（10）在防爆场所使用的临时电源，电气元件和线路要达到相应的防爆等级要求，并采取相应的防爆安全措施。

（11）临时用电线路架空时，不能采用裸线，户内线路距地面不得低于 2.5m，户外线路不得低于 3.5m，横穿马路的线路不得低于 5m。横穿道路时要有可靠的保护措施，严禁在树上或脚手架上架设临时用电线路。

（12）采用暗管埋设及地下电缆线路必须设有"走向标志"及安全标志。电缆埋深不得小于 0.1m，穿越公路在有可能受到机械伤害的地段应采取保护套管、盖板等措施。

（13）行灯电压不得超过 36V；在特别潮湿的场所或塔、槽、罐等金属设备内作业装设的临时照明行灯电压不得超过 12V。

（14）临时用电设施必须安装符合规范要求的漏电保护器，移动工具、手持式电动工具应一机一闸一保护。

（15）开关箱内应一机一闸，严禁用一个开关电器直接控制两台及以上用电设备，并在开关箱电源隔离开关负荷侧配接符合要求的漏电保护器。

5. 技改或土建施工场地要单独设置开关箱的要求。

（1）停用的设备必须拉闸断电，并锁好开关箱。

（2）开关箱应装设在干燥、通风的场所，不得装设在潮湿、液体飞溅、热源烘烤、强烈振动的场所，其周围不得堆放任何有碍操作检修的物品。

（3）开关箱采用铁板或优质绝缘材料制作，安装要端正、牢固。

（4）开关箱内的各种电器安装要牢固，接线要规范，电器元件完好无损，并有接零装置。

（5）搬迁或移动用电设备，必须经电工切断电源并作妥善处理后进行。

附3.9 交叉作业安全要求

1. 同一区域内各生产或检修方，应互相理解，互相配合，建立联系机制，及时解决可能发生的安全问题，并尽可能为对方创造安全的工作条件和作业环境。

2. 在同一作业区域内生产或检修应尽量避免交叉作业，在无法避免交叉作业时，应尽量避免立体交叉作业。双方在交叉作业或发生相互干扰时，应根据该作业面的具体情况共同商讨制定具体安全措施，明确各自的职责。

3. 因工作需要进入他人作业场所，必须以书面形式（交叉作业通知单，通知单一式三份，生产或检修双方及厂部各执一份）向对方告知：说明作业性质、时间、人数、运用设备、作业区域范围、需要配合事项。其中必须进行告知的作业有：土石方开挖、爆破作业、设备（检修）安装、起重吊装、高处作业、脚手架搭设拆除、焊接（动火）作业、生产检修用电、材料运输、其他作业等。

4. 双方应加强对从业人员的安全教育和培训，提高从业人员作业的技能和自我保护意识，预防事故发生的应急措施以及综合应变能力，做到"四不伤害"。

5. 交叉作业双方检修前，应当互相通知或告知本方检修作业的内容、安全注意事项。当生产或检修过程中发生冲突和影响生产或检修作业时，各方要先停止作业，保护相关财产、周边建筑物及水、电、气、管道等设施的安全；由各自的负责人或安全管理负责人进行协商处理。生产或检修作业中各方应加强安全检查，对发现的隐患和可预见的问题要及时协调解决，消除安全隐患，确保生产检修安全和质量。

6. 交叉作业的安全措施

（1）双方在同一作业区域内进行高处作业时，应在作业前对生产检修区域采取隔离措施、设置安全警示标识、警戒线或派专人警戒指挥，防止高空落物、生产检修用具、用电危及下方人员和设备的安全。

（2）爆破作业区内有多单位、多部门时，爆破作业单位必须提前24小时书面通知邻近组织、相关单位和人员。被干扰方应积极配合做好人员撤离、设备防护等工作，在被干扰方未做好防护措施前，不准进行爆破作业。爆破作业单位在爆破前30分钟进行口头通知，确认人员和设备撤离完成；确定爆破指挥人员、爆破警戒范围和人员、爆破时间。爆破时应尽量采用松动爆破，特殊部位应采用覆盖或拉网，防范飞石伤人毁物。

（3）在同一作业区域内进行起重吊装作业时，应充分考虑对各方工作的安全影响，制定起重吊装方案和安全措施。指派专业人员负责统一指挥，检查现场安全和措施符合要求后，方可进行起重吊装作业。与起重作业无关的人员不准进入作业现场，吊物运行路线下方所有人员应无条件撤离；指挥人员站位应便于指挥和瞭望，不得与起吊路线交叉，作业人员与被吊物体必须保持有效的安全距离。索具与吊物应捆绑牢固、采取防滑措施，吊钩应有安全装置；吊装作业前，起重指挥人通知有关人员撤离，确认吊物下方及吊物行走路线范围内无人员及障碍物，方可起吊。

（4）在同一作业区域内进行焊接（动火）作业时，必须事先通知对方做好防护，并配备合格的消防灭火器材，消除现场易燃易爆物品。无法清除易燃物品时，应与焊接（动火）作业保持适当的安全距离，并采取隔离和防护措施。上方动火作业（焊接、切割）应注意下方有无人员、易燃、可燃物质，并做好防护措施，遮挡落下焊渣，防止引发火灾。

焊接（动火）作业结束后，作业单位必须及时、彻底清理焊接（动火）现场，不留安全隐患，防止焊接火花死灰复燃，酿成火灾。

（5）各方应自觉保障生产检修道路、消防通道畅通，不得随意占道或故意发难。运输超宽、超长物资时必须确定运行路线，确认影响区域和范围，采取防范措施（警示标识、引导人员监护），防止碰撞其他物件与人员。车辆进入生产检修区域时，须减速慢行，确认安全后通行，不得与其他车辆、行人争抢道。

（6）同一区域内的生产检修用电，应各自安装用电线路。生产检修用电必须做好接地（零）和漏电保护措施，防止触电事故的发生。各方必须做好用电线路隔离和绝缘工作，互不干扰。敷设的线路如果必须通过对方工作面，应事先征得对方的同意；同时，应经常对用电设备和线路进行检查维护，发现问题及时处理。

（7）生产检修各方应共同维护好同一区域的作业环境，必须做到生产检修现场文明整洁，材料堆放整齐、稳固、安全可靠（必须有防垮塌、防滑、防滚落措施）。确保设备运行、维修、停放安全；设备维修时，按准则设置警示标志，必要时采取相应的安全措施（派专人看守、切断电源、拆除法兰等），谨防误操作引发事故。

附 3.10 电焊、气割检维修作业安全要求

1. 电焊作业安全要求

（1）焊工是特种作业人员，应经过专门培训，掌握电、气焊安全技术，并经过考试合格，取得特种作业证书后方能上岗。

（2）焊机一般采用 380V 或 220V 电压，空载电压也在 60V 以上，因此，焊工首先要防止触电，特别是在阴雨、打雷、闪电或潮湿作业环境中。

（3）焊工作业时要穿好胶底鞋，戴好防护手套，穿好工作防护服，正确使用防护面罩。

（4）焊工作业更换焊条时要戴好防护手套，夏天出汗及工作服潮湿时，注意不要靠在钢材上，避免触电。

（5）电焊作业时，由于金属的飞溅极易引起烫伤、火灾，因此要切实做好防止烫伤、火灾的防护工作。

（6）焊工作业时穿戴的工作服及手套不得有破洞，如有破洞，应及时补好，防止火花溅人而引起烫伤。

（7）电焊现场必须配备灭火器材，危险性较大的应有专人现场监防。严禁在储存有易燃、易爆物品的室内或场地作业。

（8）露天电焊作业时，必须采取防风措施，焊工应在上风位置作业，风力大于 5 级时不宜作业。

（9）在高处电焊作业时，应仔细观察作业区下面有没有其他人员，并拉好警戒线，防止焊渣飞溅造成下面人员烫伤或发生火灾。

（10）焊接电弧产生的紫外线对焊工的眼睛和皮肤有较大的刺激性，因此必须做好电弧伤害的防护工作。

（11）焊工操作时，必须使用有防护玻璃且不漏光的面罩，身穿工作服，手戴工作手套，并戴上脚罩。

（12）开始作业引弧时，焊工要注意周边其他作业人员，以免强烈弧光伤害他人。

（13）在人员众多的地方焊接作业时，应使用屏风挡隔。

（14）清除焊渣、铁锈、毛刺、飞溅物时，应戴好手套和防护眼镜，防止造成伤害。

（15）搬动焊件时，要戴好手套，且小心谨慎，防止划破、烫伤皮肤或造成人身伤害事故。

（16）焊工在高处作业时要用梯子上下，焊机电缆不能随意缠绕。要系好安全带。焊工用的焊条、清渣锤、钢丝刷、面罩等要妥善安放，以免掉下伤人。

2. 气割作业安全要求

（1）在作业之前要在作业场所附近备有干粉灭火器和灭火用水，还要查明附近的灭火用水源。

（2）氧气、乙炔瓶在现场使用时，必须配备减振圈和防倾倒装置；乙炔瓶必须使用防回火器。

（3）乙炔瓶不宜放置于露天暴晒，以免产生高热而发生爆炸。

（4）乙炔瓶、氧气瓶口、减压器的螺丝绝对不可附着油脂，以防爆炸。

（5）乙炔瓶必须设专用的减压器、回火防止器。开启时操作者应站在阀口的侧后方，动作要轻细，开启后扳手仍应套在瓶阀的方芯上，一旦遇有险情，便于紧急关闭。

（6）乙炔气管、氧气管不得调换使用。凡新领皮管，先将管内胶粉吹清，以防塞死，发现漏气应及时调换。

（7）气割点火时只开乙炔不开氧气。熄火时先关氧气。

（8）气割作业时氧气瓶与乙炔瓶放置距离要相隔 5m 以上，与明火要相隔 10m 以上。

（9）气割作业时气瓶不可放置在有火花飞溅的地方，尤其在高处气割作业时，火花飞溅范围广，应更加注意。

（10）在气割工作中，禁止将带有油珠的衣服、手套或其他沾油脂的工具、物品与氧气瓶软管及接头相接触。

（11）气割时操作者必须要戴上护目镜，以免火花溅入眼睛。割件刚焊割完后，不要马上用手拿取工件，以免灼伤手。

（12）气割工作时，减压器指示的放气压力一般控制在 0.02～0.05MPa。

（13）使用中的乙炔瓶，如瓶壁温度异常上升，则应立即停止使用。在没有查明原因前该瓶不再使用。

（14）气割作业气瓶内的气体严禁用尽，必须不低于规定要求（乙炔 0.05MPa、氧气 0.5MPa），用过的瓶上应写明"空瓶"。

（15）作业完毕后，必须关闭好焊、割炬的氧气瓶有关阀门，并将乙炔、氧气胶管等工具挂放到适当地点，清理工作场地后，方可离开。

附3.11　作业人员通用安全要求

1. 作业人员应遵守本工种安全技术操作规程的准则，严格执行危险作业、停送电、动火票等制度，严禁违章作业。

2. 作业人员应穿戴好劳动保护用品，在噪声、强光、热辐射、粉尘、烟气和火花的场所工作，必须佩戴护耳器、防护眼镜、头盔和面具等特殊防护用品。

3. 从事特种作业（包括电气、起重、锅炉、压力容器、登高架设、焊接等）的作业人员应持有有效的"特种作业操作证"。

4. 作业人员进入检维修作业现场后，必须遵守现场各类安全警示标志，服从现场安全管理人员的提醒、阻拦，不得擅自冒险进入与本职工作无关的场所，严禁触动无关的开关按钮和开闭阀门。

5. 作业人员在作业过程中应相互配合及时保持联系，如发生危险必须立即通知作业人员停止作业，迅速撤离作业现场，待确认安全后，方可进入现场。

6. 作业人员严禁擅自变更作业内容、扩大作业范围或转移作业地点。经批准的作业内容变更、停工后重新恢复作业时，均应重新确认安全作业条件并对作业内容安全措施交底。

7. 作业人员在作业完成后应对作业项目进行清理，作业有没有遗漏，工器具和材料等有没有遗忘在设备内。

8. 对于安全措施不落实、作业环境不符合安全要求的，作业人员有权拒绝进行作业。

9. 作业中做到"四不拆"：设备带压不拆；传动设备动力电源未切断不拆；设备高温过冷不拆；工具不合格不拆。

附 3.12　钳工作业安全要求

1. 常用工具的使用准则

（1）钳工工作台的安放必须稳妥，有良好的照明。在虎钳操作的对面必须设置安全防护网。

（2）工具、夹具、量具应放在指定地点，不准乱放。

（3）工作前应检查工具是否良好，有破损及不良之处要及时修理好；否则，如出现以下情况不准使用：

① 打锤前，首先要检查锤头与锤把是否松动，有无脱落之危险，锤头的飞刺、卷边要及时磨去，锤击面不准淬火，锤柄、锤头不得有油。

② 扁铲、冲子的锤击面不准淬火，不得有裂纹、飞边、毛刺，柄部及顶端不得有油。

③ 锉刀、刮刀必须安木柄，木柄不得有裂纹、松动现象。

④ 锉刀及工件的锉削面不得有油。

2. 打锤作业的安全要求

（1）禁止使用有斜纹、蛀孔、节疤等缺陷的锤柄，锤柄的大小长短要合适并有适当的斜度，锤头上必须加铁楔，以免工作时甩掉锤头。

（2）使用前，必须确认锤柄与锤头无松动及脱落危险，锤头上的卷边或毛刺全部清除后方可作业。

（3）手上、手锤柄上、锤头上有油污时，必须擦干净后方可操作。

（4）锤头及锤击面不准淬火，以免碎块崩出伤人。

（5）打锤时不准戴手套（冬天在外边工作时可戴一副单手套）。

（6）抡锤时，要先回头察看，不得有障碍物，周围不得有与操作无关的人。

（7）两个人打锤时，要交叉站立，不准打抡锤，不准以锤批锤，不准用手指点打击位置。

3. 扳手的使用安全要求

（1）扳手钳口、螺轮及螺帽上不准沾有油污，以防滑脱。

（2）禁止扳口加垫、扳把接管和用锤打击扳把。

（3）扳手不能当手锤使用。

（4）不得使用扳口变形或破裂的扳手。

（5）使用活扳手时，应把固定面作为着力点，活动面作为辅助面。

（6）使用活扳手时，扳口尺寸应与螺帽尺寸相符，不得在手柄上加套管。

（7）活扳手用力较大时，禁止反向扳动。

（8）在高空上操作必须使用呆扳手，作业人员要系好安全带。

4. 虎钳的使用安全要求

（1）虎钳的安装必须稳固。

（2）钳口必须保持完好，磨平时要及时修理以防工件滑脱。

（3）用台虎钳夹持工件时，钳口张开尺寸不得超过其总行程的三分之二。

（4）工件必须夹紧，手柄应朝下方，不准用增加手柄长度或狂击手柄的方法夹紧物件。

（5）工件应夹持在钳口的中部。如需夹在一端，另一端需用等厚的硬垫夹上。

（6）加工精密工件时，钳口必须用铜皮垫好。

（7）工件超出钳口长度时，根据情况，必要时另加支承，并采取防止坠落的措施。

5. 扁铲、冲子的使用安全要求

（1）剔铲脆性金属时，应从两边向中间铲，避免边缘切屑飞出伤人。铲切部分快要断裂时，锤击要轻。

（2）剔铲时必须戴防护眼镜，不能对准人和人行通道剔铲。

（3）铲大活时，不准用铁质物件拦挡，而应采用软物件拦挡，防止碎块崩回打伤自己。

6. 锥刀的使用安全要求

（1）锥工件时，不准用手摸锥下的金属屑，更不准用嘴吹。

（2）使用小锥刀锥削时，不可用力过大，以防锥断伤人。

（3）不准用刮刀和锥刀在淬火的工件上刮削和锥削。

7. 轧钢锯的使用安全要求

（1）锯条安装的松紧度适当，锯物时用力不得过猛。

（2）工件将被锯断时，用力要轻，防止锯断部分坠落伤人。

8. 刮削作业的安全要求

（1）刮刀杆不准淬火。使用前要仔细检查不得有裂纹，以防止折断。

（2）刮削时，刮刀及工件的刮削面不得有油，手上不得有油和汗渍。

（3）被刮削的工件应安放平稳，刮削时不得窜动。

（4）刮削时应将工件的毛刺、飞边及时除掉，刮削时两脚站稳，处理工件边缘时用力不能过大，禁止以身体的重量压向刮刀。

（5）刮削时刮刀应高出工件的突起处，以防止碰伤。

（6）放置刮刀时尖端不得朝上，且要放在不易碰着人的地方。

（7）刮削研合时，手指不得伸到研件的错动面或孔、槽内，使用研磨机时，先检查好其各部件是否正常，并及时注油。研磨各种阀门时，禁止磕碰。

9. 手电钻作业的安全要求

（1）使用时，由动力电工接通电路，严禁乱拉乱接。

（2）电钻外壳必须有接地线或者接中性线保护。

（3）在潮湿的地方工作时，必须站在绝缘垫或干燥的木板上工作，以防触电。

（4）电钻未完全停止转动时，不能卸、换钻头。

（5）停电、休息或离开工作地点时，应切断电源。

（6）如需用力压电钻时，必须使电钻垂直于工件，而且固定端要特别牢固。

10. 梯子作业的安全要求

（1）自制梯子应用钢材制作，梯子各档距离应均匀，不得过大或缺档。

（2）使用时，梯子的顶端应有安全钩子，梯脚应有防滑装置，梯子离电线（低压）距离至少保持 3m。

（3）放梯子的角度以 60 度为宜，禁止两人同登一梯（人字梯除外）及在梯子顶档工作。

（4）在梯子上工作时要携带工具袋，工具使用后要及时放于袋内。

（5）使用人字梯时，中间必须用可靠的拉绳牵住。

（6）梯杆应有足够的强度，禁止使用有折痕、裂纹的梯子。

11. 画线作业的安全要求

（1）画线平台的安放必须稳固，台面要保持清洁，不许放置杂物，要保证台面的精度。

（2）用千斤顶支承较大工件时，工件与平台之间应放置垫木。不准将手伸到工件下。对支承面较小的高大工件，要用起重机吊扶，在工件垫平衡以后，方可稍松吊绳，但不准摘钩。

（3）工件的放置应避免上重下轻，如不可避免时，必须有防护措施。

（4）画线盘用完后，必须将画针的针尖朝下，并坚固好。

（5）禁止在画线平台上敲击、锤打。

12. 砂轮机作业的安全要求

（1）正确穿戴劳动保护用品，使用前检查砂轮机电源线、接地等是否良好。

（2）开机前首先要清理周围杂物，创造良好的工作环境，操作时不准戴手套。

（3）砂轮机必须有防护罩，不允许随便取下。

（4）新装砂轮机必须先试转 3～4min，检查砂轮机及轴等转动是否平稳，有无摇动和其他不良现象。

（5）应定期检查砂轮片有无损伤（有无裂纹、轮缘是否呈凹凸犬牙状）、是否在有效期内，并检查砂轮机轴两端螺栓是否锁紧，拧紧主轴尾端的螺帽，只许用手扳，不得采用别的附加工具装卸。

（6）支撑加工物的工作台进端与砂轮工作面之间的间隙必须随时注意保持不得大于 3mm，以防磨件带入缝隙挤碎砂轮。

（7）操作时戴好防护用品（如防尘眼镜等），不可戴手套操作，不可站在砂轮的正面，不能用力过猛，要缓慢加力。

（8）砂轮启动后须待速度稳定时方可磨削，且不允许用砂轮侧面磨削，不允许两人同时使用一块砂轮进行磨削。

（9）不应在砂轮上磨重大工件，不能用过大的力量来压紧砂轮进行磨削，以防止打碎砂轮伤人。

（10）两个砂轮磨损量应大致相等，其直径相差不应超过 20%。

附录 4　设备检维修安全要求

附 4.1　进窑检维修作业安全要求

（1）进窑前要正确穿戴劳保用品及防尘口罩、护目镜，须提前办理"危险作业申请单"，制定相应警戒安全防范措施。

（2）办理窑主辅电机及相关设备的停电手续，并确认电源断电。

（3）检查预热器确认无堵料、无影响窑内安全的作业行为。

（4）进窑前应确认窑内温度正常，窑内温度偏高时，严禁携带手机和打火机等易爆物品。

（5）进窑前应确认窑内无窑皮、耐火材料垮落危险，若存在窑皮、耐火材料垮落危险，应先清理方可进入；人工清理时，作业人员应站在侧面，并与坠落物保持足够的安全距离，防止清理过程中伤人。

（6）进窑使用跳板时，跳板应有足够的强度和宽度，确认搭设牢固并设有护栏；进窑使用爬梯时，应检查确认爬梯安全可靠，摆放牢固，并设有专人扶梯，上下单人通行，严禁多人同时通行。

（7）窑内要保持充足的照明，必须使用 12V 安全电压，并随身携带应急照明。

（8）进窑必须两人以上同时进入，窑外安排专人监护，监护人员不得擅自离开，并与作业人员保持联系。

（9）进入窑内应探明窑内物料多少和物料温度，物料温度较高时，严禁人员进窑检维修作业；待物料温度正常后方可进窑，在窑内尽可能减少大的振动，防止窑皮、耐火材料松动垮落伤人。

（10）进窑前后要清点现场人员、工具、材料等物件，严禁遗留在窑内。

附 4.2　预热器内部检维修作业安全要求

1. 进入预热器内部作业前要正确穿戴劳保用品及防尘口罩、护目镜，提前办理好"危险作业申请单"，制定相应警戒安全防范措施。

2. 预热器人员出入口应保持畅通，并设立安全警示作业标志。

3. 预热器内部要保持充足的照明，必须使用 12V 安全电压，并随身携带应急照明。

4. 进入预热器内部前应确认窑内温度正常，窑内温度偏高时，严禁携带手机和打火机等易爆物品。

5. 进入预热器内部前应对作业点顶部进行开孔检查，确认耐火材料无脱空、锚固件牢固，作业点顶部无结皮、耐火材料垮落危险，若存在危险，应清理后方可进入；人工清理时，作业人员应在侧面，并与坠落物保持足够的安全距离，防止清理过程中伤到人。

6. 进入预热器内部作业前须对上下空间进行检查，确保作业点上方各级翻板阀锁死，严禁上方有作业行为，避免交叉作业，若交叉作业无法避免时，要采取有效的隔离防护措施，避免互相伤害。

7. 进入预热器内部前应办理窑尾排风机和喂料设备停电手续并确认停电，切断空气炮电源、气源，防止误操作造成人员伤害。

8. 进入预热器内部作业时存在坠落或滑落风险时必须系好安全绳并确认长度合适，外部安排专人监护，监护人员不得擅自离开，并与作业人员保持联系。

9. 需搭设脚手架作业时，应确认脚手架搭设牢固，作业人员上下方便，并搭设防护层，分解炉和窑尾烟室作业时需搭设双层防护。

10. 预热器内部作业应严格按照由上至下逐级进行，严禁多点同时作业，作业时应避免大块结皮或耐火材料坠落。

11. 预热器内部作业前后要清点现场人员、工具、材料等物件严禁遗留在预热器内部。

附4.3 煤磨系统检维修作业安全要求

1. 煤磨系统是重点防火防爆生产区域，检维修作业应严格执行审批程序，进入磨内及其他设备内部进行检维修作业，必须严格按照"危险作业申请单"办理危险作业审批手续，若动火作业必须办理动火令，并由公司领导进行现场安全监护，制定相应警戒安全防范措施。

2. 煤磨系统未停机前严禁电焊、氧气乙炔进入煤磨区域，严禁检维修人员携带火源、易燃易爆物品进入煤磨区域。

3. 煤磨系统进行检维修作业前应正确穿戴好劳动防护用品，办理好系统设备停电手续并确认切断电源。

4. 煤磨系统停机时，应排空磨内煤粉，磨机停机后应连续对收尘器进行振打，确认收尘器和输送绞刀无积煤方可停机。

5. 打开煤磨筒体门前必须系好安全带，保持合适长度并固定牢固，检查扳手、大锤、电动葫芦等工器具安全可靠，开门作业时应防止滑落、铁屑飞溅伤人。

6. 进入磨内或其他设备内部进行作业前应打开相应的检修孔和通风口，确保通风良好，并检测一氧化碳含量，确认正常后方可进入作业。

7. 进入磨内或其他设备内部作业时要保持充足的照明，必须使用 6V 或 12V 安全电压，并随身携带应急照明。

8. 进入磨内或其他设备内部进行作业前应确认内部温度正常，人员出入口应保持畅通，并设立安全警示作业标志；煤磨区域检维修作业时必须两人以上，在磨内或其他设备内部作业时，必须在设备外部安排专人监护，监护人员不得擅自离开，并与作业人员保持联系。

9. 煤粉仓未清空前严禁动火作业，动火作业前必须将作业点存留的煤粉清理干净，袋式收尘器动火作业前必须将作业点周边收尘袋抽出。

10. 煤磨区域动火作业前应严格检查电焊机及接线、氧气乙炔及气管链接，作业时必须规范使用电焊、氧气乙炔，避免着火。

11. 煤磨区域动火作业前必须在作业点备好灭火器、消防水，一旦着火，作业人员和监护人员必须立即灭火，防止火势蔓延。

12. 煤磨区域检维修作业结束后，应将作业点存留的杂物、高温焊渣、工具等清理干净，确认正常后关闭各检修孔和通风口，办理设备送到手续。

附 4.4 进磨机内部检维修作业安全要求

1. 进原料磨、水泥磨等磨机内部进行检维修作业时应严格执行审批程序，按照"危险作业申请单"办理危险作业审批手续，并由相应的管理人员进行现场安全监护，制定相应警戒安全防范措施。

2. 进磨内部进行检维修作业前应正确穿戴好劳动防护用品，原料磨系统应关闭进出口挡板并确认断电，现场确认挡板密闭到位，办理好系统设备停电手续并确认切断电源。

3. 磨机系统停机时，应排空磨内物料，磨机停机后应连续对收尘器进行振打，确认收尘器和输送绞刀无积料方可停机。

4. 打开磨机筒体门前必须系好安全带，保持合适长度并固定牢固，检查扳手、大锤、电动葫芦等工器具安全可靠，开门作业时应防止滑落，铁屑飞溅伤人。

5. 进入磨内或其他设备内部作业前应打开相应的检修孔和通风口，确保通风良好，并检测一氧化碳含量，确认正常后方可进入作业。

6. 进入磨内或其他设备内部作业要保持充足的照明，必须使用 12V 安全电压，并随身携带应急照明。

7. 进入磨内或其他设备内部前应确认内部温度正常，人员出入口应保持畅通，并设立安全警示作业标志；磨机维修作业时必须两人以上，在磨内或其他设备内部作业时，必须在设备外部安排专人监护，监护人员不得擅自离开，并与作业人员保持联系。

8. 在原料磨内部作业前必须通知中控室稳定系统用风，因突发故障需要调整系统用风时，应及时通知磨机内作业人员撤出，待系统稳定后方可再次作业。严禁窑点火、升温、故障时进入磨内作业。

9. 磨机倒球作业前应做好防护隔离措施，倒球时严禁人员进入隔离区域，选球时严禁乱抛乱甩，装袋时确认袋子安全可靠，防止起吊时袋子炸裂。

10. 磨机检维修结束后，应将作业点存留的杂物、高温焊渣、工具等清理干净，确认正常后关闭各检修孔和通风口，办理设备送到手续。

附 4.5 SNCR 烟气脱硝检维修作业安全要求

1. SNCR 烟气脱硝系统是重点防火防爆生产区域，检维修作业应执行审批程序，严格按照"危险作业申请单"办理危险作业审批手续，若动火作业必须办理动火令，并由中层以上管理人员进行现场安全监护，制定相应警戒安全防范措施。

2. SNCR 烟气脱硝系统未停机前严禁电焊、氧气乙炔进入该区域，严禁检维修人员携带火源、易燃易爆物品进入该区域。

3. SNCR 烟气脱硝系统检维修作业必须安排专业培训，作业人员应掌握氨水的性质和有关防火防爆规定，作业人员应穿戴专用劳动保护用品，办理好系统设备停电手续并确认切断电源。

4. SNCR 烟气脱硝系统动火作业前必须将系统内氨水用完，并灌注适量的自来水进行稀释。确认洗眼器可以正常使用。

5. SNCR 烟气脱硝系统检维修作业时必须两个人以上，并设置专人监护，监护人员不得擅自离开。

6. SNCR 烟气脱硝系统区域动火作业前应严格检查电焊机及接线、氧气乙炔及气管连接，作业时必须规范使用电焊、氧气乙炔，避免着火。

7. SNCR 烟气脱硝系统区域动火作业前必须在作业点备好灭火器、消防水，一旦着火，作业人员和监护人员必须立即灭火，防止火势蔓延。

8. SNCR 烟气脱硝系统在卸氨或运行时若发现氨水泄漏，应立即关闭卸氨离心泵或系统输送泵，停止系统运行，查明泄漏原因，立即采取相应措施；氨水泄漏原因不明、防护措施不到位前，严禁任何人员进入 SNCR 烟气脱硝系统区域，并立即撤离附近作业人员，采取隔离警戒措施，启动应急预案，处理完毕后对泄漏存留的氨水进行稀释清理。

9. SNCR 烟气脱硝系统区域检维修结束后，应将作业点存留的杂物、高温焊渣、工具等清理干净，办理设备送到手续。

附 4.6　电收尘器检维修作业安全要求

1. 进入电收尘器内部检维修作业前，应严格按照"危险作业申请单"办理危险作业审批手续，制定相应警戒安全防范措施，穿戴好相应的劳动保护用品。

2. 进入电收尘器内部检维修作业前，办理好相应设备停电手续并确认设备电源已切断，确认高压设备已接地放电，并悬挂作业警示标志。

3. 进入电收尘器内部作业前应打开相应的检修孔和通风口，确保通风良好，并检测一氧化碳含量，确认正常后方可进入作业。

4. 进入电收尘器设备内部作业时要保持充足的照明，必须使用 12V 安全电压，并随身携带应急照明。

5. 进入电收尘器内部前应确认内部温度正常，人员出入口应保持畅通，并设立安全警示作业标志。

6. 进入电收尘器内部检维修作业时必须两个人以上，并在设备外部安排专人监护，监护人员不得擅自离开，并与作业人员保持联系。

7. 进入电收尘器内部检维修作业时应规范使用电焊机及接线，作业时做好绝缘防护，防止触电；顶盖揭开下雨时严禁作业。

8. 在窑头保温、窑升温及停窑初期严禁进入电收尘器内部进行作业。

9. 在电收尘器内部维修作业必须系安全带，需搭设脚手架作业时，应确认脚手架搭设牢固，作业人员上下方便。

10. 电收尘器内部检维修作业结束后，确认室内无人、无工具、灰斗无杂物，方可关闭检修孔和通风口。

附 4.7　余热发电检维修作业安全要求

1. 必须正确穿戴和使用劳保防护用品及工具，办理相应设备停电手续并确认电源切断。

2. 冲洗水位计时，应缓慢操作，且严禁正面对水位计，防止玻璃管炸裂伤人。

3. 运行中汽轮发电机组的运转部位严禁接触和清洁卫生。

4. 现场未保温的管道、阀门严禁触摸，防止烫伤。

5. 汽轮机出现紧急停车时，在打开真空破坏阀时，注意防止蒸汽喷出烫伤。

6. 运行中冲洗汽包水位计时，应缓慢操作，且严禁正面对水位计，防止玻璃管炸裂伤人。

7. 检查处理管道法兰垫时，必须将管道内压力泄完后方可作业。

8. 进入锅炉内部作业时，必须办理危险作业申请。进入锅炉内部作业前应打开相应的检修孔和通风口，确保通风良好，并检测一氧化碳含量，确认正常后方可进入作业。

9. 进入锅炉设备内部作业时要保持充足的照明，必须使用12V安全电压，并随身携带应急照明。

10. 进入锅炉内部前应确认内部温度正常，人员出入口应保持畅通，并设立安全警示作业标志。

11. 进入设备内部检维修作业时必须两个人以上，并在设备外部安排专人监护，监护人员不得擅自离开，并与作业人员保持联系。

12. 锅炉等设备内部检维修作业结束后，确认室内无人、无工具、灰斗无杂物，方可关闭检修孔和通风口。

13. 巡检振打时，应与转动部位保持安全距离，防止锤头伤人。

附4.8　袋收尘器检维修作业安全要求

1. 袋收尘器检维修作业前应办理好停电手续并确认切断电源，穿戴好劳动保护用品，准备好相应的工器具。

2. 作业前应关闭气源，排空罐体内存留的气体。

3. 高空作业应系好安全带，保持合适的长度并固定好。

4. 严禁在运行中打开袋收尘器盖板进行换袋工作。

5. 夜间作业或照明不足时，应设置充足的照明，并与作业点保持合理的距离。进入收尘器内部作业时要保持充足的照明，必须使用12V安全电压，并随身携带应急照明。

6. 进入收尘内部作业前应打开相应的检修孔和通风口，确保通风良好，并检测一氧化碳含量，确认正常后方可进入作业。

7. 进入袋收尘器内部前应确认内部温度正常，人员出入口应保持畅通，并设立安全警示作业标志，作业时必须两个人以上，并在设备外部安排专人监护，监护人员不得擅自离开，并与作业人员保持联系。

8. 在袋收尘器顶部作业时，由于空间狭小，不宜多人同时作业。

9. 检维修作业结束，在确认内部无人、工具和其他遗留物后才能关门。

附4.9　电力变压器检维修作业安全要求

1. 作业前对高压验电棒、接地线、人字梯等所需工器具进行检查确认，验电棒、接地线的电压等级及规格须参照待检修变压器电压等级选用，且确认验电棒在强检有效期限内，人字梯结实牢靠无安全隐患。

2. 进行验电棒验电试验,首先在有电设备上进行试验,确认验电棒能够正常使用、检测。验电时,人体应与被验电设备保持安全距离。

3. 检查接地软铜线是否存在断头现象,螺丝连接处有无松动,线钩的弹力是否正常,不符合要求的应及时调换或修好后再使用,严禁使用其他金属线代替接地线。

4. 核实待检修设备代号、名称等,确认准确无误后,按流程办理停送电,并悬挂警示牌。

5. 检修人员应熟悉设备周围场地安全状况及周围设备带电情况以及作业内容,认真进行危险点分析,制定控制措施并认真记录。

6. 变压器检修期间的安全设施任何人不准擅自挪动。

7. 变压器周围严禁烟火或存放易燃易爆物品,如遇有非点火不可的特殊作业时,要预先做好灭火措施。

8. 设备停电后,先验电再挂接地线,悬挂时接地线导体不能和身体接触,且须在高压柜侧及变压器侧分别进行接地,避免倒送电、感应电出现。

9. 挂接地线时,应先连接固定接地夹,后接接电夹,且现场工作不得少挂接地线或者擅自变更挂接地线地点,装、拆接地线均应使用绝缘棒或专用的绝缘手套。

10. 对可能来电线路,要先验电、放电后,方可拆除动力、控制电缆等,拆下的电缆要做好标记并用绝缘材料包扎规范。

11. 检修拆除的零配件要整齐摆放在合适位置,防止零件丢失、滚落、摔坏或伤人。

12. 检查瓷瓶套管、母排及各连接螺栓复紧情况时,作业人员要戴好防护手套,正确使用工具,不要猛然发力,防止过于发力损坏设备、碰伤自己或他人。

13. 温度、瓦斯等各保护侧引线、接点检查紧固时,作业人员要正确使用工具,不要过于发力,防止损坏此类设备。

14. 清除变压器本体及瓷瓶表面的积灰和污物时,需使用的梯子、临时操作台应绑扎牢靠,梯子与地面夹角以 $60°\sim70°$ 为宜。

15. 在梯子、临时操作台上工作时,如需传递工具,须通过手进行传递,严禁上下抛物。

16. 对接地装置进行检查,并对绝缘阻值进行检测,使用摇表测量绝缘阻值后,切记要进行放电,防止触电。

17. 检修结束后拆除接地线,应先拆接电夹,后拆接地夹。接地线在拆除后,不得从空中丢下或随地乱摔,要用绳索传递,同时应注意接地线的清洁工作。

18. 专业人员须进行认真检查清理,重点检查有无影响设备运行的异物遗留等,并清理现场杂物,同时恢复防护设施(如防雨、封堵及遮拦等)。

19. 按照送电流程办理送电。

附 4.10 电动机检维修作业安全要求

1. 确认待检修设备控制柜在分闸位置或已停电,按照《停送电管理办法》办理停电手续,并悬挂警示牌,高压电机检修时须将高压柜小车摇出。

2. 检查所需的工器具安全可靠,无隐患,人工转运电机、联轴器等相对较重的物品或工具时,作业人员要相互配合提醒,避免误伤自己、他人或损坏设备。

3. 检修人员应熟悉设备周围场地的安全状况及周围设备带电情况，且应针对本次作业，认真进行危险点分析，制定控制措施并认真记录。

4. 设备停电后，对可能的来电线路，要先验电、放电后，方可拆除动力、控制电缆等，拆下的电缆要做好标记并用绝缘材料包扎规范。

5. 检查紧固电机定子、按钮盒接线及固定螺栓时，作业人员要正确使用工具，不要猛然发力，防止过于发力损坏设备、碰伤自己或他人。

6. 电机风扇检查，风道、滑环清灰，使用吹风机或吸尘器时，要检查确认临时用电电缆绝缘良好、无破损，并按照规范要求接线取电，防止发生触电事故。

7. 特殊情况下如需使用压缩空气，作业人员要紧握气管防止开启气源瞬间气流误伤自己或他人。

8. 电机移位时，只允许拴挂在电机吊环上起吊，吊环必须牢固可靠，移位时，作业人员要相互提醒、配合，防止损伤人员或电机。

9. 拆卸电机联轴器、地脚螺栓、轴承时，作业人员要正确使用工器具，戴好防护手套，切勿用力过猛，以免损坏设备、碰伤自己或他人。同时在使用大锤、拉马、梆头、斧子等工具时，要戴好防护眼镜等，防止可能产生的飞屑伤人。

10. 拆卸过程中如需动火加热，要树立安全防火意识，办理相应的危险作业许可证，且应将灭火器放置到位，防止可能产生的不安全因素。

11. 电机解体时，注意将拆下的螺栓、端盖等配件统一放置在合适位置，以免丢失、滚落、摔坏或伤人。

12. 电机吊盖清灰，检查和处理电机绕组及其他零部件时，所使用的工具、拆卸螺栓数量要清楚，作业人员随身携带的物品要全部拿出，检修时核对数量，避免杂物遗留在定子腔内。

13. 检查定子、转子引出线有无破损放电，接线是否紧固，定子接线盒内绝缘板有无烧灼痕迹，检查定子线圈三相阻值是否平衡。

14. 检查滑环表面光洁度及碳刷磨损情况，更换磨损或打火严重的碳刷，检查更换碳刷压簧及刷架，检查转子引出线螺栓是否紧固，作业过程中作业人员要预防所使用的工具和随身物品遗留在滑环室内。

15. 清洗电机轴承，更换润滑油时，要做好废旧润滑油脂的回收，切勿随地丢弃，影响现场环境。

16. 电机辅助设备（稀油站、水电阻、风扇、加热器、按钮盒等）及保护装置（测温、测振、差动）检查，检查各出线孔封堵情况时，作业人员要正确使用工器具，防止操作不当损坏仪表。

17. 电机轴承、联轴器等回装过程中，使用大锤击打铜棒时，作业人员要戴好防护眼镜、防护手套等，正确使用工具并互相提醒，防止可能产生飞屑伤人或损坏联轴器。

18. 检查电机绕组绝缘，使用摇表测量电机绝缘阻值后，切记要进行放电，防止触电。

19. 电机接线时，检查电缆是否带电，按标记认真接线。

20. 恢复电机防护设施（如防雨、封堵及遮拦设施等），并认真检查清理，重点检查有无影响设备运行的异物遗留等，并清理现场杂物。

21. 办理送电申请，送电试车，确认电机转向正确。

附 4.11 开关柜检维修作业安全要求

1. 检查所需的工器具安全可靠，无隐患。

2. 按照《停送电管理办法》流程办理停电手续。

3. 检修人员应熟悉设备周围场地安全状况及周围设备带电情况，且应针对本次作业，认真进行危险点分析，制定控制措施并认真记录。

4. 断路器操作

(1) 操作前应检查检修中为保证人身安全所设置的措施（如接地线等）是否全部拆除，防误闭锁装置是否正常。

(2) 操作前应检查、确认控制回路、辅助回路、控制电源均正常。合闸操作不能多次连续进行，应有足够的间隙时间以保证合闸线圈冷却。弹簧储能操作机构的开关，合闸后应确保操作机构在储能状态。

(3) 操作中应同时监视有关电压、电流、功率等表计的指示及红绿灯的变化。

(4) 如果开关的遮断容量小于系统的短路容量时，禁止进行就地操作电磁机构。

5. 隔离开关操作

(1) 应尽量避免采用隔离开关拉合空载线路和主变，如因特殊情况需要拉合，应征得批准并按规定执行，严禁用隔离开关带负荷操作。

(2) 设备停送电操作，在拉合隔离开关前，应检查相应高压断路器必须在断开位置后，才能操作隔离开关。

(3) 手动合隔离开关时应果断迅速，但在合闸终了时不应产生过大冲力；拉开隔离开关时最初应缓慢，在触头刚分离时，若发现有不正常的电弧应迅速合上，如隔离开关已完全拉开则不准再合上。

(4) 隔离开关合上后应检查接触是否良好，拉开后应检查拉开角度是否正常，隔离开关操作机构的闭锁装置是否闭锁妥当；合隔离开关时如遇合得不好，可将刀闸稍微拉开再合上，而不要将整个隔离开关重新拉开，以避免多次冲击。

(5) 操作带接地刀闸的隔离开关，当发现接地开关或高压断路器的机械联锁卡住不能操作时，应立即停止操作并查明原因。

(6) 操作隔离开关时，应先稍微摇动和观察无异常后，方能用力操作，以防止支持瓷瓶断裂倒塌。

(7) 隔离开关、接地开关和高压断路器之间安装有防误操作的闭锁装置，在刀闸操作时必须按操作顺序进行。如果当闭锁装置失灵或隔离开关、接地开关不能正常操作时，必须严格按闭锁要求的条件检查相应的断路器、隔离开关位置状态，待条件满足后，方能解除闭锁进行操作。

6. 电压互感器操作

(1) 分闸：先分二次侧二次小开关（或熔断器），后分一次侧刀闸。

(2) 合闸：先合一次侧刀闸，后合二次侧二次小开关（或熔断器）。

7. 电容器操作

(1) 母线停电操作，先停止母线所带电容器；送电时，最后投入母线所带电容器。

（2）电容器组切断后再次合闸，其间隔时间一般不少于 5min。对于装有并联电阻的开关一般每次操作间隔时间不得少于 15min。

（3）电容器停电后必须进行逐台放电后，工作人员方可接触电容器进行工作。

8. 母排检查

（1）应断开变电站、配电站（所）、环网设备（包括用电设备）等线路断路器（开关）和隔离开关（刀闸），悬挂"禁止合闸，线路有人工作！"或"禁止合闸，有人工作！"的警示牌。

（2）在停电线路工作地段装设接地线，要先验电，验明线路确无电压。

（3）验电前应进行验电棒验电试验，首先在有电设备上进行试验，确认验电棒能够正常使用、检测。

（4）验电应使用相应电压等级、合格的接触式验电器，且应确认验电棒在强检有效期限内。

（5）验电时，作业人员应与被验电设备保持安全距离，并设专人监护。

（6）装设接地线时应先接接地端，后接导线端。接地线应接触良好，连接可靠；装、拆接地线时均应使用绝缘棒或专用的绝缘手套。

9. 小车检查

（1）检查小车时确认开关柜在分闸位置。

（2）将开关柜小车从开关柜中抽出，移动到方便作业的场所。移动过程中要注意小车倾倒等因素可能产生的人员伤害或设备损坏。

（3）作业完毕后将手车推入开关柜。

（4）开关柜控制室内有多个操作电源，检查过程中注意判断各电源的实际状态，确认已断电后方可进行控制部分的检修操作。

10. 拆除接地线时，应先拆接电端，后拆接地端。接地线在拆除后，不得从空中丢下或随地乱摔，要用绳索传递，同时应注意接地线的清洁工作。

11. 检查确认母排上、柜内有无遗留的作业工具、杂物等。

12. 及时恢复完善柜内封堵，关闭母排室及电缆室柜门并确认柜门电磁锁完好，确认无误，按送电流程办理送电手续。

附 4.12　变频器检维修作业安全要求

1. 检查所需的工器具安全可靠，无隐患。

2. 按照《停送电管理办法》流程规范办理停电手续。

3. 检修人员应熟悉设备周围场地安全状况及周围设备带电情况，且应针对本次作业，认真进行危险点分析，制定控制措施并认真记录。

4. 停电前变频器输入、输出及控制电路均存在带电的可能，严禁对变频器任何部位进行检修操作。

5. 禁止带电操作传动单元、电机电缆和电机。在切断输入电源之后，应至少等待5min，待中间电路电容放电完毕后再进行操作。

6. 操作之前应使用万用表测量并确认中间直流回路的电压为零，放电完毕，方可进行作业。

7. 在操作之前要使用临时的接地措施。

8. 清除内部的积灰、污物，紧固内部各单元及二次回路接线，定期对控制板件进行维护保养。清理过程中使用吸尘器时，确认临时用电电缆绝缘良好、无破损，并按照规范要求接线取电，防止发生触电事故。

9. 检查母排及内部元件有无发热变色部位，尤其应检查功率器件有无脱焊、过热变色等异常，对电解电容检查或更换（测量容值有无变化，有无膨胀漏液等）。

10. 检查通风散热系统，维护或更换各功率单元、控制板件及变压器等的冷却风扇，进口冷却风扇轴承拆装后试运行正常后方可投入运行。

11. 对冷却风扇接线进行检查紧固，清理风道内积灰及污物，清洗或更换柜体及墙体过滤网。

12. 检查确认故障记录，检查控制板件状态（有无发热烧灼等异常），清理表面浮灰，清理过程中作业人员需谨慎进行。检查外围辅助系统（如测速装置、保护限位、按钮盒等）。

13. 检查接地系统，确认阻值，检查柜体封堵情况。

14. 部分变频器有多个电源回路，检修前需予以确认，禁止在传动单元或外部控制电路带电时操作控制电缆；即使主电源断电，其内部仍可能存在由外部控制电路引入的危险电压。

15. 检修结束后拆除临时接地线，及时恢复孔洞密封及安全防护设施。

16. 确认无误后，按照送电流程办理送电手续。

附 4.13　检修作业能量隔离安全要求

1. 安全锁管理

（1）安全锁和钥匙使用时归个人保管并标明使用人姓名或编号，安全锁不得相互借用。

（2）在跨班作业时，应做好安全锁的交接。

（3）锁具的选择除应适应上锁要求外，还应满足作业现场的安全要求。

（4）备用钥匙只能在非正常解锁时使用，由锁具所属负责人或指定专人保管，严禁私自配制备用钥匙。

（5）定期对安全锁进行检查测试，测试时应排除联锁装置或其他会妨碍验证有效性的因素。

2. 停电挂锁操作流程

（1）停电申请人在办理停电手续前先领取安全锁，对钥匙与安全锁的配套性进行确认，避免安全锁上锁后钥匙无法打开。

（2）申请人按照停送电管理要求办理申请手续，对所检修、维护的设备名称及代号进行核实，防止错停或误停，申请单不得涂改，若涂改视为无效。

（3）审批人对所停设备进行核实无误后进行审批，并做好登记手续。

（4）操作人员接到停电申请时，要确认停电申请单上设备名称及设备代号与控制柜代号一致，无误后进行停电操作并验电，由申请人将锁系挂在控制柜锁孔内，并悬挂警示牌，安全锁钥匙由停电申请人负责保管。操作人员停电后要在申请单操作栏上签名，第二联留存，并做好登记手续，第三联交予停电申请人。

（5）申请人须跟随操作人一起至所需停电设备的开关柜前，确认操作人员按申请单要求的操作结束。如申请人出现交接班，接班的申请人须到所停设备开关柜前进行确认后方可施工作业。

（6）作业组只有拿到操作人员与申请人共同签名的申请单，并查验控制柜停送电操作手柄已上锁后方可开始作业，严禁未上锁或未将停电申请单交给操作人员办理停电就开始进入现场作业。

3. 送电解锁操作流程

（1）申请人在作业完毕或试机时，按照《停送电管理办法》的要求持停电第三联申请单及安全锁钥匙（钥匙编号与上锁的安全锁编号对应）办理送电申请。填写送电申请单时，必须遵守"一支笔"的原则。

（2）审批人负责审核是否有交叉作业。如具备送电条件，第一联留存并做好登记手续，第二、三联交予申请人；如不具备送电条件，只做登记手续。

（3）申请人拿到审批人已审批的送电申请单后，同时经由设备所在工艺工段负责人审定后，方可到送电操作人处办理送电作业。

（4）操作人员接到审批人和工段审定人共同签名的送电申请单后，确认应核对的相关内容，核准是否有交叉作业。确认无误，具备送电条件后，取下警示牌，由申请人用钥匙解锁，操作人员操作送电，在申请单操作栏上签名，并做好登记手续；确认不具备送电条件时，向申请人、审批人、审定人说明情况，并在申请单上注明后交予申请人。

（5）申请人在办理完送电手续后，将安全锁及钥匙上交保管人。

（6）应急状态下需解锁时，在办理完送电手续后可以使用备用钥匙解锁；无法取得备用钥匙时，经停送电审批人及公司安全主管部门确认同意后，可以采用其他安全的方式解锁。解锁应确保人员和设施的安全，并及时通知上锁的相关人员。

附4.14 检修作业通用安全要求

检维修作业必须坚持"安全第一、预防为主、综合治理"的方针，严格贯彻执行国家相关法律法规及标准要求。

建立健全检维修作业相关的管理标准制度体系及岗位安全操作规程。所有检维修作业均应有危险因素识别和针对性的防范措施。

1. 应根据设备检维修项目的具体要求，制定设备检维修方案，落实作业人员、安全措施。

2. 检维修项目负责人应按检维修方案的要求，组织作业人员到现场，交待清楚检修项目、任务、方案，并落实安全措施。

3. 项目负责人应对安全工作负全面责任，并指定专人负责整个作业过程的安全工作。

4. 检维修作业前，必须对参加作业的人员进行安全教育，告知作业现场和作业过程中可能存在或出现的不安全因素及对策。

5. 根据作业的需要办理相关的危险作业、停送电、动火票等手续。应采取可靠的断电措施，切断需检修设备上的电源，原则上应切断动力电源。

6. 检维修现场必须具备良好的作业环境和作业条件，进入现场的所有作业人员，必须逐一确认作业条件，必须遵守现场安全管理各项准则。

7. 作业现场必须杜绝违章指挥、违章作业、违反劳动纪律的"三违"行为。任何人发现现场违章违制行为均有权制止和举报。

8. 组织定期和不定期现场安全检查，对作业现场或作业过程中存在的事故隐患及时整改，必须达到以下安全检查的要求：

（1）项目负责人应会同检维修管理人员、工艺管理人员检查并确认设备、工艺处理等符合检修安全要求；

（2）应对使用的脚手架、起重机械、电气焊用具、手持电动工具、扳手、管钳、锤子等各种工器具进行检查，凡不符合作业安全要求的工器具不得使用；

（3）对使用的气体防护器材、消防器材、照明设备等器材设备应经专人检查，保证完好可靠，并合理放置；

（4）应对检修现场的爬梯、栏杆、平台、铁算子、盖板等进行检查，保证安全；高空作业中使用的工器具、材料必须采取防坠落措施；

（5）作业完毕后，项目负责人应会同有关人员检查检修及施工项目是否有遗漏，工器具和材料等是否遗漏在设备内；

（6）所使用的移动式电气工器具，应配有漏电保护装置；

（7）因作业需要而拆移的盖板、算子板、栏杆、防护罩等安全设施应办理拆移审批单，设置临时警示标志及围栏，作业完成后应恢复正常；

（8）作业完成后，工器具、脚手架、临时电源、临时照明设备等应及时拆除；

（9）作业完毕后应"三清"现场，将检修废弃物立即清理干净，废旧物资合理安置，并按分类准则放置到废料中，使作业现场恢复到作业前的状态；

（10）检修人员应会同设备所在岗位进行试车，验收交接。

附 4.15　检维修作业现场

1. 检维修作业现场及危险作业部位应采用围栏、安全警示带等物品设置有效隔离设施，防止无关人员误入作业区域。

2. 应将检维修作业现场的易燃易爆物品、障碍物等影响安全的杂物清理干净，并采取防滑跌措施。

3. 升降口、走道、平台、梯子等应有防护栏杆，坑、沟要保持清洁并有盖板或围栏。

4. 应检查、清理检修现场的安全通道（人行通道、消防通道、行车通道），保证畅通无阻。

5. 设备设施的备品备件及其他物品的摆放必须符合 6S 的要求，重心稳定，防止倒塌伤人。

6. 作业场所的光线必须充足，夜间及阴暗处所要有足够的照明，亮度要符合安全操作要求。

7. 有腐蚀性介质的检修场所应备有冲洗用水源。

8. 作业场所应采取必要的防暑降温措施。

9. 作业场所应供给足够的清洁饮用水，并设置洗手设备。禁止在有粉尘或者有毒气体的工作场所就餐和饮水。

10. 在危险性较高的场所进行设备检修时，检修项目负责人应与当班生产操作班长联系。如生产出现异常情况，危及检修人员的人身安全时，生产当班班长应立即通知检修人员停止作业，迅速撤离作业场所。待上述情况排除完毕，确认安全后，检修项目负责人方可通知检修人员重新进入作业现场。

附录 5　历年安全生产月、安全生产周主题

1. 安全生产月

2002 年第一个安全生产月主题："安全责任重于泰山"。

2003 年第二个安全生产月主题："实施安全生产法人人事事保安全"。

2004 年第三个安全生产月主题："以人为本安全第一"。

2005 年第四个安全生产月主题："遵章守法关爱生命"。

2006 年第五个安全生产月主题："安全发展国泰民安"。

2007 年第六个安全生产月主题："综合治理、保障平安"。

2008 年第七个安全生产月主题："治理隐患、防范事故"。

2009 年第八个安全生产月主题："关爱生命、安全发展"。

2010 年第九个安全生产月主题："安全发展、预防为主"。

2011 年第十个安全生产月主题："安全责任、重在落实"。

2012 年第十一个安全生产月主题："科学发展安全发展"。

2013 年第十二个安全生产月主题："强化安全基础，推动安全发展"。

2014 年第十三个安全生产月主题："强化红线意识，促进安全发展"。

2015 年第十四个安全生产月主题："加强安全法治，保障安全生产"。

2016 年第十五个安全生产月主题："强化安全发展观念，提升全民安全素质"。

2017 年第十六个安全生产月主题："全面落实企业安全生产主体责任"。

2018 年第十七个安全生产月主题："生命至上、安全发展"。

2019 年第十八个安全生产月主题："防风险、除隐患、遏事故"。

2020 年第十九个安全生产月主题："消除事故隐患筑牢安全防线"。

2021 年第二十个安全生产月主题："落实安全责任，推动安全发展"。

2022 年第二十一个安全生产月主题："遵守安全生产法，当好第一责任人"。

2023 年第二十二个安全生产月主题："人人讲安全、个个会应急"。

2024 年第二十三个安全生产月主题："人人讲安全、个个会应急——畅通生命通道"。

2. 安全生产周

1991 年第一个安全生产周，以安全就是效益和提高职工安全意识为主要内容。

1992 年第二个安全生产周，以为国营大中型企业创造良好的安全生产环境和提高全社会的安全生产意识为目的。

1993 年第三个安全生产周主题："遵章守纪杜绝三违"，以控制事故为目的。

1994 年第四个安全生产周主题："勿忘安全珍惜生命"，以控制事故为目的，开展"不伤害自己，不伤害他人，不被他人伤害"为内容的安全生产活动。

1995 年第五个安全生产周主题："治理隐患保障安全"。

1996 年第六个安全生产周主题："遵章守纪保障安全"。

1997 年第七个安全生产周主题："加强管理保障安全"。

1998 年第八个安全生产周主题："落实责任保障安全"。

1999 年第九个安全生产周主题："安全·生命·稳定·发展"。

2000 年第十个安全生产周主题："掌握安全知识迎接新的世纪"。

2001 年第十一个安全生产周主题："落实安全规章制度强化安全防范措施"。

3. 全国安全月

1980 年第 1 个全国"安全月"。

1981 年第 2 个全国"安全月"。

1982 年第 3 个全国"安全月"。

1983 年第 4 个全国"安全月"。

1984 年第 5 个全国"安全月"。

附录 6　历年职业病防治法宣传周主题

2003 年：职业病防治是企业责任

2004 年：尊重生命，保护劳动者健康

2005 年：防治职业病，保护劳动者健康

2006 年：保护劳动者职业健康权益，构建和谐社会

2007 年：劳动者健康与企业社会责任

2008 年：工作、健康、和谐

2009 年：保护农民工健康是全社会的共同责任

2010 年：防治职业病造福劳动者——劳动者享有基本职业卫生服务

2011 年：关爱农民工职业健康

2012 年：防治职业病，爱护劳动者

2013 年：防治职业病，幸福千万家

2014 年：防治职业病，职业要健康

2015 年：依法防治职业病，切实关爱劳动者

2016 年：健康中国，职业健康先行

2017 年：健康中国，职业健康先行

2018 年：健康中国，职业健康先行

2019 年：健康中国，职业健康先行

2020 年：职业健康保护，我行动

2021 年：共创健康中国，共享职业健康

2022 年：一切为了劳动者健康

2023 年：改善工作环境和条件，保护劳动者身心健康

2024 年：坚持预防为主，守护职业健康

附录7 生产安全事故类型及致因

依据《企业职工伤亡事故分类》（GB 6441—1986），综合考虑起因物、引起事故的诱导性原因、致害物、伤害方式等，将危险有害因素可能导致的事故分为20类：物体打击、车辆伤害、机械伤害、起重伤害、触电、淹溺、灼烫、火灾、高处坠落、坍塌、冒顶片帮、透水、放炮、爆炸、瓦斯爆炸、锅炉爆炸、容器爆炸、其他爆炸、中毒和窒息、其他伤害。

按照生产安全事故的类别，对水泥生产制造的常见的生产安全事故种类及风险简介如下：

1. 物体打击

指由失控物体的惯性力造成的人身伤亡事故。

本类事故适用于落下物、飞来物、滚石、崩块等造成的伤害。不包括因机械设备、车辆、起重机械、坍塌、爆炸等引起的物体打击。

风险分析：生产现场的设施设备在运输、检修作业过程中，小型零部件、各类工具若因放置方式不对、防护设施不良、设备倾斜振动等原因不慎从高处坠落；装卸作业由于人员配合不好，或者超负荷搬运等，都有可能造成物体打击事故，导致人员伤亡。

2. 车辆伤害

指由机动车辆引起的机械伤害事故。

机动车辆包括：汽车类：载重汽车、货卸汽车、大客车、小汽车客货两用汽车、内燃叉车等。电瓶车类：平板电瓶车、电瓶叉车等。拖拉机类：方向盘式拖拉机、手扶拖拉机、操纵杆式拖拉机等。有轨车类：有轨电动车、电瓶机车等。施工设施：挖掘机、推土机、电铲等。

凡在上述机动车辆的行驶中，发生挤、压、坠落、撞车或倾覆等事故；发生行驶中上、下车事故；发生因搭乘矿车或放飞车事故；发生车辆运输摘挂钩事故、跑车事故等均属本类别事故。但不包括起重设备提升、牵引车辆和车辆停驶时发生的事故。

风险分析：

在发生如下情况时，均可能发生车辆伤害事故。

（1）翻倒：提升重物动作太快，超速驾驶，突然刹车，碰撞障碍物，在已有重物时使用前铲，在车辆前部有重载时下斜坡，横穿斜坡或在斜坡上转弯、卸载，在不适的路面或支撑条件下运行等，都有可能发生翻车。

（2）超载：超过车辆的最大载荷。

（3）碰撞：与建筑物、管道、堆积物及其他车辆之间的碰撞。

（4）载物失落：如果设备不合适，会出现载荷从叉车上滑落的现象。

（5）乘员：在没有乘椅及相应设施时，随便载有乘员。

（6）司机无证驾驶、酒后驾驶，违规作业等不安全行为。

（7）道路和标志设置不当等方面的缺陷引发的车辆伤害事故。

厂内生产作业过程中使用的车辆在装载、运输等环节由于人员操作失误、天气原因等发生侧翻、碰撞事故，均可能造成人员受伤甚至死亡。

3. 机械伤害

机械伤害是指机械设备运动（静止）部件、工具、加工件直接与人体接触引起的夹击、碰撞、剪切、卷入、绞、碾、割、刺等伤害。不包括车辆、起重机械引起的机械伤害。

常见机械伤害形式有：与运动零部件接触伤害，如绞缠、卷咬与冲压、飞出物打击、倾翻打击、刺割、刮碰、撞击伤害、磕绊等。

常见伤害人体的机械设备有：皮带运输机、球磨机、行车、卷扬机、车床、螺旋运输机、泵、破碎机、硫化机、卸车机、离心机、搅拌机等。但属于车辆、起重伤害的情况除外。

风险分析：

由于机械设备保养不善或违章作业，设备的防护栅栏、安全栏门或设备的转动、传动部位的防护罩、防护网缺损，操作人员身体进入上述围护的危险区域或触及设备的旋转部位，从而导致机械伤害发生。由于作业人员技能、生理状态和责任心等原因，可能导致操作失误或违章作业，设备误动作可能导致设备损坏或人员受伤。

厂区内作业人员在操作、检修各类设备、设施的过程中，存在着发生机械伤人、设备损坏等事故风险，尤其在设备检维修过程中，很容易发生砸、压、挤、撞击等各类机械伤害，造成人员受伤甚至死亡。

4. 起重伤害

指从事起重作业时引起的机械伤害事故。一般指各种起重作业引起的伤害。

起重作业包括：桥式起重机、龙门起重机、门座起重机、塔式起重机、悬臂起重机、梳杆起重机、铁路起重机、汽车吊、电动葫芦、千斤顶等作业。如：起重作业时，脱钩砸人，钢丝绳断裂抽人，移动吊物撞人，钢丝绳刮人，滑车碰人等伤害；包括起重设备在使用和安装过程中的倾翻事故及提升设备过卷、蹲罐等事故。

不适用于下列伤害的统计：触电；检修时，制动失灵引起的伤害；上下驾驶室失误引发的坠落或跌倒。

风险分析：

厂区内在生产作业过程中使用起重机械，在起重作业时存在起重伤害的风险较大。例如挤压碰撞人，危险性很大，后果严重，往往会导致人员死亡。

超重机械作业中挤压碰撞人主要有四种情况。

（1）吊物（具）在起重机械运行过程中挤压碰撞人。发生此种情况原因：一是由于司机操作不当，运行中机构速度变化过快，使吊物（具）产生较大惯性；二是由于指挥有误，吊运路线不合理，致使吊物（具）在剧烈摆动中挤压碰撞人。

（2）吊物（具）摆放不稳、发生倾倒碰砸人。发生此种情况原因：一是由于吊物（具）旋转方式不当，对重大吊物（具）旋转不稳没有采取必要的安全防护措施；二是由于吊运作业现场管理不善，致使吊物（具）突然倾倒碰砸人。

（3）在指挥或检修流动式起重机作业中被挤压碰撞，即作为指挥人员在起重机械运行机构与回转机构之间，受到运行（回转）中的起重机机械的挤压碰撞。发生此种情况的原因：一是由于指挥作业人员站位不当（如站在回转臂架与机体之间）；二是由于检修作业中没有采取必要的安全防护措施，致使司机在贸然启动起重机械（回转）时挤压碰人。

（4）在巡检或维修桥式起重机作业中被挤压碰撞，即作业人员在起重机械与建（构）筑物之间（如站在桥式起重机大车运行轨道上或站在巡检人行通道上），受到运行中的起重机械的挤压碰撞。发生此种情况的原因：大部分在桥式起重机检修作业中，一是由于巡检人员或维修作业人员与司机之间缺乏相互联系；二是由于检修作业中没有采取必要的安全防护措施（如将起重机固定在大车运行区间的装置），致使司机贸然启动起重机挤压碰撞人。

厂区内使用的行车以及电动葫芦等起重设备，若未定期进行检验、设备限位器或安全锁缺失，会加大事故的风险，可能导致人员受伤甚至死亡。

5. 触电

指电流流经人体，造成生理伤害的事故。用于统计触电、雷击伤害。如人体接触设备带电导体裸露部分或临时线；接触绝缘破损外壳带电的手持电动工具；起重作业时，设备误触高压线，或感应带电体；触电坠落；电烧伤等事故。

风险分析：

厂区内如线路敷设不规范，临时线路比较多，使用淘汰的闸刀开关，在变配电、各生产作业过程、检修等操作时易造成触电事故。主要原因如下：

（1）从事电气安装或操作人员无证上岗，操作人员有职业禁忌病症，如高血压、心脏病、癫痫、恐高症等，在安装和操作工作中行为失控，造成伤害。

（2）临时用电：无外电防护或防护不严、接地系统不符合要求、保护接零设置不符合要求，造成触电。

（3）电工作业人员配置不足，无人监护，误进带电设备间隔工作，造成设备损坏、人身伤害。

（4）高压触电：在设备运行、检修过程中，由于电气设备或线路故障，使不应该带电的设备带电，发生触电事故；进行倒闸操作时未执行工作票、倒闸票和模拟操作，从而出现错误停送电，发生触电事故；高压设备检修时未执行停电、验电、挂接地线、设置遮栏、挂标识牌等技术措施而发生触电事故；高压带电设备或线路距离建筑物和通道的安全距离不够，人员在接近过程中发生触电事故；高压配电柜、变压器室未设置安全标志和遮栏，人员误接近发生触电事故；违章施工挖断电缆，发生触电事故；作业人员在进行验电、检查、操作过程中未采取充分的防护措施，发生触电事故；高压配电柜不符合"五防"规定，操作人员误操作发生触电事故。

（5）低压电气触电：电气装置绝缘损坏，接线端子裸露；操作失误，误接触带电体；设备漏电、漏电保护器失效、接地不良；非电工维修电气设备和仪器；使用非安全电压的工作行灯；检修设备未停电、验电、挂警示标志、误送电等；手持、移动工具漏电、安全工器具漏电；两个导电器件之间或导电器件与设备界面之间的最短距离（爬电距离）不符合安全要求，导致电气部件间或电气部件和地之间打火；电气作业人员操作时未按规定要求佩戴防护用品，或劳动防护用具未定期检测合格。

6. 淹溺

指大量的水经口、鼻进入人体肺部，造成呼吸道阻塞或发生急性缺氧而窒息死亡的事故。

一般指船舶、排缆、设施在航行、停泊作业时发生的落水事故。"设施"是指水上、水下各种浮动或者固定的建筑、装置、电缆和固定平台。"作业"是指在水域及其岸线进行装卸、勘探、开采、测量、建筑、疏浚、爆破、打捞、捕捞、养殖、潜水、流放木材、排除故障以及科学实验和其他水上、水下施工。包括高处坠落淹溺，不包括矿山、井下透水淹溺。

风险分析：

若化验室的养护池、消防水池（箱）、循环水塔，以及其他涉水区域，水池未设置盖板或池边未设置安全防护装置、未张贴安全警示牌，或者安全防护措施失效，照明不够，作业人员在附近活动时，可能会不慎落入池中发生淹溺事故。虽然部分消防水池、废水收集池等设施是埋地设置，但检修口的人孔如果未加盖，也可能导致人员跌落池中，造成人员溺亡。

7. 灼烫

指火焰烧伤、高温物体烫伤、化学灼伤（酸、碱、盐、有机物引起的体内外灼伤）、物理灼伤（光、放射性物质引起的体内外灼伤）。不包括电灼伤和火灾引起的烧伤。

风险分析：

（1）火焰烧伤，厂区内使用明火进行加热时，人员操作不当可能导致的火焰烧伤。

（2）高温物体烫伤，包括由锅炉、窑、预热器、高温管道和高温的蒸汽烫伤等所致的损伤。

造成烫伤的根本因素是设备存在较高的温度。正常情况下，设备均有防护设施，对人体造成烫伤的可能性较小。但如果上述作业场所未设置防止人员与高温物体接触的措施，或设置的防护措施破损、失效，人员没有穿戴必要的个人防护用品，附近区域没有设置安全警示标志，在作业过程中，可能使作业人员意外与高温部位接触，造成灼烫伤害。

（3）化学灼伤，化学灼伤主要来自企业使用的硫酸、盐酸、氢氧化钠等酸、碱性腐蚀性物质。在装卸、稀释、输送、使用的环节中，管道、容器、装置或连接处有可能发生跑、冒、滴、漏现象，若不慎接触这些腐蚀品，会造成化学灼伤。若不慎溅入眼内，会灼伤眼睛。

生产经营过程中有可能发生危险化学品泄漏事故。泄漏的化学品，如脱硝用氨水、分析室用硫酸、盐酸等具有腐蚀性的化学品，易引发化学灼伤事故。或者厂区发生火灾事故，造成人员烧伤、烫伤等。在锅炉房、高温干燥室等区域的现场作业人员有被蒸汽灼伤、烫伤的风险。

上述风险均可能造成人员受伤，甚至导致死亡。

8. 火灾

指在时间和空间上失去控制的燃烧所造成的灾害。这里指的是造成人身伤亡的企业火灾事故。

风险分析：

火灾事故对于工厂来说是发生可能性最大的事故类型之一，且易造成较多人员伤亡及财产损失。厂区范围内潜在的可能发生的火灾有固态物质火灾、电气火灾、化学品火灾等。

（1）固体物质火灾

如原煤堆场存放大量原煤，如果煤堆挥发分含量较高，可能由于自燃导致固体物质火灾。

（2）电气火灾

存在大量电缆的区域，如电缆隧道堆放杂物或电缆上积灰过厚，有可燃气体、液体泄漏等经高温或明火引燃，发生火灾或爆炸；电缆与热力管道太近或长期过负荷，温度过高加速电缆绝缘老化，造成绝缘性下降，击穿引燃；电缆防护层遭到破损或电缆在运行中遭到绝缘损伤，引起电缆相间与外层绝缘击穿。

（3）化学品火灾

厂区内存储使用的易燃易爆危险化学品泄漏引起的火灾事故：如氧气、乙炔、柴油等具有易燃、易爆的性质，若发生泄漏，泄漏的气体遇明火、高温、静电等，即引发火灾事故；与空气混合形成爆炸性混合气体，达到爆炸极限，遇明火、高热、静电火花、电气火花等点火源，可发生爆炸事故。

9. 高处坠落

高处坠落是指人员在高处（2m 及以上）作业中发生坠落造成的伤亡事故。

包括在脚手架、平台、陡壁等高于地面的施工作业场合；同时也包括因地面作业踏空失足坠入洞、坑、沟、升降口、漏斗等情况。但不包括以其他事故类别作为诱发条件的坠落事故，如触电坠落事故。

风险分析：

厂区内作业人员在进行生产操作、巡检、检修和设备维修过程中，经常需要登高、下梯及在高处走动，若直梯、斜梯、工业防护栏杆、工业平台的设计、制造、保养有缺陷，很容易在走动或攀登时滑倒造成高处坠落的伤害，或发生高空坠落事故。

特别是在检修时进行脚手架搭设、钢结构施工、吊篮作业等施工时，由于人员违规操作，防护不到位以及未正确佩戴个人防护用品等原因造成高处坠落事故。

梯子设计、制造、保养有缺陷，很容易在攀登或者作业时造成高处坠落事故。

厂区内因为电力、通信等进行线路架设、维修等高处作业过程中，可能由于未挂安全绳等原因造成高处坠落事故。

10. 坍塌

指建筑物、构筑物、堆置物倒塌以及土石塌方引起的事故。包括因设计或施工不合理造成的倒塌，以及土方、砂石、煤等发生的塌陷事故，如建筑物倒塌、脚手架倒塌；挖掘沟坑、洞时土石的塌方等事故。不包括矿山冒顶片帮事故，或因爆炸、爆破引起的坍塌事故。

风险分析：

在水泥生产制造中，大量使用石灰石、煤、废渣等原料，堆放不稳定，堆放高度较高，或放置物品的货架焊接不牢固，摆放地不平整，物料堆放不平衡等情况下，有可能发生坍塌事故。坍塌事故造成的后果比较严重，可能导致人员受伤甚至死亡。

11. 锅炉爆炸

指锅炉发生的物理爆炸事故。适用于使用工作压力大于 0.7 表大气压，以水为介质的蒸汽锅炉。

风险分析：

水泥生产通常使用纯低温余热发电锅炉，锅炉主要危险有害因素包括：

（1）锅炉炉管爆漏事故

引起锅炉炉管爆漏的主要原因为腐蚀、过热、焊接质量差等。锅炉受热面的腐蚀主要是管外的腐蚀和水品质不合格引起的管内化学腐蚀。当腐蚀严重时，可导致腐蚀爆管事故发生。锅炉主体是由焊接组装起来的，每个受热面的每一根管子都有多个焊口。而受热面又是承受高压的设备，焊接缺陷主要有裂纹、未焊透、未熔合、咬边、夹渣、气孔等，这些缺陷存在于受热面金属基体中，使基体被割裂，产生应力集中现象。在介质内压作用下，微裂纹的尖端、未焊透、未熔合、咬边、夹渣、气孔等缺陷处的高应力逐渐使基体开裂并发展成宏观裂纹，最终贯穿受热面管壁导致爆漏事故。因此，焊接质量对锅炉安全运行有着重大的影响。

（2）炉膛爆炸事故

炉膛爆炸是指炉膛中积存的燃料发生瞬间燃烧，使炉膛温度及炉内压力急剧升高，超过了炉墙设计承受能力，而造成冷壁、刚性梁及炉顶、炉墙破坏的现象。

（3）超压爆炸事故

超压爆炸是指由于安全阀、压力表不齐全、损坏或装设错误，操作人员擅离岗位或放弃监视责任，关闭或关小出汽通道，致使锅炉主要承压部件筒体、封头、关板、炉胆等承受的压力超过其承载能力而造成的锅炉爆炸。超压爆炸是小型锅炉最常见的爆炸情况之一。

（4）蒸汽爆炸事故

锅炉是容纳水及水蒸气较多的大型部件，如锅筒及冷壁集箱等。在正常工作时，或者处于水-汽两相共存的饱和状态，或是充满了饱和水，容器内的压力则等于或接近于锅炉的工作压力，水的温度则是该压力对应的饱和温度。一旦该容器破裂，容器内液面上的压力瞬间下降为大气压力，与大气压力相对应的水的饱和温度是100℃。原工作压力下高于100℃的饱和水此时成了极不稳定、在大气压力下难以存在的"过饱和水"，其中的一部分即瞬时汽化，体积迅速膨胀许多倍，在容器周围空间形成爆炸。

（5）锅炉严重缺水爆炸事故

锅炉的主要承压部件锅筒、封头、管板、炉管等，不少是直接接收火焰加热的。锅炉一旦严重缺水，上述主要受压部件得不到正常冷却，甚至被烧，金属温度急剧上升甚至被烧红。如给严重缺水的锅炉上水，往往酿成爆炸事故；长时间缺水干烧的锅炉也会爆炸。

（6）炉水处理不好，使炉管内结垢，造成炉管受热不均，产生爆管事故。

综合上述，一旦锅炉系统出现故障或操作失误都可能引起超温、超压、爆炸，轻者可影响设备的正常运行，严重时会造成设备损坏以及人员伤亡事故。在管理不规范，不进行日常检查、维修、水质不达标等情况下，可能发生水蒸气爆炸，超压爆炸，缺陷导致爆炸，严重缺水爆炸等事故，导致人员受伤甚至死亡。

12. 容器爆炸

指压力容器超压而发生的爆炸。压力容器爆炸包括压力容器破裂引起的气体爆炸。压力容器内盛装的可燃性液化气，因为化学反应失控，或环境温度过高等原因，压力容器的工作压力超过了设计容许的压力，导致压力容器发生物理性破裂，这种破裂对作业环境和作业人员都会产生严重的危害，尤其是压力容器溢散出大量高压液化气体立即蒸发，然后与周围的空气混合形成爆炸性气体混合物，其浓度达到一定范围时，遇到火源就会发生化学爆炸，通常也称为容器二次爆炸，两种情况都统计为容器爆炸事故。适用于盛装容器、换热容器、分离容器、气瓶、气桶、槽车等容器爆炸事故。

风险分析：

厂区内在存储气体时会用到气瓶、气罐等，气瓶、储罐如果质量不合格、安全阀工作性能不良，当罐内压力因外界原因增高时，可能发生容器爆炸事故。公司储存大量的气瓶，气瓶因为质量不良，瓶体受损，在搬运或储存过程中因受到外力（如碰撞），可能会发生爆裂，或者有些压力容器如压缩空气机储气罐，在作业过程中也存在着爆炸的风险，可能导致人员受伤甚至死亡。

13. 其他爆炸

其他爆炸，指凡不属于火药爆炸、瓦斯爆炸、锅炉爆炸、容器爆炸的爆炸事故。下列爆炸都会发生此类事故：

可燃性气体与空气混合形成的爆燃性气体混合物引起的爆炸。可燃性气体如：煤气、乙炔、氢气、液化石油气等。

可燃性蒸气与空气混合形成爆燃性气体混合物引起的爆炸，如汽油、苯挥发的蒸气。

可燃性粉尘及可燃性纤维与空气混合形成的爆燃性气体混合物引起的爆炸，如铝粉、铁粉、有机玻璃粉、聚乙烯塑料粉、面粉、谷物淀粉、煤尘、木粉，以及可燃性纤维，如麻纤维、棉纤维、醋酸纤维、涤纶纤维等粉尘爆炸事故。

间接形成的可燃性气体与空气相混合，或者可燃性蒸气与空气相混合，如可燃性固体、自燃物品，当其受热、水、氧化剂的作用而迅速反应，分解出可燃性气体和蒸气，与空气混合形成爆燃气体，遇火源发生爆炸。

另外，炉膛爆炸、钢水包爆炸、亚麻尘爆炸等，均为"其他爆炸"。

风险分析：

水泥生产制造涉及柴油、汽油、氧气和乙炔等易燃易爆物质，如果发生泄漏，遇明火、高温、静电等，即可能引发火灾事故；与空气混合形成爆炸性混合气体，达到爆炸极限，遇明火、高热、静电火花、电气火花等点火源，可发生爆炸事故。

在储存助燃、可燃气体的场所（氧气库、乙炔库），由于员工着装不当（如非防静电工作服、鞋钉），静电防护措施不完善，如防静电接地电阻过大等原因，都容易引起静电危害。静电可能造成的危害有静电引燃、静电电击和静电妨碍，特别是对静电引燃必须严加防范。如遇可燃气体泄漏，与空气混合形成爆炸性混合物，静电即可引发燃烧或爆炸事故。

14. 中毒窒息

指在生产条件下，有毒物进入人体引起危及生命的急性中毒，以及在缺氧条件下发生的窒息事故。适用于有毒物经呼吸道和皮肤、消化道进入人体引起的急性中毒和窒息事故，也包括在废弃的坑道、竖井、涵洞中、地下管道等不通风的地方工作，因为氧气缺乏，发生晕倒，甚至死亡的事故。

不适用于病理变化导致的中毒和窒息事故，也不适用于慢性中毒的职业病导致的死亡。

风险分析：

在有限空间如预热器、地坑、窑、篦冷机、水池清理作业和阀门井处作业等过程中会存在有毒气体（包括硫化氢、一氧化碳），可造成人员中毒甚至死亡事故。使用乙炔、氮气、甲烷、氧气等在通风不良的空间进行气焊和气割作业时，如果气体聚集，会造成人员窒息。

脱硝用的氨水等有毒液体，在搬运或储存过程中如果大量泄漏，人员吸入高浓度有毒气体，会发生中毒事故，甚至死亡。

15. 冒顶片帮

片帮指矿井作业面、巷道侧壁在矿山压力作用下变形，破坏而脱落的现象。冒顶是顶板失控而自行冒落的现象。两者常同时引发人身伤亡事故，统称为冒顶片帮。适用于矿山、地下开采、掘进及其他坑道作业发生的坍塌事故。

风险分析：

水泥生产厂区内一般没有矿井，不涉及冒顶片帮风险。

16. 透水

指矿山、地下开采或其他坑道作业时，意外水源带来的伤亡事故。适用于井巷与含水岩层、地下含水带、溶洞或与被淹巷道、地面水域相通时，涌水成灾。不适用于地面水害事故。

风险分析：

水泥生产厂区内一般没有矿井，不涉及透水风险。

17. 放炮

指施工时，放炮作业造成的伤亡事故。适用于各种爆破作业，如采石、采矿、采煤、开山、修路、拆除建筑物等工程进行放炮作业引起的伤亡事故。

风险分析：

水泥生产厂区内无放炮作业，不涉及放炮风险。

18. 火药爆炸

指火药与炸药在配料、运输、贮藏、加工过程中，由于震动、明火、摩擦、静电作用等发生的爆炸事故，或因炸药的热分解作用，以及贮藏时间过长或存药过多，发生化学性爆炸事故；熔炼金属时，废料处理不净，因残存火药或炸药引起的伤亡事故。

风险分析：

水泥生产厂区内不含火药与炸药生产、储存，不存在火药爆炸风险。

19. 瓦斯爆炸

指可燃气体瓦斯、煤尘与空气混合形成了浓度达到爆炸极限的混合物，接触明火时，引起化学爆炸事故。主要适用于煤矿，同时也适用于空气不流通，瓦斯、煤尘聚积的场合。

风险分析：

水泥生产厂区内一般不涉及煤矿，但原煤堆场和煤粉制备系统可能存在空气不流通导致瓦斯、煤尘聚积的场合，可能会有发生瓦斯爆炸风险。

20. 其他伤害

凡不属于上述伤害的事故均称其他伤害，如、跌伤、冻伤、野兽咬伤、钉子扎伤等。

风险分析：

厂区日常生产过程员工均有可能因为注意力不集中，地面湿滑等原因导致扭伤、跌伤。

综合上述分析，水泥生产制造过程中涉及的事故类别包括 17 种：物体打击、车辆伤害、机械伤害、起重伤害、触电、淹溺、灼烫、火灾、高处坠落、坍塌、爆破、锅炉爆炸、压力容器爆炸、瓦斯爆炸、其他爆炸、中毒和窒息、其他伤害。

可能造成较大及以上生产安全事故的事故类型为：车辆伤害、起重伤害、火灾、坍塌、爆破、锅炉爆炸、压力容器爆炸、瓦斯爆炸、其他爆炸、中毒和窒息等。

附录 8　安全风险评价方法简介

工厂可以选择风险矩阵分析法（LS）、风险程度分析法（MES）、作业条件危险性分析法（LEC）、工作危害分析法（JHA）等方法对安全风险点进行定性、定量评价，根据评价结果，按从严从高的原则判定安全风险等级。

通常情况下，上述安全风险评价方法评价结果都是 5 个等级，其中等级 1 对应红色级，等级 2 对应橙色级，等级 3 对应黄色级，等级 4、等级 5 合并为蓝色级。

1. 风险程度分析法（MES 法）

作业条件风险程度分析法，$R=M\times E\times S$，其中 R 是危险性（也称风险度），是事故发生的可能性与事件后果的结合；M 是控制措施的状态；E 是人体暴露于危险状态的频繁程度或危险状态出现的频次；S 是事故的可能后果。R 值越大，说明危险性越大、风险越大。

（1）控制措施的状态 M

对于特定危害引起特定事故（这里"特定事故"一词既包含"类别"的含义，如灼烫、高处坠落、触电、火灾、其他爆炸、起重伤害、物体打击、机械伤害等，也包含"程度"的含义，如死亡、永久性部分丧失劳动能力、暂时性全部丧失劳动能力、仅需急救、轻微设备损失等），无控制措施时发生事故的可能性较大，有减轻后果的应急措施时发生事故的可能性较小，有预防措施时发生事故的可能性最小。控制措施的状态 M 的赋值见附表 1。

附表 1　控制措施的状态 M

分数值	控制措施的状态
5	无控制措施
3	有减轻后果的应急措施，如警报系统、个体防护用品
1	有预防措施，如机器防护装置等，但须保证有效

（2）人体暴露或危险状态出现的频繁程度 E

人体暴露于危险状态的频繁程度越大，发生伤害事故的可能性越大；危险状态出现的频次越高，发生财产损失的可能性越大。人体暴露的频繁程度或危险状态出现的频次 E 的赋值见附表 2。

附表 2　人体暴露的频繁程度或危险状态出现的频次 E

分数值	E_1：人体暴露于危险状态的频繁程度	E_2：危险状态出现的频次
10	连续暴露	常态
6	每天工作时间内暴露	每天工作时间出现

分数值	E_1： 人体暴露于危险状态的频繁程度	E_2： 危险状态出现的频次
3	每周一次，或偶然暴露	每周一次，或偶然出现
2	每月一次暴露	每月一次出现
1	每年几次暴露	每年几次出现
0.5	更少的暴露	更少的出现

注1：8h不离工作岗位，算"连续暴露"；危险状态常存，算"常态"。

注2：8h内暴露一至几次，算"每天工作时间暴露"；危险状态出现一至几次，算"每天工作时间出现"。

（3）事故的可能后果 S

附表3表示按伤害、职业相关病症、财产损失、环境影响等方面不同事故后果的分档赋值。

附表3 事故的可能后果 S

分数值	事故的可能后果			
	伤害	职业相关病症	财产损失（元）	环境影响
10	有多人死亡		＞1000万	有重大环境影响的不可控排放
8	有一人死亡或多人永久失能	职业病（多人）	100万～1000万	有中等环境影响的不可控排放
4	永久失能（一人）	职业病（一人）	10万～100万	有较轻环境影响的不可控排放
2	需医院治疗，缺工	职业性多发病	1万～10万	有局部环境影响的可控排放
1	轻微，仅需急救	职业因素引起的身体不适	＜1万	无环境影响

注：表中财产损失一栏的分档赋值，可根据行业和企业的特点进行适当调整。

（4）根据可能性和后果确定风险程度

将控制措施的状态 M、暴露的频繁程度 E（E_1 或 E_2）、一旦发生事故会造成的损失后果 S 分别分为若干等级，并赋予一定的相应分值。风险程度 R 为三者的乘积（$M \times E \times S$）。将 R 亦分为若干等级。针对特定的作业条件，恰当选取 M、E、S 的值，根据乘积确定风险程度 R 的级别。风险程度的分级见附表4。

附表4 风险程度的分级

$R = M \times E \times S$	风险程度（等级）	
＞180	1级	极其危险
90～150	2级	高度危险
50～80	3级	显著危险
20～48	4～1级	轻度危险
≤18	4～2级	稍有危险

2. 风险矩阵法（LS）

风险矩阵法，$R = L \times S$，其中 R 是危险性（也称风险度），是事故发生的可能性与事件后果的结合；L 是事故发生的可能性（附表5）；S 是事故后果的严重性（附表6）。R 值（附

表7）越大，说明被评价对象危险性越大、风险越大。最后得出风险矩阵表（附表8）。

附表5　事故发生的可能性（L）判断准则

等级	标准
5	在现场没有采取防范、监测、保护、控制措施，或危害的发生不能被发现（没有监测系统），或在正常情况下经常发生此类事故或事件
4	危害的发生不容易被发现，现场没有检测系统，也未进行过任何监测，或在现场有控制措施，但未有效执行或控制措施不当，或危害发生过或在预期情况下发生过
3	没有保护措施（如没有保护装置、没有个人防护用品等），或未严格按操作程序执行，或危害的发生容易被发现（现场有监测系统），或曾经作过监测，或过去曾经发生过类似事故或事件
2	危害一旦发生能及时发现，并定期进行监测，或现场有防范控制措施，并能有效执行，或过去偶尔发生事故或事件
1	有充分、有效的防范、控制、监测、保护措施，或员工安全卫生意识相当强，严格执行操作规程，极不可能发生事故或事件

附表6　事件后果严重性（S）判别准则

等级	法律、法规及其他要求	人员	直接经济损失	停工	企业形象
5	违反法律、法规和标准	死亡	100万元以上	部分装置（>2套）或设备	重大国际影响
4	潜在违反法规和标准	丧失劳动能力	50万元以上	2套装置停工，或设备停工	行业内、省内影响
3	不符合上级公司或行业的安全方针、制度、规定等	截肢、骨折、听力丧失、慢性病	1万元以上	1套装置或设备停工	地区影响
2	不符合企业的安全操作程序、规定	轻微受伤、间歇不舒服	1万元以下	受影响不大，几乎不停工	公司及周边范围
1	完全符合	无伤亡	无损失	没有停工	形象没有受损

附表7　安全风险等级判定准则（R）及控制措施

风险值	风险等级		应采取的行动/控制措施	实施期限
20～25	1级	极其危险	在采取措施降低危害前，不能继续作业，对改进措施进行评估	立刻整改
15～16	2级	高度危险	采取紧急措施降低风险，建立运行控制程序，定期检查、测量及评估	立即或近期整改
9～12	3级	显著危险	可考虑建立目标、操作规程，加强培训及沟通	2年内治理
4～8	4-1级	轻度危险	可考虑建立操作规程、作业指导书，但需定期检查	有条件、有经费时治理
1～3	4-2级	稍有危险	无须采用控制措施	需保存记录

附表 8　风险矩阵表

	5	轻度危险	显著危险	高度危险	极其危险	极其危险
后果等级	4	轻度危险	轻度危险	显著危险	高度危险	极其危险
	3	轻度危险	轻度危险	显著危险	显著危险	高度危险
	2	稍有危险	轻度危险	轻度危险	轻度危险	显著危险
	1	稍有危险	稍有危险	轻度危险	轻度危险	轻度危险
		1	2	3	4	5

事故发生的可能性等级

3. 作业条件危险性分析评价法（LEC）

作业条件危险性分析评价法。L（likelihood，事故发生的可能性，附表 9）、E（exposure，人员暴露于危险环境中的频繁程度，附表 10）和 C（consequence，一旦发生事故可能造成的后果，附表 11）。对三种因素的不同等级分别确定不同的分值，再以三个分值的乘积 D（danger，危险性）来评价作业条件危险性的大小，即：$D=L \times E \times C$。D 值越大（附表 12），说明该作业活动危险性大、风险大。

附表 9　事故事件发生的可能性（L）判断准则

分值	事故、事件或偏差发生的可能性
10	完全可以预料
6	相当可能；或危害的发生不能被发现（没有监测系统）；或在现场没有采取防范、监测、保护、控制措施；或在正常情况下经常发生此类事故、事件或偏差
3	可能，但不经常；或危害的发生不容易被发现；现场没有检测系统或保护措施（如没有保护装置、没有个人防护用品等），也未作过任何监测；或未严格按操作规程执行；或在现场有控制措施，但未有效执行或控制措施不当；或危害在预期情况下发生
1	可能性小，完全意外；或危害的发生容易被发现；现场有监测系统或曾经作过监测；或过去曾经发生过类似事故、事件或偏差；或在异常情况下发生过类似事故、事件或偏差
0.5	很不可能，可以设想；危害一旦发生能及时发现，并能定期进行监测
0.2	极不可能；有充分、有效的防范、控制、监测、保护措施；或员工安全卫生意识相当强，严格执行操作规程
0.1	实际不可能

附表 10　暴露于危险环境的频繁程度（E）判断准则

分值	频繁程度	分值	频繁程度
10	连续暴露	2	每月一次暴露
6	每天工作时间内暴露	1	每年几次暴露
3	每周一次或偶然暴露	0.5	非常罕见地暴露

附表 11　发生事故事件偏差产生的后果严重性（C）判别准则

分值	法律法规及其他要求	人员伤亡	直接经济损失（万元）	停工	公司形象
100	严重违反法律法规和标准	10 人以上死亡，或 50 人以上重伤	5000 以上	公司停产	重大国际、国内影响
40	违反法律法规和标准	3 人以上 10 人以下死亡，或 10 人以上 50 人以下重伤	1000 以上	装置停工	行业内、省内影响
15	潜在违反法规和标准	3 人以下死亡，或 10 人以下重伤	100 以上	部分装置停工	地区影响
7	不符合上级或行业的安全方针、制度、规定等	丧失劳动力、截肢、骨折、听力丧失、慢性病	10 以上	部分设备停工	公司及周边范围
2	不符合公司的安全操作程序、规定	轻微受伤、间歇不舒服	1 以上	1 套设备停工	引人关注，不利于基本的安全卫生要求
1	完全符合	无伤亡	1 以下	没有停工	形象没有受损

附表 12　风险等级判定准则及控制措施（D）

风险值	风险等级		应采取的行动/控制措施	实施期限
＞320	1 级	极其危险	在采取措施降低危害前，不能继续作业，对改进措施进行评估	立刻
160～320	2 级	高度危险	采取紧急措施降低风险，建立运行控制程序、定期检查、测量及评估	立即或近期整改
70～160	3 级	显著危险	可考虑建立目标、建立操作规程，加强培训及沟通	近期整改
20～70	4-1 级	轻度危险	可考虑建立操作规程、作业指导书，但需定期检查	有条件、有经费时治理
＜20	4-2 级	稍有危险	无须采用控制措施，但需保存记录	—

4. 工作危害分析法（JHA）

（1）工作危害分析法概述

工作危害分析方法，是一种比较细致的分析作业过程中存在危害的方法。它将一项工作活动分解为相关联的若干个步骤，识别出每个步骤中的危害，并设法控制事故的发生。

这是一种定量的方法，先辨识出工作中的危害，然后根据"风险度 R＝风险发生的概率 L×后果 S"的公式计算出风险度 R 数值，通过风险度数值大小来确定风险等级，根据风险等级大小，对缺少的控制措施进行补充。

（2）工作危害分析法各因素取值判定依据

风险发生的概率（L）见附表 13。

附表 13　风险发生的概率（L）取值判定依据

分数	偏差发生频率	安全检查	操作规程或有针对性的管理方案	员工胜任程度（意识、技能、经验）	监测、控制、报警、联锁、补救措施
5	每天、经常发生、几乎每次作业发生	从不按标准检查	没有	不胜任（无任何培训、无任何经验、无上岗资格证）	无任何措施，或有措施从未使用
4	每月发生	很少按标准检查，检查手段单一，走马观花	有，但不完善，只是偶尔执行	不够胜任（有上岗资格证，但没有接受有效培训）	有措施，但只是一部分，尚不完善
3	每季度发生	经常不按标准检查、检查手段一般	有，比较完善，但只是部分执行	一般胜任（有上岗证，有培训，但经验不足，多次出差错）	防范控制措施比较有效、全面、充分，但经常未有效使用
2	曾经发生	偶尔不按标准检查、检查手段较先进、充分、全面	有，翔实、完善，但偶尔不执行	胜任，但偶然出差错	防范控制措施有效、全面、充分，偶尔失去作用或出差错
1	从未发生	严格按标准检查，检查手段先进、充分、全面	有，翔实、完善，而且严格执行	高度胜任（培训充分，经验丰富，安全意识强）	防范控制措施有效、全面、充分

危害及影响后果的严重性（S）取值见附表 14。

附表 14　危害及影响后果的严重性（S）取值判定依据

分值	法律、法规及其他要求	人	财产	停工	环境污染、资源消耗	公司形象
5	违反法律、法规	发生死亡	＞50	主要装置停工	大规模、公司外	重大国内影响
4	潜在违反法规	丧失劳动力	＞30	主要装置或设备部分停工	企业内严重污染	行业内、省内影响
3	不符合企业的安全生产方针、制度、规定	6～10 级工伤	＞10	一般装置或设备停工	企业内中等污染	市内影响
2	不符合企业的操作程序、规定	轻微受伤、间歇不适	＜10	受影响不大，几乎不停工	装置范围污染	企业及周边区内影响

（3）风险度计算

风险度等于事故发生可能性与事故后果严重性的乘积，即 $R = L \times S$，见附表 15。

附表 15　风险度判定准则及控制措施

风险度 R	等级		应采取的行动/控制措施	实施期限
20～25	不可容忍	1	在采取措施降低危害前，不能继续作业，对改进措施进行评估	立刻整改
13～16	重大风险	2	制定计划，更改操作规程，降低风险，持续改进	立即或近期整改
9～12	中等	3	可考虑建立目标、操作规程，加强培训及沟通	近期整改
4～8	可容忍	4—1	可考虑建立操作规程、作业指导书，但需定期检查	有条件、有经费时治理
<4	轻微或可忽略的风险	4-2	无须采用控制措施，但需保存记录	/

5. 安全风险点判别

安全风险点判别参考附表 16。

附表 16　安全风险点判别

序号	风险点	主要事故类型	固有风险评价 M（控制措施的状态）；E（人体暴露或危险状态出现的频繁程度）；S（事故的可能后果）；R（风险程度）					主要控制措施
			M	E	S	R	固有风险级别	
1	煤粉制备及喷吹系统的煤磨机、煤粉仓、除尘器、木屑分离器、喷吹罐	中毒和窒息、火灾、其他爆炸、高处坠落、机械伤害	5	10	10	500	1	（1）煤粉制备系统规范设置温度、氧含量、一氧化碳监测装置，并设置惰性气体灭火装置； （2）磨机、煤粉仓、除尘器应采取泄爆等任一种控爆措施； （3）除尘器设置锁气卸灰装置； （4）电气设备应满足粉尘防爆的要求； （5）管道连接处（法兰或软连接）应采取导静电跨接； （6）原煤输送系统，应设除铁器和杂物筛； （7）制订粉尘清理制度，并定期规范清理积尘； （8）加强作业人员教育培训； （9）为作业人员配备安全防护用品并督促其正确佩戴； （10）严格执行有限空间作业等危险作业审批制度

序号	风险点	主要事故类型	固有风险评价 M（控制措施的状态）；E（人体暴露或危险状态出现的频繁程度）；S（事故的可能后果）；R（风险程度）					主要控制措施
			M	E	S	R	固有风险级别	
2	水泥工厂的筒型储存库	中毒和窒息、高处坠落、坍塌	5	6	10	300	1	（1）建立筒型储存库清库作业安全管理制度，明确责任部门、人员、许可范围、审批程序、许可签发人员； （2）水泥生产筒型库清库作业应成立清库工作小组，制订清库方案和应急预案，并必须由企业安全生产管理部门负责人和企业负责人批准； （3）清库作业应在白天进行，禁止在夜间和在大风、雨、雪天等恶劣气候条件下清库； （4）应在清库作业现场设置警戒区域和警示标志； （5）必须关闭库顶所有进料设备及闸板，将库内料位放至最低限度（放不出料为止），关闭库底卸料口及充气设备，禁止进料和放料； （6）清库前必须切断空气炮气源、关闭所有气阀，并将空气炮供气罐内的压缩空气排净，同时应关闭空气炮的操作箱； （7）清库人员每次入库连续作业时间不得超过 1h，清理原煤、煤粉储存库时每次入库连续作业时间不得超过 30min； （8）加强作业人员教育培训； （9）为作业人员配备安全防护用品并督促其正确佩戴； （10）严格执行有限空间作业、高处作业等危险作业审批制度

序号	风险点	主要事故类型	固有风险评价 M（控制措施的状态）；E（人体暴露或危险状态出现的频繁程度）；S（事故的可能后果）；R（风险程度）					主要控制措施
			M	E	S	R	固有风险级别	
3	水泥工厂的预热器、分解炉、回转窑、篦冷机、窑尾烟室	中毒和窒息、火灾、其他爆炸、高处坠落、坍塌、灼烫	5	10	10	500	1	（1）应有预热器清堵的专项安全操作规程或作业指导书； （2）预热器平台、构件、护栏要求完整牢固，检查孔盖牢固，翻板阀灵活好用；预热器周围平台上严禁堆放易燃易爆物品； （3）检修状态预热器的翻板阀必须锁紧； （4）回转窑传动装置中的高转速联轴器、开式齿轮等传动部件应设置防护罩；冷却水、润滑油供应正常； （5）回转窑传动装置中，应设置当辅助传动装置启动时能切断主电动机电源的联锁装置，同时辅助传动装置必须另设应急独立动力源； （6）应建立回转窑专项检查制度，其中规定检查的内容以及频次，并定期检查，做好相关运行记录； （7）停窑维护要有相应的安全方案，并严格执行； （8）必须制订清理篦冷机烧结料（也叫"雪人"）的操作规程，并严格执行； （9）人工清理篦冷机"雪人"时，必须停止使用空气炮，维持好窑头负压，在窑头平台上处理； （10）人工进入篦冷机内清理作业前必须停下与篦冷机有关的所有设备：窑、冷却机、破碎机、空气炮，将预热器翻板阀锁死，并对相应开关、阀门上锁并挂警示牌； （11）加强作业人员教育培训； （12）为作业人员配备安全防护用品并督促其正确佩戴； （13）严格执行有限空间作业、高处作业等危险作业审批制度
4	水泥工厂余热锅炉	火灾、容器爆炸、中毒和窒息、高处坠落、灼烫	5	6	8	240	1	（1）锅炉"三证"（产品合格证、使用登记证、年度检验证）齐全； （2）安全附件完好，安全阀、水位表、压力表齐全、灵敏、可靠，排污装置无泄漏； （3）按规定合理设置报警和联锁保护、安全防护装置，并保持完好； （4）汽轮机油站应有事故放油池，油箱事故放油阀门保持完好，并距离油箱有一定安全距离； （5）加强作业人员教育培训； （6）为作业人员配备安全防护用品并督促其正确佩戴； （7）严格执行有限空间作业、高处作业等危险作业审批制度

序号	风险点	主要事故类型	固有风险评价 M（控制措施的状态）；E（人体暴露或危险状态出现的频繁程度）；S（事故的可能后果）；R（风险程度）					主要控制措施
			M	E	S	R	固有风险级别	
5	料仓（筒）	中毒和窒息、高处坠落、坍塌	5	3	8	120	2	（1）料仓规范设置安全车挡和格栅； （2）筒仓顶部观察口应设置格栅，并上锁； （3）加强作业人员教育培训； （4）为作业人员配备安全防护用品并督促其正确佩戴； （5）加强有限空间作业、高处作业等危险作业安全管理
6	水泥工厂原料磨、水泥磨	中毒和窒息、高处坠落、机械伤害	5	3	8	120	2	（1）传（转）动部位设置隔离防护； （2）运行时两侧设置可靠的隔离防护栏； （3）磨机上部设置检修平台或生命线； （4）就地控制箱应能满足能量锁定要求； （5）加强作业人员教育培训； （6）为作业人员配备安全防护用品并督促其正确佩戴； （7）加强有限空间作业、高处作业等危险作业安全管理
7	水泥工厂脱硝氨水站	中毒和窒息、火灾、其他爆炸、灼烫	5	3	8	120	2	（1）氨水站按要求设置固定式氨气浓度检测报警装置； （2）氨水站设置淋浴装置； （3）氨水站设置应急喷淋和洗眼设备； （4）设置人体和车辆导除静电装置； （5）设置事故池； （6）附近设置消防水枪； （7）与周边构建筑筑物防火间距应满足要求； （8）加强作业人员教育培训； （9）为作业人员配备安全防护用品并督促其正确佩戴； （10）严格执行有限空间作业、高处作业等危险作业审批制度
8	除氧器、汽包、蓄热器	容器爆炸、灼烫	5	3	8	120	2	（1）设置安全阀、压力表、液位计； （2）定期进行检测； （3）加强作业人员教育培训； （4）为作业人员配备安全防护用品并督促其正确佩戴； （5）严格执行有限空间作业、高处作业等危险作业审批制度

序号	风险点	主要事故类型	固有风险评价 M（控制措施的状态）；E（人体暴露或危险状态出现的频繁程度）；S（事故的可能后果）；R（风险程度）					主要控制措施
			M	E	S	R	固有风险级别	
9	混凝土搅拌站、搅拌楼	火灾、机械伤害、高处坠落	5	6	4	120	2	（1）传（转）动部位设置隔离防护； （2）作业平台设置防护栏； （3）运行时禁止人员清扫作业； （4）加强作业人员教育培训
10	带储存设施的燃气站	中毒和窒息、火灾、其他爆炸	5	3	8	120	2	（1）设置固定式可燃气体检测报警装置和事故风机； （2）设置可靠切断装置和放散管； （3）设置人体导除静电装置； （4）严禁烟火； （5）加强作业人员教育培训； （6）为作业人员配备安全防护用品并督促其正确佩戴
11	带式输送机	火灾、机械伤害	5	3	8	120	2	（1）按 GB 14784 要求在头轮、尾轮、拉紧装置、托辊等处规范设置隔离防护措施； （2）沿皮带方向设置手动复位的拉绳开关或急停开关； （3）就地控制箱应具备上锁/挂牌功能； （4）运行时禁止人员清扫作业； （5）加强作业人员教育培训

　　水泥工厂3级安全风险点主要包括：预均化堆场；破碎设备（包括颚式破碎机、锤式破碎机、立轴式破碎机、辊式破碎机等）；粉磨设备（包括悬辊式环磨磨粉机、辊式球磨机、高速粉磨机、离心自磨机、振动磨等）；燃煤热风炉；干燥机；水泥包装机械；原料、原煤堆场；成品库等。

附录9 应急处置卡

本附录节选自国家安全生产应急救援指挥中心在 2016 年发布的《企业生产安全事故应急预案优化范本》。

1. 车间主任应急处置卡

事故应急处置通用行动内容	
序号	行动内容
1	接到事故信息报告后，立即赶赴现场查看事故情形
2	对事故信息进行核实和研判，初步确定响应级别，决定是否申请支援
3	落实相关人员应急职责和分工，指导事故初期救援工作
4	向公司应急指挥部汇报事故相关信息，为上级信息研判提供详实的信息参考，在救援过程中保持联系，及时汇报和沟通
5	启动二级及以上应急响应时，将指挥权、决策权移交指挥部，转换为现场救援组副组长，根据指挥部指令开展救援工作
6	执行上级的其他指令
注意事项	1. 以上行动顺序应根据具体事故类型、规模等适时调整； 2. 根据现场员工日常工作内容，合理进行应急处置工作分工； 3. 事故应急救援应以保证人员人身安全为前提，必要时可直接组织人员撤离

主要相关人员联系方式				
姓名	职务	应急职务	电话	手机
	分管安全生产负责人			
	×××部部长			
	×××部副部长			
	×××主管			
	班长			
	中空操作员			

对讲机频道					
部门（车间）	频道	部门（车间）	频道	部门（车间）	频道
烧成车间	16	水泥车间	5	化验室	2
余热发电	11	技术部电气	10	保卫	7
原料车间	13	技术部机修	9		
注意事项	1. 响应集合时由同部门最高职务者通知部门内部人员； 2. 救援时将对讲机调至事故发生单位所属频道或指挥部临时指定的频道，优先采用对讲机联络				

2. 班组长应急处置卡

	事故应急处置通用行动内容
序号	行动内容
1	接到事故信息报告后，立即赶赴现场查看事故情况
2	对事故信息进行核实和研判，将事故信息上报至车间主任
3	协助车间主任指导事故初期救援工作，开展具体的现场应急救援组织工作
4	及时将应急救援进展和存在的困难向车间主任汇报
5	启动二级及以上应急响应时，转换为现场救援组成员，开展具体救援工作
6	执行上级的其他指令
注意事项	1. 以上行动顺序应根据具体事故类型、规模等适时调整； 2. 根据现场员工日常工作内容，合理进行应急处置工作分工； 3. 事态紧急时可先组织落实应急处置措施再汇报； 4. 事故应急救援应以保证人员人身安全为前提，必要时可直接组织人员撤离

	主要相关人员联系方式			
姓名	职务	应急职务	电话	手机
	×××部部长			
	×××部副部长			
	×××车间主任			
	×××主管			
	中空操作员			

	对讲机频道				
部门（车间）	频道	部门（车间）	频道	部门（车间）	频道
原料车间	13	水泥车间	5	化验室	2
烧成车间	16	技术部电气	10	保卫	7
余热发电	11	技术部机修	9		
注意事项	1. 响应集合时由同部门最高职务者通知部门内部人员； 2. 救援时将对讲机调至事故发生单位所属频道或指挥部临时指定的频道				

3. 现场员工通用应急处置卡

事故应急处置通用行动内容	
序号	行动内容
1	向班长、车间主任汇报；伤情严重时，立即拨打120救护电话
2	将受伤人员脱离现场或就地救治
3	对受伤人员进行医疗急救，主要包括：包扎、止血、固定骨折部位等，受伤人员呼吸、心跳停止时，立即进行心肺复苏
4	落实险情控制措施，如使用灭火器灭火、关闭相关阀门等
5	待急救车辆赶到现场后，协助救护人员将伤员搬移到急救车辆上
6	执行上级的其他指令（如疏散现场人员等）
注意事项	1. 以上行动顺序应根据具体事故类型、规模等适时调整； 2. 脱离现场适用于机械伤害、车辆伤害、火灾、中毒和窒息等事故；就地救治适用于高处坠落、物体打击等事故； 3. 中毒和窒息等事故救援时应先穿戴好正压式空气呼吸器等劳保用品，按照上级指令开展救援，杜绝盲目施救； 4. 因抢救伤员、防止事故扩大以及疏通交通等原因需要移动现场物件时，应做出标志、拍照、详细记录和绘制事故现场图，并妥善保存现场重要痕迹、物证等

主要相关人员联系方式				
姓名	职务	应急职务	电话	手机
	×××部部长			
	×××部副部长			
	×××车间主任			
	×××主管			
	班长			
	中空操作员			

对讲机频道					
部门（车间）	频道	部门（车间）	频道	部门（车间）	频道
原料车间	13	水泥车间	5	化验室	2
烧成车间	16	技术部电气	10	保卫	7
余热发电	11	技术部机修	9		
注意事项	1. 响应集合时由同部门最高职务者通知部门内部人员； 2. 救援时将对讲机调至事故发生单位所属频道或指挥部临时指定的频道				

4. 煤磨、余热发电中控操作员应急处置卡

<table>
<tr><td colspan="3" align="center">煤磨、余热发电中控操作员应急处置卡</td></tr>
<tr><td>事故
类型</td><td>序号</td><td>行动内容</td></tr>
<tr><td rowspan="3">煤粉
仓火
灾</td><td>1</td><td>局部自燃：停止煤粉入仓，降低煤粉仓位，尽快用空仓内已自燃煤粉</td></tr>
<tr><td>2</td><td>出现明火：关闭煤粉仓进料、出料闸板，开启煤粉仓 CO_2 灭火系统灭火</td></tr>
<tr><td>3</td><td>密切关注温度和 CO 浓度变化</td></tr>
<tr><td rowspan="3">袋收
尘火
火灾</td><td>1</td><td>关闭袋收尘进、出口阀门，停袋收尘、停磨、停尾排风机及其他辅机设备</td></tr>
<tr><td>2</td><td>开启袋收尘 CO_2 灭火系统灭火</td></tr>
<tr><td>3</td><td>密切关注袋收尘出口温度和 CO 浓度变化</td></tr>
<tr><td rowspan="4">煤磨
火灾</td><td>1</td><td>火势轻微时，加大喂煤量、调节入磨风温等控制火势</td></tr>
<tr><td>2</td><td>火势较大时，关闭紧急切断阀、热风阀门，开冷风阀门，停煤粉秤、尾排风机、选粉机及其他辅机，通知现场打煤磨辅传</td></tr>
<tr><td>3</td><td>开启煤磨 CO_2 灭火系统</td></tr>
<tr><td>4</td><td>密切关注袋式收尘器入口温度和 CO 浓度转化</td></tr>
<tr><td rowspan="2">煤磨
系统
爆炸</td><td>1</td><td>停尾排风机，关闭热风阀门，打开冷风阀门，止料原煤皮带秤，关闭气动截止阀</td></tr>
<tr><td>2</td><td>必要时对预热器止料</td></tr>
</table>

<table>
<tr><td colspan="3" align="center">煤磨、余热发电中控操作员应急处置卡</td></tr>
<tr><td align="center">事故类型</td><td>序号</td><td align="center">行动内容</td></tr>
<tr><td rowspan="3">SP（AQC）锅炉爆炸</td><td>1</td><td>关闭 SP（AQC）锅炉进口风阀</td></tr>
<tr><td>2</td><td>开 SP（AQC）锅炉旁路风阀、冷风阀</td></tr>
<tr><td>3</td><td>关闭 SP（AQC）锅炉主蒸汽并汽阀</td></tr>
<tr><td rowspan="2">锅炉运行异常（缺水、
满水、汽水共腾、炉管
爆炸，锅炉超压等）</td><td>1</td><td>通知现场人员针对异常情况，执行"叫水"或其他操作</td></tr>
<tr><td>2</td><td>采取措施后，仍未能排除故障，应采取停炉措施</td></tr>
</table>

<table>
<tr><td colspan="6" align="center">主要相关人员联系方式</td></tr>
<tr><td align="center">姓名</td><td align="center">职务</td><td align="center">联系方式</td><td align="center">姓名</td><td align="center">职务</td><td align="center">联系方式</td></tr>
<tr><td></td><td></td><td></td><td></td><td></td><td></td></tr>
<tr><td></td><td></td><td></td><td></td><td></td><td></td></tr>
<tr><td></td><td></td><td></td><td></td><td></td><td></td></tr>
<tr><td></td><td></td><td></td><td></td><td></td><td></td></tr>
<tr><td colspan="3" align="center">烧成车间频道：16</td><td colspan="3" align="center">余热发电频道：11</td></tr>
</table>

注意事项：

1. 发生本处置卡内所列各类事故，均应首先通知岗位人员、班长和车间主任，执行所有操作时应与现场人员确认；

2. 联系时以对讲机为主，对讲机无法联系到对方时再拨手机

5. 烧成车间巡检工应急处置卡

			烧成车间巡检工应急处置卡
事故类型	序号	关键	行动内容
火灾	1	报	汇报班长、车间主任，通知中控；火势较大时拨打119电话，有人员受伤严重时拨打120救护电话
	2	灭	就近使用灭火器、消防水进行灭火
	3	穿	袋收尘着火需靠近打开检修门时，必须穿戴好消防服、佩戴好正压式空气呼吸器
	4	疏	火势失控时，应引导周围人员或协助受伤人员向上风侧疏散
	5	判	通过问、看、听、试判断伤害
	6	救	对受伤人员进行医疗急救，主要包括：包扎、止血、固定骨折部位等，受伤人员呼吸、心跳停止时，立即进行心肺复苏
	7	转	专业医务人员到达后将伤员救治工作转交对方，专业消防人员到达后将灭火工作转交对方
灼烫	1	报	汇报班长、车间主任，通知中控；伤情严重时拨打120救护电话
	2	撤	将受伤人员撤离高温区域；必要时（如高温物料外溢）设置警戒，穿戴好高温服等防护使用品或用消防水对高温物料和受伤人员进行降温
	3	救	逐步落实冲、脱、泡、盖、转等措施，对伤员进行救治

			烧成车间巡检工应急处置卡
事故类型	序号	关键	行动内容
中毒和窒息	1	报	汇报班长、车间主任，通知中控，伤情严重时拨打120救护电话
	2	穿	救援人员穿戴好专业防护用品（相应气体防护用品或正压式空呼器）
	3	撤	将伤员撤离（抬离）现场至阴凉通风处，解开衣领，并疏散周围人员，避免影响空气流通
	4	判	通过：问、看、听、试四步判断伤情
	5	救	呼吸、心跳停止时通过心肺复苏法救治
	6	转	拨打120救护电话，医务人员到达后转交专业医疗机构

主要相关人员联系方式

姓名	职务	联系方式	姓名	职务	联系方式

烧成车间对讲机频道：16（优先使用对讲机联络）

注意事项：
1. 油品火灾不得使用消防水灭火，电气设备火灾应先断电再灭火；
2. 吸入氨水中毒不得用口对口人工呼吸法救治，应使用氧气袋；
3. 专业医务人员到达前，不得停止对伤员的救治

6. 余热发电巡检工应急处置卡

余热发电巡检工应急处置卡			
事故类型	序号	关键	行动内容
火灾	1	报	汇报班长、车间主任，通知中控；火势较大时拨打119电话，有人员受伤严重时拨打120救护电话
	2	灭	就近使用灭火器、消防水进行灭火
	3	穿	袋收尘着火需靠近开检修门时，必须穿戴好消防服、佩戴好正压式空气呼吸器
	4	疏	火势失控时，应引导周围人员或协助受伤人员向上风侧疏散
	5	判	通过问、看、听、试判断伤害
	6	救	对受伤人员进行医疗急救，主要包括：包扎、止血、固定骨折部位等，受伤人员呼吸、心跳停止时，立即进行心肺复苏
	7	转	专业医务人员到达后将伤员救治工作转交对方，专业消防人员到达后将灭火工作转交对方
灼烫	1	报	汇报班长、车间主任，通知中控；伤情严重时拨打120救护电话
	2	撤	将受伤人员撤离高温区域；必要时（如高温物料外溢）设置警戒，穿戴好高温服等防护用品或使用消防水对高温物料和受伤人员进行降温
	3	救	逐步落实冲、脱、泡、盖、转等措施，对伤员进行救治
	4	转	专业医务人员到达后将伤员救治工作转交对方

余热发电巡检工应急处置卡			
事故类型	序号	关键	行动内容
氨水泄漏事故	1	报	汇报班长、车间主任，通知中控
	2	撤	大量泄漏时，立即引导周边人员向上风处撤离
	3	穿	处置人员穿戴好防护服、橡胶手套、防毒面具或正压式空气呼吸器
	4	喷	开启稀释喷淋管路阀门、对泄漏的系统和罐体喷淋水稀释，及时将泄漏氨水向事故池内泵送
	5	关	对连通的储存罐和系统进行隔离，关闭泄漏系统和罐体的相关阀门，必要时应加装堵板
	6	救	冲洗全身，发现人员受伤，应立即协助脱离现场，进行救治
	7	转	专业医务人员到达后将伤员救治工作转交对方

主要相关人员联系方式					
姓名	职务	联系方式	姓名	职务	联系方式

余热发电对讲机频道：11（优先使用对讲机联络）

注意事项：
1. 油品火灾不得使用消防水灭火；
2. 电气设备火灾应先断电再火；
3. 吸入氨水中毒不得用口对口人工呼吸法救治，应使用氧气袋；
4. 专业医务人员到达前，不得停止对伤员的救治

附录 10　安全标志图例

安全标志有警告标志、禁止标志、指令标志、提示标志四种。

1. 警告标志

警告标志的含义是警告人们可能发生的危险（附图 1）。

警告标志的几何图形是黑色的正三角形、黑色符号和黄色背景。

 当心腐蚀　 当心中毒　 当心感染　 当心触电　 当心电缆　 当心自动启动

 当心机械伤人　 当心塌方　 当心冒顶　 当心坑洞　 当心落物　 当心吊物

 当心碰头　 当心挤压　 当心烫伤　 当心伤手　 当心夹手　 当心扎脚

 当心有犬　 当心弧光　 当心高温表面　 当心低温　 当心磁场　 当心电离辐射

 当心裂变物质　 当心激光　 当心微波　 当心叉车　 当心车辆　 当心火车

 当心坠落　 当心障碍物　 当心跌落　 当心滑倒　 当心落水　 当心缝隙

695

附图 1　警告标志

2. 禁止标志

禁止标志的含义是不准或制止人们的某些行动（附图 2）。

禁止标志的几何图形是带斜杠的圆环，其中圆环与斜杠相连，用红色；图形符号用黑色，背景用白色。

附图 2　禁止标志

3. 指令标志

指令标志的含义是必须遵守，是强制人们必须做出某种动作或采用防范措施的图形标志（附图 3）。

指令标志的几何图形是圆形，背景蓝色，图形白色是符号。

必须戴护耳器　必须戴安全帽　必须戴防护帽　必须系安全带　必须穿救生衣　必须穿防护服

必须戴防护手套　必须穿防护鞋　必须洗手　必须加锁　必须接地　必须拔出插头

必须戴防护眼镜　必须配戴遮光护目镜　必须戴防尘口罩　必须戴防毒面罩　鸣笛　进入密闭场所注意通风

必须保持清洁　必须持证上岗　必须穿戴绝缘用品　必须穿工作服　必须带自救器　走人行道

必须戴防护面罩　必须用防护网罩　必须用防护装置　必须装设护罩　必须走上方通道

附图 3　指令标志

4. 提示标志

提示标志是向人们提供某种信息（如标明安全设施或场所等）的图形标志（附图 4）。
提示标志的几何图形是方形，背景绿色，图形白色是符号及文字。

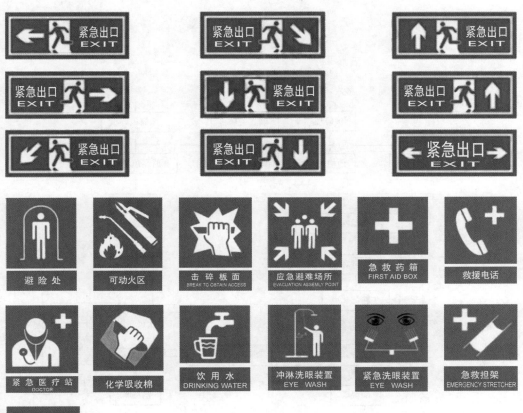

附图 4　提示标志

附录 11　水泥生产工艺流程图

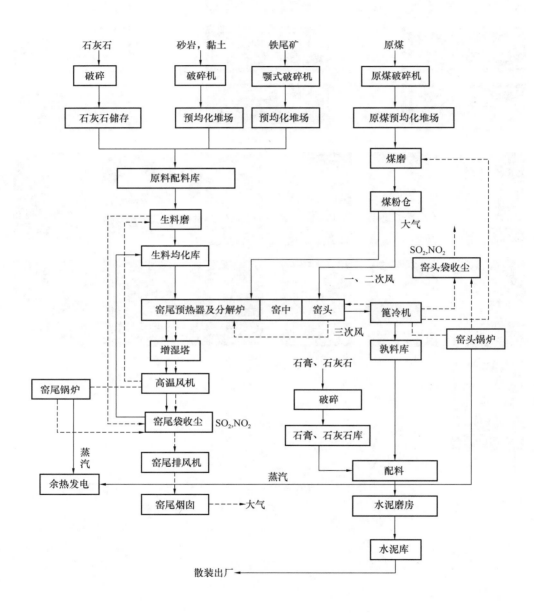

索　引

续表

参考文献

[1] 中国安全生产科学研究院 . 安全生产法律法规(2022 版)[M]. 北京：应急管理出版社，2022.

[2] 中国安全生产科学研究院 . 安全生产管理(2022 版)[M]. 北京：应急管理出版社，2022.

[3] 中国安全生产科学研究院 . 安全生产技术基础(2022 版)[M]. 北京：应急管理出版社，2022.

[4] 刘衍胜，曲世惠 . 中小企业安全生产管理指南[M]. 北京：气象出版社，2012.

[5] 和春梅，丁丹 . 新型干法水泥设备巡检[M]. 武汉：武汉理工大学出版社，2010.

[6] 三木，汪海滨 . 水泥生产新技术 [M]. 北京：中国建材工业出版社，1996.

[7] 李斌怀，郭俊才 . 预分解窑水泥生产综合技术及操作实例 [M]. 武汉：武汉理工大学出版
社，2006.

[8] 李春萍，范黎明 . 水泥窑协同处置危险废物实用技术[M]. 北京：中国建材工业出版社，2019.

[9] 任勇. 水泥企业安全培训教材[M]. 北京：气象出版社，2020.

[10] 王君伟. 新型干法水泥生产工艺读本(第 2 版)[M]. 北京：化学工业出版社，2020.

[11] 李海涛. 新型干法水泥生产技术与设备(第二版)[M]. 北京：化学工业出版社，2013.

安全与环保科学研究院
提供全方位的安全、环保技术服务

中国国检测试控股集团股份有限公司安全与环保科学研究院一直致力于企业安全管理水平提升、安全环保咨询、安全环保信息化和智能化等服务，常年深耕于开展建材行业及非煤矿山行业安全生产、环保技术及职业健康研发咨询等工作。

安全管理提升主要业务有：

公正为本 服务社会

安全与环保科学研究院
提供全方位的安全、环保技术服务

环保服务板块主要有：

1. 环境影响评价

2. 环保验收报告

3. 排污许可服务

4. 突发环境事件应急预案

5. 超低排放

6. 环保管家服务

7. 水泥窑协同处置危险废物性能测试

8. 危险废物鉴别服务

9. 土壤自行监测/场地污染状况调查

10. 水泥窑节煤降碳服务

- 环保合规评估，从11大类、96中类、78小类进行诊断

P 合规性诊断

D 诊断报告"一企一档"

- 现场核查+现场检测+资料收集，信息化的档案管理，诊断报告

销账验收 **A**

一企一方案 **C**

- 从主体责任落实、依法依规、风险防控等6大方面进行环保验收销账

- 针对问题，结合当地政策、现场指导，给出建议、推进整改，形成具体整改方案